"十二五"国家重点图书

特 殊 钢 丛 书

电 工 钢

何忠治 赵 宇 罗海文 编著

北 京

冶 金 工 业 出 版 社

2012

内 容 简 介

本书是《特殊钢丛书》之一,详细介绍了电工钢的发展历史,有关铁磁学和金属学基础理论知识和电工钢基本特性,重点论述了冷轧电工钢生产工艺以及化学成分对其组织性能的影响、电工钢新技术、新工艺和新品种研发等,具体内容包括:铁磁学基础和影响电工钢磁性的冶金因素,冷轧、再结晶和晶粒长大,热轧硅钢,冷轧无取向低碳低硅电工钢,冷轧无取向硅钢,冷轧取向硅钢,特殊用途电工钢等。在内容组织和结构安排上,力求理论联系实际,切合生产需要,突出实用性、先进性,为读者提供一本实用的技术著作。

本书可供冶金、机械、电力行业的技术人员以及从事电工钢研究、生产和应用等方面的工程技术人员与管理人员阅读,也可供大专院校有关专业师生参考。

图书在版编目(CIP)数据

电工钢/何忠治,赵宇,罗海文编著. —北京:冶金工业
出版社,2012.5 (2012.9 重印)
"十二五"国家重点图书
(特殊钢丛书)
ISBN 978-7-5024-5895-9

Ⅰ.①电… Ⅱ.①何… ②赵… ③罗… Ⅲ.①电工钢
Ⅳ.①TM275

中国版本图书馆 CIP 数据核字 (2012) 第 089509 号

出 版 人　曹胜利
地　　址　北京北河沿大街嵩祝院北巷 39 号, 邮编 100009
电　　话　(010)64027926　电子信箱　yjcbs@cnmip.com.cn
策　　划　曹胜利　张 卫　责任编辑　张登科　美术编辑　李 新
版式设计　孙跃红　责任校对　王贺兰　责任印制　牛晓波
ISBN 978-7-5024-5895-9
北京建宏印刷有限公司印刷;冶金工业出版社出版发行;各地新华书店经销
2012 年 5 月第 1 版, 2012 年 9 月第 2 次印刷
169mm×239mm; 42.75 印张; 833 千字; 664 页
125.00 元
冶金工业出版社投稿电话: (010)64027932　投稿信箱: tougao@cnmip.com.cn
冶金工业出版社发行部　电话:(010)64044283　传真:(010)64027893
冶金书店　地址:北京东四西大街 46 号(100010)　电话:(010)65289081(兼传真)
(本书如有印装质量问题,本社发行部负责退换)

《特殊钢丛书》序言

　　特殊钢是众多工业领域必不可少的关键材料，是钢铁材料中的高技术含量产品，在国民经济中占有极其重要的地位。特殊钢材占钢材总量比重、特殊钢产品结构、特殊钢质量水平和特殊钢应用等指标是反映一个国家钢铁工业发展水平的重要标志。近年来，在我国社会和经济快速健康发展的带动下，我国特殊钢工业生产和产品市场发展迅速，特殊钢生产装备和工艺技术不断提高，特殊钢产量和产品质量持续提高，基本满足了国内市场的需求。

　　目前，中国经济已进入重工业加速发展的工业化中期阶段，我国特殊钢工业既面临空前的发展机遇，又受到严峻的挑战。在机遇方面，随着固定资产投资和汽车、能源、化工、装备制造和武器装备等主导产业的高速增长，全社会对特殊钢产品的需求将在相当长时间内保持在较高水平上。在挑战方面，随着工业结构的提升、产品高级化，特殊钢工业面临着用户对产品品种、质量、交货时间、技术服务等更高要求的挑战，同时还在资源、能源、交通运输短缺等方面需应对日趋激烈的国内外竞争的挑战。为了迎接这些挑战，抓住难得发展机遇，特殊钢企业应注重提高企业核心竞争力以及在资源、环境方面的可持续发展。它们主要表现在特殊钢产品的质量提高、成本降低、资源节约型新产品研发等方面。伴随着市场需求增长、化学冶金学和物理金属学发展、冶金生产工艺优化与技术进步，特殊钢工业也必将日新月异。

　　从20世纪70年代世界第一次石油危机以来，工业化国家的特殊钢生产、产品开发和工艺技术持续进步，已基本满足世界市场需求、资源节约和环境保护等要求。近年来，在国家的大力支持下，我国科研院所、高校和企业的研发人员承担了多项国家科技项目工作，在特殊钢的基础理论、工艺技术、产品应用等方面也取得了显著成绩，特别是近20年来各特钢企业的装备更新和技术改造促进了特殊钢行业进步。为了反映特殊钢技术方面的进展,中国金属学会特殊钢分会、先进钢铁材料技术国家工程研究中心和冶金工业出版社共同发起,并由先进钢铁材料技术国家工程研究中心和中国金属学会特殊钢分会负责组织编写了新的《特殊钢丛书》,它是已有的由中国金属学会特殊钢分会组织编写《特殊钢丛书》的继续。由国内学识渊博的学者和生产经验丰富的专家组成编辑委员会,指导丛书的选题、编写和出版工作。丛书编委会将组织特殊钢领域的学者和专家撰写人们关注的特殊钢各领域的技术进展情况。我们相信本套丛书能够在推动特殊钢的研究、生产和应用等方面发挥积极作用。本套丛书的出版可以为钢铁材料生产和使用部门的技术人员提供特殊钢生产和使用的技术基础,也可为相关大专院校师生提供教学参考。本套丛书将分卷撰写,陆续出版。丛书中可能会存在一些疏漏和不足之处,欢迎广大读者批评指正。

　　　　　　　　　　　　　　《特殊钢丛书》编委会主编
　　　　　　　　　　　　　　中国工程院院长　　徐匡迪
　　　　　　　　　　　　　　2008 年夏

前　言

电工钢的发展已有一百多年的历史,它是制造电机、变压器铁芯以及各种电器元件最重要的金属功能材料之一。

电工钢,特别是取向硅钢的制造工艺和设备复杂,成分控制严格,制造工序长,而且影响性能的因素多,因此,常把取向硅钢产品质量看做是衡量一个国家特殊钢制造技术水平的重要标志,并获得特殊钢中"艺术产品"的美称。

近年来,我国电力工业发展迅速,从而带动了我国冷轧电工钢的科研和工业生产快速发展,各种新技术、新工艺和新品种研发成果不断出现。但因电工钢生产涉及很高的技术含量,在市场竞争日益激烈的情况下,各企业生产技术保密性很强,且公开出版的电工钢书籍很少,因此,对这些技术和经验的系统提炼和总结意义重大。

为了全面和系统地总结近年来世界上电工钢生产的先进技术、优秀科研成果和成功的生产经验,进一步促进我国电工钢生产技术和装备水平的全面提高,在中国金属学会特殊钢分会的组织下,作者在参考了已出版的有关书籍和大量最新技术资料的基础上,结合近年来在生产、科研第一线获得的众多成果及大量生产实践经验,编撰了本书,奉献给读者,希望能对我国电工钢行业的发展有所裨益。

本书除参考公开出版和发表的有关书籍和论文外,还大量介绍了公开发表的有关专利技术公报。引用的论文到 2010 年,引用的专利公报到 2008 年 6 月。

本书共分 8 章,第 1~3 章介绍了电工钢的发展历史以及有关铁磁学、金属学基础理论知识和电工钢基本特性等;第 4 章介绍了热轧硅钢;第 5~8 章以较大篇幅系统介绍了各类冷轧电工钢。

　　本书第 1、2、3、5、6、7、8 章由何忠治、赵宇、罗海文编写,第 4 章由上海矽钢公司原总工程师丁其生编写。

　　本书在编写过程中,得到了中国金属学会电工钢分会,武汉钢铁公司方泽民、何礼君、裴大荣等,太原钢铁公司王一德,上海矽钢公司马崇光,宝山钢铁公司陈易之等,以及在电工钢方面长期协作的同事们的大力支持和帮助,在此表示衷心的感谢。另外,林慧国、阵卓等同志对本书的编辑出版工作给予帮助与指导,在此一并致谢。

　　由于作者水平有限,书中不妥之处,敬请读者批评指正。

作　者

2012 年 3 月

目　　录

1 概　　论

电工钢板包括碳含量很低且硅含量低于 0.5% 的电工钢和硅含量为 0.5% ~ 6.5% 的硅钢两类，主要用作各种电机和变压器的铁芯，是电力、电子和军事工业中不可缺少的重要软磁合金。电工钢板在磁性材料中用量最大，也是一种节能的重要金属功能材料。

1.1　电工钢发展历史

1.1.1　热轧硅钢发展阶段（1882 ~ 1955 年）

铁的磁导率比空气的磁导率高几千倍到几万倍，铁芯磁化时磁通密度高，可产生远比外加磁场更强的磁场。普通热轧低碳钢板是工业上最早应用的铁芯软磁材料。1886 年美国 Westinghouse 电气公司首先用杂质含量约为 0.4% 的热轧低碳钢板制成变压器叠片铁芯。1890 年已广泛使用 0.35mm 厚热轧低碳钢薄板制造电机和变压器铁芯。但低碳钢的电阻率（ρ）低，铁芯损耗（P_T）大；碳和氮含量高，磁时效严重。

1882 年英国哈德菲尔特（R. A. Hadfield）开始研究硅钢，1898 年发表了 4.4% Si - Fe 合金的磁性结果。1900 年他与巴雷特（W. F. Barrett）等证明 2.5% ~ 5.5% Si - Fe 合金具有良好磁性。1902 年德国古姆利奇（E. Gumlich）指出，加硅使铁的电阻率明显增高，涡流损耗（P_e）和磁滞损耗（P_h）降低，磁导率（μ）增高，磁时效现象减轻。1903 年美国取得哈德菲尔特专利使用权。同一年美国和德国开始生产热轧硅钢板。将原始碳含量从约 0.2% 逐渐降到 0.1% 以下和硅含量逐步提高到约 4.5% 后，磁性进一步提高。1905 年美国（英国在 1906 年）已大规模生产。在很短时间内全部代替了普通低碳钢板制造电机和变压器，其铁损 P_T 比普通低碳钢低一半以上，1910 ~ 1924 年美国延森（T. D. Yensen）等研究了硅钢力学性能以及杂质和晶粒尺寸等因素对磁性的影响，对改善热轧硅钢产品质量起到了重要作用。1906 ~ 1930 年期间，是生产厂与用户对热轧硅钢板成本、力学性能和电机、变压器设计制造改革方面统一认识、改进产品质量和提高产量的阶段。美国生产的产品 0.35mm 厚 4% Si 热轧硅钢最高牌号的铁损 $P_{10/50}$ 不断降低，1912 年为 $P_{10/50} \approx 1.45\text{W/kg}$，1925 年 $P_{10/50}$ 为 1.30W/kg，1945 ~ 1950 年为 $P_{10/50} \approx 0.95\text{W/kg}$。1950 年前后美国 Armco 钢铁公司采用热轧硅钢板经约 1% 压下率平整后焊在一起，在连续炉退火和涂磷酸镁绝缘膜的新工艺生产 Dimax 系列牌号，改善了冲片性和磁性（$P_{10/50} < 0.90W/kg$）。
1954 年按此工艺生产约 50 万吨产品。随后前联邦德国 Neviges 钢厂也采用 0.5%
压下率平整、酸洗、快速点焊、连续炉保护气氛退火和涂绝缘膜的类似工艺进行
生产，产品 0.35mm 厚，$P_{10/50} \approx 0.85W/kg$。该厂产品在当时处于世界领先地位。

1.1.2　冷轧电工钢发展阶段（1930～1967 年）

　　1930～1967 年，此阶段主要是冷轧普通取向硅钢（CGO）的发展阶段。
1930 年美国戈斯（N. P. Goss）在 1926 年本多光太郎（K. Honda）等已发表的铁
单晶体磁各向异性实验结果的启发下，采用冷轧和退火方法开始进行大量实验，
探索晶粒易磁化方向〈001〉平行于轧制方向排列的取向硅钢带卷制造工艺。当
时美国 General Electric 电气公司已提出成卷硅钢产品的要求。1933 年戈斯采用两
次冷轧和退火方法制成沿轧向磁性高的 3% Si 钢，1934 年申请专利并公开发表。
当时他用 X 射线检查，错误地认为这种冷轧材料是无取向的。直到 1935 年博佐
思（R. M. Bozorth）用 X 射线检查才证实这种材料具有｛110｝〈001〉织构。晶粒
如图 1-1a 所示的规则排列，其｛110｝晶面平行于轧制平面，易磁化方向
〈001〉晶向平行于轧制方向，沿轧向磁化时磁性高，而横向为较难磁化的〈110〉
方向，所以也称单取向或 Goss 取向冷轧硅钢。同一年，Armco 钢公司按戈斯专利
技术与 Westinghouse 电气公司合作组织生产。随后 Allegheny Ludlum（ALC）钢
铁公司与 General Electric 电气公司合作也开始生产。1939 年 Armco 钢公司的主要
制造工艺是：$w(C) \leqslant 0.02\%$ 和 $w(Si) = 2.9\% \sim 3.3\%$ 板坯经 1200℃ 加热和热轧
到 2.7mm 厚，热轧带在箱式炉 760℃ ×24～36h 预退火进行部分脱碳，两次冷轧
到 0.35mm 厚和连续炉 1010℃ 中间退火，干涂 MgO 粉（隔离剂）和在罩式炉内
干 H_2 下 1200℃ ×60h 叠片退火。产品磁性较低，而且由于残余碳含量较高（不
大于 0.015%），磁时效严重。随后 Armco 钢公司采用快速分析微量碳等技术和
不断改进制造工艺及设备，产品质量逐步提高，并申请了一系列专利。如 1942
年卡彭特（V. W. Carpenter）等采用冷轧带在连续炉中湿 H_2（54℃ 露点）下约
815℃ 脱碳退火，使碳降到 0.005% 以下再进行高温退火。1943 年采用成卷高温
退火工艺。1945 年采用湿涂 MgO 悬浮液和高温退火后涂绝缘膜工艺，取向硅钢
产量和质量明显提高。图 1-1b 为取向硅钢板示意图。通过卡彭特等做工作，
Armco 钢铁公司在冷轧和退火等后工序制造工艺日臻完善，但产品磁性仍不稳
定。例如 1940 年生产的 7812 号一炉钢的磁性高且稳定，取向度大于 90%，晶粒
尺寸不小于 1cm，而大量产品平均晶粒尺寸只为 1mm，磁性较低。1946 年 Armco
钢铁公司的利特曼（M. F. Littmann）等发现板坯经 1370℃ 以上高温加热可明显
提高产品磁性，晶粒粗大。当时他们认为是因为高温加热使钢组织和碳、硫等元
素分布更均匀。1951 年已明确：（1）在初次再结晶织构中必须存在有（110）

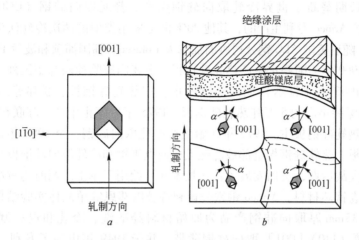

图 1-1　(110)[001] 取向硅钢中晶粒排列和晶粒取向硅钢板示意图

a—(110)[001] 取向硅钢中晶粒排列；b—晶粒取向硅钢板

[001] 组分，它是在每次退火中累加而成的。(110)[001] 初次晶粒在最终高温退火时作为二次晶核，通过二次再结晶发展成的 (110)[001] 织构；(2) 钢中必须存在有利杂质元素作为抑制剂来阻碍初次晶粒长大，促进二次再结晶发展。根据生产大量统计，发现锰和硫对二次再结晶发展起有利作用。直到 1958年梅也 (J. E. May) 等发表 MnS 第二相质点可强烈阻碍初次晶粒长大后，才弄清 MnS 抑制剂对生产取向硅钢的重要性。板坯高温加热的作用就是使板坯中存在的粗大 MnS 固溶，然后在热轧过程中再以细小弥散状析出 MnS 质点来抑制初次晶粒长大。Armco 钢公司在掌握 MnS 抑制剂和板坯高温加热这两个前工序制造工艺后，制造取向硅钢的专利技术已基本完善，产品磁性大幅度提高且磁性稳定，先后约耗费 20 年时间。1959 年开始生产 0.30mm 厚产品，1963 年生产 0.27mm 厚产品。40 年代初，Armco 钢公司就开始生产冷轧无取向硅钢板。

1934～1940 年间延森和鲁德 (W. E. Ruder) 等研究了杂质元素和晶粒尺寸等因素对冷轧硅钢性能的影响。1941～1960 年间邓恩 (C. G. Dunn) 等详细研究了不同位向 3% Si-Fe 单晶体的冷轧和退火织构，并提出 3% Si-Fe 多晶体中 (110)[001] 织构形成的取向生核和择优（选择性）长大机理。这些基本研究对冷轧硅钢质量改进和品种开发都起到了很大作用。当时测定晶粒位向和取向度方法是磁转矩和 X 射线织构分析法（Laue 法测定二次晶粒位向和极图法测定初次晶粒织构）。

Armco 钢铁公司的冷轧普通取向硅钢专利技术先后卖给美国 ALC (1950年)、USS (1953 年)、英国 BSC (1956 年)、日本八幡 (1958 年)、法国 Chatil-lon、比利时 Cockefill、前联邦德国 Thyssen、瑞典 Surahammar 和意大利 Terni 等钢

铁公司，长期垄断了世界冷轧取向硅钢生产。普通取向硅钢（CGO）产量约80%都是按 Armco 专利生产的，其他20%也是采用类似的两次冷轧法生产的（如前苏联）；随后美国 ALC 钢公司协助加拿大 Dofasco、韩国浦项和波兰 Huta 等钢公司生产。1960 年美国停止生产热轧硅钢板。上述国家除前联邦德国外，也在 1963（英国）~1966 年（日本）期间陆续停止生产热轧硅钢板。联邦德国在 1970~1975 年仍保持年产约 5 万吨热轧硅钢板，1975 年后停止生产。苏联在 1973 年以前以生产热轧硅钢板主，1973 年开始生产冷轧取向硅钢，至 1987 年也停止生产热轧硅钢板。热轧硅钢板全部被冷轧无取向电工钢和冷轧取向硅钢板所代替。

二次大战后期，美国发展了雷达技术并开始用于军工。当时为解决雷达中脉冲变压器卷铁芯材料，Armco 钢铁公司利特曼以邓恩等单晶体实验结果为理论依据，以 0.35mm 厚取向硅钢产品为原始材料经酸洗、冷轧和退火制成 0.05~0.10mm 厚（110）[001] 取向硅钢薄带，并于 1949 年申请了专利。1960 年前后，英国和日本引进该专利技术也进行了生产。

1957 年联邦德国阿什姆斯（F. Assmus）等公开发表了制造（100）[001] 立方织构（也称双取向）3% Si 钢薄带方法及其磁性，并申请了专利。其特点是轧向和横向的磁性都高，45℃方向为〈110〉方向，磁性低。他们用纯净 3% Si - Fe 合金经几次冷轧和高温退火制成 0.05mm 厚立方织构薄带。随后美国沃尔特（J. L. Walter）等用柱状晶扁锭经冷轧和退火也试制成这种材料。1959~1962 年邓恩和沃尔特、德塔特（K. Detert）以及科勒（D. Kohler）等研究了立方织构形成机理，证明：(1)（100）[001] 晶粒是依靠不同晶面的表面能量差作为驱动力，通过二次再结晶而长大。(2) 最终高温退火时气氛中存在微量 O_2 或 H_2S 或 SO_2 气体可使（100）晶面的表面能量降到最低，促使形成立方织构。1957~1970 年期间公布的立方织构硅钢专利技术和论文近百篇，但都因为制造工艺复杂，成材率低和成本过高而一直未正式生产。立方织构硅钢的磁致伸缩值较高，制成的变压器噪声也较大。

20 世纪 50 年代末，由于氧气顶吹转炉和钢水真空处理等冶炼技术的发展，低碳钢中碳、氮和氧可分别降到 0.005% 以下，磁时效明显减小，磁性也大幅度提高。1960 年美国开始大量生产小于 0.5% Si 的冷轧低碳电工钢板。为改善热加工性和冲片性，提高钢中锰和磷含量。美国用这种材料制造当时正在蓬勃发展的家用电器中分马力电机（容量小于 1kW）和工业用微电机及小电机。同时大量生产半成品产品（不完全退火状态交货），用户冲片后再经完全退火，磁性进一步提高。随后其他国家也陆续大量生产低碳电工钢产品和半成品产品。

1.1.3 高磁感取向硅钢发展阶段（1961~2008 年）

1958~1967 年期间，普通取向硅钢的磁性基本处于稳定状态，产品铁损 P_{15}

值下降不到 0.05W/kg，只相当于提高半个牌号，在制造技术方面没有太大发展。1953 年日本新日铁公司（前八幡厂）田中悟等发现含 0.05% C，2.94% Si，0.02% Al 和 0.0062% N 的 249 号一炉钢，经一次大压下率冷轧和退火后，(110)[001] 取向度和磁性明显高于普通取向硅钢。证明以 AlN 为主要抑制剂和一次大压下率冷轧工艺方案有可能制成更高磁性的取向硅钢。1961 年在引进的 Armco 专利基础上，首先试制 AlN + MnS 综合抑制剂的高磁感取向硅钢。1964 年开始试生产并命名为 Hi - B，但磁性不稳定。1965 年确定热轧带高温常化和急冷这一重要工序后，磁性进一步提高也更稳定，但产品仍常出现二次再结晶不完善的小晶粒区，硅酸镁底层质量和炼钢成分命中率（特别是铝含量）低等问题。通过采用快速分析和真空处理微调成分，改进 MgO 隔离剂配方和发展应力绝缘涂层等措施后，Hi - B 钢制造工艺已日臻完善，并于 1968 年正式生产 Z8H 牌号，先后共耗费约 15 年时间。在此阶段，新日铁申请了一系列专利。新日铁的 Hi - B 专利先后卖给美国 Armco（1971 年）、联邦德国 Thyssen（1972 年）、中国武钢、比利时 Cockerill 和法国 Chatillon（1974 年）及英国 BSC（1975 年）等钢铁公司。1979 年新日铁开始生产 0.27mm 厚 Z6H 高牌号 Hi - B 钢。

1959 年日本川崎钢公司也开始生产普通取向硅钢，1973 年采用 MnSe + Sb 抑制剂和两次冷轧法制成相当于 Hi - B 钢水平的产品（RG - H 牌号），1979 年生产 RG - 6H 牌号。川崎的 RG - H 实际产品磁性比 Hi - B 钢稍低些。1974 年瑞典 Surahammar 钢公司引进了该专利技术。1974 年美国 ALC 钢公司与 General Electric 电气公司合作，以氮、硫和硼晶界偏聚元素作为抑制剂和一次大压下率冷轧法，也制成高磁感取向硅钢，产品命名为 Silectperm。其磁性低于 Hi - B 钢，而且不稳定。此法现已基本不用。

自从 1968 年新日铁公司开发 Hi - B 钢产品后，日本冷轧电工钢在产品质量、制造技术和设备、新产品和新技术开发、实验研究以及测试技术等方面都已超过美国，在世界上处于绝对领先地位。冷轧电工钢是日本的王牌产品。

1973 年石油危机，能源紧张，同时在 70 年代中期美国又开发了铁损极低的铁基非晶合金，并用它代替取向硅钢开始制造配电变压器后，进一步促进了日本冷轧电工钢的迅速发展。新日铁和川崎公司采用提高硅含量、减薄产品钢带厚度和细化磁畴技术，从 1979 年陆续生产了 0.30mm 厚 Z8、0.27mm 厚 Z7 和 0.23mm 厚 Z6 普通取向硅钢以及 0.3mm 厚 Z6H、0.23mm 厚 Z5H（新日铁，1982 年）和 RG5H（川崎，1981 年）高磁感取向硅钢新牌号。1983 年新日铁生产经激光照射细化磁畴的 0.23mm 厚 Z5H（也称 23ZDKH）。1987 年川崎公司采用等离子喷射细化磁畴法生产同样的 RGH - PJ 产品。1988 年新日铁采用齿状辊加工法制成耐热的细化磁畴 ZDMH 牌号产品。1992 年川崎公司采用冷轧板经印刷法形成防护层再经电解侵蚀形成沟槽法制成同样的耐热细化磁畴 RGHPD 牌号。1987 年新日铁和川崎公司制成 0.18mm 厚 Hi – B 钢产品。1968 ~ 1983 年期间，0.23mm 厚细化磁畴 Hi – B 产品比 0.3mm 厚 CGO 钢产品的铁损 P_{17} 降低约 30%。其主要原因是：（1）Hi – B 钢的取向度比 CGO 钢更高，磁滞损耗 P_h 明显降低，0.3mm 厚 Hi – B 钢比 0.3mm 厚 CGO 钢的 P_{17} 降低约 12%；（2）产品厚度按以下顺序逐渐减薄：0.35→0.30→0.27→0.23mm，并将硅含量提高到上限（3.3% ~ 3.4% Si），涡流损耗 P_e 明显降低，0.23mm 厚 Hi – B 钢比 0.3mm 厚 Hi – B 钢的 P_{17} 降低约 14%；（3）采用细化磁畴技术降低反常涡流损耗 P_a，这使板厚相同的 Hi – B 钢 P_{17} 降低约 10%。0.35mm 厚产品用量逐渐减少。

以前认为取向硅钢铸坯必须经过 1350℃ 以上高温加热，这给生产带来很多问题。80 年代初苏联和捷克就以 Cu_2S + AlN 为抑制剂经 1250 ~ 1280℃ 加热生产普通取向硅钢。1989 年新日铁八幡厂开发以 AlN 为抑制剂和脱碳退火后渗氮处理新工艺代替原有的 AlN + MnS 工艺，并在 1996 年生产 HiB 钢。铸坯只需在 1150 ~ 1250℃ 低温加热。该厂于 1994 年在 HiB 钢中加入微量 Bi，使 B_8 值从 1.89 ~ 1.95T 增高到 1.96 ~ 2.0T。1994 年日本川崎（现 JFE）采用 MnSe + AlN + Sb 抑制剂生产新牌号 RGH，磁性与新日铁 HiB 产品水平相当。2000 年该公司不用抑制剂制成普通取向硅钢，铸坯经 1150 ~ 1200℃ 低温加热。此新工艺生产的 RGE 系列已用作 EI 型小变压器和大电动机及发电机定子铁芯。德国 Thyssen 和韩国浦项钢铁公司也采用 Cu_2S + AlN 为抑制剂和 1250 ~ 1280℃ 加热工艺生产取向硅钢。

在冷轧无取向电工钢方面，从 1978 年川崎和新日铁公司采用顶底吹转炉和三次脱硫工艺冶炼成杂质极低的纯净钢水后，家电用钢（H60 ~ H30 牌号）铁损明显降低，并陆续生产 H8（RM8）和 H7（RM7）高牌号 3% Si 无取向硅钢。1985 年新日铁生产 H6 最高牌号（见图 1 – 2a 和图 1 – 2b），1992 年川崎公司也生产 RM6 同类产品。

1974 年美国为了节能提出每年运转时间大于 1000h 的 0.5 ~ 90kW 系列小电机必须采用更高磁性的无取向电工钢板制造，电机效率约提高 3%，"高效电机"一词由此而来。1983 年日本新日铁开始生产高效小电机用的 0.5% Si 电工钢 New Core NC 系列，其铁损 P_{15} 达 3% Si 钢水平，而磁感应强度 B_{50} 更高（见图 1 – 2c），基本解决了无取向电工钢 P_{15} 和 B_{50} 两个磁性参数相互矛盾的问题。1985 ~ 1995 年间，日本川崎、日本钢管、住友金属及美、德、法、前苏联和韩国也先后生产类似的产品。90 年代初开始广泛采用变频器（PWM）驱动电机代替通用的开关式电机，电机使用频率范围从 50Hz 或 60Hz 变为 10Hz ~ 1kHz，电机转速增大，电机效率明显提高。"高效电机"一词已泛指所有无取向电工钢。近年来全世界为了节能和环保，无取向电工钢发展都围绕高效电机用钢，各主要生产厂家都开发和生产了自己新的品牌，典型用途为空调压缩机和电动汽车驱动电机。高效电机用的无取向电工钢用量日益增多，特别是 0.15 ~ 0.35mm 厚产品增多。

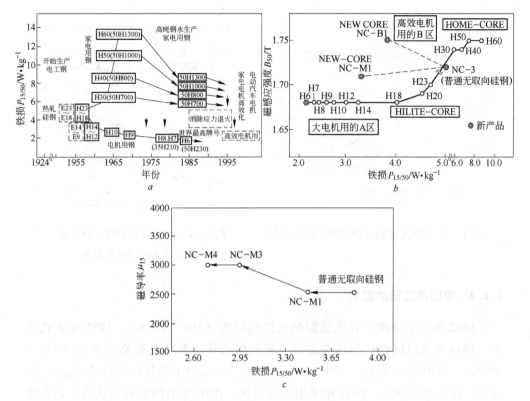

图 1-2 日本新日铁公司生产 0.50mm 厚冷轧无取向电工钢发展情况

a—日本新日铁无取向电工钢牌号发展历史；b—各牌号 $P_{15/50}$ 与 B_{50} 的关系；
c—新牌号无取向低碳电工钢的 $P_{15/50}$ 与 μ_{15} 的关系

德国 Thyssen（1999 年）和意大利 Terni 钢铁公司（2002 年）先后采用薄连铸坯（30～70mm 厚）经连铸连轧（CSP）新工艺生产无取向电工钢，现在世界上共有 4 个钢铁公司用此法生产。Terni 公司也曾用此工艺生产过取向硅钢，铸坯再加热温度为 1200～1250℃。CSP 工艺简化，制造成本降低，成品磁性更均匀。

电工钢的发展历史实际上是取向硅钢铁损逐步降低的历史，图 1-3 所示是历年来工业生产的取向硅钢最高牌号的平均铁损 $P_{15/50}$ 降低情况。图 1-2a 是日本新日铁公司生产冷轧无取向电工钢牌号的发展历史。图 1-4 是无取向电工钢的发展动向。1978 年前为第一代即标准牌号的产品。1978 年后通过冶炼技术的进步制成更纯净的钢，从而生产出第二代磁性更高的产品，用作高效电机。1996 年后陆续生产和正在开发磁性更高的第三代产品。

冷轧电工钢，特别是取向硅钢的制造工艺和设备复杂，成分控制严格，杂质含量要求极低，制造工序长和影响性能因素多，因此其产品质量常被认为是衡量一个国家特殊钢制造技术水平的重要标志。取向硅钢获得了钢材中"艺术产品"的美称。

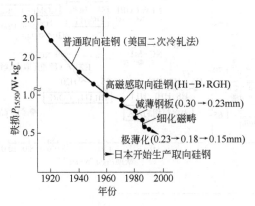

图 1-3　历年来取向硅钢的铁损降低情况

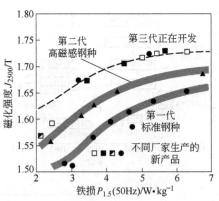

图 1-4　无取向电工钢（全工艺）
品种开发的现状和趋势

1.1.4　中国电工钢的发展

1952 年太原钢铁厂首先试制热轧低硅钢板（1% ~2% Si），1954 年正式生产。1954 年太原钢铁厂与冶金部钢铁研究院合作试制成热轧高硅钢板（3% ~4% Si），1956 年正式生产。1960 年上海硅钢片厂改变了热轧硅钢传统制造工艺，采用一次加热轧制法；1963 年采用氢气退火；1978 年采用热轧后快冷工艺并申请了专利。通过这些改进工艺并推广到各厂后，热轧硅钢产量和质量（磁性、表面质量和厚度公差）明显提高。产品磁性达到甚至超过以前欧美国家生产时的高水平。

1957 年初，冶金部钢铁研究院开始试制 3% Si 冷轧取向硅钢。确定了两次冷轧和退火的合适工艺以及慢升温高温退火工艺，首先制成了（110）［001］取向硅钢。当时由于对抑制剂和高温加热热轧的前工序的重要性认识不足，磁性不稳定。例如，一炉 58 - 0 号电炉钢制的 0.35mm 厚板的磁性可达到当时苏联最高牌号 Э330 水平，取向度达 85% ~90%，而且磁性稳定。但其他几炉钢的磁性只达到 Э310 低牌号。1959 年太原钢铁厂和鞍山钢铁公司先后开始试生产取向硅钢，Э310 低牌号的合格率和成材率很低。1964 年钢铁研究院采用 MnS 抑制剂，连续炉脱碳退火，涂 MgO 隔离剂，罩式炉高温退火和涂绝缘膜工艺，使取向硅钢磁性和磁稳定性明显提高。在此期间也试制了冷轧无取向硅钢，磁性达到日本 H12 牌号水平。1973 年开始继续研究取向硅钢中锰、硫和碳的合适含量以及残余铝含量的有利作用，特别是板坯加热温度和热轧制度。0.35mm 厚板 $B_8 > 1.78$T，$P_{15} < 1.05$W/kg，达到国外按 Armco 专利生产的高牌号（日本 Z10 牌号）水平，而且磁性稳定。直到这时才掌握了 Armco 专利技术要点，先后实际研制时间约耗

费 7 年。当时武汉钢铁公司还没有引进日本新日铁专利技术。在此实验基础上，于 1973~1975 年期间与太原钢铁公司合作，在 50t 氧气转炉中冶炼 115 炉，开坯后任取 50 炉板坯在实验室条件下进行 1350℃ 高温加热、热轧和后工序。磁性全部达到当时国家标准 YB 73—63 中 D340 最高牌号，相当于日本 Z13 牌号水平，其中 90% 达到 Z10 和 Z11 牌号水平。当时由于太钢和鞍钢没有高温加热炉而无法组织生产。在此期间武汉钢铁公司先后与上海钢铁研究所、钢铁研究院和太钢合作，证明铜含量不大于 0.35% 对冷轧硅钢磁性没有坏影响。1974 年武汉钢铁公司与日本新日铁公司签订年产量为 6.8 万吨（取向硅钢为 2.8 万吨）和 11 个牌号冷轧硅钢专利技术及制造设备协议。1976~1977 年钢铁研究院根据冶金工业部下达的任务，在验证和消化日本专利基础上制成了高磁感取向 Hi-B 钢，同时证明铜量不大于 0.26% 可使二次再结晶更完善，二次晶粒尺寸减小和改善磁性。在此期间也研制成 3% Si 高牌号无取向硅钢 H10 和含磷冷轧低碳电工钢。1979~1981 年研制成 4% Si 高磁感取向硅钢并申请了专利，磁性达到日本最高牌号 Z7H 和 Z6H 水平。同时研制成 AlN + Sb 抑制剂的 Hi-B 钢，板坯加热温度可降低到 1250℃。与太原钢铁公司合作制成高能加速器电磁铁用的 1mm 厚冷轧低碳电工钢。1982~1984 年调整普通取向硅钢中碳、锰、硫成分并加少量锡（或锑），使板坯加热温度降到 1280~1300℃ 并申请了专利。1987~1989 年在 Hi-B 钢中加锡和铜，采用两段式高温常化处理和冷轧时效工艺制成 Z7H 高牌号。改进冷轧低碳低硅电工钢成分和制造工艺，0.50mm 厚板的铁损达到日本 2% Si 的 H18 牌号，半成品达到约 3% Si 的 H14 牌号水平，磁感应强度 B_{50} 可提高约 0.1T。1995 年与宝山钢铁公司合作研制 5 个牌号高效电机用钢和高牌号无取向硅钢。2006 年与马鞍山钢铁公司合作用连铸连轧（CSP 法）新工艺研制中低牌号无取向电工钢并进行了生产。2007 年与首都钢铁公司合作建立电工钢研发中心，全面开展电工钢的研制。

1979 年武汉钢铁公司按日本专利正式生产 11 个牌号冷轧硅钢。对有特殊要求的重要原材料，如高级硅铁、MgO 隔离剂和绝缘涂料，通过与有关单位合作研制已完全立足于国内。1982 年对专利技术进行全面考核，成材率达 80%~85%，牌号合格率达 80%，已达到国际水平。武钢在掌握日本专利技术后取得了很大进展。在制造工艺方面全部采用钢水真空处理和连铸法，钢中硫可降到 0.003% 以下；冷轧无取向硅钢由两次冷轧法改为热轧板常化和一次冷轧法；采用大卷重和快速连续退火。产品质量、产量和成材率进一步提高。1996 年从新日铁第二次引进技术，主要内容是以 Z8 为代表的普通取向硅钢和 Z6H 为代表的 Hi-B 钢，并引进取向硅钢高温退火的环形炉和平整拉伸退火生产线，现在武钢硅钢片厂（现称第一硅钢厂）年产能已在 40 万吨以上。80 年代先后开发和生产半工艺无取向电工钢；H9~H7 高牌号无取向硅钢；0.15~0.2mm 厚无取向硅钢薄带；

0.5mm 厚电子对撞机电磁铁用的无取向硅钢。采用 MnS + AlN + Mo 抑制剂，铸坯加热温度降到 1275℃，两段常化和冷轧时效制成 0.3mm 厚 Z7H 牌号产品，并申请专利。同时再加 Sn 和 Cu，达 Z6H 水平。以 Cu_2S 为主 AlN 为辅助的抑制剂（前苏联工艺）制造普通取向硅钢，使铸坯加热温度降到 1250 ~ 1300℃，并于 2004 年按此工艺路线建设第二硅钢厂。2006 年建成投产，普通取向硅钢年产能达 16 万吨，0.3mm 厚产品 $P_{17} \leq 1.14W/kg$，$B_8 \geq 1.86T$，是普通取向硅钢磁性最高的产品。为改善表面质量，在脱碳退火气氛和 MgO 质量以及涂料工艺做了大量研究，取得良好效果并申请专利。2006 ~ 2010 年间，对高温加热 Hi - B 钢按目前最合适的制造设备和工艺建成生产线，生产 0.30mm、0.27mm 和 0.23mm 厚产品，年产能达 16 万吨。同时采用东北大学开发的激光刻痕技术。产品 $P_{17} \leq 1.13$ ~ 0.92W/kg，$B_8 \geq 1.91 ~ 1.94T$。刻痕后 $P_{17} \leq 0.95 ~ 0.8W/kg$。2006 ~ 2010 年间，按新日铁八幡厂低温加热渗氮工艺研发并生产 $P_{17} \leq 1.0W/kg$、$B_8 \geq 1.90T$ 产品。2009 年建立第三硅钢厂生产 Hi - B 钢，年生产能力为 16 万吨，并生产高牌号无取向硅钢。2006 ~ 2010 年间采用连铸连轧 CSP 工艺大量生产中、低牌号无取向电工钢。

宝山钢铁公司于 2000 年引进日本川崎两条连续退火生产线和专利技术，开始生产中低牌号无取向电工钢。随后陆续开发和生产半工艺无取向电工钢、高效电机用的无取向电工钢、高牌号无取向硅钢和取向硅钢。在取向硅钢方面开发两种技术并申请了专利，其主要内容都是降低铸坯加热温度。一是 1150 ℃加热和渗氮的 Hi - B 工艺。实验室 0.3mm 厚板 $B_8 = 1.91 ~ 1.95T$，$P_{17} = 0.95 ~ 1.03W/kg$；二是以 Cu_2S 为主，AlN 为辅并加 Sn 的 CGO 工艺。实验室 0.3mm 厚板 $B_8 = 1.90 ~ 1.92T$，$P_{17} = 1.12 ~ 1.32W/kg$。宝钢设备先进，管理严格，生产的电工钢产品板形好、尺寸精度高、表面状态好，磁性均匀稳定。

太原钢铁公司于 1997 年开始生产无取向电工钢。随后开发和生产 $P_{15} = 2.7 ~ 2.3W/kg$（H6 ~ H8）高牌号无取向硅钢，高牌号产量高。

鞍山钢铁公司于 2004 年也开始生产冷轧无取向电工钢。

马鞍山钢铁公司于 2006 年首先用薄铸坯连铸冷轧 CSP 法生产中、低牌号无取向电工钢。

1959 年钢铁研究院研制成 0.05mm 和 0.08mm 厚（110）[001] 取向硅钢薄带。证明冷轧到中间厚度经高温退火通过二次再结晶形成（110）[001] 取向后，再经冷轧和退火，是生产不大于 0.10mm 厚取向硅钢薄带的技术关键。1961 年将此制造技术推广到上海钢铁研究所和大连钢厂进行生产。产品质量和产量基本满足军工需要，使这种材料完全立足于国内。部分产品磁性达到前苏联最高牌号 Э360 水平。1964 年钢铁研究院也进行了小批生产，Э360 合格率达 80%，其中 30% 达到美国和日本同类产品水平。1983 年开始用武钢生产的 0.20 ~ 0.35mm 厚取向硅钢作为原始材料，经特殊酸洗去除表面硅酸镁底层和绝缘膜后，再冷轧和退火新工艺进行生产直到现在，成材率明显提高，制造成本大幅度降低，产品磁性进一步提高并更加稳定，磁性达到国际水平。同时研制和生产了厚度为0.02mm薄带产品。

1.2 电工钢板产量和品种分类

1.2.1 电工钢板产量

1974年以前世界电工钢产量增长速度很快，随后增长速度减慢。2006年全世界销售软磁合金约1200万吨，其中80%为无取向电工钢，16%为取向硅钢，剩余4%为其他软磁材料（如铁氧体、非晶、纳米金属和Ni-Fe合金等）。2007年全世界电工钢产量为1380万吨，其中无取向电工钢为1200万吨，取向硅钢CGO为140万吨，Hi-B为40万吨，而铁基非晶（用作小于30kV·A单相配电变压器）约5万吨，只占电工钢总量的0.4%。2010年全世界取向硅钢产量达207万吨（不包括中国）。变压器制造行业中CGO用量占75%，Hi-B占22%，非晶占3%。表1-1所示为主要国家电工钢产能。今后为了节能和环保，Hi-B钢用量和产量都将日益增多。

表1-1 电工钢生产主要国家或地区产能 （万吨）

生　产　国	无取向电工钢	取向硅钢	合　计
日本（NSC+JFE）	160	40	200
美国	25+150（半工艺产品）	32	207
俄罗斯	70	32	102
韩国	62	25	87
印度	80	1.5	81.5
德国	45	25	70
英国	25	5	30
法国	20	7.4	27.4
意大利	15	0	15
巴西	8	3.5	11.5
中国台湾	47	0	47
波兰	5	3.4	8.4
捷克	6	1.5	7.5
匈牙利	5	0	5
罗马尼亚	6	0	6
斯洛文尼亚	6	0	6
奥地利	6	0	6

中国近年来电力工业迅速发展，总装机容量已居世界第二位。2007 年装机容量为 7.1 亿 kW（美国为 8 亿 kW，日本为 5.1 亿 kW，韩国为 4 亿 kW），发电总量为 3.3 万亿 kW·h，而人均消费电量约 2500kW·h，远落后于发达国家（美国为 15000kW·h，日本为 8600kW·h，韩国为 6500kW·h）。因此今后电力工业仍将继续快速发展。由于电力工业的快速发展，冷轧电工钢产能也在迅速增加，电工钢总产能已占全世界总产能的 44%。表 1-2 所示为 2008 年全国各钢厂产量。冷轧电工钢总产量为 383.6 万吨，其中 CGO 取向硅钢为 28 万吨，Hi-B 为 5.5 万吨，中低牌号无取向电工钢 330 万吨，高牌号无取向电工钢为 19.4 万吨。而热轧硅钢产量已由约 100 万吨降到 72 万吨。2008 年进口约 69 万吨无取向电工钢和 35.3 万吨取向硅钢。表 1-3 所示为世界各国（厂家）电工钢的产能。中国电工钢总产能占世界总产能约 47%，促使进口电工钢数量大幅度下降，取向硅钢进口量下降更明显。

表 1-2　2008 年全国各钢厂电工钢产量　　　　　　　　（万吨）

名　　称		武钢	宝钢	鞍钢	太钢	马钢	涟钢	浙江天洁	万鼎三洲	顺德浦项	合计
取向硅钢	一般	26.4	2.02								28.4
	高磁感	5.04	0.5								5.54
	小计	31.44	2.5								
无取向硅钢	中低牌号	97.43	89.9	74.46	28.29	14.04	10.2	8	2.9	5	330.2
	高牌号	5.93	6.3		7.11						19.43
	小计	103.4	96.2	74.46	35.4	14.04	10.2	8	2.9	5	349.7
冷轧硅钢小计		134.8	98.72	74.46	35.4	14.04	10.2	8	2.9	5	383.6
热轧硅钢小计											72

表 1-3　世界各国（厂家）电工钢生产能力统计

生产国（地区）或厂家名称	生产能力/万吨			占世界比例/%		
	无取向	取向	合计	无取向	取向	合计
英国	25	5	30	2.21	2.17	2.20
法国	20	7.4	27.4	1.77	3.21	2.01
德国	45	25	70	3.98	10.86	5.14
意大利	15	0	15	1.33	0	1.10
波兰	5	3.4	8.4	0.44	1.48	0.62
捷克	6	1.5	7.5	0.53	0.65	0.55
匈牙利	5	0	5	0.44	0	0.37
罗马尼亚	6	0	6	0.53	0	0.44
斯洛文尼亚	6	0	6	0.53	0	0.44

续表1-3

生产国（地区）或厂家名称	生产能力/万吨			占世界比例/%		
	无取向	取向	合计	无取向	取向	合计
奥地利	6	0	6	0.53	0.00	0.44
俄罗斯	70	32	102	6.19	13.89	7.49
欧洲合计	209	74.3	283.3	18.48	32.26	20.81
ARMCO（美）	25	22	47	2.21	9.55	3.45
ALEGENY（美）	0	10	10	0.00	4.34	0.73
巴西	8	3.5	11.5	0.71	1.52	0.84
美洲合计	33	35.5	68.5	2.92	15.41	5.03
中国台湾中钢	47	0	47	4.16	0.00	3.45
武钢	156	44	200	13.79	19.11	14.69
太钢	33	0	33	2.92	0.00	2.42
宝钢	121	10	131	10.70	4.34	9.62
鞍钢	90	0	90	7.96	0.00	6.61
马钢	40	0	40	3.54	0.00	2.94
热轧厂家[①]	100	0	100	8.84	0.00	7.35
中国合计	587	54	641	51.90	23.45	47.09
日本（NSC + JFE）	160	40	200	14.15	17.37	14.69
韩国浦项	62	25	87	5.48	10.86	6.39
印度	80	1.5	81.5	7.07	0.65	5.99
亚洲合计	889	120.5	1009.5	78.60	52.32	74.16
世界合计	1131	230.3	1361.3	100.00	100.00	100.00

① 目前只有中国仍保留热轧硅钢产能。

一个国家的电工钢产量和用量与其发电量的增长率成正比。电工钢产量占一国钢材总产量的0.8%~1.3%。图1-5所示为1981年以前的日本历年发电量与电工钢板产量的关系。日本、俄罗斯和美国年产量都超过100万吨，日本1995年生产约200万吨，产量最高，以后产量略有降低，但仍保持在170~190万吨。冷轧电工钢产量中低碳低硅电工钢占50%~65%，取向硅钢约占20%（其中Hi-B钢约占25%，日本Hi-B钢约占50%）。冷轧取向硅钢都集中在1~2个钢厂生产。

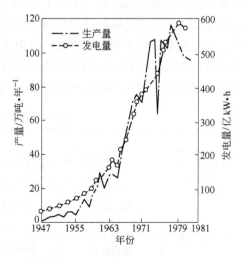

图1-5 1947~1981年日本历年发电量与电工钢年产量

表 1 - 4 所示为主要电器产品的电工钢使用定额（电工钢单位消耗量）。现在热轧硅钢都用来制造家用电机和小电机。大电机用高牌号冷轧无取向硅钢制造；中、大型变压器用冷轧取向硅钢制造。

表 1 - 4　主要电器产品的电工钢使用定额

产　品　名　称	使用定额
抽油烟机/kg·台$^{-1}$	2.5
吸尘器/kg·台$^{-1}$	3.5
电风扇/kg·台$^{-1}$	4
洗衣机(双缸)/kg·台$^{-1}$	6
电冰箱/kg·台$^{-1}$	5
冷柜/kg·台$^{-1}$	5
空调/kg·台$^{-1}$	11
小电机(1~100kW)/kg·kW^{-1}	10
中电机(>100~500kW)/kg·kW^{-1}	6
大电机(>500~30000kW)/kg·kW^{-1}	4
汽轮发电机(10~60万kW)/kg·kW^{-1}	1
水轮发电机(10~80万kW)/kg·kW^{-1}	1.7
中、小型变压器(≤7500kV·A)/kg·kW^{-1}	2
大型变压器(7500~1500000V·A)/kg·kW^{-1}	1

1.2.2　电工钢板品种分类

表 1 - 5 所示为电工钢板的品种类别。此外还有一些特殊用途的电工钢板，如 0.15mm 和 0.20mm 厚 3% Si 冷轧无取向硅钢薄带和 0.025mm、0.05mm 及 0.1mm 厚 3% Si 冷轧取向硅钢薄带，用作中、高频电机和变压器以及脉冲变压器等；高转速电机转子用的高强度冷轧电工钢板；医用核磁共振断层扫描仪等磁屏蔽和高能加速器电磁铁用的低碳电工钢热轧厚板和冷轧板；高频电机和变压器以及磁屏蔽用的 4.5% ~6.5% Si 高硅钢板等。

表 1 - 5　电工钢板的分类

类　　别		硅含量/%	公称厚度/mm
热轧硅钢板（无取向）	热轧低硅钢（热轧电机钢）	1.0~2.5	0.50
	热轧高硅钢（热轧变压器钢）	3.0~4.5	0.35, 0.50
冷轧电工钢板	无取向电工钢（冷轧电机钢）	低碳电工钢	≤0.5	0.50, 0.65
		硅钢	>0.5~3.2	0.35, 0.50
	取向硅钢（冷轧变压器钢）	普通取向硅钢	2.9~3.3	0.20, 0.23, 0.27, 0.30, 0.35
		高磁感取向硅钢	2.9~3.3	

1.3 铁和铁 – 硅合金的特性

工业纯铁（也称 Armco 铁）的纯度为 99.6% ~ 99.8%，纯铁（氢气净化铁，羰基铁和电解铁）的纯度为 99.9%，高纯铁（区域提纯铁）的纯度为不小于 99.99%。主要杂质元素为碳、硫、氧、氮、磷、硅和锰。

1.3.1 相图

纯铁在 910℃ 时发生 α→γ 相变，在约 1400℃ 时发生 γ→δ 相变。加硅使 Fe – C 相图中 γ 区缩小。图 1 – 6 为 Fe – Si 二元相图。在纯 Fe – Si 合金中，$w(\text{Si}) > 1.7\%$ 时无 γ 相变。$w(\text{Si}) > 4.5\%$ 时出现 DO_3 型有序相（Fe_3Si）和 B2 型有序相（FeSi）。低于 540℃ 时 B2 型有序相共析分解为 DO_3 有序相和 α – Fe 无序相。图 1 – 7 所示

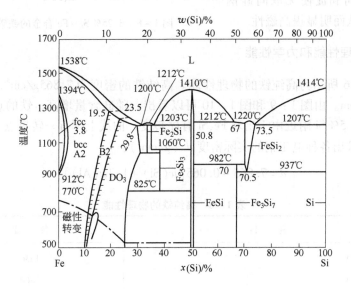

图 1 – 6 Fe – Si 二元相图（1982 年）

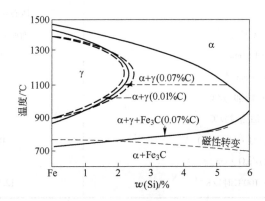

图 1 – 7 少量碳对 Fe – Si 相图中 α 和 γ 相线的影响

为少量碳对 Fe - Si 相图中 α 和 γ
相线的影响。Fe - Si 合金中含少
量碳明显扩大 α 和 γ 两相区。图
1 - 8 为 3.25% Si - Fe 合金的铁碳
相图。$w(C) < 0.025\%$ 时在任何温
度下加热都为单一 α 相而不发生
相变。这对采用高温退火制造取
向硅钢和 3% Si 高牌号无取向硅钢
极为重要，因为高温无相变有利
于通过二次再结晶发展（110）
[001] 取向和促使无取向硅钢晶
粒长大，从而明显提高磁性。

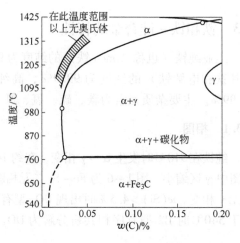

图 1 - 8　3.25% Si - Fe 合金的铁碳相图

1.3.2　物理性能和力学性能

表 1 - 6 所示为高纯铁的物理性能。高纯铁的密度为 7.865g/cm³，点阵常数
为 28.664nm。由图 1 - 9 和图 1 - 10 可以看出，随硅含量增高，铁的点阵常数和
密度减小。5% Si 附近由于出现 Fe_3Si 有序转变，曲线上都有一转折点。按下列经
验公式可求出各种电工钢的实际密度 d（g/cm³）：

$$d = 7.865 - 0.065[w(Si) + 1.7w(Al)]$$

表 1 - 6　高纯铁的物理性能

项　　　目	参　　　数
熔点/℃	1536
沸点/℃	2860
晶体结构	
20℃时	体心立方体（bcc）
910 ~ 1400℃时	面心立方体（fcc）
点阵常数（20℃时）/nm	28.664
密度（20℃时）/g·cm⁻³	7.865
α→γ 相变温度（加热时）/℃	910
γ→δ 相变温度（加热时）/℃	1400
比热容（20℃时）/J·(kg·℃)⁻¹	0.4438
电阻率（20℃时）/μΩ·cm	10.1
线膨胀系数（0 ~ 100℃时）/K⁻¹	12.1 × 10⁻⁶

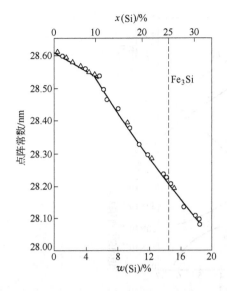

图1-9 Fe-Si合金的点阵常数　　图1-10 Fe-Si合金的密度

一般对一定含硅范围的电工钢规定密度为：$w(Si) \leqslant 0.5\%$ 时为 7.85g/cm^3，$w(Si) > 0.5\% \sim 1.0\%$ 时为 7.80g/cm^3，$w(Si) = 1.5\%$ 时为 7.75g/cm^3，$w(Si) =$ 2% 时为 7.70g/cm^3，$w(Si) = 2.5\% \sim 3.0\%$ 时为 7.65g/cm^3，$w(Si)$ 或 $w(Si +$ Al)$ = 3.5\% \sim 4.0\%$ 时为 7.60g/cm^3，$w(Si) = 4.2\% \sim 4.5\%$ 时为 7.55g/cm^3，$w(Si) = 6.5\%$ 时为 7.48g/cm^3。

电阻率是各向同性的。高纯铁的电阻率 $\rho = 10.1\mu\Omega \cdot$ cm，工业纯铁 $\rho =$ 12$\mu\Omega \cdot$ cm。图1-11表明随硅含量增高，电阻率明显增加。由图1-12看出，硅是提高铁的电阻率的最有效元素。因为电阻率与涡流损耗（P_e）成反比，铁中加硅的一个最重要目的就是提高 ρ 值以降低 P_e 值。电阻率 $\rho(\mu\Omega \cdot$ cm$)$ 与硅含量关系的经验公式为：

$$\rho = 12 + 11w(Si) \quad 或 \quad \rho = 13.25 + [11.3w(Si + Al)]$$

或　　$\rho = 13 + 6.25w(Mn) + 10.52w(Si) + 11.82w(Al) + 6.5w(Cr) + 14w(P)$

电阻温度系数随硅含量增高而明显降低。

表1-7所示为纯铁在室温下的力学性能。铁的弹性模量（E）和切变模量（G）是各向异性的。[111] 晶向的 E 值比 [100] 晶向 E 值约大一倍。图1-13表明随硅含量增高，铁的屈服强度和抗拉强度明显增高，在硅含量为 3.5% ～ 4.0% 时它们达到最大值。而当硅含量大于 2.5% 时伸长率和面缩率急剧下降，硅含量大于 4.5% 时迅速降到零，此时屈服强度和抗拉强度也急剧下降。由图1-14可看出，硬度却随硅含量增加而继续增高。因此硅含量大于 4.5% 时材料变得

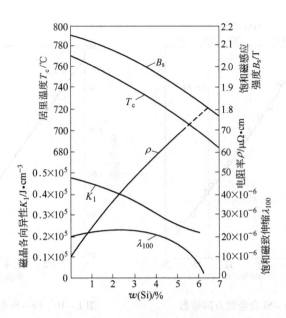

图 1 - 11　Fe - Si 合金的电阻率和固有磁性

据对含硅量在范围 $w(Si)$<0.5%到约 7.5% 之间的 $\rho(Si)$<0.5% 高硅铁 7.50%$\rho$$cm$，$\rho(Si)$=1.5% 到 7.5%时，$w(Si)$= 2%时，$\rho(Si)$=1.00μΩ·cm，$\rho(Si)$=3% - 8.0%，$w(JJ)$到 6% mm，$w(Si)$= 4.75% - Al= 1.75%mm，$w(Si)$= 7.6μΩ·cm，$w(Si)$= 4, Jr=4.5% 到 8，1.75μΩ·cm，$w(Si)$=6.5%时则为 7.6×10⁻⁶ cm。

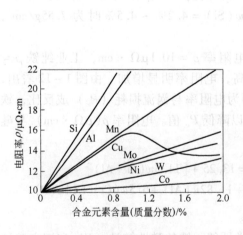

图 1 - 12　不同合金元素含量对
铁的电阻率的影响

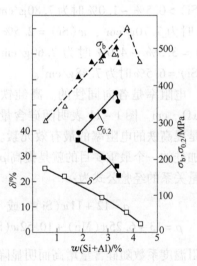

图 1 - 13　工业生产的电工钢板的
力学性能

（图中△，□，▲，●，■实验点取自文献 [1]）

既硬又脆而无法冷加工。由于这个原因，热轧硅钢板的硅含量上限定为 4.5%，冷轧硅钢则定为 3.3%。表 1 - 8 所示为冷轧电工钢的典型力学性能。

表 1－7 纯铁在室温下的力学性能

项　目	参　数
压缩率(30℃)/cm² · kg⁻¹	0.566×10^6
弹性模量(E)(平均值)/MPa	197×10^3
$E[100]$	131×10^3
$E[111]$	283×10^3
切变模量(G)/MPa	
$G[100]$	112×10^3
$G[110]$	66×10^3
$G[111]$	59×10^3
抗拉强度(完全退火状态)/MPa	
真空冶炼电解铁	242 ~ 276
羰基铁	193 ~ 276
屈服强度(完全退火状态)/MPa	
真空冶炼电解铁	69 ~ 138
羰基铁	104 ~ 166
伸长率(完全退火状态)/%	
真空冶炼电解铁	40 ~ 60
羰基铁	30 ~ 40

表 1－8 冷轧电工钢的典型力学性能

$w(Si)$/%	板厚/mm	抗拉强度/MPa		屈服强度/MPa		伸长率/%		硬度 HV	弯曲数	
		L	C	L	C	L	C		L	C
<0.5	0.50（无取向）	373	382	275	284	35	35	115	36	31
0.8 ~ 1.0	0.50（无取向）	392	402	275	284	33	34	120	35	28
1.5	0.50（无取向）	431	441	284	294	32	34	136	30	27
2.0	0.50（无取向）	451	460	304	314	32	34	155	30	27
3.0	0.50（无取向）	539	549	412	431	23	26	192	13	12
3.5 ~ 4.0（Si + Al）	0.50（无取向）	539	549	441	451	15	17	200	7	6
3.0	0.20（无取向）	490	500	392	422	18	18	198		
3.0	0.30（取向）	343	402	333	363	10	33	181	23	15
3.0	0.10（取向）	392				20				
3.0	0.05（取向）	333				8				
3.0	0.025（取向）	314				8				

注：L—轧向试样；C—横向试样。

图 1－15 为 3% Si 高磁感取向硅钢（Hi－B 钢中加铜和锡）薄板坯高温拉伸温度与面缩率的关系。可以看出，在 930 ~ 1150℃ 时面缩率低于 60%，热轧后易产生边裂。因为在此温度范围处于 α + γ 两相区（1100℃ 时 γ 相数量最多），α

和 γ 相的变形抗力不同，所以钢的延展性降低。

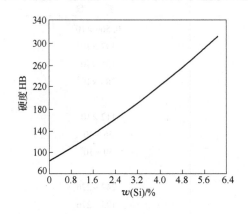

图 1 – 14　硅含量与铁的
硬度的关系

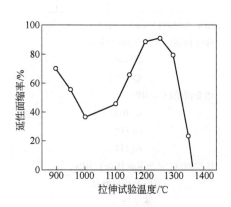

图 1 – 15　3% Si Hi – B 钢的拉伸
试验温度与延性面缩率的关系

硅含量增高使铁的热导率（表 1 – 9）和线膨胀系数（表 1 – 10）降低。硅钢在平行于板面和垂直于板面的热导率也不同。再者，硅含量增高，铸态晶粒尺寸增大。因此 $w(Si) \geq 1.5\%$ 的钢锭或连铸坯在 700℃ 以下冷却或加热速度应当慢，否则易产生内裂。

表 1 – 9　铁和硅钢的热导率

$w(Si)/\%$	0	0.6	1.5	3.0	4.2
热导率/W · (cm · ℃) $^{-1}$	0.544	0.461	0.322	0.230	0.167

表 1 – 10　铁和硅钢的线膨胀系数　　　　　　　　　（℃ $^{-1}$）

温度/℃	$w(Si)/\%$			
	0.08	1.03	2.40	3.37
2 ~ 100	12.51×10^{-6}	12.29×10^{-6}	12.30×10^{-6}	11.31×10^{-6}
>100 ~ 300	13.64×10^{-6}	13.41×10^{-6}	13.32×10^{-6}	12.71×10^{-6}
>300 ~ 350	15.01×10^{-6}	15.00×10^{-6}	14.76×10^{-6}	14.19×10^{-6}

1.3.3　磁性

铁磁材料的磁性分为组织不敏感磁性（也称固有磁性或内禀磁性）和组织敏感磁性两类。

1.3.3.1　组织不敏感磁性

当化学成分和温度不改变时，这些磁性参量不随材料的组织变化而变化。

A　饱和磁感应强度（B_s）

它取决于铁磁性元素每个原子的磁矩数（也称玻尔磁子数）μ_B。磁矩是由电子自旋引起的。纯铁的 $\mu_B = 2.2$，$B_s = 2.158T$。随硅含量增高，磁矩数减小（见图 1-16），磁感应强度 B_s 降低（见图 1-11）。

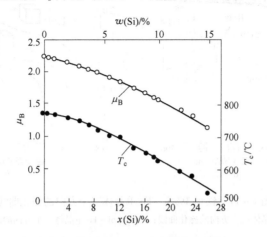

图 1-16　硅含量与 Fe-Si 合金的磁矩数（μ_B）和
居里温度（T_c）的关系

$$B_s = 2.158 - 0.048w(Si) \quad 或 \quad B_s = 2.21 - 0.06w(Si)$$

或　　　　$$B_s = 2.1561 - 0.0413w(Si) - 0.0198w(Mn) - 0.0604w(Al)$$

B　居里温度（T_c）

温度升高时 B_s 降低，最后变为顺磁性。在居里温度以下铁磁材料才具有强的铁磁性。居里温度也称居里点或磁转变温度。铁的居里温度很高，$T_c = 770℃$。随硅含量增高，T_c 降低（见图 1-11 和图 1-16）。

C　磁晶各向异性常数（K_1）

磁晶各向异性是指受电子轨道和磁矩与晶体点阵的耦合作用，使磁矩沿一定晶轴择优排列的现象，这导致各晶轴方向的磁化特性不同。图 1-17 所示为体心立方 α-Fe 和 3% Si-Fe 单晶体的三个主要晶轴的磁化曲线。可以看出，$\langle 100 \rangle$ 晶轴为易磁化方向，$\langle 111 \rangle$ 晶轴为难磁化方向，$\langle 110 \rangle$ 晶轴介于两者之间。铁的 $K_1 = 48.1 \text{kJ/m}^3$。随硅含量和温度升高，K_1 值降低（见图 1-11）。而 K_1 值降低，意味着磁矩与晶体的依赖性减小，更容易使系统的静磁能减到最低，对磁性有利。$K_1(10^4 \times \text{J/m}^3)$ 与硅含量的关系为：

$$K_1 = 5.2 - 0.5w(Si)$$

D　饱和磁致伸缩（λ_s）

磁致伸缩是铁磁材料磁化时长度变化的效应。它与晶体方向有关，是各向异性的。在磁饱和时磁致伸缩达到最大值 λ_s。图 1-18a 为铁和铁-硅单晶体的主要晶体方向的磁致伸缩值。随温度升高，λ_{100} 和 λ_{111} 均增高。随硅含量增高，λ_{100}

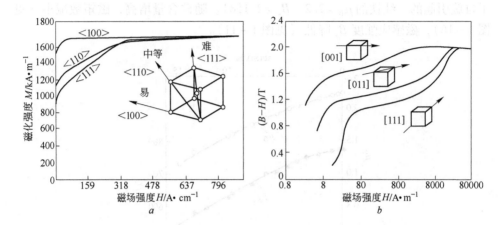

图 1 - 17 铁和 3% Si - Fe 单晶体三个方向的磁化曲线

a—铁单晶体三个方向的磁化曲线；b—3% Si - Fe 单晶体三个方向的磁化曲线

降低，而 λ_{111} 增高（见图 1 - 11 和图 1 - 18b）。硅含量约 6% 时，λ_{100} 和 λ_{111} 值相交，但没有同时等于零；λ_{100} 值在硅含量约 6.5% 时接近于零。磁致伸缩是造成变压器噪声的主要原因，而 λ_{100} 值比 λ_{111} 值更重要。

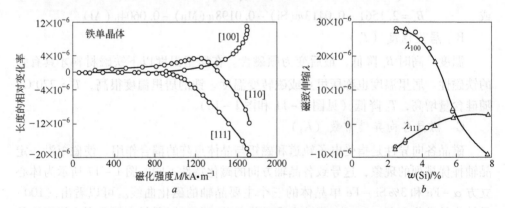

图 1 - 18 铁和铁 - 硅单晶体主要方向的磁致伸缩

a—铁单晶体主要方向的磁致伸缩；b—铁 - 硅单晶体主要方向的磁致伸缩

综上所述，硅使铁的 K_1 和 λ_{100} 降低，ρ 提高，所以矫顽力（H_c）、磁滞损耗（P_h）、涡流损耗（P_e）和铁损（P_T）降低，从约 3.5% Si 开始提高最大磁导率（μ_m）（见图 1 - 19）。由于 λ_{100} 降低，所以减少铁芯噪声。硅使 B_s 降低，所以强磁场下的磁感应强度下降。

1.3.3.2 组织敏感磁性

组织敏感磁性参量主要有起始磁导率（μ_0），μ_m，H_c，P_h，P_e，P_T 和不同磁

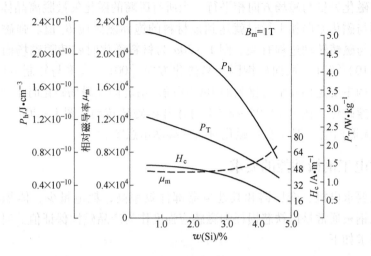

图 1 – 19　硅含量与热轧硅钢板磁性的关系

场下的磁感应强度。这些磁性除与化学成分和温度有关外，还受下列一些组织因素的影响：如晶粒取向、晶粒尺寸、晶体缺陷、析出物和夹杂物、内应力等。另外，钢板厚度、表面粗糙度、辐射和外加应力等对它们也有影响。这些因素主要影响磁畴结构和磁化行为。在退磁的铁磁材料中自发磁化矢量总是处于最低能量状态，即磁畴处于平衡稳定状态。当逐渐增加磁场时，磁化矢量与磁场方向最靠近的那些磁畴通过畴壁移动吞并相邻磁畴而长大。μ_0，μ_m，H_c，P_h，P_e 和低、中磁场下的磁感应强度与这种畴壁移动过程密切相关。磁场继续增大（$B =$ 1.5 ~ 1.9T 时），依靠畴壁移动已长大的磁畴和尚未被吞并掉的磁畴发生不可逆

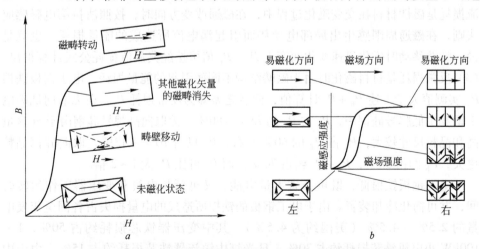

图 1 – 20　磁化时磁畴结构变化和电工钢磁化时畴壁移动示意图

a—磁畴结构变化；b—畴壁移动

转动,使磁化矢量与磁场方向相平行。当所有磁畴的磁化矢量脱离晶体易磁化方向而转到与磁化方向相平行时就达到该材料的饱和磁感应 B_s 值。强磁场下的磁感应强度与磁畴转动过程有关。图 1-20a 为材料磁化时磁畴随磁场而变化的示意图。(110)[001] 取向硅钢因为易磁化方向 [001] 大多与轧制方向相平行,其磁畴结构主要是相互平行排列的 180° 磁畴。沿轧向加磁场磁化时主要依靠畴壁移动而迅速磁化。在 $B=1.95\sim2.0T$ 时才开始磁畴转动。图 1-20b 为取向硅钢(左)和无取向电工钢(右)磁化时畴壁移动示意图。

1.4　对电工钢板性能的要求

一般要求电机、变压器和其他电器部件效率高,耗电量少,体积小和质量轻。电工钢板通常是以铁芯损耗和磁感应强度作为产品磁性保证值。对电工钢板性能的要求如下。

1.4.1　铁芯损耗(P_T)低

铁芯损耗是指铁芯在不小于 50Hz 交变磁场下磁化时所消耗的无效电能,简称铁损,也称交变损耗,其单位为 W/kg。这种由于磁通变化受到各种阻碍而消耗的无效电能,通过铁芯发热而损失掉电量,同时又引起电机和变压器的温升。

电工钢的铁损(P_T)包括磁滞损耗(P_h)、涡流损耗(P_e)和反常损耗(P_a)三部分:(1)磁滞损耗是磁性材料在磁化和反磁化过程中,由于材料中夹杂物、晶体缺陷、内应力和晶体位向等因素阻碍畴壁移动,磁通变化受阻,造成磁感应强度落后于磁场强度变化的磁滞现象而引起的能量损耗。也就是说,畴壁移动是不可逆的,从而产生 P_h。P_h 值可按直流磁滞回线面积计算得出。(2)涡流损耗是磁性材料在交变磁化过程中,在磁通改变方向时,按照法拉第电磁感应法则,在磁通周围感生出局部电动势而引起涡电流所造成的能量损耗。也就是说,畴壁移动时磁化迅速变化而产生 P_e。P_e 值可按经典涡流损耗公式计算得出。(3)反常损耗是材料磁化时由于磁畴结构不同而引起的能量损耗。电工钢板铁损 P_T 实测值大于上述 P_h+P_e 计算值,两者之差即为反常损耗 P_a。在无取向低碳电工钢和中低牌号硅钢中,P_h 占 P_T 的 75%~80%。无取向高牌号硅钢由于 Si 含量高和晶粒尺寸较大,P_h 占 P_T 的 60% 左右,P_a 只占 10%~13%。取向硅钢晶粒更大,P_h 约占 30%,P_e+P_a 约占 70%,而 P_a 可比 P_e 大 1~2 倍。

电工钢板铁损低,既可节省大量电能,又可延长电机和变压器工作运转时间,并可简化冷却装置。由于电工钢板的铁损所造成的电量损失占各国全年发电量的 2.5%~4.5%(美国约为 4.5%),其中变压器铁芯损耗约占 50%,1~100kW 小电机铁芯损耗约占 30%,日光灯中镇流器铁芯损耗约占 15%。由于中国长期大量使用热轧硅钢制造小电机,电量损失占全年发电量的 5% 以上。因为变压器和大、中型电机中铁损比铜损（导线电阻引起的损耗）大得多，所以电工钢的铁损更为重要。各国生产电工钢板总是千方百计设法降低铁损，并以铁损作为考核产品磁性的最重要指标，将产品的铁损值作为划分产品牌号的依据。

变压器铁芯设计选用的最大工作磁感（B_m）为 1.7 ~ 1.8T，频率为 50（或60）Hz，所以冷轧取向硅钢板规定的铁损保证值一般为 $P_{17/50}$。电机中定子铁芯轭部设计 B_m 值约为 1.5T，频率为 50（或 60）Hz，所以冷轧无取向电工钢板的铁损保证值一般为 $P_{15/50}$，热轧硅钢板也常以 P_{10} 作为保证值。中、高频电机和变压器的工作频率高于 50Hz，所以对不大于 0.20mm 厚的硅钢薄带要求 400Hz 或更高频率下的铁损作为保证值。

冷轧无取向硅钢的铁损比硅含量相同的热轧硅钢低 10% ~ 20%，相当于硅含量提高 0.5% ~ 1.0% 的热轧硅钢铁损值。对中国来说，用 1 万吨热轧硅钢板制成的电机比用 1 万吨冷轧无取向硅钢制成的电机，一年约多耗电 $10^8 kW \cdot h$。

1.4.2 磁感应强度(B)高

磁感应强度是铁芯单位截面面积上通过的磁力线数，也称磁通密度。它代表材料的磁化能力，单位为 T。铁芯质量一般占电机和变压器总质量约 1/3。电工钢板的磁感应强度高，铁芯的激磁电流（也称空载电流）降低，铜损和铁损都下降，可节省电能。当电机和变压器功率不变时，磁感应强度高，设计 B_m 可提高，铁芯截面面积可缩小，这使铁芯体积减小和质量减轻，并节省电工钢板、导线、绝缘材料和结构材料用量，因而可降低电机和变压器的总损耗和制造成本，并且有利于大变压器和大电机的制造、安装和运输。

取向硅钢沿轧向的磁化曲线很陡，其弯曲点明显提高，选用的设计 B_m 高达 1.7 ~ 1.8T，这接近 B_8 值，因此以 B_8 作为磁感保证值。取向硅钢沿轧向 B_8 值比无取向硅钢纵横向平均 B_8 值高 30% 以上，制成的变压器铁芯体积和质量也相应减少 30% 以上。电机设计 B_m 约为 1.5T，这接近冷轧无取向电工钢 B_{50} 值，因此以 B_{50} 作为保证值。热轧硅钢的磁感更低些，也常以 B_{25} 作为保证值。

1.4.3 对磁各向异性的要求

电机是在运转状态下工作，铁芯是由带齿圆形冲片叠成的定子和转子组成，要求电工钢板为磁各向同性，因此用无取向冷轧电工钢或热轧硅钢制造。一般要求纵横向铁损差值小于 8%，磁感差值小于 10%。

变压器是在静止状态下工作。大中型变压器铁芯是用条片叠成，一些配电变压器、电流和电压互感器以及脉冲变压器等用卷绕铁芯制造，这样可保证沿电工钢板轧制方向下料和磁化，因此都用冷轧取向硅钢制造。一些小型变压器铁芯用 E-I 型等冲片叠成，只能保证冲片轭部沿轧向磁化，除用取向硅钢制造外，也常用无取向电工钢制造。大型汽轮发电机定子铁芯也可用取向硅钢板冲成扇形片并搭叠成圆形铁芯，使扇形片轭部平行于钢板轧向，齿部垂直于轧向。

1.4.4 冲片性良好

用户使用电工钢板时冲剪工作量很大。一台小电机铁芯需要上千个 0.50mm 厚冲片叠成。一台 600MW 汽轮发电机定子铁芯是用几十万个 0.50mm 厚扇形冲片叠成，需要约 400t 高牌号无取向硅钢。一台 360MV·A 电力变压器铁芯是用约 10 万个 0.35mm 或 0.30mm 厚条片叠成，需要 300t 以上取向硅钢。因此电工钢板应具有良好的冲片性，这对微、小型电机尤为重要。冲片性好可以提高冲模和剪刀寿命，保证冲剪片尺寸精确以及减小冲剪片毛刺。毛刺大使叠片间产生短路和降低叠片系数（即铁芯有效利用空间）。

对电工钢冲片性没有统一的测试方法。成品钢板的反复弯曲次数可作为间接考核冲片性的指标。也可按照模具磨损情况，例如以磨损掉 0.025mm 为标准的冲片数来判断。对微型、小型电机用的钢板常以冲片毛刺达到 0.05mm 高度为止的高速冲床实际冲片数来判断。

影响冲片性的主要因素有：（1）冲模或剪刀材料。如硬质合金冲模的冲片数比工具钢冲模提高一倍以上。（2）冲头与冲模的间距。合适的间距一般为钢板厚度的 5%~6%。（3）冲片用润滑油种类。（4）冲片形状。（5）钢板表面绝缘膜种类和质量。（6）钢板的硬度等。后两个因素与电工钢板质量有关。

钢板表面有绝缘膜比无绝缘膜可使冲片数提高 3~5 倍。半有机盐涂层比无机盐涂层的冲片数提高 10 倍以上，由 10~15 万次提高到 150 万次以上（见图 1-21）。取向硅钢表面绝缘膜下方的硅酸镁底层很硬，对冲片性有很大影响，一般只能冲 1.5 万次左右。用取向硅钢制造 E-I 型小变压器时，电工钢生产厂可将此底层酸洗掉再涂绝缘膜，或不形成底层直接涂绝缘膜，这种产品的冲片性明显提高。硅含量相同时，冷轧无取向硅钢比热轧硅钢的弯曲次数更高（如 2.0%~2.5% Si 时规定的冷轧无取向硅钢弯曲次数大于 15 次，而热轧硅钢规定为不小于 10 次），冲片性更好，冲模寿命可提高 4~6 倍。一般来说，硅含量增高，钢板硬度增大，弯曲次数减小（见表 1-8），冲片性降低。但钢板硬度过低，冲片毛刺增大，冲片尺寸不精确。钢板的合适硬度为 130~180HV。低碳低硅冷轧电工钢不完全退火产品（半成品）比完全退火产品的硬度更高，冲片性更好，冲模寿命可提高 2~3 倍（无绝缘膜时）或冲片数可增高约 20%（有绝缘膜时），因此改善电工钢板绝缘膜质量和钢板硬度对提高冲片性有重要意义。

微型、小型电机多采用自动高速冲床连续冲片，对电工钢板的冲片性要求更

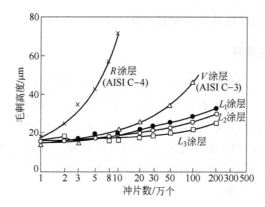

图 1 – 21　0.8% Si 无取向低硅钢 （0.5mm 厚） 的绝缘涂层与冲片数的关系
L_1，L_2，L_3—半有机涂层；R—无机盐涂层；V—有机漆
（JtS SKD – 1 钢冲模，轻油润滑，冲片间隙6%，涂层质量 2g/m²）

高，而且必须使用冷轧电工钢带卷，每分钟冲 300 ～ 500 片，冲片产量提高 2～3 倍，冲片车间面积减少一半以上，废边角料减少 8% ～ 10% （0.50mm 厚板）或 15% ～20% （0.35mm 厚板），钢带利用率高达 95% 。热轧硅钢在一般冲床冲片的利用率只有 75% ～85% 。

1.4.5　钢板表面光滑、平整和厚度均匀

要求电工钢板表面光滑、平整和厚度均匀，主要目的是为了提高铁芯的叠片系数。叠片系数是指一定量的电工钢板叠片的理论体积（按叠片质量和密度计算）与在一定压力下测定的实际体积之比，以百分数表示，也就是净金属占铁芯体积的百分数。叠片系数是衡量铁芯实际紧密程度的一个量度。叠片系数高意味着铁芯体积不变时电工钢板用量增多而有更多的磁通密度通过，有效利用空间增大，空气隙减少，这使激磁电流减小。对微型、小型和中型电机来说，减小 10% ～15% 空气隙可使激磁电流减小40% ～60% ，这比改善无取向电工钢本身的磁性更重要。电工钢板的叠片系数每降低 1% 相当于铁损增高 2% ，磁感降低 1% 。因此电工钢板国家标准和产品目录中都列有叠片系数值，并且规定要测定叠片系数。

叠片系数主要与以下因素有关：（1）钢板表面光滑度和平整度。（2）钢板厚度偏差和同板差。（3）表面绝缘膜厚度和厚度均匀性。（4）选用的钢板厚度（钢板愈厚，叠片系数愈高）。（5）装配时铁芯压紧程度。前三个因素都与电工钢板有关。冷轧电工钢板表面质量比热轧硅钢板优越，厚度偏差和同板差小。0.50mm 厚冷轧板的叠片系数高达98.5% ，而热轧板只有95% 。

钢板表面不平或厚度不均匀也不能保证冲片尺寸精确度，给装配铁芯工作造成很大困难，在铁芯中产生更大的压应力，使磁性降低和噪声增高，表面绝缘膜

易受损伤，而且高速冲床冲片时易被卡住。

1.4.6　绝缘薄膜性能好

为防止铁芯叠片间发生短路而增大涡流损耗，冷轧电工钢板表面涂一薄层无机盐或无机盐＋有机盐的半有机绝缘膜。用户冲剪后一般不需要再涂绝缘漆，只有 100MW 以上大发电机或 100MV·A 以上大电力变压器要求更高的绝缘性时，在此绝缘膜上可再涂绝缘漆。大的电工钢生产厂都发展自己独特的绝缘涂层配方。美国 AISI 标准中规定有 6 种电工钢绝缘涂层（见表 1 – 11），欧洲也采用此标准。日本没有统一标准。

表 1 – 11　美国 AISI 标准中规定的电工钢绝缘涂层种类

种类	特　　点	典型用途	层间电阻 /$\Omega \cdot (cm^2 \cdot 片)^{-1}$
C – 0	发蓝处理的氧化薄膜，耐 155℃	分马力电机，继电器，极靴	1 ~ 5
C – 1	有机绝缘漆，冲片性好，不耐温	分马力和小电机，继电器，小变压器	>5
C – 2	硅酸镁薄膜，冲片性低，耐 800℃	卷铁芯变压器等	>4
C – 3	有机绝缘漆，冲片性和绝缘性均好，耐 180℃	中、小型电机和中型变压器	>30
C – 4	磷酸盐无机涂层，冲片性较高，耐 800℃	中、小型电机和中型变压器	>4
C – 5	C – 2 + C – 4 两层绝缘膜，绝缘性高，冲片性低，耐 800℃	大变压器和电机，高频和脉冲变压器，高频电机	>30

对绝缘膜有以下要求：（1）耐热性好。在 750 ~ 800℃ 消除应力退火时不会破坏。（2）绝缘膜薄且均匀。一般要求每面厚度约为 1.5μm，此时叠片系数降低 0.5% ~ 1.0%。取向硅钢是在硅酸镁底层上再涂磷酸盐无机涂层的两层绝缘膜（见图 1 – 1b），每面厚约 3μm，叠片系数降低 1.0% ~ 1.5%。（3）层间电阻高。一般为 5 ~ 50$\Omega \cdot cm^2$/片。取向硅钢由于是两层绝缘膜，层间电阻在 30 ~ 120$\Omega \cdot cm^2$/片范围内，适合于大变压器和汽轮发电机。（4）附着性好。冲剪或消除应力退火后不脱落。（5）冲片性好。有机或半有机涂层在冲片时起润滑作用，明显提高冲片性。（6）耐蚀性和防锈性好。与变压器油或氟利昂气体不起化学反应，耐海水侵蚀和防锈。（7）焊接性好。铁芯焊接时焊缝中不产生气泡。

根据电工钢的不同用途，对绝缘膜要求也不同。电机和变压器功率愈大，要求绝缘性也愈高，因为涡流损耗与铁芯每匝感应电压有效值的平方成正比。因此对中、大型电机和变压器多用无机盐绝缘涂层（表 1 – 11 中 C – 4 和 C –

5）。中、大型变压器由于用简单条片叠成铁芯，无机盐冲片性较低也可满足要求。微型、小型电机用的电工钢要求绝缘膜冲片性和焊接性好，而绝缘性要求较低；完全退火产品在冲片后一般不经消除应力退火，所以绝缘膜的耐热性也无关紧要。因此多采用有机（表 1 –11 中 C – 1 和 C – 3）或半有机（图 1 – 21 中新日铁的 L_1、L_2 和 L_3 涂层）绝缘涂层。为提高冲片性，中、大型电机用的无取向硅钢也多采用半有机涂层。卷铁芯变压器的每匝感应电压小于 5V，不需要冲剪，但必须经 800℃ 消除应力退火，因此要求绝缘膜耐热性好和中等绝缘性，而冲片性不重要。因此多采用只有硅酸镁底层的取向硅钢制造，采用 C – 2 涂层。E – I 型小变压器要求冲片性好和绝缘性较低的绝缘涂层，多采用去掉硅酸镁底层或不生成硅酸镁底层而直接涂无机涂层 C – 4 的取向硅钢或涂半有机涂层的无取向电工钢制造。使用半成品低碳低硅电工钢制造微型、小型电机时生产厂可不涂绝缘膜，用户冲片和消除应力退火冷却到约 450℃ 时通水蒸气进行发蓝处理，使表面形成厚约 3 ~ 4μm 致密的 Fe_3O_4 氧化薄膜，其层间电阻可满足要求（C – 0 涂层）。

取向硅钢多采用应力涂层，即在硅酸镁底层上涂加有超微粒胶体 SiO_2 的无机磷酸盐的两层绝缘膜。利用绝缘涂层与钢板本身的热膨胀系数的差别，在退火冷却过程中使钢板内部产生各向同性的弹性拉应力，这使 180° 主磁畴细化，P_a 和 P_T 以及 λ_s 值明显降低，变压器噪声减小。这种应力涂层的膨胀系数约为 $4 \times 10^{-6}/℃$，3% Si – Fe 约为 $12 \times 10^{-6}/℃$，在钢板内可产生高达 4.9MPa 拉应力。而一般无机盐绝缘膜只产生 0.98 ~ 1.96MPa 拉应力。

热轧硅钢板表面一般不涂绝缘膜（前联邦德国生产的热轧硅钢板表面涂有绝缘漆或绝缘纸），用户冲片后再涂绝缘漆，但耐热性低，焊接性差，绝缘膜较厚（每面为 2 ~ 3μm），使叠片系数降低 1% ~ 2%。

因为层间电阻测量方法测出的数据波动很大，对绝缘膜的绝缘性能没有具体规定。表 1 – 12 所示为日本磁性材料委员会根据生产厂与用户协商提出的层间电阻参考值。

表 1 – 12　冷轧电工钢层间电阻要求的参考值

冷轧电工钢种类	电器产品种类	层间电阻/$\Omega \cdot (cm^2 \cdot 片)^{-1}$（在 3.43MPa 压力下）
取向硅钢	小变压器	>5
	中变压器	>15
	大变压器	>30
无取向硅钢	家用电机和微电机（也称分马力电机）	>2
	小电机	>2
	中电机	>5
	大电机	>15
	大发电机	>30

1.4.7　磁时效现象小

铁磁材料的磁性随使用时间而变化的现象称为磁时效。这种现象主要是由材料中碳和氮杂质元素引起的。电工钢在高温下碳和氮的固溶度高,从高温较快冷却时多余的碳和氮来不及析出而形成过饱和固溶体。铁芯在长期运转时,特别是在温度升高到 50~80℃ 时,多余的碳和氮原子就以细小弥散的 ε 碳化物(或 Fe_3C)和 $Fe_{16}N_4$ 质点析出,从而使 H_C 和 P_T 增高(见图 1-22)。

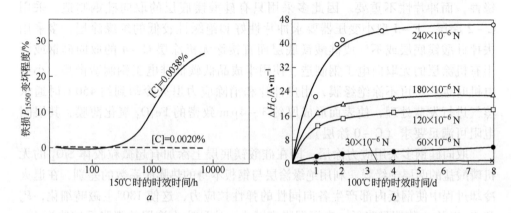

图 1-22　3% Si 钢时效后碳对铁损变坏率和氮对矫顽力增高的影响

a—碳对铁损变坏率的影响;b—氮对矫顽力增高的影响

碳和氮在 $\alpha-Fe$ 中的热扩散率 $D^\alpha(cm^2/℃)$ 与温度的关系如下:

$$D_C^\alpha = 0.02\exp\left(-\frac{20100}{RT}\right); \quad D_N^\alpha = 0.03\exp\left(-\frac{18200}{RT}\right)$$

因为碳和氮在 $\alpha-Fe$ 中的扩散激活能低,固溶度小。在冷到 700~500℃ 时碳变为过饱和状态;而氮在 300℃ 以下已变为过饱和状态。碳的扩散系数在 720℃ 时为 $10^{-6}cm^2/℃$,500℃ 时为 $5\times10^{-8}cm^2/℃$;而氮的扩散系数在 300℃ 以下时为 $10^{-10}cm^2/℃$,比碳低 2~4 个数量级。同时在室温下氮在 $\alpha-Fe$ 中的固溶度比碳低得多,所以氮对磁时效影响更大。

由图 1-22 看出,电工钢板中碳和氮含量小于 0.0035% 时,磁时效明显减小。硅有排斥碳原子促进退火时脱碳的作用。硅和铝降低碳和氮在 $\alpha-Fe$ 中的扩散速度,并与氮化合成 Si_3N_4 和 AlN,所以减轻磁时效。例如硅含量为 3% 时,钢板中 $w(C)\leqslant0.0035\%$ 无磁时效。当 $w(Si)\leqslant1.8\%$ 时,$w(C)\leqslant0.002\%$ 无磁时效。氧可间接促进磁时效,因为氧使氮在 $\alpha-Fe$ 中的扩散速度加快,并与硅和铝形成氧化物,从而减弱它们固定氮的作用。

时效析出的 Fe_3C 和 $Fe_{16}N_4$ 质点尺寸与畴壁厚度相近时阻碍畴壁移动最大。析出的 Fe_3C 质点与基体有特殊的位向关系。它是沿 $\alpha-Fe$ {100} 面析出盘状

Fe_3C，因为 $\alpha - Fe\ \{100\}$ 面的弹性模量（188MPa）最低，并与 Fe_3C 的弹性模量（177～196MPa）相近。而且沿着 $\alpha - Fe\ \langle 100 \rangle$ 方向长大成为针状 Fe_3C，因为此方向弹性模量最低。

通常采用人工时效处理方法检查电工钢板的磁时效，如经 $100℃ \times 600h$，$120℃ \times 120h$ 或 $150℃ \times 100h$ 时效处理，要求时效处理后铁损变坏率不大于6%（最好小于4%）。电工钢中碳含量大于0.0035%时，一般要进行时效检查。

综上所述，冷轧电工钢板与热轧硅钢板相比，具有以下优点：（1）磁性高，可节省大量电能。（2）冲片性好。（3）表面平整光滑，厚度偏差和同板差小，叠片系数高。（4）表面涂有绝缘膜，便于用户使用。（5）可成卷供应，适用于高速冲床，电工钢利用率高。

用户除对电工钢板有上述要求外，还特别注意材料的成本。用户可根据具体产品情况来选用合适的电工钢板品种、牌号和厚度。一般来说，无取向电工钢的硅含量增高，牌号提高，P_{15} 降低，B_{50} 也降低（图 1 - 1b），硬度增高，冲片性降低，成本提高。选用更厚钢板可使叠片系数提高，冲片工作量减小和成本降低，但铁损增高。家用电器的电机：微电机和不大于22kW小电机的铜损比铁损大，要求电工钢的磁感应强度高和冲片性好。同时由于电机功率小，而且家用电器中电机大多是间歇使用，所以耗电量小，允许电工钢的铁损更高些。因此选用成本低的 0.50mm 或 0.65mm 厚的低碳低硅电工钢半成品或完全退火产品制造。大电机和发电机功率大并且长期运转，耗电量大，必须选用成本高的 0.35mm 或 0.50mm 厚的低铁损高硅（高牌号）无取向硅钢制造。由于硅含量高使冲片性降低，但冲片尺寸大，所以也能满足要求。变压器在24h内都存在有空载损耗，耗电量更大，必须用成本高的 0.23～0.35mm 厚的取向硅钢制造叠片铁芯，用 0.23～0.27mm 薄带制造卷绕铁芯。工作频率高于50Hz或60Hz的电器产品（如中、高频电机和变压器，脉冲变压器），随频率增高应选用成本更高的硅钢薄带制造，因为频率高，P_e 和 P_T 增高。表 1 - 13 所示为工作频率与选用的电工钢板厚度和叠片系数的关系。

表 1 - 13　工作频率与电工钢板厚度和叠片系数的关系

工作频率/Hz	钢板厚度/mm	叠片系数/%
50, 60	0.50, 0.65	≥96（98.5～99）
50, 60	0.35	≥96（98.0～98.7）
50, 60	0.30 0.27 0.23	≥95.5（98.3～98.7） ≥95（98.1～98.5） ≥94.5（97.7～98）
400	0.20	≥93（96）
400～1000	0.15	≥92（95）

工作频率/Hz	钢板厚度/mm	叠片系数/%
400 ~ 2000	0.08, 0.10	≥90 (93)
1000 ~ 10000	0.05	≥85 (87)
3000 ~ 100000 以上	0.02, 0.025, 0.03	≥75 (80)

注：括号中数值为典型叠片系数。

参 考 文 献

[1] Bozorth R M. Ferromagnetism D. Van Norstrand Co. 1951.

[2] Дуброъ Н Ф, Лпакин Н И. Эдектртехнические Сталь, Металлургиздат, 1963.

[3] 田中悟. 电磁钢板 [J]. 新日本制铁株式会社, 1979.

[4] Chin G Y, Wemick J H. Ferromagnetic Materials Ed. by Wohlfarth E P, North—Holland Publishing Co. 1980, 2: 57 ~ 111.

[5] Walter J L. The Sorby Centennial Symposium on the History of Metallurgy, AIME, 1963. 27: 519 ~ 540.

[6] Werner F E. Energy Efficient Electrical Steels, Ed. by Marder A. R. & Stephenson E. T. TMS—AIME, 1980, 1 ~ 32; J. of Materials Engineering and Performance 1992, 1 (2): 227 ~ 234.

[7] Littmann M F. J. of MMM, 1982, 26: 1 ~ 10.

[8] Progress of the Iron & Steel Technologies in Japan in the Past Decade, Tran. ISIJ, 1985, 25: 884 ~ 886.

[9] Homma H (本间穗高), Nozawa T (野沢忠生), et al. IEEE Tran, Mag. 1985, MAG—21, (5): 1903 ~ 1908.

[10] Hudson D. Metal Bulletin, 1971, 1.

[11] 田口悟. 鉄と鋼 [J]. 1976, 67 (7): 905 ~ 915.

[12] 王麦. 当代中国钢铁工业的科学技术 [M]. 北京: 冶金工业出版社, 1987.

[13] 何忠治. 国外金属材料 [J]. 1982, (2): 25 ~ 32; 1983, (8): 37 ~ 43, 1987, (11): 37 ~ 44; 钢铁 [J], 1990, (2): 71 ~ 75.

[14] 田中正羲. 鉄鋼界 [J], 平成 3 年 7 月号 (1991), 26.

[15] Kubota T (久保田猛), Nagai T. J. of Materials Engineering and Performance (JMEPEG). 1992, 1 (2): 219 ~ 226.

[16] Takashima M (高岛稔), Obara T (小原隆史), Kan T (菅孝宏). Ibid, 1993, 2 (3): 249 ~ 254.

[17] Moses A J. J. of MMM. 1992, 112: 150 ~ 155.

[18] 高桥政司. 住友金属 [J]. 1994, 46 (1): 4 ~ 14.

[19] 坂倉昭. 日本金属学会报 [J]. 1994, 33 (1): 34 ~ 40.

[20] 酒井知彦. 特殊钢 [J]. 1994, 43 (7): 22 ~ 25.

[21] 何忠治. 金属功能材料 [J]. 1997, 4 (6): 243 ~ 247.

[22] 何忠治, 李军. 电工钢 [J]. 2004 (1): 243~247.

[23] 坂倉昭. ふぇらむ. 2004, 9 (2): 44~51.

[24] Fischor O, Schneiderl J. J. of MMM, 2003, 254~255: 302~306.

[25] Gunther K, et al. Steel Research Int. , 2005, 76 (6): 413~421; J. of MMM, 2008, 320: 2411~2422.

[26] Kubota T. Steel Research Int. , 2005, 76 (6): 464~470.

[27] Hayakawa Y (早川康之), et al. JFE Technical Report, 2005, (6): 8.

[28] Mao L X, Feng H, et al. Steel Research Int. , 2008, 79 (9): 712~720.

[29] 方泽民, 等. 电工钢 [J]. 2009, (1): 2~13.

[30] 方泽民. 中国电工钢58年发展历史与展望 [J]. 2010.

2 铁磁学基础和影响电工钢磁性的冶金因素

2.1 铁磁学基础

2.1.1 铁磁性物质的基本特点

铁磁性的特点是具有强的磁性，一般在小于数千安/米的磁场中就可达到饱和磁化状态。其磁化率或磁导率随磁化场强度的变化呈非线性变化，并且当磁化场方向改变时出现磁滞现象。其饱和磁化强度或饱和磁感应强度随温度升高而下降。当达到一定温度时下降为零，即铁磁性消失而转变为顺磁性。这个磁性转变温度称为居里温度（T_c）。

2.1.1.1 铁磁性的起因

在 Fe、Co、Ni 这类铁磁性材料的晶体中，电子的外层轨道由于受到晶格场的作用，方向是变动的，不能产生联合磁矩，对外不表现磁性，即这些电子轨道磁矩被冻结了，因此在晶体中这些原子的电子轨道磁矩对原子总磁矩没有贡献。原子的磁性只能来源于未填满壳层中电子的自旋磁矩。Fe、Co 和 Ni 都为 3d 壳层未填满的元素。在晶体中原子不是孤立的，电子在这样的结构中运动，原来孤立原子的能级在晶体中已扩展成能带。3d 和 4s 能带有一部分重叠，而且 3d 和 4s 电子是可以互相转变的。统计的结果，3d 和 4s 壳层的有效电子数就不一定是整数。这样计算出的 3d 和 4s 电子的分布（如表 2-1 所示）与实验结果较符合。

表 2-1　Fe、Co、Ni 原子 3d 和 4s 电子统计分布

金属	3d		4s		3d 和 4s 电子总数	玻尔磁子（剩余磁矩）μ_B
	+	-	+	-		
Fe	4.8	2.6	0.3	0.3	8	2.2
Co	5.0	3.3	0.35	0.35	9	1.7
Ni	5.0	4.4	0.3	0.3	10	0.6

注：表中正、负号表示相反的自旋。

1907 年法国韦斯（P. E. Weiss）首先提出铁磁性的分子场和磁畴假说。根据这个理论，在居里温度以下，铁磁性物质内部分为若干饱和磁化区域，即磁畴。每一磁畴内部各原子磁矩由于存在一强的分子场作用力，而使各原子磁矩都按同一方向平行排列，即自发地磁化到饱和强度。但各磁畴的自发磁化强度矢量不相同，混乱排列而互相抵消，因此宏观磁化强度很低，不表现出强的磁性。在较弱的外磁场作用下，就足以使各磁畴的自发磁化矢量部分地趋向一致，从而表现出一定的宏观磁化强度。分子场理论假定分子场（H_m）大小与自发饱和磁化强度 M 成正比，即 $H_m = vM$，式中 v 为分子场系数。此理论证明了居里温度 T_c 的存在，特别是以后用量子理论修正的分子场理论，可很好地解释铁磁物质的饱和磁化强度随温度的变化，这与实验结果很符合，说明分子场和自发饱和磁化概念是正确的。现代实验技术（粉纹法、Kerr 磁光效应法和扫描电镜）也完全证明在铁磁性物质中确实存在磁畴，并且观察到磁化时磁畴变化情况。

在铁磁体中一个磁矩为 μ 的磁性原子，在强的分子场 H_m 作用下，原子磁矩与 H_m 平行，磁能为 μH_m。当加热到 T_c 温度时由于热运动，磁矩不能保持和 H_m 平行，自发磁化消失。此时热运动能量 kT_c 应与磁能 μH_m 相等，即 $\mu H_m \approx kT_c$。以铁为例，已知 $\mu = 2.2\mu_B$（见表 2–1），$k = 1.38 \times 10^{-6}$ erg/K，$T_c = 1043$K，由上式计算出 $H_m \approx 5.57 \times 10^8$ A/m（7×10^6 Oe）。这说明导致自发饱和磁化的分子场作用力非常强大，韦斯当时是无法解释的。

1928 年海森伯格（W. K. Heisenberg）对分子场起源做出了正确的理论阐述。分子场是来源于量子力学的交换力。在相邻原子的电子自旋间存在正的或负的交换作用，其交换能为：

$$E_{ex} = -2A\sigma_1\sigma_2\cos\varphi \qquad (2-1)$$

式中，σ_1 和 σ_2 分别为电子 1 和电子 2 的自旋角动量；A 为这两个电子的交换积分；φ 为这两个电子自旋间的夹角。A 与相邻原子中的两个电子交换位置所对应的能量有关，以积分形式表示。从积分式中可看出，A 的来源不是由于磁的相互作用，而来源于静电性质的相互作用。当 A 为正值（大于 0），则自旋相互平行排列，即 $\varphi = 0$ 时，交换能 E_{ex} 最低，所以最稳定。这就产生了自发磁化的铁磁性。如果 A 为负值（小于 0），则自旋相互反平行排列时的能量最低，这就产生了反铁磁性或亚铁磁性。交换积分 A 随电子间距离的增大而迅速减小，其变化依赖于电子云的空间分布（波函数），所以计算是很复杂的。

按以下两个条件可判断铁磁性：（1）两个近邻原子的电子云重叠区域必须在两个原子核中间，并且距离两个原子核都较远，即参加交换作用的电子的电子云密度离原子核要远些；（2）由图 2–1 看出，近邻原子的原子核之间距离（点阵常数）a 与参加交换作用的未填满电子层半径 d 之比要大于 3，但也不能太大。这样可使电子云在远离原子核的很大空间内重叠，因而 $A > 0$ 并

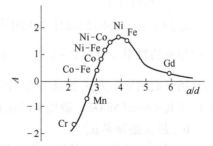

图 2–1 交换积分 A 与 a/d 的关系曲线
a—点阵常数；d—未填满电子层半径

具有铁磁性（如 Fe、Ni、Co、Gd 及其合金）。如果两个原子之间距离太大，电子云就重叠很少或不重叠，因而 $A < 0$ 并为反铁磁性（如 Mn 和 Cr）。

2.1.1.2　静态磁化曲线和磁滞回线

用闭合环状样品通过实验可测出磁性材料的磁化强度（或磁感应强度）与磁场强度的关系曲线，这就是磁化曲线。因为 $B = \mu_m(H + M)$，在 CGS 制中 $B = H + 4\pi M$，所以已知 $M - H$ 曲线便可得到 $B - H$ 曲线，反之亦然。$M - H$ 曲线称为内禀磁化曲线，它表示材料的内禀特性；而 $B - H$ 曲线称为技术磁化曲线，它表示材料的应用性能。图 2-2 中 $OABB_s$ 曲线为 $B - H$ 磁化曲线。OA 部分是起始磁化部分，磁化过程近似为可逆的。也就是说去掉磁场后磁化又回到 O 点。AB 部分是磁化急剧变化阶段，是不可逆的。BB_s 部分是磁化变化趋于缓慢并逐步达到磁饱和状态。B（或 M）与 H 不是单值函数关系。当磁场达到饱和磁感应强度 B_s 点对应的饱和磁场 H_s 后，将磁场再逐渐降低到零时，B 不按原磁化曲线降为零，而按 $B_s - B_r$ 曲线降到 B_r 点（剩余磁感应强度）。当磁场 H 以相反方向逐渐增加到 $-H_c$（矫顽力）时，磁感应强度才变为零，这称为磁滞现象。反向磁场 $-H$ 继续增大到与 $-B_s$ 对应的 $-H_s$ 点后，再改变为正向磁场 $+H$ 并增大到 B_s 点，就形成图 2-2 所示的回线，称为磁滞回线。$M - H$ 磁化曲线和磁滞回线形状与图 2-2 相似。只有铁磁性和亚铁磁性物质才具有这样的磁化曲线和磁滞回线。抗磁性和顺磁性物质的磁化曲线为直线，而且没有磁滞现象。

以下对图 2-2 中的几个技术磁性参数予以说明。

A　饱和磁感应强度 B_s

饱和磁场下相对应的磁感应强度为 B_s。由于 $B - H$ 磁化曲线即使在很强磁场中也不可能成为水平线，因此 B_s 往往是指某一共同商定的较强磁场下的 B。$B_s = \mu_0(H_s + M_s)$。在 CGS 制中 $B_s = H_s + 4\pi M_s$。对高导磁软磁合金来说，$H_s \ll 4\pi M_s$，所以可将 $4\pi M_s$ 作为 B_s。

B　起始磁导率 μ_i 和最大磁导率 μ_m

a　起始磁导率 μ_i

μ_i 为 H 趋于零时的磁导率极限值，也称为 μ_0（见图 2-3）。它是 $B - H$ 曲线上起始处的斜率（见图 2-2）。$I = \lim\limits_{H \to 0} \dfrac{B}{H}$，为简便起见，在应用中常规定在某一弱磁场下的磁导率为 μ_i 或 μ_0，如对应于 $0.08 \text{A/m}(1\text{mOe})$ 磁场下的 $\mu_{0.8}(\mu_1)$ 或对应于 $0.4 \text{A/m}(5\text{mOe})$ 磁场下的 $\mu_4(\mu_5)$。

b　最大磁导率 μ_m

μ_m 为 $\mu - H$ 曲线上的最大值（见图 2-3）。也就是沿磁化曲线上的磁导率最大值，它相当于从磁化曲线的原点对磁化曲线的切线点（见图 2-2）。

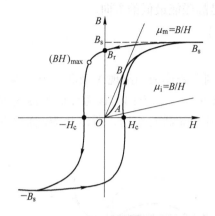

图 2-2 B-H 磁化曲线和
磁滞回线

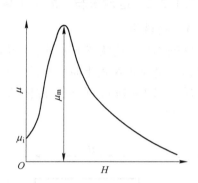

图 2-3 μ-H 曲线（磁导率 μ 与
磁场强度的关系）

C 矫顽力 H_c

矫顽力 H_c 是在 B-H 饱和磁滞回线上使 B 变为零时所需的反磁化的磁场强度（见图 2-2）。

D 剩余磁感应强度 B_r（简称剩磁）

剩磁 B_r 是在 B-H 饱和磁滞回线上 H 变为零时所对应的磁感应强度（见图 2-2）。

在交变磁场作用下磁化状态仍由一闭合回线描述。但由于涡流效应和磁后效应的影响，回线形状不同于静态回线，这称为动态回线。

2.1.2 铁磁性物质的能量和有关的基本现象

铁磁体的性能和磁化状态，也就是磁畴的形成和特性，与以下几种能量有密切关系。这些能量都是铁磁性物质的自由能。它们都遵从一个普遍规律，那就是物质结构的最稳定状态是它的自由能最低的状态。

2.1.2.1 在外磁场中的能量（静磁能）

磁化强度为 M 的磁体在外磁场 H 的作用下，有一力矩 L 作用在磁体上，促使 M 方向与 H 方向平行。$L = \mu_0 MH\sin\theta = JH\sin\theta$，这里 $J = \mu_0 M$，为磁极化强度。使 M 和 H 呈 θ 角的能量在数值上应与反抗此力矩所做的功相等，即

$$E_H = \int L d\theta = JH\int \sin\theta d\theta = JH\cos\theta + C \qquad (2-2)$$

式中，C 为任意常数。如果选 θ=90°时为 E_H 的零点，C=0。上式可简化为：

$$E_H = -JH\cos\theta$$

它表示铁磁材料中单位体积的外磁场能或静磁能。当磁场的力矩作用使磁体转到

磁场方向（$\theta = 0°$）时就变得稳定了，这是静磁能最低的方向。

2.1.2.2　退磁场和退磁能（静磁能）

A　退磁场

铁磁体在磁化状态下如果是开路的，则在磁体两端出现 N 极和 S 极，因而在磁体内部出现从 N 极走向 S 极的一种磁场 H_d，它的方向与该磁体的外磁场方向 H 相反（图 2-4a），它有使磁体的磁化强度降低的作用，所以将 H_d 称为退磁场。

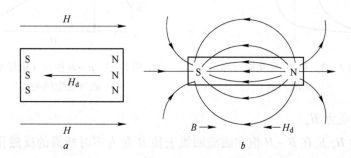

图 2-4　退磁场 H_d（a）和棒状磁体中退磁场不均匀（b）示意图

退磁场对磁畴结构影响很大。退磁场常是不均匀的（见图 2-4b），这使原来有可能均匀磁化的磁体也变为不均匀。图 2-5 表示棒状磁体和椭球形磁体中的磁通量（磁力线）的分布情况。代表 B 的磁力线总是闭合的。在磁体内部 B 与 M 方向相同，但与 H_d 方向相反。在磁体外部空间中，B 场与 H_d 场方向是相同的（图 2-4b）。可看出在 H_d 作用下棒状磁体磁化不均匀，椭球磁体磁化均匀。

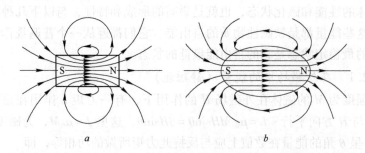

图 2-5　棒状磁体（a）和椭球形磁体（b）中的磁通量分布示意图

只有椭球形磁体中的退磁场是均的，此时退磁场强度 H_d 与磁化强度 M 成正比，$H_d = -NM$，式中 N 称为退磁因子。当材料均匀磁化时，N 只与样品尺寸有关，其数值为 0~1。在开路磁化时因为只有椭球形磁体才能均匀磁化，由此

可计算出 N 值。在实际应用中常遇到圆柱体，当长度比直径大很多时，除端面附近以外，也可看作近似均匀磁化。

B　退磁能

磁体的磁化强度与其自身退磁场的相互作用的能量称为退磁能。这与外磁场作用下的静磁能的情况类似。因此单位体积中的退磁能 E_d 可按相同的方法计算，所不同的是退磁场强度 H_d 随 M 增大而增高，也就是说 H_d 是 $J = -\mu_0 M$ 的函数，而外磁场 H 不受 M 的影响。因此 E_d 也用积分形式描述，即

$$E_d = -\int_0^J H_d \mathrm{d}J = -\mu_0 \int_0^M H_d \mathrm{d}M$$

因为 $H_d = -NM$，H_d 与 M 的方向相反，式中的负号相当于 $\cos\theta = 180°$，代入上式得到

$$E_d = \mu_0 \int_0^M NM\mathrm{d}M = \frac{1}{2}\mu_0 NM^2 \qquad\qquad (2-3)$$

在 CGS 制中 $E_d = \frac{1}{2}NM^2$。

2.1.2.3　磁各向异性

铁磁性材料沿不同方向的磁性不相同称为磁各向异性。磁各向异性可分为磁晶各向异性、应力各向异性、形状各向异性、感生各向异性和交换各向异性。

在铁磁单晶体中不同晶轴方向上的磁性不同称为磁晶各向异性。铁磁体磁化时其长度和体积发生微小变化，产生磁弹性应力。材料中也存在其他应力。由这些应力和其应变导致的磁各向异性称为应力各向异性。对于非球形对称的铁磁体，在不同方向磁化时由于退磁场强度不同引起磁性不同称为形状各向异性。铁磁材料在居里温度以下经磁场热处理或应力热处理等外加条件下造成的各向异性称为感生各向异性。本节只介绍与电工钢有关的磁各向异性，即磁晶各向异性和感生各向异性，而磁致伸缩引起的应力各向异性将在下节介绍。

A　磁晶各向异性

Fe、Co 和 Ni 单晶体沿不同晶轴方向测出的磁化曲线证明各晶轴方向的磁性差别很大。从图 1-17 可看出体心立方晶体的 Fe 和 3% Si-Fe 的 [100] 是易磁化方向，[111] 为难磁化方向。面心立方的 Ni 与此恰好相反，即 [111] 是易磁化方向，而 [100] 是难磁化方向。六方晶体 Co 的 [0001] 方向是易磁化方向，与此轴垂直的方向 [10$\bar{1}$1] 和 [11$\bar{2}$0] 为难磁化方向。

产生磁晶各向异性的原因是：晶体中原子或离子的规则排列造成空间周期变化的不均匀静电场，使原子中电子轨道角动量发生变化，但其平均变化可能为零。所以在晶体中显示出来的原子磁矩主要是它的电子自旋总磁矩。电子一方面受空间周期变化的不均匀静电的作用，同时邻近原子间电子轨道还有交换作用，电子的轨道运动与它的自旋是相耦合的。因而磁矩在晶体的不同方向具有不

同能量。磁矩倾向于沿磁晶各向异性能量低的易磁化方向排列。

磁晶各向异性能 E_K 通常以饱和磁化强度矢量 M_s 相对于主晶轴的方向余弦的幂级数形式表示。对立方晶体，由于它的立方对称性，E_K 式为

$$E_K = K_0 + K_1(\alpha_1^2\alpha_2^2 + \alpha_2^2\alpha_3^2 + \alpha_3^2\alpha_1^2) + K_2\alpha_1^2\alpha_2^2\alpha_3^2 + \cdots \qquad (2-4)$$

式中，α_1、α_2 和 α_3 为 M_s 相对于三个 [100] 轴的方向余弦；K_0、K_1 和 K_2 为磁晶各向异性常数，它们随材料和温度而变，其正负符号和大小决定材料的易磁化方向和难易磁化程度。由于 K_0 与磁化方向无关，而且在多数情况下，K_2 值很小可略去不计，所以 E_K 主要用 K_1 表示。当 $K_1 > 0$ 时，[100] 方向的能量最低，所以此方向为易磁化方向，如 Fe 的 $K_1 = +48.1 \times 10^{-3}\,\text{J/m}^3$，3.2% Si – Fe 的 $K_1 = +35 \times 10^3\,\text{J/m}^3$。当 $K_1 < 0$ 时，[111] 方向能量最低，所以此方向为易磁化方向，如 Ni 的 $K_1 = -5.48 \times 10^{-3}\,\text{J/m}^3$。磁晶各向异性能是抗拒外磁场的一种最主要的能力。一般来说，K_1 小的铁磁材料用作软磁合金；K_1 大的材料用作永磁合金。磁各向异性和 K_1 值可用磁转矩仪测定出。

表 2 – 2 所示为 3% Si 高磁感取向硅钢板不同方向磁化时按上式计算出的磁晶各向异性能 E_K 值。可看出在约 55° 方向时 E_K 最大，相对应的 μ 值最低和磁化到 1.3T 时的磁场强度 H 值最高（见图 2 – 6）。在与轧向平行的 0° 方向 E_K 最小，所以 μ 也最高。

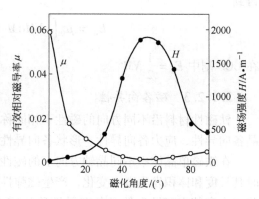

图 2 – 6　高磁感取向硅钢不同方向的
相对磁导率和磁化到 1.3T
时的磁场强度

表 2 – 2　高磁感取向硅钢不同方向的 E_K 计算值

磁化角度 $\varphi/(°)$	磁晶各向异性能 $E_K/\text{J} \cdot \text{m}^{-3}$	磁化角度/(°)	磁晶各向异性能 $E_K/\text{J} \cdot \text{m}^{-3}$
0	K_0	50	$K_0 + 0.338K_1$
10	$K_0 + 0.075K_1$	60	$K_0 + 0.328K_1$
20	$K_0 + 0.107K_1$	70	$K_0 + 0.297K_1$
30	$K_0 + 0.203K_1$	80	$K_0 + 0.264K_1$
40	$K_0 + 0.285K_1$	90	$K_0 + 0.250K_1$

B　感生各向异性

感生各向异性和磁晶各向异性不同，它不是材料本身固有的，而是靠外加条件形成的。在去掉外加条件后在材料中仍保持有这种各向异性。例如，材料经塑性变形加工、磁场退火或应力退火都可产生单轴感生各向异性。其形成机理是由

于形成了原子对方向有序排列，如塑性变形加工通过晶体滑移可形成原子对方向有序，从而形成滑移感生各向异性。感生各向异性能：

$$E_u = K_u \sin^2\theta \qquad (2-5)$$

式中，θ 为磁化矢量与退火时施加磁场方向或应力方向之间的夹角；K_u 为感生各向异性常数，它与材料的磁化强度和温度有关。如在居里温度以下的磁场退火温度愈高，K_u 愈大。当一个材料中同时存在磁晶各向异性和感生各向异性时，总的磁晶各向异性能为这两部分能量之和。材料的磁晶各向异性能比较小时，感生各向异性就起主要作用。也就是 K_1 小的材料经这样处理，改善磁性最明显。

2.1.2.4 磁致伸缩和磁弹性能

A 磁致伸缩现象

铁磁材料在居里温度以下发生自发磁化（形成磁畴）时或在外磁场中磁化时，它的长度和体积都发生微小变化，这一现象称为磁致伸缩。长度伸长或缩短称为线磁致伸缩。长度为 l 的磁体的线磁致伸缩 $\lambda = \Delta l/l$。$\Delta l/l$ 为伸缩比，只有 $10^{-5} \sim 10^{-6}$ 数量级。λ 值随磁化场强度 H 增加而增大。当磁化强度达到饱和时，λ 也达到饱和值，称为饱和磁致伸缩，以 λ_s 表示（见图 2-7）。物体磁化时，不仅在磁化方向会伸长（或缩短），在偏离磁化方向的其他方向也同时伸长（或缩短），但随偏离方向增大，伸长比（或缩短比）逐渐降低。在横向时物体反而缩短（或伸长）。所以材料按线磁致伸缩可分

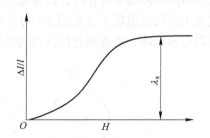

图 2-7 磁致伸缩与磁场强度的关系

为两类：正磁致伸缩（Δl 或 λ 为正值），随磁化而伸长，如 Fe。负磁致伸缩（Δl 或 λ 为负值），随磁化而缩短，如 Ni。当纵向磁致伸缩为 λ，则横向磁致伸缩为 $\lambda/2$。

在 $\lambda < \lambda_s$ 时，体积不发生变化。λ 达到 λ_s 后在强磁场下 λ 值仍继续变化，它来源于磁体体积的变化，这称为体积磁致伸缩，即 $\omega = \Delta V/V$。每增加一单位场强时，ω 的变化，即 $\partial\omega/\partial H$ 称为体积磁致伸缩系数。体积磁致伸缩主要是交换作用引起的。一般铁磁合金的体积磁致伸缩值很小，不予考虑，因为 $\partial\omega/\partial H$ 只有 10^{-10} 数量级。只有 36% Ni-Fe 因瓦合金具有很大的体积磁致伸缩系数。

磁致伸缩与晶体方向密切相关，所以是各向异性的。在立方单晶体中 λ_{100} 和 λ_{111} 不相等。对多晶体来说，晶粒方向均匀分布，任一方向的磁致伸缩为各晶粒在这一方向的磁致伸缩平均值，其纵向饱和磁致伸缩平均值为：

$$\lambda_s = \frac{2\lambda_{100} + 3\lambda_{111}}{5} \qquad (2-6)$$

图 1-18a 为铁单晶体中主要晶轴方向的线磁致伸缩与磁化强度的关系。证明 [100] 方向伸长，[111] 方向缩短，[110] 方向先伸长后缩短。图 1-11 和图 1-18b 为 Si 对 λ_{100} 及 λ_{111} 的影响。随 Si 量增高，λ_{100} 降低和 λ_{111} 增高。在约 6% Si 时 λ_{100} 和 λ_{111} 值最低。λ_{100} 值比 λ_{111} 值更大也更重要，在约 6.5% Si 时 λ_{100} 近似为零。

产生磁致伸缩现象的原因是：铁磁材料的磁化状态发生变化时，其自身形状和体积都要改变，因为只有这样才能使系统的总自由能量最低。在居里温度（T_c）以下由于交换作用力而自发磁化，原子磁矩沿某一方向排列，这就对晶体点阵发生了作用，使晶体改变了形状（自发变形）。有些材料在磁矩方向伸长，有些材料会缩短。如图 2-8 所示的一假想的单畴晶体在 $T > T_c$ 时为球形。当 $T < T_c$ 时，发生自发磁化，磁矩排列成一个方向，晶体变为椭圆形。此时 $\lambda > 0$ 就在磁矩方向伸长；$\lambda < 0$ 就在磁矩方向缩短。但从整体物质来说，由于自发磁化矢量，也就是磁畴方向是混乱的，所以显不出哪个方向伸长或缩短。当物体在足够强的外磁场下磁化时，自发磁化矢量趋向于沿同一方向排列，物体在此方向就显出伸长或缩短了（见图 2-9）。现在认为引起线性磁致伸缩的原因是电子轨道耦合和自旋—轨道耦合相叠加的结果。

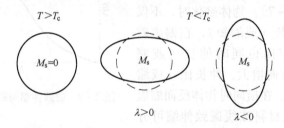

图 2-8　自发磁化引起的自发变形示意图

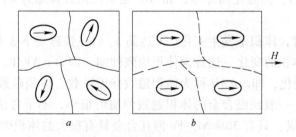

图 2-9　发生磁致伸缩示意图
a—自发磁化；b—技术磁化达到饱和

B　磁弹性能

铁磁材料在磁化时由于磁致伸缩产生了弹性应力。磁化时要伸长而又受限制不能伸长时，就在内部产生压力；反之则产生拉力。如果材料同时受到外应力或内应力作用，则在材料中存在一个由磁致伸缩 λ_s 和应力 σ 耦合的能量，这种能量称为磁弹性能 E_σ。E_σ 与 λ_s 和应力 σ 的大小及方向有关。对于 λ_s 为各向同性的磁体来说，在单轴应力 σ 的作用下，当应力与磁化强度的夹角为 θ 时，磁弹性能：

$$E_\sigma = \frac{3}{2}\lambda_s\sigma\sin^2\theta \tag{2-7}$$

对 $\lambda_s > 0$ 的材料，如 Fe 和 Fe – Si，加拉力（$\sigma > 0$）情况下，在 $\theta = 0$ 时 E_σ 最低。此时磁化强度方向转向拉力方向，促进了磁化。加压力（$\sigma < 0$）情况下，在 $\theta = 90°$ 时 E_σ 最低。此时磁化强度方向转向和压力垂直的方向，阻碍了磁化。由此可见，应力也使材料产生各向异性，即应力各向异性。它与磁晶各向异性有相似之处，对磁化有很大影响。

将 E_σ 公式与感生各向异性能 $E_u = K_u\sin^2\theta$ 公式相比较可看出，磁体在单向应力作用下形成了一个新的单轴各向异性，其各向异性常数 $K_u = \frac{3}{2}\lambda_s\sigma$。

2.1.3 磁畴结构

铁磁材料（或亚铁磁材料）在居里温度以下，在单晶体或多晶体中晶粒内形成很多小区域，每个小区域内的原子磁矩沿特定方向排列，呈现均匀的自发磁化。这种自发磁化的小区域称为磁畴。磁畴概念首先由韦斯于 1907 年提出，1931 年比特（F. Bitter）用粉纹法直接观察到磁畴图案（也称 Bitter 图案）。1932 年布洛赫（F. Bloch）在理论上证明两个相邻磁畴之间存在一过渡层，并将它称为畴壁（也称 Bloch 壁）。

2.1.3.1 磁畴和畴壁的形成原因

铁磁材料内部出现磁畴结构是为了降低由于自发磁化所产生的静磁能（退磁场能）。从能量角度来看，任何材料中实际上存在的磁畴结构一定是能量最小的。材料的技术磁化过程就是在外磁场作用下磁畴的运动变化过程，所以磁畴结构直接影响磁性材料的磁化行为。

自发磁化是通过交换力使原子磁矩平行排列，此时交换能量最低。如果按图 2-10a 所示，整个铁磁体均匀磁化而不分磁畴的情况下，正负磁极分别集中在两端。所产生的退磁场分布在整个铁磁体附近的空间内，因而退磁场强度高，也就是静磁能很高。铁的单位体积的退磁能约为 10^4 J。如果分割成两个或若干个磁化相反的小区域（见图 2-10b），退磁场主要局限在铁磁体两端附近，所以使静磁能降低。铁的单位体积内退磁能与畴壁能之和为 5.6×10^2 J。计算证明，如果分为 n 个区域，能量约可以降低到 l/n（见图 2-10c）。

单纯从静磁能看，自发磁化趋向于分割成为磁化方向不同的磁畴。分割愈

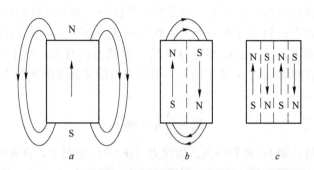

图 2 – 10　磁畴形成示意图

a—整体均匀磁化；b—分割成两个磁化区域；c—分割成 n 个磁化区域

细，静磁能也愈低。但相邻磁畴之间的畴壁处破坏了两边磁矩的平行排列，这使交换能增高。为减少交换能的增高，相邻磁畴之间的原子磁矩不是突然转向的，而是经过一个磁矩方向逐渐变化的过渡区域，此过渡区就是畴壁（见图 2 – 11）。在畴壁内原子磁矩不是平行排列的，同时也偏离了易磁化方向，所以在过渡区内的交换能和磁晶各向异性能都增高了，所增高的能量称为畴壁能。磁畴分割得愈细，畴壁数量愈多，总的畴壁能愈高。因此当所增加

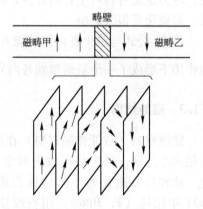

图 2 – 11　畴壁中磁矩转向示意图

的畴壁能超过减少的静磁能时，磁畴就不会再分割了，此时系统的总自由能最低。一般来说，大块铁磁体分成磁畴的原因是短程强交换作用和长程静磁相互作用的共同作用的结果。

实验观察到一种封闭磁畴（也称闭合畴）。图 2 – 12 中小三角形表示封闭磁畴的截面。这种磁畴为附加畴，也称辅助畴。它封闭了主磁畴的两端，使磁通量闭合在磁体内部，不向空间发散，因此端面上不出现磁极，消除了退磁能，从而进一步降低退磁能。闭合畴中的磁化方向与主畴中的磁化方向是互相垂直的，所以两者之间的畴壁为 90° 壁。立方晶体（如 Fe，Ni）中的闭合畴的磁矩和主畴的磁矩都在易磁化方向上，磁晶各向异性能最低。此时只考虑畴壁能和磁弹性能。磁弹性能的出现如图 2 – 12b 所示，闭合畴在磁致伸缩时受到主畴的挤压而不能自由变形，因而相当于一个内应力作用在闭合畴上。单位体积的总能量就是畴壁能与磁弹性能之和，计算出的铁的单位体积能量为 1.27×10 J，这比无闭合畴时的能量更小。如果为单轴晶体（如 Co），闭合畴中的磁矩离开了易磁化方向，此时必须考虑磁晶各向异性能。

在三轴单晶材料（如 Fe，Ni）的表面上，有时出现从畴壁界线出发，向两边主轴做斜线伸展的树枝状磁畴（见图 2 – 13）。这种树枝状畴也是一种附加畴，产生的原因与闭合畴相似，起到降低退磁能的作用。它与主畴之间的畴壁也是90°壁。

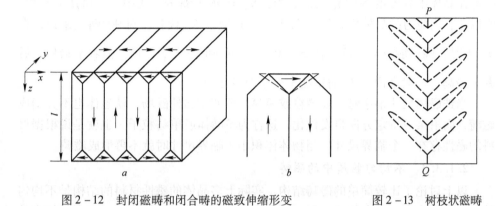

图 2 – 12　封闭磁畴和闭合畴的磁致伸缩形变　　　图 2 – 13　树枝状磁畴
a—封闭磁畴；*b*—闭合畴

2.1.3.2　畴壁类型和畴壁能

根据相邻磁化方向的不同，可把畴壁区分为180°壁和90°壁。在畴壁两边磁化方向如果相差180°，称为180°壁；如果相差90°，称为90°壁。如果相差的角度介于90°和180°之间，例如对于 $K_1 < 0$ 的易磁化方向为 〈111〉 的立方晶体中可以观察到109°和71°的畴壁，它们距离90°不远，一般也称为90°壁。

畴壁能由交换能和磁晶各向异性能两部分组成。如上所述，两个邻近原子间的交换能为 $E_{ex} = -2A\sigma^2 \cos\varphi$。将 $\cos\varphi$ 展开，并当 φ 很小时略去它的高次项而得到 $\cos\varphi \approx 1 - \varphi^2/2$。将它代入上式得到 $E_{ex} = -2A\sigma^2 + A\sigma^2\varphi^2$。式中第一项与自旋间的夹角 φ 无关，所以只考虑第二项。在畴壁过渡层内，如果相邻原子层中的一对自旋间的夹角为 φ，增加的额外能量为 $\Delta E_{ex} = A\sigma^2\varphi^2$。此式说明 φ 愈小，降低交换能的效果愈大。但当 φ 很小时，过渡层总数增加过多，畴壁厚度增大，这使磁晶各向异性能增加过多，因为畴壁中大部分磁矩方向偏离易磁化方向。在交换能和磁晶各向异性能之和最小的条件下，可确定平衡态的畴壁厚度。对180°畴壁来说，对简单的立方点阵材料，可近似求得

畴壁厚度　　　　　　$\delta \approx \sqrt{\dfrac{A}{a} \times \dfrac{1}{K}} = 2\pi\sqrt{\dfrac{A}{K}}$　　　　　　（2 – 8）

畴壁能　　　　　　　$\gamma \approx \sqrt{\dfrac{A}{a} \times K} \approx K\delta = 2\sqrt{AK}$　　　　　（2 – 9）

式中，A 为交换能；a 为点阵常数；K 为磁晶各向异性常数。

这样计算出的 Fe 的 180°畴壁能 $\gamma \approx 2 \times 10^{-3} J/m^2$，畴壁厚度 $\delta \approx 170$ 原子层。由上两式得知，材料的各向异性愈大，畴壁能愈高，畴壁愈薄。实际上晶体中常存在内应力，由于磁弹性相互作用也可形成各向异性，其各向异性常数为 $\frac{3}{2}\lambda_s\sigma$。因此在晶体中有效的各向异性常数为：$K_{eef} = \alpha K + \beta\lambda_s\sigma$。式中，$\alpha$ 和 β 为常数。所以在有内应力的晶体中，以上两式中的 K 应以 K_{eff}代替。对 90°畴壁来说，在 $\varphi = 0°$时，畴壁能 $\gamma = \sqrt{AK}$；在 $\varphi = 90°$时，畴壁能 $\gamma = \frac{\pi}{2}\sqrt{AK}$。前者 γ 最低，后者 γ 最高。一般来说，90°畴壁能 γ 介于两者之间。

当铁磁体尺寸很小时，如微粒或薄膜，即使不加外磁场，铁磁体也不分割成磁畴，而沿某一特定方向自发磁化，这称为单畴体或单畴粒子。也就是说根据材料的磁性存在一个临界尺寸。当物体体积小于临界尺寸时就不再形成磁畴。

2.1.3.3　不均匀物质中的磁畴

以上讨论了比较简单的磁畴结构。实际上多晶体的磁性材料的结构是不均匀的，存在有应力、夹杂物或空洞，这会产生很复杂的磁畴结构。一般多晶体中的晶粒位向是紊乱的，每个晶粒中有几个或更多的磁畴，磁畴尺寸和结构与晶粒尺寸有关。在同一晶粒中各磁畴的磁化方向保持同一类型，而在两个相邻晶粒间由于易磁化方向不同，磁畴的磁化方向也不相同。对整个材料而言，因为有各种方向的磁畴而表现为各向同性。由图 2 – 14 看出，多晶体中每个晶粒分成片状磁畴。当跨过晶界时，磁化方向转了一个角度，而磁通量大多是连续的，这可使晶界处出现的磁极数量减少，退磁能就比较低，磁畴结构才能保持稳定。此外，多晶体中还存在有许多附加畴（辅助畴）。对（110）[001] 高取向硅钢来说，由于各晶粒的 [001] 易磁化方向近似

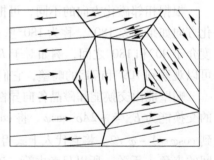

图 2 – 14　多晶体中的主磁畴

平行排列，所以主要为平行排列的 180°片状主磁畴，退磁能很低。

磁性材料内部如果有应力、夹杂物或空洞，都会使磁畴结构更加复杂化。由图 2 – 15a 看出，在一夹杂物或空洞处出现磁极，因而会产生退磁场（见图 2 – 15b）。退磁场在离磁极不远的区域内的方向与原有的磁化方向有很大差别，局部地区可相差 90°。造成这些地区在新的方向上磁化，并形成附着在夹杂物上的楔形附加磁畴（见图 2 – 15c 和图 2 – 15d）。其磁化方向垂直于主畴方向，两者之间形成 90°壁，但在畴壁上仍出现磁极，只是分散在较大面积上，所以退磁能降低。

夹杂物和空洞对畴壁有很大影响。当夹杂物在两个磁畴之间，即畴壁经过夹

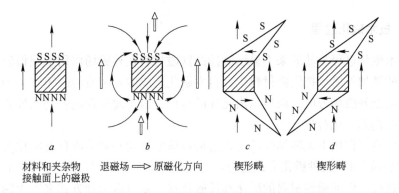

a   b   c   d

材料和夹杂物　　　退磁场 ⟹ 原磁化方向　　　楔形畴　　　楔形畴
接触面上的磁极

图 2 – 15　夹杂物或空洞上的楔形磁畴

杂物时（见图 2 – 16a），界面上的 N 极和 S 极半数的位置是交换的，退磁场较小，而且由于部分畴壁位置被夹杂物所占据，畴壁面积减小，所以总畴壁能也降低，畴壁跨过夹杂物就比较容易。如果夹杂物处在同一磁畴中，即畴壁经过夹杂物附近的情况（见图 2 – 16b），界面上的 N 极和 S 极分别集中在一边，退磁能和总畴壁能都较大。所以畴壁横跨夹杂物或空洞就比处于它们近旁的要稳定。要把畴壁从横跨夹杂物或空洞的位置移开，需要供给能量，就是说需要外力做功。所以材料中夹杂物或空洞越多，畴壁移动也就是磁化越困难。夹杂物或空洞对畴壁移动起钉扎作用。当畴壁经过夹杂物或空洞，或经过它们的近旁时，一般不会停留在图 2 – 16a、b 所示情况，而是在夹杂物处产生楔形畴以降低退磁能（如图 2 – 15c 所示）。这些楔形畴还会把近旁的畴壁联结起来。图 2 – 16c 表示主畴的两个畴壁经过一群夹杂物所形成的楔形畴而与夹杂物联结的情况。可看出对畴壁有影响的不仅是畴壁经过的那些夹杂物，而在它近旁的夹杂物也有影响。

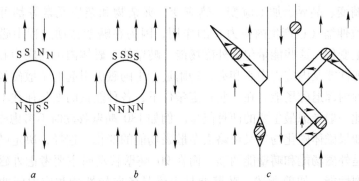

a   b   c

图 2 – 16　主畴的畴壁经过夹杂物或经过夹杂物附近以及
经过一群夹杂物而形成楔形畴的情况
a—畴壁经过夹杂物形成楔形畴；b—畴壁经过夹杂物附近形成楔形畴；
c—畴壁经过一群夹杂物形成楔形畴

2.1.4　技术磁化过程

技术磁化过程是使原来不显示磁性的铁磁材料在外磁场作用下获得磁性的过程，也就是加外磁场把铁磁材料中经自发磁化形成的各磁畴的磁矩转移到外磁场方向或接近外磁场方向，而显示出磁性的过程，因而此过程也就是在外磁场作用下磁畴结构的变化过程。

在外磁场作用下磁畴结构的变化是通过畴壁移动和磁畴内自发磁化矢量转动（简称磁畴转动）两种磁化方式进行的。畴壁位移在本质上是靠近畴壁的磁矩局部转动过程。任何磁性材料的磁化和反磁化都是通过这两种方式来实现的。对软磁合金来说，磁化都是先从畴壁移动开始，再进行磁畴转动。整个磁化过程按磁化曲线和磁畴结构的变化大致可分为以下三个阶段：

（1）畴壁可逆移动，也称瑞利（Rayleigh）区。在外磁场强度 H 较小时，与 H 方向相近的磁畴体积通过畴壁移动而长大，与 H 方向相反或方向相差较多的磁畴则缩小，这样开始磁化。当 H 减为零时，畴壁又退回原地，即磁畴结构仍回复到原状并失去磁性。

（2）畴壁不可逆移动。随着 H 增大，磁化曲线上升很快，磁化强度急剧增高。最后整个试样中不存在畴壁，而合并成一个磁畴，但其磁化方向与 H 不一致。在此阶段畴壁移动是巴克豪森（Barkhausen）跳跃式的。此过程为不可逆的，也就是 H 降为零时，畴壁位置不再回复到原来状态。

（3）磁畴转动。随着 H 继续增高，由于畴壁移动已结束，此时靠磁畴磁矩往 H 方向转动才能使磁化强度继续增高，直到磁畴磁化矢量转到与 H 方向完全一致而达到饱和磁化为止。

在畴壁移动或磁畴转动过程中都会受到阻力。畴壁移动的阻力主要来自内应力（点阵畸变、晶界、加工应变、热应变、夹杂物和杂质元素等都可产生内应力）和磁致伸缩（也产生内应力）的作用，因为在畴壁移动过程中磁体的各种能量要发生变化，这些能量包括外磁场能、畴壁能、磁体内由内应力和磁致伸缩引起的磁弹性能及内应力中心和夹杂物附近产生的磁极引起的杂散磁场能。杂散磁场能也称内部退磁场能。在一些特定条件下，各种能量的变化往往不是同等重要的，因此一般考虑最主要的两种能量。例如180°畴壁移动时不考虑磁畴内的磁弹性能。如果磁体磁化均匀又可略去杂散磁场能的变化。这样，决定畴壁移动的能量主要是外磁场能和畴壁能两项。而在90°畴壁移动时主要考虑外磁场能和磁畴内的磁弹性能。如前所述，畴壁能是由磁晶各向异性能和应力能两部分组成的。由于在实际晶体中内应力一般是紊乱分布的，并且随位置不同而发生变化，因此在畴壁位移过程中畴壁能的变化主要来源于内应力随位置的变化。畴壁位移遇到夹杂物时能量也发生变化（见图2-15）。这些能量的变化都造成畴壁位移

的阻力。图 2 - 17 为畴壁能 γ 随位置 x
变化的示意图。在没有外磁场时，畴壁
位于能量最低点 A 处。加磁场 H 后推动
畴壁沿 AB 曲线开始移动。此时畴壁移动
所受的阻力为$\partial\gamma/\partial x$，即曲线的斜率。可
以看出，如果 B 点为整个曲线上第一个
能量梯度最高点，当外场对畴壁的推动
力小于 B 点的能量梯度，则畴壁位置不
会越过 B 点。此时去掉外场，畴壁又移

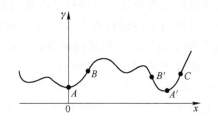

图 2 - 17   畴壁能 γ 随位置 x 的变化示意图
（x 也表示磁化强度的相对大小）

回 A 点，这就是可逆畴壁移动过程。当 H 继续增大，对畴壁的推动力大于 B 点
能量梯度时，畴壁越过 B 点继续移动，直到 C 点停止（假设 C 点以上的能量梯
度大于 B 点）。此时去掉外磁场后，畴壁将回到另一能量低谷 A' 处而不回到 A
点，这就是不可逆畴壁移动过程。

磁畴转动过程的阻力来自磁晶各向异性，主要是克服磁晶各向异性能。因为
磁畴的自发磁化矢量都位于易磁化方向，此时各向异性能量最低。当磁体在任意
指定方向加磁场磁化时，必须克服磁各向异性能。对 K_1 小的材料或非晶材料来
说，这种各向异性能可由感生磁各向异性或由应力与磁致伸缩耦合形成的磁各向
异性组成。

磁性材料从技术饱和磁化状态退到磁化强度为零的状态，这一过程称为反磁
化过程。从磁场正向技术饱和磁化状态到磁场反向技术饱和磁化状态的往复过程
称为反复磁化过程。在这一反复磁化中所出现的一个闭合回线称为饱和磁滞回线
（见图 2 - 2）。一般来说，磁滞来源于畴壁移动和磁畴转动的不可逆变化，磁滞
使能量的转换发生损耗。磁滞的大小决定于磁滞回线面积的大小，而回线的面积
主要取决于矫顽力。在磁滞回线上表征磁滞现象的参量主要有两个，即剩余磁化
强度 M_r（或 B_r）和矫顽力$_MH_c$（或 H_c）（见图 2 - 2）。这两个参量对实用的磁性
材料很重要。

（1）剩余磁化强度。磁体磁化到饱和以后，原有磁畴消失。如果再将外磁场
下降到零时又形成新的磁畴结构，各个磁化矢量又重新分布到易磁化方向上，但
这时整个磁化矢量分布是不对称的，所以出现剩磁。如果晶体是完整的并且内应
力很小，则这种磁化矢量的重新分布最可能的方式是使各个自发磁化矢量与外磁
场最接近的易磁化方向相平行。晶粒取向材料中 M_r 更大。M_r/M_s 或 B_r/B_s 称为
矩形比，此比值愈接近 1，磁滞回线愈近似为矩形。B_r/B_s 是材料性能的重要参
数之一。晶粒取向硅钢的 B_r/B_s 高。此外，降低材料中不均匀性或内应力或使磁
致伸缩 λ 低都可提高 B_r 和 B_r/B_s 比。

（2）矫顽力。矫顽力是标志反磁化过程难易程度的主要参量。反磁化过程也

是通过畴壁可逆和不可逆移动以及磁畴转动进行的。对软磁合金来说，矫顽力只与不可逆畴壁移动过程有关。这正如前面所述，不可逆畴壁移动是在临界磁场 H_0 作用下发生的。加反向磁场磁化时，畴壁开始可逆移动，当反向磁场增加到某一临界磁场 H_0 时，畴壁进行跳跃式不可逆移动。畴壁移动时，畴壁能的变化是位移的阻力。图 2-17 也可用来说明反磁化畴壁移动过程。开始反磁化时，某一畴壁能位于 A' 点，在磁场加到 H_0 时，畴壁所受的压力超过 B' 点的能量梯度，畴壁进行不可逆移动，经 B 点和 A 点移向 x 为负值的位置，对应的磁化强度由正值通过零而变为负值。在反磁化过程中，此畴壁发生不可逆移动的临界场平均值 $\overline{H}_0$ 实际上就是畴壁移动的内禀矫顽力 $_M\overline{H}_c$，即 $_M\overline{H}_c = \overline{H}_0$。

在 180°畴壁不可逆移动以及在应力起伏为正弦波条件下

$$_MH_c \approx \frac{\lambda_s\sigma_m}{\mu_0 M_s} \times \frac{\delta}{l} \quad l \gg \delta \qquad (2-10)$$

$$_MH_c \approx \frac{\lambda_s\sigma_m}{\mu_0 M_s} \times \frac{l}{\delta} \quad \delta \gg l \qquad (2-11)$$

式中，σ_m 为应力峰的平均值；l 为应力波长；δ 为畴壁厚度。可见 $_MH_c$ 与 $\lambda_s\sigma_m$ 成正比，而与 M_s 成反比，并且当 $l = \delta$ 时有一最大值。

如果畴壁能随位移 x 的变化主要是由夹杂物占据畴壁面积引起的，则按克斯顿（Kersten）的计算

$$_MH_c \approx \frac{K}{\mu_0 M_s}\beta^{2/3} \times \frac{\delta}{d} \quad d \gg \delta \qquad (2-12)$$

$$_MH_c \approx \frac{K}{\mu_0 M_s}\beta^{2/3} \times \frac{\delta}{d} \quad \delta \gg d \qquad (2-13)$$

式中，β 为夹杂物体积分数；d 为夹杂物直径；δ 为畴壁厚度。可见 $_MH_c$ 与磁晶各向异性常数 K 和 β 成正比，而与 M_s 成反比，并且当 $d = \delta$ 时 $_MH_c$ 最大。

实际上多晶体材料中局部区域，如晶界、析出物、杂质或晶体缺陷附近，即使已达到技术饱和磁化时，其磁化强度的方向也与外磁场方向不一致，在这些区域就会形成反磁化核。在反磁化场作用下，当它们长大到临界尺寸时，就会形成反磁化畴。反磁场继续增大时，靠反磁化畴的畴壁移动而完成反磁化过程。因此在此情况下，矫顽力来源于反磁化核的长大和畴壁不可逆移动两个因素。磁滞回线为矩形的磁性材料（简称矩磁材料）的反磁化过程，通常可用反磁化形核和长大理论来解释。磁晶各向异性小和 M_s 大的材料有较低的矫顽力。

2.1.5　在交变磁场中的磁化

以上所讨论的磁化过程都是在直流或缓慢变化的准静态磁场下进行的，各磁化状态是亚稳状态，完全不考虑 B 和 H 随时间的变化。事实上，铁磁体在磁化过程中在加一定磁场 H 后，它的磁化状态并不能立即达到它的最终值，而需要有

个时间过程，也就是弛豫过程。因此在交变
磁场中磁化时 B 和 H 之间出现相位差，这产
生了附加的损耗而使交流下的磁滞回线面积
加大，其形状和大小也随磁场频率改变而变
化。另外，在交变场中磁化时，因其中磁通
量的迅速变化而引起显著的涡流效应及趋肤
效应，对材料的交流磁性有明显影响，同时
也产生涡流损耗和其他损耗。图 2 - 18 所示
为在同一频率下，改变交变磁场大小进行磁
化的动态磁化曲线和磁滞回线。当磁场减小
或磁场频率增加时，回线形状逐渐趋近于椭
圆形。

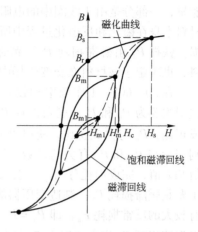

图 2 - 18　动态磁滞回线和磁化曲线

2.1.5.1　交变磁场中的磁导率

在交变磁场中由于 B 的变化落后于 H 的变化，即 B 与 H 有位相差 δ（时间效
应），所以磁导率包括两部分：即直流磁化条件下的一般实数部分的 μ_1 和由位相
差 δ 引起的虚数部分 μ_2。

磁导率随频率增高而急剧下降，这主要是由于涡流造成的趋肤效应所引起
的。铁磁合金平面大薄板在交变磁场 $H = H_0 e^{j\omega t}$ 中磁化时，由涡流产生的磁通与外
磁场方向相反，因此使外磁场的振幅进入
磁体内部后，随进入深度 x 而按指数形式
下降。当外磁场的振幅减小到原来的振幅
（表面振幅）H_0 的 $1/e$ 时的深度称为趋肤
深度，以 d_s 表示，单位为 m。假定其磁导
率为常数 μ，可计算出距表面深度为 x（见
图 2 - 19）处的磁场振幅 H_x 和在表面上的

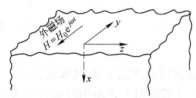

图 2 - 19　铁磁合金板的磁化场示意图

振幅 H_0 的比为：$H_x/H_0 = e^{(-x/d_s)}$。

趋肤深度为：

$$d_s = 503 \sqrt{\frac{\rho}{\mu f}} \qquad (2-14)$$

式中 ρ 为电阻率，$\Omega \cdot m$；f 为频率。

由式（2 - 14）可知，f 愈高，d_s 愈小，表示趋肤现象愈明显，磁体能够被
磁化的部分变少，所以使表观磁导率降低。材料的电阻率 ρ 高，d_s 增大。只有当
d_s 值比试样厚度 d 大得多时才可以认为磁化是均匀的。

2.1.5.2　磁损耗及其分离

磁性元件由磁化线圈和铁芯两部分组成。在线圈中通过交流电磁化时要损耗

能量，一部分是由于线圈中的电阻造成的损耗，称为铜损；另一部分是由于磁性材料本身在磁化和反磁化过程中所损耗的能量，称为磁损耗或铁芯损耗，简称铁损。铁损 P_T 由磁滞损耗 P_h、涡流损耗 P_e 和剩余损耗 P_c 组成。P_T 既决定于材料，也决定于该材料在交变磁场中的工作频率 f 和磁感应强度 B_m 值。

在 50～60Hz 工作频率和较高磁感应强度范围内，例如在电机使用条件下，铁损主要为 P_h 和 P_e，剩余损耗 P_c 可忽略不计，所以 $P_T = P_h + P_e$。已知 P_h 与 f 成正比，P_e 与 f^2 成正比，所以 $P_T/f = a + bf$。式中，a 和 b 为与 f 无关的常数，分别表示与 P_h 和 P_e 有关的系数。因此通过不同频率下对 P_T 的测定，就可确定 a 值和 b 值，完成损耗分离。一般来说，制造电机用的无取向电工钢的铁损 P_T 中主要是磁滞损耗 P_h；制造变压器的取向硅钢的铁损 P_T 中除 P_h 和 P_e 外，还存在有较大的反常损耗 P_a，即 $P_T = P_h + P_e + P_a$。在音频中使用的电工钢的铁损 P_T 中以涡流损耗 P_e 为主，因为 $P_e \propto f^2$。

A　磁滞损耗

单位体积的铁磁体在磁化一周时，由于磁滞的原因而损耗能量，这称为磁滞损耗 W_h，其值等于静态磁滞回线的面积，即 $W_h = \oint H dB$。W_h 的单位为 J/m^3。在频率为 f 的交变场中，每秒内的磁滞损耗 $P_h = fW_h = f \oint H dB = k \cdot f \cdot A_h$。式中，$k$ 为常数；A_h 为磁滞回线面积。在一般情况下，B 和 H 为复杂的非线性关系。只有在弱磁场的瑞利区内，P_h 可由下式表达：

$$P_h = \frac{4}{3} f b H_m^3 \qquad (2-15)$$

式中，b 为常数。

在交变磁场 $H = H_m \cos \omega t$ 作用下，其动态磁滞回线仍满足瑞利区的特点，可用上式表达。在瑞利区以上的中和强磁场区 P_h 就不能用上式而用经验公式表示。对电工钢来说，P_h 的经验公式为

$$P_h = kf B_m^a \qquad (2-16)$$

式中，k 和 a 为常数，由实验确定；a 值一般为 1～2。对 3% Si－Fe 来说，$a \approx 1.6$，$k \approx 1.2 \times 10^{-11} J/(cm \cdot G)$。

B　涡流损耗

在交变磁场中反复磁化时，由于磁通量的反复变化，在环绕磁通量的变化方向上出现感应电动势，因此出现涡流效应。涡电流不像导线中的电流那样输送出去，只是使铁芯发热而造成能量损耗，称为涡流损耗 P_e。假设材料为磁各向同性的均匀磁化，并且 B 的变化都为正弦波形，按马克斯韦尔（Maxwell）方程推导出的薄板材料的涡流经典公式为：

$$P_e = \frac{1}{6} \times \frac{\pi^2 t^2 f^2 B_m^2 k^2}{\gamma \rho} \times 10^{-3} \qquad (2-17)$$

式中，t 为板厚，mm；f 为频率，Hz；B_m 为最大磁感应强度，T；ρ 为材料的电阻率，$\Omega \cdot mm^2/m$；γ 为材料的密度，g/cm^3；k 为波形系数，对正弦波形来说 $k = 1.11$。可见 P_e 与 ρ 成反比，而与 t^2、f^2 和 B_m^2 成正比。

实际上磁化不可能是均匀的，如磁化的趋肤效应、材料的组织不均匀性、内应力以及晶粒位向排列情况都造成磁化不均匀。上述经典公式也没有考虑磁畴结构的影响。因此按上式计算的 P_e 值与实测的 P_h 值之和所得到的铁损 P_T 比实测的 P_T 值小。这部分多余的损耗称为反常损耗或反常涡流损耗 P_a。对混乱位向的小晶粒材料来说 P_a 值小，所以按上式计算 P_e 近似正确。

表 2-3 所示为 B 和 f 与 P_h、P_e 及 P_a 的关系。表 2-4 所示为无取向电工钢中 P_h、P_e 和 P_a 组分占 P_T 的比例。

表 2-3　B 和 f 与 P_h、P_e 及 P_a 的关系

因　　素	P_h	P_e	P_a
B	$B^{1.6 \sim 2}$	B^2	$B^{1.5 \sim 2}$
f	f^1	f^2	$f^{1.5}$

表 2-4　无取向电工钢的 P_h、P_e 和 P_a 占 P_T 的比例

$w(Si)/\%$	P_h	P_e	P_a
< 0.5	60 ~ 80	20 ~ 40	0 ~ 10
> 0.5	55 ~ 75	10 ~ 30	10 ~ 20

2.2　影响电工钢磁性的冶金因素

2.2.1　影响磁感应强度的因素

2.2.1.1　取向硅钢

因为硅含量基本不变（在 2.9% ~ 3.5% 范围内变化），所以取向硅钢的磁感应强度只与 {110} ⟨001⟩ 晶粒取向度或 {110} ⟨001⟩ 位向偏离角有关。由图 2-20 看出，⟨001⟩ 与轧向的平均偏离角 $\left(\dfrac{\alpha + \beta}{2}\right)$ 和 B_8 有明显关系。α 为 ⟨001⟩ 晶向对轧向在轧面上的偏离角，β 为 ⟨001⟩ 晶向对轧面的倾角。平均偏离角增大，B_8 值显著降低。偏离角为零时，也就是多晶体材料为理想的 {110} ⟨001⟩ 或 {100} ⟨001⟩ 位向时，$B_8 = 2.02T$，这与 3% Si-Fe 的 B_s（2.03T）相近。β 角使轧面上所产生的自由磁极引起的反磁场效应比 α 角更大，对磁性影响更大。图 2-21 所示为工业生产的不同 B_8 值取向硅钢的 B_8 与晶粒取向度的关系。也证明 B_8 值随取向度增高而增加。因此根据 B_8 测定值就可判断材料的晶粒取向度。普通取向硅钢 $B_8 = 1.82 \sim 1.85T$，⟨001⟩ 平均偏离角约 7°，取向度为 85% ~

90%。高磁感取向硅钢 $B_8 = 1.92 \sim 1.95T$，〈001〉平均偏离角约 $3°$，取向度高达 95%。杂质含量、夹杂物和析出物数量及分布状态、钢板厚度等对取向硅钢 B_8 的直接影响不大，但对形成 {110}〈001〉织构的二次再结晶发展或是说晶粒取向度有很大影响。

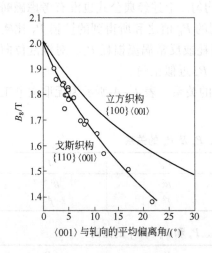

图 2-20　3.15% Si-Fe 多晶体平均 偏离角与 B_8 的关系

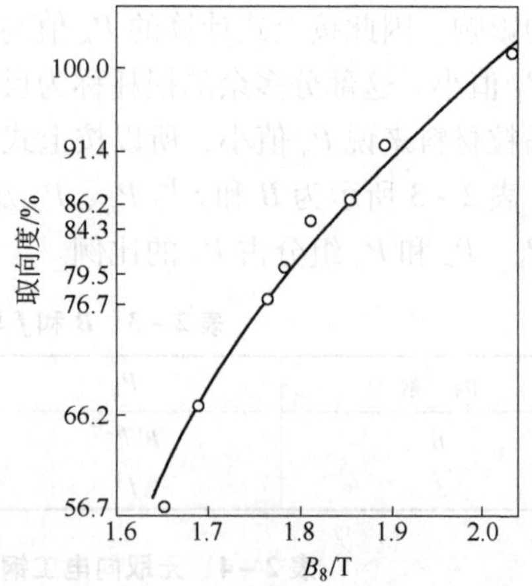

图 2-21　3% Si-Fe 多晶体的取向度 与 B_8 的关系

2.2.1.2　无取向电工钢

影响无取向电工钢磁感应强度 B_{25} 和 B_{50} 的主要因素是化学成分和晶体织构。硅、铝或锰含量提高，B_{25} 和 B_{50} 降低。理想的晶体织构为 {100}〈uvw〉面织构，因为它是各向同性而且难磁化方向 〈111〉不在轧面上。实际上不能得到这种单一的面积构。一般存在有 {100}〈011〉，{111}〈112〉，{110}〈001〉 和 {112}〈011〉等织构组分，其中 {100} 组分织构度只约占 20%，基本属于无取向混乱织构，也就是磁各向同性。由表 2-5 看出，按 〈100〉和〈111〉单晶体的 B_{25} 值

表 2-5　按 〈100〉和〈111〉单晶体数据计算的几种面织构和各向同性状态的 B_{25} 值

$w(Si)/\%$	0	0.3	3.8
单晶体 B_{25}/T			
〈100〉	2.06 ~ 2.09	2.06	1.97
〈111〉	1.33 ~ 1.34	1.33	1.27
面织构 B_{25} 计算值/T			
{100}〈uvw〉	1.79 ~ 1.81	1.78	1.71
{111}〈uvw〉	1.52	1.51	1.45
{110}〈uvw〉	1.58 ~ 1.59	1.58	1.51
各向同性	1.63 ~ 1.64	1.62	1.55

计算出的理想 $\{100\}$ $\langle uvw \rangle$ 面织构具有最高的 B_{25} 值，比各向同性状态约高 0.16T（10%），而 $\{111\}$ $\langle uvw \rangle$ 和 $\{110\}$ $\langle uvw \rangle$ 织构的 B_{25} 值比各向同性状态分别低 0.11T（7%）和 0.04T（2%）。按 $\{100\}$ $\langle uvw \rangle$ 织构的环状样品得到的计算值：低碳电工钢 B_{50} 为 1.84T，2.2% Si 钢为 1.78T，3.5% Si 钢为 1.73T。因此调整成分和改善制造工艺使 $\{100\}$ 组分加强和 $\{111\}$ 组分减弱是提高 B_{25} 和 B_{50} 的重要途径。此外，杂质和氧化物夹杂含量增高以及晶粒尺寸增大也可使 B_{25} 和 B_{50} 值降低。

2.2.2 影响铁芯损耗的因素

影响电工钢铁损 P_T 的冶金因素多且复杂，因为影响 P_h、P_e 和 P_a 损耗组分的因素不同，并且有些因素对这些铁损组分有完全相反的影响，最终表现在 P_T 值上是它们的综合结果。如晶粒尺寸增大使 P_h 降低，但使 $P_e + P_a$ 增高。钢板减薄使 P_e 降低而使 P_h 增高。取向硅钢中 $P_e + P_a$ 占主要部分，近年来致力于降低 P_e 和 P_a。无取向电工钢中 P_h 为主，所以主要目标是降低 P_h。电机在转动条件下工作，铁芯定子特别是齿部附近的磁通密度分布很复杂，包括有交变磁通、转动磁通和谐波磁通（也称高频磁通）。它们产生的损耗分别称为交变铁损（即铁芯损耗 P_T）、转动铁损（P_R）和谐波铁损（P_H）。电机铁芯总损耗 $P_M = aP_T + bP_R + cP_H + d$。测量电工钢中这三种铁损并考虑铁芯中产生铁损的各部位的磁通密度和质量比，经回归分析可求出 a、b、c 和 d 常数。由图 2-22 看出，这样计算出的 P_M 与实测 P_M 值很符合。在 50Hz 下计算出的这三种铁损所占比例为：$P_T = 29\% \sim 33\%$，$P_R = 25\% \sim 27\%$，$P_H = 40\% \sim 47\%$。在变压器叠片铁芯中 T 接点处也产生很大的 P_R。使

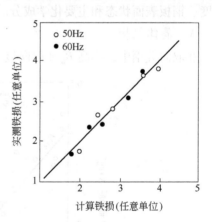

图 2-22 电机总损耗的计算值和实测值的关系

P_T 降低的一些冶金措施也会使 P_R 和 P_H 降低，但降低程度不同。近年来对电机和变压器中转动损耗的研究和测试方法很重视。特别是感应电机和发电机定子铁芯体积 50% 以上都存在有转动磁通，铁芯损耗中 P_R 占很大比例而不容忽视。表 2-6 所示为几种材料在 1.0T 和 50Hz 下的交变损耗（P_T）与转动损耗（P_R）及 P_R/P_T 值。取向硅钢的 P_R/P_T 值最高，但 P_R 绝对值比无取向电工钢低。非晶材料的 P_R 最低。

表 2 – 6　几种材料的 P_T、P_R 和 P_R/P_T 值的对比　（$B = 1.0T$，$f = 50Hz$）

材　　料	$P_T/W \cdot kg^{-1}$	$P_R/W \cdot kg^{-1}$	P_R/P_T
2.7% Si 无取向硅钢	1.40	3.50	2.50
1.2% Si 无取向硅钢	1.23	4.00	3.25
低碳低硅电工钢半成品	1.93	5.53	2.86
{100}⟨001⟩ 3% Si 钢（0.03mm 厚）	0.70	1.40	2.00
{110}⟨001⟩ 3.2% Si 取向硅钢	0.46	1.84	3.90
Metglas 2605 S – 2（非晶材料）	0.11	0.21	1.90
Powercore 带（非晶材料）	0.12	0.13	1.05

2.2.2.1　影响磁滞损耗 P_h 的因素

磁滞损耗与磁滞回线面积（A_h）成正比。$P_h = kA_h f$。式中，f 为频率；k 为常数。f 不变时，P_h 与矫顽力 H_c 成正比。$P_h = a \cdot B_m \cdot H_c$。式中，$B_m$ 为最大磁感应强度；a 为常数。畴壁移动速度快表示材料容易磁化，P_h 和 H_c 降低，因此 P_h 与畴壁能量和磁晶各向异性常数 $K_1^{1/2}$ 大致成正比。影响 P_h 的因素也就是阻碍畴壁移动的主要因素，它们是晶体织构、杂质、夹杂物、内应力、晶粒尺寸、钢板厚度、钢板表面状态和主要化学成分。

A　晶体织构

在取向硅钢中，提高 B_8（取向度）使 P_h 明显降低（见图 2 – 23）。高磁感

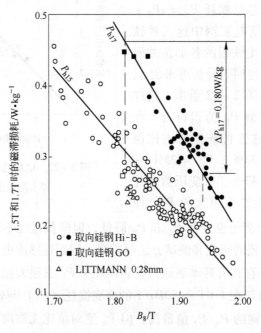

图 2 – 23　晶体位向（B_8）对磁滞损耗的影响（0.35mm 厚板）

取向硅钢比普通取向硅钢的 P_{h15} 低 0.12W/kg，P_{h17} 低 0.16～0.18W/kg，就是因为取向度和 B_8 值高的原因。

在无取向电工钢中，{100} 面织构高，P_h 和 P_{15} 降低（见图 2-24），P_R 也最低（见图 2-25），因为在 {100} 晶面上有两个易磁化 〈001〉 轴。其次是 {110} 面织构，在此晶面上有一个 〈001〉 轴。具有 {111} 面织构的 P_{15} 和 P_R 高，因为在此晶面上没有 〈001〉 轴。具有 {112} 面织构的 P_{15} 和 P_R 最高，因为在此晶面上有难磁化方向 〈111〉 轴。{100} 〈uvw〉 位向和杂质元素含量低的粗大柱状晶的 P_h 最低，为 1.1W/kg。

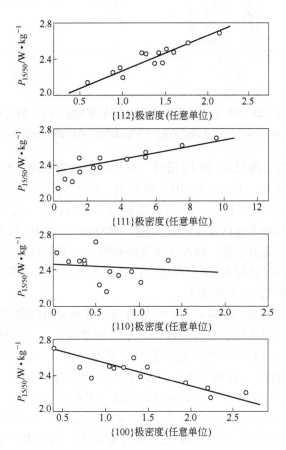

图 2-24　4 种极密度（面织构）与铁损 $P_{15/50}$ 的关系（0.50mm 厚）

B　杂质、夹杂物和内应力

杂质元素和夹杂物（包括第二相析出物）使点阵发生畸变。在夹杂物周围地区位错密度增高，引起比其本身体积大许多倍的内应力场，导致静磁能和磁弹性能增高，磁畴结构发生变化，畴壁不易移动，磁化困难，而夹杂物本身又为非

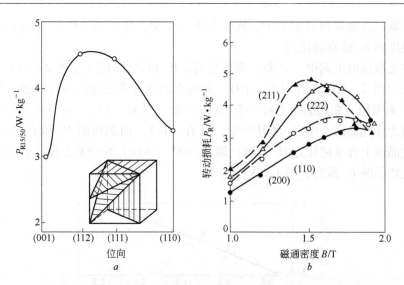

图 2 - 25　3% Si - Fe 单晶体位向与转动铁损（P_R）的关系

a—位向与转动铁损的关系；*b*—磁通密度与转动铁损的关系

磁性或弱磁性物质，所以 H_c 和 P_h 增高。钢板因退火快冷或冲剪加工产生的内应力也使 H_c 和 P_h 增高。由式（2 - 10）可看出，电工钢板中存在任何内应力都使 H_c 增高。由式（2 - 12）得知，H_c 与夹杂物尺寸成反比，与夹杂物数量成正比。当夹杂物尺寸 d 与畴壁厚度 δ 相近时（100 ~ 200nm），对 H_c 和 P_h 影响最大，此时钉扎畴壁移动的能力最强。因此希望夹杂物粗化，避免存在有这样细小的夹杂物。此外，夹杂物形状对 H_c 也有影响。针状夹杂物（如氮化物）比球状夹杂物（如碳化物）对 H_c 和 P_h 影响更大。

　　杂质元素中碳、氮和硫对 H_c 和 P_h 最有害。碳和氮为间隙式固溶元素，硫为置换式固溶元素，但其原子半径与铁原子半径相差很大，这都使点阵严重畸变，引起大的内应力。因此冷轧电工钢产品中碳量都小于 35×10^{-4}%。取向硅钢中 MnS 和 AlN 等抑制剂（有利夹杂）在促进二次再结晶发展后，必须在 1180 ~ 1200℃ 纯干氢中净化退火来去掉其中的硫和氮。因此有利夹杂应当是亚稳定的夹杂物，这是选用第二相析出物作为抑制剂所必须考虑的一个重要条件。

　　无取向电工钢中夹杂物和杂质元素应尽量降低，这是提高磁性的最重要措施。它们不仅阻碍畴壁移动使 P_h 和 H_c 增高，同时为了降低其周围静磁能而产生了闭合畴使磁化困难。它们对晶粒长大和织构组分也有很坏的影响。特别是小于 $0.1\mu m$ 细小弥散状的 MnS、AlN、TiN、TiC 和 ZrN 等析出物明显阻碍退火时的晶粒长大。夹杂物数量增多也促使退火时 {111} 位向的新晶粒在其附近优先生核和长大，使 {111} 织构组分增多，P_h 和 P_T 增高。图 2 - 26 所示为 0.50mm 厚 3% Si 高牌号无取向硅钢中夹杂物数量与 P_{15} 的关系以及硫含量与 950℃ × 1.5min

退火后晶粒尺寸的关系。夹杂物数量增多，P_{15}明显增高。硫量增多，通过形成的细小 MnS 阻碍晶粒长大，而使晶粒尺寸减小。含 $10 \times 10^{-4}\%$ S 时晶粒尺寸约为 $150\mu m$，这是使 P_T 最低的合适晶粒尺寸。近年来无取向电工钢的磁性改善和开发的高效电机用钢新牌号产品主要就是依靠炼钢技术的发展而获得碳、硫、氮和氧量都低于 $20 \times 10^{-4}\%$ 的纯净钢水。

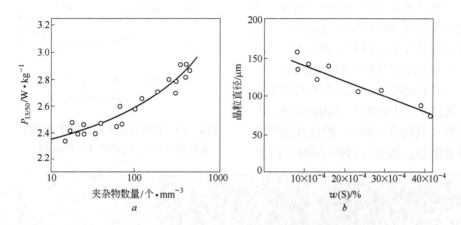

图 2-26　0.50mm 厚高牌号无取向硅钢中夹杂物数量与 P_{15} 的关系以及硫含量与晶粒尺寸的关系
a—夹杂物数量与 P_{15} 的关系；b—硫含量与晶粒尺寸的关系

C　晶粒尺寸

晶界处的点阵是畸变的，晶体缺陷（空位和位错）多，内应力大。平均晶粒直径 $\bar{d}$ 大，晶界所占面积减小，H_c 和 P_h 降低。但 $\bar{d}$ 大，磁畴尺寸增大，P_e 增高。为了降低铁损 P_T，有一个合适临界尺寸 d_c。图 2-27 所示为 0.5mm 厚 3% Si 高牌号无取向硅钢的 $\bar{d}$ 与 P_h、P_e 和 P_{10} 的关系。无取向电工钢的晶粒尺寸一般在 30~200μm 范围内变化。由图 2-28 看出，d_c 是随硅量增高而增大。例如，硅含量不大于 1% 时，$d_c \approx 50~80\mu m$，硅含量为 1.85% 时，$d_c \approx 100~120\mu m$，硅含量为 3.2% 时，$d_c \approx 150\mu m$。图 2-29 为日本生产的硅含量不大于 0.5%、硅含量为 2% 和硅含量为 3% 的三种牌号产品的金

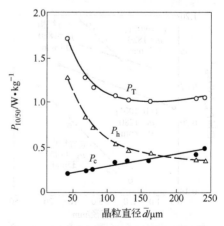

图 2-27　3% Si 无取向硅钢晶粒直径 $\bar{d}$ 与 P_h、P_e 和 P_{10} 的关系（0.5mm 厚）

相照片。可看出随硅量增高，晶粒尺寸增大，P_T 降低。对 1% Si 钢来说，产品晶粒尺寸提高一级（ASTM 晶粒号数），平均 P_{15} 降低 0.48W/kg 或降低约 5%。

最近 M. F. De Campos 等提出一模型，即最合适的晶粒尺寸是随电工钢的电阻率减小（即硅含量减少）或使用频率增高或者板厚增大而减小。

对取向硅钢来说，在保证高取向度条件下，$d_c \approx 0.5 \sim 1.0$mm 时，P_{15} 最低（见图 2–30）。但这在生产上很难做到，因为 {110}〈001〉高取

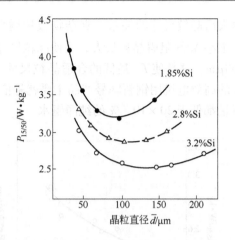

图 2–28　晶粒直径 $\bar{d}$ 对不同硅含量的无取向硅钢 P_{15} 的影响（0.5mm 厚）

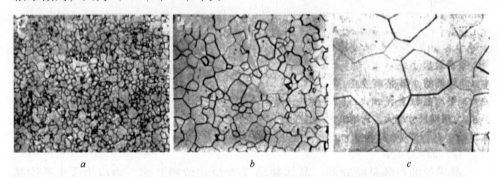

图 2–29　日本生产的三个牌号无取向电工钢板的金相照片（×100）
a—0.5% Si 的 H60；b—2.1% Si 的 H18；c—2.9% Si 的 H10

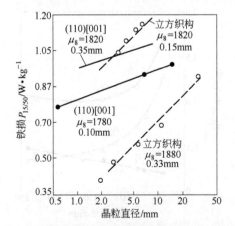

图 2–30　取向度不变时晶粒直径对(110)[001]和(100)[001]取向硅钢 $P_{15/50}$ 的影响

向度是通过发展完善的二次再结晶组织而得到的。图 2–31 低倍照片表明，普通取向硅钢（CGO）产品的二次晶粒尺寸至少为 2～3mm，一般为 3～5mm。高磁感取向硅钢（Hi–B）产品的二次晶粒尺寸更大，一般为 8～30mm。图 2–32 表明当 B_8 值（取向度）不变时，高磁感取向硅钢的二次晶粒愈小，P_{17} 愈低。因为二次晶粒小，180° 主磁畴宽度变小，P_a 减小。图 2–33 所示为以 MnSe + Sb 作抑制剂的 0.23mm 厚高磁感取向硅

图 2 - 31 0.30mm 厚普通取向硅钢（CGO）和高磁感取向硅钢
（Hi - B）的低倍组织（×0.5）

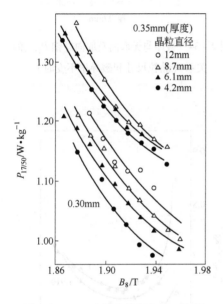

图 2 - 32 二次晶粒直径与 B_8 值对
高磁感取向硅钢 P_{17} 的影响

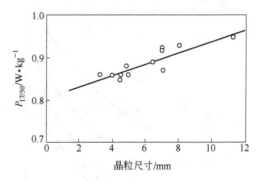

图 2 - 33 0.23mm 厚 MnSe + Sb 方案的
高磁感取向硅钢晶粒尺寸与 P_{17} 的关系

钢二次晶粒尺寸与 P_{17} 的关系。二次晶粒尺寸每减小 1mm，P_{17} 降低约 0.01W/kg。因此在保证高取向度条件下应尽量减小二次晶粒尺寸。

D 钢板厚度

一般来说，钢板厚度（t）减薄，P_h 增高。因为表面状态对 P_h 的作用增强，即表面自由磁极能（静磁能）和 180°畴的单位畴壁面积上的畴壁能量增大，畴壁移动阻力加强。但厚度减薄，P_e 明显降低。因此对 P_T 来说也有一个合适临界厚度（t_c）。由图 2 - 34 得知，当材料成分、纯净度、取向度和晶粒尺寸不变时，取向硅钢的 t_c = 0.127mm，3.15% Si 无取向硅钢 t_c = 0.25 ~ 0.35mm。约 0.5mm 厚的（硅含量不大于 1%）无取向电工钢板每减薄 0.025mm，P_{15} 降低约 0.26W/kg（下降约

3%）。取向硅钢 P_{17} 与板厚 t 关系的经验公式为：$P_{17/50} \leqslant 6t^2 - 1.3t + 0.95$。图 2-35 所示为高磁感取向硅钢板厚和 B_8 与 P_{17} 和 P_{15} 的关系。随 B_8 增高和厚度减薄到约 0.125mm 时，P_{17} 和 P_{15} 不断降低。而且随 B_8 提高，P_{15} 最低的临界厚度 t_c 朝更薄方向移动。如 $B_8 = 1.98$T 时，$t_c \approx$ 0.1mm。钢板减薄到 0.27mm 以下，由于表面能量对二次晶粒长大驱动力的作用增大，二次再结晶不易完善，必须采取加强抑制初次晶粒长大能力等有效措施才能发展完善的二次再结晶。现已生产 0.18mm 和 0.23mm 厚产品，今后有可能生产 0.15mm 厚产品。

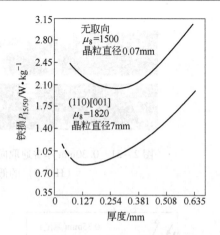

图 2-34　板厚与无取向及取向硅钢 $P_{15/50}$ 的关系（晶粒尺寸和磁导率不变时）

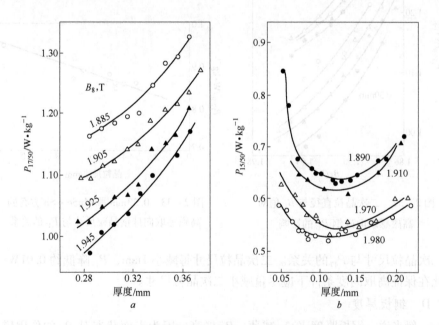

图 2-35　高磁感取向硅钢 B_8、板厚与铁损的关系

a—0.27~0.38mm 厚度范围的 P_{17}；b—在 9.8MPa 拉力下 0.05~0.23mm 厚度范围的 P_{15}（化学减薄法）

E　钢板表面状态

钢板表面平整光洁，表面自由磁极减少，静磁能降低，畴壁移动阻力减小，则 P_h 和 H_c 降低。钢板表面经化学磨光或电解磨光成镜面可使 P_h 和 P_T 明显降

低。无取向电工钢板如果在湿的保护气氛中退火进行脱碳，表面形成外氧化层、内氧化层和内氮化层。外氧化层使表面粗糙和产生应力。由图 2 - 36 看出，0.5mm 厚 3% Si 高牌号无取向硅钢表面外氧化层厚度增到 0.5μm 以上时，P_{15} 明显增高。内氧化层是钢中硅和铝在外氧化层与钢基体之间的界面处氧化成尺寸约为 0.1 ~ 0.5μm 的 SiO_2 和 Al_2O_3 质点。铝也可与气氛中氮形成 0.1 ~ 1.0μm 的 AlN 质点。它们都使 P_h 和 P_{15} 增高及 μ_{15} 降低。由图 2 - 37a 看出，

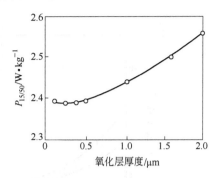

图 2 - 36　外氧化层厚度与 3% Si 钢 P_{15} 的关系（板厚 0.5mm）

内氧化层厚度每增加 1μm 使 0.65mm 厚 0.5% Si 无取向电工钢 $P_{15/50}$ 增高约 0.04W/kg，μ_{15} 降低 10 ~ 35。图 2 - 37b 表明内氮化层厚度每增加 1μm 使 0.65mm 厚 1.8% Si 无取向硅钢 $P_{15/50}$ 增高约 0.012W/kg。这些氧化物和氮化物质点使界面粗糙和阻碍畴壁移动，所以 P_h 增高。

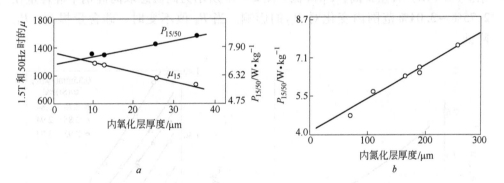

a

b

图 2 - 37　内氧化层厚度和内氮化层厚度对 $P_{15/50}$ 和 μ_{15} 的影响

a—内氧化层厚度与 0.5% Si 钢 $P_{15/50}$ 和 μ_{15} 的关系（板厚 0.64mm）；
b—内氮化层厚度与 1.8% Si + 0.15% Al 钢 $P_{15/50}$ 的关系（板厚 0.65mm）

取向硅钢表面硅酸镁（Mg_2SiO_4）底层（1 ~ 2μm 厚）与深度可达 10μm 的内氧化层相连，它们使表面变得更粗糙。硅酸镁的线膨胀系数比硅钢小 40%，在 Mg_2SiO_4 质点周围产生压应力，这都使 P_h 增高。但硅酸镁也在钢中产生约 3MPa（0.31kg/mm²）拉应力使磁畴细化和降低 P_e。硅酸镁 + 内氧化层厚度增加，P_T 增高。

　　F　硅（和铝）含量

　　硅使铁的 K_1 和 λ_s 值降低，磁化更容易，所以 P_h 降低。硅又提高电阻率，P_e 降低，所以 P_T 明显降低。图 2 - 38 表明无取向电工钢中提高硅量使 P_T，P_R

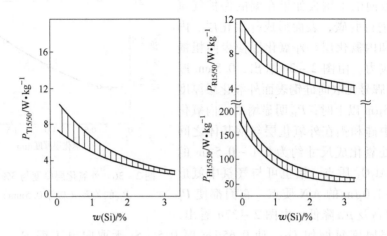

图 2 – 38　硅含量与无取向电工钢 P_T、P_R 和 P_H 的关系

和 P_H 都明显降低。图 2 – 39 所示为高牌号无取向硅钢（Si + Al）含量与 P_{15} 的关系。（Si + Al）含量提高，P_{15} 降低。图 2 – 40 所示为高磁感取向硅钢中硅含量在 2.75% ~ 3.04% 范围内变化对 P_{17} 的影响。当 B_8 值不变时，硅含量提高，P_{17} 降低。

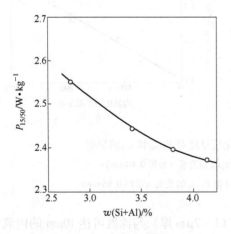

图 2 – 39　（Si + Al）含量与高牌号无取向
　　硅钢 P_{15} 的关系（板厚 0.5mm）

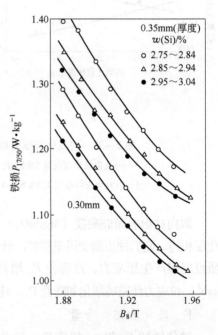

图 2 – 40　硅含量变动对高磁感
　　取向硅钢 P_{17} 的影响

2.2.2.2　影响涡流损耗 P_e 和反常损耗 P_a 的因素

　　由马克斯韦尔方程推导出的涡流损耗经典公式（2 – 17）是假设材料

为磁各向同性和正弦波形的磁通密度沿板厚方向均匀分布的条件下推导出来的。这与材料实际磁化过程不符合。许多软磁合金，特别是取向硅钢为磁各向异性的。而且磁化曲线不是直线，即磁导率 μ 是变化的。外加磁场略有变化，畴壁区的磁感就发生变化，而磁畴内的磁感变化不大，造成畴壁区附近 μ 高，并产生微涡流，磁畴内部 μ 低。由于畴壁钉扎或畴壁变成弓形也发生反常损耗。再者，由于材料的组织不均匀性（如成分偏聚、夹杂物和晶体缺陷等）以及因涡电流产生的磁场和磁化时钢板表面磁场强度更大（趋肤效应），材料中的磁通密度不可能是均匀分布的，也不可能完全是正弦波形。任何不均匀分布的磁通都可使 P_e 增高。更重要的是经典公式(2-17)没有考虑磁畴结构的影响。也就是说，经典公式没有考虑上述一些现象所引起的反常损耗 P_a。对混乱位向的小晶粒无取向电工钢来说，磁畴尺寸小和形状复杂，P_a 小，公式(2-17)近似正确。对大晶粒 (110) [001] 取向硅钢来说，主磁畴为粗大平行的 180° 畴，磁化很不均匀，P_a 比按公式(2-17)计算出的 P_e 大 1~2 倍或更高（见图 2-41）。

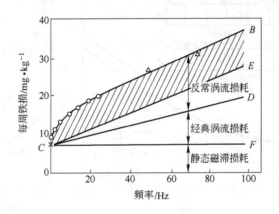

图 2-41 3% Si 取向硅钢中的铁损组分与频率的关系

CB 线—实测铁损值；*CD* 线—计算铁损值

普瑞（R. N. Pry）和比恩（C. P. Bean）提出一简单磁畴模型来解释反常损耗 P_a。他们假设材料中为大的 180° 磁畴，并在钢板平面上沿轧向规则排列，磁通是通过正弦波形 180° 畴壁随时间以相同速度移动完成的。在此假设条件下推导出以下关系式：

$$\frac{P_e + P_a}{P_e} = \eta = 1.628\left(\frac{2L}{t}\right) \tag{2-18}$$

式中，η 为反常因子；$2L$ 为畴壁间距；t 为板厚。

式（2-18）说明 P_a 与 $2L$ （或磁畴宽度 δ）成正比，与板厚 t 成反比。由图 2-42a 看出，随 $2L/t$ 减小，P_a 降低，$P_e + P_a$ 值与 P_e 值靠近。式（2-18）适用

于 50Hz 或 60Hz 下使用的取向硅钢。取向硅钢晶粒和磁畴尺寸大，主磁畴为沿轧向排列的 180°畴，$2L \approx 0.38 \sim 0.5\mathrm{mm}$，$2L/t > 1$，即 $2L$ 大于板厚，$\eta = 1.7 \sim 2.0$。当钢板减薄，趋肤效应减小，但表面对畴壁移动的阻碍作用增大。再者，动态磁化时的磁畴尺寸比静态磁化时的磁畴尺寸更大。这都引起磁通分布更不均匀，$2L/t$ 值增大，即 $2L$ 随 t 减小而增大。也就是说，板厚减薄，η 或 P_{a} 比按式（2-18）计算值更大（见图 2-42b）。式（2-18）只适用于 0.25mm 以上厚度的取向硅钢。另外，一些晶粒的位向与理想 $\{110\} \langle 001 \rangle$ 位向有偏离，这产生一些 90°闭合畴或更复杂的磁畴结构。90°畴壁移动比 180°畴壁移动可产生更大的涡流损耗。磁通不均匀分布情况更加复杂化。此模型也没有考虑反复磁化过程中动态磁畴尺寸是随 B_{m} 和 f 增高而减小以及由于畴壁移动不均匀而使畴壁变为弓形的变化。为此，一些研究者对此模型进行过许多修正。总之，反常损耗 P_{a} 是由于 180°畴壁移动所产生的涡电流造成的热损失。

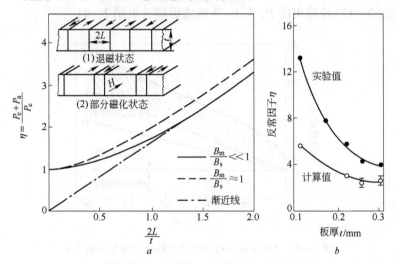

图 2-42　反常因子 $\left(\eta = \dfrac{P_{\mathrm{e}} + P_{\mathrm{a}}}{P_{\mathrm{e}}} \right)$ 与畴壁间距（$2L$）及板厚（t）的关系

a— $\dfrac{P_{\mathrm{e}} + P_{\mathrm{a}}}{P_{\mathrm{e}}}$ 与 $\dfrac{2L}{t}$ 的关系；b—反常因子 η 与板厚 t 的关系

设厚度为 D、宽度为 W 的一个 180°畴壁在外磁场作用下沿 x 方向移动（图 2-43a）。畴壁受到的合力为：

$$F = -\frac{\partial \gamma}{\partial x} - \beta \dot{x}$$

式中，$\left(-\dfrac{\partial \gamma}{\partial x} \right)$ 为畴壁能量随 x 的变化；$-\beta \dot{x}$ 为畴壁周围产生的涡流对畴壁移动的阻力；β 为阻尼系数，一般当 $\dfrac{W}{D} > 1$ 时，$\beta_{180} \approx \dfrac{16 B_{\mathrm{s}}^2 D}{\pi^3 \rho c^2} \times 10^5 \left(\dfrac{\mathrm{N/m^2}}{\mathrm{m/s}} \right)$，$c$ 为光速。

按此式计算出的 0.3mm 厚取向硅钢 $\beta_{180} \approx 137 \times 10 \dfrac{N/m^2}{m/s}$。当畴壁从 x_a 移动

到 x_b 时，两者的时间间隔为 t_a 到 t_b，移动速度 $v = dx/dt$，单位面积为克服涡流
阻力所做的功：

$$W_A = \int_{x_a}^{x_b} \beta \dot{x} dx = \int_{x_a}^{x_b} \beta v dx = \int_{t_a}^{t_b} \beta v^2 dt \qquad (2-19)$$

单位面积的瞬时功率损耗 P_A 为式（2-19）被时间间隔去除，即：

$$P_A = \frac{W_A}{t_b - t_a} = \frac{1}{t_b - t_a} \int_{t_a}^{t_b} \beta v^2 dt \qquad (2-20)$$

可看出 P_A 与畴壁移动速度 v 的平方成正比。对取向硅钢来说，在工业频率（低
频）下畴壁移动速度主要受涡流的阻滞。图 2-43b 为磁畴尺寸不同的两种取向
硅钢在交流磁场下磁化时畴壁移动的示意图。因为 $v = dx/dt$，即畴壁移动速度与
畴壁移动距离成正比，所以畴壁间距 $2L$ 或磁畴宽度 δ 增大，P_a 增高。P_a 大体上
与 $2L^2$ 成比例增大。

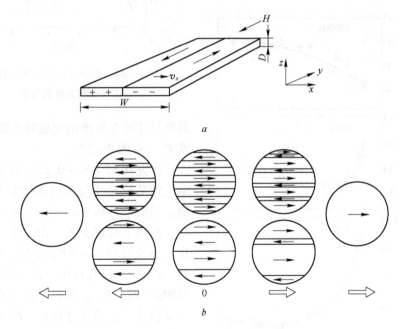

图 2-43　畴壁移动示意图

a——一个 180° 畴壁在外磁场 H 作用下移动；b—磁畴尺寸不同的两种
取向硅钢在交流磁场下磁化的畴壁移动

如上所述，P_e 与材料的电阻率（硅含量）和板厚有关，而 P_a 与磁畴结构有
密切关系，即 $P_e + P_a \propto \dfrac{2Lt^2}{\rho}$。日本近年采取提高硅含量（提高 ρ 值）、减薄钢板

和细化磁畴三个主要措施来降低取向硅钢铁损就是以此为依据的。影响磁畴尺寸的主要冶金因素如下。

A　晶粒尺寸

静态磁畴宽度 δ 或畴壁间距 $2L$ 与晶粒尺寸 $\bar{d}$ 的关系式如下：

$$\delta = 1.32\left(\frac{\gamma}{K_1}\right)^{\bar{d}^{3/4}} \qquad (2-21)$$

式中，γ 为单位畴壁面积上的畴壁能量；K_1 为磁晶各向异性常数。式（2-21）证明 δ 与 $\bar{d}$ 成正比，这由图 2-44 也可看出。晶粒大，磁畴宽度大，反复磁化时畴壁移动距离大，移动速度快，P_a 增高。取向硅钢的二次晶粒尺寸大，特别是高磁感取向硅钢晶粒更大。在保证 B_8 值时，减小二次

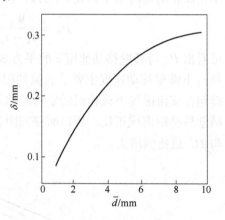

图 2-44　取向硅钢的二次晶粒
尺寸与磁畴宽度的关系

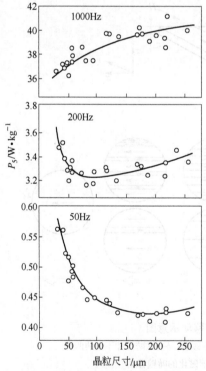

图 2-45　频率和晶粒尺寸与无
取向电工钢铁损的关系

(0.85% Si, 0.27% Al, 二次冷轧法,
0.5mm 厚半成品退火后, 环状样品)

晶粒尺寸可有效地细化磁畴和降低 P_a 及 P_T（见图 2-32）。

研究 0.85% Si + 0.27% Al 无取向电工钢晶粒尺寸与高频磁性的关系表明，当板厚为 0.5mm 时，晶粒尺寸愈小，高频下铁损愈低。由图 2-45 看出，晶粒直径 $d = 200\mu m$ 时，$P_{5/50}$ 最低。$d \approx 50 \sim 150\mu m$ 时，$P_{5/200}$ 最低。$d \leqslant 50\mu m$ 时，$P_{5/1000}$ 最低。因为在高频下 d 愈小，磁畴尺寸愈小，$P_e + P_a$ 降低。再者，在高频下低磁场时趋肤效应明显。

B　{110}〈001〉位向偏离角

0.2mm 厚 {110}〈001〉单晶体实验表明，〈001〉晶向与轧向偏离角 α 增大时，P_h 增高而 $P_e + P_a$ 变化不大。

〈001〉晶向对轧面的倾角 β 增大时，磁畴结构发生很大变化，出现许多楔形（或称匕首形）闭合畴（也称亚磁畴或辅助畴或反向畴）。在晶粒尺寸不变时，它使磁畴宽度减小，所以 P_a 降低。图 2-46a 表明 $\beta \approx 2°$ 时，P_{17} 最低；$\beta < 2°$ 或 $\beta > 2°$ 时，随 β 角变化，P_{17} 都增高。P_{17} 随 β 角的这种变化几乎都是由 P_a 引起的，因为 P_h 随 β 角增大而单调地缓慢增高。理想 $\{110\}\langle001\rangle$ 位向晶粒的 $\beta=0°$，磁畴通过晶界在表面不产生磁极，所以 180°畴的 $2L$ 大，P_a 和 P_{17} 高（静磁能不增高，所以磁畴不细化）。此时外加拉应力，磁畴变化很小，P_{17} 降低程度小。由图 2-46b 看出，随 β 角增到约 2°时，180°主磁畴尺寸迅速减小。因为在 $\beta \approx 1.5°$ 时，在晶界附近产生自由磁极而使静磁能增高，为降低静磁能开始出现楔形亚磁畴。反复磁化时这些与 180°畴呈反向的亚磁畴长大，使 180°畴细化。$\beta > 2°$ 时，180°畴尺寸缓慢减小，而亚磁畴数量迅速增多，P_{17} 不断增高（见图 2-46a）。

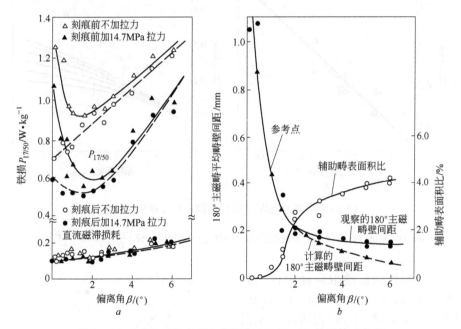

图 2-46 0.2mm 厚 (110) [001] 3% Si-Fe 单晶体 β 角和

P_{17} 与在 14.7MPa 拉力下磁畴结构的关系

a—P_{17}；b—在 14.7MPa 拉力下

实际上 180°畴壁移动速度不是以同等速度移动。$\beta \geqslant 0.5°$ 时就形成辅助畴，当 $\beta \leqslant 0.5°$ 时，可移动的畴壁数量减少，所以 P_{17} 增高，此时表面无闭合畴，$P_e + P_a \approx 0$。低频磁化时，180°畴壁首先移动，然后 90°畴壁移动，所以 50~60Hz 下 λ_s 只与 90°畴有关。当频率增高时，180°畴壁移动受阻，而 90°畴壁移动起重要作用。板厚减薄，表面闭合畴明显减少，即上下表面自由磁极引起的静磁能明显降低，正负磁极耦合而消失。低 B_m 时畴壁可均匀移动，而高 B_m 时钉扎畴壁移动效应明显，所以 P_{17} 明显增高。表面呈镜面状时在任何 B_m 下畴壁移动都是均匀的。

考虑表面和晶界的畴壁能及磁弹性能，$2L$ 和 β 角及沿轧向的二次晶粒长度 D 有以下关系

$$2L = a\left(b\,\frac{\cos^2\beta}{D} + c\,\frac{\sin^2\beta}{t}\right)^{-\frac{1}{2}} \tag{2-22}$$

式中，t 为板厚；a、b 和 c 为常数，根据回归分析求出。

图 2-47a 表明 $2L$ 实测值（$2L_{obs}$）与计算值（$2L_{cal}$）很符合。图 2-47b 表明晶粒长度 D 增大时计算值 $2L_{cal}$ 随 β 减小而增大；D 减小时 $2L_{cal}$ 随 β 增大而减小。这也说明 $2L$ 主要取决于二次晶粒尺寸。

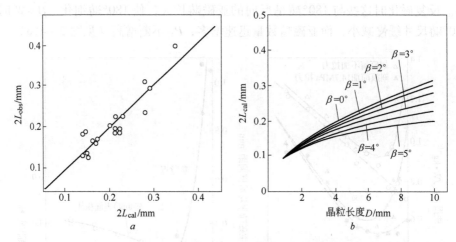

图 2-47　畴壁间距（$2L$）实测值与计算值的关系

a—晶粒长度与 β 角对 $2L$ 计算值的影响；b—$2L_{cal} = 0.029\left(0.087\,\dfrac{\cos^2\beta}{D} + 0.49\,\dfrac{\sin^2\beta}{t}\right)^{-\frac{1}{2}}$

0.3mm 厚高磁感取向硅钢板实验数据也表明，$B_8 \approx 1.95$T 时，P_{17} 最低，而 $B_8 > 1.95$T 时，P_{17} 反而增高（见图 2-48），其原因就是（110）[001] 位向准确的二次晶粒数量增多和尺寸增大，因为 β 小和 D 大，180°畴 $2L$ 增大之故。目前在生产条件下控制多数二次晶粒的 β 角约为 2°还很困难。采用温度梯度成卷高温退火或钢中加 Bi 可以达到此目的。

最近证明 $\beta \approx 2$° 时，在 50 或者 60Hz 下铁损最低，但 $\beta > 2$° 时，$P_{10/400}$

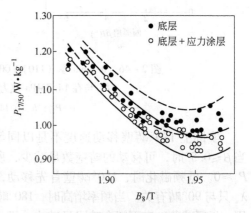

图 2-48　高磁感取向硅钢的 B_8 与 P_{17} 的关系（板厚 0.3mm）

最低，因为 β 角愈高，180°畴愈窄，P_a 愈低，而高频下 $P_e + P_a$ 占主要部分。在不同频率下的铁损与 α 角无关，即 α 角愈小，50Hz 和 400Hz 下的铁损都降低。为降低 $P_{10/400}$，最好是 $\alpha = 0°$，$\beta \geq 2°$。α 角增大可使磁致伸缩波形中高次谐波组分增多，从而使 1.5T 和 1.7T 下的 λ_{p-p} 值增高。而 β 角增大直接使 λ_{p-p} 增高，高次谐波组分不增多。

　　C　拉应力效应

　　取向硅钢沿轧向加拉应力可使 180°主磁畴细化（图 2-49）并消除 90°闭合畴，沿轧向的 P_a、P_T 和 λ_s 值明显降低，而 P_h 变化不大（见图 2-46a）。由图 2-50 看出，在拉应力下高磁感取向硅钢 Hi-B 比普通取向硅钢 CGO 的 P_{15} 降低更明显，而 (110)[001] 单晶体的 P_{15} 降低最明显。也就是说，在小于 14.7MPa 拉力下，取向度（B_8）愈高的材料，拉应力效应也愈明显。Hi-B 钢沿轧向的 $\lambda_s \approx +(1.5 \sim 2.0) \times 10^{-6}$，

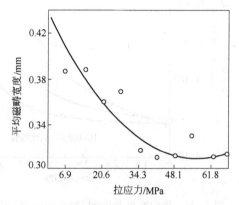

图 2-49　取向硅钢沿轧向的拉应力与磁畴宽度的关系

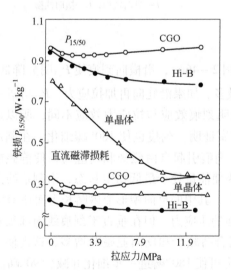

图 2-50　取向硅钢（表面无涂层）的 B_8 值和沿轧向加拉应力对 P_{15} 和 P_h 的影响
（单晶体：0.15mm 厚，$B_8 = 2.035T$；Hi-B 钢：0.35mm 厚，$B_8 = 1.92T$，晶粒直径 = 10~15mm；CGO 钢：0.35mm 厚，$B_8 = 1.82T$，晶粒直径 = 3~5mm）

经 3.9MPa 拉应力时降到约 -0.3×10^{-6}。沿轧向加拉应力也使横向 P_T 和 λ_s 明显降低。拉应力使 180°畴细化是由于抗拒因拉应力使表面闭合畴减少所引起的静磁能增大的结果。

　　取向硅钢应力涂层就是在此拉应力效应的启发下发展起来的。应力涂层可使钢板产生 2.9~5.9MPa（0.3~0.6kg/mm^2）拉应力（硅酸镁底层产生约 3MPa 拉力），所以 P_{17} 明显降低（见图 2-48）。应力涂层产生的拉应力是各向同性的，所以横向 P_T 和 λ_s 增高。沿轧向加压应力使 90°闭合畴数量增多，P_T 和 λ_s 明显增高。但涂应力涂层 S_z 的 Hi-B 钢对压应力敏感性减小，因为它产生的拉应力可抵消压应力（见图 2-51）。

　　无取向电工钢沿轧向加拉应力由于90°磁畴减少，P_T 和 P_R 也降低，P_R 最大降低20%。压应力使 P_T 和 P_R 增高（见图2-52）。

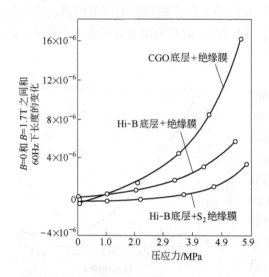

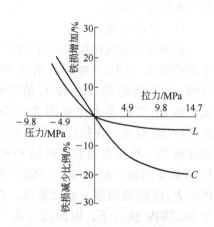

图2-51　取向度和表面涂层对0.3mm厚取向
硅钢压应力与 λ_s 关系的影响

（S2涂层为应力涂层）

图2-52　应力对无取向硅钢铁损
P_T 的影响

L—纵向铁损；C—横向铁损

　　D　刻痕效应

　　(110)[001] 单晶体实验表明（见图2-46a），沿横向刻痕使 P_{17} 明显降低，而 P_h 几乎不变。在 $\beta = 0°$ 时，P_{17} 降低最多。如果沿轧向再加拉应力，P_{17} 可进一步降低，P_{17} 与 β 角的关系改变了。这说明刻痕效应与拉应力效应不同，所以这两种效应叠加可使 P_{17} 显著降低。磁畴观察证明，刻痕也使180°畴细化。在刻痕附近产生反向楔形亚磁畴和90°闭合畴。刻痕引起自由磁极和内应力，使静磁能和磁弹性能增加，产生一新的退磁场。为使能量处于最低稳定状态，沿刻痕线产生了这些新的亚磁畴。在反复磁化过程中，其中的反向楔形亚磁畴长大而使180°畴细化。在垂直于刻痕线表面附近产生强的压应力，但在垂直于刻痕线内部很宽范围内产生了拉应力。此拉应力使90°闭合畴减少和反向亚磁畴增多，这也使退磁状态下180°畴细化。刻痕后再加拉应力可使180°畴进一步细化并减少90°畴。

　　刻痕使钢板表面不平，叠片系数降低和 λ_s 增高。再者，刻痕区的钢板较薄，叠片断面面积减小，部分磁通从表面逸出而产生漏磁现象，铁损增高。所以刻痕方法没有实用价值，但细化磁畴技术是以刻痕效应为基础而发展的。例如生产上已采用的沿成品钢板横向激光照射（也称激光刻痕）的不接触法可使 P_{17} 下降约10%。取向度（B_8）愈高和钢带愈薄，激光照射效果也愈明显（见图2-53）。

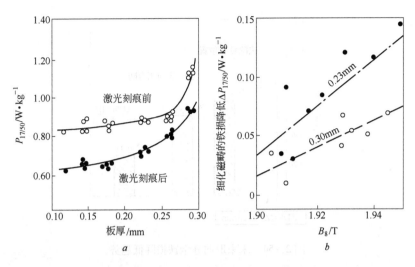

图 2－53　Hi－B 钢板厚（化学减薄法）和 B_8 与激光照射效应的关系

a—板厚与激光照射效应的关系；b—B_8 与激光照射效应的关系

最近日本提出 0.35mm 厚的 3.1% Si 无取向硅钢用高纯度电解铁（10×10^{-6} C $- 5 \times 10^{-6}$ N $- 50 \times 10^{-6}$ O 和 S、P、Mn 均为 1×10^{-6}）冶炼和按最高牌号 35H210 工艺进行实验，其铁损 P_{15} 可从 2.0W/kg 降低到 1.7W/kg，因为磁滞损耗 P_h 从 0.36W/kg 降到 0.09W/kg，即 P_h 降低 0.27W/kg（为 35H210 的 1/4）。如果再适当提高 Si + Al 含量，使电阻率从 $0.44\mu\Omega \cdot m$ 提高到 $0.59\mu\Omega \cdot m$，并使成品表面光滑和晶粒尺寸合适，P_{15} 的极限值可达 1.0W/kg。用这样的高纯度 3.1% Si 钢和 35H210 分别制成无刷式埋有永磁体的直流电机，P_h 分别为 0.56W/kg 和 0.68W/kg，即前者降低 18%。

日本进一步降低取向硅钢铁损 P_{17} 的发展方向是：

（1）产品表面光滑，无硅酸镁底层，减少钉扎位置，提高 180° 畴壁移动性和磁化均匀性，可使 P_{17} 降低约 0.1W/kg（因为 P_h 和 P_a 降低），现已生产这种产品。

（2）控制 {110}〈001〉位向偏离角小于 3°，即进一步提高取向度，使 B_8 提高到 1.96 ~ 2.00T，减少表面闭合畴，这也使 P_{17} 降低约 0.1W/kg（因为 P_h 和 P_a 降低）。现已采用加 0.005% ~ 0.1% Bi 生产这种产品。

（3）成品从 0.23mm 厚度进一步减薄到 0.15mm 厚，使涡流损耗 P_e 降低。

由图 2－54 看出，现在生产细化磁畴的 0.23mm 厚的最高牌号 23ZDK(M)H 的 P_{17} 为 0.75W/kg。按上述（1）和（2）两项措施，即表面光滑和 B_8 为 1.97T 时，0.23mm 厚的 3.2% Si 钢 P_{17} 为 0.55W/kg，即降低 25%。实验室已证明 0.15mm 厚 3.2% Si 钢的 P_{17} 为 0.38W/kg。0.15mm 厚 3.5% Si 时，P_{17} 为 0.35W/kg，其 P_{13} 值已经与铁基非晶相近。

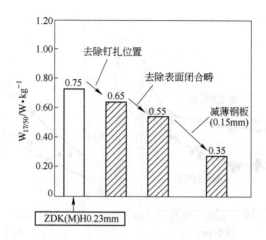

图 2 - 54　未来取向硅钢铁损降低趋势

参考文献

[1] 北京大学物理系. 铁磁学 [M]. 北京：科学出版社，1976.

[2] 钟文定. 铁磁学（中册）[M]. 北京：科学出版社，1987.

[3] Chikazumi S, Champ S H. Physics of Magnetism. New York：John Wiley & Sons. 1964.

[4] 何开元. 精密合金材料学 [M]. 北京：冶金工业出版社，1989.

[5] 中国大百科全书编委会. 中国大百科全书（物理学）[M]. 北京：中国大百科全书出版社，1987.

[6] 田口悟. 电磁钢板 [M]. 新日本制铁株式会社，1979.

[7] Littmann M F. J. App. Phys., 1967, 38（3）：1104.

[8] 何忠治. 新金属材料 [J], 1974,（10）：16～34.

[9] Shapiro J M. Energy Efficient Electrical Steels [M]. Ed. by Marder A R & Stephenson E T. TMS-AIME, 1980：33～42.

[10] Stephenson E T, Amann M R. Energy Efficient Electrical Steels Ed by Marder A R & Stephenson E T. TMS – AIME, 1980. 43～60.

[11] Stephenson E T, Marder A R. IEEE Tran. Mag. 1986, MAG – 22（2）：101～106.

[12] Swift W M, et al. IEEE Tran. Mag. 1973, MAG – 9（1）：46.

[13] 田口悟. 日本金属学会报 [J], 1974, 13（1）：49～57.

[14] Klemm P, et al. Proc. of the 6th Inter. Conf. on Textures of Materials, Japan Tokyo：1981. 910～917.

[15] Shimanaka H（嶋中浩）, et al. J. of MMM, 1982, 26：57～64.

[16] Brissonnean P. J. of MMM, 1984, 41（1～3）：38～46.

[17] Matsumura K（松树浲）, Fukuda B（福田文二郎）. IEEE Tran. Mag, 1984, MAG – 20（5）：1533～1538.

[18] 松村浲，福田文二郎ほか. 川崎制铁技报 [J], 1983, 15（3）：208～212.

[19] Sadayori J, Iida Y (饭田嘉明), Fukuda B, et al. Kawasaki Steel Technical Report, 1990, (22): 84~91.

[20] Geiger A L. J. App. Phys., 1979, 50 (3): 2366~2368.

[21] Shimoyama Y (下山美明), et al. IEEE Tran. Mag., 1983, MAG-19 (5): 2013~2015.

[22] Pry R H, Beam C P. J. App. Phys., 1959, 29: 532.

[23] Overshott K J, Thompson J E, et al. Proc. IEE, 1968, 115 (12): 1840.

[24] Overshott K J. IEEE Tran. Mag., 1976, MAG-12 (6): 840~845.

[25] Дружинин В В и др. Изв. АН СССР (сер. физ), 1970, 34 (2): 241.

[26] Драгомаискцй IO H, Зайкова В А и др. фММ, 1972, 34 (5): 987.

[27] Shilling J W, Morris W G, et al. Proc. of 3rd SMM. 1977.

[28] Shilling J W, Morris W G, et al. IEEE Tran. Mag., 1978, MAG-14: 104.

[29] Nozawa T (野沢忠生), Yamamoto T (山本孝明), et al. Proc. of 3rd SMM. 1977.

[30] Nozawa T, Yamamoto T, et al. IEEE Tran. Mag., 1978, MAG-14: 252; 1979, MAG-15: 972.

[31] 新日铁技报 [J], 1983, (21): 263.

[32] Yamamoto T, et al. Proc. of 2nd SMM. 1975. 15.

[33] Honma H (本间穂高), Nozawa T, et al. IEEE Tran. Mag., 1985, MAG-21 (5): 1903~1908.

[34] Fukuda B, et al. IEEE Tran. Mag., 1981, MAG-17 (6): 2878~2880.

[35] Nozawa T, et al. Proc. of 7th SMM. 1985: 131~136; 160~168.

[36] 何忠治. 国外金属材料 [J], 1987, (11): 37~44.

[37] 田口悟, 黑木克郎ほか. 日本金属学会誌 [J], 1982, 46 (6): 609~615.

[38] 田口悟. 日本金属学会誌 [J]. 1984, 48 (1): 97~103.

[39] Ichijama I (市山正), et al. IEEE Tran. Mag., 1984, MAG-20 (5): 1557~1559.

[40] Foster K, Littmann M F. J. App. Phys., 1985, 57 (8): 4203~4208.

[41] 田口悟. 日本金属学会誌 [J]. 1985, 49 (3): 238~242.

[42] Takeda K (竹田和年), Yamaguchi T. IEEE Tran. Mag., 1987, MAG-23 (5): 3233~3235; 日本应用磁气学会誌 [J]. 1988, 12 (1): 14~18.

[43] 野沢忠生. 日本应用磁気学会誌 [J]. 1988, (1): 5~13.

[44] 西池氏裕, 松村洽, 伊藤庸. 日本应用磁気学会誌 [J]. 1988, 12 (1): 19~25.

[45] Iwayama K (岩山健三), et al. J. App. Phys., 1988, 63 (8): 2966~2970.

[46] 岛津高英, 盐崎守雄, 黑崎洋介. 材料とプロセス, 1991, 4: 1880.

[47] 光法弘视, 佐藤圭司, 菅孝宏. 材料とプロセス, 1991, 4: 1876.

[48] Shirkoohi G H, Arikat M A M. IEEE Tran. Mag., 1994, MAG-30 (2): 928~930.

[49] 高桥政司. 住友金属 [J], 1994, 46 (1): 4~14.

[50] Moses A J. J. of Materials Engineering and Performance, 1992, 1 (2): 235~244.

[51] UShigami Y (牛神義行), et al. Journal of Materials Engineering and Performance, 1996, 5 (3): 310~315.

[52] Nozawa T, et al. IEEE Tran. Mag. 1996, MAG 32 (6): 572~589.

［53］Kubota T（久保田猛），Ushigami Y，et al. J. of MMM，2000，215～216：69～73.

［54］DeCompos M F，et al. J. of MMM，2001，226～230：1536；2006，301：94～99；IEEE Trans. Mag. 2006，MAG－42（10）：2812～2814.

［55］Landgral F J G，et al. J. of MMM，2003，254～255：364～366.

［56］大久保智幸，早川康之ほか. CAMP－ISIJ 2005，18：1567；2009，22：1276 .

［57］开道力ほか，Journal of Magnetism Society Japan，2007，31（4）：316～321.

3 冷轧、再结晶和晶粒长大

体心立方晶系（bcc）的电工钢板是通过热轧和冷轧的塑性加工制成产品。热轧是冷轧电工钢板塑性加工的第一步。在热轧的同时伴随着回复和再结晶，这称为动态回复和再结晶。热轧硅钢和冷轧电工钢轧到规定厚度后由于应力很大，晶体缺陷多和晶粒伸长，磁性很低，必须经合适的退火来提高磁性。冷轧板在退火时发生明显的回复、再结晶和晶粒长大过程。一般把在再结晶温度以上的轧制称为热轧。在再结晶温度以下存在明显加工硬化的轧制称为冷轧（在再结晶温度以下的一定温度轧制称为温轧）。

3.1 冷轧

冷轧不是简单的压缩，而是平面应变压缩，是一种在约束条件下的形变方式。

3.1.1 塑性形变基础

bcc 金属单晶体拉伸实验证明，随着塑性形变量增加，继续形变所需的应力增大。这种现象称为应变硬化或加工硬化。常用形变过程中每一瞬间的真应力（σ）和同一时刻的真应变（ε）的函数关系，即用 $\sigma = f(\varepsilon)$ 的应力–应变曲线来表示应变硬化。塑性形变的主要方式是滑移，即晶体的相邻部分在分切应力作用下沿着一定的晶面和晶向相对移动。此分切应力决定于晶体相对于外加应力的取向。这些滑移的晶面和晶向分别称为滑移面和滑移方向。滑移时在晶体表面出现一些线状痕迹称为滑移线。实际上它们是滑移面两侧晶体相对移动在晶体表面上产生的台阶。一组滑移线组成了滑移带。滑移面经常是原子最密排面，而滑移方向总是原子最密排方向。一个滑移面和该面上的一个滑移方向组合起来称为一个滑移系。只有当某个滑移系上的分切应力达到一定临界值时，该滑移系才开始活动。铁和电工钢的可滑移面为 {110}，{112} 和 {123}，滑移方向都为原子最密排的 ⟨111⟩ 方向。以任何一个 ⟨111⟩ 为晶带轴的晶面都有可能是滑移面，即滑移系统很多。两个或多个滑移面共同按一个 ⟨111⟩ 滑移方向滑移称为交叉滑移，也就是从一个滑移面转到另一个滑移面。铁和电工钢，特别是硅钢容易产生交叉滑移，因此冷轧时容易形成胞状组织。

从原子角度来看，滑移过程的机理是位错沿滑移面的运动，也就是说塑性形变的基本过程是位错的运动和增殖。塑性形变所需的力就是用于克服位错产生、增殖和运动时所遇到的阻力。位错在晶体中运动的阻力就表现为强度。位错周围存在应力场，因此当一根位错通过另一根位错的应力场时，位错运动的阻力就要增加，从而导致应变硬化。此外，晶体点阵阻力，晶体中已存在的空位、位错、晶界、固溶的碳和氮以及第二相质点等对位错晶运动也产生阻力。应变硬化与位错的关系式为：$\sigma = \alpha G b \rho^{\frac{1}{2}}$。式中，$\sigma$ 为流变应力；ρ 为位错密度；G 为切变模量；b 为柏式矢量；α 为常数（数量级为 0.5）。可看出流变应力是位错密度平方根的线性函数关系。

　　在单晶体应力－应变曲线上显示出的应变硬化可分三个阶段（见图 3－1）。透射电镜（TEM）观察证明，塑性形变开始的第 I 阶段（称为易滑移区）晶体中位错密度低，分布均匀，滑移主要发生在初始（第一）滑移系统上，即沿自己的滑移面长距离运动，受其他位错的干扰很少，所以应变硬化速率很低。第 II 阶段称为线性硬化阶段，应力和应变具有线性关系，其斜率近似为 $G/300 \sim G/100$（G 为切变模量），它取决于晶体位向。随着更多滑移系统（二次滑移系统）不断开动，即随着应变量

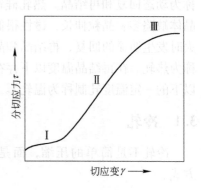

图 3－1　单晶体的应力－应变曲线

增大，位错大量增殖和运动并相互干扰，硬化速率迅速增大。第 III 阶段的应力－应变关系近似为抛物线形，随应变量增大硬化速率降低，这时的流变应力低于前一段流变应力的外推值。此阶段的特征主要是由交叉滑移引起的，因而形变温度对第 III 阶段的开始有明显的影响。在滑移过程中晶体点阵也发生转动，使活动的滑移方向（单向拉伸时）或滑移面（单向压缩时）转到外加应力方向。

　　多晶体滑移时由于每个晶粒内部最有利的滑移系统最先开动，因此同时在几个滑移系统上滑移。但由于存在晶界，每个晶粒不能自由均匀地发生滑移，所以在晶界附近出现复杂滑移以保持晶界两边形变的连续性。晶界对滑移的阻碍作用以及几个滑移系统的位错相互干扰的晶粒间相互制约，使形变过程更加复杂并造成晶粒间的形变量极不均匀。其应变硬化速率比单晶体大许多倍。多晶体的应力－应变曲线近似为抛物线形，这实际上相当于单晶体在第 III 阶段发生的多滑移（交叉滑移）情况。多晶体在塑性形变过程中各个晶粒在形状改变的同时也发生复杂的转动。经较大形变后，各个晶粒的某一个晶体方向逐渐集中到施力轴方向上，这种状态称为择优取向，得到的组织称为织构。由于冷轧引起的择优取向称为冷轧织构。金属的性能在一定程度上表现出各向异性。

　　bcc 金属在低温和高应变速率下可产生形变孪晶（特别是含硅和原始晶粒较粗

大的硅钢)。形变孪晶发生在 {112}〈111〉系统，它是塑性变形的另一种方式。

3.1.2 形变晶体的微观结构

透射电镜观察证明，在形变早期阶段位错比较长、直，并且为数不多。随着形变量增加，滑移系统增多，位错大量增殖。bcc 晶体中的位错密度从 10^7 lines/cm^2 升到 $10^{10} \sim 10^{12}$ lines/cm^2 数量级，使位错间发生更频繁的交互作用。这些位错和短的环状位错群相互缠结逐步形成一种准均匀分布状态，即粗略地排列成宽的界面，其中包括许多由位错网（也称胞壁）分割成的小区域。这些小区域称为胞（cells），也就是胞状组织或形变亚结构。胞的内部很少或根本没有位错。胞的形成一般发生在应变硬化第Ⅲ阶段。随应变量增大，胞壁中位错缠结更密更厚，胞内不断形成新的胞壁，胞的尺寸逐渐减小到 $0.2 \sim 3\mu m$，胞与胞间的位向差也增大，一般为 $2° \sim 6°$，不同金属的位错组态和胞状组织各不相同，这在很大程度上取决于金属的堆垛层错能。所有 bcc 金属都有高的层错能。位错组态和胞状组织还受其他许多因素的影响，如金属的纯度、形变量、形变温度和速率、合金元素和杂质元素含量、第二相质点以及形变方式和方法。胞状组织一般不是等轴形的。

经中等以上压下率冷轧的铁和电工钢板中位错密度很高，由于塑性变形不均匀，微观结构极复杂，胞状组织不均匀并重叠在一起呈层胞状。按图 3-2，经中等以上压下率冷轧板的微观结构分为以下几种。

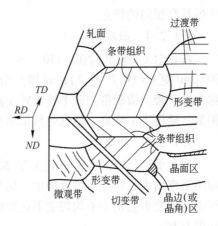

图 3-2 中等以上压下率冷轧板中
微观结构示意图
RD—轧向；*TD*—横向；*ND*—法向

3.1.2.1 形变带（基体带）

压下率大使第二滑移系统开动时塑性变形更不均匀，一个晶粒内的相邻地区在不同方向转动时形成了高位错密度的形变带。形变带是由尺寸为 $0.2 \sim 1\mu m$ 和位向近似相同的胞状组织组成的，其边界是弯曲的。形变量增大，胞状组织发展更完善，当它们的位向差明显时最容易形成形变带。此外，在晶界处以及存在有非弹性质点（如第二相质点和氧化物质点）地区都是产生高位错密度的形变带地区。这些地区的胞状组织位向差都大于平均位向差。形变带是连续再结晶（同位再结晶）晶核的主要发源地。

3.1.2.2 过渡带

过渡带为两个形变带之间的一种微观结构。电镜下观察过渡带宽约 $1 \sim 3\mu m$，其中由相互平行的几个或十几个带状胞状组织组成（每个小胞状体尺寸约为 0.2μm），其位向差都为 2°~3°，而且是连续变化的（见图 3-6c）。因此过渡带两边的两个形变带有 10°~50° 的位向差角。一般认为 HiB 取向硅钢中（110）[001] 晶核就产生在（111）[$\bar{1}\bar{1}$2] 和（111）[11$\bar{2}$] 两个形变带之间的这种过渡带中。这些过渡带为（110）[001] 位向的胞状组织，通过退火形成亚晶粒并聚集成为位向准确的（110）[001] 晶核。其周围为大角晶界的 {111}⟨112⟩ 位向晶粒，有利于（110）[001] 初次晶粒长大而成为二次晶核。

3.1.2.3　条带组织

两个形变带之间最常存在的是另一种条带组织，宽约 1μm，是由约 0.2μm 小胞状组织组成的。其位向不是连续性变化，这与过渡带不同，而与微观带或切变带具有相同的特点。

3.1.2.4　微观带

铁和电工钢冷轧时在 {110} 或 {112} 滑移面上出现小于 40μm（长）×（20~30）μm（宽）×（0.2~0.3）μm（厚）分散的并具有清晰边界的一种胞状组织，这称为微观带。微观带的壁平行于轧面而转动。微观带中的位向变化与过渡带中很相似。随压下率增高，微观带数量增多。

3.1.2.5　切变带

通过剪切形变形成的与轧面呈 20°~40° 角和厚度为 1~10μm 的微观结构。随压下率增大，切变带厚度增加。切变带中的胞状组织是伸长和等轴胞状体混合组织。切变带是由于不均匀变形而形成的。从能量角度考虑，剪切形变比滑移形变更有利。

3.1.2.6　晶界附近微观结构

由图 3-3a 看出晶界附近（D 区）的硬度增高，在其附近常存在伸长的胞状

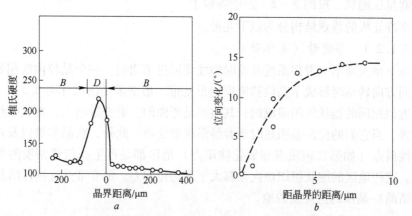

图 3-3　70% 压下率冷轧的粗晶粒纯铁晶界附近的硬度和位向差

a—硬度；b—位向差

体群体，其位向差随着距晶界距离增大而逐渐增大（见图 3 - 3b），这说明点阵明显弯曲。在晶粒边部和角部为保持晶粒间的形变连续性，造成这些地区的应变量增大，比晶面上更早形成形变组织。

3.1.3 冷轧储能

冷轧时大部分塑性形变过程中消耗的机械能都变为热，只有百分之几到 10% ~ 15% 储存在钢中。储能代表冷轧前后两个状态的自由能差或代表冷轧后自由能的升高。储能值一般在 0.5 ~ 10MJ/cm² 范围内。储能主要是以空位、位错和堆垛层错形式存在于形变晶体中。其中位错产生的能量占储能的 80% ~ 90%，空位约占 10%。冷轧形变量愈大，位错密度愈高，储能愈大。空位浓度 C 与真应变 ε 的关系约为 $C = 10^{-4}\varepsilon$。空位大量出现后金属的电阻率升高，密度降低。如果只以初始滑移系统进行单系滑移，即位错不互相交割，空位浓度小，电阻与密度变化不大。除晶体缺陷外，储能中还残存有很小一部分弹性应变能，它约占储能的 3% ~ 12%。

影响储能的因素很多。这些因素可分为两类：一类为轧制的工艺条件，另一类为材料的内在因素。

3.1.3.1 轧制工艺条件

A 形变量

图 3 - 4 所示为储能与形变功的关系。储能随形变功增加而增高，而储能增高速率逐渐减慢，即储能占塑性形变能量的百分比减小，最后趋于饱和。

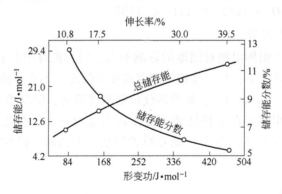

图 3 - 4 储能与形变功的关系

B 形变温度

轧制温度愈低，储能愈高，因为应变硬化率随温度降低而增大。

C 形变速度

形变速度愈快，应变硬化率愈高，所以储能也增高。

    D 轧制方式

一般规律是应力状态愈简单，经相同形变量加工后储能愈小。反之，应力状态愈复杂，轧制时摩擦力愈大，应力与应变的梯度愈大，塑性形变总耗功愈大，储能也愈大。

3.1.3.2 材料因素

    A 材料的类别

在同样形变量下，储能随金属的熔点增高而增大。铁的熔点高，储能大。

    B 纯度和溶质（杂质和合金元素）

在同样形变量下，溶质含量增高，储能增大；纯度高，储能低。如低碳电工钢比高纯铁的储能高，硅钢比低碳钢高，而高硅钢比低硅钢更高。

    C 原始晶粒度

在同样形变量下，细晶粒比粗晶粒的储能高，因为形变跨过晶界必须保持其连续性，这只有通过复杂滑移才能实现，所以储能高。

    D 原始位向

不同位向的单晶体形变速率不同，所以储能也不一样。如 $\{100\}\langle011\rangle$ 位向的晶体，冷轧时更容易形变，位错密度低，其储能低于 $\{111\}\langle112\rangle$ 晶体，而 $\{111\}\langle112\rangle$ 晶体的储能又低于 $\{110\}\langle001\rangle$ 晶体。在冷轧多晶体基体中，位向差大和尺寸小的胞状组织具有更高的储能。$\{110\}\langle001\rangle$ 晶粒最难形变，胞状组织尺寸小和位向差大，所以储能最高。冷轧基体中不同位向晶粒的储能按以下顺序增高：$\{100\} < \{112\} < \{111\} < \{110\}$。

    E 第二相析出物

可变形的第二相析出物对储能的影响不大，因为滑移时位错可通过第二相，这不改变其应变硬化率，只提高钢的流变或屈服强度。不变形的第二相，特别是细小弥散状质点（如 AlN），在形变后使位错密度增高，所以增大储能。

由于冷轧组织中存在这种储能而处于较高能量状态，在热力学上是不稳定的。在热激活条件下（如退火）就要经过回复、再结晶和晶粒长大过程而向低能状态转变。

3.1.4 冷轧织构

冷轧织构（也称形变织构）的本质主要取决于钢的晶体结构和流变特性。其他如原始织构、形变温度、合金元素和杂质对冷轧织构也有影响。冷轧时通过滑移进行塑性形变，晶体在改变形状的同时发生转动而改变位向，直到晶体不再转动形成稳定的位向为止。通过滑移过程发展的织构是渐近和连续性的变化，而在低温下通过形变孪晶引起的织构变化是突变和非连续性的变化。铁、低碳电工钢和硅钢的冷轧织构基本相同。为了弄清它们的冷轧织构，首先详细地研究了不同位向单晶体的冷轧织构。

3.1.4.1 单晶体的研究

早在20世纪40年代就已证明不同位向的铁单晶体的冷轧织构分两类，即 {001} ~ {112}〈110〉和 {111}〈110〉或 {111}〈112〉。其稳定的位向为 (001)[1̄10]、(112)[1̄10] 和 (111)[1̄10]。50年代邓恩（C. G. Dunn）等和胡郇（H. Hu）等用 X 射线织构分析和透射电镜技术对不同位向的3%Si-Fe单晶体冷轧组织和织构进行过大量研究。经不同压下率冷轧后的织构可分为以下4组[1]：

第1组：[1̄10] 轴平行于横向的任何晶面的单晶体，如 {110}〈001〉和 (111)[112̄] 范围内的位向。70% 压下率冷轧后 {001}〈110〉和 {111}〈112〉是最终稳定的冷轧织构。图3-5纸面法向代表横向 [1̄10] 轴，水平方向为轧向。7个模型上方所列的面指数代表与轧面平行的原始位向。这些原始位向的晶体绕 [1̄10] 轴按一个方向（形成一个织构组分）或两个方向（形成二个组分）转动而变为最终稳定位置。图中7个模型的角度是〈001〉与轧向的偏离角。当压下率增到90%以上时，{111}〈112〉位向变得不稳定而倾向于转为 {001}〈110〉。

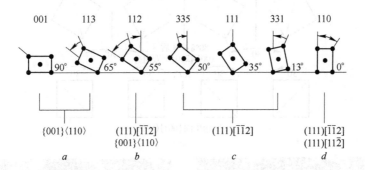

图3-5 70%压下率冷轧的3.25%Si-Fe单晶体点阵转动和
形成的冷轧织构示意图
a~d—单晶体点阵转动过程和形成的冷轧织构

第2组：{110}〈001〉单晶体。冷轧时绕横向上的 [1̄10] 轴转动。随压下率增加，转动角增大。经70%冷轧时它以两个相反方向转动35°而形成 (111)[1̄1̄2] 和 (111)[112̄] 两个组分及形变带。这两个组分彼此为孪晶关系。形变带之间的过渡带仍保持冷轧前 {110}〈001〉位向的胞状组织。胞状体之间为约2°的小角晶界，过渡带与两边的 {111}〈112〉形变带形成大角晶界。{210}〈001〉单晶体与 (110)[001] 单晶体相似，但 [1̄10] 转动轴与横向呈18°角。70%冷轧后形成 (132)[1̄1̄2] 和 (132)[112̄] 冷轧织构。

第3组：（110）~（001）晶面平行于轧面，[1̄10] 晶向平行于轧向的单晶体，如 {001}⟨110⟩ 和 {111}⟨110⟩ 范围内的位向。冷轧时其位向基本保持不变，只有（110）[1̄10] 单晶体例外。当轧面从 {001} 向 {111} 方面移动时，冷轧织构强度降低。当轧面从 {111} 向 {110} 方面移动时，冷轧织构变得更复杂，而且位向更漫散。（110）[1̄10] 单晶体随形变量增加，通过两个转动轴转动，一个是轧向上的 [1̄10] 轴，一个是法向上的 [110] 轴。70% 冷轧后形成 (443)[7 1̄04]，即 (111)₇· [2̄21]₈。漫散复杂织构。

第4组：{001} 晶面和 ⟨100⟩~⟨110⟩ 晶向的单晶体。{001}⟨110⟩ ≤8° 单晶体经 80% 冷轧时绕法向按两个方向朝稳定的 {001}⟨110⟩ 方向转动，而形成两个对称性的 {001}⟨uvw⟩ 组分和明显的形变带，在形变带之间为过渡带（见图 3-6）。当转动约 30° 时，形成 {001}⟨210⟩ 冷轧织构。{001}⟨100⟩₁₃°~₁₈° 单晶体冷轧时，只沿顺时针或逆时针的一个方向转动而形成单一位向组分。位向较准确的 {001}⟨110⟩ 单晶体冷轧时位向基本保持不变。

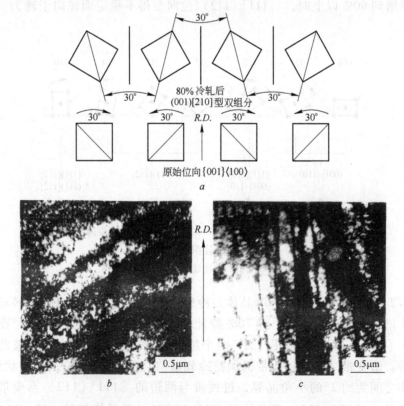

图 3-6　80% 压下率冷轧的 {001}⟨100⟩ 3% Si-Fe 单晶体
a—冷轧织构示意图；b—形成的形变带；c—形变带之间的过渡带

综上所述，不同位向单晶体的冷轧织构可归纳为两种稳定的纤维织构：（1）绕轧向〈110〉轴漫散稳定的 {001}〈110〉组分，其中包括 {111}〈110〉和 {991}〈110〉；（2）绕法向〈111〉轴连续性漫散组分，其中包括 {111}〈112〉和 {111}〈110〉。对电工钢来说，（110）[001] 单晶体的冷轧织构研究得最多，也最重要。3.25% Si-Fe 的（110）[001] 单晶体冷轧时，原始位向中（112）[11$\bar{1}$] 和（11$\bar{2}$）[111] 两个滑移系统的分切变应力最大，是主要活动的滑移系统。它们滑移时在平行于横向的 [1$\bar{1}$0] 方向产生刃型位错。随形变量增加，绕 [1$\bar{1}$0] 轴的转动角增大。经 70% 冷轧时绕 [11$\bar{0}$] 轴两个方向转动 35°而形成（111）（11$\bar{2}$）和（11$\bar{1}$）[112] 两个近似稳定的织构组分。继续冷轧时其他滑移系统开动了，并形成绕法向〈111〉轴漫散位向组分。理论分析证明，{110}〈001〉位向是一种亚稳定位向，通过形变以两个途径变化（见图 3-7）。亚稳定位向的晶体形变时倾向于将晶体分裂成被形变带隔开的不同转动的碎块。这些形变带

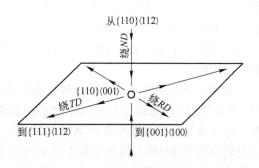

图 3-7 亚稳定 {110}〈001〉位向铁单晶体冷轧时理论分析的位向变化

是由密集的胞壁所组成。在大晶粒内平行于横向并与轧面倾斜约 35°方向，由于切应变集中而形成切变带[2]。

冷轧时由表面与轧辊之间大的摩擦力而产生的剪切应力，使晶体表面与内部的冷轧织构不同。随压下率增高，表面与内部的织构差别减小。3% Si-Fe 合金热轧或冷轧时由于表面经受大的摩擦力，对在表层优先形成 {110}〈001〉位向晶粒起重要作用。

形变温度对形变织构也有影响。3% Si-Fe（110）[001] 单晶体在 1000℃ 经 70% 热轧后为单一的（111）[11$\bar{2}$] 位向，无形变带，位错密度很低。（001）[100] 单晶体在 800℃ 经 80% 热轧后仍为（001）[100]，这与冷轧织构完全不同。

3.1.4.2　多晶体的研究

不同位向单晶体冷轧的形变行为和冷轧织构形成机理是了解多晶体织构的基础，但由于受晶界的影响，与单晶体冷轧织构不完全相同。冷轧织构中各组分的强度与热轧板中各织构组分所占比例有关。冷轧织构就是这些组分的连续性的漫散位向。泰勒（G. I. Taylor）首先提出多晶体金属冷轧织构形成机理。这是在假设应变均匀和在平面上应变的条件下提出的。假设所有晶粒的形状变化和应变都相同时，几个滑移系统同时活动，而以最小功的滑移系统起主要作用，则位向

因子 $M = \sum d\gamma_i / d\varepsilon$。$d\gamma_i$ 为活动滑移系统上的剪切应变，$d\varepsilon$ 为主应变的增量。M 值大表示储能高，形成的冷轧织构组分为亚稳定位向，如 $\{110\}\langle001\rangle$ 和 $\{111\}\langle112\rangle$。但泰勒理论不够精确，因为晶界地区存在严重的局部形变，即应变不均匀。用此理论不能很好地解释多晶体铁和硅钢的冷轧织构。

根据取向分布函数（ODF）定量计算，铁和电工钢的冷轧织构基本分为两类纤维织构，即 $\langle111\rangle$ 轴近似平行于法向（A 类或称 γ 纤维织构）和 $\langle110\rangle$ 轴平行于轧向并在 $(100)[011]$ 位向附近漫散（B 类或称 α 纤维织构）。主要低指数组分为：$\{111\}\langle112\rangle$，$\{111\}\langle110\rangle$，$\{112\}\langle110\rangle$ 和 $\{001\}\langle110\rangle$。也就是说，一类组分为 $\langle110\rangle$ 平行于轧向，$\{001\}\sim\{112\}$ 平行于轧面；另一类为 $\{111\}$ 平行于轧面，而 $\langle110\rangle\sim\langle112\rangle$ 平行于轧向。在单晶体铁中没有发现 A 类纤维织构。

研究工业纯铁（Armco 铁）热轧板经不同压下率冷轧时的微观结构和织构证明，5% 冷轧时位错缠结并形成等轴形胞状组织。22% 冷轧时等轴形胞状体更完善，绝大多数位错都集中在更宽的胞壁上，胞的直径为 $1\sim2\mu m$，同时还开始形成与轧向约为 30° 和与横向近似平行的微观带（即伸长的胞状体），如图 3-8a、b 所示。微观带不穿过晶界，与晶界相遇时只发生位移。微观带边界为 $\{110\}$ 面。含有微观带的晶粒位向都用 A 类织构描述。压下率继续增大，等轴形胞状

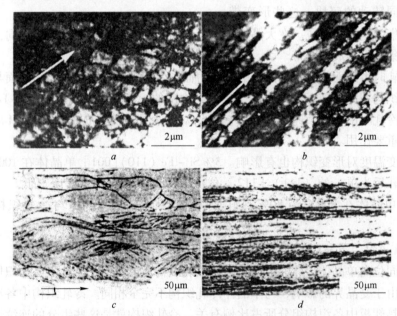

图 3-8 冷轧压下率与工业纯铁微观结构的关系

a—工业纯铁经 22% 冷轧后 TN（横向和法向）截面上等轴形胞状组织电镜照片，箭头表示横向；
b—同 a，微观带；c—60% 冷轧后 RN（轧向与法向）截面上的金相照片，箭头表示轧向；
d—90% 冷轧后 RN 截面上的切变带金相照片

体减少直到消失，微观带数量增多，并在一个晶粒内常观察到两组微观带线条与轧向呈 ±30°角（图 3-8c）。>60% 冷轧时微观带与轧向的偏离角逐渐减小，直到与轧向近似平行，其 {211}⟨011⟩ 组分逐渐加强。90% 冷轧时微观带的 {211}⟨011⟩ 位向是冷轧织构中最强组分，微观带边界已不是 {110} 面，即已形成明显的切变带（图 3-8d）。压下率与微观结构的这些关系也如图 3-9b 所示。经 50%~90% 冷轧时都存在 A 和 B 两类纤维织构组分。经不大于 60% 冷轧时发生铅笔式的滑动，依靠等量的 {110}⟨111⟩ 和 {211}⟨110⟩ 滑移系统而发展成 A 类织构组分，但有些偏离。经大于 60% 冷轧时 {211}⟨111⟩ 滑移系统起重要作用，使 {111}⟨121⟩ 附近位向分解，并加强了 {211}⟨111⟩ 滑移系统，因此 {211}⟨011⟩ 和 {100}⟨011⟩ 组分进一步增高，而 {111}⟨112⟩ 强度保持不变。图 3-9 所示为冷轧压下率与微观结构和冷轧织构中三个主要组分的关系[3]。随形变量增加，{100}⟨011⟩ 组分加强，并绕 ⟨011⟩ 轧向漫散而形成 B 类纤维织构，漫散度可达 60°，这包括了 {111}⟨011⟩ 位向。A 类纤维织构随形变量增高而单调增高，但分布不均匀[4]。

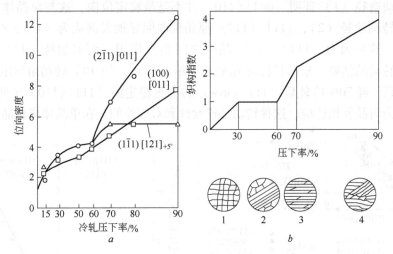

图 3-9　冷轧压下率与微观结构及冷轧织构中三个主要组分的关系
a—与工业纯铁三个主要冷轧织构组分强度的关系；
b—与相当于冷轧织构发展 4 个阶段的微观结构的关系
1—等轴形胞状组织；2—与轧向倾斜 30° 的微观带；3—与板面平行的微观带；4—切变带

有人将低碳钢和电工钢冷轧织构按图 3-10a 所示的理想位向的 Euler 空间 $\phi_2 = 45°$ 截面位置分为以下三类纤维织构来描述[5,6]：

（1）RD 纤维织构（轧向 RD∥⟨110⟩），即 B 类或 α 纤维织构：

1）{110}⟨110⟩，直到 30% 冷轧都为有限稳定的，然后沿 RD 和 ND 纤维线转动到 {111}⟨110⟩。

2）{111}〈110〉，高稳定。沿 *RD* 转动约 5°而变为 {445}〈110〉。

3）{001}〈110〉，永久性稳定。随形变量增加而不断加强，但沿 *RD* 线有往 {114}〈110〉位置移动的趋势。

（2）*ND* 纤维织构（法向 *ND*//〈111〉），即 A 类或 γ 纤维织构。形变量不大于 70% 时，{111}〈112〉位向是稳定的。随压下率再增大，沿 *ND* 纤维线转动而变为 {111}〈110〉。这种纤维织构的形成是晶界限制的结果。在单晶体中没有这种纤维织构。

（3）*TD* 纤维织构（横向 *TD*//〈110〉）：

1）{110}〈001〉和 {111}〈112〉之间，沿 *TD* 纤维线转动成为 {111}〈112〉。

2）{112}〈110〉和 {001}〈110〉之间，沿 *TD* 纤维线转动成为 {001}〈110〉。

细晶粒纯铁经不同压下率冷轧和 ODF 分析位向变化，发现基本上是沿以下两个途径进行晶体转动，并证明最终稳定位向都为 {223}〈110〉：

1）{001}〈100〉→{001}〈110〉→{112}〈110〉→{223}〈110〉；

2）{110}〈001〉→{554}〈225〉→{111}〈112〉→{111}〈110〉→{223}〈110〉。

转动途径（1）证明 {001}〈110〉并不是最稳定位向，这与单晶体结果不同。按转动途径（2），{111}〈112〉原始位向明显地发展成为 〈111〉//*ND* 纤维织构。这是因为 {111}〈uvw〉晶粒之间相互作用，而引起绕 〈111〉//*ND* 轴明显转动的结果。根据其转动情况，可测出 (111)[1$\bar{1}$0] 转动角与距晶界距离的关系；经 70% 冷轧后 {111}〈uvw〉转为更稳定的 {111}〈110〉（见图 3 – 10*b*）。为与晶界相适应，这种转动是连续性和对称性的。在单晶体或粗晶粒多晶

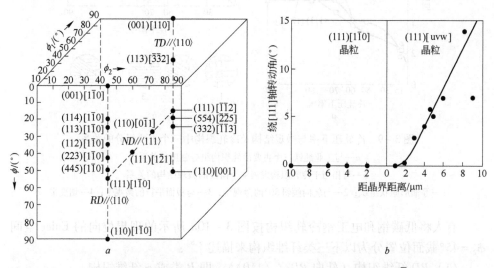

图 3 – 10　冷轧时形成的理想位向的 Euler 空间位置以及 (111) [1$\bar{1}$0] 与
{111}〈uvw〉晶粒的晶界地区绕 [111] //*ND* 轴转动情况

a—理想位向的 Euler 空间位置；*b*—绕 [111] //*ND* 轴转动

体中没有发现这种连续转动情况。晶粒大小不是一简单的尺寸效应，而是在约 $65\mu m$ 晶粒尺寸时晶粒的形变方式有明显变化[5]。

3.2 回复

冷轧板退火时首先进行回复。回复的特点是回复阶段没有孕育期；某些物理性能或力学性能发生变化，开始变化速率快，随后减慢；回复过程是均匀的；不发生大角晶界迁移；冷轧织构没有发生根本变化。这些特点都与再结晶不同。

冷轧板中点缺陷（空位）在室温下停留就可自动消失，因此低于200℃回复退火时空位和空位群基本消除。在此阶段主要是空位运动。高于200℃时通过位错滑移运动，发生位错相消（正和负的刃型位错以及左和右的螺型位错相遇）和重新排列，并形成小角晶界的亚晶粒，位错密度降低和胞状组织逐渐消失。不低于500℃时通过位错滑移和攀移迅速发展成清晰完整的亚晶粒（多边化），并且亚晶粒尺寸逐渐增大，位错密度进一步降低。回复阶段晶粒尺寸无变化（见图3–11）。

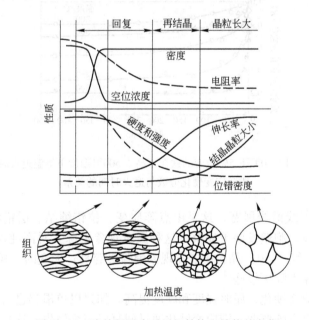

图3–11　冷轧板退火时组织结构和性能的变化

3.2.1 驱动力

冷轧板中储能是回复和再结晶的驱动力。储能以热的形式释放出来，可用灵敏的热量计测出。小压下率冷轧时储能低，局部具有高度点阵弯曲，易产生再结晶晶粒的地区很少，因此储能的大部分作为回复的驱动能释放出来以降低内能。

只余下一小部分用作再结晶驱动力。由于内能已降得很低，再结晶只能在更高温度下进行。大压下率冷轧时储能高，有许多地区可作为形核位置。在储能完全释放前就通过大角晶界迁移而开始再结晶。回复过程释放的能量只占储能的一小部分，大部分能量都用作再结晶驱动能，所以再结晶温度低。

3.2.2　物理和力学性能的变化

随形变量增大或形变温度降低，冷轧板的电阻率增高和密度降低。电阻率增高是因为电子波被塑性形变所产生的晶体缺陷散射而引起的。密度降低是因为塑性形变使空位浓度增多而引起的。在回复阶段晶体缺陷减少，所以电阻率相应下降。密度由于空位浓度迅速减少而增高。经 80% 冷轧的 Si - Fe 单晶体在约 150℃ 时密度已明显回复，电阻率也下降。再结晶时电阻率进一步降低（见图 3 - 12）。等温退火时，电阻率随时间延长急剧下降，随后缓慢下降并趋于平衡值，这清楚地表示出回复阶段的典型动力学。

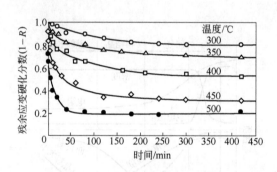

图 3 - 12　0℃ 下 5% 应变的铁在不高于 500℃ 温度下等温退火时，
残余应变硬化分数与退火时间的关系

冷轧后 X 射线谱线展宽，这是由点阵应变、位错缠结、层错和微晶化引起的。在回复阶段，胞壁发展更完整，这种展宽现象消除。对高纯铁的研究表明，形变的 ｛111｝ 和 ｛110｝ 晶粒中展宽现象消除更容易；形变的 ｛100｝ 和 ｛112｝ 晶粒中展宽现象消除更慢些[5]。

冷轧引起应变硬化，屈服强度和硬度提高。如果以单滑移进行形变，塑性流变为层状而没有点阵弯曲，则应变硬化通过回复可完全消失。这种情况一般也不可能发生再结晶。如果以多滑移进行形变，由于相邻晶粒的约束而使塑性流变具有湍流（turbulent）性质，引起的应变硬化大。通过回复只有一部分被消除，完全软化必须依靠再结晶。不高于 500℃ 等温退火的应变硬化曲线与电阻率回复曲线十分相似（见图 3 - 12）。应变硬化开始很快降低，随后缓慢下降并保持不变。形变时流变应力和位错密度的平方根具有线性关系，而回复时流变应力并不完全决定于位错密度。因为在回复开始阶段流变应力急剧下降，而平均位错密度仅略减小。随后位错密度不断缓慢下降，而流变应力却保持恒定。这说明回复时流变应力并不完全决定于位错密度。在回复阶段屈服强度和硬度降低，伸长率缓慢升高（见图 3 - 11）。

3.2.3　回复动力学

上述物理和力学性能的等温回复速率有非常相似的特征，即开始阶段性能变化速率最快，无孕育期，然后随时间延长，变化速率减慢直到保持不变。这与再结晶过程完全不同，再结晶一般有孕育期，而且起始速率很低。和再结晶相比，可以认为回复过程是比较均匀的，结构变化在晶体各处近似同时发生，没有新相形成和界面迁移所引起的长大。

等温回复时性能开始变化速率快，随后减慢的特点说明等温回复速率 dR/dt 与等温退火时间 t 成反比：$\dfrac{dR}{dt}=\dfrac{a}{t}$，积分后 $R=a\ln t+b$，a 和 b 是与温度有关的常数，R 与 t 的对数坐标图为一条直线，a 是直线斜率，b 是直线截距。回复速率与温度的关系一般符合阿伦尼乌斯（Arrhenius）定律，即任意性能 x 的变化速率 dx/dt 或 $\dfrac{1}{t}=A\mathrm{ext}\left(\dfrac{-Q}{RT}\right)$。式中，$A$ 为速率常数；Q 为与过程有关的激活能；R 为气体常数；T 为绝对温度。根据 $\lg\dfrac{1}{t}-\dfrac{1}{T}$ 图的直线斜率 Q/R，可求出激活能 Q。回复激活能与回复程度呈线性关系，即 Q 随回复程度增加而增大。对高纯铁的流变应力回复试验证明，当 $R=0$（相当于开始回复）时，$Q=92\mathrm{kJ/mol}$。这个数值与空位迁移的激活能相当。当 $R=1$（相当于完全回复）时，$Q=282\mathrm{kJ/mol}$。这个数值与铁的自扩散激活能相当。

3.2.4　多边形化

多边形化一词最早用来描述单晶体经单滑移弯曲后在回复退火时所发生的结构变化（见图 3 - 13）。平滑的弯曲滑移面分裂成由刃型位错壁分隔开的多边形小区。其基本过程是通过位错攀移和位错滑移（见图 3 - 14）使过剩同号位错排列而形成小角晶界的更稳定的组态。因为等间距的位错壁具有最低的总能量，也就是说，位错组态能量的降低是多边化过程的驱动力。位错攀移是指位错从滑移

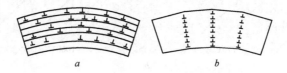

图 3 - 13　多边形化时刃型位错重新排列情况

a—单晶体弯曲后在滑移面上保留的过剩位错；b—多边形化后位错的重新排列

面或亚晶界处移动出来，这是形成多边形化结构的最重要因素。它比位错滑移需要更高的热激活能，因此都在更高温度（如不低于500℃）时发生。后来多边形化一词泛指在回复基体中形成清晰完整的亚晶结构，即形变产生的胞状组织在回复时的结构变化。这种变化包括位错偶极子的相消，位错环的消失，胞壁中位错的重新排列以及胞壁或亚晶界的锐化等。多边化过程实质上是形成完整的亚晶粒过

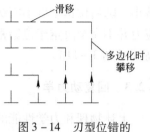

图 3-14　刃型位错的攀移和滑移

程，但它只是形成亚晶粒的一种机理。形成的亚晶粒尺寸比位错缠结形成的亚结构尺寸约大 10 倍。

3.25% Si-Fe 单晶体经弯曲（见图 3-15a）和不同温度退火 1h 所形成的完善多边化组织如图 3-15b 所示。这是用侵蚀斑技术显示出的。照片平面垂直于弯曲轴并相当于单晶体前方平面。侵蚀斑点表示位错露出表面地区。可看出 700℃时只在照片上方形成几个完整的亚晶界。多数地区为垂直于滑移面排列的 3~4 个位错组成的位错群。随温度升高通过位错攀移和滑移，所有位错都排列成小角亚晶界，并且几个这样的小角亚晶界进一步聚集而长大成为更完善清晰的亚晶界。

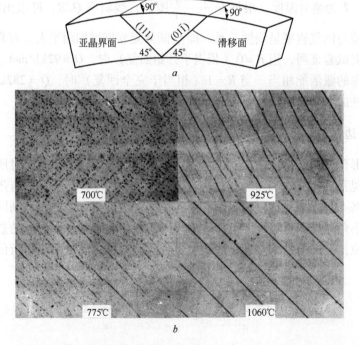

图 3-15　3.25% Si-Fe 单晶体弯曲位向和不同温度退火 1h 后多边形化形成情况
a—单晶体弯曲位向；b—多边形化形成

3.3 再结晶（初次再结晶）

再结晶是热激活过程，通过晶粒的形核和长大吞食形变和回复的基体，也称为初次再结晶或不连续再结晶（不通过此过程的再结晶称为连续再结晶或同位再结晶）。常观察到有孕育期，此时在一些有利位置上优先形成晶核。这些晶核基本上是无应变的。在它形成的早期阶段被大角晶界所包围。从能量角度考虑，晶核通过大角晶界移动而长大，其长大方向是从晶界的曲率中心往基体发展。再结晶接近完成时，新晶粒开始相互接触直到再结晶完全。再结晶前和后金属的点阵类型不发生变化，位错密度明显降低，性能发生很大变化。以力学性能为例，屈服强度和硬度急剧降低，伸长率明显提高（见图3-11）。由于新晶粒长大是通过大角晶界迁移，所以织构也发生很大变化。再结晶粒一般都为等轴形以保持有较低的界面能。开始形成新晶粒的温度称为开始再结晶温度，全部被新晶粒所占据的温度称为完全再结晶温度。实际应用中常将这两个温度的算术平均值作为衡量金属或合金热稳定水平的参量，称为再结晶温度。高熔点（T_m）纯金属（如纯铁）的再结晶温度近似为 $0.35 \sim 0.40T_m$。

再结晶驱动力是回复以后还没有释放的那一部分储能，相当于总储能的 $70\% \sim 90\%$。再结晶驱动力主要与亚晶界中的位错有关，通过亚晶界的消失来提供再结晶所需要的能量。

3.3.1 再结晶晶核形成机理

多晶体冷轧后局部地区晶粒的点阵畸变程度和位向转动状态不同。因为变形不均匀，储能高和点阵弯曲大的局部地区，如滑移线相交地区、形变带和过渡带地区、晶界附近地区以及粗大第二相质点地区，都是优先生核和长大地区，所以再结晶晶核形成能量是通过不均匀变形而提供的（见图3-16）。

再结晶晶核一般通过以下两种形式产生。

3.3.1.1 晶界弓出机理

由图3-17看出，原晶界的某一段突然弓出，深入到畸变大的相邻晶粒中而形成新晶核，在推进的这部分中储能完全消失。当晶界两侧的两个形变晶粒中的位错密度有较大差异时，在一定温度下原晶界的某一段往位错密度高的晶粒一侧突然移动而形成晶

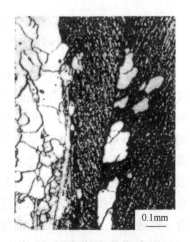

0.1mm

图3-16 65%冷轧和550℃
退火的铁中局部生核位置

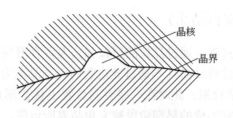

图 3 - 17　晶界生核的弓出机理

核。这实质上是已存在的晶界局部生长现象。此机理与应变诱发晶界迁移进行再结晶的机理相同。

3.3.1.2　亚晶粒聚合机理

通过亚晶粒聚合形成一无应变小区（再结晶核心），其周围为大角晶界，再通过大角晶界迁移，此核心长大。再结晶过程具有方向性特征。电镜研究 80% 冷轧的 3% Si – Fe 单晶体再结晶过程证明，再结晶晶核是由形变带之间过渡带地区中的亚晶粒聚合而成的。过渡带中点阵弯曲明显和位错密度较高：图 3 – 18 为过渡带区通过亚晶粒聚合形成的一个缩颈状再结晶晶核电镜照片。

图 3 – 18　过渡带区通过亚晶粒聚合形成的再结晶晶核
（80% 冷轧的 3% Si – Fe 单晶体经 600℃ ×125min 退火后）

图 3 – 19 为亚晶粒聚合的形核模型。图中粗线条表示位向差角大的亚晶粒。虚线表示还没有完全运动出去的位错。两个亚晶粒通过消除它们之间的小角晶界而聚合的驱动力来自这个小角晶界和相邻的具有较大位向差角的晶界之间的交互作用能。当小角晶界中的位错离开其本身的界面而与其相邻的具有较大位向差的晶界中的位错汇合时会获得能量。这些位错运动可以通过攀移进行，它需要点阵扩散。如果温度不够高不足以引起扩散，也可以通过滑移进行。图 3 – 20 表示亚晶粒聚合的原子机理。通过原子沿晶界从阴影区往相应的空白区扩散而实现亚晶聚合，即通过亚晶粒相对转动而使亚晶界消失（见图 3 – 20b、图 3 – 20c）。然后再通过表面能效应使 BCD 和 GHI 线段伸直（见图 3 – 20d）。这实际上是 CH 线段的亚晶界中的位错移出而进入相邻的位向差较大的亚晶界中。

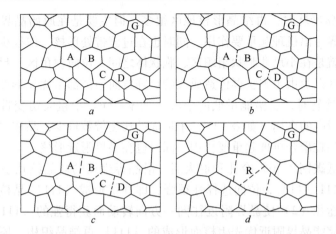

图 3 – 19 通过亚晶粒聚合形成再结晶晶核示意图

a—形核以前的亚结构；*b*—亚晶 A 与 B 和 C 与 D 分别聚合；

c—亚晶 B 和 C 进一步聚合；*d*—形成具有大角晶界的晶核

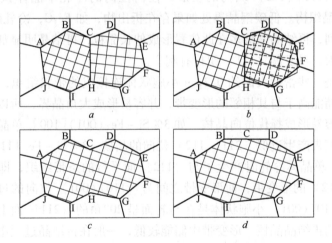

图 3 – 20 通过亚晶粒转动而聚合的示意图

a—聚合以前的原始亚晶结构；*b*——个亚晶发生转动；

c—刚刚聚合后的亚晶结构；*d*—通过某些亚晶界迁移得到的最终亚晶结构

亚晶粒聚合形核机理满足了以下三个条件，因此是再结晶形核的一个最重要模型：

（1）根据位错理论，亚晶界是小角晶界，位向差只有几度，很难移动；

（2）稳定的再结晶晶核必须大于一临界尺寸；

（3）晶核在具有高迁移率的大角晶界前应以相当大的速度长大。

上述机理都说明界面移动是再结晶形核的主要机理。

再结晶形核机理与金属的堆垛层错能量和形变量有很大关系。实验证明，压下率小于 50% 冷轧时，再结晶形核地区很多，但主要是在原始晶界边部或角部处形核，晶界弓出机理起重要作用。同时也在过渡带处形核，但很少在切变带地区形核。也就是在小尺寸胞状组织区、胞状体之间大位向差角区、尺寸差别大的相邻胞状体区以及由于胞状群体造成大的点阵弯曲地区都是优先形核地区。压下率大于 50% 冷轧时，层错能量低的金属（如 γ – Fe）中粗大切变带是主要形核区。层错能量高的金属（如 α – Fe）中形成的切变带数量少，晶核主要在过渡带中形成，亚晶粒聚合机理起重要作用。同时也在晶界附近形核。

　　纯铁或低碳钢经 70% 冷轧和退火后，沿晶界生核的新晶粒几乎都是 {111} 位向，如 {111}⟨110⟩，位向选择性很强，即择优形成 {111} 晶核。这是通过形变沿转动途径（2）使晶界附近往同一方向转动而获得强的 {111} 冷轧织构组分，在高储能晶界附近优先生核而形成的 {111} 再结晶织构。原始晶粒小于 65 μm 时，{111} 再结晶织构发展更强。原始晶粒较大时，冷轧使晶粒破碎成为几个嵌镶块，在其边界处形成切变带。退火时在切变带地区形成 {110}⟨001⟩ 晶核，不利于 {111}⟨110⟩ 织构的发展。任何位向的冷轧单晶体铁都不能获得 {111} 再结晶织构。低碳钢晶界处如果存在析出物，如 Fe_3C，冷轧时 Fe_3C 破碎并沿晶界排列，再结晶晶核多在此位置形成伸长晶粒，再结晶明显加速，再结晶晶粒择优长大，对发展 {111} 织构有利[5]。

　　过渡带是一些密度大的约 0.2 μm 小胞状体连接成的带状组织，它具有大的点阵弯曲，储能高于与其相邻的形变带，并容易形成大角晶界，所以是优先生核位置，而且容易形成择优位向晶核。如 3% Si – Fe（001）[100] 单晶体冷轧和退火后，在过渡带产生近似 {211}⟨112⟩ 位向的晶核。3% Si – Fe {111}⟨112⟩ 到 {110}⟨001⟩ 单晶体冷轧时产生了与 {112} 面平行的条带组织，即位向几乎都为 {111}⟨112⟩ 的形变带，而形变带之间为 {110}⟨001⟩ 位向的过渡带。这些过渡带中 {110}⟨001⟩ 小胞状体是在与轧面呈 20° 角的 {211} 面上形成的，它们就是以后的再结晶晶核。形变带中储能较低，一般在再结晶过程中它们是过渡带晶核长大的主要基体。但冷轧板在快加热抑制回复过程的情况下，在形变带中也可形核。由于 {111} 形变带中的胞状体尺寸比其他位向形变带中的胞状体更小，即储能更高些，所以可优先生核。切变带中胞状体小，储能比其周围形变带高，所以也优先生核，但因切变带内部的不均匀性，晶核的择优位向不明显。一般来说，通过切变带形核而获得的再结晶织构中 {111} 组分减少，而 {110}⟨001⟩ 组分增高[1]。

　　根据泰勒塑性力学织构形成理论模型，具有高的位向因子 M 的冷轧晶粒，如 {111}⟨112⟩，{111}⟨110⟩，{110}⟨001⟩ 位向的形变晶粒储能高，在晶界附近或基体中形核，位向漫散。根据位错理论模型，形变组织在回复过程中位错重新排列成刃型位错网状组织，即形成清晰的亚晶界。由于这些亚晶界相连而引起位向转动。亚晶界两侧的位向差以及转动轴控制了再结晶晶粒的位向和形核速度。在 {123} 面上没有形成稳定的位错网，而在 {110} 和 {112} 面上可形成位错网。以 [110] 作为转动轴，在 {110}⟨001⟩ 和 {111}⟨112⟩ 之间形成了刃型位错网边界。{110}⟨001⟩ 铁单晶体冷轧后形成 {111}⟨112⟩ 位向，再结晶退火后又回复到 {110}⟨001⟩ 位向就是这个原因。再者冷轧时位错与固溶碳的相互作用增大时可抑制第二滑移系活动，退火时有利于刃型位错聚集成网状，再结晶后更优先形成 {110}⟨001⟩ 位向晶粒（如取向硅钢冷轧时效工艺使二次晶粒尺寸变小就是这个原因）。如果冷轧时存在细小碳化物，退火时可抑制刃型位错网边界处的位错攀移，再结晶时 {110}⟨001⟩ 形核受到抑制，而促进了 {111}⟨110⟩ 位向晶粒的发展（如铝深冲钢箱式炉退火工艺）[1]。

研究 (111)[11$\bar{2}$] 3% Si－Fe 单晶体冷轧和退火发现，当压下率为 50% 冷轧时，产生两种切变带，即与轧向呈约 35°角的宽切变带（Ⅰ类）和 17°角的窄切变带（Ⅱ类）。再结晶首先在Ⅰ类切变带开始。Ⅰ类切变带完全被吞并。再结晶后一阶段沿Ⅱ类切变带进行，同时Ⅰ类切变带中新晶粒开始往相邻基体长大。晶核很少在基体中产生。再结晶晶粒都为 {110}⟨001⟩ 位向。在Ⅰ类切变带中形成的 {110}⟨001⟩ 位向比Ⅱ类切变带中形成的 {110}⟨001⟩ 位向更准确。前者绕 TD∥[1$\bar{1}$0] 偏离 ±10°，后者偏离 ±20°。经 85% 冷轧也具有同样结果，只是冷轧织构的 (111)[11$\bar{2}$] 主位向绕 TD∥[1$\bar{1}$0] 有些漫散，并存在有形变孪晶。退火织构中除 (110)[001] 外还有少数 (113)[33$\bar{2}$] 组分[7,8]。

3.3.2 再结晶动力学

再结晶动力学也称再结晶定律，它与相变动力学十分相似。再结晶过程是通过形核和长大进行的，因此等温再结晶曲线为典型 S 形曲线（见图 3-21）。曲线的开始部分相当于形成稳定再结晶晶核的孕育期。然后是新晶粒以近似恒定速率的快速长大阶段。再延长时间，当再结晶体积分数 (f) 很大并接近完成时，由于许多新晶粒相遇，使再结晶速率，即新晶粒平均长大速率下降。由图 3-21 也看出，随温度升高，孕育期缩短，整个再结晶完全所需的时间也缩短。

约翰逊（W. A. Johnson）和梅尔（R. F. Mehl）以及阿弗拉米（M. Avrami）提出的再结晶唯象理论应用最为广泛。他们假设孕育期以后的长大速率与时间呈直线关系；形核率与平均孕育时间成反比。再结晶动力学的通式为

$$x_v = 1 - \exp(-Bt^k)$$

按约翰逊和梅尔推导出的板材二维再结晶公式为

$$x_v = 1 - \exp(-fG^2\delta Nt^3/3)$$

式中，x_v 为再结晶体积分数；t 为等温退火时间；N 为形核速率（单位时间内形

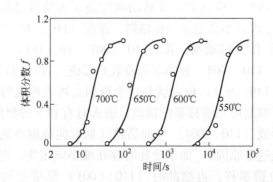

图 3-21　60% 冷轧的 3.25% Si 钢的再结晶动力学曲线

成的晶核数目与尚未再结晶的体积之比）；f 为形状因子；G 为长大速率；$k=2\sim$ 3；δ 为板厚；B 为常数。

按阿弗拉米公式：$N=N_{v}\exp(-v\tau)$。式中，$\overline{N}_{v}$ 为形核位置数目；v 为每个位置的形核率；τ 为孕育期。即 N 随孕育期延长而下降。按约翰逊和梅尔公式，N 为常数（由实验估算出）。

再结晶形核机理随应变量的显著变化可能很不相同。晶粒长大速率与大角晶界迁移率有关，而晶界迁移率又受许多因素控制（如晶粒位向）。图 3-22 所示为铝经小于 20% 拉伸的伸长率（ε）与 350℃时形核速率（N）、长大速率（G）和 N/G 的关系以及根据 N 和 G 与温度的关系计算出的各形变量所对应的 N 和 G 的激活能 Q 的关系。N 和 G 的变化速率有很大差异。$\varepsilon=5\%$ 时，$N=0$，这说明要发生再结晶需要一最小的形变量，即临界形变量。随 ε 增加，N 和 G 的激活能 Q_{N} 和 Q_{G} 降低。$\varepsilon<5\%$ 时，Q_{N} 比 Q_{G} 高得多，ε 增大，两者的差别很快消失。当

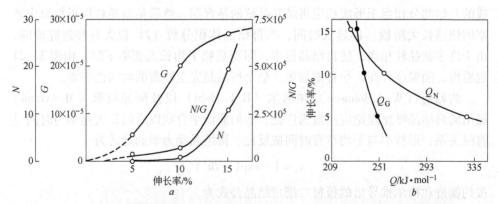

图 3-22　铝的伸长率与 350℃时形核速率（N）、长大速率（G）及 N/G 的关系以及
与不同温度退火时 N 和 G 的激活能（Q_{N} 和 Q_{G}）的关系
a—ε 与 N、G 的关系；b—ε 与 Q_{N}、Q_{G} 的关系

$\varepsilon > 12\%$ 时，两者近似相等。这是应变－退火工艺（临界变形工艺）获得大晶粒的理论基础。

退火温度与 N 和 G 的关系服从阿亨尼厄斯公式，即 $N = N_o e^{-Q_N/RT}$ 和 $G = G_o e^{-Q_G/RT}$。根据此关系可计算出激活能 Q_N 和 Q_G。在高纯金属中长大激活能与晶界自扩散激活能相当。含杂质时 Q_G 值远大于自扩散激活能。

回复和再结晶阶段之间以及再结晶和晶粒长大阶段之间会有某些重叠（两个相互竞争的过程）。在再结晶过程中，由于在尚未再结晶的基体中同时发生回复，就会不断地减少供给再结晶晶粒长大的驱动力，即 G 随时间延长而降低，这称为再结晶延迟现象。

3.3.3 晶界迁移率

晶界迁移率（M）取决于晶界两侧晶粒的相对位向，即晶界的原子结构对晶界迁移率有重要影响，因为晶界迁移实质上是原子从晶界一侧的点阵转移到另一侧点阵的结果。图3-23所示为在小角晶界情况下（$\theta \leqslant 2°$）测出的锌单晶体晶界迁移率与位向差角（θ）的关系。随 θ 增大，M 降低。因为小角晶界位错模型中位错的活动性随位错密度增大而减小。对中等位向差角（$2° < \theta < 15°$）还没有测量数据。许多实验证明，$15° \sim 40°$ 的大角晶界都具有高的晶界迁移率，随 θ 增大，M 增高。对 bcc

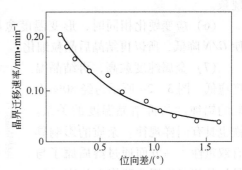

图3-23　晶界迁移率随位向差角 θ 的变化（锌单晶体）

金属来说，绕［110］轴转动 $20° \sim 30°$ 位向的 M 高。具有高 M 的晶界在其界面都具有一定的较高的重位点阵密度。但 100% 重位位置的共格孪晶晶界实际上是不可动的。

晶界迁移速度 V 与 M 和驱动力 ΔF 有以下关系：$V = M(\Delta F)^m$。溶质和杂质元素对晶界迁移速度有很大影响，因为它们的原子对晶界产生一拖曳力。晶界迁移速度与驱动力的关系和晶界迁移的溶质拖曳理论是一致的。

3.3.4 影响再结晶的因素

影响再结晶的因素也就是影响再结晶形核速率（N）和长大速率（G）的因素或影响再结晶定律的因素。其中包括：

（1）超过某一临界形变量时才能发生再结晶。低于此临界形变量只能发生回复过程。退火温度愈高，此临界形变量愈小。

（2）形变量增加，N、G 和 N/G 增大（见图 3-22a），但三者的变化速率不同。形变量增加，再结晶温度降低，因为再结晶温度与 NG^3 成反比。再结晶晶粒尺寸 $d \propto G/N$，即与 N 成反比，与 G 成正比。形变量增加，N/G 增高，即 G/N 降低，所以再结晶晶粒变细。

（3）退火时间延长，再结晶温度降低。

（4）退火温度升高，N 和 G 增加，而对 N/G 的影响很小，即对再结晶完成时的晶粒尺寸影响不大。

（5）再结晶温度和时间相同时，原始晶粒尺寸愈大，受晶界影响所发生的复杂滑移区域愈少，储能降低，所以形变量应当增大。原始晶粒小，形变后储能高，退火时 N 和 G 都增大，N 的增大比 G 更明显。在其他条件相同时，原始晶粒愈细，再结晶后晶粒也愈细。再者，原始晶粒大，形变更不均匀，这是由大晶粒内塑性应变的各向异性本质所引起的。退火后表面粗糙，常出现橘皮现象。

（6）应变硬化相同时，形变温度愈高，形变量应当愈大。提高形变温度，使 G/N 降低，所以再结晶后晶粒细化。

（7）金属纯度愈高，再结晶温度愈低。图 3-24 所示为经 80% 冷轧的铝纯度与再结晶温度的关系。铁也具有同样规律。杂质的影响具有双重性。一方面通过溶质原子与晶界的相互作用，即拖曳效应（这与溶质原子与位错的相互作用相同），而阻碍晶界移动，降低晶界迁移率，即降低再结晶速率；另一方面杂质增加储能。这两个作用对 N 和 G 的影响恰好相反。在一定形变量下，由于储能增高，杂质可能促使再结晶晶粒细化。

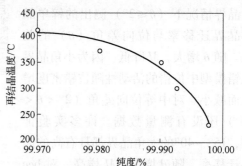

图 3-24　80% 冷轧的铝纯度与
再结晶温度的关系

（8）不同位向的形变晶粒储能不同，再结晶速度不同。{100}〈011〉晶粒最易滑移，位错密度低，储能低，所以最难再结晶。{110}〈001〉晶粒最难滑移，胞状体尺寸小和位向差大，位错密度高，最易再结晶。{111}〈112〉晶粒介于两者之间。

（9）新晶粒不会往位向相同或略有偏离的形变晶粒中长大。

图 3-25 为纯铁退火 1h 时形变量、退火温度与再结晶晶粒尺寸关系的再结晶图。可看出温度一定时，当塑性形变量达到一临界值（2% ~ 10%）会使晶粒急剧长大。

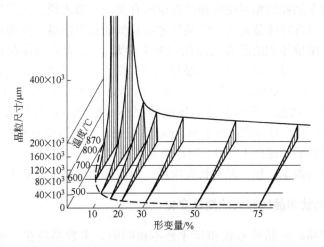

图 3 - 25 纯铁退火 1h 的再结晶图

3.3.5 第二相质点的作用

第二相质点对再结晶的影响属于两相合金中再结晶行为的范畴。第二相质点对再结晶的影响可分为两种情况（见图 3 - 26）。

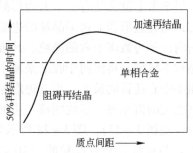

当存在大而硬（质点直径 $d > 0.3\mu m$），且间距宽（间距 $\lambda \geqslant 1\mu m$）的第二相质点时，这些质点可促进再结晶形核，使再结晶加速。因为在质点附近出现更多的不均匀变形区，位错分布不均匀，亚结构不稳定。细小弥散（$d \leqslant 0.3\mu m$）和间距小（$\lambda < 1\mu m$）的第二相质点具有强烈阻止再结晶，特别是阻止再结晶形核的作用。因为细小弥散相使位错分布更均匀，亚结构稳定和使相邻亚晶粒之间平均位向差减小。按照亚晶粒聚合形核模型，

图 3 - 26 质点间距对再结晶动力学的影响示意图

亚晶粒之间局部位向差减小势必降低聚合驱动力，因而不容易形成稳定的晶核。此外细小质点可以有效地钉扎晶界而强烈阻碍再结晶晶粒的长大。

3.4 晶粒长大

再结晶完全后进一步退火，彼此相碰的晶粒平均尺寸增大，这个过程称为晶粒长大或聚集再结晶，也称正常晶粒长大或连续性晶粒长大。它是通过晶界迁移来实现的。正常晶粒长大的特点之一是晶粒长大速率较均匀，长大时晶粒尺寸和晶粒形状的分布基本不变。晶粒长大的驱动能是晶界的界面能，简称晶界能。晶

界能与相邻两个晶粒的相对位向和晶界位向有关。一般来说，大多数晶界都具有相同的能量，只有特殊位向关系的晶界才具有低的晶界能量。由规则六面体晶粒组成的金属，单位体积的晶界表面积约为 $1.5/R_0$。R_0 为六面体晶粒半径。因此晶粒尺寸增大，晶界表面积减少，晶界能量降低。晶粒长大就是通过低晶界能的大晶粒吞食小晶粒，使总晶粒数减少。由于晶界总表面积减少，总的晶界能降低，从而处于更稳定状态。实际上此晶界能值很小。平均晶粒直径从 $10\mu m$ 增大到 $100\mu m$ 时，估计其能量释放仅为 $0.84J/mol$ 数量级，这大约相当于再结晶以前或再结晶过程中释放的储能的 $1/100$。与再结晶时新晶粒的长大不同，在晶粒长大时界面的迁移指向曲率半径。晶粒长大阶段，组织和力学性能没有大的变化。

3.4.1　晶粒形状和晶粒长大的能量变化

金属再结晶后的晶粒形状和尺寸是不相同的，多数晶粒在二维情况下具有 $5\sim8$ 个边和 $120°$ 相交的晶界。二维晶粒长大情况与肥皂泡的长大情况相似。肥皂泡形状受泡壁表面张力所控制。为降低泡壁的表面能，肥皂泡长大。伯克（J. E. Burke）和特恩布尔（D. Turnbull）提出，假设每个晶粒都为六边形，则每组三个晶界就能汇合形成三叉结点，其中每两条边的夹角都为准确的 $120°$，所有的边都是直的。此时晶界处于稳定状态而不会长大。如果有一个五边形晶粒，从几何学考虑就必须有一个七边形晶粒，才能使平均边数为六。如果晶界以 $120°$ 相交，则五边形和七边形晶粒的边都不会是直边。边数少于六的晶粒，其边的凹面向内；而边数多于六的晶粒，其边的凹面向外。这样弯曲的结果使边数少于六的晶粒不稳定，将倾向于收缩来减小尺寸，而边部多于六的晶粒就会通过晶界向其曲率中心迁移而长大。当五边形晶粒由于缩小而损失掉一条边变成四边形时，就有更大的概率进一步收缩成三边形。最后三边形晶粒由于其三个边向内迁移而消失（见图 3-27）。图 3-28 所示为晶粒长大时晶粒边数变化的另一机理。由于 A 和 C 晶粒对 B 和 D 晶粒的凹面晶界曲率，A 和 C 晶粒的晶界迁移使 B 和 D 之间的晶界消失，并继续往 B 和 D 晶粒中长大。由于 B 和 D 晶粒各缺少一个边，而 A 和 C 各增加一个边，因此 B 和 D 晶粒将逐渐收缩而消失，A 和 C 晶粒则长大。

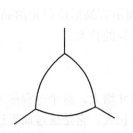

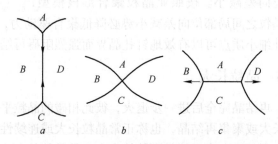

图 3-27　边的凹面向内的　　　图 3-28　晶粒长大时晶粒边数变化的一个机理
　　　　　三边形晶粒示意图　　　　　　　$a\sim c$—晶粒长大时晶粒边数变化过程

尼尔森（J. P. Nielson）提出晶粒几何聚合模型。由图 3 - 29 看出，A 和 B 两个六边形晶粒的位向近似相同，并与一个四边形 C 晶粒形成大角晶界，则 C 晶粒将被吞并而产生一个晶界能量 γ_G 很低的 ab 新晶界，然后 A 和 B 晶粒进一步合并在一起。晶粒几何聚合模型对回复和再结晶过程也适用。此模型对有明显取向的金属和合金是一个很重要的现象。

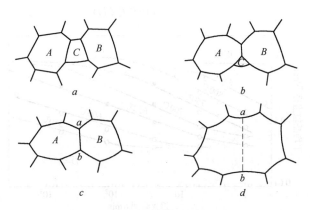

图 3 - 29　晶粒几何聚合模型

$a \sim d$—晶粒聚合过程

晶粒长大时有两个主要能量变化，即长大晶粒由于晶界面积增大使能量加强，而相邻的收缩晶粒由于晶界面积减少而能量降低。长大晶粒的单位晶界面积的能量变化 $\Delta E = \gamma S \left(2R^{-1} - \dfrac{3}{2} R_0^{-1} \right)$。式中，$\gamma$ 为单位面积的晶界能量；S 为晶界迁移距离；R 为长大晶粒半径；R_0 为相邻收缩晶粒半径。

这可清楚地说明大晶粒长大使系统能量降低，而小晶粒长大使系统能量增高。也就是说，小晶粒消失使总晶界能降低。小晶粒尺寸减小，总晶界能降低速度增大。

3. 4. 2　晶粒长大动力学

在二维晶粒长大情况下，等温晶粒长大动力学（也称晶粒长大定律）遵从以下经验公式：$D = Kt^{\eta}$。式中，D 为平均晶粒直径；t 为退火时间；K 和 η 分别为与材料和温度有关的参数。一般 $\eta \leqslant 0.5°$。

图 3 - 30a 所示为理想晶粒长大定律 $D = Kt^{1/2}$ 时的 D - t 关系曲线，符合抛物线定律。图 3 - 30b 所示为区域精炼纯铁等温退火时的 D 与 t 双对数曲线，由图看出，$\lg D$ - $\lg t$ 曲线为一直线，K 为直线截距，η 为直线斜率。低温下短时间退火时偏离直线关系。按以上关系式，$t = 0$ 时 D 应为零。这与实际晶粒长大情况不符，因为没有考虑长大以前的原始晶粒直径 D_0。因此晶粒长大公式也常用

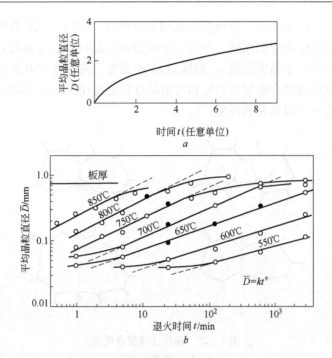

图 3 - 30   晶粒长大的 $\overline{D}$ - t 曲线和 $\overline{D}$ 与 t 双对数曲线表示对试样的

晶粒尺寸和晶粒形状分布作过统计分析

a—$\overline{D}$ - t 曲线；b—$\overline{D}$ 与 t 双对数曲线

$D^2 - D_0^2 = Kt$ 表示。随退火时间延长，D_0 就可忽略不计，此时该式便与 $D = Kt^{1/2}$ 相同了。高温下长时间退火时也偏离直线，这与板厚限制效应有关，即晶粒长大到露出表面后晶界形成热沟槽而阻碍了晶粒长大。

3.4.3 晶粒长大理论

图 3 - 30a 所示的抛物线定律是假设晶粒长大驱动力由恒定的晶界自由能所提供的。但实验很少观察到这种抛物线规律。只有超纯金属并在高温退火时，η 才达到 0.5。希勒特（M. Hillert）[9] 按处理第二相质点聚集的数学方法提出一个长大速率公式，也是抛物线型。他也推导出正常晶粒长大时晶粒尺寸的理论分布函数。同时采用晶粒长大的几何缺陷模型，进一步处理了第二相质点对晶粒长大的影响，得到 $\eta = 1/3$ 长大速率公式，其基本公式是

$$\frac{\mathrm{d}R}{\mathrm{d}t} = \alpha M\sigma \left(\frac{1}{R_{\mathrm{cr}}} - \frac{1}{R} \right)$$

式中，R 为晶粒半径；α 为无量纲参数；M 为晶界迁移率；σ 为单位晶界自由能；R_{cr} 为晶粒长大临界半径。只有 $R > R_{\mathrm{cr}}$ 的晶粒才能长大，$R < R_{\mathrm{cr}}$ 的晶粒将消失。

在二维情况下，长大速率只与每个晶粒的平均边数 n 有关，即

$$\frac{dR}{dt} = \frac{M\sigma}{R}\left(\frac{n}{6} - 1\right)$$

根据以上两式得到

$$n = 6 + 6\alpha = \frac{R}{R_{cr}} - 1$$

当 $R = 0$ 和 $n = 3$ 时，$\alpha = 1/2$。$n = 6$ 时，$R = R_{cr}$。

当存在第二相质点时，希勒特在以上公式中增加一曾纳（Zener）项，即为

$$\frac{dR}{dt} = \alpha M\sigma\left(\frac{1}{R_{cr}} - \frac{1}{R} \pm gz/\alpha\right)$$

式中，g 为形状因子；z 为 Zener 因子；即 $\frac{3}{4} \times \frac{f}{r}$，$f$ 为第二相质点总体积分数；r 为质点半径；α 为常数。

3.4.4 溶质原子与第二相质点对晶粒长大的影响

点阵中的溶质或杂质原子与晶界的相互作用对晶粒长大有重要影响。这种相互作用与再结晶中所述的作用相同。多数杂质原子有在晶界偏聚的倾向而形成晶界溶质气团。它对晶界迁移产生拖曳（拉牵）作用，使晶界迁移速度明显减小。使点阵严重畸变的溶质或杂质元素，由于产生更大的应力场，拖曳晶界的作用更大，对晶粒长大速度的影响也更大。在温度升高到某一温度时晶界溶质气团消失，抑制晶粒长大作用消失。

第二相质点对晶界迁移产生钉扎作用，阻碍晶粒长大。这些第二相形成元素在晶粒中为有限固溶体。图 3-31 为第二相质点与晶界之间作用的示意图。当晶界迁移与一个第二相质点相遇时晶界畸变成弓形，并使晶界面积增大。晶界移动时单位面积的驱动力 $F = 2\sigma/R$，式中，σ 为晶界能（晶界表面张力）；R 为晶界净曲率半径。R 与平均晶粒尺寸成正比。当第二相质点产生的钉扎力与晶界曲率驱动力相等时，即 $F = 2\sigma/R = n_s\pi r\sigma$ 时，晶界不能迁移。式中，r 为球状质点半径；n_s 为单位面积 A 的质点数目。假设质点为均匀分布的，则体积中存在有 $2n_vA$ 质点数量，n_v 为单位体积中质点数目。$n_s = 2n_vr$，$n_v = \frac{f}{4\pi r^3/3}$，$f$ 为第二相质点总体积分数，$\frac{4}{3}\pi r^3$ 为一个质点体积。按照曾纳简化公式，第二相质点钉扎力（晶界从质点拉出力或晶粒长大抑制力）$Z = \frac{3}{4} \times \frac{f\sigma}{r}$。它与晶界移动驱动力相反。一般把 $\frac{3}{4} \times$

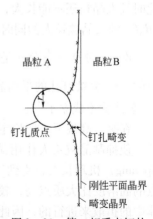

晶粒 A　　晶粒 B

钉扎质点

钉扎畸变

刚性平面晶界

畸变晶界

图 3-31　第二相质点钉扎
机理示意图

$\dfrac{f}{r}$ 称为 Zener 反作用应力项，或称 Zener 因子。即质点尺寸 r 愈小，质点所占体积分数 f 愈大，钉扎晶界能力或晶粒长大抑制力愈强。

格拉德曼（T. Gladman）[10] 提出第二相质点有一临界尺寸 r_g。质点尺寸大于 r_g 时可以发生正常晶粒长大。质点尺寸小于 r_g 时正常晶粒长大受阻。

$$r_g = 6(R_0 f/\pi)\left(\dfrac{3}{2} - 2Z^{-1}\right)^{-1}$$

式中，Z 为 Zener 因子（也称不均匀性因子），即基体中最大晶粒半径 R 对平均晶粒半径 R_0 之比，$Z = R/R_0$。由此式得知 r_g 取决于 R_0、f 和 R/R_0。当 R_0 和 f 增大时，r_s 增大；当 R/R_0 增大时，r_g 减小。与小晶粒被吞并有关的质点临界尺寸 r_s 和抑制大晶粒长大的质点临界尺寸 r_g 值不一样，因为晶粒长大驱动力与小晶粒收缩驱动力的数量级不同。$r_s = \sqrt{3}hf/(\sqrt{2} - 1)$。式中，$h$ 为收缩的四面体晶粒边长。可看出 h 和 f 增加；r_s 增大。由图 3-32 清楚地看出晶粒尺寸不均匀性（R/R_0 或 h/R_0）对这两种质点临界尺寸有重大影响。对收缩四面体晶粒模型来说，直到 $h = \sqrt{2}R_0$ 时是有效的。对抑制晶粒长大模型来说，$R = 4R_0/3$ 以下是有效的。当质点尺寸较小时，即 $r = 1.0R_0 f$ 时只发生小晶粒收缩，此时较大晶粒还不能长大，只使晶粒尺寸略有增大。当质点尺寸较大时，如 $r = 2R_0 f$，较大晶粒长大的同时小晶粒收缩。

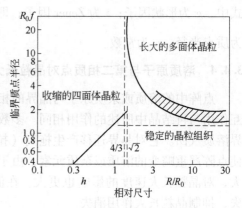

图 3-32　第二相质点抑制晶粒长大机理示意图

Zener 的 $D_g \propto \dfrac{r}{f}$ 公式是在假设第二相质点为球状，并且混乱分布的条件下确定的。D_g 为被钉扎的平均晶粒直径。如果晶界与质点相遇不是随机情况时，Zener 公式就不成立了[9]。

在某一高温下，亚稳定的第二相质点（如 MnS，AlN）溶解或聚集成更大尺寸，使抑制晶粒长大作用减弱或消失。细小质点通过奥斯特瓦德熟化（Ostward ripening）机理长大，直到其尺寸超过临界尺寸 r_g 时晶粒才开始长大。因为小质点的固溶度比大质点高，较大质点吞并小质点而长大。这是通过第二相质点在基体中的扩散来进行的，因此必须在足够高的温度下才能发生。小质点的表面/体积比值高，所以固溶度高。这在小质点和相邻较大质点之间产生一浓度梯度。在高温下发生扩散，形成第二相的溶质原子从小质点处扩散到较大质点处，即小质点分解。

金属中存在微观孔洞也与第二相质点一样，可以阻碍晶界移动。

3.4.5　自由表面对晶粒长大的影响

在金属自由表面附近的晶界有与金属表面相垂直的倾向。这些晶界的净曲率减小，即曲率变为柱面形而不是球形。一般来说，当曲率半径相同时，柱面形表面移动速率更慢。这与肥皂泡情况相似。柱形表面肥皂泡的压力为 $2\gamma/R$，球形表面为 $4\gamma/R$。γ 为肥皂膜的表面张力，R 为曲率半径。两者的压力不同。晶界与自由表面相遇时出现热侵蚀沟槽现象，这是由表面张力形成的（见图 3 - 33）。热沟槽阻碍晶粒长大的影响比表面处晶界曲率减小的影响更大。图 3 - 33a 中 a 点表示晶界与左和右自由表面相交点。为使 a 点表面张力的垂直组分相平衡，形成了具有两面角 θ 的沟槽。γ_b 代表晶界表面张力，γ_{fs} 代表两个自由表面的表面张力。$\gamma_b = 2\gamma_{fs}\cos\dfrac{\theta}{2}$。此沟槽有钉扎晶界作用。图 3 - 33$b$ 说明晶界通过沟槽往右移动时增加了总表面积，使总表面能增大。也就是说，在跨过沟槽时需要做额外的功，因此沟槽限制了晶界移动。

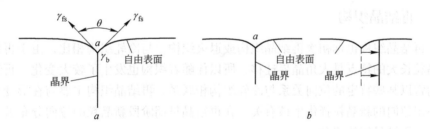

图 3 - 33　热沟槽形成和晶界从沟槽移出的示意图

a—热沟槽形成；b—晶界从沟槽移出

当平均晶粒尺寸比钢板厚度小时，晶粒长大是靠晶界能作为驱动力，自由表面对晶粒长大的影响很小。但当晶粒尺寸与板厚相近时，表面能量作用增大，晶粒长大速率降低。根据实验数据估计出，当晶粒尺寸大于 1/10 板厚时，长大速率就开始减小。以电工钢板为例，晶粒尺寸比板厚大 2 ~ 3 倍时就基本停止长大。

取向硅钢薄带由于表面/体积比值很高，表面能量对晶粒长大起重要作用。不同位向的晶粒表面能量不同，这与原子密集面有关。表面能量低的晶粒可择优长大。（110）面晶粒的表面能量最低，其次为（100）面，而（111）面的表面能量最高。由于不同晶面的晶粒自由表面吸附杂质原子的能力不同，因此改变退火气氛（如在氢气中加少量氧或 H_2S）可使（100）晶粒的表面能量低于（110）晶粒而择优长大。

3.4.6　择优取向对晶粒长大的影响

如果所有晶粒都具有近似相同的位向时，形成小角晶界而使晶粒长大速率降低，甚至停止长大。如 {100}⟨001⟩ 立方织构 50% Ni - Fe 合金或取向硅钢薄带的 {110}⟨001⟩ 初次再结晶基体状态就难以发生正常晶粒长大。

3.4.7　应变诱发晶界移动

金属完全再结晶后一般不会发生应变诱发晶界迁移，而靠晶界能使晶界迁移。但再结晶后经轻微冷加工引入应变能或不同地区的再结晶速率不同而保留残余应变时，再经退火就可通过应变能作为驱动力而使晶界迁移，同时释放出应变能（见图 3 - 34）。此时晶界从其曲率中心移开，这与晶界能引起的晶界迁移情况恰好相反。移动的晶界为不规则的曲线状。

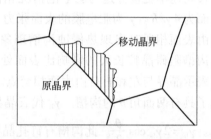

图 3 - 34　应变诱发晶界移动示意图

3.5　再结晶织构

再结晶织构也称初次再结晶织构或退火织构。与冷轧织构相比，由于再结晶和晶粒长大的特点是大角界迁移，所以伴随着织构也发生了较大变化。再结晶织构常以某些特定的位向关系与冷轧织构相联系。再结晶织构主要与在形变基体中一定位向的新晶粒择优生核有关。在再结晶早期阶段新晶粒的位向分布就基本确定了再结晶织构组分。

3.5.1　再结晶织构形成理论

再结晶织构的形成有以下两种理论。这两种理论已争论多年，至今尚无肯定结论。

3.5.1.1　定向生核理论

由伯格（W. R. Burgers）首先提出。再结晶时形成具有择优取向的晶核。如大压下率冷轧铜或 50% Ni - Fe 合金，在退火时择优形成 {100}⟨001⟩ 晶核，最终获得强的 {100}⟨001⟩ 立方织构。定向生核理论对在低碳钢中形成强的 {111} 再结晶织构也起重要作用。

3.5.1.2　定向长大理论

由贝克（P. A. Beck）首先提出。在形变基体中存在各种位向的晶核，其中有些晶核因位向合适，晶界迁移率高，长大速度快，从而抑制了其他位向晶核的长大，最后形成了再结晶织构。许多实验都证明，再结晶织构常与形变织构具有特定的位向关系。如 bcc 金属中这种位向关系是绕 ⟨110⟩ 轴旋转 25°～30°。在 fcc 金属中是绕 ⟨111⟩ 轴旋转 30°～40°。在六方金属中是绕 [0001] 轴旋转约 30°和绕近似 [10$\bar{1}$0] 轴旋转 90°。

3.5.2　低碳钢再结晶织构

低碳钢（包括低碳电工钢）再结晶织构是由几个织构组分组成的。在正常晶粒长大时会加强某些组分，而使另外的组分减弱。这取决于哪些位向晶粒具有更有利于吞并其他位向晶粒而长大的条件，这些条件就是晶粒尺寸或晶界曲率等。再结晶织构与冷轧织构相比，退火后 ⟨110⟩ B 类纤维织构减弱，特别是 {100}⟨011⟩ 附近的组分减弱。⟨111⟩ A 类纤维织构也有一定的变化。这是因为不同晶面的晶粒中储能不同，{111} 晶粒比 {100} 晶粒的储能高，所以 {111} 晶粒优先生核和长大，{100}⟨011⟩ 组分减弱。经 50% 冷轧和在 α 相区退火再结晶后形成以 {110}⟨001⟩ 为主，{111}⟨011⟩ 为次和其他组分的再结晶织构，因为 {110} 晶粒的储能又高于 {111} 晶粒。如果冷轧前原始晶粒大，{110}⟨001⟩ 组分更强，因为 {110}⟨001⟩ 晶粒是在 {111}⟨112⟩ 形变晶粒中的切变带内生核而成的。原始晶粒大可产生更多的切变带，{110}⟨001⟩ 晶核数量增多。70% 冷轧和退火后 {110}⟨001⟩ 组分减弱，{111}⟨011⟩ 组分加强，同时形成 {111}⟨112⟩ 组分，即形成 ⟨111⟩ 平行于法向漫散的近似完善的 A 类纤维织构。再结晶织构组分为 {111}⟨011⟩，{111}⟨321⟩，{111}⟨211⟩ 和 {211}⟨011⟩。压下率再增高，{111}⟨011⟩ 组分减弱，而 {554}⟨225⟩，即 {111}⟨112⟩ 组分最强。同时存在 {100} 面近似平行于轧面的位向漫散的 B 类纤维织构。经 90% 压下率冷轧和退火后为 {111}⟨112⟩，{111}⟨321⟩ 和绕法向转动 18°的 {111}⟨011⟩，{112}⟨011⟩，{332}⟨011⟩，{114}⟨011⟩ 及 {100}⟨110⟩。>90% 压下率时再结晶的主要位向从 {554}⟨225⟩ 开始转到 {100}⟨012⟩。

低碳深冲钢板要求 {111} 组分强，因为这可明显改善深冲性。许多实验证明一些冶金参量对形成 {111} 织构有重要影响。例如在低碳钢中加入少量铝、铌、钛和磷并配合适当的退火工艺可加强 {111} 组分，而锰使 {111} 组分减弱。正常晶粒长大（如箱式炉退火）也使 {111} 组分进一步加强。冷轧前原始晶粒小（不大于 35μm）可使 {111} 组分明显加强。而在单晶体中不能发展 {111} 再结晶织构。这两个事实证明晶界对 {111} 织构的形成有重要作用。实验证明 {111}⟨011⟩ 再结晶晶粒是在 {111}⟨112⟩ 形变晶粒的晶界附近 {111}⟨110⟩ 形变晶粒中生核的。因为 {111}⟨112⟩ 不是最终稳定位向，与 {111}⟨110⟩ 晶粒相邻的 {111}⟨112⟩ 晶粒形变时受到限制，在这些晶界地区经受了最严重的应变，晶界附近的系统点阵绕法向发生了转动。沿晶界生核是应变引起原始晶界移动的原因。{111}⟨110⟩ 再结晶织构与 {111}⟨112⟩ 形变织构的位向关系是绕 ⟨111⟩ //ND 轴进行转动[5,11]。

不同位向的双晶体实验也证明晶界处是优先生核位置，这主要是通过原晶界的应变诱导迁移以及亚晶粒长大或聚合等过程而发生的。在具有 ⟨111⟩ //ND 的 A 类纤维织构（如 {111}⟨110⟩ 和 {111}⟨112⟩）晶粒的晶界处产生的 {111}⟨110⟩ 新晶粒，它们的位向与原来 {111}⟨112⟩ 形变晶粒的位向关系是绕 ⟨111⟩ //ND 轴转动约 30°，即形成高迁移率的大角晶界。⟨110⟩ //RD 的 B 类纤维织构晶粒的晶界生核产生更漫散的再结晶织构，这也是绕 ⟨111⟩ 法向转动约 30° 而形成的。实验没有证明冷轧状态中晶界附近有系统点阵转动情况。再结晶晶粒绕 ⟨111⟩ 法向对形变基体的转动可能是有些晶粒因为局部形变不均匀而发展为绕 ⟨111⟩ 法向更漫散位向的亚晶粒，再结晶晶粒就是从与形变基体位向有很大偏离的这些亚晶粒通过聚合和亚晶界迁移而连续迅速长大形成的。再结晶织构是每个位向的晶核数量以及它们的体积长大速度的综合结果。图 3-35 是可活动的晶核数量及它们长大速度（晶界迁移率）的综合作用所形成的再结晶织构示意图。其特点是与原形变织构具有约 30° 的转动关系[12]。

在原晶界处引起 ⟨111⟩ 转动而形成 {111}⟨110⟩ 新晶粒可能有一特殊机理。经不大于 70% 冷轧的低碳钢退火后的再结晶织构只有较小的变化。此时 γ 纤维织构（即 A 类纤维织构）中高储能晶粒已被同一位向但较漫散的新晶粒所吞并，属于 γ 纤维织构的两个相邻晶粒都被绕 ⟨111⟩ 法向轴转动约 30° 的新位向晶粒所代替，即 {111}⟨110⟩ 和 {111}⟨112⟩ 主要组分彼此互相交换了位置。图 3-36 所示为 70% 和 90% 压下率冷轧及退火条件下 γ 纤维织构的位向密度。

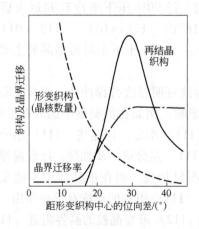

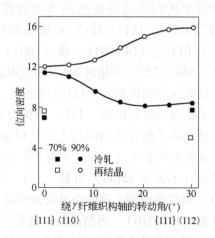

图 3-35 晶核数量与其长大速度所
形成的再结晶织构示意图

图 3-36 两种压下率冷轧和退火状态的
低碳钢 γ 纤维织构中的位向密度

证明在70%形变后 $\{111\}\langle 112\rangle$ 处的峰值，在再结晶后移到 $\{111\}\langle 110\rangle$ 处峰值。在更高压下率（90%）时，此规律恰好相反[13]。

硅钢与低碳钢的冷轧织构基本相同，所以再结晶织构组分也近似相同。大于1%Si 钢冷轧时产生更多更复杂的交叉滑移以及热轧过程只发生部分相变（不大于40%γ 相）或无相变，这使再结晶织构组分的强弱与低碳钢有些差别。

3.6 二次再结晶

二次再结晶实际上是一种异常或不连续性晶粒长大过程，即在初次再结晶基体中只有少数晶粒发生快速长大成较大的晶粒尺寸。这些晶粒都为多边形，并且晶界往晶粒中心方向凹入。基体满足以下三个条件之一时有可能发生二次再结晶：（1）存在细小弥散亚稳定第二相质点或沿晶界偏聚的元素；（2）具有强的单一初次再结晶织构；（3）初次晶粒长大受板厚限制并已达到极限尺寸。因此二次再结晶或异常长大的先决条件就是使初次再结晶基体晶粒稳定。也就是说，必须强烈阻碍初次晶粒的正常长大。当温度足够高时，少数晶粒就能克服阻力而发生异常长大。

在工业应用中最突出的一个实例就是取向硅钢通过二次再结晶形成强的单一的 $\{110\}\langle 011\rangle$ 织构（也称 Goss 织构）。邓恩对此提出定向生核和择优长大理论，即定向形成 $\{110\}\langle 001\rangle$ 二次晶核，这些晶核优先长大吞并基体晶粒而形成完善的二次再结晶组织[14]。

3.6.1 二次再结晶动力学

与初次再结晶相似，二次再结晶也是形核和长大的过程。经常观察到孕育期，即由初次晶粒长大成为二次晶核的时间。二次再结晶体积分数（%）随等温退火时间（t）延长而增加，具有 S 形曲线关系（见图3-37）。当二次晶粒长大速率（V）不变时，二次晶粒直径（D）随时间而增大，即二次晶粒半径 $R = V(t-\tau)$，τ 为孕育期。而长大速率 V 随温度 T 呈指数增大，即 $V = V_0 \exp(-Q_m/RT)$。Q_m 为晶界迁移激活能，由实验可确定，R 为气体常数。孕育期倒数 $1/\tau$ 也与温度呈指数关系。二次再结晶驱动力来源于初次晶粒单位面积晶界能 γ_b，它比初次再结晶的驱动力小得多。

当二次晶粒尺寸和已达到极限尺寸的初次晶粒尺寸比板厚大几倍时（初次晶粒极限尺寸一般比板厚大 2~3 倍，而二次晶粒尺寸比板厚可大 10 倍以上），晶粒的自由表面能

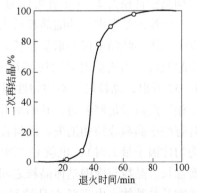

图3-37 3%Si-Fe 合金的二次再结晶过程（1050℃退火）

量（γ_s）变得很重要，它对二次晶粒的二维长大驱动力起重要作用。这种自由表面能和晶粒表面的晶体学平面有关。原子排列密集的 $\{110\}$ 晶面的表面能量最低，所以 $\{110\}$ 晶粒择优长大。在弱织构基体中表面能和晶界能对二次晶粒长大驱动力相对作用的关系式为

$$\frac{\text{晶界能项}}{\text{表面能项}} = \frac{\dfrac{\gamma_b}{R_M} - \dfrac{\gamma_b}{R}}{2\Delta\gamma_s/a}$$

式中，R_M 为基体平均晶粒半径；R 为二次晶粒半径；$\Delta\gamma_s$ 为表面能量差；a 为板厚。

当 $R = R_M$ 时，此比值等于零；当 $R \gg R_M$ 时，此比值极大。

3.6.2　二次再结晶发展条件和抑制剂的作用

发展二次再结晶的先决条件就是使初次再结晶基体晶粒稳定，强烈阻碍初次晶粒的正常长大，使初次晶粒细小均匀。最常用的方法就是加入合适的抑制剂，也就是亚稳定的第二相析出质点。二次晶粒长大速率（晶界迁移速率）$V = MP$。式中，M 为晶界迁移率，它与晶界结构和温度有关；P 为驱动力。初次晶粒小，晶界界面能量增高，P 增大。为提高 V 也必须提高晶界迁移率 M。初次再结晶织构对提高 M，也就是对二次再结晶发展程度有重要影响。如 $\{110\}\langle001\rangle$ 二次晶核与其周围 $\{111\}\langle112\rangle$ 初次晶粒形成大角晶界，促使 M 提高，就可发展为完善的二次再结晶组织。

按照上述希勒特应用 Zener 因子提出的晶粒长大缺陷模型，可以预测出同时满足以下三个条件就会发生二次再结晶：（1）正常晶粒长大被第二相质点抑制；（2）基体平均晶粒直径小于 $1/2Z$，$Z = 3f/4r$；（3）至少有一个晶粒，其半径 R 远大于平均半径 R_0，即 $R/R_0 \geqslant 2$，以便提高晶界移动自由能（即激活能）。一般比平均晶粒直径大 2~3 倍者可作为二次晶核[9]。

格拉德曼考虑了伴随晶粒长大及脱钉（unpinning）所发生的能量变化。为了发生二次再结晶不仅要求晶粒长大使系统能量降低，而且要求释放出的能量足以引起脱钉。当质点聚集而使其尺寸超过临界值时就会发生异常晶粒长大。由图 3-32 看出，晶粒尺寸不均匀性因子 R/R_0 或 h/R_0 从小于 1~2 或 3 范围，而且第二相质点数量足够多时，开始所有晶粒都被细小第二相质点钉扎住。当质点粗化时有些小晶粒收缩和消失，而且在质点达到一临界尺寸时，最大尺寸的晶粒（不均匀性因子最大时），也就是二次晶核开始长大。此时其余晶粒仍被质点钉扎，而且长大晶粒与周围基体晶粒之间多为大角晶界。因此，此长大晶粒可有效地吞并细晶粒基体。由于长大晶粒尺寸与基体细晶粒尺寸差别增大，长大驱动力增加，这更有利于它长大。这样的晶粒继续长大到第二相质点已粗化到足以使第二

个最大尺寸的晶粒脱钉并开始长大。最终的二次晶粒尺寸取决于第一批和第二批晶粒开始长大之间的时间，即取决于第二相质点所占体积部分和基体晶粒尺寸，也取决于质点粗化动力学，所以正如图 3 – 32 斜线区所示，当质点刚超过临界尺寸时就发生二次再结晶[10]。

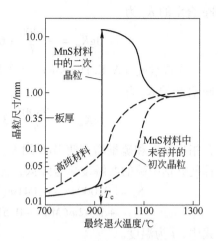

图 3 – 38 所示为纯 3% Si – Fe 和含细小 MnS 质点的 3% Si – Fe 冷轧板（第二次经 50% 冷轧到 0.36mm 厚）快速升温退火时晶粒尺寸与退火温度的关系。证明纯 3% Si – Fe 合金的晶粒尺寸随温度升高通过正常晶粒长大而不断增大。含 MnS 质点时发生反常长大的二次再结晶。在 700 ~ 925℃ 时正

图 3 – 38　3% Si – Fe 合金晶粒尺寸与退火温度的关系（保温 1h）

常晶粒长大速度极慢。925℃（T_c 点）时 {110}〈001〉二次晶核的孕育期小于 1h。退火 1h 时一些二次晶粒已长大到约 10mm（直径），其长大速度大于 1×10^{-4} cm/s。在高于 925℃ 时基体变得不稳定，正常长大与反常长大处于相互竞争过程。在约 1200℃ 时变为只发生正常晶粒长大[15]。

3.6.3　第二相质点的固溶度

取向硅钢最常用的第二相抑制剂为 MnS（或 MnSe）和 AlN。约 200mm 厚的铸坯或板坯中 MnS 和 AlN 质点粗大不能起抑制剂作用，因此必须先在高温下使它们固溶在钢中，然后在热轧过程中（MnS）或高温常化过程中（AlN）以细小弥散状析出。因此 MnS 和 AlN 的固溶度乘积 K_{sp} 对确定固溶温度极为重要。

3.6.3.1　MnS 固溶度乘积

最早安斯利（N. G. Ainslie）等[16]用在 H_2S 气氛中加同位素 S^{35} 渗硫法确定含 0.14% Mn 的 3.3% Si – Fe 合金中 MnS 的 K_{sp}，即［Mn%］×［S%］乘积为

$$\lg K_{sp} = -\frac{5560}{T} + 0.72，（T = 1000 \sim 1250℃）$$

硫的固溶度：900℃ 时约为 0.0020%；1000℃ 时约为 0.003%；1100℃ 时约为 0.005%；1200℃ 时约为 0.0085%；1250℃ 时约为 0.012%。

布朗（J. R. Brown）[17]也求出含 0.1% Mn 的 3% Si – Fe 合金中硫的固溶度：1000℃ 时约为 0.001%；1100℃ 时约为 0.002%；1200℃ 时约为 0.008%；1250℃ 时约为 0.015%。

菲德勒（H. C. Fiedler）[18]用金相法确定含 0.01% ~ 0.02% Mn 的 3.1% Si –

Fe 合金的 K_{sp} 为

$$\lg K_{sp} = -\frac{1400}{T} + 6.3, \quad (T = 1175 \sim 1325℃)$$

皮特洛夫（A. K. Петров）等[19] 用金相法确定含 0.06% ~ 0.16% Mn 的 3% Si – Fe 合金的 K_{sp} 为

$$\lg K_{sp} = -\frac{9800}{T} + 3.74, \quad (T = 1150 \sim 1350℃)$$

并指出除锰和硫量增高使 MnS 的 K_{sp} 增高外，碳增高也使 K_{sp} 增加，即碳和锰增高都使硅钢中硫的溶解度显著降低，提高 MnS 固溶温度。硫的溶解度 S_p 为

$$S_p = [0.00044 - 0.041w(\text{C}) - 0.014w(\text{Mn})]t + 4.68w(\text{C})$$
$$+ 1.62w(\text{Mn}) - 0.512$$

式中，t 为温度。

此公式在 1200 ~ 1350℃ 和含 0.015% ~ 0.05% C 及 0.05% ~ 0.15% Mn 范围内时是正确的。

克诺诺夫等[20] 也指出碳对 α – Fe 中硫活度有明显影响，碳量增高，使 MnS 固溶度迅速提高。如在 0.08% Mn – 0.025% S 的 3% Si 钢中加入 0.05% C 时，可使 MnS 固溶度从 1120℃ 提高到 1359℃，即

$$\lg K_{sp} = -\frac{4290}{T} + 0.381 - \left(\frac{253100}{T} - 146.1\right)[\text{C}]$$

式中，[C] 为固溶体中碳含量。再者，MnS 固溶温度提高，以后析出的 MnS 质点尺寸也增大。如 1280 ~ 1300℃ 固溶时析出的 MnS 质点尺寸为 42nm。而 1310 ~ 1330℃ 固溶和析出的 MnS 为 64nm。

赖特（H. A. Wriedt）和胡郁（H. Hu）[21] 用电镜和化学交换法确定含 0.023% ~ 0.14% Mn 的 3% Si – Fe 中 MnS 的 K_{sp} 为

$$\lg K_{sp} = -\frac{10590}{T} + 4.092, \quad (T = 1270 \sim 1670\text{K})$$

由图 3 – 39 看出，他们得到的直线斜率和位置处于安斯利等和菲德勒两条直线之间，并与布朗结果很相近。在较低温度范围内，菲德勒的值较低，而安斯利等的值较高，这与他们采用的锰量偏低和偏高有关。皮特洛夫等与赖特等结果和布朗结果相近。

岩山健三（K. Iwayama）等[22] 用化学

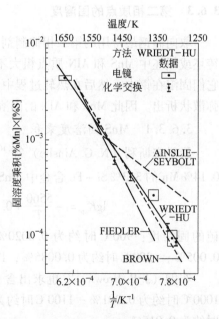

图 3 – 39　3% Si – Fe 合金在 1270 ~ 1670K 温度范围内的 MnS 固溶度乘积

分析法确定含 0.06% ~ 0.09% Mn 的 3% Si – Fe 的 K_{sp} 为

$$\lg K_{sp} = -\frac{14855}{T} + 6.82, \quad (T = 1100 \sim 1350℃)$$

图 3 – 40 为与以前结果相比较图，证明此结果与菲德勒的相近（见图中实验点）。

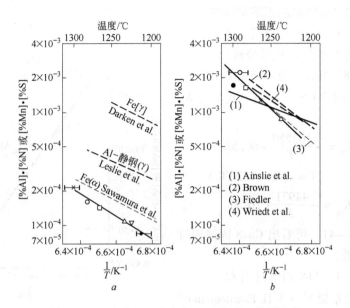

图 3 – 40　3% Si – Fe 合金中 MnS 和 AlN 的固溶度
a—AlN；b—MnS

在 1360℃ 时硫在 3% Si – Fe 合金中 δ – Fe 内的极限固溶度为 0.18%。在同一温度下硫在 γ – Fe 中的固溶度约为 0.06%。随温度降到 913℃ 时，硫在 γ – Fe 中的固溶度减小到 0.007%，在 α – Fe 中的极限固溶度为 0.02%，即硫在 α – Fe 或 δ – Fe 中比在 γ – Fe 中的固溶度更高[23]。

$w(Mn) = 0.05\%$ 和 $w(S) = 0.02\%$ 的 3% Si – Fe 合金中，MnS 在 α 和 γ 相中的固溶度积 K_{sp} 分别为：

α 相：
$$\lg K_{sp}^{\alpha} = -\frac{10590}{T} + 4.092$$

γ 相：
$$\lg K_{sp}^{\gamma} = -\frac{9009}{T} + 2.704$$

这也说明硫在 α – Fe 中比在 γ – Fe 中的固溶度更高[24]。

3.6.3.2　MnSe 固溶度乘积

木下勝雄等[25] 确定了 3.25% Si – Fe 中硒的固溶度。含 0.05% Mn 时在 1200℃、1250℃ 和 1300℃ 温度下硒的固溶度分别为 0.014%、0.017% 和 0.041%；含 0.10% Mn 时分别为 0.011%、0.015% 和 0.03%。

清水洋等[26]研究锰和碳对 3.3% Si – Fe 中硒固溶度的影响，在 0.03% ~ 0.09% Mn 和 0.01% ~ 0.03% C 范围内得到

$$\lg Se(\%) = -10.2 \times \frac{1}{T(K)} - 3.85Mn\% - 1.50C\% + 5.01$$

锰和碳量增高也使硒的固溶量减少。

3.6.3.3　Cu_2S 固溶度乘积

岛津高英等[27]用化学分析和金相法确定含 0.08% Mn，0.03% S 和 0.01% ~ 0.044% Cu 的 3% Si – Fe 中 Cu_2S 的 K_{sp} 为

$$\lg K_{sp} = -\frac{103550}{T} + 60.58$$
$$(T = 1200 \sim 1325℃)$$

或者

$$\lg K_{sp} = -\frac{44971}{T} + 26.31$$

结果见图 3 – 41。可看出 Cu_2S 固溶温度比 MnS 更低。

3.6.3.4　AlN 固溶度乘积

埃梅里雅恩科（А. П. Емельяненко）等[28]根据低碳钢大量数据得到的 AlN 在 γ – Fe 中的 K_{sp} $\left(\lg K_{sp} = -\frac{7500}{T} + 1.48\right)$，经热力学计算求出 3% Si – Fe 中 AlN 的 K_{sp} 为

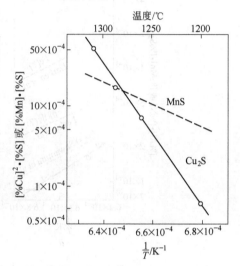

图 3 – 41　3% Si – Fe 中 Cu_2S 的固溶度乘积（菲德勒结果）

$$\lg K_{sp} = -\frac{9567}{T} + 2.341, \quad (T = 1075 \sim 1225℃),$$

按有关文献中 3% Si – Fe 实验数据（化学分析法）计算出的 AlN 的 K_{sp} 为

$$\lg K_{sp} = -\frac{3200}{T} - 1.97, \quad (T = 800 \sim 1225℃)$$

按上述两公式求出的 AlN 固溶度差距很大。用含 0.035% Al 和 0.006% N 的 3% Si – Fe 进行实验证明，$\lg K_{sp} = -\frac{3200}{T} - 1.97$ 公式与实验结果更相近。

岩山健三等[22]用化学分析法确定含 0.016% ~ 0.03% Al 和 0.005% ~ 0.0084% N 的 3% Si – Fe 中 AlN 的 K_{sp} 为

$$\lg K_{sp} = -\frac{10062}{T} + 2.72, \quad (T = 1200 \sim 1300℃)$$

此结果见图 3 – 40 中实验点和直线。

赖特 (H. A. Wriedt)[29]用化学交换法确定含 0.001% ~ 0.039% Al 和 0.001% ~ 0.009% N 的 3% Si – Fe 中 AlN 的 K_{sp} 为

$$\lg K_{sp} = -\frac{11900}{T} + 3.56, \quad (T = 1373 \sim 1573K)$$

此公式与田口悟 (S. Taguchi) 等报道的数据[30]相符。

高桥延幸等介绍了低碳钢中 AlN 在 γ 相和 α 相中的固溶度分别为[31]:

γ 相中： $$\lg K_{sp} = -\frac{7400}{T} + 1.95$$

α 相中： $$\lg K_{sp} = -\frac{8296}{T} + 1.69$$

即在 γ 相中的 AlN 固溶度明显高于 α 相中 AlN 固溶度。

3.6.3.5 BN 固溶度乘积

菲德勒[32]确定含量小于 1 ~ 55 × 10⁻⁶B 和 41 ~ 86 × 10⁻⁶N 的 3% Si – Fe 中 BN 的 K_{sp} 为

$$\lg K_{sp} = -\frac{19560}{T} + 15.75, \quad (T = 1200 \sim 1300℃)$$

由图 3 – 42 看出，3% Si – Fe 中 BN 的 K_{sp} 比在纯 α – Fe 中的 K_{sp} 更小。

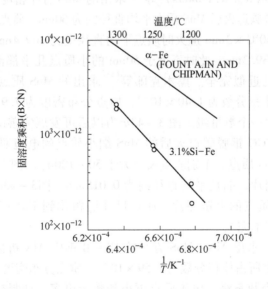

图 3 – 42 3% Si – Fe 和纯 α – Fe 中 BN 固溶度乘积

埃梅里雅恩科等[28]在考虑硅的影响情况下确定的 α – Fe 中 BN 的 K_{sp} 为

$$\lg K_{sp} = -\frac{13405}{T} + 4.14$$

Y. Ohata 等提出的上述所有第二相抑制剂固溶度如下[33]:

$$\lg[w(\text{Als}) \times w(\text{N})] = -\frac{10062}{T} + 2.72 (\text{与岩山健三等提出的相同})$$

$$\lg[w(\text{Mn}) \times w(\text{S})] = -\frac{14855}{T} + 6.82 (\text{与岩山健三等提出的相同})$$

$$\lg[w(\text{Mn}) \times w(\text{Se})] = -\frac{10733}{T} + 4.08$$

$$\lg[w(\text{Cu}) \times w(\text{S})] = -\frac{43091}{T} + 25.09$$

$$\lg[w(\text{B}) \times w(\text{N})] = -\frac{13680}{T} + 4.63$$

3.6.4 第二相质点的析出形态和弥散分布状态

按照 Zener 公式 $Z = \frac{3}{4} \frac{f\sigma}{r}$，即第二相质点尺寸（$r$）愈小和质点所占体积分数（$f$）愈大，其第二相质点抑制力 F 也愈大。

斯威夫特（W. M. Swift）[34]测定出以 MnS 为抑制剂的 CGO 取向硅钢脱碳退火后 MnS 质点最大半径约为 60nm，平均半径为 20~30nm，MnS 所占体积分数约为 1.35×10^{-3}。弗劳尔（J. W. Flowers）等[35]求出的 MnS 分布密度为 6×10^{12}个/cm^3。陈易之等[36]证明脱碳退火后 MnS 质点平均直径约为 50nm，质点分布密度为 1.7×10^{13}个/cm^3。经 950℃×3min 退火时质点平均直径变为 109.4nm 并开始二次再结晶。1000℃时为 139.3nm，此时不大于 50nm 的小质点几乎都消失，即抑制力消失，二次再结晶已近似完全。黑木克郎等[37]求出的 MnS 质点平均直径为 17~22nm，质点所占体积分数为 1.40×10^{-3}，质点分布密度为 7.9×10^{13}个/cm^3，这比弗劳尔等结果大一个数量级。图 3-43a 为以后可发展完善的二次再结晶组织和具有高磁性的 CGO 钢脱碳退火后的 MnS 细小质点的电镜照片，主要为 30nm 质点，其次为 50nm 质点，个别质点尺寸大于 50~100nm。图 3-43b 为脱碳退火后初次晶粒金相照片，晶粒平均直径约为 0.015mm。图 3-43c 为最终退火加热到 1000℃时 MnS 质点的电镜照片，质点尺寸已粗化到 100~300nm，抑制力消失，二次再结晶基本完全。

黑木克郎等[37]求出 AlN + MnS 方案的 Hi-B 钢中 AlN 析出质点平均直径为 13~16nm，析出物所占体积分数为 1.59×10^{-3}，质点分布密度为 2×10^{14}个/cm^3，比 MnS 方案大一个数量级。由于质点更小和数量更多，抑制初次晶粒长大能力更强。脱碳退火后初次晶粒平均直径约为 0.01mm。初次晶粒长大速度减慢，900℃时为 10^{-8}~10^{-9}cm/s，而 MnS 方案为 10^{-7}cm/s。按 Zener 项计算出的 AlN + MnS 方案抑制力 $F = 0.57$J，而 MnS 方案的 $F = 0.38$J。析出物质点稳定性也很重要。质点愈小，抑制作用愈强，但质点尺寸小于 10nm 的 AlN 不稳定，更易分解和固溶，促使其他尺寸的 AlN 发生奥斯特瓦德长大。AlN + MnS 方案的热轧板必

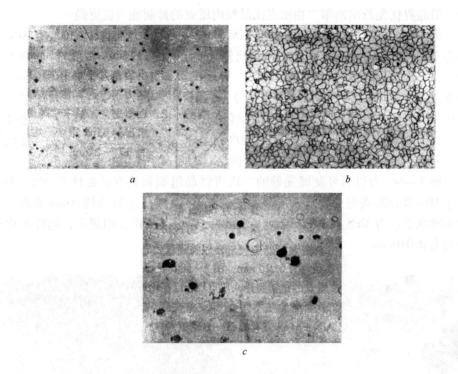

图 3 - 43　CGO 钢的显微组织

a—脱碳退火后 MnS 电镜照片 (×10000)；b—脱碳退火后金相组织 (×100)；
c—1000℃加热后 MnS 电镜照片 (×10000)

须经高温常化，目的就是使小于 10nm AlN 数量减少，使 13～16nm AlN 数量明显增多，所以高温稳定性好，即奥斯特瓦德长大速度减慢。弗劳尔[38]按 Zener 因子 Z 测定质点的抑制强度。假设析出物质点都为球形，而且是均匀分布的非共格质点，根据上述黑木克郎等的实验数据计算 Z 值。证明无抑制剂的 3% Si - Fe 的 $Z = 18mm^{-1}$（脱碳退火后初次晶粒尺寸为 0.055mm，析出物质点平均直径约为 30nm，质点分布密度为 2.7×10^{13} 个/cm^3，初次晶粒长大速度为 10^{-6} cm/s，抑制力 $F = 0.13J$）。MnS 方案的 $Z = 29mm^{-1}$，AlN + MnS 方案的 $Z = 44mm^{-1}$，MnSe + Sb 方案的 $Z = 135mm^{-1}$。按罗依（R. G. Rowe）[39]对含硼 Hi - B 钢中硼、氮和硫沿晶界偏聚的数据（晶界上 BN 质点平均分布密度为 1×10^9 个/cm^3，质点平均半径为 7nm）计算出 $Z = 147mm^{-1}$。显然根据 MnSe + Sb 方案和含硼钢计算出的 Z 值偏高，但可以推测出晶界偏聚元素的抑制作用与第二相质点的抑制作用是同样重要的。按照阿什比（M. F. Ashby）等模型[40]，当质点尺寸和数量相同时，具有几度共格性的质点就比非共格性质点的抑制能力更强。有些研究者[30]已证明铁素体中一部分小的 AlN 质点是共格性的，所以 AlN 比 MnS 的抑制能力更强。再者，沿晶界优先析出的第二相质点比晶粒内质点的抑制能力也更强。

酒井知彦（T. Sakai）等[42]证明 AlN + MnS 方案的 Hi – B 钢热轧板中 AlN 主要为 100 ~ 300nm 尺寸的 C 态 AlN，此外还存在少量 20 ~ 50nm 的 B 态和小于 20nm 的 A 态 AlN。高温常化后 C 态 AlN 数量基本不变，细小 A 态 AlN 数量减少，而 B 态 AlN 数量明显增多并占主要部分。脱碳退火后 B 态和 A 态 AlN 增多，而 B 态 AlN 仍占主要部分，C 态 AlN 数量仍基本不变。细小 A 态 AlN 在常化时固溶，脱碳退火时又析出，即在 500 ~ 700℃时在 α 相中析出。B 态 AlN 是在常化后快冷阶段在 γ→α 相变时析出并分布为网络状。起抑制作用的主要是 B 态 AlN。

图 3 – 44a 为以后可发展完善的二次再结晶组织和具有高磁性的 AlN + MnS 方案 Hi – B 钢脱碳退火后的 AlN 细小质点的电镜照片，主要为约 30nm 质点。照片中球状质点为 MnS。图 3 – 44b 为脱碳退火后初次晶粒金相照片，晶粒平均直径约为 0.010mm。

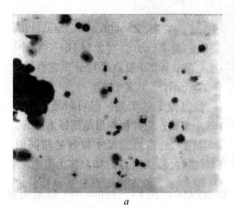

a　　　　　　　　　　　　b

图 3 – 44　AlN + MnS 方案 Hi – B 钢的显微组织
a—脱碳退火后 AlN（×34000）；b—脱碳退火后金相组织（×100）

岩山健三等[22]找出 3% Si – Fe 中 MnS 和 AlN 的时间 – 温度的等温析出曲线（TTP），并从这些曲线得到连续冷却曲线（CCP），结果见图 3 – 45。TTP 曲线为典型的 C 形曲线。证明 AlN 和 MnS 析出最快的温度和开始析出时间分别为 1140℃ × 14s 和 1180℃ × 14s。由 CCP 曲线看出，MnS 比 AlN 析出更快，从 1300℃以 2℃/s 速度冷却时，AlN 在 1160℃和 MnS 在 1200℃开始析出。

田口悟和坂仓昭用 3% Si – Fe 单晶体的研究证明六面体的 AlN 约 1μm 大小，呈针状，多在铁的 {100} 和 {120} 惯习面上析出。它们与母体位向关系为：{101}$_{AlN}$//{120}$_{Fe}$或 {122}$_{AlN}$//{122}$_{Fe}$。即 AlN 是共格和半共格析出的（MnS 是非共格析出相），而且高温常化后析出的 AlN 尺寸比 MnS 更小，所以抑制初次再结晶能力比 MnS 更强[30]。蒙肇斌等证明 AlN 多在晶界、亚晶界和位错处析出，

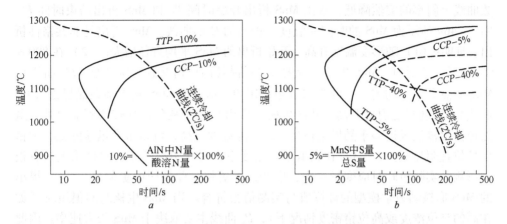

图 3 - 45 3% Si - Fe 中 AlN 和 MnS 的时间 - 温度 - 析出曲线和连续冷却析出曲线

a—AlN；b—MnS

析出的 AlN 呈平行条束状分布，也证明是在铁的 ｛100｝ 和 ｛120｝ 惯习面上共格或者半共格析出[43]。M. Sennour 等研究低碳钢中 AlN 析出情况，指出先析出亚稳定的立方结构（NaCl 型结构）的 AlN 核（与基体呈共格关系），以后充分长大才可转变为稳定的粗大的六方结构 AlN。4mm 厚热轧板经 650℃ ×3h 的退火后存在两种 AlN：沿晶界形核的粗大 AlN 和晶粒内部析出的 10 ～ 20nm 细小的 AlN （立方结构）。后者为共格析出，与基体的关系为：$(100)_{Fe}//(001)_{AlN}$，$[001]_{Fe}//[\bar{1}10]_{AlN}$。AlN 可以 MnS 或者 BN 为核心析出，也可以 TiN 为核心析出 （TiN 分解温度为 1450℃）[44]。

上岛 （Y. Ueshima） 等[45]研究了 2.34% 和 3.17% Si - Fe 合金 δ/γ 相变时 MnS 析出行为。证明 MnS 在高于 1300℃ 时就开始析出，在 1300 ～1100℃ 之间急剧析出，低于 1000℃ 时析出速度减慢。随硅量增高和冷却速度减慢，MnS 析出量增多。从理论上讲，MnS 在 γ 相中开始析出，因为 MnS 在 γ 相中的固溶极限低。但实际上析出的 MnS 长大速度很慢，因为锰和硫在 γ 相中的扩散速率慢。在 δ 相中 MnS 析出量增大，因为在 δ 相中锰的扩散速率较高和硫富集量大。MnS在 δ 相 （或 α 相） 中比在 γ 相中更容易析出，特别是硅量高和冷速较慢时。再者，虽然它们在 γ 相中的固溶极限低于 δ 相，但硅和硫在 δ 相的相界附近富集，这有助于 MnS 在 δ 相中析出。高于 1200℃ 时 MnS 析出尺寸大，低于 1100℃ 时析出尺寸小。这是因为锰和硫的扩散速率随温度而变化的原因。但他们是采用 0.45℃/s 的较慢冷却速率进行的实验，这和实际热轧过程中的析出情况并不相同。

孙 （W. P. Sun） 等[46]模拟热轧过程中 MnS 析出情况，采用高温加压蠕变法研究 CGO 钢中 MnS 生核、长大和粗化动力学。根据测定的蠕变应变量 – 时间对数曲线上斜率的突然降低，求出 MnS 析出开始时间 P_s 和 MnS 析出结束时间 P_f。图 3 - 46a 所示为 MnS 的时间 – 温度 – 析出的 C 形曲线。MnS 析出是非共格性析出。证明：（1）随形变温度升高，开始析出的 MnS 平均直径增大；（2）在 800 ~ 950℃形变范围内，MnS 生核位置大多是在晶粒内位错处或亚晶界处（ P_s^{dis} 曲线），MnS 质点分布不均匀，呈网络状分布；1000℃形变时 MnS 核大多在晶界处（ P_s^{gb} 曲线），即随形变温度升高，MnS 生核（析出）位置从位错处转移到晶界处。虽然位错生核位置远多于晶界生核位置，但随温度升高，位错密度迅速降低，位错生核位置明显减少；（3）在较低形变温度下，形变引起的空位对位错生核有很大影响。实际热轧时应变量更大，应变速度更快，此效应就更明显；（4）提出的 MnS 形核动力学模型的计算值与实测值很符合。当 MnS 生核时间很短时（如在高的空位浓度或高位错密度情况下）， P_s 曲线主要取决于 MnS 长大速率。因此在工业热轧条件下，此模型应当考虑 MnS 核的长大速率。由图 3 - 46b 看出，含 0.07% Mn 和 0.021% S 的 A 号钢 P_s 和 P_f 曲线上的鼻子为950℃×12s 和350s；含 0.085% Mn 和 0.025% S 的 B 号钢为 1000℃ × 9s 和 170s；含 0.125% Mn 和 0.015% S 的 C 号钢为 950℃ × 14s 和 110s。证明随锰量增高，P_f 时间缩短。A 号

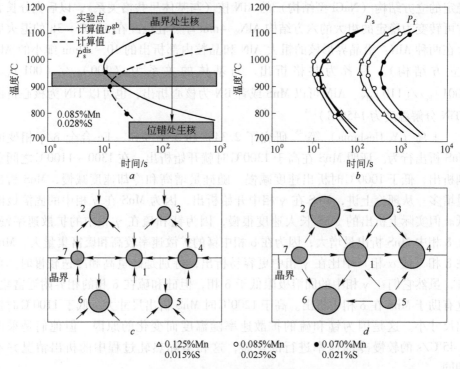

图 3 - 46　MnS 析出和长大行为

a—MnS 生核的两个机理与温度的关系；b—三炉钢的 P_s 和 P_f 曲线；
c—MnS 质点长大时锰原子扩散的二维示意图；d—MnS 质点粗化时锰原子扩散的二维示意图

钢经 900℃ × 200s 蠕变后 MnS 质点平均直径为 47.9nm，950℃ × 420s 时为 64.6nm，即随温度升高，MnS 长大和粗化速率增高。证明：（1）MnS 长大符合抛物线定律，并且受锰原子控制，因为锰在 α - Fe 中的扩散速率比硫更低。由于是热形变，所以当形变温度降低时，管式扩散起更重要的作用。再者，硅原子与锰原子有相互排斥作用，所以硅使锰的扩散速率减小；（2）随钢中锰含量增高，MnS 质点长大速率也提高，而与钢中硫含量无关，因为长大的 MnS 质点附近的硫为过饱和的，质点 - 基体的界面处锰浓度远低于平衡固溶度。此时晶界处的 MnS 长大初期，锰原子沿晶界扩散到质点处。当晶界处锰原子贫化后，基体中锰原子先通过体扩散移动到晶界处，然后再沿晶界扩散到 MnS 质点处（见图 3 - 46c）。体扩散比晶界扩散慢；（3）比 P_f 时间更长时，MnS 质点尺寸不断增大，并且质点分布密度减少。这说明此时发生析出物相互竞争长大现象，即发生奥斯特瓦德长大的粗化过程。这时正如图 3 - 46d 所示，溶质原子从小的 MnS 质点移动到大的质点处。800℃时的粗化速率是受锰的体扩散所控制，在更高温度时粗化同时受锰的体扩散和沿晶界扩散所控制，而且随温度升高，锰的晶界扩散起更大作用，因为此时 MnS 多在晶界处生核；（4）为了在热轧过程中析出细小 MnS 质点，应尽量在质点开始粗化前完成，因此终轧温度和卷取温度要低。但需要注意的是，高温蠕变实验的应变速率很小，与实际热轧情况也不相同。

高宫俊人等[47]用 3.06% Si，0.068% Mn 和 0.018% S 的 CGO 钢进行实验，证明 1623K × 600s 固溶处理后再经 1273K × 60s 时效处理，开始析出 MnS。如经 50% 压缩比的热压后再经 1173 ~ 1273K × 60s 时效处理，MnS 在位错和亚晶界处急速析出，但分布不均匀，因为同时发生快速动态回复，位错密度降低，MnS 析出尺寸大于 100nm。形变后经 1073K × 60s 处理，位错密度增高，析出约 40nm 细小均匀的 MnS，MnS 几乎都在位错处析出，而且由于温度低，硫过饱和度高，MnS 形核速率提高，所以分布更为均匀（见图 3 - 47a）。图 3 - 47b 为形变组织回复速率与 MnS 生核孕育期关系示意图。可看出在 C 温度区形变时析出细小均匀 MnS；在 B 温度区形变时析出的 MnS 不均匀。在 A 温度区（不低于 1373K）形变时发生再结晶，没有位错，不析出 MnS。位错的回复速率与位错处 MnS 生核速率是相互竞争的。实际热轧时为析出细小均匀 MnS，应按 TTP 曲线（见图 3 - 45）控制热轧过程。MnSe 与 MnS 析出情况相似，但比 MnS 更细小均匀，因为 Se 的扩散系数比 MnS 小，所以奥斯特瓦德长大速度慢。硫含量高（0.026% S），MnS 均匀析出区（C 区）温度范围扩大。硫含量低（0.008% S），即使在 C 区析出的 MnS 也不均匀。高硫钢在高于 1373K 时就发生动态再结晶，低硫钢在高于 1173K 时发生动态再结晶。这对 MnS 在位错处还是在晶界处生核有很大关系。高宫俊人等的实验方法与实际热轧状态最相近。

长谷川一等[48]研究 Fe - Si 合金凝固时 MnS 析出和长大行为以及相变和钢中

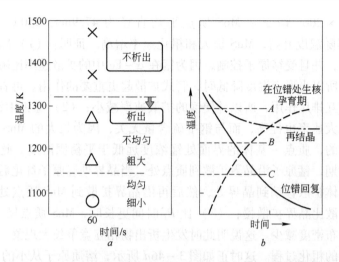

图 3 – 47   形变和时效处理对 MnS 生核及析出的影响示意图

a—形变和时效温度对 MnS 析出状态的影响（0.018％S）；

b—形变组织的回复速率与 MnS 生核孕育期的关系：

A—不析出；B—不均匀析出；C—均匀析出

夹杂物对 MnS 析出行为的影响。证明 MnS 都在 δ 相（α 相）中析出和长大，特别是在 δ/γ 相界面附近析出，因为在同一温度下，在 δ 相中的 Mn 和 S 的扩散系数比在 γ 相中要大一个数量级以上，即，

$$\delta\ 相中：\qquad \lg K_s = -\frac{10590}{T} + 4.092$$

$$\gamma\ 相中：\qquad \lg K_s = -\frac{9020}{T} + 2.929 - \left(-\frac{215}{T} + 0.097\right)[\mathrm{Mn\%}]$$

存在 δ/γ 两相区的 Fe – Si 合金凝固时很难均匀析出 MnS，在钢中加 Ce（$10 \sim 100 \times 10^{-6}$）或 Zr（约 400×10^{-6}），利用 Ce_2S_3 或者 ZrO_2 作为 MnS 析出核心，可使 MnS 开始析出温度提高，MnS 析出也更为均匀。

3.6.5   热轧板组织不均匀性对二次再结晶发展的影响

大于 1％ Si 钢热轧板沿板厚方向的组织和织构是不均匀的。已证明这种不均匀性对 3％ Si 取向硅钢二次再结晶发展完善程度有重大影响，是发展完善的二次再结晶组织的一个必要条件。铸坯加热和热轧过程由于表面脱碳、发生部分相变（存在 15％ ~30％ γ 相）以及厚度方向上的温差所引起的形变量不同，而使热轧板沿厚度方向的金相组织、织构和抑制剂析出形态有很大差别。沿板厚方向的金相组织可分为三个区域：表面脱碳层（再结晶组织）、过渡层和中心层。图 3 – 48a 所示为 CGO 钢的热轧板纵断面金相组织，图 3 – 48b 所示为 AlN + MnS 方案 Hi – B 钢热轧板纵断面金相组织。图 3 – 48c 所示为 Hi – B 热轧板表面脱碳层和

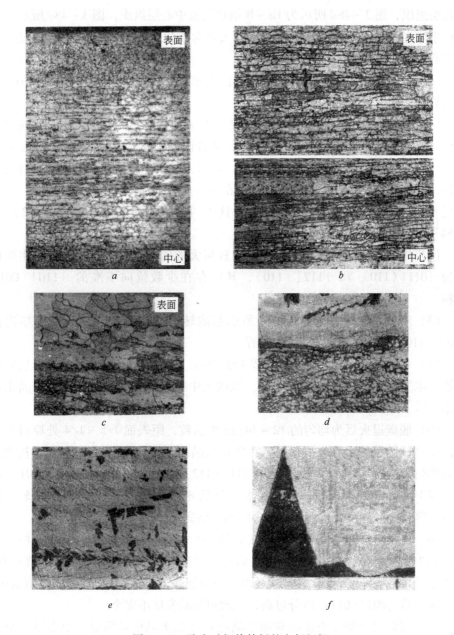

图 3 - 48　取向硅钢热轧板的金相组织

a—CGO 钢热轧板组织（×50）；b—Hi - B 钢热轧板组织（×100）；

c—Hi - B 钢热轧板脱碳层和过渡层，黑色组织为珠光体（×200）；

d—Hi - B 钢热轧板中心层，黑色组织为珠光体（×200）；

e—Hi - B 钢热轧板中心层珠光体组织（×200）；

f—过渡层和中心层中的珠光体组织（×500）

过渡层组织，图 3 - 48d 所示为 Hi - B 钢热轧板中心层组织，图 3 - 48e 所示为中心层中珠光体（相变产物）组织，也有人称为碳化物，图 3 - 48f 所示为过渡层和中心层中放大的珠光体组织。

松尾宗次和酒井知彦等[42,49~51]用侵蚀斑和 X 射线法研究 AlN + MnS 的 Hi - B 钢热轧板证明：

（1）沿板厚方向 1/5 ~ 1/4 处的过渡层中存在大量细小网状碳化物（或称珠光体），网状碳化物之间为伸长的较粗大的铁素体区，其中存在位向准确的 {110}〈001〉晶粒，{110} 极密度最强。较粗大的铁素体晶粒在以后冷轧时更易滑移，因为滑移受晶界限制程度减小。在这些晶粒周围为许多小晶粒（由 $\gamma \rightarrow \alpha$ 相变引起的）和细小第二相质点。这些小晶粒主要为 {111}〈112〉或 {554}〈225〉位向。

（2）中心层为伸长的铁素体晶粒和较粗大的碳化物及第二相质点，主要位向为 {011}〈110〉和 {112}〈110〉，其中存在少数位向不准的 {110}〈001〉晶粒。

（3）沿板厚方向由于剪切应变所引起的转动是从 {110}〈001〉绕横向往 {001}〈110〉位向逐步转动 90°的过程。

（4）将热轧板常化后从表面研磨掉约 30%，去掉表面脱碳层和过渡层后就不能发生二次再结晶，B_8 急剧降低。经两次中等压下率冷轧时二次再结晶也不完全。

（5）脱碳退火后为均匀的 12 ~ 14μm 小晶粒，距表面 1/5 ~ 1/4 处原过渡层地区中 {111}〈112〉极密度最强。二次再结晶前此地区的 {110}〈001〉初次晶粒聚集长大，其周围为易被吞并的 {111}〈112〉晶粒。聚集的 {110}〈001〉晶粒长到 100 ~ 400μm 时即成为二次晶核，然后开始二次再结晶，并继续沿轧向进行各向异性的反常长大，直到二次再结晶发展完善为止。

（6）二次再结晶不完全（出现线状细晶）产品，在二次晶粒长大到板厚约 1/3 位置就停止长大，中心层的初次晶粒通过正常长大到约 20μm 而不被吞并。从此地区开始 {111} 组分减弱，{100} 组分加强，即 {100}/{111} 比值增大。热轧板中部 {001}〈011〉组分过高，二次再结晶发展不完全。

（7）过渡层（细小析出物和细小晶粒）是二次晶核发源地，中心层（粗大析出物和粗大晶粒）是被二次晶粒吞并地区。表 3 - 1 所示为热轧板组织和织构不均匀性对二次再结晶发展的贡献。图 3 - 49 为二次再结晶发展完善和不完善的 Hi - B 热轧板板厚方向上的织构不均匀性的对比。

随后进一步研究 40mm 厚 Hi - B 钢热轧薄板坯热轧时每道压下率对 4mm 厚热轧板织构不均匀性（织构梯度）的影响。轧制道次为 4 道，总压下率为 90%。每

表3-1　Hi-B钢热轧板组织和织构不均匀性对二次再结晶发展的贡献

板厚方向位置（Δt/t）	表层（1/5~1/4）		中心层（1/3~1/2）
	热轧板中的相		
制造工序 组织特性	铁素体	奥氏体	铁素体
（1）热轧和常化 　晶粒尺寸 　位向 析出物　尺寸 　　　密度	大 (110)[001] 粗 低	小 混乱 细 高	伸长 (001)[110]
（2）冷轧（大压下率） （3）退火 　1）初次再结晶 　　择优取向 　　晶粒组织 晶粒长大抑制力 　2）二次再结晶 　　生核 　　反常晶粒长大	生核基础 (110)[001] 群体 弱 聚集成二次晶核	织构强度 <111>//ND 均匀 强 提供长大条件 吞并　　　　→	完全再结晶 (001)[110] 粗大 中等 抗拒长大 长大到穿过板厚
贡　献	二次晶核发源地	促进二次晶粒长大	抗拒二次晶粒长大

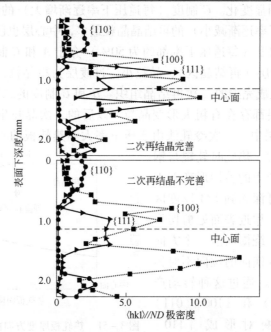

图3-49　二次再结晶不同的Hi-B钢热轧板板厚方向的
织构不均匀性的比较（板厚2.3mm）

道厚度（mm）变化如下：40→14→7→4（A 制度）；40→19→9→4（B 制度）；
40→29→11→4（C 制度）。由图 3-50 看出，沿厚度方向的主要位向组分都相同，

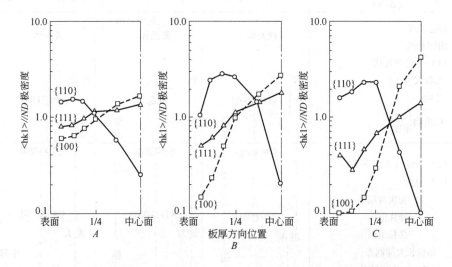

图 3-50　Hi-B 钢薄板坯在 1473K 开轧和 1273K 终轧的热轧板
中织构梯度变化与热轧制度的关系

A—每道压下率递减；B—每道压下率相等；C—每道压下率递增

但各组分强度有明显变化。C 制度（每道压下率逐渐增大）的织构梯度最明显。
A 制度（每道压下率逐渐减小）的再结晶晶粒最多，中心层也已发生再结晶；织
构梯度减弱。B 制度（每道压下率都约为 50%）介于 A 和 C 制度之间。板厚表
面 5% 地区为脱碳层（再结晶区），晶粒小，过渡层为粗晶粒，中心层为形变晶
粒。A 制度可发展成完善的二次再结晶组织。B 和 C 制度的二次再结晶不完全，
在过渡层和中心层都存在有粗大形变晶粒。以后的二次晶粒生核位置都在表面
1/5～1/4 的过渡层中。一次冷轧法由于压下率大和热轧板的不均匀性，二次晶
粒是各向异性长大。热轧时轧辊与钢
板之间的大摩擦产生的剪切形变随表
面深度而变化，可深入到 1/4 厚度区
并造成织构梯度。靠近表面处剪切形
变最强，并使晶体绕横向沿一个方向
转动，从而造成绕横向的位向不对称
性（见图 3-51）。通过这种转动产
生了 {111}〈112〉和 {100}〈011〉
织构。剪切形变对形成 {110}
[001] 位向和通过亚晶粒聚集成粗大

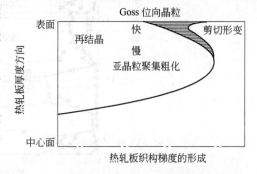

图 3-51　热轧板厚度方向由于形变不均匀和
动态再结晶不均匀而形成的织构梯度

(110)[001] 晶粒很重要。影响热轧板织构梯度的因素有：热轧温度、每道压下率、热轧速度和润滑条件。热轧板由于形变不均匀性以及动态再结晶发展程度不同，对以后发展完善的二次再结晶组织有重要作用[52]。

清水洋等[53]也研究了 CGO 钢热轧条件和原始位向对热轧板表层中 {110}〈001〉位向形成的影响。50mm 厚的薄板坯经 1330℃×30min 加热后热轧到 3mm 厚。由图 3-52 可以看出，热轧速度慢，回复和再结晶所占体积少，表层织构的主要组分为位向准确的 (110)[001]。热

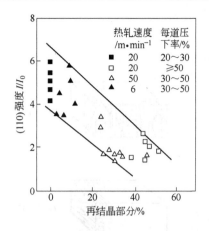

图 3-52 CGO 钢热轧板横截面上再结晶所占体积与表层 (110) 强度的关系

轧速度快，两个表层再结晶区约占厚度的 30%，{110}〈001〉组分强度低且漫散。每道压下率低时没有再结晶晶粒，表层 {110} 强度高，但 {110}〈001〉位向漫散。而每道压下率高时（不小于 50%）表层为再结晶晶粒，(110) 强度低但位向较准确。再结晶所占体积减少时，{110} 强度就增高。侵蚀斑法检查证明，绝大多数再结晶晶粒都不是 {110}〈001〉位向，而许多较大的伸长晶粒却近似为 {110}〈001〉位向。这些大的伸长晶粒中包含有许多亚晶粒，它们是在热轧过程和热轧后通过回复而产生的。{110}〈001〉晶粒都集中在表面 1/4 处，即形变带集中地区，而与表面再结晶晶粒无关。它们是在热轧过程后期形成的。{110} 位向强度是随总压下率增高和热轧温度降低（如 1000~1100℃）而加强（见图 3-53b）。在 $\alpha+\gamma$ 两相区温度终轧，动态再结晶速度快，{110} 强度降低。在 α 区经大于 50% 压下率热轧，{110} 强度高，而且保持较长时间才进行动态再结晶。

从 MnSe+Sb 方案 Hi-B 钢铸坯切取试样使柱状晶长轴分别平行于轧向、横向和法向（见图 3-53a），经 1300℃×30min 加热和 70% 及 95% 压下率热轧。证明三个试样经 70% 热轧后表层主要织构都为 {110}〈001〉，次要组分为弱的 (113)[33$\bar{2}$] 或 (111)[11$\bar{2}$]。经 95% 热轧后 (110)[001] 位向更强。三个试样热轧后中心地区的织构却有很大差别。70% 热轧时 ND//〈100〉试样只有 (100)[uvw] 位向。TD//〈100〉试样包含有 (112)[11$\bar{1}$]，(210)[001] 和 (100)[uvw]。RD//〈100〉试样中主要为 {hkl}〈001〉。大于 95% 热轧时为以 {100}〈011〉为主的〈110〉纤维织构，为稳定织构。经 70% 热轧并喷洒石墨进行润滑，所有试样表层与中心区的织构近似相同，即基本没有形成 {110}〈001〉位向。改变热轧温度和热轧压下率证明（见图 3-53b），三个试样随压下率增大，{110} 强度明显增高，但增高程度不同。润滑热轧时没有形成 {110}〈001〉

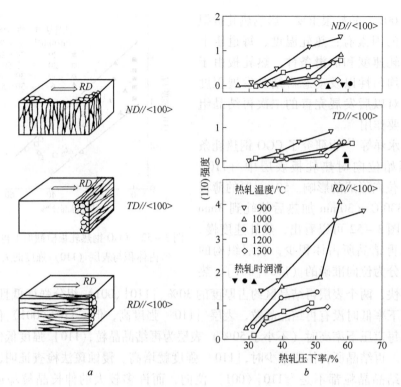

图 3 - 53   MnSe + Sb 方案的 Hi - B 钢薄铸坯取样方向以及热轧温度、

压下率与（110）强度的关系

a—取样方向；b—热轧温度、压下率与强度的关系

ND—法向；TD—横向；RD—轧向

位向，说明高摩擦力（即剪切形变）对热轧板表层织构起重要作用。轧辊与钢板之间的摩擦系数 $\mu = K - 0.005T - 0.56V$，式中，T 为热轧温度（不低于700℃）；V 为热轧速度；K 为轧辊材料与钢板所决定的常数，对 3% Si 钢来说，K 约为 1.05。可看出摩擦力随热轧温度和热轧速度增高而减小。图 3 - 54 所示为热轧板表层（110）强度和再结晶所占体积与热轧时轧辊和钢板之间摩擦系数 μ 的关系。证明热轧温度升高，摩擦力减小。低于 1050℃ 时随 μ 增高，{110} 强度增大和再结晶所占体积减小。虽然以更高速度热轧时 μ 值较低，但热轧板中 {110} 强度相近。根据增大热轧时的摩擦力和阻止再结晶进行而使表层 {110}〈001〉位向加强的观点，在较低温度下热轧是有利的。表层存在的 {110}〈001〉位向不是由热轧过程中或热轧后的再结晶所引起的，而是由于在高的摩擦力下受到限制的滑移转动形成的。热轧板中抑制剂的弥散状态、表层中 {110}〈001〉位向强度和中心层的织构组分对二次再结晶行为有重要影响。如果第二相质点粗化、表层 {110}〈001〉晶粒少或中心层存在强的 {100}〈011〉位向组分，都使以后

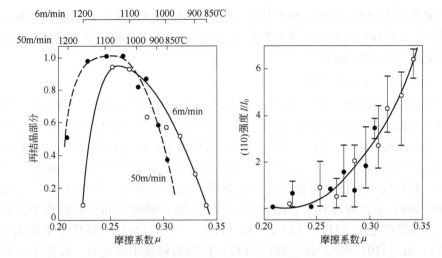

图 3-54 MnSe+Sb 方案的 Hi-B 钢热轧板表层织构中 {110} 强度和
再结晶所占体积与摩擦系数的关系（热轧压下率为60%）

二次再结晶发展不完全[54]。

用取向分布函数（ODF）法研究 CGO 和一次冷轧法 Hi-B 钢各工序织构发展
情况也证明，热轧板表面和表面下方主要为 {110}⟨001⟩，其次为 {111}⟨112⟩，中
心层为 {112}⟨110⟩ 和 {001}⟨110⟩ 组分。过渡层介于两者之间，{001}⟨110⟩，
{111}⟨112⟩ 和 {110}⟨001⟩ 组分都较强。表层的形变方式是剪切形变，它是形
成 {110}⟨001⟩ 位向的原因。也证明低温热轧和增大每道压下率使剪切形变更
明显。表层 {110}⟨001⟩ 晶粒具有织构继承效应。CGO 钢退火后（中间退火或
脱碳退火），中心区存在有弱的 {110}⟨001⟩ 组分，但 Hi-B 钢中心区没有
{110}⟨001⟩ 位向[55,56]。CGO 钢第二次冷轧压下率不变时，第一次冷轧压下率
对二次再结晶发展没有影响。热轧板两面去掉表层后不能发生二次再结晶。单面
去掉表层影响不大（第二次冷轧压下率不变时）[56]。

3.6.6 二次再结晶机理

取向硅钢二次再结晶机理研究已进行了大量工作。通过实验技术的不断进
步，逐步加深了对这一机理的认识。开始是采用磁转矩法定性地测定 {110}
⟨001⟩ 和 {100}⟨001⟩ 织构及磁各向异性，用 X 射线劳埃（Laue）法和金相侵
蚀斑法测定单晶体和大的二次晶粒的位向。随后陆续采用 X 射线极图和极密度法
半定量测定多晶体中小晶粒织构组分，用透射电镜（TEM）和扫描电镜（SEM）
观察微观结构和第二相析出质点，用俄歇能谱仪测定晶界偏聚元素的晶界偏聚
量，用化学分析法测定 MnS 和 AlN 数量。随着计算机的广泛应用，采用取向分
布函数（ODF）法定量分析织构组分，采用扫描电镜 X 射线 Kossel 技术和选区

电子通道花样 SEM - ECC - ECP 技术（也称 EBSP 或 EBSD 法）测定 5 ~ 20μm 微区或小晶粒的位向（测定一个晶粒位向约 150s）。有关二次再结晶机理的综述见参考文献 [2, 57 ~ 60]。

3.6.6.1　早期的工作

早在 20 世纪 50 年代，邓恩[14] 就对 3% Si - Fe 单晶体，特别是对 {110}⟨001⟩ 单晶体的冷轧和再结晶进行了详细研究。证明经约 70% 中等压下率冷轧后，冷轧织构主要为 {111}⟨112⟩。初次再结晶退火后晶体绕 ⟨001⟩ 轴转动约 35°又回复到最初的 {110}⟨001⟩ 位向。对二次再结晶发展单一强的 {110}⟨001⟩ 织构的多晶体材料提出定向生核和择优长大理论。胡郇等[61~63] 也证明 {110}⟨001⟩ 单晶体冷轧后，晶体绕 ⟨11 $\bar{0}$⟩ 轴沿顺时针和逆时针两个方向转动，并最终稳定在 {111}⟨11 $\bar{2}$⟩ 和 {11 $\bar{1}$}⟨112⟩ 位向。随压下率增加（如 70%），由 {110}⟨001⟩ 往 {111}⟨112⟩ 位向的转动不断进行。晶体中 {110}⟨001⟩ 组分逐渐减少，而 {111}⟨11 $\bar{2}$⟩ 和 {11 $\bar{1}$}⟨112⟩ 两组分逐渐增加，并且形成一些分别具有 {111}⟨11 $\bar{2}$⟩ 和 {11 $\bar{1}$}⟨112⟩ 位向的形变带。在形变带之间的过渡带中可观察到一些仍保持冷轧前 {110}⟨001⟩ 位向的小的胞状组织。在再结晶退火早期阶段，这些 {110}⟨001⟩ 位向的胞状组织最先回复形成亚晶粒，{110}⟨001⟩ 初次再结晶晶粒正是由这些过渡带中的亚晶粒聚合而成的。它们与周围的 {111}⟨112⟩ 位向形变地区构成了大角晶界，并通过大角晶界移动吞并周围的 {111}⟨112⟩ 形变晶粒而长大。

这些结果对了解 3% Si - Fe 多晶体的冷轧和初次再结晶过程中的织构变化规律以及 {110}⟨001⟩ 初次晶粒的形成奠定了基础。许多研究者采用金相、电镜和 X 射线测定织构等实验手段对 3% Si - Fe 进行大量研究，主要结论如下。

A　{110}⟨001⟩ 位向晶粒最早起源于热轧板次表层

热轧时通过钢板板面与轧辊之间强烈的摩擦作用发生剪切形变，在表层中形成强的 {110}⟨001⟩ 位向。但在热轧板表面，这种 {110}⟨001⟩ 位向因为发生动态再结晶而减弱。而在次表层，即距表面 1/5 ~ 1/4 地区 {110} 组分最强，因为沿轧向伸长的粗大铁素体晶粒内只发生回复过程，所以 {110}⟨001⟩ 被保留下来。热轧板板厚方向中心层应避免出现粗大伸长的 {100}⟨011⟩ 形变晶粒，因为它是稳定的冷轧织构，具有最低的储能，很难进行再结晶，这使冷轧和退火后的初次再结晶组织不均匀，二次再结晶不完全，易出现线状细晶[64,65]。

B　钢中加抑制剂

为发展完善的二次再结晶组织，获得单一的高取向 {110}⟨001⟩ 织构，钢中必须存在足够数量的细小弥散第二相质点（如 MnS，MnSe，AlN）或晶界偏聚元素（如锡、锑）来阻止初次晶粒正常长大，以促进 {110}⟨001⟩ 晶粒反常长大。即要求初次再结晶基体稳定不易长大以及板厚方向的初次晶粒细小均匀[15,26,30,37,39,66,67]。

C {110}⟨001⟩晶粒优先回复和再结晶

纯铁和低碳钢冷轧后各位向组分的储能不同。按从大到小的顺序为：{110} > {111} > {112} > {100}，因此退火时{110}⟨001⟩晶粒首先回复和再结晶[68]。硅钢也具有同样规律[49]。因此在初次再结晶基体中{110}⟨001⟩晶粒半径R常比基体平均半径R_0更大些，而且由于抑制剂作用，$R/R_0 = 2 \sim 3$，在尺寸方面对{110}⟨001⟩晶粒长大有利[10,14]。但有人证明在初次再结晶基体中{110}⟨001⟩初次晶粒并不是最大的，甚至与平均尺寸无任何差别[69]。

D 冷轧和退火后{110}⟨001⟩初次晶粒起源于次表层形变带之间的过渡带区

与单晶体结果相似，{110}⟨001⟩初次晶粒（二次晶核）位于冷轧板中{111}⟨112⟩位向形变带之间过渡带区。它们与周围的{111}⟨112⟩形变晶粒构成大角晶界，提高了{110}⟨001⟩晶粒的晶界迁移率，有利于它们长大，因此应具有合适的初次再结晶织构[7,51]。

E CGO钢与AlN + MnS方案的Hi – B钢的二次晶核形成与长大过程不同

二次晶核都起源于热轧板的次表层。但一次大压下率冷轧的Hi – B钢的初次再结晶组织中二次晶核是由一些{110}⟨001⟩初次晶粒集团聚合而成[49,70,71]，而在CGO钢中却没有观察到这种现象[72]。这两种取向硅钢的二次晶核长大行为也不相同。在二次再结晶早期阶段，CGO钢中二次晶核数量多并为球状，其长大过程是各向同性的。一次冷轧法的Hi – B钢中二次晶核数量少并呈饼状，沿轧向尺寸为$100 \sim 150\mu m$，沿板厚方向为$30 \sim 50\mu m$，其晶界为明显的凹面（曲率大）。二次晶粒长大是各向异性的，即沿轧向的长大速率明显高于沿板厚方向的长大速率，这由图3 – 55金相组织可看出[71,73]。造成这些差别的主要原因是由于所采用的冷轧压下率和抑制剂不同而引起的。ODF实验结果证明（见图3 – 56），CGO钢的初次再结晶织构中{110}⟨001⟩组分比{111}⟨112⟩组分更强，二次

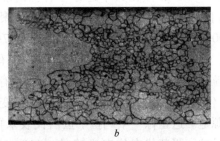

a　　　　　　　　　　　　　　*b*

图3 – 55 AlN + MnS方案的Hi – B钢二次再结晶初期阶段的金相组织

a—平面（×40）；*b*—纵截面（×100）

晶核数量多，所以二次晶粒尺寸小（3~5mm）。一次冷轧法的 Hi-B 钢的初次再结晶织构中 {111}〈112〉组分比 {110}〈001〉更强，二次晶核数量少，所以二次晶粒尺寸大（8~15mm）[49,74,75]。

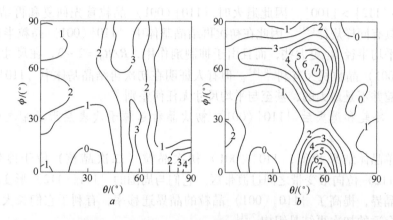

图 3-56　CGO 钢与 Hi-B 钢初次再结晶织构的比较（ODF 实验 ϕ=45°截面图）

a—两次冷轧法的 CGO 钢；b—一次冷轧法的 Hi-B 钢

3.6.6.2　二次晶核的形核位置和长大过程

从 1981 年开始，井口征夫等用 SEM 中 X 射线透射 Kossel（TK）技术详细地研究了以 MnSe + Sb 为抑制剂的二次冷轧法 Hi-B 钢热轧板、中间退火和脱碳退火后沿板厚方向的次表层（距表面 1/10 处或表面下 30~50μm 地区）和中心区的组织及织构，测定各个小晶粒的位向，仔细查清 {110}〈001〉晶粒发源地。

首先用反极图法证明二次晶核优先发生在表层 1/10 地区，此处 {110} 组分最强，而中心区 {100} 组分最强（见图 3-57a）。用 TK 法证明 1/10 地区主要为沿轧向伸长的多边化和近似为 {110}〈001〉的铁素体粗大晶粒，其中包括有小的 {110}〈001〉位向再结晶晶粒。这些伸长晶粒的 {110}〈001〉位向偏离可达 15°~25°，但在其中还存在有位向准确的较大的 {110}〈001〉再结晶晶粒，它们是由几个 {110}〈001〉亚晶粒聚集成，其尺寸约为 100μm 宽和 100~1000μm 长的无应变小区域（见图 3-57b 中 A 区）。此外还包含有形变带和过渡带。在晶界和过渡带等高曲率地区内也有少量 20~30μm 尺寸的 {110}〈001〉小晶粒（图中 B 区）。表面再结晶区中也存在少量 20~30μm 的 {110}〈001〉小晶粒（图中 C 区）。{110}〈001〉的无应变 A 区就是 {110}〈001〉二次晶核的最早发源地。这正像一个鸡蛋中蛋白代表未再结晶的伸长的多边化 {110}〈001〉粗大晶粒，蛋黄代表位向准确的 {110}〈001〉再结晶晶粒集团 A 区（即二次晶核），蛋白保护着蛋黄。B 区和 C 区的 {110}〈001〉小晶粒不是二次晶核发源

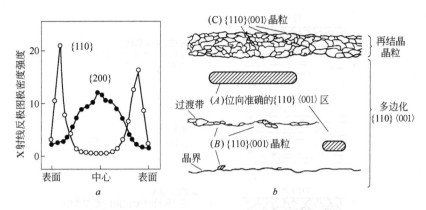

图 3 – 57　Hi – B 钢热轧板的厚度方向 {110} 和 {200} 极密度强度的
变化以及表层 {110}⟨001⟩ 晶粒形成示意图
a—极密度强度变化；b—晶粒形成

地。以后中间退火和脱碳退火的钢板表面 1/10 处，一些 {110}⟨001⟩ 晶粒在沿
轧向伸长的特定区域内聚集成团。对这些区域的尺寸（主要是宽度）、形状以及
所占比例与热轧板中观察到的 A 区进行仔细分析对比后发现，它们之间存在着某
种程度的一致性。即热轧板表层中那些 {110}⟨001⟩ 无应变 A 区经冷轧变为
{111}⟨112⟩，退火后又变为 {110}⟨001⟩ 的两次反复织构变化而继承下来的。
他们引用了戈尔茨坦（V. Y. Golddshteyn）等[76]首先提出的"组织继承"一词来
描述这一织构变化规律（见图 3 – 58）。

　　研究热轧板板厚方向的织构证明，表层 1/10 处主要为以 {110}⟨001⟩ 为主
的伸长的多边化无应变 {hkl}⟨001⟩ 位向晶粒区，即 {110}⟨001⟩，{210}
⟨001⟩，{310}⟨001⟩ 和 {100}⟨001⟩，而 {111}⟨112⟩ 和 {111}⟨011⟩ 晶粒较
少，但在伸长的 {110}⟨001⟩ 晶粒周围为其他位向的小晶粒，其中形变的小晶
粒多为 {111} 位向。中心区为 {100}⟨001⟩，{100}⟨011⟩ 和近似为 {113}
⟨110⟩ 及 {223}⟨142⟩ 组成的伸长的 ⟨110⟩ 纤维织构，基本无 {110}⟨001⟩
晶粒。图 3 – 59a 为中心区伸长晶粒形成过程的示意图。铸坯经高于 1300℃ 高温
加热后晶粒粗化但位向是混乱的（A 图），粗轧后和精轧后的组织如 B 图和 C 图
所示，即粗大晶粒变为中心区的伸长晶粒并出现细小析出物。其中 {100}⟨011⟩
和 {100}⟨001⟩ 伸长晶粒位向差小（10°以内），应变量和储能小，因为 {100}
⟨011⟩ 晶粒中的位错只进行单纯滑移。近似为 {113}⟨011⟩ 和 {223}⟨142⟩ 的
{111}⟨011⟩ 和 {211}⟨011⟩ 伸长晶粒中形成小的胞状复杂位错，位向差大
（最大为 30°），应变量和储能大，以后比 {100}⟨011⟩ 伸长晶粒更容易再结晶。
这些位向的相邻伸长晶粒的晶界多为大角晶界，并交替形成，这对以后二次再结
晶发展有利。图 3 – 59b 说明了这种情况。其中 A 图表明 {100}⟨011⟩ 或 {100}

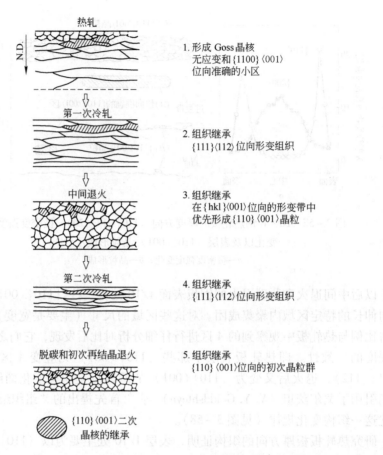

图 3-58　从热轧板中 {110}〈001〉晶核发源地到脱碳退火时
初次再结晶的组织继承机理示意图

〈001〉与 {211}～{111}〈011〉两个粗大伸长晶粒之间形成的大角晶界情况。B
图上方代表 {100}〈011〉与 {100}〈001〉两个相邻伸长晶粒，两者形成小角晶
界。A 图中的粗大 {100}〈011〉伸长晶粒一直到二次再结晶退火时都保留下来，
{110}〈001〉二次晶粒长大到此地区不能继续长大。在更高温度下此伸长晶粒形
成较粗大的其他位向的初次再结晶晶粒，即所谓的线状细晶。B 图的组织状况也
易产生线晶。C 图的组织最好，即 {100}〈011〉或 {100}〈001〉与 {112}～
{111}〈011〉伸长晶粒交替形成大角晶界，并且 {100}〈011〉伸长晶粒所占面
积小。

　　图 3-60a 为二次再结晶初期阶段表层 1/10 处 {110}〈001〉二次晶核形成
和择优长大示意图。脱碳退火后在此地区首先形成 {110}〈001〉初次晶粒群，
每个晶粒直径比平均初次晶粒直径大 2～6 倍。二次再结晶退火初期由几个位向

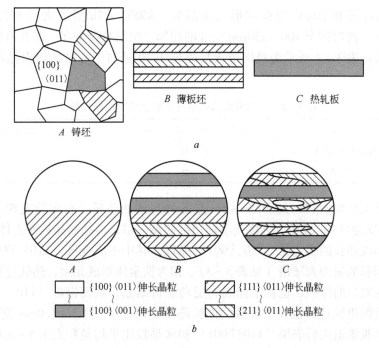

图 3-59 热轧板沿板厚方向的中心区组织示意图
a—从铸坯到热轧板过程中伸长晶粒的形成；
b—热轧板中心区形成的位向与组织的 3 种状况

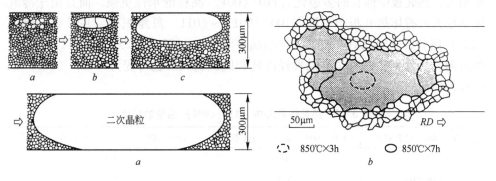

图 3-60 二次再结晶形核和择优长大示意图
a—初期阶段时 {110}⟨001⟩ 二次晶粒生核和择优长大；
b—继续退火时 {110}⟨001⟩ 二次晶粒择优长大

差角小于 2° 的相邻大的 {110}⟨001⟩ 晶粒聚集成为二次晶核，随后优先长大到 600～1000μm，呈饼状，即沿轧向的长大速度比板厚方向更快。二次晶粒进一步长大到穿过板厚方向。二次晶粒长大是靠吞并其周围的以 {111}⟨112⟩ 位向为主的小的初次晶粒。由图 3-60b 看出，在 Ar 中 850℃ ×3h 退火后板厚 1/10 处形成 80μm 长和 50μm 宽椭圆形二次晶粒，850℃ ×7h 后长大成 450μm 长和 200μm 宽。此时四个 100～350μm 尺寸的相邻二次晶粒聚集在一起并沿轧向继续优先长大。表 3－2 所示为脱碳退火后表层 1/10 处与中心区的初次晶粒尺寸的差别[77]。

表 3－2　脱碳退火后表层与中心区的初次晶粒尺寸

晶粒位向	(110)[001] 晶粒/μm	其他位向晶粒/μm
表面下 1/10 地区	33～38	18
中心区	13～25	18

对于加 0.013% Mo 的 MnSe＋Sb 方案 Hi－B 热轧板进行实验发现，表面下 1/10～1/5 地区的 {110} 强度比不加钼钢约高一倍，再结晶晶粒所占体积更少，而优先形成伸长的多边化 {110}〈001〉晶粒，其中无应变区 {110}〈001〉晶粒所占面积和数量约大三倍（见表 3－3）。钼为铁素体形成元素，热轧过程有抑制局部相变发生的作用，也就是抑制表层动态再结晶，从而促进 {110}〈001〉形变晶粒组织更发达，也使中心区的伸长晶粒变得更窄（0.3～1.0mm 宽）。中间退火后和脱碳退火后表层 {110}〈001〉初次晶粒比平均晶粒大 1.5～5.0 倍。加钼使热轧板中 {110}〈001〉晶粒的组织继承性加强，其〈001〉轴偏离度比 {110} 面偏离度更小，{110} 晶粒的晶界角度在 10° 以内，为小角晶界。如果第一次冷轧压下率大于 70%，中间退火后 {110} 晶面更准确，〈001〉晶向偏离度略增大，热轧板中伸长的多边化 {110}〈001〉晶粒继承性更强，而且由于冷轧压下率大可破坏热轧板中心区 {100}〈001〉～〈011〉纤维织构，并形成 {554}〈225〉组分，这对以后发展二次再结晶有利[78]。{554}〈225〉与 {111}〈112〉的位向差约为 8°。这种位向晶粒经冷轧和脱碳退火后也可变为 {110}〈001〉二次晶粒但位向不准[79]。

表 3－3　热轧板表层中 {110}〈001〉晶粒的对比

{110}〈001〉晶粒对比	{110}〈001〉晶粒所占体积/%	{110}〈001〉晶核产生频率/个·mm^{-2}
加钼钢	14.7	1.63
不加钼钢	5.3	0.64

测定了如图 3－61a 所示的二次再结晶初期阶段二次晶粒周围 A 区和 B 区的初次晶粒位向。证明 A 区的晶粒为 {100}〈001〉～〈uvw〉位向。其中 1 号晶粒为鸡蛋形，晶面为准确的 {100} 面，而晶向绕 RD 轴顺时针转动 25° 或逆时针转动 15°。2 号和 3 号晶粒的位向也类似。4 号、5 号和 6 号晶粒位向近似为 {111}〈uvw〉，以后被二次晶粒吞并掉。1 号、2 号和 3 号晶粒不被吞并，而变为此二次晶粒中的孤岛（见图 3－61b）。B 区的 P1、P2 和 P3 初次晶粒位向近似为 (342)

[4$\bar{3}$0]和(342)[$\bar{4}$30]。这些晶粒交替形成，并且它们之间形成大于25°的大角晶界。它们的（342）晶面很准确，但[4$\bar{3}$0]轴偏离角较大。这些晶粒也不被二次晶粒吞并而形成半岛，它们是原（342）[$\bar{4}$30]形变晶粒经脱碳退火时形成的（见图3-61c）。二次晶粒沿轧向比沿横向的长大速度快与冷轧后形成这些晶面准确而晶向偏离的初次晶粒有关[80]。

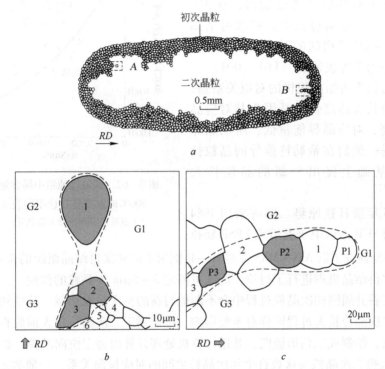

图3-61 二次再结晶退火（850℃×17h）初期晶粒组织示意图

a—二次晶粒和其周围的初次晶粒组织；b—A区的初次晶粒；c—B区的初次晶粒

3.6.6.3 重位点阵晶界机理（简称 CSL 晶界）

克罗伯格（M. L. Kronberg）等[81]证明铜的｛100｝〈001〉初次再结晶晶粒位向与二次再结晶晶粒位向有一特殊对应关系，即重位点阵晶界 CSL 概念。随后奥斯特（K. T. Aust）等[82]在含少量锡的区域提纯铅中也证明，具有这种特殊位向对应关系的晶界移动速率比所谓"混乱"晶界的移动速率快得多（见图3-62）。重位点阵晶界是一种特殊的大角晶界，它比其他任意大角晶界的能量更低，晶界迁移速率更大。当两个相邻晶粒间具有某种特殊位向关系时，这些特殊晶界上的原子中有一定数目是处在晶界两边晶粒点阵的重合位置上，称为重位点阵。当晶界沿着重位点阵的某一密排面时，两侧的晶体在晶界处具有较好的匹配，称为重位点阵晶界。一般用1/∑代表两个点阵的重合位置密度，而∑为重合位置点阵的晶胞体积与普通晶体点阵的晶胞体积之比，也称重位点阵倒易密度。对立方晶系 Σ 只能是奇数。例如 $\Sigma1$ 表示两个点阵完全重合，属于小角晶界；$\Sigma9$ 表示每 9 个点阵位置上有一个重合位置，属于大角晶界。以前有些研究者已指出，在 3% Si - Fe二次再结晶过程中，初次再结晶和二次再结晶织构间的对应关系起重要作用。中山正等也证明 $\{110\}\langle001\rangle$ 二次晶粒与初次再结晶织构的对应关系强，二次晶粒长大速度快就是因为其对应晶界密度高，对应晶界能量低，所以晶界迁移容易。他们在希勒特推导的晶粒长大公式基础上提出一新的晶粒长大公式[58,83]。

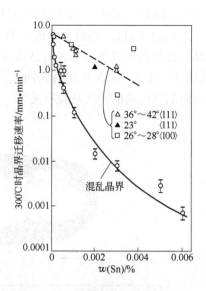

图 3 - 62　区域提纯铅中锡含量与
300℃时晶界迁移速率的关系
（混乱晶界和特殊大角晶界）

1985 年新日铁原势二郎等采用 1984 年开发的 SEM 选区电子通道或 EBSP 新技术，详细地研究了以 AlN + MnS 方案 Hi - B 钢为主的初次再结晶组织的微观织构，并对二次再结晶机理进行了讨论。此法可测定 3 ~ 5μm 小晶粒的位向。二次晶粒长大时在吞并周围初次晶粒过程中会不断地与新的初次晶粒接触，这些初次晶粒位向对二次晶粒长大过程同样有重要影响。他们测定二次晶粒长大前数百个初次晶粒位向，绘制成三角形极图，并用计算机处理计算出特定位向晶粒，如 $\{110\}$ $\langle001\rangle$ 假想二次晶核与这数百个初次晶粒之间的对应位向关系。一般测定 500 个初次晶粒位向，计算出 $\Sigma1 \sim \Sigma51$ 对应位向关系。也采用 X 射线衍射矢量法分析晶粒长大的强度变化。他们按照布兰多（D. G. Brandon）等[84]提出的重位点阵位向关系判断准则，研究脱碳退火钢板中一些 $\{110\}\langle001\rangle$ 晶粒及一些很大晶粒与周围相邻晶粒间的位向关系。图3 - 63 为二次再结晶过程中一个长大的二次晶粒 D 与孤岛晶粒 A、半岛晶粒 B 和基体 C 位置晶粒的位向的重合位向关系频率和三角形位向分布图。发现二次晶粒 D 与 C 位置初次晶粒出现 $\Sigma3 \sim \Sigma51$ 重位点阵晶界的概率最大，出现 $\Sigma1$ 晶界（小角晶界）的概率最小，而 D 与 A 和 B 位置的更大初次晶粒（它们的位向分别为初次再结晶织构中的以 $\{100\}\langle011\rangle$ 为主的几种主要组分）出现 $\Sigma1$ 晶界的概率更大。因为除 $\Sigma1$ 外的重位点阵晶界迁移率都高于混乱晶界，而 $\Sigma1$ 晶界的迁移率最低，所以 $\{110\}\langle001\rangle$ 晶粒容易在二次再结晶过程中吞并其周围初次晶粒基体（如 C 位置）而长大，即定向生核和择优长大，而不易吞并 $\Sigma1$ 晶界概率大的 A 和 B 处孤岛和半岛初次晶粒。进一步证

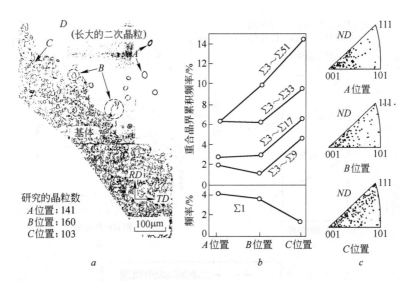

图 3 – 63　3% Si – Fe 的初次晶粒和二次晶粒的位向关系

a—基体 C 和二次晶粒 D 的金相组织，A 为孤岛初次晶粒，B 为半岛初次晶粒；
b—A、B 和 C 位置中重合位向关系的晶粒频率；c—A、B 和 C 位置中的初次晶粒位向

明Σ9 重位晶界对二次再结晶发展起更重要作用，这种晶界比其他晶界更易移动。图 3 – 64a 表示二次再结晶过程中沿板厚方向抑制剂强度分布与晶界移动速度和晶粒长大示意图。因为最终退火升温过程中表面层中 AlN 和 MnS 数量少（见图 3 – 64b），抑制强度较弱，为正常晶粒长大过程。内部抑制强度高，重位晶界移动速度高于一般混乱晶界，发生了反常长大。也就是说，{110}〈001〉晶粒与其周围初次晶粒形成的对应位向关系的概率最高，所以发生反常长大概率最高（见图 3 – 64c）。当温度和晶粒直径一定时，重位点阵晶界和混乱晶界的晶界迁移速度之差 ΔV 随抑制剂强度增加而增大。当抑制剂强度一定时，ΔV 则随温度升高或初次晶粒直径减小而增大。当重合晶界概率 F 与 ΔV 之乘积达到一临界值 K_{cr} 时就发生二次再结晶。如果初次晶粒直径和抑制剂强度一定时，退火温度刚超过二次再结晶临界温度时，只有理想的 {110}〈001〉位向晶粒的 F 值最大，能发生选择性长大。随温度继续升高（ΔV 增大），与理想 {110}〈001〉位向偏离的晶粒也可进行择优长大，但取向度变坏。证明抑制剂强弱可使晶界移动与晶界行为的关系发生变化。特别是在Σ1 情况下，抑制力愈强，阻碍晶界移动愈明显[85]。

他们在此基础上提出一个参量 P_{CN}，它是二次晶核出现概率 I_N 与其周围出现重位点阵晶界（不包括Σ1）的概率 I_C（或 F_C）的乘积。即 $P_{CN} = I_C I_N$，其物理意义是与二次晶核位向有关的重合位向在晶粒长大过程中存在的概率。当 P_{CN} 大于某一临界值 K_{cr} 时便发生二次再结晶。这一模型可用图 3 – 65 表示。图中横坐标

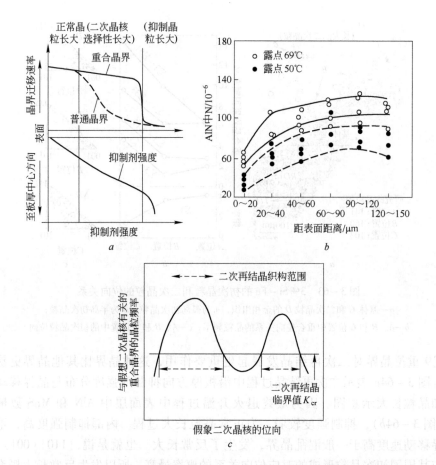

图 3-64　抑制剂强度和重位点阵晶界对二次晶粒长大的影响示意图
a—沿板厚方向抑制剂强度与晶界移动速度和晶粒长大方式的关系；b—初次
再结晶退火气氛露点对 AlN 沿板厚方向析出量的影响（从 975℃ 取样）；
c—二次再结晶织构的形成

的中点为理想 {110}〈001〉 位向位置，两侧表示与理想 {110}〈001〉 位向绕
ND、RD 和 TD 轴的偏离程度。可看出若 K_{cr} 一定（例如 b 直线），则当 P_{CN} 值提
高，即由曲线 1 变至曲线 2 时，二次再结晶后的取向度降低，即二次晶粒位向范
围由 S_{1b} 变为 S_{2b}。若 P_{CN} 一定（例如曲线 1），则当 K_{cr} 提高，即由 b 直线变至 a 直
线位置时，二次再结晶后的取向度提高，二次晶粒位向范围由 S_{1b} 变为 S_{1a}。
{110}〈001〉 初次晶粒尺寸并不比其他位向晶粒大。{110}〈001〉 晶粒择优长大
是因为它的 Σ9 晶界最多。对 bcc 金属来说，Σ9 重合点阵位向关系是由两个位
向相同晶体中的一个晶体绕共同的 〈110〉 轴旋转 38.9° 而形成的。已知取向硅
钢初次再结晶织构中 {111}〈112〉 位向是一个重要织构组分，且多位于 {110}

〈001〉晶粒周围，而 {111}〈112〉 位向正是 {110}〈001〉 位向在冷轧时绕〈110〉轴旋转 35.3°后形成的。因此这两种位向间的关系与 Σ9 十分相近。Σ9 存在频率约大于 8% 时就可发展成完善的二次再结晶组织[86]。

随后新日铁牛神義行等采用同样的方法进一步研究证明 Σ9 晶界能比一般晶界能低 1% ~5%（比 Σ5 晶界能也更低）；而且析出相钉扎 Σ9 晶界能力减弱，所以优先移动。此外，根据迁移率（M）大小顺序应为：Σ9 > Σ5 > Σ3 > CGO，即 Σ9 晶界也优先移动。大压下率冷轧和初次再结晶后主要为 {111}〈112〉 和 {411}〈148〉 位

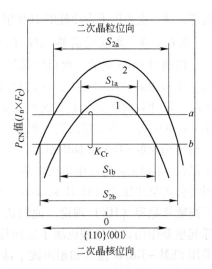

图 3-65 解释二次再结晶形成强的 (110)[001] 织构机理的示意图

向，它们都与 Goss 位向有 Σ9 重合晶界关系，只是 {111}〈112〉 是绕 ND 轴，而 {411}〈148〉 是绕 RD 轴转动而与 Goss 位向有 Σ9 关系。位向准确的 Goss 晶粒的二次再结晶温度比偏离角大的 Goss 晶粒约低 10℃左右，这是择优长大的一个重要参数，而且位向准确的 Goss 晶粒受抑制剂钉扎力更小[87]。

牛神義行等也证明 CGO 钢的初次再结晶织构中 Goss 位向晶粒的 Σ5 晶界多，而大压下率冷轧的 HiB 钢的初次再结晶织构中 Σ9 晶界最多，Σ5 晶界次之但也很多。CGO 二次再结晶温度低，依靠 Σ5 晶界移动使二次晶核快速长大。HiB 钢中 Σ9 晶界最易移动，但如果二次再结晶温度降低，则 Σ5 晶界更易移动，形成的 Goss 晶粒位向不准确，即可移动晶界与晶界特性的温度关系相关。通用 HiB 工艺（铸坯高温加热）比后期经渗氮工艺的二次再结晶温度低，此时部分 Σ5 晶界也会移动，容易使二次晶粒位向不准的 Goss 晶粒长大，磁性能降低。而 1150℃加热和后期渗氮工艺的二次再结晶温度高达 1050 ~ 1075℃，Σ9 晶界更快移动，而 Σ5 晶界不易移动，二次晶粒 Goss 位向准确，磁性高。而且热轧最终压下率增高和钢中碳含量较高（0.056%）都使初次再结晶织构中 Σ9 晶界增多。因为热轧最终压下率增高使初次再结晶织构中 {411}〈148〉 组分增多，而碳含量增高使 {111}〈112〉 组分增多。他们也证明二次晶粒中存在有亚结构。亚结构是在晶粒反常长大过程中形成的。亚晶粒尺寸小于 1mm，亚晶粒之间的位向差约为 0.1°。它们是在晶粒反常长大过程中原子重新排列而产生的晶体缺陷，即在初次再结晶基体与二次晶粒长大的界面上位错重新排列而形成的亚晶界，是以二次晶粒中心点呈放射性排列的。它们对二次晶粒继续长大有阻碍作用。他们认为 CGO 是定向生核

机理，而一次大压下率冷轧的 HiB 钢是 Σ9 重位点阵的定向长大机理[87]。

3.6.6.4　高能量晶界机理（简称 HE 晶界）

以前对 CGO 钢的二次再结晶经典机理是初次再结晶基体中 Goss 晶粒尺寸比其他位向的晶粒尺寸更大，通过尺寸效应进行择优长大，它属于定向生核理论。实际上尺寸效应不是引起二次再结晶的唯一条件。而上述 CSL 晶界机理只是针对 Hi – B 钢而言，属于定向长大机理。这两种机理不能统一解释初次再结晶组织和织构不相同的 CGO 和 HiB 钢的二次再结晶。一个二次晶粒要吞并约 100 万个初次晶粒，即 Goss 晶粒在初次再结晶基体中存在频率只有约 1/2000。1996 年日本川崎公司早川康之（H. Hayakawa）和加拿大 McGill 大学的 J. A. Szpunar 教授提出了高能量晶界（HE）理论。他们认为 HE 机理对 CGO 和 Hi – B 钢的二次再结晶都起重要作用，此机理也属于定向长大理论。他们根据 Monte – Carlo 长大模型并采用 SEM – EBSD 技术和超声波干涉仪技术，证明初次再结晶体基体中 Goss 晶粒周围的 20°~45° 大角度晶界数量最多，可达 70%~72%。这种大角晶界为无序混乱结构，晶体缺陷多。以前 C. G. Dunn 也已证明这种晶界能量最高，迁移率也最高。而且这些高能量结构中自由空间大，晶界扩散速度快，可促进晶界析出物更快地进行 Ostwald 长大，这进一步促进了晶界移动。冷轧压下率增大，初次再结晶后 {554}⟨225⟩ 和 {411}⟨148⟩ 组分增多，20°~45° 晶界数量增多，但不小于 90% 压下率冷轧时，20°~45° 晶界数量开始减少。试验证明，长大的二次晶粒内部存在有粗大析出物。位向准确的二次晶粒长大速度最快，因为其周围 HE 晶界的初次晶粒数量最多。随退火温度升高，20°~45° 晶界数量减少。大的二次晶粒与孤岛晶粒的 20°~45° 晶界数量极少，都为小于 20° 或大于 45° 晶界。用超声波干涉仪测出二次晶粒沿轧向长大速度比横向大 1.2~1.9 倍，因为轧向的 HE 晶界数量更多，而且沿轧向长大速度不同，但沿横向长大速度比较均匀一致。他们通过实验证明 Goss 晶粒的 Σ5、Σ7 和 Σ9 的 CSL 晶界总数量不大于 10%，Σ9 晶界只有 3%。而 Goss 晶粒周围的 CSL 数量与其他位向晶粒周围的 CSL 数量之差别小于 3%。所以 CSL 不是 Goss 晶粒择优长大的原因[88]。

上述 CSL 晶粒机理和 HE 晶界机理至今仍在争论，没有统一认识。新日铁和川崎研究者都分别进行大量实验，支持各自提出的机理。法国巴黎大学研究者也证明 CSL 晶界只占 3%~4%，对择优长大不起重要作用。HE 晶界起更重要作用，但有许多 20°~45° 晶界却不能移动。因此，已开始长大的二次晶粒依靠尺寸优势可继续进行反常长大，只有当其周围初次晶粒也发生正常长大时，其反常长大速度才减慢。他们也证明二次晶粒中的孤岛主要是小于 20° 或大于 45° 晶界[89]。

德国 Maxplank 钢铁研究所和 Thyssen 的研发人员指出，只有 Goss 位向偏离角大于 10° 的初次晶粒才可能作为二次晶核进行反常长大，其初次晶粒尺寸并不重要。热轧板表层存在有亚结构的较大尺寸 Goss 晶粒和没有亚结构的小的 Goss

晶粒。不大于15°的 Goss 位向晶粒约占1%，多存在于 {111}⟨112⟩ 位向区域内，而且大多是沿切变带排列。用 {110}⟨001⟩ 单晶体经大压下率冷轧和退火（在初次再结晶织构中 {110}⟨001⟩ 最强），研究反常长大的 Goss 晶粒发现微观带之间为 Goss 晶粒生核地区，而切变带内部的 Goss 晶粒消失。CSL 和 HE 机理都不能解释这些结果。反常长大可能是定向生核机理，即 Goss 晶粒具有某种特殊微观组织，即前工序产生的位错组成的亚晶粒以后继承下来[90]。韩国研究者也证明二次晶粒周围 CSL 晶界并不比初次晶粒之间 CSL 晶界更多，对反常长大并不重要[91]。反常长大的 Goss 晶粒周围都是25°~45°大角晶界。二次晶粒孤岛都是小于15°或大于45°晶界[92]。最近，韩国 N. M. Hwang 等提出一个新的二次再结晶机理，即亚晶界固态润湿（Solid – state wetting）机理，通过 EBSD 实验结果证明二次再结晶退火初期形成的反常长大的 Goss 晶粒中都存在有亚晶界（位向差小于0.5°），而亚晶界是刃型位错排列而成，其柏氏矢量为 $1/2[11\bar{1}]$[93]。

总之，目前按 Dunn 提出的定向生核和择优长大来解释二次再结晶更为合理[94]。

3.7 动态回复和再结晶

动态回复和再结晶是指金属或合金在热加工变形的同时进行的回复和再结晶。这与冷加工和退火的回复和再结晶过程不同。在金属蠕变过程中也发生动态回复和再结晶。

3.7.1 动态回复

热加工的同时通过螺型位错的交叉滑移和刃型位错的攀移，使相反符号的位错消失，位错密度减小。同时通过位错重新排列形成低位错密度的胞晶，其周围为高位错密度边界（亚晶界）。热加工温度升高和应变速度加快都使胞晶粗化和亚晶界更鲜明。热加工温度大于 $T_m/2$（T_m 为熔化温度）时可发生多边化网络组织，即胞晶变为规整的亚晶粒。金属在蠕变条件下的形变速度就取决于位错通过这种网络组织的移动速度。具有高堆垛层错能量的 α 铁和铝，在高温下动态回复进行更快，并发展成完善的亚晶粒。

溶质原子可促进位错扩展，从而使交叉滑移和位错攀移更加困难。溶质原子与空位有结合作用，阻碍空位移动，这也间接地阻碍位错攀移。当溶质脱溶以化合物析出时对动态回复也有影响。

3.7.2 动态再结晶

具有低堆垛层错能量的金属（如 γ 铁、铜和镍）中位错常为平面排列，能量较高，因此全位错分裂成部分位错，这使交叉滑移和位错攀移更困难，所以动态回复慢，亚晶界发展不完善，胞晶尺寸小。位错倾向于缠结排列，所以难以排列成二维网络状，也就是说胞壁上有更多的位错缠结，位错密度更高，这使储能相对提高，从而在回复迅速发生前可产生动态再结晶晶核。这些晶核优先在晶界处形成，也可在形变带中形成。形核后开始迅速长大。当形变速度小时，再结晶是通过原晶界弓出机理形核和长大。当形变速度大时，在出现大位向差角的亚结构后，通过亚晶粒聚合机理形核和长大。因为形核和长大期间同时还在进行热形变，新晶粒在长大的同时又经受变形。在形变速度低的情况下，连续形变对再结晶驱动力和晶界移动速度影响较小，N 和 G 只是相对地减小。再结晶一旦完成，位错密度增到一定程度后又开始新的再结晶。在形变速度高的情况下，由再结晶晶粒中心到正在移动的界面之间的应变能梯度高，前进着的边界后面的位错密度也增高，晶界移动的驱动力降低，移动速度减慢，直到停止长大。在再结晶完成前，再结晶晶粒中心的位错密度达到一定程度后又开始另一次再结晶。因此动态再结晶晶粒尺寸取决于形变条件。随应变增加，通过反复生核和限制长大，再结晶晶粒细小。而一般冷加工的再结晶是限制生核和连续长大。当应变速度不变时，动态再结晶的再结晶曲线形状与一般再结晶相同，即都可用阿弗拉米公式描述。

　　动态再结晶的发生除与层错能量有关外，还与晶界迁移率有关。如纯铁发生动态再结晶，而工业纯铁不易发生动态再结晶。溶质原子由于减小回复能力，有促进动态再结晶的倾向，但它也阻碍晶界迁移，又减慢动态再结晶速度。

　　弥散第二相（如加铌低碳钢在奥氏体中存在 NbC 情况下）能稳定亚结构，阻碍晶界迁移和动态再结晶的进行。如果再适当降低热轧温度就可完全抑制动态再结晶，从而得到细晶粒和明显改善力学性能。控制轧制等工艺就是利用这种原理而发展的。

　　大于 1% Si 硅钢热轧板表面脱碳层和过渡层发生的动态再结晶程度与热轧速度、每道压下率和总压下率、终轧温度以及弥散第二相等因素有关。

3.8　三次再结晶

　　在二次再结晶组织中，某些位向的较小尺寸的晶粒（至少为二维尺度）在合适的退火条件下可以吞并粗大二次晶粒基体而长大的过程称为三次再结晶。图 3－66 为发展三次再结晶的二次再结晶基体组织的示意图，图中小阴影区表示三次晶核。其长大驱动力为自由表面能量差。

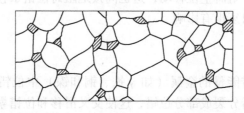

图 3－66　二次再结晶基体中存在三次晶核的示意图

已知在二次再结晶时如果 {100} 晶粒表面能量小于 {110} 晶粒表面能量，即 $\gamma_s(100) < \gamma_s(110)$ 时，{100} 二次晶粒可择优长大。这是靠初次再结晶基体中其他位向晶粒的高表面能量 $2\Delta\gamma_s/t$ 作为驱动力而长大的（t 为板厚）。因为按一般规律 $\gamma_s(110) < \gamma_s(\text{hkl})$，所以当 $\gamma_s(100) < \gamma_s(110)$ 时，一些 {100} 晶粒也长大，并且 {110} 晶粒长大速率低于 {100} 晶粒。当 $\gamma_s(100)$ 与 $\gamma_s(110)$ 之差 γ_s 很小时，即在 $[\gamma_s(110) - \gamma_s(100)]/\gamma_b < \theta_c$ 的临界条件以前（γ_b 为晶界能，θ_c 为露在表面的晶界与钢板法向的倾角），{110} 晶粒就不会被长大速度更快的 {100} 晶粒所吞食。

当在 1200℃ 真空中连续退火条件合适时，不仅 $\gamma_s(110) < \gamma_s(100)$，而且 $[\gamma_s(100) - \gamma_s(110)]/\gamma_b < \theta_c$。此时在 {100}⟨001⟩ 二次再结晶基体中存在的较小的 {110} 晶粒通过三次再结晶又可吞并大的 {100} 二次晶粒而长大。三次再结晶开始前有一孕育期，即 $\Delta\gamma_s/\gamma_b < \theta_c$ 时期。{110}⟨001⟩ 三次晶粒的长大速率为

$$V = M(2\gamma_b/t)\{[\gamma_s(100) - \gamma_s(110)]/\gamma_b - \theta_c\}$$

式中，M 为晶界迁移率 t 为板厚。

三次晶粒的晶界曲率很小，可忽略不计。推想在 $\gamma_s(100) < \gamma_s(110)$ 和 $[\gamma_s(110) - \gamma_s(100)]/\gamma_b > \theta_c$ 条件下，在 {110}⟨001⟩ 二次再结晶基体中存在的较小的 {100} 晶粒通过三次再结晶也可吞并大的 {110} 二次晶粒而长大。

最近已发展了 {110}⟨001⟩ 取向硅钢板再经冷轧和退火，通过三次再结晶获得粗大高取向 {110}⟨001⟩ 硅钢薄带，其 B_8 可达 1.98T，铁损与铁基非晶软磁合金相近或更低。

3.9　晶界偏聚

在多晶体金属材料中，晶界是一种二维缺陷，是一个亚稳相。由于晶体的连续性在此处遭到破坏，导致原子排列相对较为松散。因此一些合金元素或杂质元素容易在晶界处富集，造成它们在晶界的浓度远高于基体中的浓度，这种现象称为晶界偏聚或晶界吸附，它是金属材料中一种常见现象。晶界偏聚对金属材料的一些力学性能、物理性能以及抗蚀性能具有十分明显的影响，如沿晶裂断（也称晶间裂断）、晶间侵蚀、晶界第二相析出、晶界移动和晶界扩散，因而是物理冶金学领域中一个重要的研究课题。

合金或杂质元素在晶界偏聚程度一般用晶界富集比（也称富集因子）β 表示，即 $\beta = \dfrac{X_i^{\Phi}}{X_i^{B}}$，式中，$X_i^{\Phi}$ 和 X_i^{B} 分别为元素 i 在晶界和基体中的浓度。通常将容易在晶界发生偏聚的元素，如磷、硫、硼、氮、锡、锑等，称为界面活性元素（表面吸附或晶界偏聚元素）。

20 世纪 60 年代以前，尽管人们对晶界偏聚问题已经有了一定程度的认识，

并且在理论上进行了一些探讨[95,96]，但由于当时缺乏有效的直接定量的实验手段，而多采用间接方法（如显微硬度、j 点阵常数、扩散、内耗、界面能量等测定法），因而无法深入系统地对这一问题进行定量分析研究。进入 70 年代，伴随着一些现代表面实验技术的发展，如 X 射线光电子谱（XPS）、同位素跟踪、场离子显微镜（FIM）、二次离子质谱仪（SIMS）、俄歇电子能谱（AES）等，使表面吸附和晶界偏聚问题的研究进入了一个崭新时代，研究领域也在迅速扩大。70年代后期，开始利用 AES 等技术对电工钢中晶界偏聚问题进行研究，对电工钢的发展起了有力的推动作用。

3.9.1　晶界偏聚力能学

晶界偏聚力能学（Energetics）认为，晶界偏聚主要是由溶质原子位于晶粒内和晶界处的自由能量差 ΔF 引起的。当 $\Delta F < 0$ 时才发生晶界偏聚。引起这种自由能量差主要是以下三个原因。

3.9.1.1　溶质畸变能

溶质原子与基体原子尺寸不同，溶质原子嵌在基体点阵上（置换式固溶体）或点阵中（间隙式固溶体）都产生弹性畸变能。任何晶界结构模型都承认晶界中有一部分原子偏离正常位置，即原子间距大于或小于正常原子间距。其中总有一部分位置适合于一定的溶质原子尺寸。因此从原子尺寸因素考虑，溶质原子处在晶内与晶界的畸变能量差 $\Delta\varepsilon_s$ 永远为正值，即处于晶界处时自由能量低（$\Delta F < 0$）。$\Delta\varepsilon_s$ 是温度的函数。温度升高时 $\Delta\varepsilon_s$ 增大。再者，溶质原子对其周围介质的弹性常数也有影响。晶界是高应变区，其弹性畸变能与其弹性常数成正比，所以降低弹性常数的溶质原子就被晶界所吸引；反之将被排斥。间隙式溶质原子在 bcc 中产生更大的畸变，在晶界处更容易偏聚，特别是碳和氮在 $\alpha - Fe$ 中比在 $\gamma - Fe$ 中更易产生晶界平衡偏聚。

休姆罗瑟里（Hume - Rothery）提出的原子尺寸因子为 $100\,|\,r - r_F\,|\,/r$，式中，r 为溶剂（基体）原子半径；r_F 为溶质原子半径。此值小于 15% 时可与铁形成固溶体；而大于 15% 时固溶度显著降低，形成有限固溶体或不形成固溶体。一般来说，当 $r > r_F$，并且原子尺寸因子大于 15% 时，晶界吸引溶质原子的吸引力增大，溶质原子趋向于沿晶界偏聚。

3.9.1.2　电子因素

因为溶质原子与点阵缺陷的相互作用很复杂，必须同时考虑化学和电子学方面的相互作用，如价电子浓度、相对价电子效应以及由于电子迁移所引起的亲和力、离子壳效应等作用。固溶体中溶剂与溶质原子中的电子排列对晶界偏聚有影响，如负电性（x）。负电性 x 可由下式计算出：$x = 0.31\left(n + \dfrac{1}{r}\right) + 0.5$，式中，$n$

为价电子（原子价）。溶质原子与溶剂（如铁）原子之间的负电性差（$x - x_{Fe}$）愈大，即原子价差别愈大，溶质原子愈倾向于在晶界偏聚。一般来说，（$x - x_{Fe}$）> 0.5 时，其固溶度也显著减少。

对铁来说，硼、碳、氮和氧的原子半径远小于铁的原子半径，原子尺寸因子分别为 32%、34%、40% 和 44%。虽然它们的负电性差小于 0.5，但却是表面活性元素和晶界偏聚元素，而且多属于单原子层偏聚。硫和磷的原子尺寸因子虽小于 15%（原子半径比铁原子半径小些），但负电性差大于 0.5，也是表面活性元素和晶界偏聚元素。与氧和硫同属于周期表中 ⅥA 族的硒和碲的负电性差大于 0.5，而且碲原子半径比铁的大，原子尺寸因子为 17%（硒与铁的原子半径相同），也都是晶界偏聚元素。与碳同属于 ⅣA 族的锡和铅以及与氮和磷同属于 ⅤA 族的砷、锑和铋的原子半径大于铁，原子尺寸因子都大于 15% 和负电性差大于 0.5，也都是晶界偏聚元素。锡和锑等常需镍、锰等第三元素促进它们偏聚，并且多属于多原子层偏聚。

3.9.1.3 熵的作用

按热力学原理，增加熵使自由能降低。均匀的固溶体中熵最大。晶界偏聚使熵降低。温度升高使熵增大，阻碍平衡晶界偏聚。

图 3-67 所示为在实验温度下晶界富集比与二元合金中溶质固溶度的关系。富集比在 10^2 以上时可发生晶界偏聚。

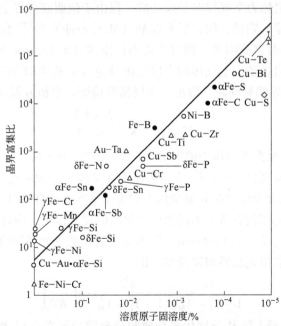

图 3-67 二元合金中溶质固溶度与晶界富集比的关系

○—界面能量法；●—AES 法；△—扩散法；◇—硫扩散法[96,97]

3.9.2　晶界偏聚热力学

晶界偏聚一般可分为平衡偏聚（可逆性）和非平衡偏聚。非平衡偏聚只与金属材料从液态凝固和某些特定热加工过程有关，在热力学上是不稳定的，在高温下保温一段时间可逐渐将其消除。这里只介绍热力学稳定的可逆平衡晶界偏聚。

晶界偏聚热力学描述的是材料的化学成分、温度与合金或杂质元素的平衡偏聚浓度间的关系。1906 年吉布斯（J. W. Gibbs）首先提出溶液表面吸附理论。在溶液中凡是降低溶液表面张力的溶质趋向于在溶液表面富集；反之则离开表面。1918 年兰米尔（I. Langmuir）提出气体在固体表面吸附理论，吸附的饱和位置相当于吸附物质的单原子层，并根据此理论推导出晶界吸附平衡的等温公式。有关正式的晶界平衡偏聚理论是由麦克莱恩（D. McLean）提出的[95]。他以兰米尔吸附等温理论为基础（吸附限制在一单原子层），并假设晶界是一个不规则的理想固溶体以及各偏聚元素之间无相互作用，通过统计力学推导出下列平衡方程式

$$\frac{X_I^\varphi}{1 - X_I^\varphi} = \frac{X_I^B}{1 - X_I^B} \exp\left(\frac{\Delta G_I^\ominus}{RT}\right)$$

式中，X_I^φ 为杂质元素 I 在晶界的平衡偏聚浓度；X_I^B 为元素 I 在基体中的浓度；$\Delta G_I^\ominus$ 为杂质元素 I 的偏聚自由能。这一理论在描述一些 Fe - I 二元系合金中杂质元素 I 的晶界偏聚热力学规律时是成功的。但由于他假定晶界上所能提供的杂质原子偏聚位置数是一定的，因而后来西赫（M. P. Seah）等[97]在将这一理论应用到 Fe - Sn 合金中时遇到困难。西赫等将布伦南尔（S. Brunaner）等于 1938 年提出的关于在固体自由表面上气体的多层吸附理论（简称 BET 理论）应用于 Fe - Sn 合金中锡的晶界偏聚问题，提出了多层晶界偏聚的平衡方程式

$$\frac{1}{X_I^\varphi} \frac{X_I^B}{X_I^{BO} - X_I^B} = \frac{1}{K} + \frac{K-1}{K} \frac{X_I^B}{X_I^{BO}}$$

式中，X_I^{BO} 为杂质元素在基体中的固溶度；$K = e^{Q/ET}$，$Q = E_I - E_L$，E_I 为晶界上第一层杂质原子的偏聚自由能，E_L 为杂质原子在基体中的固溶能。实验结果表明，锡在 Fe - Sn 二元合金中的晶界偏聚热力学规律基本上符合 BET 理论。

上述两种理论都没有考虑不同杂质元素间的交互作用，因此往往不能适用于多元系合金。格特曼（M. Guttmann）[98]考虑了规则的三元系固溶体，提出不同元素间相互作用的多组元晶界偏聚模型，即

$$\frac{X_I^\varphi}{1 - X_I^\varphi - X_M^\varphi} = \frac{X_i^B}{1 - X_I^B - X_M^B} \exp\left(\frac{\Delta G_i}{RT}\right)$$

式中，$i = $ I，M，而 I 和 M 分别代表杂质和合金添加元素；X_I^φ 和 X_M^φ 分别为杂质和合金元素在晶界的平衡偏聚浓度，并且

$$\Delta G_I = \Delta G_I^{\ominus} - 2\alpha_{FeI}(X_I^{\varphi} - X_I^B) + \alpha'_{MI}(X_M^{\varphi} - X_M^B)$$

$$\Delta G_M = \Delta G_M^{\ominus} - 2\alpha_{FeM}(X_M^{\varphi} - X_M^B) + \alpha'_{MI}(X_I^{\varphi} - X_I^B)$$

式中，α_{FeI} 和 α_{FeM} 分别为 Fe-I 和 Fe-M 之间的交互作用系数；$\alpha'_{MI} = \alpha_{MI} - \alpha_{FeI} - \alpha_{FeM}$，称为 M-I 之间的净交互作用系数。若假设 $\alpha'_{MI} \gg \alpha_{FeI}$ 和 $\alpha'_{MI} \gg \alpha'_{FeM}$（在合金结构钢回火脆性问题的研究中，这一假设一般是成立的），则上两式可简化为

$$\Delta G_I = \Delta G_I^{\ominus} + \alpha'_{MI}(X_M^{\varphi} - X_M^B)$$

$$\Delta G_M = \Delta G_M^{\ominus} + \alpha'_{MI}(X_I^{\varphi} - X_I^B)$$

由此两式可见，当 $\alpha'_{MI} > 0$，表示 M-I 之间相互吸引时，X_M^{φ} 的增加导致 ΔG_I 增大，因而 X_I^{φ} 增大。而 X_I^{φ} 的增加又导致 ΔG_M 增大，因而 X_M^{φ} 也增大。这说明 M-I 之间在发生晶界偏聚时相互促进。反之，如果 $\alpha'_{MI} > 0$，表示 M-I 之间相互排斥时，则由于界面活性较强的元素 I 在晶界偏聚导致 ΔG_M 降低（相对 $\Delta G_M^{\ominus}$ 而言），因而 X_M^{φ} 降低。但同时合金元素 M 在晶界偏聚也导致 ΔG_I 低于 $\Delta G_I^{\ominus}$，即 X_I^{φ} 降低，说明 M-I 之间在发生晶界偏聚时相互削弱。再者，当 X_I^{φ} 大到使 $-\alpha'_{MI}(X_I^{\varphi} - X_I^B) > \Delta G_M^{\ominus}$ 时，$\Delta G_M < 0$，因而合金元素 M 在晶界出现负偏聚（晶界溶质含量低于晶内溶质含量），即 $X_M^{\varphi} < X_M^B$，$X_M^{\varphi} - X_M^B < 0$，此时 ΔG_I 反而大于 $\Delta G_I^{\ominus}$，这表明强的晶界偏聚元素 I 将弱的晶界偏聚元素 M 从晶界上排斥掉。到目前为止，格特曼理论在合金结构钢回火脆性问题研究中的应用是比较成功的。

由于上述三种模型在推导过程中都是以若干假设为前提的，而这些假设与实际情况往往有一定差别，因此这些模型一般只能做到半定量分析。

3.9.3 晶界偏聚动力学

以上所讨论的是在热力学平衡条件下的晶界偏聚量，为达到这个平衡偏聚量需要溶质原子的长程扩散。因此除热力学条件外还需要讨论其动力学过程。晶界偏聚动力学就是描述溶质元素晶界偏聚量与时间的关系。麦克莱恩[95]从溶质元素在晶界层与相邻基体间存在局部平衡出发，根据扩散方程式推导出二元系合金的晶界偏聚动力学表达式

$$X(t) = \frac{X_I^{\varphi}(t) - X_I^{\varphi}(0)}{X_I^{\varphi}(\infty) - X_I^{\varphi}(0)} = 1 - \exp\left(\frac{4Dt}{\beta^2 d^2}\right) \mathrm{erf}\left(\frac{4Dt}{\beta^2 d^2}\right)^{\frac{1}{2}}$$

式中，$X_I^{\varphi}(0)$、$X_I^{\varphi}(t)$ 和 $X_I^{\varphi}(\infty)$ 分别表示等温开始、时间 t 和无限长时间后溶质元素 I 在晶界的浓度 [$X_I^{\varphi}(\infty)$ 就是平衡浓度]；$X(t)$ 是偏聚变化的分数；D 是溶质元素 I 的基体扩散系数；β 是平衡富集比；d 是 I 占据的晶界厚度。

一般来说，麦克莱恩动力学公式能很好地描述二元系合金中溶质元素的偏聚动力学。

如果在达到偏聚平衡值 $X_I^{\varphi}(\infty)$ 后，再将试样快速加热到高温并保温，此时

偏聚在晶界处的溶质原子将扩散而离开晶界，即偏聚现象减轻和消除。格特曼等[99]推导出消除偏聚的动力学方程式

$$X(t) = \frac{X_1^{\varphi}(\infty)}{2\sqrt{\pi Dt}}\int_{-L}^{+L} e^{-x^2/4Dx}\,\mathrm{d}x = X_1^{\varphi}(\infty)\,\mathrm{erf}\!\left(\frac{L}{2\sqrt{Dt}}\right)$$

式中，$+L$ 和 $-L$ 是晶界两边偏聚距离；x 是距晶界的距离。

　　用此式计算出回火脆性的含锑合金结构钢加热到 650℃ 时，消除锑造成的晶间脆性需要约 70s 时间。

　　因为晶界偏聚的产生与消除是一个扩散过程，因而它与温度 T 和时间 t 关系曲线也为 C 形曲线。图 3-68 所示为西赫[100]用麦克米伦动力学方程对 Fe-P 二元合金计算出的 C 曲线。磷在铁中的扩散系数 $D = 1.58\exp\!\left(\dfrac{-52300}{RT}\right)\mathrm{cm}^2/\mathrm{s}$，计算值与实验结果很符合。

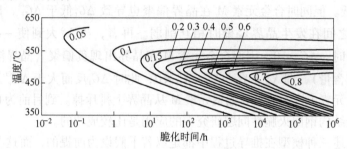

图 3-68　SAE3140 钢中磷偏聚的温度-时间曲线

（曲线上数值为磷偏聚量（0.05～0.8 单原子层））

3.9.4　溶质晶界偏聚的作用

3.9.4.1　降低晶界能量

　　晶界偏聚与自由表面偏聚（表面吸附）在热动力学上很相似，只是偏聚量不同。理论和实验均已证实，溶质元素在自由表面和晶界上偏聚分别使表面能和晶界能降低，这都可用吉布斯吸附等温理论予以解释。图 3-69 所示为 Fe-Sn 二元合金中锡含量与表面能和晶界能之间的关系。可看出当锡量增加，即锡的表面偏聚量和晶界偏聚量增加时，表面能和晶界能都迅速降低。Fe-P 合金中磷含量与晶界能也具有完全相似的这种曲线关系。根据吉布斯经典表达式，$\Gamma = -\dfrac{X}{kT}\dfrac{\mathrm{d}\gamma}{\mathrm{d}X}$。式中，$\Gamma$ 为溶质元素在晶界上的偏聚量；X 为溶质元素的基体浓度；γ 为晶界能。在许多情况下，二元合金中溶质元素的晶界偏聚浓度可通过测量晶界能随溶质基体浓度的变化规律而间接地求得。现在多采用 AES 法直接定量地确定晶间断口的晶界偏聚量。如果只发生解理裂断的金属材料不能用 AES 法检查时，

则用 AES 测定自由表面偏聚量,并根据表面偏聚和晶界偏聚之间的关系可推断晶界偏聚量。图 3-70 为由 AES 法确定的 Fe-Sn 合金中两者的关系。可看出在 550℃时锡在表面偏聚量为晶界偏聚量的 130 倍,在 1420℃时为 6 倍,这是因为晶界偏聚自由能 ΔG 更低的缘故。随锡量增高,两者偏聚量差距减小[97,101,102]。

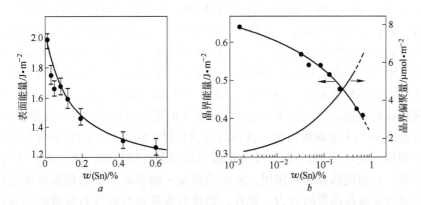

图 3-69   Fe-Sn 合金中锡含量与 1420℃时铁的表面能量和
晶界能量及晶界偏聚量的关系
a—表面能量;b—晶界能量

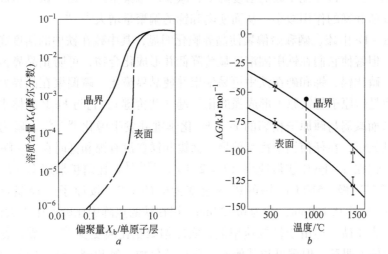

图 3-70   由 AES 法确定的 Fe-Sn 合金中表面偏聚和晶界偏聚之间的关系
a—锡含量与在 550℃时表面和晶界平衡偏聚测定值和理论值的关系;
b—温度与表面和晶界偏聚自由能理论值和 550℃及 1420℃测定值的关系

3.9.4.2   改变晶界结合力

在很多情况下,溶质原子在晶界上偏聚导致晶界结合力的下降,使金属材料发生沿晶脆断(晶间裂断)。最典型的例子就是镍-铬合金结构钢的回火脆性。

20 年来许多学者利用 AES 法就这一问题开展了大量研究工作，证明造成结构钢 400～600℃回火脆性的主要原因是磷、锡和锑等强的晶界脆化剂在晶界发生偏聚。此外，钢的硬度和晶粒尺寸对晶界脆化也有影响。在 500℃附近偏聚速率最大。低于 400℃时由于偏聚元素的扩散速率慢，偏聚速率明显降低，特别是磷和硫偏聚量明显降低。高于 600℃时由于熵增高，偏聚驱动力开始迅速降低。

镍－铬合金结构钢为多元系合金，按格特曼三元晶界偏聚模型，合金元素 M 与杂质元素 I 作用相斥时，同时减轻 I 或 M 的偏聚量，如硅和碳的相斥作用。M 和 I 相吸作用很弱或无相互作用时，则对 I 的偏聚无影响，如铬－锑，钼－锑。M 和 I 相吸作用较强时产生共偏聚，即 M 和 I 都沿晶界偏聚，如镍、锰和硅与磷、锡和锑的共偏聚而发生回火脆性。M 和 I 相吸作用很强时使 I 在铁中固溶度明显降低或 M 与 I 形成析出物，这可减轻或消除 I 的偏聚，如锰和硫形成 MnS，硅、铝和氮形成 Si_3N_4 和 AlN。可防止硫和氮偏聚。钼与磷、钛与磷和钛与锑发生共偏聚，有捕捉磷和锑的作用，从而消除镍－磷和镍－锑共偏聚的脆化作用。钛和钼也可能提高晶界结合力。此外，铬还有促进镍与磷等共偏聚的触媒作用，而本身不偏聚。凡是提高 I 元素活度的 M 元素都可促进 I 元素偏聚。如硅提高磷活度，促进磷偏聚。反之，降低 I 活度的 M 元素可阻止 I 元素偏聚。如碳化物形成元素钼、钛、钒和铌使碳的活度降低，减少碳偏聚量。在钼、钛等形成碳化物后，捕捉磷和锑的作用减小，从而使磷和锑的偏聚量增大[103,104]。

在 α－Fe 中硫、硒和碲偏聚使晶界脆化明显，其中硫在铁中的活度高，偏聚力最强。但锰使它们在铁中固溶度显著降低并形成化合物，可防止晶界偏聚和晶界脆化。磷比锡、锑和砷在铁中更易偏聚并使晶界脆化。磷偏聚在晶界处不形成 Fe_3P，而是磷原子与铁原子形成强的化学键（共价键），它与 Fe_3P 晶体中共价键相同，从而减弱与磷原子相邻的 Fe－Fe 化学键并发生脆化[105～107]。磷为较强的表面活性元素，在任何钢中都可偏聚，而锡和锑在没有镍和锰时在 α－Fe 中偏聚不明显。锡在 α－Fe 中扩散速率（$D = 2.4 \times e^{-53000/RT}$）比磷扩散速率（$D = 7.1 \times 10^{-3} e^{-4000/RT}$）慢。510℃时锡的扩散速率为磷的 1/7。按原子半径观点，锡为 0.158nm，磷为 0.109nm，铁为 0.128nm。锡在铁的点阵中比磷产生更大的畸变，偏聚量应大于磷，但由于扩散速率低，实际偏聚量比磷更少[108]。碳、氮和硼在 α－Fe 中偏聚明显，但碳可与其他元素形成碳化物，氮和硼、硅、铝等元素形成氮化物，所以可防止它们在晶界偏聚。

在 α－Fe 中上述偏聚元素相互也有影响。碳、氮和硼与磷和硫在晶界上相互争夺位置，减轻或抑制磷和硫在 α－Fe 中的晶界偏聚和晶界脆化。碳与磷不仅争夺位置相互排斥，而且碳在晶界偏聚还有强化晶界结合力的作用。碳比磷有更强的表面激活能。在 α－Fe 中存在有碳化物形成元素（如钼、铬），即使它们与磷之间无直接作用，但由于偏聚的碳量减少，而使磷偏聚量增高。碳也使锡偏聚量减少。图 3 – 71 所示为 α – Fe 中碳和磷以及碳和锡的偏聚量的关系。可看出碳偏聚量增高，磷或锡的偏聚量就降低。碳量高不发生沿晶裂断[109~112]。氮与碳对磷偏聚量的影响相似，氮偏聚也可加强晶界结合力，至少不会使晶界脆化[113]。硼对磷偏聚和强化晶界的作用与碳、氮相同[114,115]。碳和氮也降低 α – Fe 中硫的偏聚量（图 3 – 72）。在晶界上一个硫原子被两个碳原子所代替，并使晶界结合力

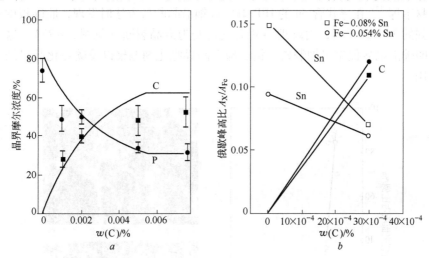

图 3 – 71　α – Fe 中碳与磷、锡的晶界偏聚量的关系

a—Fe – 0.17% P 合金中碳与磷的晶界偏聚量的关系（600℃时）；

b—Fe – Sn 合金中碳与锡的晶界偏聚量的关系（550℃时）

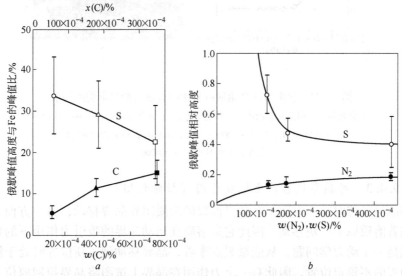

图 3 – 72　碳和氮含量与 α – Fe 中硫偏聚量的关系

a—Fe – 0.01% S 合金从 618℃淬火后碳与硫的晶界偏聚量的关系；

b—Fe – 0.0017% S 合金中氮与硫的晶界偏聚量的关系（600℃）

增强[116~118]。也证明在 α – Fe 中硫和锑可发生共偏聚。晶界上有一个硫原子就有两个锑原子，这可用硫或锑对锑或硫的活度和固溶度的影响来解释[119]。

在 α – Fe 中锰和镍也与磷、锡和锑发生共偏聚，因为锰和镍降低它们的固溶度并提高它们的活度[120]。也证明锰提高磷的扩散速率，所以磷偏聚量增高[121]。铬降低镍的固溶度，增高镍偏聚量，所以也提高磷、锡和锑偏聚量[122]。

赵宇等[123]在寻找含 Sn 的 HiB 取向硅钢沿晶断口方法时发现，脱碳板中碳含量降到约 35×10^{-6} 时，由解理裂断突然转变为沿晶裂断（见图 3 – 73）。这也间接说明碳沿晶界偏聚可抑制磷、锡、硫等晶界脆化剂偏聚以及碳强化晶界结合力的作用。

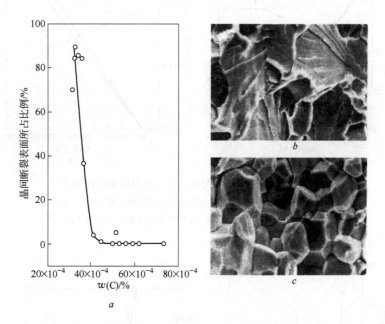

图 3 – 73　含锡 Hi – B 钢脱碳板中碳含量与断口形貌的关系

a—碳含量与晶间断裂表面所占比例的关系；b—碳含量大于 35×10^{-4}% 时的
解理断口 SEM 照片（×8000）；c—碳含量小于 35×10^{-4}% 时的
沿晶断口 SEM 照片（×8000）

3.9.4.3　对晶界迁移产生拖曳作用（拉牵作用）

当晶界迁移时，一方面，在晶界偏聚的溶质阻碍晶界移动；另一方面，晶界试图拖着溶质原子一块移动。因此它是溶质在运动晶界的吸引力作用下的扩散问题，也是一个动力学问题。从能量观点来看，晶界移动到一新位置时处于能量梯度不为零的不稳定位置，因此有一个力作用在晶界上试图将晶界拉回原位置。从晶与溶质的相互作用观点来看，这个拖曳力是溶质晶界偏聚区与晶界的相互吸引力。在晶界迁移时，这个拖曳力阻碍晶界移动，也带动晶界富集的溶质原子随晶界一起向前移动，而溶质原子的移动速度受到它们在基体中扩散速度所控制。晶界未迁移时，晶界两边的溶质是对称分布的，所以它们对晶界的吸引力的合力为零。晶界迁移到新位置时，溶质分布情况改变，而且受扩散速度限制，溶质在晶界两边的分布是不对称的，所以溶质对晶界的吸引力的合力将指向原位置。

这一现象可用卡恩（J. W. Cahn）[124]和吕斯基（K. Lücke）等[125]分别提出的溶质原子对晶界产生的拖曳力（吸引力）理论予以解释。此理论把晶界迁移速度、驱动力和溶质浓度三者联系起来，并获得以下基本相同的一般表达式

$$\Delta F = \lambda V + \frac{\alpha C_0 V}{1 + \beta^2 V^2}$$

式中，ΔF 是驱动力；λ 是固有晶界迁移率的倒数；C_0 是基体的溶质浓度；V 是晶界迁移速度；α 和 β 是溶质拖曳参数，它与温度、溶质原子的扩散系数分布曲线以及溶质原子和晶界交互作用能的分布曲线有关。随后希金斯（G. T. Higgins）[126]和希勒特等[127]对溶质拖曳问题又作了处理。证明溶质原子在晶界偏聚比此理论推测的对晶界可产生更大的拖曳力，明显地阻碍晶界迁移。

3.9.5 晶界结构对溶质晶界偏聚的影响

大量研究工作表明，溶质元素的晶界偏聚浓度与晶界的结构和类型之间有密切关系。早期的晶界结构理论认为，原子在晶界处的排列是完全无序的，即所谓晶界的非晶模型。但是，随着有关晶界结构研究的不断发展，人们逐渐认识到，原子在晶界处的排列同样具有一定程度的规律性，特别是重位点阵模型，由于其几何图像比较直观、清晰，受到一些物理冶金学家的重视，围绕这一模型开展了大量研究工作。

溶质元素产生晶界偏聚的驱动力是因为晶界的原子排列比较混乱，溶质原子处于晶界上将比处于晶粒内部造成较小的畸变能。显然，晶界上的原子排列越混乱，溶质原子便越容易在此偏聚。反之，晶界上原子排列越有规律性，溶质原子便越不易发生偏聚。许多研究工作已经证明，溶质原子在重位点阵晶界的偏聚浓度显著低于普通大角晶界。图 3-62 表明在高纯铅中锡加入量从 $1 \times 10^{-4}\%$ 提高到 $60 \times 10^{-4}\%$ 时，混乱晶界的迁移速率降低了四个数量级。而晶界两侧晶体间具有某些特殊位向关系时，晶界迁移速率比混乱晶界迁移速率约高 100 倍（含 $30 \times 10^{-4}\%$ Sn 时），这些特殊位向关系的晶界正好与 $\Sigma 7$、$\Sigma 17$ 和 $\Sigma 21$ 重位点阵关系相对应[82]。当存在溶质元素时，某些大角晶界具有较其他大角晶界高得多的迁移速率。研究证实，这些大角晶界是一些重位点阵晶界。因为溶质原子不易在这种晶界上发生偏聚，所以它们在移动时受到拖曳作用较小。

3.9.6 电工钢中的晶界偏聚

通常，在电工钢中有目的地加入偏聚元素锡或锑等，以改善无取向电工钢织

构组分和加强取向硅钢的抑制初次晶粒长大能力。

3.9.6.1　表面偏聚问题

自由表面偏聚对取向硅钢表面薄膜的形成有很大影响。碳、硅、锡、锑、硫、磷、氮、硼和氧为表面活性元素，都可在铁的自由表面形成平衡偏聚，即形成表面吸附相，其偏聚量基本上都在单原子层以内。第三元素（如镍、锰、铬、钼等）与它们的相互作用比晶界偏聚情况下更弱。用 AES 法确定表面偏聚量，用 LEED（low energy electron diffraction）法研究表面上有序结构和用 XPS 法研究它们的结合方式。碳在 α – Fe 中的扩散系数高，很快在表面偏聚。在 Fe(100)表面上碳和氮间隙原子饱和组织结构为 C(2×2)，即处于赝间隙位置 $\left(\dfrac{1}{2},\ \dfrac{1}{2}\right)$ 处，此位置被 4 个铁原子包围（见图 3–74a）。表面偏聚碳是一种特殊结合状态，即有一定的电子从铁转移到碳中。这种 Fe – C 键与 Fe$_3$C 中的相同。碳含量为 40×10^{-4}% 时在 600℃ 过饱和状态下表面沉积为石墨。硫也以 C(2×2)有序结构吸附在 Fe(100)面上（见图 3–74b）。因为硫原子尺寸较大（置换式元素）不能进入赝间隙位置中，而是以 S^{2-} 双离子状态被吸附在铁表面上。900℃时硫很快达到表面饱和状态。锡在 600 ~ 800℃ 范围在表面形成饱和的 C(2×2)结构。当铁原子对应于约 1.2 锡原子范围时，由 C(2×2)有序结构变为无序结构，即有序 C(2×2)结构中一个电子从铁移到锡原子上。磷在 800℃ 时在 Fe(100)表面上饱和偏聚，也为 C(2×2)结构。从铁到偏聚磷之间有一强的电子转移。随磷

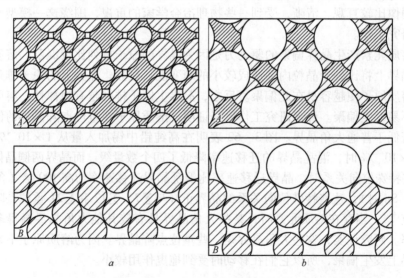

图 3–74　碳或氮及硫在 Fe（100）表面上的 C（2×2）吸附结构模型

a—碳或氮；b—硫

A—顶剖面图；B—（110）方向横断面图

表面偏聚量增加，表面下方出现 Fe_3P 光电子谱线，但不会形成 Fe_3P 三维相，因为铁中磷含量在 α - Fe 固溶体范围内。表面下的磷是磷在位错处偏聚而成的。氧在铁中固溶度很小，不易研究氧的表面偏聚。实际上在一定的氧势（氧压力）下，氧在 Fe(100) 面上首先形成 C(2×2) 结构，即氧在中心位置，其周围为 4 个铁原子，偏聚量达 50%。当氧偏聚量达 100% 时变为 P(1×1) 结构[128]。

已证明磷在表面吸附使钢的渗氮速度明显降低。当磷的表面吸附量达到 1/2 饱和值时，硫开始与磷争位置而干扰磷吸附，而且硫很快达到饱和吸附量[128,129]。磷和锡的表面偏聚也具有 C 形曲线关系。锡的扩散速率低于磷，所以锡的表面偏聚比磷更慢。磷首先在表面偏聚，随后硫、氮和锡可代替磷在表面偏聚[130]。

一些研究者研究了 Fe - 3% Si 合金中表面偏聚元素间的相互关系以及不同晶面上的偏聚量。含硼高磁感取向硅钢是以氮、硼和硫沿晶界偏聚来抑制初次晶粒长大的。冷轧板在 700℃ 以下加热时，碳首先在表面偏聚并以石墨形式存在，因为碳的扩散系数高于硫。高于 700℃ 时硫与碳的扩散速度差别缩小，硫开始与碳争位置。低于 700℃ 时氮也在表面偏聚，但高于 500℃ 时氮开始从表面挥发，只有在高于 700℃ 时氮与硼同时在表面偏聚，并形成二维 BN 表面相。此时 BN 与硫争位置。晶界处没有发现石墨和 BN[131]。在 Fe - Si - Sn 合金中（0.03% ~ 0.06% Sn），随温度升高碳首先偏聚，500℃ 时硅偏聚并代替碳。600℃ 时锡偏聚并代替所有硅的位置。锡的扩散系数低于硅。碳和锡都在同一晶面上偏聚，而硅在（111）面上偏聚量高。碳和硅表面偏聚结构都为 C（2×2），而锡为 P（1×1）结构。锡的 3d 层强度变化比硅的 3d 层变化更大[132]。研究 Fe - 3% Si 单晶体在 450 ~ 900℃ 范围内的硅表面偏聚时也发现，含 40×10^{-4}% C 时，碳与硅争位置（见图 3 - 75）[128]。随后莱金克（P. Lejcek）等[133] 研究了磷、硅、氮、碳和氧在 Fe - 3% Si 单晶体的（100）、（110）和（111）晶面上表面偏

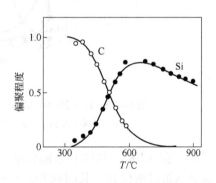

图 3 - 75　含碳量 40×10^{-4}% 的 Fe - 3% Si 合金中（100）晶面上硅的表面偏聚以及碳和硅偏聚与温度的关系

聚与温度的关系。图 3 - 76 表明磷在所有晶面上偏聚都很明显。在 873K 温度下，硅在（111）晶面上偏聚量最大，其富集比达到 6.4，而在另两个晶面上没有发现硅偏聚最大值。随温度升高 P - N, P - C, P - O, Si - P 和 Si - N 相互争位置或相互排斥，这与它们的扩散系数随温度升高而增高程度不同有关（见图

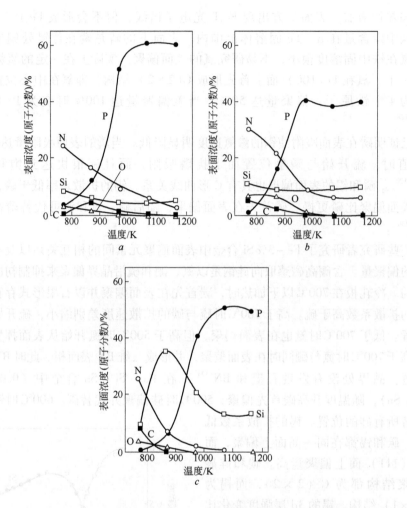

图 3 - 76　Fe - 3% Si 单晶体中各元素的表面偏聚与温度的关系

a—(100) 晶面上；*b*—(110) 晶面上；*c*—(111) 晶面上

3 - 77)。在 (100) 晶面上总偏聚量低于其他两个晶面。在 (100) 晶面上观察到碳和氧被硅所代替。长时间加热后硅又被磷和硫所代替。在 (110)、(111) 和 (521) 晶面的表面上发现由于硅和氮的强相互吸引作用而发生共偏聚并形成氮化硅二维相，同时可防止磷和硫的偏聚。

铃木茂[134]研究硅和锡在 3% Si - Fe 合金中 (011) 表面偏聚也证明，高于 650K 时硅首先在表面偏聚，偏聚激活熵约为 170kJ/mol。高于 800K 时锡开始在表面偏聚，同时硅偏聚量减小，即锡与硅相互争夺偏聚位置 (见图 3 - 78)。硅在表面达到平衡偏聚时，Si/Fe 峰高比 = 0.36，相当于表面硅浓度 *at* 约为 24%。硅和锡在表面偏聚层都在单原子层范围内。

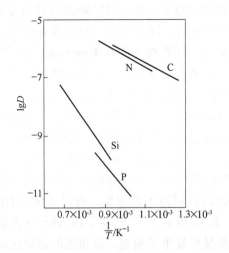

图 3 - 77 α - Fe 中碳、氮、磷和硅的扩散系数 D 与温度的关系

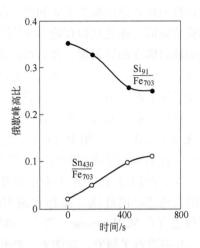

图 3 - 78 973K 等温退火时 $\dfrac{Si}{Fe}$ 和 $\dfrac{Sn}{Fe}$ 峰高比的变化

3.9.6.2 晶界偏聚问题

在无取向电工钢中，嶋中浩（H. Shimanaka）等首先证明在含 1.85% Si 和 3% Si 钢中加约 0.04% Sb 可改善磁性。认为是由于锑沿晶界偏聚阻碍了 {111} 位向晶粒在晶界附近形核，从而使 {111} 组分减少和 {100} 组分增多。岩崎义光等[135]用内耗法证明锑确实在这两种钢中发生了晶界偏聚。莱德科夫斯基（G. Lyudkovsky）等[136]研究含 0.09% Sb 的 Fe - 1% Si 钢也证明锑的这种有利作用。认为锑在 {111} 和 {112} 位向晶粒边界的选择性偏聚，抑制了这些位向晶粒长大，促进 {110} 和 {100} 晶粒长大。沃多皮维斯（F. Vodopivec）等[137]提出锑在 1.8% Si + 0.3% Al 无取向硅钢中使表面上不同位向晶粒的表面能量有选择性地减小，促进（100）晶粒加速长大，所以铁损降低。索尔约姆（A. Solyomle）等[138]在 2.4% Si 钢中加 0.04% ~ 0.047% Sb，用 AES 证明为沿晶裂断（不加 Sb 钢为解理裂断）。900℃ 退火后经 550℃ × 10h 退火时 Sb 偏聚量原子分数为 2%；650℃ × 10h 退火时原子分数为 1.5%。经 Ar 离子溅射 15s 后 Sb 浓度都减到 0.3%。加 Sb 热轧板经 800℃ × 10min 常化后，0.5mm 厚成品 P_{15} 降低约 16%；500℃ × 180min 预退火后 P_{15} 降低约 10%。上述这些研究都注意到，为了充分发挥锡或锑的有利作用，在热轧或常化后冷却过程中应在 700℃ 附近缓冷，或在 700℃ 附近保温（如热轧后 700℃ 卷取），因为它们在低于 725℃ 时开始沿晶界偏聚。

布伦纳（S. S. Brenner）[139]在含 0.05% ~ 0.08% P 的 2.4% ~ 2.8% Si 钢中发

现钢板脆化敏感性取决于碳和磷在晶界处的相对数量。碳可减轻磷的晶界偏聚量和脆化效应。脆化钢板在约 340℃ 保持 20 ~ 60h 后又回复延性。AES 检查证明沿晶裂断时磷在晶界偏聚，并为可逆性平衡偏聚。汤普森（R. G. Thompson）等[140] 研究 3% Si – Fe 中磷引起的沿晶脆化机理时，证明含 0.10% ~ 0.13% P 时可发生完全晶间裂断。AES 检查磷偏聚量为 0.78 单原子层，为可逆性平衡偏聚。

在取向硅钢方面，格雷诺布尔（H. E. Grenoble）等[141] 在 20 世纪 60 年代末发现硫和氮在 3% Si 钢中含量降到它们的固溶度以下和不形成第二相质点时，通过它们在晶界偏聚可抑制初次晶粒长大和发展较完善的 {110}⟨001⟩ 二次再结晶组织。他们与 ALC 钢公司在 70 年代中期提出以氮、硫和硼偏聚元素作为抑制剂的高磁感取向硅钢（简称含硼 Hi – B 硅钢）制造工艺方案，现已废弃不用。莫乔尼（C. M. Maucione）等[142] 和罗依（R. G. Rowe）[143] 分别采用 AES 对含硼 Hi – B 钢进行了研究，证明氮、硫和硼都在晶界发生了偏聚。氮和硼的偏聚比硫偏聚更明显，而硫偏聚分布更广。他们认为硼具有促进氮在晶界偏聚的作用，而氮和硼的偏聚比形成细小 BN 质点对抑制初次晶粒长大作用更重要。也证明偏聚的氮对抑制初次晶粒长大起主要作用。硫促进氮的偏聚，而硼的作用主要是在初次晶粒长大温度下使钢中保留一定量的氮。菲德勒[144] 证明在含硼钢中加少量偏聚元素锡或锑可使钢中所需要的硫含量明显降低。

日本川崎钢公司的第场伊三夫和今中拓一等[145] 提出的按 MnSe + Sb 方案制造高磁感取向硅钢方法中，利用锑沿晶界偏聚与 MnSe 析出质点共同抑制初次晶粒长大，但没有报道过锑偏聚直接观察的结果。日本新日铁在制造 0.28mm 和 0.23mm 厚度的 Hi – B 钢产品时，在 AlN + MnS 方案中加锡来加强抑制能力，以保证这种薄带产品的二次再结晶发展完善。高嶋邦秀等[146] 首先指出锡可有效地细化二次晶粒和提高磁性。中岛正三郎等[147] 和小松肇等[148] 都证明加锡后使析出相质点数量更多、更细化和分布更均匀。他们认为这是因为锡在析出相质点与基体的界面上发生偏聚，从而阻碍了这些质点的奥斯特瓦德长大。加锡后二次晶粒尺寸减小是因为初次再结晶基体中 {110} 极密度增大。中岛正三郎等[149] 采用 AES 技术证明，从热轧板到最终退火升温过程的各工序中锡都沿晶界偏聚，特别是脱碳退火后和升温到 850℃ 时 Sn 偏聚量最高，加强了初次晶粒长大的抑制力，并且加锡使 MnS 析出相更细小、数量更多和分布均匀，所以初次晶粒尺寸更小。Sn 沿晶界偏聚促使与 {111}⟨112⟩ 有 Σ9 对应关系的 {110}⟨001⟩ 晶粒长大速度明显提高。刘治赋等[75] 研究锡或锑对 AlN + MnS 方案 Hi – B 硅钢组织和磁性影响时，也证明它们加强了抑制能力，初次晶粒尺寸减小。脱碳退火后 {110} 组分增强，二次晶核数量增多，二次晶粒尺寸减小，磁性明显改善。随后赵宇等[150] 采用扫描俄歇微探针（SAM）研究也证明，在脱碳板中锡沿晶界明显偏聚（见图 3 – 79a）。在最终高温退火的升温阶段，从 550℃ 开始，随温度升高，

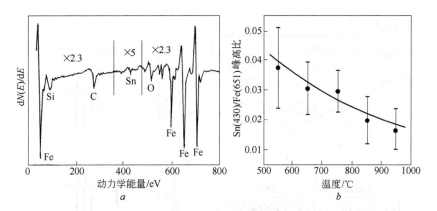

图 3 - 79 脱碳板沿晶断口上的俄歇谱和锡的晶界偏聚量随温度的变化

（加锡 Hi - B 钢，0.3mm 厚）

a—锡沿晶界明显偏聚；b—偏聚量随温度的变化

锡偏聚浓度逐渐降低，直到二次再结晶开始温度 950℃，锡在晶界的浓度仍为基
体浓度的 12 倍（见图 3 - 79b），证明锡沿晶界偏聚明显加强抑制能力并且降低
二次再结晶温度。铃木茂等[151]用 AES 证明 AlN + MnS 方案中加锡不仅沿晶界偏
聚，而且在 MnS 质点和基体的界面上也发现锡显著偏聚。锡的这种界面偏聚使
MnS 质点不易粗化。由于锡的晶界偏聚和界面偏聚，明显地加强抑制能力和使二
次再结晶温度降低。硅对锡沿晶界偏聚量无何影响。锡的晶界偏聚能量约为
50kJ/mol，与磷的偏聚能量相近。锡在 α - Fe 中的扩散系数

$$D = 2.24 \times 10^{-4} \exp\left(\frac{-222.2}{RT}\right) \ (\text{m}^2/\text{s})$$

图 3 - 80a 所示为含 0.3% Sn 的 Fe - Sn 二元合金按上式计算出的 TTP 曲线。
可看出温度对 Sn 偏聚量影响很大。随温度升高，Sn 偏聚量减小，并且达到平衡
偏聚的时间缩短。从 1273K 以 10K/s 和 50K/s 速度冷却，相当于加锡 Hi - B 钢脱
碳板在最终退火升温到 1123 ~ 1323K 温度范围取样空冷的速度。此时 Sn 偏聚量
与温度的关系很小。实验证明锡在 MnS 与基体的界面上偏聚量比晶界偏聚量更
大，因为界面偏聚能大于 65kJ/mol，比晶界偏聚能（50kJ/mol）高，所以在高温
下锡在界面上很容易达到饱和偏聚量。锡在界面偏聚减小了界面能，使细小 MnS
更稳定，并防止 MnS 通过体扩散而分解或长大。图 3 - 80b 为具有 MnS 析出物的
晶界裂断前和后锡沿界面偏聚示意图。图 3 - 80c 所示为此断口两面的俄歇谱。
可看出无 MnS 的断口面上锡的峰值明显增高，证明了锡沿界面偏聚。在 Hi - B
钢中加锡使初次晶粒更细小均匀，主要原因是锡沿晶界偏聚。加锡使二次再结晶
温度降低，就是因为初次晶粒小使二次再结晶所需的储能增高。细小 MnS 稳定
对降低二次再结晶温度也起作用。

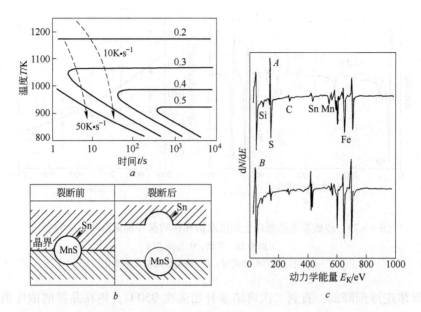

图 3 - 80　锡在 Hi - B 钢中的晶界偏聚和界面偏聚

a—锡在 Fe - 0.3% Sn 合金中晶界偏聚的 *TTP* 曲线（图中数字为偏聚量）；

b—具有 MnS 析出物的晶界裂断前、后锡在界面偏聚示意图；c—*A* 为
断裂两个面上有 MnS 析出物和 B 为无 MnS 析出物的俄歇谱

　　李（C. S. Lee）等[152]证明在 Hi - B 钢中加 0.047% ～ 0.087% P，通过磷的晶界偏聚和界面偏聚（使析出物质点更细小和分布更均匀），也可加强抑制力和提高磁性。

参 考 文 献

[1] 川崎宏一，松尾宗次. 鉄と鋼 [J]，1984，70 (5)：1808 ~ 1815.

[2] Matsuo M（松尾宗次）. ISIJ. International [J]，1989，29 (10)：808 ~ 827.

[3] Osterle W，Bunge H J，et al. Metal Science [J]，1983，17 (7)：330 ~ 340.

[4] Schlippenbach U U，Lucke K，et al. Acta Met. [J]，1986，34：1289.

[5] Inagaki H，Suda T. Texture [J]，1972，1：129 ~ 140；ISIJ International [J]，1994，34 (4)：313 ~ 321.

[6] Toth L S，Ray R K，et al. Met. Tran. [J]，1990，21 (11)：2985 ~ 3000.

[7] Haratani T，et al. Metal Science [J]，1984，18 (2)：57 ~ 65.

[8] Ushioda K，Hutchinson W B. ISIJ International [J]，1989，29 (10)：862 ~ 867.

[9] Hillert M. Acta Met. ，1965，13：227；1988，36：3177.

[10] Gladman T. Pro. Roy. Soc. ，London，1966，A294：298 ~ 309.

[11] Inagaki H. Tran. ISIJ，1986，24：266 ~ 274.

［12］ Hutchinson W B. Acta Met. ［J］, 1989, 37 (4): 1047~1056.

［13］ Emren F, Lücke K, et al. Acta Met. , 1986, 34: 2105.

［14］ Dunn C G. Acta Met. , 1953, 1: 163~175; 1954, 2: 173~183.

［15］ May J E, Turnbull D. Tran. AIME, 1958, 212: 769.

［16］ Ainslie N G, Seybolt A U. JISI, 1960, 194 (3): 341~350.

［17］ Brown J R. JISI, 1967, 205: 154~157.

［18］ Fiedler H C. Tran. AIME, 1967, 239 (2): 260; 1968, 242 (7): 1457~1458.

［19］ Петров А К, Молотилов и др. Ф М М, 1969, 28 (3): 563: Изв. Анссср (Металлы), 1976, (5): 137.

［20］ Kononov A A, et al. ISIJ Inter, 1999, 39 (1):, 64~68.

［21］ Wriedt H A, Hu H (胡郇). Met. Tran. , 1976, 7A (5): 711~718.

［22］ Iwayama K (岩山健三), Haratani T. J of MMM, 1980, 19: 15~17.

［23］ Молотилов Б В, Петров А К и др. Cepa в Электротехнических Сталях Металлургия, 1973.

［24］ Mochinaga K, et al. US, 5074931 ［P］, 1991.

［25］ 木下勝雄, 鹤岗一夫. 鉄と鋼 ［J］, 1974, 60 (11) S-492; 1977, 63 (1): 108~117.

［26］ 清水洋, 饭田嘉明, 今明拓一. 鉄と鋼 ［J］, 1974, 60 (11): S-493.

［27］ 岛津高英, 酒井知彦ほか. 鉄と鋼 ［J］, 1984, 70 (5): S-568.

［28］ Емельяненко А П и др. Иэв. АН СССР (Сер. Фи3), 1979, 43 (7): 1434~1437.

［29］ Wriedt H A. Met. Tran. , 1980, 11A (10): 1731~1735.

［30］ Taguchi S (田口悟), Sakakura A. Acta Met. , 1966, 14: 405; ふぇらむ, 2004, 9 (2): 52~57.

［31］ Takahashi N, (高橋延幸), et al. J. of MMM. , 1996. 160: 98~101 .

［32］ Fiedler H C. Met. Tran. , 1978, 9A (10): 1489~1490.

［33］ Ohata Y, et al. US, 6432222B2 ［P］, 2002 .

［34］ Swift W M. Met. Tran. , 1973, 4: 153.

［35］ Flowers J W, Karas S P. J. App. Phys. , 1967, 38: 1085.

［36］ 陈易之, 葛明, 等. 金属学报 ［J］, 1978, 14 (1): 33~39.

［37］ 黑木克郎, 和田敏哉ほか. 日本金属学会誌, 1979, 43 (3): 175~181; 1980, 44 (4): 419~424.

［38］ Flowers J W. IEEE Tran. Mag. , 1979, MAG-15 (6): 1601~1603.

［39］ Rowe R G. Met. Tran. , 1979, 10A (8): 1433~1436.

［40］ Ashby M F, et al. Tran. AIME, 1969, 245: 413.

［41］ Furubayashi E, et al. Materials Science and Engineering ［J］, 1974, 14: 123.

［42］ Sakai T (酒井知彦), et al. J. App. Phys. , 1979, 50 (3): 2369~2371.

［43］ 蒙肇斌. 高磁感取向硅钢中织构和析出相的研究 ［D］. 北京: 钢铁研究总院, 1997.

［44］ Sennour M, et al. Acta Mat. , 2003, 51: 943~957.

［45］ Ueshima Y, et al. Met. Tran. , 1989, 20A (8): 1375~1383.

［46］ Sun W P, et al. Met. Tran. , 1992, 23A (3): 821~830; 1992, (11): 3013~3023.

［47］ 高宫俊人, ほか. J. of Mat. Eng. and Performance ［J］, 1993, 2 (2): 205~210; 川崎制铁

技报 [J]，1997，29 (3)：142~146；鉄と鋼 [J]，2003，89 (5) 22~27.

[48] 长谷川一 ほか. 鉄と鋼 [J]，2001，87 (6)：7~14；87 (11)：22~28；2002，88 (9)：15~21.

[49] Matsuo M (松尾宗次)，et al. Proc. 6th Intern. Conf. on Textures of Materials. 1981：918.

[50] 酒井知彦ほか. 鉄と鋼 [J]，1980，66 (4)：S-427，S-428；1982，68 (12)：S-1289.

[51] 松尾宗次ほか. 鉄と鋼 [J]，1981，67 (5)：S-578，S-579；1981，67 (13)：S-1201，S-1202；1984，70 (1 5)：2090~2096.

[52] Matsuo M，et al. Met. Tran.，1986，17A (8)：1313~1322.

[53] 清水洋ほか. 鉄と鋼，1980，66 (4)：S-1199；1980 (11)：S-1156；1981，67 (5)：S-576；1981 (13)：S-426.

[54] Shimizu Y (清水洋)，et al. Met. Tran.，1986，17A (8)：1323~1334.

[55] Mishra S，Lucke K，et al. Met. Tran.，1986，17A (8)：1301~1312；J. of MMM，1992，112：165~168；Acta Met.，1993，41 (8)：2503~2514.

[56] Yu ZhongHai，Xie YiFan，Gao Jia. Acta Met.，1990，38 (6)：1023~1029.

[57] 井口征夫 (Inokuti Y). 鉄と鋼 [J]，1984，70 (15)：2033~2040.

[58] 中山正，牛神義行. 新日鉄制铁研究 [J]，1990，第337号：7~15.

[59] 赵宇，何忠治. 钢铁研究学报 [J]，1991，3 (4)：79~90.

[60] Suzuki S (铃木茂)，Ushigami Y (牛神義行)，et al. Mat. Tran. (JIM)，2001，42 (6)：994~1006.

[61] Hu H (胡郇). Tran. AIME，1961，221：130~140；839~844；1962，224：75~84.

[62] 和田敏哉，黒木克郎，原势二郎. 日本金属学会誌 [J]，1976，40 (11)：1158~1163.

[63] 进藤卓嗣，松本文夫ほか. 鉄と鋼 [J]，1982，68 (5)：S-547.

[64] Littmann M F. Met. Tran.，1975，6A (5)：1041~1048.

[65] 李军，陈煜廉. 金属学报 [J]，1981，12 (4)：441~446.

[66] 孙学范，何忠治，等. 金属学报 [J]，1985，21 (1)：B16~B23.

[67] 中岛正三郎ほか. 日本金属学会誌 [J]，1992，56 (5)：592~594.

[68] Dillamore I L，et al. Met. Sci. J. 1967，1：49~54.

[69] Воробьёв Г М，Гречный Я В. ФММ，1966，21 (4)：546~550.

[70] Tanino M (太前義孝)，et al. Proc. 6th Inter. Conf. on Textures of Materials [C]. 1981：928.

[71] Sakai T，et al. Proc. 6th Inter. Conf. on Textures of Materials [C]. 1981：938.

[72] Pease N C，et al. Met. Sci.，1981，15 (5)：203~209.

[73] 何忠治，孙学范，帅仁杰. 金属学报 [J]，1985，21 (2)：A126~A130；钢铁研究学报 [J]，1985，5 (3)：297~305.

[74] Flowers J W，Hecker A J. IEEE Tran. Mag.，1976，MAG-12 (6)：846~848.

[75] 刘治赋，刘宗滨，李军，何忠治. 金属学报 [J]，1991，27 (4)：A282~A285；Acta Met. Sinica，1992，5 (1)：33~37；钢铁研究学报 [J]，1990，2 Suppl：99~104.

[76] Goldshteyn V Y，et al. Phys. Met. Metall，1979，46 (1)：109~114.

［77］井口征夫ほか. Proc. 6th Inter. Conf. on Texture of Materials ［C］, 1981；鉄と鋼［J］, 1982, 68 (5)：S–545；1983, 69 (5)：S–599；Tran. ISIJ, 1983, 23：440～449；鉄と 鋼［J］, 1984, 70 (15)：2033～2040；日本金属学会誌［J］, 1986, 50 (10)：869～ 873；874～878；1990, 54 (11)：1183～1190；1993, 57 (6)：621～627； Mat. Trans. JIM, 1996, 37 (3)：203～209.

［78］井口征夫ほか. 鉄と鋼［J］, 1983, 69 (13) S–1284；1984, 70 (5)：S–567；1984, (13)：S–1466；日本金属学会会報［J］, 1984, 23 (4)：276～278；鉄と鋼［J］, 1984, 70 (15)：2057～2064；1985, 71 (5)：S–555；Tran. ISIJ, 1989, 27：139～144.

［79］井口征夫ほか. 日本金属学会誌［J］, 1985, 49 (6)：417～422.

［80］Inokuti Y, Saito F. Materials Tran. JIM［J］, 1992, 33 (5)：480～486；日本金属学会誌 ［J］, 1994, 58 (6)：605～612.

［81］Kronberg M L, Wilson F H. Tran. AIME［J］, 1949, 185：501.

［82］Aust K T, Rutter J W. Tran. AIME, 1959, 215：119；820：1960, 218：682.

［83］牛神義行ほか. 日本金属学会講演概要［R］, 1985, S–373.

［84］Brandon D G, et al. Acta Met., 1964, 12 (7)：813～821；1966, 14 (11)：1479～1484.

［85］原勢二郎, 清水亮ほか. 日本金属学会会報［J］, 1986, 25 (12)：1009～1017；鉄と鋼 ［J］, 1987, 73 (14)：1746～1753；Tran. ISIJ, 1987, 27：965～973；Mater. Tran, JIM, 1988, 29 (5)：388～398；日本金属学会誌［J］, 1988, 52 (3)：259～266；1989, 53 (6)：571～578.

［86］Shimizu R（清水亮）, Harase J（原勢二郎）. Acta Met., 1989, 37 (4)：1241～1249； 1990, 38 (6)：973～978；38 (8)：1395～1403；1991, 39 (5)：763～770；日本金属学 会会報［J］, 1990, 29 (7)：552～559；1992, 31 (2)：147～149；日本金属学会誌［J］, 1990, 54 (1)：1～8；1991, 55 (7)：748～755.

［87］Ushigami Y（牛神義行）, et al. Textures of Materials (Proc. of 11th Intern. Conf.), 1996, 1：560～565；ISIJ. Intern., 1998, 38 (6)：553～558；2002, 42 (4)：440～449；2003, 43 (3)：400～409；43 (5)：736～745；2007, 47 (6)：890～897.

［88］Hayakawa Y（早川康之）, Szpunar J A. J. of MMM 1996, 160：143；Acta Met. 1997, 45 (3)：1285～1295；45 (11)：4713～4720；1998, 46 (3)：1063～1073；1999, 47 (10)：2999～3008；2002, 50：4527～4534；J. App. Phys. 1999, 85 (8)：6019～6021；川 崎制鉄技報［J］, 1997, 29 (3)：147–152.

［89］Etter A L, Penelle R, et al. Scripta Mat. 2002, 47：725～730；2006, 55：641～644.

［90］Chen N, Dorner D, Raabe D, et al. Acta Mat. 2003, 51：1755～1765；2007, 55：2519～ 2530；J. of MMM, 2006, 304：182～186.

［91］Choi J S, et al. ISIJ. Int. 2003, 43 (2)：245～250.

［92］Shin S M, et al. ISIJ Int. 2008, 48 (12)：1788～1794.

［93］Ko K T, Hwang N M, et al. Acta Mat. 2009, 57：838；Scrpita Mat. 2008, 58：683；2010, 62：376～378.

［94］Homma H（本间穂高）, Hutchinson B, Kubota T. J. of MMM, 2003, 254～255：331～333.

［95］McLean D. Grain Boundary in Metals, London：Oxford University Press, 1957.

［96］ Johnson W C, Blakely J M. Interfacial Segregation, Metal Park, Ohio ~ SM, 1979.

［97］ Seah M P, Hondros E D. Proc. Royal Soc. London, 1973, 335A: 191 ~ 212.

［98］ Guttmann M. Surface Science ［J］, 1975, 53: 213 ~ 227.

［99］ Guttmann M, et al. Met. Tram. , 1974, 5: 167.

［100］ Seah M P. Acta Met. , 1977, 25 (3): 345 ~ 357.

［101］ Hondros E D, Seah M P. Met. Tran. , 1977, 8A (9): 1363 ~ 1371.

［102］ Seah M P. Surface Science ［J］, 1975, 53: 168 ~ 212 ; Phil. Mag. , 1975, 31: 627 ~ 645; Scripta Metall. , 1975, 9: 583 ~ 586.

［103］ Gutt mann M, et al. Materials Science and Engineering ［J］, 1980, 42: 227 ~ 232; 249 ~ 263.

［104］ McMahon C J Jr, et al. Materials Science and Engineering ［J］, 1976, 25: 233 ~ 239; 1980, 42: 215 ~ 226; Met, Trans. , 1976, 7A (8): 1183 ~ 1195; 1123 ~ 1131; 1979. 10A (9): 1269 ~ 1274; 11A (2): 277 ~ 300; Acta Metall. , 1989, 37 (8): 2287 ~ 2295.

［105］ Losch W, Acta Metall. 1979, 27: 1885.

［106］ Suzuki S (铃木茂), et al. Tran. ISIJ, 1983, 23: 746 ~ 751.

［107］ Noda Y, et al. 晶界结构国际会议论文集 ［C］, 日本, 1985, 25.

［108］ Visvranathan R, Joshi A. Scripta Metall. , 1975, 9: 475 ~ 478.

［109］ Erhart H, Grabke H J. Met. Sci. , 1981, 15: 401 ~ 408.

［110］ Suzuki S, et al. Scripta Metall. , 1983, 17: 1325 ~ 1328; Trans. ISIJ, 1985, 25 (1): 62 ~ 68; Met. Trans. , 1987, 18A: 1109 ~ 1115.

［111］ DE Avillez R R, Rios P R. Scripta Metall. , 1983, 17 (5): 677 ~ 680.

［112］ Wittig, J E, Joshi A. Met. Tram. , 1990, 21 (10): 2817 ~ 2821.

［113］ Erhart H, Grabke H J. Scripta Metall. , 1981, 15 (5): 531 ~ 534.

［114］ Mortimer D A. Grain Boundary, The Institute of Metals, 1976. A25 ~ A30.

［115］ Paju M, Moller R. Scripta Metall. , 1984, 18 (8): 813 ~ 815.

［116］ Suzuki S, et al. Met. Trans. , 1987, 18A (6): 1109 ~ 1115.

［117］ Shin K S, Tsao B H. Scripta Metall. , 1988, 22 (5): 585 ~ 588.

［118］ Guttmann M, McLean D. Interfacial Segregation, ASM, 1979, 261 ~ 348.

［119］ Jones R H, et al. Met. Tram. , 1988, 19A (8): 2005 ~ 2011.

［120］ Briant C L. Proc of 4th JIM Inter. Sym. on Grain Boundary Structure and Related Phenomena, 1985. 107 ~ 116.

［121］ Paju M, Grabke H J. Materials Science and Technology ［J］, 1989, 5 (2): 148 ~ 154.

［122］ Briant C L. Met. Trans. , 1989, 20A (10): 2170 ~ 2171.

［123］ 赵宇, 何忠治, 翁宇庆, 吴宝榕. 理化检验 (物理分册) ［J］, 1991, 27 (3): 32.

［124］ Cahn J W. Acta Metall. , 1962, 10: 789.

［125］ Lücke K, et al. Acta Metall. , 1957, 5: 628 ~ 637; Recovery, Recrystallization of Metals, ed. Himmel L. Interscience, New York: 1963. 171 ~ 210; The Nature and Behavior of Grain Boundary, ed. Hu H. New York: Plenum Press, 1972. 245 ~ 283.

［126］ Higgins G T. Metal Science ［J］, 1974, 8: 143 ~ 150.

[127] Hillert M, Sundman B. Acta Metall. , 1976, 24: 731.

[128] Grabke H J, et al. Surface Science [J], 1977, 63 (3): 377 ~ 389; ISIJ International, 1989, 29 (7): 529 ~ 538.

[129] Yen A C, et al. Met, Tram. , 1978, 9A (1): 31 ~ 34.

[130] Seah M P, Lea C. Scripta Metall. , 1984, 18 (10): 1057 ~ 1062.

[131] Marchut L, McMahon C J Jr. Met. Tram. , 1981, 12A (6): 1135 ~ 1139.

[132] Zhou Y X (周永忻), et al. Met. Trans. , 1981, 12A (6): 959 ~ 964; J. Vac. Sci. Techn 01. , 1984, A2 (2): 1118 ~ 1119.

[133] Lejcek P, Paidar V. Scripta Metail. , 1987, 21 (3): 273 ~ 276; 1989, 23 (12): 2147 ~ 2152.

[134] Suzuki S. Materials Trans. . JIM, 1994, 35 (1): 35 ~ 39.

[135] 岩崎義光, 藤元克已. 日本金属学会秋期大会, 1980: 44 ~ 45.

[136] Lyudkovsky G, Rastogi P K. Met. Tram. , 1984, 15A: 257 ~ 260.

[137] Vodopivec F, et al. J. of MMM, 1991, 97: 281 ~ 285.

[138] Solyomle A, et al. IEEE Tran. Mag. , 1994. , MAG – 30 (2): 931 ~ 933.

[139] Brenner S S. Energy Efficient Electrical steel, Ed. by Marder A R & Stephenson E J. TMS – AIME. 1980, 131 ~ 146.

[140] Thompson R G, et al. Met. Trans. , 1981, 12A (7): 1139 ~ 1351.

[141] Grenoble H E, Fiedler H C. J. App. Phys. , 1969, 40: 1575; U S, 3905842 [P]. 1975; IEEE Trans. Mag. , 1977, MAG – 13: 1427 ~ 1432.

[142] Maucione C M, Salsgiver J A. IEEE Trans. Mag. , 1977, MAG – 13 (5): 1442 ~ 1444.

[143] Rowe R G. Met. Trans. , 1979, 10A (8): 997 ~ 1011.

[144] Fiedler H C. J. of MMM, 1982, 26 (1 ~ 3): 22 ~ 24.

[145] 第场伊三夫, 今中拓一ほか. 金属 [J], 1974, 44 (4): 43; 川崎制鉄技报 [J], 1975, 7 (2): 76.

[146] 高嶋邦秀, 黒木克郎ほか. 日本公开特许公报, 昭 53 – 134722 (1978).

[147] 中岛正三郎ほか. J. App, Phys. , 1984, 55: 2136; 日本金属学会誌 [J], 1991, 55 (12): 1392 ~ 1399; 1992, 56 (5): 592 ~ 599.

[148] 小松肇ほか. 鉄と鋼 [J], 1984, 70 (13): S ~ 1469.

[149] 中岛正三郎ほか. 日本金属学会誌 [J], 1991, 55 (12): 1400 ~ 1409; 鉄と鋼 [J], 1994, 80 (2): 49 ~ 54.

[150] 赵宇, 何忠治, 等. 金属学报 [J], 1992, 28 (8): A327 ~ A332; Acta Metall. Sinica Ser. A, 1993, 6 (1): 30 ~ 35.

[151] Suzuki S, et al. Materials Tram [J]. JIM, 1992, 33 (11): 1068 ~ 1076; 1999, 40: 463 ~ 473.

[152] Lee C S, Woo J S. 材料とプロセス, 1992, 5 (6): 1931.

[153] Burke J E, Tumbull T. Recrystallization and Grain Growth. Progress in Metal Physics. 1952, 3: 220.

[154] Recovery and Recrystallization of Metals. Ed. by Himmel L. AIME Interscience Publishers, 1963.

［155］Recrystallization, Grain Growth and Textures. ASM, 1964.

［156］Reed – Hill R E. Physical Metallurgy Principles. D. Van Nostrand Company, 1973.

［157］Haasen P. Physical Metallurgy. Cambridge University Press, 1978.

［158］刘国勋. 金属学原理［M］. 北京：冶金工业出版社，1980.

［159］Jones H R. Grain Boundary Structure and Kinetics. ASM, 1980.

［160］中国大百科全书编委会. 中国大百科全书（矿冶卷）［M］. 北京：中国大百科全书出版社，1984.

4 热 轧 硅 钢

4.1 概述

热轧硅钢片自 20 世纪由美、德首先进行工业生产以来，已有约 100 年的历史。在国际上最兴旺时期为 30 ~ 50 年代。美、英、日等国从 60 年代开始相继停止生产，1975 年联邦德国停止生产，1987 年苏联也停止生产。

国内从 1954 年开始由太原钢铁公司首先生产热轧硅钢片。生产的品种主要是约 2.6% Si 的电机硅钢片，此外还有少量的约 4.4% Si 的变压器硅钢。产品规格以 0.5mm 厚为主，此外还有 0.35mm 厚，少量产品为 1.0mm、0.2mm、0.1mm 厚。其主要用途为家用电机、微电机、小电机和部分中型电机、低压电器及仪表用电源变压器等。

国内热轧硅钢片生产工艺经过不断改进，产品的磁性、尺寸公差和表面质量都有很大改善，如一次加热轧制、α 单相区低温退火、热轧后快冷、氢气退火、酸碱洗氧化处理等。特别是在磁性方面，与 60 ~ 70 年代美、德等国淘汰热轧硅钢片前的产品相比，国内一般产品的磁性水平相当于当时国外最高牌号。以上海硅钢片厂生产的热轧电机硅钢片为例，产品的 $P_{10/50}$ 平均值从 1960 年的 2.6W/kg 下降到 1.75W/kg，下降幅度达 1/3 （见图 4 - 1）。该厂生产的

图 4 - 1 历年来铁损 $P_{10/50}$ 值的变化

0.35mm 和 0.50mm 厚约 2.6% Si 电机硅钢片最高牌号磁性达到日本约 3% Si 冷轧无取向硅钢 S - 12 牌号水平。

50 年代国内全部照搬苏联 ГОСТ 802—54 标准，以后由于工艺设备的改进，产品质量不断提高，在 70 年代初重新修订了热轧硅钢片标准 YB 73—70，突出了高磁感的特点。1985 年又制定 GB 5212—85 国家标准，在保持高磁感的前提下，进一步降低铁损，淘汰了 4 个最低牌号，增加了 2 个最高牌号[1]。表4 - 1 列出该标准中电机硅钢牌号与苏联热轧电机硅钢标准 ГОСТ 21427.3—75 中牌号和国内冷轧无取向硅钢国家标准 GB 2521—88 中相应牌号的磁性对照。

表 4 - 1　　有关标准中牌号的对照（0.5mm 厚）

GB5212—85			ГОСТ21427.3—75			GB2521—88（冷轧）		
牌　号	最大铁损 /W·kg⁻¹		牌　号	最大铁损 /W·kg⁻¹		牌　号	最大铁损 /W·kg⁻¹	
	P_{10}	P_{15}		P_{10}	P_{15}		P_{10}	P_{15}
DR530—50（D22）	2.20	5.30	1311	2.50	6.10	DW540—50（W20）	2.30	5.40
DR510—50（D23）	2.00	5.10	1312	2.20	5.30			
DR590—50（D24）	2.00	4.90	1313	2.10	4.60	DW570—50（W18）	2.00	4.70
DR450—50	1.85	4.50						
DR420—50（D25）	1.80	4.20						
DR400—50（D26）	1.65	4.00				DW400—50（W14）	1.65	4.00

注：括号中为热轧电机硅钢原牌号和武钢生产的冷轧无取向硅钢牌号。

由于受热轧硅钢片生产工艺方法和设备的限制，其综合质量水平与冷轧无取向电工钢相比，存在一定差距，而且这些差距是较难克服的。热轧硅钢片有如下主要缺点：

（1）磁性低。硅含量和厚度相同时，热轧硅钢的磁性一般低于冷轧无取向硅钢。在表 4 - 1 中，约含 1.5% Si 的 DW540—50 冷轧硅钢与含 2.4% ~ 2.8% Si 的 DR530—50 热轧硅钢的铁损相当；约含 2.0% Si 的 DW470—50 冷轧硅钢比 DR490—50 热轧硅钢的铁损还低。由于这两个冷轧硅钢牌号的硅含量低，所以磁感也更高些。热轧硅钢改善磁性的潜力不大，要进一步提高磁性是很困难的。

（2）磁性波动大。同一冶炼炉号和同一退火的板垛中，产品磁性可差 1 ~ 2 个牌号，甚至差 3 个牌号。这是因为：1）热轧板厚度公差（规定厚度公差为 ±0.05mm）比冷轧板（±0.03mm）大。根据上海硅钢片厂的实验结果，厚度变化 0.01mm，P_{10} 相应波动约 0.07W/kg，而对 P_{15} 的影响更大。2）热轧硅钢片是由 8 片叠轧成，每组上、下 2 片钢板（俗称表皮）比内部 6 片钢板氧化严重，即使内部 6 片氧化程度也不同。氧化严重的钢片铁损，特别是 P_{15} 明显增高，同时磁感也降低。3）采用成垛退火方式，无论是在罩式炉或隧道式炉中，整垛料的上、下和料垛的边部与中部都存在较大的温度差别，因而引起磁性不均匀。

（3）钢板厚度不均，同板差大。这是由热轧时轧辊辊型、轧机弹性变形、坯料厚度变化和叠轧后头、尾厚度不一造成温差等因素引起的。标准中规定的允许同板差为 0.06mm。因此热轧硅钢的叠片系数比冷轧电工钢更低。这对制造电机铁芯有很大影响。一些电机厂在压紧铁芯后出现的高度差只能采取插片方式解决。

（4）钢板波浪不平度及内应力较大。热轧硅钢片的不平度为 6 ~ 10mm，而冷轧电工钢板只为 1 ~ 3mm，这也是热轧板叠片系数低于冷轧板的原因之一。此外，热轧硅钢片内应力较大，冲片后冲片形状畸变和尺寸偏差大。对钢板内应力（剪切线的偏差）的测定方法一般是沿轧向切开，剪切后的两片不翻转，加压压平并将两片切边对齐，测其空隙宽度。要求钢板轧向 2m 长的距离，此空隙宽度小于 2mm，更严格的要求应不大于 1mm。冷轧电工钢板内应力很小，一般不进行这种检验。

（5）表面氧化和不光滑。热轧电机钢退火后一般不经酸洗，表面有不同程度的氧化铁皮，造成钢板表面粗糙。氧化铁皮虽有一定绝缘作用（叠板表皮层间电阻为 $3.1 \sim 3.4\Omega \cdot cm^2/$片，中间层为 $2.45 \sim 2.57\Omega \cdot cm^2/$片），但绝缘性不高，用户冲片后常需要再涂绝缘漆。

（6）冲片性较差。这是由板厚不均、表面不平度高和表面氧化所造成的。

（7）不能成卷供货。由于生产的硅钢片不成卷，不能采用高速自动冲床冲片，因而降低了钢板利用率。

60 ~ 70 年代联邦德国生产热轧硅钢片时，采用热轧→平整→单张焊接→连续炉退火→涂绝缘膜的工艺路线。这在一定程度上改善了热轧硅钢片的磁性不均匀、表面状态差和内应力大等问题，并能成卷供货。此工艺在国内未能实现，其原因是焊接质量与焊接速度达不到工艺要求，而且制造成本明显提高。

4.2 化学成分和冶炼对性能的影响

4.2.1 化学成分的影响

热轧电机硅钢含 2% ~ 3% Si，最佳含量为 2.4% ~ 2.8% Si；热轧变压器硅钢含 4.0% ~ 4.5% Si，最佳含量为 4.2% ~ 4.5% Si。硅含量对磁性的影响很敏感。随硅含量提高，电阻率提高和涡流损耗降低。另外，随硅含量提高，成品晶粒粗大，磁滞损耗降低。因此硅含量提高，铁损明显降低，同时弱磁场下磁感也提高，但强磁场下磁感降低。硅含量在 4.5% 以上时成品很脆，弯曲数达不到要求。

碳对磁性极有害，除提高矫顽力和磁滞损耗外还降低磁感。但冶炼时碳含量过低，钢中氧含量增高，这也使磁性降低。冶炼的合适碳含量为 0.04% ~ 0.06%，并在以后退火时成品中碳含量可降到 0.005% ~ 0.01%。碳在钢中存在的形态对磁性也有影响。沿晶界析出的片状大块三次渗碳体比在晶粒内析出的细小针状渗碳体对磁性危害性小。如果碳以石墨状态存在，对磁性影响更小。

硫也是对磁性有害的元素。它不利于晶粒长大，提高矫顽力和磁滞损耗。硫对较低牌号热轧电机钢（如 DR510 以下的产品）磁性的影响较小，一般控制在 0.015% ~ 0.025%。但对 DR420 以上高牌号的磁性很敏感，要求 $w(S) < 0.015\%$。硫对热轧变压器钢的磁性非常敏感，几乎与硅含量的有利影响程度相当，并超过碳的有害影响程度，要求 $w(S) < 0.005\%$。

锰对磁性的影响较小，一般控制在 0.3% 以下。锰与硫化合形成 MnS，可改善热轧加工性。为防止开坯热轧时开裂，冶炼成分中 $w(\mathrm{Mn})/w(\mathrm{S}) \geqslant 10$。

磷可提高硅钢电阻率和促进晶粒长大，对降低铁损有利，同时降低磁感的不利作用也比硅更轻。在热轧硅钢生产中曾采用以磷代替部分硅的工艺。上海硅钢片厂在 20 世纪 60 年代开发出含 0.7% ~ 1.0% Si 和 0.25% ~ 0.40% P 以及含 1.4% Si 和 0.15% ~ 0.25% P 的高磷热轧电机钢产品。磷有加强热轧硅钢片表面氧化铁皮附着力的作用，退火后不易产生氧化黏结白膜。但高磷在开坯和叠轧时易出现打滑和弹钢等咬入困难现象，而且提高硅钢片硬度和产生冷脆，对冲片不利。以后停止生产这种产品。一般热轧电机钢中 $w(\mathrm{P}) \leqslant 0.05\%$。

1986 年上海硅钢片厂与上钢一厂合作，对一年内生产的 3 万个热轧电机钢样品的磁性与上述 5 个元素含量进行回归分析，结果如下：

$$B_{25} = 11.2444 - 0.27004w(\mathrm{C}) - 1.24197w(\mathrm{Si}) - 0.04279w(\mathrm{Mn})$$

$$P_{10} = 1.4329 + 0.02214w(\mathrm{C}) + 0.005331w(\mathrm{S}) - 0.13075w(\mathrm{Si}) + 0.0207w(\mathrm{Mn})$$

$$P_{15} = 4.0352 + 0.2954w(\mathrm{C}) + 0.009447w(\mathrm{S}) - 0.44154w(\mathrm{Si}) + 0.00689w(\mathrm{Mn})$$

图 4 - 2 所示为上海硅钢片厂 1983 ~ 1985 年三年生产的热轧变压器硅钢中硅和硫含量对 DR255 - 35（原 D43 牌号）合格率影响的统计结果。证明硅含量提高到上限和硫含量从 0.005% 上限尽量降低是提高磁性的重要措施。

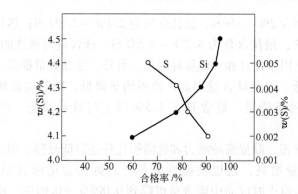

图 4 - 2　硅和硫含量对 DR255 - 35 牌号合格率的影响

表 4 - 2 和表 4 - 3 所示分别为热轧电机钢和热轧变压器钢中上述 5 个常规元素的控制范围。

表 4 - 2　热轧电机钢冶炼成分控制范围　　　　　　（质量分数,%）

成　分	Si	Mn	S	P	C
标准范围	2.0 ~ 3.0	≤0.30	≤0.03	≤0.05	≤0.08
内控范围	2.4 ~ 2.8	≤0.30	≤0.02	≤0.05	≤0.06

表 4-3　热轧变压器钢冶炼成分控制范围　　（质量分数,%）

成　分	Si	Mn	S	P	C
标准范围	4.00 ~ 4.55	≤0.15	≤0.005	≤0.0015	≤0.06
内控范围	4.20 ~ 4.55	≤0.15	≤0.003	≤0.0015	≤0.06

铝在硅钢中的作用与硅相似，除增高电阻率和降低涡流损耗外，还使晶粒粗化，降低矫顽力和磁滞损耗。以前冶炼热轧硅钢时用铝脱氧，钢中含 0.01% ~ 0.04% Al。实践证明，此范围的铝含量对磁性不利，因为铝与氮化合成为细小 AlN，阻碍晶粒长大。有的厂家采用低铝含量的硅铁合金化，使钢中残余铝含量在 0.005% 以下，以改善磁性。太原钢铁公司原来加 0.2 ~ 0.3kg/t 铝脱氧，后改为不加铝，使 DR510（原 D23 牌号）合格率提高 10% 左右[2]。上海硅钢片厂与冶炼厂合作采用钢包插铝法，控制硅钢中含 0.15% ~ 0.25% Al。由于铝作为合金元素而明显降低铁损。例如，在含 3.0% ~ 3.3% Si 钢中加约 0.2% Al 时，P_{10} = 0.9 ~ 1.0W/kg，可达到约 4.4% Si 热轧变压器钢的水平，而 B_{25} 提高 0.05T。用这种成分的硅钢制造仪表变压器，其空载电流明显降低。

铜、镍和铬残余元素应尽量低，总含量应控制在 0.01% 以下。三个元素对磁性的有害影响程度顺序为：Cu > Cr > Ni。

氮、氧和氢气体对磁性有害。氮的有害作用不次于碳。为减少这些气体含量，在转炉或平炉冶炼硅钢时采用钢包吹氩处理措施。鞍山钢铁公司实验结果证明，钢包底吹压力为 0.3MPa 的氩气，钢水温度不低于 1585℃，吹氩时间为 3 ~ 5min，使钢水适当翻腾，"亮圈"直径为 0.5 ~ 1m 时，钢水中氧含量可减少 42.47%，氢减少 19.72%，氧化物夹杂总量减少 56.18%，DR450 以上高牌号合格率提高 25% 左右[3,4]。

4.2.2　浇铸的影响

国内生产热轧硅钢大部分采用模铸。为提高钢锭质量采用保护渣浇铸。上钢一厂在 20 世纪 70 年代用石墨粉代替原来采用的涂油加木框工艺，以减少钢锭表面"翻皮"和使钢锭头部粉渣易于冲清，适用于水冷封顶工艺，改善了钢锭表面质量。其缺点是钢锭表面增碳，制成的板坯碳含量增高 0.01% ~ 0.02%，个别板坯甚至可增碳 0.03%。随后改用含 40% C 的碳化糠壳代替石墨粉。由于碳化糠壳的燃点低于石墨粉，浇铸时保护渣中碳很快烧掉，增碳现象明显减少。此外由于这种保护渣有吸附钢中 Al_2O_3 的作用，渣中 Al_2O_3 含量比原始含量提高约 200%，所以对降低钢中夹杂物和净化钢质有利。

为提高热轧硅钢成材率，首都钢铁公司和江西钢厂采用连铸法[1]。

4.2.3　炼钢炉型的选择

绝大多数企业采用氧气顶吹或顶底吹转炉冶炼，鞍山钢铁公司采用氧气顶吹大平炉冶炼。一些小企业采用 5～10t 电弧炉冶炼。鞍钢在 300t 平炉冶炼后将钢水倒在甲、乙和丙三个钢包中。甲和乙钢包的钢水成分稳定（硅含量为 2.5%～3.1%），制成的产品质量好；而丙钢包中钢水的硅含量低（2.2%～2.7% Si）和碳含量高，产品质量较低。为保证低硫含量（低于 0.02%），调整了脱硫剂配方和用量，在通用的脱硫剂中加入工业食盐。其配比为 CaO：CaF$_2$：NaCl = 7：2.5：0.5，加入的脱硫剂中水含量不大于 0.005%。加入量从原用的 0.9t/100t 增加到 1.2t/100t[4]。

电弧炉冶炼时如果不采取炉外精炼等措施，其产品磁性低。上海硅钢片厂通过多年大量生产数据对比证明了这一点。普通电弧炉生产 DR510 以上牌号的合格率比转炉冶炼的产品约低 20%，P_{10} 高 0.08～0.12W/kg，P_{15} 高 0.2W/kg，B_{25} 降低 0.005～0.01T。其主要原因有两点：（1）电弧炉冶炼由于电弧对空气的电离作用，使钢中氮含量比转炉冶炼的约高一倍。（2）电弧炉冶炼用的废钢来源复杂又不经挑选，钢中镍、铬、铜等残余元素含量比转炉冶炼的高一倍以上。如果电弧炉冶炼采用长弧埋弧制造泡沫渣技术以减少氮离子进入钢水中，或是钢水经真空处理等炉外精炼技术，产品磁性可明显提高。上海硅钢片厂生产热轧变压器硅钢时就采用电弧炉冶炼和真空处理方法，产品最佳牌号的 P_{15} < 2.2W/kg。如果采用转炉冶炼则不能达到这样的水平。

4.3　叠轧和退火工艺

4.3.1　生产工艺流程

一般热轧电机硅钢片在正常生产条件下，从板坯入炉到产品入库，其生产周期约需 12～15 天。热轧变压器硅钢片生产周期更长些，因为增加酸洗—碱洗氧化处理工序，而且退火周期也更长。图 4-3 所示为热轧硅钢片生产工艺流程。

4.3.2　叠轧工艺要点

4.3.2.1　板坯加热工艺和加热炉型的影响

采用一次加热轧制法，开轧温度控制在 950～1020℃。低于这个温度，在合轧时易出现黏合不牢而折断，并且会产生较严重的裂边。高于这个温度，钢板氧化严重和产生粘接。终轧温度不高于 700℃。

板坯加热大多采用链式加热炉。其优点为加热温度均匀；其缺点是热效率较低，只有 28%～30%。也有的采用步进式加热炉，其热效率为 34%～36%，但由于活动梁与固定梁之间密封一直未彻底解决，板坯氧化较严重。生产出的硅钢

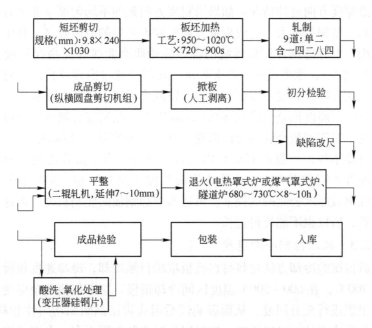

图 4-3　热轧硅钢片生产工艺流程

片氧化缺陷比例几乎比链式炉生产的产品约高一倍。由于氧化直接影响磁性，所以两种炉型生产的产品牌号相差也较大。无论是生产统计规律还是同炉号对比实验结果，DR510 以上牌号比例均相差 8% ~ 10%，DR450 以上牌号比例相差 5% 以上。推进式加热炉能耗最低，热效率达 45% ~ 47%，但加热温度不均匀，易出现"黑心"，并且操作劳动强度大，所以已很少使用。

4.3.2.2　轧制工艺对厚度公差和同板差的影响

影响热轧硅钢片厚度波动的主要因素，是板坯公差、轧制板形和长度的控制。

不同炉号的硅钢片在同一轧制工艺条件下出现的厚度波动，大多与板坯公差有关。薄板坯生产主要用横列式轧机，其厚度公差为 ±0.35mm，控制好可达 ±0.3mm。也有的采用连轧机或半连轧机开坯，板坯厚度公差较大，达 1.0 ~ 1.4mm。板坯宽度和厚度公差的波动直接影响成品钢板的厚度波动，因为热轧硅钢片厚度是依据轧制长度间接控制板厚，而轧制长度为板坯宽度和厚度的乘积，也就是与断面系数有关。每个炉号或同一炉号的板坯厚度和宽度波动较大，在实际生产时不可能对板坯宽度和厚度都进行测量。上海硅钢片厂提出按板坯平均单重控制板长的操作法，即对每一垛板坯（约 270 块）称重，并计算出每块板坯重，以平均单重控制轧制长度。此法可使成品厚度公差的波动范围减小。

轧制板形不仅影响钢板厚度公差，也是影响同板差的重要因素。轧制板形反映了叠板沿宽度方向延伸情况。如果沿宽度方向延伸不均匀而呈非平行状态，则同一钢板的厚度偏差增大。造成板宽方向延伸不均匀的原因较多，其中辊形变化起很大作用。上海硅钢片厂将传统的辊形原始研磨曲线（抛物线）改为指数型曲线（盆形曲线），改善板形的效果明显。轧制时通过沿辊身长度方向上布置的煤气加热、风管冷却和辊径温度调整等手段减小板形大圆角，使辊形接近平行状态，板宽方向的厚度偏差可控制在 0.02mm 以内。控制好轧制压力也可改善厚度同板差。轧制时四型板合轧不允许出现头部黏合不牢的"张嘴现象"。同时终轧压下率相对要小些，一般在 15% 以内为宜。此外，由于折叠轧制出现同一组钢板头、尾厚度不同和温差大，也造成钢板长度方向厚度差。为减小纵向厚度板差，在保证钢板厚度公差的前提下，可适当增加钢板的轧制长度。但这与轧制成材率有矛盾，所以也不能轧得过长。

4.3.2.3　轧后控制冷却速度

热轧后传统的冷却方法是将每组叠板堆垛自然冷却，冷却速度很慢。终轧温度不高于 700℃，在 600~500℃ 温度区间冷却很慢，这不仅使残余应变能较高的热轧形变组织进行充分回复，从而影响以后退火再结晶组织均匀性和晶粒长大，而且还使粗大渗碳体沿晶界析出，这对以后退火脱碳很不利。上海硅钢片厂采用轧后急冷新工艺，明显提高了退火脱碳率和磁性。即热轧后在 10s 内放入水中冷却，使钢中碳来不及沿晶界析出大块渗碳体，部分碳处于过饱和固溶状态，部分碳以细小针状渗碳体在晶粒内弥散析出，以后退火时提高了碳的扩散速度，促进了脱碳。轧后急冷不仅保留了热轧板中较大的残余轧制应变，而且由于快冷增加了热应变，这对退火时再结晶和晶粒长大有利。实践证明，轧后急冷的热轧电机硅钢片退火后含 0.005%~0.008%C，而堆垛冷却和退火后的成品含 0.01%~0.02%C。这两种冷却工艺的脱碳率相差约 20%，成品铁损值 P_{10} 相差约 0.13W/kg，P_{15} 相差约 0.3W/kg。DR450—50 以上牌号合格率相差约 30%。

通过高温显微镜观察碳化物在冷却时析出比例与钢板入水温度的关系示于图 4 - 4。由此可看出碳化物在约 694℃ 开始快速析出。因此采用轧后急冷工艺时，叠板入水温度应高于 695℃ 和低于 710℃。高于 710℃ 水冷时硅钢片易出现卷边和破损等缺陷。曾试验过风冷和喷水方法，但不如放在水中效果好。图4 - 5 所示为生产条件下采用轧后急冷工艺的入水温度与 P_{15} 和 DR510 牌号合格率的关系。也证明约 708℃ 入水时磁性最好。

轧后急冷使钢板变得更硬，这对低硅电机钢叠板以后的剪切和掀板工序无任何影响，但对硅含量高的变压器钢叠板会造成剪切破碎和掀板弯角、折断等问题。因此轧后急冷工艺只适用于含硅 3% 以下的电机硅钢。此外，轧后经急冷处理的硅钢片，在退火前的搁置时间不宜过长，因为过饱和的固溶碳不稳定而析出碳化物，这影响处理效果。

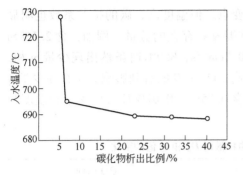

图4-4 钢板入水温度与碳化物
析出比例的关系

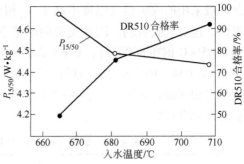

图4-5 生产条件下钢板入水温度与P_{15}和
DR510牌号合格率的关系

4.3.3 退火工艺

退火的主要目的是通过脱碳、再结晶和晶粒长大来提高磁性。同时要保证硅钢片平直度和防止表面过量氧化。

4.3.3.1 脱碳机理

电机硅钢冶炼的碳含量上限为0.08%，由于采用一次加热轧制工艺，脱碳能力很差，主要依靠退火时脱碳。脱碳是通过以下两个过程进行，即钢板内的碳往表面扩散和表面的化学反应。

A 碳的扩散

根据菲克（Fick）第一定律，碳原子的扩散通量（J）与用碳体积浓度（C）表示的梯度成正比，即

$$J = -D\frac{dc}{dx}, g/(cm^2 \cdot s) \text{ 或原子数}/(cm^2 \cdot s)$$

式中，D 为扩散系数，cm^2/s。J 实际上就是碳原子流过单位截面的速度。在一般情况下碳原子流向低浓度区，即碳原子流动的方向与浓度梯度方向相反，所以上式必须加负号。只要钢中存在碳浓度梯度就会出现碳扩散流。随扩散系数增大，扩散通量增高。

扩散系数 $D = D_0 e^{-\frac{Q}{RT}}$，式中，$D_0$ 为扩散常数；Q 为扩散激活能；T 为绝对温度；R 为气体常数。D 是温度的函数。由此可看出随温度升高，扩散系数增大。

影响碳在硅钢中扩散的因素除温度和板厚（扩散距离、脱碳时间与板厚平方成正比）外，晶体结构、晶体缺陷和合金元素也有影响。碳在面心立方 $\gamma-Fe$ 中的扩散速度比在体心立方 $\alpha-Fe$ 中更慢。由表4-4看出，碳在这两种晶体结构的相中扩散时的 D_0 和 Q 值不同，所以碳在 α 相中的扩散系数 D_c^α 远高于碳在 γ 相中的扩散系数 D_c^γ。如 Fe-C 二元合金中在850℃时 $D_c^\alpha/D_c^\gamma > 70$（约为$10^2$）。因

此一般采用的脱碳退火温度不高于 A_{c_1} 相变点。但温度高，碳的扩散系数也明显提高，这对脱碳有利。因此关键问题是掌握 γ 相存在的数量。例如，含 2.5% Si 和 0.05% C 钢在 800℃时，$D = 1.555 \times 10^{-6} \text{cm}^2/\text{s}$；850℃时虽然出现少量 γ 相，但 $D = 2.054 \times 10^{-6} \text{cm}^2/\text{s}$。这说明温度提高 50℃对 D 的有利影响大于存在少量 γ 相的二相区的有害影响。表 4-5 所示为含 0.05% ~ 0.07% C 时硅含量和温度与 γ 相数量的关系[5]。

表 4-4　碳在 γ 相和 α 相中扩散时 D_0 和 Q 值的变化

名　称	$D_0/\text{cm}^2 \cdot \text{s}^{-1}$	$Q/\text{J} \cdot \text{mol}^{-1}$
$\alpha - \text{Fe}$	0.02	80000
$\gamma - \text{Fe}$	0.04 + 0.08% C	125600 ± 3200

表 4-5　硅含量和温度与 γ 相数量的关系（碳含量为 0.05% ~ 0.07%）

温度/℃	$w(\text{Si})/\%$				
	1.0	1.5	2.0	2.5	3.0
750	0	0	0	0	0
800	44	21	0	0	0
850	64	46.5	28.5	13.5	0
900	87	82	53.5	36.5	20
950	100	100	76	61	43
1000	100	100	93	75	61

晶体缺陷（空位、位错和晶界）对碳的扩散激活能有很大影响。用淬火方法产生过饱和浓度的空位可明显提高碳原子的扩散速度（降低扩散激活能）。位错密度增加也使碳在晶粒中的扩散速度加快，碳原子沿位错管道扩散的激活能比晶格扩散激活能降低 50% 以上。碳沿晶格点阵畸变的晶界扩散速度大于晶粒内的扩散速度。

硅有排斥碳原子的作用，即硅含量增加碳的化学势梯度或活度（见图 4-6），碳由含硅的一侧扩散到无硅的一侧，所以硅促进碳的扩散，加快脱碳速度。

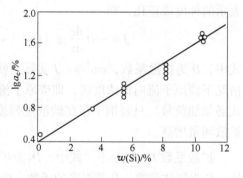

图 4-6　硅含量对 α 相中碳活度 a_c 的影响（800℃时）

B　钢板表面的化学反应

热轧硅钢片进行普通退火时依靠表面氧化铁皮进行脱碳，其反应式为：

$[C] + FeO \rightleftharpoons Fe + CO$。在氢气保护下退火时，氢首先将表面 FeO 还原而形成 H_2O，再通过 H_2O 与 C 反应而进行脱碳，其反应式为：$FeO + H_2 \rightleftharpoons Fe + H_2O$；$[C] + H_2O \rightleftharpoons CO + H_2$。实验证明，当通入 $-20 \sim -30℃$ 露点的 100% 干 H_2 时，钢板加热到 250℃ 以上，表面 FeO 就开始被 H_2 还原，气氛露点升高到 $+20℃$ 以上，甚至达 $+40 \sim +50℃$。如果通入 $5\% \sim 10\% H_2 + 90\% \sim 95\% N_2$ 的湿气氛，表面 FeO 不易还原，而 FeO 的存在又阻碍 $[C]$ 与 H_2O 的反应。虽然 FeO 本身有一定的脱碳作用，但其脱碳效率比 H_2O 低。因此必须采用 100% 干 H_2 退火。这与冷轧电工钢的脱碳退火不同，冷轧电工钢板表面没有氧化铁皮，一般在湿的 $20\% H_2 + 80\% N_2$ 混合气氛中进行脱碳退火。热轧硅钢片进行氢气退火时，H_2 的露点应控制在 $-50℃$ 以下。因为 $w(Si) > 2.8\%$ 钢在 $800 \sim 900℃$，$R_{H_2O}/P_{H_2} \geqslant 0.024$ 就可使硅氧化成 SiO_2，这对脱碳很不利。

4.3.3.2 退火工艺要点

A 退火制度

热轧硅钢片的退火制度为：以 $15 \sim 30℃/h$ 升温到 $690 \sim 750℃$，保温 8～11h，以 $10 \sim 15℃/h$ 冷却。退火方式为堆垛退火。根据 Fe–Si–C 三元相图，退火温度低于 780℃ 时组织基本为铁素体，但考虑到料垛上、下温差一般在 30℃ 以上，因此上限规定为 750℃。温度过高，表面氧化铁皮增厚，并出现部分氧化铁皮疏松和脱落，同时退火后钢板平直度变坏，在钢板边部 $50 \sim 100mm$ 处易产生沟槽，这对电机铁芯装配加工很不利。保温时间与料垛（装料量）大小有关。一般 $1m \times 2m$ 的料垛重约 20t，合适的保温时间约为 10h。退火温度固定不变时，平均晶粒直径随保温时间的平方根而增大，保温时间长又可充分脱碳，这都对改善磁性有利。加热和冷却速度与退火后磁性和平直度有关。由于硅钢的导热性比普通碳素钢更低，硅钢片在罩式炉内堆垛退火时是由侧边进行加热，不仅板垛上、下有温差，侧边与中部也有温差。温差的存在使硅钢片各处热膨胀量不同，产生了热应力。加热时硅钢片边部温度高，热膨胀量大，受压应力；冷却时硅钢片边部温度低，收缩量大，受拉应力。因此要控制好加热和冷却速度。上海硅钢片厂在罩式炉内的罩与料垛之间又加一个简易罩，可使温差减小，这对改善退火后硅钢片平直度有较明显的效果。

B 氢气退火

热轧硅钢片退火大多采用上述的普通退火工艺，退火后硅钢片中碳含量一般在 0.02% 以上，平均晶粒尺寸为 ASTM 4～5 级。有的企业采用分解氨退火，成品碳含量为 0.015%。上海硅钢片厂采用氢气退火，成品碳含量约为 0.01%，使磁性明显提高。

采用的氢气为 100% 干 H_2。氢气预先经脱氧和脱水净化处理，使氧含量低于 0.0010%，露点在 $-50℃$ 以下。通 H_2 前先用 N_2 赶走炉内空气（要求通 H_2 前炉内气体中氧含量低于 1.5%），一般通入 $10m^3N_2$。通 N_2 是与炉子升温同时进行。H_2 通入量随加热温度而变，在升温到 $300 \sim 400℃$ 时，通 H_2 量不宜过大。以后通 H_2 量一般控制在 $5m^3/h$ 左右。通 H_2 时炉内压力应控制在 $400 \sim 1000Pa$，以保证安全。在此压力范围内增大压力对改善磁性有利。炉压过高在高温阶段可使内罩变形。

参 考 文 献

[1] 那宝魁，黄石，蒋寒松，吕包苓. 轧钢 [J]，1992，(1)：29 ~ 33.
[2] 太钢二炼钢转炉冶炼热轧低硅钢脱氧不加铝试验总结（内部资料）. 1983.1.
[3] 周天立，刘素兰，等. 鞍钢用最佳吹氩工艺净化钢质提高热轧硅钢电磁性能研究（内部资料），1990.
[4] 刘素兰，周天立. 轧钢 [J]，1993，(5)：28 ~ 33.
[5] Дубров Н Ф，Лапкин Н И. Электроехнические Стали Москва Государственное Научно - Техническое Издательство，1963：273.

5 冷轧无取向低碳低硅电工钢

5.1 概述

冷轧无取向低碳低硅电工钢是指 $w(\text{Si}) \leqslant 1\%$ 或 $w(\text{Si} + \text{Al}) \leqslant 1\%$ 电工钢，标定厚度为 0.5mm 和 0.65mm。其特点是制造工艺简单，制造成本低。由于硅含量低，磁感应强度高，铁损也较高。这类材料主要用于生产小于 1kW 的家用电机和微电机（也称分马力电机）、小电机、镇流器和小型变压器等。美国低碳低硅电工钢产量约占电工钢总产量的 70%，日本约占 65%。前苏联低碳电工钢产量约占无取向电工钢总产量的 30%。这类材料多以半成品（不完全退火）状态出售，用户冲片后再经完全退火消除冲片应力。

一个国家的发电量有 60% ~ 70% 都是被电机消耗掉的。电机造成的电损耗中，电工钢的铁损占 10% ~ 30%。由表 5 - 1 看出，美国小于 3.7kW 电机台数约占电机总台数的 97%（其中小于 0.74kW 分马力电机占总台数的 90%），电机平均效率低，且多为间歇式运转，所以用电量只占电机总用电量的 22%，电损耗约占 44%。大于 92kW 电机台数只占 0.1%，但用电量为 32%。电机效率高，电损耗只占 14%。3.7 ~ 92kW 电机台数虽只占约 3%，但用电量为 46%，电损耗占 42%。由此看出，电机容量愈小，平均效率愈低。3.7 ~ 92kW 电机效率较低，其中许多电机在高负载下长期运转（如纺织机、车床和水泵电机），因铁损造成的电损耗可占电机总损耗的 2/3，所以提高电机效率可节约大量电力[1]。

表 5 - 1 1985 年美国电机台数、用电量和电损耗

电机容量 /kW	电机数量		用 电 量		平均效率/%	电耗 /kW·h
	台数/万	占比/%	用电量/kW·h	百分比/%		
0.74	87800	90.0	133×10^9	8.4	65.0	47×10^9
0.74 ~ 2.0	6700	6.8	217×10^9	13.7	77.0	50×10^9
3.7 ~ 15	2400	2.5	236×10^9	14.9	82.5	41×10^9
16 ~ 37	380	0.4	163×10^9	10.3	87.5	20×10^9
38 ~ 92	200	0.2	330×10^9	20.8	91.0	30×10^9
>92	130	0.1	506×10^9	31.9	94.0	30×10^9
总计	97600		1585×10^9		86.2	218×10^9
总发电量			2568×10^9			

中国 1 ~ 90kW 的异步交流电机产量大，其总容量占电机总容量 60% 以上，定子和转子铁芯都用电工钢制造，电工钢费用约占电机制造材料成本的 1/3。同步交流电机和直流电机定子铁芯用电工钢板制造。

电机铁芯设计最大磁感应强度 $B_m = \dfrac{V_2}{4.44fNS}$。式中，$S$ 为铁芯截面积；N 为线圈匝数；V_2 为磁感应电压；f 为频率。V_2 与激磁电压 V_1 成正比，所以 $B_m \propto V_1/f$。电机在低频下，即 V_1/f 值高时，如果铁芯 B 值不高，则铁芯转矩下降。在高频下，即 V_1/f 值低时负载轻，转矩小，铁芯 B 值较低就可满足要求。因此低频下要求 B 高，也就是激磁电流要大些。高频下 B 低，但 P_e 增高。现在许多家用电机和小电机的转速是可变的，其实际运转时间大多在低频下，因此要求材料中硅量低来提高 B_{50} 和使板厚减薄。这对提高电机在低频下的效率是最重要的[2]。

电机容量愈小，电机损耗中由导线引起的铜损所占比例愈高。如不大于 1.5kW 电机中铜损约占 80%，铁损约占 20%；22kW 电机中铜损约占 60%，铁损约占 40%。铜损 $= I_2R$，式中，I 为激磁电流；R 为导线电阻。初级线圈中激磁电流引起的铜耗与电工钢的磁感应强度有直接关系。这类材料 B_{50} 高，I 降低。与 3% Si 钢相比，B_{50} 约高 0.1T，I 至少降低 5%，所以铜损显著降低。虽然材料的铁损较高，但电机总损耗降低，功率因数和效率提高。如果提高 B_m，铁芯长度可缩短，电机体积和质量明显减小（质量可减轻 25% ~ 30%），因为 B_{50} 提高 10%，铁芯叠片厚度减小 10% 以上，这使电工钢、导线、绝缘材料和结构材料用量减少，电机制造成本降低。所以这类材料，特别是半成品材料，最适合用作小于 15kW 的微型、小型电机[3]。

1973 年由于能源紧张，美国于 1974 年开始对工作时间大于 1000h 的小电机进行重新设计，加长铁芯减小磁通密度，加大导体横截面面积，降低电阻，并采用更高磁性的低碳低硅电工钢制造，因此使电机平均效率提高了 2% ~ 4%（见图 5 - 1），可节电 10%。制造高效电机额外增加的费用使制造成本提高 10% ~ 20%，每年工作在 2000h 以上的电机，不到 4 年时间就可将额外费用收回。这种高效电机的产量在逐年提高。1992 年美国 62% 电机都为高效电机，1996 年美国政府规定进口这类电机必须采用 $B_{25} \geqslant 1.67$T（$B_{50} \geqslant 1.95$T）、$P_{10} \leqslant 1.9$W/kg（$P_{15} \leqslant 4.7$W/kg）电工钢制造的高效电机。现在要求用 $P_{15} \leqslant 3.5$W/kg 电工钢制造。日本于 1978 年提出 "月光计划"，其中要求 P_{15} 相当于 2.5% ~ 3%

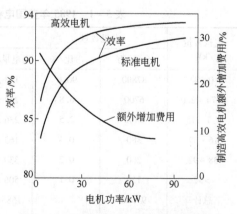

图 5 - 1　标准电机和高效电机的比较

Si 钢水平，而硅含量小于 1% 的材料，用来制造冷冻机和空调压缩机高效电机。为满足此要求，新日铁于 1983 年开发和生产了"高效电机铁芯材料"的低碳低硅电工钢半成品产品。由图 1-2 看出，其 P_{15} 已降到 3% Si 钢高牌号 50A270 水平，B_{50} 高 0.08~0.10T[4,52]。这为进一步扩大这类电工钢的应用范围创造了有利条件。1999 年日本又进一步提出了节能法，要求更严格。日本川崎、住友金属、日本钢管公司，德、法和前苏联等国也已生产类似的新牌号产品。

1997 年日本发电量为 9320 亿 kW·h。家庭消耗电量占 29%，其中空调和冰箱等压缩机电机和风扇电机占 44%，相当于 190 亿 kW·h 电力。家用电机效率提高 1%，可节电约 12 亿 kW·h 电力。办公室、商店和工厂用的电机使用的电力大于 50%，其中工厂用的电机消耗电力占 64%。这些电机效率提高 1%，至少可节电 47 亿 kW·h。如果都采用高效电机材料制造，每年可节电约 100 亿 kW·h[5]。中国现在也在研制和生产高效电机用钢。

为了节能和环保，要求提高电机效率、缩小电机体积和减少噪声。近年来无取向电工钢发展都是针对高效电机用钢进行的。高效电机用钢已从原来的低碳低硅电工钢扩展到 1.5%~3% Si 钢范围。现在国外已广泛采用变频器（PWM）驱动电机代替开关式（on-off）驱动电机。电机转速约提高 10 倍。工作频率由固定的 50~60Hz 变为 10~1000Hz 可变式频率。电机转速随频率增高而加快，电机频率明显提高。电机输出功率为：

$$P = k \times f \times N \times i \times B \times S$$

式中，k 为比例常数；N 为线圈匝数；S 为铁芯断面面积；i 为激磁电流。提高频率 f 可提高 P 和使电机体积缩小。PWM 的 f 比 50Hz 可高约 10 倍，根据 f 来决定 B_m。f 提高 8~10 倍，B_m 可降低，即 $f \times B_m$ 可提高 4~5 倍。上式中，k，N，i 和 S 根据 $f \times B_m$ 来确定。电机效率 = 输出功率/（输出功率 + 损耗）。其中电机损耗 = 铁损 + 铜损 + 机械损耗 + 漂移负荷损耗。在无负荷转动时机械损耗比铁损更低，高转速和高转矩下电机损耗增大。铜损几乎与转速无关，但随转矩增大而增高。铁损随转速和转矩增高而增大，提高转矩是靠增大激磁电流，所以铜损增高。激磁电流高，磁通高次谐波组分增多，所以铁损也增高。此时由于铜损更大，所以要求材料 B_{50} 高。转速增高（不低于 2000r/min）是靠提高频率，所以要求材料 P_{15} 和 $P_{10/400}$ 更低，或者采用小于 0.35mm 厚的薄板[6]。

日本空调和冰箱压缩机电机消耗的电量约占家电总消耗电量 50% 以上，约占电机总消耗电量 10%。采用 PWM 驱动电机和高效电机用电工钢制造电机铁芯，已使电机效率提高到 85% 以上，节省了大量电力。现在压缩机电机已全部采用 PWM 驱动。PWM 驱动的空调电机在启动时（10~60Hz 低转速区）设计 B_m 高（1.2~1.5T），此时铜损占比例大，要求电工钢 B_{50} 高，这也提高了电机转矩。在稳定工作状态时（高频高转速区如 300Hz，6000r/min），设计 B_m 低

（0.8~1.0T），此时铁损占比例大，要求电工钢 $P_{15/50}$ 和 $P_{10/400}$ 低。同时为增大电机转矩，B_{50} 也要高。由于电机转速提高，也要求电工钢强度高。此外要求冲片性好（$H_v = 110 \sim 130$）。空调电机一般用不大于 1.5%（Si + Al）高效电机用钢制造。电机转矩减小是由机械损耗和电工钢 P_h 引起的。转矩小和不稳定时电机发生振动，噪声增大和效率降低[7]。

最近发展的电动汽车（EV）和混合动力型汽车（HEV）的驱动电机（输出功率为 300~400W），计算机中的主机微电机、手机中超小型振动电机、高速印刷机、办公室电脑、信息情报机和遥控用的微电机等也都用高效电机和 PWM 驱动。一般汽车中约有 20 个电机，高级轿车中电机可高达 60 个。一般汽车电源的标准电压为 14V（电池电压 12V）。而 EV 和 HEV 标准电源电压为 42V（电池电压 36V），其驱动电机都为高效电机。欧美多用感应电机，它比无刷式直流电机成本更低，电机损耗中铜损比铁损更低，所以用不大于 1.5%（Si + Al）高效电机用钢制造。日本汽车体积小，多采用转子埋有永磁体的无刷式直流电机（简称 BLDC 或 PM 电机），其特点是体积小，激磁电流低，而且不产生二次电流（由于埋有永磁体），所以铜损低，用铁损更低的 0.3mm 或 0.27mm 厚的 2%~3%Si 钢制造。电机效率超过 80%，甚至高达 92%，比感应电机效率高 0.5%~1%。最近开发的磁阻电机结构简单、成本低而噪声较大，也适合用作驱动电机，电机效率也不低于 80%，多用 2%~3%Si 钢制造。汽车中电动车窗、电动后镜视器和雨刷器等电机多为感应电机，也多用不大于 1%Si 高效电机用钢制造。作为汽车发动机驱动电机损耗中铜损比铁损更高，所以用不大于 1.5%（Si + Al）高效电机用钢制造。电源的发电机为高效交流发电机，其定子采用电工钢制造。由于是在 400~1000Hz 下驱动，要求高频铁损低（$P_{10/400} < 70$W/kg）和 B_{50} 高（不小于 1.7T），冲片性好，采用 0.35mm 厚的不大于 1%Si 高效电机用钢制造。为节省汽油，一般汽车采用 EPS 系统，用电机和电制动系统代替原来的液压传动系统，可节省汽油 3%~5%。即直线驾驶时液压泵仍在运转，而 EPS 系统并不消耗能量，要求用 P_h 低的高效电机用钢制造 EPS 电机。目的是降低电机空转扭矩。日本也用无刷式直流电机制造。近年来对无刷式直流驱动电机和交流发电机开发了螺旋型分割式定子铁芯代替冲片铁芯，绕线作业率和电工钢板利用率都提高。对电工钢的要求是磁性高和弯曲加工性好（屈服强度为 180~245MPa），也可采用取向硅钢制造[8~12]。

冷轧无取向电工钢板与轧向约呈 55° 方向的磁性最低，这与热轧硅钢片情况相反，因此用环状样品测量磁性比用单片或通用的 Epstein 方圈测定纵横向平均磁性更合理，也更符合电机实际使用情况。

5.2　化学成分对性能的影响

表 5-2 所示为规定的化学成分范围。

表 5 - 2　低碳低硅电工钢的化学成分　　　　　（质量分数，%）

C	Si	Mn	P	S	Als	N	O
≤0.015（最好不大于0.005）	0.1~1.0	0.25~0.50	0.07~0.11	≤0.015（最好不大于0.005）	≤0.001（最好不大于0.007或0.2~0.3）	≤0.005	≤0.007

注：$w(Si + Al) \leq 1\%$。

5.2.1　硅的影响

由图 5-2 看出，硅含量从 0.1% 增到 1% 时，由于电阻率 ρ 增高，P_{15} 不断降低，但 B_{50} 也下降。硅提高 0.1% 相当于 ρ 增高约 1.3μΩ·cm，P_{15} 降低 0.11W/kg（降低 1%）[2]。

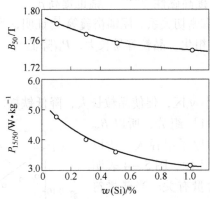

图 5 - 2　0.2% Al 和 0.04% Sb 低碳电工钢中硅含量与磁性的关系
（800℃ ×2h 预退火，二次冷轧法，0.5mm 厚半成品）

5.2.2　碳的影响

碳为有害元素。图 5 - 3 表明成品碳量增高，P_{15} 增大。0.5mm 厚的 0.9% Si 钢中碳量每增高 0.01%，P_{15} 平均增高 0.66W/kg（增高 7%）[2]。碳高也引起磁时效，因此要求成品中 $w(C) < 0.003\%$。炼钢时最好将碳降到 0.005% 以下，成品完全退火时不脱碳或少脱碳，这一方面可提高连续退火的钢带运行速度，增大产量；另一方面可减轻内氧化层和内氮化层，降低铁损，并减轻钢带划伤。生产半成品时，炼钢的碳可小于 0.01%（最好小于 0.008%），以后消除应力退火时将碳脱到 0.005% 以下。碳扩

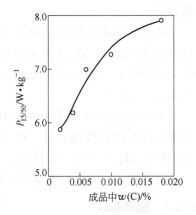

图 5 - 3　0.25% Si，小于 0.001% Als 钢，0.5mm 厚半成品退火后碳量与 P_{15} 的关系

大 γ 相区和使相变温度降低，碳含量高迫使成品退火温度降低，晶粒长大不充分，铁损增高。碳化物尺寸、形态和分布对电工钢晶粒组织、织构和磁性有较大影响。但碳含量低热轧板晶粒大，冷轧和退火后钢中 {111} 位向晶粒增多，B_{50} 降低。碳含量高也促使钢形成剪切带，使 {110}〈001〉晶粒增多。

5.2.3　锰的影响

锰与硫形成 MnS，可防止沿晶界形成低熔点的 FeS 所引起的热脆现象，因此要保证一定量的锰来改善热轧塑性。锰扩大 γ 相区，MnS 在 γ 相中的固溶度乘积比在 α 相中的低，可促使 MnS 粗化，有利于以后晶粒长大。一般要求 $w(\text{Mn})/w(\text{S}) \geq 10$，以保证良好热加工性和使 MnS 粗化，促使 {100} 和 {110} 组分加强，{111} 组分减弱，提高磁性[4,13,14]。锰也提高 ρ。

锰的作用与硫含量有密切关系。屋铺裕义等[15]证明，当含 0.004% ~ 0.017% S 时，提高锰含量使 MnS 粗化，晶粒容易长大，P_{15} 降低。

5.2.4　磷的影响

磷明显提高 ρ、缩小 γ 区，促使晶粒长大，降低铁损。磷沿晶界偏聚可提高 {100} 组分和减少 {111} 组分，所以 B_{50} 也提高。磷比铁和硅的原子半径大，所以明显提高硬度和改善冲片性。图 5 - 4 表明钢的硬度与磷和硅的含量有关。当磷量符合 $0.05 - 2/35(\%\text{Si}) \leq [\%\text{P}] \leq 0.15 - 1/7$ [%Si] 时，完全退火状态的硬度 HV = 110，半成品状态 HV = 185，冲片性和磁性都高[16]。

磷有阻碍碳化物析出和长大及减轻磁时效的作用[17]。钢中含 0.005% C 和% Si × %P ≥ 0.12 时就可防止磁时效，时效前后 $\Delta P_{15} > 4\%$ [18]。

不加硅的 0.5% Al 和 0.16% P 钢的磁性和冲片性的综合性能最佳，P_{15} 达 2% Si 的 S18 牌号，$B_{50} = 1.80$T。磁性高是因为 {100} 组分加强和 {111} 组分减弱[19]。

磷量过高，特别是在碳量很低的情况下，冷加工性变坏，产品发脆。

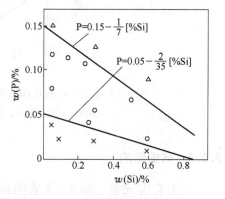

图 5 - 4　磷和硅含量与 0.5mm 厚低碳电工钢板硬度的关系

△—脱碳退火前硬度不合适；○—硬度合适；×—脱碳退火后硬度不合适

5.2.5　硫的影响

硫是有害元素。图 5 - 5 说明硫量提高，P_{15} 明显增高，而对 B_{50} 影响较小[20,21]，每提高 0.01% S，P_{15} 增高约 0.33W/kg[20] 或每提高 0.01% S，P_{15} 增高约

0.157W/kg[22]。硫与锰形成细小 MnS 时可强烈阻碍成品退火时的晶粒长大。任何 Mn 量下，P_{15} 都随 S 量增高而增大，而 S 量相同时，Mn 量增高，P_{15} 降低[23]。铸坯加热、热轧和常化工艺的一个重要目的就是防止析出细小 MnS 质点，或使钢中已存在的 MnS 粗化。硫也是产生热脆的主要元素。但当 $w(\mathrm{Mn})/w(\mathrm{S}) > 10$ 时，0.02% ~ 0.03% S 可改善冲片性、切削性，提高冲片尺寸精度[24]。

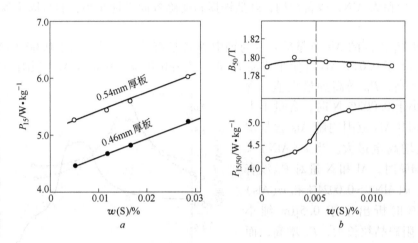

图 5-5 硫含量对低碳电工钢磁性的影响

a—0.6% Si，0.2% Al，半成品退火后[20]；b—0.3% Si，
0.85% Mn，0.5mm 厚，半成品退火后[21]

5.2.6 铝的影响

铝与硅的作用相似，提高 ρ 值、缩小 γ 区和促使晶粒长大，所以铁损降低。由图 5-6a 看出，酸溶铝 Als 在 0.005% ~ 0.014% 范围内，P_{15} 明显增高，因为在

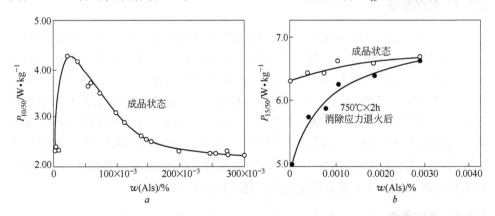

图 5-6 Als 含量对低碳低硅电工钢铁损的影响（0.50mm 厚）

a—Als 含量与 H23（约 1.5% Si）牌号 P_{10} 的关系；b—Als 含量与 0.25% Si 钢 P_{15} 的关系

此范围内最易形成细小 AlN 从而阻碍晶粒长大；由于晶粒小，{111} 位向组分也增多[25]。所谓酸溶铝是指钢中 AlN 的铝含量和固溶铝，也就是总铝量减掉 Al_2O_3 中铝含量后剩余的铝含量。图 5-6b 表明在 $w(Als) \leqslant 0.003\%$ 情况下，Als 量愈低，半成品经 750℃×2h 消除应力退火时晶粒愈容易长大，{100} 组分增多，所以 P_{15} 明显降低[26]。铝含量在 0.15% 以上时起到与提高硅量相同的作用，同时形成粗大 AlN，改善织构，降低铁损和使磁各向异性减小，而且固定氮使磁时效减轻[27]。

使 P_{15} 提高的 Als 含量危险区与钢中 N 含量有关。含量不大于 0.001% N 时，含量不大于 0.01% Als 可使半成品 P_{15} 低，而在 0.01%～0.03% Als 范围内随 Als 含量增高，P_{15} 增高到最大值。含量不小于 0.002% N 时，含量不大于 0.01% Als 范围内随 Als 含量增高 P_{15} 增高至最大。当 $w(AlN) <$ 0.0024% 时，Al 和 N 量对 P_{15} 没有影响。$w(AlN) >0.0024\%$ 和 $w(Als)$ <0.1% 时析出小于 0.5μm 细小 AlN，阻碍晶粒长大，P_{15} 增高，而对 B_{50} 影响不大。$w(Al) >1\%$ 时析出粗大 AlN(大于 1μm)，对 P_{15} 没有影响（见图 5-7）[28]。Al 可提高叠片焊接性。大于 0.03% Als 时使焊池中 O_2 量降低，焊缝区气孔少，焊缝形状变浅变宽[29]。

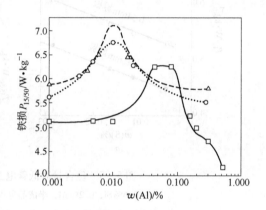

图 5-7　Al 和 N 含量对消除应力退火
后铁损 $P_{15/50}$ 的影响

□—N = 5～9×10^{-4}%；○—N = 21～28×10^{-4}%；
△—N = 35～43×10^{-4}%；0.5mm 厚
0.3% Si + 0.3% Mn + 0.1% P 钢

5.2.7　氮的影响

氮是有害元素，易形成细小 AlN 质点抑制晶粒长大。N 含量 0.0025% 时使 P_{15} 明显增高（见图 5-8）。氮是产生磁时效的元素。因为室温下氮在 α-Fe 中的溶解度为碳溶解度的 1/10，所以氮比碳对时效影响更大。氮含量过高，易析出细小 $MnSiN_2$，使 P_{15} 增高。氮量高于 0.012% 时，退火后易产生起泡现象，产品报废。以后加热、热轧和退火工艺的一个重要目的是防止析出细小 AlN，或使钢中已存在的 AlN 粗化。含量小于 0.002% N 和含量小于 0.02% Al 可防止析出 AlN[30]。含量不大于 0.001% N 时，P_{15} 明显降低，B_{50} 也提高（如图 5-8 所示），因为热轧板中细小 AlN 数量明显减少，热轧板晶粒大[31]。

5.2.8　氧的影响

氧是有害元素。氧形成 SiO_2、AlO_3 和 MnO 等氧化物夹杂，使磁性降低。MnO

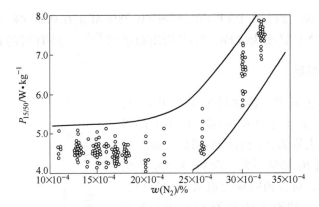

图 5 - 8　氮量对 $w(Si) \leqslant 0.5\%$，$w(Als) < 0.003\%$ 低碳电工钢 P_{15} 的影响

（预退火，0.5mm 厚，半成品退火后）

等细小氧化物可阻碍晶粒长大。每提高 0.01% O，P_{15} 可增高约 0.07W/kg[22,32]。氧加速氮在铁中的扩散速度，可间接地加速磁时效。硅和铝降低碳和氮在 α – Fe 中的扩散速度，阻碍磁时效，但氧与硅和铝形成氧化物，所以也促进磁时效。氧含量大于 0.003% 时，叠片铆接性变坏，因为存在伸长的氧化物夹杂。

5.2.9　钛的影响

钛是有害元素。钛含量小于 0.0016% 时消除应力退火后为等轴晶粒，不大于 0.0016% 时，由于析出的 Ti(CN) 钉扎晶界，阻碍晶粒长大，晶粒明显细化，P_{15} 增高，B_{50} 降低。钛含量不小于 0.016% 时，晶粒和晶界处都析出（Fe，Ti）P，P_{15} 明显增高，B_{50} 也显著降低（见图 5–9）。热轧板和成品中 {111} 晶粒增多，

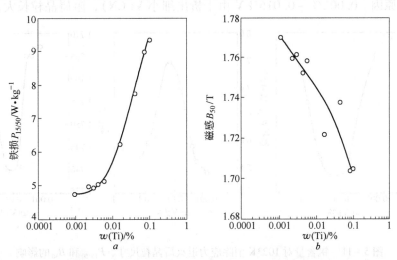

图 5 - 9　消除应力退火后铁损 $P_{15/50}$ 与 Ti 含量以及磁感 B_{50} 与 Ti 含量的关系

a—$P_{15/50}$ 与 $w(Ti)$ 的关系；b—B_{50} 与 $w(Ti)$ 的关系

{100} 晶粒减少。约含 0.1% P + 0.3% Si + 0.28% Al 钢在 0.006% ~ 0.016% Ti 范围内为从 Ti(CN) 转变为 (Fe, Ti)P 析出物过程[33,34]。但 Ti 可防止磁时效。

5.2.10　锆的影响

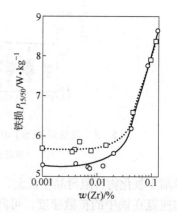

锆也是有害元素。锆含量小于 0.01% 时，对 P_{15} 没有影响；大于 0.01% 时，由于沿晶界和晶粒内析出大量 Zr_3Fe 而使 P_{15} 明显增高（见图 5 - 10），对 B_{50} 影响不大。Zr_3Fe 为不稳定的金属间化合物，对在消除应力退火时的晶粒长大影响较小[35]。也有人认为 Zr 可形成 ZrN 或者 Zr(CN)，阻碍晶粒长大而恶化 P_{15}。

图 5 - 10　Zr 对消除应力退火后
铁损 $P_{15/50}$ 的影响
（0.5mm 厚, 0.3% Si - 0.3%
Al - 0.3% Mn）
○—N = (11 ~ 20) × 10^{-6} 和
□—(27 ~ 36) × 10^{-6}

5.2.11　钒的影响

钒也是有害元素。钒含量不大于 0.001% 时，不析出 V(CN)，消除应力退火后晶粒大，P_{15} 低，B_{50} 高。0.014% V 时析出大量 V(CN)，晶粒最小，P_{15} 最高，B_{50} 最低。钒含量大于 0.016% 时，析出粗大 V(CN)，晶粒又增大，P_{15} 降低和 B_{50} 增高（见图 5 - 11）。V(CN) 析出行为与 AlN 析出行为相似。钒含量增加到不大于 0.016% 时，B_{50} 降低，是因为热轧板晶粒析出而 V(CN) 变小，{111} 组分加强的原因。0.002% ~ 0.016% V 由于析出细小 V(CN)，阻碍晶粒长大，磁性

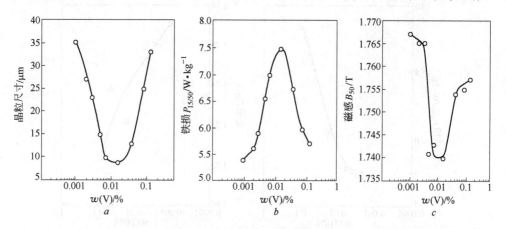

图 5 - 11　钒含量对 1023K 消除应力退火后晶粒尺寸、$P_{15/50}$ 和 B_{50} 的影响
（0.5mm 厚, 0.35% Si - 0.31% Mn 钢）
a—w(V) 对晶粒尺寸的影响；b—w(V) 对 $P_{15/50}$ 的影响；c—w(V) 对 B_{50} 的影响

降低[34,36]。加 0.15% ~0.8% Al 固定 N，因为析出粗大 AlN，可将 V 含量放宽到小于 0.02%。加（5 ~15）×10^{-6} B 也可固定 N，析出比 VN 更大的 BN（200 ~ 300nm），使 V 量放宽到小于 0.05% 而不会析出 VN。

5.3 通用的制造工艺

低碳低硅电工钢通用的制造工艺流程如图 5 –12 所示。

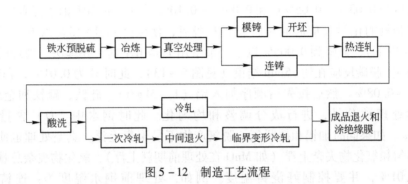

图 5 – 12 制造工艺流程

一般都采用一次冷轧法。产品特点是晶粒较小，铁损较高，磁感应强度也较高和磁各向异性较小。采用 3% ~15% 临界压下率冷轧的半成品，通过应变 – 退火诱发晶粒长大，铁损低，磁感应强度也较低和磁各向异性较大。

5.3.1 铁水脱硫

炼钢用低硫铁水。在高炉内降低铁水中硫需要提高渣碱度和增大渣量，这使焦比提高，铁水生产率降低。现在通用铁水炉外脱硫法（如 KR 法），在盛铁桶中加脱硫剂（如 CaC_2 + CaO，Na_2CO_3 + CaO 或 CaF_2 + CaO + 炭粉）进行搅拌，10 ~14min 内，硫可降到 0.01% 以下（最好在 0.005% 以下）。脱硫前扒掉 50% 渣后再加脱硫剂。处理前铁水温度不低于 1300℃，$w(S) \leqslant 0.03\%$。处理后将渣扒净，温度不低于 1200℃，$w(S) \leqslant 0.01\%$。脱硫前铁水温度过低，脱硫剂消耗量大。脱硫时间过长，低温铁水倒入转炉中易形成泡沫渣而影响吹氧操作。

炼钢用的废钢、活性石灰和硅铁等原材料中硫含量都不要超过 0.02%。

5.3.2 转炉炼钢

一般在 50 ~300t 顶吹或顶底复吹转炉中冶炼。出钢时 $w(C) \leqslant 0.05\%$。由于 CaO、硅铁等原材料带入的硫，冶炼后硫含量比铁水脱硫后约提高 0.002%。出钢温度根据以后真空处理和浇铸法进行调整。连铸法一般为 1680 ~1690℃，模铸法为 1660 ~1670℃。出钢时使用挡渣板，以保证钢包中有一定厚度（如小于 150mm 厚）的渣，防止钢水降温过快和氧化。在钢包中加锰铁达到规定的锰含量（100t 钢水加 150kg 锰铁，锰含量达 0.20% ~ 0.25%）。正常情况下真空处理前钢包中不加铝和硅铁脱氧。如果出钢时碳量过低（如小于 0.035%），钢水过氧化严重，倒入钢包中会发生强烈沸腾，甚至造成跑渣跑钢事故，这时必须在钢包中加少量铝预脱氧。

5.3.3   真空处理

含量为 0.03% ~ 0.05% C 和 0.06% ~ 0.10% [O] 的沸腾钢水经真空处理，通过碳和氧的化学反应同时进行脱碳和脱氧，使碳降到 0.015% 以下（最好在 0.005% 以下），氧降到 0.005% 以下。最常用的是 RH 真空处理法。处理时间约为 20min。脱碳反应在约 15min 结束（见图 5-13），此时 C 为 0.01%，[O] 为 0.05% ~ 0.08%。然后按先后顺序加入铝（1 ~ 5kg/t）、硅铁、磷铁和金属锰，并继续处理数分钟，进行成分调整和均匀化。此时钢水中 [O] 含量小于 0.005%。如果同时加铝和硅脱氧，脱氧产物不易聚集上浮。真空处理也使钢水温度均匀和氧化物夹杂上浮（如 MnO 在处理前期就上浮），氧化物夹杂总量最好小于 0.01%，并要控制好浇铸温度。例如，处理前钢水温度为：连铸法约 1620℃，模铸法约 1600℃。处理到脱碳反应结束时分别降到 1590℃ 和 1570℃。此时开始加铝和硅铁，钢水温度略有回升。

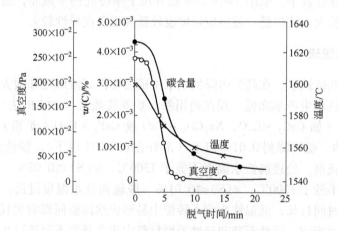

图 5-13   真空处理时间、温度与真空度的关系

在真空状态下通过 C-O 反应产生大量 CO 气体，钢水易喷溅，应控制好各级真空泵使排气稳定。处理过程中如果钢水中氧量不足，可在钢包底部吹氧。

5.3.4   连铸

以前采用模铸，现在主要采用连铸法。连铸法产量和成材率高，铸坯质量好。连铸法的成材率比模铸法提高 10% ~ 15%。

浇铸前先将钢包中钢水倒在预热到 1000 ~ 1100℃ 中间罐中，并用氩气密封，防止钢水氧化和氮化。连铸时控制好浇铸温度和浇铸速度（拉速）。浇铸温度（T）= 凝固温度（液相线温度）+ 过热度（ΔT）。ΔT 一般为 10 ~ 30℃，T = 1550 ~ 1580℃。浇铸速度取决于浇铸温度和硅含量。随温度降低和硅含量增高，浇铸速度应逐渐减小。浇铸速度一般控制在 1.1 ~ 1.2m/min。通常采用圆弧形连铸机。含 0.2% ~ 0.3% Al 的钢水较黏，浇铸时应防止水口堵塞。连铸坯厚度为 200 ~ 250mm，热送（高于 200℃）到热轧厂。必要时在高于 150℃ 经表面处理。

模铸时一般采用上铸法。浇铸过程也用氩气密封，采用大水口快速浇铸。钢锭为 10 ~ 20t 重扁锭。脱模后尽快装入 750 ~ 850℃ 均热炉中保温约 1h，再以 70 ~ 80℃/h 速度加热到 1230 ~ 1250℃ × 6 ~ 8h 进行开坯。终轧温度为 980 ~ 1080℃。经在线火焰清理（每面去掉约 2mm 厚）和 200 ~ 300℃ 人工清理。较高均热温度和较长均热时间可减少板坯表面缺陷。板坯厚度为 200 ~ 250mm，热送到热轧厂。

5.3.5 热轧

铸坯或板坯热装在加热炉中加热到 1100 ~ 1200℃，保温 3 ~ 4h。加热温度高，热轧塑性好，但产品磁性降低。加热温度低，塑性差，但磁性高。因此在轧机能力允许条件下，加热温度应尽量低，最好为 1050 ~ 1150℃，以防止钢中 MnS 和 AlN 等析出物固溶，因为它们固溶后在热轧过程中由于固溶度随钢板温度降低而下降，又以细小弥散状析出而阻碍退火时晶粒长大，{111} 组分增多，磁性变坏。铝量提高，加热温度对磁性的影响减弱。因为 AlN 固溶温度提高[37]。MnS 固溶温度高（不低于 1300℃），危害性较小；AlN 在 1200 ~ 1300℃ 已大部分固溶，危害性大。碳量低时，AlN 固溶温度提高，低于 1200℃ 加热 AlN 粗化。

合适的加热温度范围为：（1023 + 67 [% Si]）℃ ~ （1117 + 83 [% Si]）℃[38] 或者 1195 + 12.716 × （[% Si] + 2[% Al]）℃[39]。

高于 1200℃ 加热也使氧化铁皮熔化（$2FeO \cdot SiO_2$ 熔点为 1170℃），热轧时不易脱落，热轧带表面缺陷增多，以后冷轧时易产生脱皮现象。

采用热连轧机轧成带卷。开轧温度为 1050 ~ 1150℃，即在 γ + α 两相区热轧，终轧温度低于 Ar_3 相变点，一般为 800 ~ 880℃，合适的终轧温度范围为 800 ~ （880 + 50[% Si]）℃[40]，或者 790℃ ~ 40 × （[% Si] + 2[% Al]）℃[39]。卷取温度为 600 ~ 700℃，合适的卷取温度范围为（580 + 50[% Si]）~ （650 + 63[% Si]）℃[38]。以后热轧板不经常化时，希望终轧温度高，卷取温度也高（700 ~ 750℃），热轧板晶粒大，磁性好；反之，经常化时，希望终轧温度和卷取温度低，常化后晶粒更大。通用的热轧工艺制度是粗轧机轧 4 ~ 6 道，每道压下率相近，为 20% ~ 40%。精轧机轧 5 ~ 7 道，第一道压下率约为 40%，以后每道压下率逐渐减小，最后一道为 10% ~ 20%。热轧板一般为均匀再结晶晶粒。

计算 $w(\mathrm{Si}) < 1\%$ 电工钢 A_1 和 A_3 相变点的经验公式如下：

$A_1 = \{820 + 30(\mathrm{Si}\%) + 3(\mathrm{Al}\%) - 6(\mathrm{C}\%)\}$, ℃

$A_3 = \{937.2 - 47.95(\mathrm{C}\%) + 56(\mathrm{Si}\%) + 194.8(\mathrm{Al}\%)\}$, ℃　　　引自文献[41]

$Ac_3 = \{975 - 1067(\mathrm{C}\%) + 59(\mathrm{Si}\%) - 104(\mathrm{Mn}\%) +$

　　　　$225(\mathrm{P}\%) + 450(\mathrm{Al}\%)\}$, ℃

　　　　　　　　　　　　　　　　　　　　　　　　引自文献[42]

$Ac_1 = \{964 - 6814(\mathrm{C}\%) + 69678(\mathrm{C}\%)^2 + 59(\mathrm{Si}\%) -$

　　　　$97(\mathrm{Mn}\%) + 210(\mathrm{P}\%) + 450(\mathrm{Al}\%)\}$, ℃

$Ar_3 = \{891 - 900(\mathrm{C}\%) + 50(\mathrm{Si}\%) - 88(\mathrm{Mn}\%) + 190(\mathrm{P}\%) +$

　　　　$380(\mathrm{Al}\%)\}$, ℃

　　　　　　　　　　　　　　　　　　　　　　　　引自文献[43]

$Ar_1 = \{882 - 5750(\mathrm{C}\%) + 58800(\mathrm{C}\%)^2 + 50(\mathrm{Si}\%) -$

　　　　$82(\mathrm{Mn}\%) + 170(\mathrm{P}\%) + 380(\mathrm{Al}\%)\}$, ℃

$Ar_3 = \{916 - 509(\mathrm{C}\%) - 64(\mathrm{Mn}\%) + 33(\mathrm{Si}\%) + 50(\mathrm{Al}\%) +$

　　　　$250(\mathrm{P}\%)\}$, ℃

　　　　　　　　　　　　　　　　　　　　　　　　引自文献[44]

$Ar_3 = \{900 - 500(\mathrm{C}\%) + 40(\mathrm{Si}\%) - 60(\mathrm{Mn}\%) + 200(\mathrm{P}\%) +$

　　　　$150(\mathrm{Al}\%) - 20000(\mathrm{B}\%)\}$, ℃

　　　　　　　　　　　　　　　　　　　　　　　　引自文献[45]

$Ar_3 = 890 - 200\sqrt{\mathrm{C}\%} + 45(\mathrm{Si}\%) + 100(\mathrm{Si}\%) - 30(\mathrm{Mn}\%) +$

　　　　$150(\mathrm{P}\%) - 20(\mathrm{Cu}\%) - 11(\mathrm{Cr}\%) - 15(\mathrm{Ni}\%)$, ℃

　　　　　　　　　　　　　　　　　　　　　　　　引自文献[46]

5.3.6　冷轧

　　冷轧前经喷丸或反复弯曲和酸洗去除表面氧化铁皮。高温卷取或预退火的热轧板必须经喷丸处理疏松氧化铁皮，否则需要浓酸、高温和长时间酸洗，易引起过酸洗和形成坑状表面，成品表面质量变坏，产量降低和废酸处理困难。一般在 70～90℃的 2%～4% HCl 水溶液中酸洗 20～60s。未经喷丸处理的热轧板在 70～80℃时约 20% HCl 中酸洗 1～3min。酸洗后喷水清除表面酸液和污垢，经中和槽用 70～90℃的 Na_2CO_3 等碱性水溶液中和，再经清洗槽用水清洗并吹干。

　　一般经冷连轧机冷轧，也可在可逆式四辊或六辊轧机冷轧。由 2.0～2.5mm 厚冷轧到 0.5mm 厚，总压下率为 75%～80%。一般经 5 道轧成，每道尽可能采用 25%～30% 大压下率冷轧，最后一道经约 10% 压下率冷轧以保证板形良好。第一道用较低速度轧制，防止因热轧带厚度波动大而发生不均匀变形引起断带和成品厚度公差增大。从第二道开始，轧制速度逐渐提高。为提高产量，轧制速度应尽量高，因此最好采用冷连轧机。冷轧过程中控制好张力是保证顺利冷轧，获得良好板形、厚度公差以及降低单位轧制压力的重要措施。单位张力值一般控制在相当于钢带屈服强度 35%～60% 范围内。冷轧带厚度公差为 (0.5 + 0.02)mm 和 (0.5 - 0.04)mm。厚度每增加 0.0254mm，P_{15} 提高约 0.22W/kg[47] 或 0.26W/kg[2]。冷轧总压下率高和 70～150℃冷轧对改善织构提高磁性有利。

5.3.7 退火

退火目的是冷轧带通过再结晶消除冷轧产生的应变和促使晶粒长大，将钢中碳脱到 0.005% 以下（最好在 0.003% 以下），以保证磁性、硬度和磁时效符合要求条件。退火时加小张力以保证钢带更平整。

冷轧钢带在退火前先用 70~80℃ 碱液去除表面上轧制油和污垢（喷洗、刷洗或电解清洗），防止带入炉内破坏保护气氛组分，影响脱碳效率，甚至引起增碳现象。油污也使钢带表面质量变坏和引起炉底辊结瘤造成钢带划伤等缺陷。清洗剂成分之一为 66% 水玻璃（30% 浓度），33% 苛性钠（48% 浓度）和 1% 表面活性剂。清洗液中碱浓度为 2.5%~3.0% NaOH 水溶液。碱洗后经热水刷洗并吹干。

一般采用卧式连续退火炉。为了尽快地发生再结晶和晶粒长大，要快速升到规定的退火温度，这可使晶粒粗化，改善织构和磁性。因此连续炉前段有一高温加热区（煤气明火焰加热区），炉温为 1100~1200℃，将进入炉中的钢带迅速加热到退火温度，再通过辐射管加热区、电加热保温区、冷却区和喷氮气的强制冷却区。连续炉入口和出口处用氮气密封。退火温度必须在相变点以下，因为相变可产生大小混合晶粒，破坏有利织构组分和使脱碳速度减慢，磁性变坏。在 α 相区内退火温度增高和退火时间延长，晶粒尺寸增大，铁损降低，而磁感应强度和硬度也略为降低。为了提高产量和磁性，一般选用高温短时间退火方法。通用的退火制度为 800~850℃ ×3~5min，晶粒直径为 0.02~0.04mm。$w(C)<0.005\%$ 的冷轧带一般不进行脱碳，在干的（露点低于 0℃）20% H_2 + 80% N_2 保护气氛中进行光亮退火，钢带运行速度可加快。气氛中含一定量的氢气是为了保证钢带表面光亮。

碳含量为 0.005%~0.015% 的冷轧带退火时需要脱碳，20% H_2 + 80% N_2 通过 50℃ ±5℃ 水温的加湿器带入 5%~15% 水蒸气入炉，露点控制在 +35℃~+45℃。在这种弱氧化性气氛中利用水蒸气快速脱碳。碳在高温下扩散到表面与水蒸气发生以下可逆反应：$H_2O + C \rightleftharpoons CO + H_2$。当反应达到平衡时，$P_{CO} \cdot P_{H_2}/P_{H_2O} = K$，$K$ 为脱碳反应平衡常数，P_{CO}、P_{H_2} 和 P_{H_2O} 分别为 CO、H_2 和 H_2O 的分压。P_{H_2O}/P_{H_2} 比是由气氛中氢量和露点决定的，代表保护气氛的氧化性。在脱碳情况下，P_{H_2O}/P_{H_2} 控制在 0.20~0.28 范围内（弱氧化性气氛）。因为炉内气体流动方向与钢带运行方向相反，很容易将脱碳反应生成的 CO 气体排出，使上述反应式往右方脱碳反应方向不断进行。

弱氧化性脱碳气氛也使钢带氧化，表面形成的氧化膜有阻碍脱碳的作用，因此必须控制好退火温度、时间和气氛（P_{H_2O}/P_{H_2} 比和露点）这三个因素，使脱碳反应在氧化反应之前进行。温度过高，时间过长或水蒸气过多（P_{H_2O}/P_{H_2} 比和露点过高），氧化反应先于脱碳反应进行或两个反应同时进行都会影响脱碳效果。气氛中含一定量的氢气就是为了减轻钢带表面氧化。

影响脱碳的因素还有：（1）相变的影响。碳在 bcc 的 α – Fe 中扩散速率比在 fcc 的 γ – Fe 中大 256 倍，因为前者的原子排列密度小。在 α 相区脱碳更有利。（2）原始碳量的影响。原始碳量愈高，脱碳速度愈快。（3）钢带厚度的影响。钢带愈薄，碳往表面扩散愈快，脱碳速度加快。（4）硅和铝含量的影响。（Si + Al）含量增高，加速钢中碳的扩散，促进脱碳。因为硅和铝不形成碳化物，有排斥碳原子的作用。

连续炉退火时要控制好炉内张力以保证良好的板形和磁性，并可使横向铁损降低。在保证良好板形前提下，应尽量减低炉内张力。张力过大，铁损明显增高，也易发生断带。900 ~ 1000mm 宽带一般加 1470 ~ 2450N 总张力；300mm 宽带约加 588N 总张力。单位面积张力控制在 0.98 ~ 2.94MPa。

也可采用立式连续退火炉退火，其优点是占地面积小，建设费低，生产效率高，钢带表面不被划伤。

5.3.8　绝缘涂层

一般涂层机组与连续退火炉在一条作业线上，退火后立即涂绝缘膜。采用无机盐 – 有机盐涂层，即半有机涂层[48]，因为它可明显提高冲片性（见图 1 – 21 中 L_1、L_2 和 L_3 涂层），更适合在高速冲床上使用。无机盐涂液主要为在纯水中按顺序加入 H_3BO_3、CrO_3 和 ZnO 或 MgO。每加入一种药品搅拌到完全溶解后再加入第二种药品。然后再顺序加入丙烯有机树脂乳液、甘油（还原剂），纯水和消泡剂，并搅拌到完全混匀为止。为防止涂液变质，必须在冷冻条件下保存。使用时循环槽中涂液温度为 20 ~ 25℃。采用辊涂或喷涂法。涂料辊为氯丁橡胶制成，硬度 HV 为 53 ~ 64。涂料辊表面刻有规定尺寸的槽。钢带每面涂料量为 1.5 ~ 2.5g/m^2，经 400 ~ 500℃ × 30 ~ 180s 烘干烧结后，涂层厚度约为 1.5μm，表面呈绿灰色。这种涂层的层间电阻为 5 ~ 30Ω · cm^2/片，在 700℃ 以下的消除应力退火，冲片性比一般无机盐涂层提高 10 倍以上，对大气、绝缘漆、机油和制冷气有较高的耐蚀性，而焊接性较差（焊接速度为 20 ~ 40cm/min）。

5.4　半成品制造工艺

低碳低硅电工钢板约 70% 以上都以半成品状态出厂。20 世纪 60 年代初期，美国就已生产和使用冷轧低碳低硅（$w(Si) \leq 1.5\%$）无取向电工钢半成品产品，如美国 AISI 标准中 M27 ~ M47 牌号（完全退火和半成品磁性见表 5 – 3）、前苏联 2011 ~ 2113 牌号和日本 S20 ~ S60 牌号半成品，可代替绝大多数 $w(Si) \leq 2\%$ 钢完全退火牌号。美国半成品生产能力约 150 万吨，欧洲约 30 万吨。美国每年生产约 100 万吨，产量比无取向电工钢大 4 倍以上，因为美国天然气和电能丰富，制造成本低，磁性能好[49]。半成品制造工艺要点如下：生产厂将冷轧带在连续炉或罩式炉中 650 ~ 700℃ 不完全退火后，经 0.5% ~ 2.0% 平整改善板形，提高硬度和冲片性。如果经 3% ~ 10% 临界变形冷轧，在以后消除应力退火时可促进晶粒长大，铁损明显降低。用户将这种半成品钢带经高速冲床冲片和去油后，在干的保护气氛下，如不完全燃烧的丙烷 [丙烷与空气比值为 1 : (5 ~ 8)]，分解 NH_3，20% H_2 + 80% N_2 或氮气，在连续炉中 750 ~ 800℃ 进行完全退火（也称消除应力退火），在缓冷到约 450℃ 时通入水蒸气，使保护气氛的露点从 - 20 ~ - 30℃ 调整到约 + 40℃，保持 30 ~ 90min 进行发蓝处理，使冲片各处形成一薄层致密的 Fe_3O_4（3 ~ 4μm 厚）作为绝缘膜。如果原始碳量大于 0.005%，提高保护气氛露点还可进行脱碳。制造厂也可将半成品先涂耐热性好的半有机盐绝缘膜来提高冲片性，用户在消除应力退火时此绝缘膜不被破坏，冲片退火时不粘接。此时可不进行发蓝处理。发蓝处理对制造压缩机电机很重要，它可防止冲片边部产生锈斑而污染制冷气。用氮保护气氛的优点是安全，退火炉设备简单。退火气氛与发蓝处理气氛最好隔开。

表 5 - 3 美国 AISI 标准中完全退火和半成品无取向电工钢牌号的磁性（0.47mm 厚）

牌 号	完全退火产品		半成品产品	
	$P_{15/50}$/W · kg^{-1}	μ_p（1.5T 时）	$P_{15/50}$/W · kg^{-1}	μ_p（1.5T 时）
M15	2.93	375		
M19	3.03	660		
M22	3.22	750		
M27	3.31	870	3.10	1000
M36	3.57	930	3.27	1300
M43	4.01	1100	3.48	1600
M45	5.31	1250	4.35	1700
M47	8.01	1300	6.10	1750

欧美、前苏联和日本广泛采用半成品产品，特别是压缩机电机冲片都用半成品。半成品产品的优点是：（1）消除冲片产生的应力，晶粒更粗大，铁损明显降低，μ_{15} 提高（见表 5 - 3 和图 5 - 6b），P_{15} 降低 20% 以上，μ_{15} 提高 35%，至少提高一个牌号。如果经临界变形冷轧，退火时晶粒明显粗化，P_{15} 至少可提高两个牌号，B_{50} 略有降低。（2）半成品硬度和冲片性提高。（3）冲片磁性更均匀。（4）冲片的切边和毛刺通过发蓝处理都可绝缘。（5）冲片毛刺软化。（6）冲片更平和外观更好，改善了叠片系数。（7）冲片防锈和耐蚀性提高。（8）材料价钱便宜[50]。总之，半成品可充分发挥低碳低硅电工钢的最佳性能，缓解了 P_{15} 和 B_{50} 磁性参量的矛盾，是最合理使用这种材料的方法，制成的微型、小型电机效

率高，可节省大量电能。

消除应力退火炉有两种类型。冲片叠成垛在箱式炉中成批退火，退火周期长，产量低和冲片性能不均匀。通用的退火炉是将冲片竖叠放在耐热钢制的拖盘中的连续退火炉，每隔 15 ~ 20min 推入一盘，总退火时间为 8 ~ 10h，产量大（年产量 3200 ~ 3500t 冲片），冲片质量好。为了节能和提高产量，可采用感应快加热退火，退火时间只需 2.5h，炉内温差小。

5.5　新品种的进展

新品种都是指高效电机用钢，由图 1 - 2a 和图 1 - 4 看出，20 世纪 80 年代，由于冶炼技术进展，钢质更纯净，杂质元素、氧化物夹杂和析出物减少，使 w（Si + Al）≤1% 的传统低牌号产品磁性明显提高（称为第二代产品）。从 1983 年开始陆续开发和生产新品种。为了提高 B_{50} 和降低铁损，进一步降低杂质元素含量，减少和控制好氧化物夹杂和析出物，促进晶粒长大，改善织构。具体措施是：（1）钢的纯净度提高；（2）加入有利元素；（3）热轧板常化；（4）采用半成品制造工艺。

5.5.1　高锰钢

1983 年新日铁首先研制成含 0.75% ~ 1.5% Mn 和约 0.5% Si 的高纯净低碳电工钢（碳、硫、氮和氧量分别不大于 0.002%）。钢中含 0.1% ~ 0.3% Al 时不加硼，含小于 0.1% Al 时加微量硼，B%/N% = 0.7 ~ 1.2。热轧板经 750 ~ 850℃ × 大于 2min 常化，采用一次或临界变形的二次冷轧法制成 0.5mm 厚半成品，退火后的磁性为：常化和一次冷轧法 P_{15} = 3.6W/kg，B_{50} = 1.79 ~ 1.81T。常化和二次冷轧法 P_{15} = 3.0 ~ 3.1W/kg，B_{50} = 1.76 ~ 1.77T。证明锰有抑制（111）组分和促进（100），（110）组分的作用（见图 5 - 14a），B_{50} 高和 P_{15} 低（见图 5 - 14b）。为充分发挥锰改善织构的作用，钢中硫含量应小于 0.005%。而且热轧板经常化或预退火，这可保证在较低最终退火温度下快速再结晶和晶粒长大，因为 w（Mn）大于 0.75% 时，A_3 相变温度明显降低。如果 w（Mn）大于 1.5% 时常化和最终退火温度过低，对磁性不利，而且成本增高[51]。新日铁将这种新产品命名为 New - Core，并正式生产了两个新牌号 NC - M1 和 NC - B1。NC - M1 牌号用于制造高效电机，因为磁各向异性小，P_{15} 低（3.29 ~ 3.45W/kg），B_{50} 也较低（1.71 ~ 1.72T）。这是经过常化和二次冷轧法制成的半成品，通过退火发展成 {100} 〈uvw〉面织构，平均晶粒直径为 143μm。NC - B1 牌号用于制造 EI 型小变压器和镇流器，磁各向异性较大，B_{50} 高（1.74 ~ 1.76T）。P_{15} 为 3.85 ~ 3.92W/kg。这是采用常化和一次冷轧法制成的半成品，通过退火发展成 {hkl} 〈001〉织构，平均晶粒直径为 32μm[4,52]。

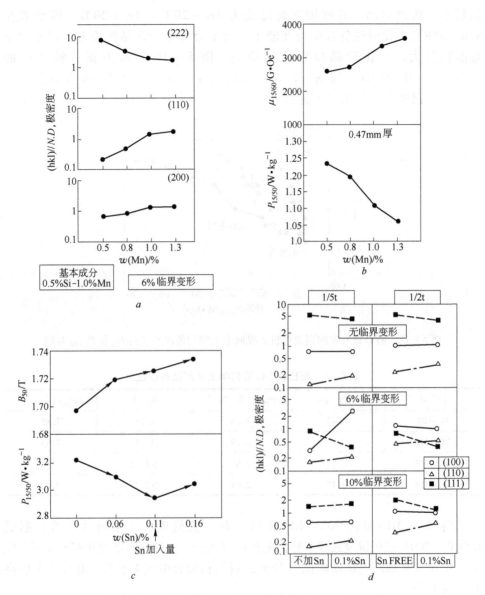

图 5 - 14   Mn 含量对织构和磁性能的影响（0.5% Si - 0.2% Al）

a—Mn 对织构的影响；b—Mn 对磁性能的影响；c—Sn 对磁性能的影响；d—Sn 对织构的影响

在此专利基础上加约 0.1% Sn 和热轧带经常化，磁性进一步提高（见图 5 - 14c），又生产了两个更高牌号 NC - M3（P_{15} = 2.98 W/kg）和 NC - M4（P_{15} = 2.73 W/kg）（见图 1 - 2c）。锡沿晶界偏聚阻碍在原热轧板晶界处 {111} 晶粒生核和促进冷轧板中形变带附近 {110} 晶粒生核，进一步改善了织构（见图 5 - 14d）。w(Sn) > 0.11% 时阻碍晶粒长大，热轧板和成品板晶粒小，铁损增高。高锰钢终轧温度为 $Ar_3 - 20℃ \sim Ar_3 + 20℃$，即要求在 $830 \sim 858℃$ 常化时热轧板中应变能小，而不会发生反常晶粒长大，只发生正常晶粒长大，常化后晶粒粗大且均匀。图 5 - 15 所示为新日铁生产的 $0.35mm$ 和 $0.50mm$ 高锰钢与传统产品的磁性对比[52]。表 5 - 4 为新日铁生产的高锰钢四个牌号的典型磁性能[53]。

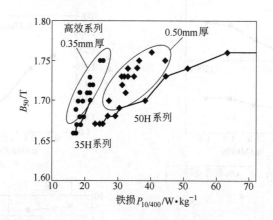

图 5 - 15   新日铁开发的高效电机无取向电工钢与传统产品的 B_{50} 和 $P_{10/400}$ 对照

表 5 - 4   新日铁 NC 系列半工艺产品典型性能

牌　号	厚度/mm	$P_{15/50}/\mathrm{W} \cdot \mathrm{kg}^{-1}$	B_{50}/T	密度/g · cm^{-3}
NC - B1	0.47	3.85	1.75	7.85
NC - M1	0.47	3.29	1.71	7.85
NC - M3	0.47	2.86	>1.72	7.80
NC - M4	0.47	2.64	>1.72	7.80

用 NC - M1（M），NC - B1（B 号）和一般低碳电工钢板（Q 号）制成 $1.5kW$、$100V$ 三相鼠笼式异步感应电机进行比较。三种材料都为 $0.47mm$ 厚半成品。M 和 B 号制的电机铁损比 Q 号低，铜损和激磁电流 I 也低，电机效率提高 $3\% \sim 4\%$[52]。

5.5.2   含稀土（REM）钢

日本川崎开发并生产含 REM 的 RMA 系列半成品工艺产品（现称 JNA 系列），共 3 个牌号，1996 年正式生产。图 5 - 16 所示为川崎开发的新产品与一般 JIS 系列牌号的 B_{50} 和 P_{15} 的对比，其中包括 RMA 系列。表 5 - 5 所示为 RMA 系列的典型磁性和硬度。钢中含有 $0.5 \sim 0.7\%$ Si，$0.2 \sim 0.7\%$ Al，$0.0015 - 0.007\%$ REM（REM 加入量为 $0.01 \sim 0.1kg/t$），C、N、S、O 含量均小于 50×10^{-6}，Ti 含

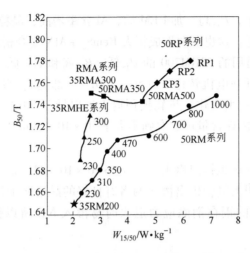

图 5 – 16 RP、RMA、RM 和 RMHE 系列牌号磁性能对比

表 5 – 5 RMA 系列典型磁性和力学性能

名 称	牌 号	厚度/mm	密度/g·cm⁻³	磁性能		硬度 HV
				$P_{15/50}$/W·kg⁻¹	B_{50}/T	
RMA 系列	50RMA350	0.50	7.80	3.08	1.75	126
	50RMA500	0.50	7.80	4.61	1.73	115
	50RMA600	0.50	7.85	5.15	1.75	108
通用 JIS 牌号	50RM700	0.50	7.80	4.24	1.73	135
	50RM1000	0.50	7.85	6.20	1.75	115

量小于 15×10^{-6}，Zr 含量小于 80×10^{-6}。加 REM 使钢水凝固前就可形成熔点高的 $0.5 \sim 2\mu m$ 粗大斜方晶系的 $RemS_2$，导致消除应力退火时晶粒长大，且消除应力退火温度可以降到 725℃。它还可以作为热轧过程中 MnS 和 AlN 析出核心形成粗大复合析出物析出。钢水 RH 处理加 Al、Si 脱氧的同时加入脱硫剂和 REM。铸坯冷到约 1000℃ 时先经 1% ~30% 热轧引入位错，再加热和热轧可使硫化物和 AlN 在高温下析出更粗大的析出物。为制造空调压缩机电机（交流电机），要求半成品出厂时晶粒尺寸为 20 ~ 30μm，以保证硬度（HV）小于 130，提高冲片性和尺寸精度。为此在钢中加入适量 Al，因为 Al 提高 HV 程度比 Si 更小。由图 5 – 17 可知，不加 REM 时，Al 含量增高，消

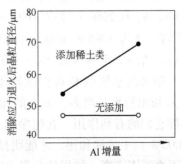

图 5 – 17 消除应力退火后晶粒直径与稀土含量和 Al 含量之间的关系

除应力退火后晶粒小，P_{15} 高。加 REM 后，Al 含量增高，晶粒明显增大，可达 70
~80μm，所以 P_{15} 低。这也证明形成粗大 RemS$_2$ + AlN 复合析出物。由表 5 - 5 看
出，50RMA350 比通用的 50RM700 的 P_{15} 低，B_{50} 高和 HV 低，用作 PWM 驱动的
压缩机电机效率在任何电机转速下（50 ~ 400Hz）都提高 1% ~ 2%。加 REM 也
使含 Ti 析出物形态发生变化。热轧板预退火后以低于 50℃/s 冷到 500℃，可使
Ti 析出物粗化，钢中 Ti 含量可放宽到不大于 70 × 10^{-6}，但 Ti 含量小于 15 × 10^{-6}
时 P_{15} 更低[7,54~56]。

　　新日铁黑崎洋介等也提出钢水中 [O] > 20 × 10^{-6} 时，加入 REM 形成的硫氧
化物可与 TiN 形成粗大复合析出物（两者有良好的晶格匹配性），从而防止析出
细小 TiN。加 REM 的钢在消除应力退火时易渗入 N，所以钢中还加入 0.05 ~
0.1% Sn[57]。

5.5.3　含锑或锡钢

　　1974 年川崎首先在低碳低硅电工钢中加约 0.05% Sb。锑在晶界偏聚阻碍
{111} 晶粒生核，改善磁性。锑还可防止冲片退火时表面形成小晶粒，P_{15} 明
显降低。已正式生产含锑钢半成品，适用于制造高效电机。热轧板预退火或常
化对锑改善磁性有重要影响。常化或预退火后晶粒大，冷轧时在晶粒内易发展
形变带，再结晶退火时 {110} 晶粒优先在形变带处生核。加锑更加速形成形
变带和抑制 {111} 晶粒沿晶界生核。因此在再结晶初期 {110} 组分就迅速
增高，同时 {111} 组分明显减弱。再结晶结束后锑也抑制 {111} 晶粒
长大[58,59]。

　　加 0.03% ~ 0.2% Sn 与加锑起同样的作用。预退火后以低于 5℃/min 速度
慢冷到 400℃，使锡沿热轧板晶界处充分偏聚，P_{15} 明显降低。Sn 比 Sb 贵，熔
点也更低，炼钢回收率低，但废钢中常含 Sn。$w(Sn) < 0.02\%$ 的废钢都
可用[60]。

　　加锑或锡钢经预退火和临界变形的二次冷轧法制的半成品铁损进一步降低。
0.54% Si、0.29% Al 和 0.05% Sb 钢的 0.5mm 厚钢带 P_{15} = 3.24W/kg，B_{50} =
1.75T。含约 0.8% Si 和 0.3% Al 钢中加 0.02% ~ 0.05% Sb 的 0.5mm 厚半成品退
火后，P_{15} = 2.53W/kg，B_{50} = 1.71T，冷轧板无裂纹，退火后弯曲数提高[61]。

　　如果铁水脱硫和真空处理不充分，SiO$_2$ 和 Mn$_2$SiO$_4$ 等夹杂物以及 MnS 和
Fe$_3$C 析出物数量增多，加入的锑或锡常在这些析出物和夹杂物附近偏聚，不能
发挥它们的有利作用。在纯净钢水（$w(S) \leqslant 0.002\%$，$w(C) \leqslant 0.01\%$，$w(O) \leqslant$
0.003%）中加锑和锡，才能明显提高 μ_{15} 和降低 P_{15}[62]。加锑或锡使合适的冷轧
压下率范围变宽。如果软化退火时控制再结晶率为 30% ~ 85%，再经临界变形和
消除应力退火时，未再结晶的 {100} 晶粒吞并已再结晶的 {111} 晶粒而长大，

磁各向异性小，λ 低，制造的电机噪声小于 55dB[63]。

新日铁在高 Mn 钢中加入 Sn，可进一步改善织构和提高磁性（见图 5 - 14c）。

莱德科夫斯基（G. Lyndkovsky）等详细研究了锑对 1% Si - 0.2% Al 钢在 720℃ 模拟高温卷取和临界变形二次冷轧到 0.46mm 厚半成品板的再结晶行为、内氧化和磁性的影响。也证明锑沿晶界偏聚，使不完全退火后晶粒粗化和促使 {110} 组分提高及 {111} 组分降低，所以 μ_{15} 提高 100%，μ_{17} 提高 30%，P_{15} 降低约 11%。因为锑引起晶界强化和固溶强化，硬度也略有提高。锑沿热轧板晶界偏聚，阻碍了 {111} 晶粒在热轧板晶界附近的生核速率。冷轧板退火后晶粒粗化是因为 {110} 和 {100} 晶界迁移率增大，往 {111} 晶粒中长大之故。因为锑沿晶界偏聚而阻碍了氧沿晶界的扩散，所以使内氧化层形成速度也减低。随退火时间延长，加锑与不加锑钢的 μ_{15} 差距增大，就是因为锑使内氧化速度减慢，即内氧化层较薄。也证明含 0.08% Sb 钢中硫含量从 0.005% 增到 0.016% 时，锑的晶界偏聚量 at 从 50% 减小到 27%。因为硫与锑在晶界处争夺位置，因此为了充分发挥锑或锡的作用，钢中硫量必须降到不大于 0.005%[64]。

日本钢管（NKK）在含 0.01% Si 低碳钢中加入约 0.5% Al 和 0.07% ~ 0.11% Sn，高于 700℃ 卷取或低于 700℃ 卷取和预退火，一次冷轧和 800℃ × 1.5min 退火的 0.5mm 厚板 P_{15} = 4.4W/kg，B_{50} = 1.80 ~ 1.81T[65]。粗轧后停留 60s 以上，使析出物粗化后再精轧，可减少析出物周围的 Sn、Sb 偏聚量，促进晶界偏聚，从而改善织构和磁性[66]。

日本钢管于 1992 年开发和生产的 NKB - Core 系列，主要用作 PWM 驱动压缩机电机和 EI 型小变压器。NKB - Core 系列分为 NKBF - Core 完全退火产品（3 个牌号）和 NKBS - Core 半成品产品（3 个牌号）。图 5 - 18 所示为 NKB - Core 与按 JIS 标准生产的通用 NKE - Core 系列的 B_{50} 和 P_{15} 的比较。表 5 - 6 和表 5 - 7 所示分别为 NKBF - Core 和 NKBS - Core 典型磁性。电机设计 B_m 一般为 1.7 ~ 1.8T，0.35mm 厚 BS - 2 牌号的 P_{15} 与通用 35EF300 相同（P_{15} = 2.7W/kg），但由于 B_{50} 更高，激磁电流减少约 35%，制成的电机体积更小，

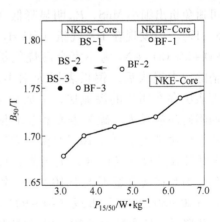

图 5 - 18 NKE - Core 系列牌号的磁性能

转矩更高和铜损更低。现在要求压缩机电机效率大于 85%。为此将设计 B_m 降低到约 1.2T，用 0.5mmBS - 3 牌号制造比通用的 50EF470 的 P_{10} 低 16%，而 B_{50} 更高，激磁电流和铜损明显降低，电机效率更高[67]。

表 5 – 6   NKBF – Core 系列牌号的磁性能（按 JIS C2550 标准测磁性）

牌　号	厚度/mm	铁损/W·kg⁻¹		磁通密度/T		硬度 HV
		$P_{10/50}$	$P_{15/50}$	B_{25}	B_{50}	
BF – 1	0.5	2.5	5.5	1.72	1.80	110
BF – 2	0.5	2.3	4.7	1.68	1.77	135
BF – 3	0.5	1.6	3.5	1.66	1.75	137

表 5 – 7   NKBS – Core 系列牌号的磁性能

牌　号	厚度/mm	铁损/W·kg⁻¹		磁通密度/T		硬度 HV
		$P_{10/50}$	$P_{15/50}$	B_{25}	B_{50}	
BS – 1	0.5	1.7	4.1	1.71	1.79	120
BS – 2	0.5	1.5	3.4	1.69	1.77	130
	0.35	1.3	2.7	1.68	1.76	130
BS – 3	0.5	1.3	3.0	1.67	1.75	137

注：1. 消除应力退火 750℃ ×2h 后按 JIS C2550 标准测磁性；
　　2. 消除应力退火前的硬度按 JIS C2550 标准测定（HV 500g）。

日本钢管通过先进的冶炼技术，使钢中碳、氮、氧含量均小于 20×10^{-6}，钛含量小于 50×10^{-6}，硫含量不大于 20×10^{-6}，可避免析出细小 MnS，P_{15} 明显降低（见图 5 – 19）。但发现在 DX 气氛（4% H_2 + 7% CO + 8% CO_2 + N_2 为不完全燃烧气氛）下消除应力退火后，钢板表层为细小晶粒，即表层存在明显的渗氮层，形成细小 AlN 而阻碍晶粒长大。硫为表面和晶界偏聚元素，硫含量大于 10×10^{-6} 时由于表层偏聚 S 可阻碍退火气氛渗氮，钢板晶粒尺寸均匀。为此在硫含量不大于 10×10^{-6} 钢中加

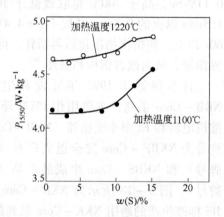

图 5 – 19　硫和加热温度对
铁损 $P_{15/50}$ 的影响

入 $(20 \sim 50) \times 10^{-6}$ Sb 或 $(40 \sim 90) \times 10^{-6}$ Sn 偏聚元素，防止表层渗氮，P_{15} 进一步降低。硫含量大于 10×10^{-6} 时钢中加入 Sb 后 P_{15} 的降低幅度明显减少。热轧板酸洗后在露点 $-20 \sim +20$℃ 的 25% $\sim$ 50% N_2 + H_2 中预退火（850℃ ×3h）或 900 $\sim$ 950℃ 常化，按半成品工艺消除应力退火后，0.5mm 厚的 0.25% Si + 0.25% Al 钢 P_{15} < 4W/kg，B_{50} = 1.76T。0.75% Si + 0.3% Al 钢 P_{15} < 3.5W/kg，B_{50} = 1.73T。当硫含量小于 10×10^{-6} 和氮含量小于 10×10^{-6} 时，0.35mm 厚的 1% Si + 0.25% Al 钢 P_{15} = 3W/kg，B_{50} = 1.73T[68]。

住友金属公司在小于 0.1% Si 钢中加入 0.05 ~ 0.1% Sb, 并提高 P (0.08 ~ 0.17%) 和 Al (0.1 ~ 1.5%) 量, 不低于 700℃卷取或 500 ~ 600℃卷取, 但经常化或预退火, 通过 P 和 Sb 沿晶界偏聚改善织构, 0.5mm 厚板完全退火后, $P_{15} <$ 4.5W/kg, $B_{50} = 1.82T^{[69]}$。

5.5.4 含硼钢

1979 年日本新日铁为降低低碳低硅电工钢炼钢成本, 提高成材率, 加微量硼代替钢中的 0.2% ~ 0.3% Al。100t 钢水需加约 500kg 铝, 按以前计算合人民币 2000 元, 加硼铁只需 7kg, 合人民币 105 元。钢水中铝含量高, 浇铸时易结瘤, 铸坯表面易结疤, 成品表面缺陷多。铝也容易在退火时产生内氧化层和内氮化层。为抑制细小 AlN 析出, 铸坯加热温度降低, 卷取温度增高或经连续炉常化 (用罩式炉预退火升温慢, 在再结晶前沿亚晶界或原晶界处析出 AlN, 促使 {111} 晶粒优先生核和长大, 磁性下降)。因为这些限制条件, 增加了制造工艺的困难[70]。而且当 $w(Al) \geqslant 0.2\%$, 在钢液进行 RH 处理时, 可使炉渣中的 TiO_2 和耐火砖中的 ZrO 还原并返回钢液中, 而使钢中 Ti 和 Zr 含量增高[71]。

硼在 γ 相中与氮优先形成 BN, 防止热轧时 AlN 的析出, 使 AlN 的危害作用减小。硼使 {111} 位向强度减小, 晶粒粗化和磁性提高[70]。硼可完全将氮固定, 减轻磁时效。加硼后铸坯加热温度对磁性较不敏感, 加热温度范围放宽。半成品消除应力退火温度也可降低, 退火后 P_{15} 比含 0.2% ~ 0.3% Al 钢更低。硼的合适加入量为 0.002% ~ 0.004%, B/N 比应控制在 0.7 ~ 1.5。钢中氮量高, 硼加入量增高, 成本提高和力学性能变坏, 因此钢中氮量最好小于 0.005%。真空处理后先加铝充分脱氧, 再加硼铁, 这可提高硼的回收率。要求钢中铝含量为 0.02% ~ 0.04%。碳含量小于 0.005%, 0.5% Si 和 0.0027B 热轧板经 900℃常化和临界变形冷轧法制的 0.5mm 厚板, $P_{15} = 3.73/kg$, 达 2.5% Si – 0.3% Al 的 S14 牌号, $B_{50} = 1.76T$。1% Si 时 $P_{15} = 3.36W/kg$, 达到约含 3% Si – 0.3% Al 的 S12 牌号水平, $B_{50} = 1.72T^{[70]}$。随后又提出在小于 0.5% Si 钢中加 0.001% ~ 0.003% B 的同时, 将铝量提高到 0.2% ~ 0.3%。半成品退火后 $P_{15} < 4W/kg$, 冲片表层晶粒与中心区晶粒都均匀[45]。0.5% Si – 1% Mn 钢中加 0.003% ~ 0.006% B 而不加 Al 的半成品工艺其 $P_{15} = 3.15W/kg$, $B_{50} = 1.79T^{[72]}$。

住友金属在钢中同时加硼和钙, 利用硼控制氮化物析出形态, 钙控制硫化物析出形态 (形成 CaS), 可防止析出细小 AlN 和 MnS, 促进 {100} 组分增多, B_{50} 增高。合适的硼量为 0.0008% ~ 0.0025%, Ca 为 0.002% ~ 0.0065%, Ca%/S% ≥1, B%/N% = 0.5 ~ 2 和 $[Ca\%]^2/3.125\% [S\%] \cdot [O\%] \leqslant 2.0$。0.5mm 厚 0.2% ~ 0.5% Si 钢完全退火产品的 $B_{50} = 1.77 ~ 1.79T$, P_{15} 达 S23 水平。小于 0.1% Si 钢中加硼, 并提高磷 (0.08% ~ 0.17%) 和铝量 (0.4% ~ 1.5%)。硼

和磷都为晶界偏聚元素，在晶界相互作用可改善织构。铝量高目的是使硼不形成 BN，而处于固溶状态。硼沿晶界偏聚可使磷偏聚量明显减少，因为 B 扩散系数比 P 大，优先在晶界偏聚，从而防止 P 偏聚导致的脆化。热轧板常化或预退火。0.5mm 厚完全退火成品 $P_{15} = 3.63 \sim 4.63W/kg$，$B_{50} = 1.81 \sim 1.83T^{[73]}$。

日本钢管提出粗轧后停留 60s 以上再精轧，使 MnS 和 AlN 粗化，减少析出物周围偏聚的 B，保证钢中固溶 B 数量（固溶 B = B − (16/4)N），可减少 {111} 晶粒，提高磁性[74]。随后提出加 $(5 \sim 15) \times 10^{-6}B(B/N = 0.5 \sim 2)$，可将钢中 V 含量放宽到小于 0.05%。B 在热轧后期常以 MnS 为核心在晶界处析出粗大 BN (200 ~ 300nm)，减少细小 VN 的析出，促进晶粒长大。一般钢中 $w(Al) <$ 0.05%。也可加入大于 0.1% Al 固定 N，进而使 V 量放宽。但 AlN 也会阻碍晶粒长大，而且退火时形成 Al_2O_3 易使钢带划伤。同时加 0.05% ~ 0.3% Al 和 $(5 \sim 15) \times 10^{-6}B$，$w(Al) \times w(B) = (0.6 \sim 14) \times 10^{-4}$，可形成粗大 AlN + BN 析出物，磁性也高。0.7% Si − 0.1% Al − B 钢半成品工艺 $P_{15} = 4W/kg$，$B_{50} = 1.75T$。如果再加 Sb 或 Sn 防止消除应力退火时钢板表层渗氮，$P_{15} = 3.7W/kg$，$B_{50} = 1.77T^{[75]}$。

但川崎提出，大于 $3 \times 10^{-6}B$ 时，由于热轧板中 B 在晶界偏聚以及与 Ti 相互作用和析出细小 TiC，热轧板晶粒小，常化后晶粒也小，{111} 组分加强，晶粒尺寸不均匀，B_{50} 和 B_{100} 降低，而且磁各向异性增大。冲片时钢板边部塌边大于 15% 板厚，冲片尺寸精度降低，电机效率降低，噪声增大，因此要求 B 不大于 $3 \times 10^{-6[76]}$。

5.5.5 含镍钢

新日铁提出加入 1.5% ~ 4.5% Ni（Ti + S + N < 0.005%），提高磁性。镍为铁磁性元素，对磁性有利。镍提高 ρ 而且使 {111} 组分减少，{110} 和 {100} 组分加强，B_{50} 高，磁各向异性减小，耐蚀性和耐气候性提高。镍通过固溶强化也可提高强度。热轧板经预退火或常化后的 0.5% Si − 0.2% Al − 1.5% ~ 2% Ni 的钢 0.5mm 厚半成品工艺 $B_{50} = 1.83T$，$P_{15} = 3.5W/kg$。完全退火工艺 $B_{50} = 1.80 \sim$ 1.81T，$P_{15} \leqslant 3.75W/kg$。2% Si − 0.3% Al − 1.2% Ni 钢 $B_{50} = 1.75T$，$P_{15} = 3.42W/$ kg。但热轧板预退火或常化可使 Ni 发生内氧化而对 P_{15} 不利。0.07% Si − 2.5 ~ 4.0% Ni − 0.05% P − 0.12% Mn 钢不常化而采用 3% ~ 15% 临界变形半成品工艺时，$B_{50} = 1.83 \sim 1.84$，$P_{15} = 4.1W/kg$。如果热轧板经酸洗后 3% ~ 15% 预冷轧和大于 20% $H_2 + N_2$（d.p. < 10℃）常化的临界变形半成品工艺，$B_{50} = 1.8 \sim$ 1.81T，$P_{15} = 3.1W/kg$。含 Ni 钢中可再加入 0.05% ~ 0.2% P 提高电阻率，降低 P_{15}，而且因为镍扩大奥氏体区，而磷缩小奥氏体区，这可明显减轻磷引起的冷脆性。含镍钢可用作压缩机电机和电动车驱动电机[77]。

5.5.6　高磷钢

磷明显增大电阻率，缩小奥氏体相区，促进晶粒粗大和改善织构。因为磷的原子半径比 Fe 和 Si 更大，所以使钢硬化程度比 Si 更明显；强度明显升高。一般在小于 1% Si 钢中加 0.06% ~0.1% P 提高强度和硬度，改善冲片性。磷为晶界偏聚元素，沿晶界可形成 Fe_3P，甚至形成 $Fe_3P - Fe$ 低熔点共晶体而使钢变脆，冷轧加工性变坏。俄罗斯新里别茨基钢公司于 1993 年开发含 0.15% ~0.3% P 低碳电工钢并进行生产。随后于 1999 年又生产半成品新牌号。磷提高 {100} ⟨uvw⟩ 组分，使 B_{50} 提高，磷提高钢的电阻率，使 P_e 降低。磷沿晶界析出 20 ~ 25nm 和分布密度为 $(5.5 ~6.5) \times 10^{12}$ 个/cm^3，细小球状 Fe_3P，可阻碍晶粒长大，但由于 P 缩小奥氏体相区，使最终退火温度提高，晶粒尺寸增大，也使 P_h 降低。钢中含（<0.1% Si + <0.1% Als + 0.25% P + 0.2% Mn），C、S 和 N 含量分别小于 50×10^{-6}，0.5mm 厚板经 850℃ 退火和 5℃/min 冷却使 P 在钢中均匀分布时 $P_{15} = 4.97$W/kg，$B_{25} = 1.67$T。以 50℃/min 快冷时 P 分布不均匀，$P_{15} = 5.45$W/kg。如果钢中含 0.02 ~0.04% C，最终采用二段式退火（820℃ 湿气脱碳 +960℃ 干气还原），采用半成品工艺（特别是热轧板常化），磁性更高[78]。

川崎提出在不大于 0.5%（Si + Al）钢中加入 0.3% ~0.8% P，C、S 和 O 含量分别小于 40×10^{-6}（最好小于 20×10^{-6}）。热轧板经常化和酸洗后，在 100 ~ 400℃ 轧到 0.5mm 厚。0.3% ~0.5% P 钢 800℃ × 1min 退火后，$P_{15} = 5.0$W/kg，$B_{50} = 1.81$T。0.7% P 钢经 1050℃ 退火 1min 后，$P_{15} = 3.1$W/kg，$B_{50} = 1.78$T[79]。如果加 0.2% ~0.6% P 同时加 0.5% ~2.0% Ni，可在室温下冷轧到小于 0.35mm 厚板，B_{50} 高，P_{15} 和高频铁损低，而且强度高，适用于制造 PWM 驱动的磁阻电机。磷在奥氏体相区局部偏聚明显，热轧板出现层状裂纹，冷轧加工性降低。而加 Ni 扩大奥氏体相区，从而可使磷含量提高。为此要控制好磷与镍含量，铸坯加热到单一奥氏体相区和低于 550℃ 卷取（防止磷在铁素体晶界析出 Fe_3P 而使热轧板弯曲性和冷轧加工性变坏）。热轧板最好在单一奥氏体相区常化，避免在 α + γ 两相区进行。0.3mm 厚板（0.1% Si + 0.2% Mn + 0.25% P + 1.2% Ni）的 $B_{50} = 1.81$T，$P_{15} = 3.3$W/kg，$P_{15/400} = 65$W/kg[80]。

住友金属在小于 0.1% Si 钢中加入 0.08% ~0.17% P，同时加入 0.4% ~ 1.5% Al 以及 Sb 或 B，B_{50} 明显提高，P_{15} 也降低[69,73]。

5.5.7　高硫钢

住友金属在 20 世纪 90 年代初开发并生产 Sumilox 系列中 SX60k ~ SX30k 四个牌号、加工性好的高效电机用钢。其特点是在 0.2% Si 钢加入 0.02% ~0.025% S 和适量 Mn（0.3% ~0.6%），$w(Mn)/w(S) > 10$，$w(MnO)/w(SiO_2) <$

0.43，使MnS和氧化物夹杂粗化为块状，大于 0.1μm 的 MnS 和 MnS + AlN 或 MnS + Al_2O_3 复合析出物数量为 1 ~ 50 个/mm² （低硫钢为沿轧向伸长的 MnS），可改善冲片性和切削加工性。同时磁性不变坏，磁各向异性小，而且可使消除应力退火温度降低，适用于 PWM 驱动的小电机。高 S 钢板冲片性好，模具磨损小，定子和转子冲片尺寸精确（小电机定子齿部宽度只有 3 ~ 10mm）。SX60k 比以前通用的 SK60 牌号冲片性提高约一倍。转子铁芯经切削加工时切屑为不连续矩形，切削工具磨损小，切削阻力降低约 10%，正圆度提高约 10%，定子与转子间隙小。高 S 钢制造成本低，制造的压缩机电机效率可提高[82,83]。在 1.5% Si + 0.25% Al – 0.4% Mn 钢中加 0.02% ~ 0.025% S 的完全退火产品，冲片尺寸精确，同时经冲片后 P_{15} 增高程度减小[84]。

5.5.8　美国其他新产品

　　美国半成品工艺产品比完全退火产品的应用更为广泛，因为制造成本低和磁性更好，而且美国天然气和电能丰富，能量成本更低。最近通过提高纯净度，热轧板常化、罩式炉软化退火后的平整或临界变形和钢板表面光滑（$Ra < 20μm$），各生产厂都生产高效电机用钢。美国 Inland 钢公司于 1984 年首先生产了两个新牌号，0.47mm 厚的 0.45% （Si + Al）钢，$P_{15/50} = 5.5$W/kg，达到表 5 – 3 中 M47（Si + Al = 1.05%）水平，$\mu_{15} = 2150$（M47 的 $\mu_{15} = 1750$）；1.3% （Si + Al）的钢 $P_{15/50} = 3.5$W/kg，达到表 5 – 3 中 M45（Si + Al = 1.85%）水平，$\mu_{15} = 2000$（M45 的 $\mu_{15} = 1700$）。1990 年美国生产的 0.8% Si + 0.3% Al 钢 $P_{15/50} = 3.48$W/kg，$\mu_{15} = 2300$。现在产品 $P_{15/50} = 2.8 ~ 3.0$W/kg（最好为 2.7W/kg），$\mu_{15} = 2300$；0.3 ~ 0.35mm 厚板 $P_{15/50} = 2.45$W/kg，$P_{15/400}$ 比 0.47mm 厚产品降低约 30%。Inland 公司的产品含 Mn 量高（可达 1.3%），其他公司产品 Mn 含量为 0.3% ~ 0.6%。US 和 LTV 钢铁公司也生产 0.3 ~ 0.35mm 厚板。钢中加 0.03% ~ 0.05% Sb 或 0.05% ~ 0.12% Sn。消除应力退火后冷却时，在含氧气气氛中经 480℃ × 20s 发蓝处理，表面形成 2 ~ 2.5μm 厚致密的 Fe_3O_4 绝缘膜[49,85]。

5.6　制造工艺的进展

5.6.1　废钢的利用

　　废钢中有许多汽车压制品（含 Cu）和电机等电器等设备（带入铜线）、罐头用品（含 Sn）和不锈钢制品（含 Ni、Cr）。为有效利用这些廉价的废钢进行冶炼，新日铁广畑厂研究 0.1% ~ 3.5% Si 钢中含 0.015% ~ 0.4% Cu、0.01% ~ 0.1% Sn、0.01% ~ 0.2% Ni 和 0.01% ~ 0.2% Cr 的影响。Sn + Cu 可改善磁性，但成品表面状态不好。加 Ni 和 Cr 可明显改善表面状态。为降低 P_{15}，钢中可加 0.3% ~ 0.5% Al，为提高 B_{50}，钢中 Als 含量小于 0.005%。Als 不大于 0.005% 的热轧板常化的完全退火工艺生产的 0.5mm 厚 0.15% Si 钢 $B_{50} = 1.80 \sim 1.81$T，$P_{15} = 5.5$W/kg。1.3% Si 时 $B_{50} = 1.77$T，$P_{15} = 3.2$W/kg。钢中 $w(Cu) > 0.3\%$ 时，热轧板表面易产生裂纹，如果在小于 1% Si 钢中提高磷含量（0.06% ~ 0.2%）可防止热脆，因为铸坯加热时表层形成有低熔点的 $P_2O_5 - CuO - FeO$，可抑制氧化铁皮与基体界面处纯 Cu 层的形成。含 Cu 钢可形成比 MnS 更细小的 Cu_2S，以后可阻碍晶粒长大，但 Cu_2S 常以 MnS 为核心析出 $(Mn, Cu)_{1.8}S$ 粗大复合析出物。为防止析出细小 Cu_2S，钢中 Ti 和 V 含量应分别小于 0.003% 和 0.005%，并经大于 70% 压下率粗轧和大于 87% 终轧的快速粗轧（小于 400s 完成），由于钢中 TiS，$Ti_4C_2S_2$，V（CN）细小析出物减少，以及加速粗轧可促进析出粗大 Cu_2S，成品 B_1 和 B_{50} 都提高，0.5mm 厚的 0.5% Si + 0.2% Al 的半成品工艺（不常化）$B_1 = 1.33$T，$B_{50} = 1.76$T，$P_{15} = 3.5$W/kg（环状样品）[86]。

新日铁八幡厂提出废钢中带入的含小于 0.2% Cu 钢（钢中含小于 0.005% Al 和小于 0.003% S），如果控制钢中 $[S]_{Cu_2S}/[S]_总$ 或 $[S]_{Cu_2S}/[S]_{MnS} \leq 0.2$，0.03 ~ 0.2μm 尺寸的 Cu_2S 个数小于 5 个/μm² 或者 0.03 ~ 1μm 尺寸的 Cu_2S 中小于 0.05μm 的 Cu_2S 比例小于 50% 时，头尾磁性高且均匀。具体措施是连铸后在 950 ~ 500℃ 范围内停留 10min 以上，低于 1100℃ 热轧时平均冷速低于 50℃/s 或者终轧后 3s 内冷速低于 20℃/s[87]。

住友金属提出含 Cu0.05% ~ 0.16%，Mn0.2%，Als 小于 0.0005% 和 S、N、Ti、V 小于 0.005% 的钢中控制 Cu 的摩尔分数（= Cu%/(Cu% + Mn% + S%) × 100%）> 30% 以及 MnO/FeO < 2 时可形成粗大的 (Mn, Cu) S 析出物，Cu 在 α 相中固溶度比在 γ 相中小，即在 α 相中硫化物中的 Cu 浓度增高。1100℃ 加热在 γ 相区低温下可析出粗大 MnS，而终轧温度在高温 α 相区（850℃）析出的 Cu_2S 以 MnS 为核心析出 (Mn, Cu) S 复合析出物。由于钢中 Als 很低，废的电机铁芯可回收利用，报废的铁芯一般用电弧炉熔化为废钢再利用。如果铁芯材料中 Al 含量高，可损害电炉的电极，而且钢水黏度大，易堵塞出钢口[88]。

5.6.2 纯净度和氧化物夹杂的影响和控制

新日铁广畑厂研究者指出，总氧量在 0.01% ~ 0.02% 范围内对半成品退火后平均晶粒尺寸无明显影响，但沿轧向伸长的 $3MnO \cdot Al_2O_3 \cdot 3SiO_2$ 可阻碍晶粒长大，因为 MnO 熔点低（1140℃），其黏滞性比钢低，所以热轧时沿轧向伸长。而高熔点（1723℃）的球状 SiO_2 黏滞性比钢高，热轧时沿轧向不伸长，不阻碍晶粒长大。控制氧化物夹杂（$SiO_2 + MnO + Al_2O_3$）总量中 MnO 含量小于 15% 时，成品晶粒尺寸增大（大于 50μm），P_{15} 降低。因为 MnO 熔点低，氧化物复合夹杂中 MnO 含量高，熔点在 1140 ~ 1200℃ 范围，热轧时处于熔化或半熔化状态并沿轧向伸长，以后退火时阻碍晶粒长大。控制 MnO 含量的方法是：100t 钢水出钢时加 300kg 锰铁脱氧和合金化（一般工艺加约 150kg），形成的 MnO 在真空处理前期就上浮，后期再加铝脱氧，然后加硅铁、金属锰和磷铁调整成分。因为出钢时加锰量多，真空处理后锰加入量减少，所以钢中 MnO 含量减到 15% 以下，从而不会形成低熔点氧化物复合夹杂。随后又提出 MnO 含量小于 15% 的同时，SiO_2 在总氧化物夹杂含量中应大于 75%，并且控制浇铸前钢水中 SiO_2 绝对含量小于 0.046%。SiO_2 还可作为以后析出的 MnS 核心形成粗大的复合析出物（只控制 MnO 含量小于 15%，钢中 MnS 分布状态不稳定，有时细小 MnS 数量多）。粗大的 SiO_2 + MnS 复合析出物在铸坯加热时不易固溶，以后析出的细小 MnS 数量少，成品晶粒直径大于 55μm，P_{15} 可进一步降低。但钢中 SiO_2 绝对量增多易堵塞钢包水口，所以应小于 0.046%。在真空处理过程中因脱氧方法不同，SiO_2 含量在 0.025% ~ 0.07% 范围内波动。浇铸后凝固前 SiO_2 大部分上浮，铸坯中 SiO_2 平均含量为 0.02%（最高约为 0.025%）。如果真空处理脱碳过程中加碳酸盐预脱氧，使最终脱氧前自由氧小于 0.024%，再加硅铁搅拌约 3min 进行最终脱氧，可保证浇铸前钢水中 SiO_2 含量小于 0.046%。铸坯空冷到 200 ~ 700℃，由于在 SiO_2 处的 MnS 进一步粗化，成品 P_{15} 低和晶粒大。含 0.14% Si 的 0.5mm 厚半成品经 750℃ ×2h 退火后，P_{15} = 4.5W/kg，B_{50} = 1.76T，晶粒直径 d = 62μm。0.7% Si 钢 P_{15} = 3.6W/kg，B_{50} = 1.76T，d = 65μm。0.14% Si 钢经预退火，P_{15} = 4.0 ~ 4.2W/kg，B_{50} ≈ 1.8T，d = 66μm。当 MnO 含量小于 10% 时，加入 0.02% Sn 和预退火就可使完全退火成品磁性明显提高。含 0.55% Si + 0.25% Al 和 0.024% Sn 的 0.5mm 厚板 P_{15} = 3.08 ~ 3.40W/kg，B_{50} = 1.78 ~ 1.79T[70]，由于 Sn 加入量少，冲片性也提高[90]。

新日铁八幡厂研究者指出，控制氧化物夹杂直径在 0.5 ~ 5μm 范围，数量为 1000 ~ 50000 个/cm^2 时，可保证它们作为 MnS 析出核心而使 MnS 粗化。大于 5μm 夹杂质点不能作为 MnS 析出核心，大于 50000 个/cm^2 夹杂数量时易水口堵塞。一般真空处理后加铝和硅进行最后脱氧，形成的氧化物称为一次脱氧产物，它们大多上浮。浇铸凝固时，由于固溶度乘积随温度降低而析出的氧化物称为二次脱氧产物，它们可作为在枝晶间偏聚的锰和硫化合为 MnS 的核心，尺寸一般都小于 5μm。最终脱氧后到浇铸之间停留时间大于 3min，一次脱氧产物聚集和上浮，可作为 MnS 析出核心的合适尺寸的氧化物夹杂数量减少。因此要控制中间包和连铸速度及脱氧剂加入速度，脱氧后在 3min 内凝固完毕。0.5 ~ 5μm 尺寸的氧化物数量增多，细小 MnS 数量减小。如果加 0.001% ~ 0.005% Ca 和 $w(Ca)/w(S)$ = 0.1 ~ 1.5 时形成粗大 CaS，并且 CaS 可作为 AlN 析出核心，使细小 MnS 和 AlN 减少。加钙还减少对磁性有害的以 Al_2O_3 为主的夹杂物，而形成 Al_2O_3 - CaO 夹杂物。随后又提出根据钢中硅和硫量来调整锰量方法，Mn^* = (55.6 + 34.5 ×Si%) ×S%，锰波动范围为 ± 0.05%。硅含量不变时，硫含量增高，锰也应提高，以保证铸坯凝固冷却促使 MnS 优先析出和粗化，所以 P_{15} 低。硫含量不变时硅含量增高，Mn 含量也应增高，目的就是减少 MnO 夹杂物数量[90]。

川崎提出加 Al 脱氧后控制 Al 含量小于 0.003% 并测定钢水中 [O] 量，再按计算加入适量硅铁。例如 0.3% Si 钢氧含量控制在 $70 \sim 150 \times 10^{-6}$ 时再加入硅铁；0.1% Si 钢氧含量控制在 $120 \sim 150 \times 10^{-6}$ 时再加入硅铁。同时要控制 $[Mn\%]^2 / [Si\%] \leq 0.3$。此时细小 AlN 和伸长的 MnO 数量少，球状 SiO_2 数量增多，但不堵塞水口。半成品工艺的 0.5mm 成品晶粒尺寸大于 $80\mu m$，$P_{15} \leq 4W/$ kg[91]。如果加 Al 脱氧使钢水中 $[O] = (50 \sim 150) \times 10^{-6}$ 后加入硅铁，再加 Mg 或者 Si - Mg 合金脱氧，控制钢水中 MgO 含量小于 10%，$w(SiO_2)/w(Al_2O_3) = 0.43 \sim 2.3$，$w(MgO)/w(Al_2O_3) = 0.2 \sim 1.0$。$SiO_2$ 系和 $MgO - SiO_2$ 系夹杂物不伸长（MgO 熔点大于 1500℃），磁性高[92]。

日本钢管公司提出小于 0.004% Als 时钢中主要为大于 $1\mu m$ 的球状 SiO_2，不阻碍晶粒长大。0.004% $\sim$ 0.015% Als 时为细小 AlN 和 $Al_2O_3 - MnO - SiO_2$，成品晶粒小。大于 0.15% Als 时钢中主要为 Al_2O_3 和约 300nm 粗大 AlN，成品晶粒大。如果 Al 含量小于 0.004% 和 Cu 含量小于 0.05% 钢水浇铸后以 $10 \sim 30℃/s$ 速度（通用的冷却速度为 2℃/s）快冷可使 $0.1 \sim 0.5\mu m$ 夹杂物数量增多（$500 \sim 5000$ 个/mm^2），而且多为 $MnO - MnS - Cu_2S$，细小 MnS 和 Cu_2S 很少，因为这些氧化物夹杂可作为 MnS 析出核心，而 MnO + MnS 又作为 Cu_2S 析出核心。消除应力退火温度可降到 730℃，磁性高。浇铸时经电磁搅拌，使大于 $0.5\mu m$ 尺寸的夹杂物数量小于 500 个/mm^2（最好小于 200 个/mm^2），热轧板焊接性好，冷轧板厚偏差小，表面状态好（因为大于 $0.5\mu m$ 的夹杂物数量过多，铸坯加热时促进晶界氧化，冷轧时润滑油附着程度不同，摩擦系数发生变化）。大于 $0.5\mu m$ 的夹杂物是冶炼时形成的，$0.1 \sim 0.5\mu m$ 夹杂物是浇铸时形成的。控制好炉渣碱度 $w(CaO)/$ $w(SiO_2) = 2 \sim 10$、RH 处理真空度和脱气时间和钢水连铸凝固冷却速度可使夹杂物数量减少。钢中含 0.004 $\sim$ 0.015% Als 时钢中存在细小 $Al_2O_3 - MnO - SiO_2$ 夹杂物和细小 AlN，经 1% $\sim$ 8% 临界变形和消除应力退火后晶粒尺寸不均匀，P_h 高。RH 处理脱氧后，$[O] < 40 \times 10^{-6}$ 或者 $[S + O] < 50 \times 10^{-6}$ 时加入 0.0001% $\sim$ 0.004% Mg 或 Ca，夹杂物分布均匀，防止形成以 Al_2O_3 为主的粗大氧化物夹杂，叠片铁芯铆接性提高[93]。

住友金属公司提出小于 0.002% Al，0.008% $\sim$ 0.02% [O]，$w(Mn)/w(S) > 10$，$w(MnO)/w(SiO_2) \leq 0.43$（最好小于 0.25），$w(Al_2O_3)/w(SiO_2) = 0.1 \sim 1.0$，$SiO_2$ 量不大于 75%，钢中可伸长的 MnO 量减少。$w(Al_2O_3)/w(SiO_2) > 1$ 时析出细小 AlN，$w(Al_2O_3)/w(SiO_2) < 0.1$ 时形成细小 (Si, Mn)N 析出物，而且 Al_2O_3 量过多，易堵塞水口，成品表面缺陷多。如果再加 0.003% $\sim$ 0.018% Ca 形成粗大 CaS，磁性更好。以前为使 MnO 含量小于 15% 和 SiO_2 含量大于 75%，出

钢时加大量锰铁强制脱氧，Mn 回收率很低（炉渣与钢水处于搅拌状态，Mn 易氧化）。RH 处理用 Al 脱氧再加锰调整成分，成本高，而且 SiO_2 含量大于75% 堵塞水口。如果采用钢包移到 RH 真空槽内后加锰铁，此时炉渣与钢水几乎不处于搅拌状态，Mn 回收率高，部分 Mn 形成的 MnO 可进入炉渣。脱碳后加 Al 和 Si 脱氧时，炉渣中的 MnO 可被还原使 Mn 又进入钢液中，不需要再加入 Mn。如果小于 0.002% Als 钢中加小于 0.002% Mg，夹杂物中 MgO 含量大于 8%，$SiO_2 + MgO$ 含量大于 60%，Al_2O_3 含量小于 20%，CaO 含量不大于 20%，MnS 含量不大于 30% 时，可防止形成 MnO（Mg 与 O 结合力更强）。MgO 与 SiO_2 结合形成高熔点夹杂物（高于 1500℃）。RH 处理脱氧和加 Mn 后再加入 Mg 或者 Mg 合金，金属 Mg 的加入量为 0.01 ~ 1kg/t[94]。钢中 Als 含量小于 0.0006% 时，夹杂物中含 1% ~ 10% FeO（FeO 熔点低，热轧时易延长）。如果控制 $w(MnO)/w(FeO) < 2$，RH 处理脱碳后同时加 Al 和 Si 或者先加 Si 后加 Al 脱氧，$w(Al)/w(Si) < 0.85$ 时，半成品工艺的磁性好。如果转炉出钢时加 $CaO + Al_2O_3 + SiO_2$ 熔剂形成炉渣，使炉渣中 $w(CaO)/w(Al_2O_3) = 0.8 ~ 1.2$（最好为 1.0 - 1.1），$w(CaO)/w(SiO_2) = 0.8 ~ 1.5$ 时，可使夹杂物中 $w(MnO)/w(FeO) < 2$。因为 $w(CaO)/w(Al_2O_3)$ 和 $w(CaO)/w(SiO_2)$ 高时，Al_2O_3 和 SiO_2 活度低，钢中氧也降低，Mn 难以脱氧，夹杂物中 MnO 数量减少[95]。

5.6.3　碳化物、氮化物和硫化物形态的影响和控制

5.6.3.1　碳化物

为降低炼钢成本，原始碳含量为 0.01% ~ 0.05% 时，冷轧带进行不完全脱碳退火（碳含量大于 0.005%）以保证产量，此时碳的形态对织构、磁性和磁时效有重要影响。以前为减轻磁时效常采用罩式炉退火，通过慢冷使碳化物尽量析出，但退火后板形不好，需要进行平整冷轧。另一方法是在连续炉退火和过时效处理，如 700 ~ 800℃ × 10 ~ 180s 退火后，以 5 ~ 100℃/s 速度冷到 400 ~ 600℃ 保持 30 ~ 180s，沿晶界析出大于 0.3μm 大块碳化物[96]，这也可改善织构和磁性。也可从 750 ~ 450℃ 开始以大于 1000℃/s 急冷后，再加热到 300 ~ 550℃ × 大于 60s（如 400℃ × 180s）过时效处理[97]。如果热轧板高温卷取或常化使碳化物固溶后，再以大于 5℃/s（如 30℃/s）速度冷到 500 ~ 300℃ 并保温大于 30s（如 3.5min），使晶粒粗化和在晶粒内析出细小针状碳化物（见图 5 - 20），也可改善织构和磁性[98]。

20μm

图 5 - 20　晶粒内细小碳化物（×500）

0.01% ~0.2% C，小于 0.003% S，0.05% ~0.1% P 的小于 1% Si 钢经大于 Ac_3 常化，冷却时析出细小 Fe_3C，经冷轧时在这些 Fe_3C 周围储能高，促进再结晶时 {100}〈011〉晶粒增多。冷轧温度提高到 150℃，通过动态应变时效作用进一步发展有利织构。脱碳退火后再在干气氛中退火，0.5mm 厚不大于 0.3% Si 钢 B_{50} = 1.82 ~1.86T，P_{15} = 4.6W/kg。1% Si 钢 P_{15} = 3.2W/kg，磁各向异性小。如果钢中 S 含量高，在细小 Fe_3C 周围 S 偏聚以及 S 在钢板表面偏聚，可阻碍脱碳[99]。低碳电工钢终轧温度低促进 {100}〈011〉组分提高。热轧后急冷钢中固溶碳量增多。固溶碳使退火后 {111} 组分减少和 {112} 及 {113} 组分增多[100]。K. Eloot 也指出钢中 C 含量小于 50×10^{-6} 时热轧、冷轧和退火后 γ 纤维即 {111} 晶粒增多，固溶碳可抑制滑移转动到 {111} 位向位置，减少 {111} 晶粒，而且碳可促进形成剪切带，增多 {110}〈001〉晶核。但脱碳退火时易形成内氧化层，降低磁性。如果高温卷取或常化后加快冷速（如水冷），使钢中固溶碳量增多，可减少 {111} 晶粒[101]。

半成品采用两段连续退火法，即前段在 750 ~800℃ 脱碳，后段在 850 ~950℃ ×30s（γ 相区）退火，形成双重组织，即表面 0.05 ~0.09mm 厚层的大晶粒脱碳区和中部小晶粒未脱碳区。消除应力退火时继续进行脱碳和使中部晶粒长大，成品晶粒均匀和磁性提高[102]。在钢中加入石墨化促进元素，如小于 2% Ni 或小于 1% Cu（硅和铝也促进石墨化）冷轧后在 600 ~800℃ 箱式炉退火（如 670℃ ×24h）石墨化，冲片性比小于 0.005% C 钢更好，磁性也较高[103]。

马德（A. R. Marder）等详细研究了 0.023% C 低碳电工钢半成品冲片后退火时脱碳对晶粒尺寸的影响。经小于 10% 临界变形和退火慢冷获得约 70μm 粗大碳化物（No. 1）以及淬火和回火获得约 0.5μm 细小碳化物（No. 2）两种半成品，在 α - Fe + Fe_3C 区（705℃）和 α + γ 两相区（788℃）退火，证明：（1）应变 - 退火机理的晶粒反常长大过程分孕育期、快速长大期和达到平衡状态期。（2）No. 1 的晶粒尺寸比 No. 2 要大得多。705℃ 退火时，No. 1 在 10% 临界变形和 100min 退火时晶粒最大，而 No. 2 在 6% 临界变形和 1000min 退火时晶粒最大。（3）保温时间不变的情况下，退火温度降低以及 Fe_3C 从粗大变为细小尺寸时，合适的临界变形量（ε）增高。如 788℃ 时 No. 1 的 ε = 1.7%，No. 2 的 ε = 5.5%。705℃ 时 No. 1 的 ε = 6%，No. 2 的 ε = 10%。（4）705℃ 退火时孕育期长，晶粒更大。788℃ 两相区退火时孕育期短，晶粒小（见图 5 - 21），因为临界变形后

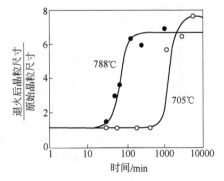

图 5 - 21　经 6% 临界变形的粗大碳化物
钢板在 705℃ 和 788℃ 退火时
晶粒长大三个阶段的比较

退火时形成更完善的多边化组织，而多边化的位错将更多的晶界钉扎住，使晶界移动驱动力降低。（5）No. 1 晶粒大也是因为粗大 Fe_3C 周围局部应变区在加热时多边化位错只将少数特殊晶界钉扎。细小 Fe_3C 使位错更均匀排列，加热时多边化程度更高，许多晶界都被钉扎，所以晶粒更难长大[104]。

　　随后他们研究 0.023%C（A 号）和 0.055%C（B 号）两炉低碳钢经临界变形和脱碳退火时晶粒长大情况。脱碳退火后可得到柱状晶和等轴晶两种不同的晶粒状态。证明：（1）柱状晶的形成是受碳含量、脱碳温度和应变量控制。碳从 0.023% 增到 0.055% 时从等轴晶变为柱状晶：0.055%C 的 B 号钢只在 788℃ 的 $\alpha + \gamma$ 两相区退火后得到柱状晶。以前阿泽马（P. J. Adzema）等指出，不经应变的低碳钢必须同时满足以下两个条件才能得到完善的柱状晶组织，即必须在 A_1 和 A_3 之间进行脱碳，而且脱碳退火前碳化物必须弥散分布在晶界处呈网络状。但本实验证明，原始晶粒大和细小碳化物试样或是原始晶粒小和粗大碳化物试样，在不经临界变形时都没有形成柱状晶。只有原始晶粒小和存在细小碳化物网络时才形成柱状晶。A 号钢经临界变形和 788℃ 退火只形成等轴晶。（2）柱状晶尺寸 $G. S._f = 204 + 0.9 G. S._i - 12.3\varepsilon + 37.8 D_C$。式中，$G. S._i$ 为原始晶粒尺寸；ε 为临界变形量；D_C 为碳化物分布状态。对粗 Fe_3C 材料，$D_C \approx 1$，细 Fe_3C 材料 $D_C \approx 0$。式中，$G. S._i$ 和 ε 对柱状晶尺寸影响最大（见图 5-22a）。ε 增大，柱状晶尺寸 $G. S._f$ 减小。ε 不变时，原始晶粒尺寸 $G. S._i$ 增大，$G. S._f$ 也增大。存在粗大 Fe_3C 时也可形成柱状晶，其尺寸 $G. S._f$ 更大。图 5-22b 为 ε 和 $G. S._i$ 与退火后形成的晶粒状态关系的示意图。可看出 $\varepsilon < 10\%$ 时，在任何原始晶粒尺寸 $G. S._i$ 情况下都可得到柱状晶，特别是 $G. S._i$ 小时。当 $G. S._i$ 大和 ε 小时形成等轴晶。当 $\varepsilon > 10\%$ 时，在任何 $G. S._i$ 下都为大小混合晶粒组织，这是因为从应变

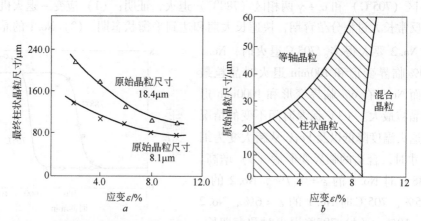

图 5-22　临界变形量和原始晶粒尺寸对柱状晶粒尺寸的影响及与 0.055%C 钢脱碳退火后晶粒组织关系（细碳化物或粗碳化物）的示意图

a—$G. S._i$ 和 ε 对柱状晶粒尺寸的影响；b—ε 和 $G. S._i$ 与晶粒状态的关系

一退火反常晶粒长大机理变为再结晶晶粒正常长大机理所引起的。在788℃两相区脱碳退火时，碳化物及其周围的铁素体转变为奥氏体。奥氏体相是防止反常长大的钉扎点。脱碳从表面往内部移动，而含碳高的奥氏体相阻止铁素体晶粒往两边长大，直到脱碳到将奥氏体消除为止。因此这种晶粒长大是从表面往内部垂直方向进行，从而形成柱状晶。钢中碳量低，奥氏体相少，钉扎点减少，所以不能形成柱状晶。原始晶粒大，奥氏体相不弥散并且分布不均匀，不能发生反常长大，而形成等轴晶。只有当 ε 增大，依靠碳化物 – 应变相互作用才能得到柱状晶。(3) 等轴晶试样都存在三个阶段反常晶粒长大机理（见图 5 – 21）。A 号比 B 号的等轴晶粒尺寸 $G.S._f$ 更大，因为奥氏体少。B 号在705℃比在788℃脱碳对阻碍反常长大更明显，因为脱碳速度慢，而碳化物的存在可阻碍晶粒长大。A 和 B 号钢在788℃脱碳退火的等轴晶 $G.S._f$ 回归分析公式为：

$$\lg G.S._f = 2.151 + 0.022G.S._i - 0.038\varepsilon - 0.0005G.S._i - 0.0002(G.S._i)^2 + 0.079D_C$$

也证明 ε 和 $G.S._i$ 对等轴晶粒尺寸 $G.S._f$ 影响最大。(4) 通过应变 – 退火反常长大得到的柱状晶或等轴晶粒尺寸取决于脱碳退火时钢中存在的有效钉扎位置。减小 $G.S._i$，增大 ε 和原始碳量以及细化碳化物都使钉扎位置增多。增大 ε 在等轴晶情况下使再结晶晶核数量增多，所以晶粒小，在柱状晶情况下加速晶界移动[104]。

住友金属公司富田俊郎提出0.005% ~0.1% C，不小于0.005% N 和 C + N 大于0.03% 冷轧低碳钢板，先在 γ 或（$\alpha + \gamma$）相区温度下脱碳和脱氮后，再在表面单一 α 相脱碳区和脱碳脱氮气氛中退火，使 C + N ≤ 0.01%，成品板面上 {100} 极密度高，即 {100}〈001〉或 {100}〈011〉织构强。碳和氮都扩大 γ 相区。先在真空下或露点（$d.p.$）小于 –20℃弱脱碳气氛中经 800 ~1000℃退火，表面形成 5 ~50μm 厚柱状晶脱碳层，其晶粒尺寸为 30 ~300μm。然后在 $d.p.$ = + 30℃的氢气中高于600℃脱碳退火，使表面柱状晶往内部 $\alpha + \gamma$ 两相区内长大，直到钢中 $w(C) < 0.005\%$（最好 < 0.003%）和 $w(N) < 0.01\%$（最好 < 0.005%），此时上、下表面的柱状晶在板厚中心线相遇，磁性高。钢中加入不大于 4% Mn 可扩大 γ 相区，通过 $\gamma \to \alpha$ 相变更容易控制织构。合适的锰加入量与硅含量有关。如1% Si 时加入小于 2.2% Mn，2% Si 时加入小于 3.5% Mn[105]。屋铺裕义等也提出0.02% ~0.1% C，小于 5% Mn 冷轧板在高于 850℃弱氧化气氛中脱碳到小于0.01% C 的表面脱碳区 {100} 极密度高。冲片后消除应力退火脱碳时，表层柱状晶长大到比板厚大数倍的大晶粒，B_{50} 增高[106]。

5.6.3.2 氮化物与硫化物

一般小于1μm 尺寸的析出物可阻碍晶粒长大，对磁性不利，特别是 0.02 ~0.1μm 细小 AlN、MnS 等析出物的危害性更大。要求这些细小析出物数量尽量减少或使之粗化（如形成粗大的复合析出物）。形成复合析出物的方法有三种：（1）溶质原子偏聚，如在 MnS、AlN、Ce_2O_2S 界面偏聚 B，加速形成 BN 的复合析出物；（2）析出物之间的低界面能，如 MnS 与 AlN 之间的界面能低，所以加速 AlN 在 MnS 上析出的复合析出物。$RemS_2$ 和 AlN 之间界面能也低，形成以 $RemS_2$ 为核心析出 AlN 的复合析出物。（3）在氧化物夹杂处结晶。如 S 在 MnS – SiO_2 中固溶度更高，在冷却过程中 MnS 在 MnO – SiO_2 表面上结晶的复合析出物[54,107]。

新日铁证明在氧含量为 $(20～50)×10^{-6}$，钛含量不大于 $50×10^{-6}$ 钢中加 0.003%～0.01% Rem 形成的 Rem_2O_2S 与 TiN 具有良好的晶格重位性，可形成复合析出物，防止析出细小 AlN，磁性提高[57]。

日本钢管提出，热轧板经 750～850℃ 预退火形成以 MnS 为核心析出 VN 的复合析出物，防止最终退火时热轧板中细小 VN 固溶和再析出[108]。

已报道过 0.16% Cu – 0.026% S 的低碳钢中 Cu_2S 固溶温度为 1250℃，0.076% Cu – 0.01% S 低碳钢中 Cu_2S 固溶温度为 1196℃。低于 1210℃ 时 Cu_2S 热动态稳定性比 MnS 更高，根据 Cu – S 相图，Cu_2S 熔点为 1130℃，Cu_2S 在 Fe 中的固溶度很高，但含少量 Cu 的铁基体在高于 1000℃ 时 Cu_2S 是一个亚稳定相。在没有达到热力学平衡状态下可析出 Cu_2S，因为随温度降低，MnS 中 Cu 固溶度降低，使 Cu 原子聚集在 MnS 与基体界面处形成 Cu_2S。在 MnS 不完全析出条件下可析出细小 Cu_2S。日本钢管证明钢水浇铸后快冷（10～30℃/s）可析出 0.1～0.5μm 尺寸的 MnO – MnS – Cu_2S 复合析出物，即 Cu_2S 以 MnO – MnS 为核心析出，而钢中细小 Cu_2S 数量少[93]。

5.6.4　铸坯加热、热轧和卷取工艺的改进

5.6.4.1　加热

当铝含量在 0.02%～0.1% 范围或加锡和锑时，铸坯加热温度应控制在 1100～1200℃[37,61]。因为在此范围的铝含量，经高于 1240℃ 加热，AlN 几乎完全固溶，热轧析出细小 AlN 阻碍晶粒长大，磁性变坏。加锑或锡钢在 1250℃ 加热时冷轧塑性也变坏。有人提出硫含量小于 0.008% 时加热温度可提高到 1250℃，硫含量小于 0.015% 时应在 1100～1200℃ 加热。随后又指出硫含量小于 0.008% 时加热温度与 Mn 含量有以下关系：$(-1150+T)/500 ≤ w(Mn) ≤ (1450-T)/500$，合适加热温度为 1150～1230℃[109]。

但日本钢管证明加 Sn 或 Sb 的钢硫含量小于 $10×10^{-6}$ 时，超低硫钢（含 0.2%～0.3% Al 和小于 $50×10^{-6}$ N）铸坯在低于 1170℃ 加热时，P_{15} 明显降低（图 5 – 23），因为细小 AlN 数量少，而 1100℃ 加热时为 0.3～0.6μm 粗大 AlN[68]。住友金属证明小于 0.04% S 和 0.1%～0.9% Mn 铸坯经 1000℃ 加热时为

0.5μm 粗大 MnS，P_{15} 低，1150℃ 和 1250℃加热时有许多小于 0.1μm 的细小 MnS，P_{15} 高。只有钢硫含量小于 10 × 10^{-6}时铸坯可加热到 1150℃[23]。

日本钢管提出，在 0.4% ~ 1.6% Si 和 0.08% ~ 0.12% Al 范围内时，合适的铸坯加热温度为 $T_1 = 1023 + 67$ [% Si] ~ 1117 + 83 [% Si]，终轧温度为 750 ~ 850℃，卷取温度 $T_2 = 580 + 50$ [% Si] ~ 650 + 63 [% Si][38]。Thyssen - Krupp 公司 EBG Bochum 厂提出，0.15% ~ 1.8% Si 和 0.01% ~ 0.25% Al 范围时，合适的加热温度 $T = 1195℃ + 12.716$ ([% Si] +

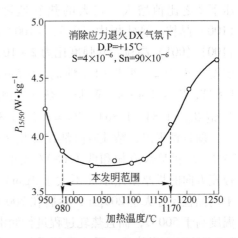

图 5 - 23　加热温度对铁损的影响

2[% Al])。精轧开始温度不高于 1100℃，终轧温度 T_f 不低于 770℃，卷取温度 $T_c = 154 - 1.8αt + 0.527T_f + 111d/d_0$，式中，$d_0$ 为热轧板参考厚度；d 为热轧板实际厚度；t 为终轧与卷取之间的时间（s）；$α$ 为冷却因子，$α = 0.7 ~ 1.3s^{-1}$。粗轧至少 4 道，每道压下率不大于 25%。精轧时每道压下率从 50% 递减到 5%[39]。

5.6.4.2　热轧

一般要求粗轧开轧温度为 1080 ~ 1180℃，精轧开轧温度为 900 ~ 1050℃（高于 $Ar_3 + 20$℃或 $Ar_3 - 20$℃），终轧温度在 Ar_3 和 Ar_1 相变温度之间（最好为 $Ar_3 -$ 10℃ ~ $Ar_3 - 80$℃），并大于 750℃，如 780 ~ 830℃，即在两相区热轧。热轧板晶粒粗化，成品纵横向平均磁性提高，55°方向磁性降低[43,46]。控制好终轧温度和卷取温度是改善无取向电工钢织构和磁性的一个重要措施。

A　在 Ar_3 相变点以下终轧

川崎提出，如果控制精轧前温度低于 800℃，终轧温度为 600 ~ 700℃（α 相区）和低于 500℃卷取，热轧板都为伸长形变晶粒，成品 {100}⟨011⟩ 组分增多，成品磁各向异性小。在 α 相区终轧，热轧板厚度也均匀，偏差小[110]。精轧时板温在 γ→α 相变开始温度 + 20 ~ -20℃范围内，经小于 40% 压下率和大于 50s^{-1}应变速率热轧，变形抗力变化小，热轧板板形好，板厚精度高（相变后的变形抗力为相变前的 1/2，一般精轧机机架之间变形抗力变化很大）[111]。

0.5% ~ 3% Si 钢在不高于 1170℃加热，精轧开轧温度在单一 α 相区（2% Si - Al 钢在 700 ~ 750℃，3.5% Si - Al 钢在 850℃），各机架之间通过回复释放部分应变量后，钢中存在有效储能应变量，并且最后机架压下率大于 20%，即精轧前在未再结晶温度范围内为粗大铁素体晶粒，精轧时控制各机架的热轧速度/

压下率之比值增大。在大的热轧速度下精轧后在再结晶过程中形成 {015} ⟨100⟩ 晶粒，热轧板中 {015} ⟨100⟩ 强度比大于3，以后冷轧和退火转变为 {100} ⟨001⟩ 晶粒，其强度比为 2 ~ 10，{110} ⟨001⟩ 组分也增强，而 {111} 强度比小于2。纵横向磁性高，0.5mm 厚 0.5% Si + 0.2% Al 钢 B_{50} = 1.85 ~ 1.89T，P_{15} = 4.4 ~ 4.5W/kg（热轧板预退火的完全退火工艺）。1.2% Si + 0.25% Al 钢 B_{50} = 1.84 ~ 1.86T，P_{15} = 3.7 ~ 3.8W/kg[112]。

新日铁提出，精轧阶段都在 α 相区进行并且终轧温度高于750℃，终轧后保持 2 ~ 7s 再喷水冷却和低于680℃卷取，热轧板为均匀小晶粒，成品磁性均匀，板宽方向的板厚偏差小（不大于2μm）[113]。控制铸坯冷速或快冷后再加热，使平均晶粒尺寸大于200μm，然后在 700 ~ 750℃ 经不小于30%压下率热轧，终轧温度高于500℃，而且热轧过程进行润滑，使轧辊与钢板之间平均摩擦系数小于 0.2（不经润滑热轧，平均摩擦系数约为0.28），阻止退火时形成 {111} 组分。热轧板中 {100} 组分强，成品 {100} 组分也加强，磁性提高。热轧时润滑是为了减少表层剪切变形量，即减少 {110} 组分，促使板厚方向的织构更均匀，{100} 组分加强。含 0.02% ~ 0.05%C 和小于2%（Si + Al）钢在 α 相区、α + γ 两相区或 γ 相区终轧，500℃卷取或急冷，全周 B_{50} 平均值（也称全周 B_{50} 值）提高 0.04 ~ 0.05T（与低于0.005%C 钢相比），达 1.75 ~ 1.77T。因为低温卷取或急冷，固溶碳量增高，改善织构[44]。

新日铁广畑厂提出，低于1100℃加热，精轧机最后二机架前装冷却装置，保证最后两道前的热轧处于 γ 相区而最后两道热轧处于 α 相区，并且精轧机出口温度 T（终轧温度）与 Si% 满足以下关系式：

$$870 + 80 \times Si(\%) > T > 820 + 80 \times Si(\%)$$

目的是保证终轧温度低于 Ar_3 但温度尽量高，同时尽量避免在 α + γ 两相区热轧，以减小变形抗力（见图 5 - 24a）。如 0.15% Si 钢铸坯（250m 厚）经 1080℃加热和粗轧到 30mm 厚，再经六机架精轧机轧到 2.5mm 厚。α + γ 两相区在 890 ~ 910℃ 范围，考虑板宽温差为 20 ~ 40℃，两相区在 880 ~ 920℃。通过第4和第5机架之间水冷却装置将温度降低50℃（880℃），再经第5和第6机架热轧，终轧温度为870℃，低于650℃卷取。图 5 - 24b 说明低于1100℃加热时，在 α 相区终轧机温度愈高，由于热轧板晶粒粗大（可达40μm）和织构改善，B_{50} 明显增高。不大于0.5% Si 的 0.5mm 厚板（不加 Al 和不常化）半成品退火后 P_{15} = 4.4 ~ 4.7W/kg，B_{50} = 1.75 ~ 1.76T[114]。

八幡厂提出在 $(Ar_1 + Ar_3)/2$℃ 以下温度精轧，热轧板板厚中心区附近沿轧向伸长晶粒面积率大于50%。热轧板在 α 相区常化的完全退火工艺 B_{50} 高[115]。如果在 850 ~ 950℃ 精轧时控制低应变量、低应变速率和两道之间的间隔时间长，而在 500 ~ 850℃ 精轧时采用高应变量、高应变速率和间隔时间短时，成品 0°、

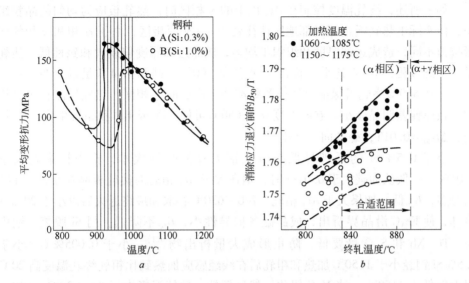

图 5-24 热轧温度与平均变形抗力和终轧温度与磁感 B_{50} 的关系

a—温度与变形抗力的关系；b—温度与 B_{50} 的关系

$45°$ 和 $90°$ 方向的磁性更均匀[116]。

住友金属提出，铸坯在 $710 \sim 820℃$ 的 α 相区终轧，$600 \sim 680℃$ 卷取的磁性与高于 $700℃$ 高温卷取的磁性相似，但酸洗容易，磁性也更均匀。在低硫情况下锰量愈低，磁性愈高，特别是 B_{50} 明显增高，晶粒尺寸大。因为锰和硫量低可促使热轧板更快的再结晶和晶粒长大。在 α 相区终轧，热轧板中残存应力进一步促进卷取后的晶粒长大[15]。

B 在 Ar_3 相变点以上终轧

川崎提出，铸坯在 Ar_3 以上约 $50℃$ 以内的 γ 相区终轧和高于 $700℃$ 卷取，热轧板晶粒粗化（ASTMNo. 4 以下），成品磁性高。$0.5mm$ 厚 0.27% Si 钢半成品退火后 $P_{15} = 4.66W/kg$，$B_{50} = 1.81T$[117]。但沿长度方向磁性不均匀和酸洗困难。如果高于 Ar_3 终轧后再在 Ar_1 以下 α 相区经 $5\% \sim 15\%$ 压下率热轧和高于 $700℃$ 卷取，热轧板晶粒也粗化，可获得同样的磁性[118]。如果高于 Ar_3 终轧后，在再结晶温度以下，如 $560℃$ 卷取，热轧板晶粒细小均匀。成品完全退火时晶粒来不及长大，但半成品退火时晶粒明显长大[119]。

日本钢管公司提出，小于 1.7% Si 和小于 1% Al 钢中硅和铝含量满足下式，经 $1100 \sim 1150℃$ 加热，$700 \sim 900℃$ 终轧和高于 $650℃$（如 $700℃$）卷取，成品厚度偏差小，磁性也均匀：

$$[Al\%] \leqslant 0.69[Si\%]^2 - 2.29[S\%] + 1.9; [Al\%] \geqslant 0.10[Si\%]^2 - 0.35[Si\%] + 0.3$$

如上所述，终轧温度控制在 Ar_3 以上的 γ 相区时，热轧板应为均匀的晶粒组织，但实际上热轧板边部局部地区往往处于 α + γ 两相区，由于 α 相和 γ 相的变形抗力不同，造成边部厚度和组织不均匀，成品边部厚度偏差大和磁性低。热轧是一动态过程，Ar_3 点比平衡状态 A_3 点约低 100℃。硅和铝量满足以上两个关系式时，在 860℃ 终轧可保证热轧板各处都处于稳定的 γ 相区，热轧后晶粒小且均匀，板厚偏差明显减小。卷取温度高于 650℃ 可使 AlN 或 BN 和晶粒粗化，B_{50} 均匀，$\Delta B_{50} = 0.01\text{T}$，磁各向异性小[120]。

小于 0.5% Si 的低牌号低碳电工钢为降低炼钢成本，希望钢中碳大于 0.01%。一般认为碳大于 0.01% 时，钢在大于 Ar_3 精轧时热轧板晶粒小，{111} 组分多，B_{50} 低。如果大于 Ar_3 精轧，700 ~ 630℃ 卷取和最终退火后以小于 20℃/s 冷却，使 Fe_3C 沿晶界析出，成品磁各向异性小，B_{50} 不降低。用 Si 脱氧，钢中 Al、Ti、Nb 和 S 含量要低，防止形成大量析出物[121]。小于 0.005% C，小于 1.5% Si 钢经小于 1150℃ 加热和粗轧后在线经感应加热到比粗轧终轧温度高 20℃ 以上但低于 1150℃，使 MnS 粗化，然后精轧。精轧温度大于 $Ar_1 + 20℃$，640 ~ 750℃ 卷取，热轧板晶粒大，成品磁性高，磁各向异性小。如果大于 Ar_3 精轧后从 Ar_3 以下以大于 50℃/s 快冷，使晶粒产生不同的应变能（残余 γ 相晶粒应变能大），热轧板经小于 Ac_1 常化后，成品 $B_{50} = 1.78 ~ 1.79\text{T}$[122]。

住友金属提出，精轧终轧温度（FT）为 900 ~ 1000℃，而且与 [Si% + Al%] 量满足下式：$[(FT - 900)/40]\% \leqslant [\text{Si} + \text{Al}]\% \leqslant 6\%$。如不大于 1% [Si + Al] 钢 $FT = 980℃$，3.5% ~ 4.0% [Si + Al] 钢 $FT = 910℃$，并且 $w(\text{Mn})/w(\text{S}) \geqslant 10$，不低于 700℃ 卷取（如不大于 1% [Si + Al] 钢 810℃ 卷取，不大于 3.5% ~ 4.0% [Si + Al] 钢 740℃ 卷取），热轧板晶粒大，热轧时不析出 MnS，热轧板不常化，成品磁性高，磁各向异性小。如 0.5mm 厚 1% [Si + Al] 钢 $B_{50} = 1.75\text{T}$，$P_{15} = 3.75 ~ 3.88\text{W/kg}$[123]。

新日铁八幡厂提出，杂质元素很低（S 和 N 小于 20×10^{-6}，Ti、Nb、Zr、Ca、V 和 As 都分别小于 30×10^{-6}）的 0.1% ~ 3.5% Si 钢大于 Ar_3 终轧和高于 680℃ 卷取或者大于 Ac_3 常化，热轧板晶粒大且均匀，成品磁性提高。在 γ 相区精轧后不会通过相变而阻碍 α 相晶粒长大。钢中可加入 B、Sn、Sb。0.5mm 厚 0.25% Si 钢 960℃ 精轧（大于 Ar_3），700℃ 卷取或者 1000℃ 常化（大于 Ac_3），730℃ × 30s 最终退火后，$B_{50} = 1.77\text{T}$，$P_{15} = 4.4\text{W/kg}$。0.75% Si 钢 $B_{50} = 1.77\text{T}$，$P_{15} = 3.7\text{W/kg}$，经临界变形半成品工艺，$B_{50} = 1.76\text{T}$，$P_{15} = 3.15\text{W/kg}$。如果精轧总压下率大于 75%，并且至少有一道大于 20% 压下率的轧制条件 Z 参量满足下式：

$$Z = \lg\{\varepsilon \cdot \exp[32100/(t + 273)]\} \geqslant 12.1 \qquad (5 - 1)$$

式中，ε 为应变速率；t 为精轧温度。

$$\varepsilon = \{ V_R / (Rhr^{0.5}) \} \cdot \ln [1 / (1 - r)] \tag{5-2}$$

式中，V_R 为辊速，m/s；R 为轧辊半径，m；h 为该道次入口板厚，mm；r 为该道次压下率，%，$0 < r < 1$。

或

$$\varepsilon = [2\pi n / (60 r^{0.5})] \cdot (R/h)^{0.5} \cdot \ln [1 / (1 - r)] \tag{5-3}$$

式中，n 为辊速，r/min。

由式（5-1）看出，精轧温度低，应变速率大时，Z 值高，其上限应控制在 16.0 以下。热轧后第一次卷取温度与终轧温度之差低于 100℃（即高于 750℃ 卷取），加保温罩保温 30s～10min 后开卷冷却，再经小于 550℃ 第二次卷取，这可防止表层内氧化层的形成，提高酸洗性，成品表面状态好。第一次卷取后晶粒尺寸为 100～300μm。第二次卷取使钢中残余固溶碳和细小 Fe_3C 增多，使 {111} 组分减少，也提高磁性[124]。纯净的电工纯铁在高于 900℃ 终轧和 700～850℃ 卷取，热轧板厚为 3～4mm，冷轧到 0.8～2mm 厚成品，800～850℃×10～40s 退火后以 10～30℃/s 速度慢冷到 450℃，退火后经小于 1% 平整和涂绝缘膜，$B_{50} = 1.82 \sim 1.83T$，$P_{15} = 7.5 \sim 9.0W/kg$，用作汽车发电机、刮水器和自动开关窗户的小电机[125]。

C 粗轧坯焊起再精轧

4～6 块粗轧坯头尾焊接并卷取再精轧。热轧板厚度偏差小（小于 50μm），板形好，成品钢卷长度方向磁性均匀，表面状态好。由于 MnS 和 AlN 粗化，磁性也提高。此法对小于 0.5%～3% Si 钢以及小于 1.5%[Si + Al] 钢的完全退火和半成品工艺都适用。而且新日铁八幡厂用此法生产 0.8～1mm 厚热轧板成品，用作家电电机和汽车中控制窗户开关和刮水器的小电机。

新日铁八幡厂提出，粗轧坯焊接卷取精轧时控制最后一道应变速率 $\varepsilon > 150s^{-1}$，最后两道之间张力为 15～98MPa，750～$(Ar_3 + Ar_1)/2$ 终轧，高于 750℃ 高温卷取或常化，Mn/S 比最好大于 20，成品 B_{50} 高且均匀。0.5% Si + 0.2% Al 钢半成品工艺 $B_{50} = 1.77T$，$P_{15} = 3.22W/kg$，冷轧压下率小于 75% 时 B_{50} 更高[126]。粗轧坯卷取条件为 $1.20 \leqslant \lg(\omega t/R) + 2 \leqslant 4.00$。式中，$\omega$ 为粗轧坯卷取转动速度，r/min；t 为粗轧坯厚度，mm；R 为卷取半径，mm；卷取温度为 900～1150℃，并保持 30s～10min 使 MnS 粗化。除最前端和最后端粗轧坯外，中部的粗轧坯精轧最后一道最高应变速率（ε_{max}）和最低应变速率（ε_{min}）之比为 0.8～1.0 时，成品长度方向磁性更均匀（一般开始精轧时轧制速度降低以便于将钢板咬住。当热轧带开始卷取时轧制速度开始加快，这使钢的应变速率变化导致成品磁性波动）。粗轧坯经激光或者电弧加压焊接。精轧时至少有一道钢板与轧辊之间的摩擦系数小于 0.25（用含 0.5%～20% 油脂的水作润滑油，其黏度为 200～800cst）和大于 30% 压下率，终轧后停留 3～4s 再喷水，纵横向 B_{50} 相差不超过 0.02T。3% Si，0.5% Al 钢，950℃×2min 常化，0.5mm 厚板 $P_{15} = 2.35$ W/kg，

$B_{50} = 1.69T^{[127]}$。随后又提出，粗轧坯厚度 $t \geqslant 0.04W - 14$，式中，W 为粗轧坯宽度，mm。粗轧坯焊接并卷取时边部经感应加热或电加热，卷取后保温30s ~ 10min，成品长度和宽度方向磁性都均匀。精轧机与卷取机之间距离从100m缩短到50m以内，控制张力大于15MPa可提高 B_{50}，容易卷取，板形也好。粗轧坯焊接时加大于19.6MPa（2kgf/mm²）压力并控制好前后两块粗轧坯温度，焊区处的磁性可提高[129]。

川崎公司提出，由于精轧后的热轧带前端开始卷取时几乎无张力，所以最后一道精轧时开始尽量降低轧速，卷取后再加速，这使成品钢卷磁性不均匀（头部 B_{50} 低），特别是最后一机架辊速小于500r/min时 B_{50} 明显降低，因为热轧带中形变晶粒增多。800r/min时几乎都为30 ~ 36μm再结晶晶粒。热轧速度快，储能高，生核频率增高，动态再结晶快，晶粒小。最后一机架辊周速最高应小于1500r/min，最低应大于500r/min，而且最高和最低周速之差小于300r/min（最好小于100r/min）。六块粗轧坯经直接通电或者感应加热法对焊在一起精轧，成品磁性均匀[129]。粗轧坯高于800℃卷取成内径大于100mm，外径小于3600mm，卷取温度 T 与保温时间 t（s）满足 $t \geqslant (1000 - T)/s$，粗轧最后一道应变速率大于12s⁻¹。由于粗轧坯卷取时产生的应变促进析出物粗化和粗轧后再结晶，不小于1.5%（Si + Al）钢成品无瓦垄状缺陷，磁性也高。控制好粗轧坯表面温度、板宽方向边部与中部板厚（使它们尽量接近一致），再焊接并卷取，精轧第一道压下率增大，成品板宽方向磁性均匀，并减轻焊区磁性变坏程度[130]。单块粗轧坯在900 ~ 1180℃卷取并保持小于10min（如35mm厚粗轧坯卷取直径为80cm），再开卷精轧，也使成品磁性均匀。粗轧最后一机架工作辊表面光滑（$Ra = 2$ ~ 80μm），以后酸洗性提高，成品表面好[131]。

D　0.8 ~ 1mm 厚热轧板成品

如上所述，新日铁八幡厂采用粗轧坯焊接卷取工艺生产0.8 ~ 1.0mm厚热轧板成品。0.15%Si钢950℃终轧，750℃ ×30s退火后涂绝缘膜，$B_{50} = 1.77T$，磁性均匀。

川崎提出，0.1% ~ 3.0%Si钢1150℃加热和热轧到1.5 ~ 8mm厚（如5mm厚），再经1100℃加热和以不小于800r/min轧速一道轧成0.8 ~ 1.0mm厚（压下率为50% ~ 90%）。600 ~ 800℃终轧，0.8mm厚成品退火后板厚中心区 {110} ⟨001⟩ 组分强度高10倍。3%Si钢950℃退火后沿轧向 $P_{15} = 1.8W/kg$，$B_{50} = 1.75T$。小于1.9%Si钢终轧温度为 $Ar_1 - 100℃$ ~ $Ar_1 + 50℃$，750℃ ×2h退火后 {015}⟨100⟩ 组分强度大3倍以上（ {015}⟨100⟩ 近似为 {100}⟨100⟩ 位向）。0.45%Si – 0.25%Al钢 $B_{50} = 1.84T$，$P_{15} = 5.65W/kg$，横向和纵向磁性差别小。3.1%Si – 0.6%Al钢 $B_{50} = 1.74T$，$P_{15} = 2.2W/kg$。采用铸坯1100 ~ 1130℃加热、粗轧和精轧通用生产工艺，精轧最后三道总压下率为50% ~ 90%，而最后一道大

于 10% （或最后一机架压下率为 30% ~ 80%），高于 600℃ 卷取（不经最终退火），小于 1.5% (Si + Al) 钢 B_{50} = 1.74 ~ 1.78T，P_{15} = 4.5 ~ 6.5W/kg。精轧后段经大压下率热轧，使粗轧和精轧前段形成的铁素体再结晶晶粒充分经受热轧应变，在卷取自退火时再进行再结晶，这改善了织构。如果控制粗轧后大于 300μm 尺寸的铁素体晶粒超过 80%，小于 100μm 尺寸的晶粒少于 20% （如 1200℃ 加热或者粗轧后在高于 1000℃ 停留），在不高于 900℃ 单一铁素体相区（ < Ar_1 ）精轧并控制各机架压下率 R （%）和应变速率 ε，即 $\varepsilon/R \geqslant 0.51 ~ 0.04$ ［% Si］。热轧板的 {015} 〈100〉 组分加强。因为粗轧坯中铁素体晶粒大，精轧后晶界处形成的 {015} 〈100〉 晶粒多和 {111} 晶粒少，而且可阻止精轧过程中的动态再结晶，发挥粗大晶粒效果，{015} 〈100〉 组分强，磁性高。一般大晶粒热轧时在晶粒中易形成剪切带等不均匀变形组织，以后动态再结晶过程中促进晶粒内部发生再结晶而使晶粒细化。在 Ar_1 以下的 α 相区精轧时，应变速度大和各道压下率小可抑制晶粒内发生不均匀变形，促进晶界处发生再结晶。第一机架压下率为 15% ~ 30%（通用工艺为 30% ~ 50%），ε/R 比增大更好。精轧总压下率为 70% ~ 90%。钢板中未再结晶的形变晶粒平均间隔最好大于 250μm（通用工艺都小于 50μm）[132]。

上述 0.8mm 厚 {110} 〈001〉 热轧板经 950 ~ 1000℃ 常化，70% 冷轧到 0.35mm 厚，950℃ × 2min 退火后晶粒尺寸为 0.15 ~ 0.35mm，{110} 〈001〉 取向度 > 80%，沿轧向 3% Si 钢 P_{17} = 1.3 ~ 1.4W/kg，B_{50} = 1.82T，冲片性好。0.5% ~ 2% Si 钢中加 0.35% ~ 0.5% P，P 沿晶界偏聚可抑制 {111} 晶粒形成和促进 {110} 〈001〉 晶粒增多。2% Si – 0.3% Al 的沿轧向 P_{15} = 2.92W/kg，B_{50} = 2.0T。上述 0.8 ~ 1.2mm 厚的 {015} 〈100〉 热轧板经常化，80% ~ 85% 冷轧压下和退火，热轧板中 {015} 〈100〉 晶粒转变为 {100} 〈001〉 晶粒，磁性明显提高。0.5mm 厚 0.3% Si 冷轧板经 850℃ × 1min 退火后 B_{50} = 1.88T，P_{15} = 5.14W/kg。3.3% Si 钢 1000℃ 退火后 B_{50} = 1.79T，P_{15} = 2.08W/kg，磁各向异性小[133]。

E 铸坯直接热轧法

小于 1.7% Si 钢有相变，铸坯中柱状晶尺寸较小，有可能采用直接热轧法，需要解决的一个问题是如何使铸坯中 MnS 和 AlN 粗化。铸坯冷到 1000℃ 以上（内部温度为 1100 ~ 1150℃）先经大于 10% 压下率粗轧到 30 ~ 40mm 薄板坯，并在表面温度高于 950℃ 时保持大于 30s 后再进行精轧，最后一道在 Ar_3 以下经大于 25% 压下率热轧，终轧温度高于 820℃，卷取温度高于 700℃。铸坯冷却到高于 1000℃ 阶段以及粗轧后在高于 950℃ 的 γ 相区停留，目的就是使铸坯中 MnS 和 AlN 粗化，并促使新 AlN 析出相生核。最后一道在低于 Ar_3 温度经大压下率热轧也促进 AlN 生核。以后高于 700℃ 卷取，目的是使热轧中析出的这些 AlN 尺寸粗化和晶粒粗化。小于 0.5% Si 的 0.5mm 厚板完全退火后 $P_{15} \approx 5.6\text{W/kg}$，$B_{50} \approx$ 1.78T，这比再加热法的 P_{15} 值略高些，但 B_{50} 也更高些。如果控制好 Mn、S 和 Al 量以及 Mn/S 比，并控制铸坯冷速 $v(\text{℃/s})$，可加速铸坯中 MnS 和 AlN 的粗化。即 $60 \leqslant (\text{Mn/S}) \leqslant 580(\text{Al})^{1/2} + 17$ 和 $5 \leqslant v \leqslant 60(\text{Mn}) + 1/2(\text{Al}) + 2.5(\text{Mn/S})^{1/2}$。为使 MnS 和 AlN 粗化主要应考虑 Mn 和 Al 的扩散速率，Mn 和 Al 量提高可促进它们粗化。MnS 可作为 AlN 析出核心，Mn/S 比过大，粗大 MnS 数量减少，这对粗化 AlN 不利，因此 Mn/S 比与 Al 含量有关。如果铸成 30～40mm 厚的薄铸坯，冷到 1050～1100℃ 直接热轧，并在 Ar_3 点以上的压下率大于 20%（如 40%～60%），热轧总压下率为 80%～95%，成品 {100} 和 {110} 组分高，所以 B_{50} 高[134]。

5.6.4.3　高温卷取

一般卷取温度为 550～600℃。已知卷取温度高于 700℃ 使热轧板晶粒粗化，析出物聚集，成品 {111} 和 {112} 组分减弱，{100} 和 {110} 组分加强，磁性明显提高，特别是 B_{50} 为 1.78～1.80T。

川崎提出，为了保证卷取温度高于 700℃，可提高终轧温度、控制喷水量或缩短精轧机到卷取机之间的距离。卷取机前装有拉辊，经小压下拉卷可改善磁性[43]。热轧最后一道压下率控制在 20%～35% 和高于 700℃ 卷取，依靠热轧后残余应变促进卷取后晶粒粗化，可使磁性提高[135]。

高于 700℃ 高温卷取虽然使磁性明显提高，但引起以下问题：（1）由于钢卷温差增大，内外圈钢带比中部钢带温度约低 100℃，造成热轧板晶粒不均匀和成品磁性不均匀，相当于热轧卷头和尾的磁性低。（2）磁各向异性增大，纵横向磁性提高，55°方向磁性降低。（3）引起晶界氧化和内氧化层，造成酸洗困难。（4）由于晶界氧化，晶界处易发生过酸洗而形成坑状表面，冷轧时易形成小裂纹和产生脱皮及铁粉。小裂纹使成品表面形状变坏，绝缘膜厚度不均匀以及退火后小裂纹附近形成小晶粒，P_{15} 增高。产生的脱皮，和铁粉在退火时易粘在炉辊上而使钢带表面划伤。（5）热轧板晶粒不均匀，冷轧伸长率不同，局部地区厚度偏差大，板形不好。

为解决晶粒和磁性不均匀以及厚度偏差大，新日铁采用高温卷取后将热轧卷放在保温罩内冷却或装入比卷取温度高 100℃ 以内的炉中通氮气并短时间（10～40min）保温。保温后冷到 600℃ 以下的时间（t）应满足下式：

$$t(\text{min}) \leqslant \{38.2 \times (\text{Si} + \text{Al})\% + 0.04 \times \text{卷取温度}(\text{℃}) + \text{保温时间}(\text{min}) - 40\}$$。一般去掉保温罩后进行水冷可满足上式要求的时间，以后容易酸洗。热轧板晶粒均匀，平均直径约 0.06mm，冷轧后厚度偏差小（小于 10μm），板形好，成品磁性好且均匀。根据上式 0.1% Si – 0.03% Al 钢 $t < 35\text{min}$；0.52% Si – 0.03% Al 钢 $t < 52\text{min}$；0.84% Si – 0.15% Al 钢 $t < 70\text{min}$[136,137]。

高于 Ar_3 卷取和从 Ar_3 到 Ar_1 之间冷速小于 50℃/s（加保温罩并通 N_2），促

使在 α 相中固溶度低的元素充分析出并聚集，晶粒大。由于氮气在 γ 相区溶解度大，易形成氮化物，钢中必须加入 Sn、Sb、P 等偏析元素，防止热轧板表面增氮形成细小晶粒表层的成品，易于酸洗，热轧板晶粒不小于 $150\mu m$。0.5mm 厚的 0.5%Si + 0.3% Al 钢完全退火工艺，由于 {111} 组分减少，{110} 和 {100} 组分加强，$B_{50} = 1.79 \sim 1.80T$，$P_{15} < 4.5W/kg$，表面形状好（也可经高于 Ar_1 卷取，并在 $(Ar_1 - 50℃) \sim [(Ar_1 + Ar_3)/2]℃$ 温度下（如 850℃）自退火 2 ~ 3h）。高温卷取可缓慢进行 γ→α 相变。MnS 在 γ 相中固溶度小，所以粗化，而 AlN 在 α 相中固溶度小，所以也粗化。晶粒大的 γ 相在相变时使 α 相晶核位置减少，所以相变同时 γ 和 α 晶粒都长大。如果低于 Ar_3 卷取，由于 α 相晶核数量多，而不能充分长大[138]。

5.6.5 热轧板预退火（箱式炉）和常化（连续炉）

热轧板预退火或常化是改善无取向电工钢织构和磁性的重要措施。预退火或常化可使热轧板晶粒粗化并更均匀，AlN 和 MnS 等析出物聚集粗化（AlN 析出量增多），碳化物固溶并可进行脱碳，成品 {100} 和 {110} 组分加强以及 {111} 组分减弱，磁性明显提高（图 5 - 25 和图 5 - 26）。上述的高锰钢和含锑或含锡钢必须进行预退火或常化才能获得高的磁性。通常，预退火采用较低温度（750 ~ 850℃），由于保温时间长，冷却速度慢，晶粒和析出物更粗化，锡或锑可沿晶界充分偏聚，磁性更高。但热轧板氧化严重，氧化铁皮中氧原子易引起晶界氧化，酸洗困难，成品表面质量较差，产量低。常化处理采用较高温度（850 ~

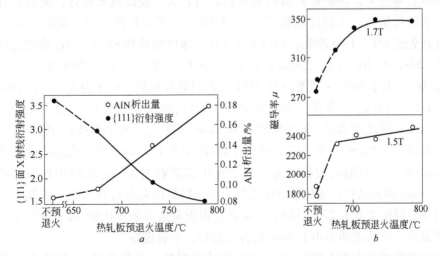

图 5 - 25 热轧板预退火温度与热轧板中 {111} 极密度和 AlN 析出量及成品磁导率的关系

（0.04% C，0.036% ~ 0.08% Al 钢，二次冷轧 0.5mm 半成品[37]）

a—退火温度与极密度和 AlN 析出量的关系；*b*—退火温度与磁导率的关系

950℃），时间短和冷却快，常化炉和酸洗一般都在同一条作业线上，所以产量高。由于冷却快也便于酸洗。如果热轧时采用高于700℃高温卷取工艺应当省掉预退火或常化工序，因为高温卷取所起的作用与预退火或常化相同，但高温卷取存在上述一些缺点。

　　早在1963年，川崎钢公司就已知道预退火可改善磁性。已证明低于 Ar_3 终轧，热轧板中 $\{100\}$ 组分强，但冷轧后的 $\{100\}$ 形变晶粒最难再结晶，退火时常被其他位向晶粒所吞并，由于 $\{100\}$ 组分减少，磁性较低。在此情况下如果经950℃×1h预退火，将碳脱到0.005%以下和晶粒粗化，成品 $\{100\}$ 组分加强和磁性提高。高于 Ar_3 终轧或在600~

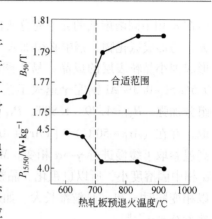

图5-26　轧板预退火温度与
磁性的关系[89]

（0.12% Si，1100℃加热，一次
冷轧法0.5mm厚半成品）

700℃的 α 相区终轧和500~600℃卷取后，热轧板晶粒细小均匀。在低于 Ar_3 温度常化处理使晶粒粗化，磁性也提高[139]。

　　一般常化处理或预退火是靠热轧板表面氧化铁皮脱碳，但常因为有 SiO_2 薄膜使脱碳反应变慢。再者，常化后表面层晶粒往往过于粗大，冷轧时晶粒伸长，成品表面呈橘皮皱纹状。如果常化前经3%~35%冷轧，去掉80%以上的氧化铁皮，然后在氧化或中性气氛中常化，依靠应变能促进晶粒长大，并可明显阻碍表面晶粒长得过大，使晶粒都沿板厚方向均匀长大，脱碳效果也好，成品磁性提高，表面质量高，无橘皮现象[140]。0.005%~0.02% C 和小于1.5%（Si+Al）热轧板先经5%~15%冷轧，再以大于3℃/s速度加热到850℃~ Ar_3 温度之间常化5~30s，在 Ar_3 到 Ar_1 之间的冷速为2~10℃/s或在 Ar_1 以上50℃保温5~30s，再从 Ar_1 以大于10℃/s速度冷到100℃。此时热轧板晶粒尺寸为3~4号（100~200μm），固溶碳量增多，冷轧和退火后织构改善，B_{50} 增高，表面状态好。800℃×75s脱碳退火后，0.35% Si 的0.5mm厚板 $P_{15}\approx4.29$W/kg，$B_{50}=1.83$T。半成品退火后 $P_{15}\approx3.6$W/kg。常化后晶粒尺寸大于200μm时，成品表面出现橘皮状缺陷[141]。预退火使板宽方向边部比中部晶粒更大，冷轧时边部局部产生10~15mm伸长晶粒，成品平整度变坏。如果精轧时调整冷却水量，控制加热温度与终轧温度之差为270~350℃，使热轧板板宽边部硬度比中部高30以上，再经预退火，成品边部为小于2mm的伸长晶粒，平整度好[142]。

　　有相变的不大于1.5%（Si+Al）钢常化温度一般低于 Ac_1，防止由于相变使常化后晶粒小和晶粒尺寸不均匀。但新日铁提出高于 Ac_1 的（γ+α两相区）预退火和慢冷可促进晶粒长大及析出物粗化（约0.2μm），$\{100\}$ 〈011〉组分加强，成品晶粒大，{100}〈uvw〉组分和 {110}〈001〉组分强，{111} 组分弱，磁性高。如 0.25% Si + 0.27% Al + 0.31% Mn 钢 $Ac_3 = 1040℃$，$Ac_1 = 995℃$。热轧板经 1000℃ × 30min 预退火后以 0.2℃/s 速度冷却。由于冷却慢，Ar_1 点更高，相变后晶粒可充分长大。1100℃（γ 相区）常化由于析出物部分固溶（主要为 AlN + MnS 复合析出物），冷却时又析出细小析出物而阻碍晶粒长大。证明常化后晶粒尺寸比析出物尺寸对最终退火晶粒长大的影响更大[143]。又提出，高于 Ar_3 终轧热轧板在高于 Ac_3 常化，并在 Ar_3 与 Ar_1 之间以小于 5℃/s 慢冷，磁性高。但产量低。如果 S、N、Ti、Nb、V 都分别不大于 $20 × 10^{-6}$ 的高纯净钢在高于 Ac_3 常化后以 60℃/s 冷却到 700℃ 以下，热轧板晶粒粗大，0.5mm 厚 0.65% Si + 0.15% Mn + 0.2% Al 钢经 730℃ × 30s 退火后 $B_{50} = 1.78T$，$P_{15} = 3.6W/kg$，半成品工艺 $B_{50} = 1.77T$，$P_{15} = 3.1W/kg$。{100}〈uvw〉组分强，全周磁性好，冲片性也好[144]。热轧卷取时钢卷外径小于 2700mm。经低于 Ac_1 常化，利用卷取时产生的加工应变促进晶粒长大，常化后晶粒尺寸大于 50μm，成品 B_{50} 也明显增高[145]。

日本钢管提出，不大于 1.5% Si 钢热轧板酸洗后先经 3% ~ 12% 轻压下再预退火使晶粒通过应变诱导而充分长大（150 ~ 500μm），成品 B_{50} 高[146]。但由于一些晶粒反常长大，热轧板和最终退火易产生大小混合晶粒，成品磁性和表面形状不好，冲片性也降低。热轧板经 0.5% ~ 3% 往返轻压下，总压下率 2% ~ 5%，再经常化，可防止热轧板表层晶粒过分长大，改善成品表面。随后又提出精轧最后三道总压下率大于 50%，低于 810℃ 终轧，卷取温度 T_1 满足 $15(Si + Al)^2 + 500 ≤ T_1 ≤ 25(Si + Al)^2 + 620$，酸洗后经 3% ~ 20% 冷轧再经预退火或常化，预退火温度 T_2 满足 $610 + 0.2T_1 + 20(Si + Al) ≤ T_2 ≤ 810 + 0.15T_1 + 40(Si + Al)$。常化温度 T_3 满足 $730 × 0.2T_1 + 20(Si + Al) ≤ T_3 ≤ 860 + 0.15T_1 + 40(Si + Al)$。预退火和常化后表层为应变诱导反常晶粒长大，主要为 {110} 组分，而中部为再结晶晶粒正常长大组织，主要为 {100} 组分。热轧板晶粒粗大且均匀，{111} 组分降低，成品晶粒大也均匀，织构和磁性改善，冲片性良好。因为冷轧前晶粒大且均匀，冷轧时晶粒内产生更均匀的形变带和剪切带等晶体缺陷，以后退火时在这些晶体缺陷和晶界处均匀形核，所以成品晶粒大和均匀。0.5mm 厚 0.38% Si + 0.35% Mn + 0.12% Al（S，N 含量小于 $30 × 10^{-6}$）钢完全退火后 $B_{50} = 1.81T$，$P_{15} = 4.52W/kg$。0.5% Si + 0.9% Mn + 0.001% Al 钢 $B_{50} = 1.81T$，$P_{15} = 4.47W/kg$。临界变形半成品工艺的 $B_{50} = 1.80T$，$P_{15} = 3.51W/kg$。由于热轧板氧化铁皮在以后预退火时可促进渗氮，因此要先酸洗，再经轻压下冷轧和预退火。Si + Al 含量高，卷取温度和预退火温度或常化温度都要提高，因为卷取温度提高，表层再结晶比例增大，经轻压下引入的应变量减少，晶粒长大效果小，所以预退火或常化温度提高[147]。0.02% ~ 0.05% C，1% Si 钢（Als 小于 0.01%）热轧板在高

于 Ac_3（1050 ~ 1150℃）常化后，从 800℃ 以大于 1℃/s 速度冷却到 500℃，在大量晶粒中析出细小弥散 Fe_3C，然后经约 150℃ 冷连轧机冷轧和退火时，在细小 Fe_3C 周围由于位错密度高，而使大晶粒内的形变带过渡区有利位向晶粒优先生核再结晶和长大。0.5mm 厚板 $B_{50} = 1.83T$，$P_{15} = 3.2W/kg$[148]。

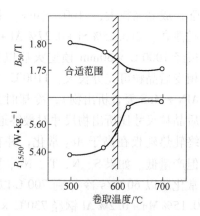

图 5-27　采用预退火工艺时卷取温度与磁性的关系

(0.4% Si, 0.23% Al, 800℃ 终轧,
800℃ × 0.5h 预退火,
0.5mm, 760℃ × 20s 退火)

住友金属公司提出，低锰低硫钢在 α 相区内高于 700℃ 终轧，低于 600℃ 卷取后，经 850℃ × 0.5 ~ 1h 预退火时，因为硫量低，晶粒可迅速长大。采用预退火时，卷取温度愈低，磁性愈高（见图 5-27）。如 0.5% Si，0.002% S 和 0.1% ~ 0.2% Mn 钢，760 ~ 820℃ 终轧，500 ~ 550℃ 卷取，800℃ × 1h 预退火，0.5mm 厚板半成品工艺 750℃ × 2h 退火后 $P_{15} = 4.5W/kg$，$B_{50} = 1.80T$。如果加 0.25% Al 时 $P_{15} = 3.38W/kg$，$B_{50} = 1.80T$。提高预退火或常化温度，使冷轧前晶粒粗大和均匀，可提高冷轧压下率（87% ~ 88%），形成更多形变带，退火后 {411}〈148〉晶粒在形变带生核和吞并 {211}〈111〉晶粒长大，B_{50} 提高[149]。热轧板酸洗后经临界变形冷轧，在氮气保护气下 650 ~ 750℃ × 2h 预退火或 850℃ × 2min 常化。同时控制钢中 Als 含量小于 0.003% 和 N 含量小于 0.0025%，使钢中 AlN 减少，0.5mm 厚半成品制造工艺成品磁性好。如果预退火时采用纯氢作为保护气氛可防止增氮和内氧化[150]。热轧板在酸洗生产线上经矫直辊疏松氧化铁皮时产生 0.5% ~ 3% 应变，酸洗后再经预退火或常化，表层晶粒尺寸为 100 ~ 300μm，板厚中心区 {100} 强度高，大压下率冷轧和退火后 {100} 组分强，磁性和表面好[151,152]。

5.6.6　酸洗、冷轧和退火工艺的改进

5.6.6.1　酸洗

一般在 70 ~ 80℃ 的 2% ~ 4% HCl 水溶液中酸洗 30 ~ 60s。未经喷丸或反复弯曲的热轧板在 10% ~ 20% HCl 水溶液中酸洗 1 ~ 3min。经高温卷取或预退火或常化的热轧板酸洗更困难，最好先经喷丸或反复弯曲去除氧化层。川崎提出，不大于 1% Si 钢经常化时控制气体燃烧空气比不大于 1.2，酸洗前经 390MPa 喷丸处理，在热轧带运行速度为 45m/min 条件下，在 85℃ 的 6% HCl 中酸洗 60s，可完全去掉氧化铁皮[153]。

日本钢管提出，不大于 1% Si 钢卷取温度或预退火温度 $CT \geq 270.6[\% Si]^2 -$

475.9[%Si] +915.3 时，酸洗时间 t 应满足 $0.48[\%Si] +0.59 \leqslant t \times B\exp\ (-Q/RT) \leqslant 0.24[\%Si] +4$，式中，$T$ 为酸洗液温度；$B = -0.48[HCl]^2 +15.1[HCl] + 5.03$；[HCl] 为盐酸浓度，%；$Q = 5300cal$[●]$/(mol \cdot K)$；$R = 1.986cal/(mol \cdot K)$。酸洗后无氧化铁皮和晶间腐蚀现象。如 0.23% Si 钢 840℃ 高温卷取或预退火后，在 85℃ 的 7% HCl 中酸洗 25s 或 0.67% Si + 0.25% Al 钢经 780℃ 卷取或预退火，在 95℃ 的 5% HCl 中酸洗 35s 后，氧化铁皮完全去掉，而且没有晶间侵蚀。高温卷取或预退火可使钢板表面发生晶间氧化，过酸洗会形成晶间侵蚀，这在冷轧时变为细裂纹，成品表面形状变坏，绝缘涂层不均匀，而且表层为细晶，P_{15} 增高[154]。

5.6.6.2 冷轧

一般热轧板厚度为 2.0 ~ 2.5mm，成品厚度为 0.50mm，冷轧压下率为 75% ~ 80%。如果经预退火或常化，冷轧压下率可提高到 85% ~ 90%，对磁性有利。低碳电工钢经低温卷取，以 75% ~ 80% 压下率冷轧和退火后，$B_{50} \approx 1.74T$，磁各向异性小。冷轧压下率过大，成品晶粒小，P_{15} 高，B_{50} 明显降低，磁各向异性增大。如果经高温卷取或预退火，热轧板晶粒粗化情况下，合适的冷轧压下率高达 85% ~ 90%，退火后 $B_{50} \approx 1.77T$，磁各向异性小，$\Delta B_{25} \approx 0.03T$[15,135]。但其缺点是热轧板过厚（3.3 ~ 5mm），冷轧负担大，产量低。上述两种方法可使磁各向异性减小和 B_{50} 增高，但 P_{15} 较高。将热轧板减薄到 0.8 ~ 1.3mm 厚和经 40% ~ 60% 压下率冷轧，磁各向异性小，B_{50} 高，同时 P_{15} 也明显降低，但热轧板过薄，热轧又困难。

新日铁证明，70% ~ 80% 压下率范围内压下率低，B_{50} 高。冷轧道次少，工作辊径小和不润滑冷轧都提高摩擦系数，使表层产生大的剪切应变，减少表层 {111} 组分，B_{50} 高。冷轧辊径 d 与冷轧前板厚 t 之比 $d/t \leqslant 100$，d 最好小于 200mm。并且控制常化后晶粒尺寸小于 ASTM4 号时，经 85% 冷轧压下（不用润滑剂），{110} 组分增高，{111} 组分减少，B_{50} 高。消除应力退火后 B_{50} 不降低。因为表层与中部的冷轧织构组分不同。冷轧表层由于高摩擦系数产生大的剪切形变，主要为 {100}⟨011⟩，而 {111} 组分减少，中部为 {211}⟨011⟩。退火后表层为 {610}⟨001⟩，消除应力退火后通过晶粒长大变为以 {410}⟨001⟩ 为主的织构，{111} 组分减少[155,156]。电解纯铁经大于 80% 压下率冷轧和退火后形成 {411}⟨148⟩ 织构，即 γ 纤维织构绕 ND 轴转动到约 20° 的再结晶织构，用退火形成约 50% 再结晶率的试样经 EBSP 分析发现未再结晶区为 {211}⟨011⟩ α 纤维织构，而在晶界附近为 {211}⟨011⟩ 转动到约 20° 位向的再结晶晶粒，即 {111} γ 纤维织构。{211}⟨011⟩ 形变晶粒再结晶时产生 {411}⟨148⟩ 晶核并吞

● 1cal ≈ 4.18J，下同。

并 $\{211\}\langle 011\rangle$ 晶粒而长大。压下率愈大，应变也愈大，退火后更容易形成 $\{411\}\langle 148\rangle$ 晶粒，$\{411\}\langle 148\rangle$ 与 $\{100\}\langle uvw\rangle$ 相近，所以对提高 B_{50} 有利[157]。

住友金属提出，不大于3% Si 钢经预退火或常化并经不小于80% 压下率冷轧和退火后 $\{411\}\langle 148\rangle$ 组分增高，$\{411\}$ 与 $\{211\}$ 面强度比 $I_{411}/I_{211} > 1$ 或 $(I_{411} + I_{200})/(I_{211} + I_{222}) > 0.75$，$B_{50}$ 高，磁各向异性小[149]。控制热轧晶粒尺寸大于80μm 且均匀，经85% ~90% 冷轧和退火后，B_{50} 高，ΔB_{50} 小（见图5 - 28）。冷轧压下率大，冷轧板中 I_{211} 高，退火后 I_{411} 就高，为使冷轧板中 I_{211} 高，热轧板中 I_{211} 要比 I_{411} 高，即 $I_{411}/I_{211} < 1$，冷轧板中 $I_{411}/I_{211} < 0.8$。0.5mm 厚 0.1% Si 钢经850℃ × 1min 退火后，全周 $B_{50} = 1.84$T，$\Delta B_{50} = 0.001$T，$P_{15} = 7.2$W/kg。1% Si 钢的 $B_{50} = 1.80$T，$\Delta B_{50} \approx 0$，$P_{15} = 3.57$W/kg[158]。

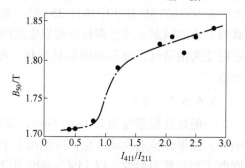

图5 - 28 $\{411\}$ 与 $\{211\}$ 面强度比与 B_{50} 的关系

川崎却证明，常化后提高冷轧压下率（如81% 压下率），冷轧织构中 α 纤维比热轧板中 α 纤维更弱，而 γ 纤维中 $\{111\}\langle 112\rangle$ 更强，退火时在近似为 $\{111\}\langle 112\rangle$ 形变晶粒内部存在的 $\{112\}\langle 111\rangle$ 形变带中产生 $\{110\}\langle 001\rangle$ 位向晶核并长大，成品 $\{110\}\langle 001\rangle$ 位向组分加强[159]。冷轧板表面光滑（$Ra < 2\mu m$），上、下表面光滑度 Ra 均匀，而且退火后钢板经大于240MPa 拉伸的5% 伸长应变，成品铆接性好[160]。

冷轧机工作辊沿辊轴方向可移动，即上、下工作辊之间为点对称的直线状斜度，在冷轧时可抑制宽度方向的金属流变，从而减小热轧带边部引起轧辊回跳现象。冷轧板厚度偏差小，减少剪边量。为防止断带或裂边，轧辊斜度应合适[161]。

5.6.6.3   完全退火

通用工艺是退火温度应低于相变点，一般为800 ~850℃，采用快升温的连续炉。但退火温度高于相变点通过相变也可得到好的磁性。依靠热轧和冷轧的应变储能方法制成的成品磁性比利用最终退火相变法得到的成品磁各向异性大，磁性也较低。

新日铁提出，小于1% Si 冷轧板退火时从500℃以大于300℃/s 速度（直接通电加热）快升到相变温度 $T \sim T - 50$℃或 T 以上（相变温度以上）退火，T 与 Si + Al 含量的关系为：$T = 910 + 50$ (Si + Al)。保温小于10s。从 $T \sim T - 30$℃的冷却速度（即 γ→α 阶段）以小于80℃/s 速度冷却。晶粒尺寸明显增大（100 ~300μm），$\{100\}$ 组分加强，$\{111\}$ 组分减弱。0.5mm 厚板 0.01% Si 时 P_{15} 小于

5W/kg，加 B 时 $P_{15} \approx 4.3$ W/kg，$B_{50} = 1.8$T。0.5% Si 时 $P_{15} = 3.78$ W/kg，$B_{50} = 1.73$T。如果加 0.02% ~ 0.03% Ti 可形成较粗大的 TiN 和 TiS，促进晶粒长大和消除磁时效。一般连续炉退火升温速度约为 10℃/s，保温 1 ~ 2min，晶粒尺寸很难达到 100 ~ 300μm。而快升温法的时间很短，连续炉可明显缩短[162]。

一般在相变点以下退火时 {111}⟨112⟩ 组分强，磁各向异性大，45°方向磁性最低。如果经 $Ac_3 + 50℃ \sim 1100℃ \times 5s \sim 1min$ 退火，从 Ar_3 以大于 10℃/s 较快速度冷却到 Ar_1，{100}⟨uvw⟩ 组分加强，B_{50} 高和磁各向异性小。以大于 30℃/s 速度加热到 α + γ 两相区保温不超过 30s 后再以 20 ~ 50℃/s 速度冷却，也提高 {100}⟨uvw⟩ 组分。因为退火时部分 α 相转变为 γ 相的原 α 相晶粒多为 {111} 位向，而残余的 α 相晶粒为 {100} 位向。冷却时这部分 γ 相又变为 α 相的晶粒不是 {111} 位向，所以 B_{50} 高和磁各向异性小。如果加热和冷却都采用直接通电法以大于 100℃/s 速度快升温到大于 $Ac_3 \times 60s$ 后再以超过 100℃/s 速度快冷到 800 ~ 750℃ 后减速冷却可保证板形好，B_{50} 高，磁各向异性小。快升温到 Ac_3 以上，可使 {100} 晶粒顺利长大[163,164]。为改善板形，退火后常经 500mm 大辊径的多辊矫直机平整，但这使 0.5 ~ 1.3T 低磁场磁性变坏。如果先通过大辊径再通过约 100mm 小辊径，最后为一个大辊径辊平整，张力为 3 ~ 10MPa 时，磁性不变坏[164]。

川崎提出，如果以大于 200℃/min 更快速度升到 Ac_3 以上（如 950 ~ 1050℃）保温 15 ~ 60s，再以大于 10℃/min 冷却，磁性高和磁各向异性减小。为防止退火时表面氧化和氮化，钢中可加约 0.04% Sb。为使这种退火工艺稳定，也可加约 0.5% Ni 和 0.5% Cu 来降低相变点。如 0.5% Si，0.5mm 厚，以 860℃ × 15s 退火后以 30℃/s 速度冷却，并且冷速变化为 7℃/s^2 时，$P_{15} = 4$ W/kg，$B_{50} = 1.75$T[165]。采用两段连续炉退火，前段为 $Ac_3 \sim Ac_3 + 50℃ \times 20s$ 高温（如 1000 ~ 1020℃），后段为 $Ar_1 \sim Ar_1 - 150℃ \times 20s$ 低温（如 830℃）退火，P_{15} 明显降低[42]。退火时在均热区加小于 4.9MPa（最好小于 2.9MPa）低张力，冷却区加大于 4.9MPa 高张力并控制板宽方向的冷却速度（采用喷气强制冷却），钢带板形好，纵向和横向磁性更接近[166]。

钢中加 Sn、Sb、B 时，由于表面氧化特性发生变化而影响退火后晶粒尺寸和磁性，要控制好退火温度和 P_{H_2O}/P_{H_2}。Sn、Sb 加入多时合适的气氛露点（即 P_{H_2O}/P_{H_2}）范围变宽[167]。在钢中 Als $< 10 \times 10^{-6}$ 和 B $< 1 \times 10^{-6}$ 抑制 AlN 和 BN 析出的条件下，退火均热时加大于 7MPa 张力并以小于 15℃/s 速度冷到 400℃，成品低磁场磁性高，$P_{10/50}$ 低，B_3 高，适合用于 PWM 控制的交流电机（因为在稳定运转条件下经约 1.0T 激磁）。在张力下退火使钢板产生应变，可缓冲钢板内温度不均匀现象，从而降低 $P_{10/50}$。0.5mm 厚 0.25% Si 钢的 $P_{10/50} = 2.85$ W/kg，$B_3 = 1.42$T[168]。为防止由于退火后钢带较软而使钢带开始卷取时产生褶皱，根据在线测出的铁损值求出屈服点来调整板温，以保证钢带前端 10m 地区的钢带略低于屈

服点[169]。

日本钢管也提出，以大于 1000℃/min 快升温至 $Ac_1 - 30℃ \sim Ac_1 - 10℃$ 保温 10 ~ 40s 后再以 100 ~ 500℃/min 速度升温到 $Ac_3 + 30℃ \sim Ac_3 + 100℃$ 并保温30s ~ 3min，磁性高，磁各向异性小。因为 {100} 组分加强。相变前为细小均匀再结晶晶粒，晶界所占面积增多。第二次以合适速度升温发生相变时由于晶界处形核位置增多，优先发展 {100} 面混乱织构[170]。成品晶粒尺寸合适且均匀，磁性、冲片性和铆接性好。要求铆接区直径小和铆钉数量少，冲片端面形状平滑，端面强度提高，铆接力可明显提高，即铆接性好。钢板晶粒过大（大于 80μm）和晶粒不均匀，铆接性明显变坏。为保证晶粒尺寸均匀，钢中 S 和 N 含量以及 MnS 和 AlN 含量尽量低，冷轧前晶粒尺寸小于 300μm，最好退火后以小于 30℃/s 升温以保证再结晶晶粒更均匀。

浦项钢铁公司证明 0.5mm 厚 0.4% Si 钢在 13 ~ 24℃/s 升温速度范围内 840℃ × 30s 退火时，随升温速度升高，晶粒尺寸增大，P_{15} 降低，但 {100} 组分减少（见图5 - 29）。大于 21.5℃/s 升温时虽然晶粒大，但由于 {100} 组分减

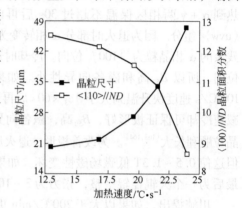

图 5 - 29　加热速度对晶粒度和位向 〈100〉//ND 偏差在 15° 内的晶粒的面积分数的影响

少，B_{50} 降低，P_{15} 也有增高趋势，合适的升温速度为 17℃/s[171]。

5.6.6.4　立式连续炉退火工艺

采用立式连续炉退火的优点是效率高，钢带表面无划伤，不完全退火后不需要平整，制造成本降低，炉内张力比卧式炉更高。炉内气氛露点（d. p.）和退火温度 T 应满足下式：d. p.（℃）≤5.74 × 10⁴(1/T) - 61，T(K) >973。退火时加张力。在 d. p. =0 ~ -10℃ 和9.3 ~ 11MPa 张力下无划伤。完全退火时，控制 900 ~ 400℃ 范围内冷速为 4 ~ 25℃/s 和在小于 9.8MPa 张力下，磁性和板形好。冷速小于 4℃/s 时，钢板热屈服强度低，炉辊使钢带弯曲产生的应变量大，磁性变坏

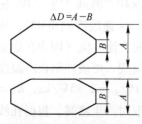

图 5 - 30　炉辊凸度示意图

（特别是低磁场下磁性，如 B_3 变坏）。冷速大于 25℃/s 时，钢带收缩不均匀而翘曲。由于钢带通过炉内时炉辊弯曲而发生应变。炉辊直径（D）与板厚（t）之比对 B_3 有很大影响。在 400 ~ 900℃ 温度区内应满足下式：1200 ≤D/t≤2600，0.5 ≤ΔD≤3.5。ΔD 为炉辊中凸度（见图5 - 30）。当 D/t < 1800 时钢带发生永久应变，磁性降低。ΔD 过大，板宽方向应变差别大，中心

区残余应力增大而发生延伸，蛇行量增大，B_3 明显降低。控制炉内张力小于 14.7MPa（1.5kgf/mm²），炉辊直径 D(mm)，炉辊凸面锥形角 θ，钢带运行速度 V(m/min) 和板厚 t(mm) 满足 $Vt\theta/D \leqslant 0.075$ 时，板宽方向 B_3 高且均匀[172,173]。

5.6.7 半成品工艺的改进

5.6.7.1 退火平整工艺

半成品产品要求板形平整，厚度偏差小（小于 ±5%）且均匀，屈服强度和硬度合适且均匀，冲片性好，冲片消除应力退火时不粘接和保证有良好磁性，要求冲片顺利平滑降落而不被卡住。冲片被卡住的原因是：（1）钢板硬度和厚度波动，使冲头和冲模间隙不合适；（2）钢板平整度不好和残余较大应力，冲片后部分应力释放，使冲片变形和尺寸不准确。

以前半成品制造工艺是 0.5mm 厚冷轧板经 600～806℃ 罩式炉或连续炉不完全退火，再经平整或临界变形冷轧。连续炉退火工艺有以下两种：（1）高于 650℃ 和小于 Ar_1（如 750℃×1min）再结晶退火，改善板形和调整硬度（HRB = 52～55）；（2）625～650℃×30～60s 部分再结晶退火，使硬度提高到 HRB = 64～71（见图 5-31），改善冲片性，磁性不变坏[174,175]。

一般都是根据调整钢板硬度来改善冲片性。半成品不完全退火的合适工艺是在连续炉内 4.9～11.8MPa 张力下，经 625～750℃×30～60s 退火，使再结晶率 (α) 不小于 50%，平均晶粒尺寸小于 15μm，硬度控制在 100～120HV。再结晶率 α 和再结晶晶粒尺寸是影响硬度的重要因素。图 5-32 所示为再结晶率和平均晶粒直径 d 对硬度的影响，可看出 $\alpha > 50\%$，$d < 20\mu m$ 时，HV = 80～140。α 和 d 以及退火张力对钢板平整度有影响。平整度是按波高/波距×100% 来评定。

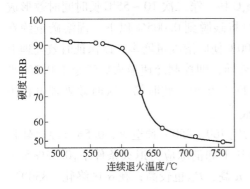

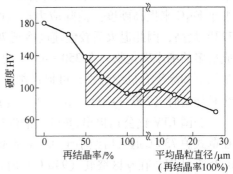

图 5-31 连续炉退火温度（保温 1min）与硬度的关系

图 5-32 再结晶率 (α) 和平均晶粒直径 (d) 与硬度的关系

（0.5%Si，0.25%Al，0.05%Sb，800℃×5h 预退火，一次冷轧，0.5mm 厚）

为获得好的冲片性及叠片操作性，平整度应当小于 1% 。 $\alpha > 50\%$ ， $d < 20\mu m$ 和张力大于 2.9MPa 时，平整度小于 1% 。不完全再结晶的钢板中残存应力，这引起应变量各向异性，冲片时释放出应变而产生收缩。沿轧向的残余应变量大，所以沿轧向的收缩量也大。 $\alpha = 100\%$ ， $d < 15\mu m$ 和张力小于 14.7MPa 时，收缩比小于 2，可满足要求。 $d > 20\mu m$ 和张力过大，应变各向异性增大，因为大晶粒容易沿轧向伸长[174]。

日本钢管提出，再结晶率 α 控制在 50% ~ 80% 时，可明显改善小于 1% Si 钢半成品的冲片性。证明硬度对冲片性的影响比再结晶率对冲片性的影响更小。 $\alpha < 50\%$ 时，冲模遇到硬的未再结晶区是靠摩擦冲片； $\alpha > 80\%$ 时，因为再结晶区硬度低，冲片是靠钢板与冲模间产生的黏合摩擦； $\alpha = 50\% ~ 80\%$ 时，因为未再结晶区少，对冲模磨损小，而冲片时裂纹通过这些较硬较脆的未再结晶区很容易传播，再结晶区的剪切能量又较低，所以冲片性明显提高。再者，与冲模黏合的再结晶区依靠未再结晶区很容易脱离，冲模与钢板不会粘接。如 0.12% Si 的 0.5mm 厚冷轧板经 605 ~ 630℃ × 1.5min 退火后， $\alpha = 58\% ~ 73\%$ ， $HV = 153 ~ 141$ ，消除压力退火后 $P_{15} \approx 5.7W/kg$ 。 0.36% Si，615 ~ 640℃ × 1.5min 退火后， $\alpha = 53\% ~ 71\%$ ， $HV = 164 ~ 150$ ， $P_{15} \approx 5.4W/kg$ 。 0.73% Si，0.28% Al，650 ~ 675℃ × 2min 退火后， $\alpha = 56\% ~ 76\%$ ， $HV = 178 ~ 167$ ， $P_{15} \approx 4.93W/kg$ [176]。

川崎提出，含 0.02% ~ 0.04% C 的不大于 0.5% Si 钢（可加 0.2% ~ 0.3% Al）冷轧板经 800℃ × 45 ~ 60s 退火后，以小于 10℃/s 速度冷到 700℃，再以 10 ~ 50℃/s 速度冷却，并在 250 ~ 450℃ 时效处理 10 ~ 20s（在连续炉冷却区完成），最后在 10 ~ 55℃ 停放 5 ~ 20 天，硬度 $HV = 135 ~ 160$ ，冲片性明显提高，冲片消除应力退火后滑动性好，不粘接，钢中磷量可降低到约 0.02% 。这是依靠第一次 250 ~ 450℃ 短时间时效时析出 Fe_3C 核，第二次 10 ~ 55℃ 长时间时效形成细小 Fe_3C 来提高硬度。消除应力退火时将碳脱到 0.005% 以下。固溶碳量约在 723℃ 最高，因此退火后较慢速度冷到 700℃ 使固溶碳量增多，以保证时效处理形成更多的细小碳化物。在 250 ~ 450℃ 时效前，即控制冷速退火后经小于 0.5% 平整压下和涂半有机绝缘膜，可促进细小 Fe_3C 析出。此时第一次时效处理可在绝缘膜烧结时（200 ~ 450℃ × 5 ~ 30s）完成[177]。

美国 LTV 钢公司提出，热轧板酸洗后经 760 ~ 850℃ 预退火，0.5mm 厚冷轧板在罩式炉 730℃ 退火后经小于 0.5% 平整压下和消除应力退火条件下，0.35% Si + 0.25% Al 钢，在 γ 区终轧（940℃）时， μ 高， P_{15} 也较高；在 α 区终轧（830℃）时， P_{15} 低，但 μ 也较低[178]。

新日铁提出，冷轧时采用小于 300mm 辊径，每道压下率近似相同（如 22% ~ 26%），750℃ × 30s 退火后表层和中心区的 {100} 加强，{111} 减弱， B_{50} 高。消除应力退火后 P_{15} 低，而 B_{50} 不降低。控制表层 1/5 处的 $I_{\{100\}}/I_{\{111\}} \geq 0.5$ 时也

使消除应力退火后 B_{50} 不降低[179]。

5.6.7.2 退火后临界变形工艺

软化退火后经 3%～15% 临界变形冷轧,提高硬度和冲片性,而且消除应力退火时促使晶粒粗化,P_{15} 明显降低,B_{50} 也降低约 0.01T。其缺点是工序长,制造成本提高,压下率小冷轧不易控制,钢板延伸不均匀,沿轧向常出现起伏不平,平整度变坏,影响冲片和叠片操作。再者,临界变形增大,磁各向异性提高。为解决这些问题而进行了大量的工作。

新日铁提出,第一次冷轧和在再结晶温度以上及 Ac_3 以下,如 700～750℃ ×30～90s 退火后,在辊径 ϕ 为 100～500mm 冷轧机上经 2%～7% 压下率冷轧,可提高硬度和冲片性(见图 5-33)。低碳电工钢中磷含量可降到 0.05%～0.07%。退火后晶粒直径为 200～300μm。连续退火炉与临界变形冷轧可放在同一条作业线上。控制终轧和卷取温度在 ±20℃ 以内和冷轧板厚度偏差在 ±5% 以内,退火后再冷轧,钢板硬度 HRB 偏差小于 1.5,平整度也提高,冲片性好。用高速冲床冲 1000t 钢带没有出现卡片现象[180]。如果用辊径 ϕ 小于 100mm 轧机,并且板厚 t 与辊径 D 满足下式:$D \times$

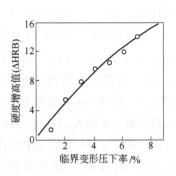

图 5-33 临界变形压下率与
硬度增高率(ΔHRB)的
关系(小于 0.2% Si 钢)

$t \le 70$,产品磁性高和磁各向异性小。辊径大,合适压下率提高,退火后晶粒长大明显,B_{50} 降低和磁各向异性增大。如果退火后以大于 15℃/s 速度快冷到低于 250℃,固溶碳量增多,再经 5% 冷轧和退火后,可改善织构和磁性(一般连续炉的冷却速度小于 4.2℃/s)。如果从 780～650℃ 以大于 40℃/s 速度快冷到低于 300℃,或再加热到 250～300℃ ×3min 进行过时效处理,再经 5% 冷轧和退火后,磁性也明显提高。如果高于 700℃ 卷取,在 100～400℃ 经大于 50% 压下率温轧,700～900℃ ×小于 3min 退火,3%～8% 冷轧和退火后,B_{50} 明显增高。因为高温卷取和温轧都使 {100} 和 {110} 组分增高。如 0.5mm 厚 0.1% Si-0.18% Al 钢 $P_{15} \approx 4.1$ W/kg,$B_{50} \approx 1.775$ T[181]。冷轧时采用小于 ϕ300mm 辊径,每道压下率近似相同(如 22%～26%),750℃ ×30s 退火后经临界变形和消除应力退火后,板厚的表层和中心区 {100} 加强,{111} 减少,B_{50} 提高,消除应力退火后 P_{15} 低,而 B_{50} 不降低[182]。

临界变形前晶粒尺寸与合适的临界压下率有关。原始晶粒尺寸为 20～30μm 时经 3% 临界压下和消除应力退火后轧向 B_{50} 明显提高。原始晶粒约 40μm 和约 60μm 时合适的临界压下率提高,分别为 6% 和 9%。但消除应力退火后轧向 B_{50} 比 20～30μm 时 3% 临界压下率的低[183]。

　　临界变形和消除应力退火后晶粒大是依靠应变诱导晶粒长大机理，即受应变小的晶粒吞并受应变大的晶粒，这样长大的晶粒是 {110}⟨001⟩ 附近的位向。新日铁详细研究了此问题。经 5% 冷轧时 Goss 晶粒储能比 {111}⟨112⟩ 和 {100}⟨011⟩ 位向晶粒低，位错密度低且分布不均匀，{111}⟨112⟩ 晶粒在退火时优先长大。不小于 9% 冷轧时 Goss 晶粒储能增高，但退火时不易优先长大。随后又证明 9% 冷轧时，Goss 晶粒仍比 {100}⟨011⟩ 位向晶粒优先长大，因为 Goss 晶粒经临界变形时只有一个活动滑移面，而 {100}⟨011⟩ 位向晶粒有两个活动滑移面，退火时 Goss 晶粒最早回复，更容易长大[184]。

　　如果在 600～750℃ 低温终轧，550～650℃ 卷取，冷轧和退火后控制晶粒尺寸 (d) 小于 20μm，再经 3%～15% 冷轧和退火后 B_{50} 高，磁各向异性小（环状样品测量）。低温终轧使板厚方向中心区未再结晶地区扩大，{100}⟨011⟩$_{\pm 20}$ 晶粒数量增多。低于 700℃ 卷取是为了保留这些未再结晶区。由图 5-34a 看出，中间退火温度高，d 增大。这使 {111}⟨112⟩ 等位向晶粒优先长大，{100}⟨011⟩ 晶粒减少。图 5-34b 所示为中间退火后 d 与磁性的关系（环状样品测量），证明 $d <$ 20μm 时磁性高，磁各向异性小。0.1%～0.2% Si 钢 $P_{15} \approx 4.4W/kg$，$B_{50} =$ 1.786T[185]。如果第一次用光滑轧辊冷轧，低温中间退火使再结晶晶粒 $d \approx$ 12.5μm，再经 5% 临界变形和退火后，B_{50} 增高，磁各向异性大。因为低温中间退火和低临界压下率使不同位向晶粒之间的残余应变量差别增大，退火后形成特殊织构。如果第二次临界变形用光滑辊冷轧，表面硬度增高，残余应变能量小的 {552}⟨115⟩ 为主要再结晶织构，所以磁各向异性也增大。30° 方向临界变形时

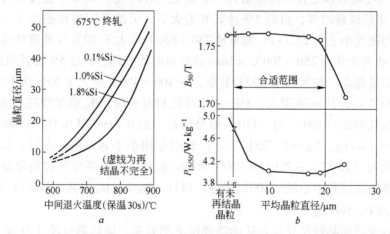

图 5-34　硅含量和中间退火温度与晶粒直径的关系及中间退火后
晶粒直径与消除应力退火后磁性的关系
（22% Si，675℃ 终轧，0.5mm，750℃ ×2h 退火）
a—w(Si)和退火温度与晶粒直径的关系；b—晶粒直径与磁性的关系

B_{50}更高，45°方向临界变形，全周B_{50}最高。如果第一次冷轧板$Ra = 0.7 \sim 3.0 \mu m$（表面粗糙），第二次临界变形用光滑轧辊，$Ra < 0.6 \mu m$时磁性好，各向异性小[186]。

采用上、下辊周速之比大于0.5%或经上辊或下辊驱动的异步轧机进行临界压下（辊径为580mm），成品磁各向异性小。采用上、下辊径不同轧机进行临界压下，成品磁各向异性也小，即控制（小辊径/大辊径）≤0.8，如下辊径为500mm，而上辊径为250～400mm[187]。

川崎曾提出，第一次冷轧到0.544～0.588mm厚，650～700℃×不大于2min中间退火，控制再结晶率（α）为30%～70%，平均晶粒直径约为12μm，再经7%～15%冷轧至0.5mm，790℃×1h退火后主要为{100}〈uvw〉织构，磁性高和磁各向异性小。如果经600℃×2min退火，α=10%，以后主要为{111}〈112〉织构。725℃×2min退火，α=90%，以后形成{110}和〈211〉位向织构，磁各向异性增大[188]。680～800℃×2min中间退火（完全再结晶状态）和5%临界变形时，退火后{110}〈001〉组分加强，磁性高，但磁各向异性大[61]。一般靠控制退火温度和退火后临界变形量来调整半成品硬度。由图5－35看出，为得到合适的硬度范围必须处于部分再结晶区，但成品磁性明显降低。如果控制临界变形量调整硬度，冲片时由于应力释放，冲片尺寸易发生变化。如果经600～700℃终轧，低于500℃卷取，获得强的{100}〈011〉形变组织热轧板（不发生动态再结晶），冷轧和600～700℃×30s中间退火，控制再结晶率为20%～60%，使{111}组分减少，并可进行脱碳，再经3%～15%临界变形，冲片和消除应力退火后{100}组分增高，环状样品B_{50}高（1.79～1.80T），P_{15}也低[189]。

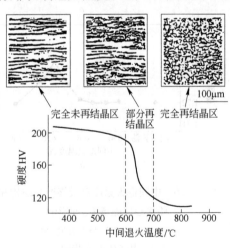

完全未再结晶区　部分再结晶区　完全再结晶区

图5－35　中间退火温度与0.1% Si 钢硬度的关系

川崎也证明，冷轧后经640℃×30s退火后再结晶率为60%，再经12%临界变形和消除应力退火后{001}〈210〉明显加强，B_{50}提高，全周磁各向异性小（见图5－36）。用EBSP技术详细研究了{001}〈210〉形成机理。证明640℃退火后再结晶晶粒主要为〈111〉//ND位向，而形变晶粒主要为〈110〉//RD位向（α纤维）。在较高应变情况下，如77%冷轧压下率，在α纤维形变晶粒附近根据不均匀应变区生核机理，在消除应力退火时形成{001}〈210〉晶核，并往形变晶粒中和〈111〉//ND 再结晶晶粒中长大而成为主要再结晶织构。因为 {001}〈210〉晶核与周围 α 纤维形变晶粒和〈111〉//ND 再结晶晶粒形成了大角度晶界。通过临界变形引入的应变作为驱动力，{001}〈210〉晶粒优先长大。0.5mm 厚的 0.3% Si – 0.25% Al 冷轧板经软化退火（中间退火）控制再结晶率为 25% ~ 75%，再经 12% 临界变形和 750℃ × 2h 退火后全周 B_{50} = 1.81T，P_{15} = 4.6W/kg。临界变形时采用大于 20mm²/s 的高黏度润滑液，提高轧速和小于 25℃冷轧，可使表层与中心区的应变量差别减小，成品晶粒更大，{111} 组分减少。临界变形不用润滑油，退火后由于表层应变量更大而优先长大。冷轧板先经 500℃ ×1h 罩式炉退火后，再在连续炉中经 630℃ × 30s 退火，使再结晶率约为 50%，形变晶粒占 40% 以上时，磁性也好[190]。热轧板中固溶碳控制在 (10 ~ 30) × 10⁻⁶，冷轧和 750℃ ×1min 中间退火后从 600℃以超过 10℃/s（如 50℃/s）快冷到 400℃，防止沿晶界析出 Fe_3C。经 0.5% ~ 5% 临界压下，固溶碳在临界变形时钉扎位错，引起应变时效，钢板表层和内部硬度差别大，冲片性提高，成品磁性也高[191]。

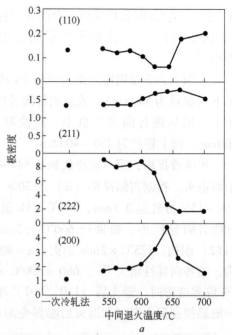

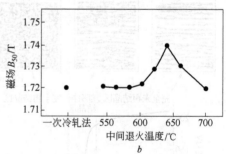

图 5 – 36　中间退火温度对最终产品织构和环状心部磁场 B_{50} 的影响

a—温度对最终产品织构的影响；
b—温度对 B_{50} 的影响

美国 LTV 钢公司提出热轧板经约 3% 伸长率破碎氧化铁皮和酸洗，815 ~ 870℃ 预退火（晶粒尺寸约 500 ~ 600μm）和冷轧后，在罩式炉 570 ~ 620℃退火后完全再结晶，晶粒尺寸小于 40μm，再用光滑轧辊经 5% ~ 9% 临界压下，钢板表面光滑 Ra≤15μm。消除应力退火后 {110}〈001〉组分加强，轧向 μ = 5000 ~ 6500，P_{15} ≤3.0W/kg（1.15% Si + 0.3% Al，0.5mm 厚）。如果在 α 相区终轧和小于 600℃卷取，不经预退火，也可达到类似的磁性，而且钢板表面更洁净（无铁粉），因为卷取温度低和不经预退火[192]。

5.6.7.3 消除应力退火工艺

消除应力退火气氛一般为氮气或90%氮气+10%氢气或不完全燃烧的天然气（如含4%H_2、7%CO、8%CO_2的氮气，简称DX或DNX气）。韩国浦项详细研究过消除应力退火温度和气氛对0.4%Si钢磁性能的影响，采用部分燃烧的液化石油气（即DX气）和氮气。证明在730~890℃范围内随温度升高，晶粒增大，P_h和P_{15}降低，μ_{15}也增高。950℃退火时发生相变，P_h增高，μ_{15}也降低。晶粒尺寸变小。在干氮气中退火比在DX气氛中退火的μ_{15}明显增高，P_{15}也低。因为DX气氛退火后形成更厚的内氧化层。露点 $d.p. = -23$℃和DX气燃烧比（空气/液态石油气）为19.5时比17.5和18.5的μ_{15}更高，磁性更好，因为内氧化层减少，碳含量也低。$d.p. = +5$℃和燃烧比为18.5时，钢中碳量降低，磁性也好[193]。

钢板表面无绝缘涂层条件下，在干氮气或者90% N_2 +10% H_2 中消除应力退火时，表面易渗氮而阻碍晶粒长大。新日铁提出冷轧板经800℃×30s退火后冷却时，调整气氛中H_2O分压，使表面形成约10μm厚氧化膜，其中［O］含量控制在（250~500）×10^{-6}，以后750℃×2h消除应力退火时可阻止渗氮。0.5mm厚的0.5%Si+0.5%Mn钢（常化和临界变形条件）$P_{15}=3.2$W/kg，不采用此法时$P_{15}=4$W/kg[194]。

俄罗斯研究证明，消除应力退火后冷却到450℃通含H_2O的保护气氛发蓝处理时形成的氧化膜为$\alpha-Fe_2O_3$和Fe_3O_4。随时间延长$\alpha-Fe_2O_3$转变为更致密的Fe_3O_4，两者的界面往内部移动，即蓝色的Fe_3O_4相对量增多[195]。

住友金属证明，采用高频感应炉经720℃×20min消除应力退火与通用的连续炉退火720℃×2h退火的磁性相同，但节省电能[196]。

5.6.8 绝缘涂层的改进

以前冷轧无取向电工钢通用的绝缘涂层为美国 AISI C-4 磷酸盐无机涂层（相当于新日铁的磷酸镁-重铬酸镁-硼酸的R涂层和川崎的磷酸盐D涂层）和C-3有机涂层（相当于新日铁的V涂层），俗称有机漆。无机涂层的耐热性和焊接性好，但冲片性低（8~10万次）。有机涂层冲片性高，但耐热性和焊接性低。为解决冰箱压缩机电机用的电工钢材料的冲片性，20世纪70年代初，新日铁首先发展了半有机L涂层（铬酸盐+丙烯树脂），冲片性明显提高。随后川崎也发展了类似的A_1涂层。现在低碳低硅电工钢以及1.5%~3%Si钢都采用半有机涂层。新日铁在L涂层基础上又发展了L_2和L_3涂层。由表5-8看出，L涂层是在光滑表面（表面粗糙度$Ra=0.18$μm）上涂。L_2涂层在$Ra=0.75$μm表面上涂。L_3涂层在光滑表面上涂加入聚乙烯树脂粉末的L涂层（川崎称为A_3涂层），涂层后表面粗糙。由图5-37a看出，随涂层中有机树脂含量增多，冲片性提高

（高达 240 万次），但焊接性降低。冲片性和焊接性是相互矛盾的。由图 5 – 37b、图 5 – 37c 以及表 5 – 8 看出，L 涂层表面光滑，叠片系数和绝缘性高，但焊接速度低（10cm/min），焊接性差。因为在氩弧自动焊机（TIG）上焊接时，有机涂层发生热分解，产生的气体来不及跑掉而保留在焊缝区形成气孔。L_2 和 L_3 涂层表面粗糙，焊接产生的气体容易逸出，焊接性高，最大焊速分别为 120cm/min 和 100cm/min。但 L_2 涂层的叠片系数和绝缘性最低，P_{15} 变坏。L_3 涂层的叠片系数略降低，层间电阻高达 40 ~ 90Ω · cm²/片，P_{15} 也不变坏[197,198]。

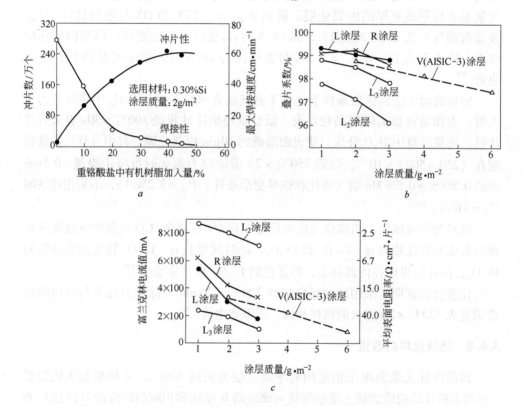

图 5 – 37　半有机涂层中有机树脂含量与冲片数和焊接速度的关系及不同
涂层涂料量与叠片系数和层间电阻的关系
a—有机树脂含量与冲片数和焊接速度的关系；b—涂料量与叠片系数和电阻的关系；
c—涂层质量与电流值、电阻率的关系

表 5 – 8　不同涂层与涂后表面光滑度之间的关系

| 涂层名称 | 涂料液成分 | 表面粗糙度/μm | | 涂层后表面示意图 |
		钢板	涂层后	
L	重铬酸盐 + 乳胶树脂	0.18	0.12 ~ 0.18	涂层 钢

涂层名称	涂料液成分	表面粗糙度/μm		涂层后表面示意图
		钢板	涂层后	
L_2	重铬酸盐 + 乳胶树脂	0.75	0.65 ~ 0.75	
L_3	重铬酸盐 + 乳胶树脂 + 聚乙烯树脂粉	0.18	0.55 ~ 0.60	
R（AISI C-4）	重铬酸盐 + 磷酸盐	0.18	0.12 ~ 0.18	
V（AISI C-3）	漆	0.18	0.12 ~ 0.18	

为保证叠片系数、附着性和焊接性，涂料量较薄（每面小于 $1.5 g/m^2$）。半有机涂层钢板在开始冲片 20 万~40 万次时，冲模磨损较快。如果退火后先在 10% H_3PO_4 溶液中轻酸洗，酸洗量为 $0.3 ~ 1.2 g/m^2$，再用尼龙刷研磨，去掉表面氧化物、表面元素富集层和酸洗粉状产物，再涂半有机涂层，冲片性明显提高，初期冲片期间的冲模磨损很小。也发现毛刺大的冲片破断面处常存在有球状氧化物夹杂。钢中［O］小于 30×10^{-6} 时，氧化物夹杂数量少，冲片性得到改善[199]。

以前为防止消除应力退火时冲片粘接，最后平整或临界变形冷轧时常用粗面轧辊（轧辊经喷丸处理或粗磨），使钢带表面粗糙（$Ra > 0.5 \mu m$），这对改善绝缘膜附着性和焊接性有利，但绝缘膜厚薄不均，绝缘性和叠片系数降低。冲片退火和发蓝处理后表面无光泽，冲片间摩擦系数大，冲片间不易滑动，叠片作业率变坏。一般冷轧板 $Ra = 0.1 ~ 0.5 \mu m$。为防止粘接和提高绝缘性可将涂料量增加，使绝缘膜加厚，但附着性和焊接性又变坏，叠片系数也降低。

一般半有机涂层的主要缺点是焊接性较差，乳化分散状树脂不稳定，存放时间短，涂料搅拌时易生泡，并且在氮气中约 $750℃ \times 2h$ 消除应力退火时，有机树脂分解并碳化，在绝缘膜中形成细小空洞和粉状炭黑，绝缘膜附着性、耐蚀性和绝缘性明显降低。再者，烧结时绝缘膜硬化反应不易完全（例如在铬酸盐中加入较多的磷酸盐），存在有未反应的 Cr 和 P 的化合物，使绝缘膜易吸湿，造成消除应力退火前的绝缘性、耐蚀性和附着性降低，冲片时绝缘膜部分脱落，冲模磨损严重，冲片性也降低。为解决这些问题，对半有机涂层进行了大量工作。

5.6.8.1 提高焊接性方法

焊接性与冲片性对微小电机特别重要。要求焊接速度大于 60cm/min，因此

　　首先应改善半有机涂层的焊接性。在提高焊接性的同时，一般也提高了冲片退火时的防粘接性。

　　川崎采用临界变形二次冷轧法制造半成品时，先用 $Ra = 0.3\mu m$ 光面轧辊，再用 $Ra = 3.0 \sim 4.5\mu m$ 粗面轧辊经1%～5%压下后涂绝缘膜，改善了绝缘膜的附着性、冲片性和焊接性，冲片退火后绝缘膜不脱落，磁性基本不变坏[200]，但叠片系数降低。对焊接性不好的表面光滑（$Ra < 0.5\mu m$）的一般冷轧板研究发现，表面有深 $0.5 \sim 6\mu m$，宽 $5 \sim 10\mu m$ 和长 $10 \sim 50\mu m$ 凹坑。在这些凹坑地区绝缘膜较厚。如果凹坑区最大深度 $R_{max} < 2\mu m$ 时，焊接性提高，而且叠片系数不降低。$R_{max} > 2\mu m$ 时，在 $40cm/min$ 和 $60cm/min$ 焊速下，产生的气孔数量增多。在 $20cm/min$ 焊速下，R_{max} 影响不大，因为焊速慢，进入钢板中热量大，焊缝区开始凝固时间长，产生的气体在凝固前就已大部分跑掉。$R_{max} < 2\mu m$ 时，焊接速度不小于 $60cm/min$ 而不产生气孔。钢板表面凹坑形成的原因很多，如热轧时氧化铁皮被压入，冷轧时轧辊引起的划伤，润滑油引起的凹坑等。经严格操作可保证表面 $R_{max} < 2\mu m$[201]。

　　热轧板经 $700 \sim 850℃ \times 5 \sim 15h$ 预退火，使冷轧前晶粒尺寸达到 ASTMNo. 2～4，经光面轧辊冷轧和退火后，表面残存有原粗大晶粒痕迹，波高为 $2 \sim 6\mu m$，也可改善焊接性[150]。

　　为改善焊接性，现在常采用激光照射、化学浸蚀、电子束或等离子火焰处理等方法，使轧辊表面形成规整排列的凸凹区，钢板表面凸区上端部为平台状，这可使焊接产生的气泡跑掉并防止叠片系数降低。以前经喷丸或粗磨的粗面轧辊冷轧表面凸凹不齐，气体逸出性低，叠片系数也低。图 5-38a 所示为激光照射的轧辊表面和用它冷轧最后一道后钢板的表面状态之一例。当轧辊表面凹区直径 $D < 500mm$，凸凹间高度 h 为 $3 \sim 40mm$，凹区数量 N 为 $1 \sim 400$ 个$/cm^2$ 时，退火和涂绝缘膜后，焊接速度提高到 $80 \sim 120cm/min$，冲片性（200万～230万次）和叠片系数（99.5%～99.8%）高，磁性也好（见图 5-38b）。如果再经平滑辊平整 0.3%～5%，叠片系数进一步改善[202,203]。冷轧板表面粗糙度 $Ra = 0.2 \sim 0.4\mu m$，而且凹凸平均间隙不小于 $100\mu m$（采用 $\phi100mm$ 辊径和小于 $100m/min$ 低速），成品 P_{15} 低，叠片系数和焊接性好。轧辊表面粗糙度 $Ra = 0.6 \sim 3\mu m$，凸区最大高度达 $1.7 \sim 2.3\mu m$，宽度为 $8 \sim 90\mu m$，总长度为 $90 \sim 900cm/cm^2$，经 $49 \sim 196MPa$（$5 \sim 20kgf/mm^2$）临界变形，全周磁性好。如果轧辊 $Ra < 0.6\mu m$，凸区最大高度达 $0.2 \sim 2.0\mu m$，宽度为 $8 \sim 900\mu m$，总长度为 $0.8 \sim 230cm/cm^2$，凸区最大高度 1/2 处为池状凹区，经 $49 \sim 196MPa$ 张力临界变形和消除应力退火后，轧向磁性好，冲片性、焊接性和耐黏结性好[204,205]。

　　一般冲片叠成铁芯后沿端面焊接，如果控制钢板三维表面中心面平均粗糙度 $SRa = 0.15 \sim 0.50\mu m$，中心面的切断面面积率小于80%（单位面积 S_M 中切断面

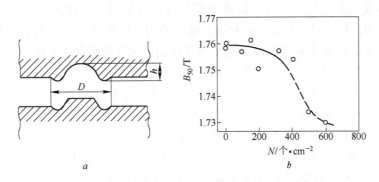

图 5 - 38 激光照射处理的轧辊表面和钢板表面形状示意图及
轧辊表面凹区数量 N 与 B_{50} 的关系
a—轧辊表面和钢板表面形状；b—N 与 B_{50} 的关系

面积 S' 的面积率，即 $S'/S_m \times 100$），单位面积 S_m 中断面上的凸区数 $N > 50$ 个/mm^2 时，涂半有机涂层或先涂无机盐再涂有机树脂后焊接性明显提高，冲片性和叠片系数不降低。$SRa = 0.35\mu m$，切断面面积率为 55%，$N = 123$ 个/mm^2 时，$0.6 \sim 1.0g/m^2$ 涂料量的冲片性高，焊接速度为 $80 \sim 120cm/min$。为满足这些要求，最后一道的前一道用 $Ra = 0.5 \sim 1.5\mu m$ 粗轧辊冷轧，最后一道冷轧用辊面平均 $Ra = 0.2 \sim 0.8\mu m$ 和单位面积上凹区大于 50 个/mm^2 的轧辊冷轧。钢板切断面面积率为 10% 时凸区高度大于 $1.3\mu m$，二维 Ra 的轧向和横向凸区数之比，即 $LPc/CPc \geqslant 0.60$ 时焊接性好。用 $SRa = 0.5 \sim 2\mu m$ 轧辊，切断面面积率为 10%，凹区高度大于 $2.5\mu m$ 条件下冲片性和焊接性都好。涂料烧结后钢板表面 SRa 明显减小，因为凹区绝缘膜厚而凸区薄，焊接性降低。如果涂料后和烧结前，控制板温不高于 60℃，并喷干空气或氮气（露点低于 60℃）将涂料中水在低温下蒸发，烧结前和后 SRa 变化较小，焊接性好。现在小电机厂多采用真空缓冲器吸附法搬运冲片，当 $SRa < 0.5\mu m$（二维 $Ra < 0.4\mu m$）时冲片有时易掉落。SRa 愈小，即表面愈光滑，搬运性提高，但焊接性降低。如果控制 $SRa = 0.30 \sim 0.35\mu m$ 和中心面最大凸区高度 $R_h = 0.5 \sim 2\mu m$ 时搬运性提高[206]，$SRa < 0.5\mu m$ 时，负荷曲线上 10% 切断面面积率处凸区高度 $SRa_{max} = 0.1 \sim 2\mu m$，凹区平坦状面积占 30% $\sim$ 70% 或 $SRa = 0.5 \sim 3\mu m$，$SRa_{max} = 2 \sim 30\mu m$ 时，冲片性和焊接性都好[207]。

5.6.8.2 含铬酸盐的半有机涂层

川崎在半有机涂料液中加 $1 \sim 30$ 份有机发泡剂和 $10 \sim 60$ 份有机还原剂（如乙二醇或甘油），促使六价铬离子还原成为三价铬离子，即降低还原温度，以保证不吸湿和提高附着性及改善焊接性。因为烧结时有机发泡剂热分解成均匀的气泡，可保证绝缘薄膜表面光滑，并且焊接时产生的气体储存在这些气泡中，焊缝处不易形成气泡。在半有机涂料液中控制有机树脂组分中醋酸乙烯/乙烯 = 90/100 ~ 60/40，焊接时无臭味。涂料液是循环使用，钢带从连续炉出来的温度一般为 30 ~ 80℃，这使涂料液温度升高，绝缘膜的耐蚀性和附着性变坏，因此涂料液温度要控制低于 25℃。钢带先涂无机盐水溶液（涂料量 0.1 ~ 0.4g/m²），烧结后再涂半有机涂层（涂料量 0.3 ~ 3g/m²）也改善耐蚀性和附着性。如果先涂半有机涂层（不加发泡剂），烧结后再涂有机树脂，耐蚀性、附着性、绝缘性、耐热性、冲片性和耐化学药品性都提高[208]。证明涂聚酰胺亚胺全有机涂层（涂料量 1.0g/m²，350℃ × 30s 烧结），其热分解峰值温度高（544℃）和残余碳量高（1000℃时 C 含量为 36%），60cm/min 速度焊接时产生的气孔少。一般全有机涂层，如聚丁烯丙烯酸盐热分解温度为 410℃，1000℃时残余碳量为 0，焊速为 20cm/min 就出现气孔[209]。

水溶性酰胺亚胺为芳香族耐热高分子化合物的有机树脂，与磷酸盐和铬酸盐组成的半有机涂层中加入少量反应促进剂（如石碳酸），可防止绝缘膜吸湿。也可再加胶状 SiO₂ 提高耐热性，消除应力退火后耐蚀性好[210]。在通用的铬酸盐 + 环氧树脂 + 乙二醇 + 硼酸半有机涂层中加入约 0.5μm 球状粗颗粒硅树脂，消除应力退火后滑动性和耐粘接性提高。为防止消除应力退火时钢板表面渗氮，在无水铬酸 + 无水磷酸 + 有机树脂涂料液中加 Sn、Sb 等。为中和游离酸可加 Mg、Al、Ca、Na 等，形成难溶于水的绝缘膜。绝缘膜中 Cl（体积分数）小于 0.1%，以保证耐蚀性好。半成品工艺在涂绝缘膜后要经平整或临界变形，薄膜易被破坏，主要是薄膜中无机盐由于有裂纹，耐蚀性明显变坏。如果在半有机涂层中总树脂加入量大于 50%，颗粒直径大于 30μm，并采用高频感应以 150℃/s 快速加热（从钢板侧面加热，使形成的气泡的低熔点成分有效排出）经 100 ~ 300℃ 烧结，表层树脂偏聚，绝缘膜不被破坏，冲片性、焊接性和耐蚀性好。用小于 500mm 辊径平整或临界变形，冷轧板表面 Ra < 0.5μm。在 100 份铬酸 + 小于 150 份树脂 + 5 ~ 100 份乙二醇（还原剂）+ 小于 20 份硼化物中 + 1 ~ 30 份 Mn、Co、Ni 化合物 + 小于 30 份 Al(OH)₃ 等铝化合物（或加 3 ~ 60 份 Mn、Co、Ni 化合物 + 5 ~ 100 份碳酸或碳酸盐），经低温（200℃）烧结，可使有害的六价 Cr 还原为无害的三价 Cr。加 Al 化合物可改善焊接性，外观良好。加碳酸盐可长期保存涂料液。加 Mn、Co、Ni 化合物可保证低温烧结就使 Cr 发生还原反应。将钢中 P 控制在小于 0.05% 并涂上述涂料，钢板表面 P 偏聚量减少，铬酸结合状态发生变化，使消除应力退火后绝缘膜色调变浓（即变黑程度增大）[211]。一般都用铬酸盐，此时为防止绝缘膜发稠发黏，必须加乙二醇、甘油等还原剂，这需要经高于 250℃ 烘干烧结。而采用铬酸水溶液可使烧结温度降低到低于 200℃，绝缘膜不发黏[212]。

新日铁提出，在 100 份 0.2 ~ 0.5μm 颗粒的丙烯、苯乙烯、醋酸乙烯或环氧树脂乳液的全有机涂层或半有机涂层中加入 2~20 份粗颗粒 (4~30μm) 甲基丙烯酸甲酯、石碳酸等有机物，可提高绝缘膜耐热性 (700~800℃)，消除应力退火后冲片不粘接，冲片光滑性 (表面 $Ra=0.3~1.0μm$)、耐蚀性 (烧结后无针孔) 和绝缘性比一般半有机涂层好，而冲片性和焊接性相同。一般全有机涂层耐热性只有 400~500℃。如果在半有机涂层中加 0.5~12 份粗颗粒胶体 SiO_2 或 Al_2O_3，形成的绝缘膜耐热性高 (防止有机物烧损和变质)。而且由于存在均匀分散的粗颗粒，形成球面状小于 3μm 直径和小于 3μm 高的小凸区，焊接性也提高。同时冲片性、耐蚀性、绝缘性、附着性和滑动性好。如果采用 100 份含 0.5~3μm 粗颗粒环氧树脂的有机树脂 +100~800 份铬酸盐 +30~250 份硼酸或硼酸盐，也可使绝缘膜更致密且外观好[213]。钢板表面 $Ra<0.25μm$ 和钢中含 0.02~0.15% Als 时可提高焊接速度。在此条件下涂半有机涂层，其中有机树脂含量为 50~400mg/m² 时焊接性好，焊接速度为 40cm/min，冲片性 (大于 300 万次) 和叠片系数 (99.2%) 高[214]。

采用 100 份正磷酸镁 +(15~100) 份正磷酸铝 +(17~36) 份 CrO_3 +(7~12) 份硼酸 (或加比表面积大于 350m²/g 的 (10~90) 份胶状 SiO_2) +(1~2) 份界面活性剂 (乙醚、聚氧乙烯烷基等) 的无机盐涂层，450~550℃烧结后焊接性、冲片性、耐热性、耐蚀性和叠片系数高，涂料性也好。加 CrO_3 可防止自由磷酸增多，提高涂料稳定性和烧结后的吸湿性。自由磷酸在烧结时可侵蚀表面，外观不好，焊接性也降低。加硼酸可提高涂料性，外观好 (透明有光泽)[215]。100 份铬酸 +5~50 份 0.04~0.19μm 细颗粒有机树脂乳液 +10~45 份硼酸 +10~35 份 MgO、CaO 或 Al_2O_3 +10~30 份还原剂 +1~7 份界面活性剂，绝缘膜特性和外观也好[216]。

日本钢管提出，在 100 份铬酸盐中加 5~100 份丙烯等有机树脂乳液 +15~30 份聚乙烯乙二醇 +5~20 份琥珀酸 (或乙二醇) 有机还原剂的半有机涂层，冲片性和焊接性好。消除应力退火后附着性、绝缘性和耐蚀性也好 (还原剂使 Cr^{6+} 还原，绝缘膜不易熔化)。如果在无机盐涂料液中加 3~30 份内径大于 0.05μm 和外径小于 10μm 中空形丙烯－苯乙烯树脂，25 份硼酸 (提高耐热性)，6 份胶状 Al_2O_3 或 SiO_2 (提高绝缘性)，20 份乙二醇 (还原剂) 和 0.1~20 份 HLB (亲水性和亲油性指标) 大于 9 的界面活性剂，也就是消泡剂 (聚氧乙烯等)。涂料后以 3~20℃/s 速度升温到 150℃，再升温到 250~450℃烧结。冲片时中空状树脂颗粒起润滑作用，并可作为焊接产生的气体的通道，所以冲片性、焊接性、绝缘性和耐热性高。界面活性剂可提高中空树脂颗粒分散性和消泡。烧结时，低于 150℃的加热速度较慢可防止水蒸气气压急增，而破坏树脂颗粒的中空状形状。消除应力退火时，部分树脂颗粒碳化和气化，但颗粒为中空状，不会因体积变化而使绝缘膜龟裂[217]。半有机涂层烧结时，在加热到不高于 130℃时以小于15℃/s（辐射管加热炉）或小于20℃/s（高频感应加热炉）速度加热，然后再以25~30℃/s升温到250~450℃，使绝缘膜硬化（约130℃时）前将涂料中水（占80%~90%）充分蒸发，可防止绝缘膜表层龟裂和出现孔洞，附着性和绝缘性提高[218]。

先涂铬酸盐 + 胶状 SiO_2 或在它们与 H_2SO_4 形成的水溶液中阴极电解，涂料量为 0.5~5g/m²，相当于 5~300mg/m² 的 Cr，再涂半有机涂料（有机树脂含量为 2%~20%），绝缘性、冲片性、耐蚀性和耐热性好，消除应力退火后绝缘性和耐蚀性不变坏。只经阴极电解，表面形成 5~50mg Cr 的氧化绝缘膜，也达到同样目的，成本低，并且焊接性好。电解条件为：电流密度 1~20A/dm²，温度 40~60℃，电解液 pH = 1~5，电解时间 1.4s。先电解形成 3~200mg/m² 金属铬层，再电解形成 5~100mg/m² Cr 的氢氧化铬或氧化铬层也可。消除应力退火时铬渗入钢中，绝缘膜耐蚀性提高和不脱落[219]。

涂 100 份铬酸盐 + 0.5~100 份有机树脂乳液（不同的丙烯树脂组合或者再加醋酸乙烯树脂） + 10~50 份有机还原剂的绝缘膜，在叠片焊接时不会产生很大的臭味（丙烯系树脂在受热分解时产生臭味），绝缘膜其他特性也好[220]。如果采用 100 份铬酸盐 + 5~100 份 0.3~0.5μm 颗粒环氧树脂 + 5~100 份硼酸 + 10~80 份有机还原剂和界面活性剂（聚乙烯二醇等）也可减少臭味[221]。为提高耐热性、滑动性和绝缘性，在半有机涂料中常加入胶状 SiO_2 等。由于这些胶状 SiO_2 颗粒在涂料中容易下沉或凝聚，不易与涂液混合。采用 100 份铬酸盐 + 20 份 MgO 等 + 20 份硼酸 + 30 份有机还原剂 + 10~50 份 0.05~0.07μm 胶状 SiO_2 + 30~80 份 1~1.5μm 颗粒的丙烯树脂或者再加小于 0.3μm 的环氧树脂颗粒的乳液，可解决这些问题[222]。

住友金属提出，在半有机涂料中控制铬酸盐水溶液内的 Al^{3+}/CrO_3 = 0.2~0.5，或 Mg^{2+}/Al^{3+} < 7 和（Al^{3+} + Mg^{2+}）/CrO_3 = 0.2~0.5，而 H_3BO_3/CrO_3 = 1.0~1.5 时，消除应力退火后防锈性高。例如，在 100 份无水 CrO_3 中加 5~40 份 $Al(OH)_3$、$Mg(OH)_2$ 和 H_3BO_3 水溶液，B/Cr 比为 0.5~2.0。并满足上述条件，再加 5~80 份颗粒为 0.1~0.5μm 丙烯树脂和 15~60 份还原剂（甘油或乙二醇），冲片性、绝缘性、附着性、耐蚀性、耐氟利昂性和耐油性好。退火后附着性、绝缘性、耐粘接性和防锈性也好。加 $Al(OH)_3$ 或者 $Mg(OH)_2$ 是为了和铬酸中和，改善防锈性。加还原剂目的是使易溶于水的六价 Cr 离子还原为难溶于水的三价 Cr 离子，提高防锈性和使六价 Cr 离子变为无害。但烧结时乙醇系还原剂没有完全氧化为 CO_2 + H_2O 时，在绝缘膜中残留有机酸而使得防锈性变坏。如果烧结后进行高温水洗去除有机酸，或采用含氨基乙醇系还原剂（吸湿性小），可改善防锈性。在上述涂料中加入 0.08%~0.2% 防锈剂（如硫醇系环状化合物）也可。为提高耐热性可再加入胶状 SiO_2 等[223]。

5.6.8.3 不含铬酸盐的半有机涂层

含铬酸和或铬酸盐涂层的缺点是配料和涂料时铬酸盐产生的烟和粉尘污染环境，废酸和废水都要经无害化处理，烧结温度高（300~500℃），而且为提高焊接性，在有机树脂中常加入部分粗颗粒树脂，这使绝缘膜中颗粒不均匀，稳定性不好，叠片系数降低和薄膜外观不好。1993 年，新日铁八幡厂首先提出，不含铬酸盐的有机涂层，100 份 $Al(H_3PO_4)_3$ 水溶液（即 $Al(OH)_3$ 或 Al_2O_3 与 H_3PO_4 的反应产物，Al_2O_3/H_3PO_4 摩尔比为 0.13~0.2）+10~100 份 0.2~3μm 颗粒有机树脂（pH=4~10）+1~20 份硼酸+1~50 份胶状 SiO_2，250~300℃ 烧结。Al_2O_3/H_3PO_4 摩尔比小于 0.13 时，H_3PO_4 过多，吸湿性和烧结性增高。大于 0.2 时，$Al(OH)_3$ 稳定性变坏。加硼酸可促进绝缘膜玻璃化致密和外观好（表面光泽）。薄膜冲片性、焊接性、耐热性、滑动性、绝缘性、耐蚀性和耐粘接性好。钢板表面 Ra 为 0.2~0.5μm。消除应力退火后残余有机树脂数量多，摩擦系数降低，滑动性增高，绝缘膜强度高，不易被破坏。表面 Ra 对摩擦系数影响小。不含铬酸盐的半有机涂层是以磷酸盐作为无机盐，其缺点是绝缘膜中常存在自由 PO_4，耐蚀性不好，烧结时树脂乳液易凝聚，在绝缘膜中分布不均匀，冲片性降低，而且消除应力退火时耐粘接性较低。涂料液不能长期保存，附着性也较差。为防止薄膜中存在易吸湿的自由 PO_4 提高耐蚀性和为防止冲片粘接提高耐烧结性，又提出在有机树脂乳液中加 0.5~10 份 Al、Mg、Ca 等有机酸盐（如醋酸盐、柠檬酸盐等）或含（OH）的有机化合物（如乙醇或碳酸类有机聚合物的乙二醇、甘油等）。这些有机酸盐或 OH 有机化合物与自由 PO_4 反应形成稳定的磷酸盐，抑制烧结后的吸湿性，而且消除应力退火时有机酸分解，使 Al、Mg、Ca 与磷酸化合而抑制冲片粘接。加（OH）有机化合物时薄膜表层有机碳浓度提高，在树脂乳液之间充填有均匀的有机物质，冲片时润滑效果提高。控制光电子分光分析法测定的碳峰值 Is 强度为磷峰值强度的 4~20 倍时，冲片性也提高。在有机树脂乳液中加 5~30 份（OH）单体和 0~30 份酚酸基单体和少量反应性乳化剂，使树脂中（OH）基价为 10~25mgKOH/g，冲片性、滑动性和耐蚀性都好。100 份正磷酸盐+3~50 份电势为 30~8mV 有机树脂乳液（0.05~0.5μm 颗粒），颗粒表面有（OH）基或 SO_3-NH_4 基化合物涂料液可提高附着性和耐蚀性。采用 0.04~0.1μm 细颗粒与 0.2~10μm 粗颗粒混合的有机树脂乳液（丙烯树脂+苯乙烯树脂），其中细颗粒树脂占 20% 以上，可明显改善涂料性（钢带运行速度超过 100m/min）。有机树脂乳液中加 0.5~10 份含 Ni、Fe、Co、Cu、Mn 有机酸和加小于 500nm 细颗粒胶状 SiO_2 可明显改善耐吸湿性，耐蚀性、耐烧结性和耐热性。采用 100 份小于 30nm 颗粒胶状 SiO_2+10~100 份小于 400nm 颗粒有机树脂+0.01~10 份钛酸盐耦合剂（不加磷酸盐）涂料，其耐蚀性、附着性和绝缘性都好，绝缘膜无针孔，加耦合剂可提高胶状 SiO_2 与有机树脂的相溶性[224]。

新日铁广畑厂提出一种新的无机盐涂层方法，提高冲片性（以前辊涂无机盐方法都是非晶质绝缘膜，冲片性很低）。采用以钢带为阴极，在含 Zn 或 Zn + Ni 磷酸盐电解液中电解，快速形成约 2.5g/m² 结晶质磷酸盐薄膜，其结晶形状为凹凸形薄片，冲片时冲模与钢板表面不形成点接触，所以改善冲片性。如果钢板先镀一层小于 5g/m² 的 Zn 或 Ni 层再经上述电解处理更好[225]。

川崎提出一种新的不加磷酸盐的半有机涂层。100 份不饱和碳酸（碳原子小于 6 个）乙烯树脂乳液 + 20 ~ 500 份胶状 SiO₂ 或胶状 Al₂O₃ 等有机树脂乳液。胶状 SiO₂ 直径应大于 0.7R（R 为平均颗粒直径）。有机树脂熔点为 60 ~ 130℃，最好不加乳化剂而自己乳化。涂料量为 0.2 ~ 2g/m²。100 ~ 250℃ 低温烧结，耐热性和耐蚀性好。有机树脂熔点低于 60℃ 时耐蚀性不好，而且烧结和卷取运输时易脱落。也可采用丙烯 - 苯乙烯系树脂，烧结时在 $d.p.$ < 20℃ 气氛中以大于 10℃/s 快升温和小于 50℃/s 冷却。快升温使脱水反应加快，绝缘膜中残留水少，耐蚀性高。钢板与气氛相对速度控制为 3 ~ 10m/s。控制胶状 SiO₂ 颗粒表面积（比表面积 × 固态质量）与有机树脂颗粒表面积之比为 0.2 ~ 10（胶状 SiO₂ 比表面积为 30 ~ 200m²/g，有机树脂比表面积为 50 ~ 400m²/g，胶状 SiO₂ + 有机树脂混合液比表面积为 40 ~ 600m²/g）。冲片性和耐烧结性好。以前为防止钢板退火时表面渗氮，钢中加 Sb、Sn 等偏聚元素，但由于表面偏聚 Sn、Sb 而使附着性明显变坏。如果在 100 份树脂 + 0.1 ~ 50 份含 Sb、Sn、S、Se 等元素的氧化物（相当于 0.001 ~ 1.0g/m² 附着量）+ 100 份胶状 SiO₂ + 30 份胶状 Al₂O₃ + 少量有机酸（如碳酸、醋酸、蚁酸），形成的绝缘膜难溶于水，其中 Cl（体积分数）小于 0.1%，这可防止渗氮，其他特性也好。加有机酸可保证 Al₂O₃ 更稳定。绝缘膜中 Cl > 0.1% 时，耐蚀性降低。Cl 是涂料与水混合时进入的。采用玻璃转变温度为 30 ~ 150℃ 的树脂（如丙烯树脂、苯乙烯树脂和环氧树脂），以保证树脂有高的抗溶剂性。涂液中加入 0.1 ~ 5 份 Na、K 氧化物也提高抗溶剂性。在 100 份树脂中加 50 ~ 100 份玻璃转化温度高于消除应力退火温度（如 800℃）和低于消除应力退火温度（700℃）的混合胶状 SiO₂。两者加入量之比为 2/8 ~ 8/2，绝缘膜也好。树脂 + 胶状 SiO₂（或 SiO₂ + Al₂O₃）新涂层在烧结前易引起 Fe 溶出，薄膜外观呈红色或产生花纹，而且冲片时易产生粉尘。消除应力退火时绝缘膜易脱落。为防止 Fe 离子溶出，钢板表面先在 35℃ 的 1% ~ 3% 磷酸中酸洗，刷洗和清洗后在 800℃ × 30s 烘干，形成 10 ~ 200nm 磷酸铁薄膜，然后再涂绝缘膜涂层，以约 7℃/s 速度升到 200℃ × 1min 烧结，绝缘膜附着性好和外观好。为防止绝缘膜表面产生花纹（由于涂料液不稳定使膜厚不均匀引起的），可在涂料液中加 0.1% ~ 10% 无离子系界面活性剂，提高树脂与 SiO₂ 相溶性。为提高消除应力退火前和后的耐擦伤性，防止产生粉尘，用小于 10nm 的细颗粒胶状 SiO₂ 或 SiO₂ +

Al_2O_3。如果在涂料液中不加胶状 Al_2O_3，而加含（OH）基的 Al 化合物有机酸（如 $Al_2(OH)_5(CH_3COO)$ 盐基性醋酸铝）。控制绝缘膜中 $SiO_2 + Al_2O_3 > 40\%$，$Al_2O_3/(SiO_2 + Al_2O_3) = 40\% \sim 95\%$ 和树脂（固态）/($SiO_2 + Al_2O_3$ + 固态树脂) < 50%。绝缘膜牢固，强度高，不产生粉末。$Al_2(OH)_5(CH_3COO)$ 经 $200 \sim 230℃$ 烧结时大量脱水，分子间形成网络状薄膜。消除应力退火升温至 500℃时通过脱水和醋酸分解，此网络更牢固。高于 500℃时变为 Al_2O_3，薄膜也更牢固。如果在这样的有机酸铝盐中再加 Mg、Zn 等易离子化元素有机酸盐（如醋酸锌等），可防止 Fe 溶出，改善薄膜外观。如果在含 Zr 和碱金属 M 以及 M/Zr = $0.2 \sim 1.8$ 的碳酸盐中加入胶状 SiO_2，$SiO_2/(SiO_2 + ZrO_2) < 0.7$，再加树脂，耐蚀性和耐吹粉性好。$750 \sim 800℃$ 消除应力退火后耐蚀性和耐粘接性也好[226]。

100 份磷酸盐 +1 ~ 50 份 Ni、Mn、Cu、Co 等化合物 + <3 份 Mg、K 等化合物 +10 ~ 150 份树脂 +0.1 ~ 20 份壬基界面活性剂。不高于 300℃烧结，自由 PO_4 减少（即 P 溶出量少）。烧结后外观好。消除应力退火前和后的色调变化大，绝缘膜特性好。烧结温度降低。加 Ni、Mn、Cu、Co 等化合物为改善色调变化。为降低烧结温度，Mg、K 等化合物加入量应减少，加沸点为 110 ~ 250℃壬基活性剂可防止薄膜变为白色，改善外观[227]。

住友金属提出，100 份 40% 浓度的正磷酸铝中加 $Mg(OH)_2$ +20 ~ 100 份丙烯树脂乳液 + <50 份硼酸 + <150 份胶状 SiO_2 + 水溶性螯合剂。$200 \sim 350℃$ 烧结，绝缘膜特性好。磷酸盐比铬酸盐更不易溶于水，而且烧结温度高（350 ~ 450℃），时间长不经济，使有机树脂部分分解，绝缘膜附着性、冲片性和耐蚀性降低。而按上述方法降低烧结温度，绝缘膜特性和外观好。正磷酸盐可分离出 PO_4，它可侵蚀钢板表面而产生 Fe 离子，烧结时形成磷酸铁细小颗粒，成膜性不好，外观为白色，附着性也降低。加螯合剂可吸收 Fe 离子，防止形成磷酸铁颗粒。控制好绝缘膜中 Fe/P 的摩尔比不大于 0.1，提高薄膜耐水性。涂料中可加小于 1% 耐蚀剂（有机硫化合物或胺等），涂好后以小于 20℃/s 升至 200 ~ 300℃烧结，薄膜厚度均匀，膜厚为 $0.2 \sim 1\mu m$[228]。100 份正磷酸铝（1mol 正磷酸铝 + 0.05 ~ 0.5mol 硼化物 + 0.005 ~ 0.05mol Mg、Mn、Ca 化合物）+50 ~ 150 份树脂 +1 ~ 10 份界面活性剂。300℃烧结，冲片性、焊接性、耐蚀性、绝缘性好，而且消除应力退火后，耐蚀性、绝缘性也好，也耐粘接[229]。

日本钢管提出，第一层涂 $0.2 \sim 1\mu m$ 厚正磷酸盐（如 Zn、Al、Mg 等磷酸盐），第二层涂 $0.1 \sim 2\mu m$ 厚 Li、Na、K、Ca 硅酸盐（其中 Na_2O 等 + CaO/SiO_2 的摩尔比控制在 2 ~ 8）+ 20 ~ 50 份 $0.5 \sim 1\mu m$ 颗粒有机树脂。大于 200℃烧结，薄膜总厚度为 $0.3 \sim 1\mu m$，绝缘膜特性好[230]。

Armco 也提出，20 ~ 60 份正磷酸铝 + 20 ~ 70 份 $0.4 \sim 40\mu m$ 颗粒硅酸铝 +10 ~ 25 份小于 $1\mu m$ 颗粒丙烯树脂乳液，磷酸铝与丙烯树脂之比为 2：1。涂

料液黏度为 $60 \sim 200 \mathrm{cp}$，$\mathrm{pH} = 2.0 \sim 2.5$，密度 $= 1.0 \sim 1.3$，未反应的磷酸小于 0.2%，$220 \sim 350 ℃$（板温）烧结，绝缘膜特性好。涂料中可加入少量表面活性剂（改善润滑性，减少泡沫和硅酸镁质点弥散性），或耦合剂（提高薄膜硬度和改善耐化学性）[231]。

浦项提出，$100 \mathrm{g}$ 正磷酸铝 $+ 28 \sim 98 \mathrm{g}$ 约 $0.2 \mu \mathrm{m}$ 颗粒丙烯苯乙烯树脂（35% 丙烯树脂 $+ 65\%$ 苯乙烯树脂）$+ 6 \sim 18 \mathrm{g}$ 硝酸锌 $+ 4 \sim 13 \mathrm{g}$ 硅（聚醚转变的聚硅氧烷硅）$+ 18 \sim 35 \mathrm{g}$ 乙二醇（沸点超过 $100℃$）$+ 3 \sim 11 \mathrm{g}$ 非离子表面活性剂。$550 \sim 750 ℃ \times 18 \sim 37 \mathrm{s}$ 烧结。薄膜为浅绿－黄色。加硝酸锌为改善外观颜色。加 Si 可降低涂料液表面张力，提高润湿性。加乙二醇可防止涂料中沸点小于 $100℃$ 的组分挥发所产生的杂色反应，改善外观。加活性剂可防止涂料液中水分蒸发而产生黏滞性，涂料可长期存放不变质[232]。

欧洲电工钢（EES）开发了五种绝缘涂层：

（1）SURALAC 1000，有机涂层（相当于美国 AISI C－3 型号）；

（2）SURALAC 3000，加有充填剂的有机涂层（C－6 型），冲片性、绝缘性和耐压性好；

（3）SURALAC 5000，半有机涂层，冲片性和焊接性好；

（4）SURALAC 7000，无机盐 ＋ 有机树脂 ＋ 无机充填物（C－5 型），焊接性、冲片性和耐热性好；

（5）无铬的 UV 涂料漆和利用 anilox 印刷技术涂料。冲片性、焊接性、耐蚀性、耐热性和耐粘接性好，不污染环境，成本低。

冲片宽度大于 $200 \mathrm{mm}$ 的大电机要求绝缘性更好，涂层要比较厚，防止毛刺产生短路（或将毛刺磨掉），涂层应能抵抗高压力。冲片宽度为 $25 \sim 200 \mathrm{mm}$ 的中等电机和小于 $25 \mathrm{mm}$ 的小电机对这方面要求放宽，小于 $25 \mathrm{mm}$ 的小电机更注意冲片性、焊接性和消除应力退火后的耐粘接性[233,234]。

5.6.8.4　粘接涂层

1994 年川崎开发一种新的粘接涂层，称为 B 涂层。一般用户经冲片、叠片都经焊接或铆接法制成铁芯。焊区和铆接区磁性降低，而且电机铁芯磁化时通过振动造成噪声。B 涂层为有机树脂，涂好和烘干（膜厚约 $5 \mu \mathrm{m}$）后出厂。用户冲片和叠片后，经 $150 \sim 300 ℃ \times > 10 \mathrm{s}$（最好为 $200 \sim 250℃$）加热并加 $0.5 \sim 1 \mathrm{MPa}$ 压力。粘接强度为 $10 \sim 15 \mathrm{MPa}$。铁芯粘接后经 $100℃$ 冷却固化。制成的 PWM 驱动的三相 $800 \mathrm{W}$ 感应电机效率可提高 $0.3\% \sim 0.5\%$，电机噪声小。粘接涂层也明显提高冲片性。B 涂层不适用于以后消除应力退火的半成品。而且由于膜较厚，叠片系数降低[235]。100 份丙烯树脂（或环氧树脂）$+ 0.1\% \sim 1\%$ 发泡剂（如碳酸胺、亚硝酸胺等）。在发泡剂开始分解温度以上加热产生 N_2、CO_2、CO、NH_3、H_2 等气体和加压使叠片之间形成泡，粘接均匀无间隙[236]。

新日铁研究证明,环氧树脂粘接强度比丙烯树脂更高。$6g/m^2$ 涂料量在 200℃ 和 $10kgf/cm^2$ 压力下的粘接强度为 $30kgf/cm^2$。粘接好的叠片须经 240℃ 时效 40 天。证明粘接强度随时间延长而降低。因为树脂中 C－C 结合由于氧化而分解。推算出粘接铁芯在 175℃ 时粘接强度减低 1/2 的时间约为 9 年。铁芯在 165℃ 条件下寿命约为 27 年。他们采用丙烯树脂 ＋ 环氧树脂 ＋ 苯酚树脂混合乳液,三者之比为 10～20：10～20：60～80。单面涂料量为 8～9g/m^2,140～160℃ 烘干后水冷,在 200℃×60s 和 $10kgf/cm^2$ 压力下的粘接强度约 $170kgf/cm^2$,比烘干后空冷约高 $10kgf/cm^2$,而且粘接强度波动范围也小 (±$10kgf/cm^2$)。因为在空冷时冷却区中粉尘会附在钢板表面,以后加热加压粘接时接触面积减少,所以粘接强度降低。由于采用水冷,冷却区也缩短,涂料速度可加快,产量也提高。上述三种树脂之配比为 20～30：30～40：30～50,并加 20 份水,形成含 0.2%～5% 水的粘接涂层,可保证高粘接强度,而且也可防锈。采用 70 份环氧树脂 ＋10～20 份环氧树脂硬化剂 ＋20～30 份含碳基乙烯聚合体也可[237]。随后又提出一种新的粘接涂层,其特点是在消除应力退火时加压粘接成铁芯,适用于半成品产品。钢板表面涂 $Na_2O－B_2O_3－SiO_2$ 系陶瓷粘接涂层,Na_2O 小于 45%,600～800℃ 时陶瓷层中存在 70%～80% 液相,将这样组成的陶瓷片经粉碎研磨到 60～300 筛并加水混合形成玻璃质水溶液涂料,320℃×60s 烘干后单面涂料量为 10～12g/m^2。Na_2O 的热膨胀系数高。涂料中可加入 Sb_2O_3(提高附着性)。典型的涂料配方为 50% SiO_2 ＋32% B_2O_3 ＋16% Na_2O 或 32% SiO_2 ＋24% B_2O_3 ＋21% Na_2O ＋15% Sb_2O_3。冲片和叠片后在 7～8MPa 压力下 750～800℃×2h 消除应力退火而粘接成整体铁芯,绝缘性好,P_{15} 也低[238]。

日本钢管提出,100 份 0.05～2μm 颗粒的水分散型的高相对分子质量(1200～800)环氧树脂和丙烯树脂(两者之比为 55/45～95/5)＋1～40 份硬化剂(100 份石碳酸树脂 ＋2～200 份潜在性硬化剂)。或是在 100 份的水分散型有机树脂中加有 1～45 份水溶解型的高酸价环氧树脂(相对分子质量为 300～3000,酸价为 20～300)。100～300℃ 烧结,单面膜厚 5～8μm,粘接强度高(大于 $160kgf/cm^2$),耐蚀性好[239]。

德国 Bochum EBG 公司也指出粘接法是组装铁芯的最好方法,对磁性影响小,而焊接和铆接法造成叠片之间额外短路,使铁芯 P_e 提高。焊接道次数量增多,0.4～1.4T 低磁场中磁性会明显降低,大晶粒产品牌号磁性降低更明显[240]。

5.6.9 冲剪加工对磁性的影响

完全退火和半成品产品都要求冲片性好。两种产品的力学性能比较见表 5－9。图 5－39 为冲片过程三个阶段示意图。通过高速摄影证明:图中 a 阶段,冲

表 5 – 9　完全退火和半成品产品的力学性能

力学性能	屈服强度/MPa	抗拉强度/MPa	伸长率/%
完全退火	228 ~ 359	394 ~ 490	26 ~ 36
半成品	345 ~ 490	380 ~ 532	15 ~ 25

头与钢片接触时钢片开始弯曲，然后沿冲具面滑动而产生面磨损，面磨损与滑动量和钢片表面磨损有关。滑动量受钢片延展性控制。b 阶段，冲头将钢片切下时，钢片受到严重加工硬化，使冲模产生边缘磨损。边缘磨损程度与钢片裂断前切割百分数成正比。c 阶段，当钢片未被切割地区所受应力达到其临界断裂应力时发生断裂，使冲头和冲模间隙的边部产生边磨损。边磨损只与间隙有关。在冲片的任何阶段，与冲模边部相邻的钢片下表面应力集中最严重，裂纹在此地区开始形成。钢片裂断前切割百分数与钢片力学性能、冲头与冲模间隙和冲具钝锐程度有关。由图 5 – 40 看出，钢片屈服强度低（延展性高），间隙减小和冲具变钝，都使切割百分数增高和边缘磨损增大。涂绝缘膜在冲片时起润滑作用，面磨损明显减小，冲片数提高

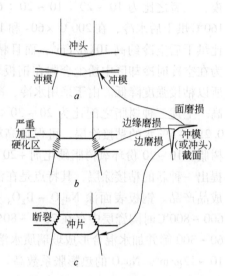

图 5 – 39　与冲具磨损类型有关的
冲片机理三阶段示意图

a—变形（面磨损）；b—切割（边缘
磨损）；c—断裂（边磨损）

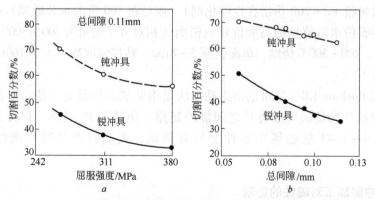

图 5 – 40　1% ~ 2% Si 钢的屈服强度及冲具与冲模间隙和冲具钝锐程度与
切割百分数的关系

a—屈服强度及冲具与冲模间隙的关系；b—冲具钝锐程度与切割百分数的关系

3~5倍,冲具寿命延长,冲片时可不用润滑油。在无绝缘膜情况下,冲片时面磨损起重要作用,所以需要用润滑油。在无绝缘膜情况下,半成品比完全退火产品的屈服强度和硬度高,冲片时减低钢片滑动量,使面磨损速度降低,同时减小切割百分数,使边缘磨损也降低约30%,所以冲片性好,冲具寿命提高2~3倍。在涂绝缘膜情况下,钢片力学性能对冲具寿命的影响相对减小,因为面磨损已基本消除,边缘磨损和边磨损起更大作用。半成品的边缘磨损低,所以冲片数比完全退火产品提高约20%。冲片形状愈复杂,边缘磨损和边磨损的作用愈大,钢片屈服强度高更明显地提高冲具寿命,冲片尺寸也更精确[241]。

已证明冲程比 S_t/t_0 和最大剪切强度 τ_{max} 与冲片性有很大关系。S_t 为负荷升高和落下之间冲程;t_0 为钢板厚度。τ_{max} 根据图5-41a所示的负荷 P 与冲程 S_t 的曲线推导出。钢的抗拉强度增高,τ_{max} 增大。图5-41b表明冲程比 S_t/t_0 与切割长度比 I_c/t_0 呈直线关系。I_c 为冲边切割长度。I_c/t_0 和 τ_{max} 增大,冲模磨损严重和毛刺增大。因此 S_t/t_0 和 τ_{max} 可作为冲片性参量。证明低碳电工钢中加磷通过固溶强化和晶粒变细,强度提高和伸长率降低,所以 S_t/t_0 降低和 τ_{max} 增大。碳含量提高到0.03%~0.05%使 S_t/t_0 降低更明显,τ_{max} 也较高,但磁性降低。硫含量提高到0.02%~0.03%,S_t/t_0 降低明显,同时 τ_{max} 不增高(见图5-41c)。硫对力学性能和晶粒尺寸影响很小,因为在含0.3%~0.4% Mn 时轧制后形成较粗大的 MnS,使横向和厚度方向伸长率降低,所以 S_t/t_0 降低和 τ_{max} 不增高(与低硫时相同),剪切能量(图5-41a中负荷-冲程曲线面积)小,冲片性提高。硫使铁损增高,这可将退火温度略提高来弥补[242]。

钢板冲剪时产生的内应力可使 P_{15} 增高,特别是中、低磁场磁性降低更明显。由图5-42看出,剪切应力对大于75mm 宽条片的 P_{15} 影响不大。剪切条片愈窄或冲片尺寸愈小,磁性降低愈明显。几千瓦小电机定子齿部宽度只约3mm,P_{15}

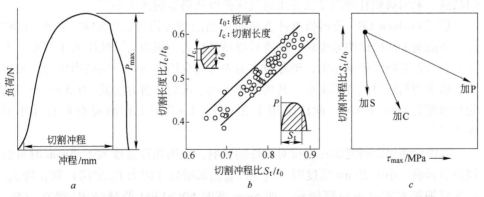

图5-41 冲片时切割冲程和切割长度的关系以及磷、碳和硫对它们的影响

a—简单冲片实验的负荷-冲程曲线;b—切割长度比 I_c/t_0 与切割冲程比 S_t/t_0 的关系;

c—磷、碳和硫对 S_t/t_0 和 τ_{max} 的影响

增高 2% ~ 2.5%，齿部 B 值高达 1.8T，激磁电流增高 5% ~ 10%[243]。微电机冲片宽度只有几毫米，P_{15} 明显提高，0.5mm 厚板冲片后两边冲片加工应变区约 2.5mm，相当于板厚的 5 倍。

比利时 Ghent 大学研究者提出，机械剪切法的上、下剪刀的间隙很重要。一般剪切是钢板首先产生一裂纹并通过延性断裂和形成毛刺完成的。合适的间隙可使剪切形变降到最小，毛刺也最小，并使剪切负荷最小。由于切边处的塑性变形一般使 μ 降低 40% ~ 60%，H_c 增高 20% ~ 30%，对低 Si 钢板来说，剪切合适的间隙为板厚的 5.5%。中、高 Si 钢为板厚的 2% ~ 3%。一般冲剪受应力区可扩大到 10mm

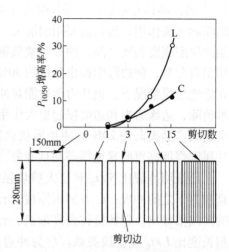

图 5 - 42　剪切应力对不同宽度
条片的 $P_{10/50}$ 的影响

地区。如果冲片时钢板与冲模之间的摩擦力提高，可阻止钢板沿模具移动，即阻止钢板发生塑性流变，使受应变区减小到小于 1mm。冲剪使钢板切边边部附件的磁场分布不均匀，磁性下降。采用激光切割法由于不接触钢板，切边边部无剪切应变，也没有毛刺，而热影响区也使磁性变坏，但变坏程度比高速冲床冲片法要小。激光切割时热影响区为贝氏体组织，最大热影响区为 60μm（机械剪切受应力区可达 4 ~ 8mm），织构也发生变化，P_T 和 H_c 明显增高，μ 也有些降低。完全退火材料 P_T 增高程度比半成品材料更小。由于激光切割法升温和降温很快，产生的热应力可影响到 1600μm 区域，所以切割后必须经消除应力退火。这是此法的缺点，采用高频脉冲激光法并用氮气保护可使热影响区变小[244]。

德国 Bochum EBG 公司指出冲剪机械切割法随剪切边长度增多，0.5 ~ 1.6T 低、中磁场下的磁性明显变坏。高牌号成品晶粒大，切割后磁性降低更明显。去除毛刺与否对磁性影响不大，消除应力退火可完全消除剪切产生的内应力。采用研磨喷水切割法对磁性影响小。其切割速度比通用的冲剪方法低。0.5mm 厚板的切割速度为 800mm/min。此法适用于在 0.5 ~ 1.6T 下工作的复杂形状和小型铁芯[245]。

我国台湾中钢研究切片宽度对磁性的影响，证明切片宽度大于 20mm 时对铁损没有影响。小于 20mm 宽度时，P_{15} 和 $P_{10/400}$ 都增高（因为 P_h 增高）和 μ 降低。高牌号钢板对宽度效应更敏感。如 5mm 宽时 50CS1300 低牌号 P_{15} 提高 16%，$P_{10/400}$ 提高 17%，而 50CS400 高牌号 P_{15} 提高 29%，$P_{10/400}$ 提高约 37%。而且低牌号小于 15mm 宽度时铁损开始增高，而高牌号在小于 25mm 宽时铁损就开始增高。切片宽度减小，B_{50} 下降约 3%。经 750℃ × 2h 消除应力退火后磁性都回复为原来的磁性[246]。

新日铁用 50A470 钢板经冲剪法、激光切割法和电火法切割法切成 30mm 宽、300mm 长条片和冲成 EI 型冲片，研究它们对切边和磁性的影响。冲剪法的剪切表面比例占 65%，毛刺高度为 20μm，激光切割法表面为波浪形曲线。电火花切割法表面为多孔疏松状。证明在条片情况下，电火花法的 P_{15} 和激磁电流最低，冲剪法和激光法的 P_{15} 高 0.2W/kg。在 EI 型情况下，电火花 P_{15} 也最低，冲剪法高 0.6W/kg，激光法高 0.3W/kg。也证明焊接性和铆接性加固叠片时 P_{15} 增高是由于叠片间形成额外短路，使 P_e 增高之故。特别是焊接法 P_e 增高明显，P_h 与加固方法无关[247]。

5.6.10 铁芯组装方法的改进

一般家电和中小型感应电机都是将钢板同时冲成定子和转子冲片，叠片经焊接或铆接法制成铁芯。川崎提出用钢质纯净的半成品钢板制造感应电机时要求产品晶粒小（10～30μm），硬度 HV 为 100～170，以保证冲片性好和屈服强度 σ_s 高（因为转子铁芯要求屈服强度高和 B_{50} 高）。转子冲片直接叠片经焊接或铆接制成转子铁芯。定子铁芯用的冲片经消除应力退火使晶粒充分长大，降低 P_T。控制 Mn/Si ≤ 0.7、Al < 0.001%，0.5mm 厚的 0.8% Si + 0.25% Mn 钢定子冲片消除应力退火后 B_{50} = 1.78T，σ_s = 286MPa，HV = 125，P_{15} = 3.9W/kg。可加 P 或 Ni 提高 σ_s 和 HV，加 REM 或 Ca 使夹杂物粗化，延性夹杂物个数小于 1000 个/cm²。Als 量高，延性夹杂物增多[248]。

新日铁提出，为了减小定子内径与转子外径之间的间隙，提高电机效率，要求定子尺寸精度高和正圆度高（正圆度不好会与压缩机电机罩接触）。要控制好钢板的伸长率和冲模切刀圆度 R（μm），即 30（伸长率）− 26.0 ≥ R/D ≥ 3.2（伸长率）− 58.8。D 为定子外径（mm）。钢板强度高，晶粒小，冲片圆度高。此关系对不大于 3% Si 钢都适用。钢板伸长率大，圆度变坏。符合上式时冲片圆度小于 15μm。伸长率小于 25% 时，冲片圆度小于 40μm（压缩机电机外径允许的圆度为 50μm）[249]。

住友提出，控制钢中 S 含量小于 0.002% 可使冲片端面剪断比率增大和提高磁性，转子冲片尺寸精度高，正圆度好（由于冲片端面凹凸减小）。加 0.002%～0.1% Zr 通过固溶强化可提高强度[250]。

通用的高速冲床冲片法的缺点是废边角料多，成材率低，成本高。现在已开发并普及螺旋形铁芯加工制造技术。首先开始用作汽车中的小型交流发电机定子，对其他电机也适用，因为制造成本低。即将 0.5mm 厚（或更薄）窄带先经冲压法刻槽，再沿钢板板面方向弯曲加工成螺旋形卷铁芯。钢带经受不均匀弯曲塑性变形。汽车中的小电机和电动汽车启动发电机定子多采用螺旋形铁芯。螺旋形铁芯可使电机体积更小，由于绕线长度缩短，铜损也降低，电机效率更高，而且也可用取向硅钢制造。低碳低硅电工钢经弯曲加工时，易产生纵弯曲和反弹。川崎提出钢板屈服强度 $\sigma_s < 230\text{MPa}$，屈服伸长率小于 1% 可解决此问题。由于 Si 量增高，屈服强度也增高，所以钢中 Si 含量小于 0.3% 和 Al 含量为 0.15% ~ 0.5%。退火后经 0.8% ~ 5% 的平整压下以保证屈服伸长率小于 1%[251]。

交流发电机的转子是多极的，依靠多极化高频（400 ~ 1000Hz）驱动的输出功率提高可明显提高发电机效率，这就要求定子材料高频铁损低和 B_{50} 高以确保输出电流高，同时，$\sigma_s = 200 ~ 220\text{MPa}$，以保证弯曲加工性。川崎为此开发 $P_{10/400} < 70\text{W/kg}$，$B_{50} > 1.70\text{T}$，$\sigma_s = 200 ~ 220\text{MPa}$ 的 0.35mm 厚小于 0.3% Si 电工钢，发电机效率比以前通用的 0.5mm 厚的提高约 10%。经 0.8% 平整时 P_{15} 明显提高，但继续提高平整压下率时 P_{15} 只缓慢增高，而且 $P_{10/400}$ 比 $P_{15/50}$ 变坏程度小，平整后 B_{50} 降低约 0.02T。经 0.8% ~ 2% 压下率可保证屈服强度要求值，弯曲加工性能好。要求钢中 C、N 含量尽量低，并加适量 Al 形成 AlN 来固定 N，目的是使屈服强度变动小[252]。

新日铁提出，上述方法由于 Si 含量低和平整压下率大，P_{15} 较高。如果将 Si 含量范围提高为 0.05% ~ 1.5%，平整压下率为 0.1% ~ 0.4%，成品 P_{15} 更低，弯曲加工性能好。通过小的塑性变形增多活动位错，这可使晶体滑移核心增多，从而钢板更容易变形[253]。

日本钢管提出，0.5mm 厚钢质纯净的不大于 1% Si – 0.15% ~ 0.2% Al 钢中加入 0.002% ~ 0.05% Sb 或 Sn，退火后经 0.5% ~ 1% 平整压下，磁性和弯曲加工性好。钢中 C + N 量与成品晶粒直径 d（μm）满足：$(\text{C\%} + \text{N\%})/d^{2/3} < 1.3 \times 10^{-4}$ 时，屈服伸长率小于 2%（一般电工钢为 3% ~ 6%），以后再经 0.5% ~ 1% 平整，$YPEL$ 进一步降低。25℃ × 90 天时效后屈服伸长率不增高。加 Sb、Sn 是防止退火时钢板表层（10 ~ 20μm 区）氧化和渗氮。随后又提出加 0.005% ~ 0.01%（Ti + Nb），析出 Ti 和 Nb 碳氮化物，并控制 $[\text{C\%} – 0.15 \times (\text{Ti\%} + \text{Nb\%})]/d^{2/3} < 1.3 \times 10^{-4}$，也得到同样结果[254]。经螺旋加工后 P_h 明显增高，而且由于钢板内径受压应变，外径受拉应变；中部受应变最小，所以钢板断面的 μ 值在变化（内径和外径的 μ 变化大，而中央区 μ 变化小），这使 P_e 也增高。经抗拉试验得到的真应力（σ）与真应变（ε）曲线符合公式 $\sigma = \sigma_0 \varepsilon^n$，$n$ 为加工硬化系数，σ_0 为常数。实验证明当 n 达到某一值以上时，P_T 变坏程度明显减小，即 n 大时应变更均匀。控制 1% 应变到 10% 应变的 $n > 0.18$ 时（一般螺旋加工应变小于 10%），P_e 变坏程度小于 5%，因为应变均匀之故。钢质纯净的不大于 3% Si 钢板经不低于 850℃ 退火和 1% 平整压下，$n > 0.18$[255]。

5.6.11 铸坯直接热轧法

现在已采用薄板坯连铸连轧 CSP 工艺生产无取向电工钢（如德国 Thyssen-Krupp 钢铁公司和中国马鞍山钢铁公司）。30~70mm 厚铸坯直接进入 1050~1200℃隧道式均热炉加热和热轧，制造成本降低并且具有以下优点：（1）薄铸坯晶粒小且均匀，微观偏析减小，热轧前铸坯纵横向温度更均匀，热轧板卷尺寸精确，厚度偏差小，成品钢卷纵横向磁性均匀，厚度偏差小，表面形状好；（2）薄铸坯 {100} 位向柱状晶粒由于省掉粗轧，热轧压下率减小，柱状晶没有完全被破坏，MnS 和 AlN 等析出物在均热时又粗化，这改善了热轧板织构，制成的成品中 {110} 和 {100} 组分增多，B_{50} 可提高不小于 0.02T，P_{15} 也低。（3）可热轧成 0.8~1.2mm 厚的薄热轧板卷，采用一次冷轧法生产 0.15~0.20mm 厚高频用电工钢产品。

新日铁八幡厂按此工艺制成的 0.5mm 厚完全退火方案（980℃常化）0.33% Si + 0.22% Al 钢的 P_{15} = 5.85W/kg，B_{50} = 1.81T。1.15% Si 钢 P_{15} = 4.75W/kg，B_{50} = 1.81T。0.35mm 厚 3% Si – 1.25% Al 钢 P_{15} = 1.8W/kg，达到 35A210 最高牌号，而 B_{50} = 1.74T（35A210 的 B_s 约为 1.69T）[256]。

5.6.12 薄铸坯直接冷轧法

新日铁首先提出双辊快淬法制成约 2mm 厚薄铸带并直接冷轧。2mm 厚薄铸带由于晶粒大（大于 0.05mm），韧性低，很脆。因为钢中含 Si 在反复弯曲时难发生交叉滑移，而且由于冷却快产生很大热应力，铸带中缺陷多。如果快淬后经高于 100℃卷取，由于更容易发生交叉滑移，内部缺陷少，韧性明显提高。如果钢水从冷却辊脱离前就完全凝固，即脱离前加 784~980MPa（80~100kgf/mm²）压力减薄，铸带缺陷少和晶粒细化，也改善韧性。钢水离开冷却辊后从 1200℃以小于 30℃/s 冷却到 600℃，晶粒大且均匀，而且使 MnS、Fe_3C 等析出物粗化，冷轧和退火后晶粒大且均匀。一般双辊快淬法都在空气下进行，这在冷却辊与钢水之间存在有几微米厚的气膜层，导热不好。如果在氮气保护下快淬，钢水表面吸附氮气而使钢水热传导率降低，柱状晶组织发展良好，成品磁性提高。如果在氩气或者氦气保护下快淬，热传动率增高，铸带为等轴晶，磁性低[257]。

快淬铸成约 2mm 厚带卷取后在 Ar_3 + 50℃到 Ar_1 – 50℃之间的平均冷速小于 50℃/s，晶粒粗大且均匀，碳化物充分析出并聚集。然后直接冷轧到 0.5mm 厚和退火。不大于 0.5% Si 钢 P_{15} 小于 5W/kg，B_{50} = 1.80T，比传统热轧和常化工艺的 P_{15} 约低 1W/kg，B_{50} 约高 0.04T。一般薄铸带都经大于 40% 压下率冷轧和退火，由于柱状晶破坏程度大，{111}⟨112⟩ 和 {110}⟨001⟩ 组分加强。如果快淬成 0.56~0.70mm 薄铸带，并使板厚中心区凝固速度大于 10℃/s，发展完善的柱状晶，再经 5% ~ 40% 压下率冷轧和退火，{100}〈uvw〉强度大 2.3 倍以上，0.5mm 厚 0.3% Si 钢 B_{50} = 1.845T，P_{15} = 4.76W/kg；1.14% Si 钢 B_{50} = 1.835T，P_{15} = 4.2W/kg。全周磁性好(全周 B_{50} > 1.70T)。因为冷轧压下率小，{100}〈uvw〉柱状晶粒难以受到加工应变，仍然保留在冷轧织构中，以后再结晶和晶粒长大仍然保留。为保证大于 10℃/s 凝固速度，提高钢水过热度 ΔT，即提高浇铸温度和在凝固区快速降温（如采用高传导率冷却辊、用水强制冷却等），并且凝固后急冷。钢中加 4% ~ 13% Cr 可提高耐蚀性，用作耐蚀电机和电磁开关[258]。

3% Si + 1% Al 钢快淬时控制钢水过热度高于 70℃，形成完善的 {100}〈uvw〉/{100} 强度大于 4 倍的柱状晶，经 70% ~ 85% 压下率冷轧到 0.35mm 厚，1075℃ × 30s 退火后无边裂，$B_{50(L)}$ = 1.74T，$B_{50(C)}$ = 1.72T，$P_{15(L+C)}$ = 2W/kg，达 35A210 最高牌号。如果经 15% ~ 40% 压下率冷轧至 0.5 ~ 0.6mm 厚带，{100} 强度大于 4 倍，全周磁性好，B_{50} = 1.69T，P_{15} = 1.98W/kg。如果钢中加 REM、Cu、Sb、Sn 等并在 Ar、He 气体保护下快淬，使 REM_3O_2S、AlN 复合析出和 TiN、AlN 复合析出，P_{15} 明显降低。加 Sn 防止表层渗氮，P_{15} 更低。0.35mm 厚 3% Si – 1.4% Al – (30 ~ 85) × 10^{-6} REM 钢在 70% H_2 – N_2 中 1075℃ × 30s 退火后，B_{50} = 1.725T，P_{15} = 1.9W/kg。如果不加 REM，在 N_2 下快淬时 AlN 粗大可达几微米和不大于 100nm 细小（Mn，Cu）S（在 Ar 和 He 气氛下快淬也如此），但由于快淬后钢中存在有固溶硫，以后退火时又析出小于 100nm 细小（Mn，Cu）S[259]。

美国 Inland 钢公司提出 2% ~ 3% Si 钢快淬成不大于 0.5mm 厚带经 0.5% ~ 1% 平整压下和 500 ~ 650℃ 消除应力退火但不发生再结晶，{100}〈uvw〉柱状晶不被破坏，磁性好[260]。

美国 AK 公司提出 2% ~ 3% Si 钢快淬成 2 ~ 2.5mm 厚带，从高于 1250℃ 以大于 25℃/s 速度二次冷却到低于 900℃，高于 680℃ 卷取，钢带在不高于 1100℃ 热轧到成品厚度，压下率 30% ~ 75%，800℃ × 1h 罩式退火或者 950 ~ 1050℃ 连续炉退火，也可再经小于 25% 压下率冷轧和退火，磁性好，钢中可加 0.15% ~ 2% Cr 提高 ρ 和韧性[261]。

韩国浦项提出 2% ~ 3% Si 钢快淬成 0.3 ~ 0.5mm 薄带，经冷轧和退火后板形好，厚度均匀，表面光滑，{100} 组分强，磁性高[262]。

5.7　步进式微电机用的电工钢的进展

步进式微电机主要用在控制系统，如信息处理机，要求冲片形状和尺寸精确，静态 B_1 和 B_{50} 高，动态 P_{15} 低，而且成本低。现在工厂、办公室和家庭已广泛使用信息处理机，信息处理机的性能逐渐提高，并朝高速化、小型化方向发展。如 HDD 和 CD – ROM 光盘用的主轴电机，手机中超小型振动电机，相机的数码复制和高速印刷机中的微电机转速从原来的几千转/分钟提高到 1 万转/分钟以上，在 400 ~ 1000Hz 下驱动，多采用高效电机用钢制造。步进式微电机用量急剧增多。步进式微电机可分为混合型（HB 型，即 hybrid 型），永磁型（PM 型）和可变磁阻型（VR 型）三大类。其中 HB 型步进电机体积小，步进角小，角精确度高（电机转角准确度高），应答性好，转矩高，应用最广。它的定子用电工钢板制造，转子用 AlNiCo 或稀土永磁制造，转子轴用无磁性不锈钢制造。步进角一般为 3.6° ~ 0.9°，而且逐年减小。角精确度是指电机从任意点出发，转子每转一步时理论位置与实际位置之差，用每转 360°测定的正和负最大值的宽度表示的误差（即静止角度误差）被步进角来除并以百分数表示。此值愈小愈好，一般要求小于 1.5%。此外，电机的最大静止转矩应当高。定子和转子之间的间隙小于 0.05mm，一般只有几十微米，因此冲片尺寸要精确。

以前都用高牌号无取向硅钢，如晶粒尺寸约为 85μm 的 S12 牌号制造，这可保证角精确度，但冲片尺寸，特别是正圆度不好，所以最大静止转矩减小。制成定子铁芯后，内径要经加工来提高铁芯精度，这使成本增高。再者，由于 Si + Al 含量高，冲片性低，冲模寿命短。在步进角逐步减小的情况下，为改善齿顶部形状，多采用 0.35mm 厚板制造，这也增加成本。为提高叠片尺寸精度和减小磁各向异性，叠片时每片要改变一个角度，但这又使角精确度分散和组装铁芯工序复杂。因此，现在多用成本低的低碳低硅电工钢制造。

角精确度与材料的 B_1 平均值和 B_1 的各向异性密切相关。由图 5 - 43 看出，B_1 愈高和磁各向异性愈小，角精确度也愈高。$B_1 > 0.7T$ 和 $B_{1(L)}/B_{1(C)} < 1.5$ 时，角精确度小于 1.5%。

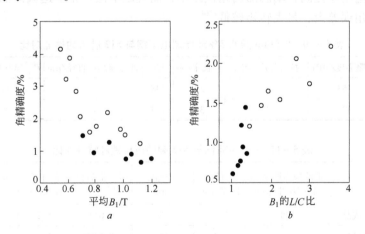

图 5 - 43 角精确度与平均 B_1 和 B_1 的 L/C 比（$B_1 > 0.7T$ 时）的关系

a—角精确度与平均 B_1 的关系；b—角精确度与 B_1 的 L/C 比的关系

○—Si > 1.2% 的 S9 ~ S23 牌号；●—Si < 1.2%，二次冷轧法，5% ~ 8%临界变形的低碳低硅钢

川崎用 0.5% ~ 0.6% Si 钢经二次冷轧法，第二次压下率为 1% ~ 15%，冷轧

速度大于 500m/min 制成的 0.5mm 厚半成品或完全退火产品中 {111} 组分减弱，$B_1 > 0.7$T，磁各向异性小，适合用作步进式微电机和直流微电机。也证明钢中大于 10μm 的大夹杂物密度小于 10^3 个/mm² 和成品晶粒尺寸大于 50μm 时，更可保证 $B_1 > 0.7$T，$B_{1(L)}/B_{1(C)} < 1.5$，角精确度小于 1.5%。因此钢质要纯净，[O] 含量小于 50×10^{-6}[263]。

新日铁采用二次冷轧法，第二次经 3% ~ 15% 临界变形，临界变形前或后涂半有机绝缘膜，冲片前控制晶粒尺寸为 7 ~ 20μm，消除应力退火后平均晶粒尺寸大于 50μm 时，冲片性好，冲片尺寸精度高，静态和动态磁性以及应答特性好。因为冲片前晶粒小，冲片齿顶部断面整齐，形状好，剪断面比率大。晶粒愈小，冲片尺寸愈精确，铁芯正圆度愈高。但晶粒小于 7μm 时，基体中常存在残余形变晶粒，铁芯尺寸和特性不稳定。冲片前晶粒小对消除应力退火时晶粒长大也有利。消除应力退火后控制冷速可以确保正圆度。冲片时在齿部残存的细铁粉，经退火时可氧化掉，从而防止附着在永磁合金转子上。0.005% C，0.3% Si 低碳电工钢和 3% Si + 0.4% Al（S12 牌号）的冷轧板经 790℃ × 1min 退火和涂绝缘膜后，经 5% 临界变形的 0.5mm 厚冲片，在氮气中 750℃ × 2h 退火后的性能如表 5 - 10 所示。将冲片每隔 3.6°叠成铁芯和 750℃ × 2h 退火后的铁芯特性如表 5 - 11 所示。可看出 S12 晶粒大，P_{15} 低，但硬度过高，铁芯正圆度差，最大静止转矩低，而角精确度高。低碳电工钢半成品由于冲片前晶粒小，铁芯正圆度和齿顶部形状好。消除应力退火后晶粒明显粗化，角精确度提高，空气隙略大，但最大静止转矩明显提高，动态滞后角误差小，而且成本低。完全退火产品制的铁芯动态滞后角误差大，最大转矩较低[264]。

表 5 - 10　0.5mm 厚 0.3% Si 低碳电工钢与 S12 牌号的性能对比

钢种	屈服强度/MPa	抗拉强度/MPa	伸长率/%	HV	冲片前晶粒直径/μm	P_{15}/W · kg⁻¹	B_{50}/T
0.3% Si	353	412	30	138	13	4.17	1.76
S12	383	510	32	188	85	3.06	1.65

表 5 - 11　0.3% Si 钢与 S12 制的电机铁芯特性对比

钢　种	消除应力退火后晶粒尺寸/μm	内径正圆度/μm	空气隙/μm	动态滞后角误差/(°)	静止角精度/%	最大静止转矩/g · cm⁻¹
0.3% Si 半成品	128	7.7	62	0.042	1.2	780
0.3% Si 完全退火		7.1	61	0.139	1.2	748
S12		16.7	59	0.059	1.0	690

不仅步进式微电机和直流电机等控制系统中微电机要求低磁场下 B 值高，小型变压器为降低空载损耗和铜损耗来提高效率，也要求低磁场下 B 值高的电工钢

板。低磁场下 B 值与畴壁移动密切相关。退火时炉内张力、冷却时热应力和钢带弯曲应变都使低磁场 B 值降低。连续炉退火时在均热区控制板宽方向温差（ΔT）低于30℃，并且钢板任何位置的 ΔT 小于 20℃/100mm，从退火温度到 650 ~ 700℃的平均冷却速度 $\bar{v}_1 = (5 - 0.6 \times Si\%) \sim (9 - 1.3 \times Si\%)$ 时，钢板中热应变很小，低磁场 B 值高，且沿板宽方向磁性均匀。由于冷速较快，产量也高。如果边部温度低，中部受压应力而伸长；边部温度高时，中部受拉应力使边部产生波浪。这都使低磁场下 B 值降低。再者 Si 含量高，线膨胀系数增大，温差引起的内应力和残余应变增大。Si 含量高，热传导系数减小，使温差增大。这都使低磁场下 B 值降低更明显[265]。

新日铁提出，汽车、摄像机、照相机、电刮胡刀中用的微电机以及部分信息处理机中微电机的定子为永磁合金，转子为 0.25% ~ 1.65% Si 的 0.5mm 厚无取向电工钢（完全退火产品）叠片铁芯。转子轴为约 $\phi 2mm$ 钢棒，钢棒表面电镀约 3μm 厚 Ni - P 层，其硬度 HV（10g 负荷下）约为 500。转子铁芯压入轴中时常产生深小于 10μm 和宽为几到几十微米的划伤，转动时产生噪声，转动轴磨损严重。实验证明，引起划伤的原因是电工钢板中氧化物夹杂，特别是 SiO_2 含量多，即转子冲片边部存在硬的 SiO_2 颗粒。如果电工钢钢水经 RH 处理脱碳后先加 Al 充分脱氧，再加 Fe - Si 和 Fe - Mn，或出钢时加 Fe - Si，RH 处理后一阶段 Fe - Si 加入量减少，使钢中氧化物夹杂总量中 SiO_2 不大于 0.3%，可以解决划伤问题，同时磁性好。控制钢中 S 不大于 0.005%，大于 5μm 的氧化物夹杂数量小于 20 个/mm^2，可提高冲片性，冲片毛刺小。转子压入后不会漏电和划伤。毛刺大，会使铜线表面绝缘体破坏而发生漏电现象，钢中 Als 应大于 0.001%，否则 SiO_2 增多[266]。

手机和游戏机中微电机直径小于 10mm，更易发生短路。冲片剪断面比率减小到小于 40%，短路不良率可减小到 0.8%。但冲片操作难以做到这点，因为冲模磨损程度使冲模间隙发生变化，剪断面比率也变化。0.5% Si + 0.3% Al 钢中加入 0.015% ~ 0.02% Sn 并将 S 量放宽到 0.008% ~ 0.014%，0.5mm 厚成品涂半有机涂层，涂料量为 1.2 ~ 2.0g/m^2，其 P_{15} 与 0.002% S 钢相同，制成 1 万个以上铁芯条件下，冲片剪断面比率降低，毛刺小，短路不良率只有 0.3% ~ 0.5%[267]。

川崎开发的 0.2mm 厚 3% Si 薄板，涂半有机涂层或 B 型粘接涂层，$P_{10/400}$ 低，硬度 HV 不大于 200，冲片性好，也适用于制造微电机[268]。

5.8　小变压器和镇流器用的电工钢的进展

EI 型小变压器和日光灯中镇流器的电工钢用量很大。中国每年用量大于 30 万吨，一般设计的最大工作磁感 $B_m = 1 \sim 1.5T$，要求材料磁化曲线陡，即 $\mu_{0.35}$、μ_m、B_1、B_3 高，H_c 低。对铁损要求不严，材料冲片性好。但近年来为了小型化、高效率和节能，要求 B_m 提高。对材料也要求 B_{50} 高和铁损低，噪声小（λ_s 低）。

使用频率为 10~1000Hz，高频铁损也要求低。小变压器主要用作电视和音响等家电设备中的电源变压器或称作电源转换器，图 5-44 所示为 EI 型冲片铁芯形状。在 E 型叠片中插入线圈后与 I 型叠片用 TIG 法焊在一起，也可用 U 形叠片。可看出沿轧向冲片，磁路的 75% 都沿轧向磁性（E 型冲片有 1/5 的区域沿横向磁化）。一般都采用 0.5mm 厚低碳低硅电工钢制造，要求轧向磁性更高，即要求磁各向异性要大。对高级小变压器，用高效电机钢、1.5%~3% Si 无取向硅钢或 0.35mm 厚取向硅钢制造。为消除小变压器中高次谐波引起的噪声和防止发热，在其中可装有扼流线圈。

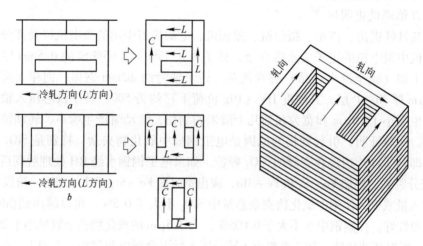

图 5-44　EI 型冲片的两种方式以及 EI 铁芯示意图
a—冲片方式（一）；b—冲片方式（二）
L—轧制方向；C—宽度方向

川崎提出，0.95% Si +0.25% Al 钢不预退火和二次冷轧法（675~750℃ ×15~120s 退火及 5% 临界变形）制造的 0.5mm 厚半成品经退火后磁各向异性高，$B_{50(L)}/B_{50(C)} > 1.08$，$B_{50(L)} \geqslant 1.85T$。如果第二次临界变形采用辊径小于 500mm 和表面经激光照射处理的规则排列凸凹区轧辊冷轧，退火后沿轧向的 μ_{15} 增高，并可防止冲片退火时粘接和提高焊接性。表面光滑（$Ra < 0.5\mu m$）的冲片在退火时易粘接。例如，0.5% Si，0.8% Mn，0.27% Al，0.05% Sb 钢第一次冷轧到 0.53mm 厚，在氮中 770℃ ×1min 退火和 5% 冷轧到 0.50mm 厚，切成 30 ×100mm 条片并叠成 15cm 厚叠片和加 4900N 压力，在氮中 750℃ ×2h 退火后，沿轧向的 $P_{15} \approx 2.70W/kg$，$\mu_{15} = 8000$，经小于 98MPa 拉力，叠片都分开，即无粘接现象[269]。

由于 E 型铁芯背部（横向）和角部（45°方向）磁通回转而产生漏磁。漏磁大，噪声增大。如果在轧速为 1000~2000m/min 和 1~5MPa 张力下经 5%~10% 临界变形和 725℃ ×1h 消除应力退火，使 1.5T 和 50Hz 下横向 $\mu_c \geqslant 2.5 \times 10^{-3}$，

$45°$方向$\mu_d \geqslant 1.5 \times 10^{-3}$时铁芯漏磁磁通不大于$0.3G$[270]。空载激磁电流$I_0$高，铁芯漏磁增大。为降低$I_0$，必须提高$B_{50}$和减小铁芯接合处的空气间隙（即减小磁回路阻力）。为提高B_{50}应改善晶粒尺寸、织构并降低残余应力，所以钢质要纯净，Ti、Nb、S 等含量尽量低。为减小空气间隙，冲片端面的剪断面比率要提高，使端面形状好，毛刺小（剪断面比率 = 剪断面厚度/板厚，%）。降低 P 含量（小于 0.03%），剪断面比率可明显提高，因为 P 引起脆性。为保证 HV 和冲片性，适当提高 Si 和 Al 含量，0.5mm 厚 0.5% Si + 0.3% Al 钢完全退火工艺下冲片剪断面比率大于 68%，$I_{013/50}$小于 165mA[271]。

川崎于 1985 年开发并生产B_{50}高的低碳低硅的 RP 系列 3 个牌号完全退火产品。热轧板经常化使冷轧前晶粒大，减少 {111} 组分，改善织构。如果再经临界变形和消除应力退火的半成品工艺可进一步提高 {110} 组分和轧向磁性。表 5 - 12 和图 5 - 45 分别为 RP 系列以及典型磁性和B_{50}与P_{15}关系（与通用 50RM 产品相比较）。可看出，B_{50}提高 0.02 ~ 0.04T，P_{10}和P_{15}也低，沿轧向磁性更好，适合用作 EI 型小变压器和镇流器[272]。

表 5 - 12 RP 系列典型磁性和硬度

项 目		铁 损		磁通密度		硬度 HV
		$P_{10/50}$ /W·kg^{-1}	$P_{15/50}$ /W·kg^{-1}	B_{15}/T	B_{50}/T	
系列	50RP - 1	2.85	6.31	1.70	1.78	110
	50RP - 2	2.54	5.44	1.69	1.77	116
	50RP - 3	2.35	5.00	1.67	1.76	128
	50RP - 1H	2.47	5.40	1.72	1.80	112
传统材料	50RM1000	3.30	7.22	1.66	1.76	115

注：1. 0.5mm 厚；

2. 按 JISC2550 标准测定纵横向磁性平均值；

3. 完全退火产品的磁性。

0.5mm 厚 3% Si 钢（热轧板常化）最终退火时沿轧向加 3 ~ 7MPa 张力可使轧向P_{L15}降低，$Pc_{15}/P_{L15} \geqslant 1.25$，适用于低铁损要求的小变压器[273]。

川崎根据高能量晶界机理，从 2000 年开始开发了不利用抑制剂制造取向硅钢工艺，并生产 0.35mm 厚 RGE 系列产品用作 EI 型小变压器和镇流器。其特点是钢板表面光滑，无硅酸镁底层并涂半有机涂层，冲片性好，冲片数比通用的 CGO 取向硅钢

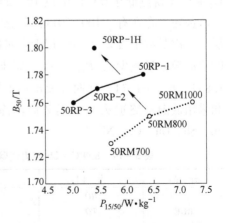

图 5 - 45 RP 和 RM 系列典型磁性能

高 10 倍，经弯曲加工制成的卷铁芯（如扼流线圈），绝缘膜附着性也好（CGO 有底层，弯曲后绝缘膜部分脱落）。800℃×2h 消除应力退火后 RGE 沿轧向的 B_{50} 和 P_{17} 比 CGO 差，但横向磁性更高（见表 5 – 13）。在小于 400A/m 低磁场下磁性比 CGO 高，叠片系数也更高。

表 5 – 13　800℃×2h 应力消除退火后 RGE 和 CGO 普通取向硅钢的铁损和磁感对比

| 样品 | 方向 | 铁　损 | | | | | 磁感 | |
		$P_{5/50}$ /W·kg^{-1}	$P_{10/50}$ /W·kg^{-1}	$P_{13/50}$ /W·kg^{-1}	$P_{15/50}$ /W·kg^{-1}	$P_{17/50}$ /W·kg^{-1}	B_5/T	B_{50}/T
RGE	RD	0.14	0.51	0.89	1.24	1.56	1.79	1.95
	TD	0.39	1.06	1.85	2.80		1.34	1.54
CGO	RD	0.10	0.41	0.73	0.98	1.29	1.87	1.98
	TD	0.63	1.70	2.41	3.44		1.35	1.55

　　制成 EI 铁芯的铁损在任何磁场下都比 CGO 制成的更低，噪声不大于 40dB。因为表面光滑，高频铁损也更低（见表 5 – 14）。更适合用作扼流线圈。RGE 产品的二次晶粒中存在更多小晶粒，所以 90°磁畴增多，横向磁性提高，为 {110} ⟨001⟩ 和 {100}⟨uvw⟩ 混合取向硅钢，采用小于 0.005% C，2.5%～3.5% Si，0.06%～0.13% Mn，小于 0.01% Al，不大于 50×10^{-6}N，不大于 30×10^{-6}S 和 O 的纯净钢，不高于 1200℃加热，热轧板经 900～950℃常化 60s，控制冷轧前晶粒尺寸小于 200μm，在 100～250℃经 70%～90% 冷轧到 0.35mm 厚，在 50%～75% H$_2$ – N$_2$ 气氛中（d.p. = – 30～0℃）950℃×10s 初次再结晶退火（不脱碳），平均晶粒尺寸为 30～80μm，{111} 组分少而 {100} 到 {411} 组分增多，20°～45°大角晶界所占比例大。用辊涂或静电涂 Al$_2$O$_3$ 或胶状 SiO$_2$，最终在干 75% H$_2$ + N$_2$（露点低于 0℃）中以 10～25℃/h 速度从 750℃升到 900～1000℃退火，二次晶粒中存在有 {100}⟨011⟩ 二次晶粒。退火后再经平整拉伸和涂半有机涂层。二次晶粒中含 2 个/cm^2 以上数量的 0.15～0.5mm 小晶粒（高于 1000℃退火时小晶粒数量减少），$P_{L15/50} \leqslant 1.4$W/kg，$P_{C15/50}$ 比 $P_{L15/50}$ 最大可高 2.6 倍，$B_{L50} \geqslant$ 1.85T，$B_{C50} \geqslant 1.7$T，轧向 $\lambda_s \leqslant 8 \times 10^{-6}$。由于铸坯加热温度低，省掉了脱碳退火和采用低温最终退火（不需要高温净化处理），制造成本明显降低，钢中可加 Sn、Sb、Cu、Cr、Ni[274]。

表 5 – 14　800℃×2h 应力消除退火后 RGE 和 CGO 高频铁损对比

样品	方　向	$P_{10/400}$/W·kg^{-1}	$P_{10/1000}$/W·kg^{-1}
RGE	RD	12.0	52.5
	TD	18.9	77.7
	EI core	12.9	55.5

样 品	方 向	$P_{10/400}/\text{W} \cdot \text{kg}^{-1}$	$P_{10/1000}/\text{W} \cdot \text{kg}^{-1}$
	RD	11.7	53.8
CGO	*TD*	27.1	98.3
	EI core	14.0	59.6

为提高 EI 型小变压器制造用的低碳低硅电工钢焊接性（叠片消除应力退火后经 TIG 法焊接），新日铁提出，钢内氧化物夹杂中 Al_2O_3 大于 40% 和 Als/Si 大于 0.02，也就是 ［O］含量小于 0.02% 和 Als 大于 0.01% 时，焊道宽度可扩大到 3mm 以上，焊接性明显提高。氧和硫为表面活性元素，对焊缝熔池的表面张力有影响，使焊道宽度减小。Al_2O_3 大于 40% 时，复合氧化物夹杂中高熔点 Al_2O_3 占主要组分，焊接时氧不易跑掉。Mn 含量大于 0.1% 时焊道宽度大于 3mm；Mn 含量大于 0.3% 时焊道宽度大于 3.5mm。因为锰的蒸汽压高，有扩大电弧的效果。含 0.2% Mn 的同时加入大于 0.01% Sb，焊道宽度也大于 3.5mm。锑有防止氧化作用，消除应力退火时可减轻内氧化层，所以焊道加宽。控制中间退火后的晶粒尺寸为 10 ~ 15μm，在工作辊径/临界变形前板厚大于 550 条件下经 3% ~ 10% 临界变形，冷轧后钢板表面 $Ra < 15$μm，消除应力退火后轧向 B_{50} 高。0.5mm 厚 0.07% Si 钢 $B_{50(L)} = 1.87 ~ 1.89$T，平均 $B_{50} = 1.77 ~ 1.78$T，$P_{15} = 4.1$W/kg。0.55% Si + 0.33% Al 的 $P_{15} = 3.1$W/kg[275]。如果热轧板常化，临界变形前控制晶粒直径为 20 ~ 50μm，经 3% ~ 12% 临界变形和消除应力退火后，成品 B 值不降低[276]。控制钢中 Al_2O_3 不大于 0.25%，临界变形前晶粒为 5 ~ 15μm，临界变形后 $Ra = 0.05 ~ 0.6$μm，沿轧向 〈100〉晶粒增多，消除应力退火后〈100〉晶粒也增多，轧向 B_{50} 增高（1.84 ~ 1.86T）[277]。

最近发展的薄小型音响设备和录像机（VTR）中的小变压器以及一部分镇流器采用了如图 5 – 44b 所示的沿横向冲片法，目的是提高冲片作业率，因为这可缩短冲程距离，提高冲片速度和缩小铁芯体积。此时 L 方向的磁路只占 25%，而 C 方向磁路占 75%，因此要求提高电工钢板横向磁性。0.33% Si，0.22% Al 钢沿轧向经 5% 冷轧再沿横向经 5% 冷轧到 0.5mm，涂绝缘膜和 750℃ × 2h 退火后横向磁性明显提高，$B_{50(C)} = 1.81 ~ 1.85$T，$B_{50(L+C)} = 1.75 ~ 1.76$T，$P_{15(L+C)} = 3.85 ~ 3.99$W/kg。经 750 ~ 950℃ 预退火时磁性更好。如果沿轧向 1° ~ 45° 方向按顺时针和逆时针方向经 3% ~ 10% 临界变形，轧向 $B_{50} > 1.82$T，适用于按图 5 – 44a 所示的 EI 型冲片。如果沿轧向 45° ~ 90° 方向按顺时针和逆时针方向经 3% ~ 10% 临界变形，横向 $B_{50} > 1.80$T，适用于按图 5 – 44b 所示的 EI 冲片[278]。

0.1% Si 钢冷轧到 0.525mm 厚，700℃ × 30s 退火后晶粒尺寸为 12μm，5% 临界变形，冷轧方向在 0° ~ 90° 顺时针方向变化，750℃ × 2h 退火，详细研究临界变形方向的影响。证明 30° 方向比轧向冷轧时 B_{50} 提高 0.03T，适合用作 EI 型小变压器。90°方向冷轧，横向 B_{50} 最高，比 0°方向（轧向）B_{50} 高 0.12T，适合用作 LT 型分割式电机。45°方向冷轧，横向 B_{50} 比轧向 B_{50} 高 0.03T，适合用作小电机。0°方向冷轧和退火后，｛110｝〈001〉组分强，30°方向时近似为 ｛210｝~｛310｝〈001〉组分强，45°和 60°方向近似为 ｛100｝〈001〉组分强，90°方向近似为 ｛110｝〈110〉组分强[279]。

住友金属提出，1.5%~3%Si，0.2%~0.3%Al，0.05%~0.08%Mn，Mn/S≥10 钢，750~800℃终轧，550℃卷取，900℃×60s 常化后经 70%~75%压下率冷轧和 900~1000℃退火后轧向磁性高，磁各向异性增大，适合用作低铁损要求的小变压器。0.5mm 厚 2.7%Si，0.25%Al 钢轧向 B_{50} = 1.77T，P_{15} = 2.41W/kg[280]。

一般 EI 型和 U 形叠片铁芯采用浸树脂法、铆接法或者焊接法固定。焊接法简单并可自动化，制造成本低，但铁芯铁损高。日本钢管采用 0.35mm 厚 3%Si 钢制成 EI 型和 U 形叠片后，沿叠片外周焊接（通用方法是内外周都焊接，磁通容易沿铁芯内周流通）。铁芯铁损（400Hz 和 0.5T 激磁条件下）为 9.8W/kg，而通用焊接方法为 13.5W/kg。采用铆钉法加固铁芯的缺点是铁芯噪声大，如果铆接时加大于 5MPa 压力，铁芯噪声低。在 400Hz 和 0.5T 激磁条件下，铁芯噪声为 59dB，而加 2~4MPa 压力时为 68dB[281]。

参 考 文 献

[1] Werner F E, et al. Energy Efficient Electrical Steels [J]. Ed. by Marder A R, Stephenson E T. TMS – AIME, 1980：1~32；J. of Mat Eng. and Performance, 1992, 1 (2)：227~234.

[2] Shapiro J M. Energy Efficient Electrical Steels. Ed. By Marder A R, Stephenson E T. TMS – AIME, 1980：32~42.

[3] 何忠治. 国外金属材料 [J]. 1983, (8)：37~43.

[4] Honma H（本间穗高），Nozawa T（野沢忠生），Miyoshi K（三好邦辅），et al. IEEE Tram. Mag., 1985, MAG – 21 (5)：1903, 1908.

[5] 小畑良夫. Tekkohkai（鉄鋼界），1999 年 11 月，14~18.

[6] 石田昌義. 川崎制铁技报 [N], 2002, 34 (3)：90~95.

[7] 高岛稔，本田厚人ほか. まてりあ，1997, 36 (4)：385~387；川崎制铁技报 [N], 1997, 29 (5)：169~173.

[8] 本田厚人，河野正树ほか. 川崎制铁技报 [N], 2000, 32 (6)：43~48；2002, 34 (2)：85~89；96~100, 135~137；2003, 35 (1)：1~6；JFE 技报 [N], 2004 (4), 2005 (6).

[9] Oda Y（尾田善彦），et al. Journal of MMM, 2008, 320：2430~2435.

[10] Senda K（千田邦浩），Hayakami Y（早川康之）. JFE. Tech. Report. 2004 (4)：67~73.

[11] Toda H, et al. JFE Tech. Rept. 2005 (16)：18~23.

［12］籔本政男. 新日铁技报［N］, 2003, 378 号: 51～54.

［13］Rastogi P K. IEEE Trans. Mag., 1977, MAG－13 (5): 1448～1450.

［14］Liao K C. Met. Trans., 1986, 17A (8): 1259～1266.

［15］屋铺裕義, 金子輝雄ほか. 鉄と鋼［J］, 1988, 75 (1): 136～142; ISIJ International 1990, 30 (4): 325～330; 日本公开特许公报, 63－210237 (1988); 64－55338 (1989).

［16］関田贵司ほか. 日本公开特许公报, 昭60－106947 (1985).

［17］Ray S K, et al. IEEE Trans. Mag., 1981, MAG－7 (6): 2881～2883; Scripta Metall., 1981, 15 (9): 971～973.

［18］松村洽, 小林義纪, 森田和己. 日本公开特许公报, 昭59－193244 (1984).

［19］西本昭彦, 稲垣淳一, 谷川克己. 日本公开特许公报, 平2－66138 (1990).

［20］Rastogi P K. Energy Efficient Electrical Steels. Ed. by Marder A R and Stephenson E T. TMS－AIME 1980: 184～191.

［21］屋铺裕義, 冈本篤树. 日本公开特许公报, 昭63－103023 (1988).

［22］Stephenson E T, Amann M R. Energy Efficient Electrical Steels. Ed. by Marder A R&Stephenson E T. TMS－AIME, 1980: 43～60.

［23］Nakayama T (中山大成), et al. J. of MMM 2001: 234: 55～61.

［24］屋铺裕義, 中山大成. 日本金属学会会报, 1999, 38 (2): 169～171.

［25］本吉实ほか. 日本公开特许公报, 昭48－3055 (1973).

［26］木下繁雄, 的場伊三夫, 森田和己ほか. 日本公开特许公报, 昭56－130425 (1981).

［27］Hou C K, et al. Mat. Sci. Eng. A, 1990, A125: 241～247; IEEE Trans. Mag. 1991, 27 (7): 4305～4309.

［28］Nakayama T, et al. J. of MMM 2000, 213: 87～94.

［29］Kurosaki Y. (黒崎洋介), et al. ISIJ Inter. 2000, 40 (1): 77～83.

［30］中山大成ほか. 日本公开特许公报, 平1－309921 (1989); 平11－12703 (1999).

［31］小野義彦, 日裏昭ほか, 日本公开特许公报, 2001－115242.

［32］Stephenson E T. J. App. Phys., 1984, 55 (6): 2142～2144.

［33］Nakayama T, et al. J. of Mat. Sci., 1997, 32: 1055～1059.

［34］川又竜太郎ほか. 日本公开特许公报, 平11－335793 (1099); 2000－96196.

［35］中山大成ほか. J. of Mat. Eng. and Peformance, 2000, 9 (5): 552～556.

［36］Nakayama T, et al. J. of Mat. Sci. 1995, 30: 5970～5984.

［37］Lyudkovsky G, Shapirco J M. J. App. Phys., 1985, 57 (8): 4235～4237.

［38］富田邦和, 尾田善彦ほか. 日本公开特许公报, 平6－279859 (1994).

［39］Bohn T, et al. U S. Patent No. 658252 B1 (2003).

［40］沼田光裕ほか. 日本公开特许公报, 2003－313645.

［41］小原隆史ほか. 日本公开特许公报, 昭51－74923 (1976).

［42］小畑良夫, ほか. 日本公开特许公报, 昭62－253727 (1987).

［43］木下繁雄, ほか. 日本公开特许公报, 昭56－38420 (1981).

［44］瀬沼武秀, 久保田猛ほか. 日本公开特许公报, 昭62－284016 (1987); 平2－104619,

104620（1990）；平 5 - 287382（1993）.

[45] 大贺正孝，久保田猛，古野嘉明ほか. 日本公开特许公报，平 3 - 193820 - 193823（1991）；平 4 - 48031（1992）.

[46] 岛津高英，盐崎守雄ほか. 日本公开特许公报，平 6 - 41639，287639，287640（1994）；平 7 - 138640（1995）.

[47] Rostogi P K. U S. Patent；No. 4390378（1983）.

[48] Nakamura M, Kitayama M, et al. IEEE Tran. Mag., 1981, MAG - 17（3）：1270 ~ 1274.

[49] Hilinski J E J. J. of MMM. 2006, 304：172 ~ 177.

[50] Haucock R G, Dolman S E. J. of MMM, 1983, 41（1 ~ 3）：49 ~ 52.

[51] 三好邦辅，下山美明，久保田猛ほか. 日本公开特许公报，昭 58 - 117828（1983）.

[52] Kubota T（久保田猛），Miyoshi K（三好邦辅），Shimoyama Y（下山美明），et al. J. App. Phys., 1987, 61（8）：3856 ~ 3858；J. of Materials Eng. and Performance 1992, 1（2）：219 ~ 226；Steel Research Int., 2005, 76（6）：464 ~ 470.

[53] 黄冀，等. 第七届中国钢铁年会会议论文集（2009），5 ~ 11；电工钢，2010（2）：41.

[54] 高岛稔ほか. 日本公开特许公报，平 8 - 36997（1996），平 9 - 316535，平 10 - 310850，2006 - 169577.

[55] 高岛稔，本田厚人ほか. 川崎制铁技报，1997，29（5）：173 ~ 189，185 ~ 186；IEEE Tran. Mag. 1999, 35（1）：557 ~ 561.

[56] 河野正树，本田厚人ほか. 日本公开特许公报，平 11 - 158550，158589（1999）.

[57] 黑崎洋介，久保田猛ほか. 日本公开特许公报，2006 - 124809.

[58] Shimanaka H（嶋中浩），et al. J. of MMM. 1980, 19：63 ~ 64；Energy Electrical Steels, TMS - AIME, 1980：193 ~ 204.

[59] Takashima M（高岛稔），et al. J. of Mat. and Eng. Performance，1993，2（2）：249 ~ 254.

[60] 松村洽，中村玄登，入江敏夫ほか. 日本公开特许公报，昭 55 - 158252（1980）；昭 56 - 98420（1981）；US. Patent，No. 4293336（1981）.

[61] 中村玄登，清水洋ほか. 日本公开特许公报，昭 60 - 39121（1985）；昭 61 - 44124（1986）；昭 62 - 21405（1987）.

[62] 小松原道郎，中村玄登，井口征夫ほか. 日本公开特许公报，昭 60 - 162751（1985）.

[63] 本田厚人ほか. 日本公开特许公报，2001 - 49402.

[64] Lyudkovsky G, Rastogi P K. Mat. Trans. 1984, 15A（2）：257 ~ 260；IEEE Tran. Mag. 1986, MAG - 22（5）：508 ~ 510.

[65] 西本昭彦ほか. 日本公开特许公报，平 2 - 61031（1990）.

[66] 富田邦和，尾田善彦ほか. 日本公开特许公报，平 8 - 73937；157966（1996）.

[67] 日裹昭，尾田善彦. NKK 技报，1997，157：11 ~ 15.

[68] 尾田善彦，日裹昭ほか. 日本公开特许公报，平 10 - 18006；317111（1998）；平 11 - 12653，173285，189825，199990（1999）；まてりあ，2002，41（2）：114 ~ 116.

[69] 屋铺裕義ほか. 日本公开特许公报，平 4 - 136138（1992）.

[70] 下山美明ほか. 日本公开特许公报，昭 54 - 163720（1979）；昭 55 - 47320，100927

(1980)；昭 56 – 102550（1981）；昭 57 – 203718（1982）.

[71] Lyudkovsky G, Rastogi P K. IEEE Trans. Mag. 1985, MAG – 21（5）：1912 ~ 1914.

[72] 久保田猛ほか. 日本公开特许公报, 平 8 – 143960（1996）.

[73] 金子辉雄，屋铺裕義ほか. 日本公开特许公报，昭 64 – 4454, 4455（1989）；平 4 – 74853（1992）.

[74] 富田邦和，尾田善彦ほか. 日本公开特许公报，平 8 – 73937, 157966（1996）.

[75] 日裏昭，尾田善彦ほか. 日本公开特许公报，平 10 – 2054593（1998）；平 11 – 229035, 229098（1999）；2000 – 248344；2001 – 98329；2003 – 97557.

[76] 本田厚人ほか. 日本公开特许公报，2001 – 140046；2003 – 243214.

[77] 阿部智之，川又竜太郎，ほか. 日本公开特许公报，平 8 – 109449, 260052, 246108（1996）；平 10 – 273724（1998）；2002 – 294415, 348644；2005 – 307266 – 307268, 350687；U S. Pattern No. 6743304B2（2004）.

[78] Cheglov A E. Steel in Translation, 2005, 35（4）：52 ~ 59；35（9）：67 ~ 69；CTalb, 2006（4）：72 ~ 75；2006（7）：79 ~ 80.

[79] 高城重彰ほか. 日本公开特许公报，平 10 – 53815（1998）.

[80] 河野雅昭，河野正树. 日本公开特许公报，2002 – 146493.

[81] 金子辉雄，屋铺裕義ほか. 日本公开特许公报，平 4 – 74853；136138（1992）.

[82] 中山大成，屋铺裕義. 住友金属，1996, 48（3）：39 ~ 44；1998, 50（3）：58 ~ 63；日本金属学会会报（まてりあ），1999, 38（2）：169 ~ 171.

[83] 屋铺裕義，中山大成，ほか. 日本公开特许公报，平 8 – 246052（1996），平 11 – 12702, 174658, 158589, 158550, 229096（1997）；2000 – 8147, 30922, 45040, 160306, 234154；2003 – 64456.

[84] 屋铺裕義ほか. 日本公开特许公报，平 8 – 138924（1996）.

[85] Rastogi P K, et al. Proc. of SMM7 Conf. , 1985：137 ~ 142；J. App. Phys. , 1985, 57（8）：4223 ~ 4225.

[86] 岛津高英ほか. 日本公开特许公报，平 7 – 268568（1995）；2001 – 11588；2003 – 89820；2004 – 300517；332031.

[87] 村上英邦. 日本公开特许公报，2004 – 2954；2005 – 200713.

[88] 藤村浩志，屋铺裕義. 日本公开特许公报，2004 – 277760, 292829.

[89] 黑崎洋介，盐崎守雄，束根和隆ほか. 日本公开特许公报，昭 63 – 195217（1988）；平 1 – 152239（1989）；平 2 – 59015（1990）；平 5 – 234736（1993）；ISIJ Inter. 1999, 39（6）：607 ~ 613.

[90] 鳅取英宏，大河平和男，久保田猛ほか. 日本公开特许公报，平 3 – 104844；126845, 2491 15（1991）.

[91] 鍋岛诚司ほか. 日本公开特许公报，平 8 – 269532（1996）.

[92] 桐原理ほか. 日本公开特许公报，2001 – 11589.

[93] 尾田善彦，日裏昭ほか. 日本公开特许公报，平 9 – 67653, 67655, 256118, 263909, 302448（1997）；平 10 – 8220, 8221（1998）；2001 – 73095；2003 – 27193.

[94] 士居光代，前田光代，屋铺裕義ほか. 日本公开特许公报，平 9 – 228006, 263908

　　　（1997）；平 10 - 102219，212555（1998）．

[95]　沼田光裕，藤村浩志ほか. 日本公开特许公报，2003 - 313645；2004 - 149823.

[96]　武智弘，松尾宗次ほか. 日本公开特许公报，昭 56 - 29628（1981）.

[97]　汲川雅一，岡野洋一郎ほか. 日本公开特许公报，昭 64 - 55337（1989）.

[98]　佐藤益弘，小久保一郎，野村伸吾ほか. 日本公开特许公报，昭 57 - 16121（1982）.

[99]　尾田善彦，河野正樹ほか. 日本公开特许公报，2006 - 70356，104530，2007 - 51338.

[100]　中村吉男，中山正，原勢二郎，久保田猛ほか. 材料とプロセス，1992（6）：1924.

[101]　K. Elot et al. Steel Research Int. , 1997, 68（10）：450～456.

[102]　Henricks A R. U S. Patent No. 4326899（1982）.

[103]　胜信一郎ほか. 日本公开特许公报，昭 62 - 89816（1987）.

[104]　Kawalik J A, Marder A R, et al. Scripta Metall. , 1984, 18（4）：305～307；Met.
　　　Tran. , 1985, 16 A：897～906；1986，17A（8）：1277～1285.

[105]　富田俊郎ほか. 日本公开特许公报，平 1 - 108345；319632（1989）；平 2 - 209455
　　　（1990）.

[106]　屋铺裕義，金子輝雄，田中隆ほか. 日本公开特许公报，平 2 - 274844；274845
　　　（1990）.

[107]　Takashima M, et al. IEEE Trans. Mag. 1999, 35（1）：557～561.

[108]　尾田善彦，山上伸夫ほか. 日本公开特许公报，2004 - 27278.

[109]　宮原征行ほか. 日本公开特许公报，平 2 - 141530（1990）；平 5 - 147750（1993）.

[110]　森田和己，松村洽ほか. 日本公开特许公报，昭 59 - 104A29（1984）；昭 60 - 125325
　　　（1985）.

[111]　高島稔，小原隆史ほか. 日本公开特许公报，平 6 - 220537（1994）.

[112]　山下孝子，松崎明博. 日本公开特许公报，2000 - 265212.

[113]　盐崎守雄ほか. 日本公开特许公报，平 2 - 73919（1990）.

[114]　持永季志雄，束根和隆，黑崎洋介ほか. 日本公开特许公报，平 4 - 63228；180522
　　　（1992）.

[115]　村上健一，熊野知二. 日本公开特许公报，2001 - 493431.

[116]　村上英邦，藤仓昌浩. 日本公开特许公报，2005 - 199311.

[117]　木下繁雄，森田和己ほか. 日本公开特许公报，昭 58 - 136718（1983）.

[118]　小久保一郎，野村伸吾ほか. 日本公开特许公报，昭 60 - 258414（1985）.

[119]　勝信一郎ほか. 日本公开特许公报，昭 61 - 15920（1986）.

[120]　西本昭彦，细谷佳弘，占部俊明ほか. 日本公开特许公报，昭 63 - 83226（1988）.

[121]　日裏昭，饭塚俊治ほか. 日本公开特许公报，平 10 - 140242，237545，245628
　　　（1998）.

[122]　日裏昭，尾田善彦ほか. 日本公开特许公报，平 11 - 61257（1999）；2007 - 177282.

[123]　田中隆，屋铺裕義. 日本公开特许公报，平 7 - 258736（1995）.

[124]　川又竜太郎，久保田猛ほか. 日本公开特许公报，平 11 - 286725（1999），2000 -
　　　219916；297324～297326.

[125]　岛津高英ほか. 日本公开特许公报，平 8 - 295935（1996）.

[126] 川又竜太郎, 久保田猛ほか. 日本公开特许公报, 平9-202923, 217117 (1997); 平10-36913, 46246, 46247, 60530, 60531 (1998).

[127] 川又竜太郎, 久保田猛ほか. 日本公开特许公报, 平10-36912, 140239~140241, 158737~158739, 183246, 251751, 280038, 287922, 287924, 294211, 298649, 298650 (1998); 平11-172333 (1999); 2000-96145; 104118; 2001-98325.

[128] 川又竜太郎, 久保田猛ほか. 日本公开特许公报, 2001-131636, 172717~172720; 2002-3945.

[129] 高岛稔, 小原隆史ほか. 日本公开特许公报, 平8-176664.

[130] 藤田明男ほか. 日本公开特许公报, 平9-227940, 316536 (1997); 平10-60529 (1998).

[131] 河野正树, 尾崎芳宏ほか. 日本公开特许公报, 平9-263832 (1997).

[132] 近藤修, 高城重彰ほか. 日本公开特许公报, 平10-226854, 251752 (1998); 平11-61357 (1999); 2000-160248, 160249, 160251.

[133] 近藤修, 高城重彰ほか. 日本公开特许公报, 平11-61358, 80834, 117043, 158590, 172382, 172383; 2000-104111, 160250.

[134] 西本昭彦, 细谷佳弘ほか. 日本公开特许公报, 平1-225726 (1989); 平3-10019, 219020, 249130 (1991); U S. Patent No. 5062906 (1991).

[135] 松村洽, 竹内文彦ほか. 日本公开特许公报, 昭59-74222; 123715 (1984); 昭61-127818 (1986).

[136] 舆石弘道, 三好邦辅ほか. 日本公开特许公报, 昭54-76422 (1979); 昭56-33436 (1981); 昭60-194019 (1985).

[137] 水口政義, 小田部纪夫ほか. 日本公开特许公报, 昭60-50117 (1985).

[138] 熊野知二, 久保田猛, 川又竜太郎ほか. 日本公开特许公报, 平6-108149, 235026, 240358, 240359, 336609 (1994); 平7-54044, 97268, 278667, 300655, 331331 (1995); U. S. Patent No. 5421912 (1995), 5803989 (1998).

[139] 木下繁雄, 森田和己ほか. 日本公开特许公报, 昭57-35628 (1982); 昭58-204126 (1983).

[140] 中村左登, 伊藤庸ほか. 日本公开特许公报, 昭58-52425 (1983).

[141] 森田和己, 小原隆史ほか. 日本公开特许公报, 平4-346621 (1992); 平5-171280 (1993).

[142] 桥本周ほか. 日本公开特许公报, 2000-226616.

[143] Kumono T (熊野知二), Kuboto T (久保田猛), et al. J. of Mat. Eng. and Performance, 1995, 4 (4): 401~412.

[144] 久保田猛, 熊野知二ほか. 日本公开特许公报, 平6-57332 (1994); 平7-173538 (1995); 平9-125145 (1997); 2005-298935.

[145] 阿部智之, 熊野知二ほか. 日本公开特许公报, 平9-125148.

[146] 西本昭彦, 富田邦和ほか. 日本公开特许公报, 平3-211258 (1991).

[147] 富田邦和, 尾田善彦ほか. 日本公开特许公报, 平6-279858 (1994); 平7-90376 (1995).

[148] 尾田善彦ほか. 日本公开特许公报, 2006 - 70356.

[149] 屋铺裕義, 金子輝雄ほか. 日本公开特许公报, 昭 64 - 4425 (1989); 材料とプロセス, 1992, 5 (3): 901; 1996, 9: 449; 1997, 10: 132. J. of MMM, 1992, 112: 200～202; 住友金属, 1993, 45 (5): 29～32.

[150] 中山大成ほか. 日本公开特许公报, 昭 63 - 1 14922; 186823 (1988); 平 1 - 191741; 309921 (1989); 平 3 - 47919 (1991).

[151] 本田隆史ほか. 日本公开特许公报, 2001 - 164318.

[152] 田中一郎ほか. 日本公开特许公报, 2002 - 115034.

[153] 武田砂夫ほか. 日本公开特许公报, 平 5 - 202419.

[154] Nishimoto A, et al. U S. Patent No. 5009726 (1991).

[155] 村上英邦, 久保田猛. 材料とプロセス, 1992, 5 (3): 902; 1994, 7: 1832.

[156] 川又竜太郎, 久保田猛ほか. 日本公开特许公报, 平 7 - 97627, 278665 (1995); J. of Mat. Eng. and Peformance 1997, 6: 701～709.

[157] 本间穂高, 久保田猛. 材料とプロセス, 2001, 14: 192; まてりあ, 2001, 40 (7): 650～653.

[158] 前田光代, 深川智机, 屋铺裕義ほか. 日本公开特许公报, 平 11 - 310857 (1999).

[159] 河野雅昭ほか. 材料とプロセス, 2003, 16: 625.

[160] 酒井敬司, 藤山寿郎ほか. 日本公开特许公报, 2001 - 271146.

[161] 尾崎大介, 实川正治ほか. 日本公开特许公报, 平 3 - 39417 (1991).

[162] 瀬沼武秀, 久保田猛. 日本公开特许公报, 平 5 - 171291; 186833 - 186835 (1993).

[163] 阿部智之, 久保田猛ほか. 日本公开特许公报, 平 7 - 278666 (1995); 平 11 - 1723 (1999).

[164] 岛津高英ほか. 日本公开特许公报, 平 7 - 54052 (1995); 平 8 - 41539 - 41542 (1996); 平 10 - 258315 (1998).

[165] 小林義纪, 本田厚人, 饭田嘉明. 日本公开特许公报, 昭 63 - 137122 (1988), 平 2 - 54720 (1990).

[166] 岛田一男. 日本公开特许公报, 平 3 - 223422 (1991).

[167] 酒井敬司, 藤山寿郎. 日本公开特许公报, 平 11 - 279641 (1999).

[168] 熊野晴彦, 藤田明男ほか. 日本公开特许公报, 2004 - 83941.

[169] 横山博行ほか. 日本公开特许公报, 2006 - 283068.

[170] 饭塚俊治, 富田邦和, 尾田善彦ほか. 日本公开特许公报, 平 7 - 300619 (1995).

[171] Bae B K, Woe J S, Kim J K. J. of MMM, 2003, 254～255: 36～38.

[172] 谷口热, 实川正治ほか. 日本公开特许公报, 平 1 - 234524; 234525 (1989).

[173] 池尻健太郎. 日本公开特许公报, 平 10 - 330839 (1998).

[174] 关田贵司ほか. 日本公开特许公报, 昭 59 - 104430 (1984); 昭 60 - 106915 (1985).

[175] 小畑良夫ほか. 日本公开特许公报, 平 1 - 13972 (1989).

[176] 西本昭彦ほか. 日本公开特许公报, 平 2 - 277747 (1990).

[177] 市智之, 森田和己ほか. 日本公开特许公报, 平 4 - 323320, 323321 (1992); 平 5 - 33063 (1993).

[178] Lauer B A, et al. U S. Patent No. 5609696; 6217673B1 (2001).

[179] 川又竜太郎, 久保田猛ほか. 日本公开特许公报, 平 8 – 100215; 134606 (1996).

[180] 北岛聪幸, 浅井徹ほか. 日本公开特许公报, 昭 55 – 82732 (1980); 昭 58 – 34134; 174525 (1983).

[181] 古野嘉明, 河野彪ほか. 日本公开特许公报, 昭 63 – 118014, 255323 (1988); 昭64 – 73022 (1989); 平 3 – 31419; 31420 (1991).

[182] 川又竜太郎, 久保田猛ほか. 日本公开特许公报, 平 8 – 120343 (1996).

[183] 名取義显, 黑崎洋介ほか. CAMP – ISIJ 2009, 22: 1273.

[184] 村上健一, 久保田猛ほか. CAMP – ISIJ 2005, 18: 480; 2006, 19: 464, 1249; 2007, 20: 1307.

[185] 盐崎守雄, 岛津高英, 黑崎洋介ほか. 日本公开特许公报, 平 2 – 179823 (1990), 材料とプロセス, 1992, 5 (6): 1923; 1994, 7: 1831; 1997, 10: 1323.

[186] 岛津高英ほか. 日本公开特许公报, 平 9 – 143558 (1997).

[187] 黑崎洋介. 日本公开特许公报, 平 7 – 207343, 207344 (1995); 平 8 – 193220 (1996).

[188] 中村広登, 松村洽. 日本公开特许公报, 昭 61 – 3838 (1986).

[189] 森田和己ほか. 日本公开特许公报, 平 4 – 362128 (1992).

[190] 高島稔, ISIJ Inter. 1997, 37 (12): 1263 ~ 1268; 材料とプロセス, 1995, 8: 1595; 2000, 13: 207; 2001, 14: 595; 日本公开特许公报, 平 9 – 78129; 217116 (1997); 平 10 – 81942 (1998).

[191] 黑泽光正, 河野正树. 日本公开特许公报, 2001 – 131635.

[192] Anderson J P, et al. U. S. Patent No. 5798001 (1998); 6068708 (2002); 623185B1 (2001); 6569265B1 (2003).

[193] Park J T, et al. Steel Research Int. 1998, 69 (2): 60 ~ 64.

[194] 阿部智之, 山本政宏. 日本公开特许公报, 平 11 – 117042 (1999).

[195] Mukhambetov D G, et al. Steel in Translation, 1998, 28 (5): 87 ~ 89.

[196] 中山大成, 本庄法之ほか. 日本公开特许公报, 平 10 – 121214 (1998).

[197] 李再娟. 国外金属材料, 1981, (5): 32 ~ 40.

[198] Nakamura M, Kitayama M, et al. IEEE Tran. Mag., 1981, MAG – 17 (3): 1270 ~ 1274.

[199] 石区宏威, 市智之, 小畑良夫ほか. 日本公开特许公报, 昭 62 – 297475 (1987); 平 3 – 274246 (1991).

[200] 港武彦. 日本公开特许公报, 昭 63 – 26313 (1988).

[201] 山根康義, 小林秀夫ほか. 日本公开特许公报, 平 1 – 289103 (1989).

[202] 本田厚人, 市智之, 森田和己. 日本公开特许公报, 平 1 – 294825 (1989); 平 3 – 72024 (1991).

[203] 中山大成, 济木捷郎ほか. 日本公开特许公报, 平 1 – 309304 (1989).

[204] 室吉成, 小原隆史, 本田厚人ほか. 日本公开特许公报, 平 6 – 188114, 330171, 335707 (1994).

[205] 小森ゆか, 小林秀夫ほか. 日本公开特许公报, 平 6 – 330258 (1994).

[206] 市智之，小林秀夫，小原隆史ほか. 日本公开特许公报，平 5 - 44051，220506，267032 ~ 267034，287545，295491，299227，329509（1993）；平 6 - 339701（1994）；平 9 - 359254，125146（1997）.

[207] 矢楚浩吏，本田厚人ほか. 日本公开特许公报，平 6 - 336660（1994）；平 7 - 70717（1995）.

[208] 市智之，小林秀夫ほか. 日本公开特许公报，平 4 - 154972，235286，235287，308094，358079（1992）.

[209] 小森ゆか，小松原道郎ほか. 材料とプロセス，1994，7：827.

[210] 高島稔，小林秀夫ほか. 日本公开特许公报，平 6 - 158391（1994）.

[211] 山口胜郎，小森ゆかほか. 日本公开特许公报，平 11 - 12256（1999）；2000 - 54155；2003 - 213334，213444，213445；2005 - 240096，256085；2006 - 144096，144097.

[212] 古贺直人，佐藤圭司ほか. 日本公开特许公报，平 9 - 268372（1997）.

[213] 田中收，竹田和年ほか. 日本公开特许公报，平 3 - 232976；240970（1991）；平 4 - 346672；346673（1992）；平 5 - 65663，263262（1993）；平 6 - 101057（1994）.

[214] 黑崎洋介ほか. 日本公开特许公报，平 4 - 365843（1992）；平 8 - 120421（1996）.

[215] 熊野知二ほか. 日本公开特许公报，2002 - 317276；317277.

[216] 有田吉宏ほか. 日本公开特许公报，2003 - 213443.

[217] 渡边勉，古田彰彦ほか. 日本公开特许公报，平 1 - 222066，222067（1989）；平 3 - 53078，166385，232977（1991）.

[218] 柿本久喜，实川正治，田鍋俊一ほか. 日本公开特许公报，平 3 - 53077，56679（1991）.

[219] 古田彰彦，小野隆俊，今井克德. 日本公开特许公报，平 4 - 308092，308093，308098（1992）.

[220] 安江良彦ほか. 日本公开特许公报，平 9 - 69680（1997）.

[221] 浦田和也ほか. 日本公开特许公报，2000 - 34574.

[222] 安江良彦ほか. 日本公开特许公报，平 10 - 298773；298774（1998）.

[223] 中山大成，高桥克ほか. 日本公开特许公报，平 3 - 6336284（1991）；平 6 - 10149（1994）；平 7 - 62551（1995）；2000 - 192249，204484；2005 - 163089.

[224] 田中收，竹田和年，藤井浩康ほか. 日本公开特许公报，平 6 - 330338（1994），平7 - 41913（1995）；平 11 - 80971，131250，152579（1999）；2000 - 129455；2002 - 69657；2004 - 322709；2005 - 240125，U. S. Patent No. 5945212（1999）.

[225] 岛津高英ほか. 日本公开特许公报ほか. 平 11 - 181577.

[226] 户田宏郎，佐藤圭司，小森ゆか，佐志一道ほか. 日本公开特许公报，平 10 - 15484，15485，46350，130850；2000 - 54154，345360（1998）；2002 - 275640，309370；2003 - 193251，193252；2007 - 119799；2004 - 29301，197202；2005 - 15838，240131；2007 - 119799；U. S. Patent No. 6638633（2003）；CAMP - ISIJ，2002，15：548.

[227] 小森ゆか，佐志一道ほか. 日本公开特许公报，2005 - 272975.

[228] 高桥克ほか. 日本公开特许公报，2001 - 107261；2002 - 47576，249881，294464.

[229] 小田岛寿男. 日本公开特许公报，2003 - 147543.

[230] 三好達也ほか. 日本公开特许公报, 2004 – 68031, 68032.

[231] Loudermilk D S, et al. U S. Patent No. 5955201 (1999), 日本公开特许公报, 平 11 – 241173 (1999).

[232] Yoo Y J, et al. U S. Patent No. 6667105B1 (2003).

[233] Lindeumo M, et al. J. of MMM, 2000, 215 ~ 216: 79 ~ 82.

[234] Snell D, Coombs A. J. of MMM, 2000, 215 ~ 216: 133 ~ 135.

[235] 小森ゆか ほか. 川崎制铁技报, 1997, 29 (3): 187 ~ 188.

[236] 佐志一道, 小森ゆか ほか. 日本公开特许公报, 2002 – 260910.

[237] 竹田和年. 材料とプロセス, 1998, 11: 1235; 1999, 12: 1271; 日本公开特许公报, 平 11 – 329820 (1999); 2000 – 12320; 173816.

[238] 茂木尚ほか. 日本公开特许公报, 2004 – 327676.

[239] 浦田和也ほか. 日本公开特许公报, 平 11 – 162972, 162724 (1999).

[240] Schoppa A. J. of MMM, 2003, 254 ~ 255: 367 ~ 369.

[241] Brownlee KG, et al. ISIJ Inter. 1970, 208 (9): 806 ~ 812.

[242] Yashiki H (屋铺裕義), et al. J. of Mat. Eng. and Performance., 1992, 1 (1): 29 ~ 34.

[243] Lebouc A K, et al. J. of MMM 2003, 155 ~ 254: 124 ~ 126.

[244] Bandouin P, et al. J. of MMM, 2002, 248: 34 ~ 44; 2003, 254 ~ 255: 32 ~ 35; 167 ~ 169: 355 ~ 357; 2003, 256: 20 ~ 31; 32 ~ 40.

[245] Schoppa A, et al. J. of MMM, 2000, 215 ~ 216: 74 ~ 78, 100 ~ 102; 2003, 254 ~ 255: 370 ~ 372.

[246] Lee Ping – kun, China Steel Tech. Report, 2006, No. 19: 52 ~ 59.

[247] Kurosaki Y, et al. J. of MMM. 2008, 320: 2430 ~ 2435, 2474 ~ 2480.

[248] 高宮俊人, 中西匡ほか. 日本公开特许公报, 2003 – 142494; 2004 – 162081.

[249] 岛津高英ほか. 日本公开特许公报, 平 10 — 24333, 25552 (1998).

[250] 中山大成, 本庄法之ほか. 日本公开特许公报, 平 10 – 212557, 212558 (1998).

[251] 冈村进. 日本公开特许公报, 平 9 – 256119 (1997).

[252] 河野正树ほか. 川崎制铁技报, 2002, 34 (2): 96 ~ 100.

[253] 岛津高英ほか. 日本公开特许公报, 2004 – 162081.

[254] 小野義彦, 日裏昭ほか. 日本公开特许公报, 2001 – 316778, 2002 – 294414.

[255] 高田芳一, 尾田善彦ほか. 日本公开特许公报, 2005 – 42168.

[256] 熊野知二, 村上健一ほか. 日本公开特许公报, 2002 – 206114.

[257] 小管健司ほか. 日本公开特许公报, 平 5 – 237606, 255753, 279739 (1993); 平 6 – 31394, 31395 (1994).

[258] 熊野知二, 久保田猛, 小管健司ほか. 日本公开特许公报, 平 5 – 43937, 295437, 306438, 43937 (1993); 平 6 – 306467 (1994); 平 7 – 26324, 34128 (1995).

[259] 黑崎洋介, 久保田猛ほか. 日本公开特许公报, 2004 – 323972; 2005 – 2298876; 2008 – 132534; U S. Patent No. 7214277B2 (2007).

[260] Judd R R. U S. Patent No. 5482107 (1996).

[261] Schoeu J W, et al. U S. Patent No. 7011139B2 (2006); No. 7140417B2 (2006).

[262] Sung J K, et al. U S. Patent No. 5913987 (1999).

[263] 佐藤圭司，福田文二郎. 日本公开特许公报，昭 61 – 264131；266059 (1986).

[264] 盐崎守雄，原田正轨. 日本公开特许公报，昭 62 – 130259 (1987).

[265] 宫原征行，波田芳治，塚谷一郎ほか. 日本公开特许公报，平 4 – 128318 (1992).

[266] 盐崎守雄，岛津高英ほか. 日本公开特许公报，平 5 – 331601 (1993)；平 10 – 226853 (1998).

[267] 黑崎洋介ほか. 日本公开特许公报，2002 – 47543.

[268] 河野正树ほか. 川崎制铁技报，2002, 34 (3)：135 ~ 137.

[269] 森田和己，松村洽ほか. 日本公开特许公报，昭 61 – 119618 (1986)；昭 64 – 224 (1989).

[270] 佐藤圭司ほか. 日本公开特许公报，平 8 – 165548 (1996).

[271] 大久保智幸ほか. 日本公开特许公报，2007 – 100166.

[272] 尾崎芳宏. 川崎制铁技报，1997, 29 (3)：183 ~ 184.

[273] 市智之ほか. 日本公开特许公报，平 7 – 179947 (1995).

[274] 早川康之，黑沢光正ほか. 日本公开特许公报，2000 – 129356, 160305, 256810, 3098594；2001 – 303214, 2002 – 212687, 217012, 220623；2003 – 27139, 34820, 34850, 213335；2004 – 225151, 225154, 292833；U S. Patent No. 6562473 (2003)；694274082 (2005)；川崎制铁技报，2003, 35 (1)：11 ~ 15.

[275] 黑崎洋介，盐崎守雄ほか. 日本公开特许公报，平 2 – 179856；305930 (1990)；平 8 – 176663 (1996).

[276] 阿部智之ほか. 日本公开特许公报，平 10 – 183247 (1998).

[277] 岛津高英ほか. 日本公开特许公报，平 10 – 183248 (1998).

[278] 黑崎洋介，盐崎守雄，岛津高英ほか. 日本公开特许公报，平 3 – 44419 (1991)；平 4 – 187719, 323315, 341517 (1992)；平 5 – 247537, 255752 (1993).

[279] Kurosaki Y, et al. IEEE Tran. Mag. 1999, 35 (5)：3370 ~ 3372.

[280] 田中隆，屋铺裕義. 日本公开特许公报，平 6 – 116641 (1994).

[281] 浪川操ほか. 日本公开特许公报，平 11 – 186059, 186062 (1999).

6 冷轧无取向硅钢

6.1 概述

冷轧无取向硅钢是指含 1.5% ~ 4.0%（Si + Al）的电工钢，标定厚度为 0.35mm 和 0.50mm。因为 Si + Al 含量高，铁损低，磁感应强度也较低。这类材料主要用作容量较大的中、大型电机以及发电机。直流电机和同步交流电机的定子铁芯，异步交流电机的定子和转子铁芯都用无取向硅钢制造。大电机（如 4000 ~ 7000kW 直流电机和高达 1 万 kW 同步交流电机）主要用途之一是与大轧钢机配套使用。大发电机主要是两极式汽轮发电机（10 万 ~ 60 万 kW）和多极式水轮发电机（10 万 ~ 80 万 kW），它们都为同步交流电机。大电机和发电机冷却困难，铁芯中铜损占比例又很小，所以必须用低铁损高牌号无取向硅钢制造。两极汽轮发电机定子也常用取向硅钢制造，使轭部平行于轧制方向冲成扇形片。多极水轮发电机转速慢，要求横向磁性也高，只能用无取向硅钢制造定子铁芯。火力发电变换效率低（只有40%），但发电机本身效率高。水轮发电机效率更高（高达98.8%），只有1.2%消耗掉。其中铁损约占20%，铜损占10%，而机械损耗占70%。采用最高牌号无取向硅钢制造水轮发电机定子时，可使发电机效率提高0.01%，即98.81%，而这就可节省很多电力[1]。图 6 – 1 为大发电机和大电动机的冲片形状示意图。对转速高的大交流电机还要求有高的力学性能。如

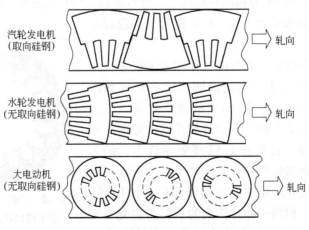

图 6 – 1　大发电机和大电动机的冲片形状

汽轮发电机 N – S 两极之间产生强的吸引力，其转速为 1500～3000r/min，产生很大的离心力，这使铁芯发生椭圆形振动，其振幅受铁芯重量和刚性控制。如果材料刚性低，势必要加大铁芯轭部。

一台 60 万 kW 汽轮发电机（也称透平发电机）的定子铁芯约需 400t 的 0.5mm 厚高牌号无取向硅钢或取向硅钢冲成几十万个扇形冲片，并用 15～21 个扇形片搭接成圆形，由许多这样的叠片组成。冲片齿部与轭部的面积比为 1:5，而它们的铁损所占比例却为 1:1～1:2，因为齿部为钢板横向，磁性低，而且 B_m 可大于 1.9T。定子铁芯重量占发电机总重的 30%～35%。在空载负荷下设计 B_m 为：轭部为 1.3～1.6T，齿部为 1.5～1.8T。在负载工作时，上述 B_m 乘以 1.10～1.15 系数。电机或发电机容量愈大，平均效率愈高。大发电机平均效率约为 98.5%，铁芯损耗占总损耗约 8%。

$$总损耗 = (1 + \eta)/\eta \times 发电量(kW \cdot h) \times 铁损部分$$
$$= (1 - 0.985)/0.985 \times 发电量(kW \cdot h) \times 0.08^{[2]}$$

2010 年中国发电总装机容量约为 10 亿 kW，今后每年以约 10000 万 kW 速度增长。火力发电量比水力发电量约大 5 倍。汽轮发电机产量与水轮发电机产量之比约为 4:1。最大的汽轮发电机为 60 万 kW，水轮发电机为 70 万 kW。气电、核电和风电装机容量分别约为 2400 万 kW、1100 万 kW 和 550 万 kW。2009 年总发电量约 37000 亿 kW·h，2010 年总发电量约 40000 亿 kW·h[3]。

汽轮发电机要求冲片绝缘电阻约为 80Ω·cm²/片，水轮发电机约为 55Ω·cm²/片，大型交流电机约为 30Ω·cm²/片，大型直流电机约为 40Ω·cm²/片。冲片时钢板产生内应力，装配时产生外应力。由于定子轭部尺寸大，冲片时产生的内应力对铁损影响不大。图 2 – 52 表明沿轧向加拉力，铁损降低。加压力产生新的 90°畴，铁损增高。无取向硅钢磁性仍有方向性差别，轧向（L）磁性最好，横向（C）磁性次之，约 55°方向磁性最低[4]。牌号愈高，C/L 比愈大，可达 1.4～1.7，残余应力对铁损影响也更大。C/L 比过大，造成电机转动不平衡[5]。

电机的铁损取决于牌号的选择和定子铁芯叠片方式。用有限单元法和探测线圈测定并计算如图 6 – 2 所示的具有 18 个槽（A）的冲片制成二极三相汽轮发电机定子模拟铁芯中各部位的磁通谐波和铁损的分布情况。证明在 1.5T 激磁条件下，铁芯磁轭背部外圆周部位沿冲片轧向产生交变磁通。磁轭背部与齿部（B）相邻的内圆周部位（齿根部）产生转动磁通。相当于冲片横向的齿部产生交变磁通。同时整个铁芯都产生谐波磁通（高频磁通），

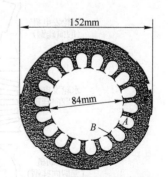

图 6 – 2　二极三相汽轮发电机
定子模拟铁芯冲片尺寸
A—绕组槽；B—齿部

因为这些地区都存在有畸变磁通（高次谐波）。由表6-1看出，在齿部和齿根部附近的三次和五次谐波峰值更高，转动磁通矢量变化也更复杂。特别是齿根部附近的畸变磁通和转动磁通最明显，取向硅钢制的铁芯三次谐波峰值比基本谐波（正弦谐波）峰值高达19%，五次谐波峰值高8.5%。在搭接点、槽底部和齿根部附近的铁损可增高约30%。也证明：（1）计算出的局部磁通密度谐波值与材料的织构有关。材料的磁各向同性好，高次谐波磁通组分和铁损低；（2）局部磁通密度谐波的分布基本与材料磁性无关；（3）铁芯的装配因子（$B.F.$）也取决于材料的织构。一般来说，磁各向同性好，$B.F.$ 低。$B.F.$ 的定义是：$B.F.$

（%）$= \dfrac{P_T（铁芯）}{P_T（艾卜斯坦条片）}$；（4）变坏因子（$D.F.$）与材料的成分和织构无关，只与畸变磁通有关。$D.F.$ 的定义是：在相同磁通密度峰值下，$D.F.$（%）$=$

$\dfrac{畸变磁通波形下铁损}{正弦磁通波形下铁损}$。与基本正弦磁通波形偏离 $0° \sim 90°$ 的谐波磁通（%）增高，$D.F.$ 增大，其中以三次谐波影响最大。材料的铁损高，$D.F.$ 小，这是因为畸变磁通引起的铁损变化小。在畸变磁通条件下，选用较厚的电工钢板制造更有利[6]。

表6-1　计算出的几种材料制的铁芯中不同地区的三次和五次谐波所占比例

计算的材料特性	材料特性	地区占比/%				
		1	2	3	4	5
无取向2.7% Si-Fe（理想各向同性特性）	三次谐波	7.5	8.0	3.0	4.0	2.0
	五次谐波	2.0	3.0	1.0	2.0	1.0
无取向2.7% Si-Fe（实际特性）	三次谐波	11.0	13.5	5.0	7.0	3.0
	五次谐波	3.0	5.0	2.0	2.0	2.0
无取向1% Si-Fe（实际特性）	三次谐波	14.5	15.5	7.0	8.0	4.0
	五次谐波	4.0	7.0	3.0	3.0	2.0
28M4 牌号取向3% Si-Fe（实际特性）	三次谐波	17.5	19.0	10.0	9.5	6.0
	五次谐波	5.5	8.5	3.0	3.5	3.0

注：1区—齿部；2区—齿根部附近；3区，4区—齿部与轭部外圆周之间地区；5区—轭部外圆周部位。

自从1973年能源紧张后，1978年日本陆续生产4%（Si + Al）的50A270和50A250高牌号。1983年又生产最高牌号50A230，0.5mm厚板的 P_{15} 比原高牌号50A290降低0.6W/kg，更适合用作大发电机。电能占总能量资源40%以上。日本工厂用电量最大，占48%，家电用量占29%，办公室和商店用电占21%。电机消耗的电量最大，占总发电量的52%。如果所有电机效率都提高1%，每年可节省大量电力[1]。

6.2　化学成分对性能的影响

硅、锰和铝是按规定控制在一定范围内的元素，而碳、硫、氮和氧是有害元素。生产的牌号不同，对这些元素含量要求也不同。这些元素对性能的影响与对低碳低硅电工钢性能的影响基本相同。随牌号升高，Si + Al 含量增加，ρ 增高，P_{15}、P_R 和 P_h 降低。由于 B_S 降低，B_{50} 也下降。牌号愈高，有害元素及钛、锆含量愈低，同时锰含量也适当降低，因为 Si + Al 含量增高时锰含量不变，冷加工性变坏。

6.2.1　铝的影响

在无取向硅钢中，铝对磁性起重要作用，因为铝的作用与硅相似，明显提高电阻率和使晶粒长大，而对钢强度和硬度的影响又不像硅那样明显。按原子半径顺序：Al < Fe < Si，加铝使铁的晶格畸变比加硅更轻，脆性增加程度小，提高硬度程度相当于 Si 的 1/3。因此，随牌号升高，硅最高维持在约 3%，而铝量逐步提高到约 1%。铝的溶解热约为硅的 2.5 倍，稳定铁素体的作用比硅更强。对 Fe – Si – C 相图的影响来说，加 0.3% Al 相当于加 0.75% Si。在 1.5% Si 钢中加 0.3% Al 就相当于 2.3% Si 情况[7]。

铝可使 {100} 组分增高和 {111} 组分减少，提高 B 为 1.0 ~ 1.7T 时的 μ 值[8]。铝使夹杂物和析出物尺寸增大，减小晶粒长大阻力。也证明小于 $0.05\mu m$ 细小（Al，Si）N 析出增多，与畴壁厚度相近的 $0.05 \sim 0.1\mu m$ 临界尺寸的析出物数量明显减少。这些细小（Al，Si）N 析出物可钉扎位错，对再结晶有利[9]。Al 含量大于 0.15% 时钢水发黏，浇铸时要注意。含 0.005% ~ 0.014% Al 时，钢中存在细小 $0.05 \sim 0.1\mu m$ AlN，阻碍晶粒长大，磁性变坏（见图 5 – 6a）。

6.2.2　锰的影响

锰提高电阻率，提高程度相当于硅的 1/2。锰改善热轧塑性和热轧板组织，因为锰扩大 γ 相区，使 $\gamma \rightarrow \alpha$ 相变速度减慢。锰含量高，MnS 固溶温度提高，铸坯加热温度可提高到 1250℃，便于热轧操作，热轧板厚度偏差小，钢中硫含量也可适当放宽。加热温度 T 与锰含量有如下关系：$T = \dfrac{-14480}{\lg Mn - 9.2} - 273$。锰也使 MnS 粗化，有利于晶粒长大。一般钢中含 0.20% ~ 0.35% Mn。Si + Al 含量增高，冲片时易产生粘接现象，冲片性变坏，锰可减轻这种现象，提高冲片性和切削性。钢中硫含量降低，锰含量也相应降低，如 1.5% Si 钢中 S 含量不大于 0.015% 时，Mn 为 0.35%；S 含量不大于 0.005% 时，Mn 降到 0.25%。因为锰降低相变温度，这使退火温度降低。锰也提高钢的强度和硬度，但硬度提高程度小于 Si 和 Al（见图 6 – 3）[10]。

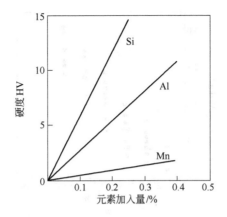

图 6 - 3　Si、Mn、Al 含量对硬度的影响

6.2.3　碳的影响

一般要求 C 含量不大于 0.01%，最好 C 含量不大于 0.005%。Si + Al 大于 3.5% 高牌号要求 C 含量不大于 0.005%，最好 C 含量不大于 0.003%。目的是以后退火时不脱碳，防止形成内氧化层和内氮化层，也防止炉底辊粘上氧化铁皮而造成划伤。碳低使 γ 相减少或无相变，AlN 固溶度降低，钢中粗大 AlN 不易固溶，可防止析出细小 AlN，并使最终退火温度提高促进晶粒长大，改善磁性。

6.2.4　硫的影响

硫含量降低，铁损明显下降（见图 6 - 4a）。1.5% Si 钢中硫含量从 50×10^{-6} 增到 180×10^{-6} 时，P_{10} 从 2.0W/kg 增高到 2.6W/kg，增高约 30%，相当于降低约两个牌号。3% Si 钢中含 10×10^{-6} S 时，950℃ × 1.5min 退火后晶粒尺寸约为 150μm，是铁损最低的合适晶粒尺寸（见图 2 - 26b 和图 2 - 28）[4]。炼钢脱硫是生产无取向硅钢不可缺少的一项措施。1.5% Si 钢的 S23 牌号规定 S 含量小于 0.015%，S20 规定 S 含量不大于 0.005%，S18 以上牌号 S 含量不大于 0.003%，而 S8 - S6 高牌号 S 含量不大于 0.002%。

6.2.5　磷的影响

随 Si + Al 含量增高，磷含量应降低，要求 P 含量不大于 0.02%。例如，0.0015% ~ 0.003% C，0.25% ~ 0.30% Mn 和 2.4% ~ 2.8% Si 钢中含 0.05% ~ 0.08% P 时就出现脆化现象，这多发生在退火后。因为碳量低，磷沿晶界偏聚量增大，锰又促进磷的偏聚，弯曲数降低到 1 ~ 2 次。磷引起的这种脆化是可逆的，退火后慢冷或将脆化钢板再加热到约 430℃ 保温可提高延性，因为这促使碳沿晶

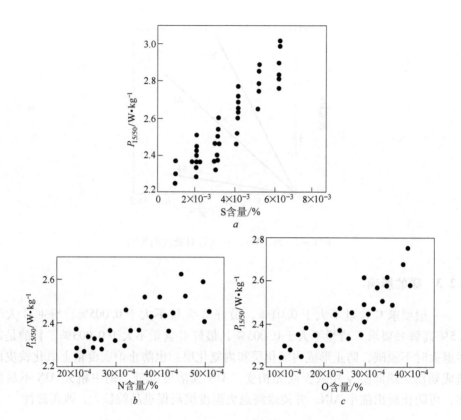

图 6 - 4　3% Si 钢中硫、氮和氧含量对 P_{15} 的影响

a—硫对 $P_{15/50}$ 的影响；b—氮对 $P_{15/50}$ 的影响；c—氧对 $P_{15/50}$ 的影响

界偏聚，提高晶界内聚力和减少磷偏聚量[11]。

6.2.6　氮的影响

氮含量高，P_{15} 增高（见图 6 - 4b）[4]。因此规定 1.5% ~ 2.5% Si 钢中 N 含量不大于 0.003%，3% Si 高牌号 N 含量不大于 0.0015%。

6.2.7　氧的影响

氧含量增高，P_{15} 增大（见图 6 - 4c）[4]。高牌号的氧含量应控制在小于 0.002%。

6.2.8　钛、锆、钒和铌的影响

以前有人证明，加入少量这种碳、氮化合物形成元素可降低铁损和无磁时效。后来发现钛和锆等元素由于形成细小稳定的 TiC、TiN 和 ZrN，强烈阻碍晶粒长大，特别是对高牌号的铁损有很坏的影响。一般要求 Ti 含量不大于 0.008%，Zr 含量不大于 0.002%。

6.3 通用的制造工艺

无取向硅钢通用的制造工艺流程如图 6-5 所示。

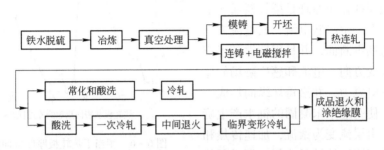

图 6-5　无取向硅钢的通用制造工艺流程

对 1.5% Si 钢（如 S23 和 S20）一般采用不经常化的一次冷轧法。以前对 Si 含量不小于 2% 钢采用二次冷轧临界变形法，现在多采用常化和一次冷轧法。1.5% Si 钢可以半成品状态交货。不小于 2% Si 钢都以完全退火状态交货。

制造工艺与低碳低硅电工钢基本相同，现将两者不同之处介绍如下。

6.3.1　冶炼

随硅量提高，出钢温度约降低 10℃，因为真空处理后加入硅铁量多，钢水温度升高。连铸法浇铸时间长，出钢温度比模铸法约高 20℃。如 1.5% Si 钢连铸时出钢温度为 1670～1680℃，模铸时为 1650～1660℃。钢水中氧量控制在（600～900）×10⁻⁶，以便于真空处理时将碳降到不大于 0.005%。

6.3.2　真空处理

沸腾钢水真空处理后，1.5% Si 钢的钢水温度控制在 1580℃（连铸法）或 1570℃（模铸法）。大于 2% Si 钢为 1570℃（连铸法）或 1560℃（模铸法）。

6.3.3　连铸

以前对大于 2% Si 钢不能采用连铸法，因为铝含量增高，钢水流动性差，成品表面缺陷多和性能不稳定。特别是碳量低和（Si + Al）> 3.5% 的高牌号连铸后柱状晶粗大，产品表面沿轧向出现瓦垅状缺陷。自从采用连铸 + 电磁搅拌技术后，无取向硅钢基本都进行连铸。不经电磁搅拌的连铸坯中等轴晶只占 20%～40%，经电磁搅拌后等轴晶占 55%～70%，有效地减轻或防止了这种表面缺陷。

一般采用圆弧形连铸机浇铸。如图 6-6 所示，连铸坯表面和板厚中心区为细小等轴晶区，中部等轴晶区的中心线位于铸坯下半部，即下半部的柱状晶区比上半部柱状晶区窄。

电磁搅拌作用原理是搅拌器通入电流在铸坯上产生趋肤电流，其电流方向垂直于铸坯纵断面，并且周期性随感应磁场而改变方向。电流和感应磁场的作用产生一电磁力，并沿铸坯纵向形成一合力矩，使铸坯中未凝固的钢水产生旋转运动，由层流变为紊流，加速传热和对流，从而增加等轴晶比例，同时促使夹杂物聚集上浮，减轻铸坯中心疏松和

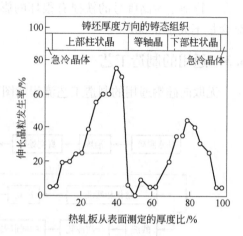

图 6-6　相当于热轧板厚度方向的
铸坯晶粒组织状态

偏聚。钢水温度在液相线温度以下进行搅拌就可发生等轴晶化。在液相线以上，即使加大搅拌力也不会引起等轴晶化。因此，浇铸温度、浇铸速度（v）、铸坯厚度（D）、凝固器厚度（S）、电磁搅拌机距钢水面的距离（L）和搅拌机上部搅拌影响距离（L_0）对形成的等轴晶比率（α）都有影响。在（$L-L_0$）距离浇铸时经电磁搅拌可抑制柱状晶发展和形成等轴晶。$\alpha=(D-2S)/D\times100\%$。$S$ 与通过（$L-L_0$）距离的浇铸时间 t 的平方根成正比，即 $S=k\sqrt{t}$，k 为凝固系数。t 与

v 成反比，即 $t=(L-L_0)/v$，因此，$\alpha=\dfrac{D-2k\sqrt{\dfrac{L-L_0}{v}}}{D}$。浇铸温度愈低，浇铸速

度愈慢，L_0 距离愈长。浇铸速度慢，达到 L_0 处所需时间 $\sqrt{\dfrac{L-L_0}{v}}$ 愈长，铸坯中等

轴晶比率 α 愈小。因此，控制好浇铸温度和浇铸速度是获得合适等轴晶比率的必要条件[12]。约含 1.5% Si 钢连铸时可不经电磁搅拌。

连铸后的铸坯立即装入保温车中送往热连轧厂。到热轧厂的铸坯温度应当高于 350℃，因为 Si + Al 含量高，热传导率低，铸坯内外温差大，产生的热应力很大，可使铸坯发生内裂。铸坯在高于 600℃ 温度时应以小于 20℃/h 速度慢冷，如果空冷易断裂或产生裂纹。

6.3.4　热轧

铸坯装炉前在高于 150℃ 进行表面清理，然后放在保温坑中保温和缓冷。

铸坯放在加热炉中要缓慢加热，特别是在 700~800℃ 以下更是如此。加热

温度一般为 1200℃ ±20℃。采用二次冷轧法时，加热温度可提高到 1250 ~ 1300℃，这更便于热轧，而且使终轧温度提高。热轧板晶粒粗化，可改善 B_{50}，但对 P_{15} 不利。对高牌号来说，主要目的是降低 P_{15}，因此即使采用二次冷轧法，加热温度仍控制在 1200℃。采用常化和一次冷轧法时，通过常化可改善 B_{50}。MnS 固溶温度不低于 1300℃，危害性较小，而 AlN 在 1200 ~ 1300℃ 时已大部分固溶，危害性大。但钢中碳量降低（如 0.003% ~ 0.004%）可使 AlN 固溶度明显减小，即固溶温度提高。低于 1200℃ 加热时可促使 AlN 粗化，P_{15} 降低。

开轧温度一般为 1180℃ ±20℃，终轧温度为 850℃ ±20℃。卷取温度都为 600℃ ±20℃。小于 0.01% C 的 1.5% Si 钢在约 1000℃ 时存在明显的 α + γ 两相区，其中 α – Fe 数量可达 20% ~ 40%，由于 α 和 γ 相的变形抗力不同而引起不均匀变形，热轧塑性明显降低，热轧板板形变坏，易出现边裂，成材率下降，严重者甚至整炉报废。碳也使变形抗力增高。在 1.5% Si 钢中加 0.3% Al（相当于 2.3% Si 情况），并保证 C 含量小于 0.01% 时，热轧基本都处于 α 相区，可解决此问题。不大于 0.003% C 的 1.5% Si 钢，即使不加铝，热轧时由于 γ 相数量减少也不裂，废品发生率为 0.02%。但连铸时要进行电磁搅拌，因为碳低易产生瓦垅状缺陷。

6.3.5 常化

不小于 2% Si 钢采用一次冷轧制造工艺时，热轧板必须常化，主要目的是使热轧板组织更均匀，使再结晶晶粒增多，防止瓦垅状缺陷。同时使晶粒和析出物粗化，加强 {100} 和 {110} 组分以及减弱 {111} 组分，磁性明显提高，特别是 B_{50} 值。一般常化制度为 800 ~ 1000℃ × 2 ~ 5min。钢中原始碳量高，常化时还可脱碳。但依靠热轧板表面氧化铁皮脱碳，酸洗较困难，废酸处理麻烦。在罩式炉 750 ~ 900℃ 预退火使酸洗更困难，而且对 3% Si 钢来说，由于热轧板晶粒过大，冷轧时易裂，成品表面呈橘皮状。

6.3.6 酸洗

酸洗前必须经喷丸处理，因为（Si + Al）量提高，热轧、卷取和常化（或预退火）形成的内氧化层增多，酸洗困难。而且由于钢板表面会发生晶间氧化，酸洗时晶界更易被侵蚀，以后冷轧时它们转变为细裂纹，使表面形状变坏，P_{15} 增高（成品表层晶粒小）和绝缘膜不均匀。酸洗后残存的内氧化层（特别是 Al_2O_3）使冷轧辊磨损严重，冷轧板厚度偏差大，形状不良。日本钢管（NKK）研究了 Si 含量和卷取温度（或预退火温度）CT 对酸洗时晶间侵蚀的影响（在 90℃ 的 12% HCl 中酸洗 100s），证明 $w(Si) \leqslant 1\%$ 时，$CT \geqslant 270.6(Si\%)^2 - 475.9(Si\%) + 915.3$ 和 $w(Si) \geqslant 1\%$ 时，$CT \geqslant 5(Si\%)^2 - 50.1(Si\%) + 755.4$ 条件下不

会发生晶间侵蚀（见图 6 – 7）。Si% 与
酸洗时间 $t(s)$、酸洗温度 $T(℃)$ 和
HCl 浓度（HCl,%）满足以下关系，可
酸洗干净且无晶间侵蚀。

$$0.48(\text{Si\%}) + 0.59 \leq t \cdot B \cdot \exp(-Q/$$
$$RT) \leq 0.24(\text{Si\%}) + 4$$

式中，$B = -0.48(\text{HCl})^2 + 15.1(\text{HCl})$
$+ 5.03$；$Q = 5300\text{cal}❶/\text{mol}$；$R =$
$1.986\text{cal}❶/(\text{mol} \cdot \text{K})^{[13]}$。

钢中 Al 含量提高时（大于 0.5%
Al）酸洗后再经钢丝刷研磨，去掉内氧
化层中残余 Al_2O_3，采用冷连轧机冷轧

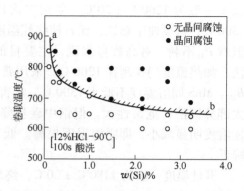

图 6 – 7　卷取温度和 Si 含量对钢板表面
发生沿晶侵蚀的影响

时可防止断带。为便于酸洗，HCl 水溶液可加少量氢氟酸（40~100g/L HF）或
氢氟酸盐。

日本新日铁广畑厂提出，如果热轧板先经大于 5% 压下率冷轧后再经常化、
酸洗更容易[14]。

美国 AK 钢公司提出，在 HCl + HF 溶液中酸洗时在钢板上、下表面喷 30g/L
H_2O_2，酸洗后再经钢丝刷刷洗方法，对不大于 3% Si 无取向硅钢和 3.0%~3.5%
Si 取向硅钢都适用[15]。

日本钢管和住友金属采用热轧板先酸洗，再在干的 $H_2 + N_2$ 保护气氛下进行
预退火的目的之一就是为了防止形成内氧化层而更容易酸洗。

6.3.7　冷轧

约 1.5% Si 钢可采用冷连轧机生产。不小于 2% Si 钢由于变形抗力大，多采
用 20 辊轧机冷轧，并且进行小于 700r/min 低速轧制。3% Si，特别是（Si +
Al）≥3.5% 时，冷轧前应预热到 100~150℃。

一次冷轧法的总压下率为 70%~85%，一般经 5 道轧到 0.50mm 或 0.35mm
厚，每道压下率为 25%~30%。二次冷轧法是先经 4 道或 5 道分别轧到 0.54~
0.56mm 或 0.37~0.39mm 厚，在连续炉经 830~870℃ × 2~4min 中间退火，气
氛为 5%~20% $H_2 + N_2$，然后经一道分别轧到 0.50mm 或 0.35mm 厚。（Si + Al）
量增高，中间退火温度升高和临界变形量减小。如 2.4%（Si + Al）时，中间退
火温度为 830℃，临界变形量为 10%；3.6%（Si + Al）时分别为 870℃和 8%。

1.5% Si – 0.22% Al 和 0.018% C 钢经一次和临界变形的二次冷轧法轧到

---

❶　1cal = 4.18J。

0.5mm 厚进行对比。一次冷轧法在 920℃ ×5min 脱碳和最终退火。二次冷轧法在 920℃ ×5min 中间退火和脱碳，最终退火都为 920℃ ×2min。证明 5.6% 临界变形时 B_{25} 各向异性最大，60°方向的 B_{25} 最低。纵横向 B_{25} 平均值比各方向（全周） B_{25} 平均值高 0.01 ~0.03T。一次冷轧法的 B_{25} 更高，但 P_{10} 值明显增高。5.6% 临界变形的纵横向 P_{10} 值差别最大，即磁各向异性大。随临界变形量增大到 12%，纵横向 {100} 极密度差别减小，B_{25} 和 P_{10} 的各向异性减小。一次冷轧法的磁各向异性更小[16]。二次冷轧法的晶粒大，P_{15} 降低约 20%，可提高两个牌号，但 B_{50} 较低和磁向各异性较大，合适的临界变形量为 8% ~12%。

2mm 厚 3% Si 钢按以下三种冷轧和退火工艺进行比较：A 工艺为临界变形二次冷轧法，840℃ 中间退火和 8% ~10% 冷轧到 0.35mm 厚，900℃ 最终退火；B 工艺为一次冷轧到 0.5mm 厚，940℃ 最终退火；C 工艺为二次中等压下率冷轧到 0.35mm 厚，940℃ 中间退火和 950℃ 最终退火。A 工艺与轧向不大于 5°方向时 P_{15} 最低，0°时 P_{15} = 2.3W/kg，90°时为 3.2W/kg。B 工艺的 P_{15} 随与轧向的偏离角度增大而连续增高；C 工艺在 50° ~60°时 P_{15} 最高，磁各向异性大。织构分析证明，A 工艺的 {112} 组分最强，其次为 {111}，即主要为绕轧向漫散 30°的 {112}〈110〉，其次为 {111}〈112〉织构。{112}〈110〉 在 90°方向为 〈111〉难磁化方向，所以 P_{15} 最高。B 工艺的 {111} 组分最强，其次为 {112}，即 {111}〈112〉织构最强，{112}〈110〉 较弱，所以 0°方向（轧向）P_{15} 最低。C 工艺中 {110} 组分最强，其次为 {210}，即主要为 {110}〈001〉 和 {210}〈001〉织构。〈111〉难磁化方向主要在 54°74′方向，所以 50° ~60°方向 P_{15} 最高[17]。

6.3.8 退火

临界变形二次冷轧法的中间退火温度一般为 830 ~870℃。随 Si + Al 含量增高，温度增高。原始碳含量大于 0.005% 时，可在 d.p. =30℃ ±5℃，湿保护气氛中进行脱碳。最终退火制度为 850 ~900℃ ×2 ~4min。最好采用 d.p. <0℃ 的干气氛退火，以防止形成内氧化层和内氮化层。采用一次冷轧法时最终退火温度为 900 ~1050℃，随 Si + Al 含量增高退火温度提高。最终退火如果需要脱碳时，最好采用二段式退火，即在连续炉前段为湿气氛 800 ~850℃ 脱碳，后段为干气氛高温短时间退火促进晶粒长大。退火时升温速度快对再结晶晶粒长大和磁性有利。炉内张力应控制在 2.9MPa (0.3kg/mm²) 以下，以保证磁各向异性小（C/L = 1.1 ~1.3）。张力大于 2.9MPa 退火，钢带沿轧向变形，残余有内应力，C/L = 1.4 ~1.7。

在连续炉中 1250℃ 明火焰加热区（钢带在此区域停留约 10s，加热到 500℃ 以上）应采用含 S 小于 0.05% 的煤气加热，这使钢带入炉后不氧化，促进脱碳。一般煤气中含 0.2% ~0.4% S，通过燃烧产生的硫化物对表面起触媒作用，促使

表面形成以 $2FeO \cdot SiO_2$ 为主的致密氧化膜而阻碍脱碳，表面变成乳白色。采用深冷分离装置可将焦炉煤气中硫去掉而变为富煤气。在弱氧化性气氛中脱碳时，可采用经铬酸浸泡过的石墨辊制的炉底辊，以防止炉辊氧化和粘辊（防止钢带表面划伤）。一般连续炉退火后冷速很快（约 700℃/min），产生较大的内应力，P_h 和 P_{15} 增高。如果以较慢速度冷却，P_{15} 降低。

6.3.9　绝缘涂层

采用重铬酸 + 磷酸 + 氢氧化镁 + 硼酸的 C - 4 或 R 无机盐涂层或 L 系半有机涂层。现在主要采用半有机涂层。无机盐涂层的层间电阻高，叠片系数也较高，耐热性和焊接性好，而冲片性较差。半有机涂层冲片性好，绝缘性、耐热性和焊接性较低（见图 5 - 37 和表 5 - 8）。

6.4　防止产品瓦垄状缺陷的方法

采用连铸法生产大于 2% Si 钢遇到的主要困难就是产品表面沿轧向常出现凸凹不平的瓦垄状缺陷，这使叠片系数降低约 2%，磁性变坏和绝缘膜层间电阻降低。

小于 1.7% Si 钢在热轧过程中产生 $\alpha - \gamma$ 相变，连铸法制的产品基本无这种缺陷。大于 1.7% Si 和不大于 0.01% C 时无相变，铸坯中 {100} 柱状晶尺寸更大，热轧过程中由于动态回复和再结晶缓慢而不能彻底破碎，热轧板的板厚中心附近为粗大伸长的形变晶粒，其平均宽度约为 0.2mm，最大可达 0.5mm 宽，主要是 {100} ⟨011⟩ 纤维织构。以后冷轧和退火它们难以再结晶。这就是产生瓦垄状缺陷的原因。铸坯中等轴晶所占比率大于 70% 时无瓦垄状缺陷。也证明热轧板中板厚方向中心区附近伸长的形变晶粒数量小于 30% 时，产品无此缺陷。如果采用二次中等压下率冷轧工艺也可减轻和消除这种缺陷。为解决此问题曾采用以下几种方法，其中以电磁搅拌法最有效，也是现在生产上广泛采用的方法。

6.4.1　调整成分法

将钢中碳量增高到 0.01% ~0.025%，并满足以下关系式：$w(C) \geqslant \frac{1}{100}[(Si + Al) - 0.75]\%$，即随 (Si + Al) 量增高，碳量相应提高，可防止瓦垄状缺陷[18]。提高碳量使铸坯加热和热轧时发生相变，促进动态回复和再结晶，消除粗大形变晶粒。此法的缺点是以后退火要脱碳，产生内氧化和内氮化层，铁损增高，同时使连续炉底辊粘上氧化铁皮，钢带表面易划伤。

电镜检查发现，热轧板粗大形变晶粒中大多存在有 0.05 ~0.1μm 细小析出物，约 0.05μm 析出物主要含钛和硫，约 0.1μm 析出物主要含钛、锆和硫。它们阻碍形变晶粒的再结晶和晶粒长大。因此，减少钢中残余钛和锆含量，并将硫含量降到 0.007% 以下，小于 0.005%（必要时加小于 0.01% Ca 或小于 0.05% REM），可减轻或防止瓦垅状缺陷。如果热轧板再在 $\{105 - 7.5 \ (Si + Al)\%\} \times$ 10.7℃ 以下温度常化，效果更好。炼钢时采用低钛硅铁，扒渣后加铝脱氧，防止炉渣中 TiO_2 被铝还原返回钢水中，以保证 Ti 含量小于 0.005%。钢包中耐火砖和水口不用含锆的耐火材料，以保证 Zr 含量不大于 0.005%[19]。

　　钢中加 0.001% ~ 0.01% B 和 0.001% ~ 0.1% P，并且使 $\exp\{0.6(Si + Al) - 4.7\} \leqslant (P + 10B)$ 也可防止瓦垅状缺陷。磷为铁素体形成元素，热轧时使铁素体晶粒内应变能增大，促进动态再结晶。硼以 BN 和硼集团存在，也促使铁素体晶粒细化。板厚方向中心区的伸长铁素体晶粒宽度变窄，未再结晶区控制在小于 30%[20]。

6.4.2　低温浇铸和电磁搅拌法

　　低温浇铸和电磁搅拌目的是减少铸坯中柱状晶率，提高等轴晶所占比率。中间罐钢水过热温度（$\Delta\theta$）、铸坯厚度（L）、拉牵速度（v）与（$Si + Al$）含量满足以下关系可消除这种缺陷：

$$0 < \Delta\theta_1 \leqslant \frac{L}{1.5} + \frac{(690 - 10L)}{v}$$

$$0 < \Delta\theta_2 \leqslant 1.5 + \frac{5}{(Si + Al - 1.7)^2}$$

式中，$\Delta\theta$ = 中间罐中钢水温度 – 凝固温度；$\Delta\theta_1$ 表示按 L 和 v 确定的过热温度；$\Delta\theta_2$ 表示按（$Si + Al$）含量确定的过热温度。生产中发现连铸到后期的铸坯制成的产品较少出现或不出现瓦垅状缺陷。检查这些铸坯的低倍组织证明几乎都为等轴晶。因此，低温浇铸可防止形成粗大柱状晶。拉速快和铸坯厚度增大，钢水从中间罐到铸模的温度下降慢，形成粗大柱状晶。当 $Si + Al \approx 3.5\%$ 时，$\Delta\theta$ 应控制在 12℃，在 $L = 200mm$ 和 $v = 0.7m/min$ 时不产生瓦垅状缺陷[21]。此法的缺点是要求过热温度 $\Delta\theta$ 的范围很窄，难以控制，同时也影响连铸正常操作。过热温度小于 40℃ 时，钢水黏度大，浇铸困难，夹杂物也不易上浮。

　　最有效的防止瓦垅状缺陷方法就是电磁搅拌，它可明显减少柱状晶率和提高等轴晶率（α）[12]。为了提高产量，新日铁提出连铸时经二次电磁搅拌法（见图 6 – 8a），其优点是将以前采用的小于 0.6m/min 低速浇铸提高到 1.4m/min 而无瓦垅状缺陷。从铸模中拉出的铸坯在连铸机弯曲点以上内部尚未凝固时，再经第二次搅拌，阻止中心区形成二次柱状晶，而形成等轴晶。为防止瓦垅状缺陷，铸坯外层形成的一次柱状晶和中心区形成的二次柱状晶层厚度应符合以下关系：$l_0/L \geqslant 60\%$，$(l_1 + l_2)/L \geqslant 40\%$。$L$ 为铸坯厚度，l_0 为从铸坯上部等轴晶区到下部等轴晶区之间距离，l_1 为铸坯上部等轴晶层厚，l_2 为铸坯下部等轴晶层厚（见图 6 – 8b，c）。在高速浇铸情况下，如图 6 – 8a 所示，铸坯中内部钢水通过 54 处和

56 处二次搅拌进行凝固，直到 58 处完全凝固，由于使等轴晶区所占比例增大，从而防止这种缺陷。在低速浇铸情况下，钢水在弯曲点 57 处以上的 55 处就已凝固，53 处为未凝固钢水。在 54 处只经一次搅拌，等轴晶区比例增高，也不产生这种缺陷。但低速浇铸，浇铸时间长，钢水温度下降而易堵塞中间包水口，产量也低[22]。

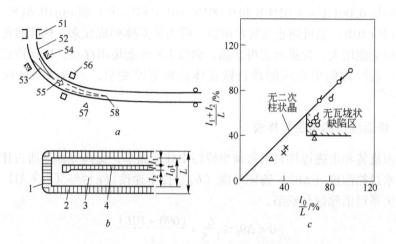

图 6 - 8　二次电磁搅拌与瓦垅状缺陷的关系

a—二次电磁搅法示意图（51—铸模，52—铸坯，53—未凝固钢水，54—第一电磁搅拌机，55，58—完全凝固位置，56—第二电磁搅拌机，57—弯曲点）；b—二次电磁搅拌后铸坯低倍组织（1—铸坯，2——次柱状晶区，3—等轴晶区，4—二次柱状晶区）；c—$\dfrac{l_0}{L}$，$\dfrac{l_1+l_2}{L}$ 与瓦垅状缺陷的关系

如果不经电磁搅拌，而连铸时在中间罐中加入 0.5% ~1% 的 5 ~500μm 尺寸的 Fe、Si 或 Fe - Si 合金粉末，作为钢水凝固时的结晶核，促进形成等轴晶，等轴晶所占比率大于 60% 时，瓦垅状高度为 3μm，等轴晶大于 80% 时不产生瓦垅状缺陷。成品瓦垅状高度不大于 3μm，表示基本消除此缺陷[23]。

在钢中加 $(25~45)\times10^{-6}$Mg（在中间罐中加 Mg 丝），钢水在凝固前就形成 MgO。它可作为凝固核心而形成大于 70% 的等轴晶，不经电磁搅拌就可避免瓦垅状缺陷，而且 Mg 与 S 形成 MgS 可作为 MnS 析出核心形成粗大复合硫化物（由于 MgS 与 MnS 晶格匹配性好），提高磁性。在中间罐加 $(25~45)\times10^{-6}$ 的 Ba 或 Sr 丝，也可起同样作用。BaO 可作为凝固核心，形成大于 70% 的等轴晶，而 BaS 与 MnS 晶格匹配性也好，可作为 MnS 析出核心[24]。

6.4.3　控制铸坯加热和热轧法

铸坯先经 1150 ~1250℃ 加热和 10% ~40% 压下率预热轧，破坏柱状晶，再经 1100 ~ 1150℃ 加热和热轧可防止瓦垅状缺陷[25]。如果经大于 60% 压下率粗轧后用高频快速加热法再加热到粗轧终轧温度以上 50 ~ 100℃，如 1200℃ 进行再结晶处理，然后再精轧，热轧板中伸长晶粒宽度平均为 0.03mm，最大为 0.1mm，这也可防止此缺陷[26]。如果在精轧机经 15% ~ 25% 压下率轧一道后沿板宽方向用高频感应加热使板温提高 20 ~ 100℃ 并保持大于 2s，也可防止此缺陷[27]。但这些方法由于工序长而无实用价值。

柱状晶率大于 70% 的铸坯经 1000 ~ 1200℃ 加热，控制粗轧最后一道压下率大于 50% 和粗轧后温度高于 900℃，再经精轧，终轧温度为 750 ~ 850℃，热轧板中心区发生了部分再结晶，可防止瓦垅状缺陷，磁性也好。热轧后喷水冷却产生的残存应力也可作为常化时再结晶驱动力[28]。精轧时控制最后一道压下率大于 15% 和终轧温度为 700 ~ 800℃，并经低于 500℃ 卷取，常化后发生完全再结晶也可防止这种缺陷。如果粗轧第一道压下率大于 30%，并在第一道和第二道热轧间停留不小于 1min 也起同样作用[29]。

如果 550 ~ 650℃ 卷取后，将热轧卷装入高于 500℃（如 750℃）炉中保温并水冷。保温时钢卷最低温度 $T > 700$℃，达到温度 T 的时间 $t = 10 ~ 180$min，并且再经 $-2.4T + 1800 \leqslant t \leqslant -2.4T + 1980$ 保温时，可促进再结晶和防止这种缺陷，而且酸洗不困难，并可省掉常化处理工艺[30]。

控制精轧终轧温度不低于 1000℃，热轧后在 1 ~ 7s 时间内不喷水冷却，促使发生再结晶，低于 700℃（最好低于 650℃）卷取，也可防止这种缺陷和容易酸洗，并省掉常化。为保证高的终轧温度，铸坯加热温度提高到 1200 ~ 1300℃，因此钢中硫含量应不大于 0.0015%，氮应小于 0.002%。因为硫和氮量很低，使再结晶温度至少降低 50℃，所以高温终轧和在几秒之内不喷水就完成再结晶[31]。

控制好浇铸温度、铸坯表面加热温度（T）和加热速度（v）来抑制柱状晶长大和提高热轧后再结晶率可防止瓦垅状缺陷，其方法是：$T = 900 + 10(t - 5)$，t 为浇铸温度与凝固温度之差。炉内平均加热速度 v_2 低于 T 的平均加热速度 v_1，即 $v_1 = 0.2t + 2.4$，$v_2 = 0.02t + 1.8$。此法比上述的大压下率粗轧或轧后短时间不喷水方法提高再结晶率的效果更好[32]。

精轧机最后第二机架轧辊周方向为小于 5° 纵沟，纵沟间隔 l(mm) 和沟深 d(mm) 与进入该机架时板厚 t(mm) 的关系为 $d/l \geqslant 112.5(d/t)^{-1}$ 或 $d/l \geqslant 225(d/t)^{-1}$。最后机架为平辊。经这样热轧后无瓦垅状缺陷，因为纵沟辊热轧可防止粗大形变晶粒的发展，而且板宽方向变形量大，可改善织构[33]。粗轧时板宽方向经 15% ~ 50% 压下率立轧，最好一道经板厚方向 40% ~ 85% 压下率平轧，可破坏柱状晶，也可防止瓦垅状缺陷[34]。

约 1.5% Si 钢有时也出现轻微瓦垅状缺陷。如果在 Ar_3 点以上经大于 65% 压下率热轧，此缺陷明显减少，因为在 γ 相区热轧过程中可形成更多的再结晶晶粒，并且压下率大使铸坯中柱状晶破碎[35]。

6.4.4　热轧板常化法

不小于 2% Si 钢采用一次冷轧法时必须经常化处理，其目的之一就是使热轧板中再结晶率增多，防止瓦垅状缺陷。上述一些防止方法再配合常化处理，效果更为明显。

6.5　防止内氧化层和内氮化层方法

热轧和常化都使表面产生外氧化层和内氧化层。金属离子往外扩散形成外氧化层，而氧往内扩散形成内氧化层。在弱氧化性气氛中脱碳退火时也产生外氧化层。同时氧扩散到钢中与硅和铝起反应，在外氧化层下方约 2μm 深处也形成致密的含 SiO$_2$ 和 Al$_2$O$_3$ 内氧化层，其厚度一般为几微米（见图 6 - 9），这不仅阻碍脱碳，而且使退火后表面形成小晶粒和降低磁性。内氧化层与基体的界面为凹凸状，这使铁损增高和 μ 降低，特别是高频铁损增高更明显。

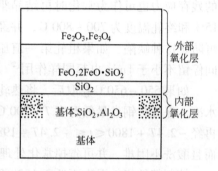

图 6 - 9　钢板表面氧化层结构示意图

实验证明，（Si + Al）含量和退火温度增高，退火气氛中 H$_2$O 含量减少，更容易形成外氧化层。（Si + Al）含量和退火温度降低，气氛中 H$_2$O 含量增高，更容易形成内氧化层。退火温度不变和（Si + Al）含量增高或（Si + Al）含量不变和退火温度升高，可发生内氧化到外氧化的转变。如 P_{H_2O}/P_{H_2} = 0.004 时，从 820℃ 升到 850℃（保温 8h），只有外氧化层。因为硅和铝的扩散系数随温度升高而增高程度大于氧扩散系数增高程度，因此硅和铝往表面扩散，抵制氧往内扩散。如果在 P_{H_2O}/P_{H_2} ≥ 0.15 的湿 15% H$_2$ + N$_2$ 中 802℃ × 5min 退火，就形成内氧化层和内氮化层。内氧化层中 SiO$_2$ 和 Al$_2$O$_3$ 质点有沿晶界偏聚的趋势。从外氧化转到内氧化与氧的势能有关。图 6 - 10a 所示为 0.65mm 厚 1.8% Si，0.47% Al，0.024% C 和 0.01% N 冷轧板的退火温度（保温 7min）和 H$_2$ + N$_2$ 气氛中 lg（P_{H_2O}/P_{H_2}）与内氧化和外氧化的关系。证明退火温度降低和 P_{H_2O}/P_{H_2} 增高，发生内氧化。图 6 - 10b、c 所示分别为 755℃ × 7min 退火时 lg（P_{H_2O}/P_{H_2}）与退火后 C% 和 N% 的关系。证明在形成内氧化条件下，脱碳速度明显降低，并且钢中吸收的氮量增高 0.006% ~ 0.008%。图 6 - 10d 所示为碳、氮含量和组织近似相同时，内氧化层厚度对 P_T 的影响。证明内氧化层加厚，P_T 增高，特别是高 B 下的铁损明显增高。1.4% ~ 2.1% Si 和 0.15% ~ 0.65% Al 钢中内氧化层厚度每增加 1μm，P_{15} 增高 0.055 ~ 0.059W/kg，$μ_{15}$ 降低

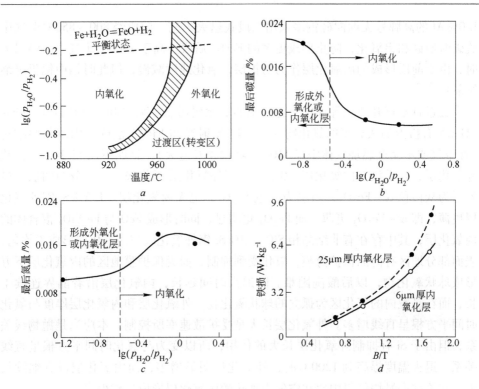

图 6-10 退火温度和 P_{H_2O}/P_{H_2} 与退火后碳和氮量及外氧化和内氧化的关系

a—退火温度和 lg (P_{H_2O}/P_{H_2}) 与外氧化和内氧化关系示意图；b，c—lg (P_{H_2O}/P_{H_2}) 和退火后碳、氮含量与外氧化和内氧化的关系；d—内氧化层厚度对不同 B 下铁损的影响

20~35 （见图 2-37a）。由图 6-11 看出，μ_{15} 降低与 Fe_2SiO_4 中 Fe% 有关。形成内氧化层的同时也形成内氮化层。钢中含 0.4% ~0.65% Al 时，内氮化层中存在有 2~12μm 长的针状 AlN。内氮化层每增加 1μm 厚度，P_{15} 增高 0.059W/kg。含 0.15% Al 时，内氮化层中为 0.1~0.6μm 直径的细小 AlN。内氮化层每增加 1μm 厚度，P_{15} 增高约 0.012W/kg。（见图 2-37b）[36,37]。

退火时钢板的氧化动力学为抛物线规律。氧化速度随退火时间增加而

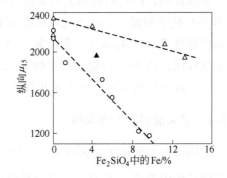

图 6-11 内氧化层 Fe_2SiO_4 中 Fe% 与 μ_{15} 的关系 （1.96% Si，0.35% Al，0.47mm 厚）

○—800℃脱碳退火；△—980℃脱碳退火；
▲—脱碳退火 + 干气消除应力退火

减小，随退火气氛中湿度增加而增大。在高温下，钢中的铝促使氧化速度加快。随钢中铝量增高，内氧化层中铝浓度增高，而硅浓度降低。3% Si + 0.3% ~

1.0% Al 的高牌号无取向硅钢多采用二段式退火工艺。前段经 800 ~ 850℃湿气中脱碳时使硅和铝氧化，防止形成更多的 FeO。后段经高于 1000℃干气中高温退火时，由于前段形成的内氧化层作为防护层，氧化速度减慢，但此时钢中铝仍可继续氧化[38]。

最近日本草开清志等详细研究硅钢的氧化层形态。采用 $Br_2 - (C_2H_5)_4NBr - CH_3CN$ 有机溶剂法获得的氧化物残渣，经 X 射线和 EPMA 法确定内氧化层结构（在空气或不完全燃烧气体中经 1100℃和 1200℃退火）。证明不加 Si 钢为多孔状外氧化层，几乎没有内氧化层。0.5% Si 钢外氧化层更薄些，而且分为两层，最外层为灰白色 $\alpha - Fe_2O_3$，内层为灰色 Fe_3O_4，也无内氧化层。1.5% Si 钢外氧化层更薄，即 $\alpha - Fe_2O_3$ 更薄，而 Fe_3O_4 更明显，同时形成 FeO 与 Fe_2SiO_4 混合体的内氧化层，其中存在有非结晶相 SiO_2。3% Si 钢外氧化层与内氧化层形成不均匀，表面部分地区有薄的保护薄膜，氧化受到抑制，而无保护膜地区的内氧化层下方形成球状氧化物，以后酸洗困难。随退火时间延长，内氧化层沿着晶界连续生长，而在晶粒内的氧化区为孤立的球状氧化物。外氧化层和内氧化层厚度与氧化时间平方根呈直线增多。外氧化层长大是受扩散速率所控制，本应当是抛物线关系，但由于 Si 有抑制外氧化层长大的作用，所以变为与氧化时间平方根呈直线关系。退火温度提高到 1200℃时，外氧化层明显增多，而内氧化层没有继续长大。在不完全燃烧气氛中比在空气中加热的内氧化层形成量减少[39]。

原始碳量小于 0.005% 时以后不需要再脱碳，退火时采用干气可防止形成内氧化层。但热轧板如经常化也会产生内氧化层。

实验证明，冷轧板或退火后钢板表面经 5% ~ 10% H_2O_2 + HF 或 1∶1 的 H_2O_2 和 H_3PO_4 化学磨光，或在加无水铬酸的 H_3PO_4 过饱和水溶液中电解磨光呈镜面，表面粗糙度 $Ra < 0.4\mu m$（一般冷轧板 $Ra = 0.5 \sim 2\mu m$）。由于去掉内氧化层和表面小晶粒区，P_{15} 明显降低，可提高 1 ~ 2 个牌号[40]。

防止或减轻内氧化层和内氮化层的方法介绍如下。

6.5.1　退火前钢板表面涂料

采用湿气脱碳退火后再改为干气保持 $P_{H_2O}/P_{H_2} < 0.05$ 是困难的，因为气体管道和耐火砖中都渗入 H_2O，需要很长时间才能使 H_2O 缓慢放出，只有光亮退火专用炉才可使 $P_{H_2O}/P_{H_2} < 0.05$。如果冷轧板表面涂 0.1 ~ 1g/m² 胶状 SiO_2，Al_2O_3 或硅酸锂等水溶液，烘干后在 $P_{H_2O}/P_{H_2} = 0.07 ~ 0.1$ 的 20% ~ 40% $H_2 + N_2$ 中退火，内氧化层厚度减小到小于 1μm，对磁性影响不大。3% Si - 0.5% Al 钢的 0.5mm 厚板 P_{15} 从 2.96W/kg 降到 2.7W/kg[41]。涂碱金属盐水溶液[42]或在 $SbCl_3$、$SnSO_4$ 等含锑和锡的盐类水溶液（浓度大于 10^{-4} mol/L）中浸泡大于 15s，水洗并

烘干后退火也可防止形成内氧化层[43]。涂磷酸铝、磷酸钠或磷酸铬，涂料量为 0.1～1g/m²，在干气中高于1000℃退火（30～120s）时，由于形成致密的磷酸盐薄膜，可防止渗氮和内氧化，即防止表面形成小晶粒，所以 P_{15} 降低[44]。

如果热轧板表面涂 Sb_2O_5 胶液或酒石酸锑（$C_4H_4KO_7Sb$）水溶液，涂料量相当于 $10^{-5}～10^2g/m^2Sb$（如 $1g/m^2Sb$），再经预退火可防止吸收氮和形成内氧化层[45]。热轧板酸洗后涂这些锑化合物，再经箱式炉预退火也起同样作用，并可防止预退火时的晶界氧化[46]。酸洗后涂 Sb、Sn、Se 等化合物悬浮液（如 $SbCl_3$、$SnCl_3$ 等），然后在氮气中预退火，由于表层富集 Sb、Sn 可有效防止渗氮，表面晶粒大，P_{15} 降低[47]。

6.5.2 控制退火气氛和露点（$d.p.$）

退火气氛 $d.p.$ 高时可形成约 $10\mu m$ 厚内氧化层。$d.p. \leqslant 0℃$ 时不形成内氧化层，但当气氛中 H_2 含量低时可产生内氮化层，因为在高温下氮从表面扩散到钢中形成 AlN 内氮化层。如果气氛中含不小于 45% H_2，并且 $d.p. \leqslant 0℃$ 时，在 >900℃×1～5min 退火也不形成内氮化层，P_{15} 低。0.5mm 厚板 P_{15} 从 2.8W/kg 降到 2.5～2.6W/kg[48]。

当 3%Si + 0.5%Al 钢原始碳含量小于 0.005% 和热轧板经 850℃×0.5h 预退火或常化时，冷轧板在 800～1000℃（如 950℃×2min），5%～45% H_2 + N_2 中（$d.p. = -20～+10℃$）退火后，表面形成 0.1～10μm 厚致密的氧化膜，这可防止形成内氧化层，P_{15} 低。$d.p. > +10℃$ 时形成内氧化层，$d.p. < -20℃$ 时不形成氧化膜和内氧化层。H_2 含量小于 5% 时难以控制表面氧化膜厚度，易形成内氧化层，而 H_2 含量大于 45% 时不能形成致密的氧化膜[49]。

近年来为了提高高牌号无取向硅钢产量，采用高温短时间退火工艺，这更易使 Si 和 Al 氧化形成内氧化层。而且为了降低 P_{15} 也常提高 Mn 含量（0.5%），Mn 也可促进形成内氧化层。如果在小于 20% H_2 + N_2 中 1050℃×30s 退火，在 $P_{H_2O}/P_{H_2} = 0.3～0.5$ 条件下升到 650℃后 P_{H_2O}/P_{H_2} 改为 0.2～0.3，使钢板表面形成 8～20μm 厚以 SiO_2 和 MnO_2 为主的复合氧化物，可防止形成内氧化层和渗氮层。0.35mm 厚 3%Si，0.4%～0.6%Al – 0.5%Mn 钢 $P_{15} = 0.84～0.88W/kg$[50]。

内氧化层主要是在退火加热过程中形成的，因此要特别注意明火焰加热区的空气燃烧比和出口温度。加热时形成的内氧化层，在以后高温还原气氛下均热时也难以还原。如果控制明火焰加热区的空气燃烧比 = 0.9 时加热到 600～700℃，形成的内氧化层厚度小于 0.5μm，然后再在 40% H_2 + N_2 中电加热区加热和 1100℃×10s 均热，0.25mm 厚 3.5%～4%（Si + Al）钢晶粒尺寸约为 150μm，$P_{10/400} < 15W/kg$[51]。

6.5.3　钢中加锡或锑

钢中加 0.04% ~ 0.07% Sn 或 Sb 可防止预退火或常化时氧化和渗氮，从而防止内氧化层和内氮化层[52]。0.5mm 厚 2.7% Si – 1% Al – 0.5% Mn – 0.07% Sb 纯净钢 P_{15} = 2.53W/kg[53]。

6.5.4　冷轧板表面光滑

一般冷轧板表面 $Ra \geqslant 0.5\mu m$，如果使 $Ra < 0.4\mu m$，由于表面光滑，退火气氛中氧或氮扩散到钢中数量少，内氧化层和内氮化层中 SiO_2，Al_2O_3 和 AlN 数量少，阻碍表面晶粒长大的作用减小，经高温短时间退火就使 P_{15} 降低。轧辊用 1000 号细砂轮研磨后（一般用 100 号砂轮），再用 Cr_2O_3 或 Al_2O_3 粉末水溶液进一步精磨到 $Ra \leqslant 0.1\mu m$。用这种轧辊至少经最后一道冷轧[54]。

总之，防止内氧化层和内氮化层形成的最好方法就是炼钢时将碳含量降到 0.005% 以下，以后采用在干气氛下经一段或二段式退火。

6.6　日本高牌号的制造工艺

日本在 1978 年以前生产的最高牌号 50A290 和 35A270 的磁性保证值为：0.50mm 厚 $P_{15} < 2.9$W/kg，0.35mm 厚 $P_{15} < 2.5$W/kg，$B_{50} > 1.58$T。随后陆续生产 3 个新牌号，其特点就是使钢质纯净，碳、硫、氮和氧量尽量降低和提高 Si + Al 含量。高牌号硅钢主要用于大发电机和大电动机。

6.6.1　川崎钢公司制造工艺

1974 年，川崎首先提出加少量混合稀土（REM）来粗化硫化物，晶粒尺寸增大，P_{15} 降低。大于 0.15% Al 的 3% Si 铸坯加热热轧后几乎全部为大于 1μm 粗大 AlN，但产品中存在小于 100nm 小硫化物，即使钢中含 0.003% S 时也有。加 REM 与硫化合成粗大硫化物，经 1200 ~ 1300℃ 加热时固溶硫含量很少。真空处理脱氧后加 REM（47% Ce、25% La、15% Nd 和 4% Pr），以防止 REM 形成氧化物。REM 加入量为 0.003% ~ 0.05%，REM/S = 1 ~ 10（见图 6 - 12）。3.2% Si + 0.42% Al，

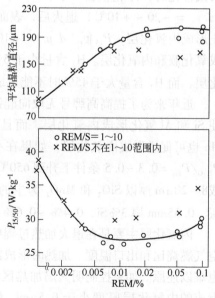

图 6 - 12　REM 含量与退火后晶粒
尺寸和 $P_{15/50}$ 的关系

（3% Si，一次冷轧到 0.5mm 厚，900℃ 退火）

0.005%C，0.004%S，0.0013%O 的铸坯经 1250℃ 加热，一次冷轧到 0.5mm 和 900℃ 退火后，$P_{15} = 2.62$W/kg（50A270 水平），$B_{40} = 1.64$T。随后提出经二次中等压下率冷轧，第二次压下率为 40% ~ 70%，也制成 50A270 牌号，磁各向异性更小。由图6 - 13a 看出，S 含量大于 0.005% 时氧含量降低，P_{15} 只缓慢下降。只有硫和氧含量同时降到某一临界值以下时，P_{15} 明显降低。由图6 - 13b 看出，第二次压下率为 50% 时，B_{50} 最高和 P_{15} 最低，而 P_{10} 随压下率变化不大。P_{15} 的 C/L < 1.15。织构是以 {110}⟨001⟩ 为主并以 ⟨001⟩ 轴为中心而转动的织构，所以 L 方向磁性不变，而 C 方向磁性提高，C/L 值减小。为了降低硫和氧量，真空处理时加钙或镁合金脱硫和脱氧，在氩气下浇铸。0.005%C，3.25%Si + 0.6%Al 的 2.2mm 厚热轧板冷轧到 1mm 厚，在干 70%H_2 + N_2 中，900℃ × 5min 退火，再经 50% 压下率冷轧到 0.5mm 厚，在干的 70%H_2 + N_2 中 1000℃ × 5mm 最终退火，$P_{15} = 2.54$W/kg，$C/L = 1.13$，$B_{50} = 1.69$T，$C/L = 1.06$。如果经 10% 临界变形的二次冷轧法，$P_{15} = 2.81$W/kg，$C/L = 1.16$，$B_{50} = 1.60$T。磁性降低，磁各向异性增大。如果再加入 REM，可形成大于 0.1μm 尺寸的（Ce，La）S 和（Ce，La）$_2O_2$S，使硫化物固溶和析出温度提高，铸坯加热温度可提高到 1250℃，也使成品晶粒尺寸达到约 150μm，P_{15} 低（见图 6 - 14），并且硫和氧含量可分别放宽到小于 0.007% 和小于 0.003% [55]。

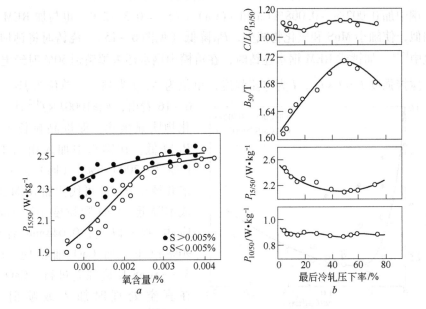

图 6 - 13　硫和氧含量与 P_{15} 的关系及第二次冷轧压下率与磁性的关系

（3.2%Si + 0.4%Al，0.01%C，0.35mm 厚，干气中 1000℃ × 5min 退火）

a—S 和 O_2 与 P_{15} 的关系；b—压下率与磁性的关系

1978 年公开发表 50A270 和 35A250 产品制造方法，即在碳、硫、氧和氮量低的纯净钢中加 REM，经二次中等压下率冷轧和高温短时间退火就可使晶粒长大，制成以 {hkl}〈001〉为主的织构。由图 6-4 看出，S 含量小于 30×10^{-6}，N 含量小于 30×10^{-6} 和 O 含量小于 20×10^{-6} 时，退火后平均晶粒尺寸可达 $100 \sim 150 \mu m$，P_{15} 降低。当时要把硫降到 20×10^{-6} 是很困难的，成本过高。因此加 REM 使硫化物粗化，促使晶粒长大到 $100 \sim 150 \mu m$，同时可提高铸坯加热温度便于热轧。含 $0.4\% \sim 0.6\%$ Al 时第二次冷轧压下率约 50% 的磁性最好。含 1.1% Al 时合适的压下率为 60% ~ 70%，而且磁性更高。因为 {100} 组分明显提高，{111} 只略有加强。但由于 3% Si + 1.1% Al 钢热轧板较脆和浇铸

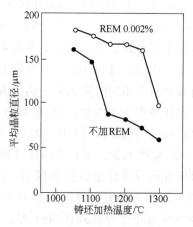

图 6-14　加 REM 时铸坯加热温度与
成品晶粒尺寸的关系

(3.2% Si + 0.6% Al, 0.007% S,
0.0028% O_2，一次冷轧到
0.35mm 厚，900℃ ×5min 退火)

困难。所以产品中含 0.6% Al 和第二次经 50% 冷轧。0.5mm 厚板 $P_{15} = 2.45W/kg$，$B_{50} = 1.70T$；0.35mm 厚板 $P_{15} = 2.0W/kg$，$B_{50} = 1.69T$[56]。

钢中加 0.002% ~ 0.008% Ca 和 $w(Ca)/w(S) = 0.3 \sim 2.0$，也与加 REM 的作用相似，使细小 MnS 和氧化物减少，P_{15} 降低（见图 6-15）。浇铸时将钙加在中间包中[57]。加钙或 REM 钢水连铸时，在铸模中钢水还未填满到 50% 时经电磁搅拌。搅拌强度 $F = I \times f^{\frac{1}{2}}$，$I$ 为电流强度，单位为 A，f 为频率，单位为 Hz。由图

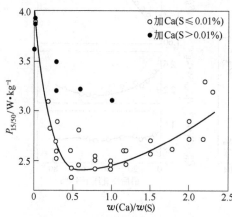

图 6-15　$w(Ca)/w(S)$ 比与 $P_{15/50}$ 的关系

(3.2% Si + 0.4% Al，一次冷轧到 0.50mm 厚，
900℃退火)

6-16 看出，$F \geqslant 1000I \times f^{1/2}$ 时，使硫化物明显聚集，促进晶粒长大和使 P_{15} 降低。在钢水中加入相当于 400[S%] ~ 2000[S%]（kg）的 CaO 粉末并经充分搅拌可代替加 REM 或钙，成本降低。CaO 颗粒度小于 1mm 者应占 99% 以上，0.044mm 者应占 90% 以下。加 CaO 细粉使 CaO + S──→CaS 反应往右进行。CaO 粉可在真空处理时加入或喷射在钢包中[58]。

1983 年公开发表 50A250 和 50A230 产品制造方法。其主要特点

是在冶炼时使硫、氮和氧含量进一步降低，即 S 含量不大于 15×10^{-6}，N 含量不大于 25×10^{-6}，O 含量不大于 20×10^{-6}，C 含量不大于 50×10^{-6}。采用顶底吹转炉和三次脱硫工艺：铁水预脱硫，在顶底吹转炉中加 REM 或钙、镁的二次脱硫，真空处理时加 REM 或钙、镁和特殊熔剂三次脱硫。3.28% Si，0.6% Al 钢 0.50mm 厚产品典型磁性：$P_{10} = 1.03$ W/kg，$P_{15} = 2.43$ W/kg，$B_{50} = 1.68$ T。热轧板经 900～1050℃ 常化和一次冷轧法（也可采用二次冷轧法），在干的 70% H_2 + N_2 中最终退火以小于 300℃/min 速度快升到 980～1000℃ ×3min 退火，

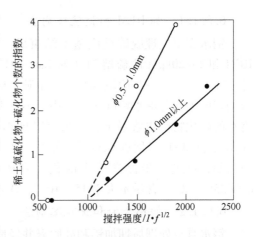

图 6-16　电磁搅拌强度与稀土氧硫化物和硫化物尺寸的关系
（2.74% Si + 0.25% Al，0.006% S，0.015% REM）

可使 P_{15} 进一步降低（$P_{15} = 2.36$ W/kg，$B_{50} = 1.70$ T）。如果以 250℃/min 升温，$P_{15} = 2.48$ W/kg，$B_{50} = 1.69$ T。在硫、氧和氮量很低时，再结晶行为发生了变化，促使 {100} 〈uvw〉 组分加强，P_{15} 低和 C/L 低，磁各向异性小，同时 $\overline{B}_{50}$ 高。快升温使 {100} 组分进一步增多。钢中大于 1μm 的夹杂物数量应小于 120 个/mm^2，并且硅和铝量与产品平均晶粒直径 $\overline{D}$ 应满足下式：$100 + 3.5$(Si% + Al%)^2 ≤$\overline{D}$≤$170 + 5.0 \times$(Si% + Al%)^2。合适的 $\overline{D}$（150～200μm）随（Si + Al）含量增加而增大。大于 1μm 夹杂物数量减少，P_{10} 和 P_{15} 明显降低。最终退火温度可提高约 70℃，$\overline{D}$ 更大，所以 P_{15} 更低。同时合适的晶粒直径 $\overline{D}$ 的范围也更宽，为 150～250μm。此外，当 S 含量不大于 15×10^{-6}，O 含量不大于 20×10^{-6} 和 N 含量不大于 25×10^{-6} 时，钢中残余的 Ti + Zr + Ce + Ca 含量降低，P_{10} 和 P_{15} 也进一步降低。也就是说，S、O 和 N 含量较高时，残余 Ti、Zr、Ce 和 Ca 的有害作用没有显示出来。随后又提出热轧板中大于 5μm 夹杂物数量控制在 80 个/mm^2 以下，以后采用 750～850℃ ×1～4min 和 900～1000℃ ×1min 两段式退火工艺，P_{15} 明显降低，也达到 50A270 和 35A250 水平。因为夹杂物促进 {111} 晶粒生核，夹杂物数量少，{111} 组分减弱[59]。同时加入 REM + 脱硫剂（CaO + CaF$_2$），其中 REM 加入量不大于 10% 时形成不小于 4μm 粗大硫化物 + AlN 或 Al$_2$O$_3$ 复合析出物，占总硫化物 80% 以上，而小于 1μm 硫化物小于 20%，P_{15} 低，达 50A230 水平[60]。

为了降低钢水中硫、氧和夹杂物含量，在冶炼方面采取的具体措施有以下几方面。

6.6.1.1　加 REM 和脱硫熔剂法

钢水真空处理脱碳反应基本结束后，加铝和硅充分脱氧，再加 $0.1 \sim 2kg/t$ REM 和 $2 \sim 20kg/t$ 脱硫熔剂（如 $CaO + CaF_2$，Na_2CO_3，或 $NaOH$ 等）并充分搅拌，在真空下进一步脱硫和脱氧。单独形成的 $(Ce, La)S$ 或 $(Ce, La)_2O_2S$ 化合物密度大，与钢水密度之差减小而不易上浮。但同时加入脱硫熔剂就形成了密度小的硫化物而更容易上浮，硫可降到小于 0.001%。加 CaO 的同时加 CaF_2 或 Fe_2O_3 或 $CaCO_3$ 可促进 CaO 更快熔化。如果在脱硫熔剂中加入小于 1% SiO_2 难还原熔剂，可进一步促进稀土硫化物和硫氧化物上浮。钢水中 $[S] + [O] \leqslant 0.0035\%$，即 S 含量不大于 15×10^{-6}，O 含量不大于 20×10^{-6}[61]。

6.6.1.2　加钙合金和脱硫熔剂法

钢水真空处理后期加铝和硅脱氧并经搅拌使氧化物上浮后，停止真空处理并在钢包中大气压下喷入颗粒合适的 Ca 与 SiO_2 的合金（最好采用包在薄纯铁带中的丝状金属钙）和脱硫熔剂，形成 CaS 和 CaO 进一步脱硫和脱氧，这与加 REM 作用相同。CaS 在铸坯加热时不会固溶，防止细小硫化物析出。再者，钙在钢水温度下的蒸气压很大，通过搅拌也促使 CaS 和 CaO 上浮。因为钙加入后就汽化，所以不能在真空处理时加入。钙合金加入量为 $1 \sim 3kg/t$，脱硫熔剂加入量为 $1 \sim 6kg/t$ 时，钢水中 $S + O \leqslant 0.0035\%$。脱硫熔剂形成的硫化物与 CaS 和 CaO 组成大块硫氧化合物复合夹杂更容易上浮[62]。

6.6.1.3　转炉中轻吹氮气法

一般转炉吹炼后出钢前钢水中含 $0.03\% \sim 0.05\%$ C。如果吹炼后在喷嘴中通入氮气，在钢水面上轻吹约 5s 可使出钢时 C 含量不大于 0.02%，O 含量不大于 450×10^{-6}，而吹氮前钢水中 C 含量为 $0.02\% \sim 0.04\%$，O 含量为 $450 \sim 600 \times 10^{-6}$。这可使真空处理时间缩短 $10 \sim 15min$，铸坯中碳和氧量都降低，C 含量不大于 0.003%，O 含量为 9×10^{-6}，所以成品 P_{15} 也降低[63]。

6.6.1.4　促进夹杂物上浮法

连铸时中间包中钢水至少保持有 50t 以上，并且连铸机垂直部位的长度至少在 2m 以上时，可使夹杂物有充分时间上浮，所以数量明显减少，铸坯中硫和氧含量也明显降低，硫可达 5×10^{-6}，O 达 8×10^{-6}[64]。

上述 S 含量不大于 15×10^{-6}、O 含量不大于 20×10^{-6}、N 含量不大于 25×10^{-6} 纯净钢的热轧板以大于 $10\text{℃}/s$ 速度快升到 $1000 \sim 1100\text{℃} \times 30 \sim 60s$ 常化后，以 $10 \sim 100\text{℃}/s$ 速度快冷，一次冷轧后再以大于 $10\text{℃}/s$ 速度快升到 $950 \sim 1100\text{℃} \times 10 \sim 30s$ 最终退火工艺，0.5mm 厚板 $P_{15} < 2.3W/kg$，$B_{50} > 1.69T$，达到 50A230 最高牌号水平。快升温促使 $\{100\}$ 和 $\{110\}$ 组分增多。最终退火时加合适的张力 F。F 的合适范围为：$\exp\{4.8 + 0.023 \times s - (6.7 + 0.038 \times s) \times 10^{-3} K\} \leqslant F \leqslant \exp\{4.9 + 0.02 \times s - (5.2 + 0.03 \times s) \times 10^{-3} K\}$，式中 s 为退火时间（s），

K 为退火温度（℃）。例如，3.35% Si + 0.65% Al，30×10^{-6} C，7×10^{-6} S，15×10^{-6} O，17×10^{-6} N 热轧板，以 30℃/s 速度升到 1050℃ × 30s 常化，一次冷轧到 0.5mm 厚，在 $d.P. = -25$℃ 的 70% H_2 + 30% N_2 中和加 0.98MPa（0.1kg/mm²）张力下，以 40℃/s 速度升到 1050℃ × 10s 退火，$P_{15} = 2.25$W/kg，$C/L = 1.1$，$B_{50} = 1.715$T。从前工艺施加的张力大于 0.98MPa。采用此工艺也可使钢中杂质元素含量放宽，即 S 含量小于 20×10^{-6}，O 含量小于 20×10^{-6}，N 含量小于 30×10^{-6}，从而降低炼钢成本。如果最终退火后冷速变化控制在小于 10℃/s² ，由于减低冷却产生的应力，P_{15} 进一步降低到 2.19W/kg，$B_{50} = 1.69$T（冷速变化为 5℃/s² ，冷速为 30℃/s）。冷速变化为 20℃/s，冷速仍为 30℃/s 时，$P_{15} = 2.47$W/kg，$B_{50} = 1.69$T[65,66]。1990 年正式生产 50A250 和 35A230 最高牌号。

6.6.2 新日铁公司制造工艺

1980 年提出真空处理加铝脱氧和加硅铁合金化后，加入粒度为 3 ~ 5mm 的 CaO + CaF₂，熔剂加入量为 0.5 ~ 20kg/t，其中 CaF₂ 加入量为 CaO 加入量的 5% ~ 40%，可以进一步脱硫，同时使钢水中 Al_2O_3 和 AlN 与（Ca，Mn）S 形成约 5μm 大块球状复合夹杂（在 Al_2O_3 周围为（Ca，Mn）S 或 AlN 与（Ca，Mn）S 形成球状复合夹杂物）而不阻碍晶粒长大，P_{15} 降低。这种复合球状夹杂物应占硫化物系夹杂物总量的 20% 以上，最好占 50% 以上。这比加 REM 成本低。例如，真空处理脱碳后加 7 ~ 8kg/t 铝完全脱氧和使钢中含 0.45% ~ 0.65% Al，再加硅铁合金化到约 3% Si，然后加 3 ~ 8kg/t CaO + 0.6 ~ 1.6kg/t CaF₂，再经 15min 搅拌，真空处理结束时的真空度为 40 ~ 67Pa。脱硫效率为 45% ~ 68%，球状复合夹杂物数量大于 50%。经常化、一次冷轧到 0.35mm 厚；退火后 $P_{15} = 2.39$W/kg，达 35A250 牌号[67]。

新日铁首先采用热轧板常化和一次冷轧法制造工艺生产高牌号。C 含量不大于 30×10^{-6}，S 含量不大于 50×10^{-6} 和 N 含量不大于 40×10^{-6}，热轧板经 900 ~ 1000℃ × 2 ~ 5min（如 950℃ × 2.5min）常化，一次 70% ~ 80% 压下率冷轧后，在干 H_2 + N_2 中（$P_{H_2O}/P_{H_2} < 0.1$）1000 ~ 1100℃ × 1 ~ 2min 退火后，磁性达到 35A250 水平，C/L 比小，制造成本低。如果 C 含量大于 50×10^{-6}，退火时必须脱碳，此时为防止内氧化层和内氮化层，冷轧板表面可涂碱金属溶液[42]。随后提出二段式连续退火工艺。碳、硫、氮和氧都小于 30×10^{-6} 的更纯净的 3% Si - 0.6% Al 钢经常化和一次冷轧到 0.35mm 厚板，在连续炉前段干的分解 NH₃ 中 850 ~ 1000℃ × 1 ~ 3min 退火，后段经 1000 ~ 1100℃ × 小于 1min 退火，总退火时间小于 5min，产品稳定在 35A230。二段退火工艺可提高一个牌号，晶粒尺寸更均匀。EPMA 分析证明表面下方铝和氮量少（即防止形成 AlN）和无细小晶粒。一段退火法的钢板表面下方铝和氮量高，即形成了 AlN，并残存有细小晶粒。例

如，3.24% Si + 0.63% Al 钢的 2mm 厚热轧板经 980℃ × 2min 常化，一次冷轧到 0.35min 厚，在 $d.p. = -10℃$ 的 30% H_2 + N_2 中 925℃ × 1min + 1075℃ × 0.2min 退火后 P_{15} = 1.98W/kg，B_{50} = 1.69T。而经 1075℃ × 2min 退火后 P_{15} = 2.16W/kg，B_{50} = 1.68T[68]。

为了能稳定生产 50A270、50A250、35A250 和 35A230 牌号，将钢中铝量从 0.45% ~ 0.65% 提高到 1.0% ~ 1.3%，即（Si + Al）含量从 3.5% ~ 3.9% 提高到 4.0% ~ 4.5%，进一步提高电阻率。不小于 1% Al 可保证一次冷轧和 1050℃ 短时间退火就获得更大的晶粒，并可防止残余 Ti、Zr、Cr 和 V 的有害作用，P_{15} 进一步降低。同时也使铸坯加热温度对磁性的影响减小。不大于 2mm 厚热轧板采用常化和一次冷轧工艺制成 0.50mm 厚产品。大于 2mm 厚热轧板可采用二次中等压下率冷轧工艺制成 0.35mm 厚产品。最终退火时以大于 10℃/s（最好大于 30℃/s）速度快升温，这可使 B_{50} 增高。为防止 Si + Al ≈ 4% 钢冷轧时产生裂纹，钢中残存的 Ti、Zr、B 和 Nb 都分别小于 $50 × 10^{-6}$。常化和一次冷轧后，在 $d.p. = -10℃$ 的 30% H_2 + N_2 中高温一段或二段短时间退火，以防止形成内氧化层和内氮化层。平均晶粒尺寸为 110 ~ 140μm，表面到 80μm 深的表层平均晶粒尺寸大于 30μm。0.5mm 厚板 P_{15} = 2.35 ~ 2.37W/kg，B_{50} = 1.68T，1983 年可稳定生产 50A250 牌号[69]。

1985 年公布制成 50A230 最高牌号，磁各向异性小。钢中硫、氧和氮量分别小于 $20 × 10^{-6}$，C 含量不大于 $30 × 10^{-6}$，Ti 含量不大于 $80 × 10^{-6}$ 和 Zr 含量不大于 $30 × 10^{-6}$，Al 含量约为 1% 的纯净钢经常化和一次冷轧法，然后在干气氛中高温短时间二段式退火，控制气氛中 $P_{H_2O}/P_{H_2} < 0.01$，不形成内氧化层和内氮化层，平均晶粒直径约为 150μm[70]。

如果将二段退火工艺改为前段高温和后段较低温度，即 950 ~ 1100℃ × 5 ~ 60s + 800 ~ 950℃ × 10 ~ 120s，由于冷却产生的内应力小，可使 P_{15} 更低和磁各向异性小。如果采用一段高温短时间退火后，以小于 100℃/min 较慢速度冷到 700℃ 也得到同样效果。0.35mm 厚板 P_{15} = 1.73 ~ 1.76W/kg，B_{50} = 1.71T，P_{15} = 5.1% ~ 5.4%；0.50mm 厚 P_{15} = 1.98 ~ 2.00W/kg，B_{50} = 1.72T，P_{15} = 6.2% ~ 6.9%。按以前 900℃ × 30s + 1050℃ × 10s 二段退火工艺，0.35mm 厚板 P_{15} = 1.84W/kg，P_{15} = 12.9%；0.50mm 厚 P_{15} = 2.13W/kg，ΔP_{15} = 11.8%。控制 S、N 含量分别小于 $20 × 10^{-6}$，Ti、V 分别小于 $30 × 10^{-6}$，最终经短时间一段高温退火，0.5mm 厚 3% Si + 1% Al 钢，P_{15} = 2.08W/kg，B_{50} = 1.67T，也达到 50A230 最高牌号[71]。

6.6.3　日本钢管公司制造工艺

碳、硫和氮量分别不大于 $30 × 10^{-6}$ 纯净钢，铸坯经 1050 ~ 1150℃ 加热，热轧后低于700℃卷取，热轧板先酸洗，再在干的大于5% H_2 + N_2 中预退火，温度 T 与保温时间 t(min) 应满足以下关系式： $-131.3\lg t + 1012.6 \leq T \leq -128.5\lg t + 1078.5$。成品磁性达50A250牌号水平。其特点是：（1）铸坯低温加热防止AlN固溶，并使预退火时AlN更易聚集粗化，缩短预退火保温时间；（2）低温卷取防止再形成氧化铁皮，便于酸洗；（3）酸洗后在保护气氛中预退火可防止氧化、增氮和促使AlN粗化。如果高于700℃卷取酸洗后由于不能去掉内氧化层，预退火时促进增氮反应，因为内氧化层可作为渗氮触媒，使渗氮层深度增大。预退火温度提高，保温时间可缩短。酸洗后预退火可使 P_{15} 明显降低。例如，3.1% Si + 0.53% Al铸坯1080℃加热，630℃卷取，2mm厚热轧板酸洗和在干的75% H_2 + N_2 中850℃～30min预退火，一次冷轧到0.5mm厚，在 d.p. = -10℃的25% H_2 + N_2 中950℃×2min退火，P_{15} = 2.45～2.48W/kg，B_{50} = 1.68T。如果将铸坯加热温度提高到1150～1250℃，预退火温度 $T \geq -128.5\lg t + 1078.5$，如850℃×3h，也可得到同样的磁性。根据Si + Al含量调整卷取温度（CT），即：

$-4.3(Si + Al)^2 + 52.1(Si + Al) + 452.1 \leq CT \leq 11.2(Si + Al)^2 - 147.3(Si + Al) + 1136.1$，可不形成内氧化层和容易酸洗，并省掉预退火[72]。

最终退火时根据硅含量和退火温度（T）控制好钢带单位面积上的张力（σ），使钢带在退火时产生0.05%～0.15%伸长率，铁损降低。即在 $\sigma \geq$ 0.98MPa条件下：

1.0%～1.5% Si时，800℃ $\leq T \leq$ 950℃，$-0.0025T + 2.38 \leq \sigma \leq -0.0025T + 2.58$；

1.5%～2.0% Si时，$T \geq$ 800℃，$-0.0034T + 3.22 \leq \sigma \leq -0.0034T + 3.42$；

2.0%～4.0% Si时，870℃ $\leq T \leq$ 1050℃，$-0.0017T + 1.80 \leq \sigma \leq -0.0017T +$ 2.00。

由于钢板表面有残余拉应力，可使表层畴壁更容易移动和磁畴细化，所以轧向 P_{15} 降低和低磁场下磁性提高（一般产品表面100μm深地区晶粒小，所以表层磁性低）。例如，0.5mm厚的3.35% Si + 0.42% Al冷轧板经950℃退火并加2.94MPa张力，钢带延伸0.09%，P_{15} = 2.04W/kg，B_3 = 1.41T。如果最终退火后以 v_1 < 8℃/s速度冷到550～620℃，再以 v_2 速度冷到300℃，并且 $v_1 < v_2 \leq 4v_1$，同时从退火温度冷到300℃期间的平均冷速大于5℃/s时，低磁场下磁感 B_3 和 B_5 提高。因为退火张力、炉底辊引起的钢带弯曲以及冷却产生的热应力都可阻碍畴壁移动[73]。

热轧板酸洗后先经轻微预冷轧（3%～6.5%压下率）再经预退火，预冷轧压下率（ε）和预退火温度（T）满足以下两个关系式，促使冷轧前晶粒尺寸增大，P_{15} 降低，达到50A250水平，冷轧板波高 $\Delta h \leq 5\mu m$，叠片系数也高：

$$\exp\{3.13 - 1.05(Si + Al)\} \leq \varepsilon \leq \exp\{2.1 - 0.1(Si + Al)\}$$
$$50(Si + Al) + 620℃ \leq T \leq 50(Si + Al) + 740℃$$

如果预冷轧压下率控制不好，预退火引起局部地区发生反常晶粒长大，冷轧后出现瓦垅状缺陷，$\Delta h \geqslant 5\mu m$。大于 7% 压下率冷轧和预退火后晶粒小。预退火温度 T 超过规定上限可形成深度大于 $20\mu m$ 的氮化层，低于规定下限时再结晶不完全。$Si + Al \leqslant 1.5\%$ 时 T 为 750℃，$Si + Al \leqslant 3\%$ 时 T 为 800℃，大于 3% 时 T 为 850℃（保温时间都为 3h）。也可采用二次中等压下率冷轧法制造，低于 650℃ 卷取和省掉预退火。中间退火时，在箱式炉中以 40 ~ 200℃/h 速度升温，退火温度（T）和退火时间（t）应满足下式：$T \geqslant -128.5\lg t + 811.3$。成品 $\{110\}\langle 001\rangle$ 组分增高，B_{50} 提高到 1.70T 以上，P_{15} 达 50A250 牌号。控制中间退火升温速度，使升温阶段析出新的 AlN，这对优先产生 $\{110\}\langle 001\rangle$ 晶核很重要。升温过快，可迅速发生再结晶，织构是混乱的。升温过慢，由于 AlN 析出温度低于再结晶温度，新析出的 AlN 粗化，$\{110\}\langle 001\rangle$ 晶核发源地减少。这都使 B_{50} 降低。中间退火为 $d. p. = -20℃$ 的 75% $H_2 + N_2$，第一次经 50% ~ 70%，第二次经 60% ~ 70% 压下率冷轧，在 $d. p. = -20℃$ 的 25% $H_2 + N_2$ 中 950℃ × 2min 最终退火[74]。

铸坯表面温度降到高于 1000℃ 保温后直接经大于 20% 压下率粗轧到 30 ~ 40mm 厚的薄板坯，在高于 900℃ 温度下停留 40s 以上再进行精轧，低于 650℃ 卷取，酸洗后经 800 ~ 1000℃ 预退火，保温时间 t 和预退火温度 T 应满足下式：$\exp(-0.022T + 21.6) \leqslant t \leqslant \exp(-0.03T + 31.9)$，或是粗轧后立即精轧时控制预退火 T 和 t 为：$\exp(-0.018T + 19.4) \leqslant t \leqslant \exp(-0.022 + 25.4)$，成品达 50A250 牌号，并节省能源。为使 AlN 和 MnS 粗化，铸坯直接热轧前要保温。粗轧后在高于 900℃ 停留 >40s，使 AlN 充分析出并粗化（AlN 析出动力学曲线鼻子处温度范围为 800 ~ 1000℃）。停留期间薄板坯边部降温快，最好边部加热，以防止精轧时边裂。低于 650℃ 卷取可防止再析出 AlN。预退火温度规定为 800 ~ 1000℃，这使 AlN 充分粗化。为了减少细小 AlN 和 MnS 数量和使它们粗化，可加少量硼，$w(B)/w(N) = 0.5 ~ 2.0$[75]。日本钢管采用 950℃ 较低温度进行最终退火。

6.6.4　住友金属公司制造工艺

住友金属首先提出 0.01% ~ 0.02% C，3.5% ~ 4.5%（$Si + Al$），0.2% ~ 1.5% Mn 纯净钢热轧板经 900 × 60s 常化后，以小于 10℃/s 速度快冷，一次冷轧到 0.5mm 厚，在 $d. p. = -40℃$ 的 H_2 中以大于 10℃/s 速度快升到 1000℃ × 60s 退火后，再在 $d. p. = +30℃$ 的 $H_2 + N_2$ 中脱碳退火，磁性高，因为常化后快冷和退火快升温可使固溶碳量增高，抑制 $\{111\}$ 组分增高。随后提出 2% ~ 3.3% Si，1% ~ 2% Al，1% ~ 2% Mn 和小于 5%（$Si + Al + 0.5 \times Mn$）的纯净钢经 1150 ~ 1200℃ 加热和热轧，高于 800℃ 终轧和不高于 600℃ 卷取，酸洗后在 100% H_2 中 800 ~ 1100℃ × 1h 预退火和一次冷轧到 0.5mm 厚，1050℃ × 60s 退火后 $P_{15} <$ 2.3W/kg，达 50A230 牌号，$B_{50} \approx 1.7$T。同时加 Al 和 Mn 使 P_{15} 和 $P_{10/400}$ 降低，因

为电阻率 $\rho \approx 62\mu\Omega \cdot cm$，并且由于 Al 改善织构，所以 B_{50} 也高。铝量高晶粒大，而锰量高晶粒小，同时加 Al 和 Mn 退火后晶粒尺寸合适，而且 AlN 和 MnS 更易粗化。Al 比 Mn 降低 P_{15} 和 $P_{10/400}$ 更明显。如果 3.25% Si + 0.83% Al + 0.25% Mn 钢不经预退火，冷轧板经直接通电快速加热法，可减轻内氧化层和改善织构，同时钢带运行速度加快，产量增高。0.5mm 厚板 P_{15} 达 50A250 牌号，$B_{50} = 1.69T$。由于冷轧前晶粒尺寸小（$10 \sim 15\mu m$），所以磁各向异性小。如果将锰量提高到约 5%，并且 Si(%) + Al(%) - 0.5 × Mn(%) ≤ 2%，$\rho = 82\mu\Omega \cdot cm$。由于锰促进相变，热轧板晶粒小且均匀，改善了冷轧加工性。热轧板经预退火或常化，冷轧前预热到低于300℃，0.5mm 厚板经970℃×1min 退火后 $P_{15} = 2.05 \sim 2.15W/kg$，达 50A230 牌号，$B_{50} = 1.62T$。3.2% Si，3.2% Al，0.3% Mn 钢，ρ 也为 $82\mu\Omega \cdot cm$，常化和二次中等压下率冷轧，第二次冷轧在 200 ~ 300℃ 冷轧到 0.35mm 厚，$P_{13/1000} = 96W/kg$，$B_8 = 1.36T$，与非晶材料相近。2.5% Si + 2.5% Al + 0.3% ~ 2.4% Mn 钢，$\rho \approx 65 \sim 73\mu\Omega \cdot cm$，0.35mm 厚板 $P_{10/400} = 10 \sim 15W/kg$，$B_8 = 1.41T$[76]。

为获得 C、S 和 N 含量分别小于 20×10^{-6} 的高纯净硅钢，住友金属提出转炉冶炼后加锰铁，在钢水温度为 1640 ~ 1680℃ 时 RH 真空处理，直到钢水中 w(C) ≈ 20×10^{-6} 后，在 133 ~ 267Pa 真空下按图 6 - 17 所示的喷料管 5（其前端装有 ϕ25mm 喷 Ar 管，喷料管 5 与钢水的距离为 1.5m），借助于吹 Ar 喷入约 0.15mm 颗粒的铁矿石粉继续脱碳到约 6×10^{-6}，同时进行脱氮，此时锰量没什么变化。然后加铝脱氧和调整铝量到规定范围，加硅铁合金化，再从图 6 - 17 中 4 处喷入 70% CaO + 30% CaF₂ 脱硫剂细粉末，脱硫率约67%，w(S) = 9×10^{-6}。脱硫剂加入速度约为 100kg/min，总加入量为 5kg/t。加入后将钢水下降管 2b 提起。因为脱硫剂带入碳，钢水中碳含量回升约 2×10^{-6}，但碳含量仍可保证为不大于 10×10^{-6}。脱硫反应靠熔渣 - 钢水界面反应。如果钢水中氧含量高，脱硫效果低，因为脱硫产物上浮，硫又返回钢中。因此必须先用铝脱氧并充分搅拌后再加脱硫剂，以扩大反应界面促进脱硫。按一般 RH 处理工艺，碳脱到约 20×10^{-6} 时脱碳反应停止，此

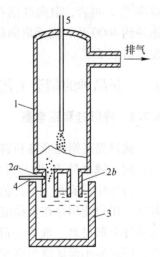

图 6 - 17　RH 处理喷入铁矿石粉脱碳剂和脱硫剂装置示意图

1—RH 真空室；2a—钢水上升管；2b—钢水下降管；3—钢包；4—喷 Ar 气或脱硫剂孔；5—喷铁矿石粉管

时必须吹 Ar 扩大反应界面或吹 O_2 继续脱碳，这破坏了真空。吹 O_2 也使钢水中氧含量和氧化物夹杂增多，锰的回收率降低（从 RH 处理前的约 0.3% Mn 降到约 0.15% Mn），RH 处理后期必须加金属锰。按一般 RH 处理脱硫工艺，为防止脱

硫剂细粉在真空中被抽走，在加料槽中加入较粗的脱硫剂，由于反应界面小，脱硫效果差。如果 RH 处理后在大气下加脱硫剂，钢水温度降低快，并且氮量可增到约 $38 \times 10^{-6[77]}$。随后提出在喷料管 5 吹 Ar 的同时喷入脱硫粉末剂（不在 4 处喷入），$CaO + CaF_2$ 粉末尺寸小于或等于 100 目，加入量为 10kg/t，平均脱硫效率达 85%，硫含量可将到 5×10^{-6}，同时氮含量也降到 15×10^{-6} 以下。以前采用转炉出钢后在钢包中喷脱硫剂，再经 RH 处理方法。而本法在 RH 处理时脱硫，RH 处理时间不延长，所以从出钢到连铸开始时间缩短约 40%，工艺简化，而且从转炉出钢到连铸开始的热损失可减少约 26%，该技术于 1999 年在生产中正式使用[78]。

日本生产的这三个高牌号无取向硅钢制造的汽轮发电机定子铁芯与用 0.35mm 厚取向硅钢制造的铁芯相比，由于无取向硅钢各向磁性更均匀，平均 P_{15} 和转动损耗更低，轧向杨氏模量约高 30%（强度高），对轧向的谐波磁通更不敏感，制成的定子铁芯可使发电机效率提高。而用取向硅钢制造的发电机很难提高效率[56]，再者，取向硅钢有硅酸镁底层，冲片性比无取向硅钢明显低，一次只能冲约 4000 片，而无取向硅钢可冲 100 万片。这三个高牌号也更适合用作水轮发电机定子[79]。

6.7　新品种的制造工艺

6.7.1　降低硅和铝含量

通过提高钢纯净度和制造工艺的改进，特别是热轧板经常化或预退火改善织构，同一牌号的 P_{15} 明显降低，B_{50} 也提高，最大 P_{15} 保证值与典型值可差 2 个牌号（标准中只有最大保证值，没有最低保证值）。市场上同一牌号的磁性有很大差别，用户使用存在不稳定状态。将同一牌号的（Si + Al）含量适当降低，μ、B_{50} 和热导率都提高，成本也降低，对生产和用户都有利，电机效率提高和温升减小，同时缩小保证值与典型值之间的差异。现在很多制造厂采用此法。表 6 - 2 所示为瑞典 Surahammar 公司现在生产的 3 个牌号（Si + Al）含量。主要制造工艺是降低铸坯加热温度（约 1100℃），炉卷轧机热轧（回复和再结晶完善，析出物粗化）和二段式最终退火[80]。

表 6 - 2　瑞典 Surahammar 公司生产的 3 个牌号的（Si + Al）含量

牌　号	以前（Si + Al）含量	现在（Si + Al）含量	今后（Si + Al）含量
M700 - 50A	1.3Si - 0.1Al	0.7Si - 0.1Al	0.2Si - 0.05Al
M530 - 50A	1.8Si - 0.2Al	1.3Si - 0.1Al	0.7Si - 0.1Al
M400 - 50A	2.3Si - 0.2Al	1.8Si - 0.2Al	1.3Si - 0.1Al

比利时 Arcelo-Mittal Inox 钢公司也生产这类产品，采用转炉冶炼，VOD 法真空处理，炉卷轧机精轧，热轧板常化。由于(Si + Al) 含量降低，新牌号热导率和 B_{50} 更高，0.5mm 厚 $P_{15} = 2.26$W/kg，达 50A230 水平，$B_{50} = 1.70$T，冲片性更好（由于硬度降低），0.35mm 厚 $P_{15} \leq 1.95$W/kg，$B_{50} = 1.72$T，$P_{10/400} = 16$W/kg，成品 {200} 组分增多[81]，表 6-3 为 M530-50A 牌号特性对比。

表 6-3　M530-50A 牌号特性对比

名　　称	1.8Si-0.2Al（以前产品）	1.3Si-0.1Al（现在产品）
P_{15}/W·kg^{-1}	3.9	4.8
J_{2500}/T	1.58	1.64
热导率/W·(m·K)$^{-1}$	33	50

6.7.2　含锑或锡钢

川崎首先提出，在小于 0.01% C 和不大于 0.005% S 的硅钢中加 0.02% ~ 0.1% Sb，热轧板经 800 ~ 900℃ × 5h 预退火可明显提高磁性。证明硫量低并加锑使 (111) 组分减弱，{100}〈uvw〉组分加强，并促使晶粒长大。因为最终退火时 (111) 晶粒在原晶界处生核，而锑在晶界偏聚可阻碍 (111) 晶粒形成。钢中硫量高时，硫沿晶界偏聚，从而减少锑偏聚量。热轧板预退火使晶粒粗化，原晶界所占面积减少，也使 (111) 晶核数量减少。再者，预退火后冷速慢（约 0.2℃/s），促使锑偏聚量增高。950℃ × 5min 常化与 800℃ × 5h 预退火后的晶粒尺寸相同，由于冷速快（约 200℃/s），锑偏聚量少，磁性也提高，但低于预退火工艺。锑在 700℃ 附近就开始沿晶界偏聚。1980 年公开发表含锑钢新产品[56]。加入 0.04% ~ 0.15% Sn 也与加锑有同样作用[82]。

新日铁提出，在 1.5% ~ 2.0% Si 纯净钢中同时加入 0.04% ~ 0.1% Sn 和 0.002% ~ 0.004% B，$w(B)/w(N) = 0.5 ~ 1.5$，热轧板经高于 700℃ 卷取（最好卷取后加保温罩）或高于 850℃ 常化处理，最终短时间退火就可使铁损降低，$B_{50} > 1.71$T。例如，1.5% Si，0.022% Als，0.0021% B，0.065% Sn，而 C、S、N 和 O 量分别等于或小于 30×10^{-6}，900℃ × 2min 常化，一次冷轧到 0.5mm，900℃ × 20s 退火后，$P_{15} = 3.58$W/kg，$B_{50} = 1.75$T[83]。2% Si + 0.3% Al 钢中加 0.03% ~ 0.1% Sn 和 0.1% ~ 0.2% Cu，高于 970℃ 终轧后停留 1 ~ 7s 再喷水冷却，促进热轧板再结晶和晶粒长大，不经常化，0.5mm 厚板 $P_{15} \leq 3.5$W/kg，$B_{50} \geq 1.69$T[84]。

为了节能和环保，现在已普及用变频器（PWM）驱动电机和采用电动汽车。电机转数提高（工作频率增高），电机效率可明显提高。如空调压缩机电机和电动汽车驱动电机的效率可提高到 85% 以上。要求电工钢 P_{15} 和 $P_{10/400}$ 低，B_{50} 高

（为提高转矩和降低铜损），冲片加工
性好，消除应力退火后磁性更高。日
本广泛采用转子埋有永磁体的无刷式
直流电机（简称 BLDC 或 IPM 电机）
来代替通用的感应电机，同一功率的
电机效率可提高 0.5% ~ 1%。图 6 -
18 所示为电动汽车驱动电机，要求的
电工钢特性，电机启动时转矩要高，
高转速正常运转时 $P_{10/400}$ 低，电机效率
要高。同时要求强度高和冲片性好。
BLDC 最大转速约为 1500r/min，空载
时 为 2100r/min。交流电机分别为

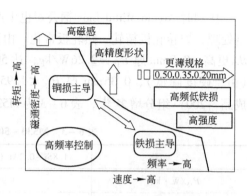

图 6 - 18　电动汽车性能与驱动电机
所用无取向电工钢之间的关系

2300r/min 和 2400r/min。BLDC 最大转速的频率为 100Hz，而交流电机为 120Hz。
由图 6 - 19 看出，$P_{10/400}$ 降低，BLDC 电机效率提高。图 6 - 20 表明 B_{50} 提高，
BLDC 电机转矩提高。为满足上述要求，川崎于 2001 年开发并生产 7 个牌号 RM-
HE（现称 JNE）系列（见图 6 - 21 和图 6 - 22）。其工艺特点是：（1）钢质纯
净，S、N、O、Ti、Zr、V、Nb 等元素含量分别小于 30×10^{-6}；（2）Si 含量从
3% ~3.5% 降到 2.0% ~2.5%，并调整好 Al 和 Mn 含量，保证产品 HV < 200，
提高冲片性（不小于 3% Si 钢 HV > 200，冲片性不好）；（3）加 0.025% ~
0.05% Sb，改善织构和防止消除应力退火时钢板氧化和渗氮，提高 B_{50} 和降低铁
损；（4）热轧板经 950 ~1050℃常化；（5）一般经冷连轧机在板温为 100 ~150℃和
最后一道压下率大于 20% 冷轧，改善织构；（6）控制内氧化层的 O 小于 1.3g/m²，
绝缘膜附着性提高；（7）最终经消除应力退火。新产品通过改善织构和降低 Si

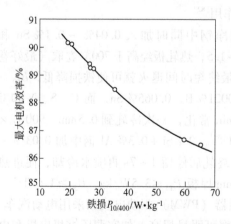

图 6 - 19　电机效率与无取向电工
钢铁损之间的关系

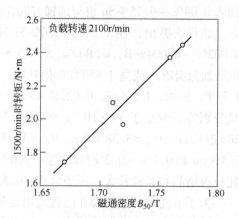

图 6 - 20　磁感 B_{50} 与 BLDC 电机
转矩之间的关系

量，B_{50} 提高 0.03T 以上，而 P_{15} 和 $P_{10/400}$ 与 3% Si 相同，磁各向异性小。为进一步降低 $P_{10/400}$，板厚可减薄到 0.30 和 0.25mm。按以上工艺已开发和生产了 0.2mm 厚 RMHF 系列产品[85]。

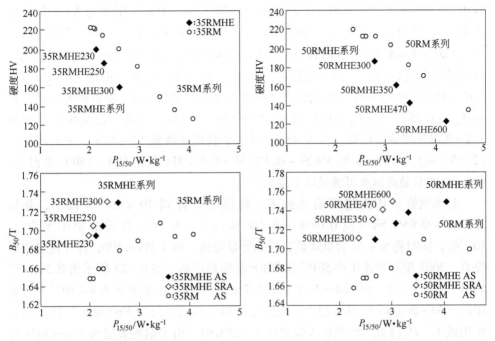

图 6 - 21　0.35mm 厚 RMHE 系列牌号的力学性能和磁性能

图 6 - 22　0.5mm 厚 RMHE 系列牌号的力学性能和磁性能

　　为提高电阻率，钢中含 0.4% ~ 0.5% Al 和 0.2% ~ 0.3% Mn[85,86]。但 Al 含量大于 0.1% 时钢水黏度增高，浇铸困难，促进钢板氧化形成含有 Al_2O_3 内氧化层，轧辊磨损严重，而且提高硬度，使冲片性降低。为此将 Al 量降低到小于 0.02%，同时由于 N 含量小于 30×10^{-6} 还可防止析出细小 AlN。Al 低还使不同位向晶粒的晶界移动速度差别增大，促进 {100} 晶粒优先长大和抑制 {111} 晶粒长大。而 Sb 又防止消除应力退火时钢板氧化和渗氮，表层不会析出细小 AlN。0.35mm 厚板 $P_{15/50} \leqslant 3.2W/kg$，$B_{50}$ 更高，磁各向异性小和 HV < 200。低 Al 钢叠片焊接加固时产生的气体增多，焊区气孔多，强度降低，但由于 Sb 在钢板表面偏聚可防止钢板产生氧化，减少焊接时产生的气体，提高了焊接性。加 Sb 使消除应力退火后耐蚀性降低，如果同时再加 0.02% ~ 0.08% Cu，最终涂不含 Cr 半有机涂层可提高耐蚀性，因为 Cu 在表面富集阻碍表面氧化[87,88]。

　　2.2% ~ 3% Si - 0.2% ~ 0.4% Al 钢中加入 Sb、Sn（也可再加 Ni、Cu），以大于 20℃/s 速度升温和小于 2MPa 张力下退火后，经小于 25℃/s 速度冷却。磁各向异性小。$[B_{20}(L) + B_{20}(C) + 2B_{20}(D)]/4 \geqslant 1.55T$，$B_{20}(D) \geqslant 0.96 \times [B_{20}(L) +$

$B_{20}(C)]/2$ 和 $P_{15/50}(D) \leqslant 1.10[P_{15/50}(L) + P_{15/50}(C)]/2$。制成的 BLDC 电机效率可提高 2% 以上。成品 {100} 和 {110} 组分增高，D 方向磁性也提高，转矩脉动小于 0.5%，操纵时电机滑动性好。大于 2% Si 可保证高次谐波下铁损变坏率减小。0.35mm 厚 2.2% Si - 0.25% Al - 0.05% Sb - 1% Ni 钢 $B_{20}(L) = 1.67$T，$B_{20}(C) = 1.62$T，$B_{20}(D) = 1.58$T，$P_{15/50}(L) = 2.2$W/kg，$P_{15/50}(C) = 2.64$W/kg，$P_{15/50}(D) = 2.6$W/kg[89]。BLDC 电机设计的 B_m 比交流电机更高，B_{100} 值更重要，目的是提高电机转矩，但空载损耗也增高，电机效率降低。根据公式 $B = J + \mu_0 H$，由于高磁场下 B 与磁化强度 J 的差别增大，此时以 J_{100} 为指标更合适。控制 $J_{100} \geqslant 1.75$T，$J_{10}/J_{100} \leqslant 0.8$ 和 $P_{20} \leqslant 3$W/kg，{111} 强度与混乱织构之比为 3.5 ~ 9 以及成品晶粒尺寸大于 45μm 时，空载损耗降低 12 ~ 16W，最大转矩高 (2.5N·m)。0.35mm 厚 3% Si - 0.3% Al - 0.5% Mn 钢经 600 ~ 750℃ 预退火，900 ~ 1000℃ 最终退火可满足以上要求[90]。

日本钢管采用先进的冶炼技术，将钢中 S 降到 10×10^{-4}% 以下，并加 0.02% ~ 0.05% Sb（或 0.04% ~ 0.1% Sn），C、N、O、Ti 等分别小于 20×10^{-4}%，同时将 Si + Al 含量降低，磁性明显提高。由于 HV < 200，冲片性也明显提高。2002 年开发并生产 50BF 和 35BF 系列新产品。图 6 - 23 所示为 0.5mm 厚 50BF 系列的磁性。由图 6 - 24 看出，2.7% Si - 0.3% Al 钢中 S 为 4×10^{-4}% 与通用的 $(30 ~ 50) \times 10^{-4}$% S 相比，成品晶粒明显增大，因为 MnS 很少，钉扎晶界作用减小，P_h 降低。但当退火温度高于 975℃ 时，由于钢板表层约 60μm 地区存在细小 AlN，而使晶粒细化，P_h 反而增高。即平均晶粒直径增大程度减慢。由图 6 - 25 看出，在 1050℃ 退火时，S 为 4×10^{-4}% 钢的渗氮量比 S 为 54×10^{-4}% 钢大 9 倍。这是因为表层偏聚 S 量很少，高温退火时不能阻止增氮。加 Sb 目的就是依靠 Sb 在表层偏聚防止渗氮，从而防止表层晶粒细化。由于板厚方向都为均匀粗大晶粒，P_h、P_{15} 明显下降，Sb、Sn 也在析出物周围偏聚，阻碍它们固溶，保

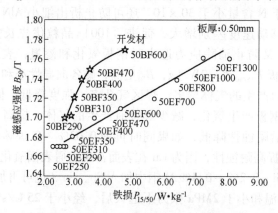

图 6 - 23　0.5mm 厚 50BF 系列磁性能

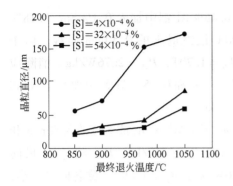

图 6-24 最终退火温度与晶粒
直径之间的关系

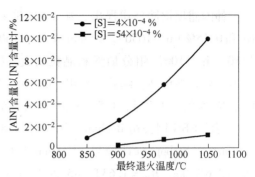

图 6-25 最终退火温度与
渗氮量之间的关系

持粗大尺寸状态。表 6-4 所示为 0.35mm 厚 35HF230 与通用的 35A230 磁性、HV 和热导率对比。可看出 35HF230 由于 Si + Al 量低，饱和磁化强度 J_s 提高 0.05T，B_{50} 提高 0.02T，HV 降低 20，可改善冷轧性，提高生产率，提高冲片性。此外，热导率也提高 12%，可提高电机散热性。冲片经 750℃ ×2h 消除应力退火时可进一步提高磁性。用它制成的 EPS 电机空转扭矩可降低约 40%（因为 P_h 更低）[91]。热轧板先经酸洗，然后在 $d.p. = -20 \sim +20℃$ 的 25% ~ 50% $N_2 + H_2$ 中 800 ~ 900℃ ×3h 预退火（或 900 ~ 950℃ 常化）。0.50mm 厚板：1.85% Si + 0.3% Al 钢 $P_{15} \leq 2.5W/kg$，$B_{50} = 1.72T$；2.8% Si + 0.3% Al 钢 $P_{15} \leq 2.3W/kg$，$B_{50} = 1.71T$。0.35mm 厚 2.8% Si + 0.3% Al 钢 $P_{15} \leq 2.0W/kg$，$P_{10/400} \leq 16W/kg$，$P_{5/1000} \leq 20W/kg$，$B_1 \geq 1.1T$，$B_{50} = 1.68T$。加 0.04% ~ 0.1%P 也可防止表层渗氮。采用常化代替预退火时，为保证 Sb 沿表面晶界的偏聚量，可采取以小于 40℃/s 慢速升温的最终退火或 800℃ ×60s + 950℃ ×60s 两段式退火（前段目的是在不渗氮的低温下提高 Sb 表面偏聚量，后段在高温下晶粒长大）。由于 S 含量不大于 10×10^{-4}%，没有作为产生裂纹起源地的粗大 MnS，所以钢的疲劳极限提高。如果再控制钢中大于 5μm 氧化物个数小于 10 个/mm² 或再添加（10 ~ 50）× 10^{-4}% Ca，可进一步提高疲劳极限（412 ~ 422MPa）。加 Ca 优先形成 CaS 和分散球状的 Ca - Al 氧化物，没有棱角 Al_2O_3，所以疲劳极限更高[92]。

表 6-4 0.35mm 厚 35HF230 与通用的 35A230 磁性、HV 和热导率对比

材　料	$W_{15/50}$ /W·kg⁻¹	B_{50}/T	J_s/T	HV	热导率 /W·(m·K)⁻¹
开发材 （35BF230）	2.16	1.68	2.00	180	23.72
原来材 （35A230）	2.10	1.66	1.95	202	20.54

注：磁性能—爱卜斯坦（L + C）；HV—断面 500g。

　　韩国浦项钢铁公司提出，在 2.6% Si + 0.45% Al 钢中加入 0.1% Sn、0.18% Ni 和 0.15% Cu。1050℃ × 5min 常化，1000℃ 最终退火的 0.50mm 厚板。由于 {110} 和 {100} 组分加强和晶粒长大，B_{50} = 1.70T，P_{15} = 2.76W/kg。消除应力退火后磁性更高。随后又提出，0.8% ~ 1.5% Si 和 0.35% Al 钢中加 Sn、Ni 和 Cu，成品 B_{50} ≥1.75T，1.5% Si 时 P_{15} ≤3.6W/kg[93]。

　　德国 EBG 钢公司 Bochum 厂生产含 1.8%（Si + Al）+ Sn（或 Sb）的 0.50mm 和 0.65mm 厚 StabopermTl 牌号，0.5mm 厚板纵向 P_{15} = 3W/kg，B_{25} = 1.7T，横向 P_{15} = 3.6W/kg，B_{25} = 1.63T，45°的 P_{15} = 3.6W/kg，B_{25} = 1.59T，磁各向异性小，主要织构组分为 (100)$_{≤20°}$ [001]$_{≤5°}$，此外还有些 (110)[001] 组分。它适用于制造 EI，UI 和 EE 型小变压器、镇流器、线型电机和大发电机定子铁芯。今后可生产 P_{15} < 3.1W/kg 和 B_{25} ≥1.7T 新产品。主要工艺要点是：热轧时不发生相变，中部形成近似为 (113)[110] 位向的伸长晶粒，因此要求（Si + Al）≈ 1.8%。热轧带经 750℃ 预退火几小时或高于 950℃ × 1min 常化，使 (111) 组分减少，(100)[001] 和 (110)[001] 组分加强。大于 85% 压下率冷轧和 1050℃ × 小于 2min 退火。压下率降低，磁各向异性增大[94]。

　　有人认为锑或锡沿晶界偏聚阻碍最终退火时晶粒长大。建议在热轧板或冷轧板表面涂锑或锡盐类化合物水溶液，也起到与加锑或锡的同样作用[43,45,46]。

　　M. Godec 等研究 2% Si + 1% Al 钢加 Sn 对织构影响时证明，加 0.05% Sn 在 800℃ 时 Sn 的表面平衡偏聚量最大，主要为单原子层。在 500℃ 超过 100h 时效时 Sn 的晶界平衡偏聚量最大。Sn 的表面偏聚量比晶界偏聚量更大。再结晶退火时，Sn 原子在表面和晶界都偏聚，而且使不同位向晶粒的表面能量降低程度不同，促进某些晶粒进行择优长大，从而改善织构，即 {100} 组分加强，{111} 组分减弱[95]。F. Vodopivec 等研究加 0.05% Sb 的 1.8% Si + 0.3% Al 钢回复、再结晶和晶粒长大时，证明 Sb 对回复没有影响，而使生核速度和长大速度降低。再结晶晶核在形变晶粒内部，即在形变带与 Fe_3C 质点相交处生核，而且在形变晶粒内部长大。Sb 没有影响晶粒长大形貌，因此 Sb 是通过表面偏聚促使 {100} 晶粒择优长大[96]。S. K. Chang 等研究 0.1% Sn、0.08% Sb 和 0.0043% B 对 2% Si + 1% Al 钢织构和磁性的影响，证明加 Sn、Sb 和 B 都使热轧板和退火成品的晶粒变小。但随晶粒长大到 130μm 时，织构因子（即 (100)[001] +（110)[001]/γ 纤维之比）降低，而加 Sn 或 Sb 时晶粒尺寸对织构因子的影响比 B 更大，也就是可明显改善织构，B_{50} 增高，P_{15} 降低。加 Sn、Sb 使 {100} 和 {110} 组分增高，{111} 组分减弱。加 B 沿晶界析出 BN 阻碍晶粒长大，又没有改善织构，所以磁性降低。加 Sn、Sb 使 B_{50} 各向异性更大，而使 P_{15}

各向异性更小[97]。

6.7.3 低硅高铝锰钢

高效电机主要是指微电机、家电电机和工业用的小电机，为提高冲片性一般要求钢板 HV <200。为降低高频铁损，0.35mm 或更薄钢板用量增多，为此热轧板厚度也相应减薄到 1.8 ~ 2.0mm。铝提高电阻率程度与硅相近，而提高硬度程度相当于硅的 1/3。锰提高电阻率程度相当于硅的 1/2，而提高硬度程度和降低 B_{50} 程度低于硅和铝。降低硅量，提高铝和锰量，在保证磁性情况下可明显改善冲片性。

新日铁广畑厂曾研发 3% Si − 0.25% Al − 0.35% Mn 冷轧板，表面粗糙度小于 0.5μm，$\rho = 50\mu\Omega \cdot cm$，0.35mm 厚板经 750℃ × 2h 消除应力退火后，晶粒尺寸为 70μm，$P_{15} = 3W/kg$，$B_{50} = 1.69T$，制成的压缩机电机效率为 88%[98]。随后研发了将 Al 提高到 1.2% ~ 2% 的 2.0% ~ 3.3% Si 钢，并加 0.005% ~ 0.15% Sn，经 80% ~ 95% 大压下率冷轧，控制退火时钢板在炉中的宽度收缩率在 0.5% 以下。成品板厚度减薄到 0.2 ~ 0.3mm。L 方向和 55° 的 X 方向 $P_{10/800}$ 之比 A 值（即 $P_{10/800}$ $(X)/P_{10/800}(L)$）$\leqslant 1.2$，磁各向异性小，$P_{10/800} < 40W/kg$，适合用作电动汽车中驱动电机。已知 45° 方向的 $P_{10/50}$ 和 $P_{15/50}$ 最高，而高频铁损在 55° 方向最高。高频下磁通密度趋肤效应更明显。大压下率冷轧可改善高频铁损各向异性，而常化和加 Sn 可改善织构，提高 B_{50} 和降低铁损。退火时控制好张力，使板宽收缩率小于 0.5%，对降低 55° 方向 $P_{10/800}(X)$ 有重要作用。0.23mm 厚 2.4% Si − 1.9% Al 钢经 1050℃ × 15s 退火后，晶粒尺寸为 180μm，板宽收缩率为 0.15%，$P_{10/800} = 30W/kg$，$B_{50} = 1.64T$，磁各向异性小。电动汽车驱动电机可用 T 型冲片组装铁芯（称为分割铁芯），要求钢板 L 和 C 方向磁性高。为此提出，热轧板常化后经 75% ~ 89% 压下率冷轧和以大于 100℃/s 快升温退火，$B_{50}(L)/B_s \geqslant 0.82$，$B_{50}$ $(C)/B_{50}(X) \geqslant -0.5333 \times t^2 + 0.3907 \times t + 0.945$。式中，$t$ 为板厚，X 为 45° 方向 B_{50}，$P_{10/800} < 40W/kg$，磁各向异性小。采用 20 辊轧机冷轧可使 $B_8(L)$ 提高约 0.02T（与冷连轧机相比）。常化和快升温退火可提高 {110}⟨001⟩ 组分，加 Sn 也改善织构，0.25mm 厚 2.2% Si − 2% Al 或者 3.3% Si − 1.2% Al 钢 $P_{10/800} = 34W/$ kg，$B_{50}(L)/B_s = 0.85$，磁各向异性小。也可采用二次中等压下率冷轧或经 4% ~ 7% 临界变形的半成品工艺[99]。

八幡厂提出，Si% $\leqslant 3 \times$ Al% 和 (Si + Al)% = 3.5% ~ 4.5%，S + N + Ti < 60×10^{-6} 钢的 HV < 200，冲片性好，而 P_{15} 与 3% Si 钢相似。2% Si − 2% Al 钢 1000℃ × 60s 常化，在约 200℃ 轧到 0.35mm 厚（70% ~ 85% 压下率），1040℃ ×

30s 退火后，控制内氧化层厚度不大于 $0.5\mu m$，$P_{15} < 2.1W/kg$，$P_{10/400} < 20W/kg$，晶粒尺寸约为 $150\mu m$，$HV < 200$，屈服强度为 $260 \sim 370MPa$。0.5mm 厚 1.4% Si – 2% Al 钢 $P_{15} < 2.5W/kg$，$B_{50}/B_s \geqslant 0.83$，$B_{50} = 1.71T$，$HV < 180$。但成品晶粒尺寸大，冲片时易产生毛刺。如果采用半成品工艺，最终经 $800 \sim 850℃ \times 30s$ 退火，使晶粒尺寸小于 $50\mu m$，可保证良好冲片性，消除应力退火时使晶粒长大降低 P_{15}。根据钢中 Mn 量控制常化温度 T，即 $945 + 150 \times Mn\% \leqslant T \leqslant 995 + 150 \times Mn\%$。如 0.2% Mn 时 $T = 950 \sim 1050℃$，0.4% Mn 时 $T = 1000 \sim 1050℃$，0.7% Mn 时 $T = 1050 \sim 1100℃$，1.0% Mn 时 $T = 1100 \sim 1150℃$。0.5mm 厚成品 $P_{15} < 3W/kg$。常化温度提高，热轧板中细小的 MnS 可固溶，保证小于 $0.1\mu m$ 析出物个数不大于 5000 个/mm^2，使消除应力退火时晶粒充分长大。0.5mm 厚 1% Si – 1.2% Al – 0.3% Mn 钢，经 $1000℃ \times 60s$ 常化的半成品工艺 $P_{15} = 2.85W/kg$，$B_{50}/B_s \geqslant 0.83$，$B_{50} = 1.72T$，晶粒尺寸为 $90\mu m$。将 Mn 含量提高到 0.8% ~ 1.0% 时，$P_{15} = 2.75W/kg$。钢中可加小于 0.02% Mg + Ca 或 Mg + REM 形成粗大 MgS、CaS 等复合析出物。加 0.1% Sn 和 0.25% Cu 可改善织构和消除应力退火时防止氧化和渗氮。热轧板经 $1000 \sim 1040℃ \times 2min$ 常化，使晶粒尺寸大于 $400\mu m$，再经 80% ~ 90% 或者 85% ~ 95% 压下率冷轧和 $850 \sim 950℃ \times 30s$ 退火的完全退火工艺，由于使 {100} 组分加强，磁各向异性小，全周 B_{50} 高，装配因子 $B.F < 1.1$。如果再加 Sn 和 Cu 更好。1% Si – 1.2% Al – 0.5% ~ 0.8% Mn 钢，0.5mm 厚 $P_{15} = 2.8W/kg$，0.35mm 厚 $P_{15} = 2.66W/kg$，全周 $B_{50} = 1.71T$。叠片经铆接或焊接固定受压力条件下，铁芯 P_{15} 变坏率减小。采用小于 80% 压下率冷轧时热轧板常化使成品磁性各向异性增大。采用临界变形半成品工艺也可，0.35mm 厚板全周 $B_{50} = 1.69T$，$P_{15} = 2.60W/kg$。为进一步提高冲片质量，除 $HV < 180$ 外，希望钢板下屈服强度/抗拉强度（$\sigma_s^{下}/\sigma_b$）$\geqslant 0.635$，因为钢板达到下屈服强度开始加工硬化，所受应力在达到上屈服强度时最大，$\sigma_s^{下}/\sigma_b \geqslant 0.635$ 后再加工硬化可改善冲片性。Si 含量小于 3% 时，$\sigma_s^{上} \leqslant 3\%$（最好不大于 2.2%），即控制 $\sigma_s^{上}/\sigma_b \geqslant 0.65$ 和加工硬化指数 $n < 0.25$，可使冲片时塑性变形区减小，冲片端面塌边小。(Si + Al) 含量合适和晶粒小可达到此要求。适当提高 P 含量可提高 σ_s/σ_b 比[100]。

采用半成品工艺，控制消除应力退火前钢板 $\sigma_s > 600MPa$，平均晶粒尺寸小于 $50\mu m$，消除应力退火后晶粒尺寸大于 $80\mu m$，$P_{10/400}$ 低。采用纯净钢中加小于 3% Ni 可提高强度。Si – Mn + 2Al – Ni $\leqslant 2\%$ 有相变的钢可以保证消除应力退火前晶粒小。由于强度高晶粒小，冲片性好，转子冲片组成的铁芯强度高。0.35mm 厚 2.9% Si – 0.56% Al – 0.5% ~ 2.7% Ni 钢 $800℃ \times 30s$ 退火后，$\sigma_s = 750 \sim 850MPa$，定子叠片 $770℃ \times 1h$ 消除应力退火后，$P_{10/400} = 16.5 \sim 17W/kg$。采用不加 Ni 的 2.1% Si – 2.4% Al 钢 $900℃ \times 30s$ 退火后，$\sigma_s = 650MPa$，经 3% ~ 9% 临

界变形和 750℃ ×2h 退火后，$P_{10/400} = 13 \sim 15\text{W/kg}^{[101]}$。

通用的高牌号无取向硅钢 $P_{15}/P_{10} > 2$，即 P_{10} 值更低，P_{15} 值降低程度更小，这使高磁场下工作的大电机小型化更加困难。如果 Al 含量高于 Si 含量，同时加 Mn 和 P，提高电阻率，并使 {100} 组分增多，可使 $P_{15}/P_{10} < 2$。如 1% Al – 0.2% Mn – 0.1% P – 0.3% Sn，热轧板常化，0.5mm 厚板 $P_{15}/P_{10} = 1.85$，$P_{15} = 3.1\text{W/kg}$，制成的电机体积较小。Si 含量为 0.3% ~ 0.5%，Al 含量为 2.0% ~ 2.7%，Mn 含量为 1.0% ~ 1.8%，Mn/Al 为 0.5 ~ 0.7，ρ 为 45 ~ 60μΩ·cm 的热轧板酸洗容易，不经常化，最终经 925 ~ 1000℃ ×1min 退火，$P_{15} = 2.2 \sim 3.2\text{W/kg}$，$B_{50} = 1.69 \sim 1.70\text{T}$。加 Mn 的目的是提高电阻率和扩大奥氏体区。在 Mn/Al 为 0.5 ~ 0.7 时最容易获得 {100} 组分。如 0.5% Si – 1.8% Mn – 2.7% Al 钢 $\rho = 59\mu\Omega \cdot \text{cm}$（与 3% Si – 1% Al 的 50A230 最高牌号的电阻率相同），1000℃ × 1.5min 退火后，$P_{15} = 2.27\text{W/kg}$，$B_{50} = 1.68\text{T}$。如果热轧板经常化，$P_{15} = 2.16\text{W/kg}$，$B_{50} = 1.69\text{T}^{[102]}$。

住友金属于 2002 年开发并生产 2 个 Sumilox27SX 系列的 0.27mm 厚产品，B_{50} 高，$P_{10/400}$ 低（见图 6 – 26）。HV ≈ 170，冲片性比通用 3% Si 钢约高 2 倍[103]。其成分和制造工艺要点如下：Si + Al + 0.5 × Mn = 2.5% ~ 5%，Al/Si 为 0.8 ~ 1.3，Si 不大于 Al + Mn，热轧板酸洗后在 H_2 中 800 ~ 850℃ ×10h 预退火，冷轧轧辊表面光滑度 Ra < 1μm（冷轧板 Ra < 0.5μm），1000 ~ 1100℃ ×30s 退火后晶粒尺寸约 120μm，0.27mm 厚 2% Si – 1.8% Al 或者 1.6% Si – 2.2% Al 或者 0.8% Si – 3% Al（Mn 都为 0.2% ~ 0.9%）钢 $P_{15/50} = 2.08 \sim 2.18\text{W/kg}$，$P_{10/400} = 15 \sim 18\text{W/kg}$，$P_{15}/400 = 31 \sim 32\text{W/kg}$，$B_{50} = 1.67\text{T}$，HV = 160 ~ 180，伸长率大于 15%，叠片铆接性好，制成 PWM 驱动的 4 极埋有永磁体的无刷直流电机效率为 94% ~ 95%，叠片系数为 98%。钢中可加 Sn、Sb。热轧板可经 1000℃ ×20s 常化。控制 Si、Mn 和 Al 量使 $\rho = 50 \sim 70 \times 10^{-8}\Omega \cdot \text{m}$，磁性和 HV 同上，铁芯铁损变坏程度减小。如果适当提高 Si 量减少 Al 量，并加 0.1% ~ 0.4% Ni 和 0.1% ~

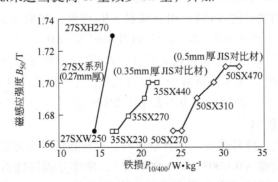

图 6 – 26　住友金属开发的 27SX 系列无取向电工钢与
传统牌号的磁性对比

0.15% P 提高强度、硬度和改善织构，热轧板在酸洗生产线上先经张力辊延伸 0.5% ~ 3% 再酸洗后预退火，使板厚中心区 {200} 强度与混合织构强度之比大于 2，{222} 强度小于 4.5，0.27mm 厚成品消除应力退火后，$B_{50} > 1.70$T，$P_{15/50} < 3$W/kg，$P_{10/400} < 20$W/kg，$\sigma_s > 300$MPa。如 2% Si - 0.3% Al - 0.2% Mn 或 1.6% Si - 1.2% Al - 0.2% Mn 钢 0.27mm 厚成品，$B_{50} = 1.73$T，$P_{15/50} = 2.1 ~ 2.4$W/kg，$P_{10/400} = 17 ~ 18$W/kg，$\sigma_s = 310 ~ 400$MPa，制成的埋有永磁体无刷直流电机转矩更高，效率也更高。当 Si + Al + 0.5Mn = 2% ~ 3%，Mn% ≤ Si% + 2Al% - 0.5，按半成品工艺制造，即晶粒尺寸为 10 ~ 30μm 时冲片和 750℃ × 2h 退火进行晶粒长大，改善织构，{222} 强度小于 3。由于冲片前晶粒小，冲片性好。0.5mm 厚 1.5% Si - 0.4% Al - 0.7% Mn 或 1% Si - 0.9% Al - 1.4% Mn 钢，$P_{15} = 2.6$W/kg，$B_{50} = 1.74$T，HV = 140，晶粒尺寸为 70 ~ 75μm。如果完全退火产品在炼钢时再加 Ca 形成 0.5 ~ 5μm 粗大复合硫化物个数小于 30 个/mm²，叠片铆接性好，铆接强度大于 40MPa[104~106]。

6.7.4　含硼钢

新日铁研究加硼的目的是为了降低铝量，从而降低炼钢成本。硼加入量与钢中氮含量有关，$w(B)/w(N) = 0.5 ~ 2.5$，最好控制在 0.7 ~ 1.5。硼在 γ 相中与氮优先形成 BN，以 BN 为核心析出粗大 AlN，防止热轧时析出细小 AlN。加硼使铸坯加热温度放宽。在约 1.5% Si 和 0.002% ~ 0.003% N 钢中加 0.002% ~ 0.003% B 时，铝含量可从 0.3% 降到 0.03%，产品磁性不降低并略有提高，而且磁各向异性小。在 $w(C) < 0.005\%$ 和 $w(Si) > 1.5\%$ Si 钢中加硼代替铝，产品磁性不稳定。在加硼和减少铝含量情况下，随硅含量增高，热轧板中氮化物不能充分析出，以后退火时仍析出细小 AlN，使晶粒不均匀和磁性波动。因此，在实际生产中，只在不大于 1.5% Si 钢中加硼。如果在小于 1.5% Si 钢中加硼的同时，加 0.002% ~ 0.007% Ce 或相当于同样铈量的 REM，可使 P_{15} 降低[107]。

川崎提出，加硼可使 (111) 组分加强，B_{50} 降低。如果 1.5% Si 和 0.01% ~ 0.02% Als 钢中加入约 0.002% B，并且 $w(B)/w(N) = 0.2 ~ 0.5$，热轧板经预退火或常化，可消除 AlN 阻碍晶粒长大作用，B_{50} 降低不明显。热轧过程中在高温下优先析出 BN，细小 AlN 数量减少。也可采用高于 750℃ 终轧后经 4 ~ 80s 水冷和 500℃ 卷取代替常化处理，因为不大于 1.5% Si 钢在高于 750℃ 时存在有 γ 相，BN 容易在晶粒内析出[108]。

住友金属指出，牌号愈高，铝含量愈高，铁损愈低，而磁各向异性增大。如果同时加铝和微量硼 (0.0003% ~ 0.0015%)，使部分固溶硼沿晶界偏聚来改善织构，可使磁各向异性减小和提高磁性。在高 Al 的 3% Si 钢中 (0.5% ~ 1.0% Al) 加硼可防止形成内氧化层和内氮化层并促进晶粒长大，消除由于加 Sb 或 Sn

促进形成内氧化层的缺点。因为 Al 量高形成粗大 AlN，而部分硼处于固溶状态，比 Sb 或 Sn 优先在晶界偏聚，抑制高温下 Sb 或 Sn 促进内氧化层的坏作用。加 Sb 或 Sn 的目的是防止高温退火时增氮。硼沿晶界偏聚也可防止析出 Fe_3C，减轻磁时效[109]。

上述 Chang[97]试验证明硼并不能改善织构，而且沿晶界析出的 BN 还阻碍晶粒长大，对磁性不利。

综上所述，硼对不小于 1.5% Si 钢织构和磁性的影响还不明确。生产高牌号硅钢很少采用加硼方法。

6.7.5 含铬钢

已知加入 0.2% ~ 1.0% Cr 可明显提高防锈性[110]。日本钢管在 S 含量小于 10×10^{-6} 和加 Sb 钢中加入 0.4% ~ 1.0% Cr，$Si + 0.5 \times Al + 0.2 \times Cr = 2.3 ~ 3$，成品磁性高和 HV < 190。因为 Cr 提高电阻率（每提高 1% Cr，电阻率提高 $4.2 \mu \Omega \cdot cm$），所以 P_{15} 降低。加 Cr 在钢板表面形成 CrN，从而防止提高 HV，改善冲片性。单独加 Cr 时在晶界处析出 CrC，使冷轧加工性变坏，成品疲劳极限降低（约 290MPa），$P_{10/400}$ 增高和铆接性降低。但由于同时加 Sb（或 Sn 和 Cu）可阻止 CrC 析出，冷轧加工性好，疲劳极限达 350 ~ 360MPa，0.35mm 厚板 $P_{10/400} = 16.5 ~ 17W/kg$，铆接性良好，退火时也防止渗氮。加 0.005% ~ 0.05% Mg，减少粗大 Al_2O_3 数量，也提高疲劳极限。控制钢中 O 含量小于 10×10^{-6}，防止形成（Al，Cr）O 复合氧化物，P_h 低，而且由于表层形成的 Cr_2O_3 减少，可改善绝缘膜附着性。控制成品晶粒尺寸为 50 ~ 90μm 时也提高绝缘膜附着性。因此最好采用半成品工艺。加 Zr(Zr/C = 2 ~ 50)、Ti(Ti/C = 1 ~ 30) 或 0.1% Mo 固定 C，防止析出 CrC，也可提高疲劳极限和降低 $P_{10/400}$。控制 0.5 ~ 1μm 析出物小于 10^4 个/mm^3 和 1 ~ 5μm 析出物为 $10^2 ~ 10^3$ 个/mm^2。成品 $B_1 > 0.4T$。将 Cr 加入量提高到 1% ~ 2.5%，大于 1μm 夹杂物小于 30 个/mm^2，晶界处 CrC 小于 5 个/mm^2，$P_{10/400} = 13.5W/kg$，$B_{50} = 1.64T$，HV < 190[111,112]。

川崎提出，在加 Sb 的 3% Si 钢中再加 3% ~ 4% Cr，可提高电阻率（大于 $60 \mu \Omega \cdot cm$）而钢板不变脆，高频铁损降低。单独加 Cr 由于最终退火或消除应力退火时渗氮，沿晶界和在晶粒内析出约 200nm 尺寸的 CrN，P_h 增高，但由于 Sb 可防止渗氮而不会析出 CrN。要求 CrN 和 Cr_2N 数量小于 2500 个/mm^2。0.25mm 厚 3% Si - 0.08% Sb - 3% ~ 4% Cr 钢 $P_{10/1000} = 40W/kg$[113]。控制钢的屈服强度 $\sigma_s \times$ 板厚 ≥ 65 时，冲片尺寸精确，更适合用作 0.2 ~ 0.3mm 厚板制作的高频电机，如电动汽车驱动电机、微电机。30mm 冲片时，冲片间隙为 10 ~ 12μm，相当于板厚 5% ~ 6%（0.35 和 0.5mm 厚板冲片间隙为 20 ~ 30μm，相当于板厚 6% ~ 9%）。300mm 冲片时的冲片间隙为 20 ~ 30μm，相当于板厚 10% ~ 15%。

0.3mm 厚 3% Si – 0.4% Al – 0.2% Mn – 0.02% Sn 或 4.6% Si – 0.1% Mn – 4.1% Cr 钢 $\sigma_s = 355\text{MPa}$, $P_{10/400} = 15\text{W/kg}$, $B_{50} = 1.69\text{T}$，300W 无刷式 DC 电机效率高达 92.4%[114]。

　　1% ~ 3.4% Si 钢中加入 0.5% ~ 5% Cr – 0.03% ~ 0.05% Sb（Al 含量小于 35 × 10^{-6}, Mn 为 0.5% ~ 1.5%），2.5mm 厚热轧板常化后轧到 0.8 ~ 1mm 厚成品，退火后晶粒尺寸小于 100μm, $P_{5/1000} < 1000\text{W/kg}$，适合用作 PW 爪形步进式微电机，电机效率达 66%。如果再用冷连轧机经 150℃ 和最后一道大于 25% 压下率冷轧到 0.35mm 厚，退火后在小于 4MPa 张力下冷却，$Br < 1\text{T}$, $P_{15/800} < 150\text{W/kg}$，适用于 PWM 控制的驱动电机。PWM 驱动电机是以冲片边部激磁为主，即磁化过程起点处于 Br 位置。由于定子和转子之间的空气隙，Br 低。材料 Br 低，电机 Br 也低，铜损和铁损都低，所以电机效率高（300W 的 PWM 驱动电机效率可达 85%）[115]。

　　新日铁也提出，加 Cr 提高电阻率和耐蚀性。每提高 1% Cr，电阻率提高 4.2μΩ·cm。0.35mm 厚 3% Si – 1.2% Al – 0.2% Mn – 3.5% Cr 钢电阻率为 73μΩ·cm, $P_{10/600} = 23\text{W/kg}$, $B_{50} = 1.63\text{T}$[116]。

6.7.6　加稀土、钙、镁钢

　　川崎提出，RH 处理时用 Ca 合金（如 Ca – Si）加脱硫剂脱硫。Ca 合金加入量为 0.2 ~ 1.0kg/t, CaSi/脱硫剂不大于 5，采用喷射法喷入，Ca 回收率高，成本低，而且形成的 Al(O, N) + (CaMn)(S, O) 复合析出物容易上浮，细小 MnS 很少。同时，铸坯加热温度放宽，常化温度也可提高[117,118]。在 1.2% Si + 1.6% Al 纯净钢中加 8 ~ 12 × 10^{-6}REM，控制大于 1μm 的 REM(O, S) 或 REM(O, S) + AlN 复合析出物数量大于 40%。最终退火后表层 O 附着量小于 1g/m², 强度高（$\sigma_s > 300\text{N/mm}^2$），冲片性好，消除应力退火后磁性高。由于钢中 Al 含量高，钢板表面易氧化，促进消除应力退火时渗氮，所以要控制表层氧附着量小于 1g/m²。也可再加入少量 Sb 或 Sn。热轧板经 950℃ × 25s 短时间常化，防止晶粒过大。最终退火为 $P_{H_2O}/P_{H_2} < 0.7$ 的 35% H_2 – N_2 中 800℃ × 10 ~ 15s，以保证 O 量小于 1g/m²。0.5mm 厚板消除应力退火后，$P_{15} = 2.3 ~ 2.4\text{W/kg}$, $B_{50} = 1.74\text{T}$[119]。

　　新日铁提出，在 1% ~ 2% Si – 0.4% ~ 1.5% Al 和 Si + Al ≤ 5% 无相变钢中加（12 ~ 100）× 10^{-6}Mg 或再加（5 ~ 30）× 10^{-6}Ca，同时 Mg + Ca = (20 ~ 60) × 10^{-6} 或再加（8 ~ 30）× 10^{-6}REM, Mg + REM = (20 ~ 60) × 10^{-6} 或再加 Ca + REM, Mg + Ca + REM = (20 ~ 60) × 10^{-6}，半成品工艺，冲片性和磁性高。单独加 Ca 或 REM 先析出 Ca 或 REM 硫化物可作为后析出的 MnS 核心，从而形成复合粗大硫化物。但 CaS 与 MnS 的晶格匹配性不好，钢中含一定量 S 时还会形成单一的 MnS 析出物，而 Mg 形成的 MgS 在更高温度下析出，而且与 MnS 晶格匹配性好，即与

MnS 的晶格应变 δ(%) 更小（$\delta = (a - a_0)/a_0$，a_0 为 MnS 晶格常数，a 为各种硫化物和氧化物的晶格常数）。所以 MgS 更容易作为 MnS 的析出核心，表 6 – 5 所示为各种化合物与 MnS 的晶格应变 δ 的关系。当 S 含量不小于 50×10^{-6} 时，最好同时加 Mg 和 Ca 或 Mg 和 REM，连铸时将 Mg 丝加在中间罐中。热轧板常化温度不高于 1100℃。如果高于 1100℃，由于 MgS 部分固溶（MnS 固溶更多），以后析出细小 MnS。0.5mm 厚 1% Si – 1% Al 钢 $1000 \sim 1050℃ \times 80s$ 常化，$750 \sim 800℃ \times 40s$ 退火后晶粒尺寸为 $24 \sim 30\mu m$，切片和 $750℃ \times 2h$ 消除应力退火后，$P_{15} < 2.8W/kg$，$B_{50} = 1.70T$，晶粒尺寸为 $110\mu m$[120]。

表 6 – 5　各种化合物与 MnS 的晶格应变 δ 值

化合物	MgS	CaO₂	Ca₂O₃	CaO	CaS	MnO	MgO	TiO₂	Al₂O₃	SiO₂
δ/%	0.6	2.2	3.8	8.5	9.0	15.7	19.8	23.8	27.0	33.5

在 Si + 2Al = 1.8% ~ 5% 纯净钢中控制 Ti 量小于 30×10^{-6} 并加 Mg、Ca、REM，控制终轧温度高于 950℃，终轧后停留 $1 \sim 7s$ 后喷水，630℃ 卷取，可省掉常化工序，完全退火 0.5mm 厚的 2% Si – 0.3% Al 钢 $B_{50} = 1.70T$，$P_{15} = 3.4W/kg$[121]。Mg、Ca 和 REM 与 O 的化合力也很强，更容易促进 Al 将炉渣中 TiO₂ 还原而返回钢中。如果控制钢包中炉渣碱度大于 3，炉渣中 TiO₂ 含量小于 0.2% 和 MgO 含量大于 10%，然后再脱硫，可防止 Ti 返回钢中。钢中 Mn 含量大于 0.2%，铸坯加热过程使 MnS 充分析出和粗化，$1000 \sim 1100℃$ 加热防止 MnS 固溶，而且含量大于 10% MnS 与 Ti 析出物复合析出。MnS 中 S 含量大于 5×10^{-6}。高于 850℃ 终轧，低于 650℃ 卷取，最终退火以大于 15℃/s 速度升温，控制消除应力退火前大于 $0.01\mu m$ 尺寸的 Ti 析出物小于 10000 个/mm²。消除应力退火时，以小于 15℃/s 速度升温，沿晶界析出大于 $0.01\mu m$ 尺寸的 Ti 析出物，而在 800℃ 保温它们又固溶，不会影响晶粒长大。如果采用二段式最终退火的完全退火工艺，也可达到同样目的。即以大于 15℃/s 快升温到 $750 \sim 850℃$，使晶粒尺寸为 $10 \sim 40\mu m$，以大于 15℃/s 速度冷到 500℃ 后，再以小于 15℃/s 慢升到 $750 \sim 800℃ \times 1h$ 使晶粒长大。钢中加入 0.05% ~ 0.1% Cu 和 0.05% ~ 0.1% Ni，在（MnS + CuS）中 S 含量小于 0.001% 情况下可防止最终退火时渗氮。加 Sn、Sb 也可起同样作用。以上控制 Ti 含量小于 30×10^{-6} 是为了防止析出细小 TiS 和 Ti(SN)。因为它的析出温度约为 1000℃，这在 1000℃ 短时间常化时就可析出。TiC 析出温度低，约为 800℃。如果将 Mn 含量降低到小于 0.15%，S 含量为（$10 \sim 50$）$\times 10^{-6}$，Ti 含量可放宽到 50×10^{-6}，依靠 MnS + Ti(S, N) 或 TiS 复合析出，控制消除应力退火前固溶 Ti 小于 20×10^{-6}，也可保证冲片性和磁性[122]。S 含量小于 30×10^{-6}，O 含量为（$20 \sim 50$）$\times 10^{-6}$，Ti 含量放宽到 50×10^{-6}，加（$30 \sim 100$）$\times 10^{-6}$REM。由于 REM₃O₂S 与 TiN 的晶格匹配性良好而复合析出（尺寸大

于 1μm)。但加 REM 在常化时易渗氮,而阻碍晶粒长大,所以加 0.02% ~ 0.1% Sn。如果 O 含量小于 20×10^{-6} 时加 REM,除了大于 1μm 复合析出物外,还有大量 20 ~ 50nmTiN,可阻碍晶粒长大,P_{15} 增高,0.5mm 厚 2.4% Si - 0.3% Al - 0.2% Mn 钢消除应力退火后,$P_{15} = 2.22$W/kg,$B_{50} = 1.75$T。加 0.1% ~ 0.2% Sn 还可减少 {111} 组分,防止完全退火工艺的 B_{50} 降低。钢中加 REM、Ca、Mg 和 0.03% ~ 0.04% Sn 或 Sb,常化后晶粒尺寸大于 200μm,180 ~ 250℃冷轧,冷轧辊径 $d = 70 ~ 250$mm 与冷轧前板厚 t 之比为 $d/t = 100$,冷轧 5 道,控制好每一道次入口和出口板厚(即每一道次压下率),如 $d = 250$mm 时 2.5mm→2.3mm→2.1mm→1.5mm→1.3mm→0.5mm;d = 70 ~ 175mm 时,2.5mm→2.0mm→1.4mm→1.0mm→0.75mm→0.5mm,完全退火工艺 B_{50} 可提高 0.03T。2% Si - 0.3% Al 钢 $B_{50} = 1.75$T,$P_{15} = 3.1$W/kg。冷轧压下率为 85% ~ 93% 时 {100} 组分增多,全周方向 B_{50} 高和 P_{15} 低。0.35mm 厚板全周 $B_{50} = 1.72$T,$P_{15} = 2.65$W/kg。如果粗坯在线经感应快加热到 1050 ~ 1150℃精轧和高于 1000℃终轧后停留 1 ~ 7s 后再喷水,可省掉常化工序[123]。

台湾云林大学研究铈对 1.15% Si - 0.33% Al 钢磁性影响时证明,加 Ce 后,<1μm 的析出物减少,大于 4μm 析出物增多,所以磁性好。含 30×10^{-6}Ce 时,由于成品晶粒大和 {110} 组分强,磁性最好。Ce 含量相同时终轧温度降低和预退火温度升高,{111} 组分减少,所以 B_{50} 增高[124]。

6.7.7 高磷钢

住友金属在上述 1% ~ 2% Si - 1% ~ 2.5% Al - 1% ~ 2.5% Mn(Si ≤ Al + Mn)低硅高铝高锰钢中加 0.1% ~ 0.2% P,提高电阻率 ρ 和 {100} 组分,减少 {111} 组分,B_{50} 高。$\rho \geqslant 0.25$HV + 6 时冲片性好,而且 $P_{10/400}$ 低。1100 ~ 1150℃加热,830℃终轧,580℃卷取,酸洗后 800 ~ 850℃预退火,冷轧到 0.35mm 厚,1050 ~ 1100℃退火后 $B_{50} = 1.66 ~ 1.69$T,$P_{10/400} = 16.2 ~ 16.8$W/kg,冲片数 = $140 ~ 180 \times 10^4$。加 P 钢采用更大冷轧压下率也不降低 B_{50}。如果采用热轧板常化代替预退火,1000℃常化后再加热到 600℃后以 40℃/h 慢冷或 400 ~ 600℃ × 3h 保温,使 P 沿晶界偏聚,然后经 87% 压下率冷轧到 0.27mm 厚,$B_{50} = 1.69 ~ 1.73$T,$P_{10/400} = 12 ~ 14$W/kg。最终退火时沿轧向加合适拉应力,$B_1 > 1$T,$B_{50} = 1.7$T,$P_{15} = 2.1$W/kg[125]。

6.8 新工艺的进展

6.8.1 废钢的利用

新日铁利用含 Cu、Sn、Ni 和 Cr 的废钢生产不小于 1.5% Si 钢。Cu 含量大于 0.3% 和 Si 含量小于 1% 时热轧板表面产生裂纹,而当 Si 含量大于 1% 时热轧板表面无裂纹。控制 Ti、V、Nb 含量小于 0.01% 可提高磁性。热轧板常化后晶粒尺寸为 80~170μm 并以小于 80℃/s 速度冷却,冷轧加工性好。3.2% Si - 0.85% Al - 0.7% Mn(0.04% Sn - 0.11% Cu - 0.03% Ni - 0.04% Cr)钢 1100℃ × 1min 常化,1000℃ × 1min 退火,0.5mm 厚板 P_{15} = 2.27W/kg,B_{50} = 1.72T,冷轧不断带,成品表面形状好。由于(Si + Al)含量高容易形成内氧化层,钢中含 Cu、Sn、Ni、Cr 更易形成内氧化层,内氧化层与基体的界面为凹凸状,可使铁损特别是高频铁损增高。控制好退火加热时明火焰无氧化加热区的空气燃烧比为 0.9,出口温度低于 700℃,使内氧化层不大于 0.5μm,再进入 $H_2 - N_2$ 保护气氛下辐射管加热区,成品高频铁损低。1.8% Si - 1.8Al% 或 2.6% Si - 1.8% Al 钢(含 0.2%~0.37% Cu,0.07%~0.1% Sn,0.2%~1.2% Ni,0.05%~0.15% Cr),1100℃ × 30s 常化,0.35mm 厚板 1000℃ × 5s 退火,$P_{10/400}$ = 15~18W/kg,屈服强度 = 280~360MPa,冲片性好,适合用于埋有永磁体的无刷式直流电机。如果板厚为 0.25mm,$P_{10/400}$ 更低(11~14W/kg)[126]。外氧化层是基体中溶质元素往外扩散而形成的氧化层,它与基体界面无凹凸现象,有防止钢板表面渗氮作用。如果控制内氧化量(10^{-6})× 0.2/板厚(mm)≤200,和外氧化量(10^{-6})× 0.2/板厚(mm)= 200~500,$P_{10/400}$ 低,这是靠控制退火气氛 P_{H_2O}/P_{H_2} 完成的[127]。

D. S. Petrovic 等证明,含 0.25%~0.45% Cu 的 1.8% Si - 0.5% Al 钢在 550~600℃时,Cu 在钢板表面偏聚,占据 C 原子的表面位置,从而使脱碳困难[128]。

6.8.2 降低钢中残余钛和锆含量方法

为降低钢中残余 Ti 和 Zr 含量,选用低钛和锆的原材料,特别是硅铁合金。以前转炉炉衬常用锆石砌成,炉渣区侵蚀严重,使钢水中锆含量增高。如果用镁白云石加水玻璃或 MgO + 水玻璃与约 10% 水混合涂料涂在炉渣线附近的炉衬上,涂料厚度为 5~10mm,钢水中锆含量从 60~70 × 10^{-6} 降到 20~30 × 10^{-6}。涂料成分和颗粒度见表 6 - 6。0.35mm 厚的约 3.3% Si + 0.6% Al 纯净钢 P_{15} 从 3.05W/kg 降到 2.54W/kg[129]。

表 6 - 6 涂料成分与颗粒度分布

涂料成分与颗粒度分布		镁钙质	镁 质
化学成分 (质量分数)/%	MgO	78.6	88.3
	CaO	6.2	1.6
	SiO₂	5.2	6.7
	Cr₂O₃	3.2	
粒度分布/%	≥1000μm	82	26
	1000~350μm	27	22
	350~74μm	16	18
	≤74μm	25	34

注:黏接剂为水玻璃。

6.8.3　连铸工艺

6.8.3.1　二次电磁搅拌降低柱状晶率

参见6.4.2节和图6-8。此工艺可将浇铸速度从小于0.6m/min提高到1.4m/min，产量提高且产品表面无瓦垅状缺陷[22]。

6.8.3.2　防止铸坯冷却时产生裂纹的工艺

低碳2%~3%Si钢为单一α相。铸坯冷到1100~1150℃经10%~30%压下率压缩，使柱状晶细化，铸坯冷到室温也不会产生裂纹（见图6-27a）。1100℃时压下率采用下限，1150℃时采用压下率中、上限。在连铸机中进行辊压或压机压下。对α+γ两相的约1.5%Si钢来说，通过γ→α相变可使柱状晶细化。具体操作是铸坯在连铸机中冷却，通过γ相区时将冷却水断掉，依靠铸坯本身自热再将温度升到γ相区，通过γ→α→γ→α相变在不加压情况下就可使柱状晶细化，冷却速度为0.3~40℃/s。1.0%~1.5%Si的α+γ两相钢如果在γ相区加5%~30%压下率也可（见图6-27b）。图6-27c、d分别为2.15%Si的α钢和1.02%

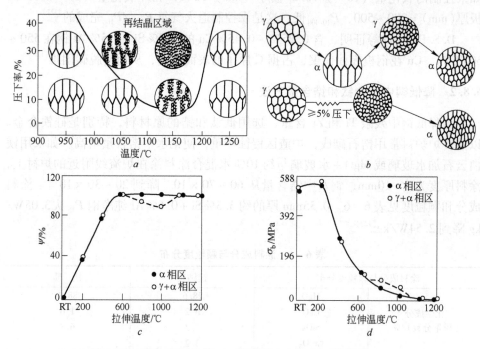

图6-27　2%~3%Si单一α相钢和1.0%~1.5%Si的α+γ

两相钢温度和压下率与晶粒组织和力学性能的关系

a—α相钢铸坯温度和压下率与柱状晶细化（再结晶）关系的示意图；

b—γ+α两相钢的相变和压下率与晶粒细化（再结晶）关系示意图；

c—拉伸温度与断面收缩率的关系；d—拉伸温度与抗拉强度的关系

Si 的 α + γ 两相钢在不同温度下的拉伸实验结果。证明高温下延展性很高，断裂应力或变形抗力相当于普碳钢的 1/3，所以很容易压缩。低于 500℃ 时延展性明显降低，在室温下延展性极低。而抗拉强度与延展性变化规律相反，不高于 600℃ 时迅速增高，在室温到约 300℃ 时最高。所以一般铸坯要经缓冷，不低于 500℃ 热清理和热送，以防止热应力引起裂纹。铸坯冷却加压工艺可解决这些问题[130]。

铸坯冷到延性开始明显降低的上限温度 T 后热装在加热炉中。$T = \alpha \cdot (Si\%)^2 + \beta$，α 为系数（约 9），$\beta \approx 220℃$。3.1% Si 钢计算出的 $T = 306℃$，连铸后停放 8h 或 12.5h 后装炉，装炉温度分别为 410 ~ 520℃ 或 360 ~ 500℃，热轧后表面状态良好。如果停放 72h 缓冷后装炉，由于装炉温度低，在加热炉中出现大的裂纹[131]。

1.3% ~ 2.5% Si 钢铸坯晶粒粗大，韧性比钢锭开坯的板坯韧性更低。清理铸坯表面时易产生裂纹，因此要采用更高温度清理和热装炉。如果铸坯经 1150℃ ± 100℃ 加热（厚度 T_1）和轻压下（厚度 T_2），加热时间大于 $T_1/46h$，压下率 $(1 - T_2/T_1) = 0.15 ~ 0.30$。铸坯韧性 - 脆性转变温度降低，即韧性提高，表面无横裂纹[132]。

6.8.4 氧化物夹杂和析出物的控制

新日铁八幡厂提出，冶炼低铝高锰硅钢时（如 1.65% Si - 0.4% ~ 1.5% Mn - <0.01% Al），RH 处理脱碳后钢水中 O 含量大于 200×10^{-6} 时，先加 Mn 后加 Si 进行脱氧，控制 $MnO/SiO_2 = 0.15 ~ 0.45$ 和 $Mn/Si = 0.2 ~ 1.0$。先加 Mn 脱氧形成 $FeO - MnO$ 系脱氧产物，再加 Si 形成 $FeO - MnO - SiO_2$ 系夹杂物，其中 MnO 数量减少，因为加 Si 脱氧时发生还原反应而使 MnO 数量减少。并可保证这种氧化物夹杂作为 MnS 析出核心，形成粗大复合析出物，成品 P_{15} 低[133]。

在不大于 0.005% S 和小于 0.5% Cu 的硅钢中加入很少量的 REM（如 0.0005% ~ 0.003%），可防止析出细小 Cu_2S。因为 S 与 REM 形成粗大硫化物，使不大于 100nm 球状 Cu_2S 数量明显减少，而且不易形成棒状 Cu_2S。2.2% Si - 0.28% Al 的 0.5mm 厚板按半成品工艺 850℃ ×30s 软化退火后，晶粒尺寸为 30 ~ 33μm，冲片和消除应力退火后，晶粒长大到 65 ~ 68μm，$P_{15} = 2.65 ~ 2.70W/kg$[134]。

在 3% Si - 0.6% Al 钢中加 0.002% ~ 0.03% REM（Ti 不大于 0.02%，S、N 和 O 分别不大于 0.005%）形成 REM_2O_2S 与 TiN 复合粗大析出物（1 ~ 5μm），可防止以后 700 ~ 800℃ 低温退火时析出细小 TiC 而阻碍晶粒长大（如半成品工艺的消除应力退火时）。REM_2O_2S 在热轧时伸长和破碎而形成裂纹，TiN 更容易在这些地区析出。REM_2O_2S 比 REM_2S 与 TiN 的匹配性更好。半成品工艺制成的

0.35mm 厚板 850℃ ×30s 软化退火后晶粒尺寸为 30 ~ 34μm，涂半有机涂层，冲片和 750℃ ×1.5h 消除应力退火后，晶粒尺寸为 60 ~ 70μm，$P_{15} = 1.85 ~ 1.95$W/kg，没有形成 TiC[135]。

浦项也提出，2% ~ 3% Si，0.6% ~ 1.5% Al，0.15% ~ 0.35% Mn，不大于 0.001% S，不大于 0.004% Ti，不大于 0.003% N 的超低硫纯净钢，控制好 S 与 Mn 和常化温度的关系（钢中 S 含量高，Mn 含量和常化温度提高），可防止形成细小 MnS 和 Cu_2S，成品 {200} 组分增高，{211} 组分减少。如果同时再加入少量 Ni、Sb 和 Cu，可进一步防止析出细小 Cu_2S 和改善织构，同时提高耐氧化和耐蚀性。3.2% Si – 0.65% Al – 0.23% Mn – 0.0005% S – 0.02% Sb – 0.04% Ni – 0.058% Cu 的 2.1mm 厚热轧板经 890℃ ×5min 常化，冷轧到 0.5mm 厚，1000℃ ×1.5min 退火后，$P_{15} = 2.19$W/kg，$B_{50} = 1.69$T，$I_{200} = 2.7$，$I_{211} = 1.21$[136]。

川崎提出，2.5% ~ 3% Si 钢中大于 4μm 的氧化物夹杂数量小于 60%，而小于 1μm 氧化物夹杂物数量小于 15% 时，P_{15} 和转动铁损 P_R 低，磁各向异性小（见图 6 – 28）。因为大于 4μm 夹杂物可作为 {111} 等不利位向晶粒的再结晶晶核，而小于 1μm 夹杂物可阻碍畴壁移动，2 ~ 4μm 夹杂物对 P_{15} 影响最小。2.6% Si – 0.72% Al – 0.2% Mn 钢（S、N 和 O 含量不大于 $20 × 10^{-6}$），1150℃ 加热，620℃ 卷取，1100℃ ×10s 常化，85% 压下率冷轧到 0.35mm 厚，1100℃ ×10s 退火后，全周 $P_{15} = 3.38$W/kg，$B_{50} = 1.73$T，磁各向异性小，{100}〈uvw〉组分加强。将 Mn 含量提高到 0.4% ~ 0.6% 时，可使小于 1μm 夹杂物数量减少到小于 5%。此时 P_R 也明显降低。铸坯从 1000℃ 以 15℃/min 速度冷却到 900℃（喷雾冷却），再在 30min 内升温到 1100 ~ 1150℃，可使大于 4μm 夹杂物数量减少（主要是其中 AlN 数量减少），B_{50} 提高。最终退火后冷却速度变化小于 5℃/s² 冷却时，B_1 提高到 1.1 ~ 1.3T[137]。

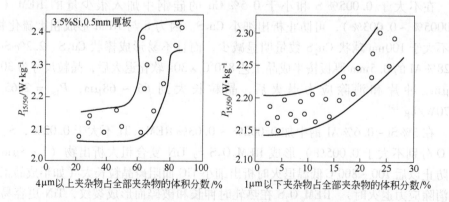

图 6 – 28　夹杂物尺寸和数量对铁损的影响

6.8.5 加热：热轧和卷取工艺

6.8.5.1 加热

日本钢管提出，铸坯冷到 700~900℃ 时装入加热炉中，经 1000~1100℃ × 10min 短时间加热后热轧，低于 650℃ 卷取，酸洗后 800~900℃ 预退火，磁性提高。因为铸坯冷到 700~900℃ 开始析出 AlN，再经 1000~1100℃ 加热，AlN 粗化。低于 700℃ 时，析出过多的 AlN 核心，以后细小 AlN 增多。高于 900℃ 时，析出的 AlN 核心很少，AlN 没有充分析出。预退火可使 AlN 进一步粗化，晶粒也粗化。0.5mm 厚 2.7% Si – 0.3% Al 钢 950℃ × 2min 退火后，$P_{15} = 2.8 W/kg$，$B_{50} = 1.67T^{[138]}$。

铸坯一般在推进式或步进式加热炉中加热，产生很多氧化铁皮，使晶界氧化，成品表面缺陷多。如果加热到铸坯中心温度为 800~1000℃ 后，转到含小于 1% O_2 的感应炉中快加热到 1050~1250℃，表面缺陷明显减少，成材率和叠片系数提高，绝缘膜层间电阻不降低。3.15% Si 和 0.59% Al 铸坯在一般加热炉中加热到 900℃ 后，转到小于 1% O_2 的感应炉中，以 10~50min 加热到规定温度并保温约 10min，热轧到 2mm 厚，经二次中等压下率冷轧到 0.35mm 厚，950℃ × 2min 退火和涂绝缘膜，$P_{15} = 2.53 W/g$，表面缺陷小于 0.5%，层间电阻为 200Ω·cm^2/片。按以前的加热方法，$P_{15} = 2.61 W/kg$，表面缺陷为 4.2%，层间电阻为 8Ω·cm^2/片[139]。铸坯在一般加热炉中加热到 1200~1250℃ 后，以小于 30℃/min 速度冷到低于 1150℃，再在感应炉中以大于 7℃/min 速度加热到 1150~1200℃ 并保温 5min，可促使 AlN 和 MnS 粗化，P_{15} 降低，加热时间约缩短 1/2，产量提高[140]。铸坯直接在 N_2 保护感应炉内约 1100℃ × 1.5h 加热，或先在一般加热炉加热到 900℃，再在感应炉中 1100℃ × 1.5h 加热，使边部温度比中部约高 40℃（控制最上和最下段感线圈功率比中部线圈功率约大 5%），终轧温度高于 950℃ 和热轧后停留 1~7s 以保证充分再结晶，然后再喷水冷却，低于 700℃ 卷取，热轧板不常化。成品磁性与经常化的相同，板宽方向磁性均匀，并且无瓦垅状缺陷[141]。

2%~4%（Si + Al）无相变铸坯的（100）柱状晶粗大，热轧时容易沿（111）面滑移，热轧板和成品中（111）组分较强。如果铸坯在感应炉中以大于 200℃/h 速度升到高于 1250℃ 高温短时间均热（一般加热炉加热速度 <100℃/h，均热 >30min），第一道粗轧温度 $T_1 > 1250℃$，第一道压下率 R_1 与 T_1 满足下式：$60 \geqslant R_1(\%) \geqslant -0.2T_1 + 280$，成品中（111）组分减少，$P_{15}$ 低。由于快升温和短时间均热，铸坯中粗大的 MnS 和 AlN 没有完全固溶，热轧时不易析出细小析出物，晶粒也未粗化，促进了动态再结晶，消除铸态晶粒织构的坏影响。3.2% Si – 0.62Al 钢在高于 1250℃ 经不小于 30% 压下率第一道热轧后，再结晶率大于

75%。2mm 厚热轧板经 1000℃ × 30s 常化，冷轧到 0.5mm 厚和 980℃ × 1min 退火后，$P_{15} = 2.28 \sim 2.34W/kg$。铸坯最好先在一般加热炉中加热到 1150 ~ 1200℃后再放在感应炉中快升到高温[142]。纯净硅钢（S、N 含量分别小于 30×10^{-6}），先经低于 1100℃ 加热（如 950℃ × 120min），再经 1150℃ × 20min 短时间加热，小于 $0.05\mu m$ 析出物数量减少。3% Si 钢 730℃ 卷取（或低于 600℃ 卷取并常化），0.5mm 厚板 1050℃ × 1min 退火后，$P_{15} = 2.11W/kg$，$B_{50} = 1.72T$。1% Si – 1% Al钢半成品工艺（5% 临界变形），$P_{15} = 1.8W/kg$，$B_{50} = 1.84T$[143]。

6.8.5.2　热轧

粗轧坯焊接并卷取工艺以及 0.8 ~ 1.2mm 厚热轧板成品制造工艺见 5.6.4 节。

铸坯粗轧后在高于 900℃ 温度下停留 30 ~ 120s，使 AlN 在最快析出温度附近充分析出，再经 950 ~ 1020℃ 精轧和低于 650℃ 卷取，热轧板中 AlN 粗化（$1.2\mu m$），酸洗后预退火，0.5mm 厚、3% Si – 0.3% Al 在 950℃ × 2min 退火后 $P_{15} = 2.4W/kg$，$B_3 = 1.45T$[144]。铸坯 1050 ~ 1150℃ 加热和粗轧后，在线经感应炉再快加热到 1050 ~ 1150℃ 和精轧，高于 1000℃ 终轧后停留 1 ~ 7s，再喷水冷却到低于 700℃ 卷取，可省掉热轧板常化工序。热轧板为完全再结晶粗大晶粒组织[145]。

浦项提出，1.5% ~ 2.0% Si 钢控制 Mn 和 Al 含量，使得铸坯加热和压下率大于 70% 热轧都在两相区进行，热轧板晶粒大且均匀，改善织构，可省掉常化。Mn 与 Al 含量差为 0.2% ~ 1.0%，S 和 N 含量分别不大于 30×10^{-6}，Ti 和 Nb 含量分别不大于 20×10^{-6}，铸坯 Ar_1 为 960 ~ 1060℃，在 $Ar_1 \sim 1250$℃ 之间存在两相区。开轧温度不低于 $Ar_1 + 50$℃，终轧温度不高于 $Ar_1 - 80$℃。在单一 α 相区经小于 30% 压下率热轧，最后一道压下率不大于 [20 –（960 – 终轧温度）/20]%，热轧板残余应力小。650 ~ 800℃ 卷取，促进晶粒长大。0.5mm 厚 1.6% Si – 1.6% Mn – 0.8% Al 钢板经 900℃ × 90s 退火后，$B_{50} = 1.69T$，$P_{15} = 3.04W/kg$[146]。

大于 2%（Si + Al）无相变铸坯加热时晶粒更易粗化，精轧时板宽边部与侧导板接触易产生制耳现象，引起边裂。控制加热温度和热轧展宽量可防止边裂。1100 ~ 1250℃ 加热时制耳现象明显减少。粗轧后板宽 W_1 和精轧机侧导板宽 W_5 与热轧带宽 W_0 满足以下关系，不出现制耳现象：$W_1 = W_0 + 20 \sim 30mm$，$W_5 = W_0 + 30 \sim 40mm$。高于 800℃ 时变形抗力小，板宽和板厚随精轧时的张力而变化。采用小张力也可减少制耳现象[147]。

无相变的大于 1.7% Si 钢热轧板沿板厚方向不均匀变形而使织构变化更大，精轧时用轧制油润滑，并且轧制负荷以大于 3% 递减条件下热连轧时，可减轻这种不均匀变形，促进〈001〉和〈011〉组分发展并提高磁性。在无润滑条件下热轧的板，如果先经 5% ~ 20% 压下率预冷轧和 950℃ × 2min 常化，也可得到同样效果。0.5mm 厚 3.17% Si + 0.52% Al 钢 $P_{15} = 2.63$ W/kg,$B_{50} = 1.68$T[148,149]。

不小于 2%(Si + Al)钢热轧到高于 900℃后空冷到 800 ~ 860℃,再经 5% ~ 30% 压下率热轧和高于 700℃卷取,成品磁性高,并可省掉常化。图 6 - 29a 证明,高于 900℃终轧后空冷 2s 或 20s 后再喷水时,热轧板都为再结晶晶粒。图 6 - 29b 证明,第二次经小于 5% 热轧时为混晶,大于 30% 热轧时为细小晶粒,5% ~ 30% 热轧时为 4 级以上大晶粒。如图 6 - 29 所示,2.4% Si + 0.26% Al 钢 930℃热轧后空冷到 850℃,经 10% 压下和 740℃卷取,再结晶晶粒尺寸为 2 级;一次冷轧到 0.5mm 厚,950℃ ×1min 退火后,$P_{15} = 2.8$ W/kg,$B_{50} = 1.74$T,磁性明显提高。不经第二次热轧时,热轧板为大小混合的再结晶晶粒,平均为 7 级小晶粒。成品 $P_{15} = 3.5$ W/kg,$B_{50} = 1.69$T[150]。

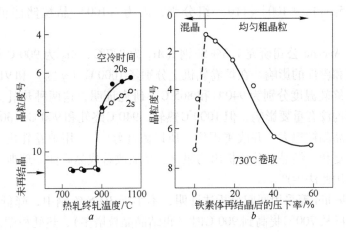

图 6 - 29 控轧控冷工艺与晶粒度的关系

a—终轧温度和热轧后空冷时间与晶粒组织的关系;b—950℃终轧空冷约 15s 后压下率与晶粒尺寸的关系

0.1% ~ 3.4% Si 纯净钢(S、N、O、Ti、Zr 等含量分别不大于 30×10^{-6}),加 0.02% ~ 0.05% Sb 或 Sn,精轧后 4 道总压下率为 65% ~ 95%,800 ~ 840℃终轧,低于 700℃卷取,650 ~ 850℃ × >3s 低温常化,或酸洗后 530℃ ×3h 预退火,热轧板再结晶率低于 40%,冷连轧机连轧,成品 {100}⟨uvw⟩ 组分强,全周磁性好,$B_{50}/B_s > 0.8$,400W 三相六极 120Hz 感应电机效率高达 85.7%,单相两极 300Hz 无刷直流电机效率高达 93.5%。0.5mm 厚 3.25% Si - 0.6% Al - 0.025% Sb 钢经 d. p. = -20℃的 75% H₂ + N₂ 中 1000℃ ×1min 退火后,全周 $P_{15} = 2.33$ W/kg,$B_{50}/B_s = 0.85$。0.35mm 厚 2.3% Si - 0.5% Al - 0.03% Sb 钢,全周 $P_{15} = 2.73$ W/kg,$B_{50}/B_s = 0.84$[151]。如果采用 500 ~ 850℃低温大压下率精轧,至少有一道表层剪切应变大于 0.2,剪切应变速度大于 10/s(工作辊径小于 700mm)。钢中可加 Cu、Ni、Nb、Cr 延迟再结晶和晶粒长大并提高钢板强度。低

于700℃卷取，热轧板表层1/4地区残存有形变晶粒，再结晶率小于90%（最好小于50%），其 {411}〈148〉 和 {100}〈012〉 强度比板厚中心区大2倍以上，不经常化，成品全周磁性高，{411}〈148〉 和 {100}〈012〉 为 α 纤维 ±20°位向，其方向近似为〈011〉方向，成品45°方向磁性提高。全周 B_{50} 提高3%（0.05T），P_h 降低约10%，P_{15} 降低约0.2W/kg。表面无瓦垅状缺陷，此工艺也适用于半成品工艺[152]。

台湾中钢公司研究1.3%Si – 0.2%Al（Ar_1 为930℃，Ar_3 为960℃）钢终轧温度的影响后证明，在 Ar_1 – Ar_3 之间终轧时在形变晶粒与再结晶晶粒的晶界处形成等轴晶核。低于 Ar_1 终轧时，主要依靠应变诱导晶界移动机理形成再结晶晶核。而在 Ar_1 – 100℃终轧时，依靠亚晶粒长大生核机理形成再结晶晶核，此时生核密度增高，热轧板晶粒小。依靠应变诱导机理（800～910℃终轧）得到的晶粒最大（约55μm），{100}〈110〉组分强，因为 {100} 晶粒储能低而保留下来[153]。

比利时 Acesita 公司研究1.3%Si钢（Ar_1 为837℃，Ar_3 为900℃）热轧温度对成品组织和磁性的影响。在炉卷轧机上分别经1000℃（γ区）和910℃（两相区）热轧，终轧温度分别为940℃和865℃。研究证明，这两种热轧条件对热轧板组织和织构没有重要影响，但1000℃热轧，940℃终轧和900℃×30s常化后晶粒更大，成品晶粒粗大，并改善织构，所以磁性好[154]。用炉卷轧机热轧可充分进行动态回复和再结晶，并使析出物粗化，从而改善成品磁性。瑞典 Surahammar 钢公司也采用此法生产。

D. N. Aleshin 等采用回归分析法证明，不小于3%Si%钢中，降低C、S含量并将终轧温度从700℃提高到900℃时（再结晶晶粒增多），热轧板塑性提高。热轧最后一道压下率和冷速对塑性没有大的影响[155]。

6.8.5.3 卷取

一般在精轧机热轧时，第一道压下率约为40%，以后每道压下率递减，最后一道为10%～15%，低于650℃卷取。这是根据轧制负荷和热轧带表面形状考虑的。如果最后一道经大于20%压下率热轧和高于700℃卷取，可省掉常化处理。卷取并保持3～60min后水冷便于酸洗，而且表面内氧化层厚度小于10μm，酸洗成材率超过99%，磁性好。如果热轧后在不低于800℃停留30～300s，使其充分再结晶后再经低于600℃卷取，磁性高且均匀，热轧板也容易酸洗。这需要在精轧机和卷取机之间装一个保温台[156]。

日本钢管提出，(Si + Al) 含量、卷取温度和最终退火温度的关系见表6-7。经高于650℃卷取就可省掉常化处理，但高温卷取会引起晶界氧化和内氧化层，冷轧时产生铁粉，退火时这些细铁粉粘在炉底辊上引起划伤。粘辊现象都发生在连续炉前半部，除表面铁粉外，表面氧化层在弱氧化性气氛中也可被氢还原成铁而粘在炉辊上，即 $FeO + H_2 \longrightarrow H_2O + Fe$ 和 $Fe_3O_4 + 4H_2 \longrightarrow 4H_2O + 3Fe$。因此应控制好退火气氛露点和板温。$(Si + Al) > 2\%$ 时，在大于 10% $H_2 + N_2$ 中采用二段式退火，前段低于 900℃，$d.p. = -15 \sim +5\text{℃}$，后段高于 900℃，$d.p. < -15\text{℃}$，可减轻和防止粘辊现象。$(Si + Al) < 1.7\%$ 时，由于热轧板多为大小混合晶粒，冷轧变形抗力不同引起成品厚度偏差大。高温卷取时，为减小厚度偏差，使 P_{15} 更均匀，终轧温度 $FT \leqslant 825 + 50(Si + Al)$，卷取温度 CT 应控制为 $590 + 80(Si + Al) \leqslant CT \leqslant 640 + 80(Si + Al)$。为解决高温卷取使酸洗困难和防止过酸洗引起晶界侵蚀问题，提出 $CT \geqslant 5(Si\%)^2 - 50.1(Si\%) + 755.4$，并根据硅含量控制酸洗时间，在酸洗前和后进行刷洗方法[157]。

表 6-7 $w(Si + Al)$、卷取温度和最终退火温度与 0.5mm 厚板磁性的关系

$w(Si + Al)/\%$	$0.8 \sim 1.3$	$1.3 \sim 1.8$	$1.8 \sim 2.3$	$2.3 \sim 3.0$	$3.0 \sim 4.5$
卷取温度/℃	$720 \sim 760$	$700 \sim 730$	$690 \sim 720$	$680 \sim 700$	$670 \sim 690$
退火温度/℃	$770 \sim 840$	$820 \sim 890$	$870 \sim 940$	$880 \sim 1000$	$900 \sim 1000$
$P_{15}/\text{W} \cdot \text{kg}^{-1}$	< 6.0	< 5.2	< 4.1	< 3.5	< 3.1
B_{50}/T	> 1.72	> 1.70	> 1.70	> 1.68	> 1.65

新日铁八幡厂提出，$Si + 2Al \langle 2.5\%$ 钢$\rangle Ar_1$ 卷取，并加保温罩通 N_2 保护，晶粒粗化并使在 α 相中固溶度低的杂质元素充分析出，成品磁性好[158]。

6.8.5.4 铸坯直接热轧工艺

铸坯直接热轧可节省大量热能消耗。川崎提出，铸坯冷到 $800 \sim 1050\text{℃}$ 范围内保温大于 40min 后直接热轧或再加热到 $1100 \sim 1200\text{℃}$ 热轧，由于 AlN 聚集，P_{15} 降低，并且热轧板宽度方向厚度偏差（也称凸起量）小于 $100\mu\text{m}$。高于 1050℃ 时，由于进入 AlN 固溶温度区，AlN 不能聚集，热轧时析出细小 AlN。低于 800℃ 时，即使长时间保温也不能使 AlN 聚集。以前工艺是铸坯经低于 1200℃ 低温加热，这使 P_{15} 降低，但热轧负荷和凸起量增大。但直接热轧由于温度不均匀，铸坯边部和中部伸长不均匀，卷取后塔形量可达 $40 \sim 50\text{mm}$。如果冷到 $800 \sim 1050\text{℃}$ 后再加热到 $900 \sim 1100\text{℃}$，使温度更均匀，热轧板板形好，卷取后塔形量减小到小于 20mm[159]。调整钢中碳、硫和铝含量，使 $w(C) < 0.008\%$，$w(S) < 0.003\%$，$w(Al) > 0.2\%$ 时，铸坯冷到 $900 \sim 1150\text{℃}$ 保温小于 30min 后就可直接热轧。由于缩短保温时间，产量提高。铝含量高和碳含量低，使 AlN 固溶量减少，因为 AlN 固溶温度提高了。一般铸坯加热到低于 1200℃ 时，AlN 不固溶并粗化；而铸坯从高温冷却时，AlN 从较高温度就开始析出，此时铝和氮扩散速度快，AlN 析出量少并粗化。钢中如含 $0.005\% \sim 0.015\%$ S，加少量 REM 或钙也可直接热轧[160]。

日本钢管也提出铸坯保温和直接热轧方法[75]。

6.8.5.5 特殊热轧工艺

为了破坏铸坯中柱状晶，在精轧机组最后一个机架采用上、下工作辊转速不

同的轧机，压下率大于 10%，或最后两个机架，其中一个上辊转速快和下辊转速慢，另一个上辊转速慢和下辊转速快，轧二道，两个辊的转速差率（$v_2/v_1 - 1$）× 100% 应大于 10%。现在采用的热连轧机可使上、下辊转速差率最大达 50%，实际上转速差率为 30% 就可破坏柱状晶。由图 6-30 看出，正常等速轧制时，上、下对称的发生金属流变，中部铸态晶粒伸长；异速轧制时，发生不对称金属流变，钢带充分经受剪切应变，板厚方向中心区也受加工应变，柱状晶被破坏，冷轧和退火后各部位都发生晶粒长大，磁性高且均匀[161]。

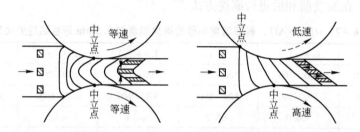

图 6-30　等速轧制和异速轧制示意图

6.8.6　常化或预退火工艺

6.8.6.1　常化工艺

川崎提出，由于硅含量高酸洗性较差，热轧板常化时板温升到高于 400℃，控制连续炉内燃烧气氛中空气比小于 1，氧化层厚度减薄，氧化铁皮疏松，经 392～490N/m² 投射量喷丸处理和在 80～85℃ 的 6% HCl 中酸洗 60～90s。空气比为 1.3 时，酸洗时间为 200s（见图 6-31）[162,163]。

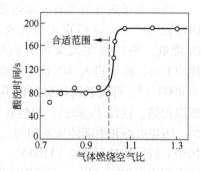

图 6-31　常化时燃烧气体空气比与酸洗时间的关系

（3.4% Si + 0.7% Al 热轧带）

新日铁提出，2%～4%（Si + Al）或 2%～4%（Si + 2Al）钢热轧板经 1000～1200℃ × 30s～2min 常化，成品磁各向异性小，因为横向磁性明显提高。如 3% Si + 0.3% Al 钢经 1050℃ × 2min 常化，冷轧到 0.5mm 厚，975℃ × 30s 退火后，纵横向 B_{50} 之比为 1.01，$P_{15} = 2.5$W/kg[164]。

Si + 2Al - Mn ≥ 2% 无相变纯净钢的常化温度 T 与钢中 Mn 量有如下关系：$T = 100[Mn\%] + 900 \sim 140[Mn\%] + 1100℃$（均热 20～30s）。0.35mm 厚 3% Si + 1% Al + 0.6% Mn 钢 $P_{15} \leq 2.3$W/kg（二次中等压下率冷轧时，$P_{15} \leq 2.1$W/kg），$B_{50} = 1.67$T。如果采用 1050～1150℃ × 10～30s 常化后以小于 10℃/s 速度冷却到

900 ~ 1000℃ 二段式常化工艺，$P_{15} = 2.04W/kg$，$B_{50} = 1.68T$。随后又提出 $T = 920 + 150 \times [Mn\%] \sim 1020 + 150 \times [Mn\%]$ 的半成品工艺。成品晶粒尺寸小于 50μm，小于 0.1μm 尺寸的析出物数量不大于 5000 个/mm²，冲片性高，消除应力退火后晶粒长大。钢中 Mn 含量高，常化温度高（如 0.2% Mn 时 $T = 950 \sim 1050℃$；0.4% Mn 时 $T = 1000 \sim 1050℃$；0.7% Mn 时 $T = 1050 \sim 1100℃$；1% Mn 时 $T = 1100 \sim 1150℃$）。因为 Mn 含量高，MnS 固溶温度高，所以 T 可提高。常化温度合适，热轧板细小，MnS 可固溶，以后消除应力退火时 MnS 粗大析出。1% Si – 1.2% Al – 0.3% Mn 钢1000℃ × >60s 常化的 0.5mm 厚板经800℃ ×40s 退火、冲片和750℃ ×2h 退火后，$P_{15} \leqslant 2.9W/kg$，$B_{50} = 1.71T$ [165]。

2mm 厚热轧板经 1000 ~ 1050℃ ×30s 常化后，以 1 ~ 25℃/s 较慢速度冷却，残余应变量减少且板厚方向分布均匀，可提高热轧板延展性，冷轧不开裂（弯曲数提高）。3.5% Si – 1.2% Al 钢可顺利冷轧到 0.35mm 厚，经 1050℃ ×20s 退火后，$P_{15} \leqslant 1.8W/kg$，$P_{10/400} < 20W/kg$，$B_{50} = 1.71T$，晶粒尺寸为 150μm [166]。如果常化后以小于 100℃/s 速度冷却到 450 ~ 600℃ 并保温 30s 以上，再以不大于 50℃/s 速度冷却也可[167]。

台湾中钢公司研究铸坯加热温度和热轧板常化温度对不小于 2%（Si + Al）无相变钢磁性的影响，证明 1.74% Si + 0.32% Al 纯净钢经 1200℃ 加热时常化温度对 B_{50} 无影响，但 P_{15} 随常化温度升高而降低。因为 1200℃ 加热使部分 MnS 和 AlN 固溶，热轧又析出细小 MnS 和 AlN，而常化温度升高可使它们粗化。铸坯经 1050℃ 加热时随常化温度升高，B_{50} 增高。因为热轧板常化后晶粒大，可促进在形变带中 {120} 晶粒生核，抑制沿晶界生核的 {111} 晶粒形成。不高于 1000℃ 的常化温度对 P_{15} 影响小，而 1100℃ 常化时，P_{15} 略有增高[168]。

比利时 J. G. Landraf 等将 1.25% + 0.3% Al 钢 3mm 厚热轧板（晶粒尺寸为 22μm）经不同温度常化，使晶粒尺寸分别长大到 120μm 和 500μm，再冷轧到 0.5mm 厚和退火，研究冷轧前热轧板晶粒尺寸对冷轧和再结晶的影响。研究证明，晶粒从 22μm 长大到 125μm 时，成品 {111} 组分减少，{110} 组分增多，成品晶粒均匀。当晶粒为 500μm 时，{110} 组分没有再增强，而 {100} 组分增强，因为 {100} 晶粒在两个形变带的过渡区形核，但由于 {100} 晶核数量少，成品晶粒尺寸不均匀（在 50μm 大晶粒周围有约 11μm 小晶粒）[169,170]。日本 JFE 和韩国浦项的研究都证明，2% ~ 3% Si 热轧板经 1050℃ ×60s 常化，冷轧到 0.35mm 厚，产生近似为 {411}〈148〉 形变带，退火后 {411}〈148〉 强度大，{111}〈112〉 强度减少。{411}〈148〉 属于 {100} 纤维织构，B_{50} 增高，P_{15} 降低[97,171]。

6.8.6.2 预退火工艺

浦项研究证明，含 0.026% C 的 3% Si + 0.7% Al 热轧板经 950℃ × >60min 预

退火时 P_{15} 最低，比 950℃ ×1min 常化的 P_{15} 低 5% ~8%。预退火时间对 B_{50} 影响不大。延长时间使热轧板晶粒更粗化，成品晶粒大于 50μm，（100）组分增高和（111）组分减少。一次冷轧法的晶粒比二次中等压下率冷轧法的小，B_{50} 更低，但 P_{15} 也更低[172]。

预退火比常化处理的晶粒更大，但渗氮量也更高。降低铝含量，渗氮现象明显减少。先酸洗后预退火可防止氧化铁皮被还原而难酸洗，也减轻内氧化层。小于 0.01% Al_S 的 2% Si 钢热轧板酸洗后，在 $d.p.$ <0℃ 的 75% N_2 +25% H_2 中850 ~1000℃ 预退火 0.5 ~2h，晶粒粗大；一次冷轧到 0.5mm 厚，950℃ ×1min 退火后（110）和（100）组分加强，$P_{15} \approx 3W/kg$，$B_{50} = 1.74$ ~1.75T[173]。热轧板酸洗后先经 4% ~6% 压下率临界变形，再经预退火，成品 B_{50} 更高，〈100〉//ND 织构组分更强。1.3% Si +0.3% Al 钢 0.5mm 厚板 900 ~950℃ ×1min 退火后，$P_{15} \approx 3W/kg$，$B_{50} = 1.745T$，与上述 2% Si 钢磁性相同[174]。日本钢管和住友金属公司采用先酸洗后预退火工艺。

6.8.7　酸洗工艺

川崎生产大于 0.5% Al 的 1% ~3% Si 钢时（Al%/(Si + Al)% ≥0.35），由于热轧板常化和酸洗后表面残存有内氧化层，其中 Al_2O_3 使冷轧辊磨损严重，轧辊表面变粗糙，冷轧板形状不好，厚度偏差大，而且冷连轧机冷轧易断带。为此川崎提出酸洗前提高喷丸投射密度，提高盐酸浓度、酸洗时间和温度，或酸洗后采取表面研磨等措施，使冷轧前钢带表面 $[Al]_p/[Si]_p$ <3（用 GDS 技术测出的表面 Al 和 Si 轮廓比）。如 1.1% Si +0.8% Al 热轧板的工艺为：900℃ ×1min 常化后，经 20kg/m^2 投射密度喷丸处理，7% HCl，85℃，100s 酸洗和表面研磨[175]。

新日铁研究指出，加 REM 的 2% ~2.5% Si +0.3% ~2% Al 钢常化后酸洗性变坏。因为加 REM 使热轧板表面硫浓度和氧化铁皮结构发生变化。因此，新日铁同时分别加 0.02% ~0.2% Cr 和 Sn，使氧化铁与基体界面结合力减弱，喷丸处理时大部分氧化铁被去掉，然后经 87℃ 的 8% HCl 中酸洗 35s。酸洗时用钢丝刷研磨，使表层 Al_2O_3 厚度不大于 0.2μm，冷连轧机冷轧时不断带[176]。

6.8.8　冷轧工艺

6.8.8.1　冷连轧机轧制法

不小于 2% Si 钢变形抗力大，多采用小于 700m/min 低速的 20 辊轧机冷轧。近年来，为提高产量试图采用连轧机高速轧制技术。川崎提出，连轧机高速轧制时钢带表面较粗糙，因为轧制时在轧辊咬角处进入轧制油。不小于 2% Si 钢变形抗力大，轧辊扁平率增大，带入的轧制油更多。钢板表面粗糙使叠片系数降低，退火时也易形成内氧化层。为保证辊周速 v >1000m/min 和冷轧板表面 Ra <

0.4μm，冷连轧机最后一机架的压下率 r 应满足以下关系式：$r \geqslant 0.06R(0.13 \times Si\% + 0.57) - 20$，$R$ 为工作辊直径。由图 6-32a 看出，在 $v > 1000$m/min 条件下，Si 含量大于 1.5% 和 R 为 250mm 时，以 35% 压下率冷轧可保证 $Ra < 0.4$μm。由图 6-32b、图 6-32c 看出，辊径愈大或压下率愈低，表面 Ra 值愈高。硅含量愈高，辊径应更小，压下率更大。例如，纯净的 3.3% Si + 0.7% Al 的 2mm 厚热轧板经 1000℃×10s 常化，在连轧机上冷轧到 0.5mm 厚，最后一个机架辊径为 300mm，辊周速为 1500m/min，压下率为 25%。最后经 1050℃×10s 退火后，$Ra = 0.12$μm，$P_{15} = 2.25$W/kg，$B_{50} = 1.69$T。如果用 600mm 辊径和 5% 压下率冷轧，$Ra = 1.03$μm，$P_{15} = 2.35$W/kg，$B_{50} = 1.67$T[177]。S、N 和 O 含量分别小于 30×10^{-6} 的 2% Si + 0.5% Al + 0.05% Sb 钢常化后，在冷连轧机经约 150℃ 和最后

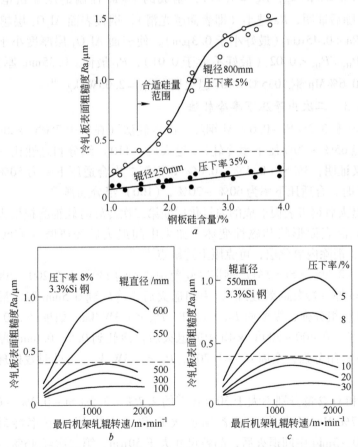

图 6-32 硅含量、最后机架辊径和压下率与 Ra 的关系及辊径和压下率
与最后机架辊周速和 Ra 的关系

a—w(Si)、辊径和压下率与 Ra 的关系；b—辊径与辊周速和 Ra 的关系；
c—压下率与辊周速和 Ra 的关系

一道压下率大于 20% 冷轧到 0.35mm 厚时，退火后磁各向异性小，$P_{15} = 2.25\text{W}/$ kg，$P_{10/400} = 19\text{W/kg}$，$B_{50} = 1.75\text{T}$，制成的无刷式直流电机效率达 94.5%[178]。

6.8.8.2　一次冷轧法

川崎用高纯净的 3.4% Si + 0.3% Al 钢 2mm 厚热轧板常化后经不同压下率冷轧和退火，证明随压下率增大，磁各向异性减小。因为磁化过程更均匀化，即磁畴更细化，反常涡流损耗 P_a 很小。压下率小，磁各向异性大是由 P_h 各向异性引起的[179]。

新日铁提出，S 和 N 含量分别不大于 20×10^{-6} 时，2.5% ~ 3.3% Si - 0.2% ~ 0.6% Al 钢热轧板常化和冷轧，冷轧板表面光滑度 $Ra < 0.45\mu\text{m}$，退火后叠片系数高，磁性好。0.5mm 厚 2.5% Si + 0.2% Al 钢经 900℃ 退火后，晶粒尺寸为 60μm，$P_{15} = 3\text{W/kg}$，$B_{50} = 1.71\text{T}$，制成的 PWM 控制的压缩机电机效率为 87%[180]。随后证明，Ra 越小（即表面越光滑），钢板表面 Al_2O_3 层越薄，P_{15} 越低，控制 $Ra < 0.45\mu\text{m}$（最好小于 0.3μm），使表面 Al_2O_3 层厚度小于 1μm，同时退火时 $P_{H_2O}/P_{H_2} < 0.02$（最好不大于 0.01），P_{15} 最低。0.35mm 厚 3.3% Si - 0.7% Al - 0.6% Mn 钢 1035℃ × 40s 退火后，$P_{15} = 2.05\text{W/kg}$[181]。

6.8.8.3　二次中等压下率冷轧法

1.4% Si 和 3.2% Si - 0.6% Al 钢经二次冷轧法（在氮中 750℃ × 2h 中间退火和第二次经 65% ~ 70% 压下率冷轧），退火后 (110) 组分和磁性比一次冷轧法高。随后又证明，3% Si + 0.4% ~ 0.6% Al 钢第二次合适压下率为 50%，铝含量加到 1.1% 时，合适压下率为 60% ~ 70%，(100) 组分加强[56]。

中间退火后钢带表面形成的内氧化层使第二次冷轧时轧辊磨损增大，轧制能量降低，成品表面形状和磁性变坏。如果中间退火后经研磨（或酸洗）去掉 0.5 ~ 4μm，消除内氧化层，可克服上述缺点[182,183]。

1.6% ~ 2.5% (Si + 2Al) 钢带冷轧前预热到约 230℃，在 200 ~ 300℃ 下冷轧到约 1.5mm 厚（冷轧时效处理），中间退火后再冷轧到 0.5mm 厚，最终退火后 (100)[001] 组分强，纵横向 $B_{25} > 1.7\text{T}$，$P_{15} < 3.3\text{W/kg}$。如果经 200 ~ 300℃ 轧到 1.5mm 厚，在 400 ~ 500℃ × 4h 中间退火后再冷轧到 0.5 ~ 0.6mm 厚，退火后 (100)(uvw) 组分强，全周 $B_{25} \geqslant 1.70\text{T}$，$P_{15} < 3.3\text{W/kg}$。冷轧时效处理可提高横向磁性[94]。

S、N 和 O 含量分别不大于 30×10^{-6} 的 2.7% ~ 3.5% Si - 0.2% ~ 0.7% Al - 0.2% ~ 0.7% Mn 经常化（或者预退火）和二次中等压下率冷轧（900 ~ 1100℃ × 10 ~ 3min 中间退火后，晶粒尺寸大于 50μm。第二次经 45% ~ 65% 压下率冷轧），成品 {100}⟨001⟩ 和 {110}⟨001⟩ 组分增多，P_{15} 比一次冷轧法更低。0.5mm 厚 3.1% Si - 0.5% Al - 0.7% Mn 钢（1000℃ × 60s 常化，1030℃ × 60s 中间退火后，晶粒尺寸 130μm 和 60% 压下率第二次冷轧），经 980℃ × 20s 退火后，

$P_{15} = 2.15W/kg^{[184]}$。

6.8.8.4 二次冷轧临界变形法

小于0.005%C 的1%~2%Si 钢热轧板经常化、冷轧和850~900℃×1min 退火后，再经10%临界变形和在干氮气中750℃×2h 退火，磁性高，内氧化层很薄。1.8%Si-0.3%Al 的0.5mm 厚板 $P_{15} = 2.97W/kg$，$B_{50} = 1.72T^{[185]}$。

拉斯托吉（Rastogi P K.）等采用工业生产的0.5mm 厚含0.02%C 的2%Si+0.3%Al 半成品冷轧板，在干的6%H$_2$+94%N$_2$中840℃×90s 退火后，经2%~6%临界变形，在湿的6%H$_2$+N$_2$中（d.p. = +16℃），不同温度消除应力和脱碳退火0.25~1h。证明不经临界变形时，900℃比800℃脱碳退火后，由于晶粒大和（110）组分高，P_{15}降低，μ_{15}更高。经临界变形时晶粒更大，P_{15}降低，但μ_{15}也降低。2%临界变形时晶粒过大，反常损耗 P_a 明显增高，P_{15}反而增高。4%~6%临界变形时晶粒较小，P_{15}降低。一般退火后 P_a 占 P_T 的10%~13%，而半成品消除应力退火后，由于晶粒大，P_a 可占18%~30%。因此对半成品来说，临界变形和消除应力退火时应有一合适的晶粒尺寸[186]。

3.35%Si+0.6%Al 高纯净热轧板经900~1050℃×10~60s 常化和75%~80%冷轧后，在740~880℃×5~60s 低温中间退火，控制晶粒尺寸，再经研磨去掉氧化层，2%~8%临界变形和950~1080℃×5~30s 退火后，改善了织构，0.5mm 厚板 $P_{15} \leq 2.3W/kg^{[187]}$。

6.8.8.5 防止冷轧边裂和断带方法

3%Si 钢冷轧时易产生边裂。以前采用热轧带剪边法来减少冷轧边裂，但这造成边部有加重硬化层，使热轧带表面形状变坏和产生细小龟裂，工具磨损严重。如果热轧带剪边后，边部经激光加热可完全防止冷轧边裂[188]。

3%Si 钢冷轧前预热到100℃以上可防止边裂。如果轧制油不预热，冷轧时钢带温度迅速下降，仍产生边裂或断带现象。因此轧制油也要预热到80℃以上，但冷轧钢带表面常出现轧制油引起的黑斑（含硅的氧化物或氢氧化物），外观不好。控制好冷轧最后两道之间或最后一道卷取温度 T，并且供油系统分高温和低温两种轧制油分别供应，$T \leq 2(Si\%)^2 - 17(Si\%) + 115$，冷轧时不边裂并防止了黑斑。热轧板厚冷轧时也易裂，板薄对弯曲适应性强，不易产生裂纹。开始冷轧时，由于板厚而冷轧温度较高，后两道的轧制温度 T' 可降低。T' 也与Si 含量有关，应满足下式：$T' \geq -6.7(Si\%)^2 + 83.3(Si\%) - 130$。实际操作是前几道由于板厚将 T 控制在100℃以上，轧制油温度为80℃，最后两道 T 低些，轧制油温度降到约40℃[189]。

1.5%~3.0%Si 钢带经冷连轧机轧制时通过导向辊发生弯曲，弯曲过大易断带。每道冷轧后通过导向辊卷取时，钢带与卷筒和卷取的钢卷形成一个 θ 角，$\theta > 10°$ 时也易断带。为此轧机需装升降装置。导向辊与张力辊之间钢带也产生弯

曲应变 $\varepsilon_f = Z/2r$，Z 为钢带厚度，r 为导向辊或张力辊半径。r 小，ε_f 大，钢带边部易产生小裂纹。但增大 r 也有困难。如果控制第一道入口钢带温度为 50～250℃，出口到张力辊之间为 100～250℃ 时就不会断带，因为这时钢带仍较厚，产生的弯曲应力很大。例如，钢带预热到 50℃，第一道压下率大于 30% 冷轧后温度升到 100℃ 以上。如果用三机架连轧机冷轧（各机架之间都装一张力辊），钢带预热到 80℃，三道压下率分别为 37%、40% 和 30%，各道次出口到张力辊之间空冷，张力辊到入口之间水冷，则第一道出口到张力辊之间钢带温度为 156℃，第二道为 177℃，第三道为 164℃。第三道出口处钢带速度为 500m/min，冷轧时不断带[190]。

为防止冷连轧时边裂，冷轧前剪边并用砂轮沿板宽方向两边研磨掉纵剪引起的硬化区，研磨量为 0.5～1mm。第一机架工作辊为一端粗的斜辊，以后各机架工作辊为一端细的斜辊。上、下工作辊辊轴方向相反并可移动。第一机架冷轧时两个边部压下率更大，产生更大压力而防止边裂。第二机架入口时钢带温度高于 80℃ 以改善延性，因此第一机架冷轧压下率大于 40%。由于第一机架经粗斜辊冷轧后，板宽方向边部 5mm 和 25mm 处厚度差大而使钢带下垂，所以以后各机架经细斜辊冷轧给以纠正，以保证板形。可采用四机架四辊或六辊连轧机，工作辊径为 300mm。冷轧边裂发生率为 0.1%，而一般冷连轧边裂发生率可达约 15%。如果冷轧前将钢带预热到 80℃ 以上，剪边后研磨量可减少到大于 0.05mm[191]。热轧板常化后控制冷速可提高热轧板弯曲数，提高冷轧加工性（见 6.8.6 节）。

以前热轧带卷焊接的焊缝处不能冷轧。一般用氩弧焊接（TIG），焊缝区单位长度的焊接热量过大（3900～4500J/cm），焊缝影响区扩大，晶粒粗化，所以冷轧时焊缝区易断裂。如果用电弧焊法，焊接热量为 2400～3700J/cm，焊缝影响区经 900℃×1～3min 处理以消除应力和脱氢，冷轧前焊缝区预热到冲击脆性－韧性转变温度以上，用低硅高锰钢焊丝（0.05%～0.15% C，0.02%～0.05% Si 和 1.5%～2.0% Mn），则焊缝可进行冷轧。提高焊丝中锰含量可提高焊缝区延展性。焊接热量 H 与焊接电压 U，焊接电流 I 和焊接速度 S（cm/min）有下列关系：$H = 60UI/S$，J/cm。合适的焊接条件为：$U = 18～25V$，$I = 90～160A$，$S = 40～80cm/min$[192]。采用点焊法焊接后进行酸洗，比用闪光焊接法更易通过酸洗线而不断带。焊接条件为：加压 392MPa，电极直径 $\phi15mm$，同时点焊 6 点[193]。采用含 12%～30% Ni 为主的焊丝和激光焊接法，使焊区 $\alpha + \gamma$ 两相区增多，焊区晶粒细化，韧性提高[194]。

6.8.8.6　特殊冷轧法

A　异步轧机冷轧法

异步轧机的两个工作辊速度不同（速度比约为 1.125），产生十字形剪切形变区，使板厚方向的冷轧织构发生变化，使 γ 纤维（主要为 {111}⟨112⟩）比 α

纤维更强。因为 γ 纤维中 {111}⟨112⟩ 属于剪切形变织构。而更重要的是 η 纤维（{111}//RD）明显加强。η 纤维中 {110}⟨001⟩ 晶粒储能高，退火时它们在晶粒中剪切带内生核，并迅速吞并周围的 {111}⟨112⟩ 晶粒而长大，所以成品磁性提高。0.5mm 厚 2% Si + 0.9% Al 钢 P_{15} 最大可降低约 0.5W/kg，而 B_{25} 提高约 0.01T[195]。

B 温轧法

3% ~ 4% Si 钢热轧板经 200 ~ 500℃ 温轧和 950 ~ 1050℃ × 30 ~ 60s 退火，可获得（100）(uvw) 织构，磁性明显提高；热轧板经 850 ~ 1000℃ × 2 ~ 10min 常化后温轧，磁性进一步提高[196]。采用异步轧机（上、下工作辊周速比大于 10%），在 300 ~ 600℃ 反复轧 4 ~ 6 道，使表层到中心区的剪切应变增多，退火后 {100} 组分强，全周磁性高。1.5% Si + 0.5% Al 热轧板经 900℃ × 1min 常化，异步轧机 300 ~ 500℃ 轧 4 道，0.5mm 厚板 1000℃ × 30s 退火后，磁各向异性小，B_{50} = 1.74T，P_{15} = 2.5W/kg[197]。

C 不同方向冷轧法

在与热轧方向呈 55° ± 20° 方向经 50% ~ 92% 压下率冷轧和退火后，磁性高和磁各向异性小，因为（100）和（410）组分增多，主要为 {hkl}⟨uvw⟩ 织构。热轧板常化后沿板宽方向阶梯式大于 30% 压下率冷轧，磁各向异性也小[198]。

D 斜形辊冷轧法

冷轧时工作辊沿辊轴方向移动，轧辊回跳现象减小，成品板厚精度高，剪边量减少[199]。

E 沟槽辊冷轧法

冷连轧机第一到第三机架上、下工作辊辊周方向有 V 形、U 形、台形或正弦波形纵沟，并且对称分布，第四到第五机架工作辊为平滑辊。经纵沟辊冷轧时板宽方向（横向）发生金属流变，再经平辊冷轧消除钢带表面凸凹区后仍保留横向金属流变，退火后由 {111}⟨112⟩ 附近位向转变为 {100}⟨uvw⟩ 位向，B_{50} 可提高 0.02 ~ 0.03T。沟间距 l 与沟深 d 和纵辊冷轧后板厚 t 之比应满足以下条件：l/t = 0.05 ~ 2.5，d/t = 0.1 ~ 0.5。流入沟槽中钢板断面积 A 与沟槽断面 S 之比为 $A/S \leqslant 0.6$ 和 S/ld = 0.15 ~ 0.65。一般 $l \leqslant 5$mm，$d \geqslant 0.3$mm。纵沟与辊周方向的角度不大于 5°。也可采用只是上工作辊有纵沟槽的方法或纵沟辊冷轧小于 40% 压下率，850℃ 中间退火后再用平辊冷轧的二次冷轧工艺[200]。

F 叠轧法

冷轧至中间厚度去油，酸洗并涂黏接剂或隔离剂后经 150 ~ 250℃ 叠轧，冷轧压下率大于 30%。通过两片之间的部分变形受到限制，从而改善织构，2.7% Si - 0.3% Al 钢常化和冷轧到约 1.2mm 厚，两片叠起经 200℃ 轧到 0.5mm 厚，900℃ ×

10s 退火后，$B_{50} = 1.78T$[201]。

6.8.9 退火工艺

6.8.9.1 升温速度、冷却速度和炉内张力

大于 10℃/s 速度快升温可提高 {100} 和 {110} 组分，B_{50} 增高，P_{15} 降低（最好大于 30℃/s）。快升温时冷轧钢板来不及充分回复，储能高，从而促进再结晶生核速度比长大速度快，成品晶粒尺寸合适（100 ~ 150μm）。以较慢速度升温，晶粒过大，磁性降低。如果以大于 100℃/s 速度快升温，磁性更高[202]。冷轧前晶粒尺寸对退火升温速度有影响。原始晶粒大，10 ~ 30℃/s 快升温使成品 {110} 组分加强，而 {111} 组分略有减少。原始晶粒小，快升温使 {110} 组分略增多，而 {111} 组分明显减少。这主要是与冷轧时形成的剪切带数量有关[203]。

连续退火时钢带伸长率 R 应满足下式：$0.0035T - 3.8 \leqslant \lg R \leqslant 0.0035T - 2.8$。

由图 6-33 看出，退火温度 T 愈高，R 愈大，P_{15} 也愈低[204]。以大于 10℃/s 速度快升温到 950 ~ 1100℃ 经短时间退火（小于 60s）和加约 0.98MPa（0.1kg/mm²）张力，磁性最高。退火后冷速变化小于 10℃/s² 时，由于降低冷却应力，P_{15} 进一步降低[65]。退火后在小于 2.9MPa（0.3kg/mm²）张力下以 30℃/s 速度和小于 5℃/s² 冷速变化进行冷却，P_{15}、$P_{5/1000}$ 低，电机效率高[66]。在硅含量和相对应的合适退火温度下，钢带伸长率在 0.1% ± 0.05% 时，磁性最好，相当于加约 0.98 ~ 2.9MPa 张力。这比图 6-33 所示的合适伸长率低一个数量级[73]。

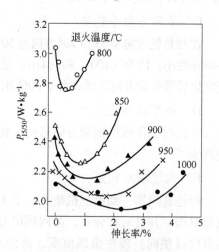

图 6-33 退火温度、钢带伸长率与 P_{15} 的关系
（3.2%Si，二次冷轧法，0.35mm 厚）

在加热区和冷却区都装三辊式拉紧辊（矫平机），控制加热区钢带伸长 0.01% ~ 0.2%（如加 3.9MPa 张力），冷却区钢带伸长 0.01% ~ 0.5%。成品板形和磁性都好[205]。生产不同厚度成品钢带（0.15 ~ 0.5mm 厚），要调整好不同板厚交界地区钢带入口和出口的拉紧辊，即控制好张力以防止断带[206]。

6.8.9.2 退火温度和时间

0.50mm 厚 2.9%Si + 0.43%Al 冷轧板脱碳退火后在 $d.p. = 0 ~ +10℃$ 的 20% $H_2 + N_2$ 中 870 ~ 1030℃ 退火不同时间（t），证明随温度升高和时间延长，晶粒尺

寸（D）增大，P_{15} 降低，μ_{15} 也下降。D 与 t 呈指数关系：$D = kt^n$，n 为时间指数，k 为常数。n 和 k 都与材料和退火温度有关。但高温长时间退火，由于晶粒长大到表面时形成的晶界沟槽可阻碍晶粒进一步长大，因此在不低于 980℃ 经很短时间退火，就使晶粒充分长大，P_{15} 达到最低值[207]。对 2%Si 钢的研究也得到同样的结果。以 20℃/s 速度升温时，在 950~1000℃×30s 退火或以 50℃/s 速度升温时在 1000~1050℃×30s 退火，磁性最高[65]。不小于 2%S 钢无相变钢多采用高温短时间（不大于 60s）退火工艺。

6.8.9.3 退火气氛和防止钢带划伤法

已证明退火气氛的 $d.p. \leqslant 0℃$ 时不形成内氧化层。气氛 $d.p. \leqslant 0℃$ 并含不小于 45%H_2 时也不形成内氮化层[48]。

为防止炉底辊结瘤将钢带表面划伤，可采用石墨辊或陶瓷辊，因为炉辊表面附着物通过引带就可剥离。其缺点是强度低、加工性差和成本高。实验证明，连续退火脱碳时气氛 $d.p.$ 高，炉辊更容易结瘤。在 $d.p. = +30℃$。$P_{H_2O}/P_{H_2} = 0.07$ 的 60%H_2+N_2 中 900℃ 退火后冷到 700℃ 阶段，将 P_{H_2O}/P_{H_2} 变为 0.085~0.11，经这样处理 150t 钢带表面都出现划伤。检查炉辊瘤成分为：4.1%SiO_2，0.5%FeO，1.2%Al_2O_3，1.3%MnO，87.5%Fe。退火前钢带表面附着的氧化物被氢气还原为铁而堆集在炉辊表面，这是形成炉辊瘤的主要原因。在 850℃~700℃ 较慢冷却阶段形成的炉辊瘤最大。高于 850℃ 时被还原的铁与钢带粘在一起而不形成炉辊瘤。因此在 850℃~700℃ 冷却阶段，将 P_{H_2O}/P_{H_2} 增大到大于 0.12，即减少氢气量和增加氮气量，减小气氛的还原性，可减小结瘤。例如，0.5mm 厚 3%Si 冷轧带在 $d.p. = +35℃$ 的 60%H_2+N_2 中 900℃ 退火后，在 850~700℃ 冷却阶段改为 $d.p. = +22℃$，$P_{H_2O}/P_{H_2} = 0.134~0.147$ 的 20%~40%H_2+N_2 中处理 500t 钢后表面无划伤，炉辊表面没有大的炉辊瘤[208]。

小于 2%Si 钢退火温度较低（800~900℃），这对防止结瘤和划伤有利。不小于 2%Si 的纯净钢经 800~900℃×20~60s 退火也可得到高磁性，钢带表面也无划伤。例如，纯净的 3%Si+0.38%Al 的 0.5mm 厚带经 870℃×30s 退火后，$P_{15} = 2.87$W/kg，$B_{50} = 1.69$T，无划伤，时效后 P_{15} 变坏率不大于 1%。如果经 920℃×40s 退火，$P_{15} = 2.81$W/kg，$B_{50} = 1.68$T，但有划伤[209]。

不小于 2%Si 钢在大于 10%H_2+N_2 中经二段退火时，控制前段气氛 $d.p. = -15°~+5℃$（弱还原性）和低于 900℃ 退火可防止划伤，而后段 $d.P. < -15℃$ 和高于 900℃。如果前段退火温度高于 900℃，即使在还原性气氛中也可形成低熔点的 Fe-Si 系氧化层，被氢还原成铁后，与炉辊起烧结反应，前段炉辊结瘤明显。此外，热轧板卷取温度高于 690℃ 时也易产生划伤[210]。

连续退火炉明火焰加热区气体可进入辐射管加热区，这使炉辊表面附着氧化铁而结瘤。如果炉辊表面光滑度 $Ra \leqslant 100\mu m$，可使炉辊与氧化铁皮亲和力降低，防止钢带划伤[211]。$H_2 \geqslant 45\%$ 的 $H_2 + N_2$ 退火气氛可防止形成内氧化层和防止渗氮，但成本高。如果在小于 20% $H_2 - N_2$ 气氛下，$P_{H_2O}/P_{H_2} = 0.3 \sim 0.5$ 条件下升到 $650\,℃$，钢板表面形成 $8 \sim 20nm$ 厚的 SiO_2 和 MnO 为主的外氧化层，然后在 $P_{H_2O}/P_{H_2} = 0.1 \sim 0.3$ 条件下，高于 $650\,℃$ 升温和退火，也防止形成内氧化层和防止渗氮。$0.35mm$ 厚 $3\% Si - 0.4\% \sim 0.8\% Al - 0.3\% \sim 0.5\% Mn$ 钢 $1050\,℃ \times 30s$ 退火后，内氧化层厚度为 $5 \sim 18nm$，P_{15} 明显降低[212]。

韩国浦项研究 $H_2 + N_2$ 退火气氛中 H_2 含量对 $0.5mm$ 厚 $3.2\% Si - 1.2\% Al$ 钢磁性的影响。证明在于 $H_2 - N_2$ 气氛中 $1000\,℃ \times 150s$ 退火后的 P_{15} 值随气氛中 H_2 含量增高而降低（见图 $6 - 34a$），B_{50} 也略提高。随 H_2 含量增多，钢中氧化物夹杂数量减少，尺寸增大（见图 $6 - 34b$），内氧化物质点数量减少，所以 P_{15} 降低[213]。

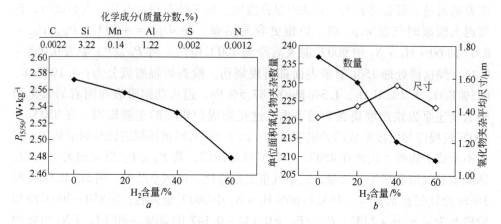

图 6 - 34　氢气含量对铁损的影响及氢气含量与氧化物夹杂分布的关系
a—氢气含量对铁损的影响；b—氢气含量与氧化物夹杂分布的关系

6.8.9.4　二段式退火

新日铁首先提出，在 $d.p. = -10\,℃$ 干的 $30\% \sim 75\% H_2 + N_2$ 中，前段经 $850 \sim 1000\,℃ \times 1 \sim 2min$，后段经 $1000 \sim 1100\,℃ \times < 1min$ 二段退火工艺（如 $925\,℃ \times 1min + 1050\,℃ \times 0.2min$）生产高牌号无取向硅钢，成品晶粒尺寸更均匀，表面无细小晶粒（防止渗氮），P_{15} 更低，磁性可提高一个牌号。随后新日铁又提出，前段高温后段低温的二段退火工艺，即 $950 \sim 1000\,℃ \times 5 \sim 60s + 800 \sim 950\,℃ \times 10 \sim 120s$，使冷却时产生的热应力减小，$P_{15}$ 低和磁各向异性小[69~71]。钢中含 $0.01\% \sim 0.02\% C$ 时，前段可先在 $d.p. = 35\,℃$ 气氛下经 $820 \sim 830\,℃ \times 2min$ 脱碳和初次再结晶，后段经 $900 \sim 1100\,℃ \times 20s$ 使晶粒长大[214]。

韩国浦项也提出，前段在 $d.p. = 35 \sim 45\,℃$ 的 $20\% H_2 + N_2$ 中，$800 \sim 830\,℃ \times 1.5 \sim 3min$ 脱碳和形成致密的氧化层，后段在 $d.p. \leqslant -15\,℃$ 的 $25\% \sim 30\% H_2 +$

N_2 中 1000 ~ 1050℃ × 1 ~ 2min 退火，P_{15} 低，而且绝缘膜附着性提高[215]。随后浦项研究 3% Si – 1.4% Al 钢经 900℃ × 1min + 1050℃ × 2min 二段退火工艺对织构和磁性的影响时证明，退火后 {111}⟨110⟩ 和 {111}⟨112⟩ γ 纤维织构明显减弱，{110}⟨001⟩ 织构加强，而且晶粒尺寸比一段退火工艺更大，所以 P_{15} 低，B_{50} 高[216]。

6.8.9.5 退火过程中织构的变化

J. T. Park 等研究了 2% Si + 0.2% Al 钢经 1000℃ × 5min 常化和冷轧到 0.5mm 厚板（75% 冷轧压下率），经 610℃ 和 790℃ 退火 5min 时组织和织构的变化。研究结果证明，冷轧板形变晶粒中，{111}⟨112⟩ 晶粒储能最高，其次为 {111}⟨110⟩，再次为 {112}⟨110⟩，而且 {001}⟨110⟩ 储能最低（因此再结晶晶粒尺寸和织构不均匀）。此外，研究还观察到与轧向呈 20°~35°角的许多高应变区剪切带，而 {001}⟨110⟩ 形变晶粒储能低，不能形成剪切带。原始晶粒大和在 {111}⟨112⟩ 形变晶粒中形成更多的剪切带。8% 再结晶的早期在储能高的 {111}⟨112⟩ 和 {111}⟨110⟩ 形变晶粒的剪切带处首先形成 {110}⟨001⟩ 晶核。此外，还有 γ – 纤维和 {100}⟨uvw⟩ 晶核，大多数晶核都与其周围基体具有 25°~50°位向差角（即具有高迁移率的大角晶界）。再结晶织构中，{110}⟨001⟩最强，其次为 {111}⟨112⟩。再结晶后期（完全再结晶），所有织构组分都没有大的变化，说明所有新晶粒长大速度都近似相同，即长大速度与它们的位向无关，晶粒尺寸都相近似。再结晶早期形成的晶核位向决定了再结晶织构，即再结晶织构可用取向生核理论来解释。{100}⟨uvw⟩ 晶核也是在剪切带中形成的，但晶核数量比 {110}⟨001⟩ 晶核数量少。许多新的 {111}⟨112⟩ 再结晶晶粒是在形变的 {111}⟨110⟩ 晶粒中生核，而不是在晶界处生核。新的 {111}⟨110⟩ 晶粒是在形变的 {111}⟨112⟩ 晶粒中生核。经 790~950℃ × 5min 退火处于再结晶晶粒长大阶段时，{110}⟨001⟩ 和 {111}⟨112⟩ 主要组分都减少，而混乱织构加强。因为这两种位向的再结晶晶粒尺寸比混乱织构的晶粒尺寸更小，而且 {110}⟨001⟩ 晶粒周围为小角晶界，晶界迁移率低，即晶粒长大阶段符合高能量大角晶界的取向长大机理[217]。

M. A. Cunha 等研究了经二次中等压下率（中间退火后晶粒尺寸约 100μm，50% 压下率冷轧到 0.5mm 厚）冷轧板退火过程对 3% Si 钢织构和磁性的影响。研究结果表明，约 660℃ 时开始再结晶，800℃ 时 90% 再结晶，证明 50% 再结晶时 γ 纤维，特别是 {111}⟨112⟩ 组分减弱，而 η 纤维，特别是 {110}⟨001⟩ 组分加强，完全再结晶后 {110}⟨001⟩ 组分最强。820~980 晶粒长大阶段，α 纤维和 γ 纤维组分减弱而 {110}⟨001⟩ 组分进一步加强，540~660℃ 回复阶段磁性略有改善，660~830 再结晶阶段，μ_{15} 和 B_{50} 明显提高，P_{15} 明显降低。820~980℃ 长大阶段，磁性进一步提高，980℃ 晶粒尺寸大于 100μm。二次中等压下率冷轧和第二次冷轧前晶粒尺寸大是提高 {110}⟨001⟩ 组分的主要原因。{111}⟨112⟩ 形变晶粒中的切变带是 {110}⟨001⟩ 晶粒生核位置[218]。

6.8.9.6　碳形态的影响

过饱和固溶碳比碳化物对磁性的影响小，但磁时效严重。斯莱恩 (J. A. Slane) 等用工业生产的 0.64mm 厚 2.3% Si – 0.5% Al 和 0.026% C 冷轧板在 20% H_2 + N_2 中经二段退火，前段在 900℃ 和 $d.p.$ = +27℃ 条件下退火，退火时间占总退火时间的 60%，后段在 1040℃ 和 $d.p.$ = – 20 ~ – 40℃ 条件下处理 40% 时间。前段退火进行脱碳和再结晶，后段退火进行晶粒长大并防止氧化，退火后冷速约为 20℃/s。由图 6 – 35a 看出，总退火时间不大于 5min 时碳含量急剧下降。退火 5min 后碳含量为 0.007%，随后以较慢速度脱碳，8min 时碳含量为 0.003%。由图 6 – 35b、c 看出，不大于 3min 时 P_{15} 迅速降低，随后以很慢的速度降低。μ_{15} 在不大于 3min 时急剧增高，然后基本保持不变。不小于 8min 时，P_{15} 不降低而 μ_{15} 略下降。随退火时间延长，晶粒尺寸增大。首先表层晶粒长大，然后往内长大，3min 后沿板厚方向的晶粒尺寸达到平衡状态。退火 2min 后晶界仍存在 Fe_3C，这是冷却时由 γ 相转变成，3min 后 γ 相和 Fe_3C 消失。由图 6 – 36 看出，含 0.007% ~ 0.016% C 时，经 150℃ × 100h 时效处理后，P_{15} 增高 40%，μ_{15} 下降 7%。碳含量从 0.007% 降到 0.003% 时，时效现象明显减小。经 1 ~ 2min 退火后，碳含量为 0.02% ~ 0.023%，时效处理后出现晶界 Fe_3C。不大于 0.016% C

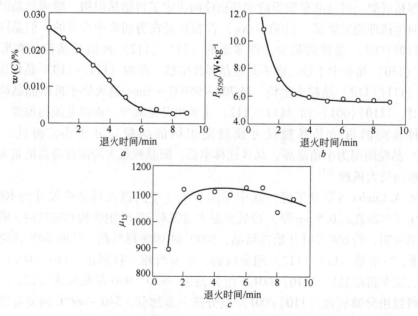

图 6 – 35　退火时间与 $w(C)$、$P_{15/50}$ 和 μ_{15} 的关系

a—退火时间与 $w(C)$ 的关系；b—退火时间与 $P_{15/50}$ 的关系；c—退火时间与 μ_{15} 的关系

时，时效后无晶界 Fe_3C，但在大于 $0.003\% \sim 0.016\%$ C 时，时效后晶粒内部有 Fe_3C，且分布不均匀。Fe_3C 尺寸为 $200 \sim 400nm$。0.003% C 时，晶粒内已无 $Fe_3C^{[219]}$。

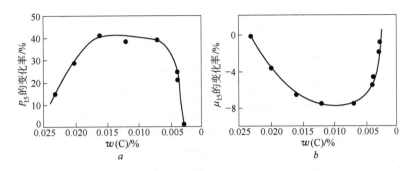

图 6 - 36　碳含量与时效处理后 P_{15} 及 μ_{15} 变化的关系

a—$w(C)$ 与 P_{15} 的关系；b—$w(C)$ 与 μ_{15} 的关系

随后他们用同样材料研究 P_{15} 随时效处理温度（$150 \sim 760$℃）和时间（$30s \sim 24h$）的变化以及碳化物析出动力学、形态和分布情况。不低于 370℃ 时效处理在 $d.p. = -40$℃ 的 30% $H_2 + N_2$ 中进行。在高于 700℃ 时效处理时，为防止脱碳，试样表面涂硅酸盐。按碳化物惯习面可判断出 ε 碳化物（$Fe_{2.4}$C）和 Fe_3C。ε 碳化物习面为 $\{100\}_\alpha$，Fe_3C 惯习面为 $\{110\}_\alpha$。证明：（1）从 $\alpha - Fe$ 中析出的碳符合双 C 曲线动力学。下 C 曲线鼻子在 300℃ 附近，此时析出 ε 碳化物，也称过渡碳化物。开始析出时间是随碳含量增高而缩短。上 C 曲线鼻子在 625℃ 附近，此时沿晶界析出 Fe_3C（见图 6 - 37）。（2）随时效温度升高或时间延长，过渡碳化物尺寸从 $0.1\mu m$ 增大到 $2.87\mu m$。（3）沿晶界析出的 Fe_3C 对 P_{15} 影响小，而过渡碳化物析出量达到峰值时，时效前后 P_{15} 之差（即 ΔP_{15}）最大。这是过渡碳化物质点尺寸和析出量对 P_T 影响的相互竞争结果。质点尺寸和析出量与时效温度的关系相反。在合适时效温度下使质点弥散后，时效时间对质点粗化和 ΔP_{15} 就不敏感了。（4）$2.3\%Si - 0.7\%Al$ 钢铁素体中过渡碳化物固溶度为：$\lg(10^{-4}\%C) = 3.93 - 1335/T$。$Fe_3C$ 固溶度为：$\lg(10^{-4}\%C) = 6.34 - 4040/T$。即 Fe_3C 固溶度比过渡碳化物低。在 $450 \sim 550$℃ 时效可降低碳的过饱和固溶量，使碳含量较高的试样中的过渡碳化物析出量明显减少。0.005%C 的 $Fe - 2.3Si - 0.7Al$ 钢在高达 315℃ 仍然析出过渡碳化物，ΔP_{15} 最高。此温度已超过过渡碳化物固溶线溶线以上，证明硅使铁素体中过渡碳化物和 Fe_3C 固溶度降低。$2.3\%Si - 0.7\%Al$ 和 0.005%C 钢的过渡碳化物固溶温度约 325℃$^{[220]}$。

加钛等元素固定钢中碳和氮，形成较粗大的稳定的 TiC 和 TiN，可消除磁时

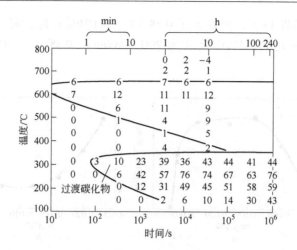

图 6-37　时效处理温度和时间与 $\Delta P_{15/60}$（图中数字）和碳化物质点、尺寸的关系
（0.009%C 钢）

效，这样就可采用干气氛退火，防止退火时形成内氧化层和内氮化层以及因炉辊结瘤引起的划伤[221]。

6.8.9.7　形成柱状晶的退火法

马德（A. R. Marder）等详细研究过低碳电工钢退火时柱状晶的形成（见 5.6.3 节）。

1989 年住友金属提出，0.03% ~ 0.1%C 的硅钢冷轧板先在小于 13.3Pa 真空中或 d. p. <0℃ 的 $H_2 + N_2$ 或 Ar 中，经高于 850℃×1 ~ 48h 弱脱碳退火。表面形成 5 ~ 50μm 深 α 相柱状晶层，晶粒尺寸小于 1mm（最好小于 0.35mm）。然后在 d. p. >0℃ 的 $H_2 + N_2$ 或 Ar 中经 750 ~ 850℃×5min ~ 20h 强脱碳退火，形成 50 ~ 200μm 尺寸的柱状晶组织（见图 6-38a），最后涂绝缘膜。成品板面上〈100〉极密度提高 5 倍以上，一般可提高 15 ~ 20 倍，B_{50} 明显增高。图 6-38b 为成品柱状晶组织和磁畴结构示意图。由于在板面垂直方向磁化时的反磁场系数小，沿此方向易形成磁畴，低磁场下 μ 和 B 值低。纯净的含 0.1%C 的 3.3%Si 钢（0.002%Als）3mm 厚热轧板经二次中等压下率冷轧到 0.5mm 厚（3mm→1mm→850℃×5min→0.5mm），在 d. p. = -50℃ 的 Ar 中 970℃×24h 退火后，再在 d. p. = +20℃ 的 20%H_2 + Ar 中 750℃×30min 退火，柱状晶尺寸为 0.26mm，〈100〉极密度提高 52 倍，环状样品 B_{50} = 1.78T，P_{15} = 1.5W/kg，这比最高牌号 50A230 磁性更高。如果沿轧向（板面方向）加 1 ~ 49MPa 拉应力或涂应力涂层，垂直方向的磁畴减少，低磁场下 μ 和 B 值提高，P_h 和 P_e 都降低，所以铁损也下降。0.35mm 厚 3%Si 柱状晶试样涂应力涂层（产生约 9.8MPa 拉力），B_5 = 1.42T，P_{15} = 0.85W/kg。不涂应力涂层时，B_5 = 1.21T，P_{15} = 1.15W/kg[222]。

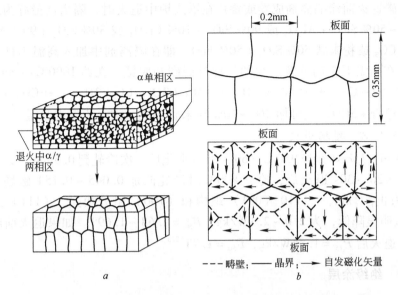

图6-38 柱状晶形成和成品板面上柱状晶组织及磁畴结构

a—柱状晶形成示意图；b—成品板面上柱状晶组织及磁畴结构

实验证明，2%Si、0.1%Al、1%Mn和0.095%C的0.5mm厚冷轧板（A_3点约为1000℃）先在 10^{-3}Pa真空中850~1000℃保温9h，表层形成约50μm深α相柱状晶。此时α相的 {100} 表面能量最低。低于850℃时表层为弱的 {100} 织构，高于850℃时 {100} 强度迅速增高，主要为 {100}〈011〉织构。柱状晶从5μm增大到60μm，{100} 强度增大约30倍。1100℃（大于A_3）退火时 {100} 强度明显降低。钢板内部（约100μm厚地区）主要为 {111} 织构。950℃退火9h时锰含量急剧降低约10%，而碳含量不变。这说明，表层α相柱状晶的形成与脱锰有关。在此区域锰含量近似为零，同时存在约0.1% C，引起部分 $\gamma-\alpha$ 相变而形成 $\alpha+\gamma$ 两相区。由于碳的化学势能增高，从而使碳往内部高锰区扩散，使表层形成α相柱状晶层。加Mn钢在900~1100℃真空退火9h时，由于处于两相区而明显地发展了 {100} 织构。不加锰钢没有发展 {100} 织构。表层形成 {100} 柱状晶后，再在 $d.p.$ = +40℃的20%H_2 + Ar中850℃×30min脱碳退火时，随碳含量降低，表层α相柱状晶吞并γ相晶粒而往内部继续长大，形成完善的 {100}〈011〉柱状晶。45°方向最易磁化，此法称为MRD工艺。0.5mm厚板 B_{10} = 1.8T，B_{50} = 1.93T，P_{15} = 2.31W/kg，B_{10}值与CGO取向硅钢相近。0.35mm厚板 P_{15} = 1.66W/kg，达到35A210最高牌号性能，平均B_{50}比硅含量相同的一般牌号提高0.08T以上，P_{15}降低30%。沿45°方向加拉力，P_{15}降低约0.2W/kg。板厚愈薄，加更小拉力就使P_{15}减到最低值[223]。

　　脱碳退火前涂隔离剂成卷或叠片在罩式炉中退火时，隔离剂最好为纤维状的 5% ~50% SiO_2 + Al_2O_3 或 90% SiO_2 + 10% Cr_2O_3 或 30% SiO_2 + 90% Al_2O_3 + 7% Na_2CO_3 或粉末状 50% SiO_2 + 50% FeO。即在隔离剂中加入高温不稳定的氧化物，在高温下它们分解产生的氧促进脱碳和脱锰。在约 1000℃ 时 SiO_2 ⟶ SiO + O，O + C ⟶ CO 或 $2Cr_2O_3$ ⟶ 4Cr + $3O_2$，6C + $3O_2$ ⟶ 6CO，Cr_2O_3 + 3C ⟶ 2Cr + 3CO。也可加 2% ~10% 粉末状 TiO_2，进一步促进脱锰[224]。

6.8.9.8　磁场退火

　　3% Si + 1% Al 钢经 950℃ ×60 ~150s 常化后一次冷轧到 0.5mm 厚，1000 ~1030℃ ×20 ~30s 退火后，冷到 800℃ 时沿轧向加 0.045 ~0.15T 磁场，直到 400℃ 为止，{hkl} – {110}⟨001⟩ 织构和 (100) 组分加强，(111) 组分减弱，P_{15} 明显降低，为 2.0 ~2.1W/kg，B_{50} = 1.68 ~1.69T。如果退火前磨掉氧化膜，退火后 P_{15} = 1.85W/kg，B_{50} = 1.7T[225]。

6.8.10　绝缘涂层

　　绝缘涂层详见 5.6.8 节。

　　表面涂应力涂层并在 N_2 中 700 ~900℃ 烧结可降低无取向硅钢 P_{15} 和磁致伸缩 λ 值。0.35mm 厚 3% Si – 0.6% Al 退火板涂 100mL 的 30% 胶状 SiO_2 +75mL 的 5% 磷酸铝 +9g 无水铬酸，450℃ ×30s 烘干和 N_2 中 800℃ ×15s 烧结，每面涂料量 3 ~4g/m^2，P_{15} 从 2.33 降到 2.24W/kg，$λ_s$ 从 6.9 × 10^{-6} 降到 3.4 × 10^{-6}[226]。也可涂 $(ZnO)_{50}(B_2O_3)_{30}(SiO_2)_{20}$ 玻璃状粉末或涂 30% 磷酸镁 + 30% 胶状 SiO_2 + 5% 无水铬酸[227]。由于应力涂层的膨胀系数小于 12 ~ 10^{-6}/℃，在钢板中产生 0.98 ~9.8MPa 拉力。

6.8.11　薄铸坯热轧工艺

　　大于 1.7% Si 无相变的钢水浇铸在水冷铜模中，制成小于 50mm 厚的薄铸坯，形成 0.5 ~2mm 尺寸的 {100}⟨uvw⟩ 柱状晶，1100℃ 加热或直接经 80% ~95% 压下率热轧，700 ~840℃ 终轧，900 ~1000℃ ×2min 常化，在 20 ~100℃ 时冷轧到 0.5mm 厚，950℃ ×2min 退火后，3.13% Si 钢的 P_{15} = 2.16 ~2.28W/kg，与 50A230 最高牌号相当，而 B_{50} 值更高（B_{50} = 1.71 ~1.72T），表面无瓦垅状缺陷，因为薄铸坯晶粒小和成品中 (100) 组分强[228]。

　　美国 AK 公司提出了薄板坯连铸连轧（CSP）工艺制造 1.8% ~2.6% Si 钢的方法。在钢中加入 0.3% ~1.5% Cr 扩大 γ 相区，提高韧性，Mn 含量约为 0.15%，Al < 0.01%（约 0.003%），C、N 和 S 含量分别不大于 30 × 10^{-6}，P 含量为 0.03% ~0.06%，可加约 0.9% Cu 和 Ni、0.025% Sn，保证 $γ_{1150}$ > 20% （$γ_{1150}$ = 64.8 – 23Si – 61Al + 9.9(Mn + Ni) + 51(Cu + Cr) – 14P + 694C + 347N）。

铸坯加热温度保证有 $\gamma + \alpha$ 两相区，防止热轧前的反常晶粒长大。热轧时至少有一道压下率约30% ~ 65%，再结晶率提高。可经 800 ~ 1000℃ 常化，常化和最终退火温度低于相变温度。钢的 $\rho = 35 \sim 50\mu\Omega \cdot cm$，成品无瓦垅状缺陷，$P_{15} \leqslant 4.4W/kg^{[229]}$。

现在采用 CSP 工艺生产大于 1.7% Si 无取向硅钢还有一定困难，问题主要是如何防止产生瓦垅状缺陷。

6.8.12 薄铸坯直接冷轧工艺

采用双辊快淬到约 2mm 厚的薄铸板，因为晶粒较大和韧性低，易产生裂纹。加硅难以发生交叉滑移，而且快速冷却会产生很大热应力，快淬后卷取时缺陷多。如果高于 100℃ 卷取，容易发生交叉滑移，韧性明显提高，冷轧和退火后磁性好。如果快淬后从 1200℃ 以小于 30℃/s 速度冷到 600℃，MnS 和碳化物等析出物粗化，数量减少，成品晶粒大且均匀，磁性进一步提高。如果薄铸板凝固后先以大于 5% 压下率热轧和高于 1050℃ 终轧，反复弯曲数明显提高（14 ~ 18次），韧性好和厚度偏差小，例如 15% ~ 20% 压下率热轧和 1100 ~ 1200℃ 终轧。3.15% Si + 0.9% Al 钢水经双辊法（辊径 ϕ300mm）快淬成 1.5 ~ 2.0mm 厚板。钢水与冷却辊接触时间约 0.3s，凝固后从 1200℃ 以 12 ~ 30℃/s 速度冷到 600℃并卷取或经上述工艺热轧并卷取，冷轧到 0.35mm 厚和 1000℃ × 30s 退火，$P_{15} = 2.44 \sim 2.54W/kg$，$B_{50} = 1.67 \sim 1.68T$，与 50A290 牌号相当[230]。

双辊法快淬成 0.35 ~ 1.2mm 薄铸板，两个冷却辊间隙 G_0 与板厚之比大于 1.05 倍，并且 $G_0 > 2.02 \times 10^4$。$G = (18 + \lg t) \times \left(\dfrac{T_s + 800}{2} + 273 \right)$，$t$ 为钢带脱离冷却辊并冷到 800℃ 的时间，T_s 为钢水凝固温度（℃）。薄铸板晶粒直径大于 0.05mm，酸洗后经大于 50% 压下率冷轧到 0.5mm 厚和 1100℃ × 30s 退火。证明 3% Si 钢（$T_s = 1475℃$）经 50% ~ 75% 冷轧时获得强的（100）（001）织构，纵横向 B_{50} 高，$L/C = 1.02 \sim 1.03$，$B_{50(L)} = 1.74T$，$B_{50(C)} = 1.70T$，适合用作小变压器。大于 75% ~ 85% 冷轧时为强的（100）（013）（80% 冷轧）和（100）（025）（85% 冷轧）织构，B_{50} 较低，$B_{50(L)}$ 为 1.69 ~ 1.71T，$B_{50(C)}$ 为 1.67 ~ 1.69T，但 $L/C = 1.01$，适合用作电机[231]。双辊法快淬薄铸板发展强的 {100}⟨uvw⟩ 柱状晶，经小于 40%（最好小于 30%）压下率冷轧，由于原柱状晶可作为晶核，退火后形成完善的 {100}⟨uvw⟩ 织构，B_{50} 明显增高。如果经大于 40% 冷轧和退火，{110}⟨001⟩ 和 {111}⟨112⟩ 强，{100}⟨uvw⟩ 减弱，全周方向磁性较低。例如，3% Si – 0.25% Al 钢水双辊法快淬成 0.56 ~ 0.62mm 厚，酸洗后冷轧到 0.5mm 厚，1050℃ × 30s 退火后，全周 $B_{50} = 1.74T$，$P_{15} = 2.4 \sim 2.6W/kg$，与 50A270 牌号相当。此法对 Si + 2Al ≤ 2.5 有相变的钢也适用[232]。

参 考 文 献

［1］小畑良夫. Tekkohkai（铁钢界）［J］, 1999 年 11 月, 14～18.

［2］Werner F E, Energy Efficient Electrical Steels, ed. by Marder A R, Stephenson E T. TMS – AIME, 1980: 1～32.

［3］方泽民. 中国电工钢 58 年发展历史与展望. 2010.

［4］Matsumura K（松村洽）, Fukuda B（福田文二郎）. IEEE Tran. Mag. 1984, MAG – 20 (5): 1533～1538.

［5］Arabi M, Moses A. J. Proc. of SMM 7 Conf. 1985, 172～174.

［6］Moses A J, Radley G S. Proc. of SMM 4 Conf. 1979; J. of MMM, 1980, 19: 60～62.

［7］Brownrigg A, Boelen R. Metallography, 1979, 12 (4): 271～285.

［8］Rastogi P K. IEEE Tran. Mag. 1974, MAG – 10 (3): 724.

［9］Boc I, Grof T, et al. J. of MMM, 1984, 41 (1–3): 53～55; Proc. of SMM. 7 Conf. 1985, 181～183; J. App. Phys. 1988, 64 (10): 5350～5351; IEEE Tran. Mag. , 1986, MAG – 22 (5): 517～519; 1990, MAG – 26 (5): 2226～2228.

［10］酒井敬司, 河野正树ほか. 川崎制鉄技报, 2001, 33 (2): 92～96.

［11］Brenner S S. Energy Efficient Electrical Steels. Ed. by Marder A R, Stephenson E T. TMS – AIME 1980, 131～136.

［12］大桥徹郎, 冈本昌文, 藤井博務. 日本公开特许公报, 昭 53 – 14609 (1978); U S. Pateat, No. 4331196 (1982).

［13］Nishimoto A, et al. U S. Patent No. 5061321 (1991).

［14］小林英之, 持永季志雄. 日本公开特许公报, 2002 – 322580.

［15］Madi V N, et al. U S. Patent No. 6599371B1 (2003).

［16］Klemm P, et al. The 6th Inter. Conf. on Texture of Materials Proc. 1981: 910～917.

［17］Page J H R. IEEE Tran. Mag. , 1984, MAG – 20 (6): 1542～1544; Proc. of SMM 7 Conf. 1985, 203～205.

［18］下山美明. 日本公开特许公报, 昭 48 – 49617 (1973); U S. Patent, No. 3935038 (1976).

［19］入江敏夫, 松村洽ほか. 日本公开特许公报, 昭 54 – 115622 (1979); 昭 55 – 34625 (1980).

［20］西本昭彦, 细谷佳弘, 占部俊明. 日本公开特许公报, 平 2 – 221355 (1990).

［21］下山美明. 日本公开特许公报, 昭 49 – 39526 (1974).

［22］冲森麻佑己ほか. 日本公开特许公报, 平 2 – 192853 (1990).

［23］中山大成ほか. 日本公开特许公报, 平 5 – 50185 (1993).

［24］濑文昌光ほか. 日本公开特许公报, 2002 – 241831; 2004 – 276041; 276042.

［25］下山美明. 日本公开特许公报, 昭 49 – 27420 (1974); U S. Patent No. 4066478 (1978); U K. Patent No. 1415443 (1975).

［26］和田敏哉. 日本公开特许公报, 昭 49 – 38813 (1974).

［27］山上伸夫ほか. 日本公开特许公报, 平 11 – 61256, 61258 (1999); 2000 – 63949.

［28］冈崎靖雄, 持永季志雄ほか. 日本公开特许公报, 昭 53 – 2332 (1978).

[29] 田中稔彦，松村洽ほか. 日本公开特许公报，昭 60 – 21330（1985），昭 61 – 69923（1986）.

[30] 関田贵司，佐藤玄武ほか. 日本公开特许公报，昭 57 – 57829（1982）.

[31] 盐崎守雄，岛津高英ほか. 日本公开特许公报，晤 62 – 54023.（1987）.

[32] 赤松茂，实川正治ほか. 日本公开特许公报，平 3 – 61324（1991）.

[33] 西本昭彦，细谷佳弘，占部俊明. 日本公开特许公报，平 3 – 197620（1991）.

[34] 中山大成. 日本公开特许公报，平 10 – 46250（1998）.

[35] 小林義纪，松村洽，森田和己. 日本公开特许公报，昭 61 – 127817（1986）.

[36] Geiger A L. J. App. Phys., 1978, 49（3）: 2040~2042; 1979, 50（3）: 2366~2368.

[37] Huffman G P, Stanley E B. J. App. Phys. 1979, 50（3）: 2363~2365.

[38] Hunem H, Schmidt K H, Hartig I C, et al. J. of MMM, 1980, 19: 72~78, 79~82; IEEE Tran. Mag., 1982, MAG – 18（1）: 246~249.

[39] 草开清志ほか. 鉄と鋼 2007, 93（5）: 39~45.

[40] 和田敏哉，植野清，黑木克郎. 日本公开特许公报，昭 56 – 13485（1981）.

[41] 北山实，中村元治ほか. 日本公开特许公报，昭 55 – 73819（1980）.

[42] 舆石弘道，三好邦辅ほか. 日本公开特许公报，昭 55 – 97426（1980）.

[43] 莊野保之，中村玄登，松村洽. 日本公开特许公报，昭 56 – 130424（1981）.

[44] 田中收，玄前義孝，和田敏哉. 日本公开特许公报，昭 57 – 192220（1982）.

[45] 田中隆，金子辉雄，屋铺裕義. 日本公开特许公报，平 1 – 142029（1989）.

[46] 中山大成. 日本公开特许公报，平 1 – 1312718（1989）.

[47] 西本昭彦，细谷佳弘ほか. 日本公开特许公报，平 2 – 240214（1990）；平 3 – 36242（1991）.

[48] 岡本昌文ほか. 日本公开特许公报，昭 56 – 16623（1981）.

[49] 西本昭彦，细谷佳弘ほか. 日本公开特许公报，平 1 – 283343（1989）.

[50] 竹田和年ほか. 日本公开特许公报，2006 – 241563.

[51] 岛津高英ほか. 日本公开特许公报，2001 – 172752；172753.

[52] 関田贵司. 日本公开特许公报，昭 57 – 35627（1982）.

[53] 田中平八. 日本公开特许公报，平 8 – 97023（1996）.

[54] 和田敏哉，黑木克郎. 日本公开特许公报，昭 56 – 58925（1981）.

[55] 川名昌志，松村洽ほか. 日本公开特许公报，昭 51 – 62115（1976）.

[56] Shimanaka H（出嶋中浩），Itno Y Irie T（入江敏夫），Matsumura K（松村洽），et al. Energy Efficient Electrical Steels. Ed. by Marder A R, Stephhenson. E T. TMS – AIME, 1980, 193~204；川崎制鉄技报，1978, 10（1）: 15~22, J. of MMM, 1980, 19: 63~64；1982, 26: 57~64；IEEE Tran. Mag., 1984, MAG – 20（5）: 1533~1538；日本公开特许公报，昭 54 – 68716, 68717（1979）.

[57] 木下勝雄，入江敏夫，関田贵司ほか. 日本公开特许公报，昭 55 – 24942（1980）.

[58] 明田贵司，浜上和久ほか. 日本公开特许公报，昭 57 – 192219（1982）；昭 58 – 9681 1（1983）.

[59] Matsumura K, Fukuda B（福田文二郎），Kinoshita K（木下勝雄），et al. Kawasaki Steel

Tech. Rept., 1983, 8: 11 ~ 16; 川崎制鉄技报, 1983, 15 (3): 208 ~ 212; 日本公开特许公报, 昭 59 - 74223 ~ 74228 (1984); 昭 60 - 152628 (1985).

[60] 河野正树ほか. 日本公开特许公报, 平 8 - 333658 (1996).

[61] 浜上和久, 北冈英就, 木下胜雄ほか. 日本公开特许公报, 昭 59 - 43814; 74212 (1984).

[62] 北冈英就, 木下胜雄, 垣生泰弘. 日本公开特许公报, 昭 59 - 74213 (1984).

[63] 関田贵司, 浜上和久, 铃木敏雄. 日本公开特许公报, 昭 59 - 7681 1 (1984).

[64] 浜上和久, 马田一. 日本公开特许公报, 昭 59 - 76813 (1984).

[65] 小林義纪, 清水洋ほか. 日本公开特许公报, 昭 62 - 102507 (1987); 昭 63 - 137122 (1988).

[66] 本田厚人ほか. 日本公开特许公报, 平 8 - 49044 (1996).

[67] 本吉实, 冈本昌文ほか. 日本公开特许公报, 昭 55 - 8409 (1980).

[68] 三好邦辅, 下山美明ほか. 日本公开特许公报, 昭 57 - 35626 (1982).

[69] 下山美明, 三好邦辅, 左前義孝ほか. 日本公开特许公报, 昭 58 - 23410; 23411 (1983); 昭 59 - 100218 (1984), IEEE Tran. Mag., 1983, MAG - 19 (5): 2013 ~ 2015.

[70] Honma H (本间穂高), Nozawa T (野沢忠生), Shimoyama Y (下山美明), Miyoshi K (三好邦辅), et al. IEEE Tran. Mag., 1985, MAG - 21 (5): 1903 ~ 1908.

[71] 久保田猛, 三好邦辅. 日本公开特许公报, 昭 61 - 231120 (1986); 平 8 - 283853 (1996).

[72] 西本昭彦, 细谷佳弘, 富田邦和, 占部俊明. 日本公开特许公报, 平 1 - 198426, 198427, 219124, 219126 (1989); U S. Patent No. 5116436, 5164024, 5169457 (1992).

[73] 西本昭彦, 细谷佳弘, 富田邦和, 占部俊明. 日本公开特许公报, 平 1 - 219125, 225724 (1989); U S. Patent No. 5108522 (1992).

[74] 西本昭彦, 细谷佳弘, 占部俊明. 日本公开特许公报, 平 2 - 213418, 222319 (1990).

[75] 西本昭彦, 细谷佳弘, 富田邦和, 占部俊明. 日本公开特许公报, 平 1 - 225723, 225725 (1989); 平 2 - 221326 (1990); U S. Patent. No. 5009726; 5074930 (1991).

[76] 金子辉雄, 屋铺裕義, 田中隆. 日本公开特许公报, 平 4 - 63252 (1992); 平 5 - 5126, 59441, 186825, 214444 (1993); 平 6 - 293922 (1994); 平 8 - 88114; 104923 (1996); 材料とプロセス 1995, 8: 605.

[77] 海老原明彦, 池宫洋行ほか. 日本公开特许公报, 平 5 - 239534 (1993).

[78] 冈村博義ほか. 住友金属技报, 1998, 50 (2): 65 ~ 70.

[79] 河野正树ほか. 川崎制鉄技报, 1997, 29 (3): 180 ~ 182.

[80] Lindenmo M. J. of MMM, 2006, 304: 178 ~ 182.

[81] Cunha M A, et al. J. of MMM, 2008, 320: 2485 ~ 2489.

[82] 松村洽, 中村左登, 入江敏夫. 日本公开特许公报, 昭 55 - 158252 (1980), 昭 56 - 98420, 102520 (1981); U S. Patent, No. 4293336 (1981).

[83] 下山美明, 三好邦辅. 日本公开特许公报, 昭 58 - 151453 (1983).

[84] 黑崎洋介ほか. 日本公开特许公报, 2004 - 263286.

［85］酒井敬司ほか. 川崎制鉄技报, 2001, 33（2）：92 – 96 ；日本公开特许公报, 2001 – 152300.

［86］本田厚人ほか. 日本公开特许公报, 2001 – 164343；279400；302313.

［87］本田厚人ほか. 日本公开特许公报, 2001 – 323344, 323346 – 323348, 323351, 323352.

［88］藤山寿郎ほか. 日本公开特许公报, 2001 – 323345, 323349, 323350.

［89］户田名朗, 千田邦浩ほか. 日本公开特许公报, 2003 – 113451.

［90］千田邦浩ほか. 日本公开特许公报, 2007 – 204787.

［91］尾田善彦ほか. まてりあ, 2002, 41（2）：114 ～ 116；J. of MMM, 2003, 254 ～ 255：361 ～ 363.

［92］尾田善彦ほか. 日本公开特许公报, 平 11 – 12700, 12701, 92891, 92892, 124621, 172384, 189824, 217630, 229097, 233328, 246946, 246947, 293425, 293426, 297422, 298722, 302741, 315326, 315327, 324957（1999）；2000 – 17330, 17331, 17404, 54085, 256751.

［93］Bae K, et al. CAMP – ISIJ, 1997. 10：1327；2003, 16：1435.

［94］Hunens H. Kochmann T, Schoppe A, et al. J. of MMM, 1992, 112：159 ～ 161；J. of Materials Eng. and Performance, 1993, 2（2）：199 ～ 204；日本公开特许公报, 平 4 – 218647（1992）.

［95］Godec M, et al. ISIJ Inter. 1999, 39（7）：742 ～ 746.

［96］Vodopivec F, et al. Steel Research Int. , 1997, 68（2）：80 ～ 86.

［97］Chang S K, et al. ISIJ Inter. 2005, 45（6）：918 ～ 922；2007, 47（3）：466 ～ 471；Steel Research Int. , 2007, 78（4）：340 ～ 347.

［98］岛津高英ほか. 日本公开特许公报, 平 10 – 25554（1998）.

［99］脇坂岳顕, 岛津高英ほか. 日本公开特许公报, 2008 – 127659, 127600, 127608, 127612.

［100］村上健一, 久保田猛ほか. 日本公开特许公报, 2001 – 73098, 234304, 294997；2002 – 220643, 241905；2003 – 105508, 119552, 293099；2004 – 197217, 332042；2005 – 60739, 105407, 307258, 312155；2008 – 45151；U S. Patent No. 5186763（1993）.

［101］有田吉宏ほか. 日本公开特许公报, 2008 – 50686.

［102］舆石弘道. 日本公开特许公报, 2001 – 284115；2002 – 146490.

［103］屋铺裕義. 特殊钢 ［J］, 2002, 51（6）：41.

［104］田中一郎ほか. 日本公开特许公报, 2001 – 59145；2002 – 47542, 371340；2003 – 55746, 96548, 129197, 253404；2004 – 76056, 183002.

［105］中山大成ほか. 日本公开特许公报, 2001 – 11590；73094；73096；192788, 2002 – 30397, 2003 – 226948.

［106］藤村浩志, 屋铺裕義. CAMP – ISIJ 2007, 20：543, 1308.

［107］下山美明, 立野一郎, 古贺重信. 日本公开特许公报, 昭 54 – 163720（1979）；昭 55 – 47320（1980）；昭 56 – 102550（1981）.

［108］中村厷登, 伊藤庸, 松村洽, 小松原道郎. 日本公开特许公报, 昭 58 – 164724

(1983).

[109] 金子辉雄，屋铺裕義，田中隆. 日本公开特许公报，平 3 - 24250，274277 (1991)；2005 - 187846.

[110] 金子辉雄，屋铺裕義，田中隆. 日本公开特许公报，昭 64 - 4453 (1989)；平 1 - 108344 (1989).

[111] 尾田善彦ほか. 日本公开特许公报，2002 - 80948，88452，115035，212688，212689，226953，317254；2003 - 27195，27197，183734，183788，183789，242052.

[112] 大和正幸ほか. 日本公开特许公报，2002 - 294417.

[113] 大村健ほか. CAMP - ISIJ 2003，16：1435；2004，17：510；日本公开特许公报，2004 - 84031，218082.

[114] 藤山寿郎ほか. 日本公开特许公报，2004 - 152791.

[115] 本田厚人ほか. 日本公开特许公报，2002 - 220641，226952；2003 - 168603.

[116] 岛津高英ほか. 日本公开特许公报，平 11 - 229095 (1999)；2000 - 119822.

[117] 小野智滕ほか. 日本公开特许公报，平 10 - 183227 (1998).

[118] 藤田明男ほか. 日本公开特许公报，平 10 - 183244 (1998).

[119] 河野正树ほか. 日本公开特许公报，平 10 - 212556 (1998).

[120] 村上健一ほか. 日本公开特许公报，2002 - 302746；2003 - 119552；U S. Patent No. 6478892B2 (2003).

[121] 黑崎洋介，久保田猛ほか. 日本公开特许公报，2004 - 169141.

[122] 有田吉宏，村上健一ほか. 日本公开特许公报，2005 - 179710，179746，256019，290514，298846，330527，270177.

[123] 黑崎洋介，久保田猛ほか. 日本公开特许公报，2006 - 124800，131946，207026，291346；2007 - 154271.

[124] Hou C K, et al. ISIJ Inter., 2008，48 (4)：531 ~ 539.

[125] 田中一郎，屋铺裕義. 日本公开特许公报，2003 - 213385；2005 - 200756，206887；CAMP - ISIJ，2005，18：475.

[126] 岛津高英ほか. 日本公开特许公报，平 7 - 305114 (1995)；平 8 - 295936 (1996)；平 11 - 293338 (1999)；2001 - 172752；172753.

[127] 阿部宪人ほか. 日本公开特许公报，2003 - 13190.

[128] Peterovic D S, et al. ISIJ Inter., 2006，46 (10)：1452 ~ 1457.

[129] 川原田昭，驹村宏一. 日本公开特许公报，昭 59 - 76658 (1984).

[130] 浦知ほか. 日本公开特许公报，平 1 - 188623 (1989).

[131] 纳雅夫ほか. 日本公开特许公报，平 2 - 38526 (1990).

[132] 八面廉刚，波田芳治ほか. 日本公开特许公报，平 5 - 33050 (1993).

[133] 北村信也，久保田猛. 日本公开特许公报，平 6 - 73510 (1994).

[134] Hashi W O, Kuroshaki Y, Kubota T, et al. U S. Patent, Appl. Pub. No. 0118389A1 (2008).

[135] Miyazaki M, Kurosaki Y, Kubota T, et al. U S. Patent Appl. Publ. No. 0112838A1 (2008).

[136] Bae D K, Kim J K. U S. Patent Appl. Publ. No. 0260569A1 (2008).

[137] 矢埜浩史，本田厚人ほか. 日本公開特許公報，平 7 – 145456，188751，188752 (1995)；平 8 –41538 (1996).

[138] Nishimoto A, et al. U S. Patent No. 5074930 (1991).

[139] 竹内文彦，清水洋. 日本公開特許公報，昭 63 – 418 (1988).

[140] 室吉成，森田和己，菅孝宏ほか. 日本公開特許公報，平 3 – 104822 (1991).

[141] 持永季志雄，束根和隆. 日本公開特許公報，平 5 – 171279 (1993).

[142] 真锅昌彦，室吉成，小原隆史. 日本公開特許公報，平 4 – 193909 (1992).

[143] 村上英邦ほか. 日本公開特許公報，2002 – 356752；363713.

[144] Nishimoto A, et al. U S. Patent No. 5009726 (1991).

[145] 黑崎洋介，久保田猛. 日本公開特許公報，2007 – 154271.

[146] Choi J Y, Bae B K, Kim J K, et al. U S. Patent Appl. Publ. No. 0121314A1 (2008).

[147] 泷泽谦二郎，宫原征行ほか. 日本公開特許公報，平 2 – 80307 (19901).

[148] 塚谷一郎，酒井忠迪. 日本公開特許公報，平 1 – 306523；306524 (1989).

[149] 山上伸夫，上元好仁ほか. 材料とプロセス，1994，7：832.

[150] 宫原征行，波田芳洽ほか. 日本公開特許公報，平 3 – 53022 (1991).

[151] 小松原道郎. 日本公開特許公報，2000 – 129409.

[152] 村上英邦ほか. 日本公開特許公報，2006 – 45613，45641，199999，219692.

[153] Chang L V, et al. China Steel Tech. Report. 1998，(12)：1 ~ 9；Mat. Sci. & Tech.，2002，18：151 ~ 159.

[154] Marco A, et al. Steel Research Int.，2005，26 (6)：421 ~ 425.

[155] Aleshin N, et al. Steel In Trans. 2005，35 (4)：60 ~ 61.

[156] 松村洽，森田和己ほか. 日本公開特許公報，昭 59 – 74222 (1984)；昭 60 – 138014 (1985)；昭 61 – 3839 (1986).

[157] 田锅俊一，实川正治ほか. 日本公開特許公報，平 2 – 122087 (1990)；平 3 – 36212，61323 (1991).

[158] 熊野知二ほか. 日本公開特許公報，平 6 – 240360 (1994).

[159] 中沢吉，本城修ほか. 日本公開特許公報，昭 52 – 108318 (1977)；昭 54 – 41219 (1979).

[160] 伊藤庸，松村洽ほか. 日本公開特許公報，昭 58 – 123825 (1983).

[161] 中山正，松本文夫ほか. 日本公開特許公報，昭 56 – 152923；152925 (1981).

[162] 小林義纪，森田和己ほか. 日本公開特許公報，昭 62 – 120427 (1987).

[163] 武田砂夫. 日本公開特許公報，平 5 – 202419 (1993).

[164] 久保田猛，立野一新，中山正. 日本公開特許公報，平 3 – 294422 (1991)；平 4 – 325629 (1992).

[165] 村上健一. 日本公開特許公報，2001 – 49339，49340；2002 – 220643.

[166] 岛津高英. 日本公開特許公報，平 10 – 251754 (1998)；平 11 – 222653 (1999)；2000 – 96195.

[167] 阿部惠人. 日本公開特許公報，2002 – 356718.

[168] Chang L V, et al. China Steel Tech. Rept. 2001, 14: 1~10.

[169] Landraf J G, et al. J. of MMM, 2000, 215~216: 92~93.

[170] Campos M F, et al. ISIJ International, 2004, 44 (3): 591~597.

[171] 今川猛，早川康之ほか. CAMP-ISIJ, 2007, 20: 544.

[172] 金在宽. 鉄と鋼 [J]，1986, 72 (13): S-1351.

[173] 金子辉雄，屋铺裕義. 日本公开特许公报，平2-149622 (1990).

[174] 日裏昭，田中靖. CAMP-ISIJ, 2000, 13: 551.

[175] 富田浩树ほか. 日本公开特许公报，2000-54025.

[176] 岛津高英ほか. 日本公开特许公报，2006-131963；161094.

[177] 小林義纪，清水样. 日本公开特许公报，昭63-53214 (1988).

[178] 本田厚人ほか. 日本公开特许公报，2000-144348.

[179] 小松原道郎. CAMP-ISIJ, 2000, 13: 1206.

[180] 岛津高英ほか. 日本公开特许公报，平10-25554 (1998).

[181] 村上健一. 日本公开特许公报，2001-140018.

[182] 和田芳信，田中稔彦. 日本公开特许公报，平3-226522 (1991).

[183] 室吉成，森田和己，真鳎昌彦. 日本公开特许公报，平4-191321 (1992).

[184] 藤田明男，本田厚人ほか. 日本公开特许公报，平11-236618 (1999).

[185] 下山美明，和田敏哉ほか. 日本公开特许公报，昭57-203718 (1982).

[186] Rastogi D K, et al. IEEE Tran. Mag., 1984, MAG-20 (5): 1539~1541.

[187] 室吉成，真鳎昌彦，小原隆史. 日本公开特许公报，平5-209224 (1993).

[188] 南田勝宏，高藤英夫，阿部義男. 日本公开特许公报，昭60-218425 (1985).

[189] 港武彦. 日本公开特许公报，昭59-123712 (1984).

[190] 北村邦雄. 日本公开特许公报，昭61-132205 (1986).

[191] 蛭田敏树，北村邦雄ほか. 日本公开特许公报，平5-76903；76904；76905 78741 (1993).

[192] 関谷武一. 日本公开特许公报，昭61-99584 (1986).

[193] 永井秋男ほか. 日本公开特许公报，平4-236719 (1992).

[194] 山本刚. 日本公开特许公报，平5-305466 (1993).

[195] Sha Y H, et al. J. of MMM 2008, 320: 393~396.

[196] 中村宏登，松村洽ほか. 日本公开特许公报，昭58-181822 (1983).

[197] 有田吉宏，牛神義行ほか. 日本公开特许公报，2005-186112.

[198] 中山大成. 日本公开特许公报，平1-92318 (1989).

[199] 尾崎大介，实川正治ほか. 日本公开特许公报，平3-39417 (1991).

[200] 西本昭彦，细谷佳弘，谷川克己. 日本公开特许公报，平3-223425；267317-267319 (1991).

[201] 今村猛ほか. 日本公开特许公报，2007-56303.

[202] Duan X, et al. J. of MMM, 1996, 160: 132~135.

[203] Park J T, et al. ISIJ International, 2003, 43: 1611~1614.

[204] 庄野保之，松村洽，入江敏夫. 日本公开特许公报，昭55-85630 (1980).

[205] 岛津高英ほか. 日本公开特许公报，平 9 - 310124（1997）.

[206] 小池健英. 日本公开特许公报，2006 - 274283.

[207] Judd P R，Blazek K E. Energy Efficient Electrical Steel. Ed. by Marder A. R.，Stephenson. E. T. TMS - AIME，1980，147 ~ 155.

[208] 福岛义信. 日本公开特许公报，昭 60 - 114521（1985）.

[209] 小畑良夫，福岛义信ほか. 日本公开特许公报，昭 60 - 141829（1985）.

[210] 田锅俊一，实川正治ほか. 日本公开特许公报，平 3 - 36214（1991）.

[211] 山之口达也ほか. 日本公开特许公报，平 9 - 143571（1997）.

[212] 竹田和年ほか. 日本公开特许公报，2006 - 241563.

[213] Bae K et al. CAMP - ISIJ 2000，13：1209.

[214] 古贺重信. 日本公开特许公报，平 7 - 179948（1995）.

[215] Bae K，Chang S K，et al. U S. Patent No. 5803988（1998）.

[216] Chang S K，et al. ISIJ Inter. 2007，47（11）：1680 ~ 1686.

[217] Park J T，Szpunar J A. Acta Mater. 2003，51：3037 ~ 3051，ISIJ Inter.，2005，45（5）：743 ~ 749.

[218] Cunha M A，et al. J. of MMM，2003，254 ~ 255：379 ~ 381.

[219] Slane J A，Labum P A. Energy Efficient Electrical Steels. Ed. by Marder，A R.，Stephenson E T. TMS - AIME，1980，169 ~ 180.

[220] Michal G M，Slane J A. Met. Tran.，1986，17A（8）：1287 ~ 1294.

[221] Coombs A. Proc. of SMM 7 Conf.，1985，178 ~ 180.

[222] 富田俊郎. 日本公开特许公报，平 1 - 108345（1989）；平 2 - 209455（1990）.

[223] 富田俊郎ほか. 鉄と鋼［J］，1993，79（12）：46 ~ 51，ISIJ Inter.，1995，35（5）：548 ~ 556；J. of Materials Eng. and Peformance，1996，5（3）：316 ~ 322.

[224] 富田俊郎ほか. 日本公开特许公报，平 6 - 299247（1994）；平 7 - 1735421（1995）.

[225] 井口征夫. 日本公开特许公报，平 5 - 33062（1993）.

[226] 田中收，和田敏哉ほか. 日本公开特许公报，昭 56 - 55574（1981）.

[227] 伊藤庸，松村洽ほか. 日本公开特许公报，昭 58 - 110679（1983）.

[228] 西本昭彦ほか. 日本公开特许公报，平 3 - 260017（1991）.

[229] Schon J W. U S. Patent No. 7377986B2（2008）.

[230] 小管健司ほか. 日本公开特许公报，平 5 - 237606；255753；279739（1993）.

[231] 立野一郎，下山美明ほか. 日本公开特许公报，昭 62 - 24071（1987）.

[232] 熊野知二，久保田猛ほか. 日本公开特许公报，平 5 - 306438（1993）.

7 冷轧取向硅钢

7.1 概述

变压器分为电力变压器($7500\sim1500000kV\cdot A$大型变压器和$1000\sim7000kV\cdot A$中型变压器)、配电变压器($10\sim500kV\cdot A$)、小变压器和特殊变压器。发电厂一般通过$4\sim5$台变压器将电输送给用户使用(见图$7-1$)。日本有5.5%电力消耗在输电、配电系统,其中输配电导线引起的损耗约占60%,变压器损耗约占40%。变压器损耗中铜损和铁损各占约20%。1997年日本发电量约9320亿$kW\cdot h$,现在日本输配电变压器已经全部使用高牌号HiB取向硅钢制造,每年可节电约22亿$kW\cdot h$[1]。美国用电分散,输配电系统消耗的电力占年发电量的$8\%\sim10\%$。

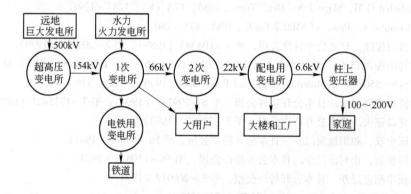

图7-1 输配电系统示意图

电力变压器和多数配电变压器铁芯为叠片铁芯。变压器中铜损与负载有关,激磁电流增高,铜损增大。铁损则无论有无负载,在24h内都存在,所以也称空载损耗。因此变压器铁损比铜损更重要。空载损耗随变压器容量增大而减小(见表$7-1$)。在大的升压电力变压器中,负载损耗(铜损)约占80%,空载损耗只约占20%。在配电变压器中空载损耗约占65%,比大电力变压器约大两倍。美国配电变压器台数最多,约2000万台,每年要生产约100万台作为补充。配电变压器和电力变压器造成的电力损耗各约占变压器总损耗的$1/2$。空载损耗比钢板铁损高30%或更多,它与钢板磁性和变压器设计及装配工艺(装配因子)有关。一台大的电力变压器约用250t取向硅钢,一台配电变压器要用小于3t的取向硅钢。

表7-1 空载损耗与变压器容量的关系

变压器容量 /kV·A	空载损耗 /W·(kV·A)⁻¹	变压器容量 /kV·A	空载损耗 /W·(kV·A)⁻¹
37.5	3.2	2500	1.7
167	2.5	5000	1.4
500	2.3	2000	1.0
1000	2.0		

从1973年开始,先后两次石油危机造成世界能源紧张。美国首先改变变压器(降低设计B_m)和电机(开发高效电机)设计来提高效率。同时提出"电力损耗评价制度(loss evaluation system)",即变压器或电机总成本(也称评价成本)=制造成本+能量成本。能量成本(D)是按铁损和铜损核定价估算,即:$D = H(V_E + V_K \cdot L^2)$,kW·h。式中,$H$为变压器10年内运行小时数;$V_E$为铁损降低值,kW;$V_K$为铜损降低值,kW;$L$为负载率。年损耗评价公式:制造成本+$A$×空载损耗(W)+$B$×负载损耗(W)。$A$为铁损核定价,美元/W;$B$为铜损核定价,美元/W。也就是说,一台变压器的净值为铁损核定价、额外材料费和制造成本三者变化的差别。铁损核定价的确定涉及许多条件,随地区和时间不同而变化。由图7-2a看出,变压器制造成本随设计B值增高而降低,而能量成本却随B增高而增加,因此有一合适的设计B值。应选用合适的取向硅钢牌号和厚度进行设计和制造。按美国、英国和日本的平均统计,1978年铁损核定价约为1.0美元/W,铜损为0.5美元/W。1983年铁损升到3.4美元/W,铜损升到1.5美元/W(见图7-2b)。1983年后,能源危机趋于缓和,铁损核定价增长速度减慢。在此期间,美国积极发展了低铁损铁基非晶软磁合金用作配电变压

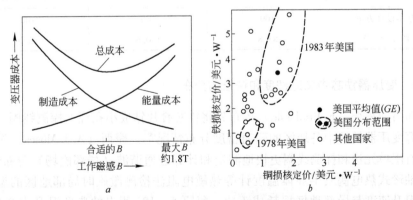

图7-2 变压器成本与设计磁感B的关系及变压器铁损核定价与铜损核定价的关系

a—变压器成本与设计磁感B的关系;b—变压器铁损核定价与铜损核定价的关系

器[2~4]。现在美国和日本约有 10% 配电变压器是用非晶合金制造的，但主要用于小于 30kV·A 的单相配电变压器，年产量约为 5 万吨[5]。

频率不变时变压器输出电压 V 与铁芯磁通密度 B 有如下关系：$V = KBSn$。S 为铁芯断面积，n 为铜线匝数。变压器容量 $= VI = K(B \times S)(n \times I)$。$I$ 为输出电流；$(B \times S)$ 是与铁芯质量有关的参量；$(n \times I)$ 是与铜线匝数有关的参量。变压器容量不变，即 $(n \times I)$ 不变时，选用高磁感取向硅钢 Hi-B 制造，设计 B_m 提高，铁芯断面 S 可缩小，变压器体积减小，质量减轻，但铁损增大。20 世纪 70 年代前，致力于改善取向硅钢磁性的目的是使 B_m（从 1.0T→1.5T→1.7T）不断提高，在保证过电压小于 10% 条件下，减轻变压器质量和缩小体积，降低制造成本。特别是 Hi-B 钢产品问世后，B_m 已大多选用 1.7~1.8T。70 年代后由于考虑能量成本，情况发生变化。美国开始降低 B_m 值，降低速度为每年 2% 或 0.03T，从 1.7T 又逐渐降到 1.2~1.5T，这使变压器铁损和噪声明显下降。其缺点是材料用量增多、体积和质量增大。一台 25kV·A 配电变压器，将 B_m 降低约 20% 后铁损为基本设计方案的 82%~90%，铁芯质量增加约 40%。以变压器寿命为 30 年计算，因为铁芯加重所造成的额外铁损能量为节约的铁损能量的 2%~3.3%，总成本降低约 16%（见表 7-2）。但降低 B_m 有一限度，当制造成本增长值大于能量成本降低值以及由于变压器体积和质量过大而影响运输和安装时，就不能再降低 B_m。由于非晶合金的发展进一步促进了取向硅钢的发展，激光照射的 0.23mm 厚 Hi-B 钢制的变压器空载损耗比 0.3mm 厚 G6H（美国 30M2H）高牌号 CGO 降低 25%，装配因子改善 4%。现在各国选用的 B_m 仍以 1.7T 为主，采用高质量取向硅钢制造。

表 7-2　降低 B_m 新设计方案与基本设计方案的对比（25kV·A 配电变压器）

设计方案	工作磁感应强度/T	铁芯质量/kg	相对总成本 （制造成本 + 能量成本）
基本设计方案	100	100	100
新设计方案	83.8	140.6	83.9

7.1.1　变压器铁芯中磁通密度和铁损的分布

布雷斯福德（F. Brailsfold）等首先将铁芯叠片钻成小孔绕上探测线圈，测定和计算变压器铁芯中各地区的磁通密度分布情况[6]。摩西（A. J. Moses）等首先采用有限单元法和探测线圈更快地测定和计算磁通谐波（局部磁场）分布情况。采用袖珍式热电偶或半导体温度计等热敏电阻法检测激磁时局部地区的温升速度，温升速度与局部地区损耗成正比。每隔 5~10s 测出的典型温升为 0.05℃，从而可计算出局部铁损分布情况。这样测定局部损耗的方法很费时间。随后又发展按局部磁通谐波和磁场分布由下式计算局部铁损的方法：

$$P_n = \pi fn \sum h_n b_n sin\phi_n \ (\mathrm{W/m^3})$$

式中，b_n 和 h_n 分别为磁通 B 和磁场 H 的 n 次谐波组分的峰值。ϕ_n 为 B 和 H 之间角度，即时间相角。研究证明，在铁芯各区域都产生范围很宽的磁通畸变（谐波磁通）。在铁芯 T 接点处由于磁通方向与轧向不平行，三次谐波磁通密度高，使法向磁通增高，所以铁损高。法向磁通引起的铁损与叠片数量无关，而与叠片表面积有关。叠片表面积愈大，铁损也愈高。研究还证明，渗入到中心柱体中的三次谐波磁通量和铁损也高（见图 7-3），这是因为变压器铁芯中局部磁通随时间而产生非正弦波形引起的[7]。

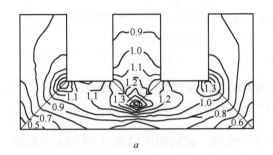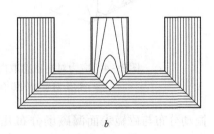

图 7-3　三柱型变压器各区域的铁损分布和瞬时磁通分布

(有限单元分析法；图中数字为铁损，W/kg)

a—铁损分布；b—磁通分布

7.1.2　变压器噪声

大变压器产生的噪声是一个严重问题，欧洲和日本对人口稠密的大城市规定噪声不能超过 80dB。变压器噪声产生的主要原因是由于取向硅钢磁化时磁致伸缩 λ_s（也称动态磁致伸缩 λ_{ac}）引起的铁芯尺寸变化。λ_s 随 B 的变化不是线性关系，这产生了高次谐波。$180°$ 畴壁移动时 λ_s 值很小，$90°$ 畴壁移动产生正 λ_s 变化，磁畴转动产生负 λ_s 变化。此外，铁芯磁化时由于电磁力作用使条片移动（即发生电磁振动）也产生噪声。设计 B_m 愈高，变压器噪声愈大。B_m 每降低 0.1T，噪声降低约 5dB。取向硅钢的正 λ_s 或负 λ_s 值小，噪声低。正 λ_s 值小，应力敏感性也小。材料取向度高，λ_s 低，制成的变压器噪声小。表面应力涂层产生的拉应力或外加拉应力也使 λ_s 降低。钢片平整，表面光滑，装配铁芯时压应力减小，λ_s 和噪声降低，因为轧向和法向压应力使 λ_s 和铁损都明显增高（见图 7-4b）。铁芯斜外角搭接长度减小以及搭接处空气隙减小也可使 λ_s 和噪声降低[8]。

川崎用三相变压器模拟铁芯进行噪声分析，证明在 1.7T、50HZ 条件下激磁时，材料 B_8 每提高 0.01T，噪声约减少 2dB。铁芯柱与磁轭接合处产生振动，其

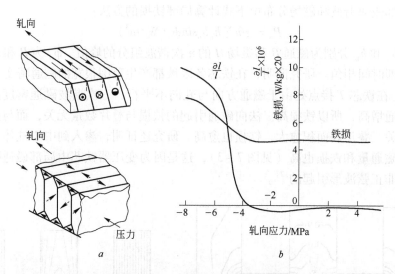

图 7-4　应力对高磁感取向硅钢磁畴组织和铁损及磁致伸缩的影响

a—应力对磁畴的影响；b—应力对铁损与磁致伸缩的影响

振动分布与磁轭表面漏磁场分布几乎是一致的。磁轭加压时在 0.05MPa 附近噪声最小。步进式叠片法比交叉式叠片法在低激磁条件下（B_m 低），由于外加压力使噪声增大程度减少。随后开发不损伤探针法直接测量三相变压器铁芯磁通分布情况。证明 T 接合区产生转动磁通，使转动铁损和噪声增大。而且二次晶粒尺寸和形状对磁通分布有很大影响[9]。

　　新日铁采用一种新的激光 Doppler 振动仪准确测量 λ_s 技术，以前采用的应变法、电容测压法等不准确，也不方便。降低变压器噪声的有效措施是：提高取向度、增大绝缘膜产生的张力、减少装配铁芯的残余应力和减薄钢板厚度。板厚减薄，静磁能提高，相对的 90°畴减少，而且板厚方向断面积减少，绝缘膜产生的张力效果加强。采用 PWM 磁化条件下，由于 λ_s 高次谐波组增多，噪声增大[10]。λ_s 主要与易磁化方向和加磁场磁化方向的夹角有关，而 180°磁畴宽度或数量对 λ_s 影响较小。相当于变压器柱与磁轭的接触处的磁化方向为 45°或 90°。45°方向的 λ_s 为负值，这可克服铁芯加压力产生的闭合畴使 λ_s 变为正值的缺点。90°方向的 λ_s 为最大正值[11]。采用二个探针的小传感器测量取向硅钢二维磁性与晶粒尺寸的关系。证明磁性不均匀与二次晶粒长大的各向异性，即相邻的二次晶粒之晶界形状有关，因为这些区域存在有闭合畴[12]。

7.1.3　应力对铁损和磁致伸缩的影响

　　应力使材料总自由能中增加一项磁弹性能（E），这使磁畴组织改变，以便使总自由能处于最低状态。实验证明：（1）理想（110）[001] 取向硅钢沿轧向（即 [001] 方向）加拉应力 σ 时，$E = \lambda_{100}\sigma$。负号表示加拉力时 E 减小，磁畴基本保持原状态（见图 7-4a），都是与 [001] 平行的 180°主磁畴（在主磁畴露出表面处存在表面闭合畴），但 180°畴细化了。磁化过程是依靠 180°畴壁移动完成的，λ_{100} 近似为零，铁损也明显降低。（2）沿轧向加压应力时，$E = +\lambda_{100}\sigma$。正号表示加压力时 E 增大，磁畴变为应力磁畴图案（见图 7-4a），主要是沿 [100] 和 [010] 方向磁化。磁弹性能比静磁能和磁晶各向异性能小得多，但当它达到总自由能的 1% 时，就使静态磁畴变为这种应力磁畴。此时沿轧向更难磁化，因为内部磁畴的磁化矢量必须转动 90°，这使铁损和 λ_s 增高。由图 7-4b 看出，沿轧向加约 5MPa 压力时，铁损增高 30% ~ 40%，λ_s（即 $\partial l/l$）增大 10 倍以上，即沿轧向加压力对 λ_s 的影响最大。（3）沿横向加拉应力时，$E = +(\lambda_{100}\sigma/2)$，相当于沿轧向加 1/2 压应力。（4）沿横向加压应力与沿轧向加拉应力的作用相似，铁损和 λ_s 降低。（5）沿法向加压应力，如钢板冲剪受的应力，由于 E 值很小，磁畴组织变化较小。例如，加 1MPa 法向压力时，铁损约增高 15%，λ_s 也提高了。（6）施加各向同性压应力（如装配铁芯情况）时，$E = -(\lambda_{100}\sigma/4)$，相当于沿轧向加 1/4 拉应力的效果[13]。

装配铁芯时常受到高达 5MPa 的应力，应力分布状态复杂且不均匀。在 T 接点和斜外角处的磁通方向与轧向有偏离，应力对这些地区的转动磁通和交变磁通有很大影响。铁芯产生应力的原因是：（1）压紧铁芯时产生法向和平面压应力。（2）条片不平，叠片呈波浪形。平滑条片在压紧时也会由于自重和相邻叠片的压力产生很大应力。一边产生压力，另一边产生拉力。1m 长度上有 0.3mm 波浪度，条片沿轧向就产生 ±2MPa 应力。叠片厚度略有变化也产生同样应力。弯曲应力比压应力对铁损和 λ_s 的影响小。（3）变压器即使采取有效冷却方法，在铁芯内外也会产生温差。在 T 接点和斜外角地区温升高于其他地区，这也产生大的温度梯度。温差为 20℃ 时就可产生 1MPa 应力。控制好压紧应力、温度梯度、选用平滑条片和高取向硅钢，可使铁芯中应力减小。又如涂应力涂层会产生 3.5MPa 拉应力，减小了材料的应力敏感性[13]。

用 0.23mm 厚（110）[001] 单晶体（$\alpha = 0°$ 和 $\beta = 0.4° \sim 6°$）加 0 ~ 20MPa 拉力，证明 $\beta = 2° \sim 3°$ 时 P_{17} 最低。β 角愈小，加拉力降低 P_{17} 效果愈明显。当 $\beta > 3°$ 时加拉力愈大，P_{17} 有提高趋势。β 小和无拉力时磁畴尺寸大，经细化磁畴效果更明显。有底层对细化磁畴后外加拉力效果减小，因为底层与基体的界面凹凸不平而降低细化磁畴效应。无底层的光滑表面细化磁畴后外加拉力愈大，P_{17} 降低愈明显，因为 P_h 和 P_a 都降低[14]。

去掉底层和应力涂层的 0.35mm 厚成品沿轧向 0° ~ 45° 和 90° 方向切取试样，研究压应力对激磁磁场 $H_{15/50}$ 的影响。证明不加压力时 0°（轧向）方向 $H_{15/50}$ 最小，45°方向 $H_{15/50}$ 为 8000A/m，90°方向时 $H_{15/50}$ 为 4000A/m。加压应力时 0°方向 $H_{15/50}$ 单调增高，自发磁化矢量几乎都为易磁化方向，加压力使 λ_{100} 变为正值。45°方向在不小于 20MPa 压力下 $H_{15/50}$ 开始增高，45°方向由于有两个易磁化方向，在一定压力条件下自发磁化变得不稳定。90°方向的 $H_{15/50}$ 与应力大小无关，因为加压力不会改变自发磁化矢量[15]。

日本 Ryukyus 大学研究 0.35mm 厚 Hi－B 成品沿轧向和横向加压应力状态下对 P_h 和 λ_s 的影响。证明沿轧向加压应力 $\sigma < 5$MPa 时对 P_h 和 λ_s 影响小，$\sigma > 5$MPa 时 P_h 和 λ_s 增高。如果将底层和绝缘膜去掉，$\sigma \approx 1$MPa 就使 P_h 和 λ_s 增高。因为底层和绝缘膜产生的张力可抵消一部分压应力坏影响。压应力提高磁弹性能，所以产生许多 90°畴，λ_s 提高更明显。沿横向磁化（即沿 [110] 方向磁化）已出现 90°畴，加 σ 时 P_h 略增高，而 λ_s 保持不变。在高 B_m 范围时 90°畴更多[16]。

7.1.4　温度对磁性和磁致伸缩的影响

变压器工作温度一般为 50～150℃。温度升高，材料的电阻率增大，P_e 下降，P_h 和 P_a 基本不变，所以铁损降低（见图 7－5a）。低磁场下 B 值随温度升高

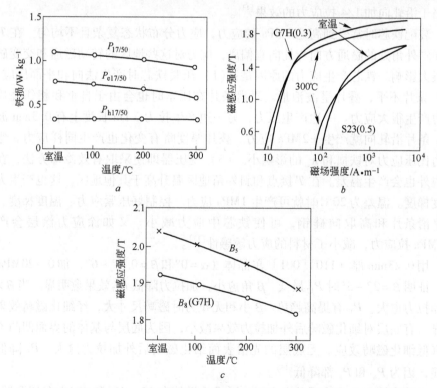

图 7－5　温度与铁损、磁化曲线及 B_8 和 B_5 的关系
a—温度与铁损的关系；b—温度与磁化曲线的关系；c—温度与 B_8、B_5 的关系

有增大趋势（见图7-5b），而B_8和B_s降低（见图7-5c）[17~19]。温度升高，涂层产生的拉应力松弛，铁损和λ_s的应力敏感性增大（见图7-6）[20]。

7.1.5 普通取向硅钢（CGO）与高磁感取向硅钢（Hi-B）的性能比较

CGO产品的晶粒[001]偏离角小于10°者占75%，平均偏离角约7°，二次晶粒直径为3~5mm，$B_8 \approx 1.82T$。Hi-B产品的晶粒[001]偏离角小于10°者占100%，平均偏离角约3°，二次晶粒直径为10~20mm（MnSe+Sb方案，二次冷轧法的二次晶粒直径为3~5mm），$B_8 \approx 1.92T$。由于Hi-B钢取向度高和涂应力

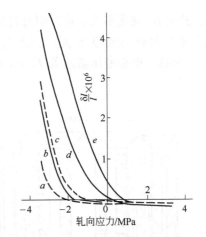

图7-6 温度与λ_s应力敏感性的关系
（在1.5T和50Hz条件下磁化）
a—20℃；b—60℃；c—100℃；
d—160℃；e—200℃

涂层，其铁损和λ_s值比CGO钢明显降低，而且应力敏感性更小（见图2-51），铁损至少降低15%，相当于提高3~4个牌号。Hi-B钢主要为180°磁畴，而90°磁畴数量很少，磁化主要靠畴壁移动，磁畴转动情况很少，所以λ_{100}低而且高次谐波组分减少。此外，应力涂层产生的拉应力使180°磁畴细化，90°磁畴数量更少，同时可抵消装配铁芯所产生的压应力，所以λ_{100}进一步降低。Hi-B钢的$\lambda_{100} < -1 \times 10^{-6}$。3%Si-Fe合金单晶体的$\lambda_{100} = 23.7 \times 10^{-6}$。

用CGO和Hi-B钢制造0~500kV·A单相配电变压器（卷铁芯）和500~1000MV·A的45°对接三相柱电力变压器（叠片铁芯）证明，Hi-B钢制的变压器设计B_m可提高到1.80T，铁损降低10%~15%，激磁电流降低40%~50%，噪声降低4~7dB。由于Hi-B钢横向磁性低于CGO钢，不适宜采用90°对接法。Hi-B钢制的三相三柱变压器在T接点（磁通方向与轧向不平行）的铁损比CGO钢制的高8%~10%[21]。

用这两种材料制的单相和三相变压器模拟铁芯证明，Hi-B钢铁芯损耗虽然更低，但装配因子（building factor，简称B.F.）比CGO钢铁芯高5%~20%。也就是说，Hi-B钢在实际应用时没有充分发挥它的优越磁性。装配因子B.F.定义是B.F.=P_T（铁芯）/P_T（艾卜斯坦条件）。B.F.值最好为1。B.F.值与材料的B_8值成正比，它与铁芯中磁通密度分布有密切关系。图7-7所示为三相五柱变压器铁芯中理论磁通分布矢量和实际的三次谐波磁通分布情况，由此可看出在中心柱体内渗入的磁通和三次谐波分布状态。B_8高，三次谐波磁通量和中心柱体中磁通渗入量也高，所以B.F.高。经激光照射钢板制的变压器B.F.降

低，此时 B_8 变化不大。这说明材料的 B_8 值不是影响 B.F. 的主要原因。铁芯形状愈复杂和磁通密度愈大，三次谐波磁通量和中心柱体中磁通渗入量增多，B.F. 愈高。单相变压器的 B.F. = 1.0 ~ 1.1，三相变压器的 B.F. = 1.1 ~ 1.5 或更高[21]。

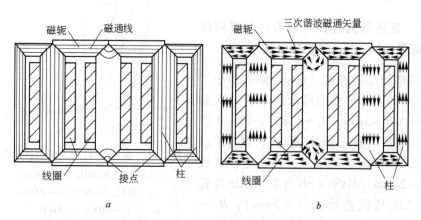

图 7 - 7　三相五柱变压器铁芯的中心柱线圈为零时磁化瞬间的理论磁通
分布矢量和三次谐波磁通密度变化
(1.5T 和 50Hz 磁化时)
a—理论磁通分布矢量变化；b—三次谐波磁通密度变化

用 P_{17} 分别为 1.21、1.01、0.95W/kg 的 0.3mm 厚 CGO，Hi - B 和激光照射 Hi - B（ZDKH 牌号）条片在 20°相角、三次谐波约 15% 测量条件下测定的铁损都明显提高。这 3 种材料制成的三相三柱变压器模拟铁芯在 1.7T 和三次谐波小于 1.4% 条件下测量结果见图 7 - 8。证明 ZDKH 铁芯的 B.F. 高于 CGO，但低于 Hi - B。这是因为激光照射材料使铁芯中磁通分布更均匀，条片横向铁损降低，并且因为非正弦波引起的额外 P_e（增量 P_e）更低。在 B = 1.3T 时 3 种铁芯的 B.F. 最大。在 1.7T 时 CGO 的 B.F. 比 Hi - B 低 11%，比 ZDKH 低 8%。CGO 铁芯中心柱内磁通量为 0.56T，ZDKH 为 0.84T，Hi - B 为 0.93T。Hi - B 铁芯中磁通分布最不均匀。CGO 铁芯中磁通分布均匀，对畸变磁通也较不敏感[22,23]。

用 0.23 ~ 0.35mm 厚 G6H 到 G10 不同牌号取向硅钢和 0.35mm 厚 S9 牌号无取向硅钢制成 45°T 接点（A 型）和 45° ~ 90°T 接点（B 型）三相三柱模拟铁芯，研究铁芯 B.F. 与材料织

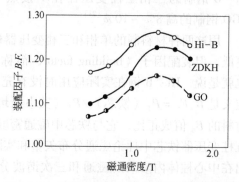

图 7 - 8　3 种材料制的铁芯的装配因子比较

构的关系。由图 7 – 9a 看出，在 B_m 为 1.5T 和 1.7T 时，任何板厚和牌号制的铁芯，$B.F.$ 都随材料 B_8 增高而增大。S9 铁芯 $B.F.$ 近似为 1。图 7 – 9b 证明，随 B_8 增高，中心柱体内平均磁通渗入量也增大；B_m 相同时，B 型铁芯的 $B.F.$ 和磁通渗入量都比 A 型铁芯高，因为 B 型铁芯产生更多的磁通谐波。因此用 B_8 较低的 CGO 钢制造中心柱可降低 $B.F.$ 值[23]。

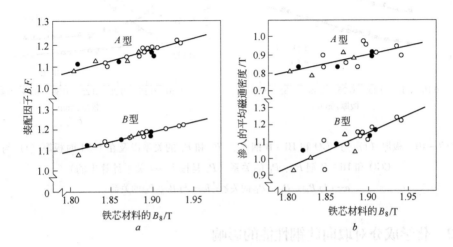

图 7 – 9　铁芯材料的 B_8 值对装配因子和中心柱中磁通渗入量的影响

a—B_8 对 $B.F.$ 的影响；b—B_8 对磁通渗入量的影响

取向硅钢：△ —0.19 或 0.23mm 厚；○—0.30mm 厚；● —0.35mm 厚

用 0.18、0.23、0.28mm 厚 CGO 和 Hi – B 钢制成不同类型卷铁芯和消除应力退火后也证明，Hi – B 铁芯的 $B.F.$ 值较高。板厚减薄，卷取时受弯曲应力小，$B.F.$ 值较低。小铁芯比大铁芯受弯曲更大，$B.F.$ 值更高。不切割卷铁芯 $B.F.$ 值比有空气隙的切割卷铁芯低，有应力涂层卷铁芯的 $B.F.$ 值比只有底层的材料制的卷铁芯更低。设计 B_m 低时可选用 CGO 钢制造，$B_m < 1.5$T 时最好用 0.18mm 厚带；$B_m \leqslant 1.3$T 时 0.23mm 厚 CGO 钢的铁损与 Hi – B 钢相近。当板厚相同时，在任何 B_m 下还是选用 Hi – B 钢制造较合适[24]。一般卷铁芯变压器和 EI 型小变压器不考虑 $B.F.$，因为 $B.F. \approx 1$。

当降低设计 B_m 时，取向硅钢的铁损 P_{10}、P_{13} 和 P_{15} 比 P_{17} 值更重要：由图 7 – 10a 看出，在任何厚度时 CGO 钢的 P_{10} 和 P_{13} 都与 Hi – B 钢相近，只是 P_{15} 略高些。图 7 – 10b 证明，在 1.5T 时由于 Hi – B 取向度高，P_h 低，但由于晶粒大，P_e 高，两者相互抵消一部分。当铁损核定值大于 2.5 美元/W 时，将 B_m 从 1.7T 降到 1.5T，并选用 0.28mm 或 0.30mm 厚 CGO 钢制造变压器，具有很大的经济意义[25]。如果选用日本生产的 0.18mm 或 0.23mm 厚 CGO 钢更好[17]。

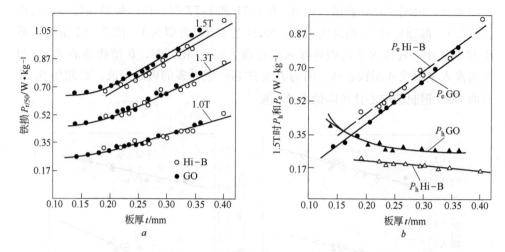

图 7-10　板厚（t）与 CGO 和 Hi-B 钢 P_{10}、P_{13} 和 P_{15} 的关系以及在 1.5T 时板厚（t）与
CGO 和 Hi-B 钢 P_e、P_h 的关系（P_e 是按 P_e-t 关系计算出的）
a—t 与 P_{10}、P_{13}、P_{15} 的关系；b—t 与 P_e、P_h 的关系

7.2　化学成分对取向硅钢性能的影响

　　对取向硅钢化学成分的要求极严格，规定的成分范围很窄，成分略有波动对产品性能就有很大影响。

7.2.1　碳

　　CGO 钢的碳含量规定为 0.03% ~ 0.05%，Hi-B 钢为 0.04% ~ 0.08%。小于 0.03% C 时，特别是小于 0.02% C 的 3.25% Si 钢已无相变（见图 1-8）。铸坯在高于 1350℃ 加热时晶粒明显粗化，热轧带沿板厚方向中心区的形变晶粒粗大，〈110〉纤维织构强，冷轧和脱碳退火后残存有形变晶粒（见图 7-11a）。高温退火后二次再结晶不完全，出现晶粒尺寸不大于 1min 和在 1 ~ 100mm 宽地区内沿轧向分布的线状细晶（见图 7-11b），使磁性降低，这对制造 50 ~ 100mm 宽的卷铁芯极为不利。碳使热轧时 γ 相数量增多（见图 7-11c），在保证 γ 相数量为 20% ~ 30% 时，热轧板组织细化并为层状分布的细形变晶粒和小的再结晶晶粒（见图 7-12b），脱碳退火后初次晶粒细小均匀[26~29]。

　　大于 0.03% C 硅钢经热轧、喷水冷却和 550℃ 卷取后，热轧板中析出细小弥散 Fe_3C，它们可阻碍初次晶粒长大。碳含量高可改善热、冷加工性，防止热轧板产生横裂；冶炼操作容易，炉渣中 FeO 含量减少，提高钢回收率和炉衬寿命。

　　Hi-B 钢中碳含量更高，目的是在热轧板高温常化时保证有一定数量的 γ 相，快冷时可获得大量细小 AlN，因为氮在 γ 相中固溶度比在 α 相中大 10 倍。

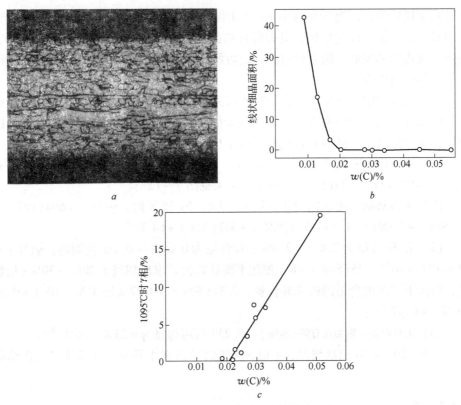

图 7 - 11　碳含量对晶粒的影响

a—脱碳退火后残余形变晶粒的金相组织（纵断面 ×100）；b—碳含量与成品出现线状细晶的关系；
c—碳含量与 1095℃时 γ 相数量的关系（3.25% Si）

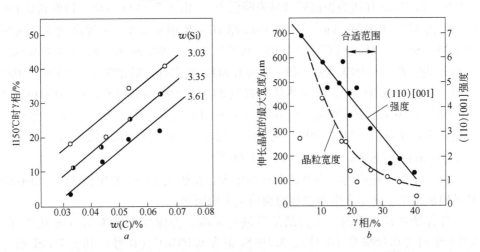

图 7 - 12　碳和硅含量与 1150℃时 γ 相数量的关系以及 1150℃时 γ 相数量与
热轧板中心区形变晶粒最大宽度和（110）[001] 极密度的关系

a—w(C)、w(Si) 与 γ 相的关系；b—γ 相与形变晶粒最大宽度和极密度的关系

热轧板常化后碳以固溶碳和细小 ε - 碳化物形态存在，冷轧时钉扎位错，位错密度明显增高，加工硬化更快，退火时再结晶生核位置增多，初次晶粒细小均匀，促进二次再结晶发展。碳含量过高，以后脱碳困难，并且使 MnS 固溶温度提高，即铸坯加热温度提高。

在取向硅钢中碳含量与硅含量有密切关系。硅含量提高，碳含量也要相应提高，以保证热轧过程中有 20% ~30% 数量的 γ 相。1150℃ 是形成最多 γ 相数量的温度，在此温度下不同研究者找出下列 γ 相数量与碳和硅含量的关系式：

(1) 在 Si 含量为 3.03% ~3.61%、C 含量为 0.033% ~0.066% 范围内，$\gamma(\%) = 694(C\%) - 23(Si\%) + 64.8$。结果见图 7 - 12[4]。

以此式为基础，考虑钢中含少量 Cr、Cu、Ni 和 N 时，$\gamma(\%) = 694(C\%) - 23(Si\%) + 5.06(Cr\% + Cu\% + Ni\%) + 347(N\%) + 64.8$[30]。

(2) 在 Si 含量为 2.8% ~3.8%、C 含量为 0.01% ~0.1% 范围内，$\gamma(\%) = 67\lg(C\% \times 10^2) - 25(Si\%) - 8$。按此平衡状态公式求出相当于 20% ~30% γ 相数量，再按下式求出合适的碳和硅含量，$0.37(Si\%) + 0.27 \leqslant \lg(C\% \times 10^3) \leqslant 0.37(Si\%) + 0.57$[31]。

(3) $0.060 \geqslant C\% \geqslant 0.088(Si\%) - 0.239$ 时可保证 $\gamma = 25\%$ ~30%[32]。

γ 相 <20% 时易出现线晶，γ 相 >30% 时易出现小晶粒，这都使二次再结晶不完善。

7.2.2 硅

硅含量规定为 2.8% ~3.4%。日本高牌号 CGO 和 Hi - B 钢中硅含量控制在 3.15% ~3.4%，并适当提高碳含量来降低 P_{17}。由图 7 - 13a 看出，每增高 0.1% Si 时，P_{17} 降低 0.019W/kg[4,32]。0.3mm 厚 Hi - B 钢从 2.9% Si 提高到 3.15% Si 和 3.25% Si 时，P_{17} 分别下降 0.05、0.07W/kg。2.9% Si 时，$P_{17} = 1.06$W/kg，3.3% Si 时，$P_{17} = 0.99$W/kg，而 B_8 均为 1.94T。提高硅含量和保证 $w(C) \geqslant [0.033(Si\% - 3.1) + 0.03]\%$，并且热轧到板温 $T(℃) = 980 + 60(Si\%) - 4500(C\%)$ 时再经大于 50% 压下率热轧，即在有一定 γ 相数量下经大于 50% 压下率热轧后可提高热轧板表层 (110)[001] 极密度，成品 P_{17} 和 B.F. 都降低。由图 7 - 13b 看出，0.3mm 厚 3.3% Si 钢的 B.F. = 1.09[33]。

由于硅在 α 相中的固溶度比在 γ 相中大，在热轧过程中发生相变时，硅有沿晶界偏聚倾向，这是产生内裂和边裂的主要原因之一。

硅含量对 Hi - B 钢二次再结晶发展有影响。为保证 1150℃ 时 α/γ 比不变，3.0% Si 钢含 0.05% C（A 号），3.3% Si 钢含 0.08% C（B 号）和 3.7% Si 钢含 0.1% C（C 号）。实验证明，A 号和 B 号的二次再结晶完善，但 B 号的二次再结晶发展更慢。C 号不能发生二次再结晶。随硅含量增高，热轧板组织和成分更不

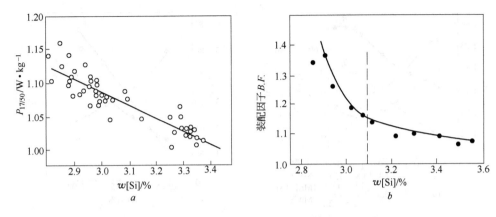

图 7 – 13 硅含量对铁损 P_{17} 的影响及硅含量与装配因子的关系

a—$w(Si)$ 对 P_{17} 的影响；b—$w(Si)$ 与 $B.F.$ 的关系

均匀，因为硅阻碍热轧动态再结晶，｛111｝组分增多，析出物粗化，MnS 数量减少，AlN 增多（因为 Si 在 α 相中比在 γ 相中更容易固溶，而氮在 γ 相中比在 α 相中更容易固溶）。随硅含量增高，初次再结晶织构中 ｛110｝极密度减少，｛111｝极密度增高，即 ｛110｝〈001〉晶核数量减少，｛111｝〈112〉晶粒增多，初次晶粒平均直径增大。计算板厚方向不同层中 ｛110｝和 ｛111｝极密度平均乘积，A 号为 0.66，B 号为 0.44，C 号为 0.40。即硅含量高，此乘积减小，这说明抑制能力减弱，对发展二次再结晶不利。所以提高硅含量使二次再结晶发展速度减慢或被抑制[29,34]。为此，将硅含量提高到 3.2% ~ 3.4% 时，钢中常加入少量铜、锡、锑或钼来进一步加强抑制能力。

7.2.3 锰和硫

MnS 是取向硅钢的重要抑制剂。CGO 钢中锰含量规定为 0.05% ~ 0.10%，硫含量为 0.015% ~ 0.03%；Hi – B 钢中锰含量为 0.06% ~ 0.12%，硫含量为 0.02% ~ 0.03%。锰与硫含量有密切关系，即 [Mn%] × [S%] 固溶乘积对二次再结晶发展和磁性有很大影响。图 7 – 14 证明，CGO 钢中含 0.05% ~ 0.06% Mn 时，$w(S) ≤ 0.005\%$ 不发生二次再结晶，初次晶粒尺寸 $\bar{d}$ 大，磁性低。随硫含量增高，即 [Mn%] × [S%] 值增大，$\bar{d}$ 减小，二次晶粒尺寸 $\bar{D}$ 大、取向度 W 和磁性高。含 0.02% ~ 0.029%S 或 [Mn%] × [S%] = (11 ~ 17) × 10^{-4} 时，二次再结晶完善，磁性最高。为获得稳定的磁性，最好控制 Mn 含量为 0.05% ~ 0.08%，S 为 0.018% ~ 0.025%，[Mn%] × [S%] = (11 ~ 19) × 10^{-4}，热轧后析出的细小 MnS 数量合适，$\bar{d}$ = 0.015mm，$\bar{D}$ = 3 ~ 4mm，W = 85%，0.35mm 厚板 P_{15} = 1.00 ~ 1.05W/kg，B_8 = 1.80 ~ 1.82T[35]。

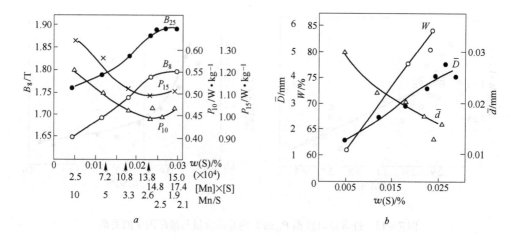

图 7 - 14　Mn 含量为 0.05% ~ 0.06% 时，硫含量与［Mn］×［S］乘积及磁性、晶粒尺寸和
取向度的关系（板坯 1350℃固溶，水淬和 1000℃热轧）

$a—w(S)$ 与 ［Mn］×［S］ 的关系；$b—w(S)$ 与 W、$\bar{D}$、$\bar{d}$ 的关系

　　锰、硫或［Mn%］×［S%］乘积过高，铸坯中 MnS 过于粗大，加热温度提高，晶粒粗化，热轧加工性和磁性降低，热轧析出的细小 MnS 量过多，对二次晶粒长大不利。硫在 α 相中固溶度比在 γ 相中更高。锰明显降低硫的固溶度，提高加热温度，并有阻碍以后高温净化退火时的脱硫作用。硫含量过高使脱硫也困难。如果硫含量偏上限，锰含量偏下限，即 Mn/S 比过低时，热轧时易发生热脆。为改善热加工性，Mn/S 比控制在 3 左右。

　　Hi - B 钢以 MnS + AlN 作为抑制剂，规定的锰和硫含量比 CGO 钢略高些，目的是适当提高加热温度和热轧时 MnS 析出温度，减少热轧过程中析出的较粗大的 AlN 数量，保证以后常化时析出更多的细小 AlN 来加强抑制能力。锰含量提高也减少 Hi - B 铸坯中闪电状裂纹。当硅含量提高到 3.15% ~ 3.4% 时，由于 MnS固溶更困难，锰的上限由 0.12% 降到 0.09%，硫的上限由 0.03% 降到 0.027%，而且合适范围更窄。

7.2.4　铝和氮

　　AlN 是 Hi - B 钢的主要抑制剂，酸溶铝（Als）规定为 0.02% ~ 0.03%，氮含量为 0.006% ~ 0.01%。酸溶铝含量 = 总铝含量 - Al₂O₃ 中铝含量。酸溶铝含量对磁性的影响最明显。由图 7 - 15 看出，Hi - B 钢中合适的 Als 含量为 0.02% ~ 0.03%，合适的氮含量为 0.006% ~ 0.009%，0.35mm 厚板 $\bar{d} = 0.01 ~ 0.012$mm，$\bar{D} = 8 ~ 10$mm，$P_{15} = 0.97 ~ 1.0$W/kg，$B_8 = 1.92 ~ 1.95$T。图 7 - 16 为不同 Als 含量钢的成品低倍组织[36,37]。Als 含量为 0.035% 时，铸坯加热温度必须提高到

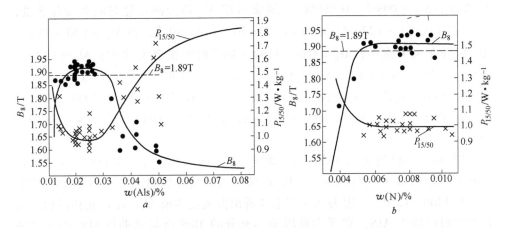

图7-15　Als和氮含量对0.35mm厚板磁性的影响

a—w(Als) 对 B_8 的影响；b—w(N) 对 B_8 的影响

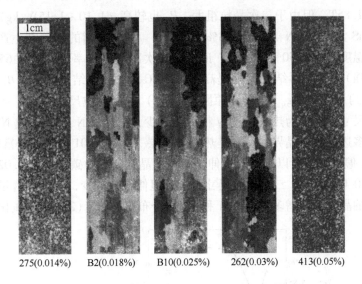

275(0.014%)　　B2(0.018%)　　B10(0.025%)　　262(0.03%)　　413(0.05%)

图7-16　不同 Als 含量钢的二次再结晶低倍组织

1390~1400℃才能得到完善的二次再结晶和高磁性。Als 含量过高，底层质量变坏。氮含量大于 0.01% 时，浇铸易冒涨，产品出现起皮和起泡缺陷。Als 和氮含量过低，常化后析出的细小 AlN 数量不足，二次再结晶不完全。

　　在上述合适 Als 含量范围内，Als≥0.025% 时热轧板常化后空冷到 900℃并淬在 100℃水中才能得到高磁性。Als<0.025% 时常化后淬在 45℃或 100℃水中都得到高的磁性。也就是说，Als 含量偏中上限时冷却速度应慢些[37]。在制造 0.23~0.26mm 厚 Hi-B 产品时，规定的 Als 和氮含量范围更窄（Als=0.026%~

0.028%，N＝0.008%～0.009%）。通常可按 Al_R 值控制常化时间和冷却速度，$Al_R = Als(10^{-6}) - (27/14) \times N(10^{-6}) = 50 \sim 149 \times 10^{-6}$。当 $Al_R = (50 \sim 79) \times 10^{-6}$ 时淬在 45℃ 水中；$Al_R = (80 \sim 119) \times 10^{-6}$ 时淬在 70℃ 水中；$Al_R = (120 \sim 149) \times 10^{-6}$ 时淬在 100℃ 水中，可使产品二次再结晶完善，P_{17} 可降低 0.1W/kg[38]。Als 高，常化温度降低和冷却速度减慢。如 0.03% Als 时常化温度为 1000～1100℃，冷却速度为 30～40℃/s，0.02～0.025% Als 为 1080～1150℃，冷却速度为 40～50℃/s[39]。

以 MnS 为抑制剂的 CGO 钢，规定 Als ＜ 0.015%，N ＜ 0.006%。如果含 0.01%～0.015% Als 和 0.004%～0.006% N 时，板坯加热温度从不小于 1350℃ 可降到 1200～1250℃，因为 AlN 固溶和析出温度比 MnS 低，在热轧和以后退火过程中析出细小 AlN，它可弥补固溶不充分的 MnS 而起辅助抑制作用（见图 7-17），脱碳退火后初次晶粒更细小均匀，$\overline{d} \approx 0.013mm$，二次再结晶温度从约 950℃ 提高到约 1000℃，二次晶粒尺寸 $\overline{D} = 4 \sim 8mm$，取向度 $W \approx 90\%$，0.35mm 厚板 $B_8 \approx 1.85T$，但由于二次晶粒粗大，P_{15} 也较高（1.10～1.15W/kg）[35,40]。俄罗斯以 MnS 为主，AlN（含 0.008%～0.02% Als）为辅的抑制剂生产 CGO 钢，铸坯加热温度降为 1250～1300℃。证明第二次冷轧压下率可提高到 65%（因为抑制力加强），二次再结晶温度提高 20～40℃，二次再结晶稳定，B_{10} 提高，而 P_{17} 也增高约 0.07W/kg。P_{17} 增高原因是：（1）二次晶粒尺寸增大，而且轧向尺寸比横向尺寸大。因为热轧后期 γ 相数量减少，析出 AlN、Si_3N_4 或 N 沿晶界偏聚，形成多边化晶粒晶界，特别是热轧板表层（110）[001] 晶界处富集有 AlN、Si_3N_4 或 N 偏聚层，所以以后形成伸长的二次晶粒。钢中碳含量从 0.02% 提高到 0.032%～0.035% 时，二次晶粒尺寸更大，但伸长性减少，因为碳含量高，热轧板表层等轴晶粒数量增多，而 AlN 和 Si_3N_4 分布更均匀。（2）在内氧化层中存在

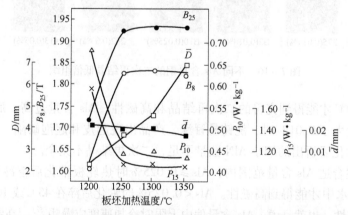

图 7-17　0.01%～0.015% Als 的 CGO 钢板坯加热温度与磁性和晶粒尺寸的关系
（0.074% Mn，0.024% S，0.35mm 厚）

Al_2O_3，使底层质量变坏，底层和绝缘膜产生的张力减小[41]。

以 MnS（或 MnSe）+Sb 作为抑制剂和二次冷轧法制造 Hi-B 时，发现 Als 为 0.001%~0.003% 和在 800~920℃ 二次再结晶退火后，$B_8 > 1.89T$。在此范围内 Als 愈低，B_8 愈高。Als < 0.001% 时二次晶粒小并残存有细晶，B_8 降低。Als ≥ 0.005% 时二次晶粒过大，P_{17} 增高[42]。也证明 N < 0.0045% 时，B_8 明显提高。N ≥ 0.0056% 时，出现混晶，二次再结晶不完全。Als 和 N 含量都低时，$B_8 ≥ 1.90T$。因为在 800~920℃ 二次再结晶退火时，AlN 比 MnS 更稳定，而且可形成 Si_3N_4，它们阻碍（110）[001] 初次晶粒长大，所以二次再结晶不完善[43]。第二次合适的冷轧压下率随 Als 含量增高而增大，但 P_{17} 也增大。例如，0.001%~0.002% Als 时合适压下率为 50%±2%；0.002%~0.004% Als 时为 55%±2%，此时 P_{17} 最低。0.004%~0.01% Als 时为 60%±2%，P_{17} 增高[44]。

7.2.5 磷

规定 P 含量不大于 0.03%，最好 P 含量不大于 0.01%。转炉冶炼时排二次渣可使钢水中 P 含量约为 0.006%。磷含量低使热轧板中 MnS 分布更均匀，磁性好且稳定。CGO 钢中磷含量降低，P_{17} 也下降。如果同时 Als < 0.003% 时二次晶粒小，P_{17} 更低。例如，P < 0.015%，Als 为 0.001% 的 0.3mm 厚 CGO 钢的 $B_8 = 1.88T$，$P_{17} = 1.13W/kg$。如果 Als 为 0.005% 时，二次晶粒粗大，$P_{17} = 1.20W/kg$[45]。

但有人证明，在 AlN+MnS 方案中含 0.02%~0.07%P，由于 P 沿晶界偏聚加强抑制能力，提高初次再结晶织构中 {110} 组分，二次晶粒小，而且磷在 MnS 和 AlN 质点周围偏聚，防止析出质点粗化和分布更均匀，所以可改善磁性[46,47]。

7.2.6 铜

在 AlN+MnS 方案 Hi-B 钢中加约 0.2% Cu，可使初次晶粒更细小均匀，二次晶粒伸长比 $L/C < 2$，更近似为等轴形，二次再结晶更完善，磁性提高，且更稳定[48]。

日本新日铁在钢中加入 0.15%~0.2% Cu，生产 0.23~0.30mm 厚高牌号 CGO 钢，证明在 CGO 和 Hi-B 钢中加铜的作用是：（1）铜扩大 γ 相区。0.16% Cu 使 1100℃ 时的 γ 相数量增加 5%，1150℃ 时增加 3%。这有利于提高硅含量、降低碳含量和提高 Hi-B 钢中酸溶铝含量。（2）形成 $Cu_{1.8}S$，其固溶温度和析出温度比 MnS 低。在平衡状态下，MnS 固溶温度为 1315~1320℃，$Cu_{1.8}S$ 为 1200~1250℃（AlN 为 1280℃）。MnS 析出温度峰值为 1100℃，$Cu_{1.8}S$ 为 1000℃（见图 7-18a）。（3）将精轧机前薄板坯温度控制在 1150℃±50℃，终轧温度控制在

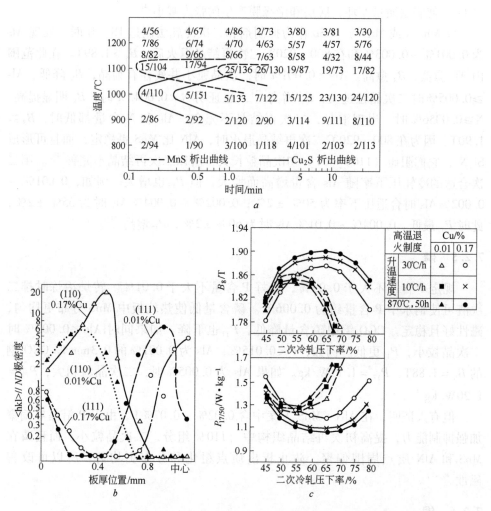

图 7 – 18　Cu₂S 和 MnS 的时间 – 温度 – 析出曲线及 CGO 钢热轧板的织构和
第二次冷轧压下率与磁性的关系（图 a 中分子为 MnS 中硫含量（10^{-6}），
分母为 Cu₂S 中硫含量（10^{-6}））

a—时间 – 温度 – 析出曲线；b—热轧板的织构；c—压下率与磁性的关系

1000℃ ± 30℃。在约 1150℃ 精轧时，钢中 γ 相数量最多。在发生 γ - α 相变的同
时析出大量细小（Cu，Mn）₁.₈S，抑制 MnS 析出。1000℃ 终轧正是 Cu₁.₈S 析出峰
值，析出 30 ~ 50nm 弥散状（Cu，Mn）₁.₈S，它们多与网络状分布的 Fe₃C 平行，
即沿原来的 γ 相晶界析出。0.17% Cu 时，MnS 中硫含量为 43×10^{-6}，Cu₁.₈S 中
硫含量为 112×10^{-6}，MnS + Cu₁.₈S 中硫含量从 101×10^{-6} 增加到 155×10^{-6}，即
（Cu，Mn）₁.₈S 总析出量增多，其分布状态有利于位向准确的（110）[001] 晶粒

进行选择性长大，提高了抑制能力和降低了二次再结晶温度。（4）提高热轧板表面1/5区域的 {110} 极密度（见图7-18b），中间退火和脱碳退火后 {110} 〈001〉及 {554}〈225〉组分加强。（5）由于抑制能力加强使 CGO 钢的二次冷轧压下率从 50% ~ 55% 提高到 60% ~ 70% ，这进一步加强了脱碳退火后表层的 {110} 〈001〉组分，二次晶粒小，产品磁性明显提高（见图7-18c）。（6）铜有改善 Hi-B 钢因添加锡或锑而使底层质量变坏的作用。0.3mm 厚 CGO 钢带的 $P_{17} \approx$ 1.06W/kg，$B_8 \approx 1.89$T；0.23mm 厚 CGO 钢带的 $P_{17} \approx 0.96$W/kg，$B_8 \approx 1.89$T；0.18mm 厚 CGO 钢带的 $P_{17} \approx 0.92$W/kg，$P_{13} \approx 0.43$W/kg，$B_8 \approx 1.90$T[49]。

含铜 CGO 钢控制热轧带头部终轧温度为 950 ~ 1000℃，中部和尾部为 1000 ~ 1100℃，可防止中、尾部的（Cu，Mn）$_{1.8}$S 聚集而使磁性降低。0.3mm 厚带 $P_{17} \leqslant 1.19$W/kg，$B_8 \geqslant 1.86$T，钢带长度方向磁性均匀[50]。加 0.16% ~ 0.18% Cu 的 CGO 钢中 Als < 0.005% ，并按 $T[N] \geqslant \{[Als\%] \times 14/27 + 0.002\}$% 和 $T[N] \leqslant \{[Als] \times 14/27 + 0.006\}$% 来控制钢中氮含量。按上述方法控制热轧带头、中、尾部终轧温度，第二次冷轧压下率为 65% ~ 67% 。利用氮沿晶界偏聚提高抑制力，二次晶粒小。含 0.0044% ~ 0.0050% N 的 0.3mm 厚带 P_{17} = 1.15 ~ 1.18W/kg，B_8 = 1.86 ~ 1.87T。如果含 0.0023% ~ 0.0030% N 时，P_{17} = 1.21W/kg，二次晶粒大[51]。

川崎在 AlN + MnSe 方案中加 0.08% ~ 0.12% Cu。控制钢中析出的 MnS 量小于 0.005% ，析出的 Cu$_2$S 中 Cu 量大于 0.01% 。即热轧过程中析出细小 Cu$_2$S ，析出量大于 0.005% ，常化析出的 AlN 以 Cu$_2$S 为核心，析出小于 50nm 细小复合析出物，磁性好且稳定[52]。

加铜使氧化铁皮与钢板之间内氧化层中存在 CuO，影响脱碳退火时的脱碳效率。热轧带酸洗时在 10% HCl 中加 0.1% ~ 2.0% NH$_4$HF$_2$，NaHF$_2$ 或 KHF$_2$ 可解决此问题。这种氟酸盐使氟酸与水不分离，废酸容易处理[53]。

7.2.7 锡和锑

新日铁生产 0.18 ~ 0.30mm 厚 AlN + MnS 方案 Hi-B 钢时，同时加 0.06% ~ 0.15% Cu 和 0.06% ~ 0.14% Sn。加锡的作用是：（1）锡在卷取和常化后沿晶界偏聚，加强抑制能力；（2）锡在 MnS 质点与基体的界面处偏聚，降低析出物界面能量，从而抑制析出物发生奥斯特沃德（Ostward）长大，保持强的抑制能力。锡使热轧板中小于 50nm 的硫化物析出量增多，且分布均匀。常化时以这些细小硫化物为核心析出细小均匀的 AlN；（3）常化时 γ 相（即珠光体相变产物）分布更均匀，常化后铁素体晶粒细小，且均匀，冷轧时形成更多的形变带，二次晶核数量增多；（4）由于锡的偏聚，冷轧时效处理时，有效的固溶碳和氮量增多。通过这些作用使脱碳退火后初次晶粒更细小均匀，{110}，{211} 和 {111} 极密度增高，{100} 极密度减小，二次晶核数量增多，二次再结晶温度降低，二次晶粒尺寸更小。但加锡使底层质量变坏，因此绝缘膜质量也变坏，外观不好，附着性降低，产生的拉应力减小。因为脱碳退火时表面富集锡，阻碍以 SiO_2 为主的氧化膜的形成。同时加铜可减少表面锡浓度，从而改善了底层质量。由图 7-19 看出，锡和铜加入量之比为 1∶1 或 1∶0.5 时，二次晶粒减小，绝缘膜产生的拉应力大，P_{17} 最低。0.3mm 厚板的 P_{17} 从 1.00 ~ 1.03W/kg 降到 0.96 ~ 0.98W/kg。0.23mm 厚板的 P_{17} 为 0.90W/kg。二次晶粒尺寸从 ASTM 3.0 ~ 3.5 级减小到 5.0 ~ 5.5 级。B_8 没有变化[54~57]。AES 检验证明，脱碳退火后从 550℃ 开始，锡的晶界偏聚浓度随温度升高逐渐降低，在二次再结晶开始温度约 950℃ 时，锡的晶界偏聚仍很明显。锡通过晶界偏聚对抑制初次晶粒正常长大起着重要作用，弥补了由于硅含量提高造成的 AlN 质点粗化而使抑制能力下降的不足[58]。有人指出，加锡或锑可适当降低钢中硫含量，但脱碳退火时气氛 d.p. 应增高，因为它们使脱碳效率减小[59]。

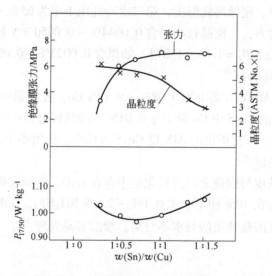

图 7-19 锡铜比与二次晶粒尺寸、绝缘膜张力和铁损的关系
（AlN + MnS 方案，0.3mm 厚板）

新日铁中岛正三郎等详细研究了锡的影响。不加锡时改变热轧板厚度，冷轧压下率都为 88%，成品厚度为 0.6、0.36、0.24 和 0.18mm。证明在大于 3mm 厚热轧板的 1/4 区域处 (100) 组分明显增多。随厚度减薄，热轧压下率增大和热轧温度下降，热轧板中再结晶组织增多，所以 (110) 和 (111) 组分增强。脱碳退火后此规律不变。0.18mm 厚板的 1/4 到 80μm 区域内 {111}⟨112⟩ 和 {110}⟨001⟩ 组分最强，即 Σ9 对应位向关系最强，所以更有利于发生二次再结晶。但在高温退火的升温过程中，板厚减薄，MnS 和 AlN 以及钢中硫和酸溶铝量

明显减少，抑制力减弱，（110）［001］位向更漫散，磁性降低。加约 0.13% Sn 情况下，0.285mm 厚 3.8% Si 钢也获得完善的二次再结晶组织，二次晶粒尺寸减小，$B_8 = 1.91T$，$P_{17} = 0.94W/kg$。因为加锡使热轧板、脱碳退火板和最终退火升温时细小弥散的 MnS 数量增多，初次晶粒尺寸减小，（110）组分增多，（110）和（111）极密度乘积高（不加锡为 0.43，加锡为 0.82），二次晶核数量增多，而且它们周围易被吞并的 ｛111｝〈112〉位向晶粒多。虽然加锡使升温过程中 AlN 增加量减少，但抑制力仍很强。AlN 增加量减少是因为脱碳退火后表面硅浓集量增多，钢吸收氮的能力减弱所造成的[60]。

　　加 0.15% Sn 的 3% Si 钢 2.5mm 厚热轧板常化后，以不同压下率一次冷轧成 0.30、0.25、0.20、0.15mm 厚板，在 85% H_2 + 15% N_2 中升温退火后，除 0.15mm 厚板外，都发展成完善的二次再结晶，B_8 高。0.20mm 厚板的 P_{15} 最低。不加锡时，除 0.3mm 厚板外，二次再结晶都不完全，磁性低。加锡使热轧板 1/4 区域处（110）组分增多。随板厚减薄，冷轧压下率增大，脱碳退火后，｛111｝〈112〉和 ｛100｝〈012〉组分增多。由于压下率增大，空位和位错缺陷增多，再结晶晶核增多，初次晶粒尺寸减小。热轧板中 60% ~70% S 都以 MnS 形式析出，常化和脱碳退火后 MnS 陆续增多。加锡后 MnS 量更多，大多数质点尺寸小于 100μm。热轧板中 AlN 的氮含量约为钢中氮含量的 20%，常化后约占 80%。加锡对 AlN 量无大影响。钢板减薄虽使初次晶粒减小，但（110）［001］晶核数量少，（110）［001］位向强度 I_g 减小，与（110）［001］位向有 Σ9 对应关系的位向强度 I_c 增加，$I_g \times I_c$ 值减小，所以二次再结晶困难。加锡使二次晶核数量增多，$I_g \times I_c$ 值增大，细小 MnS 增多，抑制力加强，二次再结晶完善[61]。

　　进一步研究 0.285mm 厚 3% Si 钢中锡加入量的影响证明，加锡使热轧板中 MnS 和碳化物析出质点更细（20~50nm），不加锡时质点为 100~200nm。加锡使热轧板常化后和冷轧板的硬度提高，因为热轧板和常化后析出的碳化物更细小，冷轧时位错密度更大，形成的形变带更多，所以硬度高和脱碳退火后（110）［001］组分更强，｛111｝〈112〉组分减弱，而（110）和（111）极密度乘积增高，这意味着二次晶核数量增多（约占 5%，不加锡钢仅约 3%）。高温退火升温到 950~1000℃时，加锡钢的二次晶粒增长更快，二次再结晶更容易。加锡使初次再结晶温度提高，在较高温度下，短时间内就大量生核，这也使（110）［001］晶粒增多，（110）［001］组分加强，二次晶粒细小。AES 检验证明，从热轧板开始，锡就沿晶界偏聚，脱碳退火后锡偏聚量增大。高温退火升到约 850℃时，锡偏聚量最大。也证明锡在 MnS 质点和基体界面上的偏聚，阻止了 MnS 粗化。这都加强了正常晶粒长大的抑制力，所以初次晶粒细。再者，（110）［001］二次晶核与其周围的 ｛111｝〈112〉晶粒形成的 Σ9 晶界比一般晶界的锡偏聚量少，所以晶界移动速度更快，这都使二次再结晶更容易发生和二次再结晶温度降低。加锡钢经 200℃ 或 300℃ 冷轧时效后使

{110} 组分增多，二次晶粒更小，P_{17} 更低。但不加锡的钢如经 300℃ 冷轧时效时，因 (111) 组分减少，{110} 和 (111) 极密度乘积降低而不发生二次再结晶。这说明加锡使冷轧时效温度变宽[62]。

新日铁中岛正三郎等更详细地研究了 0.15% Sn 对 0.285mm 厚 3% Si 的 MnS 方案、AlN 方案和 AlN + MnS 方案钢中 MnS 和 AlN 析出相的影响。在 MnS 方案中，证明加锡后使各工序的 MnS 数量增加更多和更细小、均匀。因为锡在 MnS 界面偏聚，使 MnS 不易聚集，各工序的 MnS 数量逐渐增多。使脱碳退火后和升温到 1000℃ 时 MnS 析出量所占体积 ρ 增高，平均尺寸减小，因此 Zener 因子增大。不加锡时热轧板中 MnS 数量为 54%，加锡后为 59%。在 AlN 方案中，加锡使各工序的 AlN 数量比不加锡钢更少，而且在高温退火升温过程中吸收的氮少，因为锡使表面硅和氧富集更多。锡对 AlN 弥散度无任何影响，但使初次晶粒更细小，而在 1000℃ 时促使特定位向晶粒迅速长大。在 AlN + MnS 方案中，加锡钢常化后空冷、100℃ 水冷和 23℃ 水冷试样都可发展完善的二次再结晶。这是因为加锡使脱碳退火后 MnS 数量增多和更弥散均匀，初次晶粒细小，(110)[001] 组分和 (110) 与 (111) 极密度乘积增大，二次晶核数量增多和二次晶粒尺寸都小，B_8 值都相同。只是 100℃ 水冷和 23℃ 水冷的 P_{17} 更低。这说明加锡使常化后冷却条件变宽[63]。

因为锡使底层质量变坏，同时要加 0.06% ~ 0.15% Cu，铜减少表面锡浓度，可改善底层质量。而且使 P_{15} 更低。热轧板中硫化物质点基本为 (Mn，Cu)S 和 (Cu，Mn)$_{1.8}$S，后者比前者更细小。随着硫化物质点尺寸的减小，质点中铜含量不断提高，因此在 Hi - B 钢中加铜也起到了细化硫化物质点和提高硫化物析出量的作用。在常化和脱碳退火钢板中，绝大多数硫化物以 AlN + 硫化物复合质点的形式存在。AlN 与 (Mn，Cu)S 之间存在 $(21\bar{1}0)_{AlN}$//$(1\bar{1}0)_{(Mn,cu)S}$ 位向关系[64]。

以 AlN + MnS + Cu + Sn 方案生产小于 0.30mm 厚产品时，精轧机开轧温度控制在 1190 ~ 1210℃，终轧温度控制在 980 ~ 1020℃，510 ~ 540℃ 卷取。粗轧后到精轧前钢中析出部分 MnS，MnS 中硫含量为 75 ± 25 × 10^{-6}。精轧阶段析出更细小 Cu$_{1.8}$S，Cu$_{1.8}$S 中硫含量为 50 ± 15 × 10^{-6}。控制 (MnS 中 S)/(Cu$_{1.8}$S 中 S) = 1.0 ~ 1.6。提高终轧温度是为了尽量减少 AlN 析出量。由图 7 - 20 可看出 1350℃ × 60min 加热后，模拟热轧和卷取温度并水淬的试样从 1300℃ 开始析出 MnS，在 1200 ~ 1250℃ 为 MnS 析出峰值。低于 1150℃ 时，急速析出 Cu$_{1.8}$S，950℃ 达到饱和状态。在 1250 ~ 950℃ 时充分析出 MnS 和 Cu$_{1.8}$S。AlN 在 1100℃ 时开始析出，900℃ 时达饱和状态，在 1050 ~ 950℃ 时急速析出。0.23mm 厚板的 $P_{17} \approx 0.90$W/kg，$B_8 \approx 1.92$T[65]。Sn/Cu = 1 ~ 0.5，控制钢中 0.5 ~ 2μm 尺寸的 Al$_2$O$_3$ 个数小于 1000 个/cm^2，磁性高（因为 Al$_2$O$_3$ 作为 MnS 核心，析出粗大复合析出物）。控制脱氧剂的加入顺序、加入速度和脱氧后的钢水停留时间可减少 Al$_2$O$_3$ 数量[66]。

AlN + MnS 方案中加 0.08% ~ 0.1% Cu 和 0.06% ~ 0.08% P，Cu/P = 0.5 ~ 3，

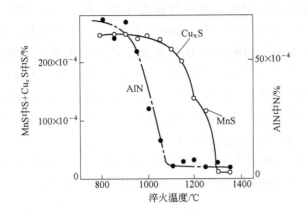

图 7 - 20   淬火温度与 MnS、$Cu_{1.8}S$ 和 AlN 析出量的关系

（AlN + MnS 方案加 0.1% Cu 和 0.1% Sn；30mm × 30mm × 30mm 试样）

P 沿晶界偏聚使 MnS 和 AlN 细小均匀分布，二次晶粒小，加 Cu 形成 Cu_2S，一次冷轧法的 0.23mm 厚板磁性高[46]。

锑和锡的作用相同，锑价格比锡更低，但废钢中常残留有锡。川崎以 MnSe + Sb 作抑制剂，采用二次中等压下率冷轧法生产 RG - H 牌号 Hi - B 钢，其制造工艺与 CGO 相似，但最终经 850℃ × 20 ~ 40h + 1200℃ × 5h 退火，锑加入量为 0.02% ~ 0.05%。锑沿晶界偏聚，加强抑制力，使第二次冷机压下率提高到 60% ~ 70%。锑可防止表层 MnSe 过早分解固溶和抑制增氮。锑使脱碳退火后初次晶粒更小，(110)组分加强，而{111}组分减少，二次晶粒更小和二次再结晶温度降低，但锑阻碍脱碳。硒的扩散系数比硫更小，在热轧过程中，MnSe 需要更长时间冷却才能以细小弥散状态析出。但 MnSe 比 MnS 质点更细小，而且更稳定[67,68]。MnSe + Sb 方案的 Hi - B 钢比新日铁 AlN + MnS 方案的 Hi - B 钢磁性更低（B_8 = 1.89 ~ 1.91T），也更不稳定。特别是硅含量提高到 3.1% 以上和成品厚度小于 0.3mm 时磁性更不稳定，热轧板易出现裂纹，产品表面缺陷增多。随后采用 MnSe + AlN + Sb 方案生产 Hi - B 钢（常化和大压下率冷轧法），证明锑从 0.03% 增高到 0.09% 时，随锑含量增高，二次再结晶开始温度提高，二次晶粒 （α + β） 平均偏离角小，位向更准确，B_8 增高[69]。川崎也提出加 0.002% ~ 0.04% Ge 与加 Sn、Sb 的作用相同[70]。

新日铁在含铜 CGO 钢中加 0.01% ~ 0.03% Sb，并提高中间退火温度 T_{CR}，$T_{CR} = 200 × (10 × Sb + Cu) - 400t + 1100$（$t$ 为保温时间，min）。T_{CR} 一般提高到 950 ~ 1100℃。锑使细小硫化物析出量增多，配合高温中间退火，成品二次晶粒细小，绝缘膜质量高。0.3mm 厚板的 $B_8 ≈ 1.85T$，$P_{15} ≤ 0.86W/kg$，$P_{17} ≤ 1.2W/kg$[71]。在含铜 CGO 钢中加大于 0.005% Se，并且 Se + S = 0.02% ~ 0.03%，其中

硒最好为 0.015% ~ 0.025%，更适合制造 0.18 ~ 0.23mm 厚带，P_{15} 明显降低。如果再加 0.01% ~ 0.03% Sb，0.23mm 厚板的 $P_{15} = 0.6W/kg$，$P_{17} = 0.9W/kg$，$B_8 = 1.875T$。0.3mm 厚板的 $P_{15} = 0.74W/kg$，$P_{17} = 1.05W/kg$，$B_8 = 1.89T$[72]。

在 AlN + MnS + Cu 方案中加 0.01% ~ 0.03% Sb 也使初次晶粒更细小，适合制造 0.15 ~ 0.23mm 厚带。铜含量提高到 0.1% 以上，二次晶粒粗大，B_8 提高。但对 0.18mm 厚带来说，二次再结晶更困难，所以 B_8 低。如果再加锑，初次晶粒小，抑制力加强，B_8 提高到 1.94T[71]。

在 AlN + MnS + Sn 方案中加入 0.01% ~ 0.03% Sb 或 0.05% ~ 0.08% Cu，使 P_{17} 进一步降低。0.18mm 厚板的 $P_{15} = 0.53W/kg$，$B_8 = 1.94T$[72]。

7.2.8　钼

川崎采用 MnSe + Sb 方案生产大于 3.1% Si 和小于 0.3mm 厚成品时磁性不稳定，热轧板也易出现裂纹。为解决这些问题，在钢中加入 0.013% ~ 0.018% Mo。加钼的作用是：（1）提高 MnSe 或 MnS 的抑制能力，热轧板表层 (110)[001] 组分强度比 CGO 钢提高 3 倍，二次晶核数量增多，二次晶粒尺寸减小，位向更准确。0.3mm 厚板的 B_8 从 1.92T 提高到 1.95 ~ 1.96T（见图 7 - 21），$P_{17} \approx$ 1.05W/kg。加钼使二次再结晶温度提高 15 ~ 20℃。而且加钼不影响脱碳效果。（2）铸坯高温加热时，钼在表面富集可防止晶界氧化，或在表面附近形成细小 Mo_2S_3 阻止 FeS 的形成，防止晶界裂纹，这对 3.2% ~ 3.5% Si 钢更重要。（3）钼在表面富集可抑制氧化，减少 Fe_2SiO_4 和 FeS 形成量，形成的底层质量好[73]。AlN + MnS 方案中同时加 0.02% ~ 0.04% Sn，0.02% ~ 0.12% Cr，0.02% ~ 0.12% Ni，0.02% ~ 0.08% Mo，Sn + Cr + Ni + Mo = 0.06% ~ 0.2%，0.23mm 厚板磁性好，热轧板无边裂。它们可在 AlN 和 MnS 周围偏聚防止粗化[74]。

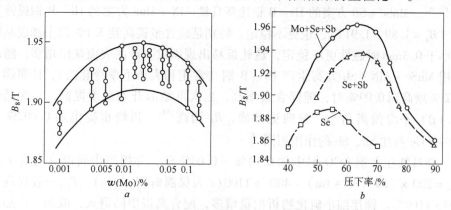

图 7 - 21　钼含量和第二次冷轧压下率与磁性的关系

（MnSe + Sb + Mo 方案，0.30mm 厚板）

a—钼含量与 B_8 的关系；b—第二次冷轧压下率与 B_8 的关系

7.2.9 硼

硼与氮的化合力比铝更强,扩散速度也更快,热轧时优先形成 BN,可作为抑制剂。硼加入量为 $20 \sim 60 \times 10^{-6}$。以 AlN 为抑制剂,$B_8 = 1.95T$,但二次晶粒大,对 P_{17} 不利,而且常化时 AlN 不能完全固溶,二次再结晶不稳定,所以磁性不稳定,同时内氧化层中含 Al_2O_3,底层质量不好。以 BN 作主要抑制剂时,控制终轧温度高于 950℃,热轧后快冷,550℃卷取,防止 BN 析出,而在常化升温阶段析出细小 BN 或以热轧时析出的细小 MnS 或 Cu_2S 作为 BN 析出核心,形成细小复合析出物。成品取向度高,二次晶粒小 (6~8mm),底层质量和磁性高。可在 MnSe + Sb 或 MnSe + AlN 方案中加硼[75]。

单独以 BN 作抑制剂时二次再结晶也不稳定,因为多余的氮析出 Si_3N_4。如果钢中 B 与 N 满足下式:$N - (14/10.8) \times B \geqslant 0.002$,同时加 0.007% ~ 0.015% Nb 或 V,以 NbN 或 VN 代替部分 BN 和 Si_3N_4。即形成 BN 后残余氮含量不小于 0.002 时,形成 NbN 或 VN,而不会形成 Si_3N_4,所以二次再结晶更稳定。0.23mm 厚板 $B_8 = 1.95T$,$P_{17} = 0.78W/kg$[76]。

硼沿晶界偏聚也可加强抑制力。而且硼排斥晶界处碳原子,使晶粒内碳含量增多并在晶粒内析出 Fe_3C,促进再结晶,所以也使初次晶粒尺寸减小。

7.2.10 铬

铬提高电阻率,改善力学性能,加 0.05% ~ 0.15% Cr 可明显改善底层质量。因为铬促进脱碳退火时钢板氧化,使氧附着量合适。而且内氧化层中存在有 $FeCr_2O_4$ 和 $(Fe, Mn)Cr_2O_4$,也促进以后形成 Mg_2SiO_4 底层。底层更均匀。铬加入量过高,可阻碍脱碳[77,78]。

7.2.11 镍

镍为铁磁性元素,对提高磁性有利。镍明显扩大 γ 区,使热轧板晶粒细化,而且防止以后形成位向不准的二次晶粒和过多的大于 10mm 二次晶粒,二次再结晶更稳定,磁性提高。一般加 0.3% ~ 2% Ni。生产小于 0.3mm 厚产品时,加镍可使磁性更稳定[79,80]。

7.2.12 钛、铌、钒

钛、铌、钒都为碳和氮形成元素,特别是钛形成比 BN 和 AlN 更稳定的 TiN,不适合用作抑制剂。而且 TiN 可与 MnS 形成粗大复合析出物,对二次再结晶发展不利。由于这些元素形成稳定的碳化物可阻碍脱碳,一般要求 $Ti \leqslant 50 \times 10^{-6}$。有人提出少量 TiN、NbV 或 VN 可作为辅助抑制剂。MnS 方案将钛和铝含量分别降到

10×10^{-6} 以下，中间退火后快冷防止析出 Fe_3C，再经 $100 \sim 250℃$ 冷轧，磁性明显提高。$0.35mm$ 厚板 $B_8 = 1.95T$，$P_{17} < 1.15W/kg$[81]。

NbN 和 VN 为亚稳定第二相，可作为抑制剂，Si_3N_4 分解温度为 $900 \sim 950℃$，AlN 为 $1070 \sim 1100℃$，而 VN 约为 $1000℃$，NbN 约为 $1030℃$。

7.3　制造工艺

取向硅钢按制造工艺特点和磁性分为 CGO 和 Hi – B 两类。CGO 钢的特点是以 MnS（或 MnSe）为抑制剂和二次中等压下率冷轧法。新日铁生产高牌号硅钢时加少量铜。Hi – B 钢按采用的抑制剂和制造工艺不同可分为两种方案：（A）新日铁发展的以 AlN 为主，并以 MnS 为辅的抑制剂和一次大压下率冷轧法，其成品磁性高且稳定，是最通用的 Hi – B 产品制造工艺。$0.30 \sim 0.18mm$ 厚高牌号硅钢加少量铜和锡（或锑），部分产品经激光照射细化磁畴；（B）川崎发展的以 MnSe（或 MnS）+ Sb 为抑制剂和二次中等压下率冷轧，最终退火经二次再结晶和高温净化二段式退火工艺，成品磁性略低于（A）方案且较不稳定。高牌号钢中常加入少量钼。1994 年川崎也采用 MnSe + AlN + Sb 的（A）方案生产。用 MnS 或 MnSe 抑制剂时，铸坯必须经 $1350 \sim 1400℃$ 高温加热，使粗大 MnS 或 MnSe 固溶。用 AlN 抑制剂时，最终冷轧前必须经高温常化处理析出细小 AlN。表 7 – 3 所示为上述几种取向硅钢制造工艺要点。

表 7 – 3　几种取向硅钢制造工艺要点

主要工艺	普通取向硅钢（CGO）	高磁感取向硅钢(Hi – B)	
		（A）方案	（B）方案
抑制剂	MnS（或 MnSe）	AlN + MnS	MnSe + Sb
铸坯加热温度/℃	$1350 \sim 1370$	$1380 \sim 1400$	$1350 \sim 1370$
常化温度/℃	不常化或 $900 \sim 950$	$1100 \sim 1150$	$900 \sim 950$
第一次冷轧压下率/%	70	$85 \sim 87$	$60 \sim 70$
中间退火温度/℃	$850 \sim 950$		$850 \sim 950$
第二次冷轧压下率/%	$50 \sim 55$		$60 \sim 70$
脱碳退火温度/℃		$800 \sim 850$（在湿 $H_2 + N_2$ 中）	
高温退火温度/℃	$1180 \sim 1200$	$1180 \sim 1200$	$(820 \sim 900) \times 50h + (1180 \sim 1200)$

取向硅钢制造工艺流程见图 7 – 22。

7.3.1　铁水脱锰

铁水中锰含量小于 0.35%，最好小于 0.3% Mn。高炉铁水中大于 0.35% Mn（如 $0.5\% \sim 0.7\%$ Mn）时，在铁水包中加 $0.3 \sim 1.0g/cm^3$ FeO、Fe_2O_3 等脱锰剂，并吹氩气搅拌约 $10min$，将锰脱到小于 0.35%。如加 $15kg/t$ FeO 可脱掉 $40\% \sim 50\%$ Mn，加 $20kg/t$ FeO 可脱掉 $50\% \sim 60\%$ Mn，加 $25kg/t$ FeO 可脱掉 $60\% \sim 70\%$

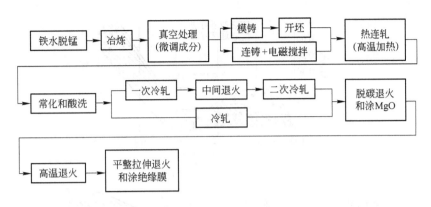

图 7 – 22 取向硅钢制造工艺流程

Mn。控制铁水温度高于1350℃，脱锰处理后高于1300℃，以确保倒入转炉时铁水温度高于1220℃。脱锰处理后，铁水包中最好保持部分酸性渣[82]。

7.3.2 冶炼

一般都采用顶吹或顶底吹转炉冶炼（美国 Armco 钢公司和前苏联 Новолипецкий 钢公司用 100 ~ 150t 电炉冶炼）。吹炼后控制 C < 0.06%、P < 0.01%和 S < 0.03%。控制终点锰含量很重要，因为出钢、真空处理和浇铸过程中，渣中 MnO 通过 $2MnO + Si \longrightarrow 2Mn + SiO_2$ 反应而回锰。吹炼后控制钢水中 Mn < 0.07%。在吹炼过程中，当钢水中 C 为 0.15% ~ 0.30%和钢水温度保持 1350 ~ 1450℃时，排渣后再吹氧效果最好（见图 7 – 23），达到终点碳时 Mn < 0.055%。由于二次吹氧（后吹），钢水中氧含量较高（ > 1050 × 10^{-4}%），氮含量也较高［吹炼后氮含量为 $(30 ~ 50) × 10^{-4}$%，在钢包中增氮约 $10 × 10^{-4}$%，所以浇铸前为 $(40 ~ 60) × 10^{-4}$%］[83]。如果铁水脱锰到小于0.3%，经一次吹炼后锰含量也降低，回锰量也少（约为 0.01%），吹炼终点 Mn ≤ 0.065%，O < 1000 × 10^{-4}%，N ≤ 35 × 10^{-4}%，C = 0.03% ~ 0.05%，成品 B_8 值增高（见图 7 – 24）[82]。

在吹炼过程中渣的碱度高达 4 ~ 5，渣量要大，碳、锰和钢水温度要配合好（见图 7 – 25）。100t 钢水出钢时间控制在 3.5 ~ 5.0min 内。出钢接近终了时必须挡渣，使钢包中有小于 150mm 厚度的渣量。出钢温度为 1560 ~ 1575℃。出钢时往钢包中先加钢芯铝预脱氧，再均匀地边出钢、边加入硅铁，出钢量到 70% 以前加完，再加 FeS 和 Ca(CN)₂ 粗调铝、硫和氮含量。出钢过程中在钢包底部吹氩，使钢包液面有 1/3 ~ 1/2 地区保持沸腾状态，目的是确保硅铁在出钢前完全熔化。然后继续吹氩约 5min，将氩气流量降低使液面略沸腾。吹氩使钢水成分和温度均匀，促使 Al_2O_3、MnO 和 SiO_2 上浮。此时钢水温度由于加硅铁而升高 50℃以上。从钢包取样分析成分，作为真空处理开始微调成分的基准样。

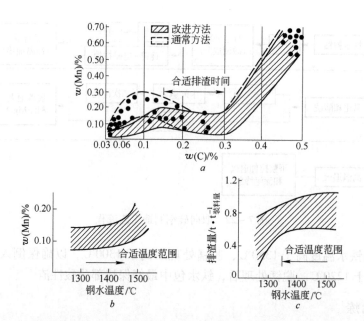

图 7 - 23　钢水中碳含量与锰含量的关系以及钢水温度与锰含量和排渣量的关系

a—*w*(C)与 *w*(Mn)的关系；*b*—钢水温度与 *w*(Mn)的关系；*c*—钢水温度与排渣量的关系

　　出钢时钢水中氧含量最好控制在小于 0.1%，并加入铝脱氧，铝加入量大于（O% × 8）kg/t，钢中残余 Als ≤ 0.005%。由图 7 - 26 看出，钢水中氧含量与铝加入量的乘积 *a* > 8 时，*w*(SiO_2)/*w*(Al_2O_3) 明显下降，即 SiO_2 含量降低，B_8 增高。因为形成大量的 Al_2O_3 在以后真空处理时更易上浮，并且可作为 MnS 析出核心的 SiO_2 数量减少。以 SiO_2 为核心析出的 MnS 粗大（2 ~ 3μm 或几十微米），难以固溶[84]。

　　在采用氩气搅拌技术以前，为使硅铁均匀熔化常采用倒包工艺，在第一钢包中加入部分硅铁合金化，再倒到第二钢包加入另一部分硅铁合金化。

　　按照斯托克斯（Stokes）公式，氧化物夹杂在静止钢水中上浮速度 v(cm/s) = $2gr^2(\rho_1 - \rho_2)/9\eta$。式中，*g* 为重力加速度，m/s²；*r* 为夹杂物半径，cm；ρ_1 为钢水密度，g/cm³；ρ_2 为夹杂物密度，g/cm³；*η* 为钢水黏度，Pa·s。为使钢水中氧化物夹杂（脱氧产物），特别是 SiO_2 粗化，在钢包中加硅铁后再加 2kg/t Na_2SiO_3 和 Al_2O_3，加入比为 1:1，或加 100 ~ 1000g/t 碳酸盐（如无水碳酸钠或碳酸钙），通过热分解产生的 CO_2 起搅拌钢水的作用，并形成低熔点大块复合夹杂物。由于 *r* 增大，使 *v* 加快。此法对模铸更有效，钢水在模内凝固过程中夹杂物仍可继续上浮[85,86]。用与钢水成分相近的废铸坯或板坯搅拌钢包中钢水（见图 7 - 27），也促使氧化物夹杂上浮和使温度均匀，并在短时间内使钢水温度降到真空处理前约 1620℃[87]。

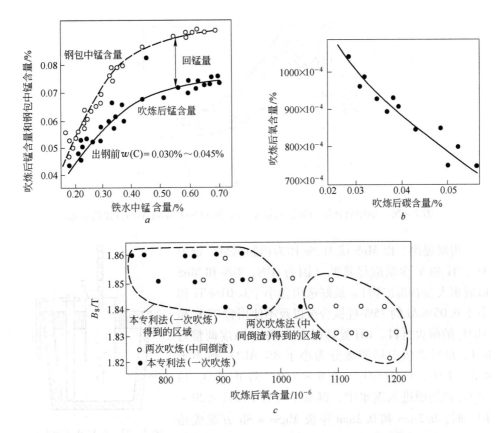

图 7-24 铁水中锰含量和冶炼后锰含量与 B_8 以及碳和氧含量的关系
a—铁水锰含量与吹炼后钢水中锰含量和钢包中锰含量的关系；b—吹炼后钢水中碳含量与氧含量的关系；
c—吹炼后钢水中氧含量与成品 B_8 的关系

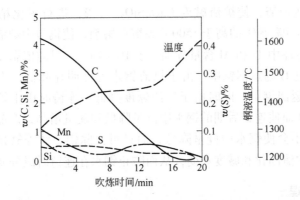

图 7-25 转炉吹炼时间与钢水成分和温度的变化的关系

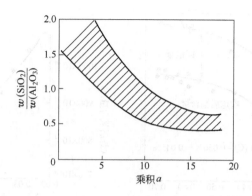

图 7－26　钢中氧含量与铝加入量乘积 a 和 $w(\mathrm{SiO_2})/w(\mathrm{Al_2O_3})$ 比的关系

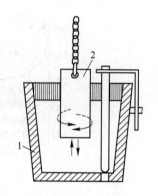

图 7－27　铸坯或板坯搅拌
钢包中钢水的示意图
1—钢水；2—铸坯或板坯

川崎提出，以 MnS 或 MnSe 作为抑制剂时，钢中 Als，Ti 和 V 含量应尽量低（因为 AlN、TiN 和 MnS 形成粗大复合析出物）。最好选用含小于 0.01% Ti 和小于 0.05% Al 的 75% 硅铁合金以及不使用含 TiO_2 和 Al_2O_3 的耐火材料。RH 处理时 CaO/SiO_2 碱度调整为 0.4，最后钢包中熔渣成分为小于 8% Al_2O_3 和小于 0.5% TiO_2，CaO/SiO_2 = 0.6 ~ 1.0，防止 TiO_2 和 Al_2O_3 被还原进入钢水中。钢水中（Ti + Als）< 20 × 10^{-6} 时，0.2mm 和 0.3mm 厚板 MnSe + Sb 方案成品 B_8 可达 1.92T[88]。采用低钒铁水和低钒硅铁合金，使钢水中 V < 0.001% 时，B_8 也可达 1.92[89]。

随后川崎又提出，控制转炉冶炼后钢水中 Ti 和 Al 分别小于 0.003%，从出钢开始到 RH 处理结束之间加含 50% 以上 Si（硅砂）熔剂形成氧化性炉渣，使炉渣碱度 CaO/SiO_2 < 1.2，进行氧化精炼，加 MgO + < 0.5% CaO + < 5% SiO_2 的高于 1500℃ 高熔点熔剂，使钢包中炉渣固化或出钢加硅铁后扒渣，铸坯中 Ti 和 Al 含量分别小于 10 × 10^{-6}。以前依靠加 CaO 等熔剂降低炉渣碱度，但 Ti 易返回钢中。由于扒渣钢水温度明显降低，为提高钢水温度又使 Ti 更容易返回钢中，同时由于炉渣碱度降低，连铸时由于炉渣与钢水的氧化反应缓慢，从而使连铸后期的钢水中硅量降低和硫量增高，产品磁性波动。本法加 SiO_2 熔剂不会使钢水中硅量降低，而且可去除铝、钛等氧化物。加高熔点熔剂目的是使炉渣固化和碱度不变，从而防止钢水在连铸时成分变化[81]。

7.3.3　真空处理

通用的处理方法是 RH 处理法，在减压的同时为促进钢水循环流动，通入 Ar

或者 N_2（见图7-28）。真空处理前为已基本合金化的镇静钢水（转炉出钢时加75% Si-Fe 合金）。温度控制在 1610~1630℃。真空处理主要目的是微调成分，提高成分合格率，把成分控制在很窄范围内，这与无取向电工钢真空处理目的不同。此外，通过真空处理降低氢含量（小于 $1×10^{-6}$ 可防止铸坯中形成气孔）、氮含量和使氧化物夹杂上浮，从而净化钢质。真空处理时间一般约为30min。真空度为 10^{2}~10^{-2}τ。真空处理后钢水温度约为1560℃。如果钢水温度过高，加入冷铁块降温。为了达到微调成分目的，必须配备快速风动送样装置和炉前快速分析仪。真空处理过程中取3~4次样品进行分析和调整成分。经真空处理的钢中夹杂物数量减少，改善热轧塑性和提高磁性。真空处理后期可吹 Ar，促进氧化物夹杂上浮，使成分更均匀和控制好钢水温度。以 AlN 作为抑制剂时可先吹 N_2（200~800L/min，20~

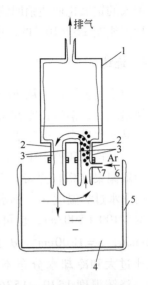

图7-28 RH处理减压槽(脱气槽)
1—减压槽；2—环流管；3—环流管内壁耐火材料(Al_2O_3)；4—钢水；5—钢包；6—环流气体；7—吹气管

30min），再吹 Ar（100~150L/min，10~15min），以保证钢水中含有 0.006%~0.10% N_2。也可在转炉冶炼后底吹 N_2 约1min，真空处理后期再吹 Ar[90]。

随后又提出，RH 处理时控制减压槽内氮分压 P_{N_2}，使钢水中氮量 N_c 与目标值氮量 N 满足 $N_c = 0.5~1N$ 关系，这在微调成分时可使钢水中氮与铝含量和目标值差别减小（见图7-29）。即 RH 处理使钢水中 $N = (25~30)×10^{-6}$ 后微调铝含量，在相当于 $0.7~0.8N$ 的 N_c 时吹入氮气。以前采用吹氮或加氮化锰铁调整氮含量法的氮含量波动大[91]。

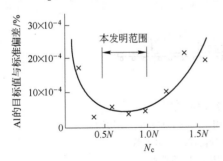

图7-29 RH微调成分时钢水中氮对铝含量目标值的影响

如果 RH 处理过程中取样分析时减压到 0.1~0.2τ 并停止排气，分析结果出来后再减压排气并加合金微调成分，这可防止 Al_2O_3 制的环流管内壁熔损，延长环流管寿命和抑制钢水中铝含量增高，微调成分命中率提高，钢水中铝含量波动小[92]。如果 RH 处理前分析炉渣的氧化度，即炉渣中的 FeO 和 MnO 量，RH 处理约10min 后投入第一批铝（加入量根据测定的炉渣氧化度来确定）。此时由于以前加硅铁形成的 SiO_2 上浮到炉渣中，可防止加入的铝氧化而使铝回收率波动，然后再微调铝含量，这使铸坯中 Als 含量与目标值相差 $\pm 5 \times 10^{-6}$ 的命中率达 90%[93]。

7.3.4　连铸

以前采用模铸法，从 20 世纪 70 年代开始采用连铸法，成材率提高约 10%，表面缺陷减少，钢带长度方向成分和磁性均匀，操作简便，产量提高。因为铸坯热轧时易产生横裂，成分要求范围更窄。图 7-30 为连铸机结构示意图。连铸时主要控制好拉速和喷水比（冷却水量/钢水量）来减小柱状晶尺寸、板厚方向中心区的硫偏聚（俗称黑带）和内裂。喷水比一般为 0.76~1.52L/kg。控制好中间罐内钢水过热温度 θ_s（钢水温度－凝固温度），结晶器断面尺寸 S 和拉速 v（即 $0 < \theta \leqslant S/100 + 800/v$），也可防止或减轻柱状晶和中心偏析。如 $\theta_s < 20℃$，$v = 70cm/min$，$S = 1800cm^2$。θ_s 高时，v 不能大，否则会产生内裂和拉漏现象。喷水比过大和冷却水分布不均匀，铸坯表面易产生角裂[94]。合适的浇铸制度为：浇铸温度 1530~1536℃，拉速 70cm/min，喷水比 1.15L/kg。为防止铸坯纵裂和内裂可提高喷水比。前部水量增大，使铸坯尽快凝固。如果结晶器出口至引料辊之间冷却过快，则易产生边裂。引料辊以后各段喷水量应逐渐减小。

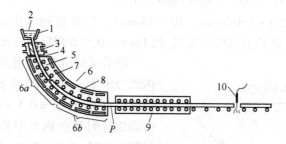

图 7-30　连铸机结构示意图

1—中间罐；2—钢水；3—铸模；4—凝固壳；5—铸坯；6—二次冷却区；

6a、6b—弯曲上、下部；7—导向辊；8—喷水管；

9—压辊；10—火焰切割机；P—弯曲点

连铸时一般在弯曲处（图 7-30 中 6a）1~3m 地区经电磁搅拌，可明显减轻硫偏聚和柱状晶所占比例。但铸坯表层易发生碳、硫、硅和氮含量比中心区高的负偏聚区（俗称白带），这使以后初次晶粒不均匀，二次再结晶不完善和磁性不均匀。按凝固层厚度进行电磁搅拌来调整产生白带区位置，使其发生在距铸坯表面大于 50mm 厚度部位时对磁性就无影响（见图 7-31）。当凝固层较薄时进行电磁搅拌，表层就产生白带。凝固层过厚时经电磁搅拌，在中心区附近产生白带，此时中心等轴晶区也较薄。只要保证等轴晶区厚度占铸坯厚度 20% 以上，电磁搅拌就已发挥明显作用[95]。

采用低温浇注（过热度低）减少柱状晶和中心偏聚方法不易控制温度，铸模中熔剂不易熔化，常引起水口堵塞和拉漏跑钢。如果在中心部位钢水未凝固区厚度比 $t/T>10\%$ 时或未凝固区大于 1/3 铸坯厚度时，经电磁搅拌，再通过压辊沿拉牵方向经 3%~25% 压下率挤压（见图 7-32），可消除或减轻硫的中心偏聚[96]。如果每隔 15~30s 改变方向进行交替电磁搅拌，可明显减轻或消除白带区，成品表面缺陷少，磁性高且均匀[97]。电磁搅拌的振动深度与热轧板边裂有关。一般振动深度在 0.5~3mm 范围。当振动最大深度小于 2mm 时，热轧后边裂明显减少，大于 2.5mm 时容易产生边裂。电磁搅拌器一般都装在连铸机短边处，如果装在长边处可保证振动深度小于 2mm，热轧板边裂轻，因为振动下方 P 和 S 偏析减轻[98]。

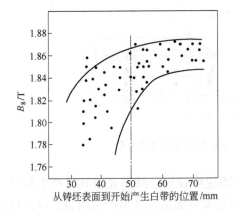

图 7-31 从铸坯表面开始发生白带
位置与成品 B_8 的关系

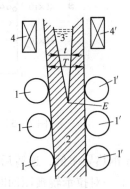

图 7-32 连铸过程电磁搅拌示意图
1, 1'—压辊；2—铸坯；3—未凝固
钢水；4, 4'—电磁搅拌器

为防止连铸时钢水二次氧化和增氮，钢包与中间罐之间采用氩封和长水口浇铸技术，这可使总氮含量降低 26×10^{-6}，氧含量降低 66×10^{-6}，酸溶铝烧损量减少 53.8%，夹杂物总含量降低 175×10^{-6}，Al_2O_3 夹杂含量降低 157×10^{-6}。

AlN+MnS 方案的 Hi-B 钢由于氮含量高，易产生起泡现象和闪电状裂纹而造成泡疤缺陷。柱状晶粗大以及氮都促使铸坯中硫偏聚，更易产生起泡现象和裂纹。如果控制钢水中 $w(H)<3\times10^{-6}$，当 $w(O)>80\times10^{-6}$ 时，$w(N)<(Al\%\times10^3+40)\times10^{-6}$，当 $w(O)<80\times10^{-6}$ 时，$w(N)<(Al\%\times10^3+50)\times10^{-6}$，可防止铸坯起泡现象。由表 7-4 看出，起泡地区的氧化物夹杂和氧含量高，证明氢和氮在氧化物夹杂地区聚集。一般出钢时钢水中 $w(H)$ 为 $(3~5)\times10^{-6}$，真空处理后 $w(H)<3\times10^{-6}$。图 7-33 证明，铝含量增高和氧含量降低时，氮含量高也

不产生起泡现象。在 CGO 钢中 $w(O) < 80 \times 10^{-6}$，$w(Als) < 0.01\%$ 和 $w(N) < 60$ $\times 10^{-6}$ 不起泡。在 Hi－B 钢中 Als 含量较高，$w(N) \leqslant 70 \times 10^{-6}$ 也不起泡。连铸时氩封是防止增氮和起泡的有效措施[99]。

表 7－4　起泡和不起泡地区的氧化物夹杂和氧含量比较　　　　　　（%）

地　区	SiO_2	Al_2O_3	MnO	CaO	O
起泡	0.0169	0.0048	0.0008	0.0012	0.0118
不起泡	0.0120	0.0042	0.0005	0.0006	0.0086

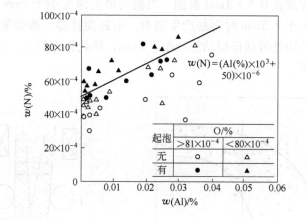

图 7－33　铝、氧和氮含量与起泡的关系

3% Si 钢热导率低，连铸后如果凝固速度较慢，凝固壳较软易产生鼓肚。当鼓肚通过下一对拉牵辊被压回时，在铸坯凝固前沿线处易产生内裂，即在柱状晶间产生微裂纹，并在这些微裂纹处发生硫偏聚以及氢和氮聚集，其磁性降低和产生起泡。将喷水比控制在 1.6～2.5L/kg 内，即在不产生冷却裂纹条件下尽快凝固可防止这种内裂纹[99]。

100t 钢水如用一个中间罐连铸时需 1～2h。使钢水在钢包中停留时间过长，由于钢水与炉渣起反应或渣量少使钢水与空气接触，浇铸后半期钢水成分，特别是酸溶铝和硫含量发生变化（Als 和 S 含量分别降低 0.005%），成品磁性变坏。如果控制钢包中炉渣 Al_2O_3/SiO_2 和 CaO/SiO_2 质量比分别保持在 0.6～1.5，可防止成分变化。Al_2O_3 和 SiO_2 数量减少，炉渣中 MnO 被还原而回锰[100]。控制 Al_2O_3/CaO 和 Al_2O_3/SiO_2 比分别大于 1% 可使钢水中 Als 含量变化减小。出钢时可在钢包中加 Al_2O_3 粉或焙烧的铝矾土、硅砂和烧石灰来调整炉渣成分[101]。

美国 Armco 采用大电炉和真空处理或 Ar－O_2 精炼和氩气搅拌以及连铸＋电磁搅拌＋氩封保护工艺。对 CGO 钢控制总铝含量不大于 0.003%（Als 含量不大于 0.002%），N 含量不大于 0.005% 和 O 含量不大于 0.005%。铸坯完全凝固前的喷水比小于 1.6L/kg，即冷却慢使表皮形成坚硬壳来防止起泡[102]。

连铸一批铸坯（如 3～4 炉钢水）后取样进行硫印试验，检查内部裂纹。当沿铸坯宽度方向出现小于 100mm 长的裂纹数小于 3 个时判为合格铸坯。

通常，铸坯中偏聚指数（偏聚比）$c_s/c_0 = 1.1～1.3$（c_s 为偏聚区元素含量；c_0 为铸坯中元素平均含量）。如果铸坯中心区的固相率 f_s 为 0.5～0.9 时进行挤压，压下率 δ 与未凝固厚度 d 之比 $\delta/d \geqslant 0.5$ 或 d 满足下式：$1.2 \times D - 80 \leqslant d \leqslant 10.0 \times D - 80$（$D$ 为挤压前铸坯厚度，mm），可以防止硫或硒的中心偏聚、内裂和负偏聚。铸坯加热温度可降低到 1280～1350℃，成品磁性和表面性状都改善（$\delta/d < 0.5$ 时在凝固界面上产生裂纹）。控制浇铸速度来保证 f_s 和 d 的规定条件[103]。

连铸速度通常控制在 1.1～1.2m/min。铸速提高易出现内裂和造成凝固后期钢水供应不足而引起中心裂纹。如果连铸初期加 200L/m² 以上的大冷却水量，进行强制冷却，使在中期阶段就完全凝固，而后期阶段缓冷，就可采用加压和高速（如 1.7m/min）连铸法。热轧带没有重皮缺陷，磁性也改善，并提高产量[104]。

铸坯表层（相当于热轧板表层 1/4 处，成品表层 40～65μm 区）比中部先凝固，而且受钢水压力产生微裂纹，这使中部高硫偏析区的钢水进入这些裂纹中，从而使表层硫含量增高，这是铸坯产生凸起裂纹的原因。同时由于表层硫含量高，MnS 更粗大，铸坯加热时不易固溶，热轧板表层不易得到细小 MnS，热轧板织构中 {100} 组分强，成品易出现线晶。已证明表层 S > 0.05% 时就出现这些缺点。如果连铸时拉速减慢到 0.5～0.7m/min 时凝固层加厚，产生的压力减小，表层 S < 0.05 成品无线晶。3% Si 钢热导率比普通碳钢更低，连铸时易出现裂纹，所以拉速更慢，产量降低。连铸成约为 1800mm 宽铸坯后沿其宽度方向用火焰切割机切成两块可提高产量。但切开的第二块铸坯放在加热炉中再加热时须留一空隙，以防止切割面之间接触。否则由于加热产生的低熔点 2FeO·SiO₂ 氧化皮（其熔点约为 1200℃）熔融而粘接在一起，热轧时易产生边裂。再者切割面恰好是宽铸坯的硫偏析区，而硫高氧化皮熔点更低。如果将钢中硫含量降低到 0.007%～0.014%，并在 1300～1350℃ 加热，切开的两块铸坯切割面之间接触也不会粘接在一起[105]。

7.3.5 加热

7.3.5.1 铸坯热送和热装

3% Si 钢热导率低，铸坯急冷或急热都会产生裂纹，甚至断坯。铸坯在 600℃ 以下要慢冷（小于 20℃/s），铸坯切下后在表面温度为 200～350℃ 可进行人工清理，然后装入保温车中热送到热轧厂并装入保温坑中缓冷。铸坯切断至进入加热炉的时间要保证小于 10h，否则由于表层与中心区的温差而引起抑制剂固溶状态和组织状态不同, 使成品 P_{17} 增高[106]。

铸坯装入加热炉时的表面温度应高于 250℃, 当硅含量提高到 3.25% ~ 3.45% 时, 最好高于 300℃, 若在 150℃ 装炉, 加热后就出现晶界裂纹[107]。如果在铸坯表面冷到约 1000℃, 中部高于 1200℃ 时装炉最好。因为表面到 1/4 厚度的表层处于 α + γ 区, 以后容易产生二次晶核, 中心区在 α 相区使碳不易沿晶界析出 Fe_3C, 而是均匀析出, 初次晶粒均匀, 不阻碍以后二次晶核的长大, 这对生产 0.23mm 厚产品更有利。再者, 铸坯高温加热时保温时间可缩短, 热轧成材率提高到 99%, 并节省燃料。高温装炉也使铸坯表面和中心温度更均匀, 并且都处于晶粒开始粗化温度以下, 也使热轧时析出的 MnS 更弥散分布, 成品无线晶, 可使 P_{17} 降低 0.03 ~ 0.04W/kg, B_8 提高 0.01 ~ 0.02T, 同时热轧板边裂为 3 ~ 4mm。为提高装炉温度, 要缩短铸坯搬运时间或连铸时减小各区喷水比和提高拉速[108]。

7.3.5.2　加热

铸坯一般经高于 1350℃ 高温加热, 以保证二次再结晶发展完全和获得高磁性。以前采用燃气的高温加热炉生产, 但这造成以下缺点: (1) 由于过氧化使烧损量增大 (3.5% ~6%), 比普碳钢加热烧损量约高 4 倍; (2) 形成的 2FeO·SiO_2 氧化层熔点仅为 1205℃ (Fe – 2FeO·SiO_2 共晶温度为 1170℃), 因此在高温加热中氧化层熔化而流到炉底, 平均加热 4000t 铸坯就要清理熔渣, 加热约 8000t 就要检修, 产量低, 修炉劳动条件差; (3) 由于铸坯晶粒粗化和边部晶界氧化, 热轧带易产生边裂, 成材率降低; (4) 铸坯表层中铝、硅和碳与氧化合, 其含量降低, 产品磁性降低和不均匀, 绝缘膜特性变坏。当时, 为防止铸坯过氧化, 新日铁在高于 300℃ 的铸坯表面喷涂防氧化剂后再入炉加热, 并曾在生产中应用。防氧化剂应具备以下条件: (1) 耐 1350 ~ 1400℃ 加热 3 ~ 8h; (2) 耐氧化熔渣侵蚀; (3) 形成的防氧化膜有好的热传导性和附着性, 并对磁性无害; (4) 通过热连轧机破碎氧化铁皮装置时, 可完全脱落。采用 Si – SiC 系涂料, 其配方为 100 份黏土, 100 份 SiO_2, 30 份金属硅粉, 150 份 SiC 粉, 5 份合成云母, 4.5 份胶状 SiO_2, 2 份羰酸型表面活性剂, 16 份聚丙烯酸钠和 150 份水。SiC 颗粒小于 10μm。采用自动喷涂机和自然干燥法, 涂料量为 1.0 ~ 1.5kg/m^2。加热时铸坯表面形成 3FeO + Al_2O_3 + 3SiO_2 或 FeO + Al_2O_3 防护层。1380℃ 加热时烧损量小于 1%, 连续生产 3 ~ 6 个月不清渣, 热轧带无边裂[109]。

在平衡状态下 MnS 固溶温度约为 1320℃ (AlN 固溶温度约为 1280℃), 因此 CGO 铸坯加热温度规定为 1350 ~ 1370℃。MnS + AlN 方案的 Hi – B 钢由于锰和碳含量高于 CGO, 所以规定为 1380 ~ 1400℃。此时晶粒已粗化到 10 ~ 70mm。

实验证明, 铸坯加热时开始发生反常晶粒长大温度与奥氏体分解温度有关。长大的晶粒是由 γ 相变产生的铁素体晶核 (基本无应变) 吞并其周围有较大应变的铸态铁素体基体而长大的。长大驱动力就是铸坯凝固和冷却产生的应变而引起的亚晶界储能。按下式可计算出奥氏体稳定指数（A）：

$$A = 2.54 + 40.53(C\% + N\%) + 0.43(Mn\% + Ni\%) - 0.22(Al\%) - 2.64$$
$$(P\% + S\%) - 1.26(Mo\% + Cr\%) - Si\%$$

铁素体稳定元素铝、磷、硫、钼、铬和硅对此指数有负作用，使奥氏体数量减少并更不稳定。奥氏体稳定元素碳、氮、锰和镍对此指数有正作用，使奥氏体在更高温度下仍稳定：A 在正的 0.5% ~ 1.5% 内时，正值愈高，奥氏体数量愈多，其分解温度（又变为铁素体）愈高，反常长大开始温度也愈高。开始反常长大地区为表层柱状晶区，因为该地区的亚晶粒尺寸小（约 100μm），应变量大，1/4 厚度地区的亚晶粒尺寸约为 25μm，中部约为 150μm[110]。

以前采用推进式高温加热炉，铸坯下表面与水冷的滑轨接触地区温度低而形成黑印，产品磁性不均匀，而且铸坯下表面与滑轨摩擦易产生晶界裂纹造成表面缺陷。为此，在铸坯加热时其最低温度位置要保证高于 1300℃ 并均热 30min 以上。随后采用步进式高温加热炉。为防止柱状晶反常长大，铸坯加热到约 1250℃ 后，以大于 150℃/h 速度快加热（一般加热速度小于 100℃/h），使许多晶粒同时开始快速长大到彼此相碰，保证柱状晶尺寸小于 30mm，以后不出现线晶。实验证明，铸坯厚度方向中心区温度为 1360℃ 时，晶粒 100% 长大，产品出现线晶；温度为 1345℃ 时，72% 晶粒长大，产品无线晶。因此，控制中心区温度为 1310 ~ 1340℃ 保温 15 ~ 70min[111]。按一般加热方式，铸坯下表面温度比上表面约低 90℃，下表层（110）[001] 组分强度减弱，二次再结晶不完善，磁性不均匀。如果加热到 1250℃ 以上，控制上下表面温差小于 70℃，最好小于 40℃，如上表面为 1370℃，下表面为 1345℃，则热轧板上、下表层（110）[001] 组分强度相近，二次再结晶完善。如果再控制铸坯长度方向头部温度低和后部温度高，且以 40 ~ 100℃ 的连续温度梯度变化，其产品磁性趋于均匀[112]。

现在都采用铸坯先在一般加热炉中预加热到 1200 ~ 1250℃，经预轧后再转到感应加热炉进行高温加热方法生产。联邦德国最早采用先将铸坯在一般加热炉中预加热到 1250 ~ 1300℃，再放入感应加热炉中快速加热到 1350 ~ 1400℃ 工艺（内部加热方式）进行生产。随后日本川崎和新日铁广畑厂也采用此法进行生产。

新日铁广畑厂提出，铸坯在燃气加热炉中预加热到 1150 ~ 1250℃，再在感应炉中加热时，控制炉气中 $O_2 < 1\%$，加热到 1375℃ 时钢的烧损量小于 1%，氧化铁皮基本不熔化，热轧带边裂也减轻。在感应炉中加热时，通氮或氩气可防止铸坯表面脱碳。如果在燃气加热炉中预加热到高于 1250℃ 时，氧化铁皮急剧增多[113]。1150 ~ 1200℃ 预加热后控制铸坯长度方向温度差低于 50℃，经立辊宽度方向总压下 120 ~ 150mm，每道次压下小于 50mm，再平轧 1 ~ 2 道次，厚度变化量为 10% ~ 40%。轧后温度为 900 ~ 1100℃，再放入感应炉中，在氮气下以 10 ~

20℃/min 速度升温到 1300℃后再升温到 1350℃×20min，可促进中心偏析区再结晶和加强晶界强度。减轻熔化的氧化铁皮和防止晶粒粗化，成品磁性好，表面缺陷少和无起泡现象[114]。藤井浩二等设计了如图 7-34a 所示的燃气加热炉、感应加热炉和热轧连续生产线。铸坯在燃气加热炉内预加热时，铸坯间隔 $D ≈$ 150mm。1150℃预加热后的铸坯 1 直接送到粗轧机 5 处，经立辊 7 处、平辊 6 处和立辊 8 处压下后的铸坯 2 再退回到 44 处、42 处和 43 处压下。每道次压下时喷高压水脱磷，每道次宽度压下约 35mm，厚度压下约 25mm。经此预轧后的铸坯 3 温度略低于 1050℃，尺寸由 7860mm×1080mm×250mm 变为 10500mm×1010mm× 200mm。铸坯 3 垂直装入感应炉 4 中加热到 1350℃。预先调节炉床冷却水，使炉温与铸坯入炉温度相近。铸坯前后端与炉内前后端炉壁之间距离约为 200mm。吹入的氮气从炉内下方往上方流动。经 1350℃均热约 15min，控制长度方向温度差约为 5℃。然后再通过粗轧机 5 和精轧机 9 热轧。一般燃气加热炉能力高（200～300t/h），感应炉加热能力低（约 15t/h）。按图 7-34b 设计的加热和热轧生产线可使生产能力平衡。生产一般产品不通过感应炉加热[115]。

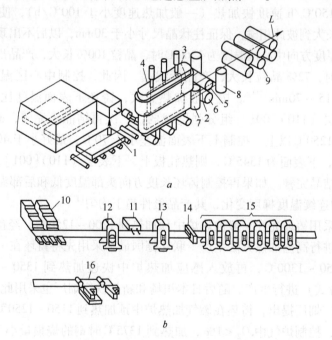

图 7-34　预加热后铸坯经预轧再放入感应炉加热的设备和燃气加热炉、
感应加热炉与热轧生产线示意图

a—燃气加热炉、感应加热炉和热轧连续生产线；b—加热和热轧生产线
1—预热铸坯；2, 3—铸坯；4—感应炉；5—粗轧机；6—平辊；7, 8—立辊；9—精轧机；
10—两台并列的燃气加热炉；11—感应加热炉；12—感应炉前方的立辊轧机；13—感应炉
后方的粗轧机；14—剪切机；15—热连轧机；16—卷取机

如果感应炉中感应线圈上、下分4段并分别调整输出功率，边部线圈输出功率比中部大50%以上，目的是使宽度方向边部比中部的温度高，成品边部无细晶[114]。

川崎提出，在感应炉中氮气下（$O_2 < 1\%$）将铸坯表面温度加热到高于1320℃后以大于8℃/s速度快速升温到1420～1495℃×5～60s，此时铸坯中心区温度高于1350℃，磁性稳定，表面无缺陷。如果在立式感应炉中加热到高于1300℃时，铸坯一端装辅助加热的感应发热板，并在其背面装涂有陶瓷纤维的Al_2O_3砖，或在铸坯一端直接装此绝热材料，可保证铸坯长度方向各部位抑制剂在高温短时间内完全固溶和晶粒不粗化，同时不使氧化铁皮熔化。控制长度方向温度差为±10℃，保证磁性均匀。如果铸坯在燃气加热炉内预加热时，使铸坯长度方向两端1m以内地区的温度比中部高10℃以上，并控制中部温度沿铸坯总长度平均温差为±10℃以内，再经感应炉加热也可。铸坯在燃气加热炉内加热到中心区温度900～1250℃，经10%～50%压下率预热轧破坏柱状晶后，再放入感应炉中经1350～1420℃×10min加热，可防止晶粒粗化和使二次再结晶完善。如果经1000～1250℃×3～4h预加热后，在感应炉中以小于150℃/h速度升温到1300℃，再快升到高于1380℃×20～30min加热，可使中心硫偏聚区充分扩散、均匀固溶和防止晶粒过于粗化。高温均热温度T可按以下关系式求出：$T = 1536 -$（$415.5 \times C\% + 12.3 \times Si\% + 6.8 \times Mn\% + 124.5 \times P\% + 183.9 \times S\% + 4.3 \times Ni\% +$

$4.1 \times Al\%$）。感应炉加热时铸坯厚度方向的感应电流渗透度 $t(\mathrm{cm}) = 5030\sqrt{\dfrac{\rho}{\mu f}}$，$\rho$ 为钢的电阻率（$\Omega \cdot \mathrm{cm}$）；μ 为钢的磁导率；f 为磁场频率（Hz）[116]。

铸坯中MnS或MnSe析出物直径大于5μm，并沿厚度方向分布不均匀（见图7-35a）。在约1/5区域内粗大MnS数量最少，中心区数量明显增多。连铸时增大冷却水和经电磁搅拌，可使硫化物尺寸和分布发生明显变化，但在中心区和内裂纹区仍存在许多较粗大的MnS。析出物尺寸与固溶时间的平方成正比，因此中心区MnS更难固溶。一般加热方法，铸坯表面温度比中心区高数十摄氏度以上（见图7-35b中曲线2）。为使中心区粗大MnS充分固溶，则加热温度应如曲线3所示。此时表面温度已接近熔点，晶界氧化和表层柱状晶晶粒粗大，氧化铁皮熔化，表面缺陷增多和容易出现线晶。川崎研究者提出，在感应炉中加热时，控制好频率和输入电量，使铸坯中心区加热到1400～1470℃，并且表面温度比中心区温度低10～100℃（见图7-35b中曲线1），成品磁性和表面质量都提高。因为加热是靠辐射，当$f = 30～300$Hz时，加热到高于1400℃时，由于铸坯表面散热快，温度比中心区低20～50℃（通用感应加热频率约为300Hz），此时应控制好炉壁温度和气氛温度。炉壁外层装冷却水管使炉壁绝热材料的辐射放热量增大。增大气体流量可提高表层冷却效应。由图7-35c看出，中心区加热到1400～

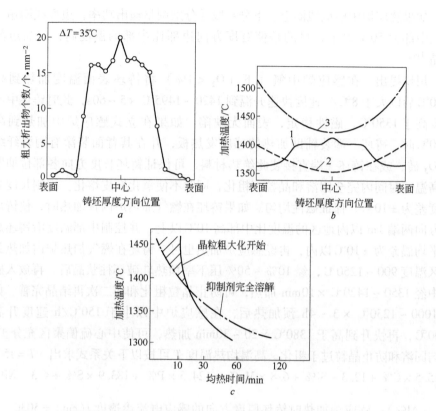

图 7 - 35　铸坯厚度方向的粗大 MnS 分布状态和铸坯表面与中心区的加热温度
分布示意图及感应炉中加热温度与均热时间的关系

a—铸坯厚度方向的粗大 MnS 分布；*b*—加热温度分布；*c*—加热温度与均热时间关系

图 *b* 中：1—感应炉加热 30min，粗大析出物完全固溶时的温度分布；2—步进式加热炉中铸坯
加热温度分布；3—步进式加热炉中粗大 MnS 完全固溶时的温度分布

1470℃时均热 5 ~ 20min 可使 MnS 完全固溶，同时晶粒也不粗化无线晶，表面缺陷为 0.5%。如果铸坯在燃气加热炉中加热到 1150 ~ 1200℃，再在氧含量不大于 0.1% 的氮气的感应炉内以 20 ~ 30min 时间升温到 1230 ~ 1310℃（表面温度）保温 1 ~ 3h 后，再以 40 ~ 50min 时间升温到约 1430℃保温 15 ~ 30min，成品沿长度方向磁性均匀。如果升温到 1230 ~ 1350℃（如 1280℃）后将温度降低 50 ~ 150℃，再快速升温到 1430℃，或控制表层 1/10 位置比中心区和最表层温度高 10 ~ 50℃也可[117]。

　　铸坯中抑制剂的固溶与铸态组织有密切关系。由图 7 - 36a 看出，等轴晶区的 MnS 和 MnSe 更难固溶。在 1350℃长时间均热，柱状晶区与等轴晶区中 MnS 固溶程度差别不大，而在更高温度短时间加热时，两者差别很大，尽管晶粒粗化程度减小。电磁搅拌可消除中心偏聚和使等轴晶所占比例增大，但 MnS 完全固

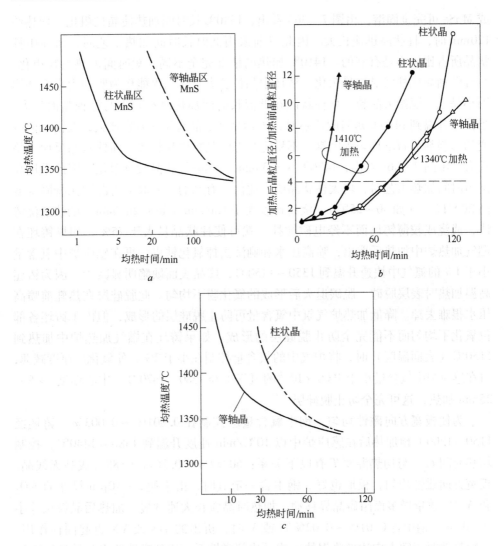

图 7-36 铸坯在感应炉中的均热温度和均热时间与等轴晶区和柱状晶区 MnS（或 MnSe）
固溶和晶粒尺寸及等轴晶和柱状晶晶粒长大的关系

a—均热温度和均热时间与 MnS（或 MnSe）固溶的关系；b—均热温度和均热时间与
晶粒尺寸的关系；c—均热温度和均热时间与晶粒长大的关系

溶的加热时间延长。1400℃ 时半径为 5μm 的 MnSe 在 10min 以内均热就完全固
溶，大于 15μm 的 MnSe 在大于 100min 均热固溶。铸坯快速冷却时，柱状晶中
MnS 或 MnSe 半径小于 2.5μm，等轴晶区中为 10～20μm。也就是等轴晶区宏观
偏聚减小，而微观偏聚更明显。如果控制铸坯中柱状晶比率大于 75%，并且铸
坯凝固后在 900～1100℃ 通过拉辊引入 3%～10% 应变量（细化柱状晶），加热到
1300℃ 后以小于 1h 时间快速升温到 1370～1470℃×5～25min 短时间均热，MnS

或 MnSe 可完全固溶。由图 7-36b 看出，1340℃长时间加热使晶粒粗化。均热约
120min 时，柱状晶迅速长大。因此以前采用低温长时间加热工艺时，铸坯中柱
状晶所占比例小是有利的。1410℃加热的情况完全不同，短时间加热晶粒粗化，
并且等轴晶比柱状晶更易粗化。铸坯中晶粒长大是靠晶界能作为驱动力来吞并周
围小晶粒。原始大晶粒，如柱状晶在低温长时间加热时吞并小的等轴晶而长大。
当快速升温到 1410℃短时间均热时，等轴晶区的晶粒尺寸差别增大以及由于内应
变和抑制剂分布不均匀等因素，不稳定状态的晶粒更易长大，而柱状晶反而不易
长大。由图 7-36c 看出，1470℃×≤30min 均热时柱状晶没有粗化。因此采用高
温短时间加热工艺时，增大柱状晶所占比例是有利的。采取浇铸温度比凝固温度
高 20℃以上（如 30~35℃），浇铸速度大于 1m/min（如 1.2m/min）的快速浇铸
法，或浇成较薄铸坯而不经电磁搅拌，就可使柱状晶量大于 75%。如果铸坯在
燃气加热炉中加热后取出，喷高压水和刷洗去掉氧化铁皮，再在感应炉中氧含量
小于 1%的氮气中快速升温到 1350~1450℃，成品表面缺陷明显减少。因为铸坯
高温加热时表层脱硅、脱碳退火后形成的氧化膜不均匀。此脱硅层在热轧前喷高
压水很难去掉。降低加热炉气氛中氧含量可防止脱硅层的形成，但由于铸坯各部
位氧化不均匀而不能完全防止脱硅层的形成。如果铸坯在燃气加热炉中加热到
1150℃（表面温度）时，将炉气中的氧含量控制在小于 2%，使氧化层厚度减薄，
再在感应炉中氧含量小于 1000×10^{-6} 的氮气中经 1380~1470℃（中心温度）×5~
25min 加热，这可完全防止脱硅层[117]。

为使板宽方向磁性均匀，钢中氧含量应控制在 0.001% ~0.003%，铸坯经
1150~1200℃预加热后在感应炉中以 10℃/min 速度升温到 1380~1440℃，控制
均热时间 t，t 与均热温度 T 有以下关系：$60 \geqslant t \geqslant -0.267T + 388$。成品无线晶，
板宽方向磁性均匀，板形也好。钢中含一定氧时，由于使 2~10μm 尺寸的 SiO_2
和 Al_2O_3 数量增多而阻碍晶界移动，加热时晶粒长大速度慢，加热后晶粒尺寸小
于 20mm。钢中含 0.01% ~0.02% Ti 或 V 时，析出的 TiN 或 VN 也起同样作用。
一般热轧时板宽方向边部降温快，成品边部磁性低。边部磁性低也与铸坯边部组
织有关。铸坯宽度两边为 50~100mm 尺寸的柱状晶。加热后宽度方向边部柱状
晶长大最明显。因为 1150~1200℃预加热后边部温度比中部约高 50℃，装入感
应炉中再加热时，边部首先达到加热温度（1400℃），均热时间更长，所以柱状
晶明显长大。成品边部 B_8 低与边部粗大柱状晶有关。在感应炉中开始加热时，
相当于铸坯边部的加热线圈不通电或边部吹氮气散热，就可解决此问题[118]。铸
坯放在立式感应炉中，感应线圈空间与线圈内壁的倾角（垂直度）$\theta < 2.5°$。或
铸坯距炉中心线偏心量 S 与铸坯厚度 T 之比 $S/T < 0.05$ 时，加热均匀，边部和中
部的表面温度差 $\Delta T < 20℃$（见图 7-37），成品磁性高且均匀。也证明预加热后，
先经立辊宽度压下 8% ~25%，平辊压下 2% ~30%预轧和调整铸坯边部与中部

的表面温度差 $\Delta T = -50 \sim +30℃$，再经感应炉加热后晶粒尺寸小于 20mm，成品表面缺陷少，磁性高且均匀[119]。控制预加热后铸坯表面和中心的温差不高于40℃，感应炉加热到约 1300℃ 后降低输出能量使内部热量扩散到表面，控制表面与中心温差为 $5 \sim 30℃$ 也可[120]。

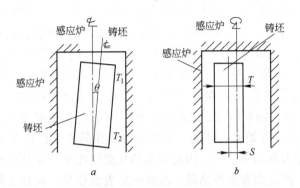

图 7 - 37　铸坯在炉内的倾角 θ 与偏心量 S

a—铸坯在炉内的倾角 θ；b—铸坯在炉内的偏心量 S

铸坯预加热时表面就脱碳，脱碳层晶粒粗化，这是热轧板表面产生约 20mm长裂纹的原因。热轧板表面有 1mm 长的裂纹，就使成品表面产生 20mm 长的缺陷。感应炉在含不大于 1% O_2 的 N_2 气保护下加热也会脱碳。如果感应炉改为 $CO_2 + CO$ 或 $H_2 + CH_4$ 气氛下加热或铸坯先喷涂 $\phi5mm$、90% 碳粉 + 100% $CaCO_3$ 水溶液（涂料量 $30 \sim 50g/m^2$）可防止脱碳。采用感应炉通用的 N_2 气保护时，N_2 分压 P_{N_2} 控制在不大于 0.05MPa，这不会使铸坯表层氮含量增高。如果表层氮含量增高可与钢中 Al 形成 AlN，这也使热轧时表面产生裂纹[121]。如果在 $1150 \sim 1200℃$ 预加热时炉气中 O_2 为 0.5% $\sim 2%$，使铸坯表面脱碳层（不大于 0.02% C）的晶粒粗化而且没有 γ 相。热轧后边裂小（因为 γ 相硬且脆）[122]。

AlN + MnSe 方案中氮含量高，铸坯感应炉高温加热时内部（中心偏析区）温度比表面温度高，晶界部分熔化，氮等往此液相区移动，当再凝固时 $w(N) > 0.01%$，即处于过饱和状态，所以起泡，成品表面缺陷多。连铸时钢水过热度 $\Delta T = 25 \sim 50℃$，浇注时经电磁搅拌，铸坯预加热时控制铸坯上表面温度比下表面温度更高些，使上下表面温度差不高于 20℃，感应炉加热到 $1350 \sim 1380℃ \times 30min$，再升到 $1400℃ \times 20min$ 或加热到铸坯板厚方向最大偏析位置的固相线温度 T_{SL} 以上保温 $5 \sim 30min$ 可使抑制剂完全固溶和无起泡缺陷[123]。

$$T_{SL} = (Fe - C \text{ 系中固相线温度}) - 20.5(\% Si) + 6.5(\% Mn) + 500(\% P) +$$
$$700(\% S) + 2(\% Cr) + 11.5(\% Ni) + 5.5(\% Al)$$

在感应炉中高温加热促使 Mn 扩散速度增大，从而使 MnS 或 MnSe 固溶速度比晶粒粗化的速度更快，所以经高温短时间保温就使 MnS 或 MnSe 完全固溶，而晶粒不过大[124]。

7.3.6　热轧

　　川崎详细研究过 MnS 或 MnSe 固溶和热轧再析出问题。在 900 ~ 950℃ 较低温度下热轧时在位错处析出最细小和最均匀的 MnS 或 MnSe（见图 3 - 47），成品无线晶，磁性高且均匀，也证明这些细小析出物在以后常化时可作为 AlN 析出核心，形成细小复合析出物而加强抑制力。bcc 晶体的堆垛层错能量高，在高温（1000 ~ 1100℃）下形变时更易发生回复，出现亚结构组织，而亚晶界也是 MnS 生核位置，这造成热轧板中 MnS 分布不均匀，而晶粒内基本没有位错不析出 MnS，对磁性不利。如果形变前已存在 γ 相时由于在 γ 相附近应变集中（即比 α 相基体硬度更高），可加速再结晶。如果形变后在晶界处已存在 γ 相，可抑制再结晶，因为 γ 相占据晶界位置。因此要求热轧初期在单一 α 相区经大压下率形变和短时间停留，使表面发生再结晶，改善成品表面质量，而在较低温度下在 α + γ 两相区热轧以位错作为 MnS 析出核心，析出小于 50nm 细小 MnS[124]。

7.3.6.1　粗轧

　　细小 MnS 是在精轧阶段析出，因此必须控制好粗轧后和进入精轧机前的粗轧坯温度、时间和厚度。严格控制粗轧压下率分配、冷却水量和粗轧时间。一般采用大压下率高速轧制以保证粗轧坯温度高。对 CGO 钢来说，进入精轧机前的温度控制在 1160℃ ± 20℃。对 AlN + MnS 方案 Hi - B 钢控制在不低于 1200℃ ± 20℃，目的是在精轧过程中尽量少析出 AlN，热轧板中 AlN 的氮含量应小于 30×10^{-6}，而 MnS 由于钢中锰和碳含量更高，加热（固溶）温度更高，所以在约 1200℃ 就开始析出。精轧入口温度过低，尾部析出过多 AlN，以后出现细晶。温度过高，头部易出现线晶。

　　铸坯出炉后先通过去除氧化铁皮轧机（脱鳞机）压下约 5mm 厚并喷 980Pa 高压水，再经 4 ~ 6 道粗轧和用立辊调整板宽和边部。每道压下率平均分配，第一道最好大于 30% 来破坏柱状晶。粗轧坯厚度为 30 ~ 40mm，切头后进入精轧机。铸坯出炉到粗轧机时间为 30 ~ 70s，粗轧时间为 50 ~ 90s，切头和到精轧机前为 20 ~ 30s。

　　川崎提出，粗轧开轧温度（T）高于 1350℃ 和第 1 及第 2 道压下率（R）分别满足下式：$60 \geqslant R(℃) \geqslant -0.2T + 300$，即 R 分别大于 30% 或第 1 道经大于 30% 压下率热轧后停留大于 30s，再经第 2 道热轧都可发生动态再结晶，这可抑制由于温度高使晶界脆化而产生晶界裂纹，防止成品脱皮和出现线晶。粗轧最后 1 道的温度应高于 1200℃（即在单一 α 相区）和大压下率热轧。粗轧坯为细小完全再结晶组织和防止析出粗大 MnS，如果在低于 1200℃，即 α + γ 两相区热轧，由于 γ 相比 α 相更硬，在 γ 晶粒附近储能高，优先生核再结晶，造成组织不均匀[125]。

粗轧前或粗轧过程中，铸坯宽度方向边部温度比中部温度更低，以后析出的 MnS 粗细不均匀，磁性不均匀。可采用两边边部 100mm 地区用绝缘材料保温或感应等加热法使边部温度提高。要求边部和中部的温差 ΔT 小（不高于 30℃）以保证成品板宽方向磁性均匀，表面状态好。铸坯预加热后预轧时先立轧使宽度压下 50～300mm，再经 10%～20% 水平压下消除立轧时由于边部凸起而形成的狗骨状。再者，粗轧时也要经宽度压下形成狗骨状。如果铸坯高温加热出炉和边部喷水冷却后经宽度压下 70～150mm 可使厚度均匀增加，减轻狗骨状，并保证 $\Delta T \leqslant 30℃$，狗骨状形成是因为硅钢热轧强度随温度升高而急剧降低造成的（见图 7–38）[126]。

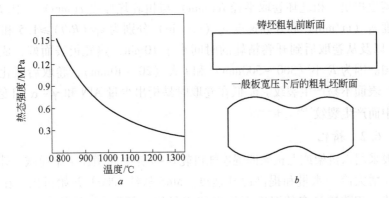

图 7–38 热态强度与温度的关系以及狗骨状成因示意图
a—强度与温度的关系；b—狗骨状成因示意图

板宽方向边部温度低，析出的 MnS 粗，抑制力低，所以二次再结晶温度比中部更低，再者铸坯边部为柱状晶，其 MnS 比中部等轴晶区也更低，这也造成板宽方向二次再结晶温度不同。控制好粗轧第 1 道经 1400～1420℃，30%～35% 压下率，轧后停留 30～35s，再在 1380～1390℃，30%～40% 第 2 道轧后停留 30～35s 和 1320～1330℃，30%～50% 第 3 道轧后停留 35～60s，使边部没有未再结晶晶粒，提高边部的二次再结晶温度，从而抵消边部抑制力低的缺点，板宽方向磁性也均匀[127]。

粗轧总压下率大于 75%，控制好铸坯出炉到粗轧完毕时间 $t(s)$，粗轧后再结晶率大于 90%，二次再结晶完善，磁性均匀。铸坯加热温度高，t 长，如 1400℃ 时 $t \leqslant 200s$，1350℃ 时 $t \leqslant 190s$[128]。

新日铁指出，一般热轧带卷尾部由于精轧温度低，AlN + MnS 方案的成品易出现细晶，磁性更低，特别是采用大卷重（不小于 13t）生产时更严重。如果粗轧后将粗轧坯在高于 1090℃ 卷取，使尾部先进入精轧机热轧可保证头尾温度差为 ±20℃，头尾磁性均匀，$\Delta B_8 \leqslant 0.02T$，$\Delta P_{17} \leqslant 0.04W/kg$[129]。随后又提出粗轧坯卷取（卷取时间为 30 ~ 120s，卷取温度为 1000 ~ 1250℃），卷取条件满足下式：
$1.20 \leqslant \lg(wt/R) + 2 \leqslant 400$，式中 $w(r/min)$ 为卷取速度，$t(mm)$ 为粗轧坯厚度，$R(mm)$ 为卷取半径（$R = r + t/2$，r 为卷取内径）。然后将 4 ~ 6 块卷取的粗轧板采用激光或感应加热法对焊在一起（最好头尾交替焊起）。这可保证精轧最有利的条件，即提高轧辊寿命（减少喂钢时打滑而磨损轧辊），保证精轧最后一道的应变速度大于 $150s^{-1}$ 和应变速度变动量小于 20%，更容易控制最后二道之间张力大于 14.7MPa（1.5kgf/mm²），热轧带卷头尾温差小，热轧板尺寸精度高，表面缺陷少和成品磁性均匀。如果采用含 0.5% ~ 20% 油脂的乳液润滑和冷却轧辊，控制轧辊与钢板之间摩擦系数小于 0.25 可改善热轧板表层织构，提高 B_8 值[130]。

　　川崎也提出，粗轧坯卷取半径 $R(mm)$ 与粗轧坯厚度 $t(mm)$ 之比 $R/t > 8$，卷取速度 v_1（m/min）和开卷速度 v_2（m/min）分别为 $v_1/(R/t) \geqslant 1.5$ 和 $v_2/(R/t) \geqslant 1.0$ 以及从卷取后到开卷精轧的时间小于 10min，热轧板表面好，成品磁性好且均匀。因为 R 小（300 ~ 500mm）和 t 大（20 ~ 40mm），卷取后氧化铁皮容易脱落，表面不易产生裂纹。v_1 低在卷取时易析出少量 AlN 和 $\gamma - \alpha$ 相变，造成应力集中而产生裂纹[131]。

7.3.6.2　精轧

　　一般采用六机架或七机架四辊连轧机轧 6 ~ 7 道，每道压下率递减，轧制速度尽量快并增大冷却水量和提高冷却速度。MnS 从约 1200℃ 开始析出，在 1100 ~ 1150℃ 的 γ 相数量最多的温度下析出速度最快，低于 950℃ 基本停止析出。在 1200℃ 到 950℃ 轧制时间控制在 50 ~ 180s。在精轧过程中产生的大量位错成为 MnS 析出核心，促使 MnS 以细小弥散状更快和更均匀析出。CGO 钢精轧开轧温度为 1160℃ ± 20℃，终轧温度为 (950 ± 10)℃。MnS + AlN 方案 Hi – B 钢精轧的开轧温度为 1200℃ ± 20℃，终轧温度高于 950℃，一般为 1000 ~ 1060℃。

　　精轧时发生动态再结晶主要与热轧温度、压下率和应变速度有关，此外还与原始晶粒尺寸、固溶碳含量和 γ 相数量有关。原始晶粒小、固溶碳和 γ 相数量多都促进动态再结晶。新日铁提出 AlN + MnS 方案 Hi – B 钢如果在精轧机上 1150 ~ 1050℃ 内（即 γ 相数量多的温度范围）至少经一次大于 30% 压下率热轧，以彻底破坏柱状晶和充分再结晶，则成品无线晶。精轧开轧温度为 1220℃ 时，热轧板中存在粗大形变晶粒，则成品有线晶。在 1000℃ 精轧，将析出粗大 AlN，二次再结晶也不完全[132]。

　　精轧速度加快可使头尾温差 ΔT 减小。例如比一般操作快 12% 时 $\Delta T = 30 ~ 34℃$，而一般速度时 $\Delta T = 60 ~ 66℃$，但 MnS 和 AlN 析出量都减小。CGO 钢粗轧后约为 1250℃，空冷到 1150℃ 精轧，高于 950℃ 终轧，头尾都可充分均匀析出细小 MnS。Hi – B 钢根据 γ 相数量调节粗轧后为 1150 ~ 1200℃ 时立即进行精轧，终轧温度高于 1050℃，可减少 AlN 析出量[133]。控制 Hi – B 钢板宽方向边部 10 ~

30mm 处终轧温度为 900~1100℃，析出均匀细小的 MnS，此后再经常化析出均匀细小的 AlN，其中部分 AlN 以 MnS 为核心析出细小复合析出物，成品板宽方向磁性均匀。如果低于 900℃时开始析出 AlN，以后常化时不能固溶并粗化。高于 1100℃时常化后为粗大 MnS + AlN 复合析出物。边部终轧温度依靠控制冷却水量或边部加热法控制[134]。

川崎提出，精轧开轧到终轧温度之间存在有一定数量的 γ 相状态下，至少经 50% 压下率热轧，热轧板表层（110）[001] 极密度提高，则成品无线晶，B_8 高，P_{17} 和 B. F. 都低[135]。精轧机前三道每道经大于 40% 大压下率热轧，后三道每道经小于 30% 小压下率热轧，终轧温度为 860~900℃，成品二次晶粒小，二次再结晶完善，磁性提高。前半部大压下率热轧使表层优先形成强的（110）[001] 组分，后半部小压下率热轧只形成伸长的（110）[001] 晶粒（二次晶核发源地），而不形成（110）[001] 再结晶晶粒[136]。精轧时至少最后一道应变速度 ε 与钢中碳含量满足下式可使热轧板晶粒细化：$\varepsilon \geqslant \dfrac{330}{0.16 + C\%}$。$\varepsilon$ 与轧辊转速 n(r/min)、压下率 r、轧辊半径 R(mm) 和最后一道前板厚 t_0(mm) 有下列关系：

$$\varepsilon = \frac{2\pi n}{60\sqrt{r}} \cdot \sqrt{\frac{R}{t_0}} \cdot \ln\left(\frac{1}{1-r}\right)$$

当碳含量不变时，ε 愈大，P_{17} 愈低；当 ε 不变时，碳含量愈低，P_{17} 愈高。当碳含量高和 γ 相数量多时，增大 ε 使细化组织的效果减小[137]。提高轧辊与钢板的摩擦系数和压下率，可提高热轧板表层（110）[001] 组分（见图 3-54），使二次晶粒细化。摩擦系数与热轧速度、温度和润滑有关。控制 1050~1150℃内压下率 $r \geqslant 68.1 + 43.3$ $(h_i/D) - 51.0\mu$（式中，h_i 为进轧机的板厚；D 为轧辊直径；μ 为摩擦系数）时，可使成品 B_8 提高[4,138]。

如果在 1050~850℃之间精轧时，应变速度控制在大于 $35s^{-1}$，使位错密度增高，促进析出细小均匀 MnS（或 MnSe），或是精轧到小于 10mm 厚度时经一道次以上 5%~10% 前滑率热轧，1/4 厚度处(110)极密度增高，成品磁性提高和长度方向磁性更均匀。前滑率 f 表示在表面剪切力作用下沿轧向金属流变程度。金属流变是由辊速 v_R 低于板速 v_s 引起的，$f = \dfrac{v_s - v_R}{v_R} \times 100(\%)$。入口板较厚，前滑率较大（见表 7-5），晶粒靠压应力变形而不易转动，(110)极密度低。板厚小于 10mm 和 $f = 5\%~10\%$ 的 F3 和 F4 机架热轧后，(110)极密度显著提高。控制 F1~F4 机架之间的喷水量，使钢带头尾的 MnS 都在 1000~950℃时析出，长度方向磁性均匀。控制 F1 机架工作辊表面温度低于 100℃，可使热轧板表层 MnS 更细小均匀[139]。

表 7 - 5　7 机架精轧机入口厚度与前滑率

机　架	F1	F2	F3	F4	F5	F6	F7
入口厚度/mm	30	12	8	5	3.5	2.8	2.3
前滑率/%	11.2	7.6	7.7	5.1	4.9	3.7	2.0

一般精轧机第一机架和第二机架之间热轧时停留时间最长，后两个机架之间停留时间最短。如果缩短第一机架和第二机架之间热轧的停留时间（如 2 ~ 3s）进行回复形成亚结构而不发生再结晶，以后热轧进行再结晶，就可防止 MnS 在亚结构组织中析出，而在位错处均匀析出。提高热轧速度，调整第一道出口板厚或缩短第一机架和第二机架距离都可缩短停留时间。控制第一道和第二道热轧时板温温差不高于 80℃ 和大于 30% 压下率热轧，使钢板表面和中心区温差减小，从而减小钢板表面产生的拉应力，可防止热轧板表面产生裂纹[140]。

7.3.6.3　卷取

精轧后立即喷水冷却到约 550℃ 卷取，这可使碳化物弥散分布在晶粒内（针状 Fe_3C），有利于以后获得细小均匀初次晶粒。轧后急冷也防止析出 AlN。而且可使热轧产生的位错在回复前冻结。

一般采用约 550℃ 卷取后，由于冷却不均匀，中部冷却慢可进行脱碳，使成品磁性不均匀。如果热轧后在热轧带沿长度方向的中部喷水量大，而两端喷水量小，相当于两端卷取温度为 600℃，中部为 500℃ 时，可使热轧板中碳含量分布均匀，成品磁性也均匀[141]。

终轧后到卷取之间的冷却条件应满足下式：$T \leqslant FDT - \{(FDT - 700)/6\} \times t$。$T$ 为板温，℃；FDT 为终轧温度，℃；t 为热轧后停留时间，s。终轧温度 FDT 为 950 ~ 1050℃，t 为 2 ~ 6s，冷速小于 25℃/s，此时析出细小 AlN，并常与 MnS 形成细小复合析出物，磁性高[142]。

对热轧卷厚度和板形的要求见表 7 - 6。

表 7 - 6　热轧卷厚度与板形的要求

厚度/mm	2.2 ~ 2.5	楔形/mm	≤0.04
厚度公差/mm	- 0.4 ~ + 0.2	皱纹/mm	≤0.02
宽度/mm	800 ~ 1100	塔形/mm	≤100
横向凸度/μm	0 ~ 80	边裂/mm	≤25

7.3.6.4　防止热轧边裂的方法

取向硅钢热轧带常出现小于 20mm 深的边裂，特别是硅含量提高到 3.2% ~ 3.4% 时，可出现深度大于 20mm V 形边裂（见图 7 - 39），成材率明显降低。3% Si 钢的热导率比低碳钢约低 60%。硅含量增高，热导率更低。硅和硫在 α 相中

固溶度比在 γ 相中大，热轧过程中发生相变时，硅和硫有沿晶界偏聚倾向，这是产生边裂和内裂的原因之一。钢中加锡时，由于锡沿晶界偏聚更易产生边裂。在铸坯冷却阶段，边部表面与中心区温度差很大，表面产生很大拉应力，当超过钢的屈服点时就产生小裂纹，特别是铸坯长度方向的两个边，由于剩余冷却水通过而造成过冷区（应力集中区）产生许多小裂纹，这也造成 V 形边裂。铸坯高温加热时，由于表层晶界氧化、产

图 7-39　热轧带边裂示意图

生晶界裂纹和晶粒粗化，热轧时沿宽度方向两边的粗晶粒发生金属流变而展宽，储能低，为形变晶粒，并且因变形是非连续性的而形成凸肚区，此地区应力集中也易发生边裂（制耳现象）。也就是两边地区由于变形抗力小，形成大的形变晶粒而不能再结晶，所以产生边裂。热轧工艺特别是 α 相和 γ 相的变形抗力不同造成的应力不均匀对热轧边裂也有很大影响。酸洗后一般都经过剪边再进行冷轧。热轧带边裂深度小于 10mm 时属于正常状态。

铸坯表面涂防氧化剂或在高频加热炉高温短时间加热等防止晶粒粗化和表层晶界裂纹措施都可减轻热轧边裂。

在 MnS 方案中，Mn/S 与终轧温度 $T(℃)$ 满足下式：$(940-25Mn\%/S\%)\leqslant T\leqslant(1050-25Mn\%/S\%)$，热轧带无边裂，成品表面无缺陷。Mn/S > 4 时，成品表面无缺陷。Mn/S = 2 和终轧温度 < 890℃ 时，产生缺陷，而终轧温度高于 920℃ 时无缺陷。Mn/S 提高到 6，终轧温度可以降低到低于 895℃[143]。

AlN + MnS + Cu + Sn 方案，调整铸坯宽度方向上的注水量，使边部慢冷，可防止铸坯边部产生裂纹，铸坯在高于 200℃ 装炉加热和热轧后可消除 V 形边裂（大于 20mm 深裂纹）[144]。

铸坯加热后在表面温度为 1200~1380℃ 时先用立辊轧几道，宽度压下量大于 60mm，也可防止边裂和提高产量。由图 1-15 看出，在 930~1150℃ 的 γ + α 两相区，断面收缩率明显降低，这是产生边裂的温度区。在此温度附近，γ 相数量最多，硫、锡等沿晶界偏聚量也增大（硫在 γ 相中的固溶度比在 α 相中低），所以延展性变坏。高温立轧就是为了避开延性低的温度区，保证断面收缩率不小于 80%[145]。如果 1350℃ 粗轧第一道次时经立辊沿宽度方向压下 10~30mm，可减轻边裂，精轧后边部温度为 790℃。如果进入精轧机前，边部先加热，保证轧后边部温度高于 800℃ 时，可完全防止边裂[146]。

粗轧时板宽方向两边呈齿状变形，并产生折皱。折皱区域因拉应力集中而引起边裂。如果在精轧机第一机架前装有上下可移动的立辊整边后再精轧，边裂明显减轻。立辊压下量小于 2mm[147]。

　　粗轧时经立轧（铸坯宽度方向呈狗骨状）再经平轧，如果立轧压下量与平轧压下率配合不好（如平轧压下率不足时），板宽方向发生金属流变就产生裂纹。两者配合好，并使板宽方向两边保持有一定压力时，热轧板无边裂。如粗轧时至少经 3 道立轧，并且最后 2 道立轧压下比第一道立轧更大，为 25～80mm，或粗轧最后一道入口处立轧大于 30mm，经平轧后再立轧 20～50mm，使粗轧后板宽方向边部厚度比中部厚度不小于 1mm，再经精轧时由于中部伸长量减小，边部所受拉力减小，不易产生边裂（边裂深度小于 5mm）[148]。

　　控制精轧机开轧温度高于 1100℃，并在第一机架入口处和出口处通过立辊经 10～20mm 宽度的压下，可防止边裂和提高成材率。实验证明，在等压热轧过程中，粗轧后薄板坯宽度方向两边为粗大形变晶粒和细小再结晶晶粒混合组织。由于两边变形阻力小而展宽，但展宽不均匀使边部不规整和局部应力集中而造成内裂，这在精轧时就产生边裂。如果进入精轧机时用立辊矫正宽度，减少边部不规则形状和提高平整度，可使边裂深度从 20mm 减至 2～5mm。如果控制粗轧坯两边温度为 1150～1250℃（用烧嘴加热或加保温罩），并在 950～1150℃精轧时经 20～50mm 宽度压下量的立轧，效果更好，热轧板边裂深度可减小到 1～2mm[149]。

　　铸坯高温加热后晶粒粗化，精轧时宽度方向边部由于产生凸起变形，沿轧向拉力增大，发生边裂。精轧各道次压下率根据轧辊半径 R 与入口时板厚 t 之比（R/t）调整。当 $R/t \leqslant 60$ 时，压下率小于 40%；当 $R/t = 60～120$ 时，压下率小于 35%；当 $R/t > 120$ 时，压下率小于 30%，可以减小边部凸起变形，边裂不大于 10mm[150]。

　　上述的进入精轧机前经宽度压下来防止边裂有效，但其缺点是边部与立辊接触降温快，使宽度和长度方向局部温度不均匀，不能稳定地防止边裂。板宽减少率（即精轧前板宽－精轧后板宽/精轧前板宽）小于 4% 和压下率小，可防止边裂。如精轧前段压下率大，后三道总压下率大于 50%，并且最后一道压下率小于 30% 时，MnS 方案热轧板无边裂[151]。

　　粗轧坯空冷，进入精轧机前经冷却使边部温度低于 1100℃，或高于 1150℃，或是精轧机入口时粗轧坯前段宽度方向中部温度低于 1160℃时，目的都是要保证边部 γ 相小于 15%，热轧边裂减轻。γ 相和 α 相的硬度不同，热轧时由于局部应力集中产生细小龟裂纹，它们聚在一起就形成边裂。采用小于 50mm 厚（最好为 30～35mm 厚）薄的粗轧坯和使边部冷却法（如喷水或与辊接触等）使边部温度低于 1100℃，Hi－B 钢边裂不大于 10mm。边部温度低于 1050℃ 时，边裂小于 5mm[151]。

　　为提高 Hi－B 钢 B_8 值，现在日本生产上已采用加 Bi 法，为改善底层同时又加 Cr，而 Bi 和 Cr 使热轧边裂更明显，因为 Bi 容易在晶界偏聚使晶界更脆弱。宽度压下速度，即减宽速度（也就是宽度压下前钢带运行速度）愈快，边部应变速度增高，晶界处应力增大，边裂明显。精轧时先经水平压下，在边部高于950℃（减低变形拉力）时再立轧大于50mm，控制减宽速度小于1000mm/s，边裂不大于10mm[151]。

7.3.7 常化

新日铁首先提出，以AlN为抑制剂时热轧板或最后冷轧前必须在氮气下高温常化，目的是为了析出大量细小AlN（AlN中$N_2 > 20 \times 10^{-6}$，最好约为70×10^{-6}）；同时使热轧板组织更均匀和再结晶晶粒数量更多。通常常化与酸洗在一条作业线上进行。由图7-40看出，常化温度为1050~1150℃，最好为1100~1120℃，常化时间为4~5min。在此温度下钢中Si_3N_4和部分AlN固溶，此时钢中γ相数量多，氮在γ相中固溶度比在α相中大9倍。常化后严格控制开始急冷温度和冷却速度，因为10~50nmAlN就是在冷却过程中通过γ→α相变而析出。一般在空冷到约900℃后喷水（相当于淬在100℃水中）冷却[152]。常化温度、时间、开始快冷温度和冷却速度与钢中Als和氮含量有关。如Als含量高，应慢冷；Als含量低，采用快冷[36,37]。常化处理后进行喷丸处理和在80~90℃的2%~4% HCl中酸洗1~2min，并将热轧带边裂处剪掉准备冷轧。

常化温度过高或时间过长，热轧板中细小MnS聚集粗化，使磁性降低。如1160℃常化或1120℃常化时间为8min时，初次晶粒不均匀，二次再结晶不完善，B_8下降0.09~0.20T，P_{15}增高0.11~0.30W/kg[37]。常化后立即淬在不高于20℃水中，已固溶的AlN仍处于固溶状态，细小AlN数量很少；常化后空冷，将析出粗大针状AlN；常化后立即淬在100℃水中，则析出细小AlN；如果空冷到约900℃再淬在100℃水中，析出的细小AlN数量最多。由图7-41看出，1.5~5.0mm厚热轧板经1100℃×2min常化和空冷到900℃淬在100℃水中，MnS和AlN数量无大差别[153]。

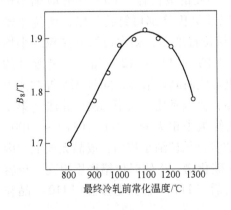

图7-40 常化温度与B_8的关系

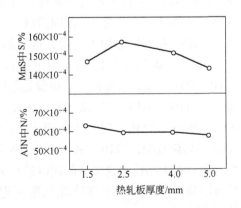

图7-41 热轧板厚度与常化后MnS和AlN数量的关系

酒井知彦 (T. Sakai) 等提出, 热轧板中含有 10～20nm 的 A 态 AlN 和 100～300nmC 态 AlN, 而 20～50nm 的 B 态 AlN 数量很少。A 态 AlN 是在卷取后 500～600℃ 时 α 相中析出的几种氮化物 ($Fe_{16}N_2$、Fe_4N、Si_3N_4 和 AlN) 混合体, 它们在 1100℃ 常化时固溶。C 态 AlN 是在 1150～950℃ 热轧过程中析出的, 常化时, 由于尺寸大不能固溶。少量的 B 态 AlN 是在 950～750℃ 阶段析出的。常化时 A 态和 B 态 AlN 固溶, 并在冷却阶段大量析出 B 态 AlN, 以后起主要抑制作用[154]。以前巴里索尼 (M. Barisoni) 等提出, 常化后以 20℃/s 速度冷到 800～850℃ 淬水 (冷速约为 100℃/s), 钢中形成硬度 HV≥600 的 (此时钢本身 HV≥230) 约 8% 弥散马氏体相, 同时析出许多约 10nm 的 AlN。因为形成马氏体, 储能增高, 冷轧后储能更高, 脱碳退火时 (110) 晶粒更容易再结晶和长大, (110) 组分加强, 所以磁性提高[155]。现在较普遍的观点是, 常化使较不稳定的氮化物 (如 Si_3N_4 和细小 AlN) 固溶, 冷到约 900℃ 淬在 100℃ 水中的冷却过程中, 通过相变产生的应变能和氮的固溶度差别, 在高位错密度的细小亚结构区 (相变区) 析出许多细小 AlN, 促使一次大压下率冷轧和脱碳退火后 {554}⟨225⟩ 组分 (即约 {111}⟨121⟩ 组分) 加强和初次晶粒更细小均匀, 在 (110)[001] 二次晶核周围为细小 AlN 和以 {554}⟨225⟩ 位向为主的小晶粒, 有利于二次再结晶发展和提高磁性。如果常化后淬在冰盐水中, 由于冷速过快, 细小 AlN 析出量减少 (AlN 中 N≤30×10⁻⁶), {554}⟨225⟩ 组分明显减少, 不能发生二次再结晶。这否定了快冷形成的马氏体对发展二次再结晶起重要作用的说法[156～158]。

常化作用可归纳为: (1) 常化前后织构无明显变化, 通过同位再结晶使再结晶比例增多。(2) 升温和保温时热轧板中 Fe_3C、珠光体、Si_3N_4 和细小 AlN 固溶, 淬在 100℃ 水中后在晶粒内析出许多 10～20nm 细小 ε-碳化物、Fe_3C、$Fe_{16}N_2$ 和 AlN。金相组织为铁素体、珠光体和硬的贝氏体。(3) 冷轧时细小析出物 (主要为 ε-碳化物)、固溶碳和氮以及贝氏体都可钉扎位错, 使位错密度明显增高和更快地加工硬化, 再结晶生核位置增多, 初次再结晶晶粒细小均匀。(4) 脱碳退火后沿晶界附近形成更多的 {111}⟨112⟩ 晶粒, 过渡带的 {110}⟨001⟩ 晶粒数量减少, 也就是 Σ9 重合位向晶粒增多, 同时 AlN 抑制能力加强, {110}⟨001⟩ 二次晶粒容易长大。(5) 高温常化后采用二次冷轧法 (第二次经大压下率冷轧) 时, 中间退火后原热轧板中粗大的 {211}⟨011⟩～{100}⟨011⟩ 晶粒减少, {110} 和 {111} 晶粒增多, 晶粒细小均匀, 成品无线晶。因为常化后粗大晶粒中含更多的固溶碳和 ε-碳化物, 冷轧时位错密度更高, 更容易再结晶。再经大压下率冷轧和脱碳退火后 {111} 晶粒更多和 {110} 晶粒减少[158]。

按每炉钢中 Als 含量调整常化制度在生产上是困难的, 为此提出二段式常化处理制度。热轧板加热到 800℃ 后，以 5 ~ 8℃/s 速度继续升到 1100 ~ 1150℃，保温不大于 60s 后，以约 15s 时间空冷到 930 ~ 960℃ 保温 120 ~ 250s，再以大于 10℃/s 速度急冷（如淬在 100℃ 水中）。按二段式常化，即使钢中 Als 波动，也可得到高磁性。从 800℃ 以 5℃/s 速度升温使 Si_3N_4 分解，同时析出 10 ~ 30nm 细小 AlN（见图 7 - 42）[159,160]。

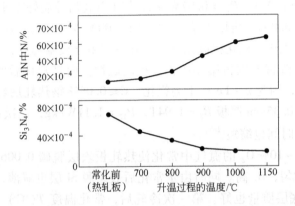

图 7 - 42　从 800℃ 以 5℃/s 速度升温过程与钢中 Si_3N_4 和 AlN 数量的关系

　　为提高产量和成材率，多采用大卷重热轧带卷，热轧时间相对延长，尾部比头部温度更低，例如粗轧后头部为 1200℃，尾部为 1080℃。这造成 AlN 和 MnS 析出状态不同，尾部二次再结晶不良。如果常化后头部淬在低温水中可防止线晶，尾部淬在较高温度水中可防止细晶，从而可使磁性均匀。也就是头部喷水量大，尾部喷水量小[161]。如果在 $d.p.$ = 30 ~ 60℃ 的 N_2 中常化，控制脱碳量为 $(50 ~ 250) \times 10^{-6}$，可使晶粒更均匀，AlN 和 MnS 抑制力更强，磁性提高[162]。

　　随 Si 含量提高，常化温度也相应提高以保证 AlN 在 γ 相中固溶。控制热轧板中总 N 含量 – AlN 中 N 含量 ≥ 0.004%，常化可析出更多细小 AlN，因为热轧板中多余的氮可形成不稳定的 Si_3N_4（高于 700℃ 可分解）和（Si，Mn）N 等，常化时它们能分解固溶形成一批新的细小 AlN。常化后析出的 AlN 的 N 含量与热轧板中 AlN 的 N 含量之差（ΔN）应不小于 0.002%[163]。

　　常化后板宽方向中部以 20 ~ 120℃/s，而边部以大于 10℃/s 速度冷到 400℃，即边部 200mm 地区的冷速比中部更慢，成品板宽方向磁性均匀，边部的成材率从 50% ~ 80% 提高到 85% ~ 96%。措施是改变边部的冷却水量。如果中部常化温度比边部高也可（如二段常化工艺中前段中部为 1080 ~ 1150℃，边部高于 1060℃，而后端中部为 900 ~ 950℃，边部高于 880℃）。如果常化后热轧带头和尾部冷速大于 10℃/s，而中部为 20 ~ 120℃/s，即头和尾部冷速更慢，成品钢卷长度方向磁性均匀，头和尾部成材率从 55% ~ 85% 提高到 88% ~ 99%，如果头和尾部的常化温度比中部低也可。头和尾部的长度是指达到 a^2/b 范围地区（a 为感应炉高温加热时的铸坯厚度；b 为常化时板厚）[164]。

川崎提出，1100℃ ×1min 常化和冷到高于 400℃ 再经 1100℃ ×1min 第二次常化，通过二次 $\gamma \rightarrow \alpha$ 相变，可使较粗大的珠光体和 Fe_3C 均匀固溶和析出，冷轧前固溶碳含量明显增多，冷轧时可不经冷轧时效处理，采用冷连轧机轧制，0.3mm 厚板 $B_8 = 1.94T$，$P_{17} = 0.97W/kg$。如果常化后控制好冷速，从 750℃ 以大于 5℃/s 快冷到 350℃，再以大于 3℃/s 冷到 100℃ 以下，钢中存在细小 ε – 碳化物，冷轧初期发生析出硬化提高储能，冷轧后期由于板温提高，ε – Fe_3C 溶解又引起应变储能，改善初次再结晶织构，提高磁性。而且常化后的钢卷停放大于 10h 再冷轧也可，因为 ε – Fe_3C 不会粗化。C≤0.03% 钢热轧后经 800 ~900℃ 常化，冷轧时效，0.35mm 厚板 $B_8 = 1.94T$，$P_{17} = 1.11W/kg$，二次晶粒尺寸为 4 ~6mm，脱碳退火时间也缩短[165]。

在含 0.1% ~10% O_2 的氮气中常化使热轧板表层脱碳 0.006 ~0.03% 以后，二次晶粒尺寸均匀，B_8 高。同时由于常化后表层脱 Si 层也减薄，以后内氧化层中 SiO_2 增多，底层质量也好。第一次冷轧后，常化温度 $T(℃)$ 与钢中 Al 和 N 含量满足 $T(℃) > -5570/lg(Al\% \times N\%) -273$，控制析出的 AlN 中 Al 含量 < 60×10^{-6}，第二次大压下率冷轧到 0.23mm 厚和脱碳退火升温时在 450 ~650℃ 之间保持大于 20s 时间又析出细小 AlN，脱碳退火后初次晶粒尺寸小于 $8\mu m$，即加强抑制力，$B_8 = 1.95T$。常化后通过快冷析出 2 ~200nm 的细小 ε – 碳化物（如大于 20℃/s 速度快冷到 500 ~700℃ ×10 ~60s），第二次冷轧前段温度低（低于 140℃），依靠 ε – 碳化物阻碍位错移动，促进形变带形成（采用冷连轧机），冷轧后段提高温度（150 ~200℃）使 ε – 碳化物固溶，提高钢带中固溶碳含量，发挥冷轧时效作用。0.23mm 厚板 $B_8 = 1.95T$，$P_{17} = 0.8W/kg$[166]。

常化后冷到 550 ~300℃ ×45s 或冷到室温再经 200 ~550℃ × >30s 热处理使钢中析出大于 $2\mu m$ 针状 Fe_3C，也可改善初次再结晶织构，提高磁性[167]。

CGO 钢热轧板一般不经常化处理。川崎常采用一般常化处理，即 850 ~950℃ ×3min，使热轧板组织更均匀。按 MnSe + Sb（或再加钼）方案制造 Hi – B 钢时都经这种常化处理。在 900℃ 常化后以大于 12℃/s 速度冷到 500℃，析出细小碳化物和氮化物，阻碍冷轧时位错移动，胞状组织更均匀细小。初次再结晶退火时，$\{110\}\langle110\rangle$ 和 $\{111\}\langle112\rangle$ 位向的胞状组织优先再结晶，同时 $\{100\}$ ~ $\{111\}\langle011\rangle$ 的 $\langle011\rangle$ 纤维织构减少，使第二次合适冷轧压下率提高到 65% ~75%，B_8 明显增高[168]。900 ~950℃ ×3min 常化后，在 770 ~400℃ 之间冷却小于 60s，400 ~300℃ 之间冷却小于 60s 和 300 ~200℃ 之间冷却大于 30s 的控制冷速方法，可使碳化物和氮化物更均匀细小，磁性进一步提高。0.27mm 厚 MnSe + Sb 方案，$B_8 = 1.93T$，$P_{17} = 0.96W/kg$[169]。

7.3.8 冷轧

7.3.8.1 以 AlN 为主要抑制剂的大压下率冷轧法

一般采用一次冷轧法。热轧板常化和酸洗后应尽快冷轧，如果停放时间长，钢中固溶碳和氮析出形成不稳定第二相，使冷轧时碳和氮钉扎位错作用减弱，退火后再析出的 AlN 尺寸增大，磁性降低（见图 7 – 43）。高于 50℃时，停放时间在 240h 以内；高于 80℃时，停放时间在 10h 以内；高于 100℃时，在 3h 以内；高于 300℃时，在 1h 以内，就可进行冷轧或先冷轧一道以上，这样对磁性就没有影响[170]。

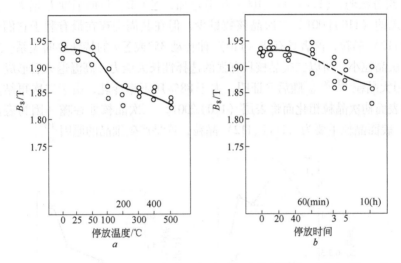

图 7 –43 停放温度（停放时间 10h）和停放时间（停放温度 100℃）对 B_8 的影响

a—停放温度与 B_8 的关系；b—停放时间与 B_8 的关系

一般冷轧前将钢卷放在热水中或通蒸汽加热到 50 ~ 80℃再冷轧。由于板宽方向两边到 30mm 地区降温快，冷轧时易产生边裂或断带。边部经感应加热到 60℃以上，边裂可明显减少[171]。

热轧带在冷轧前剪边，剪断后易出现分层现象，这是因为板厚方向中部存在的粗大形变晶粒呈层状分布所引起的。冷轧时容易产生边裂和断带。如果用辊式剪切机剪断到相当于板厚 60% ~ 80%，即剪断部位因剪断引起的弯曲板的层状组织与板面形成的最大角度小于 60°，再经挤压辊将剪边折断，冷轧前边部不加热也不会产生边裂和断带[172]。

3%Si 钢变形抗力大，一般用工作辊径约 80mm 的 20 辊轧机冷轧，经 5 ~ 7 道冷轧到 0.30 ~ 0.35mm 厚，平均每道压下率为 25% ~ 33%。合适的压下率为 82% ~ 90%，最好为 85% ~ 88%，此时二次再结晶发展最快，磁性最高。随压下率增加，初次晶粒尺寸 $\bar{d}$ 减小，二次晶粒尺寸 $\bar{D}$，二次晶粒伸长比（L/C）和二次再结晶温度 T_s 增高。当压下率不小于83%时，$\bar{D}$ 变化不大，而 $\bar{d}$ 继续减小。压下率大于88%时，初次晶粒尺寸虽然更小，但以后加热可发生反常长大，二次再结晶组织中小晶粒增多，二次再结晶不完全，磁性降低[37]。94%冷轧时，初次再结晶后（111）和（110）组分太少，不能发生二次再结晶（见图7-44a）。AlN + MnS 的抑制能力极强，采用大压下率冷轧可抑制退火时初次晶粒长大。大压下率冷轧形成更多的 {111}〈112〉形变带，两个形变带之间为高储能的过渡带，它们由（110）[001] 亚晶粒组成，退火时通过亚晶粒聚集形成位向更准确的（110）[001] 二次晶核。由图7-44，看出，随压下率增加，脱碳退火后（110）组分减弱，（111）和（100）组分增加，$\Sigma 9$ 重合位向强度 I_c 增大。这说明位向准确的（110）[001] 二次晶核数量少，但在其周围存在最有利于它们长大的 {111}〈112〉晶粒，两者具有绕〈110〉轴转动35°或 $\Sigma 9$ 的特殊位向关系。同时基体的初次晶粒小，所以二次晶核具有强的选择性长大能力，高温退火后形成了 10 ~ 20mm 粗大晶粒[153,156]。随后又证明，大于88%压下率冷轧，由于二次再结晶温度提高使表面初次晶粒粗化而将表层（110）〈001〉二次晶核处吞噬（因为表面抑制力低），表面晶粒主要为 {111}〈112〉晶粒，这是产生细晶的原因[157]。

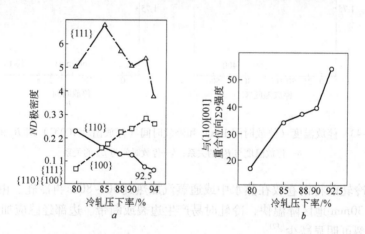

图 7 - 44　冷轧压下率与初次再结晶织构组分和与（110）[001] 重合位向 $\Sigma 9$ 强度的关系
a—压下率与织构组分的关系；b—压下率与 $\Sigma 9$ 强度的关系

　　因为二次晶粒大，反常损耗 P_a 增高，为进一步降低铁损，现在生产上广泛采用冷轧时效工艺。前几道使用粗面工作辊，每道经约30%大压下率冷轧，关闭润滑系统和快速轧制。依靠轧制时的变形热将冷轧钢带温度提高到 200 ~ 250℃（冷轧前钢卷预热到 80 ~ 100℃）。由图7-45看出，200 ~ 250℃冷轧时 B_8 最高。冷轧过程中至少经一次以上 150 ~ 300℃ × >1min 时效处理，也可得到同样结果[170]。

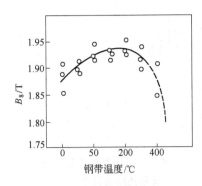

图 7-45　冷轧时钢带温度与
B_8 的关系

冷轧时效的作用是使硅钢中固溶碳和氮含量增多，就是使钢中存在的不稳定碳化物和氮化物在时效处理时固溶。冷轧时固溶碳和氮聚集在位错处，阻碍位错运动，位错群呈直线排列，改变了正常滑移系统，促使形成更多的过渡带，冷轧后使再结晶织构发生变化。同时由于固溶氮（约 10×10^{-6}）更均匀分布在基体中，以后退火时新形成一批细小 AlN 加强抑制力。大压下率冷轧产生更多的 $(111)[1\overline{1}2]$ 和 $(111)[\overline{1}\overline{1}2]$ 形变带，冷轧时效使表层内 $(110)[001]$ 晶粒往 $\{111\}\langle112\rangle$ 方向转动的滑移系统受阻，而形成绕 $[001]$ 轴往两个方向转动的 $(120)[001]$ 和 $(210)[001]$ 织构，即变为更宽的 $\{hko\}\langle001\rangle$ 位向范围，使 $\{111\}$ 组分减少。由于过渡带增多，表面下 $35\mu m$ 地区 $\langle110\rangle //ND$ 极密度高，700℃退火时最强，$\{hkl\}\langle001\rangle$ 二次晶核数量增多，所以二次晶粒尺寸减小。$\langle110\rangle //ND$ 极密度随压下率增加而减弱，但可逆冷轧法比单向冷轧法的 $\langle110\rangle //ND$ 极密度更高。这说明冷轧时从 $(110)[001]$ 位向转为 $\{111\}$ $\langle112\rangle$ 位向的部分晶粒，经第二道冷轧时又转回到原来的 $(110)[001]$ 位向[173,174]。

根据钢中 Al_R 值 $[Al_{R(10-6)} = Als_{(10-6)} - 27/14N_{(10-6)}]$ 调整 200℃×5min 冷轧时效次数可使二次再结晶更完善，P_{17} 低。Al_R 高，冷轧时效次数减少，即冷轧时效作用应减弱。如 $Al_R = 50 \sim 79 \times 10^{-6}$ 时经 $6 \sim 7$ 次时效；$Al_R = 80 \sim 119 \times 10^{-6}$ 经 5 次；$Al_R = 120 \sim 159 \times 10^{-6}$ 经 3 次。0.23mm 厚板 $P_{17} < 0.9W/kg$, 0.27mm 厚板 $P_{17} < 1.00W/kg$[175]。

冷轧时至少有一道的冷轧温度沿板宽方向边部到 200mm 地区比中部低 40℃以上（控制轧制油流量）保持 1min，可使成品板宽方向磁性均匀，边部成材率为 85% ~95%（一般边部成材率为 60% ~80%）[176]。

热轧板板宽方向边部由于加热和热轧温度比中部更低，MnS 和 AlN 固溶不充分，边部析出更粗大的 MnS，磁性低。如果采用二次冷轧法，中间退火后大压下率冷轧时使边部 150mm 地区压下率低于中部，成品板宽方向磁性均匀。如 0.3mm 厚成品第一次冷轧后边部为 1.3mm 厚，中部为 1.5mm 厚，第二次冷轧时边部压下率为 77%，中部为 80%[177]。

生产 0.18mm 和 0.23mm 产品时为保证 85% ~88% 合适冷轧压下率，热轧板厚度不大于 2mm，这对一般精轧机很困难，所以常采用先经不大于 30% 压下率冷轧，常化和第二次大压下率冷轧的二次冷轧法。第二次冷轧时改变冷却油量和黏度，控制冷轧时摩擦系数 $\mu =$ 0.06 ~ 0.15（一般冷轧时 $\mu = 0.02$ ~ 0.04），剪切带增多，(110)[001] 晶粒数量增多，再采用时效冷轧，成品二次晶粒小。P_{17} 明显降低（见图 7 - 46）[178]。第一次冷轧和常化后经 70℃ 的 10% HCl 或 H_2SO_4 酸洗约 60s，测定酸洗前后的酸洗量，控制酸洗量为 30 ~ 60g/m²，目的是去除氧化层（包括内氧化层），以后第二次冷轧和脱碳退火时可形成均匀的内氧化层。高温退火形成的底层不会

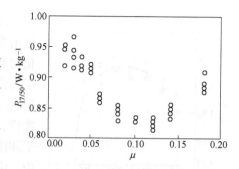

图 7 - 46　冷轧时摩擦系数 μ 与
成品铁损的关系
（MnSe + AlN + Cu + Sb 方案：0.20mm 厚板）

深入到基体中，所以 P_{17} 低，酸洗液中可以加小于 10% 的 S 系化合物作为酸洗促进剂[179]。

7.3.8.2　以 MnS 为主要抑制剂的二次冷轧法

硅钢卷一般用 20 辊轧机冷轧，冷轧前钢卷温度控制在 50 ~ 80℃。第一次冷轧压下率为 60% ~ 70%，经 3 ~ 4 道冷轧，中间退火后经 50% ~ 55% 压下率第二次冷轧，冷轧道次为 2 ~ 3 道。第二次冷轧压下率大于 60% 时，由于抑制能力不足，导致初次晶粒长大，磁性降低。采用 MnS + Cu(CGO)，MnSe + Sb 和 MnSe + Sb + Mo(HiB) 方案，由于加强了抑制能力，第二次冷轧压下率提高到 60% ~ 70%，可使磁性进一步提高。

采用 MnS 方案 CGO 钢和 MnSe + Sb 方案 Hi - B 钢在第二次冷轧过程中经约 250℃ 时效处理，也使磁性提高。如果第一次和第二次冷轧时都经时效处理，P_{17} 进一步降低[180]。MnS + 0.12% Cu 钢第二次冷轧经至少一次时效处理，0.23mm 厚板 $B_8 = 1.87$T，$P_{17} = 0.99$W/kg，0.3mm 厚板 $B_8 = 1.87$T，$P_{17} = 1.14$W/kg[181]。

为降低 P_{17} 将 CGO 或 MnSe + Sb 方案 Hi - B 钢中硅含量提高到 3.3% ~ 3.5% 时，产品弯曲数明显降低。Si > 3.4% 时弯曲数小于 5 次。如果最后一道冷轧时轧辊表面粗糙度 Ra 与硅含量满足 $Ra(\mu m) \leqslant -[Si\%] \times 0.27 + 1.18$，并且脱碳退火后表面氧化层中氧含量控制在 1.0 ~ 2.2g/m² 时，弯曲数可提高到 20 ~ 25 次。一般冷轧轧辊 $Ra = 0.25 ~ 0.30\mu m$，脱碳退火后表面氧化层中 $w(O) = 1.5$ ~ 2g/m²。硅含量增高，Ra 为 0.05 ~ 0.1μm 最合适。当 Ra 为 0.05μm 而氧附着量增多时，氧化层与钢的界面凹凸不平，导致弯曲数降低。而 $w(O) < 1g/m²$ 时，磁性和底层质量均降低[182]。

中间退火前冷轧带在 70 ~ 80℃ 的 2.5% ~ 3% NaOH 水溶液中用电解法去油、刷洗和烘干。中间退火时快升温到再结晶温度以上，使再结晶前回复和多边化过程消耗的储能减少、初次晶粒细小均匀和改善磁性，同时可缩短炉长和提高产

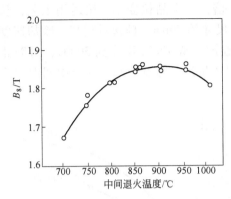

图 7 - 47 CGO 钢中间退火温度对
B_8 的影响

（中间厚度 0.746mm，成品厚度 0.335mm）

量。钢带入炉，先通过煤气明火焰高温加热段，炉温控制在 1200 ~ 1250℃，再经辐射管加热段，使钢带迅速升到规定温度。采用的煤气必须是经过脱硫处理的富煤气（小于 0.05% S），这可减轻钢带表面氧化和不阻碍脱碳。中间退火制度为 850 ~ 950℃ × 2.5 ~ 4.0min（见图 7 - 47）。温度过低，初次再结晶不完善。温度过高，初次晶粒粗大，使冷轧和脱碳退火后初次晶粒不均匀，不利于二次再结晶发展。退火后需快冷。退火气氛为 $d.p. = +20 ~ 30℃$（水温 $+45 ~ 55℃$）的 20% $H_2 + N_2$，控制 $\dfrac{P_{H_2O}}{P_{H_2}} = 0.16 ~ 0.28$

（根据 $PV = RT$ 定律，从均热段取样分析气氛中氢含量，按 $\dfrac{P_{H_2O}}{P_{H_2}} = \dfrac{V_{H_2O}}{V_{H_2}}$ 计算）。调整 $\dfrac{P_{H_2O}}{P_{H_2}}$ 可控制脱碳程度和氧化程度。一般要求中间退火时部分脱碳，使钢中保留 $(120 ~ 400) \times 10^{-6}$ 的 C 含量，目标 C 含量为 250×10^{-6}，目的是增加第二次冷轧时的应变能，有利于脱碳退火时的再结晶。退火气氛中含一定量的氢气，可防止钢带先氧化和促进脱碳（氢原子可将碳原子从晶格间隙中赶出）。

在 950℃ × 5min 中间退火后，从 900℃ 以大于 10℃/s 速度（如 15 ~ 35℃/s）快冷到 500℃，析出细小弥散氮化物和碳化物，可阻碍第二次冷轧时位错移动，促进局部地区位错堆积，使胞状组织更细小均匀，以后脱碳退火时 {110}⟨001⟩ 和 {111}⟨112⟩ 位向胞状组织优先再结晶。快冷也可使第二次冷轧压下率提高到 70%，使磁性明显提高。快升温使位向准确的 (110)[001] 晶粒优先生核和长大。快升温使二次晶核数量增多，二次晶粒尺寸减小，所以 P_{17} 降低。如果在快速升温和快速冷却条件下，中间退火均热区前半部温度比后半部低 20 ~ 100℃，如 950℃ × 2min + 980℃ × 1min，也可使二次晶粒变小，0.3mm 厚板 CGO 钢 B_8 = 1.9T，$P_{17} = 1.09$W/kg[183]。

950℃ 中间退火后，从 770℃ 在 30s 内快冷到 100℃ 和 150 ~ 250℃ × 2 ~ 60s 时效处理，或以小于 20s 时间快冷到 330℃，并在 300 ~ 150℃ 之间冷却 8 ~ 30s，在晶粒内析出 10 ~ 50nm 细小弥散碳化物（以 {100} 为惯习面的 ε - 碳化物），分布密度为 3×10^{15} 个/cm³。这促使第二次冷轧后，(110)[001] 晶粒的储能比其他位向晶粒的储能更大，脱碳退火时，(110)[001] 在 575℃ 就开始再结晶，再结晶织构中（110）[001]组分增加1.3~1.6倍，二次晶粒变小。按通用工艺，从770℃以90s时间冷到100℃，碳化物平均尺寸约70nm。硅含量提高，冷却速度减慢。770℃是 Fe_3C 开始沿晶界析出的温度。从770℃快冷到500℃，可防止 Fe_3C 沿晶界析出。冷却时采用喷水或控制风量进行强制冷却。如果中间退火后立即淬在冰水中，再经250℃×5min时效，在晶粒内将析出100~500nm的粗大针状碳化物。对低碳钢的研究证明，固溶碳促使{110}组分加强和（111）组分减弱，而细小碳化物对形成（111）组分有利。它们阻止位错移动，阻碍再结晶初期的位错重新排列和晶界移动。对3%Si钢的研究证明，10~50nm细小碳化物使脱碳退火后表层（110）[001]组分加强最明显，其次是固溶碳（见图7-48）和100~300nm针状碳化物；沿晶界析出 Fe_3C

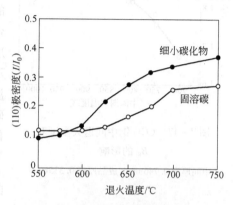

图7-48　碳的形态与初次再结晶退火后表层（110）极密度的关系

时，表层（110）[001]组分最弱；3%Si-Fe在950℃时，碳的固溶度极限为0.023%。第二次冷轧前存在细小碳化物，使冷轧时更早地产生位错缠结和形成小的胞状组织，位错堆积明显并更早地发生晶格转动，形成更多的形变带。也就是说，位错堆积—晶格转动—形成形变带的发生频率增高，而且冷轧应变储能也增高，在脱碳退火时（110）[001]晶粒更早的优先再结晶和长大。冷轧产生的晶体缺陷促使碳的平衡固溶度增加，从而在冷轧后一阶段和初次再结晶发生之前的脱碳退火中，就使这些细小碳化物分解固溶，因此它们不会阻碍（110）[001]晶粒优先生核和长大，使表层（110）[001]组分增强，二次晶粒小，磁性提高[4,184]。

中间退火时，脱碳量（ΔC）应控制在0.006%~0.02%范围，此时中间退火后初次晶粒均匀，脱碳退火后表层（110）[001]组分加强。$\Delta C \leqslant 0.005\%$ 时，中间退火后残存有块状碳化物，初次晶粒不均匀，（110）组分减弱且{111}〈112〉位向分散，二次再结晶不完全（有细晶）。$\Delta C \geqslant 0.021\%$ 时，细小碳化物数量少，初次晶粒也不均匀，（110）组分减弱，二次晶粒大且位向不准[31,184]。

Armco提出，MnS+约0.1%Cu的CGO钢（0.025~0.03%C，≤0.0015% Als），将Si含量提高到3.4%（不提高碳含量），热轧板经1000℃×30s常化，在900~930℃×3~8s中间退火后，以不大于835℃/min的速度冷到540~650℃，再以大于835℃/min速度快冷到310~540℃析出细小 Fe_3C，磁性高，热轧板不脆，冷轧加工性好，产量提高不小于20%。热轧板可经常化。Si含量提高可提高 C 的活度，即提高 Fe_3C 析出温度和形成粗大 Fe_3C，所以控制中间退火后冷速，以析出细小 Fe_3C。高于 690℃ 时，Fe_3C 开始固溶。高于 900℃ 时少量 α–Fe 变为 γ–Fe，C 固溶更快而阻碍晶粒长大，所以采用 900～930℃ 低温短时间中间退火（以前通用的中间退火温度为 950℃×≥30s），形成的 γ–Fe 数量少（小于 5%），并均匀分布在 α–Fe 中，以后转变为 α–Fe 的同时，析出细小 Fe_3C。首先，以不大于 835℃/min 速度冷却到 540～650℃，促使 γ–Fe 转变为过饱和碳的 α–Fe（在约 650℃ 时开始析出 Fe_3C，高于 570℃ 时沿晶界析出，低于 570℃ 时在晶内析出），然后快冷至 310～540℃，析出细小 Fe_3C[185]。随后又提出在 3.4% Si 钢中加 0.3%～0.5% Cr，加 Cr 可提高 ρ、冲击韧性和冷轧加工性，也扩大 γ 相区。成品 $ρ = 45～50μΩ·cm$，磁性高。热轧板表层（板厚 15～40% 区域）$γ_{11150}$ = 2.5%～10%。热轧板经 1000℃×30s 常化，中间退火后以小于 10℃/s 速度冷到 650℃，再以不小于 23℃/s 速度快冷，析出细小 Fe_3C[186]。

Thyssen 公司提出，MnS + 0.06% Cu 钢经 1000～1020℃×180s 中间退火后以大于 50K/s 速度水冷后，在停放时间不大于 3 个月内，再经 450～650℃×100～600s 处理，沿晶界和晶粒内都析出 50～200nm 细小 Fe_3C，以后脱碳速度加快，同时二次晶核数量增多。热轧板可经 900～1100℃ 常化。0.3mm 厚板 B_8 = 1.87T，P_{17} = 1.16W/kg；0.27mm 厚板 B_8 = 1.87T，P_{17} = 1.08W/kg；0.23mm 厚板 B_8 = 1.85T，P_{17} = 1.06W/kg[187]。

中间退火气氛的 P_{H_2O}/P_{H_2} 控制为 0.4～2 时，成品磁性和底层质量都好（涂绝缘膜附着性提高）。因为板厚方向 Si 浓度梯度小，即表层脱 Si 量少，以后脱碳退火时内氧化层中 SiO_2 所占比例高。$P_{H_2O}/P_{H_2} < 0.4$ 时，表层 Si 优先氧化；$P_{H_2O}/P_{H_2} = 0.4～2$ 时，Si 和 Fe 同时氧化，但 Si 氧化程度减小[188]。

7.3.8.3 冷连轧法

3% Si 钢冷轧时变形抗力大，易断带，多采用辊径约 80mm 和小于 700m/min 低速的二十辊冷轧机进行生产。而美国用 3 机架或 4 机架冷连轧机生产取向硅钢。冷连轧机轧速高、产量大，每小时可轧 80t，相比二十辊轧机每小时 20t，产量提高 4 倍。但冷连轧使钢带表面较粗糙，因为轧制时在轧辊咬角处带入轧制油。表面粗糙阻碍畴壁移动，而且由于表面积增大，表层 MnS 浓集量增多，抑制力减弱，这都使磁性变坏，形成的绝缘膜也不均匀。为解决冷连轧机冷轧表面粗糙和易断带问题，川崎进行了以下工作并在日本首先采用冷连轧法生产。

{110}⟨001⟩ 位向晶粒是通过 {112}⟨111⟩ 或 {110}⟨111⟩ 滑移系在轧辊中心点相互以相反方向转动而形成的。采用 3 机架冷连轧机从 0.8mm 冷轧到 0.3mm 厚时，(110) 面在轧辊出口处的转动角 θ 与 P_{17} 的关系如图 7–49 所示。θ 小，P_{17} 降低。冷轧道次减少或某一道压下率大于 45% 都使 θ 减小。磁性与二十辊轧机轧制的相同[189]。

冷连轧机辊速大于 1000m/min，最后一架压下率 r 满足下式：$r \geqslant 0.06R - 20$（R 为辊径，mm）时，钢带表面光滑，表面粗糙度 $Ra < 0.4\mu m$，磁性好。由图 $6 - 32b$ 和 c 看出，r 越小或 R 越大，Ra 值高，即表面越粗糙。高速冷轧时，咬角区带入更多的轧制油而使表面粗糙。3% Si 钢偏平率比低碳钢高，变形抗力更大，带入更多的轧制油。当 R 小，r 大时，带入的轧制油减少，所以表面光滑。0.23mm 厚 MnSe + Sb 方案第二次冷轧用连轧机，在辊速 1500m/min 时，$R = 300mm$，最后一道冷轧 $r = 30\%$，$P_{17} = 0.82W/kg$，$B_8 = 1.925T$，$Ra = 0.15\mu m$。当

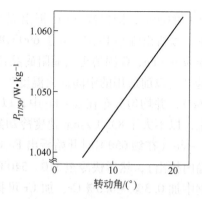

图 7 - 49　转动角与铁损的关系
（3 机架冷连轧机；工作辊直径 300mm；
轧制速度 500m/min；3% Si；
从 0.8mm 轧至 0.3mm）

$R = 600mm$，$r = 9\%$ 时，$P_{17} = 0.95W/kg$，$B_8 = 1.895T$，$Ra = 1.05\mu m$[190]。

冷连轧时采用 $\phi 80 \sim 450mm$ 工作辊，控制表面轧制油附着量小于 $3g/m^2$，表面光滑，冷轧效率高，成本低。小于 $\phi 80mm$ 轧辊不能采用高速冷轧，因为转速增大，轧辊和轴瓦寿命短。$\phi > 450mm$ 轧辊压下载荷增大，两辊之间的面压力增大，也使轧辊寿命缩短，并且不易轧成不大于 0.23mm 厚带。轧制油附着量小于 $3g/m^2$ 时，冷轧带 $Ra < 0.4\mu m$。轧制油的浓度和黏度越小，油附着量也减少，但冷轧载荷增大[191]。

MnS 等方案二次冷轧法时，第二次冷连轧后期至少经一道次低黏性油（小于 $15mm^2 \cdot s^{-1}/50℃$）润滑和轻压下率冷轧到成品厚度，其他道次都用高黏性油（$20 \sim 60mm^2 \cdot s^{-1}/50℃$）和大压下率冷轧，可减小表面粗糙度，并且冷轧载荷量减小。如果都用低黏性油轧制，冷轧载荷量增大，钢带形状不好，而且由于张力大易断带。如果最后一机架的压下率比其他道次压下率大 $1.1 \sim 1.4$ 倍，可改善表面粗糙度。表面粗糙度取决于冷轧时的油坑，最后一道压下率增大可使油坑最小，表面粗糙度减小。如果第三道冷轧时用表面粗糙的轧辊（轧辊表面经砂轮研磨或激光照射后 $Ra = 0.3 \sim 5\mu m$），可更有效地破坏中间退火时形成的表面氧化膜，并且钢带表面沿轧向形成沟槽而更有效地排除轧制油，冷轧后钢带表面 $Ra < 0.4\mu m$，但磁性较低。如果中间退火后钢带表面经机械研磨（砂带或金属刷等）或酸洗去除氧化膜，连轧机最后一个机架用 $Ra < 0.4\mu m$ 光滑辊冷轧和采用黏度为 $2 \sim 5mm^2 \cdot s^{-1}/50℃$ 轧制油，成品表面光滑。去掉氧化膜后冷轧时钢带表面产生的凸凹区细化，并且由于沿轧向研磨，钢带表面产生许多细小沟槽，冷轧时轧制油易跑出[192]，但成本增高。如果第二次冷轧时第一机架轧辊 $Ra = 1 \sim 3\mu m$，其他轧辊 $Ra = 0.05 \sim 0.5\mu m$，并经倾斜研磨，第一道冷轧破坏内氧化层以

确保高的摩擦系数，以后用倾斜研磨的光滑轧辊冷轧防止形成油坑，而且钢板 $Ra < 0.35\mu m$，磁性和表面都好[193]。

AlN 方案或 MnSe + AlN 方案在最终 80% ~95% 压下率冷轧前，沿轧向经研磨去除氧化膜，使单面氧附着量小于 $0.5g/m^2$，横向 $Ra = 0.5 ~3.5\mu m$，再经连轧机时效冷轧。冷轧后在 3% 正硅酸钠电解去油时，使表面硅附着量为 0.3 ~ $9mg/m^2$，成品底层质量和磁性都提高[194]。

采用辊径 300 ~600mm 连轧机冷轧，磁性较低，如果冷轧机后机架用小辊冷轧，由于轧速高，钢带表面变坏，而且在高润滑情况下滑移，板厚波动大。如果后一机架辊径为 100 ~400mm，轧辊表面光滑度 $Ra = 0.3 ~3\mu m$，在无润滑情况下经 0.5% ~10% 临界压下，磁性和表面状态都好，表层剪切应变量增大，(110) [001] 取向度提高[195]。

MnS 方案用冷连轧机冷轧时，第二次冷轧采用辊径 250 ~450mm 并调节润滑油流量和浓度，在合适的摩擦系数条件下冷轧，初次再结晶织构中 (110) 组分加强，成品长度方向磁性均匀[196]。

AlN + MnS 方案冷连轧机冷轧时，将板温控制在 100 ~300℃ 进行动态时效，卷取后停留 20min 以上进行静态时效，磁性提高[197]。常化后从 700℃ 以大于 10℃/s 速度快冷到 150℃，使 C（或 N）处于固溶状态，或从 900℃ 快冷到 500℃，析出小于 70nm 细小 Fe_3C。冷连轧时各机架咬入时的板温高于 80℃ 和每道压下率大于 20%，可保证使 C、N 原子扩散到位错处和促进细小 Fe_3C 固溶，提高固溶碳含量进行静态时效，磁性高[198,199]。

AlN + MnS 方案二次冷轧法制造 0.23mm 厚成品时，第二次大压下率冷轧时前段用冷连轧机低于 100℃ 冷轧到约 0.75mm 厚，后段在可逆式轧机（如二十辊轧机）经 125 ~300℃ 冷轧，$B_8 = 1.98T$，$P_{17} = 0.81W/kg$（通用的二十辊冷轧法 $B_8 = 1.93T$，$P_{17} = 0.89W/kg$）。前段冷连轧时引入的位错数量少，低于 100℃ 可保证细小 Fe_3C 不粗化，并且是均匀变形，使脱 C 退火后 {222} 组分更强，B_8 提高。后段经冷轧时效使二次晶粒变小，P_{17} 降低[200]。

新日铁也证明，冷连轧机制的成品与二十辊轧机生产的产品磁性相同。一般冷连轧机速度约为 1400m/min，在两卷钢带焊接区，为防止断带减速到约为 400m/min，而钢卷中部地区为保证焊接时间而减速到 700m/min，这使减速地区的 P_{17} 增高。因为冷轧速度降低。脱碳退火后初次晶粒尺寸变小，二次再结晶驱动力增大，位向不准的晶粒也进行反常长大，取向度降低。冷轧速度增大，即应变速度增大，冷轧后储能降低，所以初次晶粒尺寸增大。如果控制冷轧速度变动值 $\Delta v < 400m/min$（Δv 为一卷中与最大轧速之差），最后一机架轧速大于 1000m/min 时，成品磁性波动小，$\Delta P_{17} \approx 0.02W/kg$[201]。

对冷轧板厚度和厚度公差的要求见表 7 - 7。此外，要求冷轧板无翘曲、无辊印、无划伤、表面光洁，两边的波浪度在退火后能消除。

表 7 – 7　冷轧板厚度与厚度公差

标定厚度/mm	控制厚度/mm	厚度公差/mm
0.35	0.335	±0.02
0.30	0.285	±0.02
0.28	0.265	±0.02
0.27	0.260	±0.015

7.3.9　脱碳退火

冷轧到成品厚度的钢带在连续炉内进行脱碳退火。其目的是：完成初次再结晶，使基体中有足够数量的 (110)[001] 初次晶粒（二次晶核）有利于它们长大的初次再结晶织构和组织；将钢中碳脱到 0.003% 以下，保证以后高温退火时处于单一的 α 相，发展完善的二次再结晶组织和去除钢中硫和氮，并消除产品的磁时效；钢带表面形成致密均匀的 SiO_2 薄膜（$2 \sim 3 \mu m$ 厚）。

通用的脱碳退火制度是，快升温到 $835 \sim 850℃ \times 3 \sim 4min$，保护气氛为湿的 $20\% H_2 + 80\% N_2$，$d.p. = +35 \sim 45℃$（水温 $60 \sim 65℃$），$\dfrac{P_{H_2O}}{P_{H_2}} = 0.35 \sim 0.45$，冷却段通干的 $20\% H_2 + 80\% N_2$，$d.p. < -20℃$，$\dfrac{P_{H_2O}}{P_{H_2}} = 0.03$，再喷氮气快冷。脱碳退火后取样分析碳含量。

7.3.9.1　碱洗去油

脱碳退火前冷轧钢带一般在 $70 \sim 80℃$ 的 $2.5\% \sim 3\% NaOH$ 水溶液中用电解法去油、刷洗和烘干，也常采用 3% 正硅酸钠（Na_2SiO_4）水溶液电解去油法。川崎提出，在 $3\% Na_2SiO_4$ 水溶液中电解去油时，要控制好 Si、O、H 形成的化合物中 Si 电沉积量（即单面 Si 附着量）为 $0.5 \sim 7mg/m^2$，这可促进脱 C 退火时形成 Fe_2SiO_4，抑制 FeO 的形成，以后形成的底层均匀。调整电解处理时 Fe 离子浓度大于 $70mg/L$（$90 \sim 110mg/L$），可保证上述 Si 附着量。因为 Fe 离子浓度增多，Si 化合物电沉积量增多。Si 化合物电沉积量用荧光 X 射线分析法测出，再换算为 Si 含量。但 Fe 离子在 Na_2SiO_4 水溶液中一般都以 $Fe(OH)_2$ 沉积，电解液中很少存在 Fe 离子，因此要在 Na_2SiO_4 电解液中加约 $3g/L$ 螯合剂（如柠檬酸亚铁、葡萄糖酸钠），电解时电离密度小于 $30c/dm^2$。控制电解液中卤素、硫酸、硝酸等离子总量小于 $500mg/L$（如 $300 \sim 350mg/L$），也可保证 Si 附着量。因为钢板为阳极时表面被这些离子侵蚀，电沉积的 Si 化合物部分脱落。电解温度高，Si 化合物反应速度增大，电离密度也应增大[202]。

脱碳退火前钢带表面光滑可改善底层质量，但过度光滑使脱碳退火时形成的内氧化层少，底层形成不充分，钢带边部出现黑色图案，附着性变坏。如果在加有少量界面活性剂的 3% Na_2SiO_4 电解液中装 4 对电极进行交替电解去油（最后一极以钢板作负极），调节电离密度很容易控制钢带表面电沉积硅化合物，使表层 Si 富集促进以后内氧化层形成[203]。

在脱碳退火生产线上测电解去油后表面粗糙度 Ra 或硅附着量或脱碳退火后钢带表面氧附着量，再反馈控制电解去油的电离密度（如 Ra 小，电离密度增大）以保证脱碳退火后的氧附着量（控制内氧化层量）[204]。

新日铁研究证明，采用 60℃ 的 5% NaOH 电解液去油（电离密度为 25c/dm^2）时，钢带表面 Na 和 Si 电附着量与电离密度无关。脱碳退火后表面氧附着量波动小，底层质量好。而采用 Na_2SiO_4 电解液去油，Na 和 Si 电附着量随电离密度增高而增多，脱碳退火后氧附着量波动。冷轧后到脱碳退火的钢卷停放时间在 14 天以内，否则钢带表面的油和水分变质，而且钢带也会生锈，以后电解去油不易干净[205]。

7.3.9.2 脱碳机理

脱碳是靠气氛中水蒸气，反应式为 $H_2O + C \rightleftharpoons H_2 + CO$。在流动的气氛中 CO 不断排出炉外，气氛中 CO 含量最好小于 6%。碳从内部不断向表面扩散。影响脱碳速度的主要因素是温度、时间和气氛露点或 $\dfrac{P_{H_2O}}{P_{H_2}}$ 比。随温度升高，碳的扩散系数 D 增加，脱碳速度加快。但碳在 γ 相中的 D_γ 比在 α 相中 D_α 小，850℃ 时 $\dfrac{D_\alpha}{D_\gamma} = 77.6$，因此在存在 γ 相温度下，脱碳速度减慢。再者，温度过高，氧化速度加快，当氧化速度大于脱碳速度时，表面形成含 SiO_2 的致密氧化膜可阻碍脱碳。气氛中不含氢气，钢带容易先氧化而阻碍脱碳。但含氢量过高，为保证脱碳的 $\dfrac{P_{H_2O}}{P_{H_2}}$ 比，水蒸气量要增大，这也易使钢带先于脱碳而氧化。钢带在脱碳反应的后期，钢中硅与水蒸气起以下氧化反应：$Si + H_2O \longrightarrow SiO_2 + H_2$，表面形成以 SiO_2 为主的致密氧化薄膜。

冷轧带厚度的平方与脱碳时间成正比。钢带减薄，脱碳速度加快，退火时间缩短。

北京钢铁研究总院罗海文根据取向硅钢脱碳退火的化学反应机理及钢带内部碳扩散动力学，建立了对硅钢动力学的数值模型，定量地描述钢带厚度、退火温度、退火气氛对脱碳的影响。模型计算结果与实测数据基本吻合。计算结果表明，在铁素体单相区，当表面氧化没有形成致密氧化物而阻碍脱碳反应时，提高退火温度和气氛中氢气比例或气氛露点都可加速脱碳，但以提高温度效果最明显。特别是对厚的钢带而言，提高退火温度最有效，因为厚度方向的碳扩散是脱碳的重要环节，而退火气氛影响界面处的气 – 固反应的动力学[206]。

7.3.9.3　内氧化层形成机理

脱碳退火的同时，在钢带表面形成以 SiO_2 为主的内氧化层，以后它与 MgO 形成致密的结晶陶瓷状 Mg_2SiO_4 底层，一般约 1μm 厚。图 7 – 50a 所示为 Si – Fe 合金的氧势（P_{H_2O}/P_{H_2}）和温度与形成的氧化物种类的关系。由于 Si 和 O 的亲和力强，3% Si 钢在 $P_{H_2O}/P_{H_2} = 0.37$ 和 850℃ 脱碳退火条件下就可形成内氧化层。内氧化现象是指 O 往钢内部扩散速度比溶质元素（如 Si）往外部扩散速度更快的氧化现象。一般用红外线吸收光谱测定残渣法（如 FT – IR 法）来确定内氧化层中组分。图 7 – 50b 为 3% Si 钢在约 830℃ 附近 P_{H_2O}/P_{H_2} 与形成的氧化膜结构示意图。根据以上两个图证明，$P_{H_2O}/P_{H_2} \approx 0.15$ 时，形成 SiO_2 内氧化膜；$P_{H_2O}/P_{H_2} = 0.15 \sim 0.6$（脱碳退火条件）时，形成表层为 Fe_2SiO_4，内层为 SiO_2 的内氧化层，在此条件下可顺利地进行脱碳；$P_{H_2O}/P_{H_2} > 0.6$ 时，形成 FeO 外氧化层，阻碍钢板表面与气氛直接接触，即脱碳反应形成的 CO 气体不易放出而影响脱碳，而且 FeO 对以后形成的底层有很坏的影响；$P_{H_2O}/P_{H_2} \approx 0.03$ 时，形成致密的非晶质 SiO_2 外氧化膜，可明显阻碍脱碳[207]。

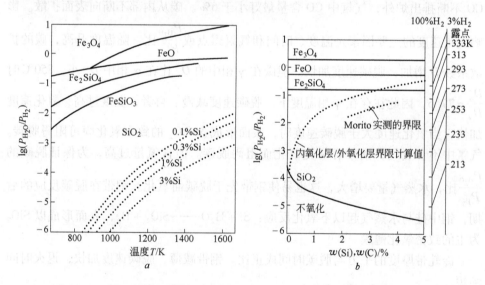

图 7 – 50　硅钢中氧化物热力学稳定性和 1123K 时硅钢中氧化物形成示意图
a—硅钢中氧化物热力学稳定性；b—1123K 时硅钢中氧化物形成示意图

用红外线法测定费时间，如果采用电化学法（0.5% NaCl 电解液，75mA 固定电流）以试样作为正极（预先将试样一面的内氧化层去掉），在正极发生 $Fe \longrightarrow Fe^{3+} + 3e^-$ 反应。由于 Fe 溶解将内氧化层破坏，测定电压 – 时间曲线，经 5min 测量后，内氧化层完全电解掉，根据此曲线可确定出内氧化层组分和结构。证明内氧化层表面为 Fe_2SiO_4，中层为球状 SiO_2，内层主要为片状 SiO_2[208]。控制片状 SiO_2 层厚度为 $0.2 \sim 3.6\mu m$，并在嵌入基体中所占面积率为 $8\% \sim 53\%$ 时，底层附着性好[209]。

用 FT-IR 法、GDS 和 XPS 法分析 CGO 钢在 840℃ 和 900℃ 脱碳退火后氧化层，证明内氧化层厚度平方与 P_{H_2O}/P_{H_2} 呈直线正比关系。随内氧化层厚度增大，O 附着量增高。840℃ 脱碳效率比 900℃ 更高，因为 900℃ 形成的内氧化层质点粗化且分布均匀，使碳扩散速度减慢。840℃ 和 $P_{H_2O}/P_{H_2} = 0.2$（低 $d.p.$）时，表面只有金属 Si，$P_{H_2O}/P_{H_2} = 0.34$（高 $d.p.$）时为 $SiO_2 + Fe_2SiO_4$。900℃ 和低 $d.p.$ 时，表面为一薄层 SiO_2。随 $d.p.$ 增高，SiO_2 减少，Fe_2SiO_4 增高。内氧化层中 O 附着量为 $1.6g/m^2$ 以及 Fe_2SiO_4 数量合适，可形成均匀光滑的 Mg_2SiO_4 薄膜，P_{17} 降低[210]。

7.3.9.4 快速升温

快速升温可提高再结晶所需的储能，使初次晶粒均匀和提高表层二次晶核数量并防止其他位向晶粒长大，二次晶粒尺寸减小，P_{17} 降低。为保证快速升温，连续炉先经明火焰加热，再经辐射管加热，升温速度一般为 $15 \sim 25℃/s$。根据 Al_R 值 $[w(Al_R) = w(Als) - 27/14w(N)]$ 可调整脱碳退火升温速度。Al_R 高，升温速度慢。$Al_R = 60 \times 10^{-6}$ 时，$40℃/s$ 升温；$Al_R = 104 \times 10^{-6}$ 时，$25℃/s$ 升温；$Al_R = 139 \times 10^{-6}$ 时，$10℃/s$ 升温[211]。

新日铁广畑厂首先采用两对导电辊直接通电加热使钢带升温速度提高到大于 $80℃/s$ 的快速加热法，P_{17} 明显降低，与细化磁畴效果相同，B_8 也提高，并已在生产上使用。直接加热法效率约为 85%，比感应加热法（效率约为 60%）更节能。图 7-51 为直接通电装置示意图。两对导电辊密封在箱中并通还原性保护气氛。R_1 和 R_2 辊

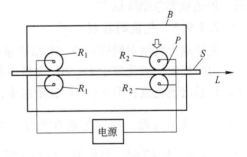

图 7-51 双辊直接通电装置示意图

径都约为 $\phi200mm$，第二对导电辊 R_2 表面经金属或陶瓷喷射处理，形成 $100 \sim 300\mu m$ 厚绝热层，降低辊的热传导系数，使钢带散热慢。要保证 R_2 的 P 点冷却时钢带散热量低于 200℃，防止钢带由于快冷残存应变而降低 B_8。Hi-B 钢以大于 $80℃/s$ 速度快升温到高于 700℃，二次再结晶开始温度降低 $25 \sim 50℃$，二次晶粒尺寸为 $4 \sim 6mm$，而位向也准，同时最终高温退火时可采用 $30 \sim 50℃/h$ 速度快升温。$0.23mm$ 厚板 $B_8 = 1.94T$，$P_{17} = 0.74W/kg$，快升温阶段 P_{H_2O}/P_{H_2} 控制小于 0.2，防止形成过多的 Fe_2SiO_4 而使底层变坏。不过升温时形成致密的氧化层，脱碳效果不好。如果在 R_1 和 R_2 之间控制钢带张力为 $9.8 \sim 39MPa$（$1 \sim 4kg/mm^2$），

即 R_2 处（高温辊）的压下力为 $9.8 \sim 39 \mathrm{MPa}$，并且 R_2 辊预先经感应加热到高于 $200\,\mathrm{℃}$ 时，升温阶段 P_{H_2O}/P_{H_2} 可提高到大于 0.2（气氛中 $O_2 < 400 \times 10^{-6}$），防止形成致密氧化层，脱碳效果好，板形也好。如果将快升温区与均热区装一通道分开，则在快升温区出口处 $P_{H_2O}/P_{H_2} \geqslant 0.4$。或是采用二段脱碳退火（前段均热温度低后段温度高）也可[212]。在含 $10^{-4} \sim 10^{-1} \mathrm{H_2O}$ 或 $10^{-6} \sim 10^{-3} \mathrm{O_2}$ 的气氛中，以大于 $100\,\mathrm{℃/s}$ 速度快升温，二次晶粒位向准确（小于 $5°$），B_8 高，P_{17} 低，而且底层质量好。$180°$ 磁畴平均宽度小于 $0.26 \mathrm{mm}$，P_{19} 比 P_{17} 降低更明显[213]。

八幡厂提出的直接加热法中大于 $50\,\mathrm{℃/s}$ 升温速度 R 与快升温到达的温度 T 应满足下式：$780 - 2/5R \leqslant T \leqslant 888 - 1/4R$[214]。双辊直接通电法装置较复杂，如果采用感应间接加热法装置更简单。图 7-52 为此装置示意图。钢带先经辐射管以约 $20\,\mathrm{℃/s}$ 速度升到约 $550\,\mathrm{℃}$，再经感应加热（升温速度最好控制为 $75 \sim 125\,\mathrm{℃/s}$）到 $720\,\mathrm{℃}$，然后再经辐射管加热到脱碳退火温度。感应快速加热温度不能超过钢板的居里点，因为此时无法产生快加热所必需的涡电流，加热效率急剧降低[215]。

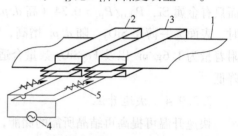

图 7-52　感应间接加热法装置示意图
1—钢带；2，3—两个分别控制的相同形状的加热线圈；4—交流电源；5—可变电抗器

7.3.9.5　气氛的控制

脱碳退火气氛对脱碳效应、底层质量和抑制剂的抑制能力有很大影响。

川崎提出，氧化膜中 Fe_2SiO_4 含量多和 SiO_2 含量少时，以后形成的底层厚度不均，易出现亮点；但 Fe_2SiO_4 含量过少，形成的底层也不均匀，而且由于氧化膜中总氧含量过低，底层附着性变坏。如果控制 $\dfrac{P_{H_2O}}{P_{H_2}} = 0.3 \sim 0.5$，使 $Fe_2SiO_4/SiO_2 = 0.05 \sim 0.45$ 时，形成的底层质量好。钢中的硫不会过早进入氧化膜中，保持强的抑制力，磁性也好。当 $\dfrac{P_{H_2O}}{P_{H_2}} > 0.5$ 时，表面很快形成 Fe_2SiO_4，使脱碳困难，而且不易控制 Fe_2SiO_4/SiO_2 比；$Fe_2SiO_4/SiO_2 < 0.05$ 时，底层附着性变坏且不均匀；$Fe_2SiO_4/SiO_2 > 0.45$ 时，将产生很多亮点[216]。

随后提出升温区 $P_{H_2O}/P_{H_2} = 0.2 \sim 0.4$，比均热区 $P_{H_2O}/P_{H_2} = 0.4 \sim 0.6$ 低，即升温时氧化缓慢进行，以后不阻碍脱碳。脱碳退火后内氧化层中氧附着量为 $0.7 \sim 2.5 \mathrm{g/m^2}$，而且控制正硅酸钠电解去油后硅化合物中硅附着量最好为 $2 \sim 5 \mathrm{mg/m^2}$，成品磁性和底层好。氧附着量是表示内氧层数量的重要指标。此时形成的内氧化层中 Fe_2SiO_4、$FeSiO_3$ 和 SiO_2 成分比为 $A_f : A_c : A_s = 1 : 0.4 \sim 3 : 0.2 \sim 3$（红外线吸收能谱的吸光度）。$FeSiO_3$ 是在 SiO_2 区和 Fe_2SiO_4 区之间的氧势下形成的，即 $Fe + SiO_2 + O \Longrightarrow FeSiO_3$。$FeSiO_3$ 与 Fe_2SiO_4 相比，它为亚稳定相，化学活性低。SiO_2 的化学活性也比 Fe_2SiO_4 低。$FeSiO_3$ 和 SiO_2 与 Fe_2SiO_4 共存可保持表面化学活性度更稳定，这在最终高温退火时可提高抗过氧化能力，所以底层和磁性都好。高温退火时升到 850~950℃ 低温区，Fe_2SiO_4 与 MgO 反应，先形成一部分 Mg_2SiO_4，即 $Fe_2SiO_4 + 2MgO \longrightarrow Mg_2SiO_4 + 2FeO$，它可起保护作用防止过氧化，并保持表层的抑制力。而且 Fe_2SiO_4 可起到 $2MgO + SiO_2 \rightarrow Mg_2SiO_4$ 反应的触媒作用，使 Mg_2SiO_4 底层开始形成的温度降低。脱碳退火后取样经 70℃ 的 5% HCl 水溶液轻酸洗 60s，使 Fe、FeO 和 Fe_2SiO_4 溶解而 SiO_2 不溶解，测定酸洗前后试样质量之差，即酸洗减量小于 $0.3g/mm^2$。这说明形成的内氧化层好。酸洗减量是评价内氧化层质量的重要指标。因为酸洗减量表示表面的化学活性度，酸洗减量高，表面反应性高，高温退火时过氧化量增多，阻止形成 Mg_2SiO_4，底层不均匀，而且使 MnS、AlN 氧化分解，表层抑制力降低，磁性变坏。酸洗减量与采用钢的抑制剂有关，含 Al 和 Cu 时酸洗减量降低，含磷多时酸洗减量增多。退火气氛中的 H_2 量最好大于 20%，如 50%~75% $H_2 + N_2$。冷却时气氛为干的（$d.p. = 5~15℃$）100% N_2 或 75% $N_2 + H_2$，目的是防止内氧化层的外层 Fe_2SiO_4 被还原为 SiO_2，即内氧化层 Fe_2SiO_4 中减少，SiO_2 增多，使 Fe_2SiO_4/SiO_2 比值降低[217]。

为了便于控制气氛，一般连续炉的加热区、均热区和冷却区分别经密封隔开，在各区的中部通进气管，两个边部出气。脱碳退火气氛来源一般都用分解 NH_3，即 75% $H_2 + 25%$ N_2，再根据需要另外通氮气来调整所需的 H_2 和 N_2 比例。排出的气体经净化装置处理后再返回炉中使用。

7.3.9.6 两段退火工艺

新日铁首先提出两段退火工艺，其优点是充分脱碳，改善底层质量，更稳定地发展二次再结晶且二次晶粒小，从而改善磁性。合适的工艺是前段控制 $\dfrac{P_{H_2O}}{P_{H_2}} = 0.4~0.65$，750~880℃ ×60~120s，后段 $\dfrac{P_{H_2O}}{P_{H_2}} = 0.15~0.30$，870~950℃ ×40~60s。前段 $\dfrac{P_{H_2O}}{P_{H_2}}$ 较高，形成 5~7μm 合适厚度，但 SiO_2 含量较少的疏松氧化层和进行脱碳。后段 $\dfrac{P_{H_2O}}{P_{H_2}}$ 低和更高温度短时间保温，可防止表面过分氧化，以后高温退火时更早地形成底层，有效地阻止表面从气氛中吸收过多的氮气[218]。

随后又提出前段（800~850）℃ ×（60~120）s，$P_{H_2O}/P_{H_2} = 0.2~0.45$，后段（850~900）℃ ×（20~40）s，$P_{H_2O}/P_{H_2} = 0.003~0.01$（如 $d.p. = -20℃$）的不氧化性气氛下退火，可提高内氧化层中 SiO_2 含量，使高温退火升温时 AlN 和 MnS

更慢分解。脱碳退火后钢板中 $w(O) = 0.03\% \sim 0.07\%$，底层好，$B_8$ 提高[219]。

川崎也提出脱碳退火时前段 $\dfrac{P_{H_2O}}{P_{H_2}} = 0.4 \sim 0.7$，$780 \sim 820℃ \times 50 \sim 60s$ 和后段

$\dfrac{P_{H_2O}}{P_{H_2}} = 0.08 \sim 0.4$，$830 \sim 870℃ \times 10 \sim 300s$ 的两段退火法，改善了初次再结晶织构和磁性。如果前段为 $530 \sim 700℃$ 再结晶，后段为 $800 \sim 850℃$ 脱碳退火，则初次再结晶织构中 $\{hkl\}\langle 001 \rangle$ 组分加强，其中约 30% 晶粒为 $\{110\}_{>10°} \langle 001 \rangle_{<10°}$，使成品横向磁性提高，装配因子 $B.F.$ 降低。0.30mm 厚 $MnSe + Sb + Mo$ 方案的 $P_{17} = 1.03W/kg$，$B_8 = 1.93T$，$B.F. = 1.13$[220]。

7.3.9.7　脱碳退火前工艺

为了促进脱碳退火时脱碳、加强初次再结晶织构中 $(110)[001]$ 组分（减小二次晶粒尺寸）和改善底层质量，脱碳退火前可采取以下措施。

A　促进脱碳方法

涂碱金属盐水溶液（如 K_2CO_3，KCl，Na_2CO_3，$NaCl$）等脱碳促进剂，涂料量为 $0.2 \sim 3g/m^2$，然后在 $\dfrac{P_{H_2O}}{P_{H_2}} < 0.2$ 和 $850 \sim 1000℃ \times 30 \sim 60s$ 条件下脱碳退火，使 $C < 20 \times 10^{-6}$，初次晶粒小且均匀长大，二次再结晶稳定。$925 \sim 950℃$ 的脱碳时间比 $830 \sim 850℃$ 退火时缩短一半以上。此工艺对生产薄带更有利[221]。

B　减小二次晶粒尺寸方法

冷轧带经浓度为 $0.01 \sim 0.05mol/L$ 碱金属或碱土金属盐水溶液［如 $Mg(NO_3)_2$，$CaCl_2$ 等］、$80℃$ 电解处理后再经脱碳处理，一方面可促进脱碳，另一方面加强 $(110)[001]$ 组分，使二次晶粒变小，P_{17} 降低约 $0.04W/kg$。按 $MnSe + Sb$（或再加钼）方案制造 $Hi - B$ 钢时，中间退火前或脱碳退火前沿横向局部分别交替喷涂脱碳促进剂［$Mg(NO_3)_2$，$Ca(NO_3)_2$，$NaCl$ 等］和脱碳抑制剂［$MgSO_4$，$SnCl_2$，$Na_2S_2O_3$，$Sn(NO_3)_4$ 等］，间隔 5mm、涂料区宽 $0.3 \sim 1mm$、涂料温度 $40 \sim 90℃$、钢板温度为 $50 \sim 250℃$，也可促使二次晶粒尺寸减小，P_{17} 降低[222]。

喷涂或辊涂锡、铋、锑、硒等第 IV_b、V_b 和 VI_b 族元素化合物水悬浮液（如 Na_2SnO_3、$SnSO_4$、SnO_2、SnS、Sb_2O_3、Sb_2S_3、BiO_3 等），浓度不小于 $0.001mol/L$，再经脱碳退火，使成品二次晶粒变小（$4 \sim 6mm$），P_{17} 降低约 $0.08W/kg$，B_8 提高约 $0.02T$。因为这些锡、铋、锑等化合物不易溶于水，用小于 $1\mu m$ 细粉混在水中形成悬浮液[223]。

C　改善底层质量方法

为提高底层附着性和产生大的拉应力来改善磁性，一般希望底层较厚。通用的脱碳退火工艺是在较高 $\dfrac{P_{H_2O}}{P_{H_2}}$ 气氛下延长退火时间，使表面形成较厚的以 SiO_2 为

主的氧化膜。但这也使氧化膜中 Fe_2SiO_4 和 FeO 含量增多，底层质量变坏，并使硅、硫、锡、铜等有利元素在表面浓集。

脱碳退火前在硅酸盐水溶液中（ $0.5\% \sim 5\%$ Na_2SiO_4，Na_2SiO_3 等）电解去油时，冷轧带表面附着一定量的硅，每面为 $0.5 \sim 7mg/m^2$，这可减少氧化膜中 FeO 含量，加速形成 SiO_2 和 $2FeO \cdot SiO_2$，改善底层质量。如果碱洗去油后控制表面残余钠化合物数量，即钠附着量（ x ），并且 x 与脱碳退火后氧化膜中氧含量（ y ）满足下式：$(0.43x)^2 + (0.50y)^2 \leqslant 1(y = 1 \sim 2g/m^2)$，可形成好的底层。调整气氛中氢含量和 $d.p.$，可控制 Fe_2SiO_4 含量，但不能同时控制氧化膜中氧含量 y。如果 Fe_2SiO_4 含量增多，以后高温退火时氢将 Fe_2SiO_4 还原，各圈钢带间气氛氧化性增高，局部地区又形成 SiO_2，底层加厚且不均匀，附着性变坏，亮点增多，界面不平，使叠片系数和磁性降低。当碱洗去油后经小于 1min 水洗，表面仍残存钠化合物。要求残余 Na < $1mg/m^2$。钠残余量 x > $2mg/m^2$ 时，Fe_2SiO_4/SiO_2 比增大；氧化膜中氧含量 y 增多，Fe_2SiO_4/SiO_2 比也增大，即 Fe_2SiO_4 过多。当 x < $2mg/m^2$，而 y 过高，这都出现亮点和降低叠片系数。当 x 与 y 符合上式，并且 $y = 1 \sim 2g/m^2$ 时，底层质量得到改善[224]。

冷轧带经 5% H_2SO_4 轻酸洗（80℃，5 ~ 15s）去掉 100 ~ $2000mg/m^2$ 表层 Fe_2SiO_4 和 FeO 及去油后，可防止表面附着钠离子，脱碳退火时容易形成致密的 SiO_2，使底层附着性提高[225]。

冷轧带表面先用金刚砂（SiC）或刚玉（ Al_2O_3 ）磨光，脱碳退火后形成光滑的 SiO_2 薄膜，可改善底层附着性、外观和叠片系数[226]。

中间退火后，钢板表层 Si 含量减少，使脱碳退火形成的内氧化层中 SiO_2 组分减少。冷轧板先经 180 号砂纸打磨去掉表面脱 Si 层，使表面与中部 Si 含量差 ΔSi < 10%，表面粗糙度 Ra = 0.1 ~ 2μm，底层和磁性都好[227]。加铜的 Hi – B 钢脱碳退火前经 5% HCl 酸洗使表层铜偏聚量合适，脱碳退火时升温区 P_{H_2O}/P_{H_2} 比均热区低，这可确保氧附着量和使酸洗减量降低，底层和磁性都好[228]。脱碳退火前钢板表层的 Mn 含量降低，即存在有脱 Mn 层。以 AlN 为主的 Hi – B 钢（钢中 Mn 含量高于 CGO）在内氧化层表层容易形成 $FeSiO_3$，而使 Fe_2SiO_4 形成量减少，底层不好。如果控制脱碳退火前钢板表层 Mn 含量与钢中 Mn 含量之比 t < 0.6，经酸洗或研磨去掉表面氧化铁皮，并控制好脱碳退火升温过程的 P_{H_2O}/P_{H_2}，可使内氧化层中 $FeSiO_3$ 和 MnO 数量减少，Fe_2SiO_4 量增多，底层好。t > 0.6 时脱碳退火后内氧化层中 $FeSiO_3$ 含量增多。再者，脱碳退火前 t 高，脱碳退火升温过程的 P_{H_2O}/P_{H_2} 也应提高（如 t = 0.3 时 P_{H_2O}/P_{H_2} = 0.35；t = 0.5 时，P_{H_2O}/P_{H_2} = 0.4）。内氧化层中氧附着量控制为 0.5 ~ 1.0g/m[229]。

以 AlN 为主的 Hi – B 钢的 Mg_2SiO_4 底层中 Al 含量增高，即底层中存在尖晶石（ $MgAl_2O_4$ ）。新日铁八幡厂采用 X 射线（XRD）法、放电分光法（GDS）和化学分析法证明，底层上表面为 Mg_2SiO_4，下表层为 $MgAl_2O_4$。随钢中 Al_R 增高，$MgAl_2O_4$ 增多，Mg_2SiO_4 减少。Mg_2SiO_4 从 950℃ 开始形成，1100℃ 已完成 70% ~ 80%。而 $MgAl_2O_4$ 中的 Al_2O_3 来源于 AlN，二次再结晶开始时 AlN 分解，Al 进入底层中，即 AlN 分解温度（高于 950℃）比 Mg_2SiO_4 开始形成温度更高，Mg_2SiO_4 与从基体扩散出的 Al 发生反应而形成 $MgAl_2O_4$[230]。由于尖晶石的杨氏模量和硬度更高，可产生更大的张力，但底层韧性变坏易破碎。钢中 Al 与 N 含量之比 Al/N = 2 ~ 4，脱碳退火均热区 P_{H_2O}/P_{H_2} = 0.3 ~ 0.5，在此范围内 Al/N 低，P_{H_2O}/P_{H_2} 也低，最终高温退火升温时在 N_2 下升到 1050℃，底层和磁性好。如果控制脱碳退火后 Fe_2SiO_4 和 SiO_2 红外线反射谱吸光度 A_f/A_s = 0.3 - 5.0，采用含 0.1% ~ 0.2% Al 的 MgO（即 MgO 中加 0.05% ~ 8% Al_2O_3），使以后形成的 Mg_2SiO_4 颗粒中含 Al，提高 Mg_2SiO_4 晶格常数，可提高底层韧性，产生大的张力，附着性好，磁性也提高[231]。

在脱碳退火生产线上可在线测量脱碳退火后的钢带 H_c 值。（AlN + MnS 方案脱碳退火后 H_c = 135 ~ 140A/m 时成品 B_8 高）。初次晶粒小，H_c 高。在线测的 H_c 值不符合上述目标值时，可及时调节脱碳退火条件，以保证磁性[232]。用红外线吸收光谱法在线分析脱碳退火后氧化层组分再反馈控制脱碳退火条件，以改善底层质量。例如 Fe_2SiO_4 吸光度 A_f = 0.015 ~ 0.018，SiO_2 吸光度 A_s = 0.011 ~ 0.016 以及 A_f/A_s = 1.0 ~ 1.7 时，底层附着性高[233,234]。

7.3.10　涂 MgO 隔离剂

涂 MgO 的目的是，防止钢带成卷高温退火时粘接；高温退火升到约 1000℃ 时 MgO 与钢带表面 SiO_2 氧化膜起化学反应（$2MgO + SiO_2 \longrightarrow MgSO_4$），形成硅酸镁底层，高温净化退火时促进脱硫和脱氮反应。

MgO 涂层通常与连续炉脱碳退火在同一条作业线上进行。钢带脱碳退火和冷到室温后通过涂层机组，辊涂或喷涂 MgO 悬浮液并烘干。对 MgO 有特殊要求，因为 MgO 的纯度、活性、粒度、附着性、涂料时的水化性和涂料量对底层质量都有影响。一般采用高于 800℃ 高温烧结的重质低活性细颗粒 MgO，堆积密度为 0.18 ~ 0.3g/cm³，40% ~ 70% 的颗粒度在 3μm 以下，平均直径为 1.0 ~ 1.5μm。杂质含量低，特别是 CaO 和氯化物（如 NaCl 的 Cl 离子）含量要低。因为 CaO 含量高使 MgO 水化率增高，即吸水性 [形成 $Mg(OH)_2$] 强。而 Cl 离子（Cl^-）与 MgO 中 H_2O 起反应，形成 HCl 侵蚀底层。一般要求 MgO 中 CaO≤0.5%、氯化物≤0.2%。MgO 含水量（水化率）过低，底层附着性不好；过高则底层太厚，易产生亮点。MgO 水化率主要取决于 MgO 烧结温度、时间和颗粒尺寸。烧结温度低、时间短和颗粒小，水化率高。

配 MgO 涂料液时用纯水，即蒸馏水。水中不能含 Cl^-，水的电阻大于 5 ×

$10^5\Omega$。MgO 与纯水配比一般控制为 $1:(7\sim10)$，形成悬浮液（乳液）。为防止 MgO 沉淀，从配制到使用完毕对涂液都应进行搅拌。由图 7-53 看出，在低于 15℃ 搅拌大于 30min，MgO 水化率为 $4\%\sim5\%$，最好在低于 5℃ 搅拌大于 60min。配好的涂液温度低于 5℃，放置时间不超过 20h。因为温度高、时间长，涂液中 $Mg(OH)_2$ 含量增高。这种化合水在涂层烘干时不能排出，随 MgO 涂层带入高温退火炉内。当钢卷温度升到 $350\sim450$℃ 时，$Mg(OH)_2$ 分解释放出化合水（结晶水），使钢带过氧化，形成的 FeO 被气氛中氢气还原，使底层质量和磁性变坏。再者，由于钢卷内外温差大（升到

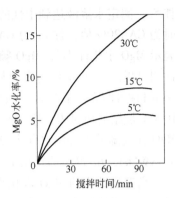

图 7-53 MgO 涂液温度和搅拌时间与水化率的关系

$500\sim600$℃ 时钢卷温差可达 $100\sim200$℃），钢卷各地区放出的水分有很大差别，造成气氛 *d.p.* 差别大，形成的底层不均匀、有花纹和变色。MgO 涂层应均匀，单面涂料量为 $5\sim8g/m^2$。涂料量过少，底层太薄；涂料量过多，带入炉中的化合水过多。涂好后的钢带进入烘干炉，在板温低于 350℃ 下烘干并成卷。烘干温度过高会破坏以 SiO_2 为主的氧化膜。

在配制 MgO 涂液时一般加入 $5\%\sim8\%$ TiO$_2$ 和硼化物（相当于 $0.1\%\sim0.2\%$ B），目的是改进底层质量和降低 P_{17}。TiO$_2$ 在 H_2+N_2 还原性气氛中加热到高温时放出氧，从而控制钢卷各圈之间的气氛。这对以 AlN 为主要抑制剂的 Hi-B 钢效果更明显。随 Als 含量增高，TiO$_2$ 加入量增加。硼化物在高温下分解将硼渗入钢中形成 BN，可抑制二次晶粒过大，降低 P_{17}，同时使底层更均匀并提高其层间电阻。实际生产时采用含 $0.05\%\sim0.08\%$ B 的 MgO 原料，如海水提炼的 $Mg(OH)_2$ 经 $800\sim1000$℃ 烧结成的 MgO[235]。

7.3.10.1 MgO 颗粒度和水化率

采用水化率低的 MgO 悬浮液经高速搅拌或用水化率适当的 MgO 悬浮液都可获得附着性好的均匀底层。MgO 颗粒过细，水化率高，引起过氧化，底层变厚和出现亮点，磁性降低。颗粒过粗，底层不均匀，表面粗糙，滑动性和叠片系数低，附着性不好。

新日铁提出用 $Mg(OH)_2$、硫酸镁、碳酸镁或氯化镁经高温烧结成的 MgO，在高于 100℃ 含 H_2O 气相中进行化学吸附相处理，使 MgO 颗粒与气态 H_2O 接触，在 MgO 颗粒表面形成 OH 基吸附相（直径约 0.3nm 的 H_2O 分子不能通过 MgO 晶格间距），其形成量换算成 H_2O 量控制在 $1.4\%\sim2.5\%$。经这样处理后 MgO 表面能量降低，柠檬酸活性度 CAA 值控制在 $90\sim150s$[CAA 值为在 30℃ 的 1000mL 水的 $0.4N$ 柠檬酸水溶液中加 2mL 的 1% $C_{10}H_{14}O_2$ 指示剂，然后加定量的 MgO 搅

拌 5s，测定水溶液达到中性的最终反应时间（从白色变为粉红色），如加 4gMgO 时为 CAA20% 值，加 2g 为 CAA40% 值，加 1.14g 为 CAA60～70% 值。CAA 值大表示 MgO 水化性小]。MgO 颗粒直径平均小于 3μm，与水混合时 MgO 浆液分散性明显提高，即 MgO 与水的相溶性提高，MgO 颗粒不易凝聚，以后形成的底层质量和磁性都明显改善。涂料烘干后的烧损率 I_g（烘干后的 MgO 质量 A 与 1000℃烧结后质量 B，按 $(A-B)/A \times 100\%$ 计算）为 1.6%～2.6%。采用这种 MgO 在高温退火升温过程中更早地形成底层，使钢中抑制剂更稳定，P_{17} 降低约 0.08W/kg，B_8 提高约 0.03T，底层质量好[236]。

高温烧结成的 MgO 水化率低，MgO 在乳液中容易聚集粗化形成 20～40μm 粗颗粒，以后形成的底层不均匀，附着性低。MgO 乳液经磨辊研磨粉碎或经超声波搅拌进行分散处理，使乳液中 MgO 颗粒表面活性化，MgO 颗粒尺寸小于 10μm（最好为 1～7μm），CAA 值为 50～150s。黏度为 50～100mPa·s。MgO 中含 0.01～0.12%Cl，0.01～0.15%B，0.5～2.5%CaO，它们可使反应性低的 MgO 熔点适当降低，降低 Mg_2SiO_4 底层形成温度和提高附着性[237]。MgO 中含 0.015%～0.12%F、Cl、Br、I 卤素元素，其中 F 的作用相当于 Cl + Br + I 的作用，即 F 降低 Mg_2SiO_4 形成温度作用更大，因为 F 化合物热稳定性更高。也可在 MgO+5% TiO_2 中加 0.03%MgF_2、LiF 和 0.04%$CaCl_2$、$FeCl_2$。如果同时再加 0.2%～0.3% B 系碱金属或碱土金属化合物如（$Li_2B_4O_7$、KB_4O_7、CaB_4O_7），也使 Mg_2SiO_4 形成温度降低，而且它们与卤素有强的化合力，使卤素化合物更均匀、稳定[238]。

随后提出采用含 200～1500×10^{-6}F，CAA70% 值为 250～1000s，CAA70%/CAA40% = 1.5～6.0 和比表面积 BET 值（用 N_2 吸附法测定）为 15～35m^2/g 的细 MgO 乳液，底层附着性好，均匀有光泽，磁性高[239]。

川崎提出，用海水加石灰乳（即 $Ca(OH)_2$）形成 $Mg(OH)_2$ 作为原料在旋转窑制 MgO，经最后烧结和粉碎后，进行吸水处理（在湿气氛下暴露）并在小于 49MPa($5kg/mm^2$) 压力下压成粉状再分类。MgO 中含 0.3%～1.5%SO_3，0.3%～0.5%CaO，小于 0.05% 卤素和 0.06%～0.1%B，水化率为 1.5%～3.5%，CAA40% = 30～90s，90% 颗粒小于 60μm，其中大于 10μm 者小于 30%（激光衍射法测定）。SO_3 大于 0.3% 时不仅形成 $MgSO_4$ 和 $CaSO_4$ 提高凝聚力，而且可将 MgO 晶格中的氧置换出而形成第二层硫可有效地促进底层的形成。但硫过多，局部底层过厚易脱落而形成点状缺陷。CaO 和硼也促进底层的形成。少量氯等卤素元素可改善 MgO 烧结性。在 MgO 中加 $MgSO_4$、硼和卤素化合物调整它们的含量。随后提出采用两种以上不同颗粒的 MgO 混合使用（850～950℃不同烧结温度）。例如 0.2～0.8μm 颗粒占 20%～90%，2.5～5μm 颗粒占 7%～40%，两者总含有率占 50% 以上的混合 MgO。其 CAA40% = 75～100s，CAA80% = 250～400s，BET = 12～20m^2/g，CuO = 0.2%～0.6%，CO_2 = 0.05%～0.3%，SO_3 = 0.1%～

0.4%，颗粒直径 = 0.5 ~ 3μm，烧损率 I_g = 0.8% ~ 1.8%，K + Na = 0.001% ~ 0.007%，B = 0.05% ~ 0.35%，F + Cl = 0.02% ~ 0.07%。脱碳退火后氧附着量 = 0.9 ~ 1.7g/m²，成品底层质量和磁性高。BET 值表示 MgO 的反应性，BET 值小，MgO 反应性低。BET 值高促进底层形成。但 BET 过高，底层形成温度过低，底层呈回火黑色和出现点状缺陷，位向不准的二次晶粒长大，磁性降低[240]。

7.3.10.2 MgO 中加 TiO_2 等氧化物和硼化物

低于 800℃ 低温烧结的 MgO 反应性高，可降低底层形成温度，但水化率高，最终退火升温气氛 *d. p.* 高，底层不均匀。高于 800℃ 烧结的 MgO 反应性低，底层形成温度高，抑制剂不稳定，磁性变坏，所以 MgO 要加其他化合物来提高 MgO 反应性。

20 世纪 60 年代新日铁在 MgO 中加 TiO_2 来改善底层附着性和提高层间电阻。TiO_2 在高温下放出氧改进各圈钢带间的气氛。形成的底层吸收氮的能力加强，使高温净化退火时脱氮效果好，并提高产品弯曲数，这对 AlN 为主要抑制剂的 Hi - B 钢更重要。在 $MgO + 5\% TiO_2$ 系涂液中再加 3% ~ 5% $Na_2B_4O_7$（硼砂）、$NaBO_2$ 或 H_3BO_4 和 $(NH_4)_2SO_4$，相当于硼加入量 0.05% ~ 0.3%，可防止钢吸收过多的氮。加 $(NH_4)_2SO_4$ 等氨基酸是为了在升温过程中分解出的氮更容易渗入钢中，目的都是保证 AlN 处于弥散状态和析出新的细小 AlN，加强抑制能力和促进二次再结晶发展完善，改善底层质量和磁性。$MgO + 5\% TiO_2$ 涂料中加 3% ~ 5% Sb_2O_3、SnO_2，相当于 Sb、Sn 加入量为 0.2% ~ 3%，也促进二次再结晶发展。$MgO + TiO_2$ 方法已广泛应用于生产。

CGO 方案采用 MgO 加颗粒尺寸为 0.001 ~ 0.1μm 的胶状 Sb_2O_3 或 SnO，提高 Sb_2O_3 在 MgO 中分散性和反应性。因为胶状细小颗粒多带有静电不易凝聚和沉淀，二次再结晶前钢板表面渗入 Sb、Sn，可加强抑制力。同样在 MgO 中加入颗粒尺寸为 0.1 ~ 0.001μm 胶状 TiO_2 形成的底层也好[241]。也可加 TiO 代替 TiO_2，其特点是在更低温度下形成底层，从而使抑制剂更稳定，并且 TiO 无氧化作用[242]。

TiO_2 预先加入约 3% Al、Si、Ca、Sb、Cr 等氧化物（表面处理剂）经表面处理提高 TiO_2 分散性和反应性。处理后的 TiO_2 颗粒尺寸小于 1μm，BET 大于 2m²/g，含小于 1% SO_4 和 Cl。MgO 颗粒 1μm 者占 10% 以上，水化率为 1% ~ 3%，成品底层附着性好，为均匀灰黑色，底层产生 4.4 ~ 5MPa(0.45 ~ 0.50kg/mm²) 张力，磁性高。最好采用小于 0.15μm 和尺寸 BET 大于 15m²/g 的细小 TiO_2 来提高反应性，可使底层产生 5.5 ~ 6.0MPa(0.55 ~ 0.60kg/mm²) 张力[243]。

AlN + MnS 方案的底层为 $Mg_2SiO_4 + MgAl_2O_4$（尖晶石）。底层中尖晶石数量愈多，产生的张力愈大。尖晶石的热膨胀系数为 9×10^{-6}/K，Mg_2SiO_4 为 11×10^{-6}/K，基体为 15×10^{-6}/K。尖晶石产生的张力为 Mg_2SiO_4 的 3 倍。在 MgO +

5% TiO_2 中加 0.2% $Sb_2(SO_4)_3$ 的 Sb 系或加 0.3% $Na_2B_2O_7$ 的 B 系隔离剂都可保证最终退火时先形成 Mg_2SiO_4，而在不低于 1000℃ 时形成尖晶石。但 Sb 系比 B 系隔离剂使 Mg_2SiO_4 形成温度更低，形成的底层更致密，附着性更好。底层 + 应力涂层所产生的总张力都在 13 ~ 16MPa（1.3 ~ 1.6kg/mm^2）范围内，P_{17} 低。0.23mm 厚板 B_8 = 1.92 ~ 1.95T，P_{17} = 0.8 ~ 0.85W/kg，同时加入 Sb 系和 B 系化合物更好[244]。

在 MgO + 5% TiO_2 中再加入约 5% 胶状 SiO_2、Al_2O_3、SnO_2、CaO 等，形成 Mg_2SiO_4 + 尖晶石底层，钢板 Ra = 0.1 ~ 0.45μm，表面摩擦系数小于 0.6，再涂应力涂层可产生大于 6MPa 张力，附着性和磁性好，而且铁芯加工性、滑动性和耐热性好，更适用于卷铁芯[245]。

川崎在 MgO 中加 0.2% ~ 5% Sb_2O_3（相当于 Sb 加入量 0.1% ~ 1%），Sb_2O_3 粒度小于 20μm，Sb 渗入表层加强抑制力，促进表层二次晶粒发展，提高磁性[246]。在 MgO 中加入相当于 1% ~ 10% Cu 的 CuO 或相当于 0.5% ~ 10% Sr 的 $SrTiO_3$ 或 $SrZnO_3$ 等，可消除高温退火过程中由于 MgO 中化合水分解而使底层质量变坏的缺点，改善底层外观和附着性[247]。

在 MgO + 5%TiO_2 中加 2% ~ 55% Al_2O_3 的尖晶石型氧化物 $MgAl_2O_4$，可防止在 MgO 中加入 TiO_2 时，由于高温退火将 TiO_2 分解而使 Ti 渗入钢中引起 P_{17} 增高的缺点。形成的底层均匀，附着性好，产生的拉应力大，P_{17} 降低[248]。

在 MgO + 2% ~ 5% TiO_2 形成的底层中 Ti/N = 1.2 ~ 2.0，底层弯曲性好，即附着性高，消除应力退火后 P_{17} 不增高，适用于卷铁芯。Ti/N < 1.2 时由于 N 不足，底层中 Ti 都形成 TiN，消除应力退火时析出脆化的 Si_3N_4，弯曲性变坏。Ti/N > 2 时形成 TiN 后，多余的 Ti 在消除应力退火时析出 TiS、TiC 而使 P_{17} 增高。如果控制底层氧附着量为 2.5 ~ 4.5g/m^2，钛附着量为 0.25g/m^2，Ti/N < 1.2 时，底层和磁性也好，底层中含 Ti 和 N 以及底层晶体小使底层线膨胀系数 [（10 ~ 11）× 10^{-6}/℃] 更低，TiN 线膨胀系数为 9 × 10^{-6}/℃，产生大于 6MPa 张力。3% Si 的线膨胀系数为 13 × 10^{-6}/℃[249]。加 TiO_2 或 Ti_2O_3 在最终高温退火时钢板表层吸收 Ti，促进二次再结晶开始温度时抑制剂分解，形成伸长的 30 ~ 90mm 粗大二次晶粒，B_8 = 1.96 ~ 1.98T。TiO_2 颗粒为 0.15 ~ 0.5μm，BET = 5 ~ 15m^2/g。同时可再加 1% ~ 5% $SrSO_4$、Sr（OH）$_2$ 或 $SrCO_3$ 等（颗粒尺寸为 0.3 ~ 15μm）来调整钢卷各圈之间气氛的氧化性。$SrSO_4$ 分解还可使硫渗入钢中加强抑制力[250]。

MgO + 5% TiO_2 + 5% SnO_2 + 2% $SrSO_4$（或者 Sr（OH）$_2$ · 8H_2O），底层和磁性好。SnO_2 在高温退火时分解为 Sn 可渗入钢中，提高 MgO 界面涂料量（Sn 熔点低），促进 Mg_2SiO_4 形成。分解出的氧可使各圈之间气氛流通性好。0.23mm 的厚板 B_8 = 1.97T，P_{17} = 0.78W/kg[251]。SnO_2 加入量与钢中 Al/N 值有关。Al/N 大，SnO_2 加入量减少。最终退火先在 N_2 气中升到 800℃，再换成 H_2 + N_2 气氛，SnO_2

被 H_2 还原而分解。根据 Al/N 调节 SnO_2 加入量可减少钢中吸 N 量（Al/N 大时 AlN 较粗大，吸 N 量增多），这使 AlN 充分发挥作用[252]。

7.3.10.3 MgO 中加硫化物

新日铁在 MgO +5% TiO_2 或 TiO 系涂液中加 0.5% ~1% $Na_2S_2O_3$ 或 1% ~5% SrS、SnS、CuS 等硫化物，相当于硫加入量约 0.6%，可促使二次再结晶更稳定和更完善，B_8 提高约 0.04T，P_{17} 降低约 0.1W/kg。因为升到约 1000℃ 时它们分解，防止表层脱硫，使 MnS 仍处于弥散状态，加强了抑制力并提高二次再结晶开始温度，二次晶粒位向更准确，钢中 AlN 含量不变化。加 SrS 还可防止底层出现亮点和使界面更光滑[253]。

川崎在 MgO 中加 2% ~5% $SrSO_4$、$MgSO_4$、$FeSO_4$、SnS 等也起同样作用。高温退火升到 900℃ 以前用氮气保护，然后再换成 H_2 + N_2，否则氢可与氧化膜中硫形成 H_2S 跑掉。在 800℃ 附近 MgO 中硫主要存在于氧化膜中[254]。

在 MgO 中加相当于 0.1% ~3% Ce，La 的 Ce_2O_3 + La_2O_3 等化合物和相当于 0.01% ~1.0% 硫的 $MgSO_4$ 或 $SrSO_4$ 等化合物，通过铈，镧与硫亲和力强的特点，促进硫进入表层后，硫不易往内扩散，造成表层硫高和中部硫低，使二次晶粒减小，P_{17} 降低约 0.12W/kg，B_8 提高约 0.04T。氧化膜中合适的氧含量为 1.0 ~ 2.5g/m^2。在氧化膜中氧含量为 1.0g/m^2 时，MgO 中硫加入量在 30 ~50mg/m^2 时 P_{17} 最低；氧含量为 2.0g/m^2 时，加入 10 ~30mg/m^2 硫，P_{17} 也最低。硫加入量过多，二次晶粒粗大，P_{17} 增高[255]。

通常钢卷高温退火时，头尾和边部的 MnS 粗化（大于 100nm），磁性低。如果钢卷头和尾部长 100m 和两边宽 100mm 地区喷涂含 7% $MgSO_4$ 或 2% FeS 的 MgO，可使钢卷磁性均匀[256]。成品钢带板宽方向硫分布不均匀，边部硫含量偏低，常出现线晶。如果边部 100 ~300mm 宽地区的 MgO + $MgSO_4$（或 $SrSO_4$）涂料量比其他地区涂料量更高，相当于硫含量高 0.05% ~0.1% 时，则板宽方向磁性也均匀[257,258]。

MgO 中加相当于 0.5% ~2.0% 的 $SrSO_4$ 或 $MgSO_4$，成品二次晶粒小，P_{17} 降低。热轧时钢带长度方向温差较大，造成 MnS 析出状态变化，磁性不均匀。根据终轧温度来调节 MgO 中硫加入量，840 ~870℃ 终轧时，MgO 中硫加入量为 0.5% ±0.2%；900 ~920℃ 时为 2.0% ±0.2%。成品长度方向磁性均匀[259]。

Armco 制造 CGO 钢时也采用在 MgO 中加相当于不小于 0.2% S 的 $MgSO_4$·$7H_2O$。涂好后要保证表面有 20 ~200mg/m^2 硫。单面涂料量为 2 ~10g/m^2，可使二次再结晶更稳定[260]。

7.3.10.4 MgO 中加氯化物

新日铁提出在 MgO 中加低熔点氯化物（如 80℃ 熔点的 $SbCl_3$）可减少氧化膜

中 FeO 含量和使 SiO_2 更致密，从而改善底层质量，使 P_{17} 降低约 0.1W/kg。氯化物（$SbCl_3$、$SrCl_2$、$ZrCl_3$、$TiCl_3$）加入量为 0.1% ~ 0.5%。在 MgO 中加 0.25% ~ 0.5% $Sb_2(SO_4)_3 \cdot 12H_2O$，而在 $Sb_2(SO_4)_3 \cdot 12H_2O$ 中加入 5% ~ 10% $SbCl_3$ 也有同样作用。加 $Sb_2(SO_4)_3$ 可防止升温阶段表层脱硫，并有保护氧化膜的作用[261]。脱碳退火后氧化膜中 $(Fe, Mn)O = 0.015 ~ 0.3g/m^2$，在 MgO 中加 0.02 ~ 0.05% $LiCl_2$、$MnCl_2$、$FeCl_2$、$BaCl_2$、$SnCl_2$ 等和 0.15% ~ 0.3% KOH、NaOH、KBO_2、CaB_4O_7 等碱金属或碱土金属化合物提高 MgO 反应性，形成的底层均匀有光泽，附着性好，产生 4 ~ 5MPa 张力，磁性高。0.23mm 厚板 $B_8 = 1.95T$，$P_{17} = 0.83W/kg$。氧化物加入量过多，过剩的 Cl 与 KOH 等碱金属和碱土金属可侵蚀底层[262]。

Armco 提出 MgO 中加 $MgCl_2$、NaCl、$CuCl_2$ 等氯化物（相当于 0.02% ~ 0.1% Cl）可降低 Mg_2SiO_4 形成温度，二次晶粒小，底层附着性、耐氧化性和绝缘性好。可同时加 TiO_2 和胶状 SiO_2[263]。

Thyssen（EBG，Bochum）提出在 MgO 中加 0.02% ~ 0.05% NH_4Cl 和 0.02% ~ 0.05% $Na_4P_2O_7$ 来降低 Mg_2SiO_4 形成温度，而且最终退火时 NH_4Cl 中 NH_3 分解使钢卷各圈之间 N_2 分压增高，防止 AlN 抑制力降低。$Na_2P_2O_7$ 可提高加 Cl 的作用，也减少钢带中增 N 量差别，磁性也提高[264]。

川崎也提出在 MgO 中加约 0.02% NH_4Cl、NH_4F 或硫酸铵等，也可在制造 MgO 过程中最终烧结前加入 0.02% 上述铵化合物[265]。

7.3.10.5　MgO 中加碱金属或碱土金属化合物

以 AlN 为主要抑制剂时，在高温退火升温过程中必须控制好气氛中氮含量，以保证钢表面吸收适量的氮，形成一部分新的细小 AlN 来加强抑制力。吸收氮量过多，AlN 粗化。如果钢中氮跑出，磁性也降低。新日铁提出在 MgO 中加 0.25% ~ 3% 碱金属化合物（如 $NaBO_2 \cdot 4H_2O$，NaOH，KOH，$Na_2B_4O_7 \cdot 10H_2O$），氧化膜中 SiO_2 与它们起反应，可阻止钢中氮跑出和渗氮，保证已析出的细小 AlN 不发生变化，而且在高温下可侵蚀晶界，控制晶界移动，使 P_{17} 降低约 0.07W/kg，B_8 提高约 0.03T。如果用碱金属硼酸盐还可改善底层质量[266]。

在 MgO 中加 0.5 ~ 15% $M^{2+}_{1-x} M^{3+}_x (OH)_{2+x} \cdot nyYA^{n-} \cdot mH_2O$ 化学式的固溶型复合氢氧化合物。M^{2+} 为 Be、Mg、Ca、Ba、Sn、Sr、Mn、Fe 等 2 价金属。M^{3+} 为 Al、Fe、Cr、B、Ti 等 3 价金属。A^{n-} 为 OH^-、F^-、Cl^-、Br^-、CO_3^{2-}、SO_4^{2-}、HBO_3^{2-}、HPO_4^{2-}、SiO_3^{2-} 等 n 价阴离子，$0 \leqslant x \leqslant 1$，$0 \leqslant y \leqslant 2$，m 为层间水的分子数。可再加 5% TiO_2，0.3% $Na_2B_4O_7$，0.1% $FeCl_2 \cdot 4H_2O$ 或 0.1% $Sb_2(SO_4)_3$。加这些低熔点、固溶性复合氢氧化合物可使 MgO 与钢板接触面积和黏接力提高，促使底层结晶化温度降低和结晶化反应。底层均匀有光泽，附着性好，产生 5 ~ 6MPa 张力，磁性也提高[267]。

川崎提出在 MgO + 3% ~ 5% TiO₂ 中加 0.005% ~ 0.05% NaOH、KOH 或 0.01% ~0.2% LiOH。底层附着性好，灰色均匀，磁性也高。钢板表面存在少量 Na、Li 等可促进表面 SiO₂ 浓化，阻碍最终退火气氛中 O₂ 的影响，从而防止抑制力减弱[268]。

7.3.10.6 MgO 中加碳酸盐

在 MgO 中加约3% MgCO₃、CaCO₃ 和 FeCO₃ 等，在高温退火升温过程中分解放出气体，使钢卷各圈之间 MgO 中的化合水迅速排出，防止钢卷边部附近产生底层缺陷（边部温度高，氧化速度快）[269]。

7.3.10.7 涂层工艺的改进

川崎提出，湿涂 MgO 后在 H₂ + N₂ 保护气氛下加热到板温约500℃时快速烘干，并将 MgO 中化合水 ［即 Mg(OH)₂］ 完全去除，以后形成的底层附着性和外观明显改善。加热装置可采用感应加热、电阻加热或红外线加热。如果湿涂 MgO 后，以大于80℃/s 速度快速升温到200 ~300℃，也可使化合水大部分去除。一般多用辊涂法。根据涂料辊（氯丁橡胶辊）表面上的刻槽尺寸、形状和压力的变化来调整涂料量。但是使用较长时间后，辊轴方向发生变化和辊面变坏时就难以控制。如果先通过辊涂再经气体喷涂法，更容易控制涂料量，而且涂料更均匀。喷嘴与钢带间距离约为20mm，喷射角大于45°，喷射压力约为10kPa[270]。

一般辊涂法是上、下两面都涂，但下表面涂料量较少，因为钢带下垂，涂液易分散，并且下表面与涂料辊和烘干后与导向辊接触摩擦，MgO 易脱落，下表面也更难烘干。如果只涂上表面，而下辊作为支撑辊，涂料量为7 ~10g/m²。高温退火后上下表面都形成均匀的0.3 ~1.0μm 厚底层，同时减少 MgO 用量和节省烘干时的电力，涂料量和卷取张力容易控制，高温退火时不易塌卷，而且操作简单，故障少。如果将配好的 MgO 悬浮液经过滤去掉0.061 ~0.147mm 大颗粒后再涂，效果更好，多余的 MgO 可循环使用，这可节约1/5MgO，并使叠片系数提高0.5%[271]。

辊涂法控制涂料辊入口处由喷嘴喷出的乳液与涂料辊接触点的长度为50 ~250mm 可改善底层质量和磁性。根据辊速或乳液喷出速度来调节此长度。长度大于250mm 时涂后 MgO 中大于10μm 颗粒数量增多，以后形成的底层不均匀，有深达40μm 凹坑，这阻碍磁通流动和叠片系数降低，磁性变坏。如果控制涂料液的重力数 $N_g = 1 \times 10^{-5}$ ~1.5 × 10⁻² 也可，N_g 是乳液黏滞力对重力之比，即 Re/Fr^2。Re 为雷诺数；Fr 为乳液流动数。$Re = \rho u H/\mu$，式中，ρ 为乳液密度，g/cm²；u 为涂料辊线速度，cm/s；H 为涂料辊与钢板之间平均间隙，cm，μ 为乳液黏度，g/(cm·s)。$Fr = u/\sqrt{GH}$，G 为重力加速度，cm/s²。N_g 过大表示有粗大颗粒 MgO 涂在钢板上[272]。

采用局部涂 MgO 方法，涂与不涂地区间隔为5mm，控制 FI – IR 法测出的

Mg 强度比 $A = 0.5 \sim 1.5$ （$A =$ 不涂/涂），底层均匀，附着性好。此时涂与不涂 MgO 地区都可形成 Fe_2SiO_4（通过气相反应），再通过固相反应形成 Mg_2SiO_4。MgO 中加约 1% Sr、Ca、Ba 化合物可提高 A 值。如果控制好涂料和烘干后的 MgO 水化率为 $1.0\% \sim 3.5\%$，即在涂料槽中先放入 1/3 乳液，停留 30min 后开始涂料。随后每隔 30min 再加 1/3 乳液，底层和磁性好[273]。

新日铁提出，钢带经涂料辊涂好 MgO 乳液后，再经喷嘴垂直方向（不大于 5°）喷出空气或氮气来调节涂料量。喷嘴前端角度为 15° ~ 45°，可提高涂料速度。喷射角度大于 5° 时可将乳液吹散，吹散物还会堵塞喷嘴。喷嘴在板宽方向的摇动速度为 0.1 ~ 50mm/s，有效摇动长度应为板宽的 2 ~ 3 倍，喷射压力为 1 ~ 5kPa。一般辊涂法涂料辊使用一段时间后表面变坏，因为局部表面地区粘上 MgO，此处涂料量减少，产生筋状花样的不均匀性，特别是高速涂料时此缺陷更明显，要经常换辊[274]。

7.3.10.8　涂不同隔离剂，改善磁性

川崎提出，板宽方向 15 ~ 20mm 地区涂 $MgO + 5\% Ti_2O_3$（或 $5\% Bi_2O_3$），5 ~ 10mm 地区只涂 MgO，目的是使沿轧向的二次晶粒最大长度小于 50mm 者占大于 70% 的面积，两个相邻二次晶粒横向平均偏离角小于 7°（最好不大于 4°），钢板内部磁性均匀，P_{17} 降低。磁性不均匀与二次晶粒在轧面上的位向有关。横向上两个相邻二次晶粒在轧面上 [001] 位向差大时磁通难以通过的地区面积大，磁通分布不均匀明显，也就是二次晶粒沿轧向伸长时磁性不均匀。二次晶粒沿横向长大和两个相邻二次晶粒横向偏离角小，磁化均匀[275]。沿钢带长度方向涂 $MgO + TiO_2$ 时，相当于钢卷外圈和内圈 TiO_2 加入量为 5% ~ 10%，而中部为 1% ~ 5%。成品长度方向磁性和底层特性均匀。外圈和内圈升温速度更快，更早形成底层，附着性不好也不均匀，因此加更多的 TiO_2 促进剂提高底层形成温度[276]。

7.3.11　高温退火

涂好 MgO 的钢卷通常放在电加热罩式炉的底板上并加内罩进行高温退火（见图 7-54）。高温退火的目的是，升温到 850 ~ 1050℃ 通过二次再结晶形成单一的（110）[001] 织构；升温到 1000 ~ 1100℃ 通过 MgO 与表面氧化膜中 SiO_2 起化学反应，形成 Mg_2SiO_4（硅酸镁或镁橄榄石）底层；在 1200 ± 20℃ 温度下保温进行净化退火，去除钢中硫和氮，同时使二次晶粒吞并分散的残余初次晶粒，二次晶粒组织更完整，晶界更

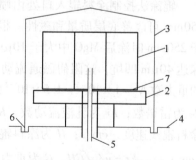

图 7-54　罩式炉示意图

1—钢卷；2—底板；3—内罩；4—底座；
5—供气管；6—砂封；7—垫板

平直。二次再结晶基本完成后，抑制剂的有利作用已结束并分解。分解出的硫和氮本身对磁性和弯曲性有害，必须在高温退火时去掉。

通用的高温退火制度为：首先通入含有 $O_2 < 10 \times 10^{-6}$ 的氮气赶走空气，以约 50℃/h 速度升到 350～450℃ 时 MgO 中 Mg（OH）$_2$ 开始分解放出化合水。升到 550～650℃ 时换成含有小于 $10 \times 10^{-6} O_2$ 的 75% H_2 + 25% N_2 气并保温 1.0～1.5h 去除化合水。测定气氛露点 $d.p.$，控制 $d.p. < 0$℃，否则表面氧化膜中 FeO 和 Fe_2SiO_4 含量增多，对以后形成的底层质量不好。然后以 15～20℃/h 速度慢升到 850～950℃（以 MnS 为主的 CGO 和以 MnSe + Sb 方案的 Hi - B 钢）或 950～1050℃（以 AlN 为主的 Hi - B 钢）发生二次再结晶。升到约 1000℃ 形成底层，此时 $d.p.$ 控制在不大于 -7℃，最好不大于 -15℃（CGO 钢）或 -10～+30℃（AlN 为主的 Hi - B 钢）。升到约 1150℃ 时开始换为 $d.p. = -60$℃ 和 $O_2 < 1 \times 10^{-6}$ 的纯干氢，并在约 1200℃ 保温约 20h 进行净化退火，排出的氢气 $d.p.$ 不大于 -10℃，最好不大于 -20℃。断电后再换为 75% H_2 + 25% N_2 冷到约 700℃，再换为氮气冷到低于 300℃ 出炉。在冷到约 700℃ 时去掉外罩加速冷却。罩式炉一般用石英砂双密封。最好用锆砂密封，因为它的热稳定性好，在高温下不会被氢气还原。

按 MnSe + Sb 或 MnS + Sb 方案生产 Hi - B 钢时，大多采用二段式高温退火工艺，即 800～920℃ × 约 50h + 1200℃ × 20h，前段称为二次再结晶退火，后段称为净化退火。

7.3.11.1 退火气氛

升温过程的气氛对以 AlN 为主 Hi - B 钢的二次再结晶发展和磁性有很大影响。H_2 + N_2 中氮含量过低，钢中残余的自由氮跑掉，不能形成一批新的细小 AlN，抑制力减弱。气氛中氮含量合适，N_2 和 H_2 首先吸附在钢板表面，依靠铁作为触媒，通过 $3H_2 + N_2 \longrightarrow 2NH_3$ 反应式形成的 NH_3 经再分解而使钢渗氮，在钢中形成一批新的细小 AlN，加强了抑制力。在 800～1150℃ 内 75% H_2 + 25% N_2 的 $d.p.$ 控制在 -20～+30℃，并且以 10～30℃/h 速度慢升温时，二次再结晶完善和 B_8 高（见图 7 - 55）。$d.p.$ 增高，二次再结晶开始温度升高，$d.p. = +40$℃ 时不能发生二次再结晶；$d.p.$ 过低，AlN 形态发生变化，二次再结晶不稳定，二次晶粒位向变坏，B_8 也下降。$d.p.$ 在规定

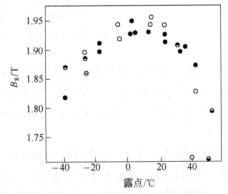

图 7 - 55 3 炉 AlN + MnS 方案 Hi - B 钢（0.3mm 厚）升到 800～1150℃ 范围内的气氛露点与 B_8 的关系

范围上限时（+30℃），加热速度也应在上限（如30℃/h），否则钢中吸氮过多，AlN粗化。

由图7-56a看出，0.3mm厚板在75%H_2+25%N_2中升温比在100%H_2中升温的μ_{10}值更高，二次再结晶开始温度（T_s）从980℃提高到1000℃。在100%H_2中升温时，在980℃开始二次再结晶，二次晶粒长大速度慢，二次再结晶不易完善。气氛中H_2分压增高，表层AlN消失，初次晶粒长大。只有AlN中氮含量为40~50×10^{-6}时才发生二次再结晶，AlN中N_2<30×10^{-6}时只发生初次晶粒长大。随气氛中N_2分压增高，钢中吸收的氮量增高，新形成的AlN数量增多，抑制力加强，B_8增高。图7-56b证明在25%N_2+75%H_2中升到800℃以上时，AlN中氮含量急剧增高。二次再结晶前表层晶粒粗化深度为60~80μm时，二次再结晶完善；深度大于90μm时，几乎不发生二次再结晶。

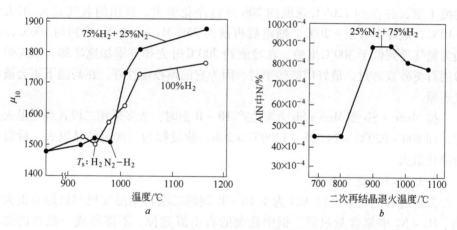

图7-56　升温过程退火气氛和温度与μ_{10}的关系和在25%N_2+75%H_2
升温过程中AlN中氮含量的变化
（AlN+MnS方案，0.3mm厚）
a—温度与μ_{10}的关系；b—AlN中N含量的变化

新日铁提出，根据钢中Als量控制从800℃到二次再结晶结束温度范围内的N_2+H_2气氛中N_2含量。Als低，气氛中N_2含量可降低。例如0.012%Al时采用0~30%N_2+H_2气。0.024%Al时用30%~50%N_2+H_2。0.037%Al时用70%N_2+H_2[277]。

川崎提出，在干N_2中950~1000℃×20h进行二次再结晶，磁性好。如果在850~1050℃时采用含0.1%O_2的N_2升温可提高磁性，底层为均匀的灰色。推测是在950℃附近N_2中的O_2促进早期形成的位向精确的二次晶粒长大，此时MnS和AlN就开始分解。而且气氛中N_2更容易渗入钢中抑制其他位向晶粒长大。N_2中的O_2对钢板氧化的影响比H_2O小。0.23mm厚板B_8=1.95T，P_{17}=0.83W/

$kg^{[278]}$。但随后证明，在900~1000℃采用100% H_2 时磁性高，因为这可加速表层 AlN 分解，促进表层的初次晶粒长大（因为表层20°~45°高能量晶界更多）而成为二次晶核，二次晶粒位向准和二次晶粒尺寸减小，P_h 和 P_e 都降低。0.23mm 厚板 $B_8 = 1.95$T，$P_{17} = 0.82$W/$kg^{[279]}$。

控制升温到 MgO 中化合水完全分解放出时钢圈各圈之间气氛 $d.p.$ 之差小于30℃，钢圈长度方向中间部位的上方 $d.p.$ 低于10℃（相当于升温20~30h，炉温达到800~900℃时），而中间部位高于500℃时各圈的 $d.p.$ 下降到20~0℃（最好低于10℃），成品长度方向磁性均匀。以前认为钢圈长度方向磁性不均匀（头尾 P_{17} 比中部可高12%），是温差引起的，但气氛的 $d.p.$ 也有重要影响。以前采用通入 $d.p. = -30$℃的 $N_2 + H_2$ 气氛，钢圈周围气氛 $d.p. = +10$℃状态下退火，但钢圈长度方向的中间部位温度≤500℃，残存有未分解的 $Mg(OH)_2$，$d.p.$ 约为 +60℃。如果采用不同流量的 $d.p.$ 为 -30℃和 +70℃的 $N_2 + H_2$ 供应气氛，使各圈的气氛 $d.p. = 60 \pm 5$℃可解决此问题[280]。

7.3.11.2 升温速度和冷却速度

在二次再结晶发展温度范围，也就是抑制力基本消失的温度范围，应当慢速升温。对 CGO 钢来说，在850~950℃内以15~20℃/h 速度升温。对 AlN + MnS 方案 Hi-B 钢来说，在900~1050℃内以15~20℃/h 速度升温。

高温退火后从1050℃以大于2℃/min 速度快冷到650℃，即钢卷外圈温度冷到700~750℃时吊外罩，可使 P_{17} 降低约 0.1W/kg，冷却时间缩短，产量提高[281]。以 MnS 或 MnSe 为主要抑制剂时，高温退火后底层下方表层5~10μm 处存在大的球状和板状 MnS 和 MnSe，其尺寸为 0.1~5μm，比细小硫化物尺寸大100~200倍。MnS 是在800~900℃×>200min 冷却时析出，而 MnSe 在850~950℃×10min 冷却时析出。在此温度范围快冷（从1050℃以大于2℃/min 冷到650℃）可防止它们析出，P_{17} 降低[282]。

高温净化退火后冷到约800℃时在 $d.p. = +10~+20$℃的湿 N_2 中保温1~2h 时，磁性可提高，底层附着性好。可能是因为净化退火后钢中残存的 Mn 和 Cu 被除掉。如果最终退火时从850℃开始在 $d.p. = 0~+20$℃的5%~10% $H_2 + N_2$ 中以10~20℃/h 速度升温到950~1000℃后再降到900~950℃（降温约50℃）保温 0.5~20h，再以15℃/h 速度升到1200℃保温，可促进位向精确的二次晶粒长大，磁性提高[283]。以10~20℃/h 速度升到比二次再结晶开始温度 T_s 高30~50℃保温1~2h，形成位向精确的二次晶粒，再降温30~50℃并在此温度下保温20~30h（或以3~8℃/h 速度慢冷），促使这些二次晶粒长大也可[284]。

成品钢卷长度方向磁性差别主要是由钢卷各处升温时的温差引起的。例如通用的退火工艺在1000~1100℃之间的升温速度最高点为17℃/s，最低点为2.5℃/h，成品 $\Delta P_{17} = 0.06$W/kg，如果在约1000℃时保温约17h 后再以10℃/h

速度升到 1100℃，此时最高点升温速度为 10℃/h，最低点为 11℃/h，ΔP_{17} = 0.02W/kg[285]。

7.3.11.3　高温净化退火

在 1200℃ 附近纯干氢下（强还原性气氛），MnS 和 AlN 分解出的硫和氮与氢起以下反应而被去掉，$S + H_2 \longrightarrow H_2S \uparrow$ 和 $N_2 + 3/2\ H_2 \longrightarrow NH_3 \uparrow$。从 900℃ 开始钢中硫含量就减少，形成底层后硫在其中浓集[247]。氮在 1000℃ 附近开始减少，也在底层中浓集。氢气愈纯，$d.p.$ 愈低，流量愈大［大于 2mL/（min·kg）］，脱硫和脱氮能力也愈强。

脱硫过程分两个阶段，第一阶段是钢板两个表面中 MnS 质点首先分解固溶和脱硫，并且硫通过浓度梯度从内部往表面扩散，因此存在从表面往中心移动的两个界面，此时板厚中心区硫浓度仍保持不变，当这两个界面在中心区相遇时开始脱硫的第二阶段。在脱硫第一阶段，钢板厚度对脱硫没有影响。MgO 涂层对脱硫也没有影响，形成底层后脱硫速度减慢[286]。

成品弯曲数与钢中氮和硫含量有关，特别是氮影响更大，$N > 10 \times 10^{-6}$，$S > 20 \times 10^{-6}$ 时弯曲数明显降低。因此高温净化退火可提高弯曲性。但在冷却过程中如果内罩与底板密封不好，炉压下降，空气中 N_2 易渗入。如果冷到 600℃ 以前在内罩中通 Ar 或 Ar + H_2，炉压大于 20Pa 时，弯曲数可达 20 ~ 25 次。高于 600℃ 时改通氮。MgO 中加 TiO$_2$ 可促进脱氮，因为形成的底层吸氮能力加强。氮降低弯曲性是因为沿晶界析出脆的 Si_3N_4 等氮化物[287]。

川崎提出，涂 MgO + 5% ~ 10% TiO$_2$ 的钢卷在形成底层后的净化退火前段，在含大于 10% N_2 + H_2 中保温小于 30min，可阻止表层析出 TiC 和 TiS，因为底层中残存的 Ti 与氮化合成 TiN 固定在底层中而不会扩散到钢中，消除应力退火后 P_{17} 不变坏，底层也好[288]。

新日铁提出，二次再结晶结束后在 1000 ~ 1250℃ 和 N_2 分压小于 0.1 大气压的 H_2 中或 N_2 分压小于 0.25 大气压和 $P_{H_2O}/P_{H_2} < 0.001$（或 $P_{H_2O}/P_{H_2} = 0.02 ~ 0.007$）中净化退火。即在加少量 N_2 的干 H_2 中，利用 N 离子促进去掉钢中氮，可缩短保温时间或降低最高退火温度，从而降低成本并减轻钢卷下方变形程度。高温退火去掉钢中氮的过程是：（1）AlN 分解为 Al 和 N 原子；（2）N 原子扩散到钢板表面；（3）到达表面的 N 原子与其他 N 原子相结合形成 N_2 而放出，此过程的反应与钢板增氮反应相反。在 N_2 分压 ≈ 0.25 的 H_2 中，1000 ~ 1250℃ 时这种过程的逆反应与正反应速度相等，即不能脱氮。小于 0.25 时 N_2 分压愈低，脱氮速度愈快，即脱氮反应速度比增氮反应速度更快。由于是成卷退火，放出的 N_2 在各圈之间停留的 N_2 分压为 0.05 ~ 0.3 大气压，加大气流量或在 MgO 中加吸氮剂（如 Nb_2O_5）可促进放出 N_2。钢板表面存在氧化物，如 SiO_2 和 Al_2O_3 都使氮净化速度减慢，所以要控制 H_2 的 P_{H_2O}/P_{H_2}。如果在底板上装有通气孔，底板

下方装风扇，从1100℃开到1200℃时通入预先加热的干的100% H_2，1200℃保温后降到1100℃时通入不预热的100% H_2，由于去除各圈之间滞留的氮而促进氮净化。1200℃×2～5h净化退火即可[289]。

7.3.11.4 高温退火工艺操作

最初在罩式炉成卷退火时，钢卷内径小于510mm，内圈钢带受曲率影响，二次晶粒不能平行于板面方向长大，这对大晶粒的 AlN + MnS 方案 Hi – B 钢影响更大，(110)[001] 位向偏离角达3°～5°，B_8 降低。因此后来改为大于600mm 内径。钢卷厚度为200～500mm，装料量提高20%以上，节省电力17%以上（大于600mm 内径钢卷电力消耗小于 830kW·h/t，而小于 510mm 内径的钢卷为1000kW·h/t），位向偏离角平均为3°，B_8 提高 0.02T，P_{17} 降低 0.07W/kg。

已知偏离角 $\beta \approx 2°$ 时 P_{17} 最低（见图 2 – 46）。0.3mm 厚 HiB 钢成品 $B_8 \approx$ 1.95T 时（平均 $\beta \approx 2°$），P_{17} 最低（见图 2 – 48）。成卷退火时，如图 7 – 57a、b 所示，中心部位的二次晶粒 [001] 轴平行于板面，其他二次晶粒的 [001] 轴不平行于板面。以后平整拉伸退火时，这些晶粒的 [001] 轴对轧面产生一偏离角，其偏离角度与钢卷半径有关。晶粒内任意点的 $\beta = \left(\dfrac{180}{\pi}{r}\right) \times \dfrac{G_L}{2}$（式中，$G_L$ 为二次晶粒直径；r 为钢板曲率半径）。由图 7 – 57c 看出，二次晶粒为 14mm 时，r = 100mm 部位的 $\beta \approx 4°$，r = 600mm 部位的 $\beta \approx 0.7°$。例如，0.3mm 厚 AlN + MnS 方案 Hi – B 钢卷内径为 128mm，$\beta = 4°$，外径为 600mm，$\beta = 0.9°$，平均晶粒直径为 18mm，$P_{17} = 1.15$W/kg，$B_8 = 1.9255$T。而生产上通用的内径 600mm 钢卷的 $P_{17} = 0.98$W/kg，$B_8 = 1.915$T，即 P_{17} 降低 0.07W/kg，B_8 也降低 0.01T。由图 7 – 57d 也看出，成卷退火后 $B_8 > 1.95$T 时，P_{17} 仍继续降低，因为 [001] 轴与轧向略有偏离时使磁畴细化，所以 P_{17} 更低[290]。

以前大多采用 0.147mm 石英砂密封。钢卷升到 400～600℃放出 MgO 中化合水后，钢卷下方 d.p. 比上方高，此现象一直维持到很高温度和很长时间，这使钢卷外圈下方约200m 长和上方约50m 长钢带大于20mm 边部的底层脱落。炉压高达 100～1000Pa 密封较好的地区气流小，不能将 H_2O 充分排除。如果用 $\phi 0.7$～5mm 球状 SiO_2（莫来石）粗砂密封，炉压减小，对气流几乎没有阻力，钢卷周围气流均匀。通氮时钢卷上、下部位 d.p. 几乎相同，而换为氢气后下方 d.p. 高很多。这与气体的黏性有关，按黏度顺序：$N_2 > H_2O > H_2$；而气体流动阻力受气体黏度影响，气体流动顺序为 $H_2 > H_2O > N_2$。因此在 N_2 中 H_2O 容易通过，而在 H_2 中 H_2O 难以通过。如果密封层空隙率提高，气体黏性的影响减小或消除，从而可降低 d.p.。因此采用较粗的球状 SiO_2 砂粒可保证在 N_2 或 H_2 下气流都均匀和更好地排水气。可明显改善底层和提高成材率。并且因内罩壁的膨胀和收缩而

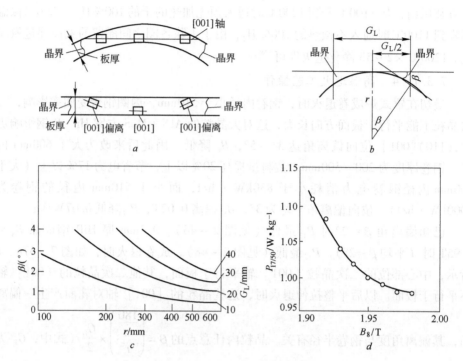

图 7 - 57　成卷高温退火时钢卷半径与二次晶粒尺寸、位向和磁性的关系

（0.3mm 厚，晶粒尺寸 10 ~ 20μm）

a—成卷高温退火和平整拉伸退火后二次晶粒位向示意图；b，c—钢卷
半径 r，二次晶粒直径 G_L 与 [001] 偏离角 β 的关系；d—成卷高温
退火的 B_8 与 P_{17} 的关系

移动时，粗砂也随着移动，从而保证了密封性。砂粒较粗也便于盖内罩。底板与
内罩底边之间应留大于 0.5mm（如 5mm）空隙，否则气流阻力过大。一台罩式
炉配备两个内罩处理 2 ~ 4 卷，按以前用 0.147mm 细砂密封时，如果气体通入总
量为 4m³/h，则一个内罩进入 0 ~ 1.5m³/h 气体，另一个内罩进入 4.0 ~ 2.5m³/h
气体，气流分布很不均匀。如果用粗砂粒密封时，一个内罩进入 1.5 ~ 2.0m³/h
气体，另一个内罩进入 2.5 ~ 2.0m³/h，两个内罩气流分布更均匀。一般保证每
个内罩中送入 0.5m²/h 气体就可得到好的底层[291]。如果内罩下方分两层密封，
最下层为 φ5 ~ 30mm 粗的不锈钢球，上层为 φ0.5 ~ 2mm 中粗的 Al_2O_3 颗粒，两
层总高度约为 30mm，可防止局部气体排出，而均匀排出，从而防止 *d.p.*
升高[292]。

　　装炉时在钢卷上端放一保护板（如 0.8mm 厚低碳钢板或 0.3mm 厚不锈钢板
或耐热陶瓷板）可防止钢卷上方内、外圈钢带过氧化和底层出现亮点，因为这些
地区长时间与高 *d.p.* 气氛相接触。保护板过薄易变形，过厚将钢卷上方钢带压

坏[281]。如果钢卷内外侧装上隔热环,中空部上方装隔帽,使内外侧通过的热流受阻,促使钢卷上、下通过的热流增多,造成钢卷中部比内圈升温速度更快和温差减小。冷却时各部位温度更均匀,磁性也均匀,各部位的 P_{17} 差别为 0.02 ~ 0.03W/kg,底层均匀和附着性高,板形也好。一般升温和冷却是靠钢卷和内罩之间的辐射通过钢卷内、外侧厚度方向,即钢卷半径方向加热和冷却,而钢卷上、下的板宽方向通过的热流很少,造成加热和冷却时温差大,磁性和底层不均匀,板形也不好[293]。

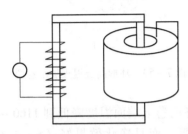

图 7 - 58　钢卷内部装一环状
铁芯通电加热

高温退火升温时钢卷外径的外表面温度最高,钢卷内径的内部温度最低,温差可相差几百摄氏度。从钢卷内部放出的 MgO 中化合水使钢卷外周发生过氧化,阻碍这些地区底层的形成,而且使抑制剂的抑制力降低,底层缺陷多,成材率降低,磁性也变坏。如果高温退火前将钢卷内部装一环状铁芯通电加热(见图 7 - 58)。在 1200kW 功率下预热 2h,使钢卷内部温度约为 600℃,外部约为 550℃,使 MgO 中化合水基本去掉,然后放在退火炉中退火,退火时间可缩短约 20h,产量提高 25% ,底层质量明显改善[294]。

高温退火时在钢卷上方覆盖一块热导率与硅钢相近或更高的隔热板(如10mm 厚 TiC、SiC 等陶瓷板或 50mm 厚 SUS304 牌号等耐热钢板,最好用 30mm厚热导率高的高熔点 W 或 Mo 合金板)。其外径最好比钢卷外径大 1.2 倍以上,为圆板状。升温时隔热板的温度梯度高,而钢卷内的温度梯度减少(约3℃),所以升温速度比通用工艺更快,产量提高,二次再结晶发展完善[295]。

7.3.11.5　退火炉类型

美国在 20 世纪 80 年代前后已不采用罩式炉退火。Armco 钢公司 Butler 厂用8 台椭圆形高温退火炉,每台装 4 个小车,每车放一个 20t 重大卷,每台月产量4600t。装料后先抽真空赶走空气,约 120℃ 出炉前也抽真空赶走保护气氛。全部操作用计算机控制。ALC 钢公司用 4 台连续隧道式高温退火炉,每个炉中装 102个小车,每车放一个 6t 重钢卷,平均每隔 60min 推出一车和推入一车。炉前和炉后各有一密闭小室,两道闸门,关闭后闸门,打开前闸门,推进一车后通氮气赶走空气,再通氢气赶走氮气,然后打开后闸门推入炉中,同时在炉后以同样方法推出一车,共约 24min。每台月产量约 4000t。排出的氢气经净化循环使用。所有操作都由计算机控制。日本川崎钢公司于 1979 年在 ALC 隧道式退火炉基础上设计了环形高温退火炉(KSR)并投入生产(见图 7 - 59)。炉中装 32 个小车,每车放一个 10 ~ 20t 钢卷。每台月产量为 2000 ~ 4000t,相当于 40 台罩式炉产量,可节省电能 20%，退火周期缩短 30%（冷却时间缩短 50%），并节省了人力和厂地，废气集中排出，工作环境明显改善。由于全部是自动化控制，产品磁性更稳定[296]。随后新日铁钢公司也建成环形炉进行生产。加热区包括预热区、加热区和均热区。冷却区包括缓冷区、强制冷却区和自然冷却区。现在普遍采用的是罩式炉和环形炉。

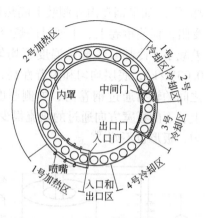

图 7 - 59　环形高温退火炉示意图

环形炉高温退火时内罩下方采用 ϕ2 ~ 5mm 粗颗粒 Al_2O_3 密封，控制排出的气体，提高通气性，而且升温时加大 $H_2 + N_2$ 气体流量，使排出的气体 $d.p. < 15℃$，磁性和底层好[297]。在均热区（净化退火）保温最后 2h 时将钢卷上端面温度降低到 1160 ~ 1200℃，然后进入冷却区，可防止钢卷边部变形，而且净化效果好（$S < 4 \times 10^{-6}$）[298]。如果调整冷却区马弗炉的炉内温度并在约 400 ~ 600℃ 自然冷却区中通入冷却气体（$H_2 + N_2$ 或 N_2），加速冷却到 200℃，冷却时间可缩短 2/3，从而提高产量[299]。

CGO 和 MnSe + Sb 方案的 Hi - B 钢卷（都为二次冷轧法）先在罩式炉干 N_2 下 850℃ ×50h 进行二次再结晶退火，冷到 200℃ 并在大气中停放 4h 后，再放入环形炉干 H_2 中净化退火，磁性和底层都好。如果放入环形炉时将钢卷下方转为上方还可明显减少边部变形[300]。

7.3.11.6　防止钢卷高温退火后边部变形方法

高温退火后钢卷下方与底板接触地区的钢带边部发生变形（制耳现象），以后平整拉伸退火难以消除。成品钢带愈薄，此现象愈严重。这是因为在加热和冷却时钢卷与底板的热膨胀系数不同引起的相对移动，以及钢卷自重引起的蠕变变形所造成的（见图 7 - 60）。加热时钢卷下方外侧凸出，冷却时凹入。一般在底板上铺上涂有 MgO 的 3%Si 钢板来吸收热膨胀差引起的应变，但不能吸收钢卷下方的侧应变。新日铁提出，如果钢带在脱碳退火后冷却时沿宽度方向一个边部从 600 ~ 800℃ 快冷到 450 ~ 650℃，并与钢带其他部位的冷却温差控制在 50 ~ 150℃。快冷的边部宽度相当于总宽度的 5% ~ 20%（局部喷气强制冷却）时，纵向长度比其他部位长 0.1% ~ 0.7%（快冷收缩受阻产生拉应力而引起的塑性变形）。卷取后此快冷边部地区经受的卷取张力最小，而另一边经受的张力最大，使钢卷上、下直径不同，装炉时将钢卷直径小的一边与底板接触，可使退火后边部变形由 35 ~ 60mm 宽减小到 10 ~ 20mm 宽，因而切边量减小[301]。如果涂 MgO 时，沿钢带宽度方向一个边的涂料量比其他部位涂料量多，卷取后将此边放在底

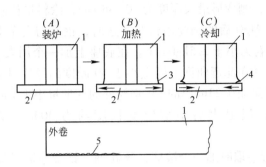

图 7-60　高温退火时钢卷下方产生边部变形示意图
1—钢卷；2—底板；3—凸起；4—凹入；5—边部变形

板上也可减轻边部变形[302]。钢卷下部绕上与成品钢带同样厚度的涂有 MgO 的 3% Si 钢带（卷绕厚度约 100mm）。由于热膨胀系数相近，可吸收钢卷下方的侧应变，钢卷外周下方应变区可从 75mm 减到小于 30mm。如果钢带在脱碳退火和涂 MgO 后，一个约 10mm 区的边用静电涂料法涂 Al、Sb_2O_3、H_3BO_3 等糊状细化晶粒剂；涂料量约为 $0.5mg/cm^2$，烘干和卷取后，将此边放在罩式炉底板上，高温退火后，此边部晶粒细化而提高力学性能和变形抗力，边部应变区也可减小到 15~25mm 宽[303]。在钢卷和底板之间铺上约 30mm 厚硅砂、陶瓷粉或锆砂，高温退火过程因温度变化引起的钢卷膨胀和收缩通过此砂层而自由移动，可使边部应变区减小到 10~20mm 宽。在底板外周端部铺 50mm 厚陶瓷纤维使钢卷下端地区温度降低，也有同样效果。如果高温退火前，钢带一个边部 2~10mm 地区经 5% 临界变形冷轧或经 1200~1250℃×5~20s 快速连续加热（感应加热或等离子加热），使该地区的初次晶粒长大到大于 15μm，并将此边部与底板接触，也使应变区宽度减小到 10~20mm，因为该地区强度增大，减轻由晶界滑动所引起的热应变[304]。实验证明，钢卷下方边部应变在二次再结晶完全后就已停止，而二次再结晶后钢卷下方由于自重的蠕变强度明显增大（为二次再结晶前的 100 倍）。如果将钢卷外侧下端 150~300mm 地区坡度的高度提高到 7~13mm，则二次再结晶完全后通过变形此地区恰好落在底板上。高度小于 7mm 时仍产生侧应变，大于 13mm 时外周上方边部凸起增大，易出现波浪。钢卷内外的卷取张力都固定不变，外周上方不易出现凸起，退火后剪边 20mm[305]。

高温退火产生两种热应变，即钢卷外周板宽中部发生的变形和板宽边部产生的侧应变。前者由冷却时钢卷半径方向温差引起。后者为钢卷下方与底板由热膨胀差别引起。MgO 涂料量增多使半径方向导热慢可防止中部变形，但钢卷刚性降低使侧变形明显。MgO 涂料量多也使钢卷充填系数降低。控制钢卷充填系数 $A = 0.90~0.92$[A 为 $w/(v×\rho)$]，w 为涂 MgO 后钢卷质量；v 为涂 MgO 后钢卷体积，m^3；ρ 为钢板密度，kg/m^3。中部变形和侧变形都可减少。0.23mm 厚板中部变形长度为 300 ~ 500m，侧变形最大深度为 30 ~ 40mm，涂料量控制为 4 ~ 6g/m²。为减轻中部变形，涂 MgO 后的钢卷用台车搬送时，钢卷与台车上底座接触面积应大于 1m²，支撑钢卷力小于 1.5kgf/cm²。在底座上加一个用大于 10mm 厚钢板弯成圆弧状的弯曲台并在此弯曲面上铺上小于 60 硬度的橡皮衬垫，可缓冲搬送中产生的振动。这可保证 0.23m 厚的 15t 钢卷外周变形量小于 1mm（以前搬送法变形量为 2mm），高温退火后中部应变长度约为 400m（以前搬送法约为 800m）[306]。

涂 MgO 后钢带卷取时加一个滚筒，滚筒轴与钢带卷取时形成 1° ~ 3°角，这使钢带两端的卷取张力比中部高，从而防止高温退火时下方两端弯曲，即热应变减少[307]。

底板在 1200℃ 长时间退火时会发生蠕变变形，底板外侧下垂，使钢卷下边部与底板不接触，钢卷中部内侧也受到很大压力，这是产生边部和中部热应变的原因之一。如果底板使用 n 次后反转过来再使用时，钢卷由于外侧加热膨胀在与弯曲的底板接触地区受到很大的面压力，当此压力超过硅钢屈服点时发生边部变形。如果在底部外圆周方向用两个或更多约 200mm 高钢柱支撑（普通钢或 SUS309s 牌号钢制成）可防止底板下垂，从而退火时减轻钢卷边部和中部应变，经 7 次退火后底板下垂量近似为零（以前方法为 20mm），钢卷下方边部变形量为 25mm（以前为 45mm，底板反转使用时为 35mm）[308]。

用热膨胀系数为 15×10^{-6} ~ 25×10^{-6}/℃ 的耐热钢制的底板并在其上放两个用热膨胀系数为 18×10^{-6}/℃ 的 SUS304 不锈钢制的隔离板，第一隔离板为矩形角材叠片组成，第二隔板为具有许多小孔的环状圆板组成，隔板通气性良好。由于隔板比钢卷的热膨胀系数和强度高，钢卷在其上可自由移动，钢卷下方边部变形减少，而且底层好[309]。以前有人提出采用硅钢带缠绕在钢卷外周下方或底板上加硅钢板制的隔板方法使用几次就变形，这是因为高温下强度低。

川崎提出，涂好 MgO 后卷取时，使钢卷最外周下端形成高 1 ~ 5mm 和长 30 ~ 50mm 坡度，即从钢卷下端由内往外逐渐提起的斜面坡度。此坡度地区的钢带卷取张力为其他地区的 1.5 ~ 2.0 倍。退火后边部热应变基本消除，而且不塌卷[310]。涂 MgO 后，卷取张力一般规定为 70 ~ 150MPa，以防止塌卷。如果控制钢卷外圈张力为 50 ~ 100MPa，并且比内圈张力小，也可防止外圈边部变形，不塌卷和不翘曲（钢带纵向变形）[311]。

钢卷与底板接触的钢带边部预先经感应加热到约 1000℃，使边部小于 20mm 宽度区形成大晶粒来提高强度，再成卷高温退火可以防止边部变形[312]。

制造 0.23mm 薄带时，涂 MgO 后在一个小于 0.006% C 低碳钢制成的套筒上卷取，可消除钢卷内圈钢带变形，成材率提高[313]。一般底板为不锈耐热钢板制成，其线膨胀系数约为 18×10^{-6}，而硅钢为 10×10^{-6}，两者差别较大。如果在底板上加一块大于 0.2% C 高碳钢板制的隔板（强度高），其表面凸凹程度小于 5mm（最好小于 2mm），硬度 HV > 120，可减轻边部变形，高温退火后切边量可减少 40%[314]。

川崎研究钢卷下方边部变形发生的机理证明，边部比中部二次再结晶开始得更慢。在室温时的强度顺序为：脱碳退火板 > 二次再结晶不完全板 > 二次再结晶完全板，而高于 900℃时强度顺序正好相反。这说明室温时晶界强度高，因此晶粒尺寸愈小，强度愈高。但在高于 900℃高温时晶界强度低，晶界容易滑动。此时晶粒愈大，强度愈高。钢卷高温退火时与底板接触的边部由于比中部二次再结晶开始更晚，在高于 900℃时，仍处于小的初次晶粒状态，所以通过晶界滑移使边部变形。如果脱碳退火后钢板边部 20mm 地区预先经 0.3% ~5% 应变（齿状辊压下）使边部在低于 900℃就开始二次再结晶，边部变形明显减少。如果钢卷的外卷（相当于 0.2% ~3% 卷厚地区）在脱碳退火时降低退火温度，使平均初次晶粒尺寸比内卷小 0.9 倍，外卷二次再结晶开始温度比内卷低 0.95 倍（因为初次晶粒小，二次再结晶开始温度降低）也可[315]。

涂 MgO 后卷取时钢卷内、中、外卷（相对于钢卷厚度的 2：4：4）的卷取张力分别为 T_1、T_2 和 T_3。MgO 涂料量分别为 W_1、W_2 和 W_3。控制 $T_3 \geqslant T_1 \geqslant T_2$，而 $W_3 \leqslant W_1 \leqslant W_2$，高温退火后钢卷中部上方的边部伸长变形从 35% 降到 15%，而下方收缩变形从 50% 降到 15%，控制中卷的卷取张力（如 59MPa）比外卷（如 147MPa）小（即 $T_2 < T_1$），而 MgO 涂料量（如 15g/m²）比外卷（如 10g/m²）多，即 $W_2 > W_1$，目的是使层间距离增大，防止伸长变形，而外卷由于卷取张力大，涂料量少，缩小层间距离，防止边部收缩变形。高温退火后冷却时钢卷圆周方向产生温差，温度低的地区更早收缩使温度高的地方承受张力而发生塑性变形，即内卷的板宽方向边部温度低，使中心区伸长而形成波浪状变形（简称腹伸），成材率降低。如果在钢卷轴的中空圆轴地区内插入一个热传导性比硅钢更高的 Mo（或 Ni 或 Cr）制的圆柱，使圆周方向的温差低于 20℃ 可防止内卷变形，减少腹伸。高温净化退火时间愈长，下方边部变形愈明显，如果净化退火去除 S、N 量大于 70% 时即停止保温进行冷却，边部应变深度至少减轻到 20mm（以前工艺为 50mm）而 P_{17} 约高 0.01W/kg[316]。

以上为防止边部变形，使边部二次再结晶开始温度降低方法的缺点是边部的二次晶粒位向不准，磁性降低。如果在钢卷高度 1/5 以下地区的底部外周经一定间隔（即相对于 45°~120° 弧度中心角的间隔）进行电加热，而且至少有 3 个加热区，使钢卷底部软化之前就发生二次再结晶，可有效地防止底部变形，同时磁性也好。如果相当于钢卷高度 1/24 ~1/3 地区的上部外卷 10 ~20 圈和最内层 10 ~20 圈地区预先经间隔电加热进行二次再结晶，然后将钢卷上、下反转（即预加热的上方放在下方）进行高温退火也可。如果底板断面为圆弧状，底板下方装油缸，钢卷横放在底板上。当加热到大于 800℃ 时使钢卷以周速大于 1.5m/min 反复转动，由于钢卷面压均等，消除钢卷自重引起的底部变形，而且钢卷外周不会产生粘接现象[317]。

7.3.11.7　改善 Mg_2SiO_4 底层方法

X 射线检查 AlN + MnS 方案 Hi - B 钢板的底层中主要为 Mg_2SiO_4，此外还有 $MgAl_2O_4$（尖晶石）和 MnS。底层深入到钢中，造成界面凸凹不平。EPMA 测定成分为镁、硅和氧，深入到钢板中的粒状薄膜体为镁、铝和氧。底层与基体的界面光滑度和底层中杂质含量对磁性有很大影响。底层使以后涂的绝缘膜附着性提高。如果去掉底层再涂绝缘膜，附着性明显变坏，特别是制造卷铁芯时由于弯曲绝缘膜易脱落。一般认为，硅酸镁底层使钢的界面粗糙以及产生含有 SiO_2 质点的内氧化层，阻碍表面闭合畴的畴壁移动，使 $B_m \geqslant 1.5T$ 的铁损增高（$B_m < 1.5T$ 时表面闭合畴不活动）。底层在钢板中产生拉力，可使 180° 畴细化和减少尖钉状闭合畴数量，应当使铁损降低，但由于内氧化层中 SiO_2 质点附近形成 V 形排列的尖钉状闭合畴，对 180° 畴壁起钉扎作用，铁损不但没有降低反而提高。在外加拉应力下铁损降低主要是由于这些尖钉状闭合畴数量明显减少，而不是由于 180° 畴再细化使铁损降低。

钢中存在一定数量的自由 Mn 并控制 850 ~ 1100℃ 阶段气氛中 P_{H_2O}/P_{H_2}（如 4×10^{-3}）时 Mn 在高温下氧化形成 MnO，可作为 Mg_2SiO_4 晶核，使 Mg_2SiO_4 晶粒小于 0.5μm，可产生更大拉应力（大于 5MPa），P_{17} 降低约 0.1W/kg，附着性也提高（最小弯曲半径为 3mm）。一般质量好的 Mg_2SiO_4 底层中晶粒尺寸小于 0.7μm，产生约 4MPa 拉力，最小弯曲半径为 10mm[318]。如果在 N_2 中升到 500 ~ 700℃ 放出 MgO 中化合水温度范围时反复进行排气和供气（排气时间为每周期 3min，供气时间为 30min），内罩中气氛的氧化性可明显降低，以后形成的 Mg_2SiO_4 底层好[319]。如果从 900℃ 开始通 $0.2m^3/(h \cdot t)$ 流量的 100% H_2，升到 950 ~ 1050℃ 时改为不小于 $0.3mm^3/(h \cdot t)$ 的 H_2，在形成 Mg_2SiO_4 底层前就进行脱氮（小于 7×10^{-6}）。高于 1050℃ 形成 Mg_2SiO_4 时 H_2 流量再减到 $0.2m^3/(h \cdot t)$，底层附着性明显提高（最小弯曲半径为 5mm）[320]。从 750℃ 以 8.5 ~ 60h 升到 1050℃，气氛为 $P_{H_2O}/P_{H_2} < 0.001 ~ 0.02$ 的小于 50% $N_2 + H_2$，使 Mg_2SiO_4 在约 1000℃ 低温下形成均匀致密呈灰黑色的底层，可防止额外氧化和使抑制剂适当分解，二次再结晶完善。0.23mm 板 $B_8 = 1.95T$，$P_{17} = 0.79W/kg$。大于 60h 或 $P_{H_2O}/P_{H_2} < 0.001$ 时，在形成 Mg_2SiO_4 前 Fe_2SiO_4 分解被还原，底层不均匀和产生针孔状缺陷[321]。

高温退火后钢卷出炉温度 y(℃) 与板厚 x(mm) 应满足 $y \leqslant 1000x + 100$ 关系式，成品板宽方向底层无龟裂。出炉温度高，冷却快，底层与基体收缩量差别增大，使底层产生龟裂[322]。

7.3.11.8 连续炉高温退火工艺

为克服成卷退火引起的温差大和退火周期长的缺点，曾试图用连续炉开卷高温退火。以 AlN 为主的钢，为降低二次再结晶温度，采用二次冷轧法，第二次压下率为 70% ~ 75%，0.3mm 厚带脱碳退火后不涂 MgO，在连续炉中以 500 ~ 1000℃/min 速度快升到 950 ~ 1200℃ 保温 10min 后，二次再结晶完全，$B_8 \approx$ 1.80 ~ 1.82T，$P_{17} = 1.4 ~ 1.6W/kg$。温度高，磁性好。因为氮的扩散速度比硫更快，因此选用 AlN 方案，原始氮含量控制在 0.004% ~ 0.006%，退火后氮含量可降低。如果在连续炉中经 880 ~ 1050℃ × 90 ~ 150s（$H_2 + N_2$ 气氛下）+ 1100 ~ 1200℃ × 60s（H_2 气氛下）二段退火，并且从 900℃ 以大于 30s 冷到 400℃ 时，析出大块氮化物和硫化物，磁性可进一步提高。

采用二次中等压下率冷轧法并将脱碳退火与二次再结晶退火合并在一个连续炉中进行，脱碳前涂脱碳促进剂（如 2% K_2CO_3 水溶液），然后在氢气中 950 ~ 1050℃ × > 2min 退火。0.35mm 厚 AlN + MnS 方案的 $B_8 = 1.85T$，$P_{15} = 1.2W/kg$。如果中间退火前涂 K_2CO_3，中间退火脱碳或冷轧板先经 950 ~ 1050℃ × 2 ~ 4min 二次再结晶退火，再经 850℃ × 3min 脱碳也可获得同样的磁性，这可防止多余 K_2CO_3 与表面 SiO_2 起化学反应而附着在炉辊上将钢带划伤。如果以 AlN 为主，钢中 $w(C) < 0.01%$，最好 $w(C) \leq 0.004%$，板坯经 1250℃ 加热，常化后经一次或二次冷轧法，不需要脱碳退火，以大于 10℃/s（最好大于 30℃/s）速度在连续炉中氢气下快升到 1000 ~ 1100℃ × 3 ~ 5min 退火，则 0.35mm 厚板的 $B_8 = 1.85T$，$P_{15} = 1.4W/kg$[323]。

AlN 方案一次冷轧板脱碳退火后，在 25% ~ 50% $N_2 + H_2$ 中 1000 ~ 1100℃ × 5min 连续退火，使表层晶粒比中心层更大，再改在氢气中 1050 ~ 1100℃ × 5min 进行二次再结晶退火，0.3mm 厚板的 $B_8 = 1.92 ~ 1.94T$[324]。

采用连续炉高温退火不需要涂 MgO 隔离剂，因此表面没有底层，二次再结晶基本完成，但残余有许多初次晶粒孤岛和小集团。由于时间短而难以去除硫和氮，所以磁性低，特别是铁损高。制成的成品适用于制造小变压器、镇流器和发电机定子，因为表面无底层，冲片性明显提高，但工业生产上没有采用。

7.3.12 平整拉伸退火和涂绝缘膜

成卷高温退火后热应力作用使钢带变形，宽度方向隆起，隆起高度 h 可达 30mm 以上（见图 7 - 61），因此需进行平整拉伸退火。平整拉伸退火主要目的是，通过水刷洗和 70℃ 的 5% H_2SO_4 轻酸洗，去除表面残留的 MgO 和其他污物，使表面活性化；烘干后涂绝缘涂料和在低于 500℃ 烘干；在连续炉中氮气下加适当张力经约 800℃ 平整拉伸退火和将绝缘涂层烧结好。

一般在约 800℃ 经 0.25% ~ 0.75% 伸长率的拉伸退火可使钢带平整。伸长率过大，二次晶粒变形，取向度和磁性变坏。如果隆起高度 $h < 30mm$，伸长率小于 0.3% 就使钢带平整，P_{15} 基本不增高。为保证 $h < 30mm$，MgO 单面涂料量应控制在 80 ~ 150mg/mm²，卷取电机电流控制在 50 ~ 70A，使高温退火前钢卷充填系数保持在 85% ~ 95%。为保证平整拉伸退火时宽度方向伸长率一致，钢带边部加热温度可比中部高 20℃ 以上。

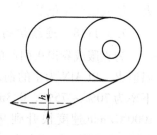

图 7 - 61　高温退火后钢卷沿宽度方向隆起示意图

用 0.23 ~ 0.3mm 厚带制造卷铁芯时，只要底层就可满足层间电阻要求，不需要再涂绝缘膜，而且钢带略有隆起也不影响使用。在此情况下，高温退火后的钢卷在 90% N_2 + 10% H_2 中 300 ~ 400℃ 内经约 5MPa 张力退火 30s 即可。卷成铁芯和消除应力退火后装配因子 B.F. < 1，即卷铁芯铁损比钢带铁损更低。如果钢带不经这种平整拉伸退火，B.F. = 1.02 ~ 1.03。制造叠片铁芯的钢带涂有绝缘膜，一般涂应力涂层。应力涂层产生的拉应力为各向同性，使轧向铁损降低和横向铁损增高，B.F. ≈ 1.2。如果涂好应力涂层后在 5 ~ 7MPa 张力下以 90 ~ 120s 升到 840℃ × 30s 烧结和平整拉伸退火，B.F. 降低到 1.15 ~ 1.18。一般边部波浪度为 2% ~ 3%，必须伸长 0.1% ~ 0.2% 才能消除。控制炉辊驱动电机电流，在高于 700℃ 时加 6 ~ 8MPa 张力经 30s 即平整[325]。

如果平整拉伸退火炉装有两个张力控制系统，钢带加热到 700 ~ 850℃ 时加 3.5 ~ 10MPa 张力消除变形，然后在均热区和冷却区将张力降到 3.5MPa 以下，使钢带中受的应力释放出来，P_{17} 也明显降低[326]。如果在张力控制系统前方装有板形检测器检查钢带板形（边部和中部波浪度）情况，并据此及时调整炉内张力，可保证钢带平整和使 P_{17} 增高程度减到最小[327]。

为改善产品弯曲数，在含有小于 5% O_2 的氮气下进行平整拉伸退火。$O_2 > 5%$ 时，弯曲数降低和表面呈红色，切片时易产生龟裂，也不美观[328]。采用 d.p. < 20℃ 的氮气经 800℃ × 1min 平整退火和从 500℃ 以约 10℃/s 速度冷到 300℃，弯曲数可提高到 10 ~ 20 次；d.p. > 30℃ 时，钢带明显脆化[329]。用氢保护气氛使弯曲数更高，但底层和绝缘膜质量变坏。控制钢板 0.2% 屈服强度与平整张力之比为 7 ~ 13，在钢中形成细小亚结构，在 650 ~ 750℃ 低温下平整拉伸退火即可，此法更适用于卷铁芯钢带[330]。

一般平整拉伸退火炉入口处不用密封辊而为开口区，炉内气压为 0 ~ 19.6Pa，近似为大气压，空气很容易从开口区下方进入，炉内 0 ~ 30% H_2 + N_2 气氛中约含 6% O_2，这使绝缘膜中 Fe 氧化而变为红色，外观受损。如果在开口区下方 5 ~ 30mm 空隙处装密封板或密封辊，可防止空气从下方侵入，气氛中 O_2 约为 150 ×

10^{-6}，钢板表面不变红。一般平整拉伸退火炉用辐射管（主要成分为镍）间接加热法防止钢板氧化变色。炉内装一个压辊可矫正板形。钢带在炉内通过时，由于温度变化产生的热冲击以及气氛的变化，可使上方耐火砖和辐射管外表面铁氧化物部分脱落在钢带上（尺寸约 1~3mm），当钢带通过上方压辊与下方炉底辊时钢带表面被划伤。如果控制气氛 $P_{H_2O}/P_{H_2} > 200$，使扩散系数小的 Ni 氧化在辐射管表面形成保护薄膜可解决此问题。如果在炉内矫正辊前方装一摩擦接触装置，即用一喷嘴（喷嘴角为 30°~45°）喷高速气体，喷嘴与钢带的垂直距离为 30~40mm，冲击速度为 7~12m/s，将 1~3mm 颗粒吹掉也可[331]。

在平整拉伸退火生产线上涂应力涂层后的钢带进入活套时（即升温前）加小于 30MPa 张力，进行平整和烧结，P_{17} 降低[332]。

平整拉伸退火前钢卷长度方向两端约 10mm 地区先用砂轮研磨去掉底层，研磨方向与钢带运行方向呈小于 40°角，再经搭接焊，焊接区弯曲性好，弯曲数大于 15 次，焊接区不会断带[333]。

7.3.13 绝缘涂层

高温退火后形成的底层（硅酸镁）具有一定的绝缘性、耐蚀性和在钢中产生拉应力，可满足卷铁芯配电变压器需要，不用再涂绝缘膜。美国出售这种产品，并将底层称为 C-2 涂层，其层间电阻大于 $4\Omega \cdot cm^2$/片。对叠片铁芯的中大型变压器来说，C-2 涂层的绝缘电阻还不够大，最后必须涂绝缘膜。涂绝缘膜与平整拉伸退火在同一条作业线上完成。图 7-62 为取向硅钢产品表面剖面示意图。

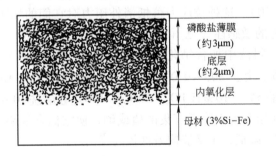

图 7-62 取向硅钢产品表面剖面示意图（×3500）

1950 年美国 Armco 钢公司首先发展了所谓 Carlite 的 C-5 涂层（新日铁称为 T-1 涂层），它是一种无机磷酸镁涂层。各国生产的 CGO 钢都涂 C-5 涂层。1973 年川崎提出在磷酸镁中加硝酸铝和铬酸来提高层间电阻和耐吸湿性，称为 D-涂层。磷酸镁绝缘膜厚约 3μm，在含氢气氛中消除应力退火时绝缘性被破坏。Armco 又提出改进的 C-5 配方，在磷酸镁中加入无机酸类，使 Mg/PO4 分子比保持在 0.6~1.5 范围，可防止绝缘性被破坏，生产上已采用这种配方。C-5 绝缘膜呈灰色，附着性较好，但易产生游离磷使表面发黏。

7.3.13.1　含 Cr 应力涂层

AlN+MnS 方案 Hi-B 钢的二次晶粒大对铁损不利，对此新日铁于 1973 年首先提出应力涂层（称为 T-2 涂层），即以超微粒胶体 SiO_2 为主要成分再配入磷酸盐涂层溶液。主要成分为 200L 的 4%~16% 胶状 SiO_2，95L 的 50% 磷酸二氢铝和 10g 铬酐。加磷酸二氢铝起黏接剂作用，改善绝缘涂层与底层的附着性；加铬酐改进涂液的润湿性和使磷酸盐中自由磷酸更稳定。应力涂层的热膨胀系数很低，约为 $4\times10^{-6}/℃$，3% Si 钢的热膨胀系数为 $13\times10^{-6}/℃$。在平整拉伸退火后冷却时由于热膨胀系数的差别，在钢板中产生 3~5MPa 拉力，一般 CGO 钢涂 C-5 涂层产生的拉力为 1~2MPa。底层产生 2~3MPa 拉力。Hi-B 钢二层复合涂层可产生 5~8MPa 拉力，CGO 钢的复合涂层拉力为 3~5MPa。应力涂层产生的拉力使磁畴细化，P_{17} 降低 0.05~0.08W/kg，λ 从 1.4×10^{-6} 减小到 -0.3×10^{-6}，B_8 无明显变化。Armco 的应力涂层主要组分为磷酸铝、磷酸镁、胶状 SiO_2 和铬酸，称为 Carlite-3 涂层。ALC 的应力涂层为 8%~19% H_3PO_4 离子，0.6%~3.5% Mg 离子，9%~23% 胶体 SiO_2 和 0.2%~3.5% Cr 离子。川崎的应力涂层为胶体 SiO_2、磷酸二氢镁和铬酸组成，并加入 SiO_2、Al_2O_3 或 TiO_2 细粉，防止消除应力退火时发生粘接，并提出用硼酸和硫酸盐代替铬酸来改善耐水性。生产 Hi-B 钢都采用应力涂层，现在 CGO 钢也多采用应力涂层来改善磁性。

应力涂层在钢板表面产生 3~5MPa 各向同性的拉应力，但沿轧向的拉应力组分更大，使铁损和 λ 降低。材料的取向度越高，应力涂层越厚，铁损和 λ 降低越明显（见图 2-50）。这种拉应力可抵消外压力对它们的坏影响，即减小它们对压力和弯曲应力的敏感性（见图 2-51）。

如果在应力涂料液中加含铈化合物，如 CeO_2，$Ce(NO_3)_2$ 等，浓度相当于 0.001%~1.0% Ce，并经 800~900℃ 烧结，可去除表层大块 MnS[334]。如果在高温退火后经 40℃ 的 5%~10% H_3PO_4，HCl 或 H_2SO_4 轻酸洗 10~30s，在不破坏底层情况下，去除底层和界面附近富集的硫或硒，使它们含量小于 0.004%，再涂应力涂层，可使 P_{17} 降低，绝缘膜附着性提高[335]。

用作卷铁芯或切割卷铁芯变压器时，钢带不涂绝缘膜。在 $\dfrac{P_{H_2O}}{P_{H_2}}=0.4~0.65$ 的 N_2+H_2 气氛下经 750~850℃ ×40~250s 平整拉伸退火，底层下方将形成弥散状 SiO_2，可提高底层附着性（ϕ10mm 弯曲不脱落）和拉应力（6~7MPa），P_{17} 降低约 0.05W/kg，B_8 降低 0.02T，B.F. 也降低[336]。现在制造卷铁芯都采用自动化剪切和卷取，要求钢带剪切性和钢带表面滑动性好。因为切断钢带时底层部分脱落产生许多粉末，使自动卷取机易出故障，工作环境也变坏。钢带滑动性差，以蛇形线形状进行移动时，卷铁芯边部将不齐。钢带表面只有底层时滑动性和润湿性均差。新日铁提出在底层上涂 $200\sim500mg/m^2$ 有机树脂（如聚乙烯胺、聚丙烯胺、环氧树脂等）和在80℃烘干的两层薄膜或再涂绝缘膜的3层薄膜，可使剪切性和滑动性明显提高，产生的拉应力更大，P_{17} 降低。有机涂层涂料量小于 $500mg/m^2$ 时，消除应力退火后没有碳的污染；涂料量大于 $200mg/m^2$ 时滑动系数为0.5，可满足要求（底层的滑动系数为0.8），剪切性也良好。随后又提出，若滑动性太高也易使卷铁芯边部不齐，合适的有机涂层涂料量控制在 $1\sim15mg/m^2$，这已可使钢带剪切性大幅度提高。如果控制钢板表面粗糙度 $R_a=0.25\sim0.7\mu m$（如粗面辊轧制），并且轧向 R_a 与横向 R_a 之比不小于0.7，在底层上再涂应力涂层绝缘膜，则可使滑动性提高，卷铁芯卷取加工性良好[337]。

为改善钢带的滑动性，可在底层上涂以下应力涂层：$20\sim40mL$ 的50% $Al(H_2PO_4)_3$，$10\sim15mL$ 的50% $Ca(H_2PO_4)_2$，$20mL$ 的50% $Mg(H_2PO_4)_2$，$5g$ $CaCr_2O_7$，$5g$ CrO_3 和 $100mL$ 的20%胶状 SiO_2，即在磷酸铝中加入6%～20%的 $Ca(H_2PO_4)_2$ 和相当于总磷酸盐加入量的1.25～2.5倍的胶状 SiO_2，相当于 SiO_2 加入量0.4～0.8份，再加0.1～0.5倍的 CrO_3。然后在含有 $20\sim250mg/L$ H_2O 的 $90\%N_2+10\%H_2$ 中 $800\sim900℃\times60s$ 烧结。烧结气氛中含适量的 H_2O 可改善绝缘膜滑动性和产生更大的拉力。因为 H_2O 使磷酸盐不易分解，绝缘膜更致密，并防止磷酸盐中磷往底层内扩散而降低拉力。控制好胶状 SiO_2 颗粒尺寸可明显改善滑动性和防止粘接。如加入的胶状 SiO_2 颗粒小于20nm者占50%～95%，80～200nm者占5%～50%；也可在小于50nm胶状 SiO_2 中加一部分50～200nm颗粒的其他胶状化合物或非胶状固体（如 TiN、MnS、CaO 等）。涂好绝缘膜并经激光照射细化磁畴后，再涂上述绝缘膜，也可达到同样目的[338]。

川崎采用的应力涂层是以 $Mg(H_2PO_4)_2$ 为主并加胶状 SiO_2 和 CrO_3。如果在35%～70% $Mg(H_2PO_4)_2$ 中加入3%～12% $Al(H_2PO_4)_3$，再加入20%～40%胶状 $SiO_2+0.4\%\sim0.6\%SiO_2$ 或 Al_2O_3（提高耐热性）和4%～13% CrO_3，可提高耐吸湿性和改善外观，也可明显改善滑动性。加 $Al(H_2PO_4)_3$ 在烧结时可使磷酸镁黏化前充分脱水，表面光滑。烧结时以小于 $15℃/s$ 速度升到低于350℃，从350℃到烧结温度 T 和升温时间 t 满足 $-0.1t^2+17t+350<T<-0.26t^2+80t+350$ 时，可防止形成气泡和空洞，即切片时不产生粉末。如果先涂 $Mg(H_2PO_4)+$胶状 SiO_2，烘干后再涂 CrO_3 和烧结，可使附着性和耐粘接性提高[339]。

通用的应力涂料中加球状胶体 SiO_2。新日铁提出，加纤维状或多孔状胶体 SiO_2（比表面积为 $250\sim1000m^2/g$），即100份20%浓度的纤维状 SiO_2+45 份50%的 $Al(H_2PO_4)_3+5gCrO_3$。$4g/m^2$ 涂料量，800～900℃烧结，产生的张力更大（约8～10MPa），附着性、耐热性和耐粘接性好[340]。如果先涂一层胶状 Al_2O_3，再涂应力涂层，产生的张力大，附着性、耐热性、耐蚀性和绝缘性好，叠片系数高，消除应力退火后滑动性也好，适用于卷铁芯。胶状 Al_2O_3 的杨氏模量高，膨胀系数低。胶状 Al_2O_3 与应力涂层中，胶状 SiO_2 颗粒尺寸都为 7~30nm。如果将胶状 Al_2O_3 加入在应力涂层中，涂料液黏性过高不易涂上。如果在应力涂层中直接加入约 0.5% 的 2~20μm 较粗大颗粒 Al_2O_3，可提高卷铁芯消除应力退火后的耐粘接性[341]。

采用 10~30nm 细小胶状 SiO_2 的应力涂层，由于各颗粒之间都浸透有磷酸铝而使 SiO_2 不易凝聚，形成的绝缘膜强度可明显提高。200g 的 50% 浓度磷酸铝 + 300~550g 的 20%~30% 浓度 10~30nm 细颗粒胶状 SiO_2 + 30g 铬酐；涂料量 4~5g/m²，800~900℃烧结，可产生 10~13MPa 张力，磁性、耐蚀性和外观好[342]。

涂 2 次或 3 次应力涂层，每次涂料量为 1~2.5g/m²，总涂料量为 4~5g/m²，400~550℃烧结，最后一次经 850℃烧结，可产生 14~16MPa 张力，附着性和叠片系数高[343]。

川崎提出涂 50% 胶状 SiO_2 + $Mg(H_2PO_4)_2$ + 10% Cr_2O_3 应力涂层时，要求胶状 SiO_2 球形颗粒直径为 20~30nm，含小于 0.8% Na_2O 和小于 0.3% SO_4。颗粒细与磷酸盐反应良好。为使胶状颗粒均匀分散必须加 Na_2O，所以 SiO_2 中残存有 Na_2O。残存 Na_2O 少，可形成低热膨胀系数的薄膜，产生的张力大。采用的 SiO_2 为酸性胶状 SiO_2，所以含有 SO_4。SO_4 含量高，烧结时 SO_4 部分气化，使薄膜表面产生小孔洞和粉化，钢板表面不光滑。应力涂料中可加 0.1%~4% SiO_2 或 Al_2O_3 粉末，提高耐粘接性[344]。

应力涂层产生的张力为各向同性，但由于取向硅钢〈100〉方向的杨氏模量最小，所以沿轧向产生的张力更大。如果钢板预先沿轧向形成线状沟（600 号砂纸磨或激光照射）再涂应力涂层可产生各向异性张力，减少横向产生的张力。0.23 厚板的 P_{17} < 0.7W/kg。如果冷轧板沿横向先形成沟，涂应力涂层时沿横向产生的张力更大，制成的叠片铁芯磁性好，B.F. 小，噪声低。如果提高取向度，使 β≤1° 的二次晶粒地区表面积大于 80%，1~3.5μm 厚的应力涂层产生 5~12MPa 较小张力，就可明显降低 P_{17}。由于绝缘膜较薄，所以不易脱落，而且叠片系数不降低。实践证明，β≤1 时在较低张力下，P_{17} 就急剧下降。在 10MPa 附近，P_{17} 达到最低值。如果先涂一层平均密度大于 3.1g/cm³，平均硬度大于 15GPa 的胶状 SiO_2 + Al_2O_3，900~1050℃烧结后单面膜厚 8g/m²（或电镀 Cr），再涂应力涂层，磁致伸缩 λ 特性好。因为高密度薄膜惯性大，而高硬度薄膜可抑制大的振动，所以 $λ_{p-p}$ 值降低（约 1.5×10⁻⁶）[345]。

7.3.13.2　不含 Cr 应力涂层

为防止烧结后磷酸盐吸湿性（生锈和发黏）和提高消除应力退火时绝缘膜耐热性，一般都加铬化合物。Cr 可捕捉自由 P，而且 Cr 与 Si、O 和 P 形成化合键使绝缘膜更牢固，无缺陷，耐蚀性和磁性好。但这些铬化物都含 6 价 Cr，在涂料时污染环境和废液处理麻烦，再者烧结时 6 价 Cr 还原为 3 价 Cr，虽然污染程度减少，但铁芯加工时易产生粉尘，仍污染环境。新日铁提出，采用平均颗粒小于 $1\mu m$ 或 $2\sim3\mu m$ 固溶型复合金属氢氧化物（化学式为 $M^{2+}_{1-x}M^{3+}_x(OH)_{2+x-ny}A^{n-}_y \cdot mH_2O$ 或 $Al^{2+}_{1-x}M^{1+}_{x_1}M^{3+}_{x_2}(OH)_{2+x-ny}A^{n-}_y \cdot mH_2O$。$M^{1+}$ 为 Li、K、Na 氢氧化物，M^{2+} 为 Mg、Ca、Sr、Sn、Fe 等氢氧化物，M^{3+} 为 Al、Fe、Cr、Bi、Ti 等氢氧化物，A^{n-} 为 OH^-、F^-、Cl^-、SO_4^{2-}、CO_3^{2-}、HPO_4^{3-}、SiO_4^{2-}、BO_3^{3-} 等 n 价阴离子，$x=x_1+x_2$，$x\le0\sim1$，m 为层间水的分子数），即 $10\sim50$ 份硼酸、醋酸、硅酸等盐 $+100$ 份上述固溶型复合氢氧化物，经 800r/min 搅拌约 10min，pH 值大于 7，涂料量约 $4g/m^2$，$850℃\times60s$ 烧结，产生 $8\sim20MPa$ 张力，附着性、耐蚀性和耐烧结性好。0.23mm 厚板 $P_{17}<0.8W/kg$。在此涂料液中再加 $0.01\sim0.35$ 份 $0.05\sim5\mu m$ 颗粒的耐热性 $\alpha-Al_2O_3$、SiO_2 或 $MgO-Al_2O_3$（尖晶石）或非晶质 $Na_2O\cdot SiO_2$ 系玻璃，消除应力退火后附着性高，适用于卷铁芯[346]，但耐吸湿性和耐热性仍不理想。如果在 100 份 50% 浓度正磷酸盐 $+35\sim100$ 份 20% 浓度胶状 SiO_2 溶液中加入 $0.5\sim5\mu m$ 颗粒的 $0.3\sim15$ 份胶状氧化物（如 Al_2O_3、CaO、B_2O_3），即在水溶液中存在均匀分散的细颗粒胶状氧化物，在烧结和消除应力退火时，可与自由磷酸反应形成更稳定的磷酸化合物。这与以前加 Cr 化合物使 Cr 与自由磷的反应形成稳定的 $CrPO_4$ 作用相同，从而提高耐吸湿性和耐热性。同时润滑性更好，产生约 8MPa 张力。加胶状氧化物时，为防止凝聚，应进行搅拌并缓慢加入。850℃烧结，绕结后涂料量为 $4\sim5g/m^2$。如果加 $1\sim25$ 份硼酸盐［$LiBO_3$、$MgBO_3$、$Ca(BO_3)_2$、$Al(BO_3)_3$ 等］或加 $0.5\sim5$ 份 Ca、Mg、Fe、Al 等有机酸盐（如蚁酸盐、醋酸盐、酒石酸盐、柠檬酸盐等）也可。依靠烧结时分解出来的 B 等金属元素与自由磷酸形成稳定的磷酸化合物。但加有机酸盐，涂料液不稳定，色调也不好。如果加约 10nm 超细颗粒 $Fe(OH)_2$ 等无机化合物，调节胶状 SiO_2 的硅氧烷结构，使溶液更稳定并且有效地充填磷酸盐疏松结构和与自由磷结合，使磷酸盐溶液也更稳定[347]。

控制磷酸盐结晶化程度小于 60%（最好为 $5\%\sim20\%$），采用 $12\sim25\mu m$ 小颗粒胶状 SiO_2。$155\sim250$ 份磷酸盐 $+100$ 份胶状 SiO_2，涂料后以大于 30℃/s（最好大于 50℃/s）升温，$850℃\times>20s$ 烧结可产生更大的张力（$10\sim11MPa$），磁性、附着性和外观好。磷酸盐结晶化度小，目的是防止形成多孔疏松结构的绝缘膜，由于形成致密的、表面光滑的绝缘膜，所以产生的张力大，耐蚀性也好。最好采用单斜晶系和斜方系，即对称性低的晶系，如磷酸铝、磷酸镍、磷酸锰，不易形成凹凸薄膜。不能采用磷酸钙，因为它容易形成球状晶体，升温时体积变化大，薄膜易产生微裂纹等缺陷，耐蚀性也降低。升温速度快目的是防止磷酸铝结晶化，均热温度愈高，均热时间愈长，愈容易结晶化[348]。

川崎提出，钢板表面光滑度 $Ra\le0.4$ 时，可提高不含 Cr 绝缘膜的耐吸湿性。

因为钢板表面平整光滑可抑制烧结时磷酸盐脱水而产生的气泡，即抑制膨胀和产生裂纹，减少自由磷酸组分的形成，所以提高耐吸湿性。采用不含 Cr 的 50% 胶状 SiO_2 + 40% 磷酸镁 + 0.5% $MnSO_4$ + 0.5% 细颗粒 SiO_2 粉末或 50% 胶状 SiO_2 + 40% 磷酸镁 + 6% $FeSO_4$ + 4% 硼酸；850℃ × 30s 烧结，绝缘膜附着性、耐热性、防锈性和外观好，自由 P 量少（50 ~ 70μm/150cm²），叠片系数高，P_{17} 和 λ_{p-p} 低[349]。

自由 P 量是试样在 100℃ 水中煮 5min，用 ICP 能谱分析法测出。

7.3.13.3　$\gamma - Al_2O_3$（$\gamma -$ 水铝石）$+ B_2O_3$ 应力涂层

通用的应力涂层产生约 8MPa 张力，1994 年新日铁采用溶胶 – 凝胶法开发这种新型应力涂层并已在生产上应用。其主要成分为市售的 $\gamma -$ 水铝石（$Al_2O_3 \cdot xH_2O$），它与钢板的热膨胀系数差别约为（4 ~ 6）× 10^{-6}/K，而杨氏模量大（不小于 150GPa），所以在钢板中产生更大张力。另一成分 B_2O_3 与钢板的热膨胀系数差别更大，而且可降低 Al_2O_3 烧结温度和提高应力膜的附着性。$\gamma -$ 水铝石加入量为 70% ~ 90%。$\gamma -$ 水铝石和 B_2O_3 颗粒尺寸小于 100nm。在 100 份 $\gamma -$ 水铝石 + 5 份 B_2O_3 悬浮液中，可再加 0.3% ~ 3% 细颗粒的可溶性金属盐（如 FeOOH、$NiNO_3$ 等），提高薄膜附着性。辊涂（或静电法）涂料量 3 ~ 5g/m²，烘干凝聚后再经 830 ~ 850℃ 烧结，形成 $Al_4B_2O_9$ 和（或）$Al_{18}B_4O_{33}$ 晶体。两者都为斜方晶系，晶格常数相近，所以 Al 离子与 B 离子容易互换，形成亚稳定中间相，即 $Al_xB_yO_{(x+y/2)}$（$0.1 < y/x < 5$），膜厚 1 ~ 2μm，线膨胀系数约为 6 × 10^{-6}/K，在钢板中产生约 15MPa 张力。0.23mm 厚板 $P_{17} = 0.75$W/kg。涂料前钢板经轻酸洗，酸洗减量为 0.2 ~ 2g/m² 时，以后形成的薄膜附着性更好[350]。如果在上述结晶质涂料成分中加入非晶质的 B、P、Si 氧化物（加入更多的 B_2O_3，如 70% $\gamma - Al_2O_3$ + 30% B_2O_3 或 100 份 $\gamma - Al_2O_3$ + 35 份 B_2O_3 + 25 份陶瓷状 $\alpha - Al_2O_3$ 或通用的应力涂层成分），使薄膜中结晶质氧化物为 70% ~ 80%，非晶质氧化物为 20% ~ 30%，也产生约 14MPa 张力，附着性好[351]。

上述涂料液涂好和烧结后常存在有残留 B_2O_3 或硼酸，这使薄膜耐水性和防锈性降低。在涂料液中加 3% ~ 5% NaOH、Ca(OH)₂ 等可解决，而且可防止涂料液胶化，更易涂敷。采用 $x > 1$ 的 $Al_2O_3 \cdot xH_2O$（即水溶性更好的 $\gamma -$ 水铝石）+ 水溶性 B_2O_3 均匀混合并在 40 ~ 80℃ 搅拌 2h 以上的涂料，以 30 ~ 100K/s 速度升到 300℃ 烘干，850℃ 烧结后 Al_2O_3/B_2O_3 的摩尔比大于 2，即 $Al_2O_3 > $ 74%，$B_2O_3 < 26$%，薄膜为大于 70% 硼酸铝结晶质。由于不残存 B_2O_3，耐水性、耐蚀性和防锈性提高，产生的张力约 12 ~ 13MPa。采用小于 100nm 颗粒的六角形（$x = 1.5$）和纤维状（$x = 2.4$）两种市售水铝石混合使用（混合后 $x \geqslant 2$）。涂料配方为 74% ~ 88% 水铝石 + 12% ~ 26% B_2O_3。$x \leqslant 2$ 的 $\gamma -$ 水铝石结晶性，附着性和稳定性好。$x \geqslant 2.4$ 的结晶性低，涂料黏度好，产生的张力大[352]。

如果先涂 γ - 水铝石 + B_2O_3 + 1% ~ 5% Fe_2O_3，850℃烧结后形成大于80%结晶质硼酸铝和小于20%非晶质硼酸铁（改善耐水性），2 ~ 3μm 厚薄膜，再涂通用的应力涂层，800℃烧结后形成约 0.2μm 厚膜，产生的张力大，防锈性好，P_{17} 低[353]，如果先涂应力涂层，再涂 γ - 水铝石 + B_2O_3 也可。采用 60% 低结晶性（$x \geqslant 2$）γ - 水铝石 + 40% 碱性铝盐（如氯化铝，醋酸铝）或 5% ~ 70% HNO_3，再与 B_2O_3 混合后，黏度稳定性好[354]。

7.4 细化磁畴技术

以 AlN 为主的 Hi - B 钢二次晶粒粗大，使磁畴尺寸也粗大，反常涡流损耗 P_a 增高，日本为进一步降低 P_a，采用细化磁畴技术，并已在生产上应用。

7.4.1 刻痕对降低铁损的影响（刻痕效应）

野沢忠生（T. Nozawa）等观察到 HiB 钢板用高碳钢小刀沿横向刻痕后 180° 主磁畴宽度（2L）减小，铁损降低。图 2 - 46a 证明（110）[001] 单晶体在不加拉应力情况下用小刀或圆珠笔刻痕，P_{17} 随 β 角减小而明显降低。$\beta = 0°$ 时，P_{17} 最低，约为 0.7W/kg。刻痕使 $\beta \leqslant 1.5°$ 时的主磁畴 2L 减小约 67%，而 $\beta \geqslant 6°$ 时刻痕对 2L 几乎无影响。同时沿轧向加 15MPa 拉力和沿横向刻痕时，P_{17} 进一步降低，而且 β 与 P_{17} 的关系改变了，即 $\beta = 1.5° ~ 2.0°$ 时，P_{17} 最低，约为 0.5W/kg，因为 2L 明显减小。$\beta \approx 6°$ 时，2L 也减小，而 $\beta \approx 0°$ 的 2L 变化却较小。这说明刻痕效应与拉应力效应不同。用有限单元法并假设力学各向同性体时，可计算刻痕线附近的弹 - 塑性应力分布。证明垂直于刻痕线的上下表面区为压应力，而其他很宽区域内为拉应力。在刻痕附近产生尖钉状、片状、V 形和横向闭合畴（90°畴）等辅助畴，也称亚磁畴。受拉力时，横向闭合畴数量减少，尖钉状和片状磁畴为可逆畴或称反向畴而长大。在刻痕附近产生的自由磁极和压力使静磁能和磁弹性能增大，即产生了退磁场，这对形成可逆畴核极为重要。当磁化到饱和后再退磁时，这些可逆畴长大成新的 180°畴，所以使粗大 180°主磁畴 2L 变小。同时在刻痕附近很宽范围产生了纵向拉力，这也使主磁畴 2L 和横向闭合畴数量减小，所以铁损降低。外加拉应力使 2L 减小是因为抗拒外加拉力使表面闭合畴数量减少而引起的静磁能增大，这与刻痕引起的 2L 减小情况不同。在无拉力情况下，由于刻痕引起的可逆畴随 β 减小而更明显，所以铁损降低值随 β 减小而增大。在刻痕 + 拉应力情况下，铁损与 β 的关系是两者的综合作用结果。刻痕和拉应力对 P_h 的影响都很小[355]。

刻痕方法无实用价值，因为刻痕使钢板表面不平，叠片系数降低，磁致伸缩和噪声明显增高。刻痕也破坏了绝缘膜。钢板叠在一起时刻痕区较薄，断面面积减小，部分磁通密度从表面逸出而产生漏磁现象，这使相邻钢板表面产生横向磁化分量，刻痕作用减弱，叠片铁损比单片铁损测定值更高。但刻痕效应是发展细化磁畴技术的理论基础。

7.4.2　不耐热细化磁畴法

7.4.2.1　激光照射法

新日铁发展了用 Q 开关 Nd – YAG 或 CO_2 激光器沿横向照射 Hi – B 钢带表面的不接触法，并于 1983 年在生产上正式使用。照射能量为几毫焦的半宽脉冲式（约 10^{-7}s）或连续式激光束通过聚光透镜聚焦成小于数百微米的光点，沿横向经点状或线状照射在带有绝缘膜的成品钢带表面。照射时间为 1ns ~ 100ms。表面绝缘膜瞬时蒸发并产生几千大气压的冲击压力。引起局部受热和形成弹 – 塑性应变区，在表面下约 20μm 区域为高位错密度区，使磁畴 2L 减小到原 2L 值的十分之几。新形成的可逆磁畴核心单位体积数量 m 与位错密度 ρ 和 d/L 成正比：$m \propto d/(L \cdot \rho)$（$d$ 为照射点，即激光束直径，mm；L 为纵向上照射点间距，cm）。激光照射作用与刻痕作用相同。单位面积上的照射能量（也称照射能量密度）U_e（J/cm^2）$= E/(D \cdot L)$（E 为照射能量，J；D 为横向上照射点间距，cm）。一般将 L 和 D 控制在 5 ~ 10mm，d 约为 0.1mm。U_e 与 d 和 L 满足 $0.05 \leqslant dU_e^2/L \leqslant 10$ 时，在照射区就形成高位错密度区。照射后一般再涂一次绝缘膜和经低于 600℃ 烧结。U_e 在很宽范围内都可使铁损明显降低。实验证明，B_8 值越高，照射后铁损降低越明显（见图 2 – 53b），这与图 2 – 46a 所示的 β 角和刻痕后 P_{17} 降低关系一致，钢带越薄，照射后铁损降低越明显（见图 2 – 53a）。二次晶粒尺寸越大，照射效果也越明显。新日铁用此技术生产不大于 0.3mm 厚的 Hi – B 钢产品。0.23mm 厚 Z5H 牌号照射后，P_{17} 降低约 0.1W/kg，称为 23ZDKH 牌号。制成的变压器空载损耗比 0.3mm 厚 Z6H 制的降低约 25%，装配因子降低 4%。一般都沿钢带横向或与横向呈小于 20° 方向照射，以保证纵向铁损降低。如果沿纵向照射，横向 P_{17} 明显降低。沿轧向 30° ~ 60° 方向照射，纵横向 P_{17} 都降低。同时沿纵向和横向照射，纵横向 P_{17} 都显著降低。如果条片或 EI 型冲片或扇形冲片（用作大发电机）经激光照射可获得更好的效果。如一半条片沿横向照射，另一半条片沿纵向照射或与轧向呈 45° ~ 90° 照射，叠片铁芯铁损和装配因子都明显降低。又如扇形片轭部沿横向照射，齿部沿轧向照射也具有同样效果。也可在平整拉伸退火后照射，然后再涂绝缘膜，但必须在低于 600℃（最好低于 500℃）烧结，否则 P_{17} 增高。

由图 7 – 63a 看出，沿横向经激光照射后，在照射区 12 的两侧出现尖钉状（也称匕首状）亚磁畴，这是因为照射区产生位错群所引起的。钢板 10 磁化时，这些小匕首畴 16 在 180° 主磁畴中长大，成为反平行的 180° 畴 18，所以磁畴得到细化。14 为原来的 180° 主磁畴。图 7 – 63b 为沿轧向激光照射情况，产生的小匕首畴16 为 90°畴，沿横向铁损明显降低。照射区附近存在压应力，其他区域为拉应力，这些应力都垂直于照射线，产生的塑性区面积比照射点面积大几倍，沿横向照射时相当于钢板经受 10%拉应力的变形[356]。

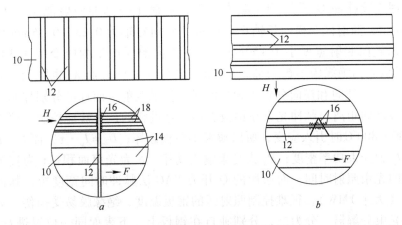

图 7-63 沿钢板横向和轧向照射示意图

a—沿钢板横向照射；b—沿轧向照射

0.2mm 厚 (110)[001] 单晶体经激光照射和外加拉力时，$P_{17} \approx 0.4W/kg$，0.15mm 厚单晶体的 $P_{17} \approx 0.3W/kg$。工业上生产的 0.23mm 厚板经激光照射，$P_{15} = 0.52W/kg$，$P_{17} \approx 0.70W/kg$[357]。用激光照射后的钢板制成的叠片变压器铁芯的铁损降低值与照射后钢板铁损降低值相同。

激光照射的缺点是照射区绝缘膜被破坏，需要再涂一次绝缘膜和经不高于 500℃烧结，叠片系数降低，制造成本更高。最大的缺点是照射效应在 700~800℃消除应力退火后消失，铁损又回复到原水平，只能在不高于 550℃退火。因此，此技术不适用于卷铁芯钢带，而制造卷铁芯的取向硅钢带用量与制造叠片铁芯用量几乎相同。如果照射能量密度 $U_e \geqslant 1J/cm^2$ 时，700~800℃退火后照射效应部分消失，P_{17} 降低 0.03~0.07W/kg[172]。控制激光透镜与钢板之间距离 D，即控制 $D/f = 1\%~12\%$（f 为激光束焦点距离），照射时绝缘膜不被破坏，但铁损降低效应减小[358]。

在生产条件下，钢板宽度约为 1000mm，因此在板宽方向并列安装约 10 台激光机，在同一条件下同时照射，每台照射宽度 100mm，轧向间隔 $l \approx 5~7mm$，横向间隔 $d \approx 0.5mm$，脉冲频率 $F \approx 70~130Hz$，钢带运行速度 $v = 40~50m/min$，进行点状或连续状照射。

通用的 Q 开关 Nd-YAG 激光法的脉冲频率小于 10kHz，脉冲照射最大宽度约 50mm，不易均匀照射。采用 Q 开关 CO_2 激光法脉冲频率大于 30kHz，轧向间隔 $l = 3~10mm$，横向间隔 $d \approx 0.3~1mm$，照射能量密度 $U_d = (d/l)P^2 = 0.3~$

$0.4J/cm^2$（式中，P 为最大功率）。在大于 150mm 地区可完全连续均匀照射，磁性均匀提高。如果照射深度达 $10\sim30\mu m$ 照射区形成半圆形凹坑，消除应退火后 P_{17} 不会增高[359]。

采用连续脉冲 Q 开关 CO_2 激光照射，控制单一脉冲照射能量密度 $U_p<12kW/mm^2$，照射区为横向长轴 $6\sim10mm$，轧向短轴为 $0.25\sim0.35mm$ 的椭圆形（即沿轧向照射宽度小于 150mm，板厚方向照射产生的应变区达 $30\mu m$ 深度）。钢板表面绝缘膜不被破坏，P_{17} 降低 $10\%\sim15\%$，而 λ_s 也降低（$\lambda_{p-p}\leqslant0.9\times10^{-6}$）。轧向和横向分别用独自的激光扫描照射，而且可分别控制激光装置与钢板之间距离，脉冲光束在钢板表面上是重叠的，有效地控制在照射区板温为 $500\sim800℃$ 时引入应变，所以薄膜不易被破坏，$U_p=I_p\cdot\tau$，而 $I_p=P_{av}/S$，式中，I_p 为光束功率密度；P_{av} 为光束输出功率；S 为光束面积；τ 为扫描线上任意点的光束照射时间。而通用的 Q 开关 YAG 法脉冲时间宽度短，脉冲峰值功率高（大于 1MW），很难控制照射区的钢板温度、绝缘膜易受损伤。如果激光束经光束分解器一分为二，分别独自在钢板上、下表面同一位置进行照射，照射能量分别为 $2\sim5mJ$ 时，沿轧向形成宽度小于 0.3mm 的 90° 闭合磁畴，P_{17} 降低更明显。如果激光束按时间分为等间隔的几个分光束，各光束独自照射，钢板轧向移动速度与集光束扫描速度和光束功率联动变化（照射能量约为 9mJ）也可[360]。

采用 Q 开关 YAG 激光法，照射能量为 4mJ，照射点沿轧向长 d_1，沿横向长 d_c，照射点沿轧向间隔为 P_1，沿横向间隔为 P_c，控制 $d_1\leqslant0.2mm$，$d_c/P_c=0.6\sim1.0$，$d_1/P_e=0.04\sim0.05$ 时，沿横向形成连续排列的闭合畴，P_{17} 降低 10% 以上，同时 λ_s 增高程度减小，如果 $d_1>0.2mm$ 时，形成的闭合畴轧向宽度增大，P_h 明显增高。d_1/P_e 增大，闭合畴数量增多，λ_s 增高，因此规定，$d_1/P_e\leqslant0.05$[361]。

照射能量密度低（$0.4\sim1.3mJ/mm^2$）可使低磁场 μ 值提高大于 20%，因为 P_h 不会增高，如果控制照射后沿轧向的残余弹性张力最大值为 $70\sim150MPa$，而塑性应变范围小于 0.6mm，轧向间隔小于 7mm，一个脉冲输出功率固定为 $3\sim5mJ$，0.23mm 厚板 $P_{17}<0.7W/kg$。用 X 射线测量照射后的应力状态，证明弹性应变产生的残余张力使磁畴细化，而塑性应变区为高位错密度区，可阻碍畴壁移动，使 P_h 增高[362]。

通用的 Q 开关 YAG 激光波长短（$1.06\mu m$），集光直径为 $200\mu m$，而 Q 开关 CO_2 激光波长为 $10\mu m$，集光直径也为 $200\mu m$。都为脉冲激光，即瞬间产生激光，脉冲幅度小于数微秒，能量高（峰值能量可超过几千瓦），产生很大冲击力，照射后在很大区域内产生应变区，过剩的应变，使 P_h 和 λ_s 增高。近年新日铁提出，$\phi<40\mu m$（如 $10\mu m$）光丝激光装置，照射波长为 $1\sim2\mu m$，照射能量密度为 $1\sim100kW/mm^2$，轧向照射间隔 $3\sim5mm$，P_{17} 降低更明显，而且 λ_{17} 降低。已知

λ_{17}增高是由照射形成的闭合畴沿轧向伸缩引起的。而用这种细小集光束照射时，改变扫描集光透镜与钢板之间的距离，可改变轧向集光束直径 d_1（d_1 最低值为 15μm），改变照射能量密度可改变横向集光束直径 d_c。照射能量密度低，d_c 变大，钢板表面温度低，不会使绝缘膜蒸发，没有形成照射点，但由于热应变也可形成闭合畴来细化磁畴。照射能量密度增高，d_c 变小，绝缘膜蒸发，形成 30～180μm 宽、1～4μm 深的凹形照射点，P_{17} 更低。此时照射点轧向宽度（或形成的闭合畴宽度）为 50～100μm。照射后的残余应变使形成的高能量闭合畴数量减少，λ_{17} 也降低[363]。

以前激光照射法都注意激光种类、照射形状、照射能量和照射间隔等，没有定量地分析应变或残余应变对细化磁畴的影响，图 7 - 64 为用 X 射线新方法在照射区附近沿轧向产生的残余压力在板宽方向垂直断面上的二元分布图。可看出钢板表面附近产生大的拉应力，而板厚方向的下方存在有压应力。轧向残余应力和塑性应变的宽度与集光照射的轧向直径 d_1 成正比，轧向表面残余拉应力最大值比残余压应力更大，而且残余拉应力都集中在很窄的地区内。根据照射条件达到钢板屈服应力（约 350MPa）即为塑性应变区，但轧向残余拉应力与 P_{17} 没有明显关系，而残余压应力沿板厚方向深入区很广，影响深度大，对 P_{17} 影响大。当残余压应力最大值大于 98MPa 时，P_{17} 最低。为表明此压应力分布，采用积分压应力 σ_s 值表示（$\sigma_s = \int \sigma \mathrm{d}S$，式中，$\sigma$ 为轧向残余压应力；S 为板宽方向垂直断面上压应力区面积），证明 $\sigma_s = 0.2 \sim 0.8$MPa 时，P_{17} 降低大于 13%，大于 0.8MPa 时，由表面附近残余拉应力引起塑性变形使 P_h 增高[364]。

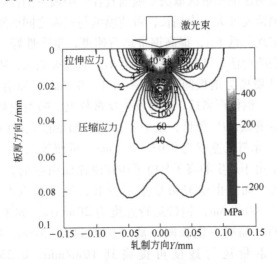

图 7 - 64　在照射区附近沿轧向产生的残余压力在板宽方向
垂直断面上的二元分布图

德国也证明激光照射强度低时（如 $10kW/cm^2$），新形成的 $180°$ 畴壁移动性好，所以 H_c 和 P_h 降低，P_{15} 和 P_{17} 都降低，照射强度高（如 $70 \sim 100kW/cm^2$），P_h 增高[365]。

7.4.2.2　等离子喷射法

川崎钢公司提出等离子喷射法并已在生产上采用，生产 RGH – PJ 牌号。此法特点是将气体（氮、氢或氩气）加热到高温（电弧放电法），使气体分子发生剧烈碰撞，引起电子分离而产生正离子，即等离子。等离子经强制冷却并从喷嘴小孔（阳极）中高速喷出，形成高速气流。通过热收缩效应，等离子喷射使钢板产生的温度比产生等离子的加热温度高得多，等离子喷射钢板的中心区温度可高于 $10000℃$。阳极为孔径小于 $2mm$（最好为 $0.1mm$ 和 7A 输出电流）烧嘴，阴极为钨板。在阳极和阴极之间加电压产生等离子或等离子与氢混合气体。孔径小，输出电流小。根据孔径大小，将输出电流控制在 $1 \sim 100A$ 范围。利用这种高温高能量等离子喷射流沿横向 $\pm 30°$ 垂直于钢板表面喷射，引起应变区并产生小晶粒，使二次晶粒尺寸减小，磁畴细化和绝缘膜不破坏（因为靠钢板本身发热提高温度，钢板不吸收光和无冲击力）。照射扫描速度为 $200mm/s$，沿轧向间隔为 $5 \sim 15mm$。P_{17} 可降低 $10\% \sim 20\%$。他们认为此技术的生产性、作业性、安全性和成本都比激光照射法（钢板吸收光发热而引起应变，破坏绝缘膜）好。钢板的 B_8 越高，喷射效果越明显，并且喷射后 P_{17} 与 B_8 呈直线关系。喷射后磁致伸缩的压应力敏感性减小，这说明产生了一定的拉应力而使磁畴细化[366]。

等离子火焰喷射法的照射区取决于喷嘴直径，阳极 – 阴极之间电压、电流和气体喷流速度。喷流速度大，火焰长，可使喷嘴与钢板之间的距离增大，照射能量效率高。可稳定地降低 P_{17}，提高钢带运行速度，生产性好。以前的方法都采用短的等离子火焰喷射法，即气体喷流速度小。因为火焰长，吸收光过强，表面绝缘膜脱落。而且喷嘴与钢板间距离只有 $0.1 \sim 0.5mm$，照射区宽度为 $0.05 \sim 0.3mm$，由于喷嘴 – 钢板距离近，两者发生反常放电、喷嘴损耗大和等离子火焰扰乱，所以照射能量低，P_{17} 降低，效率不稳定。如果预先在照射区涂有导电性物质（如 Al_2O_3）；涂料区宽度为 $0.03 \sim 0.1mm$，可使等离子照射光束聚集而不分散（光束分散是由于产生的离子与电子相互碰撞而引起的）。这时提高电压，降低 P_{17} 效率增高，而且由于光束聚集不分散，绝缘膜也不易脱落，喷嘴 – 钢板间距离为 $0.5 \sim 0.8mm$，钢带运行速度为 $20mm/s$。如果照射时保持气氛压力为 $10^{-2} \sim 20T$，喷嘴 – 钢板间距离可扩大到 $4 \sim 5mm$，照射区宽度一直保持为 $0.1mm$，钢带运行速度可提高到 $10m/min$，$0.23mm$ 厚板 $P_{15} \approx 0.75W/kg$（照射前 $P_{17} \approx 0.88W/kg$）。如果在等离子照射方向加约 5000G 磁场使照射光束进一步聚集，喷嘴 – 钢板间距离扩大到约 $15mm$，钢带运行速

度提高到 $30m/min$[367]。

7.4.2.3 喷丸处理法（机械加工法）

新日铁曾提出，用 $\phi0.7 \sim 1.0mm$ 钢球沿横向喷丸处理，局部引入应变区，载荷为 $150 \sim 200g$，压痕宽约 $50\mu m$，深小于 $5\mu m$，间隔 $10mm$，不破坏底层来细化磁畴，P_{17} 约降低 10%。沿轧向 $30° \sim 60°$ 方向喷丸，纵横向 P_{17} 同时降低[368]。

最近 JFE（川崎和日本钢管合并）提出，采用平均颗粒直径小于 $100\mu m$（最好为 $30 \sim 50\mu m$）Al_2O_3，小球喷丸处理，喷射空气压力为 $0.025 \sim 0.15MPa$，P_{17} 降低 6% ~ 8%，绝缘膜不破坏，耐蚀性不降低，设备成本低[369]。

7.4.2.4 电子束照射法（EB 法）

川崎提出电子束照射法，照射宽度为 $0.2 \sim 1mm$，深度为 $0.01 \sim 5\mu m$，沿轧向间隔为 $5mm$，能量密度为 $2 \sim 9J/cm^2$，加速电压为 $60 \sim 500kW$，加速电流小于 $5mA$，电子束直径 ϕ 为 $0.1 \sim 0.5mm$（即照射区），真空度为 $133 \times 10^{-3} \sim 10^{-4}$ Pa，扫描速度为 $700cm/s$，P_{17} 降低 $0.07W/kg$。$0.23mm$ 厚板 $P_{17} = 0.76W/kg$，λ_s 低（噪声小），绝缘膜不被破坏[370]。

美国 ALC 钢公司在 $133 \times 10^{-4}Pa$ 真空下照射，电子束直径约为 $0.12mm$，能量密度为 $0.1 \sim 0.37J/mm^2$，加速电压为 $20 \sim 200kV$，加速电流为 $0.5 \sim 100mA$，绝缘膜不破坏，P_{17} 降低 5% ~ 10%[371]。

7.4.2.5 放电处理法

英国 BSC 钢公司用这种成本低的电火花放电法处理涂有绝缘膜的成品，并建立了生产线，其原理如图 7-65 所示。通过电容器 C 充电和放电，不连续性的储存和释放能量。E 点的峰值电流高并受电阻器 r 的控制。线路起张弛振荡器作用。脉冲频率（$500 \sim 1000Hz$）和每次放电消耗的能量取决于 R，C，s 和 V。放电能量 = $CV_g^2/2$（$V_g - s$ 处的击穿电压，可达 $3000 \sim 10000V$）。放电能量密度为 $15J/mm^2$。可采用脉冲式、连续式或电弧放电。放电处理使绝缘膜烧蚀。需要再涂一薄层有机涂层。因为在空气中放电会产生臭氧和氧化氮气体，这些气体对人体有害，必须采取保护措施。放电处理线间隔为 $5mm$，电火花击点直径为 $0.05mm$，烧蚀点间隔为 $0.25 \sim 0.5mm$。由于局部引入高位错密度应力区，磁畴细化，P_{17} 降低 10% ~ 15%。消除应力退火后效应消失[372]。

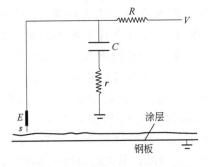

图 7-65　电火花放电处理线路图
V—5 ~ 12kV 高压电源；R—电阻器；C—电容器；E—放电电极（钨极）；s—E 与钢板之间的距离（0.5 ~ 3mm）；r—控制释放能量速率的电阻器

7.4.3　耐热细化磁畴技术

　　以上细化磁畴技术都是通过局部引
入位错群产生的应力场来细化磁畴，在高于550℃退火加热时，由于位错消失而
无效。消除应力退火后 P_{17} 回复到原水平，所以称为不耐热细化磁畴法。

7.4.3.1　齿状辊形成沟槽法

　　新日铁提出，涂绝缘膜后用齿状辊在900~2220MPa载荷压力下沿横向加工，
上辊为固定的齿状辊，下辊为压辊，
形成大于 $5\mu m$ 深（如 $20\mu m$），$10~$
$150\mu m$ 宽的沟槽，沿轧向间隔为2.5~
10mm，再经高于750℃退火时在沟槽
附近产生约 $100\mu m$ 尺寸的晶粒，其位
向不是（110）[001]，在它们与二次晶
粒形成的晶界面上产生了可逆亚磁畴，
其长度为2~3mm，这使磁畴细化和铁
损明显降低，而且由于形成小晶粒，
B_8 也降低（见图7-66a）。平均载荷
增大，合适的沟宽减小，沟深增大。
齿状辊的齿宽度为 $50~150\mu m$，齿尖
端应平坦。由图7-66b看出，齿状辊
引入应变后，P_{17} 明显增高，但850℃
退火后 P_{17} 显著降低。0.23mm厚板的
P_{17} 从约0.9W/kg降到约0.78W/kg，
0.3mm厚板的 P_{17} 从1.05W/kg降到
0.93W/kg，并且叠片系数不降低。如
果在100~300℃温度范围经齿状辊加
工，可使绝缘膜破坏程度减小，沟槽
附近无孪晶，退火后形成更细小晶粒，
0.23mm厚板的 P_{17} 降到0.76W/kg。在
室温下加工时绝缘膜发生龟裂，沟槽

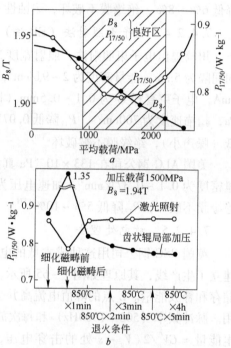

图7-66　齿状辊加工平均载荷与铁损和
B_8 的关系及齿状辊加工和850℃
不同退火条件与铁损的关系
（0.23mm厚板）
a—平均载荷与 B_8 的关系；
b—退火条件与铁损的关系

周围产生孪晶，退火后新形成的晶粒较大，效果不好。如果在涂绝缘膜和500~
650℃烧结的同时经齿状辊加工，齿状辊磨损小，寿命提高3倍[355,373]。如果在齿
状辊加工前或加工过程中用含聚乙烯醇、聚氧乙烯等水溶性树脂的水溶液（其中
加防锈剂）进行润湿处理，也可减少齿端部摩擦力和提高齿状辊寿命，而且成本
低。涂 $0.1~2.5g/m^2$ 应力涂层和200~350℃烘干，再经齿状辊加工也起润滑作

用，然后再涂应力涂层[374]。

1988 年新日铁已在生产上采用齿状辊加工工艺，制成 0.23mm 厚 ZDMH 牌号。齿状辊加工装置如图 7 - 67 所示。一般是在平整拉伸和涂绝缘膜生产线上，清洗和轻酸洗去除多余 MgO 后，经齿状辊装置加压形成 V 形沟槽（见图 7 - 67a），然后再涂绝缘膜和烧结。图 7 - 67b 为约 800℃ 拉伸退火和绝缘膜烧结后 V 形沟槽附近形成小晶粒而使磁畴细化的示意图[375]。

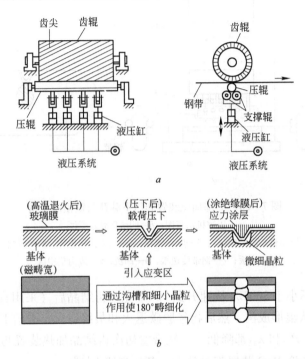

图 7 - 67　齿状辊装置示意图和齿状辊加工形成沟槽细化磁畴示意图
a—齿状辊装置；b—沟槽细化磁畴

在大于 20MPa 压力下经齿状辊加工和 800℃ × 10min 退火后应变区部分回复时，就在表面和 45°方向沟槽附近形成小晶粒。齿尖端宽度为 85μm 时形成的沟浅和宽，小晶粒尺寸大，而尖端宽度为 35μm 时，形成的沟深和窄，小晶粒形状为圆形，尺寸更小，P_{17} 降低更明显，B_8 降低程度小[376]。

沟深 d 与沟宽 w 之比 $d/w \geqslant 0.3$ 和高于 1000℃ 退火可消除局部应变区小晶粒。$d/w > 0.3$，即沟深且窄，静磁能增大更明显，也就是细化磁畴效果最好，P_{17} 低，而 B_8 不降低[377]。

采用带有 20 个线状齿（金刚石或陶瓷材料制成）金属模的压缩机，沿钢带横向 ±30°经线状压缩，局部引入大于 2μm 深，10 ~ 300μm 宽凹坑，间隔 5mm 应变区，压力为 60 ~ 120MPa，齿端部半径为 20 ~ 300μm，P_{17} 降低程度比齿状根法更低，图 7 - 68a 所示为压缩机装置，图 7 - 68b 为凹坑形状示意图[378]。如果齿宽 20 ~ 30μm，齿深 5 ~ 15μm（即形成 20 ~ 30μm 宽和 5 ~ 15μm 深的凹坑）和齿与钢板接触时冲击速度小于 300mm/s（用压缩机曲柄轴驱动装置控制），使沟间凸凹区小于 25μm，即凸凹量减小，叠片铁芯 P_{17} 低，而且噪声小[379]。

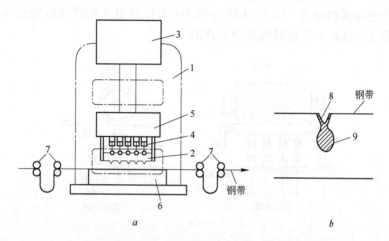

图 7 - 68　局部加压装置和压下载荷与铁损的关系

a—压缩机示意图；b—凹坑形状示意图

1—压缩机；2—突起齿；3—驱动装置；4—压力控制机构；5—金属模；

6—底板；7—钢带传送辊；8—凹坑；9—应力集中区

冷轧板以不小于 30℃/s 快速升到 700℃ 完全再结晶后（采用直接通电或感应加热法）经齿状辊形成沟，然后再经脱碳退火和最终退火，沟槽下方地区存在有二次晶粒晶界，P_{17} 和 λ_{17} 都降低。冷轧带卷初次再结晶加热装置与齿状辊加工装置，脱碳退火和涂 MgO 装置都可放在一条生产线上[380]。

沟深增大，由于断面积减小，漏磁增大，而且沟下方产生小晶粒，所以 B_8 降低更明显。根据设计 B_m 使沟深在 5 ~ 25μm 范围内进行调整可使 B_8 变坏量减少到 0.05 ~ 0.07T。沟沿轧向的间隔对 B_8 变坏量影响小。板厚与合适沟深也有关，0.35mm 厚板的沟深应当比 0.23mm 厚板的沟深更大，例如 0.35mm 厚板合适沟深为 20 ~ 30μm，0.23mm 厚板为 10 ~ 15μm。齿状辊加工形成沟后，再经 10% HNO_3 侵蚀 2min，控制沟深和去除沟下方的小晶粒，使小于 200μm 尺寸的小晶粒个数小于 4 个/mm²，P_{17} 更低[381]。

7.4.3.2　冷轧板形成沟槽法

川崎采用冷轧板经印刷法（形成防护层）+ 电解侵蚀法形成约 150μm 宽、20μm 深和沿轧向间隔为 3 ~ 4mm 的沟，然后在 NaOH 水溶液中去除防护层。沟壁倾角小，磁畴宽度也更小，即沟最好为矩形。成品 P_{17} 可降低 10% ~ 15%，耐热，B_8 也下降 0.02 ~ 0.03T，低磁场磁性变坏，但磁致伸缩高频组分减少，所以噪声小，叠片系数高（97%）。1992 年按此法生产 0.23mm 厚 RGHPD 牌号产品。图 7-69a 所示为沟槽与磁畴结构模型，图 7-69b 所示为计算出的静磁能、畴壁能和两者的总能量与磁畴宽度 d 的关系。图 7-69c 所示为计算出的沟深 h 与 d 的关系。沟槽处产生的磁极使静磁能增高和畴壁能降低，在合适 d_0 时总能量最低（即 P_{17} 最低）。当沟宽大于磁畴宽度 d 时，沟的两边自由磁极之间耦合能量可忽略不计。计算出的沟深 h 增大，d 减小，P_{17} 降低[382]。

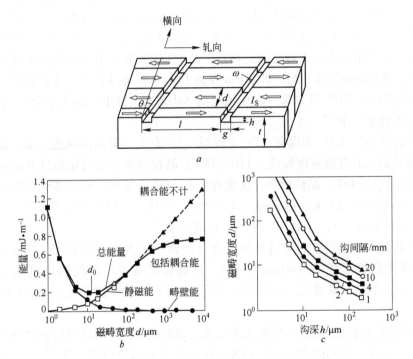

图 7-69 沟槽与磁畴结构和计算能量及磁畴宽度的关系

a—沟槽与磁畴结构模型；b—计算静磁能、畴壁能和总能量与磁畴宽度的关系；

c—计算沟深与磁畴宽度的关系

冷轧板表面用胶版印刷法涂 0.5 ~ 30μm 厚环氧树脂或醇酸系树脂保护剂，200℃ × 30s 烧结（升温速度小于 25℃/s）。沿横向 0.2mm 宽线状区域和间隔 3 ~ 4mm 处不涂，然后经电解侵蚀法（NaCl 电解液。电流密度 10 ~ 200A/cm²，硅钢带为阳极，侵蚀时间 0.5 ~ 5s）形成 10 ~ 20μm 深的沟槽，沟深最好符合下式：$\lg d \geq 0.6Ra + 0.4$（Ra 为钢板表面光滑度），然后用 5% NaOH 水溶液去除表面环氧树脂。$Ra = 0.2μm$ 时，0.23mm 厚板 $P_{17} = 0.75$W/kg[383]。电解侵蚀时根据电解液浓度、pH 值和温度的变化，调节电极-钢板间距离[384]。

沟沿轧向和横向的间隔为 7.5 ~ 13mm，以后平整拉伸退火加约 196MPa 张力，0.23mm 厚板 $P_{17} \approx 0.72$W/kg。如果涂防护层在卷辊绕带时绕带角大于 5°，即在 15MPa 张力下侵蚀形成沟，防护层涂料均匀，形成的沟深和沟宽也均匀，沟沿轧向间隔为 3~4mm，也可使 $P_{17} = 0.72$W/kg。电解侵蚀时电流密度都为 10A/dm²，电解侵蚀时间为 30s。如果沟底侧面倾斜角为 20°~40°，沟底面宽 150~250μm，细化磁畴更明显。控制好电解液对钢板的相对流速、电解液 pH 和温度，使沟底面光泽度为 20 度镜面光泽度的 80~120，P_{17} 低，而且 Mg_2SiO_4 底层附着性好。相对流速增加，光泽度提高，而 pH 增高，合适的相对流速应增大。反之，电解温度升高，合适的相对流速应减小。线状沟间隔波动的标准偏差大于 15% 平均间隔时，P_{17} 低和噪声小。如果冷轧板形成沟，成品再在沟以外地区经等离子火焰照射局部引入应变区，即产生高位错密度区，它与沟之间距离不大于 0.5mm，细化磁畴效果更好。0.23mm 厚板 $P_{17} = 0.67$W/kg[385]。电解侵蚀形成沟后，最好在 50~70℃ 的 20%~30% 浓度的 NaOH 水溶液中浸泡大于 15s，去掉防护层后再清洗干净[386]。

合适的沟深（d）和沟宽（l）与板厚（t）有关。形成沟的地区由于板厚减薄，脱 C 退火时升温速度加快，(110)[001] 晶粒增多，而其他地区升温速度相对更慢，(111)[112] 晶粒增多，这使成品 P_{17} 波动。再者，沟底部平均光滑度 $Ra(D)$ 比钢板表面 $Ra(R)$ 更大时，升温速度也加快。控制 $d = 0.075t \sim 0.15t$，$l = 0.5t \sim 1.5t$ 和 $Ra(D) > Ra(R)$ 时，P_{17} 低波动小[387]。

冷轧板形成近似矩形沟后再经电解侵蚀使凹区变为更深的 45~75μm 圆形（或经激光照射形成 $\phi \approx 40$μm 穿孔），控制板厚减少区凹坑的质量减少率为 0.01%~0.05%，制成的变压器铁损更低，因为这可防止轧向以外的铁损增高[388]。

在电解槽内沿板宽方向装配几个电极，钢带从电解槽出口到卷取之间沿板宽方向测定沟深，根据此测定值控制各电极电流可使沟深均匀一致[389]。在电解槽内钢带边部（15~80mm 地区）与电极之间加一个沿板宽方向可移动的隔板来阻碍电解电流（见图 7-70），控制钢带宽度方向边部沟深为中部沟深的 70% 以下，目的是防止边部形成的沟过深而断带。电解侵蚀时采用光滑度 $Ra > 0.1$μm 的导电辊可防止产生电弧（打火）。因为导电辊表面粗糙，与钢带接触时局部电流集中可防止产生电弧，这可充分在钢带上喷电解液。钢带焊接区到达导电辊之前断电，通过后再通电[390]。

电解侵蚀一般要保证电解电流不变，以保证形成的沟深，但电解电压会有变动，这也影响沟深。再者，电压高也破坏防护层。以前为保证电流不变，文献 [384] 调节电极-钢板间距离的装置过于复杂。文献 [389] 增加电极数分别控制电流方法也不能保证沟深不变动。现在电解侵蚀一般都在 U 形电解槽中用辊支撑方法。根据钢带的电阻和电解液电阻的变化调整电解电压，使其保持不变[391]。

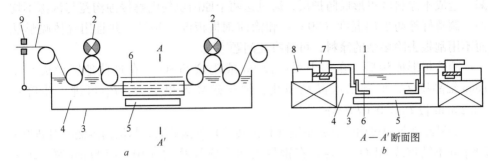

图 7-70　电解侵蚀装置示意图

a—正面图；*b*—A—A′断面图

1—钢带；2—与电源正极相连的导电辊；3—电解槽；4—电解液；5—电极，与电源负极相连；

6—隔板；7—支撑隔板装置；8—驱动隔板装置，使隔板沿钢板宽度方向移动；

9—钢带边部检测器（光电管），根据检测值控制 8

图 7-71 为印刷法 + U 形电解侵蚀装置的示意图，电解侵蚀槽为 U 形。采用照相凹版辊印刷法，将钢板上面涂环氧树脂，防护层厚度约 1.5μm，不涂料区宽度约 200μm，涂料速度为 50m/min，涂料液黏度为 50~150mPa·s，低于 250℃烘干。涂料均匀不脱落，以后电解侵蚀形成的沟也更均匀[392]。用传感器测不形成防护层地区的宽度分布，根据测量结果及时调节钢带与电极之间喷出的电解液流量，即改变板宽方向的电解液流量，形成的沟深均匀。印刷法涂防护层时涂料孔前端直径会逐渐变大，使防护层地区宽度发生变化。涂料黏度大，孔径变大程度减小。再者涂防护层时在凹版辊上方装有刮板，将多余的印刷涂料去掉，而刮板磨掉的粉被凹版辊咬入，使刮板沿宽度方向的压力发生变化，从而使印刷涂料泄

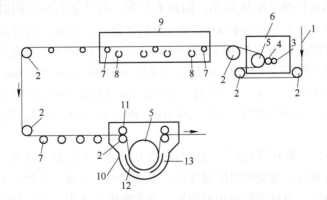

图 7-71　印刷法 + U 形电解侵蚀装置示意图

1—钢带；2—导辊；3—照相凹版辊；4—偏心辊；5—支撑辊；6—照相凹版印刷涂防护层装置

（只涂钢板上表面）；7—支撑辊；8—喷嘴，吹钢板下表面；9—烘干烧结装置；

10—电解侵蚀装置；11—导电辊；12—电极；13—U 形电解槽

漏，造成不涂料区也形成防护层，通过这两个原因也使电解侵蚀沟宽与沟深不均匀，调整好涂防护层温度（30℃）和涂前钢板板温（30℃）并且用气体喷嘴法而不用刮板去除多余的涂料，可解决此问题[393]。

冷轧板形成沟后，在沟中再电镀 Sn 或辊涂 $SnSO_4$。在这些地区形成小于 1mm 细晶粒区，抑制二次晶粒粗化，细化磁畴效果更大，P_{17} 可进一步降低（0.23mm 板 $P_{17} = 0.67W/kg$）[394]。

如果冷轧带通过内侧有游星辊（自由转动）的滚筒时，从滚筒内侧喷射 $\phi50 \sim 200\mu m$ 不锈钢或 Al_2O_3 小球，在钢带表面形成线状沟（$100 \sim 500mm$ 宽，$20 \sim 30\mu m$ 深，间隔 $3 \sim 6mm$）。滚筒是靠钢带运行时带动的而不是驱动的。用高压水喷射出小球，喷射压力为 1.0MPa，P_{17} 降低约 0.1W/kg，制造成本低[395]。

冷轧板或脱碳退火板用激光照射等方法形成贯穿板厚的细小孔洞，$1cm^2$ 面积上有 $2 \sim 20$ 个，孔洞直径为 $5 \sim 100\mu m$。由于在孔洞附近形成小晶粒而使磁畴细化，P_{17} 降低，同时 B_8 几乎不降低[396]。

新日铁也提出冷轧过程中沿横向经激光照射形成点状或线状沟，沟深为 $1/8 \sim 1/30$ 板厚（$10 \sim 30\mu m$ 深）的方法[397]。热轧板经激光照射形成沟后再常化，使沟底部形成线状氧化物也可使成品 P_{17} 降低[398]。

7.4.3.3　激光照射法

新日铁提出，成品经 Q 开关脉冲 CO_2 激光（$400 \sim 600W$ 功率，40m/s 扫描速度）或 Nd – YAG 激光（50W 功率，$f = 300Hz$）照射形成沟，P_{17} 低，叠片系数高，耐热[399]。

在钢板两面同一位置经高能量密度的 Q 开关脉冲 CO_2 激光照射（激光时间波形为连续波），单面沟深小于 5% 板厚（$5 \sim 30\mu m$），激光照射台数减少，制造成本低，耐热而且热影响区减小，钢板不变形，叠片系数高，同时 B_8 不降低。照射能量密度为 $0.4 \sim 0.8mW/mm^2$ 时，照射区部分蒸发形成沟并存在不大的热影响区，而照射能量密度为 $10 \sim 30mW/mm^2$ 时，照射区几乎都蒸发，没有热影响区，只形成深约 $30\mu m$ 的沟，钢带运行速度为 100m/min。0.23mm 厚板消除应力退火后 $P_{17} = 0.75W/kg$，B_8 不降低。控制照射区熔融和再凝固区沿轧向形成的沟深 $d \geq 15\mu m$，轧向沟宽 $W = 30 \sim 200\mu m$，纵横比 $d/W \geq 0.2$，轧向间隔 $P_L = 2.5mm$ 也可[400]。

激光照射法一般在激光束入射轴与扫描方向轴，在钢板表面照射时，采用同轴气体流喷嘴装置，这使照射区温度高，熔融物明显飞散，并产生突起区，从而使叠片系数降低，而且形成的沟不均匀。如果将供气流中心轴与扫描方向轴的角度小于 90°，照射区的气体压力为 $0.06 \sim 0.15MPa$。各供气嘴都带有压力控制装置，照射后没有突起区而且形成的沟均匀，可进行高速扫描。为保证钢带运行速度为 100m/min，激光束扫描速度必须大于 10m/s。为达到此目的，采用激光时间波形为连续波条件下经线状照射，照射点为椭圆形，照射功率 $P(W)$，扫描速度 $V(mm/s)$，椭圆短轴 $a(mm)$，长轴 $b(mm)$ 集光束瞬时功率密度 $P_d(W/mm^2)$ $= P/\pi ab$，集光束能量密度 $u_d(J/mm^2) = P/V \times a$。$P_d = 50000 \sim 250000 W/mm^2$ 时，$u_d = 0.8 \sim 3.3 J/mm^2$，椭圆比率 $b/a = 1 \sim 5$[401]。

7.4.3.4 局部去掉 Mg_2SiO_4 底层再电镀或涂充填物法

新日铁提出，沿横向经机械加工或激光照射等方法，呈线状（间隔5mm）或点状（间隔小于0.3mm）去除底层，再在此局部区域涂 V_2O_5、TiO_2 等化合物或经真空蒸发或经电镀铝、锡、镍、铬等。这些金属的热膨胀系数（如铝为 23×10^{-6}）与硅钢（约 13×10^{-6}）的热膨胀系数差别大，消除应力退火后，这些区域产生细小晶粒，P_{17} 降低 $0.12 \sim 0.15 W/kg$，磁畴宽度减小约1/3。也可在去除底层后经酸洗（如 61% HNO_3 水溶液中酸洗30s），形成深沟槽再充填这些金属。沟宽为 $0.2 \sim 0.3mm$ 和沟深为 $0.02 \sim 0.07mm$ 时，$820℃ \times 4h$ 退火后 P_{17} 最低，B_8 略有降低。激光照射能量为 $0.5mJ$，照射点为 $\phi 0.2mm$。电镀锡法为 $54g/L$ $SnSO_4$ $+ 75g/L$ $H_2SO_4 + 100g/L$ 甲酚磺酸 $+ 1g/L$ 萘酚 $+ 2g/L$ 动物胶 $+ 1L$ 水，电流密度为 $1.5A/dm^2$。电镀后经高于 $700℃$ 退火并在大于 $800A/m$ 磁场下冷却，P_{17} 进一步降低。形成沟槽后不充填金属，再涂应力涂层和经 $800 \sim 850℃ \times 3 \sim 5min$ 烧结也有同样效果[402]。

沿横向 $\pm 30°$ 局部去除底层（激光照射、喷砂或酸洗法）形成凹坑，再放入硼氟化浴中（在氟酸、硼氟酸、硼酸中加硫酸钠、$NaCl$、$NaOH$、NH_4Cl 等）电镀不小于 $1g/m^2$ 镍、锡或锑等金属形成应变区。在镀层两侧产生可逆匕首亚磁畴。凹坑宽 $0.05 \sim 3mm$，间隔 $5 \sim 20mm$。采用低的电流密度，电镀锑的电流效率明显提高，可稳定地形成侵入体。氟氢酸（HF）侵蚀力强，使底层和内氧化层溶解。硼氟酸（HBF_4）与水起以下反应：$HBF_4 + 3H_2O \longrightarrow 4HF + H_2BO_3$，可分解出 HF。$0.23mm$ 厚 $AlN + MnS + Cu + Sn$ 方案消除应力退火后，$P_{17} = 0.67 \sim 0.72 W/kg$。局部去除底层形成凹坑，在凹坑处涂尺寸小于 $10\mu m$ 的金属或非金属粉末或它们的化合物粉末在水、H_3PO_4、H_3BO_3 中或磷酸盐、硼酸盐中的水溶液悬浮体。涂好后经 $400℃$ 烘干，涂料量为 $0.3 \sim 10g/m^2$。然后在中性或还原性气氛中以大于 $5℃/h$ 速度升温到 $600 \sim 1000℃$ 热处理，涂料与钢板起反应渗入侵入体，间隔 $5 \sim 20mm$，宽小于 $5mm$，深大于 $2\mu m$。侵入体使静磁能增高，从而产生可逆畴，因为侵入体的磁化强度低，产生了自由磁极。涂料液配方之一为 $10g$ 铝、硅、铜或 Sb_2O_3、ZnO、MnO_2 粉，并加 $10 \sim 20g$ H_3PO_4、H_3BO_3、$Al(H_2PO_4)_3$、Na_2SiO_3、$SrSO_4$ 或 $Na_2B_4O_7$ 水溶液。P_{17} 也达到同样水平。如果局部先涂料再经激光照射或电子束喷射或 $800 \sim 850℃ \times 30 \sim 40min$ 退火，也具有同样效果[403]。

激光照射局部去掉底层后，在照射区喷射 $20° \sim 50°$ 的 $30\% \sim 60\%$ HNO_3 水溶

液，酸洗形成 $20 \sim 40 \mu m$ 深的沟，再涂绝缘膜，使磁畴细化并耐热。激光照射条件为：能量密度 $2mJ/mm^2$，照射点 $\phi 0.2 \sim 0.3mm$，轧向间隔 $5mm$，钢带运行速度为 $40m/min$，酸洗时间为 $20 \sim 30s$，酸洗喷嘴约 20 个[404]。

$0.23mm$ 厚成品先经激光照射，单面或两面线状或点状局部去除 Mg_2SiO_4 底层，再经 10% NaCl 水溶液电解侵蚀形成 $10 \sim 20 \mu m$ 深的沟，照射区线状照射点宽或点状照射点直径都约为 $0.2mm$，间隔 $3mm$，然后再涂应力涂层，$P_{17} = 0.75W/kg$。通用的形成沟或激光照射等局部引入应变区的耐热细化磁畴技术都使 P_h 增高，因为沟形成的凹区磁化时漏磁，B_8 降低，所以 P_h 增高，而激光照射时产生塑性应变，阻碍畴壁移动，P_h 也增高。如果在钢板表层局部地区埋有具有易磁化方向的物质（如 Co 系合金、FeNiO 系或 MnBi 等化合物），其磁晶各向异性常数 $k_1 > 2.4 \times 10^5 J/m^3$（一般为 $4.53 \sim 4.63 J/m^3$），即比 Fe 的 k_1（约 $4.8 \times 10^4 J/m^3$）更大，两者之比要保证大于 5。埋入物的总面积应大于 1.2%，埋在板厚方向小于 $35 \mu m$ 地区，沿轧向间隔为 $5mm$。这些埋入物使钢板表面产生更多的磁极，从而更有效地细化磁畴，而且 P_h 不增高，所以 P_{17} 更低，$0.23mm$ 厚板 $P_{17} < 0.6W/kg$。如果表面先形成沟，沟深约 $20 \mu m$，沟宽约 $100 \mu m$，控制沟侧面到大于 $4 \mu m$ 深的宽度方向和沟深大于 0.75 倍板厚方向范围，然后沟中再埋入上述物质更好[405]。

激光照射局部去掉底层，再经电解侵蚀形成 $20 \mu m$ 沟。以前电解侵蚀是导电辊与钢板表面直接接触法。如果采用将钢板浸入 5% NaCl 电解液中，然后通电到电解液中，在钢带运行方向的上方安装阴阳两个电极，根据阴阳两极之间的电压进行连续电解处理，电解液 pH 控制为 $2 \sim 7$，电解时使 Fe 离子溶解，而不会产生 $Fe(OH)_2$ 沉淀，用过的电解液容易处理[406]。

川崎也提出，激光照射（能量 $5 \times 10^{-3}J$，照射点 $\phi 0.2mm$）后立即在照射区经 $2 \times 10^5 \sim 7 \times 10^5 Pa$ 压力喷涂 Co、Ni 或合金粉（如 Fe - Co），粉末尺寸为 $0.1 \sim 10 \mu m$，再涂绝缘膜，P_{17} 降低明显[407]。高温退火后，局部经超声波振动去掉底层，或再经电解侵蚀形成沟，或在沟中充填 SiO_2、Al_2O_3 或 Sb 等，都使磁畴细化并耐热，B_8 变化小，叠片系数不降低。也可在去掉底层后电镀 Ni - Co 或 Ni - Fe（电镀量约 $10g/m^2$）[408]。

脱碳退火和涂 MgO 时，沿横向局部地区线状或点状涂 MgO + $20\% \sim 30\%$ SiO_2、Fe_2O_3、Cu_2O、Sb_2O_3、Cr_2O_3 等，高温退火后，形成约 $200mm$ 宽、$1 \sim 20 \mu m$ 深、间隔 $5 \sim 7mm$ 的凹形坑。利用形成的 SiO_2 和 Fe 与 Si 的复合氧化物细化磁畴，耐热。高温退火时 SiO_2 等氧化物中的 O 与钢板中存在的 Si 和 Fe 化合成的氧化物形成凹形沟，在与基体界面上产生磁极而使磁畴细化。SiO_2 氧化物的标准形成自由能比钢中 Si 和 Fe 的氧化物标准形成自由能高，所以与钢中 Si 和 Fe 结合成这种复合氧化物，而 Al_2O_3 的标准形成自由能很低，极为稳定，不会分解，即不会与钢中 Si、Fe 起反应[409]。

ALC 公司提出，局部去掉底层后电镀 Ni、Cu、Zn 等金属，它们在硅钢中扩散速度比在 Fe 中慢很多，消除应力退火时使 Cu 等扩散并形成孔洞，P_{17} 降低 5% ~ 10%，并耐热。镀 Ni 法是：328g/L NiSO$_4$ + 60g/L NiCl + 211g/L HBO$_3$ 的 50℃ 水溶液，Ni 为阳极。镀 Cu 法是：24g/L 氰化铜 + 30g/L 氰化钠 + 39g/L NaOH 的 20℃ 水溶液，Cu 为阳极。镀 Zn 法是：375g/L ZnSO$_4$ + 16g/L NH$_4$Cl 的 38℃ 水溶液，Zn 为阳极。这几种电镀的电流密度都为 3.88A/dm^2，电镀时间约 30s[410]。

Amco 也提出，激光照射局部去掉底层形成很浅的沟后，经电解侵蚀形成沟（3% ~ 15% HNO$_3$ 水溶液，70℃，电流密度 25mA/cm^2，电解时间不小于 10s），沟深 0.012 ~ 0.075μm。再涂绝缘膜，P_{17} 降低 8% ~ 10%，耐热，钢带运行速度大于 30m/min，一般可达 90m/min。如果在沟中经湿涂或静电法沉积 Al，650℃ × ≤10s 烧结，P_{17} 可降低 8% ~ 12%[411]。

7.4.3.5 喷丸处理法

新日铁提出带有绝缘膜钢带沿横向 ±30° 局部喷高压水或金属小球或合成树脂小球引入应变区方法。喷高压水的压力约为 5880MPa，喷射小球的速度约为 60m/s，小球直径为 0.6 ~ 0.8mm。喷射是通过宽约 1mm，间隔 5mm 狭缝的氯化乙烯等制成的筛网，在钢带表面形成 10 ~ 30μm 深和 200 ~ 700μm 宽的凹坑，然后再涂应力涂层，退火后铁损降低。0.23mm 厚板经喷射形成凹坑后，P_{17} 明显增高，但经 750 ~ 850℃ × 10min 退火后，P_{17} 从原来的 0.84 ~ 0.85W/kg 降到 0.72 ~ 0.75W/kg，即 P_{17} 降低 0.10 ~ 0.12W/kg，并耐热，B_8 略有降低。也提出，用打印机以大于 3m/s 字头速度和 0.04 ~ 0.4J/mm^2 冲击能量高速打印，字头端部宽约 50μm，使表面形成大于 5μm 深的均匀沟槽，再经高于 750℃ 退火，在沟槽附近形成细小晶粒可细化磁畴，P_{17} 降低，并耐热。沿板宽方向每隔 3mm 装一台打印机，板宽方向磁性均匀。以前采用齿状辊加工法，由于受力不均匀，形成的大于 5μm 深沟槽也不均匀，板宽两边沟槽浅，而且沟槽形成凸凹区，P_{17} 高，即磁性沿板宽方向分布不均匀。冲击能量为 0.04 ~ 0.4J/mm^2 时，P_{17} 低，B_8 降低也较少。冲击能量为 0.15J/mm^2 和间隔 5mm 时，沟宽应小于 0.3mm；冲击能量为 0.3J/mm^2 和间隔 7mm 时，沟宽应小于 0.15mm。0.23mm 厚板的 P_{17} 降低约 0.12W/kg，$λ_s$ 特性好，叠片系数不降低，附着性好，适用于卷铁芯[412]。

川崎提出，平整拉伸退火后，钢带沿轧向局部用红外线或激光快速加热到 800 ~ 1000℃，并在加热区喷射金属小球（钢球或 Al$_2$O$_3$ 或 SiO$_2$ 球），小球平均直径小于 75μm。喷射宽度（小于 100μm）小于加热区宽度（小于 300μm），喷射速度为 100 ~ 500m/min，喷射时间 0.5 ~ 10s。0.23mm 厚板 P_{17} 从 0.8W/kg 降到 0.7W/kg，耐热，B_8 不降低，叠片系数高[413]。

英国提出，成品钢带通过镶有 φ10 ~ 50mm Cr 钢球或氮化硅球的转动装置，

施加 $45 \sim 55N$（$4.5 \sim 5.5kgf$）压力，局部引入塑性应变区，横向间隔为 $5mm$，P_{17} 可降低 9.4%，耐热，B_8 略有下降，绝缘性没有变坏。这种工艺制造成本低，适用于生产采用[414]。

7.4.3.6　电子束照射法

ALC 公司提出用电子束照射法细化磁畴。经能量密度为 $0.10 \sim 0.37J/mm^2$ 照射时，绝缘膜不受损伤，但不耐热。如果将能量密度提高到 $0.4J/mm^2$ 以上，破坏绝缘膜并形成沟槽，部分熔化的绝缘膜进入沟槽中，再涂应力涂层。在照射区界面处产生可逆亚磁畴，P_{17} 降低 $5\% \sim 10\%$，并耐热[415]。

川崎提出用高电压低电流电子束（EB）沿横向照射（如 $100kV$，$0.7mA$，电子束 $\phi = 1mm$，点间距 $0.3mm$，扫描间隔 $8mm$），形成线状窄沟，然后再涂应力涂层，P_{17} 降低约 $0.1W/kg$，耐热，噪声减小。如果电子束 $\phi = 0.15mm$ 和电流为 $0.3mA$ 时，形成更深的沟槽，P_{17} 降低更明显。叠片系数约为 97%。电子束照射形成的沟槽最窄，往深度方向的穿透力最强，照射后底层和绝缘膜进入沟槽中。照射时真空度达 $4 \times 10^{-3}Pa$，并且将钢带弯曲成凹形，以便沿板宽方向都能均匀照射。照射源与钢带之间垂直距离为 $1000mm$。如果钢带是平的，则钢带宽度方向中部和边部的照射距离相差 $30mm$，这引起电子束直径有约 25% 的差别，照射不均匀。如果在高温退火前局部电子束照射，可促使二次再结晶退火时表层二次晶核优先长大。采用 $150kV$、$1.0 \sim 1.2mA$、电子束 $\phi = 0.10 \sim 0.12mm$、扫描速度 $7 \sim 8m/min$，经 $10 \sim 15\mu m$ 扫描，停止间隔小于 $20\mu m$，两面照射，P_{17} 可降低 $0.15W/kg$ 以上。也可经单面照射。如果先经高电压低电流照射，再经低电压（$15kV$）、高电流（$150mA$）照射，或先经低电压、高电流照射进行预热，再经高电压、低电流照射也可得到好的效果。上、下表面交错照射后，经局部侵蚀使凹坑加深，再涂一次绝缘膜和 $800℃ \times 2h$ 消除应力退火，并使绝缘膜结晶化，适用于制造叠片铁芯和卷铁芯。钢带在照射前先通过低真空压差室去除表面灰尘，再经照射后表面形状和装配因子好。照射能量密度控制在 $2 \sim 9J/m^2$，可经纵横向或蛇形线照射，电子枪与阳极间隔为 $2 \sim 7mm$。设计了几种不将钢带弯曲而直接照射的新的连续照射装置，钢带运行速度为 $20 \sim 60m/min$[416,417]。

7.4.3.7　等离子喷镀应力薄膜法

1986 年川崎井口征夫等首先提出 CVD 等离子喷镀应力薄膜技术专利。带有绝缘膜的成品钢带浸入 NaOH 等溶液中去除绝缘膜，再经 $80℃$ 的 10% HCl 酸洗去除底层，经 3% HF + 97% H_2O_2 等化学磨光或电解磨光呈镜面，$Ra < 0.4\mu m$，一般为 $0.05 \sim 0.1\mu m$。然后在含 $60\% \sim 70\%$ $TiCl_4$ 的 $20\% \sim 25\%$ H_2 + $10\% \sim 15\%$ N_2 中（形成 TiN）或 CH_4 中（形成 TiC）或 $N_2 + CH_4$ 中［形成 Ti(CN)］，经 $750 \sim 900℃ \times 10 \sim 20h$ 等离子处理，使表面形成 $0.5 \sim 1.0\mu m$ 厚金黄色应力薄膜。由于 TiN 等应力薄膜是导电体，所以再涂应力涂层绝缘，铁损明显降低，且耐热。等

离子喷镀化学反应式如下：

$$2TiCl_4 + 4H_2 + N_2 \longrightarrow 2TiN + 8HCl$$

$$TiCl_4 + CH_4 \longrightarrow TiC + 4HCl$$

$$2TiCl_4 + 2CH_4 + N_2 \longrightarrow 2Ti(CN) + 8HCl$$

也可形成 Zr、B、Si、Al 等氮化物或碳化物或 Al、Si、Zn、Ni、Cu 等氧化物或硫化物应力薄膜，但铁损降低程度和应力膜附着性比 TiN 薄膜略差些。喷镀 TiN 薄膜的 0.23mm 厚板的 $P_{17} = 0.68 \sim 0.72$W/kg，绝缘膜附着性好，经 ϕ20mm 棒弯曲不脱落。成品磁性越高，即 B_8 越高，P_{17} 降低越明显。磨光后 P_h 降低（降低约 0.1W/kg），喷镀 TiN 应力薄膜后，由于产生拉应力，磁畴细化，P_a 也降低，所以 P_{17} 降低 $0.10 \sim 0.14$W/kg，B_8 略提高。消除应力退火后，P_{17} 和 B_8 变化都不大。如果再经激光照射等细化磁畴技术，P_{17} 进一步降到 0.55W/kg，相当于 P_{17} 下降约 40%。形成 TiN 薄膜后磁致伸缩 λ_{p-p} 的压应力敏感性减小。在 4MPa 压应力和 $\lambda_{p-p} \leq 0.5 \times 10^{-6}$ 时，成品钢板越厚，TiN 薄膜也应更厚，并且合适的薄膜厚度范围更宽。TiN 等应力薄膜的热膨胀系数（TiN 为 5.1×10^{-6}）与硅钢的热膨胀系数（13.5×10^{-6}）相差很大，在退火后的冷却过程中产生强的弹性拉应力（大于 8MPa），比应力涂层产生的拉应力更大，所以使磁畴细化并耐热。再者，钢中碳和氮可扩散到 TiN 应力薄膜中，促进钢更纯净，碳和氮含量分别为 $(1 \sim 2) \times 10^{-6}$，对降低铁损也有利[418]。

等离子喷镀方法有两种：（1）CVD 法，也称化学气相沉积法（chemical vapor deposition）；（2）PVD 法，也称物理气相沉积法（physical vapor deposition）。CVD 法又分为低温 CVD、高温 CVD、减压 CVD、等离子 CVD、激光 CVD 等方法，都可以采用。图 7-72a 为松卷减压 CVD 法示意图。在 $0.13 \sim 0.01$Pa 真空炉中通 H_2 使炉压保持在一定压力下，松卷的钢卷加热到 $750 \sim 900$℃时通入 $TiCl_4 + N_2$ 气体，并保温 $10 \sim 20$h。图 7-72b 为等离子 CVD 法示意图。表面呈镜面的钢板放在约 0.07Pa 真空室中，加热到约 600℃，通入一定流量的反应气体（如 N_2、H_2 和 Ar 混合气体），并通过加热到 $40 \sim 50$℃的 $TiCl_4$ 气体，经离子化后的分子附着在钢板表面，并起表面反应而形成薄膜。离子化电压一般为 10kV，喷镀时间约 3min。PVD 法（用 N_2 作为反应气体）又分为以下几种方法：1）磁控管溅射法（magnetron spattering）。加速电压约 300V，电流密度 50mA/m^2，离子电流约 30mA，喷镀时间 $3 \sim 5$min；2）EB + RF 法（electron beam + radio frequency）。输出功率 15kW，真空度 0.04Pa，偏电压为 -500V，气体温度 $300 \sim 400$℃；3）多弧光法（Multi-Arc）；4）HCD 法（hollow cathode discharge），也称空心阴极放电法。输出功率 20kW（500A，40V），氮分压为 $2 \sim 9.3 \times 10^{-2}$Pa（真空度约 0.093Pa），偏电压为 $-50 \sim -100$V，气体温度 $300 \sim 400$℃，电子束电压 $10 \sim 50$kV，电流约 200mA，喷镀时间约 3min，TiN 应力膜厚度为 $0.7 \sim 1.5\mu$m，呈金

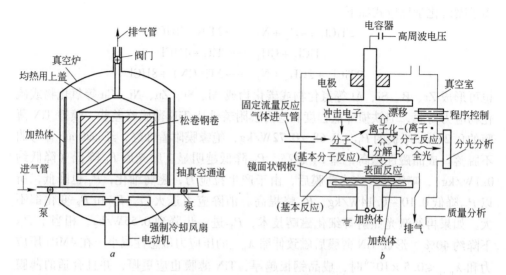

图 7 - 72　CVD 法示意图
a—松卷减压退火炉；b—等离子喷镀装置

黄色。图 7 – 73a 为 HCD 和 EB + RF 法示意图。由图 7 – 73b 看出，在表面磨光的钢板上形成了加速离子 i（如氮离子）和蒸发原子 a（如钛原子）的混合相。在此情况下再涂应力涂层时附着性很强。PVD 法比 CVD 法使铁损降低更明显，并且更适用于大卷喷镀，因为离子化速度高，形成应力薄膜速度快，在较低温度下具有更高的蒸发速度，可防止钢板变形。为了工业化生产，设计了松卷减压 CVD 炉（见图 7 – 72a），回转式松卷 CVD 连续炉，HCD 离子喷镀和加拉力连续处理装置以及电解磨光和 HCD 离子喷镀连续处理装置。大型 HCD 设备的电流量为 200 ~ 1000A，甚至可达 3000A，离子化速度提高 50% ~ 60% 以上，0.23mm 厚板很快形成 1μm 厚的 TiN 薄膜，$P_{17} \approx 0.7 \text{W/kg}$。如果同时采用活性化喷嘴使反应气体（如氮）活性化，P_{17} 降到约 0.64W/kg，绝缘膜附着性和产生的弹性拉应力都有所提高[418]。

　　采用 60% ~ 80% Al_2O_3 + 20% ~ 40% MgO 隔离剂在罩式炉二次再结晶退火后，在含 $TiCl_4$ 的干 H_2 中 1200℃净化退火，0.23mm 厚板 $P_{17} = 0.85 \text{W/kg}$，再经激光照射和应力涂层，$P_{17} = 0.81 \text{W/kg}$。如果涂 Al_2O_3 + MgO 和高温退火后经 10% HNO_3 和 HCl 轻酸洗而不磨光呈镜面，再形成应力薄膜和涂应力涂层，$P_{17} = 0.75 ~ 0.82 \text{W/kg}$，成本低。此时如果喷镀二层应力膜（如 0.3 ~ 0.4μm 厚 TiN + 0.3 ~ 0.4μm 厚 AlN），$P_{17} = 0.73 ~ 0.75 \text{W/kg}$。表面呈镜面时，$P_{17} = 0.67 ~ 0.68 \text{W/kg}$，再经激光照射后，$P_{17} = 0.63 ~ 0.65 \text{W/kg}$。如果采用局部形成应力膜法，降低 P_{17} 效果与形成二层应力膜的效果相同，呈镜面状的钢板经 CVD 法在 $TiCl_4$ + N_2 + H_2 中 780℃ ×10h 形成应力膜后，再在 H_2 中 700 ~ 750℃ ×10 ~

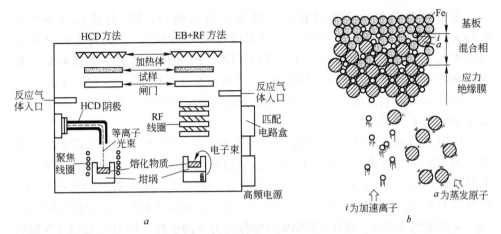

图 7 - 73 等离子 HCD 法和 EB + RF 法喷镀装置示意图及 PVD 法形成应力薄膜机理示意图
a—喷镀装置示意图；b—形成应力薄膜的机理示意图

15h 退火去除碳和氮，然后涂应力涂层，$P_{17} = 0.59 \sim 0.64 \mathrm{W/kg}$。如果呈镜面状的钢板经 PVD 法处理时在小于 20MPa 拉力下形成 TiN 应力膜，再涂应力涂层后，$P_{17} = 0.66 \sim 0.70 \mathrm{W/kg}$。TiN 应力薄膜中含少量 Ti_2N 和 Ti 时附着性良好[418]。

用 HCD 法喷镀前，在镜面状态下先经电子束照射，将钢板预热到 $300 \sim 500℃$ 再喷镀 TiN 膜，附着性和磁性好。如果沿横向 $0.5 \sim 1.5 \mathrm{mm}$ 宽区域将板温提高到 $500 \sim 550℃$ 和 $8 \sim 10 \mathrm{mm}$ 宽区域板温为 $350 \sim 400℃$，交替形成 TiN 应力薄膜，再涂应力涂层后，$P_{17} = 0.61 \sim 0.63 \mathrm{W/kg}$。如果用 HCD 法形成 $0.5 \sim 1.0 \mu m$ TiN 膜后，在涂应力涂层前或后，沿横向局部经电子束照射（电子束 $\phi 0.05 \sim 0.1 \mu m$，间隔 $8 \sim 10 \mathrm{mm}$，加速电压 $30 \sim 80 \mathrm{kV}$，加速电流 $0.3 \sim 0.5 A$），或是再喷镀第二层应力膜（如 $1 \sim 2 \mu m$ 厚的 SiC、Al_2O_3 或 Si_3N_4）后，经电子束照射也具有同样效果（见图 7 - 74）。也可采用沿横向局部引入应变区（如激光照射）后再喷镀 TiN 法，这使表层二次晶粒中形成小于 1mm 小晶粒群，P_{17} 也为 $0.61 \sim 0.63 \mathrm{W/kg}$[418]。

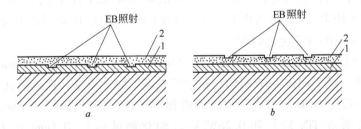

图 7 - 74 喷镀应力薄膜钢板在涂应力涂层前或后经电子束照射示意图
a—涂应力涂层前；b—涂应力涂层后
1—应力膜；2—绝缘膜

采用 HCD 法喷涂 TiN 薄膜的合适条件可归纳为：TiN 薄膜厚度不小于 0.7μm，偏电压为 $-50 \sim -100V$，喷涂温度为 $300 \sim 400℃$，张力为 $0.9 \sim 5MPa$，真空度大于 0.3Pa，反应氮气量大于 150SCCM，P_{17} 可降低 $0.11 \sim 0.23W/kg$，B_8 为 $0.004 \sim 0.0015T$。如 $B_8 = 1.93T$ 和 $P_{17} = 0.88W/kg$ 成品的 P_{17} 下降到 $0.55W/kg$，降低 40% 以上，耐热，叠片系数高，磁致伸缩的压应力特性好，一个 180° 畴可细化成 $4 \sim 6$ 个 180°畴[418]。

HCD 法降低 P_T 的机理是钢板表面光滑和去掉表层杂质，使 P_h 降低，以及形成的 TiN 应力薄膜产生很大拉应力，使磁畴细化和 P_a 降低的综合结果。如 0.23mm 厚成品 $B_8 = 1.933T$，$P_{17} = 0.91W/kg$，化学磨光后 B_8 提高约 0.01T，P_{17} 降低 $0.11W/kg$（降低约 30%）。形成 TiN 后，B_8 提高 0.016T，P_{17} 降低 $0.15W/kg$（又降低约 20%）。在 $0 \sim 30MPa$ 外加拉应力下测磁性（HCD 法形成 TiN 膜时一般是在 3.5MPa 拉力下进行的）。镜面状态下外加 $2 \sim 5MPa$ 拉力时，P_{17} 降低最明显，可降低 $0.15 \sim 0.20W/kg$，B_8 提高 $0.008 \sim 0.013T$。在 $10 \sim 30MPa$ 拉力下，P_{17} 降低值成比例减小。形成 TiN 后在 $2 \sim 30MPa$ 拉力下，P_{17} 又降低 $0.05 \sim 0.07W/kg$，B_8 提高 $0.006 \sim 0.011T$。即 P_{17} 从 0.91W/kg 减小到 0.79W/kg（镜面状态）和 0.64W/kg（形成 1μm 厚 TiN 应力膜）。形成 TiN 应力膜后相当于在钢板中产生 8MPa 拉力，这与按 λ_s 压应力特性求出的所产生的张力是一致的，即 λ_s 压应力特性好，叠片系数也高。TiN 与 (110)[001] 基体位向关系为：$(11\bar{1})_{TiN} // (011)_{硅钢}$，$[110]_{TiN} // [100]_{硅钢}$。在两者的界面上有约 10nm 横线条混合层，每个横线条约 2nm 厚宽，相当于 3% $Si - Fe$ 单晶体 [011] 方向上 5 个原子层，这是因为 TiN 在表面产生强的拉力而形成的。TiN 为 NaCl 结构，晶格常数为 0.424nm，Ti 和 N 原子交替排列。TiN 位向 $(11\bar{1})[110]$ 与硅钢 (011)[100] 单晶体的界面上 Ti 与 Fe 原子有良好的重位位向关系，错配度为 4.5%。所以 TiN 应力膜附着性好。TiN 在硅钢 [100] 方向产生 $8 \sim 10MPa$ 张力[419]。

EB + RF 法形成的 $(11\bar{1})[100]$ TiN 膜比 HCD 法更弱，Ti 离子化率也低，只为 6%（HCD 法 Ti 离子化率为 43%），形膜速度慢 1/2，只为 0.05μm/min，产生的张力小，附着性和光滑性差，P_{17} 只降低 0.08W/kg。HCD 法 P_{17} 降低 0.16W/kg，而 EB + HCD 法 P_{17} 降低 0.11W/kg。EB + HCD 法的 Ti 离子化率为 24%，介于 HCD 法和 EB + RF 法之间[420]。

从 $B_8 \geqslant 1.93T$，$P_{17} = 0.9W/kg$ 的 0.23mm 厚产品中选出 $20 \sim 30mm$ 大的二次晶粒单晶体，经 3% HF + 97% H_2O_2 化学磨光成镜面，板厚分别减薄到 0.2mm 和 0.1mm，然后经 HCD 法形成 TiN 应力膜和再经细化磁畴技术，0.2mm 板 $P_{13} = 0.33W/kg$（形成 TiN 后）和 0.26W/kg（细化磁畴后），0.1mm 板 P_{13} 分别为 0.22W/kg 和 0.12W/kg，这与 20μm 厚非晶材料的 P_{13} 相同，而板厚约大 5 倍，同时 $\lambda_{p-p} = 0.7 \times 10^{-6}$，而非晶 $\lambda_{p-p} = 2.2 \times 10^{-6}$。0.15mm 厚板形成 TiN 和细化

磁畴后 $P_{17} = 0.15\text{W/kg}$，0.2mm 厚板形成 TiN 后畴壁间隔从 $1.1 \sim 1.7\text{mm}$ 减小到 $0.15 \sim 0.25\text{mm}$，而 0.1mm 厚板畴壁间隔比 0.2mm 大 $1.1 \sim 2.2$ 倍，形成 TiN 后从 $1.8 \sim 2.4\text{mm}$ 减小到 $0.3 \sim 0.5\text{mm}^{[421]}$。

用上述 0.23mm 厚单晶体经 HCD 法分别形成 0.1mm 厚 TiN、TiCN 和 TiC 膜，证明 TiN 膜使 P_{17} 降低最明显（降低约40%），即 ΔP_{17} 值高，而 TiCN 和 TiC 膜的 ΔP_{17} 值顺序减弱。TiN 膜与硅钢匹配度最高，错配度为 4.5%，TiCN 为 5.6%，TiC 为 7%。即 TiN 更致密光滑，附着性好。TiN 形膜初期的 ND 和 RD 织构与 TiCN 和 TiC 不同，TiN 的 ND 织构，即 {111} 和 {100} 面上形成 $20 \sim 30\mu\text{m}$ 聚集地区，在这些地区内都为小角状态，而 RD 织构即 〈110〉 和 〈111〉 方向也是这种组织。但 TiCN 和 TiC 膜的 ND 和 RD 织构都为各个孤立地区，近似混乱织构[422]。

在光滑表面上先形成 $0.2 \sim 0.3\text{mm}$ 厚 TiN，再形成约 0.5mm 厚 Si_3N_4 的两层应力膜，而且第二层应力膜的热膨胀系数更小（见图 7-75），再细化磁畴后，0.23mm 厚板 $P_{17} \approx 0.53\text{W/kg}$，叠片系数大于98%，并具有绝缘性，不需要涂应力涂层。如果冷轧板先形成沟，最后再形成二层应力膜时 $P_{17} \approx 0.45\text{W/kg}$，但 B_8 从 1.94T 降至 1.90T[423]。

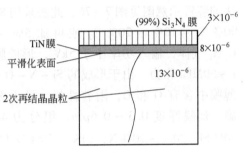

图 7-75 形成 $\text{TiN} + Si_3N_4$ 两层应力膜的示意图

（图中数值为热膨胀系数）

形成 TiN 等应力薄膜技术成本高，生产性低，不适合工业生产。冷轧板形成沟，隔离剂以 Al_2O_3 为主，成品无底层，经化学磨光或电解磨光使表面呈镜面，在 80℃ 的 $0.3 \sim 0.5\text{mol/L}$ 的 $SiCl_4$ 水溶液中浸泡 10s 后，在 $50\% N_2 + H_2$ 中 $900 \sim 950℃ \times 10\text{min}$ 退火，再涂应力涂层。0.23mm 厚板 $B_8 = 1.91\text{T}$，$P_{17} = 0.59\text{W/kg}$。冷轧板不形成沟时，$B_8 = 1.94\text{T}$，$P_{17} = 0.7\text{W/kg}$，绝缘膜附着性都好。钢板经 7MPa 压力下，$\lambda_{\text{p-p}}$ 不增高（4MPa 压力下，$\lambda_{\text{p-p}} = 0.7 \times 10^{-6}$；6MPa 压力下 $\lambda_{\text{p-p}}$ 为 1.2×10^{-6}），制造成本低，生产性好。在 $SiCl_4$ 溶液中浸泡后，使钢板表面活性化，表面形成高的氮浓化层形成细小氮化物，同时形成 $FeSiO_3$ 和 Fe_2SiO_4 的 Si 氧化物（$SiCl_4 + 2H_2O + FeO \rightarrow Fe_2SiO_4 + 4HCl$），所以附着性好。应力涂层溶液中可加少量含 Fe、Al 和 B 的无机化合物（如 $FeCl_3$、$SiCl_4$、$AlCl_3$、H_3BO_3、$Na_2B_4O_7$ 等）。冷轧板形成沟，高温退火后，有 Mg_2SiO_4 底层的钢板在 $80 \sim 90℃$ 的 $SiCl_4$ 水溶液中（1500mL 蒸馏水中加 20mL $SiCl_4$）浸泡 30s 并烘干，通过侵蚀作用，底层厚度从 1.5mm 减薄到约 0.8mm，并形成孔径为 $0.1 \sim 1\mu\text{m}$ 孔洞，所占面积率约为10%，而且在底层表面存在许多 $0.01 \sim 0.15\mu\text{m}$ 细小球状

FeSiO$_3$、Mg$_2$SiO$_4$ 和 S 的氧化物系复合析出物，净化退火跑出的杂质元素在底层和基本界面处浓化。最后涂应力涂层，附着性好，产生的张力更大。0.23mm 厚板，$P_{17} = 0.67$W/kg，$B_8 \approx 1.91$T，在压应力为 6MPa 时，$\lambda_{p-p} = 0.7 \times 10^{-6[424]}$。

　　最近盛行用 PVD 法中的直流磁控管溅射法形成 Si－N－O－C 系应力薄膜（简称 SiN$_x$），其特点是：（1）形成膜的速度较快；（2）板宽方向（即更大面积上）都形成均匀的薄蜡；（3）蒸发效率高；（4）可长时间稳定地形成膜;（5）用 Si－Fe 或 Si 靶比 HCD 法形成 TiN 的 Ti 靶成本低（HCD 法形成 TiN、Ti，价格贵，而且蒸发效率只约为 20%）。此法的装置示意图见图 7－76。此法采用 80% ~ 90% N$_2$ + 10% ~ 20% O$_2$ 或再加 5% ~ 10% C$_2$H$_2$ 气体，输入功率小于 5kW，形成膜时加 1 ~ 50MPa 张力。由于形成的 Si－N－O－C 系薄膜中含有 O 和 C，附着性好，且无裂纹不脆。薄膜厚度 0.5 ~ 0.6μm，组分为 40% ~

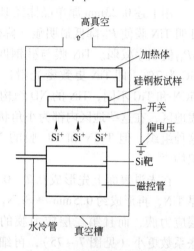

图 7－76　磁控管法形成 SiN$_x$
应力膜装置示意图

60%Si，30% ~ 70%N，10% ~ 50%O 和 5% ~ 20%C。0.23mm 厚板 $B_8 = 1.95$T，$P_{17} = 0.62$W/kg（酸洗去掉底层）和 0.57W/kg（再经化学磨光）。如果冷轧板形成沟，$B_8 = 1.91$T，$P_{17} = 0.49$W/kg。如果冷轧板在形成沟和高温退火形成 Mg$_2$SiO$_4$ 底层的条件下，并在 60℃的 3% H$_3$PO$_4$ 溶液中浸泡 45s 使表面活化，形成 0.12μm 厚这种应力膜，再涂应力涂层，$P_{17} = 0.62$W/kg。因为在底层间隙处和与基本界面上浸入细小 SiN$_x$ 颗粒，产生新的张力，所以 P_{17} 很低[425]。

　　HCD 法形成的 TiN 膜中容易存在自由 Ti、O 和 N，消除应力退火时它们易扩散到钢中对降低 P_{17} 不利，而且形膜时间长，应力膜耐热性和附着性也不理想。如果先形成 Fe、Ti、N 混合层应力膜，即 Ti$_x$N$_{2-x}$（$x = 0.2 ~ 1.3$），再形成 TiN 膜，然后在 TiN 膜层上再形成 Ti－Me－N（Me 为 Si 和 Al）层，其中 Me 占 15% ~ 70%，Fe、Ti、N 混合层可看作是初期 TiN 层，即形成 TiN 膜时一定会存在这种混合层。以前要求形成纯 TiN 膜（Si 和 Al 分别小于 0.1%），混合层厚度应不大于 0.02μm，为此必须用高纯度 Ti 靶，所以成本高。如果采用多次电弧放电的 PVD 装置（4 个形膜室）形成上述混合层（约 0.24μm 厚）＋ TiN 层（约 0.12μm 厚）＋ Ti－Me－N 层（约 0.11μm 厚），即这几层中的 Me（Si 和 Al）量逐渐增多。Ti－Me－N 层最外层为 Si－Al 富集层，而 Ti 量减少，所以提高耐热性（可经高于 850℃消除应力退火）和附着性，P_{17} 更低。第 1 形膜室采用高纯 Ti 靶（99.8% Ti、0.005% Fe，O 和 N 分别为 0.005%）形成混合层 ＋ TiN 层，第 2 膜室改用一般 Ti 靶（99% Ti、0.1% Fe、0.02% O 和 0.05% N），第 3 形膜室用低 Al 的 Ti – Al 合金条，第 4 形膜室用含 Al 高的 Al – Ti 合金条。使 Al 量逐步提高。输出功率为 25V，250A，最后涂应力涂层。0.23mm 厚板（冷轧板形成沟）$B_8 =$ 1.91T，$P_{17} = 0.55$W/kg，附着性为 ϕ15mm 弯曲不脱落，制造成本低。而一般 TiN 膜的 $P_{17} = 0.60$W/kg，ϕ25mm 弯曲不脱落[426]。

　　一般在光滑表面上形成应力膜后涂应力涂层时附着性不好，易脱落。如果涂 MgO + SbCl₃（SbCl₃/MgO = 0.5 ~ 1.0），高温退火后经 H_3PO_4 轻酸洗（酸洗量小于 1g/m²），或化学磨光使表面形成 SiO_2 为主的氧化膜，控制氧附着量为 0.02% ~ 0.1% g/m²（两面），再经 CVD 或 PVD 法形成 TiN、TiC、Si_3N_4、SiC 等应力膜和涂应力涂层，附着性好，P_{17} 低。也可在光滑表面条件下经 800 ~ 900℃，$P_{H_2O}/P_{H_2} =$ 0.01 ~ 0.2 氧化气氛中退火 1 ~ 300s，形成以 SiO_2 为主的氧化膜。SiO_2 与应力膜之间结合力更强，而且消除应力退火时此氧化膜可阻止应力膜中 C 和 N 扩散到钢中，而使 P_{17} 增高。如果在用 CVD 法形成应力膜前，将钢板预加热到比形成应力膜的气相沉积的气氛温度更高，也可提高以后应力涂层后的附着性。也就是先将钢板经直接通电法，感应法或红外线法快加热到 1120 ~ 1040℃ 再形成应力膜。因为这使气体分子落在钢板上时急速活性化，表面均匀形成膜，附着性提高。如果控制光滑表面的钢板中 C 和 N 分别大于 20×10^{-6} 时，采用 CVD 法，在 $TiCl_4$ 气氛中以 CH_4 作为 C 的来源形成 TiC 应力膜或以 $CH_4 + N_2$ 作为 C 和 N 来源形成 Ti(C, N) 应力膜，通过 CH_4 分解产生的 C 原子提高形成应力膜的反应速度，短时间内就可形成 TiC 或 Ti(C, N) 应力薄膜，经应力涂层后附着性也提高。如果用 CVD 法形成 TiN 等应力膜中（在 $TiCl_4 + H_2 + N_2$ 气氛下）的 Cl 控制在 0.005% ~ 1% 范围（调整 $TiCl_4$ 和 N_2 量），应力涂层后的附着性也提高[427]。

　　CVD 法喷射反应气体线速度 v 控制为 1 ~ 5cm/s，气体喷嘴开口与钢板表面距离 d（最好为 $d < 50$cm）和反应气体对钢板表面的吹射角 θ（最好为 $\theta = 90°$）满足下式：$v \cdot \sin\theta/d \geqslant 0.5$s⁻¹，这可提高形膜速度，排除副产物 $FeCl_2$。形成应力膜时气氛中 $P_{H_2O}/P_{H_2} < 0.03$，H_2 含量为 25% ~ 40%，气氛温度为 930 ~ 1100℃，涂应力涂层和在 100% N_2 中平整拉伸退火温度比 CVD 气氛温度低 50℃ 以上时，热稳定性和外观好，P_{17} 低。为防止钢卷经 CVD 法形成 TiN 应力膜膜厚不均匀，应控制横向膜厚差最大值 $\Delta t(c)$ 和同一位置上、下表面膜厚差最大值 $\Delta t(s) \leqslant 0.3\mu m$，喷嘴与钢板之间距离不大于 40mm。因为膜厚地区产生张力大呈凸形，而膜薄地区产生张力小呈凹形，从而发生弯曲，P_{17} 急剧增高。从气体入口到出口处的通气管分两路以上，可保证板宽方向形成均匀的应力膜[428]。

　　用 HCD 法或 CVD 法形成的应力薄膜产生的张力比只涂应力涂层所产生的张力大 1.2 倍和大 6MPa 以上时，P_{17} 明显降低和剪切加工性提高（即剪片数量明显增多）。控制好 TiN 膜厚 t 和 TiN 的平均晶粒直径 R，使 $t^2/R > 0.8$，而且 TiN 中

Ti 和 N 比为 1:1（摩尔比为 0.9～1.1），P_{17} 低和热稳定性好。TiN 晶粒小，TiN 晶界更复杂，O 更难扩散到 TiN 与基体的界面处，从而防止界面氧化而形成 TiO_2，所以附着性好。HCD 法比 CVD 法成膜温度更低，TiN 晶粒更小。如果 HCD 法形成 TiN 膜的 Ti/N = 1～5，Ar 流量为 75～150mL/min 和 N_2 流量为 200～900mL/min，形成 Ti 和 TiN 混合区（即形成非晶态或部分结晶态 TiN），也提高附着性和降低 P_{17}。Ti 的杨氏系数为 105GPa，热膨胀系数为 8.4×10^{-6}/K，而 TiN 的杨氏系数和热膨胀系数分别为 250GPa 和 8.0×10^{-6}/K[429]。

　　采用气相沉积法形成 TiN 等陶瓷应力膜时，为提高在钢板中产生大的张力，都要求形膜温度高，但形膜温度高于 1000℃ 时钢板软化而难以进行。如果将 1～2μm 陶瓷颗粒（如 Al_2O_3、TiO_2、SiO_2 或尖晶石系列的 Mn、Zn 铁氧体、Ni–Mn 铁氧体）与气体混合成溶胶以大于 100m/s 高速吹在钢板上，形成陶瓷应力膜（即空气溶胶沉积法），其晶格常数伸长率为 0.1%～1%，即应力膜为伸长状态。在钢板与陶瓷膜之间最好先形成 m. p. > 1200℃ 的 Nb、Ti、Mo、Ta 阻尼层，可经 1000℃ 消除应力退火。也可采用 CVD 或 PVD 法。一般应力膜的晶粒为伸长的柱状晶，其晶界强度比晶粒内强度更低，所以附着性不好。如果为粒状晶粒就难以传播裂纹而提高强度。此外，应力膜晶粒位向不同，强度也不同。这也降低强度，因此要求应力膜晶粒小于 50nm 而且是混乱位间。其晶界层为玻璃相，厚度小于 1nm，为此气流量应控制为 1～10L/min。应力膜厚度为 0.02～5mm。应力膜与基体的界面处为 40～180nm 厚 Si 有序相，这可产生适当应变，有利于细化磁畴，而且应力膜为伸长状态。采用 1～2μm 原料粉末可达到此目的。喷嘴开口尺寸为 0.4×10mm，它与钢板的距离为 5mm，在压力小于 1.33kPa 真空中以空气喷出原料颗粒 + Ar 气溶胶。P_{17} 低，附着性好。如果采用 40～50mol% Fe_2O_3 + 40%～60% MO（M 为 Mg、Ca、Mn、Co、Ni、Cu、Zn 等）的 $(Fe_2O_3)_{50}(MO)_{50}$ 铁氧体，形成的应力膜由于热膨胀系数大于 0.8×10^{-5}/℃，可产生更大张力。P_{17} 低，特别是 $P_{10/10K}$ 低，附着性和绝缘性好。再加小于 1mol% SiO_2，可保证铁氧体强度。如果加小于 10mol% Bi_2O_3，可降低铁氧体合成温度[430]。

　　已证明 0.23% mm 厚单晶体经化学磨光到 0.2mm 厚，在 $\beta = 2°$～3° 时，P_{17} 最低。形成 TiN 应力膜后也如此。当 $\beta = 2°$ 时，$P_{17} = 0.51$W/kg。当 $\beta > 4°$ 时，形成 TiN 后，P_{17} 反而比化学磨光后 P_{17} 更高，因为 P_h 增高。而且可明显抑制透镜状闭合畴的形成和使 180° 畴沿轧向变为蛇形线状。当再经等离子火焰喷射细化磁畴和外加拉应力时，$\beta = 1.6°$～2° 时，P_{17} 降低到 0.45W/kg。$\beta = 0.4°$ 时，P_{17} 也明显降低。$\beta = 5.5°$ 时，P_{17} 几乎不降低。TiN 膜降低 P_{17} 效果与外加拉应力大小几乎无关[431]。

7.5　进一步降低铁损技术

　　日本为进一步降低 Hi–B 钢 P_{17} 提出以下 3 个措施（见图 2–54）：（1）提高

取向度，即倾角 $\beta = 1.5° \sim 2.5°$ 位向更准确的二次晶粒，使 B_8 提高到 $1.96 \sim$ $2.00T$，以减少表面闭合畴，P_{17} 可降低约 $0.1W/kg$，因为 P_h 和 P_a 都降低。（2）产品表面光滑无底层，提高 180° 畴壁移动性和磁化均匀性，去除钉扎位置，P_{17} 也降低约 $0.1W/kg$，因为 P_h 和 P_a 都降低。（3）成品减薄到 $0.15 \sim 0.20mm$ 厚和 Si 含量提高到 $3.4\% \sim 3.5\%$，P_{17} 因为 P_e 明显降低而下降。生产上已采用（1）和（2）两项措施，可使 $0.23mm$ 厚 23EDKH80 最高牌号的 P_{17} 从 $0.75W/kg$ 降到 $0.55W/kg$，降低了 25%。

7.5.1 提高取向度

一般高牌号 Hi – B 钢的 $B_8 = 1.93 \sim 1.95T$，而 3% 钢的 B_s 约为 $2.03T$，因此提高 B_8 值也就是提高取向度还有潜力可挖。新日铁首先证明，在温度梯度炉中成卷进行二次再结晶退火，温度梯度大于 $2℃/cm$，温度梯度方向与钢板宽度方向平行，二次再结晶完成后再在干 H_2 中净化退火，由于形成 $\beta \approx 2°$ 位向准确的二次晶核和长大，$B_8 = 1.96 \sim 2.00T$。一般罩式炉退火在初次再结晶基体中形成二次晶核和二次晶核长大这两个过程是同时进行而无明显界限，温度梯度退火的特点是初次再结晶区（低温区）与二次再结晶区（高温区）有一明显恒温界限（见图 7 – 77a）。此温度界限相当于二次再结晶温度。也就是在初次晶粒长大前二次再结晶已完善。二次晶核形成和长大速度都加快，短时间内沿板宽向就形成粗大伸长的竹板状二次晶粒。在罩式炉顶部和侧面都装有加热体并分别控制（见图 7 – 77b）。在钢卷外周和内周装隔热材料，限制钢卷只能从上部加热，所以在钢卷宽度方向产生一温度梯度[432]。但此法无实用价值。

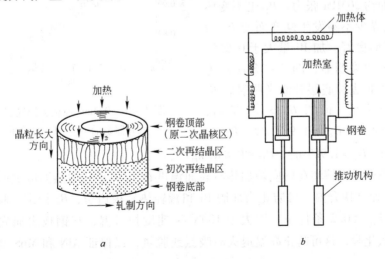

图 7 – 77 罩式炉温度梯度退火示意图

a—成卷温度梯度退火时的晶粒组织示意图；b—温度梯度高温退火罩式炉装置示意图

1994 年新日铁八幡厂首先提出加 0.008% ~ 0.02% Bi 可明显提高 B_8（B_8 = 1.96 ~ 2.00T）和降低 P_{17}，随后八幡厂和广畑厂在生产上采用此法。1999 年川崎也在生产上采用加 Bi 提高 B_8 值。

新日铁八幡厂指出，加 Bi（或 Pb）由于沿晶界偏聚阻碍初次晶粒长大，并使 AlN 形态发生变化，所以提高 B_8。Bi 的扩散激活能 $Q = 85$kcal/mol，而 Fe 的 $Q = 60$kcal❶/mol，Bi 在 Fe 中的扩散系数 $D = 3.9 \times 10^3 \exp(-85000/T)$，根据扩散定律 $D = D_o \exp(-Q/RT)$，Q 值大的 Bi 在高于 1000℃ 时仍可在晶界偏聚，所以抑制力加强，而 AlN 和 MnS 在高于 1000℃ 时都开始分解。Bi 为低熔点金属（271℃），原子半径又比 Fe 大，极难溶于 Fe 中，在钢中呈弥散分布的气泡状或液态状，气泡尺寸为 1 ~ 20μm。由于加 Bi 抑制力加强和延缓抑制剂分解，初次晶粒尺寸小，二次再结晶温度提高，成品沿轧向和横向的二次晶粒尺寸都增大，轧向为 10 ~ 100mm，横向为 5 ~ 50mm 的二次晶粒（$\alpha + \beta \leqslant 5°$，$\beta \approx 2°$）约 80% 以上，所以 B_8 高。0.3mm 厚板 B_8 最高可达 2.00T，经细化磁畴后 $P_{17} \approx 0.7$W/kg，0.23mm 厚板 $B_8 = 1.98$T，经细化磁畴后 $P_{17} = 0.62$W/kg。加 Bi 使常化温度对磁性的影响变得更不敏感，即常化温度可放宽，常化温度可降到 1050℃，从而提高常化后钢板韧性，更便于冷轧。热轧后冷速要减慢，如 100℃ 水冷或空冷。如果按通用工艺，即 20℃ 水冷时二次再结晶不完善，因为 Bi 对 AlN 析出有影响。热轧后低于 500℃ 卷取以防止继续析出 AlN 和保持热轧板为形变组织。由于二次晶粒更粗大，最后平整拉伸退火时加约 20MPa 张力，P_{17} 也不变坏（因为晶界少不易发生蠕变而使 P_{17} 增高），板形更好。加 Bi 量大于 0.05% 时热轧板边裂明显，图 7 - 78 所示为 0.3mm 厚板去掉底层和激光照射后 B_8 与 P_{17} 的关系，证明 $B_8 \geqslant 1.92$T 时，$P_{17} = 1$W/kg；$B_8 \geqslant 1.95$T 时，$P_{17} = 0.9$W/kg；$B_8 > 1.96$T 时，$P_{17} \leqslant 0.8$W/kg[433]。

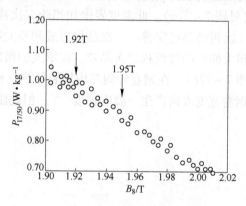

图 7 - 78　0.3mm 厚板去掉底层和激光照射后 B_8 与 P_{17} 的关系

广畑厂提出铸坯在感应炉加热时表面温度在 1250℃ ~ 均热温度之间以大于 100℃/h 速度快升温，可防止表面脱 Bi 和减轻热轧板边裂，B_8 稳定。脱碳退火在 $P_{H_2O}/P_{H_2} < 0.2$ 条件下，以大于 100℃/s 速度快升温，在钢板表面先形成富 SiO_2 外氧化膜，这可防止高温退火时吸氮或脱氮，以保证 AlN 和 MnS 细小均匀

---

❶　1cal = 4.18J。

分布。快升温也改善初次再结晶织构。钢中加 Bi 使 Mg_2SiO_4 底层附着性变坏；因为 Bi 抑制脱碳退火时的氧化反应，改变内氧化层中 SiO_2 形态，而且最终成卷退火时各圈之间通气性不好，Bi 蒸气不易溢出，通过侵蚀作用和底层与基体界面膨胀，使 Mg_2SiO_4 钢易脱落。$MgO + 10\% TiO_2$ 涂料量控制在 5 ~ 15g/m² 范围，目的是形成 2.5 ~ 3.0g/m² Mg_2SiO_4 底层后在钢板表面还残存一定量的 MgO，使 Bi 扩散到氧化层与基体之间界面处，从而改善底层质量。最终退火在 900 ~ 1150℃ 二次再结晶范围内采用以 15 ~ 50℃/h 较快速度升温，可使 $B_8 = 1.96 ~ 2.00$T，因为 Bi 的作用和防止 AlN 粗化及界面氧化，加强了抑制力。这也提高产量。如果控制最终退火气氛的气体流量/（炉内容积 – 钢板体积）≥0.5m³/(h·m³) 或气体流量/钢带总表面积≥0.002m³/(h·m³)，也改善底层附着性。如果先辊涂一般通用的不高于 1000℃ 低温烧结的轻质 MgO（颗粒小于 5mm，单面涂料量 0.5 ~ 2g/m²），烘干后再采用静电法涂 1500 ~ 2000℃ 高温烧结的颗粒较大的 MgO（单面涂料量 3 ~ 20g/m²），最终退火时各圈之间通气性好，不会形成 Bi 蒸气，底层附着性好。如果采用含水率低的 MgO（水化率 0.3% ~ 3%）也可改善底层附着性。因为水化率高的 MgO 形成低熔点 Bi 系氧化物 + SiO_2 + Al_2O_3 复合氧化物，所以底层附着性降低。如果控制脱碳退火后氧附着量为 550 ~ 850 × 10⁻⁶，即形成合适的氧化层时可阻止因 Bi 气化而产生的侵蚀作用，也改善底层附着性[434]。

　　加 Bi 使二次晶粒尺寸增大，180° 畴宽度增大，对 P_{17} 特别是 P_{19} 不利，而且 Bi 与底层形成低熔点化合物，界面更光滑，底层附着性不好。如果控制底层与基体的界面上含 0.1 ~ 100 × 10⁻⁶ Bi 时，0.23mm 厚板，$P_{19}/P_{17} < 1.8$，$P_{17} ≤ 0.9$W/kg，$P_{19} ≤ 1.6$W/kg。细化磁畴后 $P_{19}/P_{17} < 1.6$，$P_{17} ≤ 0.7$W/kg，$P_{19} ≤ 1.2$W/kg，而且底层附着性也提高。最终退火二次再结晶完善后钢中 Bi 通过界面以气体挥发或形成 Bi 化合物而被去除掉（成品中残存 Bi 可使铁损增高）。但为保证界面处残存少量 Bi 以提高附着性，要抑制 Bi 扩散而完全跑掉。为此脱碳退火时要以大于 100℃/s 速度快升到高于 700℃ 并保温 1 ~ 20s，$P_{H_2O} = 10^{-4} ~ 6 × 10^{-1}$，使钢板表面形成以 SiO_2 为主的外氧化膜来保证界面残存 Bi，同时改善内氧化层和底层结构，使界面结构更复杂，底层附着性增高。由于 Bi 扩散的界面增多而更易除掉。再者界面复杂也可钉扎畴壁移动，产生更大张力，对降低铁损有利。界面处 Bi 含量是用二次离子质量能谱 SIM 法分析的。Bi 含量增加，常化温度可降低，这可使常化后的初次晶粒减小。成品钢卷长度方向磁性更均匀，P_{19} 低。MgO 中加入 TiO_2 数量也与 Bi 含量有关。Bi 含量高，TiO_2 加入量应增多。TiO_2 在最终退火时缓慢释放出 O_2，O_2 与 Si 形成 SiO_2，促进形成致密的 Mg_2SiO_4 底层和去除 Bi。$MgO + TiO_2$ 单面涂料量为 4 ~ 12g/m²[435]。

　　Bi 或 Pb 为低沸点（1561℃）的高蒸气压元素，不易进入钢中，在 1450 ~ 1550℃ 钢中蒸气压高达 0.133kPa 以上。如果 RH 处理后期加入 Bi，Bi 的回收率只有30%～40%，并产生大量烟气污染环境，钢中 Al 和 N 量波动也大，而且部分 Bi 沉在钢包底层易堵塞出钢口，熔化的 Bi 又可侵入耐火砖中易造成漏钢现象。一般都在连铸时将 Bi 加在中间罐中，回收率为45%～70%。将 Bi 粉末装在 Fe 系合金制的细管中加入[436]。Bi 以液相状态存在于钢水中，其密度为9.7g/cm^3，而钢水密度为7g/cm^3，即 Bi 沉在钢水下方。因此要在钢水温度比较低的情况下，也就是在钢水将要凝固附近位置加入，同时在连铸机中钢水要进行电磁搅拌（即中间罐出钢口下方），使 Bi 均匀分散。将纯 Bi 丝用0.4mm 厚软钢带包住，在中间罐出钢口的上方加入。钢包出钢口与中间罐出钢口之间距离约7m。在距中间罐出钢口0.6m 附近装一上挡板，从下方约0.4m 的开口处进入钢水。在此处加入 Bi（见图7-79）。控制好钢水流量密度（钢水流量除以中间罐出钢口面积 S）不小于0.9t/（m^2·s），电磁搅拌推力 F = 3000～10000Pa/m，浇铸速度为0.4～1m/min，在3L/min 流量的 Ar 气保护下浇铸。铸坯中小于10μm 尺寸的 Bi 颗粒占50%以上，而且存在于（Fe，Mn）S 边缘处。由于 Bi 不溶于 Fe 中，还可与 Mn、S 形成化合物。在铸坯高温加热使（Fe，Mn）S 固溶后，Bi 颗粒尺寸仍小于10μm，这在热轧时使 Bi 液珠伸长，细小弥散，可作为 MnS 析出核心而使 MnS 弥散析出。同时析出的 AlN 也更弥散，因为细小 MnS 可作为 AlN 析出核心。按此法加入 Bi 使 Bi 回收率达80%，而且 Bi 分布更均匀细小，磁性高[437]。

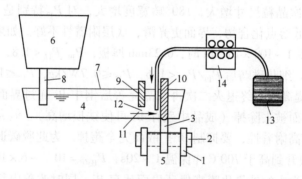

图7-79　加 Bi 位置示意图

1—铸型；2—电磁搅拌线圈；3—喷嘴（浇口）；4，11—钢水；5—连铸机牵引器；
6—钢包；7—中间包；8—长喷嘴（浇口）；9—上挡板；10—浇口塞；
12—开口区；13—Bi 丝；14—送 Bi 丝装置

　　川崎提出，加 Bi 可使成品表面产生凹凸状缺陷，如果再加少量 B（不大于20×10^{-6}）和钢中 H < 3×10^{-6}，通过 Bi 和 B 晶界偏聚提高 B_8，而且可防止表面凹凸缺陷。H 比 B 扩散更快可与 Bi 相互作用，而阻碍 B 的作用，所以 H 含量应当低。经小于1000t/m^2 压力粗轧（减轻粗轧压下负荷）和采用辊径较小的精轧机精轧对改善成品表面有利。如果加 Bi 钢终轧后5s 内以30～120℃/s 速度快冷

可使 Bi 分布更均匀，减少 Bi 沿晶界偏聚量。Bi 加入量增高，常化温度可提高，因为 Bi 抑制力加强，常化温度高虽然 AlN 可粗化，但依靠 Bi 抑制力也可防止正常晶粒长大。脱碳退火升温区的 P_{H_2O}/P_{H_2} 比均热区 P_{H_2O}/P_{H_2} 低，或采用二段式均热区脱碳退火（前段 P_{H_2O}/P_{H_2} 高，后段 P_{H_2O}/P_{H_2} 低）形成均匀致密的内氧化层，这可抑制表层 Bi 氧化而跑掉。MgO + < 10% TiO_2，MgO 水化率低（1% ~ 2.5%），单面涂料量 6 ~ 8g/m^2，使高温退火后钢板表面 $w(O) < 1.5g/m^2$（单面），目的是防止高温退火时表层 Bi 氧化跑掉。如果在 MnS 方案（Al≤0.01%）中同时加 Bi 和 20 ~ 40×10^{-6}B，而 $w(N) > 50×10^{-6}$ 时，采用高温常化和一次冷轧法的 0.23mm 成品 $B_8 = 1.98T$，细化磁畴后 $P_{17} < 0.7W/kg$。依靠 Bi 和 BN 加强抑制力。热轧或常化后快冷使钢中存在过饱和氮，经 150 ~ 250℃ 冷轧时析出细小 Si_3N_4 和（B，Si）N，再析出细小 AlN。如果最终退火时从低于二次再结晶开始温度 150℃ 到二次再结晶终了的气氛大于 90% H$_2$ + N$_2$ 时，二次晶粒尺寸减小，对降低 P_{17} 有利。因为加 Bi 加强抑制力，初次晶粒尺寸更小，二次再结晶驱动力更大，二次晶粒尺寸更大，因此在二次再结晶阶段减弱抑制力（即气氛中 H$_2$ 量增高）使二次晶粒减小（二次晶核数量增多），B_8 不变而 P_{17} 更低。由于气氛中 H$_2$ 浓度高容易使隔离剂中 TiO_2 还原，Ti 进入钢中提高 P_{17}，所以二次再结晶完成后，必须提高气氛中 N$_2$，可改为 20% ~ 80% N$_2$ + H$_2$ 气氛下升到 1180 ~ 1200℃，再换为纯干 H$_2$ 净化退火[438]。

加 Bi 提高 B_8 值，但底层质量降低，成品薄膜附着性不好，易脱落，脱碳退火以 12 ~ 40℃/s 速度升到 750℃，再以 0.5 ~ 10℃/s 速度慢升到 800 ~ 850℃，在 $P_{H_2O}/P_{H_2} = 0.3 ~ 0.5$ 条件下脱碳时，可形成致密的内氧化层，其中片状 SiO_2 数量增多，酸洗减量小于 0.4g/m^2，薄膜附着性提高。如果在钢中加 0.05% ~ 0.5% Cr 促进氧化，可使内氧化层中氧含量增高并改变内氧化层结构，也可提高附着性。如果采用细孔容积为 0.03 ~ 0.2mL/g 的 MgO，并控制脱碳退火后钢板表面 O 附着量 σ_d 与最终退火后的钢板表面 O 附着量 σ_f，使 $\sigma_f/\sigma_d ≤ 3.5$ 时磁性和附着性都好。脱碳退火时 $P_{H_2O}/P_{H_2} = 0.45 ~ 0.65$。细孔状 MgO 中吸附水比一般 MgO 中吸附水需要在更高温度下放出，使钢板表面 Bi 在更高温度下氧化，这提高了抑制力。控制 $\sigma_f/\sigma_d ≤ 3.5$ 也是为了防止表面 Bi 过早氧化。σ_d 一般为 0.3 ~ 1.2g/m^2，根据 σ_d 值来控制 σ_f。MgO 水化率为 1.5% ~ 2.0%。钢中加 0.05% ~ 1.0% Cr 可提高电阻率，并形成良好内氧化层，提高底层附着性，涂应力涂层后沿轧向产生大于 3MPa 张力，P_{17} 更低，加 Cr 可促进 AlN 粗化，因此常化温度应降低到 1000℃[439]。

控制好二次晶粒纵横尺寸比，沿横向二次晶粒最长为 30 ~ 300mm，二次晶粒 $\alpha ≤ 6°$、$\beta ≤ 2°$。脱碳退火后钢带在半径为 100 ~ 400mm 圆筒上弯曲（局部引入应变），并沿轧向加 20 ~ 110MPa 张力。目的是改善钢板内部磁通密度分布更均匀，

P_{17}更低。α 角小，晶界沿冷轧方向产生的磁通不均匀性降低。β 角小，磁畴宽度均匀，P_{17}低。脱碳退火后引入少量应变可使弥散的 Bi 析出物周围积蓄应变，这可促进形成 β 角小的二次晶核。此外在初次再结晶组织中引入少量应变，也有利于二次晶粒沿横向伸长。0.23mm 厚板细化磁畴后 $B_8 = 1.97$T，$P_{17} \leqslant 0.65$W/kg。含 Bi 钢的二次再结晶开始温度提高，高温退火后钢卷下方更易变形，为此涂 MgO 后钢带卷取时外卷 20mm 的卷取张力大于 60MPa，最终退火时在 900 ~ 1100℃之间停留时间小于 40h，钢卷下方变形深度小于 10mm。钢中加 Cr 改善底层附着性，使各圈钢带不易松动，也减轻下方变形。铸坯在含大于 $100 \times 10^{-6} O_2$ 气氛中先预加热到低于 1125℃，再在感应炉中高温加热，使表层 Bi 与氧化铁皮一齐氧化掉，即表层 Bi 含量低于内部。从粗轧到精轧结束时间控制在 30 ~ 300s，因为表面温度低，Bi 扩散速度低于中心区，从而防止 Bi 从表面跑掉，磁性和底层好。铸坯中 Bi 相为球形，热轧后 Bi 相沿轧向伸长，表面积增大，与基体的界面积也增大，抑制力加强。再者 Bi 相附近的基体不均匀变形也更大，储能增高，界面处 AlN 和 MnS 析出位置增多，更细小均匀，而且界面处的 Bi 又防止它们长大，所以磁性好且稳定。要求热轧板中长度大于 20μm 的 Bi 相数量大于 8 个/$cm^{2[440]}$。

　　含 Bi 钢二次晶粒尺寸增大，对底层外观和附着性不利，最终高温退火后从 1100℃以 8 ~ 30℃/h 较慢速度冷到 700℃，可减少底层与基体界面处产生的裂纹，底层缺陷减少。100 份 MgO 中加 0.01 ~ 1.5 份（换算为 Li）Li(OH)$_2$ 可促进表面 SiO_2 浓化而防止气氛中 O_2 的影响，提高底层附着性。如果含 Bi 和 Cr 钢涂 MgO 后经大于 69MPa 张力卷取，高温退火后钢卷下方不粘接。小于 69MPa 张力时粘接，粘接地区存在有 $FeCr_2O_4$ 可使 MgO 脱落。Fe 和 Cr 是由于最终退火升温时 MgO 中放出的 H_2O 而被氧化，即 $1/2Fe + Cr + O_2 = 1/2FeCr_2O_4$。在高于 900℃时，$d.p. < 20$℃低氧化气氛下，以小于 15℃/h 速度升温，防止 Cr 氧化和涂 MgO 后，以大于 69MPa 张力卷取，可防止粘连[441]。

　　含 Bi 钢中加 Cr，MgO 中加 0.003% ~ 1%（换算为 Li）Li(OH)$_2$ 等化合物，控制好 Bi(x)、Cr(y) 和 Li(z) 量，$yz/x^2 \geqslant 0.16$，$x = 0.005\%$ ~ 1%，$y = 0.03\%$ ~ 1%，$z = 0.003\%$ ~ 1%，磁性和底层好，Cr 和 Li 可促进钢板表面 SiO_2 浓化，从而防止气氛中 O_2 的坏影响。Cr 在内氧化层中通过 $FeCr_2O_4$ 与 MgO 反应而形成尖晶石型 (Fe，Mn)Cr_2O_4，促进更早更快形成底层而不受 Bi 蒸气的影响，使底层更牢固[442]。在不用 MnS 抑制剂的 AlN 方案中加 Bi 时由于钢中 S 含量低，脱碳退火后形成的氧化膜不能防止高温退火时渗 N 和氧化，抑制力不稳定，底层也不好。如果脱碳退火后电镀一层 0.1 ~ 50mg/m^2 的 Si、Sn、Cu、Ni 作为保护层，防止渗 N 和氧化，可解决此问题[443]。

　　Bi 的密度比 Fe 约大 10 倍，Bi 的沸点又与钢水温度相近，不易加入钢中。

在钢水温度高的情况下加 Bi，Bi 挥发，在钢水温度低时加 Bi，Bi 扩散慢，分布不均匀。中间罐中钢水温度比液相线温度高 10~80℃时加 Bi，使 Bi 凝聚速度减慢，且使 Bi 在钢中均匀分散。连铸时再经电磁搅拌抑制 Bi 凝聚，钢中 Bi 更弥散[444]，在流速大（大于 70g/(s·cm²)）和温度高的钢水中加入直径 0.5~5mm 球状 Bi 可促进 Bi 扩散，而且 Al 和 N 含量波动小，Bi 回收率达 74%~80%[445,446]，Bi 析出物尺寸为 0.1~2μm[447]。

7.5.2 表面光滑技术

日本已开始生产表面无 Mg_2SiO_4 底层的光滑表面的 Hi-B 钢产品。新日铁首先提出，由于形成 Mg_2SiO_4 和尖晶石 $MgAl_2O_4$ 而与基体的界面凹凸不平，P_{17} 增高，B_8 降低，冲剪性不好，而且对以后采用细化磁畴技术降低 P_{17} 效果也减弱。如果先经酸洗去掉底层和内氧化层，再经化学磨光（在 $HF+H_2O$ 或 $H_3PO_4+H_2O_2$ 溶液中浸泡约 10s）或电解磨光（如 1:2 的 $CrO_3:H_3PO_4$ 电解液）使钢板表面呈镜面状态，P_{17} 可降低不小于 0.1W/kg（见图 7-80），B_8 不降低，应力涂层和细化磁畴可更有效地降低 P_{17}。由于没有底层高温净化退火也更容易去除 S 和 N。但化学磨光和电解磨光工艺复杂，成本高，工业生产难实现。随后在 MgO 中加 5%~20% 碱金属或碱土金属氯

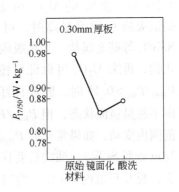

图 7-80 酸洗和磨光与铁损的关系

化物（如 $CaCl_2$，$MgCl_2$，$BaCl_3$ 等）或碳酸盐（如 K_2CO_3）或硫酸盐（如 $BaSO_4$）等，高温退火时不形成底层，因为这些氯化物可使 SiO_2 和尖晶石分解并被表面 MgO 吸收，钢板表面呈镜面。以小于 10μm 尺寸细颗粒 Al_2O_3 为主要隔离剂，其中加入高于 1300℃高温烧结的不活性 MgO（化合水含量低）也可防止形成底层，因为 Al_2O_3 与 SiO_2 不发生化学反应[448]。这些方法已在生产中采用。

脱碳退火后经 0.5%HF+0.5%H_2SO_4 酸洗去掉氧化层（钢板表面 O<0.3g/m²）后采用静电法涂 Al_2O_3，在 10%N_2+H_2 还原性气氛中以大于 50℃/h 升到 920~1150℃，再在 50~75%N_2+H_2 中保温 10h 后在 100%H_2 中 1200℃净化，表面呈镜面。脱碳退火后酸洗去掉氧化层再涂 Al_2O_3 和在 10%N_2+H_2 还原性气氛中升温，目的都是防止钢中 Als 不被氧化成 Al_2O_3。如果脱碳退火后酸洗去掉氧化层和用 0.5~10μm 细颗粒 Al_2O_3 或 SiO_2 湿涂法，并在 $d.p. \approx 10℃$ 的 15%N_2+H_2 中（$P_{H_2O}/P_{H_2}=0.05$）升到 800℃，在 1000~1100℃二次再结晶时钢中氮含量不会降低，P_{17} 可降低约 30%。0.23mm 厚板经应力涂层和激光照射后 $B_8=1.94$~

1.95T，$P_{17} = 0.63 W/kg$。湿涂 Al_2O_3 时，为防止最终退火前钢卷生锈，在 Al_2O_3 中可加 0.01% ~ 10% 防锈剂（如亚硝酸钠或三乙醇胺）或有机溶剂（如丙酮或乙醇）。小于 $1\mu m$ 细 Al_2O_3 由于表面积增大，烧结时 Al_2O_3 易活性化，不易使钢板表面呈镜面，如果用 2 ~ 20μm 颗粒 Al_2O_3，其中加 0.5% ~ 1% 水溶性高分子黏接剂（如淀粉、聚乙烯乙二醇、纤维树脂等），涂后附着性好，成品表面呈金属光泽。Al_2O_3 涂料液不经搅动，易沉淀。如果加含小于 10% H_2O 的 0.1% ~ 10% 矿物质黏接剂而不是纤维树脂黏接剂可解决此问题，如平衡黏度不大于 200mPa·s 的 $(Al_{5/3}Mg_{1/3})[Si_4]O_{10}(OH)_2$ 等。由于涂 Al_2O_3 还可促进高温退火时的净化，所以采用 1150℃ ×4h 或 1200℃ ×3h 净化退火，缩短退火时间。一般 Al_2O_3 中含约 0.2% Na，含 Na 的 Al_2O_3 可促进 SiO_2 在高温退火时还原，所以呈镜面。如果脱碳退火后 O 附着量高时，可在 Al_2O_3 中再加入 0.05% ~ 0.1% NaOH、NaCl 或 $NaNO_3$ 等碱金属盐。如果脱碳退火时控制 $P_{H_2O}/P_{H_2} = 0.06$ ~ 0.15，不形成铁系氧化物，再涂 Al_2O_3 可保证呈镜面状态。冷轧板表面光滑度应小于 0.2μm。如果 $P_{H_2O}/P_{H_2} > 0.15$ 时，脱 C 良好，但 O 附着量大于 200×10^{-6}，磁性降低，钢板表面不易呈镜面状态，但 $P_{H_2O}/P_{H_2} < 0.15$ 时，脱 C 效果不好，C 在 $10 \sim 200 \times 10^{-6}$ 范围内变动，如果常化时 $P_{H_2O}/P_{H_2} = 0.2$ ~ 0.7，使表层 Si < 3%（即钢板表面约 2μm 处脱 Si 层），酸洗后要保存此脱 Si 层，这在脱碳退火初期抑制形成 SiO_2 薄膜，脱 C 形成的 CO 更易跑出，从而可明显提高脱 C 效果[449]。

　　一般在镜面状态下涂应力涂层时附着性不好。如果先在 $P_{H_2O}/P_{H_2} \leqslant 0.5$ 弱氧化气氛中 500 ~ 700℃ 或 $P_{H_2O}/P_{H_2} \leqslant 0.15$ 的 700 ~ 1000℃ 退火，使表面形成不大于 0.01μm 厚非晶质 SiO_2 薄膜，再涂应力涂层，附着性好，对 P_{17} 没有影响，钢板经 2% H_2SO_4 酸洗 120s 或 30% H_2SO_4 酸洗 10s，使表面形成小坑，也提高附着性。如果先在 2% 浓度的硅酸钠水溶液中进行阳极电解处理（Na_2O/SiO_2 摩尔比为 1/2，电流密度 5A/dm²，电解 15min），表面形成硅酸质薄膜（单面 SiO_2 含量 >2mg/m²），再涂应力涂层附着性也好。如果先湿涂结晶型的 pH 值大于 6 的胶体状 TiO_2，涂料量约 1g/m²，作为中间层也可。如果先涂小于 10nm 尺寸的胶状 SiO_2，再在 $P_{H_2O}/P_{H_2} < 5 \times 10^{-5}$ ~ 1×10^{-1} 的 $H_2 + N_2$ 气氛中 550 ~ 1200℃ 烧结形成中间层也可[450]。

　　进一步研究在 MgO 中加 0.2 ~ 15 份 $BiCl_3$、$MgCl_2$、$CaCl_2$ 等碱金属或碱土金属氯化物不形成底层，表面光滑呈镜面的原因，证明最终退火升温时，$BiCl_2$ 等变为蒸气而分解形成 BiOCl，并在钢卷各圈之间产生氯气，$Fe + 2Cl \longrightarrow FeCl_2$ 气体，这使氧化膜剥离，表面 Fe 原子在高于 1000℃ 时容易移动而使表面呈镜面状态。各种氯化物的平衡分解 Cl_2 分压的 K_e 值不同，如 $MgCl_2$，$AlCl_3$，$MnCl_2$ 等的 $K_e = -22$ ~ -15；$FeCl_2$、KCl 等的 $K_e = -1.5$ ~ -7.5；而 $BiCl_3$、BiCl、BiOCl 等的 $K_e > -7.5$。沸点低的氯化物在最终退火时变为气体而蒸发，沸点高的变为液态而附着在钢板表面，例如：

$$< 1103\text{℃时}, MgCl_2(\text{液体}) \Longleftrightarrow Mg(\text{液体}) + Cl_2(\text{气体})$$

$$> 1103\text{℃时}, MgCl_2(\text{液体}) \Longleftrightarrow Mg(\text{气体}) + Cl_2(\text{气体})$$

$$2/3 BiCl_3(\text{气体}) \Longleftrightarrow 2/3 Bi(\text{液体}) + Cl_2(\text{气体})$$

K_e 值高的 $BiCl_3$（约为 -6.5）产生的 Cl_2 分压也高，Cl 原子可充分扩散到钢板表面氧化层与基体的界面处，而与 Fe 反应形成 $FeCl_2$。由于 $FeCl_2$ 沸点低而气化，这使氧化层与基体在约 900℃就分离，而 $MgCl_2$ 必须在更高温度下才能使其剥离。为使表面呈镜面，最终退火时气氛中 H_2 分压也有重要影响，因为 H_2 + $Cl_2 \rightarrow 2HCl$，由于 HCl 比 Cl 原子结合能量大而更难分解，这使扩散到氧化层中的 Cl 原子数减小，剥离效果降低。如 $BiCl_3$ 在 100% H_2 中最终退火也可得到镜面状态，而 $MgCl_2$ 等在 25% N_2 + H_2 中才可得到镜面状态。在 82% Al_2O_3 + 13% $Mg(OH)_2$ 中加 5% BiOCl（水化率为 0.5% ~ 4%）也形成镜面状态。一般 $BiCl_3$ 在有 H_2O 条件下就形成 BiOCl，BiOCl 在高温下分解放出 Cl 或 HCl 而使氧化层剥离。BiOCl 与 H_2 起如下反应：$2BiOCl + 3H_2 \longrightarrow 2Bi + 2HCl + 2H_2O$。由于产生 H_2O，所以隔离剂中水化率必须低，才可使此反应往右进行，最终退火升温气氛应控制为 50% ~ 95% N_2 + H_2。含 Bi 钢在 MgO 中加 0.2% ~ 15% 的沸点高于 183℃的氯化物（如 $FeCl_2$、$NiCl_2$、$CoCl_2$、$AlCl_3$）也得到镜面状态。$AlCl_3$ 沸点为 183℃，$NiCl_2$ 为 993℃，$FeCl_2$ 为 1024℃，$CoCl_2$ 为 1049℃。由于钢中加 Bi，最终退火升温时 Bi 扩散加快，在钢板表面形成 BiOCl、$BiCl_3$ 等气体，它们与加入的氯化物起反应，在各圈之间产生 Cl_2 并扩散到表面氧化层中，形成 $FeCl_2$ 气体而使氧化层剥离。如果加入沸点只有 114℃的 $SnCl_4$，则在与 Bi 反应前就已气化而不起作用[451]。含 Bi 钢在最终退火时各圈之间通气性不好，Bi 难以气化跑掉，使 B_8 值不均匀。为此在 MgO 中加 5% ~ 8% BiOCl 或 $BiCl_3$ 可解决此问题，而且表面呈镜面，P_{17} 更低。0.23mm 厚板经应力涂层和细化磁畴后 B_8 = 1.98T，P_{17} = 0.61W/kg[452]。在 MgO 中单独加 $BiCl_3$ 以后应力涂层附着性不好，而且由于在较低温度下起作用不形成底层，使抑制剂过早分解，对二次再结晶发展不利。$BiCl_3$ 价格也较贵。如果同时再加入 2 价的卤素化合物（如 $CaCl_2$、$BaCl_2$、$MgCl_2$），可更缓和地起作用，不形成底层。单独用 $CaCl_2$ 等，由于加入量增多，钢板表面被侵蚀易生锈[453]。

川崎在化学磨光，特别是电解磨光方面进行了大量工作；提出采用 70% Al_2O_3 + 30% MgO，高温退火后不形成底层，控制表面氧化膜中 O 附着量小于 0.3g/m² （单面），不经酸洗而直接经磨光使钢板表面 $Ra < 0.4\mu m$，呈镜面，再涂应力涂层。为改善附着性在弱氧化性气氛中平整拉伸退火，每面形成 0.05 ~ 0.3μm 厚 SiO_2 后再涂应力涂层[454]。化学磨光法因为侵蚀液浓度在不断变化，难以控制磨光面和磨光量，电解磨光法更易控制，适合于工业采用。但通常用的

$H_3PO_4 + H_2SO_4$ 系或过氯酸系酸性电解液寿命短，电流密度高，所以成本高，电解磨光原理是将钢带作为阳极，通过电解反应金属表面放出离子，并在钢板与电解液之间产生黏性膜。表面凸起部位由于通过的电流多而减薄，使表面光滑呈现镜面状。如果在 30 ~ 100℃，浓度大于 20g/L 的以碱金属或碱土金属氯化物等水溶液电解磨光（如 NaCl、NH_4Cl、$CuCl_2$ 或 KCl），电流密度为 10 ~ 200A/dm²，单面去掉 2 ~ 5μm 层，成本低。因为这种电解液侵蚀性小，电流效率和导电性高，而且随表面晶粒取向不同，表面性状有很大差别，所以也称为晶粒位向强化处理。即表面（110）晶粒保留，而（111）晶粒受到电解侵蚀。要求钢板取向度高，(110) 偏离角小于 10°，电解磨光后表面光滑，为网络状晶粒，而且在晶界处形成 $R_{max} > 0.4\mu m$ 凹坑，可促进磁畴细化，应力涂层后附着性也更好。电解反应式为：阳极 $Fe + 2Cl^- \longrightarrow FeCl_2 + 2e^-$，阴极 $2Na^+ + 2H_2O + 2e^- \longrightarrow 2NaOH + H_2\uparrow$，形成的 $FeCl_2$ 和 NaOH 发生以下反应：$FeCl_2 + 2NaOH \longrightarrow 2NaCl + Fe(OH)_2$。$Fe(OH)_2$ 沉积在电解槽中和附着在钢板上。在钢带通过导电辊时使表面污染和划伤，因此要去掉 $Fe(OH)_2$ 沉积物。阳极电解后钢板表面活性化，更容易生锈，因此在电解液中加 0.1 ~ 50g/L 无机系（如铬酸盐、磷酸盐）或有机系化合物（如有机硫化物等）。$Fe(OH)_2$ 沉积物大于 2% 时，电解液黏性增大，不能进行正常电解，而且 $Fe(OH)_2$ 捕捉 Cl 离子，使电解液 pH 值增高。在电解液中加 1 ~ 100g/L 的 pH 缓冲剂（H_3PO_4、硼酸、醋酸、苦味酸等）含氧酸或螯合剂（如酒石酸、苦味酸、乙醇酸等羟酸含氧酸），既防止 pH 值增高，又可使 $Fe(OH)_2$ 氧化成 $Fe(OH)_3$。如果在电解酸中加约 2.5g/L 聚乙烯乙二醇（相对分子质量约为 600），可使电解液黏度增高速度减慢，钢板表面活性更好，可更快磨光，P_{17} 明显降低。钢板表面附着的非晶质 $Fe(OH)_2$ 膜与基体是化学结合，采用水刷洗难去掉，电解磨光后应当用大于 10g/L 碳酸氢钠水溶液刷洗，这也使绝缘膜附着性提高[455]。为改善绝缘膜附着性，电解磨光呈 $Ra < 0.3\mu m (R_{max} > 0.1\mu m)$ 镜面后，先涂磷酸镁 + 重铬酸钙无机涂层（热膨胀系数大于 $8 \times 10^{-6}/K$），再涂应力涂层（热膨胀系数小于 $7 \times 10^{-6}/K$），使热膨胀系数逐步降低，附着性好，P_{17} 低。因为烧结时两层间的涂料成分相互扩散，没有明显的界面，弯曲时应力不会集中在界面处。如果光滑镜面状钢板先电镀一层（约 1μm 厚）Ni、Cu、Fe 薄膜，其表面呈现多孔疏松状，再涂应力涂层也可提高附着性，电镀时钢板作阴极，电流密度为 7 ~ 15A/dm²，电镀时间为 10 ~ 30s。电镀 Ni 采用 400g/L $NiSO_4$ + 85g/L $NiCl_2$ + 50g/L H_3BO_3 作电解液。电镀后再使电极反转（即钢板作阳极），经电解侵蚀（电流密度 5 ~ 10A/dm²，时间为 5 ~ 20s），使表面粗糙疏松，应力涂层后附着性好。如果电镀 Cr、Ca 等使镀层中存在小于 50% 体积的陶瓷层，也就是镀层成长不均匀，镀层最外面粗糙，存在大量小孔洞，附着性也好，而且产生的拉应力大，P_{17} 低。主要措施就是采用更大的电流密度。例如在 250g/L CrO_3 +

2.5g/L H_2SO_4 电解液中在 35℃ 和电流密度 45A/dm^2 条件下，电镀 0.7μm 厚 Cr 层，其表面 $Ra > 0.2\mu$m。镀 Cr 层中 $O > 20 \times 10^{-6}$ 时，而且镀铬层中存在氧化铬或氢氧化铬时，附着性也好。因为金属 Cr 的热膨胀系数为 9.5×10^{-6}/K，氧化铬为 7.3×10^{-6}/K，而应力涂层为 4×10^{-6}/K，即热膨胀系数逐步下降[456]。

采用 10% ~ 20% MgO + 20% ~ 50% Al_2O_3 + 50% ~ 80% SiO_2 隔离剂，最终高温退火时，形成热膨胀系数为硅钢线膨胀系数 1/2 的 Mg - Al - Si - O 系硅酸镁或 4MgO·5Al_2O_3·2SiO_2、2MgO·2Al_2O_3·5SiO_2 或 MgO·Al_2O_3·2SiO_2 系尖晶石为主的陶瓷质薄膜。在退火后冷却时，这些薄膜与基体之间产生大的热应力而脱落（Mg_2SiO_4 底层的线膨胀系数为基体的 0.8 ~ 0.9 倍，两者之间产生的热应力小，所以附着性好）。隔离剂中 $SiO_2 > 30\%$ 还可防止升温过程中抑制剂氧化分解和增 N，因为这些陶瓷薄膜可降低 O 和 N 的扩散。隔离剂中可再加 1.5% ~ 3% Ti_2O_3、Bi_2O_3 等辅助剂，提高各圈之间气氛中 O 势，这使 B_8 增高。高温退火后两面 O 附着量小于 0.2g/m^2，成品表面 $Ra < 0.3\mu$m，呈金属光泽，P_{17} 低[457]。以 Al_2O_3 为主的隔离剂不形成底层。但钢板表面下方易形成针状 AlN，使 P_h 增高。如果涂 20% ~ 30% CaO + 40% ~ 60% SiO_2 + 20% ~ 30% Al_2O_3，可使 P_h 降低。如果将 100 份 CaO + 30 份 MgO + 10 份 Al_2O_3 隔离剂溶于 0.2mol/L HCl 水溶液中，涂料烘干后相当于 1kg 钢板中 Cl < 2g，C < 100mg，高温退火后钢板中残留小于 10×10^{-6}Cl 和小于 30×10^{-6} C，H_c 和 P_{17} 低[458]。为改善应力涂层的附着性，光滑表面先在加有约 2% 胶状 SiO_2 的 0.5% ~ 3% HCl 中轻酸洗使两面减少 4 ~ 20g/m^2，使表面活化并形成 0.05 ~ 2μm 深细小筋状沟（间隔为 0.05 ~ 2μm），使应力涂层与基体接触表面积增大，所以附着性好。这种细小筋状沟不起细化磁畴作用（为了细化磁畴，形成的沟深应大于 5μm，间隔应大于 2μm）[459]。

在 MgO 中加 5% ~ 6% Ti 化合物（TiO_2、Ti_2SO_4 等），2% ~ 8% Bi 化合物（Bi_2O_3、Bi_2S_3、Bi(NO_3)$_3$、Bi_2(SO_4)$_3$ 等）和 2% ~ 5% 氯化物（$MgCl_2$、$CaCl_2$、KCl 等），表面光滑，呈镜面状。0.23mm 厚板 B_8 = 1.96 ~ 1.98T，P_{17} = 0.65W/kg[460]。在 MgO 或 MgO + Al_2O_3 中加 0.1% ~ 10% 卤素元素化合物，由于这些化合物熔点低，在最终退火初期就溶于 MgO 中，使 Mg_2SiO_4 在更低温度下形成，而在冷却时由于与钢板热膨胀系数不同，很容易脱落，表面光滑，呈镜面状。最终退火升到不低于 950℃ 的初期阶段，应采用 0 ~ 5% H_2 + N_2，在不低于 950℃ 时换为大于 25% H_2 + N_2，通过 Mg_2SiO_4 与钢板的界面进行热侵蚀，使界面光滑。如果不高于 950℃ 时，采用大于 25% H_2 + N_2 难以在低温下形成 Mg_2SiO_4，退火后表面不光滑或残留 Mg_2SiO_4。如果在 MgO 中加 0.1% ~ 10% 可溶性（如 $MgCl_2$、$FeCl_3$）或 90% 为小于 20nm 细小不溶性氯化物（如 $SnCl_2$ 和 $SbCl_3$）或两者混合物，以大于 0.2m/s 流速加入 MgO 水溶液中，同时进行搅拌发生以下反应：$SnCl_2$ + H_2O —— HCl + Sn(OH)Cl 或 $SbCl_3$ + H_2O —— 2HCl + SbOCl，形成 HCl 和小于

10nm 细小不溶于水的 Sn(OH)Cl 和 SbOCl，成品表面光滑[461]。

7.5.3   钢板减薄到 0.15mm 和 0.20mm 厚

经典涡流损耗 P_e 与板厚平方成正比，所以降低板厚，P_e 明显降低，但厚度减薄，表面自由磁极能量（静磁能）和 $180°$ 畴壁能量增大，也就是畴壁移动阻力增大，P_h 增高。因此对铁损 P_T 来说有一合适的厚度。图 2-44 说明此合适厚度为 0.127mm。图 2-45b 证明 B_8 提高，铁损最低值有朝更薄厚度方向移动的趋势。$B_8 = 1.98T$ 时，0.10mm 厚板 P_{15} 最低，因为 P_h 降低；而 $B_8 = 1.91T$ 时，0.13mm 厚板 P_{15} 最低。这与表面闭合畴变化有关，而与外加拉应力无关。由图 7-81 看出，这也与在 0.10~0.23mm 厚度范围内 P_h 变化不大有关。单晶体实验也证明，β 角减小（取向度提高），P_h 随厚度减薄而增高的倾向减小，所以 P_T 降低更明显，而且 P_T 最低值朝更薄方

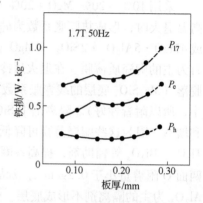

图 7-81   表面呈镜面状试样的厚度与 P_{17}、P_e 和 P_h 的关系

向移动。当 $\beta = 0°$ 时，随 α 角减小，P_{17} 降低，并且随厚度减薄，P_{17} 不断降低。板厚减薄和 B_8 提高都使表面闭合畴减少，所以 P_T 和 λ_{p-p} 都降低。板厚减薄和 B_8 提高都使 $180°$ 畴变宽，外加拉应力或细化磁畴降低 P_T 效果更明显。

新日铁已生产 0.20mm Hi-B 钢产品。采用可逆式 20 辊冷轧机制造 0.15mm 和 0.20mm 厚带。

钢带减薄，热轧板中表层二次晶核发源区也减薄，表面积增大，晶界露在表面上形成的沟槽有阻碍二次晶粒长大的作用，晶界能量的贡献减小，表面能量作用增大，二次再结晶更不易完善，而且二次再结晶退火时表层抑制剂更易长大分解，抑制力减弱，需要更强的抑制力，更均匀细小的初次晶粒和更合适的初次再结晶织构，因此要适当调整化学成分（CGO 钢中加 Cu，AlN + MnS 方案，Hi-B 钢中加 Cu 和 Sn，并调整好 Al 和 N 含量），更严格控制热轧（精轧开轧和终轧温度）、常化（采用两段式常化工艺）、冷轧（两次冷轧法）和退火条件。

新日铁提出，两段常化处理，冷轧时效，控制在 10~20mm 大的二次晶粒中存在小于 2mm 晶粒（占 15%~17%），其平均间距 $\overline{ND} = 2~8$mm 或控制晶界形状 $\overline{SF} < 0.60$（$SF = $ 二次晶粒面积 $×4\pi/$晶界长度^2），二次晶粒为圆形时，$\overline{SF} = 1$。$\overline{SF} < 0.6$ 表示晶界长度增大和晶界形状复杂。这些小晶粒可使磁畴细化，涂应力涂层后磁性好。如果采用二次冷轧和二次高温常化处理，使第二次冷轧前将表层

碳脱掉 0.01% ~ 0.03%，第二次冷轧压下率为 80% ~ 95%，这可使表层再结晶区扩大，二次晶核存在于更深地区，二次晶核数量增多，二次晶粒变小。0.18mm 厚板 $P_{17} = 0.8$W/kg，$B_8 = 1.92$T。为促进脱碳，热轧板可涂 30% K_2CO_3 水溶液[462]。如果热轧后以大于 40℃/s 速度快冷，析出细小 Fe_3C，经 30% ~ 40% 第一次冷轧，二段式常化处理后再冷轧也可，即细小 Fe_3C 阻碍位错移动，使伸长形变晶粒中储能增高，常化时产生小的初次晶粒[463]。第二次冷轧时采用 ϕ65 ~ 70mm 小工作辊，在 200 ~ 250MPa 张力下，经 150 ~ 230℃ 冷轧，二次晶粒小，磁性明显提高。工作辊径小，冷轧张力增大，位向准确的二次晶粒数量少，而冷轧时效又使二次晶粒数量增多，弥补了小辊径大张力使二次晶粒尺寸增大的缺点[464]。采用二段常化和二次冷轧法时，常化升温阶段使 Si_3N_4 分解固溶，高于 1000℃ 时也使 Cu_2S 固溶，当冷到 900 ~ 930℃ 保温和再冷却时析出更多细小 Cu_2S，保证 Cu_2S 中 S 含量为 $(70 ~ 140) \times 10^{-6}$ 和 MnS 中的 S/Cu_2S 中 S = 0.6 ~ 1.5，磁性高且稳定[465]。

MnS + Cu 的 CGO 钢热轧板经二段常化工艺也可明显改善磁性，因为二次晶粒尺寸更小，二次再结晶完善。钢中残余 Als 量低，常化温度也应低。反之，残余 Als 高，常化温度也应高，例如含 0.0035% Als 时常化温度应为 1050 ~ 1070℃[466]。

已知加 Nb 可作为辅助抑制剂使二次再结晶更稳定，但 Nb 易形成稳定的 NbC，阻碍脱碳，因此在 0.15mm 和 0.2mm 厚钢中加 0.05% ~ 0.2% Nb 更合适，由于钢带薄更有利于脱碳。AlN + MnS + Cu + Sn 方案中加 Nb，经二次冷轧法（第二次压下率 90%），二次再结晶完善，$B_8 = 1.93 ~ 1.95$T[467]。在 AlN + MnS 方案中加 0.002% ~ 0.03% Bi，采用一次冷轧法（92% ~ 93% 压下率）制成的 0.2mm 成品 $B_8 = 1.96 ~ 2.0$T，激光照射后 $P_{17} = 0.56$W/kg，0.15mm 厚板 $P_{17} = 0.5$W/kg，制造成本降低[468]。

八幡厂开发的 AlN + 渗 N 工艺对制造 0.15mm 和 0.20mm 厚板和表面光滑产品更有利。要求脱碳退火后初次晶粒尺寸 d 控制在 19 ~ 23μm，初次晶粒直径变动系数 $\sigma < 0.6$，{111}/{110} < 50，然后经渗 N 处理。采用二次冷轧法，第一次经 10% ~ 40% 压下率冷轧后，以大于 50℃/s 速度快升温经二段式常化，再经大于 80% 压下率冷轧，0.15mm 厚板 $B_8 = 1.94$T，二次晶粒小，$P_{17} \leq 0.7$W/kg。由于常化后表层晶粒小，晶界数量增多，脱碳退火后 (111)⟨112⟩ 晶粒比一次冷轧法更多，有利于二次晶粒长大。一般采用的 20 辊轧机为整体型，冷轧过程中换工作辊困难，如果采用分割式机架，即上、下机架可升降，通过调整两者之间距离可更快地换工作辊。冷轧前段采用 ϕ95 ~ 180mm 工作辊冷轧到小于 0.4mm 厚，再换为 ϕ60 ~ 70mm 工作辊。前段冷轧温度要保证为 100 ~ 300℃。经一次冷轧法的 0.2mm 厚板 $B_8 = 1.93$T，细化磁畴后 $P_{17} = 0.65$W/kg，此法对 AlN + MnS

方案也适用，经一次或二次冷轧法（第一次冷轧在冷连轧机上进行）都可。如果冷轧前段辊径小，由于表面剪切变形量增多，初次再结晶后 {110} 组分增多，{111} 组分减少，{110} 晶粒位向偏离角增大[469]。

广畑厂采用二次冷轧法，第一次冷轧时工作辊径/热轧板厚度 = 60 ~ 90，经 20% ~ 50% 压下率冷轧，第二次在 φ70 ~ 100mm 工作辊径下冷轧到 0.2mm 和 0.15mm，B_8 = 1.94T。铸坯在感应炉高温加热时以大于 5℃/s 速度快升温，热轧板先经 1000℃ 常化后从 700℃ 以大于 8℃/s 速度快冷，第一次冷轧经 250℃ 时效处理，再经 1000℃ 常化和冷轧更好[470]。

川崎提出，MnSe + 0.2% Cu + 0.02% Sb 方案的 Hi - B 钢精轧开轧温度为 1000 ~ 1150℃，第一机架工作辊表面温度低于 100℃（加大冷却水量），第一道压下率大于 40%，精轧总压下率为 93% ~ 97%。二次冷轧法，中间退火为 900 ~ 1050℃ × <50s，第二次冷轧压下率为 50% ~ 80%，热轧板中细小 MnSe 和 Cu_2S 析出物数量明显增多，0.20mm 厚板 B_8 = 1.92T，P_{17} ≤ 0.8W/kg[471]。AlN + MnS 方案控制精轧开轧温度和终轧出口的轧制速度，使热轧带中部伸长的带状组织为 5 ~ 50μm 宽的细小形变晶粒，使以后初次再结晶织构中沿晶界生核的 {111} ⟨112⟩ 晶粒数量增多，二次冷轧法，0.2mm 厚板 B_8 = 1.94T，例如 1080℃ 开轧，终轧出口轧制速度为 620m/min，1220℃ 开轧，出口轧速为 1000m/min[472]。

AlN + MnS + Sb 方案经三次冷轧法制成 0.15mm 和 0.20mm 厚成品，即热轧板先经 1000℃ ×40s 常化，10% ~ 30% 压下率冷轧到 1.4mm 厚，1100℃ ×60s 退火，45% ~ 65% 压下率冷轧到 0.7mm 厚，950℃ ×60s 退火，最后经 65% ~ 80% 冷轧到 0.2mm 厚。加 Sb 可防止最终退火开温过程增 N。第一次高温中间退火（或常化）目的是发生相变，冷却后形成贝氏体和马氏体，使中部粗大形变晶粒细化和织构混乱。证明三次冷轧法比二次冷轧法的磁性更高。随后又提出采用二次冷轧法（热轧板经 1000℃ 常化和第一次冷轧后再经 1000℃ 常化），脱碳退火时以 5 ~ 25℃/s 速度升温（生产 0.23 ~ 0.30mm 的产品时要求大于 25℃/s 快升温），升温区 P_{H_2O}/P_{H_2} = 0.45，脱碳退火后在 60℃ 的 5% HCl 中酸洗 60s，控制酸洗减量为 0.1 ~ 0.4g/m²，0.15mm 和 0.2mm 厚板 B_8 = 1.92 ~ 1.95T。酸洗减量愈少，最终退火时增氮量也愈少。如果增氮量高，抑制力过强，二次晶粒位向偏离角增大，B_8 降低，而且额外氧化增多，底层不好[473]。

以 AlN 为主，BN、MnS 和 Cu_2S（或加 Bi、Sn）为辅的抑制剂中加 0.2% ~ 2% Cr，二次冷轧法（热轧板经 950 ~ 1000℃ × 30s 常化），中间退火（1050℃）升到 800 ~ 900℃ 时停留 30s 以上，中间退火 P_{H_2O}/P_{H_2} = 0.3 ~ 0.6，退火后急冷，0.2mm 厚成品高频磁性和薄膜附着性好，$P_{15/400}$ = 13 ~ 15W/kg。适用于制造 300 ~ 2000Hz 下工作的高频变压器。在 800 ~ 900℃ 停留目的是使 Cr、Fe、Al 复合碳氮化合物粗化，使 $P_{15/400}$ 降低。中间退火后以 35℃/s 急冷可防止析出大于 1μm 粗

大 Fe_3C。加 Cr 提高电阻率，明显降低铁损，但底层质量变坏，因此控制中间退火时 $P_{H_2O}/P_{H_2} = 0.3 \sim 0.6$，这可使表层 Cr 浓度明显减少，抑制形成有害的 CrO_3 而改善底层附着性和外观。随后又提出无抑制剂的 Fe – Si – Cr 合金（3.5% ~ 5%Si，3% ~7%Cr），$\rho = 80 \sim 90\mu\Omega \cdot cm$，二次冷轧法，第二次冷轧压下率为 40% ~80%，0.2mm 厚板二次再结晶退火温度为 900 ~1170℃，二次再结晶开始温度为 910℃，$\alpha \leqslant 15°$晶粒占 70% 以上，$\beta \leqslant 10°$晶粒占 80% 以上，平均二次晶粒尺寸为 4 ~9mm，用作 1 ~20kHz 高频电器（如分割式定子铁心的高频电机和发电机，变换器和扼流线圈及微电机等卷铁芯），同时冷轧性、弯曲和冲片加工性也好。$P_{10/1K} = 20 \sim 23W/kg$，$P_{1/10k} = 10 \sim 14W/kg^{[474]}$。

Armco（现为 AK 公司）在 CGO 钢加 0.2% ~ 0.5%Cr，生产 0.2mm 厚带用作卷铁芯。

7.6 降低铸坯加热温度技术

铸坯经不低于 1350℃高温加热的缺点是氧化渣多，烧损量达 5%，热轧边裂明显，成材率低；要经常清理炉底，产量降低；燃料费用高；炉子寿命短；制造成本高；产品表面缺陷增多。现在降低铸坯加热温度技术已得到很大发展，并已在生产上广泛使用。主要特点是不用 MnS 而以 AlN 为主要抑制剂。

7.6.1　1150 ~1200℃低温加热

新日铁八幡厂首先提出，不利用脱碳退火前析出 AlN 作抑制剂，即不采用"固有抑制剂"（Inherent inhibitor，也称固溶性抑制剂），而在脱碳退火后进行渗氮处理，使 N 与钢中 Als 形成的抑制剂，即依靠后工序获得的抑制剂（acquired inhibitor）。这可使铸坯加热温度降到 1150 ~1200℃，1987 年按此技术进行了大量工作，并于 1996 年正式生产，完全放弃了高温加热生产工艺。高温加热生产 Hi – B 钢除上述缺点外，与此技术相比还有以下缺点：（1）不易将 Si 含量提高到 3.4% ~3.5%，因为 Si 含量高，为保证不小于 30% 数量的 γ 相，C 含量也相应增高（例如 0.3mm 厚产品为 3.15%Si，0.06%C，而 0.23mm 厚产品为 3.23% Si，0.07% ~0.08%C），以后脱碳困难。（2）采用二次冷轧法生产 0.20mm 和 0.23mm 厚产品，因为热轧板厚度不大于 2mm 时，更难控制合适的精轧（不低于 1100℃）和终轧温度。（3）AlN 抑制力比渗 N 工艺技术更弱（渗 N 工艺的（Al，Si）N 和 AlN 数量比 AlN + MnS 工艺中的数量大 3 倍以上），合适的冷轧压下率范围窄（85% ~90%）。（4）制造表面光滑产品时 B_8 值降低（与 MnS 有关）。而渗 N 工艺技术的缺点是：（1）在生产有 Mg_2SiO_4 底层产品时，必须更严格控制内氧化层，对 MgO 要求更严。（2）必须更严格控制好初次晶粒尺寸和使初次晶粒尺寸偏差更小，否则产品磁性不稳定。（3）由于抑制力更强，二次晶粒尺寸更大，对降低 P_{17} 不利。

7.6.1.1　前期工作

基本成分为：0.02% ~ 0.05% C，3.2% ~ 3.5% Si，0.10% ~ 0.16% Mn，0.015% ~ 0.035% P，0.025% ~ 0.035% Als，0.005% ~ 0.008% N，S≤0.007%。Mn 含量提高，目的是扩大 γ 相区，因此 C 含量可减少，促使初次晶粒细小均匀，二次再结晶完善。脱碳退火后形成的 MnO 可作为 MgO 与 SiO₂ 反应的触媒，改善底层质量。S > 0.007% 时，二次再结晶不完善，易出现线晶。P 可促进初次晶粒细小均匀，二次再结晶完善。如果钢中再加 0.1% ~ 0.2% Cr，可使合适 Als 量放宽，促进二次再结晶发展和使二次晶粒减少，P_{17} 低[475]。首先是在 MgO 加5% ~ 10% MnN 或氮化锰铁作为渗氮剂，最终退火在 N₂ + H₂ 气氛中和 $P_{H_2O}/P_{H_2} < 0.015$ 条件下进行。在 700 ~ 800℃ 开始吸收氮，形成一批细小（Al，Si）N，其中 Si/Al ≈ 1/2，1000℃ 附近开始二次再结晶，$B_8 = 1.95T$[476]。钢中加 0.003% ~ 0.004% B 和渗 N 处理，形成细小 BN，作为辅助抑制剂，可使合适冷轧压下率从 85% ~ 90% 放宽到 85% ~ 93%，更适合采用一次冷轧法生产不大于 0.23mm 厚产品[477]。随后提出脱碳退火后在干的大于 1000×10^{-6} NH₃ 及大于 75% H₂ + N₂ 中，750 ~ 800℃ × 30s 渗 N 处理（$P_{H_2O}/P_{H_2} \leq 0.04$），渗 N 量为（120 ~ 200）× 10^{-6}，成品磁性和底层质量都好，这比 MgO 中加 MnN 渗 N 更均匀、更稳定。N 原子可通过内氧化层中 20nm 厚 SiO₂ 薄膜中的细孔渗入钢中，同时 SiO₂ 薄膜被破坏。由图 7 - 82a 看出，800℃ 渗 N 处理时，气氛中 H₂ 含量高，渗 N 量增高。合适的渗 N 时间大于 30s。图 7 - 82b 证明，NH₃ 浓度不变时（不小于 1000×10^{-6}），750 ~ 850℃ × 30s 渗 N 处理，二次再结晶完善，图 7 - 82c 表明高温退火升温时气氛中 N₂ 含量降低，钢中 N 含量增高，N 含量大于 180×10^{-6} 时二次再结晶完善，底层附着性也好。由图 7 - 83 看出，随渗 N 量增高，二次晶粒尺寸增大，B_8 增高和 P_{17} 降低[478]。

7.6.1.2　成分调整

A　Als 和 N 含量

由于铸坯加热温度低，AlN 未完全固溶以及铸坯加热温差、热轧板沿长度方向 AlN 析出量和固溶 Al 含量不同造成磁性不均匀。调整 $Al_R > 0.01\%$（$Al_R = Al - 27/14N$）可使 $\Delta B_8 < 0.02T$。Al_R 高，抑制力强，二次再结晶开始温度提高，最终退火升到高于 800℃ 或高于 900℃ 后以 5 ~ 25℃/h 速度慢升温时，在 $P_{H_2O}/P_{H_2} < 0.02$ 的 50% ~ 75% H₂ + N₂ 中进行[479]。

B　Si 含量

Si 含量提高到 3.5% ~ 4.0% 时，难以获得适量的细小 AlN，因为渗 N 处理后表层形成更多的 Si₃N₄。在约 900℃ 就不易完全分解固溶，析出的 AlN 数量减少，

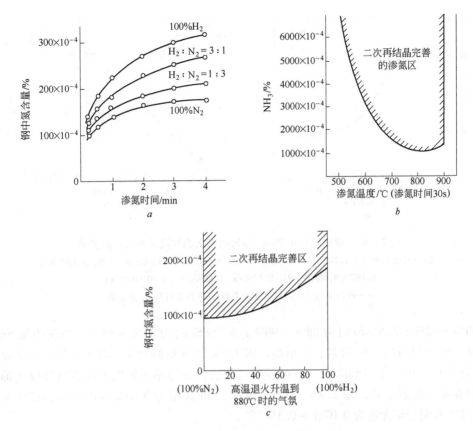

图 7 - 82　渗氮处理条件对渗氮量和二次再结晶发展的影响

a—气氛中氢含量与渗氮时间和钢中渗氮量的关系（800℃，$NH_3 = 1000 \times 10^{-4}\%$）；

b—渗氮温度和 NH_3 含量与二次再结晶的关系；c—高温退火升温到800℃时的

气氛和钢中氮含量与二次再结晶的关系

二次再结晶不完善。因此 Si 含量提高，Als 含量也应提高。控制 Al(%)/Si(%)
≥0.008（见图 7 - 84a）时，可使 AlN 析出量更稳定。高温退火升到高于900℃
时，在含大于30% $N_2 + H_2$ 中进行，防止 AlN 过早分解，B_8 高（见图 7 - 84b）。
Si 含量愈高，气氛中 N_2 量也应更高[480]。根据 Si 含量可调整 C 含量，如3% Si
时，C 含量为0.04% ~0.05%；3.5% Si 时，C 含量为0.06%。同时热轧板在相
变点以下常化，常化后控制晶粒尺寸为 35 ~65μm，这使 {111}⟨112⟩ 晶粒减
少，二次晶核数量增多，B_8 高。Si 含量增高或 C 含量降低都使常化后晶粒增大。
Si 含量增高，晶粒内强度增高，而晶界处强度降低，这抑制形变带的形成而促进
在晶界处附近变形，所以初次再结晶后 (110)[001] 晶核减少和 {111}⟨112⟩
晶核增多，因此冷轧压下率应减小。如3.1% ~3.2% Si 时，合适冷轧压下率为

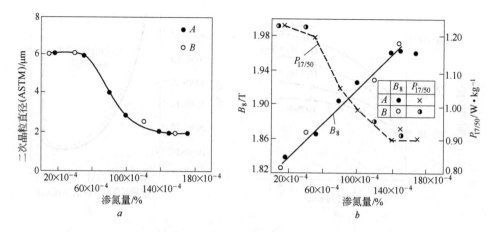

图 7 - 83　渗氮量与 0.29mm 厚板的二次晶粒尺寸和磁性的关系

（加热温度 1150℃；1120℃ ×60s + 900℃ ×120s 常化；A—0.05% C，3.3% Si，0.14% Mn，

0.007% S，0.03% Al，0.12% Cr，0.008% N；B—0.005% N）

a—渗氮量与二次晶粒尺寸的关系；b—渗氮量与 B_8 的关系

90% ~92%；3.5% Si 时为 88% ~90%；3.7% Si 时为 87% ~88%。当钢中加 Sn 时，Si 含量增高，Sn 含量也应增高，因为 Sn 与 Si 恰好相反，即提高初次再结晶组织中 ｛110｝ 组分和降低 ｛111｝ 组分，而且 Sn 沿晶界偏聚而提高晶界强度抑制在晶界附近变形，如 2.9% ~3.2% Si 时，Sn 含量为 0.03% ~0.06%；3.5% ~ 3.7% Si 时，Sn 含量为 0.07% ~0.1% [481]。

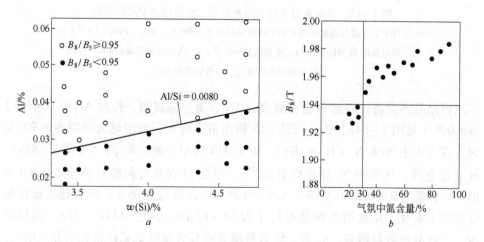

图 7 - 84　Si、Al 含量及高温退火升温到 900 ~1150℃时气氛中

氮含量与 B_8 的关系

（0.22mm 厚板）

a—Si、Al 含量与 B_8 的关系；b—氮含量与 B_8 的关系

C 加 Sn 或 Sb

钢中加 0.03% ~ 0.15% Sn 或 0.02% ~ 0.08% Sb 可加强抑制作用,克服沿长度方向 AlN 析出不均匀的缺点,防止高温退火升温时过早地脱 N 和增 N,促使二次再结晶更完善和二次晶粒尺寸减小,提高磁性。加 Sn 和 Sb 使底层变坏,因此可同时加 0.1% Cr(或 Cu)改善底层[482]。

D 加 Bi

加 0.003% ~ 0.05% Bi(或 Pb)可改善 AlN 析出形态加强抑制力,使初次晶粒尺寸更均匀一致,B_8 提高到 1.96 ~ 2.0T。由于 Bi 沿晶界偏聚和 S 含量低,热轧板易产生边裂,1150℃ 加热时,控制精轧开轧温度为 1000 ~ 1100℃,终轧温度为 920 ~ 1050℃,热轧边裂小于 15mm。采用二段式常化和二段式脱碳退火更好。由于 Bi 使脱碳退火时(Fe,Mn)O 系氧化物减少,氧化膜密封性强,对形成 Mg_2SiO_4 底层不利,以后渗 N 也困难。而且在 Mg_2SiO_4 形成温度区,Bi 从钢中跑出在表面浓集并为气态,也使底层变坏。如果控制脱碳退火后 O = (600 ~ 900) × 10^{-6} 并在 MgO 中加少量(0.01% ~ 0.1%)氯化物(MnCl$_2$ 等)和 0.05% ~ 2% Sb$_2$(SO$_4$)$_3$ 或 Na$_2$B$_4$O$_7$,促使在低温下形成底层,则底层质量好[483]。

E 加 Cu

钢中 C < 0.005%,S 为 0.01% ~ 0.025% 时,加 0.08% ~ 1% Cu 可省掉脱碳退火,在初次再结晶退火后进行渗 N。1150℃ 加热和热轧后析出细小 Cu$_2$S 作固有抑制剂,部分固溶 Cu 也可阻碍其他位向晶粒长大(Cu 也扩大 γ 相区),冷轧板经 950℃ 初次再结晶退火时前段 P_{H_2O}/P_{H_2} < 0.06,后段为 0.06 ~ 4,冷却过程中进行渗 N。0.3mm 厚板 B_8 = 1.92 ~ 1.93T,P_{17} ≤ 1.2W/kg。不加 Cu 而加 0.05% ~ 0.1% Sn 也可。如果同时加 Cu 和 Bi 并涂 0.5 ~ 10μm 颗粒的 Al$_2$O$_3$,成品表面光滑,0.3mm 厚板 B_8 = 1.98T,P_{17} = 0.99W/kg。钢中含 0.005% ~ 0.025% C 同时加 Cu、Sn 和 Bi 也可。由于 C 含量较低,以后在 d.p. = 20 ~ 40℃ 的 75% H$_2$ + N$_2$ 中脱碳也更容易,内氧化层少,更容易控制渗 N 量,而且常化后过饱和固溶碳量增多,对冷轧时效有利[484]。

在含 0.03% ~ 0.05% C 和 ≤ 0.01% S 钢中加 0.1% ~ 0.4% Cu 并控制 Cu%/Mn% = 0.3 ~ 5.0 或 Cu(%) × Mn(%) = 0.005 ~ 0.15 和 Al(%)/Si(%) ≥ 0.006,热轧时在 1000℃ 附近析出大量细小 Cu$_2$S,它可作为以后 900 ~ 1000℃ 范围内(Al,Si)N 或 AlN 析出核心,加强抑制力。0.3mm 厚板 B_8 = 1.94 ~ 1.95T。Cu 为表面浓化元素,可抑制脱碳退火和高温退火时的氧化,使脱碳退火时难形成 SiO$_2$,而 Mn 可促进氧化。即控制好 Cu 和 Mn 含量可形成良好底层。Cu 含量增高,形成底层温度降低,即更容易形成 Mg_2SiO_4。为确保必要的 Mg_2SiO_4 含量的 SiO$_2$ 含量下限值,随 Cu 含量增高而降低,同时合适的 SiO$_2$ 量范围也更大。钢中可同时加 Sn[485]。

随后有人提出，细小 Cu_2S 比 MnS 更不稳定，脱碳退火时 Cu_2S 可分解而使初次晶粒尺寸更不均匀，要求钢中 $Cu \leqslant 0.04\%$，所以炼钢时要尽量不用含 Cu 废钢[486]。

F　加 V、Nb 或 Ti

加 $0.03\% \sim 0.06\%$ V 或 0.04% Nb 或 0.03% V + 0.02% Nb，最终退火升温初期依靠 VN、NbN 抑制初次晶粒长大，后期靠 AlN 抑制初次晶粒长大，$B_8 \geqslant$ 1.94T，而且高温净化退火时间缩短。VN 和 NbN 分解温度比 AlN 低，而比 Si_3N_4 更高，为确保形成 VN 和 NbN 后，钢中不要残留适量的 N 形成 AlN，必须提高渗 N 量，即 V%（或 Nb%）$- Al_R$ 中 N = $0.01\% \sim 0.05\%$。此值愈大，VN 和 NbN 愈稳定，可充分发挥抑制作用。为改善底层，在 MgO + 5% TiO_2 中再加约 0.2% $Sb_2(SO_4)$ 或 0.3% $Na_2B_4O_7$，在升温速度较慢时，Sb 系化合物可促进 Mg_2SiO_4 形成，而加低熔点的 B 系化合物并在更快升温下促进 Mg_2SiO_4 形成。0.23mm 厚板 $B_8 = 1.96T$，$P_{17} = 0.82W/kg$，$\lambda_{p-p} = 0.12 \times 10^{-6}$，细化磁畴后 $P_{17} = 0.69W/kg$。如果在 MgO 中加 $0.5\% \sim 20\%$ K_2S 或 $BiCl_2$ 或 $CaCl_2$，形成很薄的底层（小于 $0.3\mu m$ 厚），$FeO/SiO_2 < 0.4$，磁性好，剪切性提高[487]。

一般要求钢中 Ti < 0.003%，因为 TiN 可作为 AlN 和 MnS 析出核心形成粗大复合析出物。TiS 也使渗 N 不均匀，二次再结晶不完善。但铁水和硅铁合金中都含 Ti，需要采用低 Ti 高级硅铁炼钢，成本增高。如果钢中含 $0.002\% \sim 0.012\%$ Ti 时，钢中 N 含量提高到 $0.008\% \sim 0.01\%$，依靠热轧板中析出的 TiN 作为辅助抑制剂。以后渗 N 量增高，使 N = $0.4 \times Al_R \sim 2.5 \times Al_R$ [$Al_R = Al - 27/14(N - 14/48 Ti)$]，二次再结晶完善。0.3mm 厚板 $B_8 = 1.95T$，$P_{17} < 1.0W/kg$[488]。

G　P、Cr 和 B 的作用

加 $0.03\% \sim 0.15\%$ P 可明显提高初次再结晶织构中 {111} 织构组分，B_8 增高。如果同时加 Sn 对降低 P_{17} 更有效。脱碳退火后 O = $(400 \sim 800) \times 10^{-6}$，$FeO/SiO_2 \leqslant 0.4$，在 MgO 加 $CaCl_2$，K_2S 等或 $Sb_2(SO_4)_3$、$Na_2B_4O_7$ 等，使 Mg_2SiO_4 底层减薄（小于 $0.3\mu m$ 厚）或涂 Al_2O_3 不形成底层，0.23mm 厚板 $B_8 = 1.96T$，$P_{17} < 0.8W/kg$[489]。

加 Sn 或 Sb 时底层变坏，为此加 $0.05\% \sim 0.15\%$ Cr 可改善底层质量，因为 Cr 可促进脱碳退火时的氧化，即提高 O 附着量[490]。进一步研究证明，加 Cr 使 O 附着量增多（见图 7 - 85），因

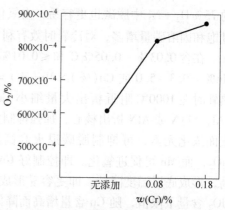

图 7 - 85　Cr 含量与 O_2 附着量的关系

为 Cr 促进内氧化层（Fe_2SiO_4 和 SiO_2）的形成。二次晶粒尺寸和底层厚度对 P_{17} 有很大影响。底层厚度为 2.5 ~ 5μm 和二次晶粒尺寸为 5 ~ 50mm 时，P_{17} 最低。二次晶粒小时（如不大于 5mm），内氧化层薄膜厚度应当减薄（即 Mg_2SiO_4 底层厚度减薄），因为晶界多可细化磁畴。如果薄膜厚度增大，由于 P_h 增高而使 P_{17} 增高。二次晶粒大时晶界少，磁畴尺寸大，薄膜加厚，底层产生更大拉力，可细化磁畴。调整 Cr 加入量和通过脱碳退火气氛 $d.p.$ 来调节内氧化层薄膜厚度。脱碳退火时 Cr 可促进 O 沿板厚方向扩散而形成 Fe_2SiO_4 和 SiO_2[491]。

加 0.001% ~ 0.003% B 形成 BN，可作为辅助的固有抑制剂，提高 B_8。由于加 B，钢中 N 含量应提高到 0.0085% ~ 0.0095%，以保证有足够自由 N，否则渗 N 和加热后析出的 AlN 尺寸和数量发生变化，二次再结晶不稳定。加 B 在热轧时与 γ 相中固溶 N 形成 BN，可抑制析出细小 AlN，这使加热和热轧温度对脱碳退火后初次晶粒尺寸的影响减少。同时控制好精轧前长度方向温差 $\Delta FT(℃)$ ≤ 1.25B + 50，成品 ΔB_8 ≤ 0.02T，粗轧总压下率大于 60%（在 α 相中析出粗大 AlN），900 ~ 1000℃ 精轧[492]。

7.6.1.3 铸坯

铸坯在 1150 ~ 1200℃ 加热时 AlN 没有完全固溶，而且由于处于 α + γ 两相区，AlN 分布也不均匀。因为 AlN 在 γ 相中固溶度比在 α 相中高，在 α 相中析出的 AlN 更粗化，并常与 MnS 复合析出。再者，AlN 在铸坯等轴晶区比在柱状晶区分布更不均匀，因为柱状晶凝固快，枝状晶间隔窄（约 0.1mm），存在有 1 ~ 2mm 小区域均匀分布的 γ 相不析出 AlN 区，以后相变时在碳化物周围析出细小 AlN。等轴晶凝固快，枝状晶间隔宽（约 1mm），γ 相分布不均匀，以后析出的 AlN 也不均匀。控制铸坯厚度方向柱状晶率不小于 35% 和等轴晶粒较小时，析出的 AlN 细小且分布均匀，以后初次晶粒也较小，B_8 提高。钢水温度与凝固温度之差，即过热度 ΔT = 20℃ 时等轴晶率为 5%，ΔT = 10℃ 时为 25%[493]。铸坯凝固和水冷到约 1450℃ 后以大于 5min 时间慢冷到 1300℃（即在单一 α 相区停留一段时间），再水冷到约 1000℃ 时，B_8 高，底层也好。因为这可使 Si、Al、Mn、S 凝固偏聚减轻，铸坯内成分更均匀，热轧和常化析出的 MnS 和 AlN 更均匀，即固有抑制剂抑制能力更均匀，这使脱碳退火后初次晶粒尺寸更均匀，尺寸偏差小，二次再结晶完善。由于 Mn、S 等凝固偏聚减轻，脱碳退火时氧化不均匀性也减轻，以后形成的底层缺陷减少[494]。

7.6.1.4 加热温度

铸坯加热温度 T 为 1100 ~ 1200℃，在此范围内 $T(℃)$ ≤ 950 + 9500 × Al_R 时磁性均匀，ΔB_8 小，如果先在燃气炉中加热到 1000℃，再转到感应炉中加热到 1150 ~ 1200℃，由于感应炉加热使板厚方向更均匀加热，温差小，AlN 固溶（在 1000℃ 开始固溶）更均匀，脱碳退火后初次晶粒也更均匀，磁性改善，0.23mm

厚板 $B_8 = 1.94\text{T}^{[495]}$。

$w(\text{Mn}) = 0.03\% \sim 0.07\%$，$w(\text{N}) < 0.004\%$，$w(\text{S}) \leqslant 0.007\%$ 时，由于 $[\text{Mn}][\text{S}]$ 固溶度乘积低，经 $1150 \sim 1200\text{℃}$ 加热可使 MnS 完全固溶，加热温度 $T(\text{℃}) > 14855/(6.82 - \lg([\text{Mn}][\text{S}])) - 273$。热轧析出的细小 MnS 可作为固有抑制剂。此时精轧时钢带温差对磁性几乎没有影响，成品磁性均匀，$\Delta B_8 = 0.01\text{T}$。氮含量低，目的是防止热轧析出 AlN 作为固有抑制剂，因为精轧时钢带头中尾温差使 AlN 析出不均匀，ΔB_8 高。钢中可再加 Cu、Bi、Si、B，热轧板可不经常化[496]。

7.6.1.5　热轧

控制精轧最后三道总压下率大于 40%，而最后一道压下率大于 20%，$850 \sim 1000\text{℃}$ 终轧，热轧后在冷到高于 700℃ 时停留时间大于 1s，低于 600℃ 卷取，热轧板再结晶率高，晶粒小且较均匀，$B_8 \geqslant 1.94\text{T}$（见图 $7-86a$ 和 b）。由图 $7-86c$ 看出，按上述精轧的 A 工艺比通用的热轧 B 工艺（开始压下率大，随后压下率逐渐减小）在脱碳退火后 $\{111\}$ 组分增多，$\{100\}$ 组分减少，而 $\{110\}$ 组分无差别。因为 A 工艺热轧板的晶粒小（见图 $7-86d$），冷轧和退火时沿原晶界生核的 $\{111\}\langle112\rangle$ 晶粒增多，而在晶粒内生核的 $\{100\}\langle025\rangle$ 晶粒相对减少，成品二次再结晶更完善，所以 B_8 高。热轧最后压下率大，提高位错密度，促进 AlN 析出，可减轻由加热和热轧的温差引起的 AlN 析出不均匀，成品磁性也均匀，$\Delta B_8 < 0.02\text{T}$。如果冷轧前再结晶率低，$\{100\}\langle011\rangle \sim \langle025\rangle$ 稳定位向晶粒多，残余应变量高，合适的冷轧压下率也降低，对磁性不利。热轧后卷取温度低于 600℃，析出小于 $1\mu\text{m}$ 细小 Fe_3C 和 Fe_{16}N_4，以后冷轧时易固溶并钉扎位错，更容易形成形变带。粗轧总压下率大于 60%，产生大量位错作为 AlN 析出核心，粗轧到精轧之间停留时间不小于 1s，精轧开轧温度 $FT(\text{℃}) = 800 \sim 900 + 9500 \times \text{Al}_R$，即 Al_R 高，钢中固溶 N 含量低，开轧温度上限提高，FT 范围更宽。FT 一般为 $900 \sim 1040\text{℃}$，$\Delta B_8 < 0.02\text{T}^{[497]}$。

7.6.1.6　常化

采用二段式常化工艺，第一段高温区温度 T 与钢中 Als，也就是与 Al_R 值有关：$T(\text{℃}) = 1240 - 2.1\text{Al}_R \sim 1310 - 1.8\text{Al}_R$，即 Al_R 高，T 降低，如 $\text{Al}_R = 84 \times 10^{-6}$（Als 为 0.023%）时，$T = 1130\text{℃}$；$\text{Al}_R = 134 \times 10^{-6}$（Als 为 0.028%）时，$T = 1100\text{℃}$；$\text{Al}_R = 194 \times 10^{-6}$（Als 为 0.034%）时，$T = 950\text{℃}$。$T$ 也与以后脱碳退火温度 t 有关，$t = 1030 - T/5 \pm 10\text{℃}$，即常化温度低，脱碳退火温度高，以保证合适的初次晶粒尺寸和初次再结晶织构。第二段 $850 \sim 900\text{℃}$ 低温区保温后冷速 $R(\text{℃/s})$ 与冷轧时效温度 T_A 有关，$400 - 10R \leqslant T_A \leqslant 690 - 12R$，即冷速快，冷轧时效温度可降低。如 $R = 40\text{℃/s}$ 时，$T_A = 150\text{℃}$；$R = 30\text{℃/s}$ 时，$T_A = 200\text{℃}$；$R = 20\text{℃/s}$ 时，$T_A = 250\text{℃}$，成品 P_{17} 低[498]。

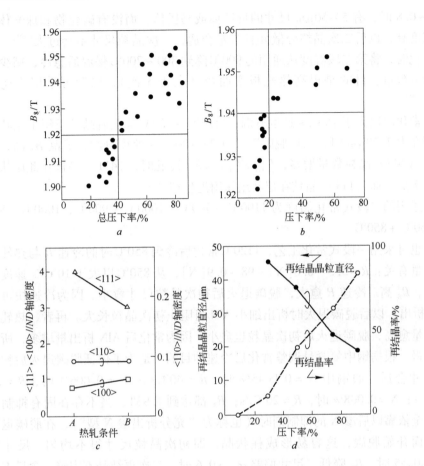

图 7-86 精轧压下率与厚热轧板晶粒组织、脱碳退火后织构组分和成品 B_8 的关系

a—精轧最后三道总压下率与 B_8 的关系；b—精轧最后一道次压下率与

B_8 的关系；c—热轧制度与脱碳退火后织构组分的关系；d—热轧

压下率与再结晶率和晶粒尺寸的关系（0.285mm 厚）

常化时 AlN 析出量最大区在 980~920℃ 范围，在这时停留时间 $t \geq 10$s（常化炉内装有冷却气体管道控制冷速）后，再在第二段低温区保温和冷却，脱碳退火后初次晶粒尺寸均匀，B_8 高。钢中 Al_R 与 t 有关，当 Al_R 大时 AlN 易粗化，因此停留时间 t 应当缩短来抑制析出。Al_R 小时 AlN 析出时间长，合适 t 范围宽，更容易控制。如 0.028% Als，0.0083% N 钢中 $Al_R = 120 \times 10^{-6}$，经 1100℃ + 800℃ 常化时，在 980~920℃ 停留时间 $t = 34~80$s，初次晶粒尺寸均匀，$B_8 = 1.94$T。0.032% Als，即 $Al_R = 160 \times 10^{-6}$，停留 9s，$B_8 = 1.94$T。控制常化后从 $Ar_1 + 50$℃ 到 550℃ 之间的冷速 CR（℃/s），使热轧板轧向的屈服强度与抗拉强度之比为 0.7~0.8 时，B_8 高，而 CR 与钢中成分，也就是与相变产物有关。热轧板 $YR =$

0.7～0.8 时，有 5～50μm 尺寸的贝氏体或马氏体，而没有碳化物和珠光体，位错密度高，以后二次晶核分散并且数量合适，二次晶粒尺寸不会过大[499]。二段式常化时，将第二段温度从通用的 900℃ 降到 800～700℃ 保温后急冷，减少贝氏体形成数量，目的是提高热轧板弯曲数（大于 5 次），以后可采用冷连轧机冷轧[500]。

常化时以大于 15℃/s 速度升温，1120℃ +920℃ 常化后晶粒组织中层状间隔控制在大于 20μm 时，以后脱碳退火以 25～30℃/s 速度升温，成品 B_8 高，因为 ${411}(148)$ 晶粒数量增多，$I_{{411}}/I_{{111}} < 3$。冷轧时，${411}$ 晶核在此层状组织内部形成，而 ${111}$ 晶核在层状组织附近生核[501]。

通用的二段式常化温度为 1100℃ +900℃，1000℃ +900℃，1000℃ +850℃ 和 950℃ +850℃。

也可采用一段式常化工艺，1120℃ 常化后冷到 850℃ 时的冷速 R 与热轧板中氮含量有关：$R = 5.5 - 0.6[N]$ ～ $98 - 0.9[N]$，从 850℃ 以大于 10℃/s 速度冷到室温，B_8 高。冷速 R 愈大，脱碳退火后初次晶粒尺寸愈小。因为冷速快可抑制 AlN 析出，以后脱碳退火时析出细小 AlN 可阻止初次晶粒长大。再者，热轧板中氮含量愈高，脱碳退火后初次晶粒也愈小，因为常化后 AlN 析出量增多，所以冷速要慢。根据钢中氮含量调整常化后冷速的目的，是为了保证脱碳退火后初次晶粒尺寸合适。如钢中 N = 0.0045% 时，$R = 40℃/s$；N = 0.006% 时，$R = 20$ ～ $40℃/s$；N = 0.008% 时，$R = 20℃/s$；B_8 都达到 1.93T。当不存在固有抑制能力而完全依靠以后渗 N 的抑制剂时（也称为"充分析出渗 N 型"），在脱碳退火时从表面开始脱碳，这容易形成柱状晶，即初次晶粒尺寸很不均匀。尺寸偏差 $\sigma^* > 0.55$ 时，B_8 降低，尺寸偏差 $\sigma^* > 0.6$ 时，二次再结晶不完善。含量不大于 0.005% Ti 钢采用一段式常化，常化温度上限 $T_{max} = \frac{15}{22} Al_R + 1000℃$，下限 $T_{min} = \frac{15}{22} Al_R + 900℃$ $\left(Al_R = Als - \frac{27}{14} \left(N - \frac{14}{48} Ti \right) \right)$，常化温度为 1020～1060℃。常化后空冷到 900℃ 再急冷，初次晶粒均匀。$\sigma^* < 0.55$，0.23mm 厚板 $B_8 = 1.94T$，$P_{17} = 0.75W/kg$，底层也好。而通用的 1120℃ +900℃ 二段式常化工艺，由于脱碳退火温度低，以后形成的底层不好[502]。

实验证明，不经常化处理（即不析出处理），脱碳退火后平均晶粒尺寸虽小，但二次再结晶不稳定，B_8 低（见图 7 - 87a）。初次晶粒尺寸 d 很不均匀，存在大于 50μm 的大晶粒（见图 7 - 87b），因为 Si_3N_4 等不稳定氮化物在脱碳退火时局部分解而引起局部晶粒长大。这些粗大晶粒位向与基体位向相同，二次再结晶退火时不易被吞并。经常化时脱碳退火后晶粒小且均匀，二次再结晶完善，B_8 高[503]。

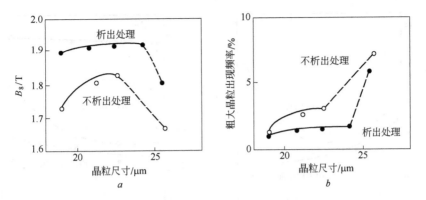

图 7 - 87　不常化（不析出处理）与常化（析出处理）时脱碳退火后初次晶粒尺寸与成品
B_8 值的关系以及初次晶粒尺寸和尺寸偏差的比较（0.2mm 厚板）

a—晶粒尺寸与 B_8 的关系；b—晶粒尺寸与尺寸偏差的比较

7.6.1.7　冷轧

合适冷轧压下率为 85% ~93%，冷轧经时效处理。而通用的 AlN + MnS 方案
合适冷轧压下率为 80% ~90%，最好为 87%。根据 AlN + MnS 方案的实验证明
（改变热轧板厚度，80% ~92% 压下率冷轧到 0.3mm 厚），随冷轧压下率增大，
初次再结晶退火后，晶粒尺寸 $\bar{d}$ 减小。经 92% 压下率冷轧的试样在二次再结晶退
火升温到 950℃ 时，$\bar{d}$ 明显增大（见图 7 - 88a），二次再结晶不完善。二次晶粒
长大驱动力 P 与 $\bar{d}$ 成反比关系，即 $\bar{d}$ 小 P 大，二次再结晶发展快。87% 冷轧时 $\bar{d}$
最小，二次再结晶完善。由图 7 - 88b 看出，冷轧和退火后板厚中心层 $\{100\}$
$\langle 025 \rangle$ 组分强度随压下率增大而增高，而表层 $\{100\}$$\langle 025 \rangle$ 强度与压下率无关。
由于 92% 冷轧和退火后，$\{100\}$$\langle 025 \rangle$ 晶粒增多并明显长大，它与 $\{110\}$$\langle 001 \rangle$
为 $\Sigma 5$ 重位晶界，P 降低，所以二次再结晶不稳定。图 7 - 88c 所示为压下率与二
次再结晶前 950℃ 时 $\{110\}$$\langle 001 \rangle$ 组分强度的关系，证明随压下率增大，$\{110\}$ 晶
粒数量减少[504]。图 7 - 88d 所示为渗 N 工艺冷轧压下率与 B_8 的关系，可看出
90% ~92% 压下率时 B_8 最高，达 1.94T[505]。

控制好冷轧工作辊径 D 和冷轧温度 T 可改善初次再结晶织构，D 小时冷轧温
度 T 可降低，因为辊径小时冷轧温度降低，钢带变形是靠压缩而伸长，这使二次
晶核数量增多，成品二次晶粒小，P_{17} 降低，B_8 也高。如 $D = 50\text{mm}$，$T = 200℃$；
$D = 100\text{mm}$，$T = 220℃$。0.23mm 厚板 $B_8 = 1.95\text{T}$，$P_{17} = 0.78\text{W/kg}$。要求 $D =$
50 ~200mm。随后又提出，$D = 95 ~170\text{mm}$ 时，B_8 值高。由于钢带表面剪切变形
增多，以后 [110] 晶粒增多，(111) 晶粒减少[506]。

冷轧前经喷丸处理（投射量为 400 ~1000g/min），表层形成孪晶，表层硬度
HV 比中部高 20 以上，这使冷轧时的剪切变形受到约束而往更深地区进行，促使

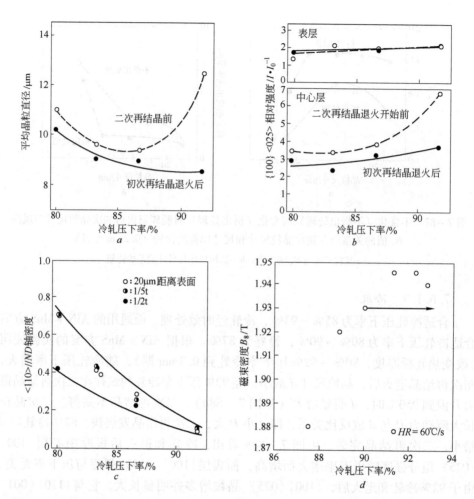

图 7-88 冷轧压下率与初次再结晶退火前和二次再结晶退火前的初次晶粒平均直径的关系,与
在表层和中心层 {100} 〈025〉 织构组分相对强度的关系,与二次再结晶前初次晶粒中
{110} 位向晶粒的轴密度的关系,以及渗氮工艺冷轧压下率与磁感 B_8 的关系

a—压下率与平均晶粒直径的关系;b—压下率与相对强度的关系;
c—压下率与轴密度的关系;d—压下率与 B_8 的关系

脱碳退火后在更深地区形成 (110) 晶粒,二次晶核数量增多,P_{17} 降低。如果热
轧板先经多辊矫直机进行 3% ~8% 临界压下,二段常化时在湿的 90% N_2 + H_2 气
氛中或涂 K_2CO_3 等脱碳促进剂脱碳 30 ~150 × 10^{-6},使表层形成粗大晶粒,这也
使冷轧和脱碳退火后表层 (110) 晶粒增多,成品二次晶粒小[507]。

7.6.1.8 脱碳退火

在 75% H_2 + N_2 气氛中,P_{H_2O}/P_{H_2} = 0.3 ~0.5,830 ~850℃ 脱碳退火。控制

脱碳退火后，平均晶粒直径 $\bar{d} = 19 \sim 25 \mu m$ 和晶粒直径变动系数（即晶粒尺寸不均匀性）$\sigma^* < 0.6$，是采用渗 N 工艺生产 Hi-B 钢的要领。由图 7-89 看出，$\bar{d} = 19 \sim 25 \mu m$ 时，成品 B_8 高，$P_{17/50}$ 低。$\bar{d} > 25 \mu m$ 时，二次再结晶不完善，B_8 低。$\bar{d} < 19 \mu m$，晶界驱动力过大，其他位向晶粒也长大，B_8 也低。σ^* 高，二次晶粒生核和长大困难。$\bar{d}$ 与以后渗氮量 N 有关，$N = 16\bar{d} - 90 \sim 60\bar{d} - 1400$，如 $\bar{d} = 15 mm$，$N = 140 \times 10^{-6}$；$\bar{d} = 21 \mu m$，$N = 140 \sim 220 \times 10^{-6}$；$\bar{d} = 26 \mu m$，$N = 220 \times 10^{-6}$ 时，B_8 都可达到 1.94T。在线测 $\bar{d}$ 可及时调整渗 N 量。分析热轧板常化后钢内 AlN 中 N 含量，根据 $N^* = N - AlN$ 中 N 来调整脱碳退火工艺控制好 $\bar{d}$，成品 B_8 高。$\Delta B_8 < 0.02T$。因为 N-AlN 中 N 含量主要是在卷取后以 Si_3N_4 和 $Fe_{16}N_4$ 析出，在脱碳退火时它们分解，并以细小 AlN 析出。这些新析出的 AlN 是以冷轧后位错作为析出核心。测定的 N^* 值大，则脱碳退火温度高，时间长，使 $\bar{d}$ 增大。反之，N^* 量小，低温短时间退火，使 $\bar{d}$ 减小，如 $N^* = 0.005\%$ 时 845℃ × 150s 脱碳；$N^* = 0.0025\%$ 时 835℃ × 150s 脱碳，$\bar{d}$ 都为 21~24μm，$B_8 = 1.93T$[508]。

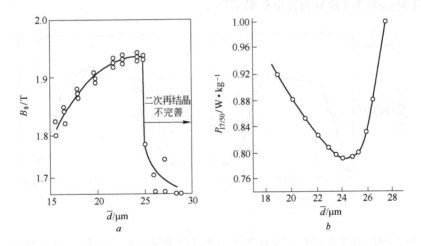

图 7-89 初次再结晶平均晶粒直径 $\bar{d}$ 与成品 B_8 的关系和铁损 $P_{17/50}$ 的关系

a—$\bar{d}$ 与 B_8 的关系；b—$\bar{d}$ 与 $P_{17/50}$ 的关系

实验证明，$\bar{d}$ 在 18~23μm 范围内时，$\bar{d}$ 愈大，渗氮量 N 愈高，二次再结晶开始温度 T_{SR} 也愈高。当 $\bar{d} = 18 \mu m$ 时，$T_{SR} = 1055 \sim 1085℃$；当 $\bar{d} = 22.4 \mu m$ 时，$T_{SR} = 1085 \sim 1110℃$。当 $\bar{d} = 18 \mu m$ 时，$N = 563 \times 10^{-6}$ 条件下，$T_{SR} = 1055 \sim 1085℃$；$\bar{d} = 22.3 \mu m$ 时，$N = 420 \times 10^{-6}$ 条件下 $T_{SR} = 1070 \sim 1085℃$；而 $N = 905 \times 10^{-6}$ 时，$T_{SR} = 1085 \sim 1110℃$。当 $T_{SR} = 1070 \sim 1085℃$ 时，形成位向准确的二次晶粒，$\Sigma 9$ 晶界最易移动。而 $T_{SR} = 1055 \sim 1075℃$ 时，二次晶粒位向不准，$T_{SR} = $

1085～1110℃时，由于渗 N 量过多，抑制力过强，取向度也降低[509]。在 $\bar{d} = 19 \sim$ 23μm 范围内，$\bar{d}$ 增大，T_{SR} 呈直线提高。$\bar{d}$ 每增大 1μm，T_{SR} 就提高 9.6℃。因为 $\bar{d}$ 增大，二次再结晶驱动力减弱，所以 T_{SR} 提高。再者，$\bar{d}$ 增大，B_8 提高，因为 [110][110] 位向更准，当 $\bar{d} = 25$μm 时，B_8 急剧降低，因为二次再结晶不完善[510]。

　　脱碳退火时，控制 $P_{H_2O}/P_{H_2} = 0.25 \sim 0.70$ 以后渗 N 容易和 B_8 高（见图 7 - 90），因为这正好是较疏松的 Fe_2SiO_4 形成区（见图 7 - 50）。控制脱碳退火后 $I_{\{111\}}/I_{\{411\}} < 3$，可提高 B_8。[111]⟨112⟩ 为 γ 纤维，绕 ND 轴转动为 [110]⟨001⟩ 位向，而 [411]⟨148⟩ 为 χ 纤维，绕 RD 轴转动为 [110]⟨001⟩ 位向。[111]⟨112⟩ 和 [411]⟨148⟩ 晶粒与 [110]⟨001⟩ 晶粒都具有 Σ9 重位晶界关系，但在初次再结晶基体中 {411} 晶粒位向的分散性比 {111} 晶粒更小，基体中 {411} 晶粒增多，以后形成的 [110]⟨001⟩ 位向更准，所以 B_8 提高。在合适的冷轧压下率范围内，冷轧压下率增大，脱碳退火快升温和提高退火温度都可使 {411} 晶粒增多，保证 $I_{\{111\}}/I_{\{411\}} < 3$。可在线测定以后渗 N 量，要保证 [N]/[Al] > 0.5（最好为大于 0.67）[511]。

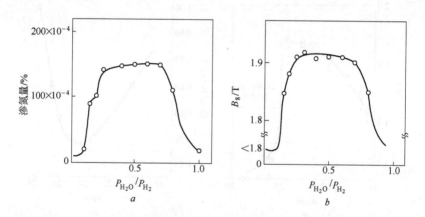

图 7 - 90　脱碳退火时气氛氧化度 P_{H_2O}/P_{H_2} 与渗氮量和 B_8 的关系（0.2mm 厚板）

a—P_{H_2O}/P_{H_2} 与渗氮量的关系；b—P_{H_2O}/P_{H_2} 与 B_8 的关系

　　脱碳退火以大于 40℃/s 速度快升温，控制 $I_{\{111\}}/I_{\{411\}} < 3$，在 820～850℃均热区控制 $P_{H_2O}/P_{H_2} = 0.3 \sim 0.6$ 和均热时间，控制氧化层中 $O < 2.3$g/m²，以后渗 N 量大于 0.018%（即 [N]/[Al] ≥ 2/3）时，B_8 高并且稳定。因为快升温使钢板初期氧化状态发生变化，以后形成的氧化层中氧含量增高，二次再结晶退火时 (Al, Si)N 可快速分解，二次再结晶不稳定，所以要控制氧化层中 $O < 2.3$g/m²。而快升温可保证 $I_{\{111\}}/I_{\{411\}} < 3$，提高 B_8，而且二次晶粒小，P_{17} 低。当 Si 含量提高到 3.3%～3.5% 时，由于初次再结晶基体中 [110]⟨001⟩ 位向不准的晶粒也

发生反常长大，脱碳退火升温速度更应加快，以提高 {411} 晶粒数量，使取向度提高。如果提高冷轧压下率（89% ~ 92%）和脱碳退火后以大于 40℃/s 快升温，控制 $O < 2.3g/m^2$，渗 N 量 $[N]/[Al] \geq 0.67$，可保证 $B_8 = 1.94 \sim 1.95T$，并且可采用一次冷轧法生产 0.20mm 和 0.23mm 厚产品。此时 [110]〈001〉位向偏离角 $(\alpha^2 + \beta^2)^{1/2} \leq \gamma$ 的二次晶粒所占面积大于 40%，而 $(\alpha^2 + \beta^2)^{1/2} \leq 4.4°$。0.23mm 厚板 $P_{17} = 0.8W/kg$。α 角为 [001] 绕轧面法向 ND 偏离角，β 为绕轧面横向 TD 偏离角，γ 为绕轧面轧向偏离角（见图 7-91a）。γ 角对 P_{17} 和 B_8 影响不大。当易磁化轴 [001] 平行于轧向时，则另外两个易磁化轴 [100] 和 [010] 在与横向呈 45° 的两个方向（见图 7-91b），γ 角增大时，此三个易磁化轴的能量平衡发生变化，当 [100] 和 [010] 方向激磁增大时，可使磁畴细化，P_{17} 降低，因此要求 $(\alpha^2 + \beta^2)^{1/2} \leq \gamma$ 的二次晶粒大于 40%，即 γ 角分布广泛时可降低 P_{17}[512]。

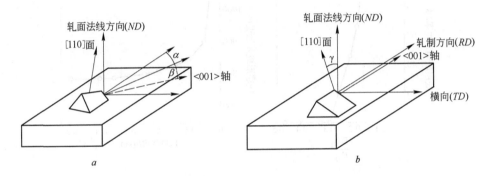

图 7-91 二次晶粒位向倾角 α、β、γ 的示意图

为制造表面光滑（无底层）产品，经 90% 压下率冷轧，脱碳退火以大于 40℃/s 速度快升温，控制均热区 $P_{H_2O}/P_{H_2} = 0.01 \sim 0.15$，使表面不形成 Fe_2SiO_4 等 Fe 系氧化物，$I_{\{111\}}/I_{\{411\}} < 2.5$，渗 N 量 $[N]/[Al] \geq 0.67$，以后涂 Al_2O_3，0.23mm 厚板 $B_8 = 1.94T$，$P_{17} < 0.7W/kg$。钢中 Als 量高，脱碳退火升温速度 HR 可降低，即：$HR \geq -6250[Al] + 200$。因为 Als 含量高，抑制力加强，通过调整 HR 可控制 $I_{\{111\}}/I_{\{411\}} < 2.5$，例如 0.026% Als，$HR \geq 40℃/s$；0.031% Als 时 $HR = 15 \sim 40℃/s$，B_8 都达 1.94T，$P_{17} < 0.7W/kg$[513]。

脱碳退火时形成的氧化膜对以后渗 N 速度和渗 N 量有很大影响。控制脱碳退火后氧化膜中 $O = (450 \sim 800) \times 10^{-6}$ [最好为 $(550 \sim 650) \times 10^{-6}$]，$FeO/SiO_2 \leq 0.4$ 时，以后可顺利渗 N，渗 N 量也比较稳定。O 增高，即 FeO 量增多，渗 N 量增高，因为渗 N 的 $NH_3 \longrightarrow N + (3/2)H_2$，所产生的 H_2 发生 $FeO + H_2 \longrightarrow Fe + H_2O$ 反应，所以渗 N 容易。此时气氛中的 N_2 分压如果增大，则降低渗 N 量，所以 $P_{N_2}/P_{H_2} \leq 0.5$[514]。

当 $P_{H_2O}/P_{H_2} > 0.3$ 时，FeO $= 0.05 \sim 0.5g/m^2$，渗 N 后，N $\leqslant 200 \times 10^{-6}$，以后形成的底层好。N $> 200 \times 10^{-6}$ 时，最终退火时 AlN 分解放出的 N_2 气形成 $\phi1 \sim 2mm$ 半圆性气泡，此泡破裂露出基体，底层变坏。由图 7 – 92a 看出 $P_{H_2O}/P_{H_2} > 0.3$ 时，由于氧化层中 FeO 增多（FeO 含量 $> 0.05g/m^2$），底层形成开始温度降低（见图 7 – 92b），底层好。因为更早地形成底层可阻碍吸收 N。但当 FeO $> 0.5g/m^2$ 时，成品叠片系数降低。脱碳退火分两段进行，前段在 $P_{H_2O}/P_{H_2} = 0.4 \sim 0.5$，$800 \sim 850℃$ 脱碳，后段在 $P_{H_2O}/P_{H_2} < 0.15$，$850 \sim 900℃$ 还原处理，气氛都为 75% $H_2 + N_2$，可保证形成良好氧化膜，底层附着性高。可测定脱碳退火时气氛 d.p.、板温和炉温按公式换算出 FeO 含量，并按规定的 FeO 含量目标值调整升温速度、均热温度、还原温度和钢带运行速度控制 FeO 含量[515]。

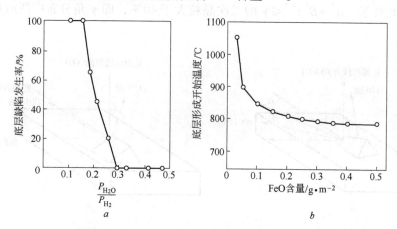

图 7 – 92　脱碳退火气氛 P_{H_2O}/P_{H_2} 与形成的底层缺陷发生率以及氧化层中
FeO 含量与底层形成开始温度的关系
a—P_{H_2O}/P_{H_2} 与底层缺陷发生率的关系；b—FeO 含量与底层形成开始温度的关系

脱碳退火后氧化膜中合适氧含量与钢中 Als 含量有关。Als 含量低（如 0.025%）时合适氧含量范围更窄 $[(450 \sim 700) \times 10^{-6}]$；Als 含量高（0.028% $\sim$ 0.030%）时合适氧含量范围宽 $[(500 \sim 900) \times 10^{-6}]$。二次晶粒位向取决于二次晶粒出现和长大的温度区域内抑制剂行为，抑制剂在高温区分解消失的时间愈长，对二次晶粒择优长大愈有利。已知 AlN 分解是受界面处 Al 氧化所控制，也就是受脱碳退火后氧含量和 MgO 涂料控制，因为氧可使 Al 氧化。由于 Als 含量减少而使抑制力减弱。当钢中 Als 含量高，Al 减低程度相对缓和，所以在更高氧含量下，$[110]\langle001\rangle$ 位向才开始变坏[516]。

7.6.1.9　渗氮处理

脱碳退火和渗氮处理在同一连续炉生产作业线上进行，在 $P_{H_2O}/P_{H_2} = 0.3 \sim$

0.5 的 75% H_2 + N_2 气氛中脱碳退火后，在含 5% ~ 10% NH_3 干的 75% H_2 + N_2 中 ($P_{H_2O}/P_{H_2} \leqslant 0.04$, $d.p. = +10 \sim -10$℃) 750 ~ 800℃ × 30s 渗 N 处理。在线速度为 20 ~ 40m/min，渗 N 量为 150 ~ 200 × 10^{-6}。气氛中 H_2 分压高，使钢板表层 Fe_2SiO_4 和 SiO_2 还原。NH_3 分解产生的 N 原子可通过 Fe_2SiO_4 和 SiO_2 内氧化膜中细孔渗入钢中，同时 SiO_2 薄膜不被破坏。NH_3 加入量大于 10% 时二次再结晶仍然完善，B_8 和 P_{17} 值不变，但底层质量变坏[517]。

由图 7-93a 看出，随氮含量增高，抑制力加强，二次再结晶开始温度 T_s 提高。N = 70 × 10^{-6} 时没有二次再结晶，N = (70 ~ 140) × 10^{-6} 或 N > 290 × 10^{-6} 时，为大小混合晶粒，B_8 都很低。N = (150 ~ 300) × 10^{-6} 时，二次再结晶完善，$B_8 \geqslant$ 1.90T，而且随氮含量增高，B_8 提高（见图 7-93b）。N > 290 × 10^{-6} 时，$T_s >$ 1100℃，位向准确的二次晶粒择优长大受阻，所以二次再结晶不完善。T_s 对二次再结晶发展起重要作用，而抑制力是通过 T_s 影响二次再结晶的。渗 N 后板厚方向的氮含量呈梯度分布，表层析出 Si_3N_4 和 (Si, Mn)N。T_s 与初次晶粒直径 $\bar{d}$ 有以下关系：$T_s \leqslant 20 + 700$。$\bar{d}$ 大时，T_s 降低。合适的 $T_s = 1000 \sim 1100$℃，位向准确的二次晶粒可克服抑制力而择优长大。当 $\bar{d}$ 减小，$T_s > 1100$℃时，位向不准的二次晶粒也进行择优长大，取向度降低[518]。

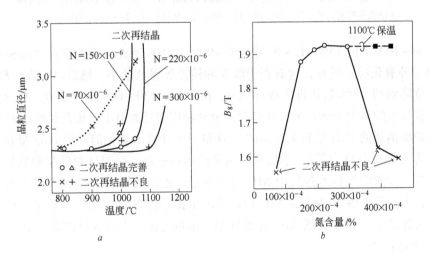

图 7-93 0.2mm 厚板退火温度与晶粒直径的变化以及氮含量与 B_8 的关系
a—温度与晶粒直径的关系；b—氮含量与 B_8 的关系

图 7-94a 所示为连续退火炉作业线。连续炉各区间装可移动的双封闭隔热板，隔热板用陶瓷纤维或以不小于 75% 莫来石耐火材料为主并加小于 10μm 颗粒的 $SiO_2/Al_2O_3 = 0.2 \sim 0.4$ 材料制成。渗氮区 6 内装有几个喷嘴，喷射渗氮。在湿的 75% H_2 + N_2 气氛中，800 ~ 850℃ × 2min 均热区 3 脱碳后，进入还原区 4 中，在

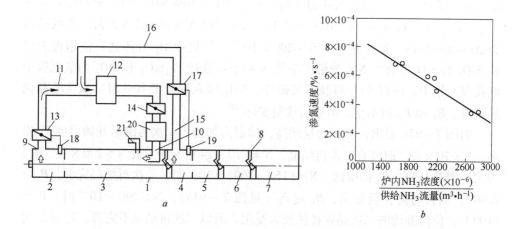

图 7 – 94　脱碳和渗氮处理连续作业线示意图及 NH_3 浓度和 NH_3 流量之比与

渗氮速度的关系（0.3mm 厚板）

a—脱碳和渗氮处理连续作业线示意图；b—NH_3 浓度/NH_3 流量与渗氮速度的关系；

1—退火炉；2—加热区；3—均热区；4—还原区；5—一次冷却区；6—渗 N 区；7—二次冷却区；

8—隔气板；9—出气口；10—进气口；11—气氛循环系统；12—气体净化装置；13，14—分别为

出气口和进气口的流量控制装置；15—还原区 4 的出气口；16—气体通路；17—出气口

15 的流量控制装置；18，19—炉压计；20—气体加热装置；21—补充气体供给装置

$d.p. = -10℃$ 干的 75% $H_2 + N_2$ 中 850 ~ 900℃ × 60s 退火，使表面致密的 SiO_2 氧化膜（外氧化层）还原，这有利于渗 N 和使渗 N 量波动小。然后经一次冷却区 5 将温度降到约 750℃ 后再进入渗 N 区 6，在 750℃ × 30 ~ 60s 渗 N 处理。检测出气口 9 排气中的 H_2O 和 CO 量，计算脱碳量和脱碳消耗的 H_2O。根据供给的 H_2O 量减掉脱碳消耗的 H_2O 量和未反应的 H_2O 量，可计算出氧化消耗的 H_2O 量和氧化量（即氧化膜中 O 含量），然后调整钢带的运行速度，可保证脱碳量和氧化膜中氧含量。检测渗 N 区 6 排气中 NH_3 和 N 含量，根据供气中 NH_3 和 N 含量与它们之差，可计算出渗 N 消耗的 NH_3 量，并求出钢中渗 N 量，然后调整供气中 NH_3 浓度可保证渗 N 量。根据 NH_3 浓度和 NH_3 流量之比，也可推算出渗 N 速度（见图 7 – 94b）[519]。

7.6.1.10　隔离剂

在 $MgO + 5\% TiO_2$ 中加 0.1% ~ 3% $Sb_2(SO_4)_3$（Sb 系化合物），或 $Na_2B_4O_7$（B 系化合物），可使 MgO 熔融温度降低，即 Mg_2SiO_4 底层形成温度降低，在 900 ~ 950℃ 就形成 Mg_2SiO_4 底层，这可防止最终退火升温时增 N 或减 N，使表层抑制剂更慢分解，成品中细晶减少，底层附着性也好。加 Sb 系化合物比 B 系化合物形成的底层温度更低[520]。

渗 N 处理时可使脱碳退火形成的 Fe_2SiO_4 部分还原,这使以后底层形成反应性降低。如果在 $MgO + 5\%$ TiO_2 中加 $0.5\% \sim 3\%$ 的平均颗粒小于 $3\mu m$ 的 $Ca(OH)_2$、$Al(OH)_3$ 或 $Mg(OH)_2$,促进底层形成的反应速度,同时加 $0.1\% \sim 0.35\%$ Sb 系或 Bi 系化合物。由于 Sb、Bi 熔点低,所以使底层形成温度降低,可解决此问题。氧化膜中 FeO 量减少,Sb 系或 Bi 系化合物加入量可适当增多[521]。

为降低 P_{17} 和提高冲片性,应减少底层形成量。已证明底层中 Mg_2SiO_4 $< 0.02g/m^2$ 时,P_{17} 明显降低。在 MgO 中加 $5\% \sim 10\%CaCl_2$、$SiCl_2$ 等氯化物,使 Mg_2SiO_4 在低温下形成,而 $CaCl_2$ 等在升温时分解,产生的 Cl 在 Mg_2SiO_4 与基体界面处和 Fe 起反应,而使 Mg_2SiO_4 剥离,部分残存的 Mg_2SiO_4 在高温退火后经轻酸洗可去掉,钢板表面光滑[522]。

为使表面光滑呈镜面状,脱碳退火时控制 $P_{H_2O}/P_{H_2} < 0.15$,不形成 Fe 系氧化物,并涂以 Al_2O_3 为主隔离剂。在含小于 $1.5\% H_2O$ 的 Al_2O_3 中加 $2\% \sim 4\%$ 硫酸盐等(相当于 $0.005\% \sim 0.014\%S$),如 $Sb_2(SO_4)_3$、$FeSO_4$、$CuSO_4$、$Na_2S_2O_4 \cdot 5H_2O$、K_2S 或加 S 粉末,即在 $1000 \sim 1100℃$ 二次再结晶温度区提高钢中 S 含量,加强抑制能力,提高 B_8。$0.23mm$ 厚板 $B_8 = 1.94 \sim 1.96T$,细化磁畴后 $P_{17} = 0.63W/kg$。如果在 Al_2O_3 中加 $5\% \sim 10\%MnN$,(Fe,Mn)N,(Fe,Cr)N 氮化物,抑制 $1000 \sim 1100℃$ 时(Al,Si)N 的分解,因为 MnN 等分解提高钢卷各圈之间 N_2 分压而防止脱 N,同时 Mn、Cr 金属与 Al_2O_3 中水分和各圈之间 O_2 起反应,形成的氧化物也抑制钢板脱 Al,从而提高 B_8。如果在 Al_2O_3 中加 $1\% \sim 3\%B$ 化合物(如 B_2O_3、H_3BO_3、$Na_2B_4O_7$),它们分解后 B 进入钢中强化抑制力也可。在 Al_2O_3 中分别加约 $10\%Cr$、Cu、Mn 或 Ni 金属粉末,使成品中含 Cr $\leqslant 3\%$,Cu$\leqslant 0.8\%$,Mn$\leqslant 1.5\%$ 或 Ni$\leqslant 4\%$,由于提高 ρ,降低 P_{17},细化磁畴后,$0.23mm$ 板 $P_{17} = 0.6W/kg$。辊涂 Al_2O_3,烘干后 $H_2O \leqslant 1.5\%$(最好为不大于 1%),目的是减少放出的 H_2O,防止(Al,Si)N 快速分解而使二次再结晶不稳定[523]。

7.6.1.11 高温退火

渗 N 处理时间短,只在表层形成 Si_3N_4 和(Si,Mn)N 不稳定的氮化物,它们在不低于 $900℃$ 时迅速分解,不能阻止初次晶粒长大。因此高温退火时必须在大于 $25\% N_2 + H_2$ 中(最好为 $50\% \sim 75\%$ $N_2 + H_2$)以约 $30℃/h$ 速度升到约 $850℃$,保温 $5 \sim 10h$,使 Si_3N_4 和(Si,Mn)N 分解和进行 N 扩散,在钢板厚度方向均匀析出(Al,Si)N,而在 $900 \sim 1000℃$ 时析出 AlN,然后再改为 $25\% N_2 + H_2$ 气氛升到不低于 $1150℃$,成品磁性和底层都好。在 H_2 分压 P_{H_2} 低的气氛中升到 Mg_2SiO_4 形成初期温度（$750 \sim 800℃$）时,最表面形成非晶状 SiO_2 薄膜,它不会阻碍 $900 \sim 1000℃$ 时 Mg_2SiO_4 形成反应,所以底层好。如果 H_2 分压高,最外层形成含 Mn 和 Cr 的晶态 SiO_2 薄膜，阻碍 Mg_2SiO_4 的形成。如果在 100% N_2 中升到二次再结晶开始温度 T_s 保温或慢升温并逐渐通入 H_2，可在很宽的 Als 和 N 范围内 B_8 都达 1.95T。气氛中 N_2 分压 $P_{N_2} < 0.25$（即小于 25% N_2 + H_2 气氛）时，(Al，Si)N 容易分解，钢中氮含量迅速减少，T_s 降低，位向不准的二次晶粒也长大，取向度降低。从 T_s（如 1000℃）以 10℃/h 速度慢升温到 1100℃，B_8 高[524]。

渗 N 量随脱碳退火后初次晶粒直径 $\bar{d}$ 增大而增高，即 N（10^{-6}）$\geqslant 11\bar{d} - 40$；而高温退火 1000 ~ 1150℃ 的慢升温速度 v 随渗 N 量增高也应更慢，即 N = 280 - 4v ~ 480 - 13v。v = 3 ~ 10℃/h，B_8 高。700 ~ 750℃ 时，气氛中 $P_{H_2O}/P_{H_2} = 0.1$ ~ 0.5；高于 900℃ 时，$P_{H_2O}/P_{H_2} < 0.02$，升温气氛为 75% H_2 + N_2[525]。

控制 750 ~ 850℃ 开始升温过程中气氛 $P_{H_2O}/P_{H_2} = 0.05 ~ 0.3$，从 900℃ 的升温速度 v 与气氛中 N_2 分压 P_N 有关：v = 17 - 0.25P_N ~ 40 - 1.25P_N（P_N 最大为 20），此时 $P_{H_2O}/P_{H_2} < 0.05$，成品磁性和底层都好。800℃ 以前采用 50% ~ 75% N_2 + H_2，>800℃ 时，P_N 愈小，升温速度提高，这可缩短退火时间，如 d. p. = -20℃ 的 100% H_2 中，升温速度为 30℃/h[526]。

以 AlN 作抑制剂时底层缺陷增多，特别是钢卷边部。这是因为 AlN 分解产生的 N_2 引起的。控制钢卷边部在 600 ~ 650℃ 时，$P_{H_2O}/P_{H_2} > 0.1$，而高于 900℃，$P_{H_2O}/P_{H_2} < 0.5$ 时，钢卷全长全宽方向都形成良好的底层。高温退火后冷却到 700 ~ 600℃ 时换为 <3% H_2 + N_2 或含 0.002% ~ 0.05% H_2 的 N_2 气冷到约 500℃，再在 N_2 中进行，成品绝缘膜外观好，呈灰色或暗灰色，而没有被氧化的呈黑色或红褐色。因为在含 H_2 的 N_2 气中冷却，可明显降低 N_2 中 O 势，防止钢板氧化[527]。

7.6.1.12　平整拉伸退火

涂好应力涂层后的平整拉伸退火是在弱还原性气氛下（如 3% ~ 30% H_2 + N_2）进行。用辐射管间接加热法，辐射管是用 18% ~ 22% Ni，23% ~ 27% Cr，<2% Si 和 Mn 的耐热钢制成。炉子前段气氛 d. p. 可达 40℃，为氧化性气氛，这使辐射管中 Fe 和 Cr 氧化。在连续生产时供气为 d. p. = -40 ~ -50℃，约 5% H_2 + N_2 气体，但进入炉内，d. p. 就变为低于 10℃ 的弱还原气氛。它可将铁氧化物还原而变得疏松并形成粉末，从辐射管表面脱落在钢带上（铬氧化物不被还原），钢带到达矫直辊处就产生 1 ~ 10μm 深的压痕。生产时间愈长，炉内 d. p. 愈高，钢带表面压痕愈多。控制气氛 $P_{H_2O}/P_{H_2} = 0.4\%$ ~ 3% 时，可防止这种缺陷。如果钢带在到达矫直辊前喷高速 N_2 或还原性气体，将表面粉末吹掉也可，喷气速度为 30 ~ 50m/s[528]。

平整拉伸退火和应力涂层烧结使钢带延伸 0.03% ~ 0.15% 时，P_{17} 最低。有底层或表面光滑（应力涂层量比有底层时增加 1.5 倍）产品都如此。控制冷却到板宽方向中部温度 400℃时的温度梯度小于 1.5℃/cm（根据通入的 N_2 调整板宽方向温度，即在不同温度梯度下冷却），λ_s 也降低 $[(0.8 \sim 1.0) \times 10^{-6}]$[529]。

7.6.1.13 在线测试方法

为控制好合适的初次晶粒直径 $\bar{d}$，在线测定脱碳退火后的 $\bar{d}$（采用超声波、磁学或图像分析仪等方法）来预测 B_8 值，再反馈调整常化温度或渗 N 处理的渗 N 量。常化后钢中固溶氮量和脱碳退火温度与 $\bar{d}$ 有关（固溶氮量多，脱碳退火时析出细小 AlN，而使 $\bar{d}$ 减小），因此测定常化后固溶氮可控制脱碳退火温度。根据钢中 Al_R 值、铸坯加热温度和脱碳退火温度与 $\bar{d}$ 的关系来调整脱碳退火温度也可。Al_R 高，即 Als 高，AlN 粗化，所以 $\bar{d}$ 增大；而 Al_R 低，即 N 含量高，AlN 析出量增多，所以 $\bar{d}$ 减小。铸坯加热温度高，以后析出的 AlN 多，所以 $\bar{d}$ 也减小[530]。

上述方法都需要较长时间，不适合在线生产应用。脱碳退火后和涂 MgO 前，在线测铁损 $P_{14/50}$ 作为合适 $\bar{d}$ 的评价并反馈调整脱碳退火温度或钢带运行速度。$\bar{d}(\mu m) = -11.17P_{14} + 52.33$，此方法更适合在生产上应用。控制渗 N 处理板宽方向渗 N 量波动小于 40%，也就是 NH_3 流量波动小于 40% 时，根据铁损测定值推算出的 $\bar{d}$ 误差为 ±0.5μm。由于渗 N 处理后钢板表层渗 N 量高，而影响测定的铁损值。如果将表层经轻酸洗和在 H_2O_2 中化学侵蚀掉约 20μm 厚，再测 P_{10} 值，预测出的 $\bar{d}$ 值精确度更高[531]。如果考虑渗氮处理后，渗 N 量的影响，$\bar{d}(\mu m) = 0.023 \times [N] - 9.0 \times P_{13} + 41.71$，即在线同时测 P_{13} 和钢板中 N 含量来控制 $\bar{d}$ 更好。已证明钢中 Al_R 对 $\bar{d}$ 有影响，而钢中 N 含量没有影响。Al_R 增高，$\bar{d}$ 也增大。调整脱碳退火温度可使不同 Al_R 的钢得到合适的 $\bar{d}$ 值。根据 NH_3 流速（m^3/h）来调整渗 N 量[532]。

为控制脱碳退火时氧化层中 FeO 含量为 $0.05 \sim 0.5g/m^2$，测定板温、炉温和气氛 $d.p.$，按公式可推算出 FeO 含量并与上述规定的 FeO 含量目标值相比较，再调整脱碳退火升温、均热和还原区温度、气氛 $d.p.$ 或钢带运行速度。这可保证以后形成的底层质量。考虑到 FeO 含量对渗 N 量有很大影响，在保证 FeO 含量为 $0.05 \sim 0.5g/m^2$ 条件下，按公式可推算出渗 N 速度，再调整 NH_3 流量和渗 N 时间，渗 N 量波动小，P_{17} 低。控制好前工序条件，脱碳退火炉温、均热时间和升温速度以保证合适 $\bar{d}$，控制好均热区和还原区 $d.p.$ 及均热时间以保证 FeO 量，控制好 NH_3 流量和渗 N 时间以保证渗 N 量，B_8 高，P_{17} 低和底层好[533]。

根据对 $\bar{d}$ 有影响的因素，即冷轧前晶粒尺寸、析出物数量和尺寸、冷轧温度和时效时间、冷轧道次和压下率以及脱碳退火升温速度、均热温度和时间，用回归公式可求出 $\bar{d}$ 值。用在线的荧光 X 射线装置分析脱碳退火升温区氧化膜中 Si 浓度，用来控制升温区 $d.p.$。分析均热区氧化膜中 P 浓度，可用来控制均热区

d. p.，磁性和底层都好。如果分析脱碳退火前钢板表面 Si、Cr、P、S、Sn 等成分，按回归公式可计算出脱碳退火后 O 附着量，再反馈控制 P_{H_2O}/P_{H_2}、温度和时间，以保证 $O = (450 \sim 750) \times 10^{-6}$ 范围内波动小（标准偏差约 23×10^{-6}），底层好[534]。

　　八幡厂采用低温加热 – 渗 N 工艺开始生产时，包括有 0.5mm 厚产品用作大发电机定子铁芯（名牌号为 50G）。制造工艺要点是将 C 含量降到 0.035% ～ 0.045%，因为脱碳退火时间与板厚平方成正比。可加 0.05% ～ 0.07% Sn。粗轧压下率不小于 60%，产生大量位错作为以后 AlN 析出核心。精轧开始温度约 1050℃，最后三道总压下率大于 50%，最后一道大于 20%，900 ～ 950℃ 终轧，或最后三道总压下率大于 30% 和低于 850℃ 终轧，轧后停留时间都大于 1s。目的是析出 AlN，550℃ 卷取。热轧板充分再结晶，晶粒小而且均匀，热轧板中存在不大于 1μm 细小 Fe_3C 和 $Fe_{16}N_4$。固溶碳和 N 含量也增多，以后冷轧时效效果好。不经常化处理。900 ～ 950℃ 终轧时经 85% ～ 87% 压下率冷轧（脱碳退火后 [111]〈112〉组分更强），低于 850℃ 终轧时经 75% ～ 79% 压下率冷轧（脱碳退火后 [110]〈001〉组分更强）。冷轧过程中经低于 200℃ 时效，脱碳退火和渗 N 处理，$\bar{d} = 18 \sim 30\mu m$。在 MgO 中加 5% ～ 10% $CaCl_2$（为减少 Mg_2SiO_4 底层形成量，提高冲片性和降低 P_{17}），以 15℃/h 速度升到 1200℃ 高温退火，$B_8 = 1.88 \sim 1.92T$，$\Delta B_8 \leq 0.02T$，制造成本较低。50G 产品冲模寿命比通用 0.35mm 厚 CGO 钢 35Z135 牌号约提高 5 倍，沿轧向铁损比 50H230 高牌号无取向硅钢更低，而横向铁损又比 35Z135 更低，制成的定子铁芯的铁损与 35Z135 制的近似，而比 50H230 制的更低[535]。

　　用作电流互感器和电压互感器（卷铁芯）要求低磁场 B 值高，即磁化曲线陡。板厚为 0.23 ～ 0.35mm 厚。改变脱碳退火条件或渗 N 量，控制二次晶粒尺寸为 5 ～ 12mm，畴壁间距为 0.2 ～ 0.8mm 和 $B_8 > 1.88T$ 时，低磁场磁性提高。$B = 0.05T$ 时的激磁磁场强度 $H = 1.75A/m$（而 Hi – B 产品 $H = 2.2A/m$）。B_8 提高，$B = 0.05T$ 的 H 值也更低[536]。

　　韩国浦项公司也采用低温加热 + 渗氮工艺进行生产。证明渗 N 量变化不会改变 AlN 析出尺寸和数量（600℃ 渗 N 处理）。渗 N 后 $N > 150 \times 10^{-6}$ 时，在 75% $N_2 + H_2$ 中升到 920℃ 之前，存在有 Fe、Si 和 Mn 氮化物，（$N < 150 \times 10^{-6}$ 时主要为 Si_3N_4），920℃ 时形成 28 ～ 29nm 细小 AlN（通过 Al 扩散控制过程）。钢中含 0.02% Als 时，与氮形成 AlN，而多余的氮在 920℃ 时又形成 Si_3N_4 等氮化物。如果在 100% H_2 中升温到 920℃ 时，通过界面反应控制过程使氮含量逐渐减少，AlN 分解。最终结果是 AlN 粗化，抑制力减弱。钢中含 0.028% Als 时，渗氮后主要为 (Al,Si,Mn)N，其次为 (Si,Mn,Al)N，850℃ 时为 (Al,Si)N，1000℃ 时变为 AlN[537]。

研究 750~900℃ 范围内常化温度和钢中 Cu 含量（0.16% Cu、0.32% Cu 和 0.44% Cu）对 B_{10} 的影响。证明常化温度升高或 Cu 含量降低，B_{10} 高。常化温度高，冷轧前晶粒尺寸增大有利。而 Cu 含量增高，$\bar{d}$ 增大，即抑制力减弱。Cu 含量增高时，渗 N 量将增多，加强抑制力可提高 B_{10}，但仍比低 Cu 钢的 B_{10} 低[538]。

浦项又提出，将钢中 C 含量降低到 0.02%~0.045%，并加 0.002%~0.01% B，0.3%~0.7% Cu，0.03%~0.07% Ni 和 Cr。在脱碳退火的同时进行渗 N 处理形成 BN，0.27mm 厚产品 B_8 可达 1.94T，P_{17} = 0.97W/kg。C 含量低的目的是使脱碳退火时间缩短，减少表面氧化，可顺利进行渗 N。但碳含量降低，γ 相数量减少，热轧板晶粒和组织不均匀，使脱碳和渗 N 后组织和 $\bar{d}$ 不均匀，所以加 Cu、Ni 和 Cr，提高 γ 相数量，改善初次再结晶组织和使初次晶粒更均匀。常化后形成部分 AlN 可抑制脱碳渗 N 退火时晶粒长大。渗 N 后总 N 量 = 125 - 82.9 × [1 + (Cu% + 10% Ni + Cr%)²]。脱碳和渗 N 后 $\bar{d}$ = 20~30μm。BN 的焓（热含量）比 AlN 高，而熵（自由能）比 AlN 更低。按热力学考虑 AlN 应当比 BN 更优先形成，但 B 在 Fe 中的扩散速度与 N 相同，比 Al 要快得多，因此实际上 BN 比 AlN 更优先形成。脱碳-渗 N 处理时形成的 AlN 由于 Al 扩散速度慢，AlN 沿表层晶界析出，使初次再结晶组织不均匀，而渗 N 处理析出的 BN 在表层和内部都有，组织更均匀。脱碳渗 N 处理制度一般为 d.p. = +45~+50℃ 的含 0.3%~0.7% 干 NH_3 的 25% H_2 + N_2 气中 850~900℃ × 3min。最终高温退火在 25% H_2 + N_2 中 15~20℃/h 升到 1200℃[539]。

台湾云林大学采用先在 700℃ 渗 N 再经脱碳退火方法研究渗 N 时间的影响。0.046% C、0.09% Mn、0.012% P、0.007% S、0.02% Al、0.003% N，热轧板 900℃ 常化，经 85% 压下率冷轧到 0.35mm 厚。证明 700℃ × 30s 渗 N 量为 150 × 10⁻⁶ 时磁性最好，B_8 = 1.85T，P_{17} = 1.25W/kg，93% 晶粒偏离角小于 20°。合适的渗 N 量范围很窄。随渗 N 时间增加，析出物数量增多，析出物的尺寸减小，晶粒尺寸 $\bar{d}$ 减小。渗 N 后存在有两种氮化物，即约 30nm 细小杆状 Si_3N_4 和约 400nm 粗大斜方晶系的 $MnSiN_2$，它们都在钢板表层处析出。渗 N 量大于 150 × 10⁻⁶ 时抑制力过强，阻碍二次晶粒反常长大。他们随后采用先脱碳后在 700℃ × 30s 渗 N 工艺研究 Sn 和 Als 含量的影响。证明加 Sn 可阻碍渗 N。随 Als 含量增高，抑制力加强，B_8 增高。0.035% Als 时，B_8 最高，达 1.92T[540]。

Armco 钢公司将 Si 含量提高到 3.5%~3.6%，Mn 含量提高到约 0.8%~1%，$\rho \geqslant 50\mu\Omega \cdot cm$（Si 含量提高 1%，$\rho$ 提高 10~13μΩ·cm；Mn 含量提高 1%，ρ 提高 4~6μΩ·cm）。同时可加不大于 2% Ni、不大于 1% Cu、不大于 3% Cr。Mn、Ni 和 Cu 扩大 γ 相区，保证 γ_{1150} = 10%~40%。脱碳退火快速升温，MgO 中加约 8% Mn_4N，渗 N 到不小于 150 × 10⁻⁶，0.3mm 厚板 B_8 = 1.89T，P_{17} = 1.15W/kg[541]。

7.6.2　1200～1300℃加热

7.6.2.1　俄罗斯制造工艺

俄罗斯取向硅钢制造工艺是独自发展起来的。上依谢特斯基和新里别茨基两个钢厂都采用降低碳含量、提高 Mn 含量并加约 0.5% Cu 的钢。1250～1280℃ 加热，以 Cu_2S + AlN 作抑制剂，二次冷轧法，中间退火时进行脱碳（C < 0.004%）。第二次冷轧压下率为 55%～65%，冷轧后进行 550～600℃ 低温回复处理和涂 MgO 或冷轧后涂 MgO 直接经 1150℃×20h 高温退火。采用此方法生产 CGO 钢，0.27mm 厚板 B_8 = 1.87～1.90T，P_{17} ≤ 1.1W/kg。二次晶粒尺寸可达 30～50mm，制造成本低，年产量约 40 万吨，约 80% 产品出口[542]。

上依谢特斯基厂采用 Cu_2S 为主，AlN 为辅的抑制剂。典型成分为：0.03%～0.04% C，2.9%～3.2% Si，0.18%～0.28% Mn，≤0.03% P，0.017%～0.02% S，0.008%～0.01% Al，0.007%～0.008% N，0.5%～0.53% Cu。转炉冶炼，铸坯 1260～1280℃ 加热，880～910℃ 终轧，580～620℃ 卷取，热轧板卷厚为 2.5～2.7mm。第一次冷轧在四辊冷连轧机上进行，冷轧到约 0.65mm 厚，在塔式（立式）连续炉中湿的（d.p. = +40℃）96% N_2 + H_2 中 800℃ 中间退火进行脱碳，第二次在 20 辊轧机冷轧到 0.27mm、0.30mm、0.35mm 厚，经 550～600℃ 回复处理（消除应力）或直接涂 MgO 进行高温退火及涂绝缘涂层[542]。

新里别茨基厂采用 AlN 为主，Cu 的金属间化合物为辅抑制剂，即 0.013%～0.025% Als，0.007%～0.01% N，<0.01% S（如 0.005% S），0.05% Ni 和 0.05% Cr，其他成分同上。电炉冶炼，1250～1300℃ 加热，炉卷轧机热轧，1050℃ 开轧，880～930℃ 终轧，580～620℃ 卷取，2.5mm 厚热轧板第一次冷轧到 0.70mm 或 0.75mm 厚，中间退火在湿的 H_2 + N_2 中 850℃×5min 脱碳，以后工序同上。由于钢中 S 含量低，加 Cu 的作用是提高 γ 相数量，降低 AlN 固溶温度，而且形成 Cu_2Si 金属间化合物和 $CuMnO_4$ 的 Cu 弥散相[542,543]。

韩国浦项钢公司也按新里别茨基厂工艺生产 CGO，Cu/Mn = 1.5～2.8，Mn/S ≥ 20。由于钢中 S 含量低，1250～1300℃ 加热 AlN 可固溶，热轧后冷却时析出细小均匀的 AlN。Ni 和 Cr 可使初次晶粒更细小均匀，并扩大热轧温度范围。冷轧后回复处理可使最终退火升温时初次晶粒小且均匀。也可省掉回复退火，而在最终退火时以小于 50℃/h 速度升到 400～500℃ 回复和 550～600℃ 初次再结晶。由于中间退火脱碳时形成的 Fe_2SiO_4 和 SiO_2 内氧化层，在第二次冷轧时部分裂开并脱落，以后底层附着性变坏。为改善底层质量，回复退火可在 P_{H_2O}/P_{H_2} = 0.8 的 20%～25% H_2 + N_2 中 700℃×15～120s 进行，形成 FeO 和 Fe_2SiO_4。FeO 对形成 Fe_2SiO_4 和 SiO_2 有触媒作用。钢中 Als 含量提高到上限 0.02%～0.025% 时，可提高磁性。Als 再提高，热轧时析出大量 AlN，而且由于头中尾温差使 AlN 分布不均匀，成品磁性不均匀。实验证明，热轧板经 950 ~ 1100℃ 常化和中间退火温度提高到 940℃ 时脱碳最好，磁性也提高。冷轧板经回复退火可使二次再结晶开始温度 T_s 提高到高于 950℃，而且二次晶粒位向更准。不经常化时初次再结晶组织中 AlN 细小，但分布不均匀，$\bar{d}$ 也更小，T_s 低（950℃）、二次再结晶不完善。经 1100℃ 常化时，AlN 变大但分布均匀，$\bar{d}$ 也更大，但 $\{110\}\langle 001 \rangle$ 更强，T_s 可提高到 1050℃ 以上，二次再结晶完善，B_8 高[544]。

7.6.2.2　德国 Thyssen 钢公司工艺

工艺为：0.05% ~ 0.06% C，3% ~ 3.3% Si，0.07% ~ 0.1% Mn，0.02% ~ 0.025% S，0.02% ~ 0.025% Als，0.007% ~ 0.008% N 加 0.07% ~ 0.1% Cu，(Mn × Cu)/S = 0.1 ~ 0.4。以 Cu_2S 和 AlN 作抑制剂，铸坯经 1260 ~ 1280℃ 加热，精轧温度 1000 ~ 1020℃，900 ~ 980℃ 终轧，620 ~ 650℃ 卷取，950 ~ 1100℃ 常化和一次大压下率冷轧。0.23mm、0.27mm、0.30mm 产品达 Hi - B 水平。1260 ~ 1280℃ 加热温度可使 Cu_2S 固溶。热轧板中存在有大于 100nm 粗大 MnS 和 AlN（至少有 60% N 以粗大 AlN 析出）。常化后析出大量小于 50nm 细小 AlN 和 Cu_2S。0.3mm 厚板 $B_8 = 1.92T$，$P_{17} = 1.00W/kg$。最终退火时先在 75% H_2 + N_2 中从 450℃ 升到 700℃，再在 5% ~ 10% H_2 + N_2 中升到 950 ~ 1020℃ 进行二次再结晶退火，然后在 100% H_2 中 1180℃ 净化退火，B_8 可提高到 1.93 ~ 1.94T，而且改善底层附着性。先在 75% H_2 + N_2 中升到 700℃ 放出 MgO 中 H_2O，可防止钢板氧化。如果一直在 75% H_2 + N_2 中升温时，S 含量可迅速下降，即 Cu_2S 过早地减少，磁性变坏[545]。

7.6.2.3　法国工艺

工艺为：0.04% ~ 0.06% C，0.08% Mn，0.01% ~ 0.015% S，0.02% ~ 0.025% Als，0.007% N，0.15% Cu，1200 ~ 1300℃ 加热。[Mn] × [S] < 160 × 10^{-5}，[Al] × [N] < 240 × 10^{-6}。1000 ~ 1070℃ 精轧，915 ~ 965℃ 终轧，530℃ 卷取，950 ~ 1050℃ 常化，100 ~ 200℃ 一次大压下率冷轧。铸坯中 MnS、AlN、Cu_2S 尺寸大于 1μm。1200 ~ 1300℃ 加热时，它们有足够数量固溶，热轧时析出小于 100nm 细小 AlN、MnS 和 Cu_2S。其中 AlN 中 N 小于 40%，常化后 AlN 中 N 大于 60%，又析出小于 100nm AlN。以 AlN 为主，MnS 为辅的抑制剂。Cu 与 AlN 和 MnS 结合可保持细小而不粗化状态，热轧时单独析出的 Cu_2S 较少。0.3mm 厚板 $B_8 = 1.93T$，$P_{17} = 1.03W/kg$。如果热轧板中不大于 300nm 的 MnS 中 S > 0.008% 时，脱碳退火后经渗 N 处理也可[546]。

7.6.2.4　新日铁八幡厂工艺

上述低温加热渗 N 工艺的要点是控制初次晶粒 $\bar{d} = 19 ~ 23\mu m$，为此要严格控制成分和脱碳退火温度，这也就影响脱碳退火后氧化层结构，从而使渗 N 量变动并影响底层质量。对 MgO 成分控制也更严格。再者，铸坯 1150 ~ 1200℃ 低温加热，热轧带形状不好（凸起）。如果按 AlN + MnS 方案成分，只是 S 含量放宽和将 Als 含量提高到 0.028% ~ 0.03%，以后经渗 N 处理。铸坯经 1250℃ 加热，使 MnS 和 AlN 部分固溶，依靠 MnS + AlN 作为固有抑制剂（属于半固溶型抑制剂），脱碳退火温度变化对 $\bar{d}$ 影响更小。钢中 S 含量高，以后渗 N 量应减少，成品 $B_8 = 1.94T$[547]。

　　将 S 含量提高到 0.02% ~ 0.025%，Als 含量提高到 0.028% ~ 0.03%，并加 0.08% ~ 0.2% Cu，其他成分同 AlN + MnS 方案。1250 ~ 1300℃ 加热，以 MnS 和 Cu_2S 作固有抑制剂（属于半固溶型抑制剂），快升温脱碳退火和渗 N 处理，$\bar{d}$ = 7 ~ 18μm。由于 $\bar{d}$ 小，二次晶核数量增多，成品二次晶粒尺寸小，P_{17} 更低。同时由于二次再结晶开始温度 T_s 降低，磁性也更均匀。脱碳退火温度不需要大的变动，这使氧化层组织和渗 N 量更稳定，底层质量也好。0.3mm 厚板 $B_8 = 1.94T$，$P_{17} = 0.93W/kg$；0.23mm 厚板 $B_8 = 1.94T$，$P_{17} = 0.79W/kg$。实验证明 1250℃ 加热和热轧后热轧板中有 38% N 形成 AlN，32% S 形成 MnS，37% S 形成 Cu_2S。以后渗 N 后总 N 量约为 0.015% 时，B_8 最高，即合适渗 N 量减小（1150 ~ 1200℃ 加热和渗 N 工艺渗 N 后总 N 含量约 0.02% 时，B_8 最高）[548]。

　　如果将钢中 N 含量降到小于 0.005%，Mn 含量降到 0.03% ~ 0.05%，Als 含量为 0.02% ~ 0.023%，S 含量为 0.005% ~ 0.012%。1200 ~ 1300℃ 加热可使 MnS 和 AlN 完全固溶（属于完全固溶型）。一般热轧后 AlN 析出量约为 60%，AlN 析出不均匀（因为 AlN 在 γ 相区更容易溶解），所以钢中 N 含量应降低。脱碳退火后 $\bar{d}$ = 7 ~ 18μm，经渗 N 处理，$B_8 > 1.92T$，$\Delta B_8 \leqslant 0.02T$。钢中 Als = 0.02% ~ 0.03%，N = 0.003% ~ 0.007%，加 0.005% ~ 0.01% B 和 0.05% ~ 0.10% Cu，以 BN 为主，MnS 和 Cu_2S 为辅的固有抑制剂更好，因为热轧时 BN 比 AlN 析出更均匀，抑制能力强。1150 ~ 1200℃ 加热和渗 N 后合适的总氮量为（200 ~ 300）× 10⁻⁶（0.02% ~ 0.03% N），这在净化退火去除 N 时，N 通过底层跑掉，可破坏底层易出现亮点。而上述成分钢经 1200 ~ 1300℃ 加热和热轧后，经 550℃ 卷取，使 AlN 中 N 含量小于 50%（最好为小于 20%），减少热轧过程中 AlN 析出量。以后常化时析出更多细小 AlN 作为固有抑制剂（同时也可利用 Cu_2S 作固有抑制剂），渗 N 量降低，形成的 Mg_2SiO_4 底层为 2 ~ 3.5g/m²，平均颗粒小于 5μm，膜厚小于 4μm，底层和磁性都好。由图 7 - 95 看出，渗后总氮量小于 0.02% 时，底层缺陷明显减少。

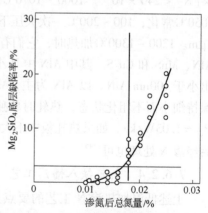

图 7 - 95　渗氮后渗氮总量与底层缺陷的关系

将 Als 含量控制为 0.025% ~0.027%, 也有利于减少以后渗氮量。采用二段式脱碳退火(810 ~850℃ ×60 ~180s, P_{H_2O}/P_{H_2} = 0.3 ~0.7 +850 ~890℃ ×5 ~30s, P_{H_2O}/P_{H_2} <0.2), 渗 N 后总氮量为 0.015% ~0.024%, 底层也好。如果常化时在 N_2 + H_2O 气氛中脱碳约 0.007% ~0.02%, 控制钢板层状组织间隔大于 20μm, 以后脱碳退火采用感应快速加热法, 以 75 ~100℃/s 速度从 550℃ 快升到 720℃, 初次再结晶织构中 $I_{\{111\}}/I_{\{411\}}$ <3, 磁性高[549]。

钢中含 0.05% ~0.1% C, 0.15% ~0.25% Ti, 0.005% ~0.05% Als, 而 N、S 和 O 含量均小于 0.005%, 铸坯经 1250℃ 加热, 冷轧后涂 MgO + >10% Ti、V、Nb 等氧化物, 省掉脱碳退火, 高温退火升温时析出 TiC 作为抑制剂, 二次再结晶后 TiC 在钢板表面偏聚析出并形成 TiC 薄膜, 形成的底层组分为 20% ~80% (TiO_2, Ti_2O_3、TiO) + <10% Mg_2SiO_4, 底层与基体的界面更光滑, Ra =0.1 ~3μm, 可产生 10 ~30MPa 张力。底层厚度为 1 ~3μm, 比 Mg_2SiO_4 底层界面更光滑, 产生的张力大 2 倍以上。由于高温退火时 Ti、Nb 等氧化物通过还原反应供给氧与钢中硅缓慢地形成 SiO_2, 然后形成 TiC 进行脱碳(TiO_2 +3C $\longrightarrow$ TiC +2CO↑), 所以界面更光滑。加 Al 的目的是促进此还原反应。而通用方法是靠脱碳退火时快速形成很厚的 SiO_2, 所以界面凹凸不平。由于底层中结晶体的 TiO_2 比通用的结晶体 Mg_2SiO_4 的热膨胀系数更小, 所以产生更大张力。底层中张力大的 TiO_2 等薄膜在上层, Mg_2SiO_4 在下层作为应力缓和层, 所以以后涂应力涂层后附着性好, 为黑色。0.23mm 厚板 B_8 =1.92T, P_{17} =0.83W/kg。如果冷轧后采用喷溅法形成 70% Ti +30% Fe 的 5μm 厚合金涂层, 经 900 ~1100℃ 二次再结晶退火和在干 H_2 中 1150℃ ×20h 高温退火, 将 C 脱到不大于 0.005%, 并形成 0.1 ~0.3μm 厚 TiC 薄膜也可。如果冷轧板去油和酸洗后电镀约 0.05mm 厚的 Fe, 涂 MgO 和高温退火后表面呈金属光泽, 无底层, 主要为氧附着量不大于 0.02% 约 0.3μm 厚 TiO_2。高温退火制度为干 H_2 中 1000℃ × 2h 二次再结晶退火, 开卷, 在 $d.p.$ =70℃ 的 75% ~100% H_2 + N_2 中 (P_{H_2O}/P_{H_2} > 0.03)1050℃ ×15min 脱碳。成品磁性好[550]。

以 NiAl、Ni_3Al, Ni_3(Al, Ti), Ni_3Ti, Ni – Mn 等金属间化合物作抑制剂。铸坯 1150 ~1250℃ 加热, 最终退火时间短, B_8 高, P_{17} 低, 制造成本低。钢中 $w(C)$ = 0.008% ~0.013%, $w(Si)$ = 2.5% ~3.5%, $w(Mn)$ = 0.6% ~3.5%, $w(Al)$ = 1% ~3%, $w(P)$ <0.1%, $w(S)$ <0.002%, $w(N)$ <0.015%(Al 脱氧时 $w(N)$ <0.004%), 加 1% ~4% Ni、Ti、Nb、Zr、Cu、Sn 或 B 等。要求高温下 γ 相形成数量小于 50%, 即抑制马氏体相变, 成品铁素体相大于 90%, 马氏体相小于 10%。为此应控制 1.5 × Si +3.5 × Al −1.2 ×(Mn + Ni) >3.5, 热轧后以大于 100℃/s 速度快冷到 300℃, 防止冷轧前析出金属间化合物而难以冷轧, 一次冷轧法, 冷轧后经 600℃ ×300s 或 850℃ ×30s 退火析出金属间化合物, 抑制初次晶

粒长大，然后经 1050℃ × 120 ~ 300s 或 4h 二次结晶退火，并以大于 50℃/s 速度快冷，防止已固溶的金属间化合物再析出（要求金属间化合物数量小于 0.005μm）或以小于 1℃/s 速度慢冷使再析出的金属间化合物粗化（要求尺寸大于 0.2μm）。由于金属间化合物本身磁性好，而且其尺寸如果小于 0.005μm 时不会阻碍畴壁移动，所以 P_{17} 明显降低。0.35mm 厚板 $B_8 = 1.95 ~ 1.97T$，$P_{17} = 0.85W/kg$；0.23mm 厚板 $B_8 = 1.93T$，$P_{17} = 0.49W/kg$。热轧板如果经 1000 ~ 1050℃ × 30 ~ 60s 常化，成品纵横向磁性相近，即近似为磁各向同性，可用作电机[551]。

7.6.2.5　川崎 AlN + Sb 工艺

川崎以高能量晶界机理作理论基础，首先开发以 AlN + Sb 为抑制剂和 1150 ~ 1250℃ 加热工艺。0.03% ~ 0.05% C，0.07% ~ 0.08% Mn，0.007% ~ 0.017% Als，0.008% N，0.02% ~ 0.05% Sb，$\leqslant 30 \times 10^{-6}$ S，800 ~ 870℃ 终轧和大于 10℃/s 快冷，防止析出 AlN，850 ~ 950℃ × 50s 常化，常化后 AlN 中 N 约为 0.002%（常化升温时就析出细小 AlN）。冷连轧机 150℃ 冷轧，涂含 0.05% ~ 0.12% B 的 MgO + (4% ~ 7%) TiO_2 的隔离剂，最终退火升到高于 500℃ 时，通 75% H_2 + N_2。成品小于 1mm 晶粒占 25% ~ 90%，4 ~ 7mm 者小于 4.5%，大于 7mm 者小于 10%，P_{10} 低，低磁场磁性和底层质量好，产生的张力大（因为 75% H_2 + N_2 促进 AlN 分解，使底层中 Al 含量提高到 0.5% ~ 1.5%，底层中 Al_2O_3、TiN 和 BN 增多，线膨胀系数降低），适合用作 EI 型小变压器和中小型发电机。Sb 在晶界偏聚可防止晶界处析出粗大 AlN，使晶粒内固溶 Al 和 N 增多，常化时细小 AlN 析出量增多。0.35mm 厚板 $B_8 = 1.85 ~ 1.86T$，$P_{10} = 0.35 ~ 0.38W/kg$，$P_{17} = 1.32 ~ 1.38W/kg$，EI 铁芯 $P_{17} = 1.65 ~ 1.73W/kg$。如果精轧前 4 道总压下率大于 90%，高于 900℃ 终轧，初次晶粒 $\bar{d}$ 小且均匀，成品二次晶粒也小于 4mm。钢中可加少量 Bi、Nb 或 B。冷连轧机 150℃ 冷轧的 P_{10} 比可逆式轧机冷轧时效的 P_{10} 更低，因为冷连轧应变速度更大，只发生动态应变时效，即产生位错的同时 C 就扩散到位错处。而一般冷轧时效是静态应变时效。常化后以 10 ~ 15℃/s 速度快冷，使钢中固溶 C 量增多和形成均匀分布的细小 Fe_3C，再经约 150 ~ 200℃ 冷连轧，磁性好。材料 B_8 提高，P_{17} 就降低，但 P_{10} 却增高，制成的小变压器铁芯 P_{17} 也增高。如 0.35mm 厚板 $B_8 = 1.88T$ 时，$P_{17} = 1.175W/kg$，$P_{10} = 0.335W/kg$，铁芯 $P_{17} = 1.362W/kg$；而 $B_8 = 1.94T$ 时，$P_{17} = 1.032W/kg$，$P_{10} = 0.363W/kg$，铁芯 $P_{17} = 1.675W/kg$。脱碳退火后初次晶粒平均直径 $\bar{d} = 15 ~ 50\mu m$，而 $\bar{d}$ 的变动系数 $\sigma^* > 0.6$ 时，即 σ^* 大时，铁芯 P_{17} 降低。大于 $2\bar{d}$ 的粗大初次晶粒数大于 3% 时，P_{10} 低，所以铁芯 P_{17} 低。这些粗大的初次晶粒位向近似为 {110}⟨001⟩，它们是在脱碳退火时通过二次再结晶反常长大形成的。MgO 中加 0.1% ~ 4% SO_3 化合物（如 $MgSO_4$）可促进形成薄的 Mg_2SiO_4 底层，并防止最

终退火时渗 N。二次晶粒小，孪晶发生率小于 10%，冲片性提高，低磁场高频铁损 $P_{10/150}(C/L) < 3.5$，$P_{10/150}(L) = 2.2 \sim 2.6W/kg$，$P_{10/150}(C) = 7.0 \sim 8.5W/kg$，EI 铁芯 P_{17} 低[552]。

由于钢中 S 含量低，Mg_2SO_4 底层不好（S 可在内氧化层前方偏聚阻止氧化），冲片时易呈点状脱落。采用比表面积 BET 为 $5 \sim 50m^2/g$ 的 MgO 并加 $0.03\% \sim 3\%$ $Sr(OH)_2$、$BaSO_4$、$SrSO_4$ 或 CaO，高温退火后涂应力涂层，附着性明显改善。因为高温退火时它们分解形成碱土金属离子，可阻碍 Mg^{2+} 和 O^{2-} 扩散，从而防止氧化。控制 MgO 比表面积可使 MgO 中水分更易跑出，也防止氧渗入钢中。如果辊涂 BET 为 $80 \sim 150m^2/g$ 的 Al_2O_3，最终退火在小于 1% $N_2 + H_2$ 气氛中进行，可明显提高冲片性[553]。

控制钢卷全长的精轧开轧温度变动低于 100℃，常化温度为 $800 \sim 900℃$，$150 \sim 200℃$ 冷轧，脱碳退火从 600℃ 以小于 20℃/s 较慢速度升到 750℃，脱碳退火后板厚 1/5 地区 $\{1241\}\langle014\rangle$ 组分强度为 $3 \sim 6$，磁性高。$\{1241\}\langle014\rangle$ 位向与 $\{554\}\langle225\rangle$ 相近，与 $\{110\}\langle001\rangle$ 位向差角约为 30°，属于高能量晶界而不属于 $\Sigma9$ 重位晶界关系。成品长度方向磁性均匀。$B_8 = 1.85 \sim 1.90T$，0.35mm 厚板 $P_{17} = 1.15 \sim 1.20W/kg$。0.23mm 厚板 $P_{17} = 0.86 \sim 0.96W/kg$。脱碳退火时，$600 \sim 750℃$ 升温速度对初次再结晶生核有影响，小于 15℃/s 升温可使 $\{1241\}\langle014\rangle$ 强度增大，而 $\{554\}\langle225\rangle$ 强度相对减少。两者的强度应适当。一般脱碳退火后 $\{554\}\langle225\rangle$ 最强，其次为 $\{1241\}\langle014\rangle$。精轧开轧温度高，以后常化温度也应提高。控制铸坯加热时温差为 $50 \sim 150℃$（如前段 1100℃，后段 $1150 \sim 1230℃$）或精轧开轧温度的温差低于 40℃（根据粗轧后冷速来控制）。精轧开轧温度为 1000℃ ± 40℃。成品 P_{17} 低，全长方向 $\Delta P_{17} = 0.01 \sim 0.05W/kg$，铸坯经 $1150 \sim 1250℃ \times <90min$ 加热，加热后晶体粒尺寸为 $20 \sim 30mm$。如果钢中氮含量降到 $(30 \sim 50) \times 10^{-6}$，$S \leqslant 20 \times 10^{-6}$，脱碳退火以大于 15℃/s 速度升温，均热区 $P_{H_2O}/P_{H_2} < 0.6$（氧附着量减少），脱碳退火后表层 (110) 极密度为 $1.5 \sim 6$，(310) 极密度为 $0.7 \sim 1.5$，成品磁性和底层好，0.3mm 厚板 $P_{17} = 1.1 \sim 1.15W/kg$。快升温使 (110) 和 (310) 组分增多，(111) 组分减少，二次晶粒尺寸小，而 (310) 组分多可抑制其他位向二次晶粒长大[554]。

为降低铸坯加热温度，钢中 C 含量低，但以后形成的 Mg_2SiO_4 底层不均匀，附着性也不好。为改善底层质量，控制脱碳退火时 $P_{H_2O}/P_{H_2} = 0.25 \sim 0.70$。脱碳退火后表面氧化层中 Si 强度/Mn 强度的积分强度 $E = 1.5 \sim 5.0$（GDS 法测定），底层和磁性好。$E < 1.5$ 时 $(Mn,Fe)_2SiO_4$ 过多，$E > 5$ 时 SiO_2 过多且不均匀，这都使高温退火升温时额外氧化，底层不均匀，磁性不稳定。最好采用二段式脱碳退火，即前段为 830℃，$P_{H_2O}/P_{H_2} = 0.46 \sim 0.52$；后段为 870℃，$P_{H_2O}/P_{H_2} = 0.01 \sim 0.02$。前段形成 Fe_2SiO_4，后段退火后形成球状 SiO_2（不形成树枝状 SiO_2 薄膜）。

脱碳退火后氧附着量大于 350×10^{-6} 和 SiO_2 与 Fe_2SiO_4 吸光强度之比 $A_s/A_f = 0.1 \sim$ 0.7（反射红外线光谱法）。$O < 350 \times 10^{-6}$ 时，底层 Mg_2SO_4 形成量过少，附着性不好。$O > 350 \times 10^{-6}$ 但 $A_s/A_f > 0.7$ 时，由于过多的 SiO_2 被表面 Fe_2SiO_4 还原而使内氧化层疏松，以后容易氧化。以前对脱碳退火后取样经电解处理试验已证明，第 3 区电压变化量 $V_{3-4} = -0.15 \sim +0.1V$ 时氧附着量大于 350×10^{-6}。因此可用 V_{3-4} 评价脱碳退火后氧化层结构形态，也就是评价氧附着量。控制电解去油条件、脱碳退火 $d.p.$、加热速度和钢带运行速度达到此目的。V_{3-4} 是控制 SiO_2 析出层结构的指标，而第 3 区电解时间 t 是控制 SiO_2 析出层厚度的指标，V_{3-4} 最好为 $0.03 \sim 0.08V$，t 为 $30 \sim 80s^{[555]}$。

由于铸坯加热温度降低，热轧板边裂明显减少（没有大于 3mm 深度的边裂），但成品宽度方向的边部二次再结晶不易完善，这与铸坯宽度方向边部的柱状晶区有关。铸坯表层都为柱状晶粒，其伸长方向为 〈001〉 方向，中部为混乱位向的等轴晶。热轧时虽然通过反复轧制和动态再结晶，组织和织构差别减小，但脱碳退火后这种差别并没有完全消除。如果柱状晶尺寸减小，热轧过程中在晶界附近生核，其再结晶晶粒位向与热轧前的位向无关。如果柱状晶尺寸大，热轧过程中常在晶粒内生核，其位向与热轧前的位向有密切关系。因此控制铸坯柱状晶伸长方向垂直断面平均晶粒尺寸小于 10mm，而且在铸坯表层 10mm 以内地区从凝固温度冷却到 1300℃ 之间停留 5min 以内，热轧板无边裂，而且成品板宽方向磁性高且均匀。连铸时经电磁搅拌和控制好浇铸速度可达到此目的。如果控制脱碳退火时 $P_{H_2O}/P_{H_2} < 0.5$，脱碳退火后氧附着量小于 $1.7g/m^2$，最终高温退火时钢卷外圈部位最高温度低于 1150℃，可防止边部变形，底层附着性好，热轧板无边裂$^{[556]}$。

7.6.2.6   住友金属工艺

工艺为：2.1% ~ 2.4% Si，1.4% ~ 1.6% Mn，0.007% ~ 0.012% Als，0.002% ~ 0.005% C，≤0.005% S，0.003% ~ 0.005% N，1200 ~ 1250℃ 加热。以 AlN 作抑制剂。820 ~ 850℃ 终轧，500 ~ 550℃ 卷曲，880 ~ 900℃ 常化，一次冷轧法（冷轧温度最好为 100 ~ 200℃），冷轧后在 $d.p. = -25℃$，干的 25% N_2 + H_2 中升到 880 ~ 900℃ × 30 ~ 60s 初次再结晶退火，不需要脱 C，无内氧化层，在 75% N_2 + H_2 中 880℃ × 24h 二次再结晶退火，再换为 100% H_2 中升到 950 ~ 1050℃ × 24h 净化退火去除氮（因为 Mn 含量高，净化退火温度降低；钢中 S 含量低，净化退火也不需要脱 S），$B_8 = 1.85 \sim 1.87T$，0.27mm 厚板 $P_{17} = 1.03W/kg$，0.3mm 厚板 $P_{17} = 1.02 \sim 1.08W/kg$，0.35mm 厚板 $P_{17} = 1.30W/kg$，达 CGO 水平，冲剪性好。因为 C 含量低，而 Mn 含量高，$Si(\%) - 0.5\% \times Mn(\%) \leq 2\%$ 可保证热轧过程中发生相变，热轧板晶粒小且均匀，成品无瓦垅状缺陷。提高 Mn 含量增加 ρ，而且促使 AlN 弥散析出，二次再结晶完善，B_8 高（见图 7-96a）。钢中含

0.007% ~0.012% Als 时，析出小于 0.05μm 细小 AlN 和（Al，Si，Mn）N，阻碍初次晶粒长大，B_8 高。而 0.002% Als 时为 0.1μm 粗大 MnSiN$_2$ 析出物。大于 0.012% Als 时析出 0.05 ~0.1μm 粗大 AlN，B_8 都降低（见图 7 -96b）。如果钢中 S 含量为 0.005% ~0.013% 时，热轧时析出少量细小 MnS 可作为辅助抑制剂。但由于净化退火温度低，S 不易脱掉，对 P_{17} 不利。如果采用静电法涂 Al$_2$O$_3$，退火后表面光亮，可进一步改善冲剪性[557]。

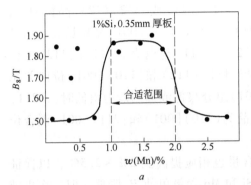 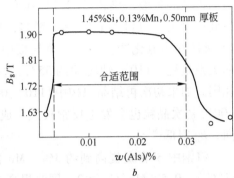

图 7 -96 锰和 Als 含量与磁性的关系

a—锰含量与 B_8 的关系；b—Als 含量与 B_8 的关系

为了冶炼这种纯度高的含 Mn >1% 低碳取向硅钢，RH 处理脱 C 过程吹 Ar，并喷入约 0.15mm 颗粒的 MnO 粉或锰矿石粉来促进脱 C（见图 7 -97），脱 C 后加含 C 低的 CaO 熔剂，提高熔渣熔点，然后加 Al 脱氧时产生的 FeO 和 MnO 脱氧产物少，更容易准确地调整 Als 量，Mn 回收率也高。例如 RH 处理前钢水温度为 1600 ~1640℃，RH 处理真空度为 133 ~267Pa，Ar 气流量为 5L/min，喷粉管与钢水面的距离约为 1.5m。脱 C 后，C≈6×10^{-6}，加 CaO 粉，FeSi，金属锰和加 Al 脱 O，并微调 Als 和氮含量，RH 处理后 C = 9 ~10×10^{-6}，Als = 0.01%，连铸后 C = 12×10^{-6}，Als≈0.008%。而以前通用的工艺是 RH 处理到 C≤50×10^{-6} 时脱 C 反应已基本停止，然后吹 Ar 或 O$_2$，扩大反应界面面积继续脱 C，但此时真空度变坏，吹管烧损严重，钢水中氧含量增高而将 Mn 氧化，Mn 回收率低，而且氧也与 Al 化合，以后必须加 Al[558]。

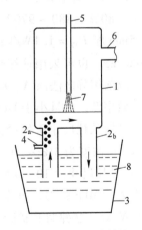

图 7 -97 吹 Ar 和喷粉的 RH 处理装置示意图

1—真空槽；2$_a$，2$_b$—分别为上升和下降管；3—真空槽下方的钢包；4—吹氩管；5—喷粉管（水冷）；6—排气管；7—金属氧化物粉；8—钢水

如果在钢中再加 0.04% ~ 0.05% Sb 或 0.05% ~ 0.10% Sn 可进一步改善磁性，0.3mm 厚板 $B_8 \approx 1.90T$，$P_{17} = 0.98W/kg$[559]。

控制好热轧终轧温度与卷取温度（低于 600℃），使热轧板10% ~ 70%都为再结晶晶粒，可改善磁性。热轧板经常化也可使热轧板 10% ~ 70% 为再结晶晶粒。终轧温度高，卷取温度应当低，如 850 ~ 900℃ 终轧，500 ~ 550℃ 卷取。如果钢中再加 0.003% ~ 0.009% Nb，可使 B_8 提高，因为 Nb 可使在 γ 区热轧后的再结晶延缓，热轧后{211}〈001〉、{311}〈011〉或{332}〈123〉晶粒增多，冷轧和退火后{111}〈112〉晶粒增多，有利于以后{110}〈001〉晶粒长大，而且 Nb 可使细小氮化物更稳定。热轧板中{211}〈011〉与退火后{111}〈112〉的位向关系是绕〈110〉轴转动约 35°，这与{111}〈112〉和{110}〈001〉位向关系相同。如果初次再结晶织构中{110}〈001〉组分很低或抑制能力很低时，{211}〈001〉初次晶粒也会发生反常长大，成品为(110)[001]和{211}〈001〉混合位向，B_8 很低[560]。

将钢中 Si 含量提高到约 3%，Mn 含量也相应提高到 2% ~ 2.5%，以保证 Si(%) − 0.5 × Mn(%) ≤ 2。同时提高 Si 和 Mn 含量可使 P_e 降低，但二次再结晶困难，P_h 增高。采用二次冷轧法可解决此问题。热轧板常化后第一次经 30% ~ 70% 压下率冷轧，在箱式炉中 680 ~ 750℃ × 10 ~ 20h 退火（退火温度高，均热时间缩短，如 680℃ × 100h，730℃ × 20h），第二次冷轧压下率为 50% ~ 80%，880 ~ 970℃ 初次再结晶退火，$\bar{d} = 10 ~ 30\mu m$，成品 $B_8 = 1.88$，0.35mm 厚 $P_{17} = 1.1W/kg$，0.3mm 厚板 $P_{17} = 1.05W/kg$，0.27mm 厚板 $P_{17} = 0.9W/kg$。也可采用连续炉 860 ~ 940℃ × 5 ~ 100s 中间退火方法[561]。

以前用静电法涂 Al_2O_3，其缺点是产生的粉尘多，涂料量不易控制，成本高，生产效率低，而且小于 1μm 颗粒的 Al_2O_3 水溶液又不易辊涂，附着性不好。如果采用平均颗粒尺寸 0.5 ~ 5μm 的羽毛状活性 Al_2O_3 胶状溶液可进行湿涂。涂料液中 Al_2O_3 浓度为 3% ~ 20%。涂料量换算为固态 Al_2O_3 应为 0.5 ~ 15g/m²，胶状 Al_2O_3 颗粒尺寸为 10 ~ 300nm，200 ~ 400℃ 烘干，冲剪性、绝缘性和附着性好，产生 2 ~ 5MPa 张力，可作为绝缘薄膜，磁性好。0.3mm 厚板 $B_8 = 1.85T$，$P_{17} = 0.95W/kg$。这种羽毛状胶状 Al_2O_3 是由 20 ~ 300nm 的胶状 Al_2O_3 经静电集聚成的。如果湿涂平均直径为 1 ~ 5μm Al_2O_3 + 1% ~ 10% V_2O_5、V_2O_3、NH_4VO_3 等 V 化合物，最终净化退火时 V 可加速去除 N，退火后表面光滑，P_{17} 低[562]。

最终退火先在 75% H_2 + N_2 中以 40℃/h 速度升到 800℃ × 15h，再以 20℃/h 升到 880 ~ 900℃ × 10h 进行二次再结晶退火，然后换为 100% H_2 以 20℃/h 速度升到 950℃ × 24h 净化退火，磁性更均匀。因为这可使钢卷各圈温度分布波动小，便于各处都能吸收氮[563]。

如果将 Si 含量提高到 3%，Mn 含量降低到约 0.3%，由于 Si 含量高，C 和 Mn 含量低而无相变，以（Al，Si）N 作抑制剂。热轧板经常化和采用二次冷轧法破坏热轧板板厚中心区残存的 $\{100\}\langle 011\rangle$ 带状形变组织，以 15℃/s 速度升温到 850~950℃×30s 初次再结晶退火，涂 MgO，直接在 100% H_2 中以 40℃/h 速度升到 850℃×24h 进行最终退火（防止钢板吸收氮而产生新的（Al，Si）N 提高轧向磁性），0.35mm 厚成品轧向和横向磁性都优于无取向硅钢，适用于制造分割式电机和发电机铁芯以及 EI 型小变压器。2 级和 4 级的透平发电机，轭部比齿部更长，轭部沿轧向冲片。8 级以上的无刷式直流电机轭部周方向比齿部更短，齿部沿轧向冲片[564]。

7.7 不加抑制剂工艺

川崎根据高能量晶界机理，采用不加抑制剂方法制成取向硅钢，并于约 2002 年生产 RGE 系列（现称 JGE 系列）产品，用作 EI 型小变压器、分割式（T 型冲片）发电机和无刷式直流电机（用作电动汽车中驱动电机）的定子铁芯以及卷铁芯的扼流线圈。C < 0.01%，Als < 0.01% 和 S、N、O 以及 B、V、Nb 均小于 30×10^{-4}% 纯净的 3% Si 钢，铸坯加热温度低（1150~1200℃），省掉脱碳退火工艺和采用 1050~1100℃ 低温最终退火（不需要高温净化退火），制造成本明显降低。热轧板经 900~950℃×60s 常化，冷轧前晶粒控制在 0.2mm 以下，最终冷轧下率为 50%~90%，冷轧温度为 100~200℃，在 $d.p. = -30\sim 0℃$ 的 75% H_2 + N_2 气氛中 950℃×10s 初次再结晶退火，平均 $d = 30\sim 100\mu m$，氧附着量小于 1g/m² （单面）。初次再结晶织构中 20°~45° 晶界占比例大。因为冷轧前晶粒 $d <$ 0.2mm 和大压下率冷轧促进沿晶界生核，即 $\{111\}\langle 112\rangle$ 或 $\{554\}\langle 225\rangle$ 晶粒增多。最终在干的 50% N_2 + H_2 中以 5~15℃/h 速度升到 1050~1100℃ 退火和涂半有机涂层或无机涂层。二次晶粒尺寸为 10~25mm，其中存在 3~200 个/mm² 的不大于 3mm 小晶粒。0.35mm 厚板 $B_8 = 1.8\sim 1.9T$，$P_{17} = 1.10\sim 1.25W/kg$，纵横向磁性都好，表面光滑，存在有 Mg_2SiO_4 薄膜，冲片性高。小晶粒可细化磁畴，降低 P_{17} 值。如果钢中 C、S、N 含量增高，它们容易在大角晶界偏聚，晶界移动速度减慢，二次再结晶不完善。钢中可加少量 Ni、Sn、Sb、Cu、Cr。加 0.2%~0.5% Ni 可提高 B_8，因为 Ni 促进 $\alpha - \gamma$ 相变，热轧板晶粒小且均匀，Ni 不形成氮化物等析出物，而且是铁磁性元素。加 0.1%~0.3% Sn、Sb、Cu、Cr 可使二次晶粒细化，降低 P_{17}。最终退火在 25%~75% N_2 + H_2 气氛中进行，目的是在钢中渗入氮（总氮量为（30~40）×10^{-6}），依靠固溶氮沿晶界偏聚，通过拉牵效应抑制初次晶粒长大（析出物是靠钉扎效应抑制初次晶粒长大），N 在二次再结晶温度区扩散很快，所以可保持高能量晶界优先移动。如果钢中原始 N > 30 ×

10^{-6} 会形成粗大 Si_3N_4 而使固溶氮量减少。如果钢中存在 B、V、Nb 或过量 Al，则最终退火时渗入的氮优先在晶界处析出氮化物，这可抑制高能量晶界移动[565]。

由于最终退火温度低，可采用连续炉进行最终退火，即高于 800℃ 时以 1～4℃/s 速度升到 1000～1100℃ × 2～4min，成品二次晶粒小，为 0.3～2mm，而且没有 Mg_2SiO_4 底层。0.35mm 厚板 $B_8 = 1.80～1.83T$，$P_{17} = 1.25～1.35W/kg$，冲片性和钻孔加工性好，可用作 EI 小变压器和 MRI 用的磁屏蔽（这种磁屏蔽需要钻孔）。一般采用二次冷轧法（第二次冷轧压下率为 50%～80%），850～950℃ × 30～60s 中间退火，控制中间退火后 $\bar{d} = 0.07～0.15mm$。如果成品厚度为 0.2mm，二次晶粒尺寸为 0.1～1mm，小于 15° 位向差角的 {110}⟨001⟩ 晶粒大于 15%，$P_{10/400} < 8W/kg$，$B_{50} \approx 1.85T$，适用于作电源变压器。将 Si 含量提高到 3.5%，成品二次晶粒大于 5mm，其中 0.15～1mm 小晶粒数大于 10 个/cm²，无底层，高频铁损 $P_{10/1000} = 30～32W/kg$，比通用高牌号取向硅钢更低[566]。

对上述 AlN + Sb 方案和不加抑制剂方案的初次再结晶织构的研究证明，主要为 {411}⟨148⟩ 和 {554}⟨225⟩ 组分时，以后二次再结晶完善，$B_8 \geq 1.85T$。要求钢板表层 {411}⟨148⟩ 强，它与 {110}⟨001⟩ 位向呈 30° 位向差，最适合以后 {110}⟨001⟩ 晶粒长大。最终冷轧压下率增大容易形成 {411}⟨148⟩。而 {554}⟨225⟩ 位向一般在表层附近最易形成，它与 {110}⟨001⟩ 位向也呈 30° 位向差，但它绕 ND 轴的位向分散性大，所以 {554}⟨225⟩ 过强（也就是 {411}⟨148⟩ 减弱），对 {110}⟨001⟩ 晶粒长大不利。要求中心区 {554}⟨225⟩ 更强，它对二次晶粒贯通板厚方向的长大更重要，因为它使初次晶粒尺寸更均匀，有利于表层二次晶粒往中心区长大。为使表层 {411}⟨148⟩ 加强和中心区 {554}⟨225⟩ 加强：（1）大幅度减少钢中抑制剂或不加抑制剂，目的是使最终冷轧前表层晶粒大，促进冷轧和退火时在晶粒内进行再结晶，这使表层 {411}⟨148⟩ 晶粒增多。（2）100～200℃ 冷轧，促进中心区带状组织中的 {411}⟨148⟩ 位向再结晶和均匀变形的 {554}⟨225⟩ 位向再结晶。（3）调整最终冷轧压下率[567]。

川崎生产的 JGE 系列产品（0.35mm 厚板为主）的特点是钢板表面光滑，无 Mg_2SiO_4 底层，并涂半有机涂层，冲片性比 CGO 大 10 倍，纵横向磁性都好（见图 7-98），叠片系数比 CGO 高，高频铁损也比 CGO 低，最适合用作 EI 型小变压器、镇流器和 T 型分割式电机铁芯以及扼流线圈（卷）铁芯（要求绝缘膜附着性好、高频铁损低）。EI 型变压器铁芯的 E 型冲片有 1/5 长度区是钢板横向，4/5 沿轧向，所以沿轧向冲片。T 型分割式铁芯电机的齿部沿轧向冲片。也可用作磁屏蔽材料。表 7-8 和表 7-9 分别为 800℃ × 2h 消除应力退火后 RGE（即 JGE）与 CGO 典型磁性和高频铁损[568]。

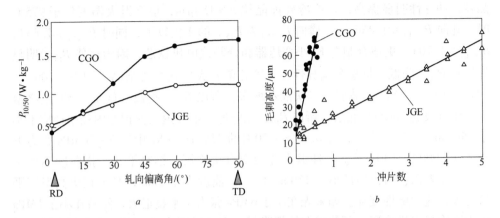

图 7-98 铁损 $P_{10/50}$ 与轧制方向偏离角的关系及毛刺高度与冲片数的关系

a—$P_{10/50}$ 与轧向偏离角的关系；b—毛刺高度与冲片数的关系

表 7-8 800℃ ×2h 消除应力退火后 RGE 与 CGO 典型磁性

试样	方向	铁 损					磁 感	
		$P_{5/50}$ /W·kg^{-1}	$P_{10/50}$ /W·kg^{-1}	$P_{13/50}$ /W·kg^{-1}	$P_{15/50}$ /W·kg^{-1}	$P_{17/50}$ /W·kg^{-1}	B_8/T	B_{50}/T
RGE	RD	0.14	0.51	0.89	1.24	1.56	1.79	1.95
	TD	0.39	1.06	1.85	2.80		1.34	1.54
CGO	RD	0.10	0.41	0.73	0.98	1.29	1.87	1.98
	TD	0.63	1.70	2.41	3.44		1.35	1.55

表 7-9 800℃ ×2h 消除应力退火后 RGE 与 CGO 高频铁损

试 样	方 向	$P_{10/400}$/W·kg^{-1}	$P_{10/1000}$/W·kg^{-1}
RGE	RD	12.0	52.5
	TD	18.9	77.7
	EI core	12.9	55.5
CGO	RD	11.7	53.8
	TD	27.1	98.3
	EI core	14.0	59.6

0.35mm 厚板二次晶粒中 0.15～0.5mm 小晶粒数大于 2 个/cm^2，在 d.p. = -30℃ 的 50%～75% H_2 + N_2 中 900～930℃ ×20s 初次再结晶退火，最终退火制度为：在 d.p. = -20℃ 时 N_2 气中以 50℃/h 速度升到 875℃ ×50h + H_2 中 20℃/h 升到 900～950℃ ×30h 脱氮，EI 铁芯 P_{15} = 0.81～0.85W/kg，冲片数不小于 250 万次。最终退火温度高于 1000℃ 时，二次晶粒中小晶粒个数减少，细化磁畴作用降低，铁芯 P_{15} 增高。在氮气中 875℃ 保温可增氮，这使二次晶粒中存在分散的小

晶粒，冲片性明显提高，最终冷轧前晶粒 $\bar{d} > 150\mu m$，最终退火温度低于 975℃ 时，轧向 $P_{15(L)} < 1.4W/kg$，横向 $P_{15(C)}$ 为 $P_{15(L)}$ 的 2 倍以下，同时 $B_{50(L)} > 1.85T$，$B_{50(C)} > 1.70T$，更适合制造 EI 小变压器和分割式电机铁芯，因为这使 $B_{50(C)}$ 明显提高和 $P_{15(C)}$ 降低，即磁各向异性小。冷轧前 $\bar{d}$ 大使初次再结晶织构中 $\{100\}$ ~ $\{411\}$ 加强，$\{111\}$ 减弱，二次晶粒增多，所以 $B_{50(C)}$ 提高。低于 975℃ 最终退火，而且没有 Mg_2SO_4 底层，所以 $P_{15(C)}$ 也降低。最终退火前钢卷内径半径应不小于 150mm，最终退火后，在 $d.p. = -20℃$ 的 25% $H_2 + N_2$ 中和 5 ~ 10MPa 张力下经 800 ~ 900℃ ×30s 平整拉伸退火并涂半有机涂层，钢带平整，挠曲度不大于 2mm。如果钢卷内径半径小于 150mm 时，挠曲度大于 5mm，必须在更高温度平整退火，这使磁性变坏。如果先在小于 6MPa 张力下平整退火，然后在小于 1MPa 张力下涂半有机涂层，可使横向铁损降低，实验证明大于 6MPa 时横向铁损明显增高，而轧向铁损在不大于 10MPa 时，几乎不变坏。因为横向磁化靠磁畴转动，张力大，钢板中产生内应变可阻碍磁畴转动。而轧向磁化是靠 180° 畴壁移动，内应变对它影响小。一般应力大的涂层（无机盐）可产生 3 ~ 5MPa 张力，横向铁损增高，而且冲片性不好，因此采用半有机涂层（它在钢板中产生的张力小于 1MPa）并在小于 1MPa 张力下涂和 200℃ 烧结。钢中含 $(40 ~ 100) \times 10^{-6}$ Als 使氮化物析出物直径小于 1μm，防止形成粗大 Si_3N_4，可改善产品弯曲加工性。因为粗大 Si_3N_4 在弯曲加工中是产生裂纹的发源地。再者，最终退火在含氮气氛中进行，由于钢中吸收氮，可沿晶界析出 Si_3N_4，也使弯曲性变坏，以后开卷平整退火和涂绝缘膜时易断带。如果最终退火在含氮气氛中以 40 ~ 50℃/h 速度升到 850 ~ 900℃ ×50h 二次再结晶时，均热前半段在含氮气氛中，而后段在 H_2 或 Ar 气氛中进行，前段和后段均热时间之比为 1 : (0.25 ~ 2)（如前半段 15 ~ 35h，后半段为 35 ~ 15h），弯曲性更好。不加抑制剂的铸坯角处常有裂纹，这是由高温下晶界滑动和晶粒内变形速度差引起的。在铸坯冷却到 800 ~ 900℃ 时从晶界处产生裂纹。如果连铸时调整喷水位置迅速通过 800 ~ 900℃ 区，可解决此问题[569]。

将 C 含量提高到 0.02% ~ 0.04%，热轧板经 950 ~ 1050℃ 常化，在 $d.p. = +30℃$ 的 25% ~ 50% $H_2 + N_2$ 中 900℃ ×30s 初次再结晶退火后，C 含量控制在 0.005% ~ 0.025% 时，B_8 高（见图 7 - 99）。C 处于固溶状态时可沿晶界偏聚，使二次再结晶时晶界移动的选择性提高，这与氮的作用相同。因为无底层以后在 $d.p. = +30℃$ 湿 H_2 中和 4MPa 张力下（0.35mm 厚板）或 8MPa 张力下（0.5mm 厚板）850℃ ×60s 平整退火时，很容易将 C 脱到不大于 0.0035%，而且 P_{17} 不变坏，冲片性好，适合用作大发电机定子和大电机。板厚为 0.5mm 时，$B_{8(L)} = 1.85T$，$B_{8(C)} = 1.75T$，$P_{17(L)} = 1.23W/kg$，$P_{17(C)} = 1.40W/kg$，纵横向磁性都好，冲片数大于 300 万次。0.35mm 厚板轧向 B_8 可达 1.90 ~ 1.92T，$P_{17} = 1.0 ~ 1.1W/kg$。也可在最终退火时在 $d.p. = -20℃$ 的 N_2 中以 50℃/h 升到 900℃ ×50h 后，在

$d.p. = -20℃$ 的 H_2 中 $10℃/h$ 升到 $1000℃$ 进行脱碳（依靠 H_2 与 C 形成 CH_4 跑掉）。钢中可再加 Ni、Cu、Sb、Sn 或 Cu。如果将 Als 含量提高到 $0.01\% \sim 0.03\%$，以 AlN 作抑制剂和不形成底层（采用胶状 SiO_2 作隔离剂），最终退火前钢中 $C = 0.01\% \sim 0.025\%$，成品横向 $B_1 > 0.7T$。0.5mm 厚板 $B_8(L) = 1.93$，$P_{17}(L) = 1.55W/kg$，横向 $B_1 = 1.03T$，$P_{10} = 1.13W/kg^{[570]}$。

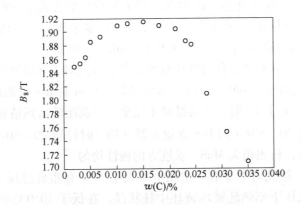

图 7-99　碳含量对磁性能 B_8 的影响

　　钢中 $C < 0.01\%$ 的 RGE 系列产品磁性波动较大，为此将 C 含量提高到 $0.02\% \sim 0.05\%$，C 扩大 γ 区，使热轧板晶粒小，而且冷轧和初次再结晶后固溶碳与固溶氮作用一样，沿晶界偏聚加强抑制力，使初次晶粒尺寸和初次再结晶织构更均匀，成品磁性更稳定。以下介绍在 $C = 0.02\% \sim 0.05\%$ 条件下进行的工作。

7.7.1　冶炼

　　冶炼时应使炉渣充分上浮并防止钢水氧化。即转炉出钢时加 CaO 使炉渣碱度（CaO/SiO_2）> 0.8，RH 处理后连铸前停留大于 30min，在中间罐中加高碱度（大于 1）熔剂防止钢水再氧化，目的是控制钢中直径为 $1 \sim 3\mu m$ 的 Ca 和（或）Mg 氧化物数量小于 400 个/cm^2（最好小于 150 个/cm^2），初次晶粒尺寸均匀，σ^* 为 $\pm 0.3\mu m$，成品长度方向磁性均匀，$\Delta P_{17} < 0.04W/kg$。因为钢中少量杂质元素在热轧时形成的析出物可以 Ca、Mg 氧化物作为核心而复合析出，造成磁性不稳定[571]。

7.7.2　加热和热轧

　　铸坯加热温度低，热轧板也会产生边裂。边裂是在粗轧时产生的（有抑制剂和高于 $1350℃$ 加热工艺的热轧边裂是在精轧时产生的），它与加热炉炉底滑动支架有关。如果将滑动支架间隔从 1m 改为 $1.2 \sim 1.4m$，铸坯长度方向前段到后段的温度梯度小，即温差小于 10℃/m，同时控制粗轧压下率为 75%～80%，热轧边裂小于 5mm，磁性也均匀。如果采用感应炉加热（均热小于 80min）更好。铸坯在低于 1250℃ 加热时处于 γ＋α 两相区，C 和 Si 浓度在 γ 相和 α 相中不同，但 C 扩散速度快，在二相区分布均匀，而 Si 扩散慢，分布不均匀（Si 在 γ 相中比在 α 相中少）。为此铸坯加热时表面温度为 850～1100℃（即 γ 相形成范围内），以 100～450℃/h 速度慢升温，在 1150～1200℃ 均热后在高于 1000℃ 时经 5%～10% 宽度压下，可保证 Si 分布均匀（宽度压下比水平压下使铸坯中 Si 等固溶元素扩散更快）。成品磁性均匀，$B_8 = 1.91T$，$\Delta B_8 \approx 0.01T$[571]。

连铸时调整浇铸速度，使铸坯中柱状晶伸长方向对表面垂直方向的偏离角为 5°～15° 时，热轧板中 {100}〈011〉组分降低（即抑制 α－纤维的形成），成品无线晶，B_8 高。大于 15° 时二次再结晶不完全。控制粗轧后到精轧前低于 1100℃ 时的停留时间为 20～80s（钢中 S 含量 ≤25×10^{-6} 时停留 20～60s；S＝40×10^{-6} 时停留 60～80s），析出粗大 MnS，长度方向磁性均匀[572]。

高于 1050℃ 粗轧时至少有一道压下率大于 30% 和粗轧总压下率大于 70%，即在二相区经大压下率热轧破坏铸坯中柱状晶。在低于 1050℃ 单一 α 相区精轧后以大于 20℃/s 速度快冷，减少沿晶界析出的 Fe$_3$C 数量，低于 600℃ 卷取，热轧板组织均匀细化，而且热轧后大于 20℃/s 快冷，使表面形成以 Fe$_3$O$_4$ 为主的氧化层，可防止钢板表面脱 C（一般热轧板表面形成以 FeO 为主的氧化层通过 FeO＋C→Fe＋CO↑ 反应使表面脱 C），可使常化和冷轧组织更均匀，成品磁性好且均匀。无抑制剂的纯净钢中合金元素在晶界偏聚倾向小，空隙大的晶界数量增多，冷轧时易断带。如果精轧时至少有一道在 850～950℃ 范围内进行，热轧板经高于 850℃ 常化，热轧后从 750℃ 到 650℃ 的冷却时间以及常化时从 600℃ 升到 700℃ 的升温时间总和小于 20s，可提高冷轧加工性，断带概率减小。不加抑制剂的钢热轧引入的位错更容易移动，即加工应变程度小，特别是在 600～750℃ 内更明显，这可阻碍再形成新位向的再结晶。按上述方法常化后再结晶组织更均匀，减少空隙大的晶界数量，从而提高冷轧加工性，二次再结晶也更稳定。在 940～1000℃ 精轧和 800～900℃ 终轧，即精轧开轧温度低，轧速快和终轧温度高，可使头中尾 MnS 和 Cu$_2$S 析出状态不发生大变化，成品长度方向磁性均匀[573]。

提高钢中 Mn 和 Cu 含量，（S＜50×10^{-6}），Mn%/S% 或（Mn%＋Cu%）/S% ≥20，使铸坯中 MnS 或（Mn，Cu）S 粗化，以后低于 1200℃ 加热时不固溶，成品 B_8 高（如 0.12% Mn 或 0.08% Mn＋0.1% Cu）。如果热轧过程中控制板温高于 950℃ 时的总压下率大于 75%，常化时在 500～900℃ 升温时间小于 100s（最好小于 60s），热轧板组织均匀，成品二次晶粒尺寸均匀，大于 20mm 晶粒小于 15%，小于 3mm 晶粒少于 20%，冲片性好，$B_8 = 1.0T$ 时的 $\mu > 2000$，低磁场磁性提高。常化 500～900℃ 升温时间短，可防止析出大量 AlN，提高钢中固溶氮量，增大钉扎晶界作用，使二次晶粒尺寸分布更均匀。如果大于 20mm 二次晶粒数量多，冲片性降低，冲片尺寸精度也不好。小于 3mm 二次晶粒数量多，取向度降低，μ 下降[574]。

7.7.3 常化

控制终轧温度和常化温度，调节冷轧前晶粒尺寸，如 850～1000℃ 终轧，980～1050℃ 常化，使冷轧前晶粒尺寸均匀，磁性好。如果钢板表层晶粒大，中心晶粒小，冷轧和退火后晶粒也不均匀，织构也不好，成品磁性低[575]。

在 $d. p. \geqslant 10℃$ 的 N_2 中 1050℃ × 10～200s 常化控制脱碳量 20～80mm，磁性好，0.35mm 厚板 $B_8 = 1.90T$，$P_{17} = 1.14W/kg$。常化时板宽方向边部 100mm 区的常化温度比中部低（如边部 950℃，中部 1000℃），使边部表面氧附着量小于 $0.1g/m^2$，中部氧含量不大于 $0.15g/m^2$，并且边部 O 含量低于中部时磁性高，而且成品弯曲数大于 10 次，薄膜附着性好。因为边部 O 含量低，以后脱碳退火表面形成的氧化物不易活化，最终退火不会过多增 N 而析出在净化退火时不易脱 N 的 Si_3N_4，所以弯曲性提高。中部 O 含量比边部高脱碳退火形成的氧化物活化，最终退火增 N 量合适，磁性提高。如果常化后在降低 10～15℃ 的温度下保持 20～60s，可提高 B_8 值，因为这使未固溶的 AlN 等粗化以及抑制冷轧过程中析出细小 AlN[576]。

7.7.4 冷轧

在 100～200℃ 冷轧。控制常化后卷取到冷轧前钢板温度为 50～250℃，使钢中部分固溶碳以 Fe_3C 析出，冷轧时不会发生了裂纹[577]。

二次冷轧法第二次冷轧时先用 ϕ400mm 工作辊经 20%～60% 压下率冷轧后，再用小于 ϕ150mm 工作辊径冷轧到 0.23mm 或 0.30mm 厚成品，B_8 高，因为这可改善冷轧织构，从而改善初次再结晶织构来抑制初次晶粒长大[578]。

7.7.5 脱碳退火

在 $d. p. < 15℃$（如 0℃）以小于 60% $H_2 + N_2$ 中快速升温（从 500℃ 以大于 50℃/s 速度快升到 700℃）进行初次再结晶，再在 $d. p. > 30℃$ 的 > 40% $H_2 + N_2$ 中 800～850℃ 脱碳退火。初次再结晶退火时钢中固溶碳可加强抑制力，使晶粒尺寸和织构更均匀，并促进以后脱碳，而且快升温使二次晶粒尺寸减小，磁性高。如果采用二段退火，即前段在 $d. p. = 10～30℃$ 的 40%～50% $H_2 + N_2$ 中 700℃ × 30s 进行初次再结晶，后段在 $d. p. = 55～60℃$ 的 50%～60% $H_2 + N_2$ 中 800～850℃ × 20s，或前段温度为 900℃、后段温度为 800～850℃ 进行脱碳也可达到此目的。由于钢中 $S < 50 × 10^{-6}$，Als 也低，脱碳退火后内氧化层不致密，SiO_2 为树枝状

的粗结构，以后形成的底层也不好（S 含量高可适当抑制内氧化的进行，而形成较薄的致密内氧化层）。在钢中加 0.05% ~ 0.2% Cr 可使内氧化层致密，最终退火时形成的底层附着性好，但由于过氧化，二次晶粒位向漫散，磁性降低，如果同时再加 0.1% ~ 0.15% Cu 和 0.025% ~ 0.035% Sb 可抑制过氧化。如果单独加 Cu 可使树枝状 SiO_2 变为球状或层状 SiO_2，同时要控制好常化后表层与中心区的 Cu 浓度比大于 1.2，Si 浓度比小于 0.9（因为常化时表层氧化而使 Si 含量低于中心层），磁性和底层都好。控制方法是调整在 100% N_2 中常化气氛的 P_{H_2O}/P_{H_2} 和温度以及酸洗条件，如 1000℃ × 60s，P_{H_2O}/P_{H_2} = 0.65 常化和 75℃，HCl 酸洗。如果常化前和后钢中 C 含量变化小于 $150 × 10^{-6}$（如在 P_{H_2O}/P_{H_2} = 0.25 ~ 0.40 的 N_2 中 1000℃ × 30s 常化），脱碳退火时从 600℃ 以大于 10℃/s 速度升到 750℃ 和 800 ~ 850℃ 脱 C，控制初次晶粒尺寸为 15 ~ 60μm，σ^* < 0.4，B_8 高（见图 7 - 100）初次晶粒尺寸不均匀是由各晶粒中的应变不均匀引起的[579]。

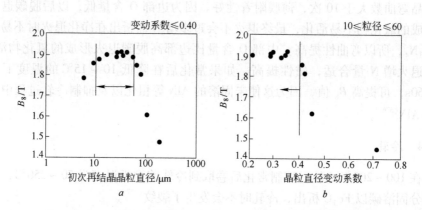

图 7 - 100　控制初次晶粒尺寸和尺寸变动系数对磁性能 B_8 的影响

a—晶粒尺寸对 B_8 的影响；b—尺寸变动系数对 B_8 的影响

控制冷轧板表面光滑度 Ra = 0.20 ~ 0.35，脱碳退火后氧附着量为 1.4 ~ 1.6g/m² （P_{H_2O}/P_{H_2} = 0.4 ~ 0.5，800℃ × 30s），0.3mm 厚板 B_8 = 1.90 ~ 1.92T，底层附着性好。Ra < 0.15μm 时，为保证氧附着量必须提高 P_{H_2O}/P_{H_2}，但内氧化层不好。Ra > 0.5μm 时，P_{H_2O}/P_{H_2} 要降低，这对脱 C 又不利[580]。

钢中含 40 ~ 100 × 10^{-6} Als，30 ~ 60 × 10^{-6} N_2，加 0.05% ~ 0.1% Sb，并将 Mn 含量提高到 0.10% ~ 0.13% （Sb 含量高，Mn 含量也应提高），脱碳退火后氧附着量 = 0.3 ~ 0.8g/m²，Fe_2SiO_4/SiO_2 = 0.03 ~ 0.15，底层和磁性都好。0.3mm 厚板 B_8 = 1.91T，P_{17} = 1.0W/kg，控制好 Als 和 N 含量可形成致密氧化膜，抑制最终退火时增 N 和降 N，使二次晶粒位向更准。加 Sb 也防止增 N，但降低脱碳退火时钢板氧化速度，即氧附着量减少，底层缺陷增多。提高 Mn 含量目的是弥补 Sb 的这种坏作用，因为 Mn 加速钢板氧化，使（Fe,Mn）$_2$SiO$_4$ 和 SiO$_2$ 增多。最终退火在高于 1100℃升温，或冷却时在 Ar + N$_2$ 气氛中进行，可明显改善钢板弯曲性[581]。

不加抑制剂和低温加热工艺的制成品底层质量不好，已知钢中加 0.05% ~ 0.1% Cr 可改善底层质量，实际上是钢板表层 Cr 起作用，因此要控制表面 Cr 浓度比基体高 0.5 ~ 0.8 倍，也就是控制常化后酸洗时间，如 80℃的 5% HCl 水溶液中酸洗 60 ~ 80s。如果酸洗时间长，表面 Cr 含量降低。已知内氧化层中形成的尖晶石可阻碍底层的形成，当表层 Cr 含量高时，可促进氧化使底层加厚[582]。

7.7.6 隔离剂

100 份 MgO + 2 ~ 8 份比表面积 BET 为 5 ~ 14.9m^2/g TiO$_2$ + 2 ~ 5 份 BET 为 0.8 ~ 4.5m^2/g 的 Sr(OH)$_2$·8H$_2$O 或 Ca(OH)$_2$ 等氢氧化物，磁性和底层好。BET 值在上述规定范围内（调节加入物质的颗粒直径）可使 MgO 涂料液中这些加入物质处于均匀分散状态，TiO$_2$ 促进 Mg$_2$SiO$_4$ 底层均匀形成，附着性提高，并促进脱硫，B_8 提高，P_{17} 降低。Sr(OH)$_2$·8H$_2$O 等氢氧化物可使最终退火气氛有适当的氧化性，从而排除钢中 Al 等有害元素，使二次再结晶更稳定[583]。采用的 MgO 中含 0.01% ~ 0.05% Cl，CAA 40% 值为 40 ~ 90s，水化率为 1% ~ 3%[584]。

MgO + 约 2% 硫化物（K$_2$S、SrS 等）或硫酸盐（如 CaSO$_4$、SrSO$_4$ 等），最终退火升温时使钢中 S 含量增高（2 ~ 30）×10^{-6}，通过 S 沿晶界偏聚阻碍其他位向初次晶粒长大，二次再结晶完善，{110}⟨001⟩ 位向更准。如果钢卷 90% 位置比 10% 最外圈位置涂料量增高 100% ~ 200%，控制以后增硫量最大值和最小值之差 ΔS < 30×10^{-6}，磁性更均匀[585]。

涂不高于 1200℃高温烧结成的不活性 MgO 或 10% MgO + 20% CaO + 40% Al$_2$O$_3$ 或 MgO +（1 ~ 10）份 Bi、Sr、Sb 等氯化物，不形成 Mg$_2$SiO$_4$ 底层，可提高冲片性，表面光滑，磁性也好[586]。涂胶状 Al$_2$O$_3$ 和胶状 SiO$_2$，黏度小于 25mPa·s，颗粒小于 100nm，也可防止形成底层[587]。

7.7.7 最终退火

二次再结晶开始温度 T_s 约为 850℃，在 T_s 以上 20 ~ 80℃温度下保温大于 30h，进行二次再结晶后，再在 H$_2$ 中升到 1150℃净化退火。如在 50% H$_2$ + N$_2$ 中 50℃/h 升到 900℃×40 ~ 60h，再在 H$_2$ 中以 20℃/h 速度升到 1150℃，B_8 高，因为这有利于加快晶界移动速度。控制初次晶粒 $\bar{d} = 8 ~ 25\mu m$，最终退火从 800℃以 2 ~ 5℃/h 速度升到 900℃保温，并保证 800℃与 900℃时使钢中氮含量之差为（-10 ~ +25）×10^{-6}，也就是钢中 N 含量为（20 ~ 50）×10^{-6} 时，B_8 高且均匀。钢中 Als 为（20 ~ 100）×10^{-6}，少量 Als 可控制升温时钢中 N 含量。Cu、Sb、Sn 在表面偏聚也可控制 N 含量。如果先在 T_s 以下 5 ~ 20℃温度保温 10 ~ 30h，后再

升到 T_s 保温，磁性更均匀，$\Delta B_8 < 0.02T$。因为钢中存在少量 S、N，仍残留些抑制力，这使 T_s 波动，ΔB_8 高。在 T_s 以下保温目的就是使这些析出物粗化[588]。

1050 ~ 1150℃高温 H_2 中净化退火时，在钢卷边部 100mm 深地区 H 容易渗入钢中，使二次晶粒的晶界脆化（晶界处形成空位）。这些晶界地区露出金属表面。再者，净化退火后钢中残存的 N 在冷却过程中在这些晶界地区优先析出 Si_3N_4，也使钢卷边部弯曲性变坏。净化退火时控制 H_2 分压小于 0.8 大气压可解决此问题，弯曲数大于 6 次。此外，钢中 S 含量低，钢板易氧化，在 MgO 中加的 TiO_2 又可供给氧，这都可使二次再结晶后晶界氧化而形成 SiO_2 内氧化层。高温净化退火时 SiO_2 可被 H 还原，在冷却过程中与钢中 N 沿晶界析出 Si_3N_4，使晶界产生裂纹，弯曲性也不好。如果在 950 ~ 1050℃时在大于 50% Ar 气氛中保温或以 15℃/h 速度从 950℃升到 1050℃进行脱 N（在 Ar 下高于 950℃就开始脱 N），也可提高弯曲性[589]。

在 850 ~ 950℃二次再结晶退火保温时采用 70% Ar + N_2 或 100% Ar 保护气氛，磁性好且均匀。二次再结晶的孕育期为 10 ~ 20h，此时如果用 N_2 保护，由于渗入较多的 N 而在晶界处形成析出物，使以晶界能为基础的钉扎效应（即织构抑制初次晶粒长大机理）减弱，所以磁性变坏[590]。

已知初次再结晶退火后，钢中 C 保持在 0.005% ~ 0.025% 范围内（在 $d.p.$ = +25℃气氛下不充分脱碳）。二次再结晶退火后再经脱碳退火，B_8 高，P_{17} 低。但由于初次再结晶退火时形成的内氧化层可阻碍二次再结晶退火后的脱碳，不易使 C 含量降到 30×10^{-6}。如果初次再结晶退火后将钢板两个表面研磨掉 0.05 ~ 2g/m^2，再经高于 800℃二次再结晶退火后脱碳退火时，脱碳性明显提高。然后涂 MgO 和高于 1000℃退火形成良好 Mg_2SiO_4 底层，磁性也高。0.3mm 厚板 B_8 = 1.91 ~ 1.92T，P_{17} = 0.96 ~ 1.0W/kg，可用作大变压器。采用磨刷或砂轮研磨以保证钢板表面光滑度，研磨后最好再经 HCl 轻酸洗或电解去油。如果初次再结晶退火时在 $d.p.$ < 15℃（P_{H_2O}/P_{H_2} < 0.06）气氛下进行，不脱碳也不形成内氧化层，静电法涂 50% Al_2O_3 + 50% SiO_2，再经高于 800℃二次再结晶退火和脱碳退火，脱碳退火前表面经研磨和轻酸洗去掉二次再结晶退火后表层中的石墨，以保证脱碳性和底层附着性。脱碳退火后再涂 MgO + TiO 和高于 1000℃退火，也可用作大变压器。由于初次再结晶退火时不脱碳而不形成内氧化层，钢板在二次再结晶退火时易粘接，所以要用静电法涂 Al_2O_3 + SiO_2[591]。

7.8　薄铸坯（30 ~ 70mm 厚）热轧工艺

采用薄铸坯连铸连轧工艺（如 CSP 法）已生产无取向电工钢，但至今还没有正式生产取向硅钢。此法的优点是投资少，建设周期短，工艺流程缩短（省掉初轧），铸坯加热温度低，成材率高，能源消耗和劳动力消耗低，生产成本明显降低。而且薄铸坯晶粒更小且均匀，微观偏析减少。由于连铸后的铸坯立即进入1150~1200℃炉底辊隧道式均热炉中均热和热轧，纵横向温度更均匀，制成的电工钢钢卷长度方向和宽度方向磁性也更均匀。由于铸坯表面与中心区温差小，粗大析出物固溶温度更低，抑制力更强，冷轧和脱碳退火后初次晶粒比通用厚铸坯工艺的初次晶粒更小（见图7-101a）和合适的初次晶粒尺寸范围更宽，B_8 更高（见图7-101b）。热轧带卷板形好，尺寸更均匀，厚度偏差小，制成的成品厚度偏差也小。采用此法制造取向硅钢，除上述优点外，还省掉高温加热工艺，而且薄铸坯晶粒小，这都使热轧带卷边裂明显减少，同时可防止成品出现线状细晶缺陷和磁性更均匀，再者此法可热轧成更薄的 0.8~1.5mm 厚热轧带卷，以后采用一次冷轧法就可生产 0.20mm 和 0.23mm 厚成品，关键问题是如何控制好抑制剂尺寸和数量。如果能将均热炉温度提高到 1250℃ 更有利。

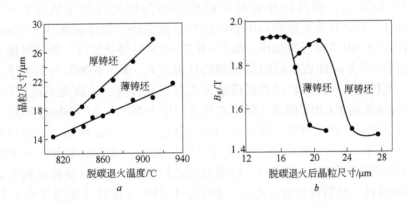

图7-101 脱碳退火温度与初次晶粒尺寸的关系及脱碳退火后晶粒尺寸与磁性的关系
a—温度与晶粒尺寸的关系；b—晶粒尺寸与 B_8 的关系

原意大利 Terni 钢公司提出，0.02%~0.05% C，3.1%~3.2% Si，0.1%~0.13% Mn，0.006%~0.008% S，0.025%~0.03% Als，0.004%~0.008% N 和0.1%~0.15% Cu，以 $AlN + Cu_2S$ 作抑制剂。浇铸速度为 3~5m/min，钢水过热度 $\Delta T < 30℃$（3% Si 钢液相线约1490℃，固相线约1450℃），经 30~60s 时间完全凝固（即控制好冷却速度），锭模振动幅度为 1~10mm，振幅频率为 200~400周/min，1000~1200℃ 开轧，850~1050℃ 终轧，热轧后至少停留 5s 再冷却，不经常化，最终冷轧压下率大于 80%，在 200~250℃ 冷轧，在 $P_{H_2O}/P_{H_2} = 0.3~0.7$的 75% $H_2 + N_2$ 中870℃×60s + $P_{H_2O}/P_{H_2} = 0.03$ 的 75% $H_2 + N_2$ 中900℃×60s 二段式脱碳退火，最终在不小于 40% $N_2 + H_2$ 中从650℃ 以30℃/s 速度升到1200℃净化退火，0.3mm 厚板 $B_8 = 1.89T$，$P_{17} = 1.03~1.09W/kg$。如果脱碳退火后再渗 N，磁性更稳定。要保证铸坯中等轴晶与柱状晶之比为 35%~75%，等轴晶粒尺寸小于 1.5mm，铸坯中析出物尺寸不大于 0.06μm。C 含量低，减少 γ 相数量，

可防止 AlN 分解。采用以后渗 N 工艺时热轧板可经常化。渗 N 工艺为在 5% ~ 10% NH$_3$ 的 N$_2$ + H$_2$ 中 870 ~ 950℃ × 30s。N 在钢板中扩散更均匀，并直接形成 AlN。初次晶粒尺寸 $\bar{d}$ = 18 ~ 28μm。最终退火时升到 700 ~ 800℃ × ≥4h 可使钢板表面形成的 Si$_3$N$_4$ 固溶，并与扩散进去的 N 形成一批新的 AlN 质点。如果 60mm 厚铸坯经 1210℃ + 1100℃ 二段式加热法，热轧板常化和脱碳退火后渗 N，0.3mm 厚板 B_8 = 1.92 ~ 1.93T，P_{17} = 0.96W/kg[592]。

德国 Thyssen 公司提出，0.05% C，0.15% Mn，0.006% S，0.03% Als，0.008% N，0.2% Cu，0.06% Cr 钢，RH 处理后钢水中 H ≤ 10 × 10^{-6}，连铸时经电磁搅拌，浇铸温度最好是钢水过热度 ΔT ≤ 25K，这都可保证铸坯组织均匀和晶粒小。连铸时加压减薄 5 ~ 30mm，以保证热轧带更薄并使热轧辊磨损减少，尽量防止热轧前析出 AlN，薄铸坯中心偏析和疏松度也明显减少。连铸加压减薄有两种方法：(1) LCR 法，即铸坯外壳凝固而中心还为钢水时加压减薄 5 ~ 30mm。(2) SR 法，即铸坯完全凝固前中心区仍处于液态时，加压减薄 0.5 ~ 5mm，如采用凝固度 f_s = 0.2 时开始加压，而 f_s = 0.7 ~ 0.8 时停止加压。连铸时钢水从弯曲处转到水平方向伸直区凝固后控制铸坯温度在 700 ~ 1000℃ (最好为 850 ~ 950℃) 范围内，可保证铸坯表面或边部附近延展性好，表面无裂纹。约 60mm 厚的薄铸坯在高于 650℃ 时进入隧道式均热炉中 1150℃ × 20 ~ 30min 均热 (防止形成氧化铁皮)，在 7 机架轧机上约 1100℃ 开轧，在 γ + α 两相区进行热轧，但第一道压下率不小于 40%，第二道大于 30%，即前两道总压下率大于 60%，此时 γ 相数量最多 (25% ~ 30%)，可充分防止析出 AlN，并且使铸坯粗大晶粒细化，提高磁性。最后两道的每道压下率应小于 25% (此时 γ 相数量小于 15%)。热轧后不大于 5s 时间内尽快喷水冷却，550 ~ 650℃ 卷取，热轧板中硫化物和氮化物平均尺寸小于 150nm，分布密度不小于 0.05 个/μm^2，这可控制以后热处理时初次晶粒长大。热轧板经常化，2mm 厚热轧板一次冷轧到 0.3mm 厚成品，脱碳退火后经渗 N 处理。不经渗 N 处理的成品 B_8 = 1.89T，P_{17} = 1.1W/kg，经渗 N 处理成品，B_8 = 1.93T，P_{17} = 0.98W/kg[593]。

新日铁用 {110} [001] 单晶体进行试验，证明存在 10 ~ 50nm AlN 时才发生二次再结晶，小于 5nm 或不小于 1μm AlN 都无效。提出 0.04% ~ 0.05% C，0.07% ~ 0.16% Mn，0.025% ~ 0.03% S，0.025% ~ 0.03% Als，0.007 ~ 0.009% N (可加 Cu、Sn 等) 的 40 ~ 60mm 薄铸坯经约 1250℃ × 5 ~ 8min 加热，可使 AlN 固溶，1210 ~ 1220℃ 开轧，热轧后尽快喷水冷却 70 ~ 85s 卷取 (约 600℃)，2 ~ 3mm 厚热轧板经常化，一次冷轧到 0.3mm 厚板，脱碳退火后不经渗 N 处理，B_{10} = 1.93T，P_{17} = 1.01W/kg[594]。

7.9　薄铸坯 (2.0 ~ 3.0mm) 直接冷轧工艺

为了省掉高温加热和热轧工序以及生产不小于 0.3mm 厚带，新日铁按 AlN +

MnS 方案的成分，采用双辊快淬法制成 1~4mm 厚的薄铸坯。冷却辊直径约 300mm，辊周速为 400~550mm/s，钢水与冷却辊接触时间约 0.3s。调整冷却条件（冷却辊压力和二次冷却速度）以控制铸坯厚度。辊子压力控制在 490MPa 以上。一般快淬法的辊子压力小于 490MPa，铸坯为 {100}⟨ovw⟩ 柱状晶组织，其中几乎无 (110)[001] 晶粒，一次冷轧法不易获得完善的二次再结晶组织，必须在凝固后采用强水冷却和二次冷轧法。如果压力大于 490MPa，铸坯厚度方向中心区冷却速度大于 50℃/s，快速凝固后，在 1300~900℃ 之间的冷却速度（二次冷却速度）大于 10℃/s 时（相当于弱水冷却），产生再结晶晶粒，为混乱位向的铸态组织，并获得细小 MnS 和 AlN 析出质点。铸坯在高温常化后经一次或二次冷轧法（大于80%压下率）都可使二次再结晶完善和 B_8 提高（见图 7-102a、b）。因为快淬薄铸坯中，(110)[001] 晶粒少，最好采用一次大压下率冷轧法，0.22mm 和 0.3mm 厚带的 B_8 = 1.92~1.94T。如果经强水冷却只能采用二次冷轧法，但 $B_8 \approx 1.88$T。如果薄铸坯的两个表面先经刚体小球（直径为薄铸坯厚度的 0.2~2 倍）喷丸处理或高速气流处理和 700~1250℃ 退火（如 700℃×25min 或 1250℃×10s），使表面形成细小再结晶晶粒层并形成部分 (110)[001] 晶粒，成品二次晶粒小，取向度提高，P_{17} 比通用的 Hi-B 工艺低5%以上，而且提高冷轧加工性。薄铸坯凝固后以大于 10℃/s 冷却时，MnS 和 AlN 尺寸较大（0.1~1.0μm），而且薄铸坯中位错密度较低，晶粒也较大，析出位置明显减少，抑制力较弱，这对制造不大于 0.15mm 厚带很不利。如果钢中加 0.04%~0.10% Nb，提高抑制力，2mm 厚铸坯一次冷轧到 0.15mm 厚带时，B_8 = 1.91~1.93T（见图 7-102c）。在 MgO 中加硫化物或氮化物也可加强抑制力。按一次或二次冷轧法制成的 0.1mm 厚 AlN+MnS+Cu+Sn 方案的 P_{17} = 0.76W/kg，0.05mm 厚板的 P_{17} = 0.71~0.74W/kg，$B_8 \approx 1.92$T[595]。

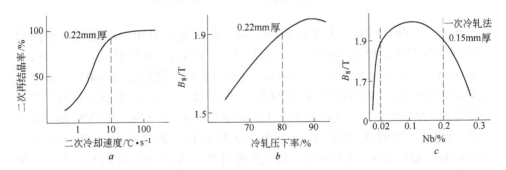

图 7-102 薄铸坯冷却速度、冷轧压下率和铌含量与 B_8 的关系

（AlN+MnS+Cu+Sn 方案）

a—二次冷却速度与二次再结晶率的关系；b—冷轧压下率与 B_8 的关系；

c—铌含量与 B_8 的关系

研究 AlN + MnS + Sn 方案的 3mm 厚铸坯（A 号）和通用的 2.3mm 厚热轧板（B 号），经 1130℃常化后的冷轧压下率的影响证明，A 号铸坯经 92.7% 压下率冷轧时，二次再结晶还未完善，B_8 很低。压下率大于 92.7% 时（95% ~96%），二次再结晶完善，B_8 高；B 号热轧板经 90% 压下率冷轧时，二次再结晶完善，随压下率继续增高，(110)［001］位向变坏，B_8 降低（见图 7－103a）。A 号铸坯在冷轧前为混乱织构，但经 95% ~96% 压下率冷轧和脱碳退火后，Σ9 重位位向密度 I_c 增高，从而获得高取向二次再结晶组织。压下率为 92.7% 冷轧时，I_c 低，所以二次再结晶不完善（见图 7－103b）。B 号热轧板在原表层就存在强的 (110)［001］组分，所以经 90.4% 冷轧和脱碳退火后 I_c 高[596]。

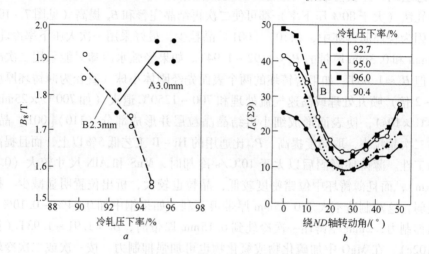

图 7－103　冷轧压下率与 B_8 的关系及脱碳退火后 1/5 厚度区 {110}⟨001⟩ I_c(Σ9)
密度与它绕 ND 轴转动位向的分布
a—压下率与 B_8 的关系；b—I_c(Σ9) 与转动角的关系

在 AlN + MnS + Sn（或再加 Cu 或 Sb）方案的成分中，将碳含量提高到 0.065% ~0.12%，控制 Als(%) = {(27/14) × N(%) + 0.0035} ~ {(27/14) × N(%) + 0.01}，钢水快淬成 0.5 ~3mm 厚的薄铸坯，浇铸后以 100℃/s 速度从 1250℃冷到 500℃，使 AlN 中 N = 0.001% ~0.0012%，1100℃常化后以约 35℃/s 速度冷到 200℃以下，一次冷轧到 0.17mm 厚板的 P_{15} = 0.54 ~0.55W/kg，B_8 = 1.93 ~1.94T。加铜或锑时，P_{15} = 0.51 ~0.53W/kg，激光照射后 P_{15} = 0.41 ~0.43W/kg。加 0.35% ~2% Ni 时，激光照射后 P_{15} = 0.36 ~0.41W/kg。平均二次晶粒尺寸为 11 ~50mm。由图 7－104a 看出，二次晶粒过大，磁性变坏。图 7－104b 证明，C = 0.065% ~0.12% 时，二次再结晶完善，P_{15} 低。图 7－104c 表明，冷轧压下率控制在 83% ~92% 时，可保证二次晶粒尺寸为 11 ~50mm 和 B_8 ≈ 1.95T[597]。

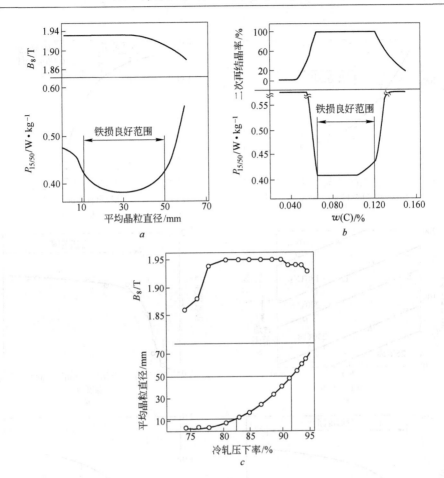

图7-104　碳含量、冷轧压下率和二次晶粒尺寸与磁性的关系

（AlN + MnS + Sn 方案，0.17mm 厚板）

a—二次晶粒尺寸与磁性的关系；b—碳含量与二次再结晶率和 P_{15} 的关系；

c—冷轧压下率与二次晶粒尺寸和 B_8 的关系

浇铸温度高，薄铸坯中 $\{100\}\langle uvw\rangle$ 柱状晶增多，几乎没有 (110)[001] 晶粒。因此控制浇铸温度与凝固温度的温度差即过热度 $\Delta T < +50\,℃$，柱状晶减少，晶粒位向是混乱的。在 $N_2 + Ar$ 气氛中浇铸可保证成分，特别是氮含量稳定。凝固后从 MnS 固溶区（δ 相区）温度快速冷却至（δ + γ）两相区。如从 1300℃ 以大于100℃/s 二次冷却速度冷至 900℃，使 γ 相细小均匀分布并在 δ 相晶粒中析出 10nm 数量级的细小 MnS。为阻止 γ 相晶粒长大和析出粗大 AlN，再以大于 5℃/s 冷却速度冷到 700℃。此时薄铸坯晶粒小于 100μm，(110)[001] 晶粒数量增多，常化、冷轧和退火后 B_8 高（见图7-105a、b）。钢中 Als 含量高，铸坯晶粒细小，因为在凝固期通过铝的润湿性使凝固核增多。从 1400～800℃ 之间的

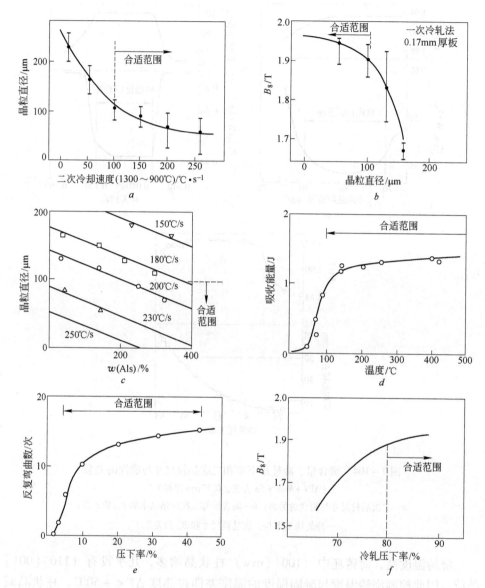

图 7 - 105　薄铸坯中 Als 含量、冷却速度和热轧压下率与铸坯晶粒尺寸、韧性和 B_8 的关系

a—二次冷却速度与薄铸坯中晶粒尺寸的关系；b—薄铸坯晶粒尺寸与 B_8 的关系；c—Als 含量和
二次冷却速度与薄铸坯中晶粒尺寸的关系；d—温度与 2mm 薄铸坯冲击值的关系；e—1100℃ 时
压下率与薄铸坯弯曲数的关系；f—冷轧压下率与 B_8 的关系

冷却速度 v 与 Als 含量有关，即 $v \geqslant [400 - 0.2w(\text{Als})]/1.8$。由图 7 - 105c 看出，Als 和 v 高，晶粒细小。薄铸坯中晶粒尺寸比一般热轧板中晶粒约大 10 倍，并且热应力大，韧性较低，因此应在快淬后高于 100℃ 时卷取（见图 7 - 105d）。凝固

后冷却到700～1100℃之间经不大于45%压下率热轧，并且压下率 $R(\%) = 5 + 15/400(1100 - T)$（$T$ 为热轧开始温度，℃）。由图7-105e看出，弯曲数明显提高。薄铸坯晶粒大也使 MnS 析出不均匀。如果凝固后以约50℃/s速度冷至1200℃，并在约1100℃停留约10s后再经20%～40%热轧，MnS 析出均匀，同时析出细小 AlN，这可省去常化处理。薄铸坯冷轧时易产生裂纹，除去本身韧性较低外，与二次冷却过程中形成的粗大 Fe_3C 也有关系。以大于10℃/s速度冷却，并在100～400℃冷却过程中经15%～50%压下率温轧成1～3mm厚板，可阻止析出粗大 Fe_3C，弯曲数提高。在钢包或中间罐中加不易分解的 CoO 或 NiO，Co 或 Ni 加入量相当于100～700g/t，作为晶核可细化晶粒。图7-105f证明，常化后经大于80%（最好大于90%）压下率冷轧，B_8 高[598]。

薄铸坯晶粒大，而且由于钢水急冷（钢水与冷却辊接触时间为0.3s）收缩率大和二次冷却产生大的热应力，使铸坯中缺陷增多，这都造成薄铸坯脆化。如果延长钢水与冷却辊接触时间（如0.5s），在铸坯脱离冷却辊前就已凝固，然后立即经冷却辊压下减薄，这使铸坯内部缺陷明显减少和晶粒细化，韧性提高（即弯曲数提高）。如果在双辊与钢水接触时在 Ar 气下进行，由于 Ar 热导率高，钢水冷却更快，铸坯为混乱位向的细小等轴晶组织，成品磁性好。如果采用 N，其热导率虽与 Ar 相近，但钢水表面吸收少量 N 而使热传率降低，铸坯为柱状晶组织，磁性低[599]。

AlN + MnS 方案中加0.005%～0.025%Bi，双辊法浇铸2.3mm厚坯，常化和一次冷轧法制成的0.3mm厚成品 $B_8 = 1.94$～1.97T，二次冷轧法制成的成品 $B_8 = 1.92$～1.93T。AlN + 渗 N 方案，2.3mm 薄铸坯经550～650℃卷取，常化和大于85%压下率一次冷轧法，冷轧温度约200℃，$B_8 = 1.94$T，0.3mm 板 $P_{17} = 0.91$W/kg，0.23mm 板 $P_{17} = 0.8$W/kg。也可先在800～1100℃经小于45%压下率热轧[600]。

美国 AK 公司也提出，首先以不小于10℃/s速度冷却到1150～1250℃，再以75～100℃/s速度快冷到不低于950℃，不低于800℃卷取，目的是控制 MnS 析出尺寸。凝固的钢带进入密闭室中通 N_2 或 Ar 气使表面氧化减到最低。通过水流速、喷嘴数量和形状、喷射角以及冷却区长度控制喷水速度为125～400L/min，可保证上述冷速。喷水温度为25℃，喷水时间为4～9s。2.5mm 厚×80mm 宽的铸坯带无裂纹。MnS 方案0.27mm 厚度成品 $B_8 = 1.85$～1.87T。如果浇铸3mm 厚带在不氧化气氛中加热到约1050℃×≥10min，经一道热轧到2mm 厚，使表层1/4地区充分再结晶也可[601]。

意大利 Terni 公司提出 AlN + 渗 N 方案，控制好冷速，不低于750℃卷取，以后900℃渗 N 处理，0.3mm 厚板 $B_8 = 1.94$T。AlN + MnS 或 AlN + 渗 N 方案，在快淬与卷取之间在线经1100～1200℃大于20%压下率热轧后再低于600℃卷取，组织和织构更均匀，并析出细小 MnS 和 AlN，磁性好[602]。

7.10　连续炉高温退火工艺

为解决成卷高温退火引起的温差大和退火周期长的问题，新日铁曾以 AlN 为主的钢研究连续炉开卷高温退火新工艺。由于不需要涂 MgO 隔离剂，成品表面无底层，二次再结晶基本完成，但残余更多初次晶粒孤岛和小集团，而且由于时间短不易净化去除 N，所以磁性低。制成的成品只适用于制造 EI 小变压器和发电机定子，冲片性高，但没有进行工业生产。高于 1000℃ 高温连续退火炉制造成本高，炉子很长，占地面积大，例如钢带运行速度为 50m/min 和加热及保温时间为 15min 的炉长可达 750m。

川崎提出，AlN + MnSe（Als = 0.015% ~ 0.017%）方案的冷轧板两个表面研磨掉 1 ~ 10μm，即去掉表面层而达到板厚 1/5 地区附近，最后在连续炉 1000 ~ 1150℃ × <10min 高温退火，B_8 高。因为表层 1/5 地区形成的 (110)[001] 晶粒位向最准，而且二次再结晶开始温度 T_s 从 1000℃ 以上降到 800 ~ 900℃，经 1100℃ × 5min 就使二次再结晶完善。如 0.31mm 厚冷轧板研磨到 0.30mm 厚，1120℃ × 3min 连续炉高温退火后，B_8 = 1.95T。0.235mm 研磨到 0.23mm 厚，B_8 = 1.94T。如果脱碳退火时在 400℃ 至居里点（θ_T）以下，如 800℃ 升温过程沿轧向加大于 1.0T 大磁场退火，并在同一生产线上经 1100℃ × 5min 高温连续炉二次再结晶退火，0.23mm 厚板 B_8 = 1.80 ~ 1.90T，P_{17} = 1.15 ~ 1.18W/kg。脱碳退火升温过程加大磁场可改善初次再结晶织构，因为 (110)[001] 晶粒比其他位向晶粒在更低温度下就回复和再结晶，并在高磁场下促使 〈001〉易磁化轴沿磁场方向更易发展，在低温下就可形成位向准确的二次晶粒。如果连续炉 1050℃ × 3min 高温退火时，在超声波状态下进行（频率为 10kHz ~ 1MHz，强度大于 1N/cm²），可使二次再结晶孕育期缩短，即晶界移动速度增大，二次晶核更容易形成，所以 T_s 降低，0.35mm 厚板 B_8 = 1.89T（MnS 方案 B_8 = 1.84T）。AlN 方案，但 Als = 0.005% ~ 0.017%，1150 ~ 1200℃ 加热热轧时尽量不析出 AlN，850℃ 常化升温时析出细小 AlN，连轧机 100 ~ 200℃ 冷轧，脱碳退火后经 1000 ~ 1050℃ × 3 ~ 6min 连续炉高温退火，0.30mm 厚板 B_8 = 1.87T，P_{17} = 1.32W/kg。连续炉高温退火后以小于 25℃/s 速度冷到低于 900℃，并加 1 ~ 98MPa 张力或冷到 700℃ 以前张力保持在 1 ~ 98MPa，而不控制冷速，可使铁损降低，MnS 方案 0.35mm 厚板 B_8 = 1.87T，P_{17} = 1.35 ~ 1.45W/kg。为了降低 P_{17}，冷轧板可先形成沟细化磁畴，P_{17} = 1.25 ~ 1.35W/kg[603]。

不加抑制剂制造取向硅钢工艺对采用连续炉高温退火更有利，因为不需要高温净化退火，最终退火温度降低到 1050 ~ 1100℃。如热轧板常化控制晶粒尺寸为 0.03 ~ 0.2mm，二次冷轧法，最终冷轧压下率为 55% ~ 75%，在 N_2 中 1000℃ ×

180s（或 1100℃×20s）连续炉退火，B_8 = 1.80～1.82T，0.23mm 厚板 P_{17} = 1.25W/kg，0.35mm 厚板 P_{17} = 1.35～1.40W/kg。大于 3mm 二次晶粒中存在 0.05～0.3mm 小晶粒，平均 $\bar{d}$ = 0.15～2mm，加工性良好，适合用作小变压器和磁屏蔽[604]。

意大利 Terni 公司提出，AlN + 渗 N 方案在脱碳退火和 900～1000℃ 渗 N 后，在连续炉中 P_{H_2O}/P_{H_2} < 0.01 干的 $H_2 + N_2$ 气氛下 1100℃ 保温 15min（0.3mm 厚成品），或 100s（0.23mm 厚成品），进行二次再结晶退火，然后涂 MgO 和罩式炉 1200℃ 净化退火，B_8 = 1.91T，0.23mm 厚板 P_{17} = 0.9W/kg，连续炉二次再结晶退火时虽然升温速度快，但由于高温渗 N 处理直接形成 AlN，加强抑制力，阻碍初次晶粒长大，所以不影响织构的形成[605]。

参 考 文 献

[1] 小畑良夫. Tekkohkai（铁钢界）[J], 1999, 14～18.
[2] Werner F E. Energy Efficient Electrical Steels. Ed by Marder A R, Stephenson E T. TMS-AIME, 1980, 1～32.
[3] 松村洽. 金属 [J], 1986, 35 (8).
[4] Sadyori T, Fukuda B（福田文二郎）, et al. Kawasaki Steel Technical Report, 1990, (22): 84～91.
[5] Gunther K. J. of MMM, 2008, 320: 2411～2422.
[6] Brailsfold F, et al. Proc. of IEE, 1962, 109A: 173.
[7] Moses A J, et al. IEEE Tran. Mag. , 1978, MAG – 14: 990.
[8] Thompson J E, et al. Proc. of IEE, 1972, 119 (6): 709.
[9] 石田昌義ほか. 川崎制鉄技報 [N], 1997, 29 (3): 159～163, 164～168; 2003, 35 (1): 21～27.
[10] 久保田猛ほか. J. of Materials Eng. & Performance. 1997, 6 (6): 713～721; 新日铁技报, 1997 (37): 53～57.
[11] Masui H, Mogi H（茂木尚）, et al. ISIJ Inter. , 1996, 36 (1): 101～110.
[12] Enokizono M, Kubota T（久保田猛）, et al. J. of MMM 1999, 196～197: 338～340.
[13] Moses A J. J. of Material Science, 1974, 9 (2): 217; IEEE Tran. Mag. , 1978, MAG – 14 (5): 353.
[14] 岡部誠司, 小松原道郎ほか. CAMP – ISIJ 2003, 16: 624; 2005, 18: 477.
[15] 藤倉昌浩, 牛神義行. CAMP – ISIJ 2009, 22: 1277.
[16] Yamamoto K I. J. of App. Phys. 2003, 93 (10): 6683～6685.
[17] Washko S D, et al. IEEE Tran. Mag. , 1982, MAG – 18 (6): 1415～1417.
[18] Foster K. IEEE Tran. Mag. , 1986, MAG – 22 (1): 49～53.
[19] 田中稔彦ほか. 鉄と鋼 [J], 1980, 66 (11): S – 1158.
[20] Moses A J, et al. IEEE Tran. Mag. 1980, MAG – 16 (2): 454.
[21] Moses A J. J. of MMM, 1980, 19: 36; 1984, 41 (1～3): 409; IEEE Tran. Mag. ,

1984，MAG - 20（4）：559.

[22] Von Holle A L, Schoan J W. J. App. Phys. , 1984, 55（6）：2124 ~ 2126.

[23] Fukuda B（福田文二郎）, et al. J. App. Phys. , 1984, 55（6）：2130.

[24] Feich D R, et al. IEEE Tran. Mag. , 1985, MAG - 21（5）：1915 ~ 1917.

[25] Littmann M F, et al. J. of MMM, 1982, 26（1 ~ 3）：1 ~ 10; J. App. Phys. 1985, 57
（8）：4203 ~ 4208.

[26] 钢铁研究总院硅钢组. 金属材料研究 [J], 1976, 5：295 ~ 308.

[27] Fiedler H C. IEEE Tran. Mag. , 1979, MAG - 15（6）：1604.

[28] Lee H G, Im H B, Wan D Y, et al. Met. Tran. , 1986, 17A（8）：1353 ~ 1359.

[29] 中岛正三郎，高嵨邦秀，原势二郎. 日本金属学会誌 [J], 1991, 55（7）：830 ~ 837.

[30] Schon J W, et al. US. Patent No. 5702539（1997）.

[31] 岩本胜生，的场伊三夫ほか. 日本公开特许公报, 昭 58 - 55530（1983）; 平 1 - 201425
（1989）.

[32] 小畑良夫ほか. 日本公开特许公报, 昭 57 - 79118（1982）.

[33] 饭田嘉明，清水洋，的场伊三夫ほか. 日本公开特许公报, 昭 57 - 145931（1982）.

[34] Nakashima S（中岛正三郎）, Takashima K（高嵨邦秀）, Harase J（原势二郎）. ISIJ In-
ter. , 1991, 31（9）：1007 ~ 1012; Metall. and Mater. Tran. A. 1997, 28A（3）：
681 ~ 687.

[35] 何忠治，刘治赋，等. 实验报告. 1974.12; 金属学报 [J], 1981, 17（4）：433 ~ 440.

[36] 田口悟，坂仓昭ほか. 日本公开特许公报, 昭 33 - 4710（1958）; 电磁钢报, 新日本制
铁株式会社, 1979.

[37] 刘治赋，何忠治，李军，等. 实验报告. 1977.2.

[38] 中岛正三郎，和田敏哉，黑木克郎ほか. 日本公开特许公报, 昭 60 - 177131（1985）.

[39] 小松文男，岛津高英ほか. 日本公开特许公报, 平 6 - 116644（1994）.

[40] 罗阳，李伟立，等. 实验报告. 1974.12; 金属学报 [J], 1977, 13（1, 2）：80 ~ 92;
1981, 17（3）：244 ~ 252.

[41] Lobanov M L, et al. Steel in Translation, 1997, 27（10）：60 ~ 63.

[42] 饭田嘉明，後藤公道ほか. 日本公开特许公报, 昭 54 - 35817（1979）.

[43] 清水洋，的场伊三夫ほか. 日本公开特许公报, 昭 50 - 123517（1975）; US. Patent No.
4212689（1980）.

[44] 中村和生ほか. 日本公开特许公报, 昭 55 - 148724（1980）.

[45] 藤原宏一，菅洋三ほか. 日本公开特许公报, 昭 58 - 23408, 23409（1983）.

[46] Lee C S, Woo J S. US. Patent No. 54013321（1995）.

[47] 矢埜浩史，西池氏裕ほか. 日本公开特许公报, 平 6 - 116687（1994）.

[48] 钢铁研究总院硅钢组. 实验报告. 1978.11.

[49] 酒井知彦，岛津高英，松尾宗次. 铁と鋼 [J], 1984, 70（15）：2049 ~ 2056; 日本公开
特许公报, 昭 61 - 12822（1986）.

[50] 藤原宏一，酒井知彦ほか. 日本公开特许公报, 昭 58 - 42727（1983）; US. Patent,
No. 4493739（1985）.

[51] 持永季志雄，东根和隆ほか．日本公开特许公报，昭59－208020（1984）．

[52] 村木峰男，小松原道郎ほか．日本公开特许公报，平10－102148（1998）．

[53] 齋藤隆穗，东根和隆ほか．日本公开特许公报，昭58－23412（1983）．

[54] 高嶋邦秀，黑木克郎ほか．日本公开特许公报，昭53－134722（1978）．

[55] 中岛正三郎ほか．IEEE Tran. Mag. 1982, MAG－18：1511；鉄と鋼［J］，1983，69
（5）：S－601；J. App. Phys. 1984, 55（6）：2136～2138.

[56] 小松肇，松本文夫ほか．鉄と鋼［J］，1984，70（13）：S－1469.

[57] 刘治赋，何忠治，等．金属学报［J］，1991，27（4）：A282～A285；Acta Metall. Sinica
Ser. 1992, 5（1）：33～37.

[58] 赵宇，何忠治，吴宝榕．金属学报［J］，1992，28（8）：A327～A331；1993，29（11）：
A496～A499；Acta Metall. Sinica Ser. A. , 1993, 6（1）：30～35.

[59] Fiedler H C. J. of MMM, 1982, 26（1～3）：22～24.

[60] 中岛正三郎，高嶋邦秀，原势二郎ほか．日本金属学会誌［J］，1991，55（8）：898～
906；55（11）：1274～1281；Acta Met. , 1994, 42（2）：539～547.

[61] 中岛正三郎，高嶋邦秀，原势二郎，黑木克郎．日本金属学会誌［J］，1991，55（12）：
1392～1399.

[62] 中岛正三郎，高嶋邦秀，原势二郎，黑木克郎ほか．日本金属学会誌［J］，1991，55
（12）：1400～1409；Materials Trans. JIM, 1992, 33（11）：1068～1076；鉄と鋼［J］，
1993，79（10）：69～75；1994，80（2）：49～54.

[63] 中岛正三郎，高嶋邦秀，原势二郎，黑木克郎．日本金属学会誌［J］，1992，56（5）：
592～599；鉄と鋼［J］，1992，78（7）：1495～1501.

[64] 赵宇，何忠治，朱静，翁宇庆，吴宝榕．钢铁研究学报［J］，1994，6（1）：37～42.

[65] 持永季志雄，西脇健一，黑崎洋介ほか．日本公开特许公报，昭60－197819（1985）．

[66] 久保田猛，黑木克郎ほか．日本公开特许公报，平6－158240（1994）．

[67] 的场伊三夫，今中拓一．川崎制铁技报，1975，7（2）：176～188.

[68] Takamiya T（高宮俊人），Kamatsubara M（小松原道郎），et al. J. of MMM, 1996, 160：
131～132.

[69] 高宮俊人，小松原道郎ほか．CAMP－ISIJ, 1997, 10：621.

[70] 小松原道郎ほか．日本公开特许公报，平2－196403（1990）．

[71] 岩山健三，黑木克郎ほか．日本公开特许公报，昭58－23407（1983）；昭61－157632
（1986）．

[72] 中岛正三郎，下山美明ほか．日本公开特许公报，昭61－159531（1986）；平1－316421
（1989）；平2－77524（1990）．

[73] 井口征夫，清水洋ほか．日本公开特许公报，昭55－11108，34633（1980）；日本金属
学会会报，1984，23（4）：276～278；Tran. ISIJ 1985, 25：229～232.

[74] Kim J K, Lee S T, et al. US. Patent No. 5453136（1995）．

[75] 小松原道郎，黑沢光正，田村和章．日本公开特许公报，平10－140243（1998）．

[76] 早川康之，黑沢光正，田村和章．日本公开特许公报，平11－80835，117022，279643
（1999）．

[77] 黑木克郎ほか. 日本公开特许公报，昭 59 – 25958（1984）.

[78] 户田宏郎，黑沢光正，高宫俊人. 日本公开特许公报，平 11 – 241120（1999）.

[79] 中岛正三郎ほか. 日本公开特许公报，平 2 – 30740（1990）.

[80] 千田邦浩，高宫俊人，小松原道郎. 日本公开特许公报，平 10 – 324959（1998），US. Patent No. 6364963B1（2002）.

[81] 藤山寿郎. 日本公开特许公报，平 9 – 279246（1997）；平 10 – 273715（1998）.

[82] 新日铁钢公司. UK. Patent, No. 1450330（1976）.

[83] 牧野勝，本吉实. 日本公开特许公报，昭 48 – 19044（1973）.

[84] 松岗英夫. 日本公开特许公报，昭 48 – 61319（1973）.

[85] 和田敏哉. 日本公开特许公报，昭 49 – 89617（1974）.

[86] 高嶋邦秀，松本文夫，田中收ほか. 日本公开特许公报，昭 53 – 134717（1978）.

[87] 松岗英夫ほか. 昭 43 – 14583（1968）.

[88] 中户参ほか. 日本公开特许公报，平 4 – 107239（1992）.

[89] 岩本勝生，小松原道郎. 日本公开特许公报，平 4 – 337031（1992）.

[90] 小松原道郎ほか. 日本公开特许公报，平 5 – 65523，65524（1993）.

[91] 村木峰男. 日本公开特许公报，平 8 – 199266（1996）.

[92] 平嶋浩一，中野植. 日本公开特许公报，2001 – 98318.

[93] 橋本雅之. 日本公开特许公报，2006 – 283089.

[94] 下山美明ほか. 日本公开特许公报，昭 49 – 27433（1974）.

[95] 岡本昌文ほか. 日本公开特许公报，昭 53 – 19913（1978）；昭 55 – 85629（1980）.

[96] 関田贵司ほか. 日本公开特许公报，昭 59 – 159934（1984）.

[97] 竹内文彦，小松原道郎ほか. 日本公开特许公报，平 6 – 172863（1994）.

[98] 藤井博務ほか. 日本公开特许公报，平 11 – 744（1999）.

[99] 大矢龙夫，本吉实，田中潔ほか. 日本公开特许公报，昭 48 – 127；47434（1973）.

[100] 盐崎守雄. 日本公开特许公报，昭 55 – 54520（1980）.

[101] 河岛三晃，下山美明ほか. 日本公开特许公报，昭 55 – 58315（1980）.

[102] Littmann M F, et al. US. Patent No. 4202711（1980）.

[103] 名村夏树ほか. 日本公开特许公报，平 3 – 87315（1991）.

[104] 冲森麻佑己ほか. 日本公开特许公报，昭 63 – 295044（1988）.

[105] 菅洋三. 日本公开特许公报，平 6 – 172860，220538（1994）.

[106] 平川纪夫ほか. 日本公开特许公报，昭 62 – 284014，284015（1987）.

[107] 井口征夫ほか. 日本公开特许公报，昭 59 – 219412（1984）.

[108] 中沢吉，酒井知彦ほか. 日本公开特许公报，昭 52 – 16420（1977）；昭 61 – 84327（1986）.

[109] 北山实ほか, Tran. ISIJ, 1987, 27：110~119；ISIJ Inter. , 1990, 30（3）：255~264；日本公开特许公报，昭 58 – 25429（1983）.

[110] Schon – J W. Met. Tran. , 1986, 17A（8）：1335~1346.

[111] 松原典男，岛津高英ほか. 日本公开特许公报，昭 56 – 152926（1981）.

[112] 井口征夫，伊藤庸ほか. 日本公开特许公报，昭 61 – 213323（1986）；平 3 – 229822

(1991).

[113] 盐崎守雄, 酒井知彦ほか. 日本公开特许公报, 昭 58 – 58228 (1983); 昭 61 – 69924,
69927 (1986).

[114] 持永季志雄ほか. 日本公开特许公报, 平 4 – 341518 (1992); 平 5 – 1324 (1993), 平 6 –
17130; 17131 (1994).

[115] 藤井浩二, 岛津智ほか. 日本公开特许公报, 平 5 – 50106, 78747 (1993).

[116] 清水洋, 藤山寿郎ほか. 日本公开特许公报, 昭 63 – 100128, 1091 15 (1988); 平 3 –
31422, 229823 (1991); 平 6 – 10052 (1994); 平 7 – 126754 (1995).

[117] 小原隆史, 小松原道郎, 竹内文彦ほか. 日本公开特许公报, 平 2 – 138418, 159318
(1990), 平 3 – 10020, 17230, 31421, 87316 (1991).

[118] 竹内文彦, 高宫俊人, 小原隆史ほか. 日本公开特许公报, 平 4 – 235224, 293725
(1992); 平 5 – 125444 (1993).

[119] 小松原道郎, 高宫俊人ほか. 日本公开特许公报, 平 4 – 293728 (1992); 平 5 –
112828, 140650 (1993).

[120] 段乐英太郎, 村木峰男ほか. 日本公开特许公报, 2006 – 206997.

[121] 高宫俊人, 村木峰男ほか. 日本公开特许公报, 平 6 – 192733, 192734, 207221
(1994).

[122] 山本敦志. 日本公开特许公报, 2004 – 176142.

[123] 村木峰男, 高宫俊人ほか. 日本公开特许公报, 平 6 – 306470 (1994); 平 7 – 32093,
41859, 54045 (1995).

[124] Muraki M (村木峰男), Obara Y (小原隆史), et al. J. of Materials Eng. and Perform-
ance, 1995, 4 (4): 413 ~ 417; 1996, 5 (3): 323 ~ 327.

[125] 真锅昌彦, 小原隆史, 高宫俊人ほか. 日本公开特许公报, 平 3 – 115527(1991); 平 4 –
124218 (1992).

[126] 高宫俊人, 村木峰男ほか. 日本公开特许公报, 平 6 – 145781 (1994).

[127] 佐藤雅子, 村木峰男ほか. 日本公开特许公报, 平 7 – 224325 (1995).

[128] 尾崎芳宏, 村木峰男ほか. 日本公开特许公报, 平 9 – 104924 (1997).

[129] 菅洋三, 中村吉男ほか. 日本公开特许公报, 平 6 – 299245 (1994).

[130] 川又竜太郎, 久保田猛ほか. 日本公开特许公报, 平 10 – 96029, 96030, 273726,
280039 (1998).

[131] 村木峰男, 尾崎芳宏, 小松原道郎. 日本公开特许公报, 平 10 – 5861 (1998).

[132] 松本文夫, 高嶋邦秀, 原势二郎ほか. 鉄と鋼 [J], 1981, 67 (13): S – 1200.

[133] 中村吉男, 菅洋三, 植野清. 日本公开特许公报, 平 6 – 17133 (1994).

[134] 森重宣郎, 本间穗高ほか. 日本公开特许公报, 2008 – 1983.

[135] 饭田嘉明, 的场伊三夫ほか. 日本公开特许公报, 昭 57 – 145931 (1982).

[136] 井口征夫, 黑沢光正ほか. 日本公开特许公报, 昭 61 – 34117 (1986).

[137] 橋本修, 井口征夫ほか. 日本公开特许公报, 昭 61 – 294804 (1986).

[138] 小關智史, 吉田博. 日本公开特许公报, 平 2 – 38528 (1990).

[139] 竹内文彦, 小原隆史, 高宫俊人ほか. 日本公开特许公报, 平 3 – 115527 (1991); 平

　　　　4 – 124218 (1992).

[140] 藤田明男，村木峰男，尾崎芳宏. 日本公开特许公报，平 8 – 157964，215710 (1996).

[141] 大石哲也，清水洋. 日本公开特许公报，平 1 – 230720 (1989).

[142] 尾崎芳宏，藤田明男，村木峰男. 日本公开特许公报，平 9 – 268321 (1997).

[143] 竹内文彦，木下繁雄ほか. 日本公开特许公报，昭 58 – 91120 (1983).

[144] 持永季志雄，东根和隆ほか. 日本公开特许公报，昭 61 – 71107 (1986).

[145] 持永季志雄，北原修司ほか. 日本公开特许公报，平 3 – 47601 (1991).

[146] 下向央修，小原隆史ほか. 日本公开特许公报，平 4 – 157118 (1992).

[147] 副岛丰，吉富康成ほか. 日本公开特许公报，平 5 – 138207 (1993).

[148] 尾崎芳宏，村木峰男. 日本公开特许公报，平 9 – 70602 (1997)；平 11 – 57809 (1999).

[149] 菱沼至，黑沢光正，井口征夫ほか. 日本公开特许公报，昭 60 – 145204 (1985)；昭 61 – 3837，71104 (1986).

[150] 渡边好纪，山下道雄. 日本公开特许公报，平 11 – 19704 (1999).

[151] 中西匡，村木峰男. 日本公开特许公报，平 11 – 57808 (1999)；2000 – 256742；2002 – 16004.

[152] 田口悟，坂仓昭，山本孝明. 日本公开特许公报，昭 46 – 23819，23820 (1971).

[153] Nakashima S, Takashima K , Harase J. ISIJ International, 1991, 31 (9)：1013 ~ 1019.

[154] Sakai T（酒井知彦），Shiozaki M（盐崎守雄），Takashima K. J. App. Phys., 1979, 50 (3)：2369 ~ 2371.

[155] Barisoni M, Barteri M, et al. IEE Tran. Mag. , 1975, MAG – 11 (5)：1361；Scripta Met. , 1981, 14 (5)：479 ~ 483.

[156] Matsuo M（松尾宗次），Sakai T, Tanino M, et al. The 6th Inter. Conf. on Texture of Materials, 1981, 918；鉄と鋼 [J]，1981, 67 (5)：S – 578.

[157] 岛津高英，酒井知彦ほか. 鉄と鋼 [J]，2002, 88 (3)：49 ~ 56.

[158] 原势二郎，黑木克郎，和田敏哉ほか. 日本金属会学誌 [J]，1993, 57 (6)：612 ~ 620.

[159] 原势二郎，黑木克郎，和田敏哉，中岛正三郎. 日本公开特许公报，昭 57 – 198214 (1982).

[160] 刘宗浜，刘治赋，何忠治. 钢铁研究学报 [J]，1990, 2（增刊）：99 ~ 104.

[161] 菅洋三，持永季志雄ほか. 日本公开特许公报，昭 58 – 164725 (1983).

[162] 大粟昭郎ほか. 日本公开特许公报，昭 59 – 232227 (1984).

[163] 吉富康成，黑木克郎ほか. 日本公开特许公报，平 6 – 49542；49543 (1994).

[164] 黑崎洋介，岛津高英ほか. 日本公开特许公报，平 9 – 137225，137226，143561，170020 (1997).

[165] 定宏健一，本田厚人ほか. 日本公开特许公报，平 9 – 137224 (1997) 平 10 – 8134，195537 (1998).

[166] 小松原道郎ほか. 日本公开特许公报，平 7 – 97631 (1995)；平 9 – 143637 (1997)；平 11 – 12654 (1999).

[167] 新恒之启，高岛稔，高宫俊人. 日本公开特许公报，2006 – 299297.

［168］ 井口征夫，清水洋，嶋中浩ほか．日本公开特许公报，昭56－72126（1981）．

［169］ 饭田嘉明，清水洋．日本公开特许公报，昭62－104008（1987）．

［170］ 植野清，松本文夫ほか．日本公开特许公报，昭48－46511（1973）；昭50－16610（1975）；昭51－41611（1976）；昭56－60216（1977）．

［171］ 侍留诚ほか．日本公开特许公报，昭61－15919（1986）．

［172］ 名村夏树，田中稔彦．日本公开特许公报，平5－7908（1993）．

［173］ Tanino M（名前義孝），Matsuo M，Sakai T，et al. The 6th Conf. on Textures of Materials，1981，928．

［174］ Flowers J W，Wright W S. J. App. Phys.，1985，57（8）：4217～4219．

［175］ 中岛正三郎，和田敏哉ほか．日本公开特许公报，平7－70641（1995）．

［176］ 黑崎洋介，立花伸夫ほか．日本公开特许公报，平9－111348（1997）．

［177］ 平嶋浩一，铃木隆史．日本公开特许公报，2003－277820．

［178］ 早川康之，西池氏裕ほか．日本公开特许公报，平5－51641（1993）．

［179］ 佐藤雅之，小松原道郎ほか．日本公开特许公报，平8－269756（1996）．

［180］ 岩山健三，黑木克郎，和田敏哉ほか．日本公开特许公报，昭58－25425（1983）．

［181］ 黑崎洋介ほか．日本公开特许公报，平10－30125（1998）．

［182］ 岩本勝生，饭田嘉明ほか．日本公开特许公报，昭60－204832（1985）．

［183］ 井口征夫，伊藤庸ほか．日本公开特许公报，昭56－93823（1981）；昭59－35625；173218（1984）；昭61－186418（1986）．

［184］ 岩本勝生，饭田嘉明ほか．日本公开特许公报，昭59－67316（1984）；昭60－63320（1985）；昭62－290824（1987）；昭63－259024（1988）；鉄と鋼［J］，1984，70（4）：2041～2048．

［185］ Schon J W，et al. US. Patent No. 5061326（1991）；No. 5078808（1992）；日本公开特许公报，平6－93333（1994）．

［186］ Schon J W，et al. US. Patent No. 5702539（1997）；日本公开特许公报，平10－259424（1998）．

［187］ Thyssen公司．日本公开特许公报，平7－97629（1995）．

［188］ 竹内文彦，小松原道郎．日本公开特许公报，平7－41861（1995）．

［189］ 片冈健三，侍留诚ほか．日本公开特许公报，昭61－127819（1986）．

［190］ 小林義纪，清水洋．日本公开特许公报，昭62－127421（1987）．

［191］ 北村邦雄．日本公开特许公报，昭64－83622（1989）．

［192］ 黑田茂，北村邦雄ほか．日本公开特许公报，平2－173209，175010（1990）；平3－130320（1991）．

［193］ 石渡亮伸ほか．日本公开特许公报，平11－199933（1999）．

［194］ 小松原道郎，黑沢光正ほか．日本公开特许公报，平4－120215（1992）．

［195］ 蛭田敏树ほか．日本公开特许公报，平6－306469（1994）．

［196］ 富田浩树．日本公开特许公报，平9－157744（1997）．

［197］ 田村和章，本田厚人，小松原道郎．日本公开特许公报，平10－36914（1998）．

［198］ 荒川哲夫ほか．日本公开特许公报，2005－279689．

[199] 和田崇志, 高岛稔. 日本公开特许公报, 2005 – 262217.

[200] 早川康之, 岩本胜生. 日本公开特许公报, 平 8 – 41543 (1996).

[201] 藤井宣宪ほか. 日本公开特许公报, 2001 – 198606.

[202] 铃木隆夫ほか. 日本公开特许公报, 平 6 – 192898, 248466 (1994); 平 10 – 251899 (1998).

[203] 铃木毅浩. 日本公开特许公报, 平 7 – 179949 (1995).

[204] 空吹善範ほか. 日本公开特许公报, 平 7 – 180098, 180100 (1995).

[205] 木村武, 财前洋一ほか. 日本公开特许公报, 平 10 – 330843 (1998).

[206] 罗海文. 硅钢脱碳工艺的数值模拟. 2011 年电工钢会议.

[207] 山崎修一. まてりあ, 1998, 37 (3): 179 ~ 183.

[208] Toda H, Sato K (佐藤贵司), Komatsubara M (小松原道郎). J. of Mat. Eng. & Performance, 1997, 6 (6): 722 ~ 727.

[209] 渡边誠ほか. 日本公开特许公报, 平 10 – 152780 (1998).

[210] Gracas M D, Mantel M J, et al. J. of MMM, 2003, 354 ~ 255: 307 ~ 314.

[211] 中岛正三郎, 和田敏哉ほか. 日本公开特许公报, 平 7 – 70642 (1995).

[212] 小管健司ほか. 日本公开特许公报, 平 6 – 57334 (1994); 平 7 – 41860; 62436; 90377 (1995); 平 10 – 280040; 287927; 298653 (1999) US. Patent No. 5833768 (1998).

[213] 黑崎洋介ほか. 日本公开特许公报, 2000 – 345305; US. Patent No. 6565674 (2003).

[214] 黑木克郎ほか. 日本公开特许公报, 平 7 – 113120 (1995).

[215] 牛神義行ほか. 日本公开特许公报, 2008 – 1979.

[216] 小林康宏, 井口征夫, 伊藤庸. 日本公开特许公报, 昭 59 – 226115 (1984).

[217] 石区宏威ほか. 日本公开特许公报, 平 6 – 192847 (1994); 平 8 – 143963; 143970, 209247 (1996); 2003 – 27194.

[218] 岩山健三, 田中收. 日本公开特许公报, 昭 54 – 160514 (1979); US. Patent No. 4268326 (1981).

[219] 岛津高英ほか. 日本公开特许公报, 平 6 – 33142 (1994).

[220] 井口征夫, 小林康宏ほか. 日本公开特许公报, 昭 57 – 194211 (1982); 昭 60 – 121222 (1985); 平 2 – 213420 (1990).

[221] 舆石弘道, 三好邦辅ほか. 日本公开特许公报, 昭 61 – 190021 (1986).

[222] 井口征夫, 伊藤庸ほか. 日本公开特许公报, 昭 60 – 39124 (1985); 昭 63 – 2826 (1988).

[223] 饭田嘉明, 岩本胜生ほか. 日本公开特许公报, 昭 60 – 248816 (1985); 昭 61 – 136627 (1986).

[224] 後藤公道, 横山靖雄ほか. 日本公开特许公报, 昭 59 – 222586 (1984).

[225] 田中收, 名前義孝, 佐藤弘. 日本公开特许公报, 昭 59 – 132106 (1984).

[226] 關谷武一. 日本公开特许公报, 昭 61 – 96082 (1986).

[227] 河野正树, 岩本胜生. 日本公开特许公报, 平 7 – 188775 (1995).

[228] 铃木隆史, 本田厚人. 日本公开特许公报, 平 10 – 8133 (1998).

[229] 户田宏郎, 渡边诚. 日本公开特许公报, 2002 – 129235.

[230] Fujii H（藤井浩康），et al. J. of App. Phys. 1999, 85（8）: 6016~6018.

[231] 户田宏郎ほか. 日本公开特许公报，2000 - 34520, 63950.

[232] 小松原道郎ほか. 日本公开特许公报，平 8 - 283855（1996）.

[233] 本间穗高，山崎修一. 日本公开特许公报，平 8 - 246053（1996）.

[234] 藤村亨，村木峰男ほか. 日本公开特许公报，2004 - 191217.

[235] 李再娟. 国外金属材料，1981，(5): 32~40.

[236] 田中收，佐藤弘. 日本公开特许公报，平 2 - 267278（1990）.

[237] 田中收ほか. 日本公开特许公报，平 6 - 101059（1994）; 平 7 - 48675（1995）; 平 8 - 143975（1996）.

[238] Yahashiro K, Kuroki K（黑木克郎），Tanaka O（田中收），et al, US. Patent No. 5840131（1998）.

[239] 藤井浩康，财前洋一. 日本公开特许公报，平 11 - 269555（1999）.

[240] 渡边诚ほか. 日本公开特许公报，平 9 - 71811（1997）; 平 10 - 88244（1998）; 2001 - 303258; 2005 - 171387.

[241] 中村元治，玄濑喜久司ほか. 日本公开特许公报，昭 61 - 79780, 79781（1986）.

[242] 田中收，和田敏哉ほか. 日本公开特许公报，昭 60 - 174881（1985）.

[243] 藤井浩康. 日本公开特许公报，2001 - 192737, 192739.

[244] 增井浩昭，高桥延幸ほか. 日本公开特许公报，平 6 - 17261（1994）.

[245] 本间穗高，田中收，增井浩昭. 日本公开特许公报，平 6 - 158340（1994）.

[246] 森户延行ほか. 日本公开特许公报，昭 60 - 159123（1985）.

[247] 山口胜郎，福田文二郎ほか. 日本公开特许公报，平 4 - 56781, 263082（1992）.

[248] 石区宏威ほか. 日本公开特许公报，平 4 - 74871（1992）; 平 5 - 140637（1993）.

[249] 吉田成，石区宏威ほか. 日本公开特许公报，平 6 - 179927（1994）; 平 9 - 184017（1997）.

[250] 上力，石区宏威，渡边诚ほか. 日本公开特许公报，平 7 - 188938（1995）; 平 9 - 249916（1997）; 2003 - 213337.

[251] 户田宏郎，佐藤圭司. 日本公开特许公报，平 9 - 291313（1997）.

[252] 黑沢光正，中野恒ほか. 日本公开特许公报，平 10 - 168523（1998）.

[253] 田中收，黑木克郎ほか. 日本公开特许公报，昭 60 - 243282（1985）.

[254] 饭田嘉明，竹内文彦ほか. 日本公开特许公报，昭 60 - 67625（1985）.

[255] 山口胜生ほか. 日本公开特许公报，昭 60 - 141830（1985）; 昭 61 - 170515（1986）.

[256] 竹内文彦，饭田嘉明. 日本公开特许公报，昭 63 - 162815（1986）.

[257] 岛田一男，清水洋. 日本公开特许公报，平 1 - 176036（1989）.

[258] 田中平八. 日本公开特许公报，平 4 - 224626（1992）.

[259] 富田浩树. 日本公开特许公报，平 8 - 260053（1996）.

[260] Schon J W, et al. 日本公开特许公报，平 6 - 212266（1994）; US. Patent No. 5288736（1994）.

[261] 田中收，玄前義孝ほか. 日本公开特许公报，昭 60 - 96770, 145382（1985）.

[262] 熊野知二，山崎幸司. 日本公开特许公报，平 8 - 143961（1996）.

［263］ Wright W S, et al. 日本公开特许公报，平 3 - 120376（1991）；US. Patent, No. 5192373（1993）.

［264］ Günther K, et al. US Patent No. 6423156B1（2002）.

［265］ 渡边诚ほか. 日本公开特许公报，2004 - 162122.

［266］ 高田敏彦，田中収. 日本公开特许公报，昭 54 - 41220（1979）.

［267］ 藤井浩康，山崎幸司. 日本公开特许公报，平 9 - 41153（1997）.

［268］ 渡边诚，高宫俊人. 日本公开特许公报，2003 - 342642.

［269］ 石松宏之，藤井浩康ほか. 日本公开特许公报，平 11 - 302742（1999）.

［270］ 水口政義ほか. 日本公开特许公报，昭 62 - 83473（1987）；昭 63 - 286521（1988）；平 1 - 259126（1989）.

［271］ 關谷武一. 日本公开特许公报，昭 61 - 48580，96081（1986）.

［272］ 渡边诚，上力ほか. 日本公开特许公报，平 8 - 283866（1996）；平 9 - 336654（1997）.

［273］ 寺岛敬，村木峰男ほか. 日本公开特许公报，2007 - 100165；2008 - 127635.

［274］ 古贺重信，财前洋一. 日本公开特许公报，平 9 - 95738（1997）；2000 - 40613.

［275］ 千田邦浩ほか. 日本公开特许公报，平 9 - 209043（1997）.

［276］ 小坂丰ほか. 日本公开特许公报，平 9 - 241754（1997）.

［277］ 岛津高英ほか. 日本公开特许公报，平 7 - 118748（1995）.

［278］ 渡边诚，竹内文彦. 日本公开特许公报，平 7 - 188773（1995）.

［279］ Takamiya T, Kamatsubara M, et al. J. of MMM 2003, 254 ~ 255：334 ~ 336.

［280］ 與石弘道. 日本公开特许公报，平 10 - 237553（1998）.

［281］ 山口勝郎，横山靖雄ほか. 日本公开特许公报，昭 59 - 35680（1984）.

［282］ 井口征夫，伊藤庸ほか. 日本金属学会誌，1985，49（1）：9 ~ 14，15 ~ 19；日本公开特许公报，昭 62 - 136521（1987）.

［283］ 渡边诚ほか. 日本公开特许公报，平 6 - 2043（1994）；平 8 - 246056（1996）.

［284］ 定宏健一，本田厚人ほか. 日本公开特许公报，平 9 - 87747（1997）.

［285］ ハケ代健一ほか. 日本公开特许公报，平 8 - 311560（1996）.

［286］ Shen T H. Met. Tran, 1986, 17A（8）：1347 ~ 1351.

［287］ 山田茂树，森户延行ほか. 日本公开特许公报，昭 59 - 20422（1984）.

［288］ 早川康之，西池氏裕. 日本公开特许公报，平 5 - 19592（1993）.

［289］ 近藤泰光. 日本公开特许公报，平 11 - 158557，279655（1999）.

［290］ 田口悟，黑木克郎ほか. 日本金属会学誌［J］，1982，46（6）：609 ~ 615.

［291］ 森户延行. 日本公开特许公报，昭 56 - 13441（1981）.

［292］ 平嶋浩一. 日本公开特许公报，平 10 - 46233（1998）.

［293］ 西阪博司，水口政義ほか. 日本公开特许公报，昭 60 - 221521（1985）.

［294］ ハケ代健一. 日本公开特许公报，2004 - 43942.

［295］ 古贺泰成. 日本公开特许公报，2004 - 285442.

［296］ 前山公夫，關谷武一ほか. 川崎制铁技报［N］，1983，15（4）：296 ~ 300.

［297］ 小松原道郎ほか. 日本公开特许公报，平 8 - 209248（1996）.

[298] 铃木毅浩. 日本公开特许公报, 平 10 - 88239 (1998).

[299] 守田明弘. 日本公开特许公报, 2000 - 265216.

[300] 冈田典久ほか. 日本公开特许公报, 2002 - 212638, 266030.

[301] Koshishi H (奥石弘道), et al. US. Patent, No. 4290829, 1981.

[302] 川畑敏美ほか. 日本公开特许公报, 昭 59 - 89719 (1984).

[303] 宫本伸一, 山本政左ほか. 日本公开特许公报, 昭 62 - 56526 (1987); 昭 63 - 100131 (1988).

[304] 水口政義ほか. 日本公开特许公报, 平 1 - 123032 (1989); 平 2 - 97622 (1990); 平 5 - 51643 (1993).

[305] 前田昌克ほか. 日本公开特许公报, 平 2 - 232320 (1990).

[306] 石井信也, 前田昌克ほか. 日本公开特许公报, 平 6 - 81042, 33257 (1994).

[307] 小西丰一. 日本公开特许公报, 平 8 - 157970 (1996).

[308] 河边光春ほか. 日本公开特许公报, 平 8 - 232021 (1996).

[309] 奥石弘道ほか. 日本公开特许公报, 平 8 - 283864 (1996).

[310] 關谷武一ほか. 日本公开特许公报, 昭 61 - 52320 (1986).

[311] 福岛义信. 日本公开特许公报, 昭 62 - 70523 (1987).

[312] 新藏克彦, 野元一仁ほか. 日本公开特许公报, 平 3 - 177518 (1991).

[313] 山田茂树, 小野弘路. 日本公开特许公报, 昭 60 - 141828 (1985).

[314] 小坂丰ほか. 日本公开特许公报, 平 4 - 212137 (1992); 平 5 - 179353 (1993).

[315] 干田邦浩, 小松原道郎ほか. 日本公开特许公报, 平 10 - 265854 (1998); 2000 - 38616.

[316] 古贺泰成ほか. 日本公开特许公报, 平 11 - 246913 (1999); 2003 - 166018, 201522.

[317] 志贺信勇ほか. 日本公开特许公报, 2004 - 91800, 91807; 2005 - 320603.

[318] 小野丰彦, 菅洋三. 日本公开特许公报, 60 - 197883 (1985).

[319] 日明英司. 日本公开特许公报, 平 3 - 20412 (1991).

[320] 大石哲也. 日本公开特许公报, 平 5 - 117752 (1993).

[321] 藤井宣憲, 熊野知二. 日本公开特许公报, 平 11 - 256242 (1999).

[322] 古贺泰成. 日本公开特许公报, 2003 - 201521.

[323] 河面弥吉郎. 和田敏哉ほか. 日本公开特许公报, 昭 55 - 2751, 14863, 18511, 58332 (1980).

[324] 原势二郎. 日本公开特许公报, 昭 55 - 24972 (1980).

[325] 大宅良夫, 田中司. 日本公开特许公报, 昭 61 - 69920, 69921 (1986); 平 5 - 209226 (1993).

[326] 矢村放明, 岩山健三ほか. 日本公开特许公报, 昭 61 - 159529 (1986).

[327] 植木茂, 大石哲也. 日本公开特许公报, 平 1 - 168816 (1989); 平 4 - 83825 (1992).

[328] 根本宏, 小畑良夫. 日本公开特许公报, 昭 55 - 138024 (1980).

[329] 森户延行, 杉山甫朋. 日本公开特许公报, 昭 56 - 81626, 81627 (1981).

[330] Schon J W, et al. US. Patent No. 5096510 (1992).

[331] 山之口达也ほか. 日本公开特许公报, 平 8 - 53713, 311559 (1996); 平 9 - 125152

（1997）．

［332］黑崎洋介，阿部宪人．日本公开特许公报，平 11 – 158556 （1999）．

［333］今村猛ほか．日本公开特许公报，2004 – 136424．

［334］井口征夫，伊藤庸ほか．日本公开特许公报，昭 59 – 182972 （1984）．

［335］清水洋，横山靖雄．日本公开特许公报，平 2 – 30778 （1990）．

［336］小林尚．日本公开特许公报，昭 62—36803 （1987）．

［337］中村元治，田中收ほか．日本公开特许公报，昭 62 – 14405 （1987）；平 2 – 128405 （1990）；平 3 – 28321 （1991）．

［338］田中收，玄瀬喜久司ほか．日本公开特许公报，平 2 – 4924 （1990）；平 3 – 39484，207868 （1991）；平 4 – 165082，272183，337079 （1992）．

［339］渡边诚，小松原道郎．日本公开特许公报，平 4 – 236785，254586 （1992）；平 5 – 1387 （1993）．

［340］樱井干寻ほか．日本公开特许公报，平 8 – 23997 （1996）．

［341］藤井浩康，田中收ほか．日本公开特许公报，平 10 – 1779 （1998）；2000 – 26979．

［342］竹田和年，藤井浩康ほか．日本公开特许公报，2004 – 346348．

［343］竹田和年ほか．日本公开特许公报，平 10 – 33095 （1998）．

［344］山口胜郎，渡边诚．日本公开特许公报，平 6 – 73555 （1994）．

［345］村木峰男，山口厷ほか．日本公开特许公报，2001 – 30326；2005 – 120405，240102；2007 – 177260．

［346］田中收，藤井浩康．日本公开特许公报，平 7 – 180064 （1995）；平 10 – 121259 （1998）；平 11 – 21675，124684 （1999）．

［347］藤井宣憲，田中收ほか．日本公开特许公报，2000 – 169972，169973，178760；2005 – 200705．

［348］竹田和年，山崎修一，田中收ほか．日本公开特许公报，2007 – 217758．

［349］渡边诚，村木峰男ほか．日本公开特许公报，2004 – 3320072；US. Patent No. 0190520A1 （2008）．

［350］种本启，金井隆雄ほか．日本公开特许公报，平 6 – 65754，306628 （1994）；平 7 – 197270 （1995）．

［351］金井隆雄ほか．日本公开特许公报，平 7 – 207424 （1995）；平 8 – 239769 （1996）；US. Patent No. 5411808 （1995）．

［352］金井隆雄ほか．日本公开特许公报，平 8 – 325745 （1996）；平 9 – 272981 （1997）；平 10 – 287984 （1998）．

［353］金井隆雄ほか．日本公开特许公报，平 9 – 272983 （1997）．

［354］山崎修一，竹田和年ほか．日本公开特许公报，2002 – 309381；2004 – 99929．

［355］Nozawa T, et al. 新日铁技报，1983，（21）：263～274；IEEE Tran. Mag. , 1986, MAG –22 （5）：490～495．

［356］中山正，黑木克郎ほか．日本公开特许公报，昭 56 – 51522 （1981）；IEEE Tran. Mag. , 1982, MAG – 18 （6）：1508～1510．

［357］Nozawa T, et al. J. App. Phys. , 1988, 63 （8）：2966～2970；1988, 64 （10）：5364～

5366.

[358] 石井信也, 広瀬喜久司ほか. 日本公开特许公报, 昭 59 – 33802 (1984); 昭 63 – 83227 (1988).

[359] 南田勝宏, 滨田直也ほか. 日本公开特许公报, 平 7 – 90385, 188724 (1995).

[360] 坂井辰彦, 滨田直也ほか. 日本公开特许公报, 平 10 – 204533 (1998); 平 11 – 279645 (1999); 2002 – 12918; 2004 – 122218; US. Patent No. 6482271B2, B26368424B16 (2002).

[361] 坂井辰彦ほか. 日本公开特许公报, 2003 – 34822.

[362] 藤倉昌浩, 今福宗行ほか. 日本公开特许公报, 2004 – 197126; 2005 – 248291; Acta Materidlia 2005, 53: 939 – 945.

[363] 坂井辰彦ほか. 日本公开特许公报, 2006 – 117984; 2007 – 2334.

[364] 浜村秀行, 坂井辰彦. 2008 – 106288, 127632.

[365] Weidenfeller B, et al. J. of MMM 2005, 292: 210 ~ 214; 2010, 322: 69 ~ 72.

[366] 福田文二郎, 杉山甫朋ほか. 日本公开特许公报, 昭 62 – 96617, 151511 ~ 151519 (1987); 昭 63 – 262421 (188); J. of MMM, 1992, 112: 183 ~ 185.

[367] 小松原道郎ほか. 日本公开特许公报, 平 6 – 128647, 248344 (1994); 平 7 – 192891 (1995).

[368] 黑木克郎, 和田敏哉, 田中収ほか. 日本金属学会誌 [J], 1981, 45 (4) 379 ~ 394.

[369] 浪川操. 日本公开特许公报, 2007 – 308770.

[370] 井口征夫ほか. 日本公开特许公报, 昭 63 – 186825 (1988); 平 6 – 136449 (1994).

[371] ALC 钢公司. 日本公开特许公报, 平 1 – 281708 (1989).

[372] Beckley P, et al. UK. Patent, No. 2146567A (1985); J. App. Plays. , 1985, 57 (8): 4212 ~ 4213.

[373] 小林尚ほか. 日本公开特许公报, 昭 61 – 117218 (1986); 昭 62 – 67114 (1987); 平 1 – 252726 (1989).

[374] 中村元治ほか. 日本公开特许公报, 昭 63 – 183124 (1988); 平 5 – 339634, 339635 (1993).

[375] 田中祥直ほか. 日本公开特许公报, 平 3 – 177517 (1991), US. Patent No. 5085411 (1992).

[376] Kosuge K (小管健司), Kuroki K (黑木克郎), et al. J. of Mat. Eng. and Peformance, 1994, 3 (6): 706 ~ 711.

[377] 小管健司ほか. 日本公开特许公报, 平 6 – 158166 (1994).

[378] 井口哲, 黑木克郎ほか. 日本公开特许公报, 平 1 – 156426 (1989); 平 4 – 59926 (1992).

[379] 内野常雄, 中村吉男ほか. 日本公开特许公报, 平 8 – 157965 (1996).

[380] 新井聪ほか. 日本公开特许公报, 2002 – 294416.

[381] 茂木尚ほか. 日本公开特许公报, 2000 – 144251; 169946; 328140.

[382] 佐藤圭司, 福田文二郎, 营孝宏ほか. 日本应用磁学会誌 [J], 1993, 17: 215; 日本金属学会报, 1995, 34 (6): 777 ~ 779; 川崎制铁技报, 1997, 29 (3): 153 ~ 158.

［383］福田文二郎，佐藤圭司ほか. 日本公开特许公报，平4 – 88121，99130（1992）；平5 – 121224（1993）；US. Patent，No. 5413639（1995）.

［384］日名英司. 日本公开特许公报，平5 – 320999（1993）.

［385］佐藤圭司，石田昌义ほか. 日本公开特许公报，平6 – 41640（1994）；平7 – 268472，268473，320922（1995）；平10 – 88235（1998）；平11 – 124627（1999）.

［386］东藤刚. 日本公开特许公报，平10 – 130900（1998）.

［387］高宫俊人，渡边诚ほか. 日本公开特许公报，2007 – 169762.

［388］定宏健一 ほか. 日本公开特许公报，2008 – 57001.

［389］佐藤圭司 ほか. 日本公开特许公报，平7 – 331332（1995）.

［390］东藤刚. 日本公开特许公报，平8 – 269563（1996）；平10 – 130898（1998）.

［391］坂口雅之. 日本公开特许公报，平9 – 316698（1997）.

［392］安福正雄，日名英司. 日本公开特许公报，平10 – 265851（1998）.

［393］广濑智行，大石哲也. 日本公开特许公报，平11 – 19925，279646（1999）.

［394］石田昌义，佐藤圭司ほか. 日本公开特许公报，平7 – 268474（1995）.

［395］福野雅康. 日本公开特许公报，2006 – 257527.

［396］山口宏，高岛稔ほか. 日本公开特许公报，2007 – 169726.

［397］坂井田晃ほか. 日本公开特许公报，平9 – 49024（1997）.

［398］岩永功，黑木克郎. 日本公开特许公报，平9 – 157748（1999）.

［399］黑崎洋介，广岩濑喜久司ほか. 日本公开特许公报，平6 – 212275（1994）.

［400］坂井辰彦ほか. 日本公开特许公报，2000 – 109961；2002 – 121618；2004 – 56090；US. Patent No. 7045025B1（2006）.

［401］浜村秀行，坂井辰彦. 日本公开特许公报，2002 – 292484；2003 – 129135.

［402］小林尚ほか. 日本公开特许公报，昭60 – 255926（1985）；昭61 – 117284，253380（1986）；平1 – 309922（1989）.

［403］和田敏哉，田中收ほか. 日本公开特许公报，昭61 – 117220 ~ 117222，139680，186420，243122（1986）；昭62 – 124221（1987）；昭63 – 171848（1988）；US. Patent No. 4960652（1990）.

［404］中村元治，玄濑喜久司ほか. 日本公开特许公报，昭62 – 86175，86182（1987）.

［405］藤苍昌浩ほか. 日本公开特许公报，2001 – 316896；2005 – 327772；2006 – 161108；2007 – 277643.

［406］茂木尚ほか. 日本公开特许公报，2003 – 253499.

［407］井口征夫，伊藤庸. 日本公开特许公报，61 – 186421（1986）.

［408］西池氏裕ほか. 日本公开特许公报，平1 – 252728（1989），平4 – 228600，311576（1992）.

［409］今村猛ほか. 日本公开特许公报，2008 – 111152.

［410］ALC. 日本公开特许公报，平1 – 118023（1990）.

［411］Block W F（Armco），et al. 日本公开特许公报，平1 – 279711（1989）；US. Patent. No. 5013373；5013374（1991）.

［412］小林尚，黑木克郎. 日本公开特许公报，昭63 – 166932（1988）；平1 – 2833323

（1989）.

[413] 定宏健一，千田邦浩ほか. 日本公开特许公报，2006－219690.

[414] Snell D（英国 Orb 电钢公司）. US. Patent No. 5596896（1997）.

[415] ALC 钢公司. 日本公开特许公报，平1－281709（1989）.

[416] 井口征夫，伊藤庸，日名英司ほか. 日本公开特许公报，平2－118022，277780
（1990）；平3－87319，104823，260020，287725（1991）；平4－32517，231415，
323322（1992）；平5－51645，295446，302125，335128（1993）.

[417] 成瀬丰，穴吹善范ほか. 日本公开特许公报，平5－9585（1993）.

[418] 井口征夫，伊藤庸ほか. 日本公开特许公报，昭61－235514，296703（1986）；昭62－
1820，1821，290823（1987）；昭63－72862（1988）；昭64－68425（1989）；平1－
159322（1989）；平4－165086（1992）；Materials Tram. JIM 1992，33（10）：946～952；
1993，34（7）：622～626；ISIJ International，1993，33（9）：957～962；鉄と鋼［J］，
1994，80（12）：62～67；日本金属学会誌［J］，1995，59（2）：213～218.

[419] 井口征夫. 日本金属学会誌［J］，1995，59（3）：347～355；1996，60（7）：674～678；
60（8）：281～788；1997，61（3）：235～240；Materials Tran JIM，1997，38（3）:266～274.

[420] 井口征夫. 鉄と鋼［J］，1996，82（10）：43～48；日本金属学会誌［J］，2001，65
（2）：78～84.

[421] 井口征夫. 日本公开特许公报，平10－245667（1998）；日本金属学会誌［J］，1999，
63（3）：361～366.

[422] 井口征夫. 鉄と鋼［J］，2001，87（4）：25～31.

[423] 井口征夫. 日本公开特许公报，平10－298652（1998）；平131252（1999）.

[424] 井口征夫. 日本公开特许公报，平11－243005，286786，310882（1999）；
2000－124020.

[425] 井口征夫. 日本公开特许公报，平11－302857（1999）；2000－26968；2001－32055.

[426] 井口征夫. 日本公开特许公报，2005－89810.

[427] 岡部诚司，山口宏，村木峰男ほか. 日本公开特许公报，2004－27345；60029；60038；
2006－253555.

[428] 山口岩，村木峰男ほか. 日本公开特许公报，2004－60039，60040；2006－25734；
2007－262540.

[429] 峠哲雄，山口宏ほか. 日本公开特许公报，2005－264233，264234，264236.

[430] 福田泰隆，后藤聪志，岡部诚司ほか. 日本公开特许公报，2006－265685；2007－
154269，162095，204817.

[431] 新垣之啓，岡部诚司 高宫俊人. CAMP－ISIJ 2006，19：467；2007，20：545.

[432] Kokai K（勝昭古界），et al. US. Patent No. 4500366（1985）.

[433] 高嶋邦秀. 日本公开特许公报，平6－88174，89805，172936，207216，212265
（1994）；平7－166240，166241（1995）；平8－269571（1996），US. Patent No. 5858126
（1999）.

[434] 阿部宪人，黑崎洋介ほか. 日本公开特许公报，平6－188824（1994）；平8－246054，
253819，269552（1996）；平9－3541，11346，279247（1997），平10－152725

（1998）；平 11 – 229036（1999）.

[435] 难波英一，黑崎洋介ほか. 日本公开特许公报，2003 – 27196，89821，96520；2004 – 238734；US. Patent, No. 7399369B2（2008）.

[436] 阿部宪人ほか. 日本公开特许公报，平 8 – 243700（1996）.

[437] 原田宽，难波英一ほか. 日本公开特许公报，2007 – 144438.

[438] 千田邦浩ほか. 日本公开特许公报，平 11 – 61262，124627，323438，335736（1999）；2000 – 34521，144256.

[439] 户田宏郎，千田邦浩ほか. 日本公开特许公报，2000 – 96149，144249；2001 – 107145；2002 – 220642.

[440] 千田邦浩ほか. 日本公开特许公报，2001 – 192785，262233，303131，2002 – 302742.

[441] 高宫俊人ほか. 日本公开特许公报 2002 – 241906；2005 – 120452，163122.

[442] 志贺信勇，户田宏朗. 日本公开特许公报，2006 – 144042.

[443] 渡边诚，高宫俊人. 日本公开特许公报，2008 – 144231.

[444] 黑沢光正，高宫俊人. 日本公开特许公报，2001 – 47194，47202.

[445] 桐原理ほか. 日本公开特许公报，2001 – 1116.

[446] 小松原道郎，村木峰男. 日本公开特许公报，2003 – 253336.

[447] 千田邦浩，本田厚人. 日本公开特许公报，2003 – 293103.

[448] 中山久信，田中收ほか. 日本公开特许公报，昭 64 – 62476（1989）；平 2 – 1077842（1990）；平 6 – 65753（1994）.

[449] 长岛武雄，牛神義行，山崎修一ほか. 日本公开特许公报，平 6 – 81039，136436，136555，256848（1994）；平 7 – 62477，118749，1278668（1995）；平 8 – 3648，269554（1996）；平 10 – 46252（1998）；平 11 – 106827（1999），2000 – 119755；2005 – 2362179（英文版）；US. Patent No. 5509976（1995）；No. 5782998（1998）.

[450] 长岛武雄，山崎修一，牛神義行ほか. 日本公开特许公报，平 6 – 184762（1994）；平 7 – 278833（1995）；平 11 – 20989（1999）；2003 – 286580；2004 – 342679；US. Patent No. 5961744（1999）；No. 63226888（2001）.

[451] 中村吉男，长岛武雄ほか. 日本公开特许公报，平 6 – 346247（1994）；平 7 – 11334，173544，278676（1995）.

[452] 藤井宣宪，田中收. 日本公开特许公报，平 10 – 130726（1998）.

[453] 藤井浩康ほか. 日本公开特许公报，平 9 – 49027（1997）.

[454] 横山靖雄，杉山甫朋ほか. 日本公开特许公报，昭 60 – 39123，131976（1985）.

[455] 西池氏裕，石飞宏威ほか. 日本公开特许公报，昭 64 – 68444（1989）；平 2 – 30779（1990），平 9 – 118923（1997）.

[456] 山口宏，高岛稔，小松原道郎. 日本公开特许公报，平 11 – 12755，80909，131251，246981（1999）；US. Patent, No. 6136456（2000）.

[457] 上力ほか. 日本公开特许公报，平 8 – 337822（1996）；平 10 – 8141（1998）.

[458] 村木峰男，山口宏ほか. 日本公开特许公报，平 11 – 193420（1999）；2000 – 104143.

[459] 冈部诚司ほか. 日本公开特许公报，2001 – 303215，303260.

[460] 户田宏郎，上力ほか. 日本公开特许公报，平 10 – 1722（1998）.

［461］高岛稔，冈部诚司ほか．日本公开特许公报 2004－211145（英文版）；2005－3362．

［462］黑木克郎，岩山健三ほか．日本公开特许公报，昭61－117215（1986）；昭63－24043，24044（1998）；平3－219021（1991）．

［463］横内仁，吉富康成ほか．日本公开特许公报，平2－133525（1990）．

［464］大栗昭郎，黑木克郎ほか．日本公开特许公报，平2－282422（1990）．

［465］持永季志雄，北原修司ほか．日本公开特许公报，平2－138419（1990）．

［466］中山久信，中岛正三郎，下山美明ほか．日本公开特许公报，昭62－96616（1987）．

［467］岩永功，增井浩昭，黑木克郎．日本公开特许公报，平6－25747（1994）．

［468］阿部宪人，高嶋邦秀．日本公开特许公报，平7－233417（1995）．

［469］藤井宣寅，熊野知二．日本公开特许公报，平11－217631（1999）；2002－129234．

［470］黑崎洋介ほか．日本公开特许公报，平6－207220（1994）；平8－33363（1996）．

［471］小松原道郎，早川康之．日本公开特许公报，平5－9580（1993）．

［472］中野桓，岩本勝生．日本公开特许公报，平7－268471（1995）．

［473］小松原道郎ほか．日本公开特许公报，平6－207219（1994）；平10－30123（1998）．

［474］早川康之ほか．日本公开特许公报，2002－194424；2004－60026．

［475］菅洋三，松本文夫，中山正ほか．日本公开特许公报，昭59－56522，190325（1984）．

［476］小松肇，菅洋三ほか．日本公开特许公报，昭62－40315（1987）．

［477］高桥延幸，菅洋三，黑木克郎ほか．日本公开特许公报，平1－230721，301820（1989）；US. Patent No. 4994120（1991）．

［478］小林尚，黑木克郎，水口政義，田中收ほか．日本公开特许公报，平2－77525，247331（1990）；平5－112827（1993）；U S. Patent No. 4979996，4979997（1990）．

［479］吉富康成，黑木克郎ほか．平5－125445（1993）；平7－305116，310125（1995）．

［480］吉富康成，黑木克郎ほか．日本公开特许公报，平5－295438（1993）；平6－17129（1994），US. Patent No. 5512110（1996）．

［481］藤井宣憲ほか．日本公开特许公报，2001－40416，192733，192787．

［482］高桥延幸，黑木克郎ほか．日本公开特许公报，平3－21132（1991）；平4－329829（1992）．

［483］岩永功，黑木克郎，田中收ほか．日本公开特许公报，平6－158169，179917，179918（1994）；平8－232019（1996）．

［484］原势二郎ほか．日本公开特许公报，平7－26328；70639；179942（1995）．

［485］吉富康成ほか．日本公开特许公报，平7－252532（1995）；平8－269644，277421（1996）．

［486］牛神義行，中村修一ほか．日本公开特许公报，2004－204337．

［487］增井浩聪，藤井宣寅ほか．日本公开特许公报，平8－199239，199243（1996）；平9－209041（1997）．

［488］熊野知二ほか．日本公开特许公报，平8－279408（1996）；平9－118920（1997）．

［489］黑木克郎，增井浩昭，田中收ほか．日本公开特许公报，平6－184763，200325（1994）．

［490］黑木克郎ほか．日本公开特许公报，平6－108150（1994）．

［491］熊野知二，藤井浩康ほか. 日本公开特许公报，平 10 - 46299（1998）.

［492］熊野知二ほか. 日本公开特许公报，2000 - 129352；282142.

［493］本间穗高，菅洋三ほか. 日本公开特许公报，平 4 - 17617（1992）.

［494］吉富康成. 日本公开特许公报，平 8 - 143962（1996）.

［495］吉富康成ほか. 日本公开特许公报，平 7 - 118747（1995）；平 8 - 176666（1996）.

［496］大畑喜史，熊野知二. 日本公开特许公报，2002 - 129236.

［497］吉富康成，高橋延幸，黒木克郎ほか. 日本公开特许公报，平 2 - 263924；274811（1990）；平 3 - 294427（1991）；平 7 - 118745（1995）；US. Patent No. 5545263（1996）.

［498］吉富康成，黒木克郎，高橋延幸ほか. 日本公开特许公报，平 2 - 259019（1990）；平 5 - 125446（1993）；平 9 - 49022（1997）；US. Patent No. 5261972（1993）.

［499］藤井宣憲ほか. 日本公开特许公报，2000—178648；2001—40449.

［500］阿部智之ほか. 日本公开特许公报，平 11—181524（1999）.

［501］牛神義行，中村修一ほか. 日本公开特许公报，2007—314823.

［502］熊野知二，牛神義行ほか. 日本公开特许公报，平 9 - 41039（1997）；2007 - 254829.

［503］牛神義行，久保田猛，藤井宣憲. CAMP - ISIJ 2004，17：1329.

［504］吉富康成，原勢二郎，高橋延幸ほか. 日本金属学会誌［J］，1994，58（8）：882 ~ 891.

［505］中村修一，牛神義行. 日本公开特许公报，2003 - 3215.

［506］熊野和二，藤井宣憲ほか. 日本公开特许公报，平 9 - 287025（1997）；2001 - 192732.

［507］藤井宣憲ほか. 日本公开特许公报，2000 - 38618，45036.

［508］高橋延幸，吉富康成，黒木克郎ほか. 日本公开特许公报，平 2 - 182866（1990）；平 4 - 17618（1992）；平 7 - 118746（1995）；US. Patent No. 5759293（1998）.

［509］原勢二郎，牛神義行ほか. 日本金属学会誌［J］，1995，59（9）：917 ~ 924.

［510］藤井宣憲，牛神義行，久保田猛. CAMP - ISIJ，1996，9：444.

［511］牛神義行，黒木克郎ほか. 日本公开特许公报，平 2 - 274813（1990）；平 9 - 256051（1997）；US. Patent. 5082509（1992）.

［512］牛神義行，中村修一ほか. 日本公开特许公报，2002 - 60842，69595，212636；2003 - 3215；2007 - 314826，US. Patent No. 6613160B2（2003）.

［513］牛神義行，中村修一ほか. 日本公开特许公报，平 7 - 278670（1995）；2002 - 60843，212637；2003 - 3213.

［514］田中宏，小林尚ほか. 日本公开特许公报，平 2 - 259017（1990）；平 5 - 320769（1993）；平 6 - 200325，212261（1994）.

［515］近藤泰光，水口政义，ハケ代健一ほか. 日本公开特许公报，平 3 - 180460（1991）；平 4 - 183817，183818（1992）；平 6 - 25749（1994）.

［516］藤井宣憲ほか. 日本公开特许公报，平 11 - 172334（1999）.

［517］Kobayashi H，Kuroki（黒木克郎）K. US. Patent No. 4979996（1990）.

［518］Ushigami（牛神義行）Y，Takahashi N（高橋延幸）. Mater. Sci. Forum 1996，204 ~ 205：599；US. Patent No. 5186762（1993）.

[519] 水口正义 ハケ代健一ほか. 日本公开特许公报, 平 3 – 122221, 122227, 1222262, 122263 (1991); 平 4 – 304217, 304321, 304322 (1992); 平 5 – 179418 (1993).

[520] 黒木克郎ほか. 日本公开特许公报, 平 6 – 158167 (1994).

[521] 藤井浩康, 高橋延幸ほか. 日本公开特许公报, 平 11 – 36018 (1999).

[522] 吉富康成, 田中収ほか. 日本公开特许公报, 平 7 – 312308 (1995); US. Patent. No. 5507883 (1996).

[523] 牛神義行, 藤井浩康ほか. 日本公开特许公报, 2003 – 247021, 247024, 268451, 268452; US. Patent No. 7364629B2 (2008).

[524] 牛神義行ほか. 日本公开特许公报, 平 2 – 258929 (1990); 平 4 – 173923; 235222 (1992); 平 7 – 278675 (1995); 2000 – 119751; US. Patent No. 5888314 (1999).

[525] 熊野知二. 日本公开特许公报, 2001 – 49351.

[526] 林申也, 藤井浩康. 日本公开特许公报, 平 11 – 279642 (1999).

[527] 山崎修一ほか. 日本公开特许公报, 2006 – 161106; 193798.

[528] 水口政义, ハケ代健一ほか. 日本公开特许公报, 平 6 – 75748, 93337 (1994).

[529] 黒木克郎 熊野知二ほか. 日本公开特许公报, 平 7 – 305115 (1995).

[530] 吉富康成, 高橋延幸, 黒木克郎ほか. 日本公开特许公报, 平 2 – 259020 (1990); 平 3 – 294425 (1991); 平 4 – 337029 (1992); 平 7 – 62434 (1995); US. Patent No. 5145533 (1992).

[531] 中山正, 吉富康成ほか. 日本公开特许公报, 平 5 – 320776 (1993); 平 8 – 199240 (1996); 平 9 – 41038 (1997); US. Patent. No. 5215603 (1993).

[532] 水口政义ほか. 日本公开特许公报, 平 5 – 78744 (1993); US. Patent No. 5266129 (1993).

[533] 水口政义, ハケ代健一ほか. 日本公开特许公报, 平 6 – 25749, 108225 (1994); 平 7 – 62439 (1995).

[534] 牛神義行ほか. 日本公开特许公报, 平 10 – 219359, 310822 (1998); 平 11 – 106826 (1999).

[535] 吉富康成, 黒木克郎ほか. 日本公开特许公报, 平 4 – 323, 362138 (1992); 平 6 – 172861 (1994); 平 7 – 312308 (1995); US. Patent No. 5039359 (1991); 5472521 (1995); 5545263 (1996); 5597424 (1997); J. of MMM 1996, 160: 123.

[536] 茂木尚, 山崎幸司. 日本公开特许公报, 平 10 – 25553 (1998).

[537] Han C H (韩赞熙), Kwon S T. Scripta Mater. 1996, 34 (4): 543 ~ 546; CAMP – ISIJ, 2000, 14: 591.

[538] Harase J (原势二郎), Shimiyu R (清水亮); J. of MMM, 2003, 254 ~ 255; 337 ~ 339; 343 ~ 345.

[539] Lee C S (李青山), Han C H (韩赞熙), et al; US. Patent. No. 6451128B1 (2002), 中国专利 CN1088760C (2002).

[540] Liao C C, Hou C R, J. of MMM. 2010, 322: 434 ~ 443; CAMP – ISIJ 2009, 22: 519; 2010, 23: 323.

[541] Huppi G S. US. Patent No. 5643370 (1997); 日本公开特许公报, 平 9 – 118964

（1997）.

[542] 黎世德. 电工钢 [J]，2000（1）：10.

[543] Shabanov V A, et al. Steel in Tran [J]. 1998, 28（10）：65～71.

[544] Chol G S, Lee C S, Han K S, et al. US. Patent No. 5711825（1998）；CAMP－ISIJ 1999，12：505；2000，13：545，1204；Steel Res. Int. 2005，26（6）：448～450.

[545] Bolling F, Bottener A, et al. 日本公开特许公报，平 6－322443（1994）；US. Patent No. 5711825（1998）；6153019（2000）.

[546] 巴维 J C. 中国专利 CN1148411A（1997）；1220704A（1999）.

[547] 本间穗高，黑木克郎ほか. 日本公开特许公报，平－62041，336611（1994）.

[548] 熊野知二ほか. 日本公开特许公报，2000－199015；ISIJ Inter. 2005，45（1）：95～100.

[549] 熊野知二ほか. 日本公开特许公报 2001－152250，2002－348611；2003－166019；2005－22611；2007－238984；2008－1978，1981；US. Patent No. 6432222B2（2002）.

[550] 本间穗高ほか. 日本公开特许公报，2007－51314，51316；2008－115421；US. Patent No. 7291230（2007）.

[551] 村上英邦，中村修一ほか. 日本公开特许公报，2007－31793.

[552] 峠哲雄，小松原道郎，本田厚人ほか. 日本公开特许公报，平 10－30124，12123，130728，259423（1998）；2000－256810.

[553] 渡边诚，ほか. 日本公开特许公报，平 11－302730；302731（1999）.

[554] 峠哲雄ほか. 日本公开特许公报，平 11－43722；1999，264018（1999）；2000－199014；2001－158919.

[555] 上力，峠哲雄ほか. 日本公开特许公报，平 11－269543，264019（1999）；2000－129355.

[556] 峠哲雄ほか. 日本公开特许公报，2000－17325，73120.

[557] 屋铺裕義，金子辉雄ほか. 日本公开特许公报，平 1－119644（1989）；平 3－111516（1991）；平 4－259329（1992）；平 5－9666（1993）；平 6－10049（1994）；US. Patent No. 5250123（1993）；J. App. Phys. 1993，73：6606；J. of MMM，1996，160：127～128.

[558] 深川信，中山大成ほか. 日本公开特许公报，平 5－239526（1993）.

[559] 屋铺裕義，金子辉雄ほか. 日本公开特许公报，平 6－1720，184707（1994）；鉄と鋼 [J]，1994，80（8）：79.

[560] 深川智机，屋铺裕義ほか. 日本公开特许公报，平 8－19924（1996）；平 9－263910（1992）.

[561] 屋铺裕義，深川智机ほか. 日本公开特许公报，平 10－60534，158740（1998）.

[562] 高橋克，深川智机，屋铺裕義ほか. 日本公开特许公报，平 10－121142（1998）；平 11－158555（1999）.

[563] 深川智机，屋铺裕義ほか. 日本公开特许公报，平 10－273725（1998）.

[564] 屋铺裕義，深川智机；平 11－350032（1999）.

[565] 早川康之，黑沢光正ほか. 日本公开特许公报，2000－119823，129356；2001－32021，107147.

[566] 早川康之，黒沢光正ほか．日本公开特许公报，平 2000 – 119824，160305；2001 – 303214；2002 – 220644.

[567] 峠哲雄，早川康之ほか．日本公开特许公报，2000 – 303154；2001 – 60505.

[568] 早川康之，今村猛ほか．川崎制铁技报，2003，35（1）：11~15；JFE Tech. Rept. 2005 （6）：8~11.

[569] 今村猛，早川康之ほか．日本公开特许公报，2002 – 212687，217012，220623；2003 – 27139，34820，34850，49250；2004 – 223605，292833；2007 – 302999；US. Patent No. 6942740B2（2005）.

[570] 早川康之ほか．日本公开特许公报，2003 – 34821，201516；2004 – 225153；US. Patent No. 6811619B2（2004）.

[571] 中西匡，高岛稔ほか．日本公开特许公报，2003 – 239017；2005 – 146295；2006 – 152387，213993.

[572] 峠哲雄，户田宏郎ほか．日本公开特许公报，2001 – 342521.

[573] 村木峰男，高岛稔ほか．日本公开特许公报，平 2003 – 201517，226916；2006 – 3163214.

[574] 今村猛，早川康之ほか．日本公开特许公报，2003 – 213339；2008 – 31498.

[575] 冈部诚司，峠哲雄．日本公开特许公报，2003 – 193135.

[576] 寺岛敬，高岛稔ほか．日本公开特许公报，2003 – 193142；2004 – 285402；2005 – 126742.

[577] 高岛稔，峠哲雄．日本公开特许公报，2003 – 253335.

[578] 冈田典文ほか．日本公开特许公报，2005 – 272973.

[579] 峠哲雄，早川康之，高岛稔ほか．日本公开特许公报，2003 – 193131，193132，193134，193135，193141，253341.

[580] 冈田典文．日本公开特许公报，2005 – 281737.

[581] 户田宏郎，寺岛敬，村木峰男．日本公开特许公报，2006 – 274394；2007 – 138199.

[582] 渡边诚，高宫俊人．日本公开特许公报，2007 – 239009.

[583] 渡边诚，早川康之．日本公开特许公报，2003 – 193133.

[584] 户田宏郎，寺岛敬，村木峰男．日本公开特许公报，2007 – 247022.

[585] 寺岛敬，村木峰男ほか．日本公开特许公报，2004 – 353036；2006 – 152364.

[586] 冈部诚司，高岛稔．日本公开特许公报，2003 – 253334.

[587] 大村健一，早川康之ほか．日本公开特许公报，2005 – 187941.

[588] 早川康之，今村猛ほか．日本公开特许公报，2003 – 213339；2004 – 218024；2005 – 232560；USRE39482E（2007）.

[589] 寺岛敬，高岛稔，早川康之．日本公开特许公报，2004 – 169179，190053.

[590] 今村猛，早川康之．日本公开特许公报，2006 – 213953.

[591] 早川康之ほか．日本公开特许公报，2005 – 240098；240147.

[592] Fortunati S，Abbruzzese G，et al. US. Patent No. 6273964B1（2001）；6406557B1（2002）；7192492B2（2007）.

[593] Gunther K，et al. US. Pattern No. D0216985 A1（2008）；Canadian Patent，CA2615586A1（2007）.

[594] 坂倉昭ほか. 日本公开特许公报, 2008 - 69391.

[595] 岩永功, 岩山健三ほか. 日本公开特许公报, 平 2 - 258149, 258922, 258924 - 258927 (1990).

[596] 岩永功, 原勢二郎, 岩山健三ほか. 材料とプロヤヌ, 1992, 5 (6): 1932; 1994, 7: 1820.

[597] 中岛正三郎, 岩山健三, 岩永功. 日本公开特许公报, 平 3 - 72025 ~ 72027 (1991).

[598] 小管健司, 岩永功, 岩山健三ほか. 日本公开特许公报, 平 3 - 285018 (1991), 平4 - 6222, 157119, 218646, 362135, 362136 (1996); 平 5 - 245599, 253602, 279741, 285592, 285593, 2954440 (1993); 材料とプロセス, 1993, 6: 1828; 1994, 7: 1823.

[599] 小管健司, 塗嘉夫. 日本公开特许公报, 平 6 - 31396, 31397 (1994).

[600] 岩永功ほか. 日本公开特许公报, 平 7 - 258737 (1995); 平 10 - 46251, 110217 (1998).

[601] Schon J W, et al. US. Patent No. 6739384B2; 6749693B2 (2004).

[602] Fortunati S, Abbruzzese G. US. Patent No. 6893510B2, 6964711B2 (2005); 7192492B2 (2007).

[603] 定宏健一, 早川康之, 本田厚人ほか. 日本公开特许公报, 平 9 - 143560 (1997); 平 10 - 226819, 317060 (1998); 平 11 - 131140, 335739 (1999); 2000 - 45022, 45024.

[604] 早川康之, 黑沢光正ほか. 日本公开特许公报, 2000 - 129353; 160305.

[605] Cuale S, Abbruzzese G, et al. US. Patent No. 6488784B1 (2002).

8 特殊用途电工钢

8.1 冷轧无取向硅钢薄带

8.1.1 3%Si 钢

冷轧无取向硅钢薄带是指厚度为 0.15mm 和 0.20mm 的 3%Si 钢,主要用作中、高频电机和变压器、电抗器和磁屏蔽。国外在 20 世纪 70 年代前后已生产这种产品。武汉钢铁公司于 1989 年研制成 0.2mm 厚 × 1000mm 宽的 WT200 和 WTG200 牌号,1990 年研制成 0.15mm 厚的 WTG150 牌号。产品铁损低,无时效,叠片系数高,厚度均匀,板形好,达到日本当时的同类产品水平(见表 8 - 1)。

表 8 - 1 武钢产品与日本同类产品的磁性对比

厂　家	牌号	厚度/mm	$P_{10/400}$/W·kg^{-1}		$P_{5/1000}$/W·kg^{-1}		B_{20}/T	
			标准	实物	标准	实物	标准	实物
日本新日铁公司	HTH200	0.20	≤15.0	12.96		14.26	≥1.4	
	HT200	0.20	≤17.0				≥1.4	
	HTH150	0.15			≤15.5	12.50		
武汉钢铁公司	WTG200	0.20	≤15.0	13.26		14.23	≥1.4	
	WT200	0.20	≤17.0	13.42			≥1.4	15.4
	WTG150	0.15		12.90	≤15.5	12.68		

冷轧无取向硅钢薄带的化学成分和生产工艺与无取向高牌号硅钢基本相同。因为产品厚度减薄,必须更严格地控制好板形和表面质量。热轧带经常化后采用一次冷轧法或二次中等压下率冷轧法。二次冷轧法更容易获得好的板形,但磁性比一次冷轧法更低些。中间退火时进行脱碳。成品退火采用干的 $H_2 + N_2$,炉内加更小张力,退火后冷速减慢并控制好卷取张力。也可采用罩式炉退火,然后再经热平整退火和涂绝缘膜。

钢板表面状态对 0.15mm 和 0.20mm 薄带磁性的影响增大。为防止成品出现瓦垄状缺陷,钢质要纯净,这在热轧时可促进再结晶。热轧终轧温度为 930 ~ 1000℃,700 ~740℃卷取,不常化和一次冷轧,最终退火温度为 700 ~800℃,保温 30 ~90s,控制成品晶粒为 5 ~60μm,$P_{5/700}$ <7.5W/kg,$B_{5/700}$ >1.2T(环状样品测量）。因为使用频率提高，为降低 P_e，成品合适晶粒尺寸应减小[1]。

　　为了节能和环保，要求电机高效化和小型化，为此发展大于 1 万 r/min 高转速电机，使用频率提高。新日铁于 2001 年通过钢质纯净化、控制常化后晶粒组织和位向、冷轧压下率、最终退火时张力和退火后晶粒尺寸措施，开发了新的 0.15mm 和 0.20mm 厚无取向硅钢薄带系列产品，其典型特性见表 8 - 2 和图 8 - 1。高频铁损比 0.35mm 和 0.50mm 通用产品低 1/2 ~ 1/3，比以前生产的 0.15mm 和 0.20mm 产品的高频铁损（见表 8 - 1）也明显降低，而且 20HTH1800 最高牌号的 B_{50} 与 0.35mm 和 0.50mm 厚产品相同。这种产品适用于制造中、高频下应用的微电机（如数码信息机、高速印刷机）、微型发电机和电动汽车中驱动电机[2]。其制造工艺要点如下：

　　$w(Si + 2Al - Mn) \geqslant 2\%$，而 $w(Si) + w(Al) + w(Mn) = 3\% \sim 5\%$，C、S、O、N 和 Ti 分别不大于 0.002%，S + N + Ti 总量小于 0.006%。热轧板经高于 950℃

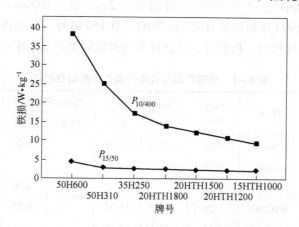

图 8 - 1　无取向薄硅钢产品牌号与传统牌号产品铁损的对比

表 8 - 2　新日铁开发的无取向薄规格产品牌号和性能

牌　号		铁　损		磁感应强度 B_{50}/T	屈服强度 /MPa	硬度 HV
		$P_{10/400}$/W · kg^{-1}	$P_{1/10000}$/W · kg^{-1}			
15HTH1000		9.4	16.7	1.61	410	200
20HTH1200		10.9	21.3	1.63	420	201
20HTH1500		12.2	23.6	1.63	380	198
20HTH1800		13.4	28.4	1.68	270	150
传统产品	35H250	17.0	40.4	1.66	402	202
	50H310	25.1	53.7	1.67	412	

常化，最终冷轧压下率大于 88%，1050℃×30s 最终退火。如 3%Si，1.1%Al，0.3% Mn 或 3%Si，0.5%~0.8%Al、0.8%~1%Mn 钢，2mm 厚热轧板经 1050℃×60s 常化，一次冷轧法或 2.3mm 厚热轧板 950℃×60s 常化，冷轧到 1mm 厚，1050℃× 30s 中间退火，再经第二次冷轧。最终 1050℃×30s 退火后，0.10mm 厚板 $P_{10/400}$ = 8.5W/kg；0.15mm 厚板 $P_{10/400}$ = 9.6W/kg；0.2mm 厚板 $P_{10/400}$ = 11.2W/kg。最终冷轧前晶粒大，以后大压下率冷轧和退火后（111）晶粒数量减少，所以 $P_{10/400}$ 低。随后又提出最终冷轧前控制晶粒尺寸 $D \leqslant 400$，而且冷轧压下率 $R \leqslant 0.16 \times D + 69\%$。$R = 85\% \sim 93\%$，最终退火后成品晶粒尺寸为 $100 \sim 150 \mu m$，{100} 组分增多，磁各向异性小，$\Delta P_{10/400} \leqslant 4W/kg$，$\Delta B_{50} \leqslant 0.08T$（每隔 22.5°测定的最大值和最小值之差），成品表面粗糙度 $Ra \leqslant 0.5 \mu m$，表面状态也好，叠片系数高（如果 $D > 400$ 时，$Ra > 0.5 \mu m$）[3]。

川崎也开发了 0.2mm 厚 RMHF 系列产品（现称 JNEH 系列）。表 8-3 和表 8-4 所示为典型磁性和力学性能，并与通用的 35RM210 对照，图 8-2 所示为 RMHF 和传统的 RM 系列 $P_{10/400}$ 与 B_{50} 和硬度的关系，可看出 20RMHF 的 $P_{10/400}$ 和 $P_{10/1K}$ 更低，B_{50} 也高 0.01~0.02T。制成的电机的效率提高，电机转矩也更高，HV < 200，所以冲片性也高。产品涂半有机涂层或 B 型粘接涂层。采用粘接涂层时冲片不经消除应力退火。其工艺要点是提高纯度，2.5%~3% Si，0.4%~0.6%Als（或低 Als），0.3%~0.5%Mn，加 0.025%~0.05%Sb，可再加 1%~2%Cr 提高 ρ，热轧板常化后晶粒尺寸大于 $100 \mu m$，150~200℃ 冷轧，成品 {100}⟨uvw⟩ 织构强，HV < 200[4]。

表 8-3 RMHF 系列牌号典型磁性能

牌 号	厚度 /mm	密度 /g·cm⁻³	铁损/W·kg⁻¹				磁感/T	
			$P_{10/50}$	$P_{17/50}$	$P_{10/400}$	$P_{10/1K}$	B_{25}	B_{50}
20RMHF1200	0.20	7.65	0.85	2.08	11.0	41.9	1.58	1.67
20RMHF1500	0.20	7.65	1.05	2.49	12.8	46.5	1.57	1.66
传统产品 35RM210	0.35	7.60	0.84	2.03	15.8	68.0	1.56	1.65

表 8-4 RMHF 系列牌号典型力学性能

牌 号	厚度 /mm	屈服强度/MPa		抗拉强度/MPa		伸长率/%		硬度 HV
		L	C	L	C	L	C	
20RMHF1200	0.20	375	388	496	515	16	16	199
20RMHF1500	0.20	370	377	481	497	19	19	187
传统产品 35RM210	0.35	432	450	555	574	18	19	225

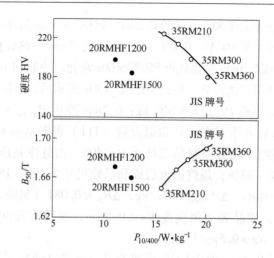

图 8 - 2　RMHF 和传统 RM 系列 $P_{10/400}$ 与 B_{50} 和硬度的关系

8.1.2　Fe – Si – Cr 钢

为了节能，现在多用变换器（PWM）驱动电机。由于变换器产生高频电流容易损伤电气设备，为此采用新式滤波器（即扼流线圈），控制高频电流。此前多用非晶材料或 6.5% Si 钢制造扼流线圈铁芯，但加工性不好。川崎开发了高频特性和加工性良好的 0.1mm 厚 Hifreqs 系列，即 4.5% Fe – 4% Si – Cr 合金。其典型特性是 $\rho = 85\mu\Omega \cdot m$（与 6.5% Si 钢相同），$B_{50} > 1.53$T，$P_{2/1K} \approx 20$W/kg，$P_{1/10K} \approx 9.2$W/kg，$P_{0.5/20K} \approx 6.2$W/kg。加 Cr 可改善力学性能，HV = 230（6.5% Si 钢 HV 为 350，非晶合金为 900），抗拉强度 $\sigma_b = 750$MPa，伸长率 $\delta = 24\%$，即伸长率与 3% Si 钢相同，而 T_s 高 1.5 倍，为高强度材料，可冲成复杂形状冲片。由于加 Cr，防腐性和耐蚀性也好[5]。其制造工艺要点如下：3.5% ~ 5% Si，3% ~ 7% Cr、C、S、N_2、Ti 和 Nb 分别小于 0.002%，可加 0.5% ~ 3% Al，< 1% Mn，≤ 0.05% P，< 1% Sb 和 Sn，< 5% Ni 和 Co，< 1% Cu。Al、Mn 和 P 可提高 ρ，Sb 和 Sn 可改善织构，Ni 和 Cu 可改善磁性和降低延性 – 脆性转变温度，提高加工性，细化晶粒，降低 P_e，并提高耐蚀性。加 Co 可提高 B_{50}。Si、Cr 和 Al 含量应满足：$0.8 \times (Si) + 0.7 \times (Al) \leqslant (Cr) \leqslant 3 \times (Si) + 0.7 (Al)$。C 含量高可形成 CrC 使耐蚀性变坏，而且冷轧加工性也降低。希望 $C + N < 100 \times 10^{-6}$。如果 $C + N > 300 \times 10^{-6}$ 并提高 Mn 含量，Mn = 25(C + N)% ~ 1% 也可，因为 Mn 可抑制 C 和 N 的时效析出而改善热轧板韧性。Ti + Nb + V + Zr 总量 < 100×10^{-6}（最好小于 70×10^{-6}）和 $C + N \leqslant 50 \times 10^{-6}$ 时，冲片性明显提高，因为它们形成 < 1μm 尺寸的硬的碳氮化合物而磨损冲具。S 和 P 沿晶界偏聚，而 Si 和 Cr 更促进它们偏聚，使钢板脆化，应尽量低。如果将 S 含量提高到 $(60 ~ 100) \times 10^{-6}$ 并将 Cu 含量降到小于 0.02%，形成 MnS 而防止形成细小 Cu_2S，也可提高冲片性。铸坯在高于

200℃保温，即铸坯在热轧前12h以内放入加热炉中，1100～1200℃加热保温，粗轧前控制表面1/20地区与中心区温差低于120℃，可防止粗轧时表面裂纹和由热应力引起的内裂纹。热轧板表面比中心区韧性高，因此热轧板厚度应小于2.5mm。加Cr可使表层再结晶组织中发展细小亚晶粒，进一步提高表层韧性。热轧板经850～900℃常化，二次冷轧法，第二次冷轧压下率为55%～85%（如2mm→0.35mm→0.1mm）。中间退火为 $H_2 + N_2$ 中800～850℃×10s。最终冷轧前平均晶粒直径 d 小，冷轧和退火时再结晶晶核数量增多，晶粒细化，{111}组分增多，B_{50} 降低。合适的 $d = 10 \sim 200\mu m$，（$d > 200\mu m$ 时高频铁损变坏），在此范围内 d 小，第二次冷轧压不应减小。最终退火为在 $H_2 + N_2$ 中820℃×10s，以小于25℃/s速度冷却，残余热应力小，可提高冲片性。成品（100）[001]强度应为混乱织构的2倍以下，冲片性和叠片系数提高。因为（100）[001]强度过高，纵横向冲片时更难产生剪断变形，冲片形状变坏。成品表面粗糙度 $Ra < 0.5\mu m$（最好小于0.2μm），高频铁损降低，焊接性好。最后涂含大于10%树脂的半有机涂层，树脂玻璃转变温度低于140℃，噪声小，冲片性高。成品晶粒尺寸为10～100μm，$P_{1/10K} = 6.5 \sim 9.0 W/kg$，$B_{50} = 1.55 \sim 1.61T^{[6]}$。

日本钢管提出，2.5%Si，0.2%Mn，0.3%Al，C和N分别不大于0.002%，而 $S < 0.001\%$，并加0.004%～0.025%Sb或Sn，1150℃加热，2mm厚热轧板，25%$H_2 + N_2$ 中830℃×180min预退火，一次冷轧到0.2mm厚成品，10%$H_2 + N_2$ 中950℃×2min最终退火，$P_{10/400} = 11.6 W/kg$，$B_{10} = 1.42T^{[7]}$。

8.1.3 0.5%～2%Si 钢

0.1～0.25mm厚板在100～1000Hz下磁化时，P_h 占 P_T 的40%～70%。在此厚度范围内钢板厚度减薄，P_h 和 P_e 都明显降低。高频磁化时趋肤效应增大，如100Hz磁化时表层磁通量与中部磁通之比约为7：3，而1000Hz磁化时为（8～9）：（2～1）。因此改善表层织构提高 B_{50}，P_h 也降低。日本钢管用0.5%～2%Si、$< 0.004\%$Als 或0.2%～0.4%Al的2mm厚热轧板，经3.5%～5.5%临界压下率冷轧和在 H_2 中830℃×3h预退火。冷轧到0.15mm和0.2mm厚，最终在25%$H_2 + N_2$ 中840℃×2min退火，由于表层（板厚方向1/3以上）织构改善和平均晶粒尺寸大（约为60μm），在100～2000Hz时，$B_{10} \geq 1.54T$，$P_{15/400} < 40 W/kg^{[8]}$。

8.2 冷轧取向硅钢薄带

8.2.1 概述

冷轧取向硅钢薄带是指厚度不大于0.1mm、含3%Si的（110）[001]取向硅钢。它是军工和电子工业中的一种重要材料，主要用于工作频率不小于400Hz下的高频变压器、脉冲变压器。脉冲发电机、大功率磁放大器、通讯用的扼流线圈、电感线圈、储存和记忆元件、开关和控制元件、磁屏蔽以及在振动和辐射条件下工作的变压器。工作频率愈高，涡流损耗明显增高，所选用的钢带也应当愈薄。在静态和小于5kHz频率下，磁化过程主要靠磁畴壁移动，在更高频率下畴壁移动困难，能量损耗大，所以磁畴转动起重要作用，在很高频率下（如10kHz），晶粒位向对铁损的影响减小。

1949年利特曼（M. F. Littmann）根据邓恩（C. G. Dunn）等提出的3% Si的（110）[001]单晶体经50%～70%冷轧转变为{111}⟨112⟩冷轧织构，经初次再结晶退火又转变为（110）[001]再结晶织构的规律（即这两种位向的关系是晶体绕⟨001⟩轴转动约35°的规律），用多晶体取向硅钢产品再经冷轧和退火制成了取向硅钢薄带，满足了当时雷达中脉冲变压器所需要的材料。因为那时作为原始材料的CGO钢产品B_8值较低（1.74T），所以厚度0.1mm薄带的位向为{210}⟨001⟩～{310}⟨001⟩，B_8只为1.6～1.7T，$P_{10}=0.35～0.70W/kg$[9]。随后美国Armco公司、英国BSC公司和日本新日铁公司等陆续生产了厚度为0.025mm、0.05mm、0.1mm薄带产品。20世纪70年代又陆续停止生产，转由专门生产铁芯的工厂购买厚度为0.23～0.35mm取向硅钢产品作为原材料按此法进行生产（如日本金属公司）。

1959年钢铁研究院研制成厚度0.05mm和0.08mm取向硅钢薄带。证明3% Si钢按二次冷轧法制成0.35mm厚CGO钢板，再经一次冷轧和初次再结晶退火，（110）[001]取向度和磁性高。0.08mm薄带经磁场退火后$B_r/B_s \geqslant 0.90$，$\mu_m = 50000$，$H_c = 16～20A/m$，$B_8 = 1.90T$，磁性达到取向50% Ni-Fe合金水平[10]。随后将此技术推广到上海钢铁研究所和大连钢厂进行生产，每年生产5～10t，满足了国内需要。1983年以前是从炼钢开始制造，生产工艺流程长，成材率只有30%～40%，磁性达到当时苏联产品水平，其中30%达到美、日同类水平，性能不稳定。1983年北京钢铁研究总院用武汉钢铁公司生产的0.20～0.35mm厚的取向硅钢产品作为原材料，生产0.025～0.1mm厚的取向硅钢薄带和各种尺寸的铁芯，成材率提高到85%～90%，磁性达到国际水平并且稳定，成本明显降低[11]。

8.2.2　制造工艺[10,11]

制造工艺流程如图8-3所示。

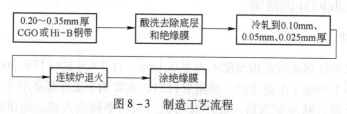

图8-3　制造工艺流程

取向硅钢薄带的磁性与原始材料的取向度和磁性、冷轧压下率以及退火工艺密切相关。原始材料的取向度和磁性高，制成的薄带产品磁性也高（见图8-4）。作为原始材料的CGO钢和Hi-B钢最好不涂绝缘涂层，这可降低原始材料成本。

CGO钢带或Hi-B钢带首先在含少量HF或氟酸盐的盐酸或硫酸水溶液中酸洗，去除表面底层和绝缘膜，然后在多辊轧机上冷轧到规定厚度。如果冷轧时易断裂，可经低温加热脱氢处理。由图8-4看出，冷轧压下率应控制在60%~70%，此时冷轧织构中 $\{111\}\langle 112\rangle$ 组分最强，初次再结晶退火后 $(110)[001]$ 取向度和 B 值最高，H_c 最低。产品愈薄，合适压下率有朝更大压下率方向移动的趋势，而且压下率对磁性的影响逐渐减小。

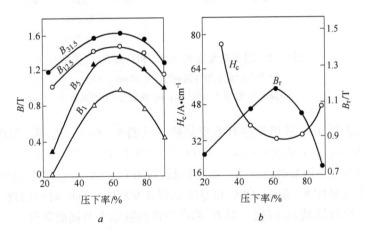

图8-4 冷轧压下率与 B 及 H_c 的关系

(0.08mm厚，700℃退火)

a—压下率与 B 的关系；b—压下率与 H_c 的关系

冷轧后在连续炉中干 $H_2 + N_2$ 或真空下经 $750 \sim 1000$℃退火。退火温度高，保温时间短。为获得高取向度和 B_8 值，应当进行初次再结晶退火，保温时间小于二次再结晶孕育期，如 750℃ $\times 3 \sim 5$min 或 >900℃ $\times 20 \sim 30$s。在原来粗大伸长二次晶粒的晶界中形成均匀细小初次晶粒群。由于晶粒小，H_c 和 P_T 也较高。温度高或保温时间长发生二次再结晶，$(110)[001]$ 强度减弱，位向更漫散，偏离角为 $10° \sim 30°$，存在有 $(120) \sim (130)[001]$ 组分，B_8 降低。但由于晶粒粗化，H_c 和 P_T 也明显降低。因此要按照磁性的要求，控制好退火温度和时间。图8-5为 0.05mm 薄带退火温度（时间为3min）对 B_8、H_c 和高频 P_T 的影响。厚 0.35mm Q9G（Hi-B钢）制的试样在 700℃ $\times 3$min 退火后初次再结晶已完全，B_8 最高（1.88T）。随温度升高，B_8 降低。厚 0.3mm Q8G 和 0.35mm Q10 制的试

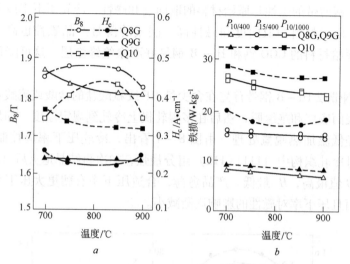

图 8 - 5　退火温度与 B_8 及 H_c 和高频 P_T 的关系

（3 种取向硅钢牌号制的厚度 0.05mm 试样）

a—温度与 B_8 及 H_c 的关系；b—深度与 P_T 的关系

样经 700℃退火 3min 后仍残存有形变晶粒（见图 8 - 6a），B_8 低。750℃ × 3min 退火后再结晶完全（见图 8 - 6b），750℃和 850℃时 B_8 最高（1.85 ~ 1.88T）。而 Q9G 制的试样在 850℃时已开始二次再结晶，900℃ × 10min 已基本完全，并常出现魏氏组织（见图 8 - 6c）。Q8G 和 Q10 试样在 900℃ × 3min 时会出现二次晶粒。由于发生二次再结晶 B_8 降低。但 H_c 和高频铁损随温度升高而降低。

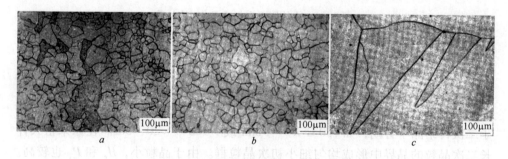

图 8 - 6　0.05mm 厚试样退火后的金相组织（×100）

a—Q8G，700℃ × 3min；b—Q10，750℃ × 3min；c—Q9G，900℃ × 10min

对小于 0.05mm 薄带来说，合适的退火温度范围变宽，而且退火后基本为大小混合晶粒，更难发展为完善的二次再结晶组织。也就是说，随钢带厚度减薄，退火温度对磁性的影响也减小。

退火后钢带涂磷酸盐 - 铬酸盐绝缘膜，经 400 ~ 600℃ × 30 ~ 60s 烧结。因为取向硅钢薄带都制成卷铁芯使用，所以必须经消除应力退火。一般在含5%~10% H_2 的 N_2 中经730℃±20℃×2~4h退火，以约25℃/h速度慢冷到约350℃。高于750℃退火发生二次再结晶，织构和 B_8 值变坏。如果采用箱式炉退火，可在750~800℃进行消除应力退火。

表8-5所示为钢铁研究总院用武钢生产的取向硅钢作为原始材料，按上述工艺生产的不同厚度产品的典型磁性。图8-7所示为厚度0.1mm和0.05mm产品与日本同类产品的高频铁损的对比[4]。

表8-5 不同厚度产品的典型磁性

产品厚度 /mm	磁感应强度/T					矫顽力 H_c /A·cm^{-1}	铁损/W·kg^{-1}		
	$B_{0.8}$	B_2	B_4	B_{10}	B_{25}		$P_{10/400}$	$P_{15/400}$	$P_{5/1000}$
0.10	1.60	1.69	1.74	1.82	1.90	0.17	5.4	12.3	6.0
0.05	1.57	1.67	1.74	1.82	1.90	0.27	4.9	12.2	5.6
									$P_{5/3000}$
0.03	1.56	1.66	1.71	1.80	1.89	0.35	5.7	14.0	27.5
0.02				1.69	1.80	0.48	7.2	17.6	19.7

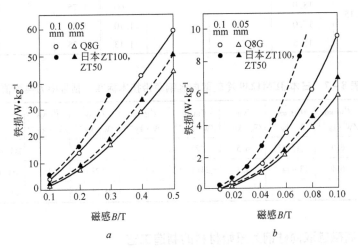

图8-7 取向硅钢薄带在高频下的 B-铁损曲线

a—5000Hz； b—10000Hz

表8-6所示为中国冷轧取向硅钢薄带技术标准。表8-7所示为日本JEM1239冷轧取向硅钢薄带标准，日本金属按此标准生产GT系列，并研发了GT150、GT75和GT30新牌号产品。

表 8 - 6　中国冷轧取向硅钢薄带技术标准（GB 11255—89）

牌号	厚度 /mm	最大铁损/W·kg^{-1}			最小磁感 B_{50}/T		最小矫顽力 H_c /A·m^{-1}
		$P_{15/400}$	$P_{10/1000}$	$P_{5/3000}$	$B_{0.5}$	B_{10}	
DG3	0.025			35		1.60	60
DG3	0.03			35		1.65	45
DG4				30		1.70	40
DG1		21.0			0.60	1.55	36
DG2		19.0			0.80	1.60	34
DG3	0.05	17.0	24.0		0.85	1.66	32
DG4		16.0	22.0		0.90	1.70	32
DG5		15.0	20.0		1.05	1.75	32
DG6		14.5	19.0		1.10	1.75	32
DG1		22.0			0.60	1.55	36
DG2		19.0			0.80	1.66	32
DG3	0.08	17.0			0.90	1.66	28
DG4	0.10	16.0			1.00	1.70	26
DG5		15.0			1.05	1.75	26
DG6		14.5			1.20	1.80	26
DG3		19.0			0.90	1.65	26
DG4	0.15	18.0			1.00	1.75	26
DG5		17.0			1.10	1.75	26
DG6		16.5			1.13	1.75	26

表 8 - 7　日本 JEM1239 冷轧取向硅钢薄带技术标准（括号中为典型值）

牌号	厚度 /mm	$P_{10/400}$ /W·kg^{-1}	$P_{15/400}$ /W·kg^{-1}	$P_{5/1K}$ /W·kg^{-1}	$P_{10/1K}$ /W·kg^{-1}	$P_{15/1K}$ /W·kg^{-1}	$P_{5/3K}$ /W·kg^{-1}	$P_{1/20K}$ /W·kg^{-1}	B_8/T
GT100	0.1	6.0	≤15(13)	6.5	23				≥1.77(1.80~1.82)
GT50	0.05	6.4	(13~14.5)	4.8	≤24(17.5)	(23)	(21)	(22)	≥1.57(157~1.80)
GT25	0.025						≤35(25~28)	(13)	≥1.52(1.57~1.60)

8.2.3　以高磁感取向硅钢为原始材料的制造工艺

采用 $B_8 \approx 1.94$T、含 0.05% Sn 的 Hi - B 钢（二次晶粒尺寸约 10μm）作原始材料，分别冷轧到 0.02mm、0.025mm、0.035mm、0.05mm 厚，在 25% N_2 - 75% H_2 中 950℃ × 2min 初次再结晶退火，涂绝缘膜。由图 8 - 8 可以看出，成品晶粒尺寸与板厚成正比，即板厚减薄，晶粒尺寸变小，而且 0.025mm 和 0.02mm 厚板 B_8 明显降低。0.05mm 厚成品 $B_8 = 1.87$T，$P_{15/400} = 9$W/kg，而 GT50 牌号 $B_8 =$

1.73T，$P_{15/400} = 14W/kg$。B_8 提高 0.1T 以上，$P_{15/400}$ 降低 30%。加 Sn 钢合适冷轧压下率约为 80%，比一般产品采用的冷轧压下率大 10%，适合制造更薄产品。试验证明，当 B_m 为 0.5T 和 1.0T 时，$f \leqslant 5kHz$ 时靠 $180°$ 畴壁移动，P_h 比 P_e 更重要，所以成品 B_8 高，晶粒尺寸大可明显降低 Hc 和 P_h，$f > 5kHz$ 时，靠磁畴转动，此时 P_e 起更重要作用，所以成品板厚应减薄。当 $B_m = 1.5T$ 时磁化，$180°$ 畴壁移动已结束，并产生辅助畴，这需要更大的能量，P_h 急剧变坏，因此要求 B_8 高，同时板厚也应减薄。总之，

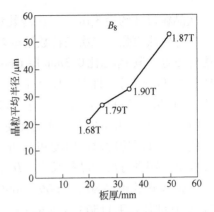

图 8-8　薄带厚度与平均晶粒半径的关系

取向硅钢薄带在 $B_m > 1.0T$ 和 $f = 0.1 \sim 1kHz$ 频率条件下使用最有利[12]。

如果用 $B_8 = 1.96 \sim 2.00T$、加 Bi 或温度梯度退火的取向硅钢作原始材料（二次晶粒尺寸约 $40\mu m$），冷却后在干 H_2 中 $900℃ \times 60s$ 退火和涂绝缘膜，0.05mm 厚成品 $B_8 = 1.92T$，$P_{15/400} = 9W/kg$，激光照射细化磁畴后 $P_{15/400} = 8W/kg$[13]。

8.2.4　以表面能作驱动力发展二次再结晶制造工艺

日本东北大学荒井贤一和日本钢管首先用高牌号取向硅钢作原始材料，经冷轧和退火，通过三次再结晶（以表面能作驱动力）制成 0.035mm 厚成品，$B_{10} = 1.94 \sim 1.98T$，[001] 偏离角为 $1° \sim 2°$，晶粒尺寸不小于 5mm，细化磁畴后铁损与 Fe-B-Si 系非晶材料相近。因为（110）晶粒的表面能比（100）和（111）晶粒表面能更低，所以进行反常变大。但成品很薄，实用价值受到限制，而且工序复杂，制造成本高。随后提出用 3% Si 纯净钢（C、S、N、O、Al 和 Cu 含量分别小于 0.01%）约 2mm 厚热轧板经三次中等压下率冷轧法制成 0.1mm 厚成品，在 N_2 中 $750℃ \times 1h$ 或 $850℃ \times 5min$ 二次中间退火，第三次压下率为 50% ~ 75%，最终退火在小于 0.5Pa 真空中或 H_2 中 $1150 \sim 1200℃ \times 1 \sim 5h$ 退火，通过二次再结晶，$B_8 \geqslant 1.90T$[14]。

实验证明，采用二次冷轧法（2mm 厚热轧板→75% 冷轧→1×10^{-3}Pa 真空中 $750℃ \times 1h$ 中间退火→80% 冷轧到 0.1mm 厚→在 1×10^{-3}Pa 真空中红外线炉中 $1150℃ \times 1h$ 最终退火）的 0.1mm 厚成品 $B_8 = 1.75T$，平均偏离角 $\alpha = 8.9°$，二次晶粒尺寸约为 $10\mu m$。而采用三次冷轧法（2mm 厚热轧板→80% 冷轧→1×10^{-3}Pa 真空中 $750℃ \times 1h$→60% 冷轧→1×10^{-3}Pa 真空中 $750℃ \times 1h$→50% 冷轧到 0.1mm 厚→1×10^{-3}Pa 真空红外线炉 $1150℃ \times 1h$）的 0.1mm 厚成品。$B_8 = 1.9T$，$H_c < 4A/m$；在 20MPa 张力下，$P_{13/50} = 0.38W/kg$，$P_{15/50} = 0.53W/kg$，$\alpha = 4.7°$，

二次晶粒尺寸约为 3μm。三次冷轧法的初次再结晶织构中 {110}⟨001⟩ 组分比二次冷轧法更强，二次晶粒数量更多，所以二次晶粒尺寸小，但位向更准，所以磁性更好。其 $P_{13/50}$ 比 0.3mm 厚 Hi－B 钢约低 35%，但二次晶粒偏离角 α 比 Hi－B 的大（$\alpha \approx 3°$），即取向度低于 Hi－B 钢。实验证明，中间退火温度降低，α 角小，如 600～700℃ 中间退火时（110）初次晶粒少，成品二次晶粒大，$\alpha \approx 3°$（见图 8－9）。由于依靠表面能促使（110）晶粒反常长大发生二次再结晶，所以最终退火升温速度对取向度和 B_8 值无关。也证明 1150℃ 保温 0.5min 时，（110）晶粒就急剧进行反常晶粒长大，H_c 急剧降低，保温 20min，二次再结晶已完全。2.5mm 厚热轧板经 80%→60%→60% 三次冷轧法，在 1×10^{-3} Pa 真空中 800℃×2min 中间退火和 1150℃×20min 最终退火的 0.1mm 厚成品 $B_8 = 1.9$T，$H_c < 4$A/m，在 20MPa 张力下，$P_{13/50}$ 从原来 0.38W/kg 进一步降低到 0.28W/kg，比0.3mm 厚 Hi－B 钢约低 50%[15]。

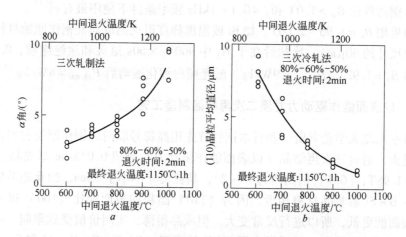

图 8－9　三次轧制法中中间退火温度与 α 角的关系及中间退火温度与
成品二次晶粒直径的关系
a—退火温度与 α 的关系；b—退火温度与晶粒直径的关系

钢中 Al、Cu、Sn、Ti 和 Nb 含量最好都小于 0.005%。Al 在 α－Fe 中固溶度高，并与 O 易化合，最终退火时可与气氛中微量 O 反应形成氧化层，使（110）晶粒表面能增高，阻碍其反常长大。Cu、Sn、Ti 和 Nb 在 α－Fe 中固溶度小，最终退火时也阻碍晶粒长大。钢中 O 含量应小于 0.008%，热轧终轧温度为 800～850℃，热轧板再结晶组织好，有利于第一次冷轧时采用 70%～90% 大压下率冷轧，550～650℃ 卷取。冷轧时在大于 100MPa 张力下进行，可促使 ⟨111⟩ 滑移方向更与轧向近似平行，形成位向准确的 {111}⟨112⟩ 晶粒，以后转变为（110）[001] 晶粒位向也更准确。第一次冷轧压下率为 70%～90%，目的是使初次再结晶晶粒细化和 {111}⟨112⟩ 晶粒增多。中间退火制度为在真空中或 O_2 分压很低

的还原性气氛中 $700 \sim 800℃ \times 2min$，最终退火在 $d.p. < -30℃$（如 $-50℃$）的干 H_2 或干 Ar 中进行，也可在 $1 \times 10^{-3}Pa$ 真空中进行[16]。0.1mm 厚板 $B_8 \geqslant 1.90T$[16]。

日本钢管公司提出，3% Si 纯净钢 1150℃ 加热并控制高于 1000℃ 热轧压下率小于 50%，$1000 \sim 750℃$ 热轧压下率为 70% ~ 90%，低于 700℃ 卷取，采用三次冷轧法（80% 冷轧→真空中 $800℃ \times 2min$ 中间退火→50% 冷轧→真空中 $800℃ \times 2min$→67% 冷轧到 0.1mm 厚成品）和在干 H_2 中 $1200℃ \times 5 \sim 10min$ 短时间退火，$B_8 > 1.90T$。采用二次冷轧法时（60%→$800℃ \times 2min$→90%）$B_8 > 1.84T$。热轧温度高通过剪切应变使表层 (110)[001] 晶粒多，但高于 1000℃ 经大于 50% 压下率热轧时，一旦形成 (110)[001] 晶粒后，多余的应变储能促进了动态再结晶，即其他位向晶粒增多，这使 (110)[001] 位向混乱。因此规定高于 1000℃ 时压下率小于 50%。$1000 \sim 750℃$ 热轧时，由于同时抑制剪切应变和动态再结晶，经大于 70% 压下率热轧可促使 (110)⟨001⟩ 取向度明显提高，而低于 750℃ 热轧时不发生剪切应变，只是压缩变形，不形成 (110)[001] 晶粒，最好停止热轧。高于 700℃ 卷取也使表层 (110)[001] 位向混乱，最好低于 650℃ 卷取。要求热轧板为形变和动态回复组织[17]。

提高纯净度，使 $S < 10 \times 10^{-6}$，而 Als、C、N 和 P 分别小于 30×10^{-6}，$Ti + Nb \leqslant 10 \times 10^{-6}$，2.5mm 厚热轧板经三次冷轧法（2.5mm→0.5mm→N_2 中 $800℃ \times 2min$→0.3mm→N_2 中 $800℃ \times 2min$→0.1mm），最后在 $d.p. = -50℃$，O_2 分压 $< 0.5Pa(O_2 \leqslant 1.5 \times 10^{-6})$ 的干 H_2 中 $1200℃ \times 5 \sim 10min$ 退火，$B_8 = 1.92 \sim 1.94T$，取向度大于 95%[18]。

如果将 Als 含量提高到 0.003% ~ 0.006%，$N = 0.003\% \sim 0.005\%$，$S = 0.0025\% \sim 0.005\%$，$Ti + Nb < 30 \times 10^{-6}$。1150℃ 加热，$1000 \sim 850℃$ 热轧，$750 \sim 900℃$ 终轧，2.5mm 厚板在 N_2 中以 400℃/min 快升到 $900℃ \times 2min$，或 $850℃ \times 60min$ 常化或预退火（或 50℃/min 快升到 $750℃ \times 30min$ 预退火），析出细小 AlN 抑制初次晶粒长大，可促进二次再结晶发展。三次冷轧法（2.5mm→0.5mm→0.30mm→0.1mm），二次中间退火在 95% $N_2 + H_2$ 中 $900℃ \times 2min$，最终退火分三段进行，即以 600℃/min 升温速度在 95% $N_2 + H_2$ 中 $900℃ \times 5min$ + 涂胶状 SiO_2 后，在 95% $N_2 + H_2$ 中 $900℃ \times 10h$（二次再结晶）+ 100% H_2 中 $1200℃ \times 10min$，成品 $B_8 \approx 1.85T$（最好为 $B_8 > 1.90T$），$H_c < 10A/m$。采用 2.5mm→0.3mm→0.1mm 二次冷轧法也可[19]。

韩国浦项钢公司与电力研究所等单位详细研究冷轧条件和最终高温退火升温速度、气氛和保温时间以及偏聚硫对 0.1mm 厚板再结晶织构和磁性的影响。在实验室真空冶炼高纯度 3% Si 钢（C 为 $30 \sim 50 \times 10^{-6}$，$Mn < 10 \times 10^{-6}$，$N \leqslant 10 \times 10^{-6}$，S 分别为 6×10^{-6} 和 30×10^{-6}）经三次冷轧法（80%→50%→60%）和二次在 $8 \times 10^{-4}Pa$ 真空中 $800℃ \times 1.8ks$ 中间退火，最终在 $8 \times 10^{-4}Pa$ 真空或高纯

H₂ 中 1200℃ 退火，以表面能作驱动力发展二次再结晶。（110）晶粒表面能比（100）和（111）晶粒表面能更低，（110）位向与其他位向的表面能量差别约为 70erg/cm²。实验证明，每次冷轧的每道压下率为 10% 时，B_{10} 高。而且冷轧速度快，B_{10} 高。以第一次冷轧为例，从 7 道改为 6 道，B_{10} 从 1.3T 提高到 1.84T。第三次冷轧压下率为 60%，使冷轧板表面有 {110}⟨001⟩ 晶粒作为以后二次晶核，符合取向生核机理。因此，可根据冷轧板 B_{10} 测定值预测成品 B_{10} 值，如冷轧板 B_{10} 分别为 0.83T 和 0.76T，最终退火后 B_{10} 分别为 1.98T 和 1.84T[20]。表面偏聚 S 对表面能有重要影响，而晶界偏聚 S 可钉扎晶界，阻碍晶粒长大。在 6 × 10⁻⁴% 高真空下，1200℃ 退火时间对含 30 × 10⁻⁴% S 试样的表面偏聚 S 量和 B_{10} 的影响见图 8 - 10a。保温约 3.6ks 时 B_{10} 最低，由于表面偏聚 S 量最高。随时间

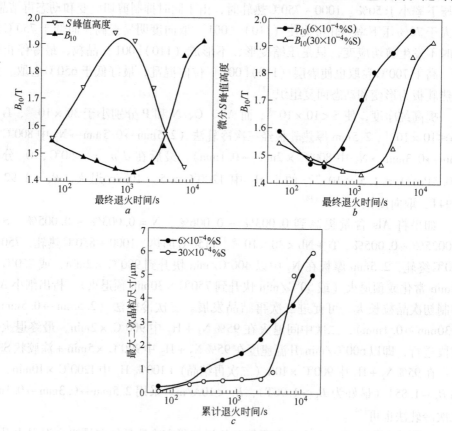

图 8 - 10　含 30 × 10⁻⁴% S 的 3% Si - Fe 板 1200℃ 退火时间对表面偏聚 S 含量和
B_{10} 的影响及在不同 S 含量下磁感应强度随最终退火时间的变化和
最大二次晶粒尺寸的关系（0.1mm 厚板）

a—退火时间对 B_{10} 与 S 含量的影响；b—退火时间与 B_{10} 的关系；

c—退火时间与晶粒尺寸的关系

延长表面偏聚 S 含量因 S 挥发而急剧降低，B_{10} 迅速增高，在约 14.4ks 时 B_{10} 达到 1.90T。织构转变为：$\{111\}\langle uvw\rangle \rightarrow \{001\}\langle uvw\rangle \rightarrow \{110\}\langle 001\rangle$。$6\times10^{-4}\%$S 时表面偏聚 S 含量减少，而且晶界偏聚 S 含量也少，晶界钉扎效应减弱，晶粒长大更快，所以达到高 B_{10} 的时间更短，而且 B_{10} 值更高（见图 8-10b、c）。在高真空下，表面 Si 迅速与 O 反应形成 SiO_2。随时间延长，SiO_2 与基体 Si 反应形成挥发性的 SiO，表面 Si 去掉，同时 S 在表面偏聚，即表面偏聚的 S 和 Si 相互竞争。$6\times10^{-4}\%$S 在 1200℃×1.2ks 和 $30\times10^{-4}\%$S 在 1200℃×3.6ks 时出现表面偏聚 S。$30\times10^{-4}\%$S 在 1.2ks 到 3.6ks 时，初次晶粒长大与晶界 S 偏聚量减少使钉扎作用减小有关[21]。

　　$30\times10^{-4}\%$S 试样在高纯 H_2 中 1200℃退火，由图 8-11a 看出与上述高真空退火的规律一样（见图 8-10a）。表面 S 与 H_2 形成 H_2S 跑掉，B_{10} 达 1.90T。由于在 H_2 下 S 更容易通过 H_2S 跑掉，所以表面偏聚 S 比高真空退火时在更短时间内就达到最大值。7.2ks 时 B_{10} 已达到 1.90T。而在 Ar 气氛下 1200℃退火时 $B_{10} \approx$

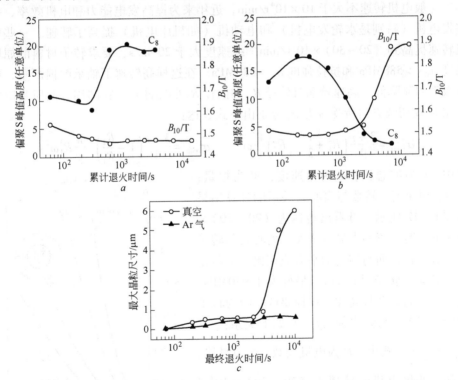

图 8-11　含 $30\times10^{-4}\%$S 的 3%Si-Fe 板在 Ar 气氛下累计退火时间与磁感应强度和 S 偏聚峰高的关系和在 H_2 气氛下累计退火时间与 S 偏聚峰高的关系，及在真空或 Ar 气氛下最终退火时间与晶粒尺寸的关系

a—退火时间与 S、B_{10} 的关系；b—退火时间与 S 的关系；

c—退火时间与晶粒尺寸的关系

1.5T，为混乱织构，因为 S 在 Ar 气氛下蒸发速度很低。随时间延长表面偏聚 S 含量很高（图 8－11b）不能发生二次再结晶，而且由于晶界 S 钉扎作用，初次晶粒尺寸小（图 8－11c）。高纯 H_2 退火时 H_2 流量提高和升温速度快，可使 {110} 晶粒数量增多，提高 (110)[001] 取向度，B_{10} 高。但合适的升温速度和 H_2 流量与钢中 S 含量有关。钢中 S 含量低时，H_2 流量高（即 H_2 流速高），如 10L/min 时，可使最终织构从 {110}⟨001⟩ 转变为 {110}⟨uvw⟩。因为 H_2 流速大，表面偏聚 S 的变化往更高温度方向移动，从而引起 {110}⟨uvw⟩→{110}⟨001⟩→{100}⟨uvw⟩ 方向变化，B_{10} 降低。当 H_2 流量固定，升温速度加快，表面 S 可保持在更高温度下才去掉。一般采用不小于 100℃/h 升温和 H_2 流量为 3L/min[22]。

8.3　高转速电机转子材料

8.3.1　概述

一般电机转速不大于 $10 \times 10^4 r/min$，近年来为提高发电能力和电机效率，一些发电机（特别是水轮发电机）和电动机（如机床电机）提高了转速。一些电机转速提高到 $(20 \sim 30) \times 10^4 r/min$，线速度大于 200m/s，要求转子材料的屈服强度 $\sigma_{0.2} > 588MPa$ 和抗拉强度 $\sigma_b > 687MPa$。在这样高转速下轴承磨损严重，电机效率明显降低。高速转动时外径 R_1 和内径 R_2 的圆冲片，在圆周方向所受应力 σ_r 和圆周切线方向所受应力 σ_t 分别由下式表达：

$$\sigma_{tmax} = \frac{3+\nu}{4}\left(R_1^2 + \frac{1-\nu}{3+\nu}R_2^2\right)\frac{W}{g}\omega^2 \qquad \sigma_{rmax} = \frac{3+\nu}{4}\left(1 - \frac{R_2}{R_1}\right)^2 \frac{W}{g}R_1^2\omega^2$$

式中，ν 为波恩比；ω 为角速度；W 为损量；g 为动加速度。转数与离心力关系的计算结果如图 8－12 所示。可看出转速为 $(20 \sim 30) \times 10^4 r/min$ 时，离心力显著增大。离心力与转子半径成正比，而与转速的平方成正比。为防止转子破裂，转子材料的 σ_b 最好大于 980MPa，疲劳强度高，并且高频下铁损要低。因为转子的转速 (N) 与频率数 (f) 有如下关系：$f = \dfrac{NP}{120(1-S)}$。式中，P 为电机极数；S 为滑移。例如，两极电机的转速为 $(20 \sim 30) \times 10^4 r/min$ 时，换算出的频率数应当为几千赫到几十千赫范围内。为了获得大的转矩，转子材料的 B_{50} 应当高。$\phi400mm$ 的转子在转速为 $1 \times 10^4 r/min$ 时，线速度可达 210m/s，最大离心力估计

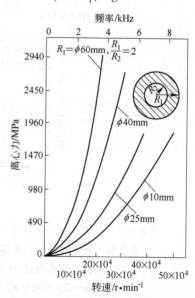

图 8－12　电机转速与离心力的关系

约为490MPa。由于材料的力学性能与软磁性能一般是互相矛盾的，故同时要求两种性能都好很困难。

以前转速不大于10×10^4 r/min 电机多用 3% Si 无取向硅钢叠片制造转子（$\sigma_{0.2}$ = 392 ~ 441MPa，σ_b = 490 ~ 539MPa）。对转速较高的电机用合金钢铸件制造的实芯转子（如直流电机和同步交流电机转子），需要进行复杂加工，制造成本高，B_s 低和 P_e 高，电机效率明显降低。

为解决高速转子材料问题，曾提出用热轧板制造。新日铁公司用 0.05% ~ 0.10% C，0.2% ~ 0.3% Si，1% ~ 2% Mn，0.10% ~ 0.15% Ti，0.0025% ~ 0.004% B 和 0.025% ~ 0.035% Als 钢，通过析出强化或相变强化处理制成高强度热轧板，$\sigma_{0.2}$ > 785MPa，σ_b > 980MPa，B_{100} = 1.7 ~ 1.8T。通过析出细小 TiC 和 TiN 阻碍位错移动来强化，同时它们阻碍畴壁移动的作用小，钛也将氮固定住。加微量硼可提高钢的淬透性。碳是提高 σ_b 最有效的元素，因此需要含一定量。锰和硅也提高强度。工艺要点是：铸坯经 1200 ~ 1250℃加热，使钛充分固溶，终轧温度高于 Ar_3（850 ~ 870℃），热轧过程析出 TiC。热轧后以 30 ~ 70℃/s 速度快冷，进行析出强化和相变强化，并获得细小铁素体。卷取温度为 250 ~ 400℃[23]。川崎公司提出类似成分的含钛钢，铸坯经高于 1200℃加热使钛固溶，低于 900℃和大于 Ar_3 终轧，析出 TiC，500 ~ 650℃卷取，热轧板厚度为 2.6 ~ 4.0mm，σ_b > 490MPa，B_{50} > 1.67T，B_{100} > 1.80T，成本低[24]。神户制钢公司提出，在 10% ~ 20% Ni - Fe 合金中加 2% ~ 3% Mo，1% ~ 5% Cr，0.1% ~ 1.0% Ti 和 0.10% ~ 1.5% Al 的热轧板经 1000 ~ 1150℃固溶处理和淬火，获得马氏体组织，再经 450 ~ 500℃时效处理 3h，在奥氏体单相中析出金属间化合物。通过固溶强化和相变强化，σ_b > 1280MPa，ε > 10%，ρ > 60μΩ·cm，B_s = 1.5 ~ 1.7T，B_r = 0.60 ~ 0.65T 和 H_c = 560 ~ 800A/m[25]。现在多采用冷轧板制造高强度转子。

8.3.2　新日铁公司

新日铁为解决高速转子和磁开关用的材料问题，在 3% Si 钢中加 0.10% ~ 0.15% P，1% ~ 3% Mn，0.1% ~ 1.5% Al，（30 ~ 60）× 10^{-4}% B 和 1.0% ~ 2.5% Ni，$w(Mn) + w(Ni)$ = 2.0% ~ 6.0%，碳控制在 0.01% 以下，制成 $\sigma_{0.2}$ = 588 ~ 687MPa，σ_b = 687 ~ 785MPa，ε = 25% ~ 30%，HV ≥ 150（220 ~ 240），B_{50} = 1.62 ~ 1.69T，P_{15} < 7.2W/kg 和 $P_{5/1000}$ ≈ 40W/kg 的高强度、高耐磨性和高磁性冷轧板。磷和锰通过固溶强化提高强度和硬度，同时提高电阻率，高频铁损也降低。硼沿晶界偏聚抑制磷偏聚产生的脆性。此时磷偏聚量为 0.1% ~ 0.2%。镍改善韧性和强度并对磁性无害。为进一步提高强度，可再加 0.5% Mo、1.5% Cr 和 0.3% Cu。制造工艺要点是：热轧板厚度 t(mm) 与卷取温度 CT(℃) 应满足下式：$CT ≤ -1200 \times t + 1000$；$0.5 ≤ t ≤ 2.5$。通用的热轧板厚度为 2mm。终轧后到卷取（400 ~

500℃或550～650℃）之间的平均冷速控制为大于 1000℃/min。如果冷速小于 1000℃/min 和卷取温度过高，磷偏聚量大于 0.4%，而且晶粒粗化，冷轧时易断带。卷取后在 5h 以内，以大于 100℃/h 平均速度冷到 300℃，防止 P 沿晶界偏聚。热轧板经 840℃×30s 常化，一次冷轧到 0.5mm 厚，750℃×30s 退火。控制屈服点时的伸长率 $\varepsilon \geqslant 0.3\%$，冲片不脆[26]。以前生产的 0.5mm 厚细晶粒，HST55T 牌号3% Si 钢板的 $\sigma_{0.2}$ =490MPa 和 σ_b =588MPa，强度不够高。现在生产的 0.20～0.65mm 厚上述成分的 HST70T 牌号3% Si 钢板，$\sigma_{0.2}$ >588MPa，σ_b > 687MPa，而且磁性高。表8－8 所示为 HST70T 牌号的典型磁性和力学性能[27]。

表8－8   HST70T 牌号的典型磁性和力学性能

厚度/mm	$P_{15/50}$ /W·kg^{-1}	$P_{5/1000}$ /W·kg^{-1}	B_{50}/T	$\sigma_{0.2}$/MPa	σ_b/MPa	伸长率/%
0.65	7.26		1.64	608/637	706/736	20/23
0.50	6.69	39.0	1.64	608/628	706/726	20/23
0.35	6.24		1.64	618/637	716/736	19/22
0.20	6.20	8.7	1.62	637/657	745/765	22/23

随后提出，在上述成分的钢中将碳提高到小于 0.04%，并加 $0.1 < [w(\mathrm{Nb}) + w(\mathrm{Zr})]/4[w(\mathrm{C}) + w(\mathrm{N})] < 4.0\%$ 或 $0.4 < [w(\mathrm{Ti}) + w(\mathrm{V})]/4[w(\mathrm{C}) + w(\mathrm{N})] < 4.0\%$，1100℃加热和热轧到 2.0～2.3mm 厚，900℃×60s 常化，冷轧到 0.20～0.65mm 厚，750～800℃×30s 在干 $\mathrm{N_2} + \mathrm{H_2}$ 气中退火并慢冷。磷、镍和锰为固溶强化元素。通过固溶强化、析出强化（析出 100～200nm NbC）和细晶粒强化，使强度进一步提高。含 0.037% Nb 或 0.05%～0.1% Ti 时，$\sigma_{0.2}$ >687MPa，σ_b > 785MPa，B_{50} = 1.63～1.68T，P_{15} = 7～10W/kg[28]。表8－9 所示为含铌钢板的典型磁性和力学性能[27]。

表8－9   含铌钢板的典型磁性和力学性能

厚度/mm	$P_{15/50}$/W·kg^{-1}	B_{50}/T	$\sigma_{0.2}$/MPa	σ_b/MPa	伸长率/%
0.5	8.92	1.67	736～765	785～824	20～21

现在新日铁采用以固溶强化为主的方法生产 HST 系列产品，板厚为 0.15、0.20、0.35、0.50mm（图8－13）。为满足更高转速微电机和电动汽车驱动电机的需要，0.15mm 和 0.20mm 厚产品（降低高频铁损）更加普及，其屈服强度比通用产品 50H 和 35H 系列牌号大 2 倍，而 $P_{10/400}$ 比 0.35mm 和 0.50mm 厚产品低约 1/2，只比 35H 系列略高。表8－10 为其典型特性。由图8－14 和图8－15 看出，P、Mn 和 Ni 固溶强化元素对3% Si 钢 $P_{15/50}$ 和 B_{50} 影响很小，但明显提高屈服强度[2,29]。

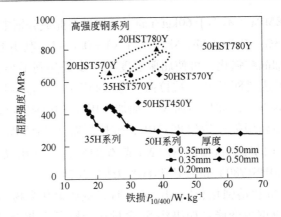

图 8-13 高强度 HST 系列产品的磁性能和力学性能

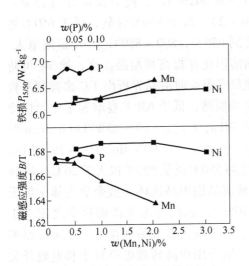

图 8-14 固溶元素对磁性能的影响

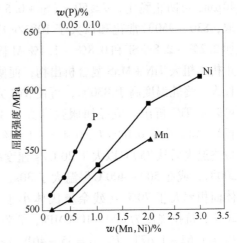

图 8-15 固溶元素对屈服强度的影响

表 8-10 新日铁生产的高强度钢 HST 系列的典型性能

牌 号		铁损 $P_{10/400}$/W·kg⁻¹	铁损 $P_{1/10000}$/W·kg⁻¹	磁感强度 B_{50}/T	屈服强度/MPa
15HST780Y		37.9	21.8	1.62	841
20HST370Y		23.8	24.8	1.61	647
20HST780Y		38.3	26.3	1.63	841
通用牌号	35H250	17.0	40.4	1.66	402
	50H310	25.1	53.7	1.67	412

采用 C < 0.01%，Ni = 1.0% ~ 2.5%，Mn = 0.7% ~ 2%，Ni + Mn = 2% ~ 6%，Al = 0.5% ~ 1.0%，P < 0.2% 和 (30 ~ 40) × 10⁻⁴% B 钢，0.2mm 厚成品屈

服强度不小于 588MPa（不小于 60kgf/mm²）。如果在此成分钢中将 C 提高到小于 0.05% 并再加 0.03% ~ 0.04% Nb，Nb/8(C + N) = 0.1 ~ 1，利用形成的 Nb(C，N) 进行析出强化和细晶粒强化，可使屈服强度进一步提高到不小于 687MPa（不小于 70kg/mm²），可达到 800MPa，抗拉强度为 824MPa，$P_{10/1000} \leqslant 130$W/kg（最终退火为 770 ~ 800℃ × 20s）。如果不加 Nb，而加 0.03% ~ 0.04% Zr，利用 Zr(C，N) 析出物强化，可使屈服强度达到 851MPa，抗拉强度达 985MPa，$P_{10/1000} \leqslant 100$W/kg[30]。加 Nb 或 Zr 的高频铁损比不加 Nb 或 Zr 的更高，而 B_{50} 差别不大。因此可设想表 8 - 10 中 20HST780Y 和 15HST780Y 为加 Nb 钢。

上述加 Mn、Ni 固溶强化和加 Nb、Zr、Ti 形成碳氮化合物的析出强化以提高强度的方法都可使钢板变脆。如果将 Si 含量适当降低并提高 Al 含量，同时加 0.0003% ~ 0.005% Mg（钢中含 0.001% ~ 0.002% Ti），使成品晶粒直径 $d < 40\mu m$，可防止脆化，$d \leqslant 50 \times (Si + 0.5Al - 2)$。高于 830℃ 终轧，低于 650℃ 卷取，830 ~ 950℃ 常化和以大于 10℃/s 冷到 650℃，800 ~ 850℃ × 20s 最终退火。加 2.2% ~ 2.8% Si 和 0.8% ~ 1.4% Al 固溶强化并提高再结晶温度，加 Mg 可防止析出粗大 TiN + MnS 复合析出物，促使最终退火时沿晶界析出 TiC 来抑制晶粒长大。终轧温度高于 830℃，可使 TiC 完全固溶，低于 630℃ 卷取和常化后快冷可防止 TiC 析出。成品屈服强度大于 400MPa，$P_{10/400} = 20 ~ 23$W/kg（0.3mm 厚板）。如果小于 0.02% C，0.4% ~ 1.5% Si，0.80% ~ 0.90% Mn，1% ~ 2% Al 钢，最终退火后从 750℃ 以大于 20℃/s 速度冷到 550℃ 或从 550℃ 以大于 20℃/s 冷到 200℃，或在 500 ~ 400℃ 保温大于 30s，使成品钢中马氏体 + 残余奥氏体 + 贝氏体面积率大于 70%（残余奥氏体小于 10%），它们与珠光体面积率之比大于 20%，抗拉强度为 800 ~ 1000MPa，磁性、冷轧加工性和耐磨性好。0.3mm 厚板 $B_{25} = 1.62 ~ 1.67$T，$P_{10/400} = 35 ~ 40$W/kg。适合用作高转数电机转子和电磁开关器。如果最后经大于 5% 压下率冷轧后 750℃ × 30s 退火，成品组织为回复的形变组织，其位错密度大于 $10^{14}/m^2$，依靠位错强化也获得同样结果[31]。

0.008% ~ 0.015% C，<3.2% Si，0.8% ~ 2% Mn，<0.015% P，<0.005% Al 或 0.06% ~ 0.5% Al，0.0015% ~ 0.0025% N，加 2.0% ~ 5.5% Cu，依靠细小 ε - Cu 金属相可明显提高强度，而且磁性不降低。也可加 0.08% ~ 0.2% Nb 形成 Nb (C,N) 析出物提高强度，磁性也不降低。Cu 和 Nb 都延迟再结晶发展，而且 Cu 金属相和 Nb(C,N) 尺寸小于 0.2μm，数量分布密度最好大于 20 个/μm³。加 Cu 同时再加约 2% Ni 防止 Cu 引起的热轧板表面龟裂，而且可改善磁性和提高强度。加 Nb 同时加 0.008% B，B 防止 P 沿晶界偏聚而脆化，形成 BN 也可延迟再结晶发展。热轧板经 1000 ~ 1150℃ × 60s 常化。使冷轧前晶粒尺寸不小于 100μm。成品钢板中残存有经过回复的形变组织，其中脆状组织直径约为 0.1μm，强度高而且不会阻碍畴壁移动。成品钢板再结晶晶粒尺寸大于 20μm，抗拉强度为 850 ~

1000MPa，磁性同上。如果将 Cu 含量提高到 4.5% ~10%，并加 2% ~5% Ni，可使抗拉强度进一步提高 100MPa 以上，$P_{10/400}$ 明显降低，（0.5mm 厚板为 15W/kg，0.2mm 厚板为 5W/kg），而 B_{10} 和 B_{25} 略有降低。钢中 C 可提高强度（特别是屈服强度）、蠕变强度和疲劳特性，而且减少（111）组分。Ni 加入量为 Cu 加入量的 1/8 ~1/2，固溶 Ni 与固溶 Cu 同时占据 Fe 晶格上位置，可防止 Cu 引起的龟裂，Ni 也提高磁性和耐蚀性。热轧板经 1000 ~1150℃ ×30s 常化。最终退火为 1000 ~1050℃ ×30s（单一 α 相区），使 Cu 充分固溶，退火后在高于 800℃ 时以大于 40℃/s 快冷到低于 300℃，防止析出 ε - Cu，然后在 450℃ ×30min 时效处理形成小于 0.02μm 和大于 20 个/μm³ 分布密度的 ε - Cu 金属相[32]。

一般来说，钢板强度提高也变脆，冲片时端面易产生龟裂，冲片性降低，而且酸洗和冷轧时易断裂。为满足电动汽车中驱动电机（如无刷式直流电机）转子材料的需要，提出 0.02% ~0.04% C，2.8% ~3% Si，0.15% ~0.3% Mn，控制 Mn≤0.6 - 10×[C]，0.03% ~0.8% Al，0.025% ~0.04% Nb，可加 0.6% ~2% Ni。热轧板冲击试验转变温度低于 70℃，韧性好。经 900℃ 常化，退火后再结晶率大于 50%，平均晶粒尺寸小于 40μm，屈服强度大于 650MPa，伸长率大于 10%，$P_{10/400}$ <70W/kg，冲片性好。C 形成碳化物提高强度和使晶粒细化（细小碳化物可作为生核位置而且可抑制晶粒长大）。Mn 含量过高 MnS 粗化，Mn 含量过低在低温下析出细小 MnS。MnS 可与 NbC 复合析出，即影响 NbC 析出形态。0.35mm 厚成品屈服强度可达 700 ~800MPa，伸长率达 20%，$P_{10/400}$ = 45 ~50W/kg[33]。

8.3.3 川崎（JFE）公司

川崎公司首先提出，小于 0.01% C，2.5% ~3% Si，0.1% ~0.2% Mn，0.2% ~1.0% Al，0.02% P，S 和 N 分别不大于 0.003% 钢中加 0.3% ~2% Cu 和 1% ~3.5% Ni（Cu 含量少，Ni 加入量也少）。热轧板经 900 ~1050℃ ×300s 常化，最终退火温度高于 Cu 固溶温度 +10℃。在 70% N_2 + H_2 中 950 ~1000℃ ×30s 最终退火后，从 900℃ 以大于 1℃/s 速度快冷到 400℃，涂绝缘膜和烧结后，再经 400 ~650℃ 时效处理（如 550℃ ×5 ~10h），成品抗拉强度（σ_b）大于下式计算值：

$$\sigma_b = 5600w(\text{C}) + 87w(\text{Si}) + 15w(\text{Mn}) + 70w(\text{Al}) +$$
$$430w(\text{P}) + 37w(\text{Ni}) + 22d^{-1/2} + 230$$

式中，d 为成品晶粒直径，mm，$d = 0.085 ~0.1$mm。成品屈服强度（σ_s）大于下式计算值：

$$\sigma_s = 5600w(\text{C}) + 95w(\text{Si}) + 60w(\text{Mn}) + 37w(\text{Al}) +$$
$$435w(\text{P}) + 25w(\text{Ni}) + 22d^{-1/2} + 180$$

Cu 的固溶温度 $T_s = 3351/[3.279 - \lg w(\text{Cu})] - 273$。时效处理时析出小于 20nm 超细小 $\varepsilon - \text{Cu}$ 金属相，可明显提高强度，而 P_h 不增高。Ni 本身可提高强度，并可促使 Cu 固溶和析出及减少热轧板表面缺陷。Cu 加入量过多，析出的 $\varepsilon - \text{Cu}$ 颗粒变大，P_h 明显增高。最终退火使 Cu 固溶，快冷防止析出粗大的 $\varepsilon - \text{Cu}$。成品 $\sigma_b = 900 \sim 1050\text{MPa}$，$B_{50} \approx 1.7\text{T}$。0.50mm 厚板 $P_{15/50} = 2.5 \sim 3.0\text{W/kg}$，0.35mm 厚板 $P_{15/50} = 2.2 \sim 2.4\text{W/kg}$，0.2mm 厚板 $P_{15/50} = 2.0 \sim 2.2\text{W/kg}$。如果再加 3% ~ 4% Cr 可改善韧性、提高 ρ、耐蚀性和强度，$\varepsilon - \text{Cu}$ 析出尺寸小于 15nm，分布密度大于 10^6 个/mm²，高频铁损降低。如果同时再加 0.02% ~ 0.05% Sb 或 Sn 抑制退火时增 N，防止形成 CrN 可改善磁性，0.25mm 厚板 $\sigma_s = 750 \sim 850\text{MPa}$，$P_{10/1K} = 40\text{W/kg}$。冷轧温度为 150 ~ 200℃时可使滑移系统发生变动，改善织构和提高磁性。0.35mm 厚板 $B_{50} = 1.70 \sim 1.74\text{T}$，$P_{15/50} = 2.0 \sim 2.2\text{W/kg}$，$\sigma_b = 920 \sim 940\text{MPa}$。采用二段式时效处理，即 350 ~ 400℃ × 1 ~ 2h + 500 ~ 550℃ × 3h，$P_{10/400}$ 低，冲片性好，0.35mm 厚板 $P_{10/400} = 16 \sim 17\text{W/kg}$，时效前后 $\Delta HV = 45 \sim 65$，屈服强度提高（大于 600MPa）。第一段低温时效，不充分析出细小 $\varepsilon - \text{Cu}$，但使析出位置增多，第二段时效析出更多细小 $\varepsilon - \text{Cu}$，阻碍位错移动，所以提高强度。如果冲片经消除应力退火后从 700℃以小于 20℃/s 速度冷到 400℃进行时效处理也可[34]。

日本电动车的驱动电机主要用埋有永磁体的转子无刷式直流电机制造，要求用 σ_s、σ_b 和疲劳强度高、高频铁损低、B_{50} 高和冲片性好的小于 0.27mm 厚产品制造转子。采用小于 0.01% C，2% ~ 3% Si，0.2% ~ 0.3% Mn，0.5% Al 和 1.0% ~ 1.5% Cu 钢经时效处理析出细小 $\varepsilon - \text{Cu}$ 可明显提高 σ_b，$\sigma_b > 600\text{MPa}$（图 8 - 16a），$P_{5/1K} < 20\text{W/kg}$。由于 B_{50} 高，50Hz 和 1.7T 的激磁电流 $I < 4500\text{A/m}$。$I \times P_{5/1K} \leqslant 5.5 \times 10^4$。由于 I 低，铜损低。由图 8 - 16b 看出，8 极无刷直流电机在 $I < 4500\text{A/m}$ 和 $P_{5/1K} < 20\text{W/kg}$ 时，电机效率大于 90%。与以前的固溶强化钢（加 Si、Mn、Al），晶粒细化钢和析出强化钢（加 Nb、Zr）相比，0.2mm 厚成品 $P_{5/1K} = 14\text{W/kg}$，$I = 3000\text{A/m}$，$\sigma_b = 710\text{MPa}$，而其他钢 $P_{5/1K} = 25 \sim 32\text{W/kg}$，$I = 3200 \sim 5000\text{A/m}$，$\sigma_b = 720 \sim 750\text{MPa}$，即加 Cu 高强度钢磁性更好，而 σ_b 更低些。如果再加 Ni、Sb、Sn 或 Mo（0.4% ~ 0.5%）可提高在一定应力下经 10^7 次反复负载下的疲劳强度（σ_p），使 $\sigma_p / \sigma_b > 0.85$（一般材料 σ_p / σ_b 都为 0.65 ~ 0.80）。0.35mm 厚板 $\sigma_b = 750 \sim 900\text{MPa}$，$\sigma_p = 650 \sim 750\text{MPa}$，$B_{50} = 1.67 \sim 1.68\text{T}$。实验证明，小于 10nm $\varepsilon - \text{Cu}$ 时，σ_p 和 σ_b 都高，因为它与母体有重位位向关系。10 ~ 20nm $\varepsilon - \text{Cu}$ 时，σ_b 增高，但 σ_p 增高程度小。Ni 可使时效处理时形成的 $\varepsilon - \text{Cu}$ 析出物数量增多和尺寸更小，所以使时效温度和时间范围放宽。如 1.3% Cu + 1.5% Ni 经 450℃ × 3h 或 50℃ × 8h 时效处理后 $\varepsilon - \text{Cu}$ 尺寸 $d = 1 \sim 10\text{nm}$，分布密度不小于 $10^{14} \times d^{-3}$ 个/mm³，σ_p 和 σ_b 都高。加 Cu 钢如果涂耐热半有机涂层（磷

酸盐 + <20nm 颗粒胶状 SiO_2 大于 50% 而有机树脂小于 50%）400 ~ 650℃ 烧结，耐蚀性好，冲片边部在高于 400℃ 时析出的 ε – Cu 氧化为 CuO 膜，防止生锈，而冲片表面绝缘膜由于钢板表面 ε – Cu 也不会使耐蚀性降低[35]。

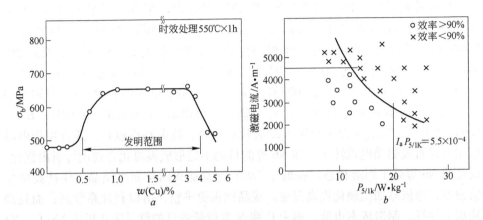

图 8 – 16　Cu 含量对抗拉强度的影响及加 Cu 高强度钢的激磁电流 I、
高频铁损 $P_{5/1K}$ 和电机效率的关系

a—Cu 含量对 σ_b 的影响；b—I、$P_{5/1K}$ 与效率的关系

$w(C + N) \leqslant 0.01\%$，3% Si 钢中加 0.3% ~ 0.4% Ti，Ti/$(C + N) \geqslant 16$，最终退火温度为 700 ~ 850℃，炉内张力为 2.5 ~ 20MPa，成品已回复的形变晶粒面积率大于 50% ~ 100%，成品强度高（$\sigma_b > 700MPa$），板形和磁性好（0.35mm 厚板 $P_{10/400} < 50W/kg$）。以前依靠已经回复处理的形变组织提高强度方法，最终都经 600℃ 低温退火，这使成品板形不良。加 Ti 可使再结晶温度提高 100℃ 以上，即 700 ~ 850℃ 退火仍为回复组织。退火时加张力，所以板形好。退火温度 $T \leqslant 850 - 160(0.3 - Ti\%)$。C 和 N 含量低是防止形成 Ti(C,N) 析出物而降低磁性。Ti 本身也是固溶强化元素。加 1.0% ~ 1.5% V 也可[36]。如果将 Si 含量提高到 3.5% ~ 5% Si，$(C + N)$ 含量不大于 0.005% 同时加 0.35% ~ 0.60% Ti 或 V，$(Ti + V)/(C + N) \geqslant 16$，（也可加 Nb 或 Zr），热轧板弯曲数不小于 20 次，可进行冷轧，950℃ × 30s 最终退火。成品 $\sigma_b = 750 ~ 900MPa$，σ_p 也高（650 ~ 800MPa），0.35mm 厚板 $B_{50} = 1.6 ~ 1.65T$，$P_{10/1K} = 60 ~ 72W/kg$[37]。

2% ~ 2.2% Si，1.5% ~ 1.8% Al，1.2% ~ 2.0% Mn，C 和 N 含量分别不大于 $20 \times 10^{-4}\%$，S 含量小于 $10 \times 10^{-4}\%$，最终经 1000℃ × 30s 退火后，再在 50% $N_2 + H_2$ 中 850℃ × 2h 增 N 处理，使表层（5 ~ 50μm 地区）氮含量大于 0.01% 或在 5% $CH_4 + 95\%$ Ar 中 900℃ × 2 ~ 4h 增 C 处理，使表层 C 含量大于 0.01%，这使表层硬度 HV 比中心区硬度 HV 大 1.3 倍以上。0.35mm 厚板 $P_{10/400} = 18 ~ 22W/kg$，$B_{50} = 1.67 ~ 1.72T$。由于表层硬度高冲片毛刺小，疲劳强度 $\sigma_p >$

330MPa，适合用作电动车驱动电机转子铁芯[38]。

8.3.4　住友金属公司

住友首先提出，2% ~ 2.5% Si，0.25% Mn，2% Al 钢，热轧板经 800℃ 常化，850℃ 退火，晶粒尺寸为 55μm，疲劳强度 σ_p > 350MPa。0.5mm 厚板 $P_{15/50}$ = 3.6W/kg，适合用作电动车驱动电机的转子[39]。随后提出 2% Si，0.2% Mn，2% Al，C 和 N 含量分别为 20×10^{-4}%，S 含量小于 50×10^{-4}% 钢中加 0.05% ~ 0.20% Nb（或 Ti、Zr、V），1000℃ ×60s 常化，0.35mm 厚板经 700 ~ 730℃ 退火，成品再结晶率不大于 20%，σ_s = 620 ~ 670MPa，σ_b = 720 ~ 770MPa，B_{50} = 1.63 ~ 1.65T，$P_{10/400}$ = 33 ~ 35W/kg，叠片系数高，疲劳特性也好，适合用作电动车无刷式直流驱动电机转子。加 Nb 等的目的不是形成碳氮化合物进行析出强化，而是使 Nb 等处于固溶状态，在低于 780℃ 回复退火时抑制再结晶，保持高的位错密度，即依靠加工硬化提高强度，成品钢板更平整，所以叠片系数高，而且冷轧加工性好，制造成本也低。钢中 C 和 N 含量低的目的就是防止析出 Nb(C，N) 等析出物，保证固溶 Nb 含量。要确保 Nb/93 + Zr/91 + Ti/48 + V/51 – (C/12 + N/14) = (0 ~ 5) $\times 10^{-3}$，单独加或复合加。如单独加 Nb 时，要保证 Nb/93 – (C/12 + N/14)。由于 σ_s > 600MPa，所以疲劳特性好。也可再加 Cu（如 0.8%）、Ni（如 1.5%）、Cr（如 3%）、Mo（如 0.5%）、Sb（如 0.03%）或 Ca、Mg、REM。此时将 Al 含量降到 0.3%，Mn 含量降到 0.06%。Cu、Ni 等也抑制再结晶，提高强度和改善磁性。加 Sb（或 Sn）依靠晶界偏聚阻碍再结晶进行。加 Cu、Mg、REM 可固定 S。铸坯中等轴晶率大于 25%，经 1150℃ 加热，大于 80% 压下率粗轧，大于 970℃ 开始精轧，促进动态再结晶，成品无瓦垅状缺陷。冷轧板 σ_b > 850MPa（一般为 950 ~ 1090MPa），以保证钢中存在大量位错，退火后 σ_b 和 σ_s 都高。热轧板经 1000 ~ 1050℃ ×3min 常化比 800℃ ×10h 预退火的成品强度更高，因为常化温度高，形成的少量 Nb(C，N) 可再固溶而提高固溶 N 量。随后证明 Nb 抑制再结晶的作用最大，钢中必须加 Nb。Nb 容易与 C 化合成 NbC，而 Zr、Ti 和 Al 容易与 N 化合形成氮化物析出质点，所以要求 Nb/93 – C/12 > 0 和 Zr/91 + Ti/48 + Al/27 – N/14 > 0，当热轧板经常化时，Nb/93 – C/12 ≤ 0 也可[40]。

8.4　高硅钢

8.4.1　概述

高硅钢一般是指含 4.5% ~ 6.7% Si 的 Si – Fe 合金，通用的高硅钢为 6.5% Si – Fe。

1928 年舒尔茨（A. Schulze）发现，6.5% Si – Fe 合金的磁致伸缩（λ_s）近似为零。1942 年鲁德（W. E. Ruder）指出，6.5% Si – Fe 由于磁各向异性常数 K_1

和 λ_s 比 3% Si – Fe 更低和电阻率 ρ 更高，所以铁损更低。1951 年戈尔茨 (M. Goertz) 测定，(100)[001] 位向的 6.4% Si – Fe 单晶体的 $\mu_m = 5 \times 10^4$，磁场退火后 $\mu_m = 3.8 \times 10^6$。1964 年布朗 (D. Brown) 等证明，6.5% Si – Fe 单晶体比 3% Si – Fe 单晶体的 $P_{15/50}$ 低 0.2W/kg，λ_s 低 9/10，K_1 低 1/3。1965 年伯尔 (D. J. Burr) 等指出，5% Si – Fe 的伸长率只有 1% ~ 2%，加 6% Ni 时伸长率增高到 9%，加 7.5% Ni 时伸长率为 20%，可以进行冷轧。因为 Ni 扩大 γ 相区，热轧时通过二相区可获得小晶粒。1966 年石坂哲郎等实验表明，4.0% ~ 4.7% Si 钢当热轧条件合适时可进行冷轧。5% Si 钢热轧板切掉裂边部分后也可冷轧。6.5% Si 钢在 600 ~ 750℃ 经大于 70% 压下率热轧，获得纤维状组织，剪边后从 1mm 厚可冷轧到不大于 0.3mm 厚板。1977 年成田贤仁 (K. Narita) 等研究加 Ni、Al 和 Mn 对 6.5% Si – Fe 合金力学性能的影响，证明加镍和锰可提高伸长率。例如，加 0.1% ~ 0.17% Mn 时，伸长率明显提高，经 600 ~ 700℃ 热轧和 600℃ ×1h 预退火后，从 1mm 厚热轧板冷轧到小于 0.35mm 板，1200℃ ×20h 退火后 $\mu_m = 5 \times 10^4$。用铝代替部分硅也提高冷轧性。1978 年以前主要都采用轧制法进行研制，但由于冷轧脆性问题没有根本解决而一直不能生产。1978 年津屋昇 (N. Tsuya) 和荒井贤一 (K. I. Arai) 开发快淬 6.5% Si – Fe 微晶带技术，解决了脆性问题。快淬薄带厚度为 20 ~ 150μm，可以进行弯曲和冷轧。川崎钢公司与他们合作，利用此技术并建立更大的制造设备，试图向工业化生产方面过渡。由于快淬带成品窄和薄，使用方面受到很大限制，仍未能正式生产。1986 ~ 1987 年日本钢管公司中岗一秀和高田芳一等先后采用 CVD（化学气相沉积）快速渗硅法和轧制法制成 6.5% Si – Fe 合金[41]，并于 1993 年正式生产。产品命名为 "Super E core"，产品厚度为 0.1 ~ 0.5mm，最大宽度为 400mm，成卷供货[42,43]。住友金属公司用薄铸坯经热轧和冷轧，通过二次再结晶退火研制成 (110)[001] 取向 6.5% Si – Fe[44]。新日铁公司采用轧制法也制成 6.5% Si – Fe 合金，并通过二次再结晶获得了取向 6.5% Si – Fe 合金[45]。

8.4.2 特性

由图 1 – 11 看出，随硅含量增高，ρ 急剧增大，B_s、θ_T、K_1 和 λ_s 降低。6.5% Si 钢的 $\rho = 82\mu\Omega \cdot cm$，比 3% Si 钢约高一倍，$B_s = 1.80T$，$\lambda_s$ 近似为零，K_1 比 3% Si 钢约低 40%。由图 1 – 13 和图 1 – 14 看出，随硅含量增高，硬度连续地急速增高，屈服强度和抗拉强度随 Si 含量增高到约 4.5% 也明显增高，然后开始迅速下降。伸长率随硅含量增高而显著降低，大于 4.5% Si 时伸长率小于 5%，大于 5% Si 时则近于零。因此不小于 4% Si 钢很脆很硬，难以冷轧。表 8 – 11 所示为 6.5% Si – Fe 合金的物理性能和硬度。

表 8 - 11   6.5% Si - Fe 合金的物理性能和硬度

密度/g·cm^{-3}	7.48	热导率(31℃)/cal·(cm·℃·s)$^{-1}$	0.045
电阻率/μΩ·cm	82	居里点/℃	700
比热容 (31℃) /cal·(℃·g)$^{-1}$	0.128	饱和磁致伸缩/%	0.6×10^{-4}
线膨胀系数 (150℃)/℃$^{-1}$	11.6×10^{-6}	硬度 HV	395

注: 1cal = 4.18J。

8.4.2.1   磁性

6.5% Si - Fe 合金与通用的 3% Si 无取向硅钢、取向硅钢和取向硅钢薄带相比, 由于 ρ 提高约一倍, λ_s 近似为零以及 K_1 降低约 40%。其磁性特点是: 高频下铁损明显降低, 最大磁导率 μ_m 高和矫顽力 H_c 低。用 CVD 法和轧制法生产的 6.65% Si - Fe 产品晶粒尺寸平均为 1mm, $\mu_m = 4.3 \times 10^4 \sim 6.2 \times 10^4$, $H_c = 6A/m$, $\lambda_s = 0.2 \times 10^{-4}$%。6.5% Si - Fe 的畴壁间距 $2L$ 比 3% Si 无取向硅钢大 (因为其晶粒尺寸更大), 但由于 ρ 值更高, 所以高频铁损更低。6.5% Si - Fe 的 $2L$ 比取向硅钢小, 而 ρ 又高, 所以高频铁损的差别也更大。钢板愈薄, 高频转动铁损愈低, 而且频率愈高, 转动铁损差别也愈大[43]。

0.2mm 厚 3% Si 钢板经 CVD 法渗入不同硅含量的实验表明 (见图 8 - 17a ~

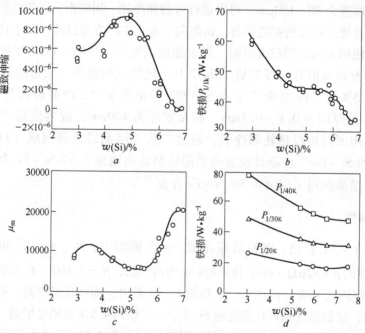

图 8 - 17   不同硅含量与磁致伸缩、铁损 $P_{1/1k}$、最大磁导率 μ_m 及更高频率下铁损的关系

a—硅含量与磁致伸缩的关系; b—硅含量与 $P_{1/1K}$ 的关系; c—硅含量与 μ_m 的关系;

d—硅含量与铁损的关系

c), 含 3.5% Si 时 μ_m 有一最大值, 约含 5% Si 时 λ_s 最高, 所以 μ_m 最低。约含
6.5% Si 时 $\lambda_s \approx 0$, μ_m 值最高。4.5% ~5.5% Si 时铁损 $P_{1/1K}$ 低, 但由于 λ_s 高, H_c
和 P_h 大。含 6.5% Si 时 $P_{1/1K}$ 最低。图 8-17d 表明, 0.05mm 薄带随频率增高,
铁损最低值有朝高硅方向移动的趋势, 40K 时 7.5% Si 钢的铁损最低[43,46]。

8.4.2.2 板厚和晶粒尺寸的影响

由图 8-18 看出, 板厚减薄, 退火后晶粒直径变小, μ_m 降低和 H_c 增高, 但
高频下铁损降低。$f < 5kHz$, 板厚为 0.05mm 和 $f > 10kHz$, 板厚为 0.03mm 时铁损
最低[46]。板厚相同时, 晶粒尺寸 (D) 增大, H_c 降低和 μ_m 增高。$D \approx 0.4\mu m$ 时
$P_{10/1K}$ 最低, $D \approx 0.5 ~0.6\mu m$ 时 $P_{10/400}$ 最低, $D = 0.5 ~0.7\mu m$ 时 $P_{10/50}$ 最低 (见图
8-19)。也就是说, 频率增高, 合适晶粒尺寸有朝更小方向移动的趋势。这是因
为当 D 增大时, P_h 降低和 P_e 增高。高频铁损中 P_e 所占比例增大, 所以合适的
晶粒尺寸减小, 即磁畴尺寸小[47]。

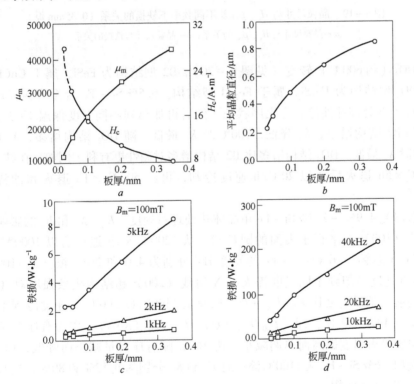

图 8-18 不同板厚与 μ_m, H_c、晶粒尺寸及不同频率下铁损的关系

a—板厚与 μ_m、H_c 的关系;b—板厚与晶粒尺寸的关系;c—板厚与铁损的关系;d—板厚与铁损的关系

8.4.2.3 有序-无序结构对磁性的影响

6.5% Si-Fe 合金冷却时发生无序-有序 A2→B2 (约 750℃) 和有序-有序

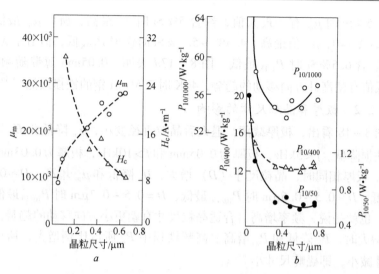

图 8 - 19   晶粒尺寸与 H_c、μ_m 及不同频率下铁损的关系 （0.35mm 厚）

a—晶粒尺寸与 H_c、μ_m 的关系；b—晶粒尺寸与铁损的关系

B2→DO₃（约600℃）转变（见图 8 - 20）。B2 型结构为 FeSi，属于 CuCl 型结构；DO₃ 型结构为 Fe₃Si，属于 Fe₃Al 型结构。6.5% Si - Fe 合金在纯 Ar 中经 1000℃×1h 处理并油淬后为无序状态，然后再加热到不同温度保温 1h 并油淬。表明随 B2 结构增多，K_1 降低，700℃ 时 K_1 最低。随 DO₃ 结构增多，λ_s 降低，500℃ 时 λ_s 最低。DO₃ 结构增多比 B2 结构增多对磁性更有利。例如，在纯 H₂ 中 1000℃×5h 退火后并以 20℃/h 速度冷却，再经 500℃ × 1h 退火和油淬，磁性高[47]。

曾研究 4.9% - 7.7% Si - Fe 单晶体热处理对硬度、K_1、λ_s 和 B_s 的影响。单晶体为（100）面平行于表面的圆盘状。从 1200℃ × 1h 退火后以 1000℃/h 和 10℃/h 速度冷却，6.6% Si - Fe 的硬度 HV 分别为 430 和 280。根据从 1100℃ 以 200℃/h 速度冷却到不同温度淬火后 X 射线（200）超结构线条强度对（400）正常衍射线条强度之比 I_{200}/I_{400}（Q）以及从 1100℃ 以 200℃/h 速度冷到室温的 I_{200}/I_{400}（ANN）之比，即 $[I_{200}/I_{400}（Q）/I_{200}/I_{400}（ANN）]$ 作为有序参量。有序参量随淬火温度提高而单调减小，B_s 和 K_1 随有序参量减小而降低，但 λ_s 增高。例如，6% Si - Fe 从 1100℃ 淬火时 B_s 和 K_1 分别降低 12% 和 80%，这与出现 A2 型无序相有关[48]。

实验表明，有序化使小晶粒（10μm）的 6.5% Si - Fe 的 μ_m 提高，H_c 和 P_{10} 降低。但当晶粒粗化时（300μm），有序化对磁性的影响可忽略不计。也就是说，晶粒尺寸比有序化对磁性的影响更大[49]。研究热处理和金相组织对 6.5% Si - Fe 磁性的影响证明，1200℃ × 1h 退火后 500℃ 油淬试样 μ_m 最高，$P_{10/1000}$ 最低，为

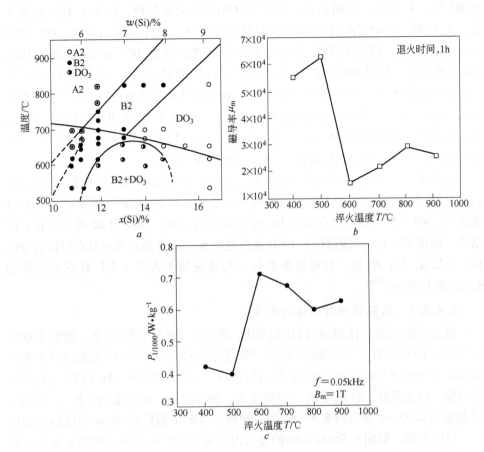

图 8-20 Fe-Si 合金相图（用透射电镜观察 A2、B2、DO_3 相），淬火温度与 μ_m 的关系，淬火温度和 $P_{1/1000}$ 的关系（0.35mm 厚板）

a—Fe-Si 合金相图；b—淬火温度与 μ_m 的关系；c—淬火温度与 $P_{1/1000}$ 的关系

43W/kg。600℃ 油淬时 $P_{10/1000}$ 有一最大值，为 73W/kg。通过铁损分离表明，500℃时 P_e 比 P_h 降低明显。扫描电镜磁畴观察发现，即使快淬也出现被 1/4 ⟨111⟩ 反相界包围的 B2 相。500℃ 退火时，在 B2 相区中出现 1/4 ⟨111⟩ 反相界的 DO_3 相。在 700~900℃ 油淬时，在 A2 无序相中发展了较粗大的 B2 有序相，$P_{10/1000}$ 也增高。这些结果说明磁畴结构的变化比简单地形成有序相对磁性影响更大[46,50,51]。

用薄膜试样在透射电镜下研究 6.5% Si-Fe 中 B2 和 DO_3 有序相，电子衍射图中 002 和 111 反射分别表示 B2 和 DO_3 有序相。证明 900℃ 淬火形成 A2 无序相，500℃ 淬火 μ_m 最高，达 $6.27 \times 10^4 H_c$（5.65A/m）和 $P_{10/50}$（0.4W/kg）也最低（见图 8-20b、c）。此时在 B2 相基体中存在有约 20nm 长的板状 DO_3 相区以

及 B2 型 1/4 〈111〉反相晶界。400℃和 600℃淬火也如此，但 DO$_3$ 相区数量变化，μ_m 降低。800℃淬火时存在许多粒状 B2 型 1/4 〈111〉反相晶界，DO$_3$ 相数量少，μ_m 也低。即形成 DO$_3$ 有序相可改善磁性，而且 DO$_3$ 和 B2 相所占体积（%）要合适。如果 900℃淬火后经 500℃×1h 等温退火时 μ_m 更高，在 B2 相中存在很细的约 8nm 尺寸的 DO$_3$ 相区。DO$_3$ 相是在 500℃时通过 B2 相分解而形成的。当保温 2h 时为伸长的板状约 50nm 尺寸的 DO$_3$ 相，即 DO$_3$ 相粗化，μ_m 降低，H_c 增高，因为板状 DO$_3$ 可阻碍畴壁移动。500℃×1h 退火后，μ_m 达 7.25 × 10^4，H_c = 4.87A/m（即 P_h 降低），$P_{10/50}$ = 0.39W/kg[52]。

高 Si 钢由于产生有序化结构而变脆，短程有序和长程有序结构都使钢变脆。透射电镜研究证明，小于 5% Si 时没有有序结构，但 Mössbauer 能谱和中子衍射法证明，4% ~5% Si 时已存在有 Fe$_{15}$Si 和 DO$_3$ 有序相。DO$_3$ 和 B2 都为长程有序结构。而用 Mössbauer 能谱研究 CVD 法制造的 6.5% Si 钢却发现只有短程有序结构，所以 μ_m 高，H_c 低，软磁性能更好（与传统的不大于 3.5% Si 钢和快淬的 6.5% Si 钢相比）[53]。

8.4.2.4　晶粒取向对磁性的影响

通过二次再结晶已制成（110）[001] 取向 6.5% Si - Fe 合金，研究了取向 6.5% Si - Fe 的磁性，并与板厚相同的 3% 无取向硅钢、6.5% Si 无取向硅钢和位向偏离角相同的 3% 取向硅钢的磁性进行比较。取向 6.5% Si - Fe 的 B_8 增高和板厚减薄，铁损降低，特别对 $P_{13/50}$ 影响更大。频率愈高，铁损差别也愈大。表 8 - 12 所示为 0.35mm 厚取向 6.5% Si - Fe 和取向 3% Si 钢板在 50Hz 下铁损分离结果。可以看出，取向 6.5% Si - Fe 的反常因子 η 比 3% Si 取向硅钢的 η 更大，即 P_e 中反常损耗 P_a 所占比例更大，因为 180°磁畴更大（6.5% Si - Fe（110）[001] 单晶体中 180°畴尺寸约为 4mm）。但由于 λ_s 和 K_1 低，P_{h13} 相当于取向 3% Si 钢的 1/2，而 P_{e13} 由于 ρ 高比 3% Si 钢也略低些。所以 $P_{13/50}$ 低于取向 3% Si 钢，比无取向 6.5% Si - Fe 更低，特别是不小于 400Hz 的铁损差别更大。取向 6.5% Si - Fe 的 H_c = 3.26A/m，μ_m = 7.45 × 10^4，而取向 3% Si 钢 H_c = 5.41A/m，μ_m = 4.38 × 10^4。取向 6.5% Si - Fe 的 B_8/B_s 从约 0.90 增到 0.95，也就是 B_8 从 1.61T 提高到 1.71T 时（取向度提高），P_{h13} 从 0.11W/kg 降到 0.067W/kg。0.15mm 厚的板经

表 8 - 12　3 种材料在 50Hz 时铁损分离结果

板厚 0.35mm	B_m = 1.3T			η
	$P_h/W \cdot kg^{-1}$	$P_e/W \cdot kg^{-1}$	$P_T/W \cdot kg^{-1}$	
6.5% 取向，B_8 = 1.61T，B_8/B_s = 0.894	0.110	0.531	0.641	3.85
6.5% 无取向，B_8 = 1.43T，B_8/B_s = 0.794	0.907	0.162	1.069	1.17
3% 取向，B_8 = 1.80T，B_8/B_s = 0.894	0.217	0.557	0.774	2.26

细化磁畴处理后 η 明显降低，P_{e13} 可降到 0.038W/kg。所以估计 0.15mm 厚的取向 6.5% Si – Fe 的 $P_{13/50} = 0.105$W/kg[45]。

8.4.3 用途

6.5% Si – Fe 板最适合用来制造高速高频电机、音频和高频变压器、扼流线圈和高频下的磁屏蔽等。近年来一些电子和电器元件为提高效率、灵敏度和缩小体积，提高了工作频率，也适合选用 6.5% Si – Fe 制造。日本钢管公司生产的 0.35mm 厚产品在冲模间隙小于 5% 条件下可顺利地冲成圆形和 EI 形冲片。

用 6.5% Si – Fe 和 3% Si 高牌号无取向硅钢制成的高速电机（2 极 – 0.4kW – 200V – 360Hz – 22000r/min）相比较，铁损降低 35%，电机效率从 85.3% 提高到 88.4%。用作手提式电池驱动电机可节电 20% ～ 30%，提高电池寿命。用作微电机转子铁芯，空载电流降低 25%。

用 0.35mm 厚的 6.5% Si – Fe 与高牌号取向 3% Si 钢（Z7H）制成的铁芯重 30kg 的 1kHz 模拟音频变压器在 $B = 1.0$T 时进行比较。6.5% Si – Fe 制的噪声为 68dB，铁损为 36W/kg。3% Si 钢制的噪声为 87dB，铁损为 52W/kg。因为 6.5% Si – Fe 的 λ_s 低（$\delta l/l = 0.2 \times 10^6$），噪声降低 20 ～ 30dB，$\rho$ 提高约一倍，铁损降低 30% ～ 50%。制成的 200kVA – 400Hz 音频变压器激磁磁通密度提高 60%，体积缩小约 20%，噪声降低约 10dB。与用 0.35mm 厚的 3% Si 取向硅钢 ZⅡ 牌号制的 135kVA – 2kHz 音频变压器相比，当噪声相同时，6.5% Si – Fe 的设计 B_m 约提高 2.6 倍，体积减小 30%，质量减轻 40%，铜线减少 48%，负载损耗明显降低，制造成本下降[43,54]。

8.4.4 制造方法

6.5% Si – Fe 合金按通用的热轧、冷轧和退火工艺不能生产，因为：（1）延展性和热传导性低，而且钢锭或铸坯晶粒大，产生内裂纹；（2）铸坯或板坯加热时，表面氧化层中 FeO 和 SiO_2 发生共晶反应，形成熔点低的 Fe_2SiO_4，热轧板表面缺陷多，成材率低；（3）焊接性降低，焊缝区易形成氧化物，热影响区晶粒更粗化，连续酸洗时易断带；（4）固溶强化严重并形成有序结构，变形抗力明显增高，不能进行冷轧；（5）退火后形成更严重的以 SiO_2 为主的内氧化层，磁性降低；（6）表面活性降低，绝缘膜附着性差，烧结后易出现斑点，绝缘性能也降低。

8.4.4.1 轧制法

日本钢管公司高田芳一等以石坂哲郎等的实验结果为基础，采用低温大压下率热轧法（应变速度约为 $1.0s^{-1}$）得到层状纤维组织热轧板，再经温轧、退火和涂绝缘膜，生产 0.35 ～ 0.50mm 厚的 6.5% Si – Fe 合金带，制造工艺要点如下。

A　板坯装炉和加热

钢中 C、S、N 和 P 含量分别小于 0.01%，$w(O) < 70 \times 10^{-6}$，$w(Mn) < 0.5\%$，$w(Als) < 0.1\%$。典型成分为：6.5% ~ 6.7%Si，0.002%C，0.01%Mn，0.004%P，0.001%S，0.002%O，0.002%N。当 $w(O) > 70 \times 10^{-6}$ 时形成氧化膜，阻碍畴壁移动和晶粒长大，$P_{10/400}$ 和 $P_{10/1000}$ 增高。铸态组织在 600℃ 以下延展性为零，设计了合适形状和尺寸的锭模以保证凝固后均匀冷却。5t 钢锭在高于 600℃ 装炉，1150℃ 均热后开坯成 150mm 厚 × 650mm 宽 × 500mm 长板坯。

板坯或铸坯放在保温箱中运输。装炉温度 $T > 80(Si) + 80$（铸坯）或 $T > 40(Si) - 10$（板坯）。一般在 700℃ 装炉，防止表面和内部温差引起热应力裂纹（见图 8 - 21a）。加热温度不高于 1200℃，一般为 1150℃。由图 8 - 21b 看出，加热炉中气氛内含 2%O$_2$ 时，低于 1250℃ 加热，可防止 Fe$_2$SiO$_4$ 氧化层熔化[55]。

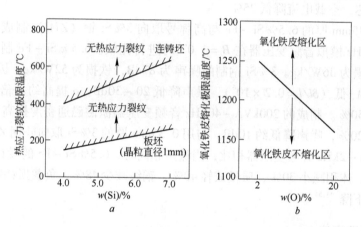

图 8 - 21　不同硅含量与热应力裂纹极限温度以及炉气中氧含量与
氧化层熔化极限温度的关系
a—硅含量与温度的关系；b—氧含量与温度的关系

B　热轧和卷取

6.5%Si - Fe 钢锭中晶粒尺寸为 10 ~ 30mm，铸坯中晶粒更粗大。高于 900℃ 时热加工性良好。在 1050 ~ 1150℃ 经大于 50% 压下率粗轧到约 35mm 薄板坯后，晶粒尺寸为 1.2 ~ 2.0mm。精轧机辊径最好比薄板坯厚度大 20 倍以上，这可改善冷轧性。精轧前平均晶粒直径 d 与 1000℃ 开始精轧 6 道的总压下率 R 应满足下列关系：$\lambda_0 = 1.90 - 0.26 \times Si$（%）。$\lambda_0$ 为热轧板板厚方向平均晶界间距临界值（mm）。当 $d > \lambda_0$ 时，$R(\%) \geqslant (1 - \lambda_0/d) \times 100$；当 $d < \lambda_0$ 时，$R(\%) \geqslant 0$。由图 8 - 22a 看出，d 增大，R 也应当提高。如 $d = 3$mm 时 $R > 95\%$；$d = 0.32$mm 时 $R = 40\%$。主要目的是为了获得层状纤维状热轧板组织（见图 8 - 22b）。高硅钢动态再结晶开始温度约 1100℃，一般精轧工艺为：低于 1100℃ 开轧，前 4 道每道压下率大于 20%，总压下率大于 70%，使其再结晶，后 2 道总压下率小于 40%，使细小再结晶晶粒伸长，形成纤维状组织。终轧温度为 780~850℃。6.5%Si 热轧板 $\lambda_0 \approx 0.2mm$。当平均晶间距 $\lambda < 0.2mm$ 时可进行冷轧。图 8-22c 表明终轧温度和卷取温度低，并经大压下率热轧可明显提高冷轧性。精轧时用矿物油等润滑剂也可改善冷轧性[41,55]。

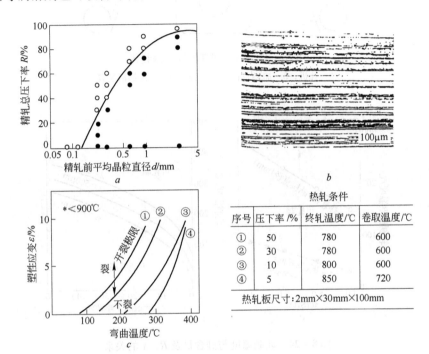

图 8-22 精轧前晶粒尺寸和精轧制度对加工性的影响

a—精轧前平均晶粒直径与精轧总压下率的关系；b—热轧板的金相组织；

c—热轧条件对加工性的影响

卷取温度 T_c 应满足下式：$20w(Si)-50 \leqslant T_c \leqslant 1000$。如果 $T_c > 700℃$，可发生再结晶和晶粒长大而不易温轧或冷轧。卷取温度一般约为 600℃（见图 8-22c）。卷取时钢卷表面最大应变量 ε_{max}、钢卷半径 R 和热轧带厚度 t 应满足下式：$\varepsilon_{max} = t/2R$。ε_{max} 应控制在 1% 以下，否则卷取时易裂断。热轧板可在低于 750℃ 预退火，但要保证 $\lambda \leqslant \lambda_0$[41,55]。

C 冷轧或温轧

热轧卷酸洗后用喷嘴、辐射或感应法加热。图 8-23 所示为高硅钢带控温的轧制装置。轧制温度 T_r 应满足式：$20[Si]-50 \leqslant T_r \leqslant 400$。硅含量提高，$T_r$ 增高。$T_r < 400℃$ 时钢带不氧化。由图 8-24a 看出，$d=1mm$ 或 $\lambda=50\mu m$（d 为热轧板晶粒尺寸；λ 为板厚方向平均晶界间距），纤维组织的 6.5%Si-Fe 热轧带

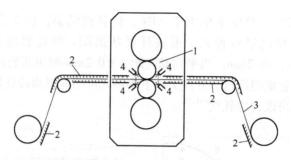

图 8 – 23　高硅钢带控温轧制装置
1—轧机；2—加热装置；3—钢带；4—高温润滑装置

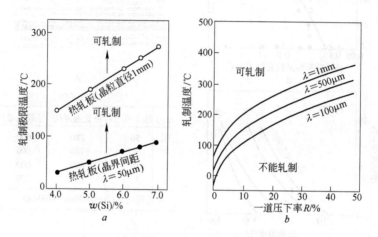

图 8 – 24　轧制温度与硅含量及 R，λ 的关系
a—轧制温度与硅含量的关系；b—轧制温度与 R、λ 的关系

分别经250℃或80℃轧制，加工性良好。T_r 与一道压下率 R 应满足下式：$T_r - \sqrt{2000R} \geqslant 100\lambda + 48x - 360$。式中，$x$ 为 Si%。图 8 – 24b 所示为 6.6% Si – Fe 的 R、T_r 与 λ 的关系。可看出，λ 大，则 T_r 高。当 T_r 不变时，λ 小，则 R 可增大。例如，热轧板 $\lambda \approx 50\mu m$ 时，在 200℃经大于 20% 压下率冷轧不裂；$\lambda = 200\mu m$ 时，在 150℃经每道 10% 压下率和 75% 总压下率温轧。$\lambda = 610\mu m$ 时就不能在 150℃温轧。一般 6.5% Si – Fe 都在高于 250℃温轧，此时变形抗力仍比一般合金要大得多。合适的温轧总压下率为 50% ~ 90%，退火后 $\{100\}\langle uvw\rangle$ 取向度高，μ_m 高和 H_c 低。大于 90% 压下率时，退火后再结晶晶核增多，晶粒小和 (111) 组分增多，磁性变坏。

　　轧机工作辊径与热轧带厚度之比应控制在 40 ~ 500 范围内，目的是减小拉应力和提高剪切应力组分，从而提高磁性。辊径太小需要低载荷轧制，效率低和易断带。辊径过大，使轧制载荷过高。辊径合适可防止局部应变集中，对退火时控制晶粒尺寸和织构有利。工作辊径一般为 100mm，可保证 0.3mm 成品厚度。轧制时采用耐 200℃ 的加有石墨的矿物油或牛油润滑。轧制过程中经 100～500℃ × 1～120s 时效处理，可以改善冷轧织构和提高磁性[55]。

D 退火

冷轧或温轧后钢带先经 200～400℃ ×1～180min 预退火，再在 H_2 中 1000～1200℃ ×1～10min 退火和涂绝缘膜。预退火目的是释放部分应变能量进行回复，使（110）和（100）晶粒生核和长大机理增强，改善磁性。预退火升温和冷却速度约为 150℃/h。轧制温度愈低，则预退火温度愈高或保温时间愈长。最终退火在连续炉中 H_2 或 10^{-3}Pa 真空中进行。为改善高频铁损和冲片性，退火温度可控制在 600～1000℃，保温 0.5～300min[55]。

改变退火温度和气氛可控制平均晶粒直径 D 和（100）极密度组分，获得不同频率下铁损最低的合适晶粒尺寸范围。成品（100）极密度大于 10% 时，6.5%Si-Fe 的铁损降低。在 Ar 或 H_2 气氛中退火时，（100）极密度为 10%～25%，合适晶粒尺寸小；在大于 10^{-1}Pa 真空中退火时，（100）极密度大于 25%，合适晶粒尺寸大。在 Ar 气中 800℃ 退火后平均晶粒直径为 100μm 条件下，随着板厚减薄，则 $P_{10/1000}$ 降低。小于 0.1mm 板的 $P_{10/1000}$ 更低，但成本增高，叠片或卷绕铁芯工艺困难。由图 8-19b 看出，0.35mm 厚 6.5%Si-Fe 板在 Ar 气中或真空中退火后，晶粒直径为 0.3～0.7mm 时，不同频率下铁损最低[46,55]。

最终退火气氛露点（$d.p.$）和 O_2 含量对成品冲剪和弯曲加工性有很大影响。例如在 1200℃ ×15min 真空退火时，真空度愈高，即 O_2 含量愈低，加工性愈好。加工性低的冲剪断面为晶间断裂，加工性好的断面为解理裂断。含 0.002%～0.005% C，0.002%～0.006% O 钢控制退火后晶界处 O 的摩尔浓度小于 30%，C 的摩尔浓度大于 0.5%，使成品伸长率大于 5% 时，冲剪和弯曲加工性良好，晶界处 C 可抑制晶界氧化。成品晶粒尺寸小于 2mm 时，也提高冲剪和弯曲加工性。在 N_2 中 1200℃ ×15min 退火后，控制在 300～700℃ 之间冷速大于 5℃/s，使晶界处析出 Fe_3C 的晶粒占总晶粒的 20% 以下，也提高加工性。钢中加（10～20）× 10^{-4}%B，B 沿晶界偏聚可防止晶界氧化，其原因还不清楚。大于 20×10^{-6} B 时，在晶界处形成 BN，产生晶间裂断，加工性变坏。如果在 Ar 气中退火，B 加入量可高达 40×10^{-6} [56]。

退火后冷到 350～650℃（最好为 400～550℃）范围内，在直流 40～320A/m 磁场下冷却（地磁场一般为 40A/m），μ_m 明显提高。0.35mm 厚板在 80～100A/m 磁场下冷却时，$\mu_m = 1.2 \times 10^5$。$P_{10/50}$（0.6W/kg）和 $P_{10/400}$（10W/kg）也降低。如果在交流磁场下冷却，可促使畴壁能量低的 180℃ 畴壁移动，而畴壁能量高的 90℃ 畴壁不移动，所以 P_T 和 λ_s 都降低。0.3mm 厚板 $P_{10/50} = 0.56～0.58$W/kg，$\lambda_{10/400} = (0.8～1.8) \times e^{-8}$，制成的变压器噪声低。可在涂绝缘膜经 500～

550℃烧结时经这样的磁场处理[57]。

在钢中加0.03%~0.1% Ti 或0.03%~0.5% Nb 或0.03%~0.3% Zr。高于1000℃热轧，粗轧压下率大于50%，每道压下率大于10%，粗轧后薄板坯平均晶粒尺寸 $d < 500\mu m$。精轧总压下率大于30%，二道之间时间小于10s。热轧板板厚方向形变晶粒组织层间间隔小于200μm，即热轧板为纤维状细小形变组织，冷轧加工性可明显提高。加 Nb、Zr、Ti 可明显提高铁素体再结晶温度（Nb 可提高200℃），并形成稳定的 Nb、Zr、Ti 碳氮化合物，热轧板组织更细小均匀[58]。

新日铁公司采用不大于0.006% C，0.1%~0.2% Mn，不大于0.006% S，0.01%~0.03% Als，$(8\sim30)\times10^{-4}\%$ N 的6.5% Si 铸坯，经1200℃加热和15%~40%压下率粗轧后（约35mm 厚）晶粒尺寸小于20mm，再以大于10℃/min 速度加热到约1200℃和1100~1120℃热轧到1.8~2.3mm 厚，终轧温度为980~1000℃。热轧带无边裂，可顺利通过辊径大于200mm 的生产线（此时弯曲数不小于30 次）。带有氧化铁皮的热轧带或1.8mm 厚薄铸坯，经170~300℃温轧（氧化铁皮不脱落），或热轧带在 N_2 中经920~1050℃×30s 常化，使板厚方向都为再结晶晶粒后再温轧，轧制塑性良好。温轧时采用小于φ120mm 轧辊。钢中 N 含量高，沿晶界析出粗大 AlN，轧制塑性变坏。钢中 C > 0.006% 时可加0.1%~0.2% Ti 或（和）Nb。Ti 和 Nb 加入量分别相当于钢中 C 含量的5 倍和9 倍。通过形成 TiC 和 NbC 来减少固溶碳含量，这可提高钢的韧性，改善热轧板和冷轧板加工性。热轧板愈薄，弯曲数愈高，韧性愈好。但一般热轧板最薄为1.4mm。采用热叠轧法（15~20mm 厚的薄板坯2~3 块焊起），轧到1.7~2.3mm，掀板，单片热轧板厚度为0.6~1.15mm，酸洗后可顺利温轧。热轧带能顺利通过酸洗线。成品厚度为0.20~0.35mm。在干 H_2 中850~950℃×30~90s 退火和涂绝缘膜。在含 $(8\sim30)\times10^{-4}\%$ N 条件下加 $(25\sim165)\times10^{-4}\%$ Ti，即 Ti 加入量为 $24\div7\times N$ 含量0.9~1.5 倍，形成 TiN 固定 N，可降低高频铁损。0.35mm 厚的成品，$P_{10/50} = 0.73W/kg$，$P_{10/400} = 10.9W/kg$；0.30mm 厚，$P_{10/50} = 0.47\sim0.55W/kg$，$P_{10/400} = 9.0\sim9.5W/kg$；0.23mm 厚，$P_{10/50} = 0.70\sim0.74W/kg$，$P_{10/400} = 8.65\sim8.75W/kg$，$P_{5/1K} = 9.1\sim9.2W/kg$；$B_{50} \approx 1.36T$。温轧和退火后再经5% 临界变形冷轧和退火的0.23mm 厚板的铁损和转动铁损最低，晶粒尺寸为150μm。加0.16% Mn 和经有序化处理后电阻率最低，DO_3 有序相最强，铁损降低和 B 值高。成品钢板厚度愈薄和表面粗糙度 $R_{max} > 3.5\mu m$，制成的叠片铁芯（如 EI 型铁芯）和卷铁芯浸涂有机树脂黏接剂后噪声小。热轧带酸洗前要焊起，采用 CO_2 激光焊接法或 TIG 焊接法。焊接前将焊区先预加热到200℃。焊后再在200℃保温2min，可防止焊区产生横裂纹[59]。

铸坯高于600℃装炉加热，在含小于3% O_2 气氛中经1100~1200℃×1~2h 加热（最好用感应炉或电炉加热），大于50%压下率粗轧后，再经1100~1200℃

加热和精轧，精轧各道次之间时间大于10s，热轧板为细小再结晶晶粒，无纤维伸长晶粒，热轧板无裂纹，冷轧加工性好。因为大于50%粗轧引入应变，再经加热使晶粒均匀细化。如果控制加热后铸坯宽度方向边部与中部温差不高于20℃和粗轧时先经板宽方向压下（立轧）大于10mm，热轧板边裂明显减少。热轧卷取后加保温罩慢冷。带有氧化铁皮的热轧板先经250~450℃温轧到小于1.2mm厚板（弯曲数大于25次），酸洗后再经300~400℃温轧或冷轧和退火，成品磁性高。0.35mm厚板 $P_{10/400}=10.7W/kg$，$P_{10/50}=0.7W/kg$，$B_8=1.33T$。铸坯在小于3% O_2 气氛中加热，目的是使表面氧化层减薄，以后带氧化铁皮温轧减薄时氧化铁皮不易脱落，酸洗后表面光滑，成品表面也光滑，叠片系数高。因为高 Si 钢在700~900℃加热时形成非晶质 SiO_2，高于1100℃时形成 $2FeO \cdot SiO_2$，而 $2FeO \cdot SiO_2$ 与 FeO 的共晶温度为1100℃。高于1100℃时开始熔化而难脱落。氧化层愈薄愈牢固。在小于3% O_2 气氛中加热可促使形成薄的 $2FeO \cdot SiO_2$，所以以后温轧时不易脱落。如果最终退火（如1000℃×1.5h）后水冷，处于无序状态，再经600℃±50℃×0.5h和盐水冷却形成 DO_3 有序相，磁性提高。钢中含0.16% Mn 时 DO_3 相最多，0.23mm 厚板 $P_{10/400}=8W/kg$，$B_{25}=1.48T$[60]。

8.4.4.2 CVD 快速连续渗硅法

CVD 法是将0.1~0.35mm厚的3% Si 无取向硅钢带在不氧化气氛中快加热到约1000℃，再进入渗硅区以大于50℃/min速度快加热到1050~1200℃，通过上、下几组喷嘴往钢带表面喷射含5%~30% $SiCl_4$ 气体的 N_2、H_2 或 Ar 气氛。喷嘴间隔小于1m，喷嘴长度/钢带宽度=1.10~1.25。每个喷嘴流量（标态）为1.5~2.5m³/h，气氛流速为0.5~3.5m/s，钢带运行方向与气氛流通方向相反。渗硅化学反应式为：$SiCl_4 + 5Fe \longrightarrow Fe_3Si + 2FeCl_2 \uparrow$。产生的 $FeCl_2$ 气体（沸点为1023℃）迅速跑掉。在1050~1200℃时渗硅速度快，在1250℃时 Fe_3Si 分解，渗硅速度变慢（见图8-25a）。按 CVD 法表层形成小于14.3% Si 的富 Si 层，附着性好。$SiCl_4$ 沸点为57℃，很容易获得需要的 $SiCl_4$ 分压值。$SiCl_4$ 分压愈高和气氛流速愈快，渗硅速度也愈快（见图8-25b）。连续渗硅时间为3~10min。渗硅后钢带通过扩散均热区，在不氧化气氛中约1200℃扩散均匀化处理5~20min，使板厚和板宽方向硅分布均匀，消除渗硅在富硅层引起的残余空洞，并使平均晶粒尺寸长大到板厚的1.5~2.0倍，提高磁性。钢带通过冷却区后涂绝缘膜和250~300℃卷取。图8-25c为日本钢管公司于1993年7月投产的这种连续渗硅生产线（简称SEL）示意图。钢带运行速度为32m/min，月产100t，产品为0.1mm、0.2mm和0.30mm 厚，最大宽度为600mm。用在线硅浓度检测器可控制渗硅量为6.6%±0.2%。为防止钢带蠕变伸长，张力必须不大于1MPa（不大于0.1kgf/mm²）[61]。

按一般 $SiCl_4$ 气体渗硅法，根据上述化学反应式表层形成 Fe_3Si（14.3% Si）富硅层，在它与基体形成的界面处 Si 原子代替了 Fe 原子位置，从而形成几微米

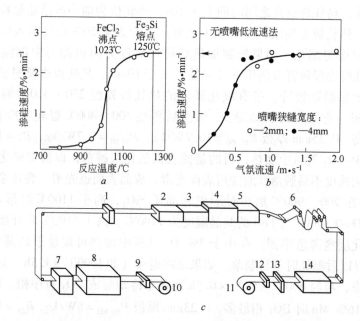

图 8-25　渗硅反应温度、气体流速对渗硅速度的影响

a—渗硅反应温度的影响；b—1200℃时气体流速的影响；c—CVD 连续渗硅生产线
1—硅含量检测器；2—冷却区；3—均热区；4—CVD 区；5—加热区；6—张力控制器；
7—涂层机；8—烧结炉；9—剪切机；10—卷取机；11—开卷机；12—剪切机；
13—焊机；14—清洗槽

尺寸的许多空洞，以后扩散处理难以消除，磁性降低。按上述 CVD 快速渗硅法可控制表层不形成 Fe_3Si，而形成小于 14.3% Si 的富硅层，基本消除空洞。即使存在残余空洞，扩散处理时也可消除。由上述渗硅反应式也可看出，进入 1 个 Si 原子就有 2 个 Fe 原子跑掉，因此钢带渗硅后质量减轻和板厚减薄。由图 8-26a ～ 图 8-26c 看出，$SiCl_4$ 含量增多或渗硅温度提高，也就是渗硅量增多，质量和板厚随渗硅时间延长而减小也愈明显。0.4mm 厚的板在含 55% $SiCl_4$ 中 1050℃ × 5min，渗硅到 6.5% Si 时，质量减轻约 10%。1100℃ × 4min 渗硅时，质量减轻约 15%，板厚减薄约 1%。由图 8-26d 看出，0.35mm 厚 3% Si 钢渗硅前 H_c = 26.3A/m，CVD 法渗硅到 6.5% Si 时 H_c = 35A/m，1200℃ × 3h 扩散处理后 H_c = 20A/m。图 8-26e 所示为 0.4mm 厚 3% Si 钢经不同渗硅量和在 1200℃ × 3h 扩散处理后密度变化对 $P_{12/50}$ 的影响。随着渗硅量增多，密度降低到约 7.55g/cm³（相当于约 6.5% Si）时，$P_{12/50}$ 最低[61]。

3% Si 无取向硅钢带中 C、S、N 和 O 分别小于 0.01%，Als < 100 × 10⁻⁴ %，Mn < 0.1%。C 含量高，渗硅和扩散处理后冲片性变坏。Als 含量过高，在富硅层界面处，Al 偏聚并和 O 与 N 形成细小 Al_2O_3 和 AlN，可阻止扩散处理时空洞的

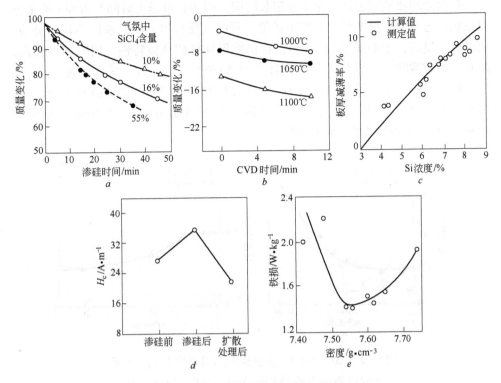

图 8-26　渗硅条件及渗硅量与钢板质量、密度及 H_c 的关系

a—1100℃时气氛中 $SiCl_4$ 含量和渗硅时间对钢带质量变化的影响；b—渗硅温度和时间
对钢带重量变化的影响（0.4mm 厚）；c—渗硅量与板厚减薄的关系（0.53mm 厚）；
d—渗硅前后 H_c 的变化（0.35mm 厚，6.5% Si）；e—渗硅和扩散
处理后密度与 $P_{12/50}$ 的关系（0.4mm 厚）

消除和降低磁性。如果在渗 Si 后在 Ar 或 H_2 中扩散退火，钢中 Al 含量可控制在小于 0.5%。在渗硅前要防止钢带表面氧化，否则渗硅时易形成低熔点的 Fe_2SiO_4，磁性降低，因此保护气氛的露点不大于 $-30℃$[61]。

扩散处理后冷到 800～200℃ 之间加 800A/m 磁场，可使 μ_m 从 $6.2～10^4$ 提高到 $9.8～10^4$。在冷却过程中经临界变形温轧，可保证钢带厚度均匀和表面光滑。如果从 950℃ 以大于 25℃/s 速度快冷到 900℃，再以冷却速度 $t \geqslant (T-800)/4$ 冷到 800℃（T 为板温），控制钢中 Si_3N_4 和 AlN 含量低于 5×10^{-6}，μ_m 和抗拉强度（σ_s）提高。0.1mm 厚板 $P_{10/400}=7.05～7.13W/kg$，$\sigma_s=735MPa$。如果扩散处理后再在 Ar 气中 1000～1100℃ ×1h 退火去除钢中 N，使 $w(N)<20 \times 10^{-4}\%$，Si_3N_4 和 AlN 含量低于 $10 \times 10^{-4}\%$，也达到同样目的。0.3mm 厚板 $P_{10/400}=10～11W/kg$，$\sigma_s=687～745MPa$，伸长率 =1.2%～1.4%[61]。

　　扩散处理使硅完全均匀化需要很长时间，因为扩散退火时间与板厚 t 的平方成正比，这对生产很不利。为缩短扩散处理时间使板厚方向硅浓度不均匀分布，表层硅含量高，中心区仍为 3% Si，这仍能保证好的高频特性，同时韧性提高，防止冲剪时脆断。表层与中心区硅含量差 $\Delta(\% \mathrm{Si})$ 与板厚 t 最好满足下式：$\Delta(\% \mathrm{Si})/t = 0.2 \sim 5$，板厚方向平均硅含量为 6.5% ~ 6.7%，磁性高和 λ_s 低（见图 8-27）。在 1200℃ 扩散退火时，0.5mm 厚板保温 60min，0.3mm 厚板保温 20min，0.1mm 厚板保温 3min 即可[61]。

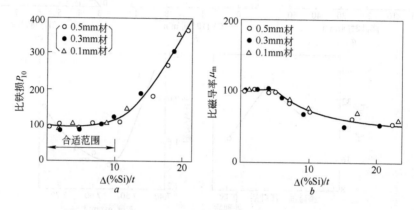

图 8 - 27　$\Delta(\% \mathrm{Si})/t$ 与比铁损 P_{10} 及比磁导率 μ_m 的关系

a—$\Delta(\% \mathrm{Si})/t$ 与 P_{10} 的关系；b—$\Delta(\% \mathrm{Si})/t$ 与 μ_m 的关系

　　控制渗硅反应速度 $v_{\mathrm{Si}}[\mathrm{g}/(\mathrm{m}^2 \cdot \mathrm{min})] = -0.6/t^2 \sim 1.4/t^2$，表层不形成 $\mathrm{Fe_3Si}$（14.3% Si），Si < 14.3%，可防止形成空洞和铝偏聚现象，μ_m 高和钢带平整。调整喷嘴流量、$\mathrm{SiCl_4}$ 浓度和气氛流速很容易控制 v_{Si}。0.35mm 厚板在含 13% $\mathrm{SiCl_4}$ 气氛中 1150℃ 渗硅 3min 后，表层就形成 $\mathrm{Fe_3Si}$，如果渗硅时间延长到 10min，表层硅往内部扩散量增大，表层硅为 11%，硅浓度梯度减小，不形成空洞和铝偏聚，扩散处理时间可缩短。10min 渗硅和 10min 扩散比 3min 渗硅和 17min 扩散的磁性更好[61]。

　　图 8 - 28a 表明钢中含 Als ≤ 100×10^{-6} 时 μ_m 明显提高。3% Si 热轧带经 1100℃ ×5min 常化使平均晶粒尺寸大于 0.3mm.，再冷轧到 0.35mm 厚和 CVD 法渗硅到 6.5% 时，成品晶粒粗大，{100} 极密度增高和 {111} 极密度降低，μ_m 明显提高，$H_c \approx 8\mathrm{A/m}$，$P_{10/50}$ 和 $P_{10/400}$ 显著降低（见图 8 - 28b ~ 图 8 - 28e）。3% Si 钢热轧终轧温度低于 700℃，板厚方向大于 70% 为未再结晶层状纤维组织，不经常化直接冷轧到 0.35mm 厚和 CVD 渗硅到 6.5% 时，也达到晶粒粗化、改善织构和磁性的目的。3.7 ~ 4.0mm 厚的热轧板经 85% ~ 92% 大压下率冷轧后，以小于 500℃/h 速度升到 800℃ 保温 2h 后，再经 CVD 渗硅，可提高 $B_1 \sim B_{50}$ 值。3% Si 钢中加约 0.2% B 和 0.05% ~ 2% V、Ti、Sn、Sb、Mo、Cr、Mn 和 Ge 等元素，

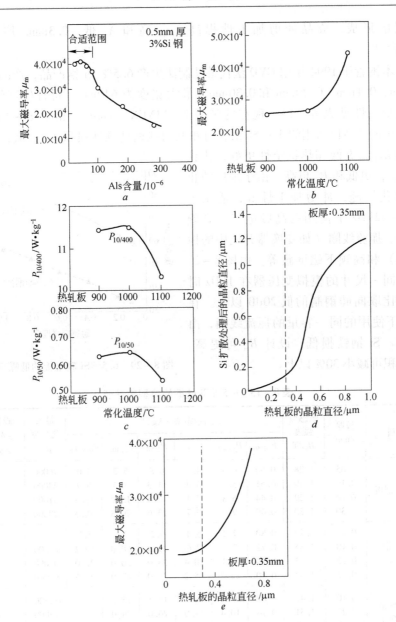

图 8-28 Als 含量、热轧板常化温度对 6.5% Si 钢 μ_m、铁损和晶粒尺寸的影响

a—Als 与 μ_m 的关系（0.5mm 厚 3% Si 原始材料）；b—常化温度与 μ_m 的关系；

c—常化温度与铁损的关系；d—常化后晶粒直径与成品晶粒尺寸的关系；

e—常化后晶粒直径与 μ_m 的关系

可细化晶粒、强化晶界和抑制形成 $B2$ 或 DO_3 有序相，使晶粒直径 $d \leqslant 0.8\sqrt{t}$（t 为板厚），再经渗硅和扩散处理，气氛露点低于 $-30℃$，防止这些元素氧化和内氧化层的形成，成品冲剪加工性提高，μ_m 高和 λ_s 低。0.3mm. 厚板 $d \approx$ 0.3mm[41,61]。

日本钢管于1994年用CVD法代替轧制法生产6.5% Si 钢产品，产品厚度为 0.05mm、0.1mm、0.20mm 和 0.30mm，最大宽度为 640mm，每月生产约 100t。产品典型磁性见表 8-13。现在的牌号为 "JNEX-core"。由表 8-13 看出，6.5% Si 钢产品比通用的 3% Si 无取向和取向硅钢高频铁损和 $\lambda_{10/400}$ 低，比非晶材料的 $\lambda_{10/400}$ 更低和热稳定性更好，比铁氧体 $\lambda_{10/400}$ 更低和 B_8 更高。由于采用防止钢板氧化措施，冲剪加工性好，适用于 200Hz ~ 32kHz 下使用的高频电机、高频变压器、扼流线圈（如变换器开关中的扼流线圈）和高频下磁屏蔽等。由图 8-29 看出，同一尺寸的模拟变压器在 1kHz 时的噪声比取向硅钢制的低 20dB 以上。在 20kHz 下使用的同一容量的扼流线圈，由于 6.5% Si 钢铁损低，设计 B_m 可提高，所以体积可减小 30% 以上。

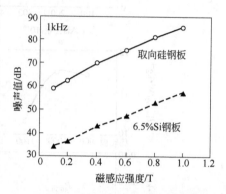

图 8-29　6.5% Si 硅钢板的低噪声效果

表 8-13　6.5% Si 硅钢的典型磁性能

材　料	板厚 /mm	磁感应强度 B_8/T	铁损/W·kg^{-1}						最大磁导率 μ_m	磁致伸缩 $\lambda_{10/400}$ /×10^{-6}
			$P_{10/50}$	$P_{10/400}$	$P_{5/1K}$	$P_{2/5K}$	$P_{1/10K}$	$P_{0.5/20K}$		
6.5% Si 钢板	0.05	1.28	0.69	6.5	4.9	6.8	5.2	4.0	16000	0.1
	0.10	1.29	0.51	5.7	5.4	11.3	8.3	6.9	23000	
	0.20	1.29	0.44	6.8	7.1	17.8	15.7	13.4	31000	
	0.30	1.30	0.49	9.0	9.7	23.6	20.8	18.5	28000	
取向硅钢 （Si：3%）	0.05	1.79	0.80	7.2	5.4	9.2	7.1	5.2	24000	-0.8
	0.10	1.85	0.72	7.2	7.6	19.5	18.0	13.2		
	0.23	1.92	0.29	7.8	10.4	33.0	30.0	32.0	92000	
	0.35	1.93	0.40	12.3	15.2	49.0	47.0	48.5	94000	
无取向硅钢 （Si：3%）	0.10	1.47	0.82	8.6	8.0	16.5	13.3		12500	7.8
	0.20	1.51	0.74	10.4	11.0	26.0	24.0		15000	
	0.35	1.50	0.70	14.4	15.0	38.0	33.0		18000	
Fe 基非晶	0.03	1.38	0.11	1.5	1.8	4.0	3.0	2.4	300000	27
铁氧体	整体	0.37				2.2	2.0	1.8	3500	21

1997 年又开发如图 8-30a 所示的产品，即钢板表层 Si 含量高，中部 Si 含量低的 Si 浓度梯度产品。在 CVD 生产线上控制扩散区温度和时间可制成两种新材料，即低 B_r 产品和高频铁损低的产品。

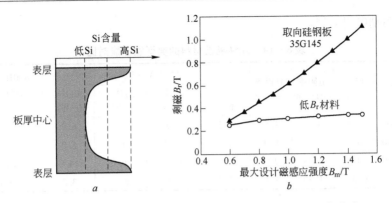

图 8-30 低剩磁 B_r 高硅钢断面的 Si 浓度梯度分布及最大设计
磁感应强度 B_m 与剩磁的关系

a—低剩磁 B_r 高硅钢断面的 Si 含量梯度分布；b—B_m 与 B_r 的关系

(1) 低 B_r 产品（JNHF - Core）。由于表层 Si 高 λ_s 低，而中部 Si 低 λ_s 高，即由于 λ_s 差别产生应变，这使弹性能增高，为降低弹性能而使 B_r 降低（B_r = 0.34T）。由图 8-30b 看出，取向硅钢的 B_r 随 B_m 增大而近似直线增高，而低 B_r 产品的 B_r 随 B_m 增高而几乎不变。其 $P_{12/50}$ 和力学性能与高牌号 3% Si 无取向硅钢相同。用取向硅钢制造变压器，由于 B_r 高产生偏磁场，即激磁突发电流大，而通信和精密电器的供电变压器要求激磁突发电流小。为降低 B_r 设计 B_m 只好降低。卷铁芯为降低 B_r，一般经切割成两个 U 形铁芯，再对接形成空气隙，这又使变压器体积变大。因此采用这种低 B_r 产品制造更好。低 B_r 产品也适合用作高频扼流线圈。

(2) 高频铁损低的产品（JNEX - Core）。JNEX - Core 牌号产品 μ_m 最高，表层为 6.5% Si，中部 Si 含量低时表层 μ_m 比中部高很多，由于磁通集中在钢板表层，涡流也集中在表层，所以 P_e 明显降低。在 10kHz 和 0.1T 条件下，比 6.5% Si 钢的 P_e 明显降低。虽然 P_h 比 6.5% Si 钢高，但总铁损 $P_{1/10K}$ 更低。即大于 5kHz 时的铁损更低，而且由于平均 Si < 6.5%，所以 B_s 比 6.5% Si 钢更高（大于 1.9T）。其伸长率也提高约 10%（6.5% Si 钢约 5%），冲剪加工性好。

表 8-14 所示为几种材料典型磁性对比。Fe 基非晶材料在所有频率范围内铁损都最低，因为它很薄，而且 ρ 高，但 B_s 低，$\lambda_{10/400}$ 高。用这种材料制造高频扼流线圈尺寸大和噪声大。用取向硅钢薄带制造的卷铁芯高频扼流线圈效率低，铁损高。用 JNEX 和 JNHF 最合适。JNEX 在 f < 5kHz 的铁损更低，适合用作不大于 5kHz 高频扼流线圈，噪声小，用量大。JNHF 适合用作不小于 5kHz 高频扼流线圈，其直流偏磁特性也好。由于冲剪性好，可制成叠片铁芯或卷铁芯。电能转换和控制技术（变换器开关系统）是电力和电子领域中节能的关键技术，而高频扼流线圈是此项新技术主要的电子部件，利用它调节电路中电压和电流（包括

电动车驱动电机)[62]。

表 8 - 14　几种磁性材料的典型磁性能对比

材　料	厚度 /mm	电阻率 /μΩ·m	饱和磁感 B_s/T	铁损/W·kg^{-1}				400Hz，1.0T 磁致伸缩系数 /%
				50Hz，1.0T	400Hz，1.0T	5kHz，0.2T	20kHz，0.05T	
10JNEX900	0.1	0.82	1.8	0.5	5.7	11.3	6.9	0.1×10^{-4}
10JNHF600	0.1		1.9	1.1	10.1	11.2	5.0	
取向硅钢	0.1	0.48	2.0	0.7	6.4	20.0	14.0	-0.8×10^{-4}
Fe 基非晶	0.025	1.30	1.5	0.1	1.5	8.1	3.3	27.0×10^{-4}

如上所述，晶界处 O 浓度 at 小于 30%，C 浓度 at 大于 0.5%，使成品伸长率大于 5% 时，冲剪和弯曲加工性好。加（10~20）×10^{-4}%B 沿晶界偏聚，也可防止晶界氧化。在渗 Si 生产线上控制加热区、渗 Si 区、扩散均匀化区和冷却区的气氛中 [O$_2$]<40×10^{-4}% 和露点低于 -30℃，并且 O$_2$ 与 H$_2$O 量（×10^{-6}）满足下式：[H$_2$O]$^{1/4}$×[O$_2$]≤80，可防止钢板表面氧化和晶界氧化（氧化膜厚度小于 100nm）。0.1~0.3mm 厚板伸长率大于 5%，冲剪和弯曲加工性好。涂绝缘膜后经低于 350℃ 烧结，也改善弯曲加工性（小于 0.3mm 厚板涂绝缘膜和高于 350℃ 烧结后，弯曲加工性变坏）。为防止渗 Si 生产线上不断带，要控制好生产线上的张力、各种辊的辊径、弯曲次数（也就是辊的数目）和钢带厚度。图 8 - 31 所示为 0.3mm 厚钢带和 400mm 半径条件下张力与弯曲次数的关系。渗 Si 处理连续炉内炉底辊表面堆集有钢带下表面带入的氧化

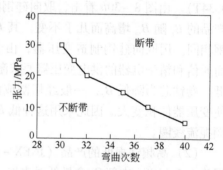

图 8 - 31　高硅钢生产线上张力与弯曲次数之间的关系

铁附着物以及 SiCl$_4$ 与炉内微量 O$_2$ 和 H$_2$O 反应形成的 SiO$_2$ 附着物，而使钢带划伤。控制炉辊周速比使钢带速度减慢 0.3%~5% 时，通过接触摩擦可将这些附着物去掉[63]。

SiCl$_4$ 是活性高的气体，除与钢板直接反应外，还与炉内气氛中 O$_2$ 和 H$_2$O 发生以下反应而形成 SiO$_2$。SiCl$_4$ + O$_2$ ⟶ SiO$_2$ + 2Cl$_2$ 和 SiCl$_4$ + 2H$_2$O ⟶ SiO$_2$ + 4HCl。形成的 SiO$_2$ 以粉状或薄膜状附着在钢板上，钢板下表面附着的 SiO$_2$ 粉粘在炉底辊表面可将钢带表面划伤。而钢带上表面附着的 SiO$_2$ 粉和薄膜又使以后形成的绝缘膜附着性变坏。如果将 3% Si 钢原始材料中碳含量提高到 0.008%~0.025%，使钢中 C 与渗 Si 气氛中 O$_2$ 和 H$_2$O 首先发生脱碳反应，而且碳有很强的还原能力，它可抑制 SiCl$_4$ 氧化而形成 SiO$_2$。气氛中 O$_2$ 和 H$_2$O 愈多，钢中碳

含量也应增高。渗 Si 和扩散处理后钢中碳含量降到 0.003% ~ 0.008%，磁性不变坏。再者，C 与 H_2O 的脱碳反应又比 Fe 与 O_2 的氧化反应优先发生，从而抑制钢板表面和晶界氧化，明显提高成品冲剪和弯曲加工性，这可使气氛中 O_2 略高于 50×10^{-6} 和 d.p. 略高于 $-28℃$ 时也可保证加工性。由于 O_2 和 d.p. 条件放宽，更有实用价值。钢中加 0.1% ~ 3% Ti、V、Nb、Zr、Sn 或 Sb 可使晶粒细化（约 $400\mu m$），晶界强化和抑制形成 B2 或 DO_3 有序相，提高 A2 无序相数量，从而提高冲剪加工性。晶粒小虽然提高 P_h，但 P_e 降低也更明显，所以高频铁损并不提高。渗 Si 气氛中 O_2 和 H_2O 主要来源于：（1）气氛中混入的 O_2 和 H_2O；（2）采用的纤维系耐火砖气孔率高，而所吸收的 H_2O 和空气放出；（3）渗 Si 反应产物 $FeCl_2$ 渗入耐火砖中，$FeCl_2$ 易吸收 H_2O，所形成的水化物放出。如果提高气氛中 $SiCl_4$ 浓度和气氛流速控制在 5 ~ 30m/min，可减少气氛中 O_2 和 H_2O 及 SiO_2 附着量，成品表面状态好。但 $SiCl_4$ 浓度不能超过 50%，否则会产生过多空洞。以后扩散退火也不能完全消除，磁性变坏。原始 C 含量高可防止形成 SiO_2 附着物，但使轧制塑性和焊接性降低。如果在渗 Si 生产线的加热区在含 0.6% $CO-N_2$ 气中以 6min 时间加热到 1200℃（或钢带预先涂含有分散的炭粉的有机溶液进行固体渗 C），渗 C 到 $(80 ~ 100) \times 10^{-4}\%$，再进行渗 Si 和扩散退火，使 C 脱到小于 60×10^{-6}，表面光亮无 SiO_2 附着物，加工性好，$P_{10/400}$ 低。为提高制造卷铁芯时的弯曲加工性，调整好滚剪机滚刀间隙，使滚剪后钢带边部毛刺高度 h 与钢带厚度 t 之比 $h/t \leqslant 33$[64]。

为防止板宽方向边裂，边部 40mm 地区预先辊涂 10% ~ 50% SiO_2 + 铁氧化物 + 铬氧化物混合水溶液，在渗 Si 生产线上加热区烘干，膜厚 5 ~ 20μm，防止以后边部渗 Si，再经渗 Si 和扩散处理后将此边部切掉[65]。调整渗 Si 处理时的上、下喷嘴狭缝长度不同，即喷嘴狭缝长度与板宽之比为 1.0 ~ 1.4 和 0.6 ~ 1.0 的喷嘴交替装配，使板宽方向 Si 浓度分布均匀，可防止边部 Si 浓度低于中心区而引起的边裂[66]。

曾采用在线测定 ρ 值调整渗 Si 处理后 Si 含量方法。但板厚波动使 Si 浓度波动增大，如 0.1mm 厚成品板厚偏差 ±1μm 时，Si 浓度产生 ±1% 误差。如果在线测定钢带进入渗 Si 处理炉入口时的板厚（用板厚检测仪），计算出公称板厚与实测板厚之差，再计算出 Si 浓度，求出目标 Si 浓度与实际 Si 浓度差，自动调整 $SiCl_4$ 流量，可准确达到规定的 Si 浓度。如果在线测定渗 Si 处理炉出口处 Si 浓度，计算出与目标 Si 浓度差别，根据图 8 - 32 所示的渗 Si 时间（在炉时间）与 Si 浓度的线性关系，再计

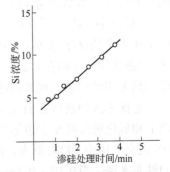

图 8 - 32　渗硅浓度与处理时间的关系

算出渗 Si 合适时间，及时调整钢带运行速度也可[67]。

渗 Si 处理炉长方向间隔安装多个喷嘴（如 8 个），往钢带上、下两面喷出含 $SiCl_4$ 气体。喷嘴狭缝为双重管结构，外管供气，其开口面积 a_1，与狭缝内侧气流路喷管径方向断面面积 a_2（即内管与外管之间气流路断面面积）之比 $a_1/a_2 < 0.55$，喷出气体角度 $\theta > 80°$，板宽方向渗 Si 均匀，$\Delta Si\% < 0.15\%$。采用 $SiCl_4 + N_2$ 气渗 Si 温度必须高于 1050℃ 以保证渗 Si 速度。但其缺点是：炉衬损伤严重，钢带在高温下强度降低，板形不好，而且 $FeCl_2$ 反应产物的气体使钢带渗 Si 后质量减轻，成材率下降。1mol 的 $SiCl_4$ 将产生 2mol 的 $FeCl_2$ 气体。1000kg 的 3% Si 钢带渗到 6.5% Si 时就产生 290kg 的 $FeCl_2$ 气体。使钢带质量减轻约 9%。如果在喷嘴中装粒状硅粉，与 $SiCl_4 + N_2$ 同时喷在高于 800℃ 钢带上可起下列反应：$SiCl_4 + Si \longrightarrow 2SiCl_2$ 和 $SiCl_2 + 4Fe \longrightarrow Fe_3Si + FeCl_2 \uparrow$。即渗入 1mol Si 原子只产生 1mol 的 $FeCl_2$，$FeCl_2$ 形成量减少 1/2，钢带质量减轻量也减少约 1/2，成材率提高。而且 $SiCl_2$ 比 $SiCl_4$ 活性更大，即渗 Si 速度更快。1000℃ × 2min 渗 Si 量与以前在 $SiCl_4 + N_2$ 气氛中 1200℃ × 2min 渗 Si 量相同。即渗 Si 处理温度可大幅度降低[68]。

以前采用取向硅钢带卷取并切割的铁芯或无取向硅钢 EI 形冲片的叠片铁芯，制造小变压器和扼流线圈。卷绕铁芯必须先经消除应力退火和涂环氧树脂（侵漆）后再切割和研磨加工，产量低，成本高，虽然铁损更低，但铁芯噪声大（切割处由于 3% Si 钢 λ_s 引起共振）。叠片铁芯不产生共振，噪声小。如果用高硅钢冲片制成叠片铁芯，由于直流 λ_s 更低（6% Si – Fe 的直流 $\lambda_s = 1.1 \times 10^{-6}$，6.5% Si – Fe 为 $0.08 \times 10^{-4}\%$，而无取向硅钢为 $3.2 \times 10^{-4}\%$），噪声更小，而且磁性（特别是高频磁性）好。如果冲成带有 1～2mm 宽狭缝的环状冲片，使狭缝分散叠片的铁芯噪声更低。钢带卷绕并切割的切割铁芯，噪声也比取向硅钢制的噪声低。非晶材料铁损虽然低，但噪声更大。制作卷绕切割铁芯的高 Si 钢带表面不涂绝缘涂层，噪声更小，因为切割卷铁芯时绝缘膜容易脱落而产生空隙，从而引起噪声。卷铁芯消除应力退火时进行发蓝处理，然后再涂环氧树脂（侵漆），噪声小，$P_{1/10K}$ 低，波动小。如果高 Si 钢带涂黏接涂层（热可塑性树脂，如丙烯树脂涂料厚度为 0.3～10μm），冲片叠片时加约 100～200MPa 压力和 200～300℃ 加热使叠片粘在一起，可明显降低噪声。此法也适用于卷铁芯，但要涂耐热的热可塑性树脂，再经消除应力退火和切割、研磨[69]。

卷铁芯或切割铁芯消除应力退火时，控制钢带表层氧化膜厚度在板厚 10% 以下和氧化膜深度小于边部 5mm 时可防止层间短路，$P_{1/10K}$ 低，波动小（在 $N_2 +$ DX 混合气体中 800℃ 退火，改变 d.p. 和保温时间）。对叠片铁芯、卷铁芯或切割铁芯来说，当 0.05～0.1mm 厚成品层间电阻 $\rho > 1.0\Omega \cdot cm^2$，大于 0.1mm 厚成品 $\rho > 0.3\Omega \cdot cm^2$ 时，铁芯 $P_{1/10K}$ 低，波动小。成品表面光滑，使叠片系数提高到

85%以上也可[70]。

用3% Si 取向硅钢作原始材料进行渗 Si 处理时,必须先去掉 Mg_2SiO_4 底层,工艺复杂成本高,虽然成品 B_8 高,但由于二次晶粒大,冷轧到小于 0.15mm 厚带时易断带或表面凹凸不平,叠片系数低,而且渗 Si 后加工性不好。如果用二次中等压下率冷轧法制的3% Si 无取向硅钢作原始材料,在 900~1100℃ 中间退火时调整晶粒尺寸,再经55%~85%压下率第二次冷轧,使晶粒内部储存应变,以后渗 Si 和扩散退火时在晶粒内部形成(110)晶核,成品 B_8 提高(B_8 > 1.40T),中间退火时在含约10% $SiCl_4 + N_2$ 气氛中进行,钢板表层由于渗 Si 而硬化,再经冷轧时可使表层剪切应力增大,从而在钢板中部也产生剪切应力,使晶粒内部(110)生核数量增多,B_8 可进一步提高(B_8 > 1.45T)。如果第二次冷轧后,先在95% $N_2 - H_2$ 气氛中从900℃以300℃/h 速度升到1200℃换为100% H_2 保温 10min,进行二次再结晶退火,小于15°偏差角的二次晶粒所占体积控制在30%~70%,再经渗 Si 处理,B_8 也高(B_8 > 1.4T),伸长率约为8%,加工性也好。如果钢中加1%~20% Cr,渗 Si 后扩散退火时可抑制空洞长大(即防止空洞)。因为 Cr 在表面富 Si 层与中部低 Si 层的界面处偏析,从而降低 Fe 与 Si 扩散速度的差别。一般渗 Si 和扩散退火后,晶粒较粗大,即磁畴也较粗大,加 Cr 钢在渗 Si 和扩散处理后再经 150~350℃ × 1h 退火析出碳化物,可使磁畴细化,大于5kHz 高频铁损(如 $P_{0.5/20K}$)降低(Cr 可保证在低温下析出碳化物,而高 Si 钢在高于700℃通过 Si 扩散才可析出 Fe_3C)。加1%~20% Cr 可防止空洞并提高 ρ,降低高频铁损,但 μ 值也降低(因为加 Cr 使晶粒尺寸减小,所以 μ_m 低)。晶粒尺寸与板厚相近时(即贯穿板厚时),μ_m 最好。因此加 0.2%~2% Cr 时 μ_m 高(约28000),0.3mm 厚板 $P_{0.5/20K} \approx 22W/kg$[71]。

钢中加 0.02%~0.08% Bi(或 Ag),使渗 Si 和扩散处理时钢中存在液相 Bi,可明显抑制晶粒长大,使成品晶粒尺寸比板厚更小,高频铁损降低,而且液相 Bi 尺寸大,几乎不阻碍畴壁移动。0.2mm 厚成品晶粒尺寸为 0.10~0.15mm(不加 Bi 钢约为 0.4mm),$P_{1/10K} \approx 8.5W/kg$[72]。

以前高 Si 钢制成的叠片铁芯都用铆钉固定,因为焊接法的焊区易出现裂纹。但铆接法成本高。采用 TIG 焊接法,在叠片体端面上焊接,焊接时先在端部两侧的母材区形成大于 0.5mm 深的沟而焊区形成凸条状焊缝,这可降低焊接热引起的应力,使焊区容易变形,从而防止裂纹。采用小于4% Si 钢焊条,焊接时焊条供给量为 30~70cm/min 时焊区也不产生裂纹[73]。

渗 Si 生产线上退火炉中炉底辊一般都用氮化硅制成,它对 $SiCl_4$ 气体有耐蚀性,而且1200℃高温强度高,但长期在高温下使用,炉辊表面沉积物造成钢带划伤,而且炉辊寿命短。如果氮化硅炉辊先在1200℃和含5% $SiCl_4 + N_2$ 气氛中的 O_2 分压 p_a 的 $\lg p_a = -0.25MPa$ 条件下处理约20h,在炉辊表面形成大于 5μm 厚

的光滑度好的致密 SiO_2 层，可提高炉辊寿命，如果用以金属 Si 粉为主，α 型和 β 型氮化硅粉末为辅（二者之比约为 8 : 2）混合体压成型，并在 N_2 中 1100℃ ×20h 氮化烧结，同时在同一炉内 1000~1200℃ 和 $\lg p_a = -(0.25~0.4)$MPa 下处理约 20h，使炉辊表面形成细小空隙的 SiO_xN_y 层（气孔率高）来防止氮化硅气化也可[74]。

1997 年首先开发 Si 浓度梯度产品。根据 B_r 降低特性又可详细分为以下六种产品：（1）低 B_r 特性，Si 浓度最高和最低之差 $\Delta Si > 0.7\%$，平均 Si 浓度 $<7\%$，适用于控制突发电流的变压器。（2）更低 B_r 特性。$\Delta Si > 0.7\%$，$B_r < 0.3T$，$\Delta Si > 5.5\%$，$B_r < 0.1T$，平均 Si 浓度 $< 3.5\%$。（3）低 B_r + 高 B_s 特性。$\Delta Si > 0.5\%$，平均 Si 浓度必须低（Si $< 3.5\%$）。（2）和（3）适用于严格控制突发电流的变压器和电机。（4）低 B_r + 低铁损特性，$\Delta Si = 0.5\% ~ 5.5\%$，平均 Si 浓度 $<7\%$，必须防止 B_r 过低。（5）低 B_r + 高 μ 特性，$\Delta Si = 0.5\% ~ 3\%$，平均 Si 浓度 $<7\%$，B_r 必须很低（$B_r \leqslant 0.3T$）。（6）低 B_r + 重叠特性，$\Delta Si = 0.5\% ~ 5.5\%$ 或 $>5.5\%$，即保证表层 Si 浓度高的 Si 浓度梯度，平均 Si 浓度低时 ΔSi 必须增大，（4）、（5）和（6）适用于变换器中扼流线圈。

材料由于表层 Si 量高，λ_s 低，突发电流比（突发电流与额定电流之比）小于 7，变压器噪声小。材料由于 $\Delta Si > 5.5\%$ 和平均 Si 浓度 $< 3.5\%$，B_r 更低（$B_r < 0.1T$），B_s 更高（$B_s > 2.0T$），$P_{12/50} < 2$W/kg。ΔSi 为 $0.5\% ~ 5.5\%$ 或 $>5.5\%$，Si 平均浓度小于 7%，钢板表面粗糙度 $R_{max} < 12\mu m$，冲片性提高，冲片毛刺小。控制好 Si 浓度梯度即 $\Delta Si/x$（板厚方向 ΔSi（%）与板厚方向距离 x（min）之比），冲片产生的应变更均匀，无应力集中区域，冲片性也提高，冲片无裂纹。控制 6.5% Si 表层大于 10% 板厚或上、下两个表面沿板厚 15%~25% 处都为 6.5% Si 时，高频铁损 $P_{1/10K}$ 明显降低。0.2mm 厚板 $P_{1/10K} < 20$W/kg，冲片性也好，此时如控制中心区 Si $> 3.4\%$，0.1mm 厚板 $P_{0.5/20K} = 4.6$W/kg，比 6.5% Si 钢更低。为保证 μ 值高，ΔSi 应为 $0.3\% ~ 1\%$。为此在扩散退火时也在含 $SiCl_4 + N_2$ 中进行，并调节钢带移动速度。证明当 $\Delta Si > 0.7$ 时，钢板表面粗糙度 $Ra \leqslant 2\mu m$；$\Delta Si > 2\%$ 时，$Ra \leqslant 1\mu m$，叠片系数高，高频铁损和 B_r 低。控制 Si 平均浓度 $< 3.5\%$，B_s 高（$B_s > 2T$），而且表层由于含 6.5% Si，μ 值比中心区高 2 倍以上，高频铁损低，适合用作扼流线圈。由于 Si 使 C 的化学势发生变化，C 从高 Si 区被排出而到低 Si 区，造成 C 分布不均匀，即表层 Si 高，中心区 Si 低，中心区的 C 含量比平均 C 含量高 2~5 倍，而引起磁时效，所以钢中原始 C 含量应小于 0.003%（最好小于 0.0025%）。再者，成品表面应涂残余应力小的绝缘膜，如无机盐或半有机涂层，否则会使 B_r 增高[75]。

为制造 Si 浓度梯度产品，生产线上 1200℃ 扩散退火区不需要使 Si 浓度沿板厚方向均匀化处理，扩散退火时间缩短，钢带运动速度提高到 12m/min（而 6.5% Si 钢一般为 4m/min），产量提高，成本降低。由于炉子结构简化，即生产线长度缩短，从而可将渗 Si 和扩散退火后的涂绝缘膜和烘干烧结装置放在同一生产线上。在涂绝缘膜前，在线用荧光 X 射线仪测定表层 Si 含量或用 2 个铁损测定仪测定铁损。根据表面 $30\mu m$ 深处的 Si 含量测定值控制 $SiCl_4$ 流量，即控制渗 Si 速度。根据表面 10、20、$30\mu m$ 深处平均 Si 含量测定值控制扩散处理制度，以获得要求的 Si 浓度梯度 ΔSi。根据 2 个铁损测定仪分别测定小于 400Hz 和大于 0.5T 的铁损以及大于 5kHz 和小于 0.5T 的铁损，并计算出 Si 浓度梯度 ΔSi 和表层 Si 量。分别控制扩散处理制度和渗 Si 速度。也可将渗 Si 处理与扩散处理在同样的 $SiCl_4 + N_2$ 气氛下的同一炉中进行，调整 $SiCl_4$ 流量和钢带运行速度来控制 Si 浓度分布，炉子结构简化。或是将渗 Si 扩散处理炉中分几个区域经几次渗 Si 和连续扩散处理。也可采用立式渗 Si 扩散退火炉，这可防止钢带表面划伤，而且退火时间缩短，蠕变变形和炉内断带减少[76]。也可在线用涡电流计（也称电磁感应计）测定表层 Si 含量和板厚方向平均 Si 含量，即利用 Si 量与 ρ 的近似直线关系，先施加比 $1/5B_s$ 直流磁场更低的直流磁场进行磁化，再在此直流磁场上加交流磁场产生涡电流，引起磁通密度，测出此磁通密度就可求出 Si 浓度。因为表层 Si 量高，μ 高，所以交流磁通和涡电流也高，磁通都集中在表层，此时微分磁导率近似为零（这才能保证 Si 与 ρ 的直线关系），测量精度高，表层 Si 量测定值与在线荧光 X 射线测定值相同，而平均 Si 量测定值与化学分析法相同[77]。

用 3% Si 取向硅钢作原始材料，去除 Mg_2SiO_4 底层后经渗 Si 处理制造 Si 浓度梯度 Δw（Si）$> 0.5\%$，平均 Si 浓度为 3% ~ 7%，0.23mm 厚板 $B_r = 0.6 \sim 0.7T$，B_8 高达 1.80 ~ 1.86T，突发电流比小，为 5 ~ 7，变压器噪声小。材料高频铁损更低。0.23mm 厚板 $P_{1/10K} = 8 \sim 9W/kg$。0.1mm 厚板 $P_{1/10K} = 4.2W/kg$，0.05mm 厚板 $P_{1/10K} = 2.7W/kg$[78]。用 $\alpha < 15°$ 的 0.35mm 厚取向硅钢作原始材料，去掉底层后再经 71% 压下率冷轧到 0.1mm 厚，在 10% $SiCl_4 - N_2$ 中 1100℃ × 1min 渗 Si（省掉扩散退火），渗 Si 处理时以 1 ~ 20s 时间升到 400 ~ 700℃ 可改善织构。表层约为 6.5% Si，中心区约为 3% Si，$P_{15/50} = 4.0 \sim 4.3W/kg$，大于 400Hz 高频损更低[79]。

比利时 Ghent 大学提出，在过共晶 Al + 27% Si 熔浴中热侵蚀法制造高 Si 钢，0.35mm 厚 3% Si 钢板加热到 850℃ × 60s 后，在此熔浴中热侵 20s，再经 800℃ × 1min 退火，20℃/min 速度冷到 300℃，再在 N_2 中冷到室温，热侵和退火都在 5% $H_2 - N_2$ 中进行。最后在 1200 ~ 1250℃ 真空中扩散退火。热侵后表面形成 Fe – Si – Al 系化合物，包括有 DO_3 有序相 Fe_3Si，800℃ 退火 Si 和 Al 初步扩散到钢中，再经 1250℃ × 30min 扩散退火均匀化后 $w(Si) \approx 6.3\%$，$w(Al) \approx 4.5\%$，$P_{10/50} = 0.64W/kg$，$P_{10/400} = 10W/kg$。根据扩散退火时间可以得到 Si、Al 浓度均匀和浓度梯度两种材料[80]。

8.4.4.3 快淬法

荒井贤一等首先提出，采用双辊法快淬成 0.06mm 厚的 6.5% Si – Fe 微晶带，

1100℃真空退火后，通过二次再结晶获得强的 $\{100\}\langle 0vw\rangle$ 织构，平均晶粒直径为 5mm，$P_{13/50} = 0.34 \sim 0.38$W/kg，比 0.3mm 厚的 Z6H 取向硅钢 $P_{13/50}$ 约低 35%，比非晶合金 $P_{13/50}$ 约高一倍，$\rho = 90\mu\Omega \cdot$ cm，$H_c = 2.5$A/m，$B_8 = 1.6 \sim 1.7$T[81]。

6.5% Si – Fe 快淬带不易冷轧，采用 4.5% Si – Fe 快淬带经冷轧和退火，通过二次再结晶获得磁性更高的 (110)[001] 织构材料，其 [001] 平均偏离角为 1.5°。0.28mm 厚带冷轧到 0.08mm 厚和 1150℃真空退火后，沿轧向加 39MPa 拉力时的磁性见表 8 – 15。可看出 $P_{12.5/50}$ 与非晶合金相近，$P_{17/50}$ 比 Z6H 约低 50%，B_8 远高于非晶合金，并略低于 Z6H[82]。

表 8 – 15　3 种材料的电磁性能对比

材　　料	厚度 /mm	电阻率 /μΩ·cm	$P_{12.5/50}$ /W·kg^{-1}	$P_{15/50}$ /W·kg^{-1}	P_{1750} /W·kg^{-1}	H_c /A·m^{-1}	B_8/T
取向硅钢 Z6H（3% Si – Fe）	0.30	45	0.56	0.76	1.04	5.6	1.90
快淬高硅钢带（4.5% Si – Fe）	约 0.08	62	0.23	0.36	0.56	2.2	1.86
非晶带（Fe – B – Si）	0.04	120	0.15 ~ 0.3			0.8 ~ 2.4	1.50

川崎提出，快淬成 0.12 ~ 0.15mm 厚的 6.5% Si – Fe 微晶带，350℃温轧到 0.1mm 厚，涂 Al_2O_3 + MgO + TiO_2 隔离剂，成卷经 1150℃ ×5h 真空退火，通过三次再结晶形成 4 ~ 8mm 晶粒尺寸的 (100)[001] 织构，$P_{12.5/50} = 0.33$W/kg。表面再经酸洗、磨光和等离子喷涂 0.5μm 厚 TiN 等应力薄膜，$P_{12.5/50} = 0.20 \sim 0.25$W/kg，与非晶合金相近[83]。

住友金属公司提出，快淬成 1 ~ 2mm 厚板（以 MnS 和（或）AlN 作为抑制剂），经大于 60% 压下率冷轧和 1150 ~ 1200℃ ×5h 退火，通过二次再结晶形成强的 (110)[001] 织构。0.4mm 厚 6.35% Si – Fe 板的 $P_{10/50} = 0.2$W/kg，$P_{15/50} = 0.41$W/kg，$P_{17} = 0.65$W/kg，比 0.23mm 厚激光照射的 3% Si 钢 Z5H 铁损更低[84]。

新日铁提出，快淬成 0.25 ~ 0.55mm 厚的 6.5% Si – Fe 板，酸洗后经 10% ~ 30% 冷轧和 1050℃ ×30s 退火，由于柱状晶未完全破坏，形成强的 $\{100\}\langle uvw\rangle$ 织构。环状样品测定 0.5mm 厚板 $P_{10/50} = 0.5$W/kg，0.2mm 厚板 $P_{10/50} = 0.36$W/kg，$B_{50} = 1.55$T[85]。

8.4.4.4　6.5% Si 取向硅钢制造法

住友金属公司提出，连铸成约 50mm 厚的 6.5% Si – Fe 铸坯，经 1100 ~ 1200℃加热和热轧到约 5mm 厚，终轧温度为 700℃，经大于 30% 压下率温轧（400 ~ 700℃）到约 2mm 厚，再经二次中等压下率冷轧到 0.2 ~ 0.3mm 厚，以 MnS 或 AlN 作为抑制剂，也可用 TiC 或 VC 作为抑制剂，最终在干 H_2 或真空中经 1200℃ ×3h 退火，通过二次再结晶获得 (110)[001] 织构。0.2mm 厚板的

$B_8 = 1.65T$，$P_{10/50} \approx 0.15W/kg$。控制钢中 O 含量小于 $50 \times 10^{-4}\%$ 可改善冷轧性。温轧使钢中产生可移动的位错，抑制发生孪晶形变和边裂，使晶粒细化并促使析出弥散状第二相析出物[86]。

新日铁公司考虑到 6.5% Si 钢中由于碳含量高，轧制塑性明显降低，温轧温度必须提高的情况，在制造 6.5% Si 取向硅钢时，对钢中碳含量规定为 0.005% ~ 0.023%。此时 6.5% Si 钢在任何温度下都为单一的 α 相。如果按一般 MnS 或 MnS + AlN 方案制造，铸坯加热温度不低于 1350℃，晶粒更容易粗化，使热轧板晶粒粗大，以后温轧更困难。因此采用低温加热的 AlN 方案和以后渗氮处理方法，以（Al，Si）N 作为抑制剂促进二次再结晶发展。规定 $w(Als) = 0.026\% \sim 0.035\%$，$w(N) = 0.006\% \sim 0.008\%$。铸坯加热温度 $T \leqslant 1300 - 10t$（$t =$ 均热时间，h）。一般加热温度为 1150 ~ 1230℃，此时 AlN 不能完全固溶，以后必须经渗氮处理。热轧到 1.6 ~ 2.0mm 厚或采用 1.8 ~ 2.0mm 厚的薄铸坯。热轧板经 900 ~ 1000℃ × 2min 常化，析出细小（Al，Si）N 和使组织更均匀来改善轧制性能。在 200 ~ 300℃ 温轧到 0.20 ~ 0.35mm 厚。在 $P_{H_2O}/P_{H_2} = 0.3 \sim 0.6$ 的 $H_2 + N_2$ 气氛中 800℃ × 2min 脱碳退火。然后在含 NH_3 的气氛中 750 ~ 800℃ × 5min 渗氮到约 $200 \times 10^{-4}\%$。涂 MgO 或含 5% MnN 的 MgO 和 1200℃ × 10h 最终退火。0.3mm 厚板 $P_{10/50} = 0.35W/kg$（无取向 6.5% Si 钢为 0.50W/kg），0.23mm 厚板 $P_{10/50} = 0.25W/kg$。B_8 为 1.62 ~ 1.67T（$B_8/B_5 \approx 0.9$）。

图 8 - 33a 表明硅含量与 0.28mm 厚板在 $P_{H_2O}/P_{H_2} = 0.25$ 时 850℃ × 2min 脱碳退火后表面氧化层中氧含量和渗氮处理后渗氮量的关系。可以看出硅增到 4.02% 时氧含量不断增高，对渗氮量无影响。此时硅含量（N_{Si}）、氧含量（N_O）、硅的扩散速度（D_{Si}）和氧的扩散速度（D_O）符合 $D_{Si} \cdot N_{Si} < D_O \cdot N_O$ 条件，即氧化是靠氧往内部扩散所控制，因此不断氧化。$w(Si) > 4.02\%$ 时，氧含量降低，渗氮量明显减少。$w(Si) > 4.81\%$ 时，在此脱碳退火条件下几乎不能渗氮。这是因为 $D_{Si} \cdot N_{Si} > D_O \cdot N_O$，硅往外扩散到表面形成以 SiO_2 和 Fe_2SiO_4 为主的氧化膜，阻碍了渗氮。此时氧化层中氧的扩散速度很小。将 P_{H_2O}/P_{H_2}（氧化度）提高到 0.3 ~ 0.6，即提高氧的扩散速度，就可顺利地进行以后的渗氮处理。渗氮量大于 50×10^{-6}（最好大于 100×10^{-6}）时，以后二次再结晶才能完善，B_8 高（见图 8 - 33b）。如果温轧方向与热轧方向呈 18° ~ 35° 角时，脱碳退火后（110）[001] 二次晶核数量增多，B_8 提高约 0.03T，达到 1.68 ~ 1.69T。采用静电法涂 Al_2O_3 或 MgO 并制成铁芯，由于不形成底层，经 1050 ~ 1100℃ × 20h 最终退火时，也可将 N 脱到 0.0015% ~ 0.0025%，而且铁芯形状良好（见图 8 - 33c）。6.5% Si 取向硅钢的磁畴尺寸为 0.8 ~ 1.5mm 宽，经一般激光照射细化磁畴效果不大，必须经能量密度更强的激光照射或局部酸洗法，形成 50μm ~ 1mm 宽、大于 10mm 深的沟槽，涂绝缘膜，再经消除应力退火后，磁畴宽度可减小到 0.6mm，

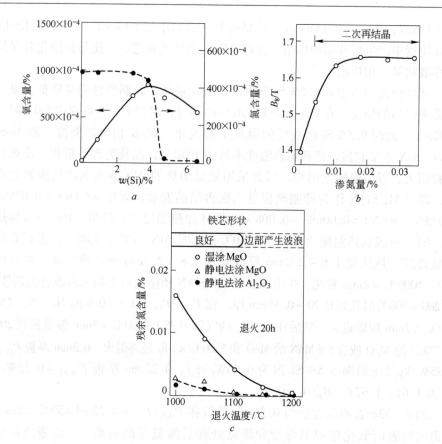

图 8 – 33　增氮量与硅含量、氧化层中氧含量及成品 B_8 的关系以及
脱氮量与隔离剂、最终退火温度的关系

a—渗氮量与硅含量、氧含量的关系；b—渗氮量与 B_8 的关系；
c—脱氮量与隔离剂、退火温度的关系

0.4mm 厚板 $P_{10/50}$ 从 0.39W/kg 降到 0.25W/kg，叠片系数高，噪声小[45,87]。

8.4.4.5　包层法（复合板）

采用不同硅含量钢水浇铸法、连铸法或不同硅含量薄板坯焊接和热轧法，制成包层板或复合板。例如，将 7.5% Si 钢锭放在锭模中心，周围浇铸 3% Si 钢水，包层比 = 1∶1∶1 ~ 1∶3∶1。1180℃ 加热和热轧到 2.3mm，850℃ × 5min 常化，二次冷轧法冷轧到 0.35mm 厚（无裂纹），1050℃ × 2min 退火和使 Si 扩散均匀化，涂绝缘膜，μ_m = 45000，$P_{10/50}$ = 0.5W/kg，与渗硅法产品磁性相似[88]。表层为 6.5% Si，内层为 3.2% Si 的铸坯，表层/内层板厚比为 0.1 ~ 0.3，热轧后经 900℃ × 2min 常化，温轧到 0.23mm 厚，900℃ × 2min 退火，$P_{10/50}$ = 0.68W/kg，$P_{10/400}$ = 10.2W/kg，$P_{10/1K}$ = 36.3W/kg，B_{50} = 1.57T[89]。表层大于 5% 地区为 3%

Si，内层为 6.1% Si 连铸坯（MnS + AlN + Cu + Sn，方案成分），控制内表层成分的混合层为 1～100μm，热轧到 1.7mm 厚，1050℃ ×5min 常化和冷轧到 0.17mm 厚，冷轧板无裂纹。退火后形成（110）[001] 取向材料，$P_{13/50}$ = 0.26W/kg，B_8 = 1.77T[90]。

8.5 磁屏蔽和电磁铁用的电工钢板

8.5.1 概述

磁屏蔽对象是从直流到 10kHz 范围内的磁场（大于 10kHz 采用电磁波屏蔽，不用软磁材料）。磁屏蔽和高能加速器电磁铁都在直流磁场下工作，对材料的要求是：（1）在规定的直流磁场下具有高 μ、高 B 和高 B_s 的磁性。对弱磁场的磁屏蔽要求 μ 高（如 μ_m）。对强磁场的磁屏蔽和电磁铁多要求 B 高（如 $B_{0.2}$ ～ $B_{0.8}$）。（2）具有良好的退磁性能，也就是 H_c 低，以减少退磁线圈匝数和退磁电流。（3）磁性均匀，这对高能加速器电磁铁特别重要。（4）冲片性（对电磁铁而言）和切削加工性（对磁屏蔽而言）好。（5）对磁屏蔽材料要求焊接性好。（6）对弱磁场磁屏蔽材料要求强度、韧性、疲劳强度和弯曲（成形）加工性好。（7）对交流磁屏蔽材料必须考虑涡电流特性。（8）成本低。

磁屏蔽材料的需要量增多，其原因是：（1）医疗用的核磁共振断层摄影扫描设备（MRI）已广泛使用。以它为代表的超电导应用还有磁浮动式列车、超电导发电和超电导蓄电等，今后还有很好发展前途。除磁浮列车外，它们都是在强磁场下工作（如 MRI 在 8000～30000A/m 强磁场下工作），需要进行磁屏蔽。（2）输配电变压器、大电机、地铁、电车和汽车等造成城市噪声，需要磁屏蔽。（3）计算机和精密仪器，为防止产生的磁噪声也需要磁屏蔽。为防止磁场对人体的影响，磁屏蔽材料的用量日益增多，特别是厚度大于 1.5mm 的电磁厚板。

以前通用的强磁场的磁屏蔽材料为电工纯铁热轧厚板，弱磁场的磁屏蔽材料为 Ni – Fe 坡莫合金或取向硅钢。高能加速器电磁铁用 0.5～1.5mm 厚冷轧电工纯铁或低硅钢制造。一般的电工纯铁（也称阿姆柯铁）热轧板和冷轧板的纯度大于 99.5%，在板厚和磁性方面已不能满足上述的强磁场磁屏蔽和电磁铁要求，而用作弱磁场磁屏蔽的坡莫合金成本又太高。日本采用现代的炼钢技术发展了以纯铁系为基础的高纯度（99.8%～99.9%）电工钢板，特别是电工钢热轧厚板，以满足上述用途的要求。由于钢中杂质元素和夹杂物含量以及内应力明显降低，产品晶粒粗大，畴壁移动阻力显著减小，直流磁性（H_c，μ 和 B 值）大幅度提高，而且磁性也更均匀。

1mm 厚板在距离 1m 空间距离内就收到磁屏蔽效果。从直流到 10kHz 范围磁场采用软磁合金作磁屏蔽材料。大于 10kHz 磁场时，μ 值很低，起不到磁屏蔽作用[91]。

　　磁屏蔽性 S 与磁屏蔽材料尺寸 D、磁屏蔽板厚 t 和 μ 有如下关系：$S = 1 + A\mu t/D$，A 为常数，对圆筒体 $A = 1$，对立方体 $A = 0.96$。为提高 $S(\mathrm{dB})$，就要采用高 μ 钢板和更厚的钢板（t 增大）。

　　检验磁屏蔽性能，即漏磁磁通密度，有以下两种方法。图 8 - 34a 表示被检验的钢板上表面与标准永磁铁（0.2T）的距离为 1.5mm，钢板下表面与高斯计的距离为 2mm。将标准磁铁从一端平移到另一端，由高斯计测出的磁通密度最大值就是漏磁磁通密度。图 8 - 34b 表示在被测的钢板表面放一块 2mm 厚的丙烯基板，在板上装一电磁铁。钢板下方装有磁传感器。改变电磁铁的激磁电流 I，通过磁传感器可测出漏磁磁通密度。

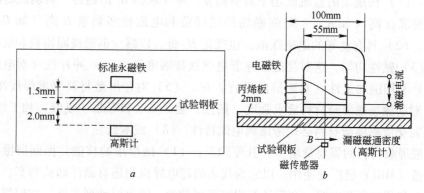

图 8 - 34　检验漏磁磁通密度的两种方法示意图

a—通过高斯计检测；b—通过磁传感器检测

8.5.2　热轧电工钢厚板

　　日本以前用 JIS2504 电工纯铁板标准中 SUYPO 最高牌号制造 MRI 磁屏蔽。按此牌号的直流磁化曲线设计，需要采用很厚的钢板制造，即使这样仍存在较大的漏磁场，而且过重。因此要求直流磁性更高的电工钢厚板制造 MRI 设备的磁屏蔽，即 $B_{0.8} \geq 1.0\mathrm{T}$，$B_3 \geq 1.4\mathrm{T}$ 和 $B_5 \geq 1.5\mathrm{T}$，抗拉强度应大于 245MPa。一般用材料的 B 值与板厚的乘积来表示磁屏蔽效果。日本几个大钢铁公司都开发了新的热轧电工钢厚板，产品磁性超过 SUYPO 牌号水平，力学性能好，成形性、弯曲性、切削加工性和焊接性高，制造成本也较低。

8.5.2.1　川崎钢铁公司产品

A　产品性能和用途

　　川崎生产的 EFE 牌号系列电工钢板的典型磁性如表 8 - 16 所示，典型力学性能见表 8 - 17。

表 8-16　EFE 牌号的典型磁性

种类	牌号	试样	厚度/mm	磁通密度/T[①]					μ_{m}	H_{c}/A·m^{-1}	试验方法[③]
				B_1	B_2	B_3	B_5	B_{25}			
热轧板	EFE-1R	热轧状态	100	0.25	0.58	0.78	1.06	1.63	3400	199	A
	EFE-1A	退火状态	13	1.15	1.38	1.45	1.51	1.63	12500	36	A
			26	1.13	1.38	1.45	1.50	1.61	12300	38	A
			78	0.98	1.40	1.47	1.53	1.66	11500	42	A
热轧薄板	EFE-2R	热轧状态	4.0	0.08	0.29	0.54	0.89	1.58			C
			6.4	0.07	0.18	0.34	0.62	1.56			C
			8.0	0.07	0.17	0.29	0.43	1.55			C
	EFE-2A	退火状态	4.0	0.64	1.06	1.29	1.42	1.58	6900	18	C
			4.0	1.16	1.33	1.38	1.43	1.57	12900	30	A
			6.4	1.40	1.47	1.50	1.54	1.68	15700	10	A
			8.0	1.38	1.45	1.48	1.54	1.65	15500	11	A
			8.0	1.08	1.35	1.45	1.53	1.67	15100	29	B
冷轧薄板	EFE-3A	退火状态	1.2	0.69	1.27	1.42	1.50	1.61	7400	61	C
			1.6	0.86	1.31	1.42	1.50	1.63	8560	56	C
参考	JIS C 2504 SUYP 0			≥0.80	≥1.10	≥1.25	≥1.35	≥1.55		≤64	A
	SUYP 1			≥0.50	≥1.00	≥1.20	≥1.35	≥1.55		≤80	A
	SUYP 2			≥0.20	≥0.75	≥1.10	≥1.30	≥1.55		≤103	A
	SUYP 3			≥0.10	≥0.40	≥0.80	≥1.10	≥1.50		≤143	A
	JIS C 2531 PB 坡莫合金			$B_{12.5}^{②}$≥1.40					≥30000	≤16	

① B_1、B_2、B_3、B_5 和 B_{25} 分别表示在磁场强度为：79.6A/m、159.2A/m、239A/m、398A/m 和 1990A/m 下的磁通密度。

② 磁场强度为 995A/m 下的磁通密度。

③ A 环状样品测量法 I JIS C 2504（$45^D \times 33^d \times t$）；B 环状样品测量法 II（$100^D \times 50^d \times t$）；C 艾卜斯坦测量法 JIS C 2550（$30^w \times 280^L \times t$），C 法测定值比 A 和 B 法测定值低。

表 8-17　EFE 牌号的典型力学性能

牌　号	厚度/mm	屈服强度/MPa	抗拉强度/MPa	伸长率/%
EFE-1A[①]	25	137	245	53
	75	157	265	52
EFE-2R[②]	4.0	186	294	52
	6.4	167	284	54
	8.0	176	274	53
EFE-2A[②]	4.0	137	235	44
	6.4	137	216	54
	8.0	137	235	63
EFE-3AD[②]	1.2	157	284	45
	1.5	186	284	44
	1.6	127	245	46

① 试块：JIS No.4. 横向。

② 试块：JIS No.5. 横向。

EFE 系列的特点是：（1）退火状态的磁性高于 SUYPO 牌号。$\mu_m \geqslant 10000$，容易控制磁路中的磁通，而且 H_c 低和 B 高，适合用作磁屏蔽。与 PB 坡莫合金相比，虽然 μ_m 低和 H_c 高，但 B 高和成本低。（2）强度、杨氏模量和伸长率高。（3）$\bar{\gamma}$ 值（板状拉伸试样宽和厚的变形比）高，深冲性、成形性和弯曲性能好，冲片无毛刺和下塌现象。（4）产品厚度范围大，用途广泛，而坡莫合金板厚都小于 2mm。（5）经小应变量加工后（如喷丸、弯曲、冲片、钻孔、焊接或焊切割等）磁性变坏，但经消除应力退火后磁性回复到原水平。（6）制造成本低。EFE 系列热轧板主要用作 MRI 和其他超导电器设备的磁屏蔽以及高能加速器电磁铁[92]。

B　制造工艺要点

表 8 – 18 所示为 EFE 系列的典型化学成分。碳和氮对 B 值的影响最大。钢中杂质含量愈低，磁性愈高。

表 8 – 18　EFE 系列的典型化学成分　　　　　（质量分数，%）

牌　号	C	Si	Mn	P	S
EFE – 1	0.004	痕迹	0.05	0.003	0.003
EFE – 2	0.003	痕迹	0.17	0.006	0.004
EFE – 3	0.002	痕迹	0.18	0.013	0.008

铁水脱硫后在顶吹转炉中冶炼，RH 真空处理，连铸坯热轧到 100mm 厚经退火后 $\mu_m = 11000 \sim 16400$，$B_1 = 0.94 \sim 1.44\mathrm{T}$，$B_{25} = 1.63 \sim 1.79\mathrm{T}$，晶粒直径为 $45 \sim 60\mu m$，最大晶粒达 $120\mu m$。热轧到 $10 \sim 75mm$ 厚，控制在低于 Ar_1 温度下经大于 10% 压下率的最后一道热轧，然后在 $750 \sim Ac_1$ 的温度下退火 1h 以上（如 750℃ ×4h），依靠热轧板中残余应变促使晶粒长大，$\mu_m = 8000 \sim 14000$，$B_1 = 0.84 \sim 1.29\mathrm{T}$，$B_{25} = 1.66 \sim 1.69\mathrm{T}$，晶粒直径为 $140 \sim 178\mu m$，强度和韧性高，性能可满足上述 MRI 磁屏蔽的要求[92,93]。

$w(\mathrm{C}) < 0.002\%$，$w(\mathrm{Mn}) < 0.3\%$，$w(\mathrm{Si}) < 0.1\%$，$w(\mathrm{Als}) \leqslant 0.005\%$，$w(\mathrm{S}) < 0.006\%$ 和 $w(\mathrm{N}) < 0.005\%$ 的硅镇静钢，$1200 \sim 1250℃$ 加热，在 Ar_3 以下热轧，$700 \sim 800℃$ 终轧，温度大于 700℃ 卷取，6mm 厚热轧板为均匀粗大晶粒，再经 1% ~6% 平整压下提高强度，热轧板成品 $\sigma_b > 235\mathrm{MPa}$，$H_c = 80 \sim 96\mathrm{A/m}$。如果在 Ar_3 以上热轧，$900 \sim 950℃$ 终轧和 $550 \sim 650℃$ 卷取也得到同样结果，适用于 MRI 磁屏蔽和高能加速器电磁铁[94]。

1% ~2% Cu－1% Al－Fe 高强度热轧板（可加 1.5% ~2.5% Si 或 1.0% ~1.5% Ni），C、O 和 N 含量分别不大于 0.003%，终轧温度高于 800℃，900 ~1000℃ 退火后冷却速度小于 1℃/s，其典型直流磁性和力学性能见表 8 – 19。在

1% Cu – Fe 合金中加 1% ~ 3% Al，H_c 与纯铁相近，B_{max}（10000A/m 磁场下）略低些。1% Cu – 1% Al – Fe 合金经 930℃ 退火和以 0.01℃/s 速度冷却，由于析出 ε – Cu 使硬度明显提高，同时由于铁素体晶粒粗化和冷却慢不产生热应变，所以 μ_m 也最高。在（α + γ）两相区 1050℃ 或 γ 相区 1200℃ 退火，由于冷却时发生相变，铁素体晶粒细化和产生由相变引起的应变，μ_m 明显降低。这种新材料适合用作弱磁高强度磁屏蔽[95]。

表 8 – 19　1% Cu – 1% Al – Fe 热轧板的直流磁性和力学性能

钢板	厚度/mm	$B_{0.5}$/T	B_1/T	B_2/T	B_{25}/T	μ_m/H·m^{-1}	H_c/A·m^{-1}	屈服强度/MPa	抗拉强度/MPa	伸长率/%
SUYPO		≥0.8	≥1.1	≥1.55			≤63.2		HV 85 ~ 140	
纯 Fe	6.0	0.70	1.30	1.51	1.72	0.018	42.3	137	216	54
Fe – Cu – Al	8.0	1.30	1.39	1.48	1.66	0.034	46.0	322	413	48

8.5.2.2　新日铁公司产品

A　产品性能和用途

针对表 8 – 20 所示的热轧电工钢厚板的用途和性能要求，新日铁开发了相应的产品。

表 8 – 20　电工钢热轧厚板的用途和性能要求

高能加速器电磁铁	（1）整体使用：高 B_s，磁性均匀，板厚范围为 80 ~ 610mm； （2）叠片使用：高 B_s，磁性均匀，冲片性好，板厚范围为 1.5 ~ 6mm
磁屏蔽	（1）强磁场磁屏蔽（MRI，超电导发电，超电导蓄电）：高 B_s，强或弱磁场磁性均好，切削加工性和焊接性好，板厚范围为 6 ~ 200mm； （2）弱磁场磁屏蔽（超电导磁浮动车，地磁屏蔽）：高 μ，强度、韧性和疲劳强度高，弯曲和切削加工性、焊接性好，板厚范围为 3 ~ 10mm，竞争材料为坡莫合金、叠片电工钢板、非晶材料

日本高能物理研究所规划的周长约 3000m 回转加速器中检测器电磁铁用 400 ~ 550mm 厚的热轧电工钢厚板整体制造，单张厚板重约 60t。新日铁采用新的精炼和高纯化冶炼技术制成杂质含量很低的电工纯铁，其典型化学成分为：0.002% C，0.004% Si，0.06% Mn，0.004% P，0.002% S，0.018% Al，0.004% N，0.01% Cu，0.027% Ni，0.016% Cr 和 0.001% Mo。高温加热，高温终轧，轧后退火。750℃ × 2h 退火后弱和强磁场磁性比 JIS SS400 牌号更高，且磁性均匀，晶粒尺寸为 ASTM No.1 ~ 3，H_c（B = 1.5T）为 65 ~ 82A/m，$B_{0.8}$ = 0.6T。

用作加速器叠片电磁铁铁芯材料为较薄的电工钢厚板，其典型化学成分为：0.002%C，0.005%Si，0.05%Mn，0.007%P，0.002%S，0.01%Al 和 0.0037%N。铸坯低温加热，保证低温总压下率和低温终轧，高温退火。退火后弱和强磁场磁性都提高。

选用中 Si - Al 系（Si + Al = 0.9% ~ 1.2%）电工钢热轧厚板制造 MRI 磁屏蔽。180mm 厚热轧板磁性比纯铁系电工厚板磁性更高。钢板需经铣刀切削加工，因此在中 Si - Al 系钢中加约 0.1%P 来改善切削性。

磁浮动列车的线性电机的超导线圈表面产生 3 ~ 5T 高磁场，为保证乘客安全，车体必须磁屏蔽。车的时速一般为 500km，屏蔽材料的弱磁场磁性要高，并要求强度和韧性好，以减轻质量。选用 3mm 厚弱磁场用的中 Si - Al 系或晶粒更粗大的高 Si - Al 系（Si + Al = 1.9% ~ 2.3%）电工钢板制造。这两种材料的 μ 值比纯铁系电工钢板的 μ 值高，特别是高 Si - Al 系钢的 μ 值最高[96,97]。

B　影响直流磁性的因素

a　化学成分

纯铁系电工钢板中杂质元素含量愈低，铁的纯度愈高，磁性（$B_{0.8}$）也愈高（见图 8 - 35a）。碳对磁性的危害性最大。由图 8 - 35b、图 8 - 35c 看出，当 w(C) < 0.005% 时，$B_{0.8}$ 明显提高。含 0.005% ~ 0.01%C 时，钢中没有珠光体。w(Mn) < 0.1%，w(S) < 0.003%，w(Al) < 0.003% 和 w(N) < 0.005% 时，$B_{0.8}$ 也提高。表 8 - 21 为纯铁系电工钢厚板的成分。

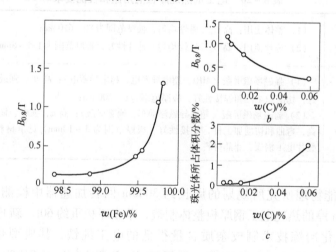

图 8 - 35　电工纯铁的纯度、碳含量与 $B_{0.8}$ 及珠光体数量的关系

（板厚 10mm，环状试样）

a—纯铁的纯度与 $B_{0.8}$ 的关系；b—碳含量与 $B_{0.8}$ 的关系；

c—碳含量与珠光体数量的关系

表 8 - 21　纯铁系电工钢厚板的成分范围　　　　　（质量分数,%）

C	Mn	Si	P	S	Cu	Cr	Mo	Al	N
≤0.005	≤0.15	≤0.02	≤0.015	≤0.003	≤0.03	≤0.03	≤0.01	≤0.03	≤0.005

　　加入适量的硅可使晶粒粗化和改善织构，$B_{0.2}$、$B_{0.8}$ 和 μ 明显提高。铝和氮含量尽量低，以防止析出细小 AlN 和使晶粒粗化。如果提高铝含量并使 $w(N) < 30 \times 10^{-6}$ 使 AlN 粗化也可，$B_{0.2}$ 和 $B_{0.8}$ 由于晶粒粗化而明显提高。同时加硅和铝效果更明显，晶粒粗化并改善织构，直流磁性明显提高，同时强度也提高。

　　纯铁系电工钢板硬度低，切削性不好。加磷可明显改善切削性，同时直流磁性不变坏。由图 8 - 36a、b 看出，磷减轻切削抗力和扭转力，减小钻孔磨损量（切削面最大磨损宽度），切屑很短时就折断。磷加入量一般约为 0.1%。

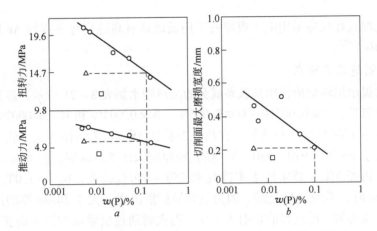

图 8 - 36　磷含量对切削抗力与扭转力以及钻孔磨损值的影响
a—磷含量对切削抗力与扭转力的影响；b—磷含量对钻孔磨损值的影响
○ —纯铁；△ —S10C 钢；□ —SS400 钢

b　晶粒尺寸和织构

　　随晶粒粗化，$B_{0.8}$ 特别是 $B_{0.2}$ 明显提高。晶粒尺寸为 - 4 号时，$B_{0.2} = 0.7 \sim 0.9T$，μ 值高。采用控制热轧法并配合合适的退火制度，可获得以（100）[011] 为主的织构。这种织构的 3 个〈100〉易磁化轴中有两个位于钢板平面上，是磁屏蔽材料的理想织构中的一种。因此为提高热轧厚板的直流磁性，采用合适的热轧条件在板厚方向很宽范围内得到强的（100）[011] 织构，并在合适的退火条件下使晶粒粗化的同时仍存在有这种织构是很重要的。

　　纯铁系和中 Si - Al 系钢均有 γ 相变，而中 Si - Al 系相变点更高；高 Si - Al 系钢无 γ 相变。纯铁系的终轧温度约为 750℃时磁性最高，中 Si - Al 系终轧温度约 850℃时磁性最高，特别是 $B_{0.8}$ 比高 Si - Al 系更高。这两种材料在 α 相高温区终轧可获得强的（100）[011] 织构，所以磁性提高。无相变的高 Si - Al 系钢的终轧温度合适（如 850℃）也获得强的（100）[011] 织构，$B_{0.2}$ 和 μ 最高（60mm 厚板 $B_{0.2}$ = 0.8 ~ 0.9T）。终轧温度过高，残余应变能量小，退火时晶粒尺寸小，磁性变坏。终轧温度过低，热轧板为伸长小晶粒组织，退火时也阻碍晶粒长大。热轧总压下率约为 60% 时最好；大于 60% 压下率时，磁性降低。纯铁系经约 900℃ 退火，中 Si - Al 系经约 1000℃ 退火，即在相变温度以下高温退火时，仍保留（100）[011] 织构并使晶粒粗化，所以 $B_{0.2}$ 高。高 Si - Al 系经更高温度（高于 1000℃）退火，晶粒更粗大，所以 $B_{0.2}$ 最高，此时热轧条件对磁性的影响减小。退火后冷却速度要慢，以防止产生热应变。纯铁系 B_s 最高。中 Si - Al 系的 B_s 与纯铁系 B_s 相近。高 Si - Al 系 B_s 低，但 μ 最高。因此纯铁系适用于加速器电磁铁，中 Si - Al 系适用于强磁场磁屏蔽，高 Si - Al 系则适用于弱磁场磁屏蔽。

热轧厚板焊接应采用电子束焊或采用低碳低氧高纯度焊条进行 Ar 封钨极弧焊法（TIG）[97]。

C　制造工艺要点

最初提出用转炉冶炼出纯铁系成分的纯净钢水如表 8 - 21 所示，经真空处理和用铝脱氧后，C ≤ 0.005%，O ≤ 0.005%，N < 0.004% 和 H < 0.0002%。连铸坯经 1150 ~ 1300℃ 加热和热轧。在热轧形状比 A❶ > 0.7 条件下至少轧一道。终轧温度高于 900℃（910 ~ 980℃）。热轧板厚度大于 50mm 时，经 600 ~ 750℃ 脱 H 处理，再经 5% ~ 25% 压下率冷轧和 750 ~ 950℃ 退火，$B_{0.8}$ ≥ 1.0T。板厚为 20 ~ 50mm 时，不经脱 H 处理，因为氢容易扩散出去。大于 20mm 厚的产品沿板厚方向磁性均匀。冷轧目的是引入应变，退火时通过反常晶粒长大而获得 ASTM 为 -2 ~ -3 号粗大晶粒。由图 8 - 37a 看出，冷轧压下率为 10% 时，退火后晶粒最大。图 8 - 37b 证明热轧板中空隙缺陷尺寸大于 100μm 时，$B_{0.8}$ 明显降低。脱 H 处理使 $B_{0.8}$ 显著提高，因为 H 形成空隙缺陷。大于 50mm 厚板脱 H 处理时间为 [0.6 (t - 50) + 6] h，t 为板厚（mm）。例如，铸坯 1250℃ 加热，940 ~ 980℃ 终轧，A = 0.8 ~ 0.9，700 ~ 720℃ 脱 H 处理，10% 冷轧和 850℃ 退火后，120mm 厚板中空隙尺寸为 20 ~ 25μm，晶粒为 -3 号，$B_{0.8}$ = 1.3 ~ 1.4T。550mm 厚板中空隙尺寸为 90μm，晶粒为 -2 ~ -3 号，$B_{0.8}$ = 1.00 ~ 110T。

随后又提出终轧温度控制在 Ar_3 以下，在铁素体晶粒中产生较大的残余应变，可省掉冷轧工序。100mm 厚热轧板经 750 ~ 950℃ 退火或 910 ~ 1000℃ 常化，晶粒为 -1 号，$B_{0.8}$ = 1.25 ~ 1.35T。用硅代替铝脱氧，使钢中 Al < 0.005% 可防止形成 AlN，同时加 0.5% ~ 1.0% Si 作为合金元素，提高电阻率和强度，也获得

---

❶ $A = [2\sqrt{R(h_i - h_0)}] / h_i + h_0$，$h_i$ 为热轧前板厚，mm；h_0 为热轧后板厚，mm；R 为轧辊半径，mm。

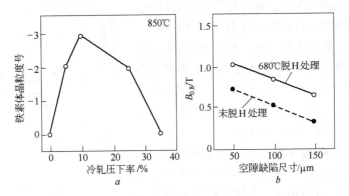

图 8-37 冷轧压下率与退火后晶粒尺寸以及热轧板中空隙尺寸与磁通密度 $B_{0.8}$ 的关系

a—压下率与晶粒尺寸的关系；b—空隙缺陷尺寸与 $B_{0.8}$ 的关系

同样的磁性。图 8-38 所示为铝含量与产品晶粒尺寸的关系，证明铝含量降到小于 0.01% 时晶粒明显粗化。用钛（0.005% ~ 0.03%）或钙（0.0005% ~ 0.1%）或 Ti + Ca 代替铝脱氧也得到同样磁性。钙还与硫形成 CaS，钛与氮形成 TiN，防止硫和氮沿晶界偏聚，热轧板低温韧性提高，冲击裂断转变温度降到 -25 ~ -40℃。用铝脱氧（0.005% ~ 0.04% Al）并加 0.1% ~ 2% Ni 或 0.04% ~ 0.2% Ti，终轧温度高于 900℃，也得到同样磁性。加镍可降低 H_c，同时 $B_{0.8}$ 不降低（见图 8-39a）。加钛可使抗拉强度提高到大于 392MPa（见图 8-39b）。

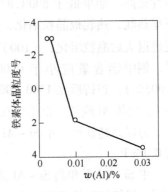

图 8-38 铝含量与热轧厚板退火后晶粒尺寸的关系

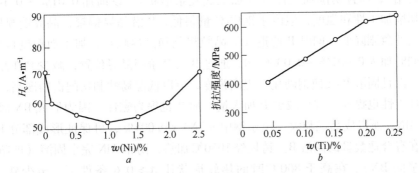

图 8-39 镍、钛含量分别对热轧厚板的矫顽力 H_c 及其抗拉强度的影响

a—镍含量对退火后 H_c 的影响；b—钛含量对抗拉强度的影响

用铝、钙或硅脱氧，铸坯加热温度从1150～1300℃降到950～1150℃，在高于800℃和$A >0.6$条件下，至少热轧一道，低于800℃时再经10%～35%压下率热轧（大于50mm厚热轧板先经脱H处理）经750～950℃退火或910～1000℃常化后，$B_{0.8} = 1.15 ～ 1.50T$，而且板厚方向磁性更均匀，$\Delta B_{0.8} \leqslant 1\%$（见图8-40）。将Mn含量提高到0.8%～2.0%，磁性不变，强度明显提高，抗拉强度 = 402～471MPa，屈服强度 = 275～350MPa。低温加热使板厚方向的γ晶粒小且均匀，低于800℃小压下率热轧使退火后晶粒粗化，低磁场下畴壁容易移动，磁性提高。如果低于800℃时经35%～70%压下率热轧，热轧板晶粒细化，但残存更大应力，

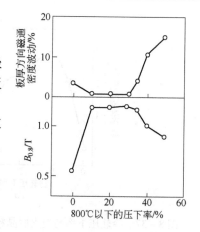

图8-40　800℃以下热轧压下率与产品$B_{0.8}$及磁均匀性的关系
（加热温度：1050℃）

促进退火后晶粒粗化，（100）组分增多，磁性和强度都提高。采用硅和钙脱氧时，钢中铝含量应小于0.005%。为了固定氮可加入少量B（0.0005%～0.003%），连铸后在1300～900℃范围内以0.05～0.5℃/s速度冷却使晶粒粗化。用Mg代替Al脱氧，钢中含0.005%～0.01%Mg可提高$B_{0.8}$。

为提高纯铁系、中Si-Al系和高Si-Al系热轧板的切削加工性，最好加入约0.1%P。

中Si-Al系和高Si-Al系热轧板的制造工艺要点与上述纯铁系热轧板基本相同，但铸坯加热温度、热轧终轧温度和退火温度相应提高[98]。

强磁场磁屏蔽材料要求$\mu_m > 3000$，选用中Si-Al系或高Si-Al系钢板制造。磁浮动车用的磁屏蔽材料同时还要求材料强度高和低温韧性好（有时在-40℃温度下使用），而且切削加工性好（加工成复杂形状）。以前加0.01%～0.14%P提高切削加工性和强度，但由于钢中C量很低，P沿晶界偏聚，晶界明显脆化，低温韧性急剧降低，同时P使退火后晶粒粗化和晶界脆化，加工面精度也变坏。如果同时加入0.001%～0.002%B，通过B与P争夺晶界位置，减少P在晶界偏聚量。而且固溶B又使钢硬化，提高强度，所以低温韧性和切削面精度高，而且切削加工性也提高，并可减少P加入量。加B也提高磁性，因为形成BN而阻止形成AlN，所以成品晶粒大。由于钢中$w(N) < 0.004\%$，可保证形成部分BN后仍存在有合适数量的固溶B。铸坯经1050℃加热，防止AlN完全固溶（即防止形成过多的BN）。在高于800℃时的热轧形状比$A > 0.6$条件下，至少轧一道，700～900℃时的压下率为35%～70%。6～30mm厚成品热轧板中没有大于100μm空洞缺陷。要求钢中$w(H) < 0.0002\%$。成品热轧板板厚大于50mm时先

经 600 ~ 750℃ 脱 H 处理后，再经 900 ~ 1050℃ 退火或常化[99]。

高能加速器电磁铁要求直流中磁场 B_4 高和切削加工性好。晶粒大，畴壁移动阻力小，B_4 高。钢中加 0.05% ~ 0.12% S 可明显改善切削性，切削后表面 $Ra < 5\mu m$。含 0.6% ~ 2.5% Si，0.02% ~ 0.03% Al 或 0.01% ~ 0.02% Si，0.02% ~ 0.03% Al 或 0.01% ~ 0.02% Si，0.4% ~ 2% Al 或 1% ~ 1.5% Si，0.3% ~ 1% Al 钢，1050 ~ 1100℃ 加热，高于 800℃ 的热轧形状比 $A > 0.6$，低于 800℃ 时热轧压下率为 35% ~ 70%，5 ~ 100mm 厚热轧板经 850℃ 退火或 930℃ 常化后 $B_4 = 1.65 ~ 1.70T$。热轧后晶粒小并残存有很大应力，退火后晶粒粗化（ -1 ~ -2 号），控制 $A > 0.6$ 可消除大于 100μm 空洞，这都提高 B_4 值。成品热轧板厚度大于 50mm 时，应进行脱 H 处理[100]。用纯铁系 2.5 ~ 10mm 厚热轧板（不大于 0.02% Si，0.008% ~ 0.018% Al，0.2% ~ 0.3% Mn，0.08% ~ 0.16% P）也可制造高能加速器电磁铁。1050 ~ 1150℃ 加热，高于 920℃ 终轧，经 3% ~ 8% 压下率临界压下，热轧板成品 $H_c < 190A/m$（ $< 2.4Oe$ ），$\sigma_s > 196MPa$。也可再经 800 ~ 850℃ 退火。加适量的 P 进行固溶强化和使晶粒细小，提高 σ_s，临界变形通过加工硬化提高强度。高于 920℃ 终轧处于 γ 相区，目的是进行动态再结晶并粗化，800 ~ 850℃ 卷取再使晶粒粗化，H_c 降低[101]。

用作磁屏蔽屋的材料除要求 μ 高外，还要求 $\sigma_b \geqslant 400MPa$，韧性和焊接性好。如果用小于 1mm 厚冷轧板制造，必须叠板建成（因为钢板愈厚，磁屏蔽效果愈好），成本高。用 1 ~ 6mm 厚热轧板制造，成本降低。1 ~ 6mm 厚热轧板成品用量日益增多。在 0.7% ~ 1.5% Si，0.6% ~ 1.3% Mn 和 0.3% ~ 0.6% Al 钢中加 0.3% ~ 0.7% Cu，0.5% ~ 1.3% Ni，1.1% ~ 2.0% Cr（可再加约 0.001% B），铸坯经 1150 ~ 1200℃ 加热，在 $Ar_3 + 50℃ ~ Ar_3$ 经 30% ~ 60% 压下率热轧，终轧温度高于 Ar_1，卷取温度不高于 550℃，再经 5% ~ 15% 临界压下（冷轧），热轧板成品厚度小于 6mm。最后经 800 ~ 900℃ 退火，保温时间大于 90min，成品晶粒尺寸为 150 ~ 300μm（最好为 180 ~ 250μm），$\mu_m \geqslant 16000$，$\sigma_b > 400MPa$。加 Si、Mn、Cu 和 Cr 通过固溶强化提高强度。由于晶粒大，韧性降低，所以加 Ni 改善韧性。如果晶粒大于 300μm 时，焊接时热影响区易产生裂纹。钢中 C 含量必须不大于 0.005%，否则 Cr 与 C 沿晶界析出 CrC，明显阻碍以后晶粒长大。热轧板晶粒尺寸较小且均匀，经临界变形和退火促进晶粒均匀长大[102]。

8.5.2.3　日本钢管公司产品

A　产品性能和用途

日本钢管（NKK）生产纯度大于 99.8% 的 NK - J1 和 NK - J2 两个牌号的纯铁系电工钢热轧板，供应的板厚范围为 2 ~ 450mm。表 8 - 22 所示为 NK - J1 牌号与其他有关材料的磁性对比。其磁性比一般低碳钢 SAE1006 和 SS400 高得多，也比表 8 - 15 中 SUYPO 高牌号电工纯铁的磁性高，制造成本低，适合用作加速器电磁铁和强磁场屏蔽[103]。

表 8 - 22   几种软磁材料的直流磁性对比

材 料	板厚 /mm	μ_m	H_c /A·m^{-1}	B_3/T	B_5/T	B_{25}/T	化学成分（质量分数）/%			
							C	Si	Mn	Fe
纯铁 NK - J1	50	9100	49	1.46	1.54	1.68	0.002	0.006	0.07	99.85
SAE 1006	50	3500	119	0.95	1.22	1.61	0.046	<0.04	0.31	99.45
SS 400	45	2250	199	0.65	1.00	1.50	0.15	0.02	0.70	98.9
PB	0.5	60000	6.4	1.20				45Ni		55
PC	0.5	600000	0.4	0.74	0.74			79Ni - 5Mo		16

因为纯铁系电工钢板有相变，合适的退火温度较低，难以获得很大的晶粒和高 μ 值，不适合用作弱磁场磁屏蔽。例如受磁屏蔽地磁场（24~40A/m）的影响，需要用厚的纯铁板。进一步粗化晶粒可提高 $B_{0.5}$、B_1 和 μ 值，但难以使 $B_{0.5} > 1.0T$ 和 $B_1 > 1.1T$。45%Ni - Fe 的 B 类坡莫合金 μ_m 高和 H_c 低，但 B_s 最低，成本高和成形性较差，板厚不大于2mm，使用范围也受到限制。硅钢 B_s 较高，成本也较低，但成形性差。为此，1989 年日本钢管开发并生产了 2~50mm 厚的 1%Al - Fe 电工钢热轧板，产品命名为 "Ferroperm"，性能如表 8 - 23 和图 8 - 41所示。1%Al - Fe 由于晶粒大和杂质低，H_c 比 NK - J1 纯铁低 2/3 以上，μ_m 高 6 倍以上，相当于地磁场下的磁感应强度 $B_{0.5}$ 提高 10 倍以上。与坡莫合金相比，除 H_c 较高和 μ_m 较低外，$B_{0.3}$ 以上的磁感应强度都高。1%Al - Fe 板的成形加工性良好。按图 8 - 34b

表 8 - 23   1%Al - Fe 板与其他软磁材料的直流磁性比较

材 料	板厚 /mm	μ_m	H_c /A·m^{-1}	$B_{0.3}$/T	$B_{0.5}$/T	B_1/T	B_5/T	B_{25}/T	B_{250}/T
Fe - 1%Al 合金	15	66500	12.7	1.32	1.42	1.50	1.59	1.69	2.04
纯铁	15	9600	60.5	0.03	0.11	0.96	1.58	1.70	2.06
坡莫合金	0.6	76000	6.4	1.08	1.14	1.18	1.34		

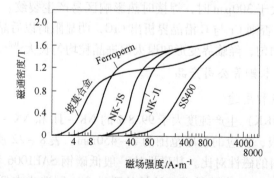

图 8 - 41   Ferroperm（1%Al - Fe）、纯铁（NK - J 系）和坡莫合金的 $B - H$ 磁化曲线

测定漏磁方法测出的激磁电流 $I = 0$ （$H = 0$）时，1% Al - Fe 板的漏磁磁通密度小于 0.3G。最大漏磁场为 79.6A/m（最大漏磁磁通密度为 1G），NK - J1 纯铁为几百安/米，而 SS400 低碳钢为 3980A/m。在 $H = \pm 1000$A/m 范围内，2mm 厚的 1% Al - Fe 板比 6mm 厚的 NK - J1 纯铁板的漏磁磁通密度更低，磁屏蔽质量明显减轻（见图 8 - 42）。1% Al - Fe 板适合用作弱磁场磁屏蔽。例如，光电探测器中的光电倍增管必须屏蔽，防止地磁场影响，以保证它的高灵敏度。以前采用坡莫合金和外套纯铁管的双屏蔽法。如果用 1% Al - Fe 板只需单屏蔽就满足要求，成本明显降低[43,104]。

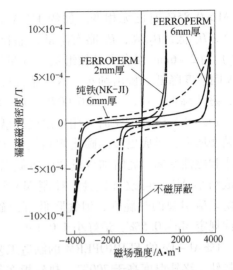

图 8 - 42　FERROPERM（1% Al - Fe）与纯铁（NK—J1）的磁屏蔽性对比

B　制造工艺要点

生产 NK - J 系两个牌号的制造工艺为：C < 0.01%，S < 0.01%，Mn < 0.2%，P < 0.015%，S < 0.01%，Als < 0.015%，N < 0.005% 纯铁系铸坯，经 1150 ~ 1250℃ 加热和热轧，低于 910℃ 时的总压下率大于 20%，而且每道压下率控制在 5% ~ 30% 范围内。终轧温度为 750 ~ 850℃，热轧后喷水强制冷却。热轧板经 800 ~ 850℃ × 30min 退火后，$\mu_m \geq 9000$（最高达 17000），$H_c < 61$A/m（最低为 49A/m），$B_1 \geq 0.98$T（最高为 1.4T），$B_3 \geq 1.46$T（最高为 1.53T）。规定 Mn/S > 10，以防止热裂。大于 100mm 的热轧板板厚中心区仍残存一定的应力，退火后晶粒尺寸和磁性均匀。由于终轧温度低于 Ar_1 点，轧后残余应力大，退火后晶粒粗大，内应力减小，所以 H_c 低和 μ_m 高。在铁素体区经大于 20% 总压下率热轧和热轧后快冷，也是为了增强残余应力和热应力，促使退火时充分发生反常晶粒长大来提高磁性[105]。

工业生产的 1% Al - Fe 的 FERROPERM 产品典型化学成分为：C < 0.004%，Si < 0.5%，Mn < 0.5%，P < 0.015%，S < 0.005%，Al = 0.7% ~ 2.0%，N < 0.005%，O < 0.005%，C + N < 0.007%。当（C + N）为 0.007% ~ 0.014% 时加入 0.005% ~ 1.0% Ti。加铝的目的是通过脱氧使氧和氧化物夹杂含量降低，使细小 AlN 粗化，同时要求氮量低以减少 AlN 析出物，促进晶粒长大；缩小 γ 相区，提高相变点，退火温度提高到 900℃ 以上，有利于晶粒长大和消除晶格应变。因此加铝可明显提高直流磁性。图 8 - 43 所示为 Al 含量与相变温度的关系，可看

出 Al > 0.85% 时已无相变。加约 1% Al 时 μ_m 最高，H_c 低，B_{25} 高，B_s 略有降低，晶粒直径 (d_a) 为 2 ~ 6mm 混合大晶粒组织。Al 量过高，AlN 固溶度降低，析出细小 AlN，晶粒尺寸减小，磁性降低。(C + N) < 0.007% 时，$B_{0.5}$ 提高。(C + N) > 0.007% 时，相变温度降低，晶格畸变增大，形成更多的碳化物和氮化物，晶粒小和磁性变坏。此时加少量钛固定氮以防止形成细小 AlN，可改善磁性。控制 Mn/S ≥ 10 可防止硫引起的热脆性，但锰降低直流磁性，因此规定 Mn < 0.5%，最好小于 0.15%[43,104]。

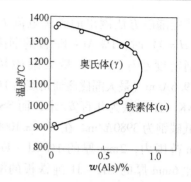

图 8 - 43　Al 量对 α→γ 相变温度的影响

1% Al - Fe 的 FERROPERM 的制造工艺要点是：连铸坯经 1100 ~ 1300℃ 加热和热轧，终轧温度高于 700℃。热轧板在氢气保护下经 1000 ~ 1200℃ × 1 ~ 3h 退火，以 100℃/h 速度冷却。1100℃ 退火后晶粒尺寸 d_a > 2mm，μ_m > 20000（最高达 70000），H_c < 32A/m（最低达 8A/m），$B_{0.5}$ > 1.1T，B_1 > 1.35T，B_{25} > 1.55T。1000℃ 退火后 d_a 为 2 ~ 6mm，磁性同上。950℃ 退火后 d_a 为 0.5 ~ 1.0mm，磁性降低。退火温度规定高于 1000℃，目的是使 AlN 固溶和晶粒粗化。产品经不同加工产生不大于 2.5% 塑性应变后，1% Al - Fe 板的 H_c 仍比纯铁板 H_c 低。因此要求 H_c 低的一些用途用 1% Al - Fe 合金更好[104,106]。

8.5.2.4　住友金属公司产品

住友金属开始提出，含 C < 0.05%，Si ≤ 1.1%，0.08% ~ 0.8% Mn，0.025% ~ 0.026% P，S < 0.005%，Als < 0.03% 连铸坯经 1120 ~ 1170℃ 加热和热轧，终轧温度为 700 ~ 800℃，使热轧板中残存部分应力，经 880 ~ 890℃ × 1h 退火促进晶粒长大。5 ~ 40mm 厚的热轧板 μ_0 = 2700 ~ 4200，μ_m = 5000 ~ 9000，B_{25} = 1.60 ~ 1.65T，切削加工性好。加少量锰可提高 μ 值。加少量磷可提高切削性而不降低磁性。切削时产生热量，在切削工具与钢板界面形成 P_2O_5 薄膜，可作为润滑剂使切屑易脱落。产品中残余应力小，低磁场下 μ 和 B 高。实际生产时，为了去除热轧板表面氧化铁皮经喷丸处理和平整矫直，钢中残存有高达 0.3% 应变。对强磁场下（B = 1.5 ~ 2.0T）使用的 MRI 磁屏蔽来说，热轧板中有合适的残余应变量可提高 B 和 μ 值。热轧板经大于 0.3% 温轧或冷轧矫直后，H > 796A/m 的 B 值大于 1.4T。例如，B = 1.6 ~ 1.8T 时，合适应变量 ε 为 1% ~ 3%；B = 1.4 ~ 1.6T 时，ε 为 0.5% ~ 2.5%，即 $\varepsilon(\%)$ = 1.7 × B - 0.8 ± 1.0(T)。这使材料磁化到 B = 1.4 ~ 1.8T 时所需磁场最小，效率提高。热轧后淬火可产生 0.5% ~ 3.5% 应变量，再经大于 0.3% 温轧或冷轧平整也得到同样效果[107]。

随后根据 MRI 磁屏蔽要求热轧板厚度大于 20mm（如 60mm 厚），提出 C <

0.01%，S 和 N < 0.005%，O < 0.003%，Mn = 0.10% ~ 0.12%，P < 0.01% 纯净钢水，用硅代替铝脱氧，钢中 Si = 0.3% ~ 1.0%，Als < 0.005%。热轧板经低于 Ar_3 点的 880℃ × 1h 退火后，μ_m = 12200 ~ 14000，B_1 = 1.53 ~ 1.76T，这比以前用的电工纯铁和铝脱氧的热轧板 μ_m 提高 2 倍以上，板厚方向晶粒和磁性均匀，力学性能好（屈服强度为 198MPa，抗拉强度为 321MPa，冲击吸收功为 33.4J）。Als < 0.005% 时，$B_1 \geqslant 1.0$T。如果加 1.2% ~ 3.5% Si 和 0.5% ~ 3% Ni，经 Ac_3 ~ 1200℃ 温度加热，即在单一 γ 相区开始热轧，而在 α 相区的压下率，保证热轧板中残存一定应力。750 ~ 800℃ 终轧后慢冷脱 H。再在 Ac_1 ~ Ac_3 – 100℃ 退火，保温时间为 t/25.4h（t 为板厚，mm），以小于 8℃/min 速度慢冷，磁性进一步提高，μ_m = 25000 ~ 35000，$B_{0.5}$ = 1.1 ~ 1.3T。如果热轧板成品表面喷镀 50 ~ 300μm 厚铝或黄铜等良导电性材料，可直接用来建成 MRI 磁屏蔽室（以前曾用热轧板建成后再铺一层铜箔）。

上述纯净钢水用铝脱氧（小于 0.1% Si）并含少量铬，即含 0.005% ~ 0.06% Als 和 0.05% ~ 0.25% Cr。热轧终轧温度为 650 ~ 800℃（< Ar_3），在 750℃ ~ Ac_3 退火 1h 以上，以 30℃/h 慢冷脱氢，B_1 = 1.02 ~ 1.30T，μ_m = 11000 ~ 14000。采用耐 1650℃ 高温的 $MgO \cdot Cr_2O_3$ 系耐火材料做转炉炉衬，冶炼后钢水中就已残存有大于 0.05% Cr。在此基础上将铝量提高到 0.2% ~ 0.5%，经 880 ~ 920℃ 退火，保温时间为 t/25.4h，冷却速度 v = 0.025t + 4.0（℃/min）。晶粒粗化，磁性和力学性能更高。20mm 厚板 B_1 = 1.1 ~ 1.5T，μ_m = 21000 ~ 46500，屈服强度 = 120 ~ 190MPa，抗拉强度 = 244 ~ 281MPa，伸长率 ε = 28% ~ 45%。如果在 Ar_3 以下经大于 20% 压下率终轧，退火后炉冷（150℃/h）到 600℃ 再空冷也得到同样性能，而冷却时间缩短。根据热轧板厚度 t 规定的冷速如下[108]：

$$t \leqslant 80\text{mm 时} \qquad v = -2 \times t + 260(\text{℃/min})$$
$$t = 80 \sim 150\text{mm 时} \qquad v = -1 \times t + 180(\text{℃/min})$$
$$t \geqslant 150\text{mm 时} \qquad v = 30(\text{℃/min})$$

用硅脱氧（含 0.05% ~ 0.2% Si）和 < 0.003% Als 钢经 1050 ~ 1080℃ 加热，终轧温度高于 Ar_3（910 ~ 920℃）或低于 Ar_3（750 ~ 800℃），650 ~ 700℃ 卷取，制成 2.0 ~ 2.5mm 厚的薄热轧板，再经 8% ~ 12%（910 ~ 920℃ 终轧时）或 3% ~ 6%（750 ~ 800℃ 终轧时）压下率平整冷轧，700 ~ 730℃ × 4h 退火后晶粒粗化，μ_m = 24000 ~ 28000，H_c = 12.4 ~ 16A/m。产品适合用作 MRI 磁屏蔽。将 Als 量放宽到 0.005% ~ 0.03% 时也得到同样的磁性[109]。

用硅脱氧的 0.5% ~ 1.0% Si，< 0.005% Als 和 0.10% Mn 钢中加 0.01% ~ 0.02% Nb 或 0.03% ~ 0.07% Ti，高于 Ac_3（如 1150℃）加热和低温热轧（如 900℃），热轧板中残余较大应力，830 ~ 870℃ 退火，保温时间大于 t/25.4h（t 为热轧板板厚）。如 50mm 厚板保温 2h，晶粒尺寸为 2 ~ 3 号，μ_m > 12000，B_1 >

1.2T。由于晶粒粗大，磁畴粗化，而且杂质元素含量低，纯度高，这都使磁畴转动更容易。加 Nb 或 Ti 形成碳氮化合物，使 C 和 N 固定在晶界处阻碍反常晶粒长大，而形成均匀粗大晶粒，并改善加工性[110]。

8.5.3 冷轧电工钢材

用作弱磁场磁屏蔽材料，如磁屏蔽地磁场的彩色电视机中显像管等电子仪器，磁屏蔽电机、变压器和磁浮动列车等，多采用纯净的冷轧电工钢薄板和管材。

川崎公司生产的铁纯度大于 99.5% 的 EFE-3A 牌号冷轧板（见表 8-16），经高温退火晶粒粗化后，磁性与 JIS C2504 中 SUYP1 牌号相当。漏磁磁通密度约为 1G，可用来代替坡莫合金作为弱磁场磁屏蔽材料。一般纯铁系冷轧板和无取向硅钢的漏磁磁通密度为几到十几 G。取向硅钢的漏磁磁通密度小于 1G，也可用来代替坡莫合金，但必须沿轧向使用，成形性较差。用取向硅钢可做磁浮动列车磁屏蔽，屏蔽体表面积为 25m²，车体顶部中心区的屏蔽体最大厚度为 14.7mm，共需要约 1.3t 取向硅钢。图 8-44 所示为川崎公司生产的这几种材料的 $B-H$ 直流磁化曲线的对比[111]。

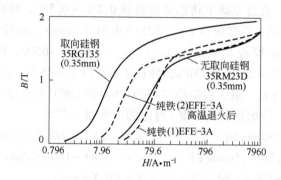

图 8-44 用作弱磁场磁屏蔽的几种材料冷轧板的 $B-H$ 曲线

EFE-3 成分（见表 8-18）的热轧板经二次冷轧法轧到 1.2~6.0mm 厚成品。880℃中间退火后经 2%~20% 压下率冷轧和 850~880℃ 最终退火，晶粒粗化，$\mu_m = 16000 \sim 18000$，$H_c = 18.4 \sim 26.4A/m$，适合用作弱磁场磁屏蔽[112]。含 0.01%~0.05% C 的 2%~3% Si 钢中加一种以上抑制晶粒长大的元素（如 0.05%~0.08% Mn 或 Cu，0.5% Al 等），经 1250~1300℃ 固溶处理后热轧到 2mm 厚，再冷轧到 0.5~1.0mm 厚，经 800~850℃×1~5min 脱碳退火，控制平均晶粒尺寸小于 30μm，冲成规定的形状，再在 H_2 中经 850~1200℃×10min~20h 退火，促使晶粒长大和去除 S、N 等杂质，磁屏蔽特性好，适合用作电机外套[113]。

EFE－3A 纯铁系牌号冷轧板产品厚度可减薄到 0.8mm 或更薄。EFE 系列冷轧产品的主要措施是以提高纯度来提高 B_s 和以控制热轧板析出物形态来提高低磁场下 μ 值。JFE 钢公司（原川崎和日本钢管公司）研究证明，随 Als 和 S 含量增高，28A/m 磁场（地磁场）下的 μ 值降低。由图 8－45a 看出，含 Al 比不含 Al（＜0.0005%）钢的 μ 值明显降低。即钢中 Als 量应尽量降低。由图 8－45b 看出，随 S 含量增高，μ 呈直线降低，要求 $S < 35 \times 10^{-6}$。降低 Als 和 S 可使地磁场下 $\mu \geqslant 800$。因为 Als 和 S 形成析出物而阻碍晶粒长大，所以磁性降低。表 8－24 为 0.8mm 厚 EFE 与 0.8mm 和 1.2mm 厚低碳冷轧板磁性的比较，由于 EFE 磁性明显提高，磁屏蔽效应高 3～6dB[114]。

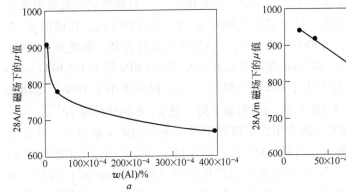
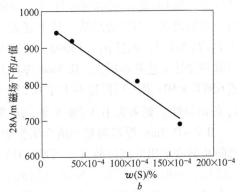

图 8－45 Al 含量对磁导率的影响及 S 含量对磁导率的影响

表 8－24 所测试样品的磁性能

牌 号	厚度/mm	$H_m = 796A/m$				
		B_m/T	B_r/T	$H_c/A \cdot m^{-1}$	μ_m	μ（28A/m 磁场）
EFE－0.8	0.8	1.48	0.88	99	3500	640
SPCC－0.8	0.8	0.72	0.50	420	730	140
SPCC－1.2	1.2	1.34	0.99	210	1900	210

由于钢中 Al 含量低，钢中氧化物夹杂增多对磁性不利。加 0.03%～0.06% Cr，氧化物夹杂中 Si、Al、Mn 和 Cr 总量中 Cr 大于 10%，使氧化物形态发生变化（存在有 Cr_2O_3），可促进晶粒长大，H_c 降低。RH 处理脱 C 后加少量 Al 脱氧，再加 Mn 和 Cr。$C \leqslant 0.003\%$，$Si = 0.01\%$，$Mn = 0.18\%$，$P = 0.009\%$，$S \leqslant 0.003\%$，$Als < 0.004\%$，$N \leqslant 0.003\%$，$O \leqslant 0.01\%$。2mm 厚热轧板经 81%～95% 冷轧到 0.15～0.30mm 厚，700℃×5min 或 750℃×1min 退火，0.8% 平整，590℃×5min 黑化处理，成品晶粒尺寸为 20～40μm，用作彩电显像管磁屏蔽板。0.15mm 厚板 $H_c = 92～110A/m$，屈服强度 $\sigma_s = 150～180MPa$。如果上述含 Cr 钢经小于 80% 压

下率冷轧到 0.8 ~ 1.2mm 厚，850℃ 退火和 1% 平整，成品晶粒大于 40μm，可用作家电、汽车、建筑物等磁屏蔽材料[115]。

显像管磁屏蔽不仅要求低磁场（28A/m 地磁场）μ 高，而且要求 μ_A（$\mu_A = B_r/H_g$，H_g 为地磁场）高。μ 高，μ_A 不一定高。μ_A 测定法是用环状试样测量。首先加交流电 AC 完全退磁，再加 DC 偏磁场 28A/m 并再加 AC 磁化。根据磁化曲线求出 μ_A。当 H_c < 240A/m，μ_A ≥ 8500 时可满足要求。含 0.005% ~ 0.025% C，并加 0.001% ~ 0.003% B，可提高 μ_A 和保证 H_c < 240A/m。热轧终轧温度为 870 ~ 880℃（> Ar_3），热轧板晶粒均匀。620℃ 卷取防止沿晶界析出 Fe_3C，经 80% ~ 94% 压下率冷轧到 0.1 ~ 0.3mm 厚，700 ~ 750℃ 退火后经不大于 1.5% 平整压下，镀 Cr 或 Ni 提高耐蚀性（不需要黑化处理）[116]。显像管磁屏蔽板形状是由一对短边和一对长边组成。按上述方法测量 μ_A 值，控制轧向 μ_L 和横向 μ_c 之比 P_L/P_C ≥ 1.4，而且 μ_L ≥ 18000，即增大 μ_A 值的各向异性有利。钢成分、热轧、卷取和冷轧工艺基本同上，0.3mm 厚冷轧板在不小于 9.8MPa 张力下 630℃ × 90s 或 650℃ × 60s 退火后再经不大于 0.2% 平整压下，μ_L 提高不小于 10%，即增大 μ_A 各向异性。如果大于 0.2% 平整，μ_L 明显下降，使 μ_A 各向异性减小[117]。

0.2 ~ 0.3mm 厚取向硅钢适用作磁屏蔽屋等大面积的磁屏蔽以及一些微电机防止漏磁泄出的磁屏蔽（如音响、OA 机，VTR 机）。为满足这些微电机需要，在底层表面形成 Cu、Cr、Ni 等金属或它们的化合物（5 ~ 100mg/m²）薄膜，再涂有机树脂（摩擦系数小于 0.4），涂料量 2 ~ 8g/m²，耐蚀性和加工性好，外观美丽[118]。但有机树脂使底层受很大压力，底层易脱落。如果在底层上涂不含 Cr 无机盐（涂料量 0.01 ~ 1g/m²）作为中间薄膜，再涂半有机涂层（涂料量 2 ~ 12g/m²），附着性和耐蚀性都好[119]。

不加抑制剂，无底层，表面光滑的取向硅钢，在大于 5% $H_2 + N_2$ 中高于 850℃ 平整拉伸退火和涂半有机涂层。轧向 μ_m > 35000，附着性好，适合用作汽车中直接点火装置中磁屏蔽。高于 850℃ 在 5MPa 张力下平整退火，使二次晶粒内形成亚晶粒，从而提高 μ_m[120]。

JFE 公司生产的 JGMS 牌号取向硅钢就是用作磁屏蔽材料[121]。

新日铁公司提出用作彩电显像管磁屏蔽的冷轧电工钢板制造工艺。$w(C)$ < 0.005%，$w(Si)$ ≤ 0.3%，$w(Mn)$ = 0.1% ~ 0.6%，$w(P)$ ≤ 0.2%，$w(S)$ ≤ 0.01%，$w(Al)$ ≤ 0.01% 和 $w(N)$ ≤ 0.01%。铸坯经 1000 ~ 1200℃ 加热，830 ~ 870℃ 终轧，高温卷取（如 700℃），使热轧板晶粒粗化。2 ~ 3mm 厚热轧板一次冷轧到 0.1 ~ 0.25mm 厚，最终退火在 300 ~ 750℃ 升温过程中在部分或全部氧化性气氛中使表面形成 Fe_3O_4 薄膜，然后在非氧化性气氛 $H_2 + N_2$ 气中 800 ~ 880℃ 连续退火后，以大于 300℃/min 速度快冷，使钢板硬度（HV > 90）和强度提高，晶粒粗大（大于 7 号），表面为 FeO 薄膜（黑化处理），24A/m 直流磁场下 $\mu_{0.3}$ >

750，$H_c < 95.5 \text{A/m}$，成形性良好。加适量锰和磷通过固溶强化提高强度、硬度和韧性，不需要平整压下。黑化处理目的是防锈、防止电子散射和促进热放射率。硅使黑化处理后的氧化膜附着性变坏，所以含量应当低（通用的铝镇静低碳钢板需要经 0.5% 平整，晶粒尺寸为 $7 \sim 9$ 号，而 $\mu_{0.3} \approx 300$，$H_c \approx 143 \text{A/m}$）。如果黑化处理时先在 $550℃$ 形成 Fe_3O_4 防止继续氧化，再加热到 $800℃$ 使 Fe_3O_4 变为 FeO，此氧化膜附着性好。进一步提出高于 $910℃$ 终轧，冷轧到 $0.5 \sim 2.5 \text{mm}$ 成品厚度，经 $800 \sim 880℃$ 退火 $10 \sim 120\text{s}$ 后以 $1 \sim 40℃/\text{s}$ 速度冷到 $450℃$，再经小于 0.6% 平整提高硬度和强度。热轧阶段在 γ 相区结束（高于 $910℃$ 终轧）使热轧板晶粒粗大，成品晶粒大和 $\{100\}$ 组分增多，$\mu_{0.35} > 700$。钢中加 $0.0004\% \sim 0.0045\% \text{B}$，$\text{B/N} = 0.5 \sim 2.0$ 时更好。0.5mm 厚板 $\mu_{0.35} = 750 \sim 990$，适合用作显像管磁屏蔽。同样成分和工艺冷轧到 $0.9 \sim 2.5 \text{mm}$ 厚，退火后以不大于 $20℃/\text{s}$ 冷却到 $450℃$ 和小于 0.4% 平整，$\mu_1 > 2800$，适合用作高能加速器电磁铁[122]。

上述先在低温下形成 Fe_3O_4 薄膜，再加热到 $800℃$ 使 Fe_3O_4 变为 FeO 并急冷，虽使附着性提高，但 FeO 薄膜较硬，冲具磨损严重。如果控制 FeO 薄膜厚度为 $0.2 \sim 4.0 \mu\text{m}$ 和钢板表面粗糙度 $Ra < 2\mu\text{m}$，加工性、附着性和防锈性都好。钢中 Si 量可提高到约 0.3%，与 Mn 和 P 同时提高硬度和强度。如果冷轧板先电镀 $0.1 \mu\text{m}$ 厚 Ni，再经上述退火形成 FeO 为主的氧化膜，同时进行 Ni 扩散过程，即形成 $FeO + Fe - Ni$ 扩散层，附着性、加工性、冲片滑动性、防锈性好。由于用 AES 法不易测定 FeO 膜厚度，所以控制氧化膜中 O 含量为 $(20 \sim 30) \times 10^{-4}\%$ 来控制 FeO 膜厚度。在 Ar_3 以下热轧（如 $800 \sim 900℃$），冷轧板电镀 Ni 或 Cr，不经平整压下，控制退火后晶粒尺寸为 $8 \sim 20\mu\text{m}$，成品 $B_r > 0.9\text{T}$，$H_c = 240 \sim 320 \text{A/m}$，适合用作显像管磁屏蔽板。$w(\text{C}) < 50 \times 10^{-4}\%$（C 高易产生 CO_2 或 CO 气体，破坏显像管中真空度），$w(\text{Si}) < 1\%$（Si 高，HV 高，成形性不好）。如果退火（$650℃$）时加 $1 \sim 9\text{MPa}$ 张力也可。废钢中 Cu 和 Sn 都会在成品钢板表面浓集，彩电工作时，Cu 部分蒸发使彩色变色，Sn 在钢板冲压和安装操作时易使钢板表面变坏。如果控制钢中总氧化物夹杂中 Al_2O_3 夹杂量不小于 0.1%（为了降低 H_c），冷轧板电镀 $0.1 \sim 0.2\mu\text{m}$ Ni（为防锈），在 N_2 或 $5\% \ H_2 + N_2$ 中 $750 \sim 900℃ \times 20\text{s}$ 退火，控制晶粒尺寸为 $15 \sim 50\mu\text{m}$。磁性好，$H_c < 96 \text{A/m}(< 1.2\text{Oe})$，可省掉黑化处理[123]。

显像管中防爆板和支撑架也用防地磁干扰的磁屏蔽钢板。要求钢中细小夹杂物和析出物少，晶粒大、强度高和防锈，用 $0.5 \sim 1.5 \text{mm}$ 厚板制造。采用 $0.8\% \sim 1.8\%$ Si，$1\% \sim 1.5\%$ Mn，$0.025\% \sim 0.05\%$ Ti 和含 $0.03\% \sim 0.05\%$ Al 的纯净钢，经 $850 \sim 950℃$ 热轧和高于 $700℃$ 卷取，$75\% \sim 85\%$ 冷轧和在连续镀 Zn 生产线上经 $800 \sim 880℃$ 退火并镀 Zn 或 Zn - Ni，再经 0.3% 伸长率的平整压下，晶粒尺寸为 $10 \sim 30\mu\text{m}$，$\mu_{0.3} > 500$，$\delta_s > 300\text{MPa}$。加 Si 和 Mn 固溶强化，加 Ti 形

成粗大 $Ti_4C_2S_2$ 和 TiN，抑制 MnS 和 AlN 析出。如果用 Al 脱氧后控制自由 O 含量，使 Al_2O_3 与总氧化物夹杂总量之比不小于 0.1，控制成品晶粒尺寸为 10 ~ 70μm，H_c < 160A/m，σ_s = 300 ~ 360MPa 也可。将 Si 含量降到 0.5% 以下，P 含量提高到 0.1% ~ 0.25%，在 N_2 中 750 ~ 850℃ × 2min 退火，0.5% 平整，镀 Zn – Ni (15% Ni)，成品再结晶率大于 30%，晶粒尺寸小于 50μm 也可满足要求[124]。

采用取向硅钢板（0.23 ~ 0.5mm 厚），沿轧向和横向切片交替叠成小于 2mm 厚叠板。三层这样的叠板之间都充填 0.5 ~ 1.0mm 厚树脂板，即两叠板之间的空间大于 0.5mm，这样制成的 MRI 或变压器磁屏蔽屋，其磁屏蔽性 S（dB）明显提高。为防止城市噪声，室外装备的磁屏蔽材料耐蚀性应当好，为此可在取向硅钢板表面涂含 Cr、Ni 的以 Zn 为主要成分的薄膜，涂料量为 5 ~ 100g/m²。如果在取向硅钢绝缘涂料液中加大于 30% 的强磁性粉末（如 Mn – Zn 铁氧体或永磁性粉末），涂层厚度为 0.05 ~ 2mm，磁屏蔽性好，并有吸收电磁波作用，可用作 MRI 等强磁场磁屏蔽屋[125]。

汽车点火装置的高压电流发生器由于瞬间产生高电压形成强的磁力线，必须磁屏蔽。磁屏蔽为圆筒形。可采用 0.23mm 厚取向硅钢板制造。要求弯曲加工性和绝缘膜附着性好。高压电流发生器铁芯也用 0.23mm 厚取向硅钢制造，所以也要求冲片性和耐蚀性好。控制冷轧板轧向和横向表面粗糙度 Ra = 0.1 ~ 0.35μm，脱 C 退火以小于 30s 时间快升到 800℃，并在 830 ~ 850℃保温 100 ~ 200s，形成附着性好的 Mg_2SiO_4 底层，最后涂应力涂层，深料量为 1 ~ 3g/m²。成品轧向和横向弯曲附着性明显提高。控制取向硅钢中 Si 含量为 3.1% ~ 3.2%，使轧向和横向 σ_s < 350MPa，也可提高弯曲附着性，这使底层与基体界面处不产生细小裂纹。如果应力涂层后再涂玻璃转变点为 25 ~ 150℃的有机树脂（丙烯树脂或环氧树脂）；形成 0.5 ~ 10μm 两层薄膜也可[126]。

纯度大于 99.5% 的铝脱氧铸坯经 1100 ~ 1350℃加热后热轧成无缝钢管或冷拔成钢管，500 ~ 1000℃退火。壁厚 3mm，外径为 φ38mm 热轧无缝钢管，晶粒尺寸为 2 号，$B_{0.8}$ = 0.61T。如果冷拔成同样尺寸的钢管于 700℃退火后，晶粒尺寸为 0 号，$B_{0.8}$ = 0.72T。这种钢管适用于磁屏蔽管[127]。

住友金属公司提出用硅和锰脱氧的制造工艺：成分为 $w(C)$ < 0.005%，$w(Si)$ < 1.5%，$w(Mn)$ < 1%，$w(P)$ < 0.1%，$w(S)$ < 0.01%，$w(Als)$ < 0.01%，$w(N)$ < 0.005%，$w(B)$ < 0.005%，并且 B/N = 0.8 ~ 1.5 的铸坯，经 1200℃加热后进行热轧，终轧温度高于 850℃。低温卷取可改善产品成形性，而高温卷取可改善磁性。综合考虑这两个性能，卷取温度应控制在 550 ~ 650℃。将 2.5 ~ 3.5mm 厚的热轧板经 60% ~ 70% 压下率冷轧到 0.5 ~ 1.5mm 厚，700 ~ 950℃ × 2min 退火（如 820℃ × 2min），再经小于 1.5% 压下率平整，改善表面质量，$\mu_{0.35}$ = 1134 ~ 1165，H_c(800A/m) = 68.4 ~ 72.3A/m，代表深冲性的 $\bar{r}$ = 1.22 ~

1.25，$\Delta r = 0.12$ $\left(\Delta r = \dfrac{r_0 + r_{90} - 2r_{45}}{2} \right)$，成形性良好，制造成本低，适用于弱磁场磁屏蔽。用硅和锰脱氧形成对磁性无害的大块 SiO_2 和 MnO，防止形成细小 AlN。磁性和成形加工性一般是相互矛盾的。如细小 AlN 等析出物对磁性有害，但可改善成形性；（100）织构组分可改善磁性，但使成形性变坏；而（111）组分与（100）组分恰好相反。为提高成形性，$\bar r$ 值要高和 r 值的面内各向异性 Δr 值要小；Δr 高也造成磁屏蔽尺寸不均匀。为防止因时效引起抗拉强度和屈服强度增高而降低成形性，所以要求时效现象小。加硼可形成较粗大的 BN，减轻时效和减少（111）织构组分，降低 Δr 值，并且对磁性无害。考虑到硅含量高使成形加工性降低，而且由于表面易形成 SiO_2 等内氧化层，使黑化氧化膜附着性变坏，可使钢中 $w(Si) < 0.1\%$[128]。

0.10～0.13mm 厚的 2%～3%Si 和 0.3%～0.5%Al 冷轧板先经 650～750℃ × ≥1min 软化退火，用户经成形加工后再经 850～900℃ × ≥10min 退火，在 28A/m 地磁场下 $\mu = (4.8～5.1) \times 10^{-3}$，$H_c = 33～35A/m$，成形加工性良好，适合用作显像管等磁屏蔽材[129]。

显像管磁屏蔽板成形后常经黑化处理，使表面形成 Fe_3O_4 膜，目的是提高热放射率（使显像管中产生的热量更容易放出）和防锈性。钢中 Si 和 Al 氧化物形成元素含量高，黑化处理后形成更多的 Fe_3O_4，易脱落。现在 RH 处理技术加适量 Al 脱 O 可制成 Al 量很低的镇静钢。根据上述情况，控制 $w(Si) < 0.03\%$，$w(Al) < 0.003\%$，$w(Mn) = 0.2\%～0.3\%$，热轧板酸洗后经 800℃ × 5h 预退火，晶粒尺寸为 5～6 号，采用二次冷轧法，中间退火后晶粒尺寸为 4～6 号，第二次冷轧压下率为 45%～75%，板厚为 0.15mm，最终退火和成形加工后，在含 H_2O 或 12%CO_2 的 $N_2 + H_2$ 的氧化气氛中 570～600℃ × 15min 黑化处理，$\mu_{0.35} > 750$，钢板伸长率大于 35%，氧化膜附着性好。也可在冷轧后成形加工和黑化处理，消除成形加工产生的内应力和发生再结晶[130]。

钢中成分同上，但采用特殊脱氧剂，铸坯 1100℃ 加热，800℃ 终轧，500℃ 卷取，预退火和二次冷轧法，第二次压下率为 40%～75%，经 650～750℃ 退火后再黑化处理。0.15mm 厚板 $\mu_{0.35} > 950$，$H_c \approx 80A/m$（10e）。如果用 Al 脱 O 并保证钢中 Al < 0.003% 时，采用三次冷轧法（第二次压下率为 20%～50%，第三次为 40%～75%，690℃ × 18h 中间退火），800℃ × 30s 最终退火后成形加工和黑化处理，控制成品晶粒尺寸为 6.5～7.5 号，$\mu_{0.35} > 1000$，伸长率大于 35%。如果加更多的 Al 充分脱 O，钢中含 0.005%～0.01% Al，采用三次冷轧法，而第二次压下率为 6%～12%（临界变形），也使 $\mu_{0.35} \geq 1000$[131]。

住友金属生产的显像管磁屏蔽钢板分为硬质和退火两类，并按照 $\mu_{0.35}$ 值区分牌号，表 8-25 和图 8-46 所示分别为规定的磁性和典型磁性。表 8-26 所示为规定的力学性能。硬质类钢板经黑化处理后晶粒尺寸为 5 ~ 6 号者属于高 μ 材料。退火类钢板经成形加工后磁性明显降低，再经黑化处理时可改善磁性[132]。

表 8 – 25　住友金属生产的显像管磁屏蔽钢板规定的磁性能

区分	产品规格					磁性数据		
	牌号	种类	板厚/mm	H_c/Oe	$\mu_{0.35}$	H_c/Oe	$\mu_{0.35}$	热处理条件
FH	ISF – L1	一般钢板	0.15, 0.13	≤1.8	≥500	1.9	400	590℃ ×15min
	ISF – M1	中 $\mu_{0.35}$ 板	0.15, 0.13	≤1.8	≥500	1.3	700	590℃ ×15min
	ISF – H1	高 $\mu_{0.35}$ 板	0.15, 0.13	≤1.25	≥750	0.9	1040	590℃ ×15min
AF	ISA – L1	一般钢板	0.15, 0.13			2.0	370	590℃ ×15min
	ISA – L2	一般钢板	0.15, 0.13			1.6	500	590℃ ×15min
	ISA – M1	中 $\mu_{0.35}$ 板	0.15, 0.13	≤1.8	≥500	1.3	730	590℃ ×15min
	ISA – H1	高 $\mu_{0.35}$ 板	0.15, 0.13	≤1.25	≥750	1.1	850	590℃ ×15min
	ISA – H2	高 $\mu_{0.35}$ 板	0.15, 0.13	≤1.1	≥850	0.9	1150	590℃ ×15min
	ISA – U1	超高 $\mu_{0.35}$ 板	0.15, 0.13	≤0.75	≥3000	0.5	4000	850℃ ×15min

注：1. 区分：FH 为硬质板；AF 为退火板。

　　2. 牌号：（例）IS F M1

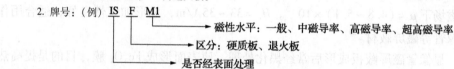

　　3. 磁性特性：在氮气热处理后环状样品测定值（JIS C 2531 标准）。

　　4. H_c：200e 磁场下的矫顽力；$\mu_{0.35}$：0.350e 磁场下的磁导率。

　　　其他磁性：B_m 为最大磁通密度，B_r 为剩磁，μ_m 为最大比磁导率，可面议。

　　5. ISA – U1，不经黑化处理。

表 8 – 26　住友金属生产的显像管磁屏蔽钢板规定的力学性能

牌　号	σ_b/MPa	δ/%	HV_{500}
ISF – L1	≥550		170 ~ 250
ISF – M1	≥550		170 ~ 230
ISF – H1	480 ± 150		145 ~ 215
ISA – L1	≥250	≥30	
ISA – L2	≥200	≥30	
ISA – M1	≥200	≥30	
ISA – H1	≥200	≥30	
ISA – H2	≥200	≥35	
ISA – U1	≥300	≥15	

注：1. 抗拉试验：JIS Z 2201，JIS Z 2241 标准；

　　2. HV_{500}：500g 负荷下维氏硬度。

日本钢管公司提出 1% Al – Fe 热轧板再冷轧到不大于 1mm 厚，加工成形后再在氧分压为 10^{-6} ~ 10^{-2} Pa 的 H_2（$d.p.$ = – 20℃）中或 10^{-2} Pa 真空中 850 ~ 1100℃退火，表面形成 Al_2O_3 薄膜，晶粒尺寸大于 0.2μm（其中大于 0.3μm 晶粒在 10% 以上）。0.5mm 厚板 B_{25} = 1.51 ~ 1.56T，H_c = 16.7 ~ 18.4A/m，耐蚀性和附着

性好[106]。

0.1% ~ 0.2% Si, 0.3% ~ 0.45% Mn, <0.005% Als 和 0.008% ~ 0.02% O 的纯 Fe 系钢板用 Si 脱 O, 2mm 厚热轧板冷轧到 1mm 厚成品, 725℃ × 2min 退火后经 0.5% ~ 2% 临界压下, 再经 750℃ × 2h 退火, $\mu_m \approx 25000$, 伸长率约 45%, 用作磁屏蔽。大于 2% 临界压下时伸长率降低, 成形加工性变坏。钢中 O < 0.008% 时, 存在小于 1μm 氧化物, 成品为混晶; O 大于 0.02% 时, 氧化物

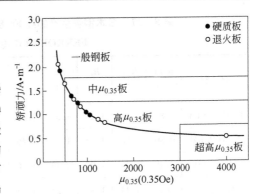

图 8 - 46　住友金属生产的显像管磁屏蔽钢板的典型磁性范围和分类

数量多, 成品为细晶; 而 0.008% ~ 0.02% O 时, 多为大于 5μm 氧化物, 成品晶粒大, μ_m 高(用 Al 脱 O 时钢中小于 1μm 的 Al_2O_3 数量多, 阻碍晶粒长大, 此时钢中 O 含量愈低愈好)。0.1% ~ 0.15% Si, 0.2% ~ 0.25% Mn, 0.2% ~ 0.25% Al 钢, 控制 $w(S) < 9 \times 10^{-6}$ 并加 0.004% ~ 0.02% Sb （或 Sn）, 0.5 ~ 2mm 厚冷轧板经 750℃ × 2min 最终退火, 1.5% 临界压下, 再在 N_2 中 800℃ × 2h 消除应力退火后, 0.5mm 厚板 $\mu_m = 16000 ~ 17000$, $B_{50} = 1.72T$, 也用作磁屏蔽。由于 S 含量极低, 促进晶粒长大, $\mu_m \approx 15000$, 但容易吸收 N, 钢板表层析出 AlN, 加 Sb 抑制吸收 N, 所以 μ_m 进一步提高。0.003% ~ 0.06% C, 0.01% ~ 0.05% Si, 0.15% ~ 0.5% Mn, 0.02% ~ 0.05% Als 钢的 0.5 ~ 1.6mm 厚冷轧板经 650 ~ 850℃ × 90s 退火后冷到 250 ~ 450℃ × 2min 经过时效处理, 再经小于 0.5% 平整压下, 成形加工后经 500 ~ 600℃ × 60s 退火, 可用作显像管中防爆板。$\mu_{0.3}$ 与板厚 t 乘积 $\mu_{0.3} \times t > 400$。为防止显像管中嵌板变形和管体内部爆炸, 要用防爆板围住。防爆板经 500 ~ 600℃ × 60s 加热时膨胀, 冷却时收缩所产生的张力可纠正嵌板变形。防爆板也起防地磁的磁屏蔽作用。钢中 Si 含量高, 钢板强度增高, 使防爆板与嵌板之间产生间隙, 地磁偏移性变坏[133]。

1% Al - Fe 的 FERROPERM 的 2mm 厚热轧板冷轧到 0.5 ~ 1.2mm 厚, 750℃ × 2min 退火后经 1% ~ 2% 临界压下, 再在 100% H_2 中 900 ~ 950℃ × 2h 退火, 晶粒可充分长大, $\mu_m = 25000$。高于 950℃ 退火时, 钢板表层开始有内氧化物, 阻碍晶粒长大。如果钢中 S 含量降低到小于 9×10^{-6} 并加 Sb （或 Sn）, 最终在 N_2 中 950℃ × 2h 退火, μ_m 可达 25000 ~ 27000, $B_{50} = 1.67T$[134]。

日本钢管生产的纯 Fe 系 PUREPERM 和 1% Al - Fe 的 FERROPERM 冷轧板产品磁性见表 8 - 27。两种产品都分别在 100% N_2 中 800℃ 和 950℃ 退火, 制造成本比 PB 坡莫合金明显降低 (坡莫合金在 100% H_2 或真空中 1100℃ 高温退火), 伸长率大于 40%, 可经任何加工[135]。

表 8 - 27　日本钢管生产的纯 Fe 系 PUREPERM 和 1% Al - Fe 的
FERROPERM 冷轧板产品磁性

材　料	板厚 /mm	$B_{0.5}$ /T	B_1 /T	B_2 /T	B_3 /T	B_5 /T	B_{25} /T	H_c /A·m^{-1}	最大磁导率	退火温度/℃
FERROPERM	0.80	1.10	1.27	1.37	1.41	1.45	1.59	14.4	29500	900（100% N$_2$）
PUREPERM	0.80	1.06	1.33	1.44	1.49	1.52	1.65	26.9	22700	800（100% N$_2$）
纯铁（SUYP0）	6.0	0.11	1.07	1.43	1.50	1.55	1.70	64.0	10750	800（100% N$_2$）
坡莫合金	0.6	1.14	1.18	1.25	1.28	1.34	—	6.4	76000	1100（100% H$_2$）

注：$B_{0.5}$ 为 0.5 Oe 时的磁通密度；H_c 为 1.5 T 磁化时的矫顽力。

韩国浦项钢公司也提出制造显像管磁屏蔽的纯 Fe 系材料方法。用 Al 和 Si 脱 O，钢中含 0.08% ~ 0.15% Si，0.008% ~ 0.013% Al，0.1% ~ 0.2% Mn。高于 910℃ 热轧，二次冷轧法，740 ~ 760℃ 连续炉中间退火（或高于 540℃ 罩式炉退火），第二次冷轧压下率为 25% ~ 45%。然后冷轧板按以下两种工艺进行：（1）弯曲成形加工后进行黑化处理（570 ~ 600℃ × 10 ~ 20min），称为硬质材料，H_c = 96A/m（1.2 Oe），μ_m = 4400 ~ 6000。（2）740 ~ 760℃ 连续炉退火（或 640℃ 罩式炉退火）后经深冲加工成形和黑化处理，称为软质材料，其特点是力学性能好，σ_b = 183 ~ 197MPa，σ_s = 330 ~ 350MPa，伸长率为 41% ~ 43%，磁性同上[136]。

8.6　(110)[001]取向低碳低硅电工钢

以 AlN 为主和 MnS 为辅的抑制剂，依靠晶界能量作为长大驱动力，通过二次再结晶可制成 0.15 ~ 1.0mm 厚（110）[001] 取向低碳（小于 0.5% Si）和低硅（不大于 2% Si）电工钢板。其特性是 B_8 和 B_s 比 3% Si 取向硅钢更高，而铁损由于电阻率低，所以比 3% Si 取向硅钢高。因为直流磁性高，适合用作磁屏蔽和电磁铁，体积减小和质量减轻。也可用作继电器、磁开关和小变压器，特别是高磁场下工作的变压器和电机。

新日铁公司用 AlN + MnS 作抑制剂制成 1mm 厚 0.8% Si 取向硅钢，并曾在八幡厂生产 1000t，提供给日本高能物理所制成 12GeV 质子同步加速器电磁铁。主要工艺为：0.045% C，0.8% Si，0.15% Mn，0.008% S，0.02% Als 和 0.006% N 的 3.5mm 厚热轧板，950℃ × 2min 常化，冷轧到 1mm 厚板，850℃ × 20s 脱碳退火，涂 MgO，在干 H$_2$ 中 950℃ × 20h 退火（相变点为 970℃），再经平整退火和涂层，B > 1.6T 下磁性高，$\mu(2T)$ = 725，比 3% Si 取向硅钢更高，比工业纯铁磁性明显提高，H_c（1.8T）= 17.5A/m，HV = 107，$\sigma_{0.2}$ = 157MPa，σ_b = 235MPa，

$\varepsilon = 32\%^{[137]}$。

以 AlN 作为抑制剂的 0.02% ~ 0.05% C，0.10% ~ 0.15% Mn，0.004% ~ 0.007% S，0.02% ~ 0.03% Al，0.006% ~ 0.009% N 的铝镇静钢热轧板（2.3mm 厚）不经常化或预退火，经 60% 冷轧到约 0.8mm 厚和 800 ~ 830℃ × 2min 中间退火（在部分 γ 相变温度），再经 50% ~ 75% 冷轧到 0.28mm 厚，830℃ × 5min 脱碳退火和在干的 0% ~ 40% N_2 + H_2 中 890℃ × 10 ~ 20h 二次再结晶退火，B_8 = 1.98 ~ 2.03T，H_c = 14.3 ~ 20A/m，晶粒尺寸为 20 ~ 40mm，适合用作磁屏蔽。中间退火在部分 γ 相相变温度，其目的是使 AlN 固溶和再析出（以前采用热轧板常化析出 AlN 和一次冷轧法）。证明初次再结晶织构主要为 {111}〈110〉和（110）[001]位向，并且（110）[001]位向强度 I_n 和（110）[001]位向与被吞并的晶粒位向 Σ9 对应位向关系强度 I_cΣ9 的乘积 P_{CN}Σ9 值高，所以二次再结晶发展完善。如果第二次经大于 75% 冷轧，初次再结晶织构中（110）[001]组分减少，二次再结晶不完全。0.18 ~ 1.0mm 厚的粗大（110）[001]晶粒钢板的磁性，与 Fe – 1% Al 合金相比 B 值更高，μ_m 略低和 H_c 略高。表 8 – 28 所示为这两种材料的直流磁性对比。50Hz 下的铁损比 30G130（Z9）牌号 3% Si 取向硅钢高，因为电阻率低，其 P_e 比同一厚度的 30G130 约高 2 倍。P_T 与 35A210（H7）牌号 3% Si 无取向硅钢相同。B > 1.9T 时的铁损比 35A210 低和激磁功率比 30ZH100（Z6H）3% Si 取向硅钢低 1/5。在直流磁场下磁化到大于 1.85T 所需的磁场比 30ZH100 更小。因此这种材料适用于直流下使用的磁屏蔽、电磁铁以及高磁场下工作的变压器和电机。0.18mm 厚取向纯铁板经激光照射后 $P_{15/50}$ = 1.5W/kg，$P_{17/50}$ = 2.0W/kg$^{[138]}$。

表 8 – 28 两种材料的直流磁性对比

材　　料	厚度 /mm	μ_{max}	H_c /A·m^{-1}	$B_{0.3}$ /T	$B_{0.5}$ /T	B_1 /T	B_5 /T	B_{10} /T	B_{25} /T
取向纯铁	0.28	58000	14.3	1.48	1.72	1.87	2.01	2.06	2.13
	0.60	41000	16.8	1.16	1.61	1.80	2.00	2.04	2.12
Fe – 1% Al	15	66500	12.8	1.32	1.42	1.50	1.59		1.69

大于 99.5% 电工纯铁的 $\lambda_{100} \approx 20 \times 10^{-6}$，用作汽车中的变压器铁芯，产生大的噪声，需加防噪声装置，这会增加汽车质量，而取向电工纯铁主要为 180° 畴壁移动，λ_{100} 低。λ_{100} 主要是与 90° 畴壁移动有关。采用含 0.018% Al、0.006% N 的 AlN 抑制剂的 2mm 厚热轧板经二次冷轧法（2mm→0.8mm→830℃ 中间退火→0.28mm），脱 C 退火后 890℃ × 10h 最终退火，并涂 Al_2O_3 + 硼酸的应力涂层，减少 90° 畴，$\lambda_{100} < 5 \times 10^{-6}$，噪声小$^{[139]}$。

在 0.035% Al，0.006% N 的电工纯铁中加 0.10% ~ 0.15% P 提高强度，热

轧板经常化和一次冷轧到 0.3mm 厚板，脱碳退火后涂 MgO 和 890℃ ×20h 最终退火时钢卷不会塌卷，$B_8 = 1.94T$，$B_{100} = 2.12T$[140]。

0.02% Als，0.006% N 电工纯铁粗轧后，粗轧坯卷曲温度约 1000℃，卷曲时间控制在 30 ~ 120s（防止析出粗大 AlN），然后开卷并焊接在一起，再进行精轧，最后一道压下率为 20%。控制最后一机架应变速度为 230s^{-1}，然后加速到 350s^{-1}，尾部为 250 ~ 270s^{-1}，即在最大应变速度约占 80% 条件下进行最后一道热轧，成品 B_{100} 高而且长度方向磁性均匀。约 900℃ 终轧，550℃ 卷曲，热轧板经 825℃ ×2min 常化，二次冷轧法（2.5mm→1.1mm→830℃ 中间退火和脱碳→0.4mm），脱碳退火和 890℃ ×10h 最终退火，$B_{100} = 2.1 ~ 2.12T$，磁性均匀。如果粗轧坯卷取条件满足下式：lg（wt/R）= 1.2 ~ 4.0，式中，w(r/min) 为粗轧坯卷取速度，t(mm) 为粗轧坯厚度，R(mm) 为卷取半径，不控制精轧最后一道应变速度，也可得到同样结果。控制精轧时至少有一道的摩擦系数小于 0.22，压下率大于 20%，即采用含 5% ~ 20% 润滑油，其黏度为 100 ~ 800cst。然后经二次冷轧法或一次冷轧法也使 $B_{100} \geq 2.1T$。其主要用途是制造磁轭和磁屏蔽，如果最终冷轧压下率为 75% ~ 90%，0.17 ~ 0.55mm 厚板退火后 [001] 与轧向偏离角 10° 的二次晶粒数量大于 75%。$B_8 \geq 1.9T$，$B_{100} \geq 2.1T$，适合用作小变压器[141]。

住友金属提出，C ≤ 0.005%，Si = 0.1% ~ 0.4%，Mn = 0.26% ~ 0.48%，P = 0.015% ~ 0.1%，S = 0.005% ~ 0.009%，Als = 0.005% ~ 0.01%，N = 0.003% ~ 0.05%，板坯或铸坯经 1250℃ 加热，800 ~ 900℃ 终轧，高于 600℃ 卷取，2.3mm 厚热轧板一次冷轧到 0.5mm 厚，以大于 5℃/s 快速升温，在干 N$_2$ 中 800 ~ 850℃ ×30s 初次再结晶退火，再在干 N$_2$ 中 850 ~ 890℃ ×8 ~ 10h 二次再结晶退火，$B_8 = 1.80 ~ 1.88T$，$P_{15} = 2.8 ~ 3.8W/kg$；0.3mm 厚板 $B_8 = 1.85T$，$P_{15} = 1.34W/kg$。此工艺的特点是：（1）原始碳含量低，以后不脱碳退火，防止形成内氧化层，对磁性有利。（2）控制好 Als 含量，以 AlN 作为抑制剂。因为硅量低和最终退火温度低，合适 Als 含量为 0.005% ~ 0.01%。（3）冷轧板在 α 相区（750 ~ 880℃）初次再结晶退火析出细小 AlN，因此冷轧前可不经常化。（4）板坯加热温度低和低于 600℃ 卷取，抑制 AlN 析出。（5）加一定量的锰和磷来改善冲片性和提高电阻率。（6）一次冷轧法，制造工序短，成本低。随后提出将锰量降低到 0.10% ~ 0.15%，低于 1270℃ 加热，650 ~ 750℃ 终轧和低于 600℃ 卷取。以 AlN 为抑制剂并利用少量 MnS 和控制终轧温度（如果 Mn > 0.2%，加热温度就要高于 1270℃，否则 MnS 不固溶）方法。0.35mm 厚 0.2% Si 钢 $B_8 = 1.89T$，$P_{15} = 2.95W/kg$；0.8% ~ 1.0% Si 钢 $B_8 = 1.91T$，$P_{15} = 1.36W/kg$。合适的硫含量为 0.003% ~ 0.015%[142]。

8.7 （100）［001］立方织构取向硅钢

8.7.1 概述

（100）［001］立方织构硅钢一般含 1.8% ~ 3.4% Si，其特点是钢板轧向和横向都为易磁化方向，因此也称为双取向硅钢，板面上没有〈111〉难磁化方向。立方织构硅钢板 45°方向（也就是〈110〉方向）的磁性最低。通用的（110）［001］取向硅钢也称单取向硅钢，板面上存在有〈111〉难磁化方向，54.7°方向（也就是〈111〉方向）的磁性最低。

1956 年联邦德国 Vacuumschmelze 公司阿什姆斯（F. Assmus）等首先制成 0.04mm 厚 3% Si 立方织构材料。1957 年美国 Westinghouse 电气公司威纳（G. W. Wiener）等和 G. E. 电气公司沃尔特（J. L. Walter）等也试制成功。随后对此材料的制造工艺、磁性和形成机理进行了大量工作，发表了许多专利，直到 1975 年。由于 bcc 的 Fe – Si 合金不像 bcc 的 Fe – Al 合金，更不如 fcc 的 50% Ni – Fe 合金那么容易获得（100）［001］织构，而更容易获得（110）［001］织构，所以制造工艺复杂，要求材料更纯净和钢板表面更洁净，成品钢板也更薄。因此成材率低和成本高，直到现在未能实现工业生产。当时只有小批产品，如 Vacuumschmelze 公司的 0.04mm 厚 Cubex 牌号和日本东北金属公司的 0.1mm 厚含小于 0.5% V 的 SenPersil – C 牌号。

立方织构硅钢的纵、横向磁性都高，沿轧向的磁性与当时生产的（110）［001］取向硅钢产品相比较，μ_m 和 B_r 更高，H_c 更低。而横向磁性比（110）［001］取向硅钢高得多。它更适合用作各种电机，U 型、L 型和 E 型小变压器、磁放大器、扼流线圈、电屏蔽和磁屏蔽以及 1 ~ 50kHz 高频下电器元件，特别是航天飞机中的这些电器设备。立方织构硅钢的磁致伸缩 λ 值更大，产生的噪声大，应力和温度对磁性的影响更大，而且由于晶粒尺寸大（10 ~ 30mm），铁损更高，不适合用作大变压器。

8.7.2 制造方法

制造立方织构硅钢的方法有以下几种。

8.7.2.1 利用表面能量法（Vacuumschmelze 法）

利用表面能量作为长大驱动力，通过二次再结晶获得 95% 取向度的（100）［001］织构，这也是阿什姆斯等采用的方法。2.5 ~ 3.0mm 厚 2.8% ~ 3.0% Si，0.13% ~ 0.22% Mn 和夹杂总量为 0.01% 的纯净钢热轧板经多次冷轧（每次冷轧压下率为 50% ~ 70%）和在干 H_2 中 800 ~ 900℃ × 5h 中间退火，最后在 d.p. 为 –40℃ 的干 H_2 中 1300℃ × 5h 退火，控制气氛中氧分压，防止形成 SiO_2 膜和使（100）晶粒的表面能量 $r_{(100)}$ 降到最低。钢带愈薄，对形成（100）［001］织构愈有利。初次再结晶织构主要为漫散的 (110)[001], 其中有约2% (100) [001] 晶粒作为二次晶核。成品厚度为 0.04mm[143]。用 0.35mm 厚 (110) [001] 取向硅钢产品经酸洗后冷轧到约 0.1mm 厚 (75% ~85% 压下率), 冷轧织构主要为 (111) [112], 800 ~870℃ 退火后主要为 (120) [001] 组分, 再经60% ~70% 压下率冷轧到 0.05mm 厚, 形成 (7105) [$\overline{13610}$] 冷轧织构。最终退火升温到初次再结晶完全后, (120)[001] 位向转动大于 22.5°, 基本变为 (100) [001] 位向, 1200℃ ×5h 退火后 (100)[001] 取向度不小于90%, 纵向 B_8 = 1.84T, 横向 B_8 = 1.78T, 二次晶粒尺寸不大于5mm[144]。

8.7.2.2　高温中间退火二次冷轧法 (Westinghouse 和 Armco 法)

Si = 2.9% ~ 3.3%, C ≤ 0.03%, Mn = 0.03% ~ 0.15%, S = 0.01% ~ 0.03%, Al ≤ 0.004%, O ≤ 0.01%, 氧化物夹杂总量不大于 0.015%。2 ~ 4mm 厚热轧板, 经二次冷轧法制成 0.13 ~ 0.35mm 厚, 中间退火在干 H_2 中 1100 ~ 1200℃ ×2 ~8h, 形成 (110) [001] 织构和一些 (100)$_{≤30°}$ [001] 晶粒, 干涂 Al_2O_3 或 MgO, 在 ≤ -40℃ 干 H_2 中或 10^{-3}Pa 真空中 1200℃ × 10 ~20h 退火。在升温到初次再结晶阶段存在大于 5% 的 (100)$_{≤5°}$ [001]$_{≤20°}$ 晶粒, 二次再结晶后表面 SiO_2 膜被还原, 取向度大于75%, 其中大于90% 的晶粒 (100) 偏离角为 ±5°, 晶粒尺寸比板厚大 2 倍以上, 纵横向 B_8 = 1.86 ~ 1.88T, 0.3mm 厚时, H_c ≈5.6A/m, P_{15} = 1.12 ~ 1.48W/kg, P_{17} = 1.7 ~ 1.9W/kg。最后几道用光滑轧辊冷轧, 使钢板表面光滑洁净, 最终退火前钢板表面最好无氧化膜。冷轧板也可先经化学侵蚀将表面磨光。最终退火前钢板中硫含量最好控制在 0.015% 左右, 开始二次再结晶时硫含量的临界范围为 0.0003% ~0.0006% (硫在高温中间退火和最终退火升温过程可迅速去掉)。此时氧应小于 0.0035%, 因为氧形成细小氧化物可阻碍 (100) [001] 晶粒长大。最终退火气氛中加入少量 H_2S 或 SO_2 等气体。钢中加入 0.2% ~0.4% Ni, 0.3% ~0.5% Mo 或 0.3% ~2% Cr 可提高电阻率 ρ (约为52μΩ·cm), 降低铁损和改善加工性。0.28mm 薄板 P_{15} = 1.00W/kg, P_{17} = 1.43W/kg。如果需要脱碳时, 应在第一次冷轧后先经脱碳退火, 再经高温中间退火[145~147]。

8.7.2.3　柱状晶轧制法 (G. E. 法)

3% Si 钢铸成扁锭, 形成粗大柱状晶, 平行或垂直 (铸坯长度方向) 柱状晶方向热轧和冷轧。由铸坯切取样品经 900 ~1100℃ 加热和热轧到约 2.5mm 厚, 采用二次冷轧法轧到 0.3mm 厚, 在干 H_2 中 1000℃ ×4h 或 1200℃ × 0.5h 中间退火, 干涂 Al_2O_3 或 MgO, 最后在干 H_2 中 1200℃ × 0.5 ~3h 退火, (100) [001] 取向度为 85% ~ 90%, 纵向 H_c = 8A/m, $μ_m$ = 90600, 横向 H_c = 10.8A/m, $μ_m$ = 58700[148]。

1000 ~1150℃ 加热和热轧时至少有 5% γ 相, 高于 900℃ 终轧, 热轧板晶粒小，碳分布均匀，表面不过分脱碳。约 2.5mm 厚热轧板经 800 ~ 900℃和在 $d.p.$ 为 +24℃的 N_2 中或利用本身氧化铁皮预退火将碳脱到 0.01% ~ 0.02%（为防止表面形成有害的 SiO_2 薄膜不用湿 H_2）。再在 $d.p < -50$℃的 H_2 中升到约 1200℃×2 ~ 4h 高温退火，使钢中已存在的 (100)[001] 晶粒长大。钢中存在细小的 MnS 质点（含 0.04% ~ 0.06% Mn，0.01% ~ 0.02% S）可阻碍正常晶粒长大，有利于 (100)[001] 晶粒长大。此时晶粒尺寸为 6.4 ~ 25.4mm。然后在 200℃温轧到 0.9mm 厚，干 H_2 中 1000℃×0.5h 中间退火，再冷轧到 0.33mm 和 1200℃×0.5h 退火。纵向 $P_{15} = 1.2$W/kg，$H_c = 5.6$A/m，$\mu_m = 75000$；横向 $P_{15} = 1.4$W/kg，$H_c = 7.2$A/m，$\mu_m = 37500$[149]。

8.7.2.4 低硅钢二次冷轧法（Metallwerke 公司）

利用 Fe - Si 相图中 γ 相附近的 1.8% ~ 2.2% Si 钢制成 (100)[001] 织构。5mm 厚热轧板中部为 (100)[011] 和 (112)[$\bar{1}$10]，表层为 (112)[1$\bar{1}$0]。经 80.6% 压下率冷轧到 0.96mm 厚，此时为不完善的 〈110〉 纤维织构，主要为 (112)(1$\bar{1}$0) 和 (111)[1$\bar{1}$0]。850℃×1.5h 中间退火后为 (112)(1$\bar{1}$0) 和 (100)[001]。再经 73.8% 压下率冷轧到 0.25mm 厚，为 (112)(1$\bar{1}$0) 冷轧织构。经 20℃×100h 或 100 ~ 200℃×1 ~ 2h 时效处理和干 H_2 中 1250℃×12h 退火。升温到约 700℃时，初次再结晶织构为 (100)[001] 和 (110)[001]，1020℃时为漫散的 (100)[001]，而 (110)[001] 晶粒消失，1250℃保温后为完善的 (100)[001] 织构。Si > 2% 不能形成高取向 (100)[001] 织构，因为 (112)[1$\bar{1}$1] 和 (123)[1$\bar{1}$1] 滑移系统比 (110)[1$\bar{1}$1] 系统受到更大阻碍。第二次冷轧压下率从 50% 提高到 75% ~ 80% 以及冷轧板经时效处理都促进以后 (100)[001] 织构的发展[150]。

8.7.2.5 十字冷轧法（新日铁公司）

以 AlN 作为抑制剂的 3% Si 热轧板（2 ~ 3mm 厚）在 N_2 中经 950℃×5min 常化，控制热轧板中 AlN 量为 0.0045% ~ 0.007%。2mm 厚热轧板先沿热轧方向经 50% ~ 70% 压下率冷轧，切取试样再沿横向经 30% ~ 70% 冷轧到约 0.33mm 厚，800 ~ 900℃×4min 脱碳退火和干 H_2 中 1150℃×15h 二次再结晶退火，纵向 $P_{15} = 0.98 ~ 1.02$W/kg，$B_8 = 1.81 ~ 1.84$T，横向 $P_{15} = 1.06 ~ 1.08$W/kg，$B_8 = 1.80 ~ 1.81$T。也可采用二次冷轧法。常化后的 2.5 ~ 3.0mm 厚的板经 30% ~ 40% 压下率冷轧 1.8mm 厚，再经 40% 横向冷轧到 1.08mm 厚，在 50% H_2 + 50% N_2 中 1100 ~ 1150℃×10 ~ 15h 中间退火，通过二次再结晶形成 (100)[001] 织构，再沿横向经 70% 压下率冷轧到 0.3mm 厚，800℃×3min 脱碳退火和 1200℃×20h 最终退火，晶粒尺寸为 20 ~ 30mm，纵向 $P_{15} = 0.99$W/kg，$B_8 = 1.92$T，横向 $P_{15} = 1.05$W/kg，$B_8 = 1.91$T。二次冷轧法的合适 Als 含量范围宽更易控制。

1988 年开始对上述十字冷轧法的制造工艺进行了改进。$w(C) = 0.04%$ ~

0.05%，$w(\text{Mn})=0.10\% \sim 0.15\%$，$w(\text{Als})=0.02\% \sim 0.03\%$，$w(\text{N}_2)=0.007\% \sim$ 0.008%，$w(\text{S}) \leqslant 0.007\%$ 钢，低于 1270℃ 加热，热轧板经 1000 ~ 1130℃ 高温常化约 2min 后，先经 50% ~ 70% 冷轧，再经 30% ~ 70% 横向冷轧（或与横向呈 4° ~ 17°方向冷轧）。横向冷轧时采用阶段式而不需将钢带切断，即沿热轧方向冷轧后的钢带宽度方向逐步分段进行横向冷轧，因此冷轧钢带可成卷退火（也可采用切断和焊接法进行横向冷轧）。冷轧带脱碳退火后在含 N_2 或 NH_3 的 $\text{N}_2 + \text{H}_2$ 气氛中以 10℃/h 速度慢升温到 900℃ 或在 750 ~ 900℃ × 30 ~ 180s 渗氮处理，再升温进行最终退火，使钢带在二次再结晶前增氮量为 0.006% ~ 0.04%。也可在 MgO 中加约 10% MnN 进行渗氮。在 10% $\text{N}_2 + \text{H}_2$ 中以小于 15℃/h 升到 950° ~ 1100℃ × >5h 进行二次再结晶。成品厚度为 0.20mm、0.23mm、0.30mm，纵向 $B_8 = 1.92 \sim$ 1.95T，横向为 1.91 ~ 1.94T。增氮量过高，晶粒大并存在其他位向晶粒，B_8 降低。经阶段式横向冷轧的缺点是每个阶段交界区沿长度方向的板厚和磁性不均匀。板宽方向的应力也不均匀，使交界区平面上产生弯曲应力而引起边部波浪，不能保证冲片平整。如果横向冷轧后再经 5% ~ 33% 轧向冷轧可克服这些缺点[152]。十字冷轧法制造的成品适合用作大电机和 EI 型小变压器。

　　为减少热轧板表层 {110}〈uvw〉组分，促进立方织构发展，使纵横向 B_8 稳定提高，在总压下率大于 20% 精轧条件下采用润滑轧制，控制摩擦系数小于 0.25。或是精轧最后 3 道总压下率小于 80%，终轧温度高于 950℃。如果热轧板沿厚度方向两个表面研磨掉 1/10 ~ 1/5，去除表层 {110}〈uvw〉晶粒，也获得同样效果。冷轧时采用大于 ϕ150mm 辊径，阻止表层晶体转动，也可抑制 {110}〈uvw〉晶粒的发展。钢中 S < 0.016% 时，铸坯必须经 1100 ~ 1150℃ 低温加热，阻止 MnS 固溶和再析出及热轧板表层 {110}〈uvw〉晶粒增多。如果采用快淬成 0.8 ~ 2.0mm 厚连铸薄坯，浇铸温度比凝固温度高 30℃ 以上，形成强的 {100}〈uvw〉柱状晶，直接进行十字冷轧，退火后更易获得立方织构。1100℃ × 2min 常化后以小于 50℃/s 速度冷却，使细小碳化物和 AlN 所占面积率为 5% ~ 10%。十字冷轧后从 200℃ 以大于 10℃/min 速度升到 800℃ 脱碳退火，再经渗氮处理或在 MgO 中加 MnN，成品纵横向 B_8 高且稳定[153]。

　　研究十字轧制法通过二次再结晶获得 (100)[001] 织构的形成机理，表明绕〈111〉转动轴的 Σ7 重位晶界起主要作用。二次再结晶前基体中 I_e Σ7 值最大，初次再结晶织构中 {236}〈5159〉为主要位向，二次再结晶后形成单一的 (100)[001] 织构。温度过高，(100)[001] 偏离角增大并出现 (100)[011] 织构[154]。

　　用十字轧制法制成的 0.35mm 厚 (100)[001] 硅钢板制的模拟三相三柱变压器和 UI 型变压器铁芯，并分别与 0.35mm 厚 Hi – B 钢和高牌号无取向硅钢制的相比较，证明 (100)[001] 钢板制的三相变压器模拟铁芯在转动磁通密度下的磁化特性更好，转动铁损更低，因为在 T 接点处磁通转动更容易。制成的 UI 型铁芯在高 B 下的 μ 值更高[155]。

(100)[001] 钢板的低磁场下磁感应强度较低，而且纵横向的低磁场 B 值差别也较大。十字冷轧法制的 0.23mm 厚板纵向 $B_{0.4} = 0.4$T，$B_{0.8} = 1.4$T 和 $B_8 = 1.91$T；横向 $B_{0.4} = 1.41$T，$B_{0.8} = 1.52$T，$B_8 = 1.91$T。如果再经高于 700℃ 退火，则纵向 $B_{0.4} = 1.55$T，$B_{0.8} = 1.62$T；横向 $B_{0.4} = 1.54$T，$B_{0.8} = 1.62$T，即低磁场下 B 值明显提高，纵横向磁性相近。如果将 (100)[001] 成品钢板表面经机械磨光、化学磨光、电解磨光或酸洗法，去除表层氧化物、氮化物等第二相质点，表面粗糙度小于 1μm，低磁场磁性明显提高。0.35mm 厚板纵向 $B_1 = 1.75$T，横向 $B_1 = 1.76$T。十字冷轧法制的 (100)[001] 成品钢板晶粒尺寸为 10 ~ 100mm，磁畴宽度达几毫米，沿轧向 45°±15° 方向经激光照射后，通过细化磁畴使小于 50A/m 低磁场下纵横向 B 值提高 20% 以上。由于低磁场 B 值提高，更适合用作 EI 型叠片小变压器[156]。

(100)[001] 钢板表面电镀一层镍、锌、铜或锡，可用作医疗器械 NMR – CI 等磁屏蔽和电磁波屏蔽，特别适合强磁场下磁屏蔽。将几块 (100)[001] 板黏合在一起用作 NMR. – CT 磁屏蔽，这减轻了质量。一般用厚的纯铁热轧板制的这种磁屏蔽重达数十吨。(100)[001] 板电镀后也适用于弱磁场下磁屏蔽，屏蔽施工安装简化（与取向硅钢相比）。0.23mm 厚板在外加 20G 磁场时纵横向磁屏蔽值都为 21，比无取向硅钢的（约 4）高 5 倍，比取向硅钢横向（8.4）高 2 倍以上。以前电磁波磁屏蔽材料多用混有金属粉、金属纤维或金属箔的塑料板，或在塑料板表面涂导电材料和铜箔等（前一种材料屏蔽效果较差，而后一种材料导电性好，可作为电磁波屏蔽）。而表面电镀金属的 (100)[001] 钢板也适合用作电磁波屏蔽[157]。

(100)[001] 钢板再沿轧向或横向或 45° 方向，经约 50% 压下率冷轧和 900 ~ 1000℃ ×2 ~ 5h 退火后，可获得良好的 {100}⟨011⟩ 织构，纵横向磁性都提高，0.2 ~ 0.3mm 厚板纵横向 B_8 都为 1.92T[158]。

AlN + 渗 N 工艺（可加 Sn），先经 50% ~ 70% 冷轧，再经 40% ~ 60% 横向冷轧，810 ~ 850℃ ×2 ~ 5min 脱 C 退火后 $I_{(111)}/I_{(211)} < 1$，氧化层中 $O < 2.3$g/m²，纵横向 B_8 为 1.92 ~ 1.95T。$O > 2.3$g/m² 时，由于表面有更多氧化物可使（Al，Si）N 更快分解，二次再结晶不稳定。初次再结晶织构中 {632} 组分与 (100)[001] 有 Σ7 重位关系，而 {632} 位向与 {211} 位向相近，十字冷轧法使 (211)[124] 晶粒增多，所以发展为 (100)[001] 织构，即 (211)[124] 与 (100)[001] 有 Σ7 重位关系，在 1025℃ 二次再结晶退火时 (100)[001] 可优先长大[159]。

热轧带卷第一次冷轧后顺序将钢带剪带剪断，并经激光法相互焊接并卷取再进行横向冷轧，可使制造成本降低[160]。

AlN + 渗 N 工艺，将 C 含量降到不大于 0.035%（最好为 0.02%）使热轧时 α 相比率增高，并控制最后两道总压下率大于 55%，可使热轧板中（100）[011] 组分增多。常化后经 60% ~ 80% 压下率一次冷轧法（不经十字冷轧法）。脱 C 退火及渗 N 处理，初次再结晶织构中（100）[034] 晶粒增多，它与（100）[001] 晶粒有 Σ5 重位关系，成品纵横向 B_8 可达 1.85 ~ 1.90T[161]。

8.7.2.6　脱锰脱碳法（简称 MRD 法）

1989 年住友金属富田俊郎等提出采用 MRD 法提高 3% Si 无取向硅钢的 〈100〉 极密度，改善磁性（见 6.8.9 节）。随后提出用 MRD 法制造（100）[001] 织构方法。

0.035% ~ 0.07% C，2.5% ~ 3% Si，1% ~ 1.3% Mn，S 和 Al 分别不大于 10×10^{-6}。总 C = C + Ceq，而 Ceq = 0.1(3.2 - Si) - 0.1(1.0 - Mn)，二次中等压下率冷轧法，在 α + γ 两相区 1050℃ × 30s 中间退火（大于 5℃/s 升温），冷轧后涂 48% Al_2O_3 + 51% 纤维状 SiO_2（脱 C 促进剂） + 粉末状 TiO_2（脱 Mn 剂），在 2 ~ 10T 真空中以 1℃/min 速度升到 1075℃ × 24h 最终退火，在 γ→α 相变时脱 C。通过隔离剂中 SiO_2 分解，即 $SiO_2 \longrightarrow SiO + O$，$O + C \longrightarrow CO \uparrow$ 脱 C，而且 SiO_2 还可直接脱 C，即 $SiO_2 + 2[C] \longrightarrow [Si] + 2CO \uparrow$，钢板中 Mn 在真空下升华，并被 TiO_2 吸收，即 $TiO_2 + Mn \longrightarrow TiMnO_2$。通过脱 C 形成（100）[001] 柱状晶。由于脱 Mn 促进 γ→α 相变，即促进脱 C，脱 C 后，C < 0.001%。脱 C 过程中在钢板表面形成的内氧化层小于 0.5μm 厚。0.35mm 厚板纵横向 $B_{10} > 1.8T$，$\Delta B_{10} < 0.1T$。最终退火脱 Mn 时，板厚方向 Mn 减少比例最大值小于 0.05%/μm，表面 Mn 含量与中心区 Mn 量之比小于 0.9。冷轧时工作辊直径 D 与板厚 t 之比 $D/t \geqslant 100$，即工作辊径大（如 150mm 或 200mm）并在润滑油状态下冷轧（轧辊与钢板之间摩擦系数 μ 小于 0.1），每道压下率小于 25%，冷轧后表层 {111} 强度增大，{100} 强度次之，而 {110} 强度很低，最终退火时（100）[001] 取向度提高。冷轧板表面 $Ra < 0.3\mu m$。中间退火后从 A_1 点以小于 2min 时间（即大于 2℃/s 冷速）冷到 500℃，减少珠光体数量，增加贝氏体和马氏体量，成品 B_{10} 高，板宽方向磁性均匀。珠光体冷轧时更容易变形，储能低，而马氏体不变形，储能高，对以后发展（100）[001] 织构有利。0.35mm 厚板纵横向 B_{10} 都大于 1.8T，$P_{17} = 1.15 ~ 1.30W/kg$。如果冷到 500 ~ 300℃ 范围时保温大于 100s 也可，这时发生贝氏体相变并提高残余奥氏体数量，当冷到 M_s 点以下时，这些残余奥氏体转变为马氏体。如果冷到 M_s 点以上在第二次冷轧时也可发生马氏体相变（这称为加工诱导马氏体）。马氏体在回复和初次再结晶时可析出细小 Fe_3C，对以后（100）[001] 晶粒生核和长大有利，改善磁性。以前 MRD 法规定钢中 Cu < 0.5%，Cr < 0.1%。因为 Cu 在 Fe 中固溶度变小，可在 Fe 中析出细小 $\varepsilon - Cu$，

它可阻碍晶粒长大，而且 ε–Cu 为非磁性相，对磁性也不利。Cu 也使热轧板表面产生小裂纹。Cr 可形成比 Fe_3C 更稳定的碳化铬，使再结晶更困难，磁性下降。但钢中含 0.01% ~ 0.05% Cu 和 0.01% ~ 0.05% Cr 可提高 B_{10} 值。因为 0.01% ~ 0.05% Cu 可完全固溶在钢中，并在冷却过程中 Cu 在 Fe 中呈过饱和状态，冷轧时 Cu 在位错线上优先析出 ε–Cu 以及固溶的 Cu 都使位错移动困难而改善织构，Cr 可提高钢的淬透性，阻碍珠光体的形成。立方织构材料在 1.7T 时 λ_{p-p} 大（2×10^{-5}），因为存在许多 90° 畴壁，即使沿轧向加 5MPa 拉应力，λ_{p-p} 减低效果也小（$\lambda_{p-p} > 2.2 \times 10^{-6}$）。采用 MRD 法制造立方织构材料时，最终真空退火在 500 ~ 700℃，以小于 20℃/min 速度升温（如 1℃/min），成品晶粒直径 $D = 0.5\mu m$，$D < 10 \times$ 板厚，180° 畴壁间距小于 0.5mm，其中蛇形状畴壁的磁畴所占面积率小于 30%，而 90° 畴数量很少。最终涂应力涂层在面内等方向产生大于 1MPa 拉应力，纵横向 $\lambda_{p-p} < 3 \times 10^{-6}$，应力涂层前 $\lambda_{p-p} < 10 \times 10^{-6}$。制成的变压器噪声小。以前都采用涂脱 C 脱 Mn 隔离剂法，如果采用叠板退火法，在两叠板之间夹有 52% SiO_2 + 48% Al_2O_3 非晶质氧化物织成的纤维布上涂 50% TiO_2 粉末 + 42% 丙烯树脂的板效果更好。隔离板板厚约 0.3mm。也可在冷轧钢带卷取时，在两圈钢带之间卷上这种隔离板进行成卷退火[162]。

采用十字冷轧法制的立方织构材料是通过二次再结晶形成的 (100)[001]，晶粒直径粗大（10μm 以上），铁损和 λ_{p-p} 高，而 MRD 法的晶粒小（约 0.5μm），纵横向 $B_8 = 1.85 \sim 1.90$T，与十字冷轧法相同，但 P_{15} 和 λ_{p-p} 更低，0.3mm 厚板 $P_{15} \approx 1.1$W/kg，$\lambda_{p-p} < 3 \times 10^{-6}$。MRD 法用固态 SiO_2 作为脱 C 剂，其脱 C 速度比用 H_2O 脱 C 速度慢，因此提高温度（高于 1000℃）加快脱 C 速度，同时 SiO_2 也起隔离剂作用。脱 C 反应为 $SiO_2 + 2C \longrightarrow 2CO + Si$ 和 $SiO_2 \longrightarrow SiO + O + C \longrightarrow CO$，$SiO_2$ 还原形成的 Si 固溶在钢中，使钢中 Si 含量略有增高（Si 含量增高小于 0.1%）。表面不会氧化。0.05% C 的 3% Si 钢中加约 1% Mn 时可将（$\alpha + \gamma$）二相区扩大到 1100℃附近，在高于 1000℃脱碳，在（$\alpha + \gamma$）二相区状态脱 C 的同时，在钢板表层形成 (100) α 相柱状晶，伴随着继续脱 C，此柱状晶吞并其他位向晶粒往内部长大。采用真空退火脱 C 时，将脱 C 反应产物 CO 排出，同时 Mn 挥发进行脱 Mn，更促进相变和织构的发展。表面能量对晶粒长大起着重要作用，因为 SiO_2 分解出的一定氧含量使 {100} 表面能量最低，从而择优长大。脱 C 退火前的组织中必须存在有 (100)[001] 位向晶核，同时减少其他 {100} 面位向组分。热轧板中存在 {110}⟨001⟩ 位向，中间退火后主要为 {410}⟨001⟩ 位向，脱 C 退火升温过程 {411}⟨001⟩ 转为 {100}⟨001⟩ 晶核，而在 (100)[001] 晶核周围为 {111} 面位向。首先靠表面能和晶界能吞并 {111} 晶粒择优长大，长大过程中 (100)[001] 晶粒尺寸只比其他位向晶粒尺寸大 10% ~ 30%。最后几乎完全吞并其他位向晶粒，残余的其他位向晶粒很少，而且多为

{111} 位向晶粒。长大过程中晶界能作用比表面能小。成品大于 95% 晶粒都为小于 15° 的 (100)[001] 位向，$B_8 \approx 1.9T$，0.35mm 厚板 $P_{17} = 1.15W/kg$，0.30mm 厚板 $P_{17} = 1.02W/kg$，0.25mm 厚板 $P_{17} = 0.97W/kg$，（它们的 P_h 都为 0.23W/kg）。沿轧向加 5MPa 拉力或应力涂层后 P_{17} 可进一步降低约 10%。如 0.25mm 厚板 $P_{17} = 0.82W/kg$，小于 0.23mm 厚板 $P_{17} < 0.8W/kg$，而且在 400 ~ 500Hz 下铁损也更低。此外，由于晶粒小，在退磁状态下主要为 180° 畴，90° 畴所占体积约为 18%。在 1.9T 磁化时 90° 畴占 11%，λ_{p-p} 低（$(3 \sim 5) \times 10^{-6}$）[163]。

8.7.2.7　行星轧机轧制法

住友金属提出，以 AlN 或 (Al, Si) N 为主要抑制剂，1250℃ 加热和热轧的热轧带先在 500 ~ 900℃ 经行星轧机沿横向展宽率为 50% ~ 100%，轧到 0.9 ~ 0.5mm 厚，再经一般冷轧和退火，制成的 0.35mm 厚板纵横向 B_8 值比十字冷轧法更高。当展宽率为 50% 时，轧向 $B_8 = 1.89T$，横向 $B_8 = 1.86T$，展宽率为 100% 时轧向和横向 B_8 都为 1.90T。而十字冷轧法纵横向 $B_8 \approx 1.81T$。其制造工艺比十字冷轧法更方便，易于实现工业化生产[164]。新日铁也认为采用行星轧机进行横向冷轧制造立方织构是可行的[165]。

8.7.2.8　无抑制剂二次再结晶法

川崎提出，不加抑制剂的 0.02% ~ 0.03% C，2% ~ 3% Si，不大于 50×10^{-6} Als，S、N 和 O 均小于 30×10^{-6}，热轧板经 1100 ~ 1150℃ × 2min 常化，最终冷轧前晶粒尺寸大于 100μm（最好大于 200μm），经 150 ~ 250℃ 冷轧，75% $H_2 + N_2$ 中 900 ~ 950℃ × 30s 脱 C 退火和 950℃ × 35h（或 1000℃ × 5h）最终退火，涂半有机涂层，成品晶粒大于 2μm，{100}⟨001⟩ ±20℃ 晶粒面积率为 40% ~ 80%，而 {110}⟨001⟩ ±20℃ 的晶粒面积率小于 5%，磁各向异性小，L、C 和 45°D 方向的 $(L + C + 2D)/4$ 的 $B_{50} = 1.78 \sim 1.82T$，0.35mm 厚板 $P_{15} = 1.60 \sim 1.75W/kg$，适用于小变压器、风力发电机定子和电机。冷轧前晶粒大，{111} 组分减少，而且杂质元素和 Als 量低可抑制冷轧时产生形变带，即减少退火后 (110)⟨001⟩ 晶粒，促进立方织构发展。{100}⟨001⟩ 是靠冷轧织构中 {211}⟨011⟩ 或 {100}⟨011⟩ 转动而成。冷轧前晶粒尺寸大于 200μm 时，立方织构取向度进一步提高，二次晶粒尺寸约 20μm，轧向 $P_{15} = 1.20 \sim 1.24W/kg$，横向 $P_{15} = 1.43 \sim 1.46W/kg$。控制表面氧化物中单面氧含量小于 $1g/m^2$，静电法涂 $SiO_2 + Al_2O_3$（3:1），在 $d.p. \leqslant 10℃$ 和 $w(O) \leqslant 0.1\%$ 的 $H_2 + N_2$ 气氛中，950℃ × 36h 最终退火。最终退火后不涂应力涂层，而涂半有机涂层（膜厚小于 5μm）产生小于 3MPa 张力，可使 P_{15} 降低，磁各向异性小，冲片性提高，冲片尺寸精确。氧含量 $< 1g/m^2$ 使冲片切断面变形小，切断区周围产生的应变小，所以 P_{15} 低。控制初次再结晶织构中与 {110}⟨001⟩ 有 20° ~ 45° 位向差的晶粒存在比率小于 70%，而与 {100}⟨001⟩ 有 20° ~ 45° 位向差的晶粒存在比率大于 70%，也就是 {554}⟨225⟩ 位向

对混乱位向强度之比小于 6，而 {411}〈148〉位向对混乱位向强度之比大于 7
时，通过二次再结晶成品 {100}〈001〉取向度高，因为 {411}〈148〉这种高能
量晶界移动速度快。热轧板经 $1100 \sim 1150℃ \times 60s$ 常化，晶粒尺寸大于 $200\mu m$，
并经大于 80% 压下率（85% ~ 90%）$150 \sim 200℃$ 冷轧，这都使脱 C 退火后 {554}
〈225〉组分减少和 {411}〈148〉组分增高，最后涂应力涂层。0.35mm 厚板轧向
$P_{15} = 1.06 \sim 1.12W/kg$，横向 $P_{15} = 1.22 \sim 1.25W/kg$[166]。

　　采用取向硅钢板作原始材料，经酸洗去掉底层（或采用表面光滑的取向硅钢
产品作原始材料）后，在 $10\%\ CO - 4.2\%\ H_2O - H_2$ 中 $700℃ \times 48h$ 渗 C 处理，
使钢中含约 $100 \times 10^{-6}C$，以 $10 \sim 50℃/s$ 速度冷却析出 Fe_3C，或以 $50℃/s$ 冷却后
再经 $200 \sim 400℃ \times 30s$ 时效处理析出 Fe_3C。经大于 50% 压下率的 $150 \sim 250℃$ 冷
轧到 0.2mm 或 0.1mm 厚，最后在湿气氛中 $750 \sim 800℃ \times 1min$ 初次再结晶和脱 C
退火（$C < 50 \times 10^{-4}\%$），再涂应力涂层或半有机涂层，这样制成的材料 {100}
〈001〉强度对混合织构强度之比大于 4，磁性稳定，晶粒尺寸小于 1/2 板厚，这
对制造小变压器更有利，因为晶粒小，冲片尺寸更准确。轧向 $B_{50} = 1.88 \sim$
1.90T，横向 $B_{50} = 1.72 \sim 1.77T$。此工艺更适合进行工业生产。已知（110）
[001] 位向经冷轧和初次再结晶退火后仍为（110）[001] 位向。但钢中存在有
Fe_3C，它与基体硬度不同，冷轧时在 Fe_3C 周围应力集中而引起不同的晶体转动。
$150 \sim 250℃$ 冷轧依靠固溶 C 钉扎位错也使晶体转动改变，这都可提高（100）
[001] 位向强度[167]。

　　无抑制剂二次再结晶法制成的立方织构取向度较低，只适合用作 EI 型小变
压器和 T 型分割式电机。

8.8　易切削硅钢

　　由于硅含量提高，切削加工性变坏，日本东北特殊钢公司为改善冷轧无取向
硅钢的切削加工性，在 1% ~ 3% Si 钢中
加入 0.05% ~ 0.25% Pb，成品磁性不变
坏，切削速度明显提高（见图 8 - 47）。
生产 MES1F（1% Si）、MES2F（2% Si）
和 MES3F（3% Si）3 个牌号，电磁性能
如表 8 - 29 所示。钢中 $w(C) \leqslant 0.02\%$，
$w(Mn) \leqslant 0.35\%$，$w(P) \leqslant 0.02\%$，$w(S) \leqslant$
0.02%，都含 0.05% ~ 0.25% Pb。为了
提高磁性，又生产 RDM612 牌号，其主要
成分为 2.8% Si + 2% Al 并加铅，其电阻
率（$65\mu\Omega \cdot cm$）和磁性与 4% Si 钢相似，

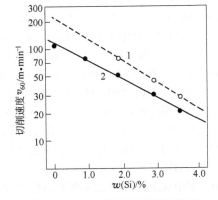

图 8 - 47　硅含量与切削性的关系
1—易切削硅钢；2—不加铅的硅钢

而加工性更好。典型磁性 $B_2 = 1.02T$，$B_3 = 1.18T$，$B_{25} = 1.5T$，$\mu_m = 7200$，$H_c = 19.7A/m^{[168]}$。

表 8 - 29　易切削硅钢的电磁性能

牌号	磁感应强度/T					矫顽力 H_c /A·m^{-1}	体积电阻率 /μΩ·cm
	B_1	B_2	B_3	B_5	B_{25}		
MES1F	≥0.85	≥1.20	≥1.35	≥1.40	≥1.50	≤27.6	23 ~ 28
MES2F	≥0.80	≥1.15	≥1.20	≥1.35	≥1.45	≤31.5	34 ~ 39
MES3F	≥0.80	≥1.10	≥1.20	≥1.35	≥1.40	≤31.5	45 ~ 50

参 考 文 献

[1] 岛津高英，盐崎守雄ほか．日本公开特许公报，平 3 - 223445（1991）；平 5 - 140646（1993）．

[2] 久保田猛ほか．まてりあ．2003，42（3）：242 ~ 244；Steel Res. Int. 2005，76（6）：464 ~ 470．

[3] 村上健一，久保田猛ほか．日本公开特许公报，2001 - 49340；295003．

[4] 河野正树ほか．川崎制铁技报，2002，34（3）：135 ~ 137．

[5] 本田厚人，千田邦浩，定左健一．川崎制铁技报，2002，34（2）：85 ~ 89；34（3）：138 ~ 139；2003，35（1）：7 ~ 10．

[6] 近藤修ほか．日本公开特许公报，2001 - 262289，279326，279327，279396 ~ 2793999，279404，279403，303212；2002 - 97558，241907．

[7] 尾田善彦，日裹昭．日本公开特许公报，2000 - 160303．

[8] 尾田善彦ほか．日本公开特许公报，平 7 - 150309，150310（1995）．

[9] Littmann M F. U S，2473156（P）．1949．

[10] 何忠治，周宗全，肖文涛．钢铁研究总院报告（内部资料），1960．

[11] 李再娟，孙学范，杜炳坤，何忠治．钢铁研究总院报告（内部资料），1983．

[12] Ushigani Y（牛神義行），Abe N（阿部憲人），et al. J. of Materials Engineering and Performance，1995（4）：435 ~ 440．

[13] Abe N，Nozawa T（野沢忠生）．IEEE Tran Mag. 1994，MAG - 30（4）：1360 ~ 1363．

[14] Arai K I（荒井賢一），Ishiyama K（石山和志）．J. App. Phys，1988，64：5352 - 5354；日本公开特许公报，平 5 - 186829（1993）．

[15] Nakano M（中野正基），Ishiyama K，I Arai K，et al. IEEE Tran. Mag. 1997，33（5）：3754 ~ 3756；1999，35（5）：3379 ~ 3381；J. App. Phys，1997，81（8）：4098 ~ 4100；日本应用磁气学会志，1997，21（4）：593 ~ 596．

[16] 荒井賢一，石山和志．日本公开特许公报，平 7 - 76729 - 76731，76735（1995）．

[17] 上元好仁，山上伸夫．日本公开特许公报，平 8 - 199242（1996）；平 9 - 209042（1997）．

[18] 田中靖ほか．日本公开特许公报，平 7 - 197126（1995）；平 10 - 88234（1998）．

[19] 高桥纪隆，山上伸夫．日本公开特许公报，平 9 - 71818，157746（1997）；平 10 - 102145（1998）．

[20] Heo N H, Na J G, Woo J S, et al. Scripta Mat. 1998, 38 (9)：1365～1369；J. App. Phys, 1997, 81 (8)：4115；1998, 83 (11)：6483～6485；2003, 93 (10)：6695～6697.

[21] Chai K H, Heo N H, et al. IEEE Tran. Mag, 1999, 35 (5)：3373～3375；J. App. Phy, 1999, 85 (8)：6025～6027.

[22] Chai K H, Heo N H, et al. J. App. Phys. 2000, 87 (9)：5233～5235；2002, 91 (10)：8192～8194；Acta Mat. 2000, 48：2901～2910；2003, 51：4953～4964；Met. & Mat. Tran. A, 2005, 36A：3251～3254.

[23] 织田昌彦ほか. 日本公开特许公报，昭63－166931（1988）.

[24] 桑形政良ほか. 日本公开特许公报，昭60－86210（1985）.

[25] 中村峻之ほか. 日本公开特许公报，昭62－196330（1987）.

[26] 下山美明，立野一郎，久保田猛ほか. 日本公开特许公报，昭62－256917（1987）；昭64－225－228（1989）；平2－22442（1990）；U. S. Patent No. 5084112（1992）.

[27] 立野一郎ほか. 电工钢 [J]，1991，（2）：73.

[28] 立野一郎，久保田猛 ほか. 日本公开特许公报，平2—8346（1990）.

[29] 久保田猛. 新日铁技报，378 号（2003）：51～54.

[30] 久保田猛 ほか. 日本公开特许公报，2003－342698；2006－161137.

[31] 有田吉宏，村上英邦ほか. 日本公开特许公报，2005－113158, 113184, 113185.

[32] 村上英邦ほか. 日本公开特许公报，2006－169611, 269615；U. S. P. App. Pub. 0062611A1（2007）.

[33] 有田吉宏，村上英邦，久保田猛ほか. 日本公开特许公报，2008－50685.

[34] 河野雅昭，高岛稔，河野正树ほか. 日本公开特许公报，2004－300535, 315956, 339603；2005－120423；240150；272913.

[35] 河野雅昭，高岛稔 ほか. 日本公开特许公报，2005－8906, 120424, 126748, 344179.

[36] 河野雅昭，尾田善彦 ほか. 日本公开特许公报，2007－186790, 254801.

[37] 河野雅昭，尾田善彦ほか. 日本公开特许公报，2007－186791.

[38] 尾田善彦，河野雅昭ほか. 日本公开特许公报，2008－31490.

[39] 中山大成ほか. 日本公开特许公报，2001－234303.

[40] 田中一郎，屋铺裕義ほか. 日本公开特许公报，2006－70296；2007－16278, 23351, 31755, 39721, 162096.

[41] 中冈一秀，高田芳一ほか. 日本公开特许公报，昭61－80806（1986）；昭62－103321（1987）.

[42] 小林英男. 特殊钢 [J] 1988, 37 (10)：36.

[43] 田中靖，铃木治雄. 金属 [J]，1990（3）：10～16.

[44] 日野谷重晴，林干博. 日本公开特许公报，昭63－69915, 69917, 89622（1988）.

[45] 本間穗高，牛神義行，菅洋三. J. App. Phys. 1991, 70 (10)：6259～6261.

[46] 平谷多津彦，日裏昭，田中靖，高田芳一 ほか. Tran. IEEE Japan 1992, 112－A (6)：507；材料とプロセス（CAMP－ISIJ）1992, 5 (3)：897.

[47] Narita K, Enokizono M. IEEE Tran. Mag. 1979, MAG－15：911.

[48] Arai K I, Tsuya N, et al. IEEE Tran Mag. 1984, MAG－20 (5)：1469～1471；

J. App. Phys. 1985, 57: 460.

[49] Faudot F, et al. Physica Scripta 1989, 39: 263.

[50] Bi X Y（毕晓昉）, Tanaka Y（田中靖）, Sato K. J. of MMM, 1992, 112: 189~191.

[51] Deganque J, et al. IEEE Tran. Mag. 1990, MAG-26（5）: 2220~2222.

[52] 毕晓昉, 田中靖, 荒井贤一ほか. 日本应用磁气学会志, 1996, 20（2）: 417~420; IEEE Tran. Mag, 1996, 32（5）: 4818~4820.

[53] Zbroszezyk J, Tanaka Y, et al. J. of MMM. 1996, 160: 141~142.

[54] Tanaka Y（高田芳一）, Tanaka Y（田中靖）ほか. J. App. Phys. 1988, 64（10）: 5367~5369; 1991, 69（8）: 5358~5360, J. of MMM, 1990, 83: 375~376.

[55] 中冈一秀, 高田芳一, 日裹昭ほか. 日本公开特许公报, 昭62-103321, 278226, 278227, 287014, 287043（1987）; 昭63-35744, 36906, 49306, 60225, 93823, 145716, 227717（1988）, 平2-267246（1990）; 平3-2358（1991）.

[56] 田中靖ほか. 日本公开特许公报, 平6-172940, 184708（1994）; 平9-291351（1997）; 平10-15276（1998）; 平11-6039（1999）; 中国专利 CN1089663A [D]. 1994.

[57] 田中靖ほか. 日本公开特许公报, 平6-248348（1994）; 平7-197132（1995）; 平8-85853（1996）.

[58] 平谷多津彦, 田中靖ほか. 日本公开特许公报, 平9-125212（1997）.

[59] 菅洋三, 北原修司ほか. 日本公开特许公报, 平3-207815（1991）; 平4-361508, 365842（1992）; 平5-186826, 287383, 293684, 311354（1993）.

[60] 菅洋三, 北原修司 ほか. 日本公开特许公报, 平6-212260, 293921（1994）; 平7-34127, 252528, 252530（1995）; 平8-13035（1996）.

[61] 阿部正玄, 田中靖, 日裹昭, 高田芳一ほか. 日本公开特许公报, 昭62-227032-227036; 227075-227081（1987）; 昭63-24015（1988）; 平4-246157, 272160, 323360, 354861, 371566（1992）; 平5-9704, 9705, 65536, 65537, 125496, 132742, 171406, 279742, 279813, 295492（1993）; まてりあ, 1994, 33: 423; 铁と钢, 1994, 80（10）: 43~48; ISIJ Inter. 1996, 36（6）: 706~713.

[62] 浪川操, 高田芳一ほか. まてりあ, 1998, 37（4）: 289~291; 热处理 [J], 1999, 39（4）: 200~206; JFE Tech. Rept. 2005（6）: 12~17.

[63] 高田芳一, 阿部正玄 ほか. 日本公开特许公报, 平6-88131; 212397（1994）; 平8-41650, 302432（1996）.

[64] 田中靖, 平谷多津彦, 二宫弘宪 ほか. 日本公开特许公报, 平8-209325, 209326（1996）; 平9-176803, 176825, 176826, 184052（1997）.

[65] 石冈宗浩, 干田点和ほか. 日本公开特许公报, 2001-107218.

[66] 梅冈秀征, 冈田和允ほか. 日本公开特许公报, 2005-281843.

[67] 井上敏行, 山路常弘ほか. 日本公开特许公报, 平3-68850（1991）; 平7-90544, 90545（1995）.

[68] 山路常弘, 阿部正玄ほか. 日本公开特许公报, 平8-176793, 269684（1996）.

[69] 二宫弘宪, 山路常弘ほか. 日本公开特许公报, 平8-107022（1996）; 平9-275021,

275022（1997）；平 11 – 214224（1999）.

[70] 山路常弘ほか. 日本公开特许公报，平 10 – 256019，256020，256053（1998）.

[71] 藤田耕一郎，高田芳一ほか. 日本公开特许公报，2000 – 178647，178699；2002 –
　　302743，363654；2003 – 160848.

[72] 高岛稔. 日本公开特许公报，2006 – 249491.

[73] 铃木康郎ほか. 日本公开特许公报，平 8 – 168883，243781（1996）.

[74] 藤田耕一郎，高田芳一 ほか. 日本公开特许公报，平 11 – 158510，158561（1999）.

[75] 高田芳一，二宫弘宪，浪川操，山路常弘ほか. 日本公开特许公报，平 9 – 184051
　　（1997）；平 10 – 140298，140299（1998）；平 11 – 209852，241150，241151，256289，
　　293414，293417，293421 – 293422，293423（1999）.

[76] 山路常弘，二宫弘宪ほか. 日本公开特许公报，平 11 – 293445，293447 – 293450，
　　315365（1999）.

[77] 加藤宏晴ほか. 日本公开特许公报，2003 – 240759.

[78] 高田芳一，二宫弘宪ほか. 日本公开特许公报，平 10 – 140300（1998）；2000 – 45053.

[79] 高岛稔，平谷多津彦ほか. 日本公开特许公报，2008 – 50663.

[80] Ros – Yanez T, et al. J. App. Phys, 2002, 91（10）：7857 ~ 7859；IEEE Tran. Mag,
　　2004, 40（4）：2739 ~ 2741；J. of MMM, 2005, 290 – 291：1457 ~ 1460.

[81] 荒井贤一ほか. 日本金属学会誌，1984, 48（5）：482 ~ 488；IEE Tran. Mag. 1984,
　　MAG – 20（5）：1463 ~ 1465.

[82] 荒井贤一. 日本应用磁气学会，1988, 12（1）：26 ~ 29；IEEE Tran. Mag. 1987, 23
　　（5）：3221 ~ 3226, J. App. Phys. 1988, 64（10）：5373 ~ 5375.

[83] 菅孝宏，伊藤庸，井口征夫 ほか. 日本公开特许公报，昭 62 – 23933（1987）.

[84] 富田俊郎ほか. 日本公开特许公报，昭 63 – 11619，176427（1988）；昭 64 – 229
　　（1989）.

[85] 熊野知二，久保田猛ほか. 日本公开特许公报，平 5 – 279740（1993）；平 6 – 128642
　　（1994）.

[86] 日野谷重晴，林干博. 日本公开特许公报，昭 63 – 69915，69917，89622（1988）.

[87] 菅洋三，牛神義行，本間穂高ほか. 日本公开特许公报，平 4 – 80321，224625，228525；
　　362134，362179（1992）；平 5 – 222490（1993）；U S, 530841 [P].1994.

[88] 中山大成. 日本公开特许公报，平 5 – 171281（1993）.

[89] 瀬沼武秀，菅洋三，岛津高英. 日本公开特许公报，平 5 – 195169（1993）.

[90] 岩永功，增井浩昭. 日本公开特许公报，平 5 – 271882（1993）.

[91] 矢特啓介. 特殊钢 [J]，1997, 46（12）：19 ~ 22.

[92] 筱崎正利，小野高司ほか. 川崎制铁技报，1991, 23（1）：82 ~ 84.

[93] 松崎明博，增子修ほか. 日本公开特许公报，平 1 – 139739，142028（1989）.

[94] 东野健夫ほか. 日本公开特许公报，平 6 – 248343，306468（1994）.

[95] 小關智也ほか. 日本公开特许公报，平 4 – 304316（1992）；材料プロセス，1993, 6
　　（6）：1839.

[96] 山本ほか. 日本金属学会会报，1984, 23（5）：404 ~ 406.

［97］富田幸男，熊谷达也，津田幸夫．新日铁技报，1993，No. 348：71～78.

［98］富田幸男，熊谷达也，山场良太ほか．日本公开特许公报，平2－4918－4923，8324，8326，194148，243715－243719（1990）；平3－271325（1991）；平4－143220，268020－268025，293722－293724，333517－333520（1992）；平5－306437（1993），US，4950336［P］．1990；5037493，5062905（1991）.

［99］熊谷达也，富田幸男．日本公开特许公报，平6－145784，145796，145797（1994）.

［100］富田幸男．日本公开特许公报，平7－11328，26325－26327（1995）.

［101］盐崎守雄，岛津高英ほか．日本公开特许公报，平6－306475（1994）.

［102］熊谷达也ほか．日本公开特许公报，2000－234127.

［103］日本钢管（NKK）．特殊钢，1988，37（10）：36～37.

［104］大森俊道（T. Omori），铃木治雄（H. Suzuki）ほか．日本金属学会会报，1990，29（5）：364～366；J. App. Phys. 1991，69（8）：5927～5929.

［105］大森俊道，铃木治雄 ほか．日本公开特许公报，平2—66118；66119（1990）.

［106］大森俊道，铃木治雄 ほか．日本公开特许公报，平2－213421（1990）；平3－20447（1991）；平4－99819（1992）；平5－117817（1993）.

［107］渡边征一ほか．日本公开特许公报，昭63－137138，171825，171826（1988）.

［108］绪方龙二，中野直和 ほか．日本公开特许公报，平2－170949，290921（1990）；平4－221019，228519，267598（1992）；平5－17823，33049（1993）.

［109］长尾典昭 ほか．日本公开特许公报，平3－274228，274230（1991）.

［110］绪方龙二．日本公开特许公报，平9－157743（1997）.

［111］佐夕木宽．川崎制铁技报，1993，25（1）：64～70.

［112］西池氏裕ほか．日本公开特许公报，平5－247604（1993）.

［113］饭田嘉明．日本公开特许公报．平3－223426（1991）.

［114］Fujita K（藤田耕一郎），et al. JFE. Tech. Rept.，2005，（6）：24～28.

［115］藤田耕一郎ほか．日本公开特许公报，2005－298968，298969.

［116］Sugihara R，Takada Y（高田芳一），et al. US，7056599［P］．2006.

［117］Matsuoka H，et al. US，7202593B2［P］．2007.

［118］小谷桂介，藤山寿郎．日本公开特许公报，平11－124685（1999）.

［119］小森ゆか ほか．日本公开特许公报，2004－143564.

［120］早川康之ほか．日本公开特许公报，2004－143532.

［121］Yamada S（山田茂树），et al. JFE 技报［N］，2004，（2）；电工钢［J］，2005，（1）：44～48.

［122］岛津高英，盐崎守雄ほか．日本公开特许公报，平2－61029，228466（1990）；平4－280921（1992）；平5－78742（1999）.

［123］岛津高英ほか．日本公开特许公报，平6－128755（1994）；平9－111423（1997）；平10－168551，251753（1998）；平11－92886（1999）.

［124］岛津高英ほか．日本公开特许公报，平11－140601，158549，293397（1999）.

［125］藤仓昌浩 ほか．日本公开特许公报，平8－264351（1996）；2000－91113；2005－150130.

［126］竹田和年，小管健司．日本公开特许公报，2002－20817，20846，35279．

［127］井上周，今野直树ほか．日本公开特许公报，平2－159321（1990）．

［128］金子辉雄，高隆夫ほか．日本公开特许公报，平2－282433（1990）；平5－9665
（1993）．

［129］铃木信，高木美智雄ほか．日本公开特许公报，平5－33051（1993）．

［130］高木美智雄，恒松章一ほか．日本公开特许公报，平8－260051（1996）．

［131］永井秋男．日本公开特许公报，平8－60246（1996）；平10－46249，219409
（1998）．

［132］恒松章一ほか．住友金属，1996，48（3）：45～48．

［133］尾田善彦，富田邦和ほか．日本公开特许公报，平9－125201（1997）；平11－269618，
286726（1999）．

［134］尾田善彦ほか．日本公开特许公报，平11－199931（1999）；2000－8146．

［135］冈见雄二．特殊钢，1997，46（12）：37．

［136］Kim K．日本公开特许公报，2000－178652．

［137］Wada T（和田敏哉），Takashima K（高嶋邦秀），Kawashima K, et al. AIP Conf.
Proc. 1973，18：1363．

［138］中村吉男，冈崎靖雄，原势二郎，高桥延幸．日本公开特许公报，平3－47920
（1991）；平4－13811，301052；日本金属学会誌，1990，54（11）：1191～1198；材料
プロセス，1991，4：1875；1993，6：1837．

［139］中村吉男，野沢忠生ほか．日本公开特许公报，平7－62501（1995）．

［140］脇坂岳显，久保田猛ほか．日本公开特许公报，平9－268353（1997）．

［141］川又竜太郎，脇坂岳显ほか．日本公开特许公报，平10－298651，306318，306319
（1998）；平11－50151，189851（1999）．

［142］屋铺裕義．日本公开特许公报．昭61－91329（1986）；昭62－83421（1987）；平1－
309923，309924（1989）．

［143］Assmus F, Pfeifer F. et al. Z. Metallkunde, 1957, 48：341～349；U S, 2992952
［P］．1961.

［144］Littmann M F, Kohler D M. U S, Patent No. 940811（1963）；No. 3130092（1964）．

［145］Wiener J W, Foster K, Aspden R G. U S, Patent, No. 3078198（1963）；3152929
（1964）；3240638, 3278348, 3282747（1966）；3337373（1967）；J. App. Phys. 1966,
37（3）：1206.

［146］Kohler D M, Littrnarm M F. U S, Patent No. 3130094；3130095（1964）；U K, Patent No.
949187（1964）；J. App. Phys. 1960, 31（5）：4085.

［147］Detert K. Acta Met. 1959, 7（9）：589；Archiv. Eisenhiitten. 1964, 35（1）：75；U S,
Patent No. 3345219（1967）．

［148］Hibbard W R, Walter J L. U S, Patent No. 3158516（1964）；3164496（1965）．

［149］Grenoble H E, et al. U S, Patent No. 3147157（1964）．

［150］Mobus H E, Pawlek F. et al. German Patent No. 1009214（1957）；U S, Patent No.
3008856（1961）；Arichiv Eisenhfatten 1956, 29（7）：423.

[151] 田口悟，坂倉昭．U S，Patent No. 3136666, 3163564 (1964)；Acta Met. 1966, 14 (3)：405～423.

[152] 菅洋三，高橋延幸，牛神義行，中山正，野沢忠生．日本公开特许公报，平 1 - 139722；272718 (1989)；平 2 - 141531；259018 (1990)；平 3 - 253515 (1991)，US, Patent No. 4997493 (1991)．

[153] 新井聰，牛神義行，菅洋三，高橋延幸 ほか．日本公开特许公报，平 3 - 294424 (1991)；平 4 - 322, 2721 - 2723, 6221, 362132 (1992)；平 5 - 222457, 271774, 287384 (1993)；U S，Patent No. 5346559, 5370748 (1994)．

[154] 原勢二郎，清水亮，高橋延幸．日本金属学会誌 1989, 53：745～752；1990, 54 (6)：372～380；Acta Met. 1990, 38 (10)：1849～1856.

[155] Arai S（新井聰），Mizakami M（沟上雅人），et al. J. App. Phys. 1990, 67 (9)：5577～5579.

[156] 岡崎靖雄，新井聰．日本公开特许公报，平 2 - 259021 (1990)；平 4 - 337034 (1992)；平 5 - 271883, 275222 (1993)．

[157] 岡崎靖雄，本間穂高．日本公开特许公报，平 2 - 260699 (1990)．

[158] 新井聰，岡崎靖雄．日本公开特许公报，平 4 - 362129 - 362131 (1992)．

[159] 牛神義行 ほか．CAMP - ISIJ, 2000, 13：546；2002, 15：69532；日本公开特许公报，2002 - 69532.

[160] 古賀重信ほか．日本公开特许公报，2000 - 355716.

[161] 熊野知二，脇坂岳显．日本公开特许公报，2004 - 10986.

[162] 富田俊郎，佐野直幸 ほか．日本公开特许公报，平 7 - 173542 (1995)；平 9 - 20966 (1997)；2000 - 73119；2001 - 98330, 98331, 247944；2002 - 256399；2004 - 84034.

[163] Tomida T（富田俊郎），et al. IEEE Tran. Mag. 2001, 37 (4)：2318～2320；日本金属学会誌，2002, 66 (9)：950～957；J. of MMM, 2003, 254 - 255：315～317；CAMP. ISIJ, 2003, 16：1431；J. of App. Phys, 2003, 93 (10)：6680～6682；まてりあ 2004, 43 (8)：659～666.

[164] 矢沢武男 ほか．日本公开特许公报，平 7 - 173540 (1995)；平 9 - 3540 (1997)．

[165] 菅洋三，牛神義行 ほか．CAMP - ISIJ, 1995, 8：1583.

[166] 早川康之，岡部誠司 ほか．日本公开特许公报，平 2000 - 309859；2001 - 164344；2005 - 179745；2008 - 106367.

[167] 新垣之啓，高宮俊人ほか．日本公开特许公报，平 2007 - 262519.

[168] 千石輿治．特殊钢，1994, 43 (7)：26～28.

冶金工业出版社部分图书推荐

书　名	作　者	定价(元)
特殊钢丛书		
机械装备失效分析	李文成	180.00
高强度紧固件用钢	惠卫军	65.00
钢铁结构材料的功能化	赵先存	139.00
铁素体不锈钢	康喜范	79.00
现代电炉炼钢工艺及装备	阎立懿	56.00
中国600℃火电机组锅炉钢进展	刘正东	69.00
先进钢铁材料技术丛书		
建筑用钢	刘鹤年　等	115.00
双相钢–物理和力学冶金（第2版）	马鸣图　等	79.00
钢铁材料中的第二相	雍岐龙	75.00
钢的微观组织图像精选	钢研总院	60.00
稀有金属冶金与材料工程丛书		
钨钼冶金	张启修　等	79.00
锆铪冶金	熊炳昆	60.00
冷轧薄钢板生产技术丛书		
冷轧薄钢板生产（第2版）	傅作宝	69.00
钢铁工业自动化炼钢卷	马竹梧　等	98.00
钢铁工业自动化轧钢卷	薛兴昌　等	149.00
钢铁工业自动化炼铁卷	马竹梧　等	40.00
现代汽车板工艺及成形理论与技术	康永林	99.00
薄板坯连铸连轧钢的组织性能控制	康永林　等	79.00
轻合金挤压工模具手册	刘静安　等	255.00
特种金属材料及其加工技术	李静媛　等	36.00
铝、镁合金标准样品制备技术及其应用	朱学纯　等	80.00
高性能低碳贝氏体钢——成分、工艺、组织、性能与应用	贺信来　等	56.00
超细晶钢——钢的组织细化理论与控制技术	翁宇庆	188.00
洁净钢——洁净钢生产工艺技术	国际钢铁学会	65.00
宽厚钢板轧机概论	陈瑛	75.00
电炉炼钢原理及工艺	邱绍岐　等	40.00
贝氏体与贝氏体相变	刘宗昌　等	59.00
微米–纳米材料微观结构表征	方克明	150.00
中国中厚板轧制技术与装备	中国金属学会	180.00